Dictionnaire de Géologie

Alain Foucault
Professeur au Muséum national d'histoire naturelle

Jean-François Raoult †
Ancien professeur
à l'université des sciences et techniques de Lille

5e édition

DUNOD

ISBN 2 10 005836 3

Avant-propos

La Géologie est une science qui a pour objet d'étudier les parties superficielles de la Terre pour expliquer la disposition des roches et en retracer l'histoire. C'est avant tout une science de terrain, comme en témoigne la classique image du géologue armé d'un marteau pour prélever des échantillons, d'une loupe pour en faire un premier examen, de crayons, d'un carnet et d'une carte, pour noter ce qu'il voit et où il le voit. Cela constitue la base de la Géologie, ce qui lui est propre et probablement irréductible, même si, avec le progrès des techniques, elle aborde maintenant le fond des océans et la surface des planètes.

Pour tirer parti de ses prélèvements et de ses observations, le géologue doit s'appuyer sur bien d'autres sciences, qui sont pour lui des outils mais que, réciproquement, il enrichit. Ainsi, l'étude des roches et de leurs minéraux s'appuie sur la physique et la chimie. La datation des terrains, obligatoire pour comprendre leur structure, utilise non seulement des méthodes physico-chimiques, mais aussi les successions d'animaux et de végétaux fossiles, ce qui est l'objet de la paléontologie, science qui elle-même forme un tout, intimement lié aux sciences du vivant auxquelles elle a apporté le concept d'évolution.

Le vocabulaire doit donc désigner une multitude de notions et d'objets. Même si l'on fait la part de l'exagération, certains étant tentés d'illustrer leur mémoire en laissant derrière eux, qui le nom d'une roche, qui celui d'un fossile, qui celui d'un phénomène dont la généralité, ou même l'existence, n'est pas toujours évidente, il n'en reste pas moins une quantité de mots dont l'emploi est courant. L'une des difficultés rencontrée par les auteurs de ce dictionnaire a été, justement, d'en limiter le nombre par un choix nécessairement subjectif, qui laissera peut-être des lecteurs insatisfaits.

Ce vocabulaire est également changeant : des mots sont créés, d'autres disparaissent, et, ce qui peut sembler étrange dans un domaine scientifique, bien souvent leur sens évolue, soit du fait d'un glissement insensible, soit par la décision d'organismes internationaux qui peuvent légiférer en cette matière (noms de fossiles, noms d'étages, etc.).

Les mots que nous avons choisis sont généralement suivis de leur définition. Parfois, un mot ne peut être valablement défini seul, et le lecteur est renvoyé à un article plus important à caractère encyclopédique. Fréquemment, nous avons indiqué l'auteur du terme ou celui qui l'a introduit dans la littérature géologique, même si le sens s'est modifié depuis. Les étymologies, indiquées lorsqu'elles étaient connues, nous ont paru utiles à la compréhension des mots. Elles n'ont ici qu'un rôle explicatif et ne peuvent prétendre, par trop de concision, à donner l'histoire exacte du mot (p. ex., bien des mots qui proviennent du latin sont éclairés par leurs racines grecques, que nous avons seules mentionnées). L'usage ne respecte d'ailleurs pas toujours l'orthographe étymologique (Cf. l'article lith(o)-).

Une mention particulière doit être faite pour les noms de fossiles. On verra à l'article « nomenclature » comment sont formés ces noms. Il s'agit de noms latins, ou plus exactement créés par leurs auteurs à l'imitation de la langue latine : c'est une condition nécessaire si l'on veut qu'ils aient un statut international. Nous avons donc indiqué les noms de genre latins, imprimés en italiques, qui sont les seuls à désigner les fossiles selon les règles. Mais ces noms peuvent être aisément francisés à condition toutefois de leur donner un sens plus vague. Par exemple, le genre Alveolina peut donner en français « une alvéoline » ; le genre Nummulites (qu'on prononce tess', comme en latin), « une nummulite », etc.

Pour les classifications paléontologiques, au contraire, nous n'avons utilisé que des noms français : ces classifications variant grandement avec les auteurs, et en fonction des découvertes, nous avons tenté de donner un aperçu de ce qui nous paraissait le plus stable. Ces noms ont toujours été indiqués au pluriel, car les groupes qu'ils désignent sont définis par un ensemble d'individus. Cela n'interdit pas d'employer le singulier pour désigner l'un de ces individus (ex. les Mammifères, un mammifère).

Cette cinquième édition, revue, mise à jour et enrichie des mots qui se sont imposés depuis l'édition précédente, voit aussi apparaître la traduction en anglais des termes définis, devenue indispensable du fait de l'internationalisation des échanges scientifiques. Ces traductions ont été revues par M.S.N. Carpenter.

Pour la première édition de ce travail, nous avons bénéficié de l'aide et des conseils nombreux et avisés de A. Caire, M. Durand Delga, J.-C. Fischer, A. Galdeano, M. Jaffrezo, J.-R. Kienast, C. Morisset, J. Kornprobst, D. Obert, J.-P. Peulvast, Ch. Pomerol, B. Vandermeersch, D. Velde, et S. Wilhelm. Nous les remercions tous très vivement, ainsi que ceux qui nous ont aidés pour la réalisation matérielle de cet ouvrage, O. Fernandez *et J. Brouillet pour les figures, D. Pasquier et surtout B. Mulmann pour la frappe du manuscrit. Pour les éditions suivantes, nous avons tenu compte, de plus, des remarques constructives de nombreux collègues que nous remercions et notamment de MM. P. Blot, J.-P. Bouillin, A. Cailleux, L. Calembert, J.E. Dietrich, M. Durand Delga, B. Gèze, M. Jaffrezo. J. Lameyre, J. Lang, F. Lethiers, Th. Monod, G. S. Odin, Ch. Pomerol, D. Raymond, P. Routhier, D. Storch, H. Tazieff, J. Tricart, J. R. Vanney, P. Vialon, et J. Weill-Hébert.*

Cet ouvrage perpétue la mémoire de J.-F. Raoult, brutalement disparu en février 1987.

Abréviation utilisées

Ab. : albite
Abrév. : abréviation
Acad. : Académie
Adj., adj. : adjectif
Allem. : Allemagne
allem. : allemand
An : anorthite
Anc., anc. : anciennement
angl. : anglais
Ant. : antonyme, contraire
av. : avant
atom. : atomique
BP : basse pression
BT : basse température
Cf., cf. : confer, comparer
chim. : chimique
d. : densité
dr. : droite
env. : environ
équiv. : équivalent(e)
Esp. : Espagne
esp. : espagnol
ex. : exemple
expr. : expression
ext. : extension
f. : féminin
fig. : figure
Fr. : France
g. : gauche
Ga : milliards d'années
G.-B. : Grande-Bretagne
GB : anglais de G.-B.
Géogr. : géographie
Géol. : géologie
gr. : grec
Holl. : Hollande
HP : haute pression
HT : haute température
id. : idem, la même chose
inf. : inférieur
Ital. : Italie
ital. : italien
J. C. : Jésus Christ
J. O. : Journal Officiel
ka : millier d'années
lat. : latin
m. : masculin
Ma : million d'années
magm. : magmatique
métam. : métamorphique
moy. : moyen
N. ou n. : nom
N° : numéro
néol. : néologisme
n. pr. : nom propre
obs. : obsolète
orth. : orthographe
P : pression
p. ex. : par exemple
p. ext. : par extension
pl. : pluriel
p.p. : pour partie
prononc. : prononcer, prononciation
prov. : province
r. magm. : roche magmatique
r. métam. : roche métamorphique
r. sédim. : roche sédimentaire
Répart. stratig. : répartition stratigraphique
sédim. : sédimentaire
s. l. : au sens large
s. s., s. str. : au sens strict
signif. : signifiant, signification
sing. : singulier
str. : structure
sup. : supérieur
Syn, syn. : synonyme
syst. : système
T : température
tabl. : tableau
U.S.A. : États-Unis d'Amérique
US : anglais des U.S.A.
V., v. : voir
Vb., vb. : verbe
var. : variété
* : astérisque indiquant un mot auquel on peut se reporter
= : équivalent à
≈ : proche de
() : Des parenthèses encadrent, dans certains mots, des parties facultatives.

Voir aussi les unités de mesure en fin d'ouvrage (Annexe 1).

A

A – Ancien symbole chim. de l'argon* (aujourd'hui Ar).

a (axe –) [angl. *a axis*] – V. axe tectonique.

A (horizon –) [angl. *A horizon*] – Horizon le plus élevé d'un sol*, dont les substances solubles ont été, au moins en partie, lessivées. Syn. horizon éluvial ou de lessivage.

aa n. m. [mot hawaïen ; angl. *aa*] – Coulée de lave dont la surface, qui s'est solidifiée et brisée pendant sa descente, est déchiquetée et scoriacée. V. cheire.

Aalénien n. m. [C. Mayer-Eymar, 1864, de Aalen, Allem. ; angl. *Aalenian*] – Étage aujourd'hui généralement placé à la base du Jurassique moy. (ère secondaire), mais parfois encore au sommet du Jurassique inf. Selon les auteurs, il est réuni tantôt au Lias*, tantôt au Dogger*. V. tabl. Annexe 2. Adj. **aalénien, nne**.

AAS [sigle, de l'anglais *Atomic Absorption Spectro(photo)metry*] – V. spectrométrie d'absorption atomique.

Ab – Abréviation usuelle pour albite, feldspath* plagioclase sodique.

abaissement n. m. **axial** (ou – d'axe) [angl. ≈ *structural saddle, – low*] – Torsion vers le bas de l'axe d'un pli*. Ant. relèvement axial.

Abbevillien n. m. [M. Breuil, 1932, d'Abbeville, Somme. Fr.] (V. tabl. préhistoire) – Ensemble culturel préhistorique du Paléolithique inférieur, autrefois nommé Chelléen, caractérisé par des silex grossièrement taillés en bifaces aux arêtes sinueuses. Parfois considéré comme un faciès ancien de l'Acheuléen (V. fig. A à ce mot). Connu de 1 million d'années ou plus à 300 000 ans env. Adj. **abbevillien, nne**.

aber n. m. [mot breton ; angl. *aber*] – Syn. de ria.

abioglyphe n. m. [Vassoevitch, 1953, du gr. *a*, sans, *bios*, vie, et *gluphein*, graver ; angl. *abioglyph*] – Trace de base de banc d'origine inorganique. Ant. bioglyphe, V. hiéroglyphe.

ablation n. f. [du lat. *ablatio, enlèvement* ; angl. *ablation*] – Épisode d'un processus d'érosion qui correspond à l'enlèvement de matériaux solides. Pour un glacier, ce phénomène peut comprendre fonte, sublimation et vêlage. Les termes dérivés suivants sont admis par l'Acad. des Sciences : vb. **(s') ablater,** adj. **ablatable**.

ablation basale – V. rabotage basal.

aboral adj. [du latin *ab-*, loin de, et *ora*, bouche ; angl. *aboral*] – Qualifie le côté d'un individu opposé à la bouche. Ant. oral.

abrasion n. f. [du lat. *abradere*, enlever en grattant ; angl. *abrasion*] – Érosion causée par le frottement des matériaux transportés par les eaux ou les glaces. Ex : une plateforme d'abrasion marine.

abri-sous-roche n. m. [angl. *rockshelter, sheltercave*] – Caverne peu profonde dans un escarpement rocheux. Cette forme de relief est fréquente en pays calcaire à structure tabulaire et peut y être interprétée, souvent, comme due à l'action du gel (gélifraction). V. modelé périglaciaire. Syn. baume.

absolu adj. **(âge –)** – V. âge absolu et radiochronologie.

absorption n. f. **atomique (spectrométrie d'–)** – V. spectrométrie d'absorption atomique.

Abukuma (série métam. de type –) [du plateau d'Abukuma au Japon ; angl. *Abukuma-type facies series*] – V. métamorphisme.

abyssal, e, aux adj. [E. Haug, 1907, du gr. *abussos*, sans fond ; angl. *abyssal*] – Relatif aux milieux marins* situés approximativement entre 3 000 et 7 000 m de profondeur.

abyssal (cône –) [angl. *abyssal cone*] – V. cône sous-marin.

abyssale (plaine –) [angl. *abyssal plain*] – Vaste zone océanique à surface horizontale, située à une profondeur de 4 000 à 5 000 m (moyenne 4 800 m). V. aussi océan.

Ac – Symbole chim. de l'actinium.

Acadien n. m. [Dawson, 1867, de l'Acadie, ancien nom de la Nouvelle-Écosse, Canada ; angl. *Acadian*] – Division stratigraphique équivalant au Cambrien moyen (obs.). V. tabl. Annexe 2. Adj. **acadien, nne**.

acadienne adj. **(phase –)** [angl. *Acadian orogeny*] – Phase tectonique contemporaine de la phase bretonne (base du Carbonifère), ou un peu plus ancienne qu'elle. V. tabl. Annexe 2.

Acanthoceras du gr. *akantha*, épine, et *keras*, corne] – Genre d'Ammonites (V. fig. à ce mot) du Crétacé sup. (Cénomanien).

Acanthodiens n. m. pl. [du gr. *akantha*, épine, et *eidos*, forme ; angl. *Acanthodii*] – Groupe de Poissons primitifs uniquement fossiles. Répart. stratigr. : Silurien sup. – Permien inf.

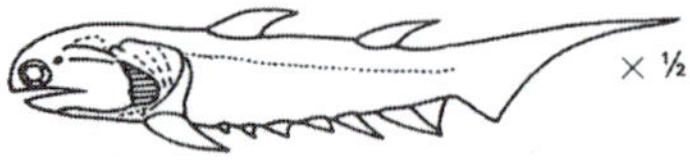

Acanthodien

accessoire adj. **(minéral –)** [angl. *accessory mineral*] – Minéral présent en faible pourcentage (p. ex. 1 % ou moins) dans les roches et n'intervenant pas dans leurs définitions. Un minéral peut être accessoire dans une roche et essentiel* dans une autre.

accident n. m. [du lat. *accidens*, qui survient fortuitement] – 1. [angl. *ground feature*] En tectonique : terme général désignant toute surface de contact anormal (= mécanique, = tectonique) comme les failles, les décrochements, les charriages. 2. [angl. *leap*] En topographie : dénivellation brutale. 3. [angl. *occurence*] En pétrographie : concentration localisée (ex. accident siliceux).

accommodation [terme emprunté à l'angl.] – V. espace disponible.

accordance n. f. [de l'all. *Akkordanz*, H. Stille, 1924] – 1. Parallélisme entre deux couches, initialement discordantes, résultant de compressions tectoniques – 2. [angl. *concordance, uniformity*] Concordance locale entre deux couches ou, plus généralement, deux ensembles géologiques qui, régionalement, sont en discordance* stratigraphique. V. lacune. Adj. **accordant, e** [angl. *concordant, conformable*].

accore adj. [du néerl. *schore*, escarpé ; angl. *sheer*] – S'applique à une côté escarpée bordée de fonds importants. N. f. **accore** [angl. *sheer coast*].

accrétion n. f. [du lat. *accretio*, accroissement ; angl. *accretion*] – Augmentation de volume d'un corps par adjonction de matière extérieure. – 1. **accrétion terrestre** : selon certaines hypothèses, formation de la Terre à partir d'un noyau primitif par l'agglomération, sous l'effet de l'attraction newtonienne, de météorites, astéroïdes, etc. – 2. **accrétion continentale** : Hypothèse, proposée par J. Dana au XIXe siècle et maintenant abandonnée, selon laquelle les continents se seraient accrus sur leur pourtour par l'adjonction du matériel de chaînes géosynclinales successives. – 3. **accrétion océanique** : création de nouvelles portions de croûte océanique à partir du rift d'une dorsale océanique. – 4. [angl. *accretionary prism*] **prisme d'accrétion** : empilement d'écailles au bord interne d'une fosse océanique et au-dessus de la croûte océanique causé par la subduction de celle-ci. V. expansion des océans, tectonique des plaques.

accumulation n. f. [angl. *illuviation*] – Pour un sol*, concentration, dans un certain niveau, de substances entraînées vers le bas par les eaux d'infiltration. Ce niveau est appelé horizon d'accumulation ou horizon illuvial ou encore horizon B. Ant. lessivage ou éluviation (horizon A). Syn. illuvation.

accumulation (glacis d'–) [angl. *alluvial apron*] – Glacis* où la roche en place est recouverte par une forte épaisseur d'alluvions.

Acéphales n. m. pl. [du gr. *a*, sans, et *kephalê*, tête ; angl. *Pelecypoda*] – Ancien nom des Bivalves (syn. Lamellibranches).

Aceraspis [du gr. *a*, sans, *keras*, corne, et *aspis*, bouclier] – Genre d'Agnathes (V. fig. à ce mot) du Dévonien inf.

ACF (diagramme –) [angl. *ACF diagram*] – V. diagramme triangulaire.

Acheuléen n. m. [G. de Mortillet, 1872, de St. Acheul, Somme. Fr. ; prononc. ach- ; angl. *Acheulian*] – Ensemble culturel préhistorique caractérisé par des outils taillés en grands bifaces épais, surtout ovales (limandes) ou en hachereaux accompagnés d'outils sur éclats, de grattoirs et de burins. L'Abbevillien dont les bifaces ont des arêtes plus sinueuses en est parfois considéré comme un faciès ancien, alors que le Micoquien, aux bifaces pointus, en est une continuation. Connu de 600 000 à 80 000 ans env. V. préhistoire (tabl.). Adj. **acheuléen, nne**.

achondrite n. f. [angl. *achondrite*] – Météorite* composée presque uniquement de cristaux d'olivine et de pyroxène.

aciculaire adj. [du lat. *acicula*, petite aiguille ; angl. *acicular*] – En forme d'aiguille.

acide adj. [angl. *acid*] – S'applique aux r. magm. contenant 66 % ou plus en poids de SiO_2, d'où en général présence de cristaux de quartz, et pauvres en Mg, Fe et Ca (15 % ou moins). V. aussi intermédiaire, basique, ultrabasique.

acidité n. f. [angl. *acidity*] – Pour un minéral, rapport de Si à la somme des cations. Par ex., dans l'orthose K [Si_3 Al O_8], où il y a 3 Si, 1 Al et 1 K, l'acidité est, en pourcentage, 3/(3 + 1 + 1) x 100 = 60 %. Un minéral est neutre à 50 %, acide au-delà, basique en deçà.

aclinal adj. [du gr. *a*, sans et *klinein*, s'incliner ; angl. *aclinal*] – S'applique à des structures de pendage nul ou très faible.

aclinal (escarpement –) – V. glint.

aclinal (relief –) – Syn. de relief tabulaire (V. ce terme).

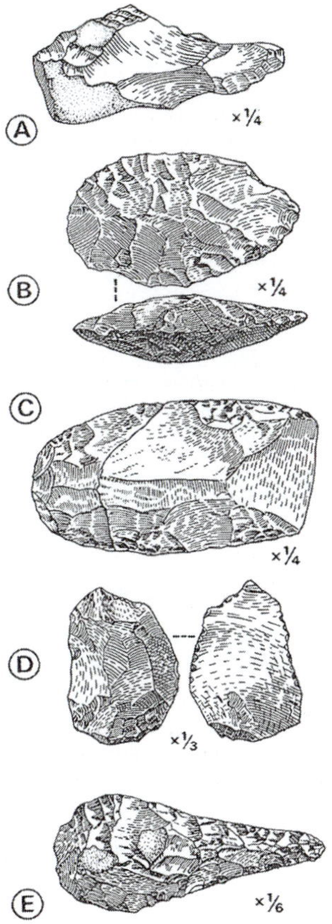

Acheuléen

A : biface abbevillien – **B :** biface acheuléen (limande) – **C :** hachereau – **D :** grattoir sur éclat – **E :** biface micoquien. (A, C et E d'après D. de Sonneville-Bordes) ; B et D d'après M. Boule et H. Vallois.)

acmé n. m. [du gr. *akmê*, pointe ; angl. *acme*] – Biozone définie par l'abondance particulière d'un organisme.

acmite n. m. [du gr. *akmê*, pointe ; angl. *acmite*] – Variété fibreuse d'ægyrine.

acoustique adj. **(socle –)** [angl. *acoustic basement*] – V. socle.

Acritarches n. m. pl. [angl. *Acritarchs*] – Organismes microscopiques (5 à 200 μm), de classification incertaine (Protistes, pontes d'animaux, ou spores de végétaux supérieurs ?), conservés à l'état de matière organique surtout dans les roches siliceuses. Leur forme est généralement celle d'une sphère hérissée d'épines fourchues et parfois anastomosées. On les trouve dans les

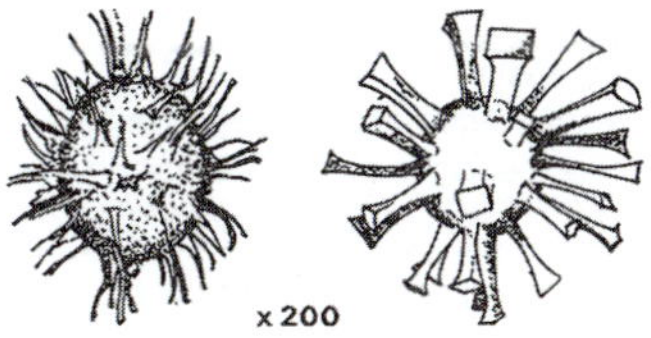

Acritarches

sédiments marins et pélagiques, mais certaines formes sont dulçaquicoles. Répart. stratigr. : Précambien – Actuel. Ce sont parmi les plus anciens fossiles connus (vers 3 000 Ma) et ils furent abondants à l'Ordovicien et au Silurien. (V. Hystrichosphères.)

actinium n. m. [angl. *actinium*] – Symbole chim. Ac. Élément radioactif avec deux isotopes naturel ^{227}Ac, ^{228}Ac, issus de la désintégration de l'uranium ^{235}U.

Actinocamax [du gr. *aktis*, rayon et *camax*, pointe] – Genre de Bélemnites du Crétacé sup. proche de *Belemnitella*.

actinodonte adj. [du gr. *aktis*, rayon, et *odous, odontos*, dent ; angl. *actinodont*] – V. Bivalves.

Actinoptérygiens n. m. pl. [du gr. *aktis*, rayon, et *pterugion*, nageoire ; angl. *Actinopterigii*] – Groupe de poissons*, comprenant la plupart des espèces actuelles, dont les os des nageoires ont une disposition rayonnante.

actinote n. f. [du gr. *aktis*, rayon ; angl. *actinolite*] – Amphibole* calcique ferromagnésienne.

activation n. f. **(énergie d'–)** [angl. *activation energy*] – Énergie qu'il faut communiquer à une particule, ou à un groupe de particules, pour qu'elle passe d'un état d'énergie à un autre.

activation neutronique (analyse par –) [angl. *neutron activation (analysis) : NAA*] – Détermination de la quantité d'un élément contenu dans un échantillon par mesure de la radioactivité induite par un bombardement de neutrons.

active adj. **(marge –)** [angl. *active margin*] – Marge continentale (V. ce terme) marquée par une zone de subduction.

actualisme n. m. [angl. *actualism, uniformitarianism*] – Théorie postulant que les lois régissant les phénomènes géologiques actuels étaient également valables dans le passé (principe dit **des causes actuelles et des causes anciennes**). Cette théorie, soutenue notamment par J. Hutton (1726-1797) et Ch. Lyell (1797-1875), s'est opposée à celle du **catastrophisme,** dont un champion a été G. Cuvier (1769-1832), selon laquelle certains événements du passé ne s'expliqueraient que par des phénomènes particuliers et souvent violents. L'actualisme a aujourd'hui, dans l'ensemble, triomphé même si l'existence d'événements catastrophiques n'est pas rejetée. Syn. uniformitarisme.

actuel, e adj. [angl. *present*] – Qui se rapporte à l'époque contemporaine. Il est à noter que cette référence est mobile dans le temps, ce qui n'est pas gênant lorsqu'on se réfère à des périodes géologiques lointaines, mais pose des problèmes pour l'étude des périodes récentes pour lesquelles il est nécessaire de fixer plus précisément une origine des temps (V. B.P.). N. m. **actuel**.

acyclique adj. **(relief –)** [angl. *acyclic relief*] – Relief, ou modelé, qui ne s'explique pas par un cycle* d'érosion.

adakite n. f. [Defant et Drummond, 1990, des îles Adak, îles Aléoutiennes, U.S.A. ; angl. *adakite*] – Roches magmatiques de type andésite-diorite, dacite-granodiorite ou rhyolite-granite avec $SiO_2 > 56$ %, très faiblement concentrées en yttrium et terres rares. Ces roches, qui se rencontrent dans les arcs volcaniques, sont considérées comme dérivant de la fusion d'une croûte océanique jeune et encore chaude, engagée dans une subduction dans les conditions de stabilité du grenat et de l'amphibole.

adamantin, e adj. [du gr. *adamos*, diamant ; angl. *adamantine*] – Qui a un éclat ou une dureté rappelant le diamant.

adiabatique adj. [du gr. *adiabatos*, qu'on ne peut traverser ; angl. *adiabatic*] – Relatif aux transformations des corps qui s'effectuent sans échange de chaleur avec l'extérieur. La compression adiabatique d'un gaz produit son échauffement, sa décompression, son refroidissement. Ce dernier phénomène explique la formation des nuages par ascension des masses d'air humide. N. m. **adiabatisme**.

adinole n. f. [du gr. *adinos*, compact ; angl. *adinole*] – Roche du métam. de contact des r. magm. basiques (dolérites surtout), de type cornéenne à grain très fin (aspect de silex), blanc jaunâtre, grise, verte, composée de quartz, chlorite et albite (apport métasomatique de Na), dérivant d'argiles, de pélites ou de schistes.

adsorption n. f. [du lat. *ad*, sur, et de absorption ; angl. *adsorption*] – Phénomène consistant en la fixation de molécules ou d'ions à la surface de corps solides. Vb. **adsorber,** adj. **adsorbé, e.**

adulaire n. f. [du massif de l'Adula, Suisse ; angl. *adularia*] – Var. de feldspath* orthose transparent à éclat nacré.

advection n. f. [du lat. *advehere*, apporter ; angl. *advection*] – Déplacement d'un fluide (masse d'air atmosphérique, matériel du manteau) dans le sens horizontal. V. convection.

adventif adj. **(cône –, volcan –)** [angl. *adventive, parasitic (cone, crater)*] – Petit volcan* apparaissant sur le flanc d'un plus grand et alimenté par la même cheminée.

ægyrine n. f. [de *Ægir*, dieu germanique de la mer ; angl. *aegirine*] – Var. de pyroxène (clinopyr. alcalin).

ænigmatite n. f. [du lat. *ænigma*, énigme ; angl. *aenigmatite*] – Var. d'amphiboloïde. Syn. cossyrite.

aération adj. **(zone d'–)** [angl. *zone of aeration, unsaturated zone*] – Zone d'une nappe* d'eau souterraine située au-dessus de la zone de saturation et où circulent les eaux vadoses.

aérobie adj. [du gr. *aêr*, *aeros*, air et *bios*, vie ; angl. *aerobic*] – Se dit d'un organisme qui, pour se développer, a besoin d'oxygène libre. Ant. anaérobie. N. f. **aérobiose**.

aérolit(h)e n. m. [angl. *aerolite, stony, meteorite*] – Syn. de météorite pierreuse.

Aeronien n. m. – Étage du Silurien (ère primaire). V. tabl. Annexe 2. Adj. **aeronien, nne**.

aff. – Abréviation du mot latin *affinis*, voisin de. Ex. : *Terebratula* sp. aff. *gibbosa*, désigne une espèce du genre *Terebratula* proche de l'espèce *gibbosa*.

affleurement n. m. [angl. *outcrop, exposure*] – Partie d'un terrain visible à la surface de la Terre. Sur les cartes géologiques, les affleurements sont généralement limités par des traits fins qui sont les **contours géologiques**. À noter que pour ces cartes, on emploie souvent le mot affleurement pour désigner des terrains qui sont en réalité cachés par quelques décimètres de formations superficielles (sol, alluvions). Pour une couche d'épaisseur donnée, la largeur d'affleurement dépend

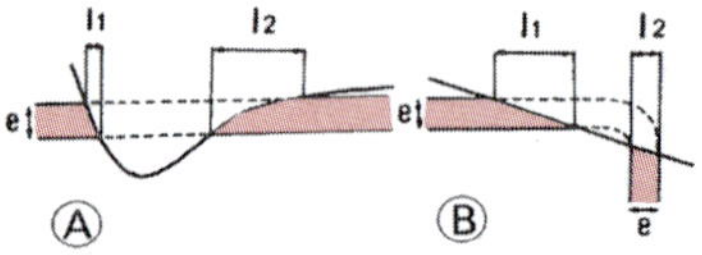

affleurement

Variation de la largeur d'affleurement mesurée dans un plan horizontal. – A : pour une épaisseur et une attitude données, la largeur d'affleurement varie avec la pente topographique – B : pour une épaisseur et une pente topographique données, la largeur d'affleurement varie avec le pendage ; à droite l2 = e (couche verticale).

des relations entre l'attitude* de cette couche et la pente topographique (V. aussi pendage). La largeur d'affleurement d'une couche verticale est égale à l'épaisseur de celle-ci, mais lorsque la largeur d'affleurement d'une couche est égale à son épaisseur, cette couche n'est pas forcément verticale. Vb. **affleurer** [angl. *to outcrop, to crop out, to expose*] ; adj. **affleurant, e**.

affluent n. m. [du lat. ad- *vers*, et *fluere*, couler ; angl. *tributary*] – Cours d'eau qui se jette dans un autre. Adj. **affluent, e.**

AFM (diagramme –) [angl. *AFM diagram*] – V. diagramme triangulaire.

Afton n. m. [de Afton, ville de l'Iowa, États-Unis ; angl. *Aftonian*] – Période interglaciaire du Quaternaire* nord-américain, équivalent du Günz-Mindel alpin. V. tabl. à glaciation.

Ag – Symbole chim. de l'argent.

agamonte n. m. [du gr. *a*, sans, et *gamos*, mariage ; angl. *agamont*] – Chez les Foraminifères*, individu asexué. Syn. schizonte.

agate n. f. [du gr. *Akhatês*, cours d'eau de Sicile ; angl. *agate*] – Variété de calcédoine colorée par zones.

âge n. m. (durée d'un étage) [angl. *age*] – V. stratigraphie.

âge absolu [angl. *absolute age*] – Temps qui s'est écoulé depuis un événement donné. Ce terme est à proscrire, comme trop catégorique, dans le sens d'âge radiométrique. V. radiochronologie.

âge radiométrique [angl. *radiometric age*] – Âge évalué par radiochronologie*.

âge relatif [angl. *relative age*] – Datation d'un événement par rapport à un autre, plus ancien, contemporain, ou plus récent. C'est l'âge que permettent de déterminer toutes les méthodes stratigraphiques, paléontologiques, structurales.

agglomérat n. m. [du lat. *agglomerare*, amasser ; angl. *agglomerate*] – Terme général désignant un dépôt détritique peu ou pas cimenté, composé d'éléments > 2 mm (classe des rudites). La roche consolidée correspondante est un conglomérat.

agglutinant, e adj. [angl. *agglutinated*] – Qualifie le test de certains foraminifères, formé de particules liées par un ciment chitineux ou calcaire. V. arénacé.

aggradation n. f. [par opposition à progradation : *cf.* agradation ; angl. *aggradation*] – Phénomène du déplacement vers l'intérieur des terres de la sédimentation de la marge continentale consécutif à une montée du niveau marin. V. onlap.

agitation n. f. **microsismique** [angl. *microseismic movement, seismic (back)ground noise*] – Frémissement permanent de l'écorce terrestre, attribuable en partie à l'activité industrielle, au vent, aux vagues, en partie à des causes inconnues.

agmatite n. f. [angl. *agmatite*] – Migmatite* composée d'un mobilisat granitique emballant des fragments de roches métamorphiques (gneiss, quartzites).

Agnathes n. m. pl. [du gr. *a*, sans, et *gnathos*, mâchoire ; angl. *Agnatha*] – Classe de Vertébrés à aspect de poissons, la plupart fossiles, n'ayant pas de mâchoires. Les Agnathes fossiles, apparus à l'Ordovicien, ont la partie antérieure du corps recouverte d'une épaisse cuirasse osseuse, d'où leur nom d'**Ostracodermes**. Cette caractéristique les a fait parfois improprement réunir aux Placodermes, qui leur ressemblent à ce point de vue mais sont des poissons, dans le groupe des « poissons cuirassés ». On ne connaît pas d'Agnathes entre le Carbonifère et l'époque actuelle, peut-être parce qu'ils ont alors perdu ce squelette externe. Tous les Agnathes fossiles ont été trouvés dans des sédiments lacustres. Les Agnathes actuels vivent dans les eaux douces ou marines. Syn. Cyclostomes.

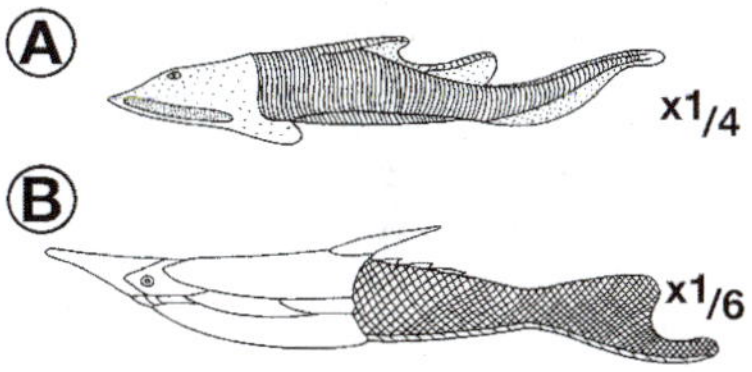

Agnathes

– A. *Aceraspis*, Céphalaspidomorphe du Dévonien inf. – B. *Pteraspis*, Ptéraspidomorphe du Dévonien inf.

Classification :

1 – Céphalaspidomorphes : tous fossiles sauf la lamproie ; Répart. stratigr. : Ordovicien – Actuel.

2 – Ptéraspidomorphes : tous fossiles sauf la Myxine ; Ordovicien – Actuel.

3 – Thélodontes : Silurien sup. – Dévonien inf.

Agnostus [du gr. *a*, non, et *gnostos*, connu] – Genre de Trilobites (V. fig. à ce mot) du Cambrien sup.

agpaïtique adj. [angl. *agpaitic*] – S'applique à la structure de syénites néphéliniques alcalines où la néphéline et les feldspaths alcalins automorphes ont cristallisé les premiers, et où les interstices ont été remplis par du pyroxène et/ou de l'amphibole sodiques et xénomorphes (ordre de cristallisation* inverse du cas général, p. ex. de celui des granites).

agradation n. f. [G. Millot, 1964, par opposition à dégradation ; *cf.* aggradation] – V. argile. Adj. **agradé, e**.

agrégat n. m. [du lat. *ad*, vers, et *grex, gregis,* troupeau ; angl. *aggregate, cluster*] – Dans les r. sédim., petite masse plus ou moins lobée, formée par la coalescence de pelotes (pellets), de grains ou de particules.

ahermatypique adj. [du gr. *a*, sans, *hermas*, récif, et *tupos*, forme ; angl. *ahermatypic*] – Se dit des Madréporaires qui ne construisent pas de récifs. Ant. hermatypique.

aigue-marine n. f. [angl. *aquamarine*] – Var. de béryl* en grands cristaux transparents bleu-vert.

aimantation n. f. **rémanente** [angl. *remanent magnetization*] – Aimantation induite dans un corps par un champ magnétique, qui subsiste après la disparition du champ. V. paléomagnétisme.

air gun – [expr. angl.] – V. canon à air.

air n. m. **libre (anomalie à l'–, correction à l'–)** [angl. *free air anomaly, – correction*] – V. géodésie.

Airy (modèle d'–, hypothèse d'–) [angl. *Airy model, – hypothesis*] – V. géodésie.

akermanite n. f. [dédié à Akerman ; angl. *akermanite*] – Mélilite* manganésifère.

A'KF (diagramme –) – V. diagramme triangulaire.

aklé n. m. [angl. *aklé*] – Champ de dunes dont les crêtes, sinueuses, sont, dans l'ensemble, perpendiculaires au vent.

Al – Symbole chim. de l'aluminium.

al. – V. *et al.*

alab – Pl. de elb.

alas(s) n. m. [angl. *alas(s)*, pl. *alases*] – Dépression dans un cryokarst*.

albâtre n. m. [du gr. *Alabastron*, nom d'une cité égyptienne ; angl. *alabaster*] – Variété de gypse très finement cristallisé, blanc et translucide, utilisé en sculpture. Par extension, ce terme désigne aussi diverses variétés de calcaires blancs, parfois veinés, utilisés en sculpture ou en architecture.

albédo n. m. [du lat. *albedo*, blancheur ; angl. *albedo*] – Rapport de l'énergie des ondes électromagnétiques renvoyées par une surface, par réflexion ou diffusion, à l'énergie des ondes électromagnétiques incidentes. L'albédo, parfois exprimé en pourcentage, est le plus souvent utilisé dans le domaine des ondes lumineuses. Il est de 0 pour le corps noir parfait, de 0,1 environ pour un sol couvert de végétation, de 0,8 à 0,9 pour la neige. L'albédo joue un rôle important dans les zonations thermiques et les climats du Globe.

Albien n. m. [A. d'Orbigny, 1842, de *Alba*, nom latin pour l'Aube, Fr. ; angl. *Albian*] – Étage le plus élevé du Crétacé inf. (ère secondaire). V. tabl. Annexe 2. Adj. **albien, nne**.

albite n. f. [du lat. *albus*, blanc ; angl. *albite*] – Var. de feldspath* plagioclase sodique. Abréviation usuelle Ab.

albitisation n. f. [angl. *albitization*] – Processus, mal connu en général, conduisant dans une r. magm. ou métam. à la formation d'albite qui devient le seul feldspath.

albitophyre n. m. [de albite, et de porphyre ; angl. *albitophyre, albitite*] – R. magm. effusive comportant de l'albite comme seul feldspath et des ferromagnésiens hydratés (épidote, chlorite, amphibole, serpentine) ; ces derniers sont peu nombreux dans les **kératophyres,** mais sont abondants dans les **spilites** (V. ces mots).

alcalin, e adj. [de l'arabe *al-qaly*, la soude ; angl. *alkaline, alkalic*] – S'applique : – 1. aux substances riches en ions Na et/ou K ; – 2. aux r. magm. saturées où $Na_2O + K_2O > Al_2O_3$, Na et K se trouvant alors dans des feldspaths alcalins et dans des micas, puis s'ils sont en net excédent dans des amphiboles (riébeckite, etc.) ou des pyroxènes (ægyrine, etc.) ; – 3. aux r. magm. sous-saturées où $Na_2O + K_2O > SiO_2$ et qui contiennent alors de la néphéline ou de la leucite, si Al_2O_3 est en quantité suffisante. Ce qualificatif s'applique ainsi à des roches bien différentes, p. ex. à des granites (r. saturées) contenant 10 à 15 % de $Na_2O + K_2O$, mais aussi à des basaltes (r. sous-saturées) n'en contenant que 5 %.

Alcyonaires n. m. pl. [du gr. *alkyon*, alcyon, oiseau fabuleux ; angl. *Alcyonaria*] – Groupe de Cnidaires* comprenant notamment le corail rouge. Syn. Octocoralliaires.

aléatoire adj. **(échantillonnage –)** [du lat. *alea*, hasard ; angl. *random sampling*] – V. échantillonnage.

Alectryonia [du gr. *alektruon,* coq] – Ancien nom pour *Lopha*, genre de Bivalves (V. fig. à ce mot) du Jurassique - Crétacé.

Alethopteris – Genre de plantes à allure de fougères appartenant au groupe des Ptéridospermales (Préphanérogames). Répart. stratigr. : Carbonifère - Permien.

aleurite n. f. [du gr. *aleuron*, farine ; angl. *aleurite*] – Terme désignant une r. détritique meuble à grain très fin (généralement compris entre 10 µm et 100 µm). V. tabl. granulométrie. Le terme de silt* est pratiquement équivalent.

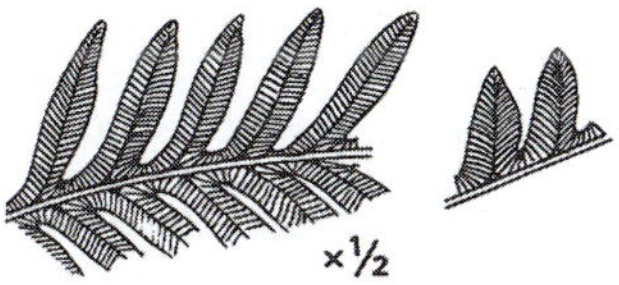

Alethopteris

aleurolite n. f. – Terme (peu usité) désignant une aleurite consolidée. V. pélite, siltstone.

algaire adj. [angl. *algal*] – S'applique dans les r. sédim. aux dépôts et aux concrétions dus à l'activité d'algues : concrétions algaires (ex. oncolithe), tapis algaires, ou minces couches (lamines < 500 µm) formées surtout par les Cyanophycées, et qui par superposition donnent des stromatolithes (V. fig. à ce mot).

Algonkien n. m. [J.W. Powell et U.S. Geol. Survey, 1890, d'une ethnie indienne d'Amérique du Nord ; angl. *Algonkian*] – Division stratigraphique équivalant au Protérozoïque. V. tabl. Annexe 2. Adj. **algonkien, nne**.

Algues n. f. pl. [du lat. *alga*, même signif. ; angl. *Algae*] – Végétaux aquatiques, marins ou d'eau douce, souvent fossilisés quand ils s'incrustent de calcaire ou de silice. On y distingue principalement les groupes suivants : **Diatomées, Cyanophycées** (algues bleues), **Chlorophycées** (algues vertes), **Phéophycées** (algues brunes), **Rhodophycées** (algues rouges). Il est souvent difficile de les dégager des roches qui les renferment et l'on doit alors les étudier en lame mince. Répart. stratigr. : Précambrien - Actuel. Adj. **algaire**.

algues (charbon d'–) [angl. *algal coal*] – Roche combustible bitumineuse formée par l'accumulation et la décomposition d'algues vertes lacustres. V. boghead.

alios n. m. [mot gascon ; angl. *alios*] – Horizon d'accumulation dans un sol podzolique donnant un niveau durci par cimentation des grains de sable ou de limon par des colloïdes. On distingue l'alios ferrugineux [angl. *ironpan*], riche en limonite, et l'alios humique, riche en matière organique. Il est typique sous la forêt des Landes (Fr.) où il se présente comme un grès mal cimenté, jaune rouille à brun foncé, épais de 0,10 à 2 m. V. aussi podzol. Adj. **aliotique**.

aliphatique (hydrocarbure –) [angl. *aliphatic hydrocarbon*] – Hydrocarbure de formule C_nH_{2n+2} dont les molécules forment des chaînes simples ou branchues. Ex. méthane. V. aromatique (hydrocarbure –).

allanite n. f. [dédié à Allan ; angl. *allanite*] – Var. d'épidote* comportant des terres rares (Ce, Th, Y, etc.). Syn. orthite.

Alleröd n. m. [du nom d'un lac danois ; angl. *Allerød*] – Division stratigraphique du Quaternaire (V. tabl. à ce mot) européen basée sur l'analyse pollinique.

allite n. m. [angl. *allite*] – Sol ayant subi une allitisation (p. ex. latérite). Adj. **allitique** [angl. *allitic*].

allitisation n. f. [angl. *allitization*] – Altération superficielle des roches conduisant à la formation d'hydroxyde d'aluminium (Al $(OH)_3$ ou gibbsite) avec perte en SiO_2 et divers cations (K, p. ex.). Ce processus, caractérisé essentiellement par une hydrolyse sous un climat chaud et humide, intervient dans la formation des sols et croûtes ferrallitiques (= latéritiques).

allivalite n. f. [de Allival, Écosse ; angl. *allivalite*] – R. magm. grenue ultrabasique à cumulat d'olivine et plagioclases d'intercumulat.

allochème n. m. [de l'angl. *allochem*, lui-même du gr. *allos*, autre, et de l'angl. *chemical*, chimique ; angl. *allochem*] – Dans la classification des roches de R. Folk, éléments figurés formés dans le bassin de sédimentation. V. carbonatées (roches –). Adj. **allochimique** [angl. *allochemical*].

allochimique adj. [du gr. *allos*, autre, et chimique ; angl. *allochemical*] – 1. Qualifie un métamorphisme dans lequel les composants chimiques des roches ont subi un transport. Ant. topochimique. – 2. De la nature des allochèmes.

allochtone [du gr. *allos*, autre, et *khtôn*, terre ; prononc. allok-] – 1. N. m. [angl. *allochthon*] et adj. [angl. *allochthonous*] sens général, venu d'ailleurs. – 2. Adj. : s'applique à une roche sédimentaire, ou à l'origine de celle-ci, lorsque ses composants ont été arrachés à une roche antérieure, résiduelle ou non. Ex. : l'origine allochtone de certains charbons ; les flyschs sont, dans l'ensemble, des dépôts allochtones. V. aussi allodapique, resédimentation et sédimentaire (roches –). – 3. N. m. et adj. : terrains déplacés d'un substratum à un autre par l'effet d'un processus tectonique, p. ex. : nappe de charriage. Il faut souligner qu'il est parfois difficile de savoir si le transport de matériaux géologiques ressortit à un processus sédimentaire ou tectonique. V. tectonosédimentaire, olistostrome. Ant. (dans tous les cas) autochtone. N. f. **allochtonie** [angl. *allochthony*].

allocyclicité n. f. [du gr. *allos*, autre, et de cycle ; angl. *allocyclicity*] – Cyclicité affectant des formations sédimentaires et qui a comme origine des phénomènes extérieurs au mécanisme sédimentaire lui-même. Ex. alternances de couches commandées par des variations climatiques liées à l'orbite terrestre, séquences sédimentaires contrôlées par la subsidence. Ant. autocyclicité.

allodapique adj. [K.D. Meischner, 1962, du gr. *allodapos*, étranger ; angl. *allodapic*] – S'emploie pour qualifier des calcaires microbréchiques composés d'une accumulation de fragments d'autres sédiments calcaires qui, formés à faible profondeur, se sont resédimentés à des profondeurs plus grandes et, typiquement, s'intercalent au sein de formations marneuses ou argileuses. V. aussi allochtone, turbidite.

allogène adj. [du gr. *allos*, autre, et *gennan*, engendrer ; angl. *allogenic*] – 1. En minéralogie, se dit d'un minéral qui n'a pas pris naissance dans la roche où il se trouve : cas, p. ex., des minéraux détritiques dans une r. sédim. Syn. allothigène, ant. authigène. – 2. En géomorphologie, se dit d'un cours d'eau coulant dans une région karstique et dont la source se trouve en dehors de cette région.

allongement n. m. **d'un minéral** (ou signe d'–) [angl. *(sign of) elongation*] – Pour une section d'un cristal vue au microscope polarisant, relation entre l'allongement géométrique et les indices n'_g et n'_p de cette section (V. réfraction). Si n'_g est parallèle à cet allongement, ou fait avec lui un angle < 45°, on dit que l'allongement est positif [angl. *positive elongation*] ; si c'est n'_p, l'allongement est dit négatif [angl. *negative elongation*].

allopatrie n. f. [du gr. *allos*, autre et du lat. *patria*, pays du père ; angl. *allopatry*] – Fait, pour des êtres vivants, de vivre dans des régions géographiques séparées. Ant. sympatrie. Adj. **allopatrique** [angl. *allopatric*].

allophane n. m. [du gr. *allos*, autre et *phaneîn*, paraître ; angl. *allophane*] – Aluminosilicate hydraté Al_2O_3, SiO_2, nH_2O, mal cristallisé, voisin des minéraux argileux auxquels il paraît souvent faire transition. Adj. **allophanique**.

Allothériens n. m. pl. [du grec *allos*, autre, et *thêrion*, bête sauvage ; angl. *Allotheria*] – Syn. de Multituberculés.

allothigène adj. [du gr. *allothi*, d'autre part, et *gennan*, engendrer ; angl. *allothigene*] – Syn. d'allogène.

allotriomorphe adj. [du gr. *allotrios*, étrange, et *morphê*, forme ; angl. *allotriomorphic*] – Syn. de xénomorphe.

allotropie n. f. [du gr. *allos*, autre, et *trepein*, tourner ; angl. *allotropy*] – Fait, pour un corps simple ou composé, de pouvoir se présenter sous diverses formes, cristallines ou non, ayant des propriétés différentes. V. polymorphisme. Adj. **allotropique** [angl. *allotrope*].

alluvial adj. **(glacis –)** [angl. *alluvial slope*] – V. glacis.

alluviale (terrasse –, vallée –) [de alluvion ; angl. *alluvial terrace, – valley*] – V. terrasse, et vallée.

alluvion n. f. [du lat. *alluvio*, débordement ; angl. *alluvium*] – Sédiment des cours d'eau et des lacs composé, selon les régions traversées et la force du courant, de galets, de gravier et de sable en dépôts souvent lenticulaires. La fraction fine correspondant à des argiles et des limons (c'est elle qui domine dans les zones inondables). Alluvions aurifères, diamantifères, stannifères, etc. : alluvions exploitables où ces substances (rares dans les roches mères) ont été concentrées par tri mécanique (V. placer). Vb. **alluvionner** ; adj. **alluvial, e, aux** [angl. *alluvial*] (produits par les alluvions) ; **alluvionnaire** (contenu dans les alluvions) ; **alluvionné, e** (recouvert d'alluvions) ; n. m. **alluvionnement** [angl. *alluviation*].

almandin n. m. (ou almandine n. f.) [de Alabanda, en Asie Mineure ; angl. *almandine*] – Var. de grenat alumineux ferrifère de couleur brun-rouge.

alouette n. f. **(pied d'–)** – V. gypse.

alpin, e adj. [angl. *Alpine*] – Qui appartient aux Alpes ; qui a des caractères qui sont ceux des Alpes. En géologie, cet adjectif est souvent utilisé dans un sens très large, p. ex., l'expression « chaînes alpines » peut concerner tous les reliefs qui entourent la Méditerranée, ceux des Carpates, des Balkans, d'Iran, etc., qui se sont formés durant le cycle alpin.

alpin (cycle –) [angl. *Alpine orogeny*] – Cycle orogénique débutant au Secondaire (Trias) et marqué, surtout au Tertiaire, par diverses phases tectoniques. V. tabl. Annexe 2.

alpin (Trias –) – V. Trias.

alpinotype n. m. [H. Stille, 1920 ; angl. *alpinotype*] – Type de style tectonique caractérisé par des plis accusés et des nappes de charriage affectant principalement une couverture sédimentaire, comme c'est le cas pour les Alpes. Ant. germanotype.

altération n. f. [angl. *alteration*] – Modification des propriétés physico-chimiques des minéraux, et donc des roches, par les agents atmosphériques [angl. *weathering*], par les eaux souterraines [angl. *subsurface weathering*] et les eaux thermales (altération hydrothermale) [angl. *hydrothermal alteration*]. Elle dépend en particulier du climat, de la température des eaux, de la nature des roches et de leur degré de fracturation. Elle a généralement pour effet de rendre les roches moins cohérentes ce qui facilite leur désintégration (V. érosion). Ant. inaltérable. Vb. **(s') altérer** [angl. *to weather*] ; adj. **altéré, e** [angl. *weathered*] (qui a subi une altération) ; **altérable** [angl. *easily weathered*] (qui peut s'altérer aisément).

altérite n. f. [angl. *alterite*] – Formation superficielle résultant de l'altération et de la fragmentation sur place de roches antérieures sans transformations pédologiques notables. Ex. : arène granitique. *Cf.* régolite.

alternance n. f. (de faciès) [angl. *alternation, interbedding*] – Fait pour deux ou plusieurs types de couches de se succéder de manière répétitive avec plus ou moins de régularité. Ex. : alternance de bancs marneux et de bancs calcaires ; alternance de niveaux de péridotites et de gabbros dans la base des ophiolites. V. aussi cycle, séquence.

altitude n. f. [angl. *elevation, height*] – Élévation verticale d'un point au-dessus du niveau moyen de la mer. L'altitude (ou cote) utilisée pour les points cotés ou certaines courbes de niveau, est définie pour un pays par rapport à un point fondamental matérialisé : en France, c'est le niveau moyen de la Méditerranée mesuré par le marégraphe de Marseille.

alumine n. f. [du lat. *alumen, inis,* alun ; angl. *alumina*] – Oxyde d'aluminium Al_2O_3. V. corindon.

aluminium n. m. [angl. *aluminium*] – Symbole chim. Al. N° et masse atom. 13 et 26,97 ; ion 3^+ de rayon 0,051 nm ; densité 2,7 ; clarke 81 300 g/t soit 8,1 % (3e élément de l'écorce, et métal le plus abondant dans celle-ci). Métal blanc brillant à l'état pur, se trouvant combiné dans de très nombreux silicates. Son oxyde est l'alumine Al_2O_3 dont la forme naturelle est le corindon. Le principal minerai est la bauxite, à hydroxydes $Al\ (OH)_3$ (gibbsite), AlO (OH) (diaspore et bœhmite). V. aussi cryolite.

aluminosilicate n. m. [angl. *aluminosilicate*] – Silicate dans lequel certains atomes de silicium des tétraèdres sont remplacés par des atomes d'aluminium, d'où association de tétraèdres $[SiO_4]^{4-}$ et $[AlO_4]^{5-}$ (ex. feldspaths). V. silicate.

alvéolaire (érosion –) [angl. *alveolar weathering, honeycomb weathering*] – Type d'érosion qui produit de petites cavités dans les roches. V. aussi taffoni.

alvéole n. m. ou f. [du lat. *alveolus*, même signif. ; angl. *alveolus*] – Petite cavité. En paléont. V., p. ex., alvéole du rostre des Bélemnites*.

Alvéolines n. f. pl. [même étymol. qu'alvéole ; angl. *alveolinids*] – Foraminifères du genre *Alveolina* ou d'un genre voisin ; mot souvent employé comme synonyme d'Alvéolinidés. Répart. stratigr. : Crétacé inf. (Aptien) - Actuel.

Alvéolinidés n. m. pl. [angl. *Alveolinidae*] – Groupe de Foraminifères Miliolidés, fusiformes ou subsphériques, à structure complexe, dont la taille, en moyenne de quelques mm, peut parfois atteindre 10 cm. Leur squelette (ou test), de nature calcaire, est constitué par une lame formant une spirale divisée en loges par des cloisons primaires méridiennes, elles-mêmes subdivisées en logettes par des cloisons secondaires. À la différence des Fusulines (qui sont paléozoïques), leur test ne comporte qu'une couche. On les reconnaît bien à la loupe, leur test apparaissant blanc porcelané. Ce sont des organismes de mers chaudes et peu profondes. Ils forment parfois un constituant important de certaines roches, notamment dans l'Éocène des régions téthysiennes. Répart. stratigr. : Crétacé inf. - Actuel.

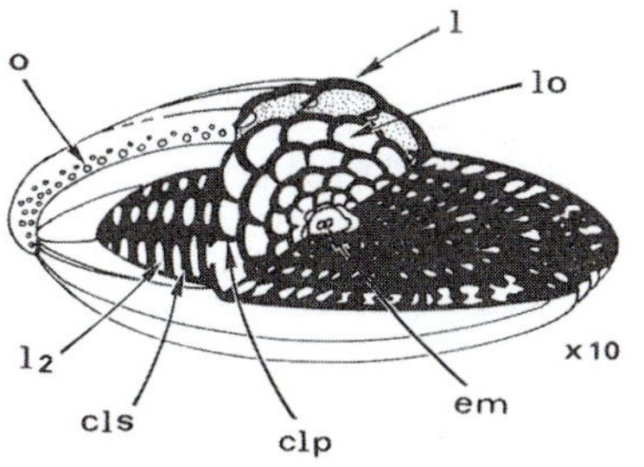

Alvéolines

Une alvéoline sectionnée et en partie décortiquée pour montrer sa structure – clp : cloisons primaires – cls : cloisons secondaires – em : loge embryonnaire – l : lame spirale – lo : loge – l2 : logette – o : face orale et ouvertures buccales (d'après L. Moret).

Amaltheus [du gr. *Amaltheia*, chèvre qui nourrit Zeus] – Genre d'Ammonites (V. fig. à ce mot) du Jurassique inf. (Domérien).

amazonite n. f. [de l'Amazone, fleuve d'Amérique du Sud ; angl. *amazonite*] – Var. de feldspath* microcline de couleur vert émeraude.

ambre n. m. (ou ambre jaune) [de l'arabe *al-anbar* ; angl. *amber*] – Résine fossile des conifères, translucide, jaune, brune ou rouge clair, en grains ou nodules (contenant parfois des fossiles, en particulier des insectes bien conservés). Syn. succin.

ambre gris [angl. *ambergris*] – Concrétion intestinale produite par le cachalot.

ambre noir [angl. *black amber, jet*] – Syn. de jais, var. de lignite noire et brillante (V. charbon).

ambulacraire adj. **(zone –)** [du lat. *ambulare*, marcher ; angl. *ambulacrum* (pl. *ambulacra*)] – V. Échinides. [adj. angl. *ambulacral*].

améthyste n. f. [du gr. *ametustos*, qui préserve de l'ivresse, les Grecs lui attribuant cette propriété ; angl. *amethyst*] – Var. de quartz de couleur violette.

améthyste orientale [angl. *oriental amethyst*] – Var. de corindon de couleur verte.

Amgaien n. m. [angl. *Amgan*] – Étage du Cambrien moy. (ère primaire). V. tabl. Annexe 2. Adj. **amgaien, nne**.

amiante n. m. [du gr. *amiantos*, incorruptible ; angl. *asbestos*] – Terme sans signification minéralogique précise, qui désigne des minéraux silicatés fibreux textiles, résistant au feu, soit des amphiboles (anthophyllite, riébeckite, etc.), soit des serpentines (chrysotile, etc.). Syn. asbeste. Adj. **amiantifère ; amianté, e**.

Ammonites n. f. pl. [de *Ammon*, un des noms de Jupiter, représenté avec des cornes de bélier ; angl. *Ammonitida*] – Groupe de Céphalopodes* Ammonoïdés* caractérisé par la situation du siphon du côté ventral et le dessin des lignes de suture comportant des selles et des lobes découpés. Apparus au Trias, où ils sont représentés uniquement par le groupe des Phyllocératidés, ce sont des fossiles stratigraphiques courants du Jurassique et du Crétacé, époque à la fin de laquelle ils disparaissent brusquement.
Classification :
1 – Phyllocératidés : coquille lisse ou peu ornée, suture dont les selles ont des divisions en forme de spatule arrondie. Répart. stratigr. : Trias - Crétacé.
2 – Lytocératidés : coquille dont chaque tour a généralement une section subcirculaire. Ornementation souvent constituée de côtes fines. Sutures avec peu de selles et de lobes, ces derniers bifides et symétriques. Répart. stratigr. : Jurassique et Crétacé.
3 – Ammonitidés : toutes les autres Ammonites avec les groupes suivants : Psilocératacés, Éodérocératacés, Hildocératacés, Haplocératacés, Stéphanocératacés, Périsphinctacés, Desmocératacés, Hoplitacés, Acanthocératacés. Répart. stratigr. : Jurassique et Crétacé (V. fig.).

ammonitico rosso n. m. [A. de Signo, 1850, expression ital., signif. (marbre) rouge à ammonites] – Faciès sédimentaire commun dans les couches mésozoïques des zones alpines et qui montre des nodules calcaires de formes irrégulières rouges et/ou blancs, rarement verdâtres, souvent constitués par des ammonites parfois corrodées, entourés par une matrice argileuse rouge plus ou moins abondante, qui peut former un simple film entre les éléments ou bien, au contraire, représenter la plus grande partie de la roche. C'est un **faciès condensé**, c'est-à-dire que sur une faible épaisseur, il correspond à une longue durée de sédimentation. Il s'explique par une dissolution partielle des carbonates d'un dépôt en cours de sédimentation sur une ride ou une pente sous-marine. On peut lui comparer, dans le Paléozoïque, les calcaires griottes.

Ammonoïdés n. m. pl. [angl. *Ammonoidea*] – Groupe de Céphalopodes* fossiles protégés par une coquille unique en forme de cône très allongé généralement enroulé en spirale plane. Cette coquille comporte une partie (= **phragmocône**) divisée en chambres par des cloisons sécrétées par l'animal et une partie, située en avant de la cloison la plus récente, où se trouvent les organes mous de l'animal vivant (chambre d'habitation). Cette dernière peut être plus ou moins longue (de la moitié d'un tour à deux tours). Un canal (**siphon**) la relie à la première loge qui est le reste de la coquille initiale ou **protoconque**. Ce siphon est ventral ou, très rarement, dorsal (Clyménies), alors qu'il est central dans le groupe des Nautiloïdés. Un opercule nommé **aptychus*** pouvait obturer la chambre d'habitation.
Les cloisons sont soudées aux parois par des **sutures** cloisonnaires visibles lorsque les couches externes de la coquille ont été enlevées, ou bien sur des moulages internes. Ces sutures comportent des **selles** (convexités tournées vers l'avant) et des **lobes** (convexités tournées vers l'arrière) plus ou moins compliqués selon les groupes. La forme de la coquille constitue un caractère important de classification en particulier au niveau de la famille et du genre : les tours de spire, plus ou moins hauts ou larges, pourvus ou non d'une carène ventrale peuvent se recouvrir les uns les autres (coquilles **involutes**) ou au contraire être seulement jointifs (coquilles **évolutes**) ou même ne pas se toucher, au moins sur une partie des tours (coquilles **déroulées**). Certaines espèces ont un enroulement en forme de vis (coquilles **turriculées**) ou bien encore sont rectilignes. Les dimensions de la coquille, ordinairement de l'ordre du centimètre ou du décimètre, peuvent aller de quelques millimètres à plus de deux mètres.
L'ornementation est très variable et constitue un caractère de classification notamment au niveau du genre et de l'espèce. Chez les Goniatites, elle est peu marquée : stries ou treillage, côtes peu accusées. Chez les Cératites existe fréquemment une costulation parfois noduleuse. Chez les Ammonites, elle est très diverse : parfois absente, elle est souvent constituée de côtes plus ou moins flexueuses, de tubercules ou d'épines.
Tous les Ammonoïdés sont marins et devaient flotter et nager au-dessus des plateaux continentaux ou ramper sur leurs fonds. Ils constituent d'excellents fossiles stratigraphiques ayant permis de diviser l'ère primaire, depuis le Dévonien, et l'ère secondaire en de nombreuses zones qui constituent d'excellents repères biostratigraphiques pour ces périodes. On en a décrit des milliers d'espèces réparties en quelque 1 800 genres. Évolution : V. tabl. Céphalopodes.

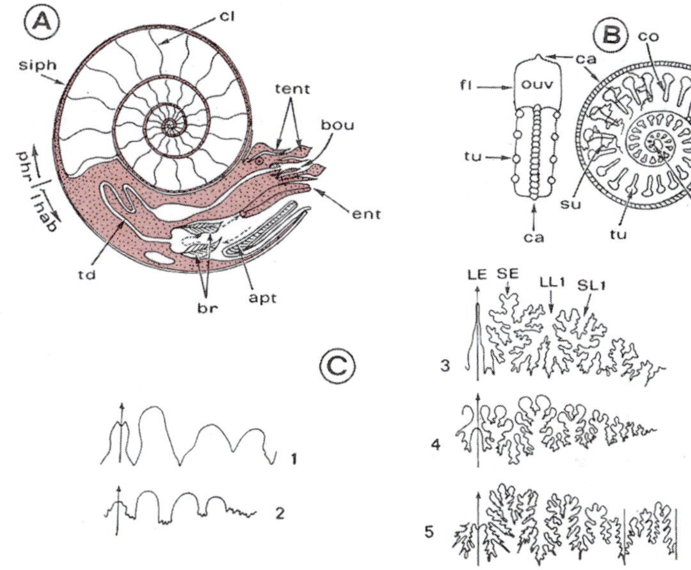

Ammonoïdés

A : section d'une ammonite, l'allure des parties molles étant reconstituée – apt : aptychus – bou : bouche – br : branchies – cl : cloison – ent : entonnoir – lhab : loge d'habitation – phr : phragmocône – siph : siphon – td : tube digestif – tent : tentacules.

B : éléments et orientation d'une coquille d'Ammonoïdé – ca : carène – co : côte – dors : côté dorsal (ou ombilical) – fl : flanc – omb : ombilic – ouv : ouverture – su : suture cloisonnaire – tu : tubercule – vent : côté ventral (ou externe, ou siphonal, sauf pour les Clyménies).

C : exemples de sutures cloisonnaires d'Ammonoïdés – 1 : Goniatite – 2 : Cératite – 3 à 5 : Ammonites (avec 3 : Lytocératidé – 4 : Phyllocératidé – 5 : Périsphinctacé). Les flèches (pointe dirigée vers l'avant de la coquille) marquent le bord siphonal qui est un axe de symétrie pour les sutures – LE : lobe externe (ou siphonal, ou ventral) – SE : selle externe – LL1 : 1er lobe latéral – SL1 : 1re selle latérale.

Classification :

1 – Clyménies (siphon dorsal ; connues seulement au Dévonien sup.).

2 – Goniatites (siphon ventral, sutures simples ; Répart. stratigr. : Dévonien - Permien).

3 – Cératites (siphon ventral, sutures à lobes découpés ; Trias).

4 – Ammonites (siphon ventral, sutures à lobes et selles découpés ; Trias - Crétacé sup.). V. aussi Nautiloïdés.

amodiation n. f. [du lat. *admodiato*, métayage ; angl. *farmout*] – Contrat par lequel le détenteur d'un titre minier (bail ou concession) remet tout ou partie de l'exploitation de ce titre à un tiers, moyennant une redevance périodique. Syn. cession d'intérêt.

amorphe adj. [du gr. *a*, sans, et *morphê*, forme ; angl. *amorphous*] – S'applique aux substances minérales qui ne sont pas cristallines, c'est-à-dire dont les atomes constitutifs ne sont pas disposés selon un réseau régulier : p. ex. cas des verres volcaniques. V. aussi isotrope. Ant. cristallin.

amortissement n. m. [angl. *attenuation*] – Diminution progressive de l'amplitude d'un déplacement tectonique au sein des terrains voisins. Ex. l'amortissement d'une faille (vers le bas, vers le haut, latéralement). V. aussi enracinement. Vb. **s'amortir** ; adj. **amorti, e**.

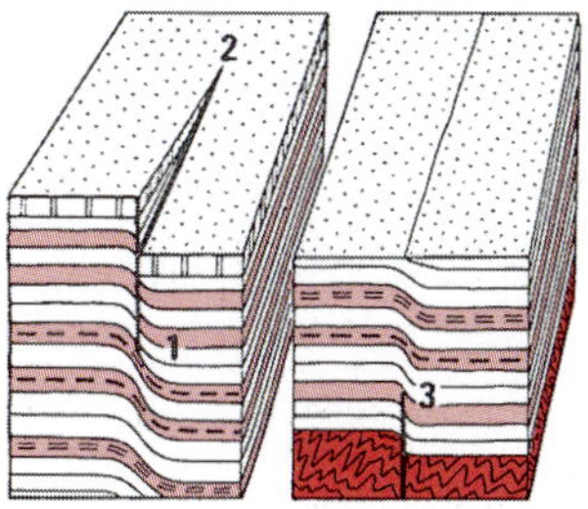

amortissement d'une faille

1 : vers le bas – 2 : latéralement – 3 : vers le haut.

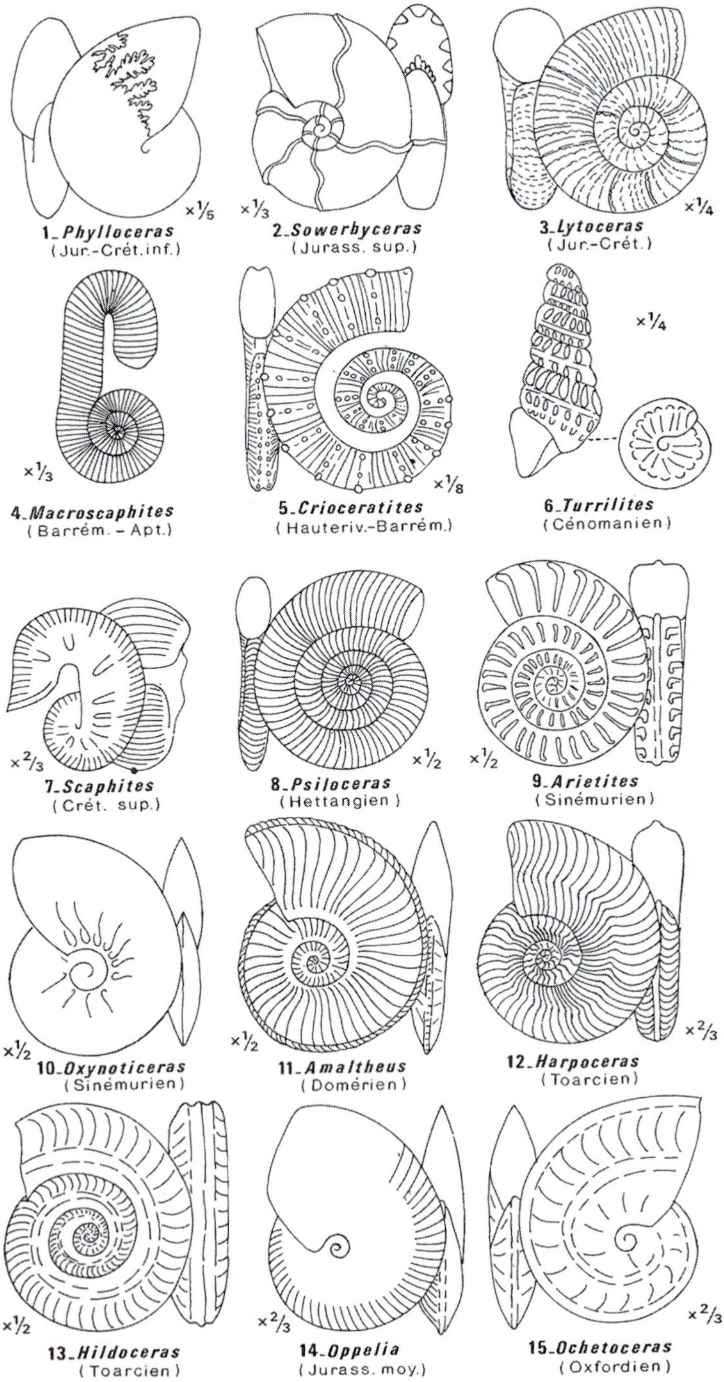

Ammonites

Phyllocératidés (1 et 2) – Lytocératidés (3 à 7) – Psilocératacés (8 à 10) – Eodérocératacés (11) – Hildocératacés (12 et 13) – Haplocératacés (14 à 15).

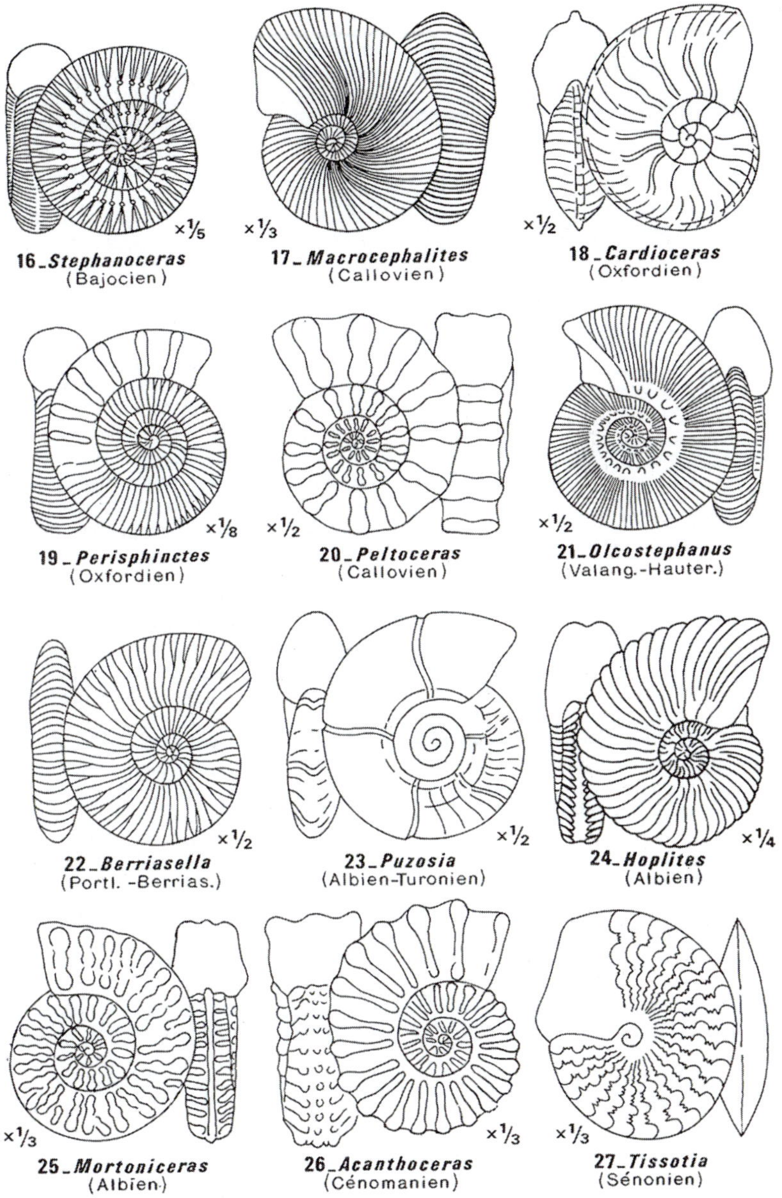

Ammonites

Stéphanocératacés (16 à 18) – Périsphinctacés (19 à 22) – Desmocératacés (23) – Hoplitacés (24) – Acanthocératacés (25 à 27).

---

amortissement frontal [angl. *frontal attenuation*] – Fait pour une couverture tectonique de présenter une structure consistant en une série de plis couchés ou d'écailles dont les flèches diminuent en allant dans le sens du déversement, jusqu'à passer à la couverture non plissée. On parle aussi de plis ou d'écailles à enracinement frontal, ou encore de refoulement.

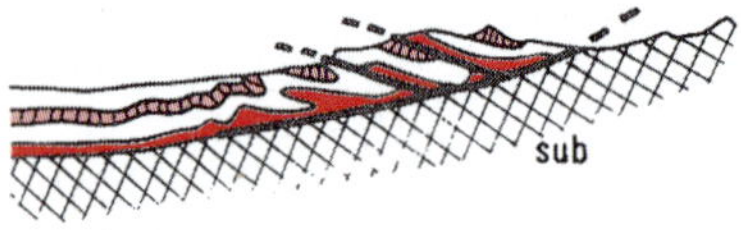

amortissement frontal

L'ampleur du déplacement de la couverture décollée de son substratum (sub) diminue de l'arrière (à droite) vers le front (à gauche).

ampélite n. f. [du gr. *ampelos*, vigne ; angl. *ampelite*] – Roche schisteuse, noirâtre, dérivée d'argiles riches en matières organiques (charbonneuses, bitumineuses) et en pyrite, anciennement utilisée pour traiter les vignobles. Syn. schiste ampélitique. Adj. **ampélitique ; ampéliteux, euse**.

Amphibiens n. m. pl. [du gr. *amphi*, deux, et *bios*, vie ; angl. *amphibians, Amphibia*] – Classe de Vertébrés typiquement à quatre pattes, sang froid et peau humide, vivant dans les eaux douces ou sur terre mais dont les larves sont toujours aquatiques (à la différence des Reptiles). Ce groupe est très important au point de vue de l'évolution car il réalise la sortie des eaux des Vertébrés et le stade intermédiaire entre Poissons et Reptiles. Il est très divers et beaucoup de ses représentants sont fossiles. Parmi ces derniers, les plus abondants sont les Stégocéphales, dont le crâne est recouvert de plaques osseuses épaisses. Leurs représentants les plus primitifs (Ichtyostégaliens, du Dévonien sup.) ont un crâne très proche de celui des Poissons dont ils descendent vraisemblablement. D'autres ont déjà des caractères de Reptiles (Seymouriamorphes). Syn. Batraciens.
Classification :
1 – Aspidospondyles
1.1 Stégocéphales (répart. stratigr. : Dévonien -Trias). V. Ichtyostégaliens (fig.).
1.1.1. Labyrinthodontes :
– **Temnospondyles** (Ichtyostégaliens. Dévonien : Rachitomes, Permien, ex. *Eryops, Archæosaurus* ; Trématosauriens, Trias).
– **Stéréospondyles** (Trias, ex. *Mastodonsaurus, Capitosaurus*).
– **Anthracosauriens** (Embolomères, Carbonifère inf. – Permien : Seymouriamorphes, Carbonifère – Permien).
1.1.2 Phyllospondyles. Carbonifère – Permien, ex. *Branchiosaurus* (= *Protriton*).
1.2 Anoures (grenouilles, etc.). Trias – Actuel.
2 – Urodélomorphes :
2.1 Lépospondyles, Carbonifère inf. – Permien, ex. *Dolichosoma*.
2.2 Urodèles (tritons, etc.). Crétacé inf. – Actuel.
2.3 Apodes, Actuel.

amphibole n. f. [du gr. *amphibolos*, ambigu, du fait de confusions possibles avec d'autres minéraux ; angl. *amphibole*] – Inosilicate en chaîne double, en général du syst. monoclinique, hydroxylé (ion OH –), et ferromagnésien. Les amphiboles constituent une famille de minéraux en prismes plus ou moins allongés, en aiguilles ou en fibres, à section transversale losangique, à angles tronqués, montrant deux clivages à 124°. La couleur est noirâtre, vert sombre à vert clair, brune, parfois bleu lavande ou gris bleuâtre (glaucophane).
Leur classification est complexe et est liée aux variations progressives des teneurs en Mg et Fe, en Ca, et en Na.
1 – Amphiboles ferromagnésiennes de formule $(Mg, Fe)_7 [Si_8O_{22}] (OH, F)_2$, du syst. orthorhombique avec l'**anthophyllite** et la **gédrite** (var. alumineuse), ou du syst. monoclinique avec la **cummingtonite** magnésienne et la **grunérite** ferreuse. Elles sont aciculaires ou fibreuses et se trouvent surtout dans les r. magm. et métam. basiques.
2 – Amphiboles calciques, du syst. monoclinique, avec :
2.1 la série **trémolite** (magnésienne) à **actinote** (ferromagnésienne) de formule $Ca_2 (Mg, Fe)_5 [Si_8O_{22}] (OH, F)_2$;
2.2 les **hornblendes** constituant une famille de minéraux voisins de formule complexe $(Ca, Na, K)_2 (Mg, Fe^{2+}, Fe^{3+}, Al)_5 [Si_6 (Al, Si)_2 O_{22}] (OH, F)_2$ avec en outre 4 à 10 % de TiO_2. On y trouve en particulier la **hornblende verte** (ou h. commune), la **hornblende brune** (ou h. basaltique, ou oxyhornblende) plus riche en Fe^{3+}, la **barkévicite** plus riche en Fe^{2+} et Na, K.
3 – Amphiboles sodiques, du syst. monoclinique, avec le **glaucophane** $Na_2 Mg_3 Al_2 [Si_8O_{22}] (OH)_2$, en prismes peu nets ou en fibres bleu lavande, la **riébeckite** $Na_2 Fe^{2+}_3 Fe^{3+}_2 [Si_8O_{22}] (OH, F)_2$ formant une série avec la **glaucophane** (crossite) et avec **l'arfvedsonite** (plus riche en Ca, Mg et Al). La **katophorite**, contenant du Ca, est intermédiaire avec les amphiboles calciques. Les amphiboles sont communes dans les roches du métamorphisme de contact (cornéennes) et du métamorphisme général (schistes, micaschistes, gneiss). La glaucophane caractérise certains schistes formés à haute pression (V. métamorphisme). Elles sont fréquentes aussi dans les r. éruptives : par ex. hornblende verte dans les granites calco-alcalins, syénites et diorites ; hornblende brune dans les andésites et basaltes ; barkévicite dans les syénites. Leurs altérations se font en talc, chlorite, épidote, calcite suivant la composition. Adj. **amphibolique**.

amphibolite n. f. [angl. *amphibolite*] – Roche à amphiboles et plagioclases du

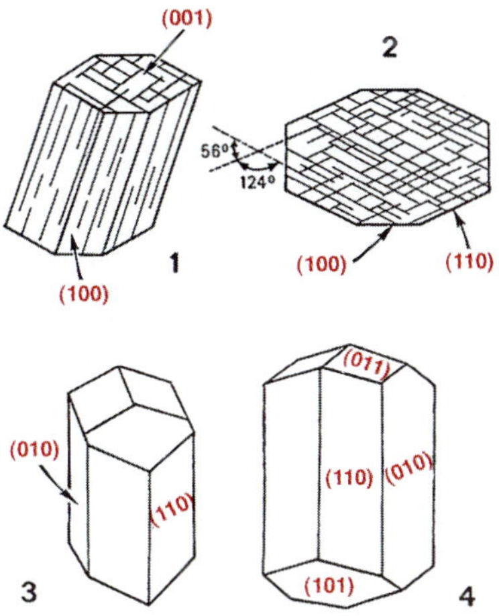

amphibole

1 : prisme avec ses clivages – 2 : section selon (001) – 3 et 4 : formes courantes de la hornblende [d'après A. de Lapparent (3), et P. Bariand *et al.* (4)].

métam. général (mésozone à catazone), à clivages médiocres et texture assez massive, vert sombre, essentiellement constituée de cristaux d'amphibole, plus ou moins ordonnés dans les plans de schistosité (structure granoblastique à cristaux trapus, nématoblastique à cristaux aciculaires) ; peu ou pas de quartz ; feldspaths (plagioclases) toujours présents mais plus ou moins abondants, parfois groupés en lits (amphibolite rubanée). Succédant, à métamorphisme croissant, aux prasinites, les amphibolites dérivent de pélites calcareuses, de marnes détritiques, de r. volcano-sédimentaires (para-amphibolites) ou de basaltes, de spilites, de diorites, et de gabbros (ortho-amphibolites). Les nombreuses variétés sont dénommées d'après leurs minéraux, selon le degré de métamorphisme et le chimisme. L'amphibole est le plus souvent de la hornblende (bleu-vert, verte, brune) : dans les roches pauvres en Ca, c'est de la cummingtonite et de l'anthophyllite. À la limite inférieure (passage aux prasinites) on note la présence d'albite ou d'oligoclase, et d'épidote, puis à métamorphisme plus fort, celle d'andésine ou de labrador, de grenat (almandin), de diopside.

Des roches très riches en actinote ou en glaucophane peuvent être désignées pétrographiquement comme amphibolites, mais seront préférentiellement nommées soit schistes amphiboliques (ou amphiboloschistes à actinote) soit schistes à glaucophane, du fait qu'elles ne ressortissent pas au faciès des amphibolites (V. métamorphisme). Adj. **amphibolitique**.

amphibolites (faciès des –) [angl. *amphibolte facies*] – V. métamorphisme (faciès minéraux).

amphiboloïde n. m. – Inosilicate en rubans, du syst. triclinique. Ce sont des minéraux rares dont le principal est l'**ænigmatite** (cossyrite) TiO_3Na_2 (Fe, Mg)$_2$ (Fe^{3+}, Al)$_2$ [Si_4O_{11}] brune, en minéral accessoire de r. magm. alcalines (granites, syénites).

amphibololite n. f. [angl. *amphibololite, amphiboloide*] – R. magm. ultrabasique (V. tabl. magm. r.) peu fréquente, essentiellement composée d'amphibole.

amphiboloschiste n. m. [angl. *hornblende schist*] – Schiste du métam. général riche en amphibole, en général actinote vert pâle en petites aiguilles groupées en gerbes. Peu usité. Syn. schiste amphibolique.

Amphiope [du gr. *amphi*, deux, et *ôps*, œil] – Genre d'Oursins proche de *Clypeaster* (V. fig. à Échinides) mais plat et percé de trous ronds. Répart. stratigr. : Oligocène – Miocène.

Amphistegina [du gr. *amphi*, deux, et *stegê*, toit] – Genre de Foraminifères ressemblant à une Nummulite mais non symétrique par rapport à son plan d'enroulement. Répart. stratigr. : Éocène – Actuel (mers chaudes).

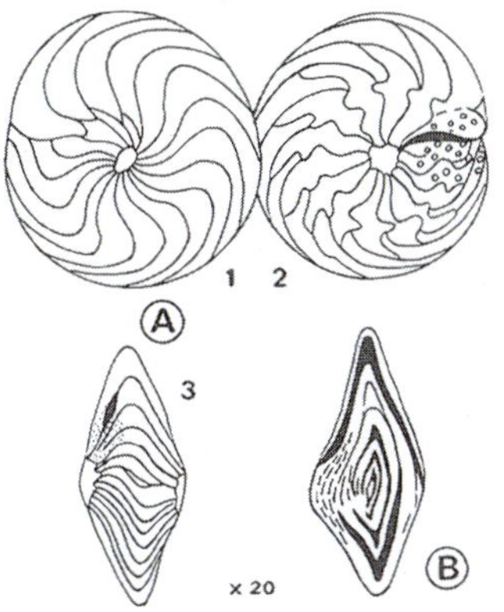

Amphistegina

A : vues externes (1 : dorsale – 2 : ventrale ou ombilicale – 3 : latérale) – **B :** coupe axiale.

amphithéâtre n. m. **morainique** [angl. *horseshoe moraine*] – Colline, dessinant en plan un croissant concave vers l'amont, constituée par la moraine frontale d'un glacier qui s'est retiré. Syn. vallum morainique.

AMS [Abrév. de l'angl. *Accelerator Mass Spectrometry*, spectrométrie de masse par accélérateur] – V. spectromètre de masse.

amygdaloïde adj. [du lat. *amygdala*, amande ; angl. *amygdaloid(al)*] – S'applique aux roches contenant des éléments figurés en forme d'amandes. Ex : calcaire griotte amygdaloïde : gneiss amygdaloïde (syn. de gneiss œillé).

An – Abréviation usuelle pour anorthite. V. feldspath.

anaclinal, e, aux adj. [du gr. *ana*, vers le haut, et *klinein*, s'incliner ; angl. *anaclinal, obsequent*] – Se dit d'un versant dont la pente est en sens contraire du pendage des couches. V. relief structural. Syn. obséquent.

anaérobie adj. [du gr. *an*, sans, et de aérobie ; angl. *anaerobic*] – Se dit d'un organisme qui peut se développer en l'absence d'oxygène libre. Ant. aérobie. N. f. **anaérobiose**.

anagenèse n. f. [du gr. *ana*, vers le haut, et de genèse ; angl. *anagenesis*] – Évolution continue d'une lignée d'êtres vivants par transformation progressive de divers caractères, sans création de lignées divergentes. Ant. cladogenèse. Adj. **anagénétique**.

anaglaciaire adj. [du gr. *ana*, vers le haut, et glaciaire ; angl. *anaglacial*] – S'applique au début d'une période de glaciation, période pendant laquelle des glaciers s'étendent. Ant. cataglaciaire.

analcime n. f. [du gr. *an*, sans, et *alkimos*, robuste ; angl. *analcime*] – Tectosilicate Na [Si_2 Al O_6] H_2O, du syst. cubique, en trapézoèdres blancs à rouges à éclat nacré, mais le plus souvent en très petits cristaux. Ce minéral, de la famille des zéolites mais proche également des feldspathoïdes type leucite, est fréquent dans certaines laves sous-saturées (basaltes, basanites, phonolites), plus rare dans les r. magm. grenues (dolérites). Il caractérise certaines r. à faible métamorphisme. Il apparaît parfois dans certaines r. sédim. : grès, évaporites, roches volcano-détritiques.

analyse n. f. **structurale** [angl. *structural analysis*] – Étude destinée à mettre en évidence et à dater les différentes phases tectoniques ayant affecté un même ensemble de terrains et, pour chacune de ces phases, à déterminer les conditions et les causes des déformations. Syn. analyse tectonique.

analyseur n. m. [angl. *analyzer*] – V. microscope.

Ananchytes – [du gr. *ana*, vers le haut, et *kutos*, corps] – V. *Echinocorys*.

Anapsidés n. m. pl. [du gr. *an*, sans, et *apsis*, liaison ; angl. *Anapsida*] – Groupe de Reptiles* dépourvus de fosses temporales, dont les représentants actuels sont les tortues.

anatase n. f. [du gr. *anatasis*, extension vers le haut ; angl. *anatase*] – Oxyde TiO_2, du syst. quadratique, en cristaux en général petits, à faces nettes et unies, à clivages nets, à cassure conchoïdale ; éclat adamantin submétallique, bleu indigo, noir, jaune de miel. Il est présent dans certaines r. métam. (schistes, amphibolites), et dans les fentes des gneiss et micaschistes (minéral de BT accompagné par la brookite, et associé à l'albite, aux épidotes et chlorites). V. aussi rutile.

anatexie n. f. [J.J. Sederholm, 1907, du gr. *anatêksis*, fusion ; angl. *anatexis*] – Processus par lequel des roches du métamorphisme général, soumises à des températures de plus en plus fortes, subissent une fusion partielle (ou différentielle) donnant des migmatites, puis une fusion totale ou presque donnant un magma (si celui-ci est de nature granitique, sa cristallisation conduira à un granite d'anatexie). Le début de la fusion se produit à des températures dépendant du chimisme des roches, de la pression totale, de la présence ou non de vapeur d'eau (T de fusion plus faible si H_2O est en quantité suffisante : V. métamorphisme avec diagrammes P et T). Schématiquement, l'ordre de fusion des minéraux est inverse de l'ordre de cristallisation* fractionnée et des suites* réactionnelles : une roche riche en albite et quartz commence à fondre à une T plus basse qu'une roche à plagioclases basiques. L'anatexie est parfois appelée ultramétamorphisme, V. aussi palingenèse. Adj. **anatectique**.

anatexie (isograde d'–) [angl. *migmatite isograd*] – Surface (et ligne correspondante sur une carte) marquant le début de l'anatexie et séparant donc les r. métam. s. str. situées au-dessus, des migmatites situées au-dessous (syn. front des migmatites).

anatexite n. f. [angl. *anatexite*] – Roche résultant d'une anatexie partielle. V. migmatite.

Anatifa [du lat. *anas*, canard, et *ferre*, porter, d'après une légende écossaise qui y faisait naître les canards] – Genre de Crustacés Cirripèdes (V. fig. à ce mot) apparu à l'Éocène et dont les représentants actuels sont connus sous le nom d'anatifes ou de bernacles.

anchimétamorphisme n. m. [du gr. *ankhi*, presque ; prononc. anki- ; angl. *very-low-grade metamorphism*] – Métamorphisme général de très faible degré, formant transition entre la diagenèse et le métam. s. str. : la reconnaissance du caractère anchimétamorphique des roches argileuses ou pélitiques est basée sur l'étude aux rayons X des minéraux argileux. Adj. **anchimétamorphique**.

anchizone n. f. [angl. *very-low-grade metamorphic zone*] – Zone de l'anchimétamorphisme (V. métam., zones et isogrades). Adj. **anchizonal, e, aux**.

ancrage n. m. [angl. *anchorage*] – Phénomène par lequel la progression d'une unité en cours de glissement est freinée et stoppée par un obstacle sous-jacent. Vb. **s'ancrer**. Adj. **ancré, e**.

andalousite n. f. [de l'Andalousie, Esp. ; angl. *andalusite*] – Nésosilicate d'alumine Al_2SiO_5, avec faible pourcentage de Fe^{3+} du syst. orthorhombique. Les cristaux, gris clairs ou rosés, sont souvent en prismes plus au moins grands à section transversale losangique ou presque carrée, à clivages parallèles aux faces du prisme. C'est un minéral rare dans les r. magm. (pegmatites, granites acides), mais commun dans les roches du métamorphisme général (schistes, micaschistes, gneiss) et de contact (schistes à andalousite et cordiérite). La **chiastolite** est une variété à inclusions noirâtres dessinant une croix suivant les diagonales des sections transversales, fréquente dans certains schistes (métam. de contact) nommés « schistes maclifères » (V. macle 2). La **viridine** est une variété manganésifère. V. disthène et sillimanite (groupe des sillicates d'alumine). V. aussi métamorphisme.

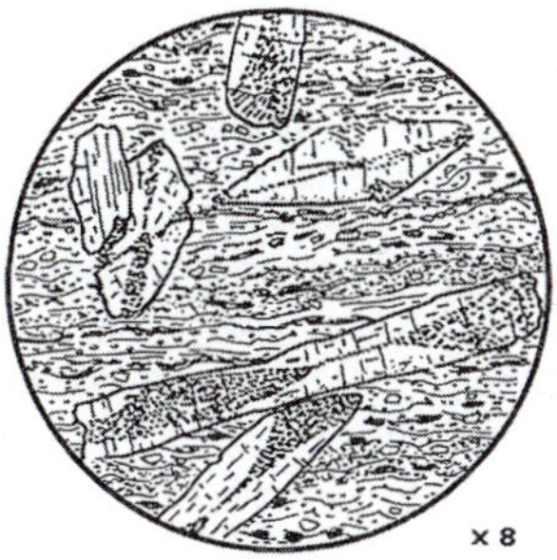

andalousite

Sections de chiastolite vues en lame mince, où les inclusions charbonneuses dessinent une croix (sections transversales) ou un sablier (sections longitudinales) (d'après J. Jung).

andésine n. f. [de la Cordillère des Andes, Amérique du Sud ; angl. *andesine*]. – Var. de feldspath* plagioclase.

andésite n. f. [de la Cordillère des Andes ; angl. *andesite*] – R. magm. effusive (V. tabl. magm. ; r. grenue équiv. : diorite), en général gris violacé clair (leucocrate), microlithique fluidale à verre peu abondant, souvent bulleuse à aspect finement scoriacé et à vacuoles remplies de cristobalite et tridymite (V. silice) ou secondairement de calcite blanche. Les phénocristaux sont rares : plagioclases (oligoclase et andésine), biotite, hornblende ou pyroxènes (augite incolore, parfois hypersthène). Les andésites basiques donnent des coulées, celles plus acides sont moins fluides et donnent des aiguilles et des culots (volcanisme explosif fréquent).

Les andésites et les basaltes, étant souvent associés et se composant dans les deux cas de plagioclases et de ferromagnésiens, sont parfois délicats à distinguer. On peut caractériser une andésite selon divers critères : – 1. le plagioclase est à An < 50 (oligoclase et/ou andésine) – 2. le ferromagnésien est une amphibole – 3. le % en volume des ferromagnésiens est inférieur à 35 % ou 40 % (r. leucocrate). Mais ces critères ne sont pas toujours réunis, d'où des roches appelées « andésito-basaltiques » telles les **mugéarites** (andésites à oligoclase, et à pyroxène riche en Ca), les **islandites** (andésites à andésine et à pyroxène pauvre en Ca), les **labradorites** leucocrates ou andésites à labrador.

Le volcanisme andésitique apparaît dans les aires continentales ; c'est aussi le volcanisme dominant des zones de subduction (arc insulaire, marge continentale active) et l'on considère que le **magma andésitique** proviendrait de la fusion partielle d'amphibolites (vers 30 km de profondeur, à 700-800 °C) donnant surtout des islandites, ou de celle d'éclogites (vers 100 km, à 1 000 °C ou plus) produisant surtout des mugéarites.

Les faciès paléovolcaniques sont fréquents avec développement de chlorites et d'épidotes : **porphyrite** uniformément verte, **porphyre vert antique** à phénocristaux plus clairs, **porphyre rouge antique** coloré par de la piémontite (épidote rose). Adj. **andésitique**.

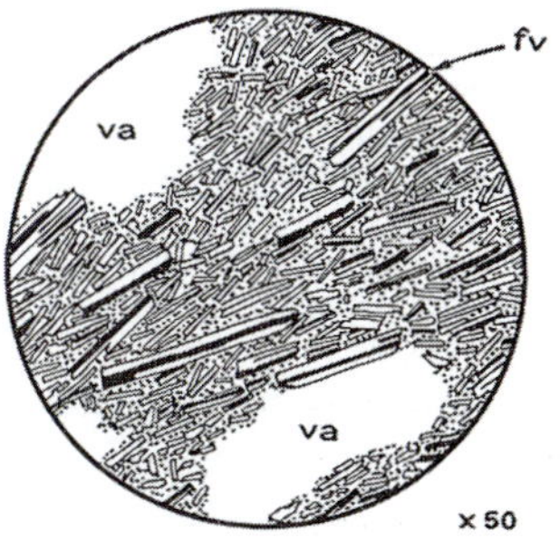

andésite

Lame mince, en lumière polarisée analysée, montrant des microlithes de plagioclase et de petits pyroxènes dans un fond vitreux. – va : vacuoles.

andésitique adj. **(ligne –)** – V. ligne andésitique.

andine adj. **(phase –)** [angl. *Nevadian orogeny*] – Phase tectonique du Jurassique d'Amérique du Sud (Cordillère des Andes). Syn. de phase névadienne*.

andosol n. m. [du japonais *ando*, noir et de sol ; angl. *andosol, ando soil*] – Sol noir ou foncé se formant sur des coulées ou des cendres volcaniques sous divers climats très humides.

andradite n. f. [dédié à Andrada ; angl. *andradite*] – Var. de grenat* calcique ferrugineux jaune, vert ou noir (variété mélanite, titanifère).

Angiospermes n. f. pl. [du gr. *aggaion*, vaisseau, et *sperma*, graine ; angl. *angiosperms*] – Plantes ayant des fleurs et, à la différence des Gymnospermes, une graine enfermée dans une enveloppe ou **carpelle**. On y distingue les Monocotylédones et les Dicotylédones. Répart. stratigr. : Crétacé – Actuel.

angle n. m. **d'ouverture d'un pli** [angl. *interlimb angle*] – V. pli.

anglésite n. f. [de Anglesey ; angl. *anglesite*] – Sulfure de plomb SO_4Pb, minéral secondaire des filons de plomb.

Angoumien n. m. [H. Coquand, 1856, de l'Angoumois, région d'Angoulême, Charente, Fr. ; angl. *Angoumian*] – Partie supérieure du Turonien (Crétacé sup. ; ère secondaire). V. tabl. Annexe 2. Adj. **angoumien, nne**.

anhydrite n. f. [du gr. *an*, sans, et *hudôr*, eau ; angl. *anhydrite*] – Sulfate $CaSO_4$ du syst. orthorhombique, en cristaux tabulaires à 3 clivages orthogonaux (apparence de symétrie cubique) donnant deux faces à éclat vitreux ou nacré à fines stries parallèles, et une face non striée ; blanc, gris, bleuâtre ou rougeâtre. Elle ne blanchit pas et ne s'exfolie pas à la flamme, n'est pas rayable à l'ongle (différence avec le gypse), et ne fait pas effervescence à l'acide (différence avec la calcite). En masses fibreuses ou granulaires et compactes dans les r. sédim., en particulier dans les séries évaporitiques, où elle cristallise en même temps que le gypse en présence de sel NaCl. Au contact prolongé de l'eau, elle s'hydrate et donne du gypse (gypsification). Syn. karsténite. Adj. **anhydritique**.

Animaux n. m. pl. [angl. *animals*] – V. classification.

anion n. m. [de anode et de ion ; angl. *anion*] – Ion ayant une charge électrique négative par excès d'un ou plusieurs électrons. V. cation.

Anisien n. m. [de *Anisus*, nom lat. de l'Enns, rivière autrich. ; angl. *Anisian*] – Étage du Trias (ère secondaire). V. tabl. Annexe 2. Adj. **anisien, nne**.

anisométrique adj. [du gr. *anisos*, inégal, et *metron*, mesure ; angl. *anisometric*] – S'applique à une roche dont les éléments sont de tailles très diverses. Ant. isométrique. N. f. **anisométrie**.

anisomyaire adj. [du gr. *anisos*, inégal, et *mus*, *muos*, muscle ; angl. *anisomyarian*] – Se dit des Bivalves* ayant, pour fermer les valves, deux muscles d'importance inégale. Ant. isomyaire.

anisopaque (ou anisopache) adj **(pli –)** [du gr. *anisos*, inégal, et *pakhus*, épais ; prononc. pake ; angl. *anisopachous fold*, ≈ *similar fold*] – Pli* dans lequel l'épaisseur des couches varie par étirement et bourrage.

anisotropie n. f. [du gr. *anisos*, inégal, et *tropos*, tour, de *trepein*, tourner ; angl. *anisotropy*] – Qualité d'un milieu dont certaines propriétés (couleur, dureté, indice de réfraction, résistivité, etc.) varient suivant les directions. À la différence des substances vitreuses, les cristaux sont anisotropes pour tout ou partie, de leurs propriétés. L'anisotropie est dite **continue**, si le paramètre considéré varie progressivement selon la direction, toutes les valeurs intermédiaires existant entre une valeur maximale et une valeur minimale : c'est p. ex. le cas de l'indice de réfraction* des cristaux, excepté ceux du syst. cubique qui sont isotropes. L'anisotropie est dite **discontinue** dans le cas contraire, p. ex. celui du développement des faces et des plans de clivages des cristaux, qui a lieu selon des orientations bien définies, les positions intermédiaires n'existant pas. Ant. isotropie. Adj. **anisotropique**.

ankaramite n. f. [de Ankaramy, Madagascar ; angl. *ankaramite*] – Basalte mélanocrate, souvent porphyrique à clinopyroxène (augite) dominant, et olivine peu abondante.

ankaratrite n. f. [de Ankaratra, Madagascar ; angl. *ankaratrite*] – Basanite à néphéline, riche en pyroxène.

ankérite n. f. [dédié à Anker ; angl. *ankerite*] – Dolomite ferrifère brunâtre. V. carbonate.

annabergite n. f. [de Annaberg, Allem. ; angl. *annabergite*] – Arséniate de nickel* $Ni_3(AsO_4)_2$, $8H_2O$.

Annélides n. f. pl. [du lat. *annellus*, anneau ; angl. *annelids, Annelida*] (souvent employé au m. malgré la volonté de son créateur J.B. Lamarck) – Groupe zoologique constitué par les vers annelés. Dans les sédiments marins, on trouve les tubes calcaires qu'ils sécrètent, et, dissociées, les pièces chitineuses ou calcaires de leur appareil mandibulaire appelées scolécodontes*. Répart. stratigr. : Cambrien – Actuel.

annite n. f. [angl. *annite*] – Var de mica* noir riche en fer.

annulaire adj. **(filon –)** [angl. *ring dike* (US), *ring dyke* (GB)] – Filon de r. magm. dont les affleurements constituent, avec d'autres, des anneaux concentriques plus ou moins réguliers. En moyenne, chaque anneau a une épaisseur de quelques dizaines ou centaines de mètres pour un diamètre de quelques kilomètres. En général, ces dispositifs sont assez superficiels (hypovolcaniques), avec souvent des émissions de laves. Ils seraient liés à des effondrements successifs (subsidence) au toit d'une chambre magmatique, limités par des failles courbes et concentriques, permettant ensuite la montée du magma qui atteint, ou non, la surface (V. caldeira). Ce type de structure est fréquent pour les syénites néphéliniques, mais il est connu aussi avec des syénites, des granitoïdes, des gabbros.

Annularia [du lat. *annulus*, anneau] – Nom de genre désignant des feuilles de *Calamites*. Répart. stratigr. : Carbonifère – Permien. V. fig.

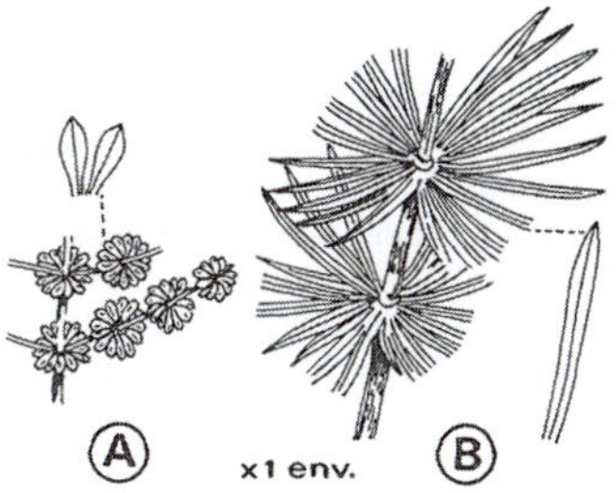

Annularia

A : *Annularia sphenophylloides* (Westphalien – Stéphanien) – **B :** *Annularia stellata* (Stéphanien).

anomalie, n. f. [du gr. *anômalos*, irrégulier ; angl. *anomaly*] – En géophysique, variation locale rapide d'une grandeur qui, régionalement et en moyenne, change peu ou lentement. Une anomalie est caractérisée par sa différence avec un modèle théorique rendant compte au mieux de la grandeur (ex. : anomalie magnétique, anomalie gravimétrique). Les anomalies magnétiques des fonds océaniques permettent de reconstituer leur histoire (V. paléomagnétisme et tectonique des plaques). Adj. **anomal**, **e**, **aux**.

anomalie (– à l'air libre, – de Bouguer, – gravimétrique, – isostatique, – de la pesanteur) [angl. *free air anomaly, Bouguer –, gravimetric –, isostatic –*] – V. géodésie.

anomalie magnétique [angl. *magnetic anomaly*] – V. magnétisme terrestre.

Anomalodesmates n. m. pl. – Groupe de Bivalves.

Anoplotherium [du gr. *an-*, sans, *oplon*, arme, et *thêrion*, bête sauvage] – Genre de Mammifères* fossiles du groupe des Artiodactyles étudié par Cuvier d'après des restes issus des carrières de gypse de la région parisienne. Répart. stratigr. : Éocène sup.

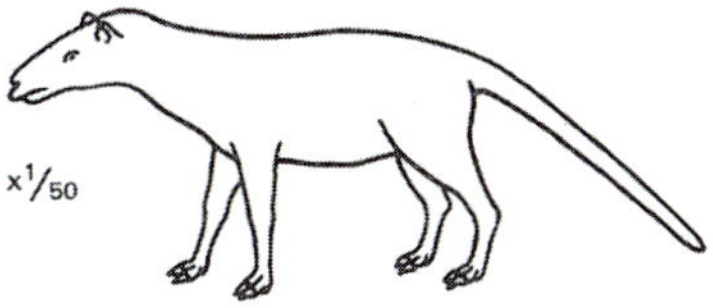

Anoplotherium

Reconstitution d'après G. Cuvier.

anormal adj. **(contact –)** [angl. *abnormal contact*] – V. contact.

anorogénique adj. [du gr. *an-*, sans, et orogénique ; angl. *anorogenic*] – S'applique à une région qui, pour une époque donnée, et contrairement aux zones voisines, n'a pas subi d'orogenèse. S'applique aussi à des granites intrusifs qui se sont mis en place en dehors de toute période orogénique.

anorthite n. f. [du gr. *an-* sans, et *orthos* droit, car clivages non orthogonaux ; angl. *anorthite*] – Var. de feldspath* plagioclase ; abréviation commune An.

anorthose n. f. [même étymologie qu'anorthite, angl. *anorthoclase*] – Var. de feldspath* sodipotassique.

anorthosite n. f. [angl. *anorthosite*] – R. magm. plutonique (V. tabl. magm. r.) grenue, blanchâtre à grise (hololeucocrate), se rapprochant des gabbros mais formée à 80-90 % de plagioclases (andésine, labrador dominant, bytownite) et de cristaux isolés et rares : pyroxène (augite, hypersthène), hornblende et biotite, parfois grenat, spinelle, corindon. Pas de roche microgrenue ou effusive équivalente. En niveaux peu importants associés à des gabbros : en grands massifs, plus ou moins homogènes et intrusifs, dans certains boucliers précambriens (Canada, Norvège, Afrique du Sud) riches en Ti (ilménite) et en Cu. (V. aussi charnockite et complexe charnockitique.). Syn. plagioclas(ol)ite. Adj. **anorthosique**.

Anoures n. f. pl. [du gr. *an-*, sans, et *our*, queue ; angl. *Anura*] – Groupe d'Amphibiens représenté actuellement par les grenouilles, crapauds, etc. Le plus ancien connu est du Trias de Madagascar.

anoxie n. f. [du gr. *an-*, sans, et oxygène ; angl. *anoxia*] – Absence d'oxygène libre utilisable par les êtres vivants. L'anoxie d'un milieu marin s'explique généralement par une stagnation des eaux ; la matière organique y fermente alors, en conditions anaérobies, et peut s'accumuler dans les sédiments. Ant. oxygéné. Adj. **anoxique** [angl. *anoxic*].

anté- – Préfixe lat. signifiant avant.

Antécambrien n. m. – Division stratigraphique équivalant au Précambrien, l'utilisation de ce dernier terme étant plus fréquente. Adj. **antécambrien, nne**.

antécédence n. f. [angl. *antecedence*] – Phénomène ayant conduit à l'enfoncement du réseau hydrographique par la déformation tectonique de la surface topographique. V. épigénie (fig.). Adj. **antécédent, e.** [angl. *antecedent*].

antéclise n. f. [V.A. Teriayev, 1916, même étymol. que anticlinal ; angl. *anteclise, anticlise*] – Vaste portion de plate-forme de quelques centaines ou milliers de km^2, dont le socle a été recouvert par une série sédimentaire restée horizontale, lacunaire et peu épaisse (quelques hectomètres), alors que, alentour, ce socle s'approfondit et est corrélativement surmonté par une couverture plus complète et plus épaisse (quelques kilomètres). C'est un type de structure commun de la plate-forme russe. Ant. synéclise.

Antennates n. m. pl. [angl. *antennates*] – Groupe d'Arthropodes* comprenant les Crustacés, les Myriapodes et les Insectes. Syn. Mandibulates.

anthophyllite n. f. [du lat. *anthophyllum*, clou de girofle ; angl. *anthophyllite*] – Var. d'amphibole* ferromagnésienne du système orthorhombique.

Anthozoaires n. m. pl. [du gr. *anthos*, fleur, et *zôon*, animal ; angl. *anthozoans, Anthozoa*] – Groupe de Cnidaires* n'ayant pas de stade méduse et comprenant notamment les coraux.

anthracite n. m. pl. [du gr. *anthrax, akos*, charbon ; angl. *anthracite*] – Var. de charbon* noire et brillante comportant de 92 % à 95 % de carbone.

Anthracolithique n. m. – Division stratigraphique regroupant le Carbonifère et le Permien. Adj. **anthracolithique**.

Anthracosauriens n. m. pl. [du gr. *anthrax, akos*, charbon, et *saura*, lézard, car trouvé dans les terrains houillers ; angl. *Anthracosauria*] – Amphibiens fossiles du groupe des Stégocéphales. Répart. stratigr. : Carbonifère – Permien.

anthropique adj. [du gr. *anthropos*, homme ; angl. *anthropogenic*] – En géographie, qui est dû directement ou indirectement à l'action de l'homme. Ex. : l'érosion anthropique. N. m. **anthropisme**.

Anthropoïdes n. m. pl. [du gr. *anthropos*, homme ; angl. *Anthropoidea*] – Groupe zoologique comprenant les singes et les Hominidés. On y distingue généralement :

1 – Les **Platyrhiniens** (= Céboïdes) qui sont les singes américains (Répart. stratigr. : Miocène – Actuel).

2 – Les **Catarhiniens**, qui sont les singes de l'Ancien Monde, et l'Homme, divisés en :

2.1 Cynomorphes (= Cercopithèques) (Miocène – Actuel) ;

2.2 Anthropomorphes, comprenant les Chimpanzés, les Gorilles, les Orangs-outans, les Gibbons, et les Hominidés (Oligocène – Actuel).

Anthropomorphes n. m. pl. – V. Anthropoïdes.

anticlinal n. m. [W.D. Conybeare et W. Buckland, 1824 ; du gr. *anti*, opposé, et *klinein*, s'incliner ; angl. *anticline*] – Pli* où les éléments situés à l'intérieur de la courbure étaient, avant la déformation, les plus bas. V. aussi antiforme. Ant. synclinal. Adj. **anticlinal, e, aux ;** adv. **anticlinalement**.

Remarques – (Le commentaire qui suit est également valable pour le terme synclinal à condition de substituer chaque mot entre crochets à celui qui le précède).

Ce terme a eu longtemps d'autres définitions moins générales :

– Définition **a** : pli convexe [concave] vers le haut. C'est le sens que l'on donne aujourd'hui à antiforme [synforme].

– Définition **b** : pli au cœur duquel on observe les couches les plus anciennes [récentes].

La définition **a** est en difficulté lorsqu'on passe d'un pli déversé à un pli couché à flancs horizontaux qui n'a alors plus droit au nom d'anticlinal [de synclinal]. Si, ensuite, le pli se renverse, on devrait alors l'appeler synclinal [anticlinal]. Cette définition est donc incapable de rendre compte de la continuité qui existe dans la genèse de ces plis.

La définition **b** s'applique bien lorsqu'il s'agit de couches stratigraphiques affectées par une seule phase de plissement. Mais si l'on a affaire à des terrains métamorphiques ou éruptifs qui se bombent vers le haut [bas], elle est en défaut car leurs âges sont soit inconnus, soit non obligatoirement en rapport avec leurs superpositions de bas en haut. C'est pis si l'on s'adresse à des ensembles ayant été plissés à plusieurs reprises. Rappelons en effet qu'un pli résulte d'un unique épisode de déformation et que des plis successifs peuvent affecter un même matériel et conduire à des structures complexes. C'est ainsi que des bombements vers le haut [bas] peuvent affecter une série renversée au cours d'une phase antérieure, et donc comporter en leur cœur les couches les plus récentes [anciennes] de la série. Il est naturel de les appeler anticlinaux [synclinaux] relativement à cette phase de plissement et il faut donc abandonner la définition **b**. Le terme d'anticlinal [synclinal] doit donc s'appliquer à un pli correspondant à une phase de plissement définie explicitement : une série plissée en anticlinal dans un premier temps peut l'être en synclinal dans un second. Dans tous les cas où l'on ne connaît pas la genèse des plis, dont on observe seulement la forme, la prudence conseille l'utilisation du terme antiforme [synforme].

anticlinal couché, déjeté, déversé, droit, renversé [angl. *recumbent anticline, asymmetric(al) –, overturned –, symmetric(al) –, reversed –*] – V. pli.

anticlinal (faux –) [angl. *pseudo-anticline, antiformal syncline*] – Antiforme affectant une série inverse. Les couches situées au cœur de la structure sont ainsi les plus récentes, à l'inverse de ce qui est habituel pour un anticlinal. Ant. faux synclinal. V. pli (fig.).
Remarques – (Le commentaire qui suit est également valable pour l'expression faux synclinal, à condition de substituer chaque mot entre crochets à celui qui le précède).
Cette structure peut se réaliser : – 1. lors d'une seule phase de déformation en tant qu'antiforme [synforme] affectant le flanc inverse d'un pli couché ; – 2. à la suite de deux phases, avec, dans un premier temps, renversement d'une série sédimentaire puis, dans un deuxième temps, formation d'un anticlinal [synclinal]. C'est alors à la fois un vrai et un faux anticlinal [synclinal]. On voit combien cette expression est d'emploi délicat.

anticlinal de nappe(s) [angl. *antiformal stack*] – Anticlinal affectant une ou plusieurs nappes de charriage après leur mise en place. C'est généralement grâce à ces structures attaquées par l'érosion que l'on peut observer des fenêtres tectoniques. V. nappe (de charriage).

anticlinorium n. m. [J.D. Dana, 1873, de anticlinal ; angl. *anticlinorium*] – Vaste structure plissée (plusieurs dizaines de kilomètres au moins) ayant, dans son ensemble, une allure anticlinale. V. pli. Ant. synclinorium. Adj. : **anticlinorial, e, aux**.

antidune n. f. [G.K. Gilbert, 1914, du gr. *anti*, opposé, et de dune ; angl. *antidune*] – Dune aquatique qui se déplace en sens inverse du courant par érosion de sa partie aval et sédimentation sur sa partie amont.

antiforme n. f. et adj. [E.B. Bailey et W.J. McCallien, 1937, d'après anticlinal ; angl. *antiform*] – Terme utilisé pour désigner un pli convexe vers le haut, indépendamment de ses conditions de genèse. V. anticlinal et pli. Ant. synforme.

antigorite n. f. [de Antigorio, Piémont, Ital. ; angl. *antigorite*] – Var. de serpentine* en lamelles.

antimoine n. m. [du gr. *stimmi*, fard d'antimoine, de l'arabe *ithmid* ; angl. *antimony*] – Symbole chim. Sb. N° et masse atom. 51 et 121,75 ; ion 5^+ de rayon 0,062 nm ; densité 6,7 ; clarke 0,2 g/t. Connu à l'état natif, en cristaux rhomboédriques, groupés en masses grenues blanc grisâtre ou jaunâtre, souvent associé dans les filons à Fe, As, Ag, Ni, Co. Le principal minerai en est la stibine. Adj. **antimonieux, se**.

antiperthite n. f. [angl. *antiperthite*] – V. feldspath (sodipotassique).

antistress (minéral –) [adaptation de l'angl. *antistress mineral*] – Minéral de métamorphisme se formant en l'absence de pressions orientées. Ex. cordiérite, andalousite.

antithétique adj. [H. Cloos, 1928, du gr. *antithetos*, que l'on met en face ; angl. *antithetic*] – Se dit d'un mouvement tectonique (pli, faille, etc.) qui se produit en sens opposé à un autre, plus important, pris comme référence. Une **faille antithétique** [angl. *antithetic fault*] est une faille dont le jeu s'oppose à un mouvement de soulèvement ou d'abaissement général. Ant. synthétique.

apatite n. f. [du gr. *apatê*, tromperie, à cause de ses multiples aspects ; angl. *apatite*] – Phosphate $Ca_5(PO_4)_3(OH, F, Cl)$, avec souvent F prédominant (fluorapatite), du syst. hexagonal, à clivages imparfaits, à éclat vitreux à résineux, incolore, blanc, vert, bleu violacé et polychroïque. C'est un minéral accessoire, en petits cristaux souvent pyramidés, des roches riches en Ca (carbonatites, calcaires métam.) et des r. magm. alcalines (granites, syénites, pegmatites et laves équivalentes). On le trouve sous forme compacte mamelonnée ou à structure radiée dans les phosphorites ; sous forme cryptocristalline, c'est la **collophanite**, brun jaunâtre, dans les r. sédim., en nodules, oolithes, épigénie de débris d'os et de dents, et dans la gangue de minerais de fer oolithiques.

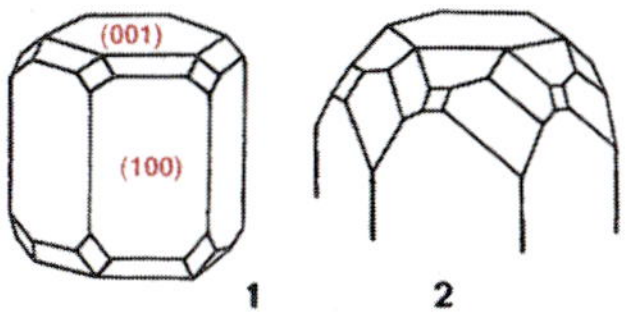

apatite

1 : forme courante (d'après P. Bariand *et al.*) – 2 : autre forme (d'après A. Lapparent).

Apatosorus (Anc. *Brontosaurus*) – Genre de grands Reptiles (V. fig. à ce mot) du Jurassique sup. d'Amérique du Nord.

apex n. m. [mot latin signifiant pointe, sommet ; angl. *apex*] – Partie située au sommet d'une coquille. Adj. **apical*, e, aux**.

aphanitique adj. [du gr. *aphanês*, caché ; angl. *aphanitic*] – S'applique surtout aux r. magm. qui ne montrent pas de cristaux discernables à l'œil nu, mis à part quelques individus isolés ; on parle ainsi de la pâte aphanitique des roches éruptives vitreuses, microlithiques, et parfois même microgrenues. Ant. phanéritique.

aphélie n. m. [latin *aphelium*, du grec. *apo*, loin de, et *hêlios*, soleil ; angl. *aphelion*] – Point de l'orbite* de la Terre où elle est le plus loin du Soleil. Ant. périhélie.

aphotique adj. [du gr. *a*, sans, et *phôs, photos*, lumière ; angl. *aphotic*] – S'utilise pour désigner les milieux marins* trop profonds pour que la lumière y pénètre, et où les plantes ne peuvent donc pas subsister. Syn. aphytal. Ant. euphotique.

aphyrique adj. [angl. *aphiric*] – S'applique aux r. magm. ne montrant pas de phénocristaux. Ant. porphyrique.

aphytal, e, aux adj. [du gr. *a*, sans, et *phuton*, plante ; angl. *aphytal*] – Syn. d'aphotique.

apical, e, aux adj. [du lat. *apex*, pointe, sommet ; angl. *apical*] – S'applique à la zone sommitale d'une coquille et aux pièces anatomiques qui s'y trouvent. P. ex. appareil apical des Échinodermes*, épine apicale de certains radiolaires. N. m. **apex***.

Apiocrinus [du gr. *apios*, poire, et *krinon*, lis] – Genre de Crinoïdes (V. fig. à ce mot) du Jurassique sup.

aplanissement n. m. **(surface d'–)** [angl. *planation surface*] – Syn. de surface* d'érosion.

aplatissement n. m. [angl. *flattening*] – V. déformation.

aplatissement (indice d'–) [angl. *flatness ratio*] – En sédimentologie, indice qui permet de caractériser la forme d'un galet. L'indice d'aplatissement proposé par A. Cailleux (1945) est égal à (L + l)/E (L : plus grande dimension ; l : plus grande dimension perpendiculaire à L ; E : épaisseur maximale dans le plan perpendiculaire à L et l).

aplite n. f. [du gr. *aploos*, simple ; angl. *aplite*] – R. magm. granitique (V. tabl. magm. r.) à grain très fin (0,5 mm env.) en général claire, à quartz, oligoclase et microcline, avec muscovite et tourmaline rares. Fréquente en filons traversant les massifs granitiques.

aplitique adj. **(structure –)** [angl. *aplitic texture*] – Structure très finement grenue.

apophyse n. f. [du gr. *apophusis*, rejeton d'un arbre ; angl. *apophysis, tongue*] – En pétrographie, partie saillante vers le haut d'un batholite*. Ant. pendentif.

appalachien adj. **(relief –)** – V. relief appalachien.

appalachienne adj. **(orogenèse –)** [angl. *Appalachian orogeny*] – Mouvements tectoniques caractérisés dans les Appalaches (Amérique du Nord) et s'étendant depuis le Dévonien jusqu'à la fin du Permien (c'est l'équivalent de l'orogenèse hercynienne européenne). V. tabl. Annexe 2.

apparent, e adj. **(épaisseur –, pendage –)** [angl. *apparent thickness, – deep*] – V. pendage.

Aptien n. m. [A. d'Orbigny, 1840, d'Apt, Vaucluse, Fr. ; angl. *Aptian*] – Étage du Crétacé inf. (ère secondaire). V. tabl. Annexe 2. Adj. **aptien, nne**.

aptychus n. m. (pl. aptychus ou aptychi) [du gr. *a*, sans, et *ptuchos* bord ; angl. *aptychus*] – Fossile en forme de plaque bombée, généralement costulée ou ponctuée, que l'on rencontre seul ou par paires symétriques. On interprète ces restes comme des pièces operculaires d'Ammonoïdés* bien qu'ils n'aient été observés que très rarement en relation avec les coquilles correspondantes. Ils semblent avoir eu un rôle masticateur à l'instar de certaines pièces calcaires ou cornées connues chez d'autres groupes de Céphalopodes (p. ex. rhyncholithe, bec de nautile). Répart. stratigr. : Paléozoïque et Mésozoïque.

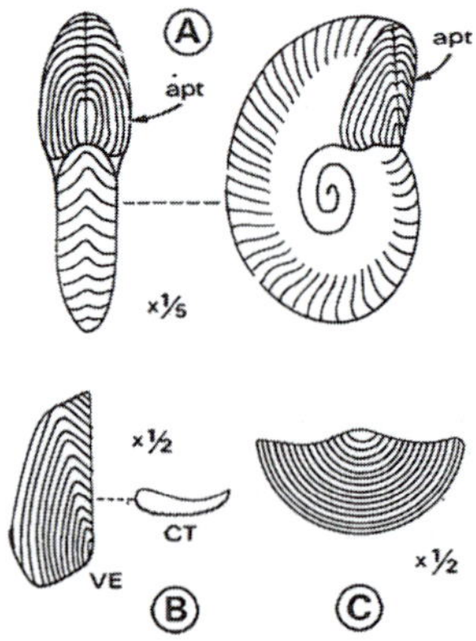

aptychus

A : aptychus (apt) double en place dans une ammonite du Jurassique (*Oppelia*).
B : une valve d'aptychus double du Crétacé inf. (*Lamellaptychus angulocostatus*, Hauterivien-Barrémien) – VE : vue externe – CT : coupe transversale.
C : un aptychus simple du Crétacé : *Anaptychus*.

aquifère n. m. [du lat. *aqua*, eau, et *ferre*, porter ; angl. *aquifer, aquiferous formation*] –

Terrain perméable contenant une nappe* d'eau souterraine. Adj. **aquifère**

aquifère adj. **(nappe –)** [angl. *groundwater body*] – V. nappe d'eau souterraine.

Aquitanien n. m. [C. Mayer-Eymar, 1857, de l'Aquitaine, Fr. ; angl. *Aquitanian*] – Étage de l'ère tertiaire aujourd'hui généralement considéré comme le plus bas du Miocène, mais naguère souvent rangé dans l'Oligocène sup. V. tabl. Annexe 2. Adj. **aquitanien, nne**.

Ar – Symbole chim. de l'argon (anc. A).

aragonite n. f. [de l'Aragon, Esp. ; angl. *aragonite, Aragon spar*] – Var. de carbonate* de calcium $CaCO_3$.

arasement n. m. [angl. *planation*] – Nivellement total ou presque total d'un relief par l'érosion. Vb. **araser** ; adj. **arasé, e**.

arc n. m. **insulaire** [angl. *island arc*] – V. arc volcanique.

arc volcanique [angl. *volcanic arc*] – Alignement de reliefs comportant des volcans, parfois long de plusieurs milliers de kilomètres, bordant une fosse océanique et dessinant, en plan, une courbe généralement convexe vers cette fosse. Cet arc peut constituer une chaîne montagneuse (ex. cordillère des Andes) ou bien être en partie immergé et former un chapelet d'îles et de hauteurs sous-marines nommé **arc insulaire** (ou guirlande insulaire, ex. île de la Sonde, îles Bonin, etc.). Le volcanisme de cet arc, ainsi situé au-dessus d'une zone de subduction, s'explique par la fusion partielle en profondeur de la plaque plongeante et des matériaux sédimentaires qu'elle entraîne. En partant de la fosse correspondant à la zone de subduction, on peut rencontrer d'abord un **arc externe** (arc frontal) sans volcanisme actuel ou récent où se situe un **bassin d'avant-arc**, puis un **arc interne** à volcans actifs, la limite entre les deux étant le **front volcanique** (anc. ligne andésitique). Entre l'arc et le continent qui le borde habituellement vers l'intérieur, on trouve souvent un **bassin d'arrière-arc** (mer marginale), parfois avec un volcanisme d'arrière-arc, qui peut souvent s'interpréter comme une zone d'expansion océanique plus ou moins évoluée. V. tectonique des plaques.

Arca [du lat. *arca*, coffre (*cf.* arche de Noé)] – Genre de Bivalves (V. fig. à ce mot) vivant surtout dans les mers chaudes. Répart. stratigr. : Jurassique – Actuel.

***Archæo-*, archéo-** – Préfixe tiré du gr. *arkhaios*, ancien (prononc. : arkéo-). La première orthographe est utilisée dans les mots latins ou latinisés, la seconde dans les mots français.

Archæolithothamnium – Genre d'algues Mélobésiées (V. fig.). Répart. stratigr. : Crétacé – Actuel.

Archæopteryx [de *archæo-*, et du gr. *pterux*, oiseau] – Genre d'Oiseaux primitifs à caractères reptiliens (dents, griffes, écailles, etc.) du Jurassique sup.

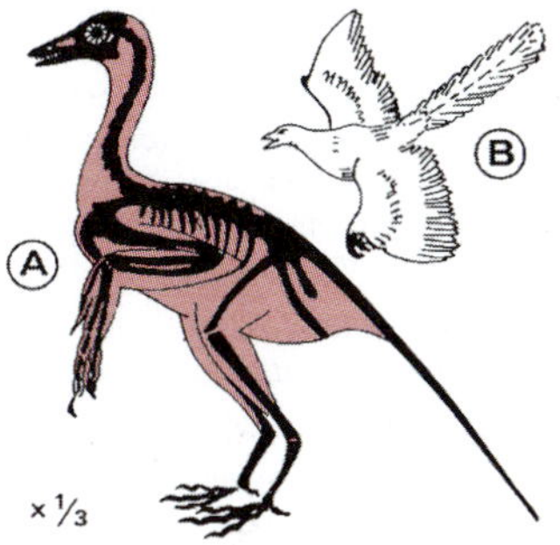

Archæopteryx

Reconstitution du genre *Archæopteryx*
– **A :** squelette avec forme du corps
– **B :** en vol (d'après L. Moret).

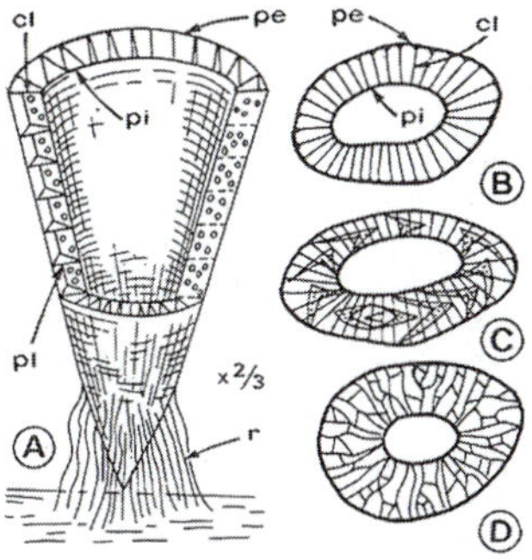

Archéocyathidés

A : Archéocyathidé du genre *Coscinocyathus*, coupé pour montrer sa structure – cl : cloison percée de pores – pi : paroi interne – pe : paroi externe – pl : plancher – r : processus radiculaires.
B : coupe transversale d'*Archæocyathus* (même légende).
C : coupe transversale un peu oblique de *Coscinocyathus*. Les traces en V sont des sections de planchers un peu ondulés.
D : coupe transversale d'*Etmophyllum*, chez qui les cloisons sont irrégulièrement réunies par des synapticules (d'après L. Moret).

Archæosaurus [de *archæo-*, et du gr. *saura-*, lézard] – Genre d'Amphibiens*.

Archanthropiens n. m. pl. [de arch (éo), et du gr. *anthropos*, homme ; angl. *Archanthropinae*] – Groupe d'Hominidés*.

Archéen n. m. [J.D. Dana, 1876, de arché(o)- ; angl. *Arch(a)eozoic*] – Période la plus ancienne des temps géologiques, antérieure à 2 500 Ma. V. tabl. Annexe 2. Adj. **archéen, nne**.

archéo – V. *archæo*.

Archéocyathidés n. m. pl. [de archéo-, et du gr. *kuathos*, vase ; angl. *archaeocyatids*] – Groupe d'animaux proches des éponges calcaires, de faciès marins peu profonds, parfois récifaux. L'adulte était fixé mais possédait une larve planctonique. Répart. stratigr. : Cambrien inf. – moyen.

Archéogastropodes n. m. pl. (ou Archéogastéropodes) – Groupe de Gastropodes*.

archéomagnétisme n. m. [angl. *archaeomagnetism*] – V. paléomagnétisme.

Archéozoïque n. m. [J.D. Dana, 1872, de archéo-, et du gr. *zôon*, animal ; angl. *Arch(a)eozoic*] – Nom utilisé comme synonyme soit de Précambrien, soit d'Archéen. V. tabl. Annexe 2. Adj. **archéozoïque**.

ardennaise adj. **(phase –)** [H. Stille, 1924, des Ardennes, Fr. et Belg. ; angl. *Ardennian orogeny*] – Phase tectonique située à la limite du Silurien et du Dévonien. V. tabl. Annexe 2. Syn. phase calédonienne.

ardoise n. f. [angl. *slate*] – V. schiste (schiste ardoisier).

aréisme n. m. [du gr. *a*, sans, et *rheîn*, couler ; angl. *ar(h)eism*] – Absence d'écoulement des eaux en surface et de réseau hydrographique organisé dans une région désertique (dite alors **zone aréique**) du fait de l'insuffisance des précipitations. V. aussi endoréisme.

arénacé, e adj. [du lat. *arena*, sable ; angl. *arenaceous*] – 1. S'applique aux r. sédim. de la classe des arénites. – 2. Qualifie certains tests de foraminifères formés de grains de sable pris dans un ciment chitineux ou calcaire (si d'autres particules sont cimentées, on utilise plutôt le mot **agglutinant**).

Arénacés n. m. pl. [angl. *Arenacea*] – Groupe des foraminifères ayant un test arénacé (ou agglutinant).

arène n. f. [du lat. *arena*, sable ; angl. *granitic sand, sandy regolith*] – Sable grossier, résultant de l'altération sur place de r. magm. ou métam. riches en quartz et feldspath (en particulier granite ou gneiss). V. arkose, grès. Adj. **arénisé, e** ; n. f. **arénisation***.

Arénigien n. m. [A. Sedgwick, 1852, des monts Arenig, Pays de Galles, G.-B. ; angl. *Arenigian*] (Anc. Arenig) – Étage de l'Ordovicien (ère primaire). V. tabl. Annexe 2. Adj. **arénigien, nne**.

arénisation n. f. [du lat. *arena*, sable ; angl. *granular disintegration*] – Formation d'une arène par désagrégation des feldspaths et altération des micas d'une r. granitique ou gneissique, nécessitant un contact permanent avec des eaux de lessivage (le phénomène se produit donc sous la surface et non à l'air libre).

arénite n. f. [du lat. *arena*, sable ; angl. *arenite*] – Roche sédimentaire détritique meuble ou consolidée dont les éléments ont des dimensions comprises entre 1/16 mm (62,5 μm) et 2 mm. (V. tabl. granulométrie.) Pour certains auteurs, ce terme implique aussi que la proportion de ciment dans la roche soit inférieure à 15 %.

aréolaire adj. **(érosion –)** [du lat. *areola*, diminutif de *area*, aire] – V. érosion aréolaire.

arête n. f. [angl. *crest*] – En géomorphologie, relief aigu et allongé. En tectonique (arête d'un pli), V. pli.

arfvedsonite n. f. [dédié à Arfvedson ; angl. *arfvedsonite*] – Var. d'amphibole* sodique riche en Ca, Mg et Al.

argent n. m. [du lat. *argentum*, même signif. ; angl. *silver*] – Symbole chim. Ag. N° et masse atom. 47 et 107,87 : ion 1^{+} de rayon 0,089 nm ; densité 10,5 ; clarke 0,1 g/t. Métal précieux, blanc, du syst, cubique. À l'état natif, il se présente en cristaux ou plus souvent en fils contournés et minces placages, à surface altérée de teinte sombre. On le rencontre avec de nombreux autres minéraux dans des filons à gangue siliceuse ou carbonatée. La plus grande partie de l'argent est maintenant extraite des gisements de blende, pyrite et galène qui en contiennent souvent. Adj. **argentifère**.

argentite n. f. [angl. *argentite*] – Sulfure Ag_2S, du syst. cubique, gris de plomb, noirâtre, malléable. C'est un minerai d'argent.

argile n. f. [du lat. *argilla*, même signif. ; angl. *clay, clay mineral*] – Terme désignant soit un minéral (= minéral argileux), soit une roche composée pour l'essentiel de ces minéraux (V. ci-dessous ainsi que argilite, argilolite, shale).
– **1. Minéraux argileux** – Phyllosilicates hydratés, se présentant en très petits cristaux (quelques mm, en plaquettes hexagonales ou parfois en fibres). Leur structure est identifiable par étude aux rayons X (diffractométrie) et est caractérisée par la superposition de feuillets composés de couches tétraédriques (couche **ct** de $[Si_4\,O_{10}\,(OH)_2]^{6-}$), et de couches octaédriques (couche **co** à base d'octaèdres de brucite $Mg\,(OH)_2$ ou de gibbsite $Al\,(OH)_3$. Les feuillets sont de type **ct-co** ou **ct-co-ct** et entre eux se placent divers cations K, Na, Ca. leurs épaisseurs sont, selon les cas de 0,7 nm, 1 nm, 1,2 nm, 1,4 nm ; ces valeurs peuvent varier expérimentalement (gonflement par traitement au glycérol, diminution par perte d'eau au chauffage) selon des modalités caractérisant certains de ces minéraux argileux.

Ces minéraux sont très nombreux, avec principalement : la kaolinite, l'illite, les smectites, les interstratifiés, les minéraux fibreux (auxquels on ajoute les chlorites et les micas lorsqu'ils se présentent en très petits cristaux).

La **kaolinite**, $Al_4 [Si_4O_{10}] (OH)_8$, à feuillets de 0,7 nm, à deux couches, fréquente dans les r. sédim. argileuses résiduelles ou détritiques, provenant de l'altération de roches acides riches en feldspath (granites p. ex.)

L'**illite**, $K_x Al_2 [Si_{4-x} Al_x O_{10}] (OH)_2$, à feuillets de 1nm, à trois couches, à caractéristiques minéralogiques proches de celles des micas, d'où l'existence d'intermédiaires illite-mica blanc ; c'est le minéral le plus commun des argiles.

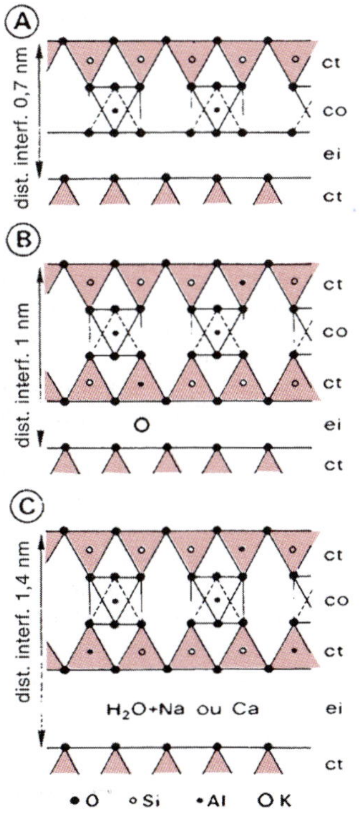

argile

Représentation schématique des structures des minéraux argileux (projection sur un plan perpendiculaire aux feuillets) – **A :** kaolinite. – **B :** illite. – **C :** montmonrillonite – co : couche d'octaèdres d'atomes d'oxygène avec un aluminium au centre – ct : couche de tétraèdres d'atomes d'oxygène avec un silicium au centre – ei : espace interfoliaire où peuvent se placer divers cations (d'après G. Millot).

La **glauconite**, $(K, Na)_2 (Fe^{3+}, Fe^{2+}, Al, Mg)_4 [Si_6 (Si, Al)_2 O_{20}] (OH)_4$, à feuillets de 1 nm composant de la glauconie*.

Les **smectites**, avec par ex. la **montmorillonite** et la **beidellite**, à teneurs variables en Na, Al, Fe, Mg, en feuillets à trois couches, de 1,4 nm, valeur qui varie en fonction de la teneur en eau.

Les **interstratifiés** (= minéraux argileux interstratifiés) sont formés par l'alternance plus ou moins régulière de feuillets de natures différentes, p. ex. illite-montmorillonite, illite-chlorite, etc.

La **vermiculite** est proche des smectites mais chauffée augmente beaucoup de volume (jusqu'à 20 fois) et s'exfolie en filaments (ou vermicules).

La **chlorite** (V. ce mot) présente des feuillets de 1,4 nm à trois couches ; les intermédiaires avec les smectites ou les vermiculites sont les **chlorites gonflantes** à feuillets d'épaisseurs variables (et augmentant par traitement au glycérol). On en rapproche la **berthiérine** à feuillets de 0,7 nm riche en Fe^{3+} et Fe^{2+} (« chlorite » des minerais de fer).

La **palygorskite** (= attapulgite) et la **sépiolite** sont des argiles riches en Mg, fibreuses, fréquemment néoformées en milieux confinés (lacs, lagunes).

– Les minéraux argileux peuvent : 1 : provenir de l'altération de r. magm. ou métam. et, après transport, donner des argiles détritiques (cas le plus fréquent) ; 2 : se former dans le bassin de sédimentation, et ce sont des minéraux argileux authigènes ou néoformés ; 3 : procéder d'une réorganisation minéralogique lors de la diagenèse (minéraux argileux diagénétiques). Les argiles détritiques sont dites couramment argiles primaires, ou héritées, les autres sont dites argiles secondaires. Leurs transformations au cours des phases d'altération, de transport, de sédimentation, et de diagenèse sont complexes et procèdent de phénomènes de **dégradation** (perte d'ions, désorganisation des feuillets) et/ou d'**agradation** (fixation d'ions, réorganisation des feuillets).

– **2. Roches argileuses** – R. sédim. ou résiduelles à grain très fin (classe des lutites), contenant au moins 50 % de minéraux argileux, auxquels peuvent s'ajouter d'autres minéraux très divers, détritiques ou non, d'où des compositions très variées (argiles calcareuses, argiles sableuses, argiles micacées, etc.). Ce sont des roches tendres et rayables à l'ongle, fragiles à l'état sec, faisant pâte avec l'eau, et durcissant à la cuisson. Elles sont souvent sans stratification apparente (V. argilite), mais peuvent aussi être litées, rubanées, varvées. Le mot angl. « **shale** » est souvent utilisé pour désigner ces argiles litées. Les argiles sont très abondantes dans les formations sédimentaires continentales ou marines, soit en horizons alternant avec d'autres couches (calcaires, gréseuses, etc.), soit en couches plus épaisses et continues. Du fait de leur imperméabilité, elles jouent un rôle important dans les circulations et les accumulations de fluides (eau, hydrocarbures).

Leur nomenclature, peu codifiée, est basée sur leurs propriétés, sur leur genèse, sur leur composition minéralogique. – 1. **Argiles grasses** ou **maigres** suivant qu'elles sont très ou peu plastiques. – 2. **Argiles smectiques** (ou terre à foulon) absorbantes et dégraissantes. – 3. **Argiles d'altération** provenant de la désagrégation et de l'altération chimique de roches très diverses selon des modalités liées en particulier au climat. – 4. **argiles résiduelles** restant sur place après lessivage ou dissolution des roches les ayant contenues à l'origine (p. ex. **argiles de décalcification** provenant de la dissolution de calcaires). Adj. **argileux***, **euse** ; **argillique**.

argile à blocaux [expression d'origine belge ; angl. *boulder clay, drift clay*] – Formation argileuse contenant des cailloux. C'est souvent un dépôt morainique ou fluvioglaciaire. V. aussi tillite.

argile à silex [angl. *clay-with-flints*] – Formation argileuse souvent rougeâtre, contenant des silex et résultant de l'altération et de la dissolution sur place des craies à silex. C'est un paléosol (d'âge miocène pour l'essentiel dans le Bassin parisien), formé dans des conditions différentes de celles de l'époque actuelle. V. aussi bief à silex.

Argiles bariolées – V. Keuper.

argileux, euse adj. [angl. *clayey, argillaceous*] – Qui est de la nature de l'argille, qui contient de l'argille.

argil(l)ite n. f. [angl. *argillite, claystone*] – Terme soit utilisé comme synonyme de r. argileuse sans litage net (le mot argile désignant alors les minéraux argileux), soit réservé aux r. argileuses peu stratifiées et indurées par compaction (le mot argile désignant alors les roches argileuses meubles).

argillique adj. [angl. *argillic*] – Se dit de l'horizon B d'un sol lorsqu'il est enrichi en argile.

argilolite n. f. – R. argileuse mal litée, rougeâtre et bariolée, résultant de l'altération de cendres et tufs volcaniques. Parfois utilisé pour désigner une argile schisteuse.

argon n. m. [du gr. *argos*, inactif ; angl. *argon*] – Symbole chim. Ar (anc. A). N° et masse atom. 18 et 39,948. Gaz rare, utilisé dans certaines méthodes (^{40}K-^{40}Ar,^{39}Ar-^{40}Ar) de datation radiométrique. V. radiochronologie.

Argovien n. m. [J. Marcou, 1848, de l'Argovie, région de Suisse ; angl. *Argovian*] – Ancien étage du Jurassique sup. (ère secondaire). V. Lusitanien, et tabl. Annexe 2. Adj. **argovien, nne**.

aride adj. [du lat. *aridus*, sec, desséchant, *cf. ardere*, brûler ; angl. *arid*] – Se dit d'un climat caractérisé par de faibles précipitations et souvent, mais pas obligatoirement, des températures élevées. N. f. aridité*.

aridité n. f. [angl. *aridity*] – État de ce qui est aride*. On tente souvent de le caractériser à l'aide d'un **indice d'aridité**, p. ex. celui de E. de Martonne (1926) qui est, pour un lieu donné, le quotient de la moyenne annuelle des précipitations en mm par la température moyenne augmentée de 10°, soit P/(T + 10). Ce quotient est inférieur à 5 pour les déserts, compris entre 5 et 10 pour leurs bordures.

ariégite n. f. [de l'Ariège, Fr. ; angl. *ariegite*] – R. magm. ultrabasique, variété de pyroxénolite (webstérite) à diopside, diallage, hypersthène, spinelle, parfois grenat pyrope jaunâtre, et hornblende. En association avec des. péridotites (de type lherzolite).

Arietites [du lat. *aries*, bélier] – Genre d'Ammonites (V. fig. à ce mot) du Jurassique inf. (Sinémurien).

arkose n. f. [A. Brongniart, 1823 ; angl. *arkose*] – R. sédim. détritique* terrigène contenant des grains de quartz (jusqu'à 60 % env.) de feldspath, pour 25 % au moins, et fréquemment quelques micas. Le ciment (env. 15 % de la r.) est surtout composé d'argiles. Ces roches sont en général de teinte claire, à matériel détritique mal classé, à stratification irrégulière. Souvent continentales, elles se trouvent à proximité des roches granitiques ou gneissiques dont elles dérivent par altération peu poussée et érosion assez rapide (arénisation). Parfois nommée **feldsparénite**. Adj. arkosique*.

arkosique adj. [angl. *arkosic*] – Qui est de la nature d'une arkose* ou qui s'y rapporte. Grès arkosique : – 1. Syn. d'arkose. – 2. Plus souvent, grès avec 5 % à 25 % de feldspath (= grès feldspathique = subarkose).

aromatique adj. **(hydrocarbure –)** [angl. *aromatic hydrocarbon*] – Hydrocarbure, de formule C_nH_{2n-6}, dont les molécules sont cycliques ou polycycliques. Ex. benzène. V. aliphatique (hydrocarbure –).

arrachement n. m. [angl. – *small lanslide*] – Petit glissement de terrain.

arrachement (niche d'–) [angl. – *lanslide scar*] – Cavité sur un versant produite par un arrachement, large de quelques mètres et à bord abrupt du côté amont.

arrière-fosse n. f. [angl. *back(-)deep*] – Bassin sédimentaire se formant secondairement dans les régions internes d'une chaîne plissée.

arrière-pays n. m. [angl. *backland, hinterland*] – Masse continentale située à l'arrière d'une chaîne plissée, c'est-à-dire du côté des zones internes. Ant. avant-pays.

arsenic n. m. [du gr. *arsenikos*] – Symbole chim. As. N° et masse atom. 33 et 74,922 ; ion 5^{+}de rayon 0,048 nm ; densité 5,7 ; clarke 5 g/t. Corps proche des métaux, du syst. rhomboédrique, il donne à l'état natif des masses mamelonnées finement grenues, à cassure fraîche blanc métallique et à surface d'altération noire et terne. On le trouve dans les filons avec Ni, Co, Ag, U, etc. Le principal minerai est le mispickel (ou arsénopyrite Fe As S), accessoirement l'orpiment et le réalgar. Adj. **arsenical, e, aux** (qui contient As).

arsénopyrite n. f. [angl. *arsenopyrite*] – Syn. de mispickel.

art (pariétal, rupestre) – V. pariétal (art –).

artéfact n. m. [du lat. *artis facta*, produit par artifice] – 1. Modification d'une structure ou d'un phénomène naturel par l'effet d'un traitement, généralement destiné à en faciliter l'observation. 2. [angl. *artefact, artifact*] Objet, notamment outil préhistorique, fabriqué par l'homme.

artérite n. f. [angl. *arterite*] – Var. de migmatite* où les micas dessinent des traînées discontinues.

artésianisme n. m. [de l'Artois où fut creusé le premier de ces puits ; angl. *artesian condition*] – Ensemble des phénomènes relatifs aux puits artésiens.

artésien adj. **(puits –)** [angl. *artesian well*] – Au sens large, puits dans lequel l'eau monte plus haut que le niveau où on l'a rencontrée. Au sens restreint, puits où l'eau jaillit à la surface (syn. alors de puits jaillissant [angl. *flowing (artesian) well*]). Dans les deux cas, ce puits exploite une nappe captive.

artésienne adj. **(nappe –)** [angl. *artesian groundwater, confined –*] – Nappe d'eau souterraine (V. ce terme) où l'on peut creuser des puits artésiens. V. niveau piézométrique.

Arthrodires n. m. pl. [du gr. *arthron*, articulation, et *deiras*, cou ; angl. *arthrodires, Arthrodira*] – Groupe de Poissons Placodermes possédant une cuirasse formée de deux parties, l'une céphalique, l'autre thoracique, articulées au niveau du cou.

Arthropodes n. m. pl. [du gr. *arthron*, articulation, et *pous, podos*, pied ; angl. *arthropods, Arthropoda*] – Embranchement zoologique dont les représentants sont typiquement caractérisés par un corps divisé en segments dont chacun porte une paire d'appendices articulés (antennes, mandibules, pattes). Le squelette, externe, est chitineux et parfois épaissi par du carbonate ou du phosphate de calcium. Il forme une carapace qui, au cours de la croissance, se fend et est abandonnée par l'animal (mues). Les Arthropodes ont une importance géologique modeste, à l'exception des Trilobites dont le développement au Paléozoïque est considérable et qui sont de bons fossiles stratigraphiques, et des Ostracodes (du groupe des Crustacés), marins ou lacustres, utilisés comme fossiles stratigraphiques du Paléozoïque à l'Actuel.

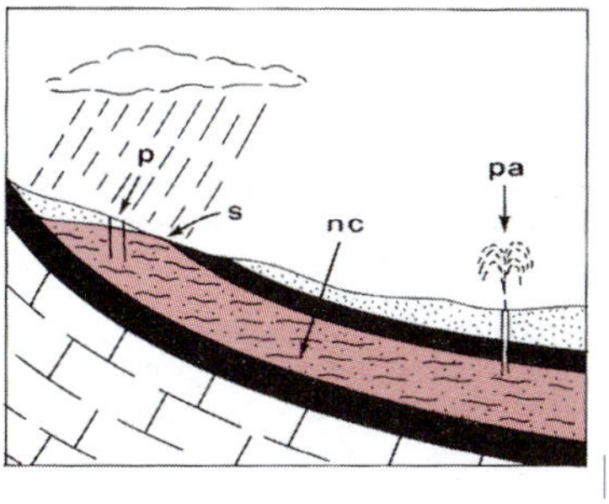

artésien (puits –)

La fig. représente une coupe géologique (en noir, terrains imperméables). La pluie alimente une nappe d'eau souterraine en partie libre (*à gauche*) et dans laquelle on peut creuser des puits ordinaires (p) et d'où s'échappent des sources (s). Elle est en partie captive (*à droite*, nc) et un forage fait alors monter ou même jaillir l'eau (pa : puits artésien).

Arthrodire

cc : cuirasse céphalique – ct : cuirasse thoracique.

Classification :

1 – Trilobitomorphes (Répart. stratigr. Cambrien – Permien).

2 – Chélicérates :

2.1 Mérostomes (Cambrien – Actuel, le seul groupe vivant étant celui des limules).

2.2 Arachnides (araignées, etc., Silurien – Actuel).

3 – Mandibulates (= **Antennates**) :

3.1 Crustacés (crabes, Ostracodes, etc., Cambrien – Actuel).

3.2 Myriapodes (millepattes, etc., Dévonien – Actuel)

3.3 Insectes (Carbonifère – Actuel).

article n. m. – Chacune des pièces rigides reliées entre elles par des articulations et dont l'ensemble constitue des organes allongés chez certains animaux (ex. : articles des tiges de Crinoïdes [angl. *columnal*], des pattes des Arthropodes [angl. *article*]) ou végétaux.

articulé, e adj. [angl. *articulate, joined, hinged*] – Comportant des articulations ; composé d'articles.

Articulées n. f. pl. [angl. *Articulatales*] – Groupe de végétaux comprenant notamment les Équisétales*.

Articulés n. m. pl. [angl. *articulates, Articulata*] – Groupe de Brachiopodes*.

Artinskien n. m. [A. Karpinsky, 1874, de Artinsk, ville de l'Oural méridional, Russie ; angl. *Artinskian*] – Étage du Permien (ère primaire) russe. V. tabl. Annexe 2. Adj. **artinskien, nne**.

Artiodactyles n. m. pl. [du gr. *artios*, pair, et *dactulos*, doigt ; prononc. arthio ; angl. *Artiodactyla*] – Groupe de Mammifères dont les membres possèdent un nombre pair de doigts, comprenant notamment les porcs, les hippopotames, les cerfs, les bœufs, etc. Répart. stratigr. : Éocène – Actuel. Syn. Paridigités.

As – Symbole chim. de l'arsenic.

ås n. m. [mot suédois désignant une colline boisée (prononc. ôsse ; pl. asar) ; angl. *ås, os*, pl. *osar*] – Transcription française : ôs. V. modelé glaciaire. Syn. esker.

asbeste n. m. [du gr. *asbestos*, incombustible ; angl. *asbestos*] – Syn. d'amiante. Adj. **asbestin, e**.

Ashgillien n. m. [J.E. Marr, 1905, de Ash Gill, Lake-District, G.-B. ; angl. *Ashgillian*] (anc. Ashgill) – Étage de l'Ordovicien (ère primaire). V. tabl. Annexe 2. Adj. **ashgillien, nne**.

as(é)ismique adj. [angl. *aseismic*] – Qui ne manifeste pas, ou presque pas, d'activité sismique ; p. ex. une dorsale asismique.

asphalte n. m. [du gr. *asphaltos*, bitume ; angl. *asphalt, pitch*] – Produit naturel dérivant de la matière organique, du groupe des naphtabitumes (V. bitume), noir, très visqueux ou solide, rarement à l'état libre, mais souvent en imprégnation de calcaire ou de grès. Adj. **asphaltique** [angl. *asphaltic*], **asphaltifère**.

Aspidobranches n. m. pl. [du gr. *aspis, -idos*, bouclier, et *brankhia*, branchie ; angl. *Aspidobranchia*] – Groupe de Gastropodes*.

Aspidospondyles n. m. pl. [du gr. *aspis, -idos*, bouclier, et *spondulos*, vertèbre ; angl. *Aspidospondyla*] – Groupe d'Amphibiens* qui, à part les Anoures (grenouilles, etc.), comprend uniquement des représentants fossiles.

Asselien n. m. [angl. *Asselian*] – Étage du Permien (ère primaire). V. tabl. Annexe 2. Adj. **asselien, nne.**

assemblage n. m. **(zone d'–)** [angl. *assemblage zone*] – Syn. de cénozone.

Assilina – Genre de Nummulitidés (V. fig. à ce mot).

assimilation n. f. [angl. *assimilation*] – Processus par lequel un magma digère et incorpore des roches situées à son contact (enclaves, bordure de la chambre magm.) d'où des modifications locales de sa composition chimique et cristallisation de roches à faciès pétrographiques particuliers (*cf.* endomorphisme). Ce type de phénomène n'a un rôle important que s'il y a contact prolongé entre l'encaissant et le magma à haute T, donc à grande profondeur. Le résultat de l'assimilation est l'hybridation*.

assise n. f. [angl. *bed*] – V. couche.

association n. f. [angl. *association*] – En paléontologie, ensemble des fossiles se trouvant dans une couche déterminée : plus l'association est riche, et mieux l'on peut préciser l'âge de la couche, et, dans les cas favorables, son milieu de dépôt. V. aussi biocénose, thanatocénose, symmigie, et stratigraphie. En pétrographie, **association minérale** [angl. *mineral assemblage*] : V. paragenèse.

assyntique (phase –) [du nom d'une contrée du Nord de l'Écosse ; angl. *Assyntian orogeny*] – Phase tectonique à la limite du Précambrien et du Cambrien. Syn. phase cadomienne. V. tabl. Annexe 2.

Astarte [du nom gr. de la déesse sémitique du ciel] – Genre de Lamellibranches* hétérodontes qui, au moins depuis le Tertiaire, est cantonné dans les mers froides de l'hémisphère boréal. Répart. stratigr. : Jurassique – Actuel.

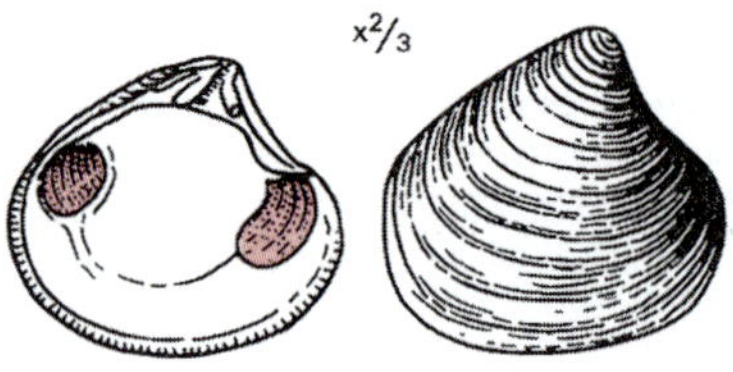

Astarte

Forme du Pliocène.

Astérides n. m. pl. [du gr. *aster*, étoile, et *eidos*, forme] – Groupe d'Echinodermes* comprenant notamment les étoiles de mer.

astérisme n. m. [du gr. *aster*, étoile ; angl. *asterism*] – Phénomène de diffusion de la lumière transmise ou diffractée par certains minéraux qui, vivement éclairés, montrent des points brillants en forme d'étoile (**astéries**). Il s'explique par la présence, dans ces minéraux, de minuscules inclusions orientées.

astéroïde n. m. [angl. *asteroid*] – Corps de petite taille gravitant autour du Soleil. Ils sont surtout nombreux entre Mars et Jupiter. Syn. planétoïde.

asthénolit(h)e n. m. [du gr. *asthenos*, sans résistance, et *lithos*, pierre ; angl. *asthenolith*] – Grand volume de roches localement et partiellement fondu au sein de masses solides ; la portion liquide peut quitter ces zones et donner un magma montant vers la surface.

asthénosphère n. f. [J. Barrell, 1914, du gr. *asthenos*, sans résistance ; angl. *asthenosphere*] – 1. À l'origine, niveau déformable situé sous l'écorce terrestre et grâce auquel pouvait s'établir l'équilibre isostatique (V. géodésie) – 2. Aujourd'hui, V. Terre.

Astien n. m. [P. de Rouville, 1853, de Asti, Ital. ; angl. *Astian*] – Ancien étage du Pliocène (Cénozoïque), tantôt considéré comme équivalent du Plaisancien, tantôt tenu pour plus récent. V. tabl. Annexe 2. Adj. **astien, nne.**

astroblème n. m. [R. S. Dietz, 1961, du gr. *astron*, astre, et *blêma*, coup ; angl. *astrobleme*] – Cratère créé par l'impact d'une météorite ; sur la Lune ces cratères ont des diamètres variant du cm à plusieurs dizaines ou centaines de km ; sur la Terre, seules les grosses météorites traversent l'atmosphère et créent alors des cratères de grande taille (quelques km à 200 km) où se développe un métamorphisme* d'impact très particulier. V. aussi impactite, tectite.

astrorhize n. f. [du gr. *aster*, étoile, et *rhiza*, racine ; angl. *astrorhiza*, pl. *-zae*] – Perforations rondes ou étoilées visibles à la surface des Stromatopores*.

asturienne (phase –) [H. Stille, 1920, de la province des Asturies, Esp. ; angl. *Asturian orogeny*] – Phase tectonique du Carbonifère (ère primaire) à la limite du Westphalien et du Stéphanien. V. tabl. Annexe 2.

Atdabanien n. m. [angl. *Atdabanian*] – Étage du Cambrien inf. (ère primaire). V. tabl. Annexe 2. Adj. **atdabanien, nne**.

Atélostomes n. m. pl. [du gr. *ateles*, imparfait, et *stoma*, bouche ; angl. *Atelostomata*] – Groupe des Oursins irréguliers n'ayant pas d'appareil masticateur. V. Échinides.

Atlantique n. m. [angl. *Atlantic*] – Division stratigraphique du Quaternaire (V. tabl. à ce mot) sup. européen basée sur l'analyse pollinique.

atlantique (marge de type –) [angl. *Atlantic-type margin*] – Marge continentale (V. ce terme) non limitée par une zone de subduction. Syn. marge passive.

atmophile adj. [Goldschmidt, 1923, du gr. *atmos*, vapeur, et *philos*, ami ; angl. *atmophile*] – S'applique aux éléments chimiquement indifférents : Ar, He, Kr, Ne, Xe.

atmosphère n. f. [du gr. *atmos*, vapeur et sphère ; angl. *atmosphere*] – Enveloppe gazeuse de la Terre. Sa composition, relativement uniforme, est, en volume, de 78 % d'azote, 21 % d'oxygène, 0,9 % d'argon, 0,03 % de gaz carbonique et de très faibles proportions d'autres gaz. De bas en haut, on y distingue la troposphère, où se produisent les phénomènes météorologiques (de 0 à environ 12 km), la stratosphère (12 à 50 km), la mésosphère (50 à 80 km), l'ionosphère. Entre 20 et 50 km, l'ozone est relativement concentré (jusqu'à 8 ppmv) mais ne constituerait, ramené au sol, qu'un couche de 3 mm d'épaisseur. Certains gaz atmosphériques, notamment la vapeur d'eau, le gaz carbonique, l'ozone, l'oxyde d'azote et le méthane absorbent les rayonnements électromagnétiques, sauf dans le domaine du rayonnement visible et du proche ultra-violet pour lesquels l'atmosphère est transparente : ils sont à l'origine d'un effet* de serre. Adj. **atmosphérique** [angl. *atmospheric*].

atoll n. m. [du maldive *atolu* ; angl. *atoll*] – Récif corallien circulaire, plus ou moins continu, entourant un lagon.

atomique adj. **(masse –)** [angl. *atomic mass*] – Rapport de la masse d'un atome (ou de l'un de ses constituants) au douzième de celle de l'atome de l'isotope ^{12}C du carbone. La masse atomique du proton est de 1,007 595, celle du neutron de 1,008 987. V. au nom de chaque élément.

atomique (numéro –) [angl. *atomic number*] – Nombre de protons d'un atome (il est le même pour tous les isotopes d'un élément).

Atractites [du gr. *atractos*, os] – Genre de Bélemnites* de grande taille. Répart. stratigr. : Trias – Jurassique inf.

atrio n. m. [mot ital.] – Dépression séparant deux cônes volcaniques emboîtés. V. volcan.

attapulgite n. f. [de Attapulgus, Géorgie ; angl. *attapulgite*] – Syn. de palygorskite. Parfois considérée comme une variété de ce minéral argileux fibreux. V. argiles.

attique adj. **(phase –)** [H. Stille, 1924, de l'Attique, région d'Athènes, Grèce ; angl. *Attic orogeny*] – Phase tectonique de l'ère tertiaire située à la limite du Miocène et du Pliocène. V. tabl. Annexe 2.

attitude n. f. [du lat. *aptitudo*, aptitude ; angl. *attitude*] – Ensemble de caractères permettant de définir une droite ou un plan, à un parallélisme près. – 1. Les droites (linéations, axes de plis, etc.) sont généralement définies par leur plongement (angle vers le bas avec l'horizontale) et leur azimut (angle avec le nord). Lorsqu'elles sont contenues dans un plan matériel (p. ex. linéation sur un plan de schistosité), il est souvent plus commode de les définir par l'attitude de ce plan et par leur angle avec l'horizontale dans ce plan (pitch*).

– 2. Les plans sont définis par leur pendage, c'est-à-dire l'angle qu'ils font avec un plan horizontal et qui est égal au plongement de leur ligne de plus grande pente, et soit par la direction de cette ligne (direction du pendage), soit par celle du plan (direction d'une horizontale de ce plan). Remarque : ce mot, d'origine latine, est d'emploi plus courant dans le vocabulaire géologique anglo-saxon que français.

Aturien n. m. [E. Munier-Chalmas et A. de Lapparent, 1893, du nom lat. de l'Adour, fleuve du Sud-Ouest de la Fr. ; angl. *Aturian*] – Partie sup. du Sénonien (Crétacé sup., ère secondaire). V. tabl. Annexe 2. Adj. **aturien, nne.**

Au [du lat. *aurum*, or] – Symbole chim. de l'or.

auge n. f. **(pli en –)** [angl. *box syncline*] – Pli* qui, en section transversale, a une forme de U. Syn. synclinal coffré.

auge glaciaire [angl. *glacial trough,* prononc. *treuff*] – Terme désignant une vallée dont le profil en U s'explique par l'érosion glaciaire. V. modelé glaciaire.

augite n. f. [du gr. *augê*, éclat ; angl. *augite*] – Pyroxène* ferromagnésien formant généralement des cristaux noirs.

aulacogène n. m. [N. S. Schatsky, 1946, du gr. *aulax*, sillon ; angl. *aulacogen*] – Fossé tectonique beaucoup plus long (quelques centaines de kilomètres) que large (quelques dizaines de kilomètres) affectant un socle perpendiculairement à la bordure d'un continent, et dont l'effondrement progressif, contemporain du remplissage sédimentaire, a produit, à cet endroit, un épaississement considérable de la couverture sédimentaire, laquelle aujourd'hui nivelle la dépression. Définie pour des structures de la plate-forme est-européenne, cette structure est aujourd'hui interprétée comme un rift avorté.

Aulodontes n. m. pl. [du gr. *aulos*, canal, et *odous, odontos*, dent ; angl. *Aulodonta*] – Groupe d'Oursins réguliers. V. Échinides.

auréole n. f. **de métamorphisme** [angl. *(metamorphic) aureole*] – Zone de terrains métamorphisés au contact d'une intrusion magmatique. V. métamorphisme de contact, et batholite (fig.).

aurifère adj. [angl. *auriferous*] – Qui contient de l'or. Ex. : **quartz aurifère** [angl. *gold quartz*].

Aurignacien n. m. [de Aurignac, Haute-Garonne, Fr. ; angl. *Aurignacian*] – Ensemble culturel préhistorique caractérisé par des silex taillés aux bords comportant des retouches fortes et écailleuses (lames, parfois étranglées en leur milieu, pointes et grattoirs), par des pointes en os à base fendue, et par l'apparition de l'art figuratif. Il est contemporain du Périgordien. Connu de 35 000 à 20 000 ans env. av. l'actuel. V. tabl. préhistoire. Adj. **aurignacien, nne.**

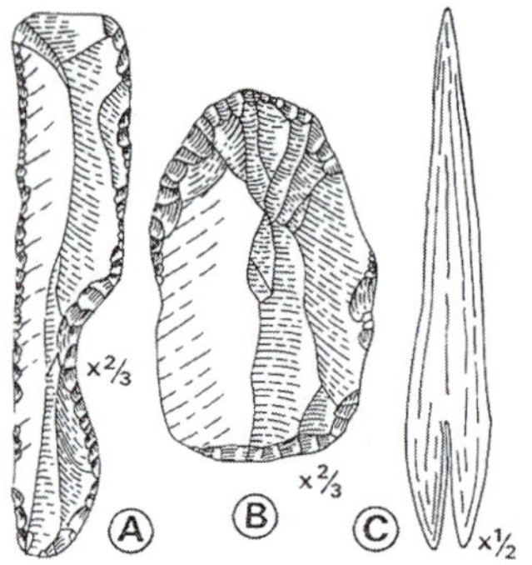

Aurignacien

A : lame étranglée – B : grattoir – C : pointe en os à base fendue (A et B d'après D. de Sonneville-Bordes).

Australopithèques n. m. pl. [du lat. *australis*, austral, et du gr. *pithêkos*, singe, les premiers représentants ayant été trouvés en Afrique du Sud ; angl. *Australopithecines*] – Groupe d'Hominidés*.

authigène adj. [du gr. *authigenês*, indigène ; on devrait dire authigénétique. V. -gène ; angl. *authigenic*] – S'applique à tout minéral ayant pris naissance dans la roche où il se trouve. Ce mot est utilisé surtout pour les minéraux ayant cristallisé au sein d'une r. sédim. au cours de la diagenèse. La caractérisation de ce phénomène est parfois facile (ex. quartz ou albite automorphe), mais plus souvent difficile (ex. des argiles et des phyllites). V. aussi néoformé. Ant. allogène (ou allothigène). N. f. **authigenèse**.

autochtone [du gr. *autos*, de soi-même, et *khtôn*, terre ; prononc. autok-] – 1. N. m. [angl. *autochthon*] et adj. [angl. *autochthonous*] : sens général : formé sur place. – 2. Adj. : s'applique à une roche sédimentaire ou à l'origine de celle-ci lorsque ses composants ont été déposés ou élaborés sur place et n'ont pas été arrachés à une autre roche. Ex. : l'origine autochtone des latérites ; les calcaires récifaux sont des roches autochtones. – 3. N. m. et adj. : terrains qui n'ont pas été sensiblement déplacés par des mouvements tectoniques depuis leur formation. Notamment, ils n'ont pas été transportés d'un substratum sur un autre comme le sont, p. ex., les nappes de charriage. Ant., dans tous les cas, allochtone. N. f. **autochtonie** [angl. *autochthony*].

autochtone relatif – Ensemble de terrains dont on se sert comme référence pour caractériser le mouvement relatif d'autres terrains qui, par rapport à eux, sont allochtones. On emploie souvent ce terme pour désigner l'élément le plus bas d'un empilement de nappes de charriage dont on ne sait pas s'il est réellement autochtone ou s'il est lui-même charrié sur un substratum qu'il cache entièrement. V. parautochtone.

autocyclicité [du gr. *auto*, de soi-même, et de cycle ; angl. *autocyclicity*] – Cyclicité affectant des formations sédimentaires et dont l'origine se trouve dans le mécanisme sédimentaire lui-même. Ex. répétition de séquences turbiditiques, superposition de dépôts de chenaux divagants. Ant. allocyclicité.

autométamorphisme n. m. [du gr. *autos*, de soi-même, et métamorphisme ; angl. *autometamorphism*] – Processus particulier, peu fréquent, de transformation de r. magm. finissant de se refroidir en présence de fluides, ces derniers provoquant l'évolution de certains minéraux vers des formes plus hydratées. V. aussi deutérique.

automorphe adj. [du gr. *autos*, de soi-même, et *morphê*, forme ; angl. *automorphic* (obs.), *euhedral*] – S'applique à un minéral se présentant sous la forme d'un cristal parfait, ou, au moins, limité par des faces cristallines planes. V. aussi subautomorphe. Ant. xénomorphe (ou allotriomorphe).

autotrophe adj. [du gr. *autos*, de soi-même, et *trophê*, nourriture ; angl. *autotrophic*] – Se dit d'un organisme vivant qui est capable d'élaborer sa propre substance organique à partir de matières minérales. La plupart des végétaux sont autotrophes. Ant. hétérotrophe. N. f. **autotrophie**.

autrichienne adj. **(phase –)** [H. Stille, 1924, de l'Autriche ; angl. *Austrian orogeny*] – Phase tectonique de l'ère secondaire située vers la limite de l'Albien et du Cénomanien (c'est-à-dire du Crétacé inf. et sup.). V. tabl. Annexe 2.

Autunien n. m. [C. Mayer-Eymar, 1881, E. Munier-Chalmas et A. de Lapparent, 1893, de Autun, Saône-et-Loire, Fr. ; angl. *Autunian*] – Étage inf. du Permien (ère primaire). V. tabl. Annexe 2. Adj. **autunien, nne**.

autunite n. f. [de Autun, Saône-et-Loire, Fr. ; angl. *autunite*] – Phosphate Ca $(UO_2)_2$ $(PO_4)_2$, 10 H_2O, du syst. quadratique, en cristaux tabulaires ou en lamelles, jaune citron ou jaune de soufre, à éclat nacré. Minéral d'altération superficielle des gîtes d'uranium. Syn. uranite.

Auversien n. m. [G. Dollfus, 1905, d'Auvers-sur-Oise, Val-d'Oise, Fr. ; angl. *Auversian*] – Partie inf. de l'Éocène sup. (ère tertiaire) dans le Bassin de Paris. V. tabl. Annexe 2. Adj. **auversien, nne**.

avant-butte n. f. [angl. ≈ *outlier* (peut aussi désigner une butte-témoin)] – Butte témoin à laquelle l'érosion a enlevé son chapeau de roches dures. V. relief structural.

avant-fosse n. f. [traduction de l'allem. *Vortiefe*, E. Suess, 1909 ; angl. *foredeep, foreland basin*] – Région déprimée bordant vers l'extérieur (c'est-à-dire du côté de l'avant-pays autochtone) une chaîne de montagnes dans sa phase finale de plissement. Cette avant-fosse se remplit de débris (V. molasse) provenant de l'érosion des reliefs naissants. Ant. arrière-fosse.

avant-pays n. m. [traduction de l'allem. *Vorland*, E. Suess, 1875 ; angl. *foreland*] – Région relativement stable bordant une chaîne plissée et vers laquelle se déversent les structures de cette dernière, au moins dans la région de leur contact. Ex. : le Massif central français est un avant-pays pour les Alpes. Ant. arrière-pays.

avant-plage n. f. [angl. *foreshore*] – Prolongement d'une plage* sous le bas niveau de la mer.

aven n. m. [mot occitan prononc. -vèn ; angl. *aven*] – Gouffre s'ouvrant sur une cavité souterraine et résultant de la dissolution de couches calcaires. V. modelé karstique.

aventurine n. f. [angl. *aventurine*] – Var. de quartz contenant des inclusions de mica brillantes et colorées. V. silice.

aviculaire n. m. [du lat. *avicula*, petit oiseau ; angl. *avicularium*, pl. *-ria*] – V. Bryozoaires.

Avipelviens n. m. pl. [du lat. *avis*, oiseau, et *pelvis*, bassin] (Syn. Ornithischiens) – Reptiles* fossiles du groupe des Dinosauriens.

axe n. m. **(d'un pli)** [du lat. *axis*, essieu ; angl. *axis (of a fold)*, pl. *axes*] – 1. Ligne passant par le milieu de la charnière d'un pli (cet axe n'est pas obligatoirement rectiligne). Toute droite parallèle en un point à cet axe est la direction du pli en ce point ou axe b (V. aussi axes tectoniques). – 2. Intersection de la surface axiale d'un pli et de la surface topographique, ce qui sur la carte géologique donne une ligne passant par le cœur et les terminaisons périclinales du pli.
La première définition est généralement utilisée à l'échelle du décamètre et en deçà, alors que la seconde sert surtout pour des plis à l'échelle de l'hectomètre ou au-delà. Adj. **axial, e, aux** [angl. *axial*].

axe tectonique [angl. *tectonic axis, fabric –*, (pl. *– axes*)] – Un des trois axes de référence formant un trièdre trirectangle définissant dans l'espace la forme des plis (généralement des microplis) ou l'orientation des mouvements qui ont donné naissance aux structures, ou bien encore celle des structures

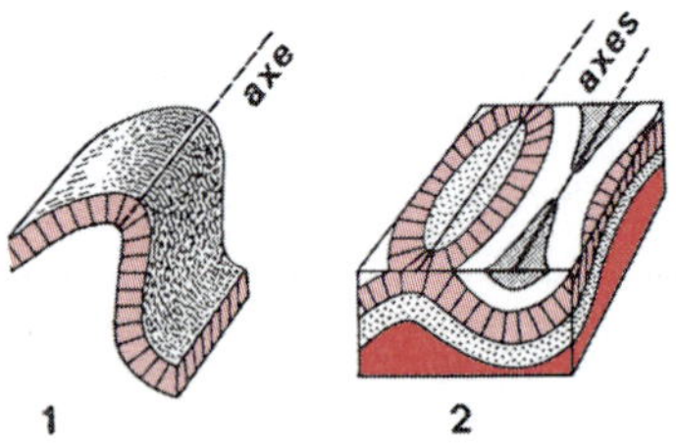

axe d'un pli

1 : passant par le milieu de la charnière (sens 1).
2 : passant par le cœur et les terminaisons périclinales (sens 2).

pétrologiques (pétrofabrique*). Une certaine confusion règne dans ce domaine du fait que les auteurs n'adoptent pas tous la même terminologie, et du fait de l'ignorance où l'on se trouve souvent concernant les relations entre plis, mouvements et contraintes. Dans les cas simples, on admet généralement, pour les orientations des plis et des mouvements que l'axe a correspond aux contraintes minimales (σ_3), l'axe b aux contraintes moyennes (σ_2), l'axe c aux contraintes maximales (σ_1). – 1. Orientation des plis : axe B (= b), direction du pli ; axe A (= a) direction perpendiculaire à B et comprise dans le plan axial ; axe C (= c), direction perpendiculaire à A et à B. Le plan AB est donc le plan axial. – 2. Orientation des mouvements plan ab, plan du transport de matière (écoulement, glissement, etc.) ; axe a, direction du transport de matière ; axe b, perpendiculaire à a dans ab ; axe c, perpendiculaire à ab. – 3. Orientation des structures de pétrofabrique : surfaces S, surfaces des structures planaires (S_0, parfois S_1 : surface de la stratification ; S_1, S_2, etc. : surface des schistosités dans l'ordre chronologique) ; axes L (ou l), axes des structures linéaires ou linéations (L_1, L_2, ou l_1, l_2, etc. dans l'ordre chronologique). Syn. axe structural, axe structurologique. V. aussi schistosité.

axial adj. **(schistosité de plan –)** [angl. *axial-plane schistosity, – cleavage*] – V. schistosité.

axinite n. f. [du gr. *axinê*, hache ; angl. *axinite*] – Cyclosilicate (Ca, Mn, $Fe^{2+}{}_3$ Al_2 BO_3 [Si_4 O_{12}] (OH), du syst. triclinique, en cristaux larges à bords tranchants, à faces striées ou cannelées ; éclat vitreux, translucide, brun, brun violacé, parfois rougeâtre, polychroïque. Minéral accessoire des roches acides (granites, et leurs auréoles métamorphiques), associé à grenat et tourmaline.

Azilien n. m. [du Mas-d'Azil, Ariège, Fr. ; angl. *Azilian*] – Ensemble culturel préhistorique du Mésolithique, caractérisé par une industrie de silex taillés en pointes ou en grattoirs très petits (microlithes), par des harpons en bois de cerf, et par des galets peints de signes géométriques. Connu de 9 000 à 7 000 ans env. V. tabl. préhistoire. Adj. **azilien, nne**.

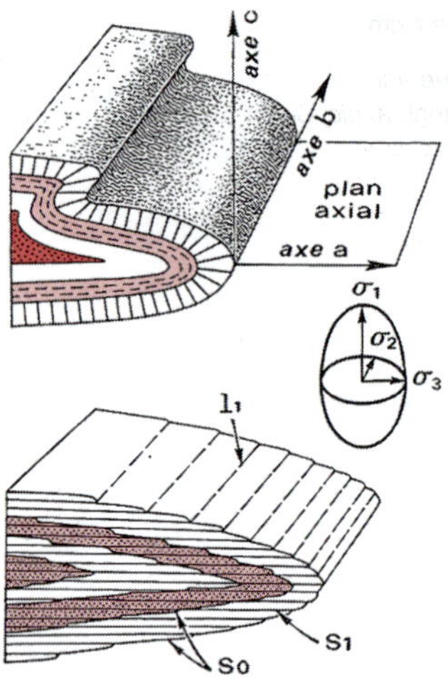

axe tectonique

Relations entre les contraintes principales σ1, σ2 et σ3, l'orientation des plis (en haut) et celle des structures de pétrofabrique (en bas) – l1 : linéation (parallèle à l'axe b) – S0 : stratification – S1 : schistosité.

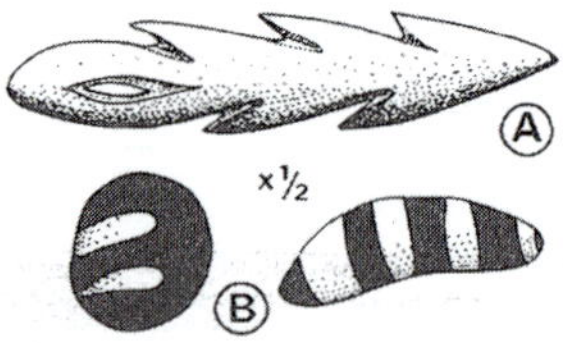

Azilien

A : harpon en bois de cerf **– B :** galets peints.

azimut n. m. [de l'arabe *as-samt*, le droit chemin ; angl. *azimuth, bearing*] – Angle d'un plan vertical (ou de toute droite non verticale comprise dans ce plan) par rapport à un autre plan vertical pris comme référence (généralement le plan méridien). La pratique, en géologie, est de mesurer ces angles par rapport au nord, positivement dans le sens des aiguilles d'une montre. Par ex., l'azimut d'une droite tournée vers le sud-ouest est 225° (on dit aussi Nord 225). Les astronomes comptent les azimuts à partir du sud. V. gisement.

azoïque adj. [du gr. *a*, sans, et *zôon*, animal] – 1. [angl. *azoic*] Se dit d'un milieu dépourvu d'êtres vivants. – 2. [angl. *unfossiliferous*] Se dit d'une r. sédim., d'une couche, ou d'une série qui ne contient pas de fossiles. N. f. **azoïcité**.

Azoïque n. m. [angl. *Azoic*] – Syn. de Protérozoïque (division stratigraphique du Précambrien). V. tabl. Annexe 2. Obsol.

azonal adj. **(sol –)** [angl. *azonal soil*] – Sol* peu évolué, non caractéristique d'une zone climatique particulière.

azote n. m. [du gr. *a*, sans, et *zôê*, vie ; angl. *nitrogen*] – Symbole chim. N. N° et masse atom. 7 et 14,008 ; ion 5^+ de rayon 0,013 nm, densité 0,97 ; clarke 46 g/t. Gaz constituant 75 % de l'air dont on l'extrait industriellement. Cet élément est en particulier présent dans les composés organiques des sols et dans certains gisements de nitrates ayant un intérêt économique (engrais). Adj. **azoté, e.**

azurite n. f. [de azur, lui-même de l'arabe *lazawar*, lapis-lazuli ; angl. *azurite*] – Carbonate hydraté Cu_3 $(CO_3)_2$ $(OH)_2$, du syst. monoclinique, effervescent, en cristaux aplatis bleu de Prusse ou bleu d'azur, dans des gisements cuprifères.

B

B – Symbole chim. du bore.

b (axe –) [angl. *b axis*] – V. axe tectonique.

B (horizon –) [angl. *B horizon*] – Horizon d'un sol*, situé sous l'horizon A, où s'accumulent les substances enlevées à celui-ci. Syn. horizon illuvial.

Ba – Symbole chim. du baryum.

BABB [sigle, de l'angl. *Back-Arc Basin Basalts*] – V. basalte.

baddeleyite n. f. [dédiée à J. Baddeley ; angl. *baddeleyite*] – Minéral de formule ZrO_2 accompagnant les roches plutoniques à fort déficit de silice (syénites néphéliniques).

bad(-)lands n. m. pl. [mot angl. signif. mauvaises terres] – Terrain où la faible végétation et le ruissellement important ont contribué à la formation de profondes ravines. Ce phénomène affecte des pentes de roches meubles (argiles, marnes, gypse) en pays subdésertique, ou en pays plus humide, souvent par suite de la destruction par l'homme du couvert végétal.

bajada n. f. [mot esp. signif. descente ; angl. *bajada*] – Glacis alluvial prolongeant, vers le bas, un pédiment.

Bajocien n. m. [A. d'Orbigny, 1859, du nom latin de Bayeux, Calvados, Fr. ; angl. *Bajocian*] – Étage du Jurassique moyen (ère secondaire). V. tabl. Annexe 2. Adj. **bajocien, nne.**

balais adj. **(rubis –)** [de l'arabe *Balakhchân*, actuellement Badakhshan, région d'Afghanistan ; angl. *balas (ruby)*] – Var. de spinelle* de teinte rose pâle.

balancée adj. **(coupe géologique –)** – Anglicisme pour coupe* (géologique) équilibrée.

Balanus [mot lat. signif. gland] – Genre de Cirripèdes (V. fig. à ce mot) dépourvu de pied.

banatite n. f. [du Banat, région au N de Belgrade ; angl. *banatite*] – Ancien terme désignant une diorite quartzique à feldspath alcalin.

banc n. m. [angl. *bed*] – V. couche.

banc induré – Expression parfois utilisée comme syn. de hard ground (ou fond durci).

banquise n. f. [angl. *pack ice*] – Surface de mer gelée. L'épaisseur maximale de cette glace est de l'ordre de 2 à 3 m. Ne pas confondre avec le shelf* (prolongement d'inlandsis) ou avec les icebergs* (morceaux de glaciers flottants). V. floë, hummock, pack, pancake, polynia, slush.

bar n. m. [du gr. *baros*, pesanteur ; angl. *bar*] – Unité de pression ou de contrainte, valant 10^5 pascals, ou 0,986 atmosphère. Sous 1 000 m d'eau, la pression est d'environ 100 bar, et sous une colonne de roches elle est 2,5 fois plus forte. Un kbar valant 1 000 bar, on a approximativement dans la croûte terrestre des pressions de 2,5 à 3 kbar vers 10 km de profondeur, de 6 kbar à 20 km, de 9 à 10 kbar à 30 km.

barégienne n. f. – R. métam. de Barèges (Hautes-Pyrénées, Fr.) souvent orthographiée à tort barrégienne. Ce sont des cornéennes* calciques rubanées, colorées et souvent très plissotées.

baril n. m. [angl. *barrel*] – Unité de capacité anglo-saxonne non comprise dans le Système international d'unités de mesure. Le baril américain (*U.S. barrel*, en abrégé US bbl) est utilisé couramment pour évaluer le volume des produits pétroliers. Il vaut 158,987 litres et se divise en 42 gallons (US gal.). Le baril britannique (*imperial barrel*, ou imp. bbl) équivaut à 163,66 litres et se divise en 36 gallons (imp. gal.).

barkévicite n. f. [de Barkévit, Norvège ; angl. *barkevikite*] – Var. d'amphibole* du groupe des horrnblendes.

barkhane n. f. [mot du Turkestan ; angl. *barchan*] – Dune* formant, en plan, un croissant convexe du côté du vent dominant. *Cf.* dune parabolique.

baromètre n. m. **géologique** – Syn. de géobaromètre.

barrage n. m. **volcanique** [angl. *volcanic dam*] – Barrage naturel d'une vallée par une coulée de lave, avec en amont, soit un lac, soit une surface plane d'alluvions.

barranco n. m. [mot esp. ; angl. *barranco*] – Ravin aigu creusé dans des pentes déboisées. En français, ce mot est généralement réservé aux ravins disséquant les volcans. V. aussi bad-lands.

barre n. f. [mot gaulois] – 1. [angl. *hogbag*] Crête rocheuse. Elle correspond souvent à une couche dure dont le pendage est vertical ou presque. – 2. [angl. *bar*] Relief sableux sous-aquatique, de tracé linéaire, produit par les courants et situé soit en travers d'un estuaire, soit le long d'une côte. – 3. [angl. *breaker zone, surf* –] Zone de déferlement permanent des vagues à une certaine distance du rivage.

barre appalachienne – Dans un relief appalachien (V. ce terme), colline allongée résultant du dégagement d'une couche dure par l'érosion à partir d'une pénéplaine.

Barrémien n. m. [H. Coquand, 1862, de Barrême, Alpes-de-Haute-Provence, Fr. ; angl. *Barremian*] – Étage du Crétacé inf. (ère secondaire). V. tabl. Annexe 2. Adj. **barrémien, nne.**

barrière n. f. **récifale** – Récif* corallien formant une barre parallèlement à une côte.

Barrow (série métam. de type –) [de G. Barrow, 1893 ; angl. *Barrovian-type facies series*] – Succession type de r. métam. définie en Écosse. Syn. série barrowienne. V. métamorphisme.

Bartonien n. m. [C. Mayer-Eymar, 1857, de Barton, Hampshire, G.-B. ; angl. *Bartonian*] – Étage de l'ère tertiaire. Naguère pris comme syn. d'Éocène sup., on lui donne aujourd'hui un sens plus restreint équivalant à l'ensemble Auversien et Marinésien. V. tabl. Annexe 2. Adj. **bartonien, nne.**

barylites n. m. (au pl.) **(groupes des –)** [du gr. *barus*, lourd, et *lithos*, pierre ; angl. *barylites*] – Ensemble des minéraux des r. magm. de d > 2,77, dont les principaux sont : mica, amphibole, pyroxène, olivine, minéraux opaques, mélilite, grenat, épidote, apatite, zircon, sphène, carbonates primaires. V. minéraux lourds. Ant. coupholites.

barysphère n. f. [du gr. *barus*, lourd, et sphère ; angl. *barysphere*] – Syn. de nifé. Obs.

barytine (ou barytite) n. f. [du gr. *barus*, lourd ; angl. *barite, barytes]* – Sulfate $BaSO_4$, du syst. orthorhombique, en cristaux aplatis à clivages nets, souvent maclés et groupés (barytine crêtée ou crête de coq) ; éclat vitreux ; blanche, jaune blond, parfois brune, rougeâtre, bleutée ; facilement reconnue grâce à sa forte densité (4,5). En masses lamellaires, massives ou grenues dans des filons hydrothermaux ou dans la gangue de filons métallifères (Ag, Cu, Pb, Co, Mn) ; en ciment ou nodules dans les r. sédim. (argiles, calcaires, grès), parfois en concrétions à structure fibreuse.

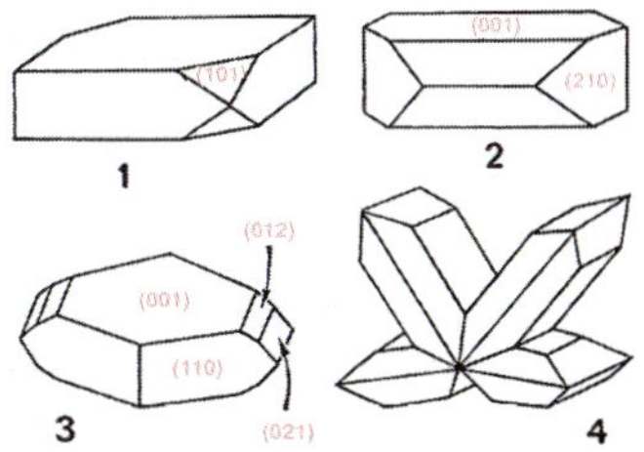

barytine

1 et 2 : prismes de forme tabulaire (d'après A. de Lapparent) – 3 : autre forme – 4 : groupement en « livre ouvert » (barytine crêtée) (3 et 4, d'après R. Brousse in J. Aubouin et al.).

baryum n. m. [angl. *barium*] – Symbole chim. Ba. N° et masse atom. 56 et 137,34 ; ion 2+ de rayon 0,134 nm ; densité 3,7 ; clarke 250 g/t. Métal blanc entrant dans la composition de certains minéraux : barytine, celsiane, hyalophane, withérite.

bas n. m. **de plage** [angl. *foreshore, beach face*] – Partie d'une plage* située dans la zone de battement des marées.

basal, e adj. **(rabotage –, ablation –, troncature –)** – V. rabotage.

basalte n. m. [du lat. *basaltes*, probablement d'un mot éthiopien ; angl. *basalt*] – R. magm. effusive (V. tabl magm. r. grenue équiv. : gabbro) très commune, les basaltes, avec les andésites* à pyroxène, constituant 95 % des laves continentales et océaniques.

C'est une roche noire (mésocrate à mélanocrate), microlithique, à verre peu abondant et en général non bulleuse, comportant des plagioclases (An > 50, labrador surtout), et des clinopyroxènes (augite dominante, souvent maclée et zonée), accompagnés selon les cas d'olivine, d'hypersthène, de magnétite, d'ilménite ; il peut s'y ajouter, en faible pourcentage, soit du quartz, soit des feldspathoïdes (néphéline, analcime). Elle contient parfois des enclaves (xénolithes) éclogitiques ou péridotitiques d'origine profonde.

Les laves basaltiques sont très fluides ; émises à 1 100-1 200 °C, elles se solidifient vers 1 000 °C en donnant des coulées prismées, cordées, ou à surface scoriacée, pouvant couvrir des milliers de km² (V. trapp p. ex.) ; elles peuvent former des volcans-boucliers de grande taille, parfois à lac de lave (à 1 200°). Émises sous l'eau, elles donnent souvent des laves en coussins* (pillow lavas. V. aussi ophiolites). Enfin, elles constituent aussi des tufs, des scories, et des

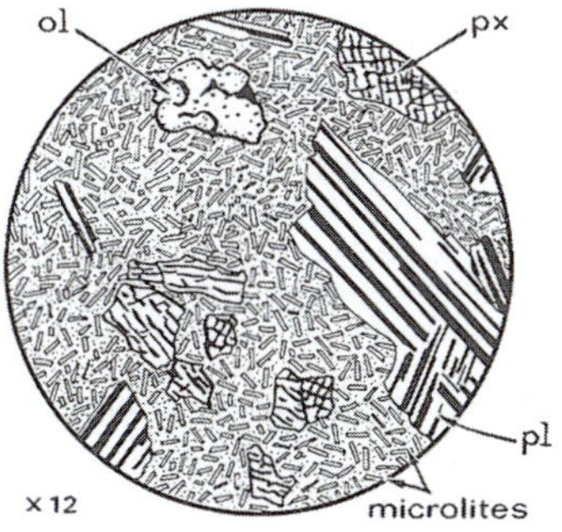

basalte

Lame mince en lumière polarisée analysée – ol : olivine – pl : plagioclase – px : pyroxène. Le fond est microlithique et en partie vitreux (inspiré de J. Jung).

bombes* fusiformes. Leur classification et leur nomenclature sont variées et liées à leur genèse, et à leur composition minéralogique et/ou chimique : basaltes à olivine ou sans, basaltes saturés ou sous-saturés.

Parmi les variétés, on peut noter : – 1. la **sakalavite**, basalte quartzique à 10 % de quartz (le plus souvent virtuel dans le verre assez abondant) et par suite sans olivine – 2. le **basalte demi-deuil** à phénocristaux de labrador et d'augite, à pâte légèrement vacuolaire noire ou rouge sombre – 3. les **basaltes à olivine** (phénocristaux souvent altérés en iddingsite) à labrador-bytownite et augite violette titanifère – 4. les basaltes mélanocrates porphyriques à phénocristaux d'augite et d'olivine (**ankaramite** à augite dominante, océanite à olivine dominante) – 5. les **mélaphyres**, ou basaltes à faciès paléovolcaniques, avec pyroxène ouralitisé, olivine serpentinisée, chlorite, épidote, calcite.

Sur la base de leurs conditions de formation, notamment dans le cadre de la tectonique des plaques, on distingue 6 grands types de basaltes couramment désignés par leurs sigles anglo-saxons, les 5 premiers océaniques, le sixième continental :

1 – MORB (***Mid-Ocean Ridge Basalts***), constituants des dorsales océaniques ;

2 – BABB (***Back-Arc Basin Basalts***), qui se mettent en place au fond des bassins d'extension en arrière des arcs insulaires ;

3 – OPB (***Ocean Plate Basalts***), épanchés sur des plaques en domaine océanique ;

4 – OIB (***Ocean Island Basalts***), constituants des alignements d'îles océaniques ou de monts sous-marins dont la formation est généralement attribuée à l'activité de points chauds ;

5 – IAB (***Island Arc Basalts***), laves se rencontrant dans des arcs insulaires ou dans des marges actives ;

6 – CTB (***Continental Tholeiitic Basalts***), basaltes des rifts continentaux et basaltes des plateaux [angl. *flood basalts*], comme ceux des trapps.

Du point de vue de leur composition chimique, les basaltes constituent essentiellement deux grandes familles qui, par différenciation, peuvent donner des séries continues. Ce sont : – 1. les **basaltes tholéiitiques** (ou tholéiites, ou tholéites) saturés, mésocrates, à labrador-bytownite, augite peu calcique, hypersthène, olivine absente ou très rare, et SiO_2 soit dans le verre, soit exprimé sous forme de quartz ou tridymite. Ils constituent de vastes épanchements sur les continents, dans les fonds océaniques actuels, dans certains arcs insulaires (associés à des andésites), et ils forment la partie supérieure des complexes ophiolitiques. La différenciation des magmas tholéiitiques conduit à des andésites (de type islandite) puis aboutissent à des rhyolites. – 2. Les **basaltes alcalins**, sous-saturés, mélanocrates, à olivine abondante, labrador, augite peu calcique et titanifère, avec souvent un peu de feldspathoïde et de mélilite. Ils sont plus riches que les tholéiites en Na_2O et K_2O (en général, $Na_2O > K_2O$; si $Na_2O = K_2O$, ce sont des basaltes **shoshonitiques**). Ils sont surtout présents dans les volcans continentaux, et parfois dans des arcs insulaires. La différenciation de ces magmas basaltiques alcalins conduit à des labradorites (andésites à labrador), à des andésites de type mugéarite, à des trachyandésites, et pour finir à des phonolites.

On a naguère considéré que les divers basaltes pouvaient provenir, par l'intermédiaire de divers processus de cristallisation fractionnée ou d'assimilation, d'une même roche mantellique, la pyrolite*. On pense aujourd'hui, sur la base d'analyses géochimiques, que leurs sources sont multiples. Adj. **basaltique** [angl. *basaltic*].

basaltes des plateaux [angl. *plateau basalt, flood –*] (Cf. trapp), **basalte des vallées** – V. relief volcanique.

basaltique adj. **(couche –)** [angl. *basaltic layer*] – Nom donné à la partie de la croûte océanique située immédiatement sous les sédiments et composée de basaltes (en coussins, pour une bonne part). V. Terre.

basaltique (verre –) [angl. *basalt obsidian*] – Constituant exclusif de roches assez rares : la **tachylite** noire, la **palagonite** jaunâtre, hydratée, présente dans des filons ou tufs sous-aquatiques, ou à la périphérie des coussins (pillows).

basanite n. f. [angl. *basanite*] – R. magm. effusive (V. tabl. magm. ; r. grenue équiv. : théralite), noire (mésocrate) à aspect de basalte, microlithique souvent porphyrique, avec plagioclase (labrador), feldspathoïde, augite violacée, hornblende brune, olivine (différence avec téphrite), parfois biotite. Les variétés sont distinguées d'après le feldspathoïde : basanite à néphéline (le plus souvent), à analcime, à leucite, à haüyne ; l'**ankaratrite**, mélanocrate, est riche en pyroxène : la **limburgite** montre des phénocristaux d'augite, d'olivine et de magnétite dans un verre à feldspathoïde et plagioclase virtuels. Ce sont des laves en coulées, le plus souvent associées à des basaltes à olivine.

basanitoïde n. m. [angl. *basanitoid*] – Basanite à cristaux de plagioclase, pyroxène et olivine, et à néphéline virtuelle dans le verre.

base n. f. **(niveau de –)** – V. niveau de base.

base de banc (figure de –) [angl. *sole mark*] – V. hyporelief.

Bashkirien n. m. [angl. *Bashkirian*] – Étage stratigraphique du Carbonifère (ère primaire) de Russie. V. tabl. Annexe 2. Adj. **bashkirien, nne.**

basique adj. [angl. *basic*] – S'applique – 1. à un minéral dans lequel Si < 50 % des cations (syn. sous-saturé) ; V. aussi acide et neutre ; – 2. à une r. magm. pauvre en SiO_2 (45 à 52 % en poids) d'où absence de cristaux de quartz, et riche en Mg, Fe et Ca (de 20 à 35 %). V. aussi acide, intermédiaire et ultrabasique.

bassin n. m. **(– sédimentaire, – de sédimentation)** [angl. *(sedimentary) basin*] – Dépression à fond peu accidenté, largement évasée, à flancs en pente douce, de dimension très variable (du kilomètre à plusieurs milliers de kilomètres), qui est ou a été un lieu de sédimentation. Un bassin se trouve sur un continent ou à sa bordure. La sédimentation y présente une certaine permanence tout en étant variable selon les points. Il s'agit de sédiments marins en général, et peu profonds. Selon les caractères dominants on distingue les bassins à sédimentation détritique (bassin molassique p. ex.), les bassins à sédimentation calcaire, argileuse, évaporitique, etc. En France, les exemples types sont ceux du Bassin parisien et du Bassin aquitain. V. aussi synéclise. On applique aussi le mot à de vastes aires océaniques dont le fond est souvent occupé par des plaines abyssales, avec dans ce cas des sédiments profonds. (V. océan.)

bassin artésien [angl. *artesian basin*] – Vaste zone de terrains sédimentaires présentant une ou plusieurs nappes d'eau souterraines captives susceptibles de donner des puits artésiens*.

bassin d'arrière-arc, d'avant-arc [angl. *back-arc basin, fore-arc basin*] – V. arc volcanique.

bassin de réception [angl. ≈ *catchment (basin), -area*] – Partie la plus haute d'un torrent*, où les eaux se rassemblent. Syn. entonnoir de réception.

bassin houiller, minier, pétrolier [angl. *coal, mineral, oil field*] – Aire où l'on peut exploiter une des substances utiles correspondantes.

bassin hydrogéologique [angl. *groundwater basin*] – Zone dans laquelle les eaux souterraines s'écoulent vers un même exutoire ou groupe d'exutoires.

bassin hydrographique [angl. *hydrographic basin, drainage –, catchment –*] – Ensemble des pentes inclinées vers un même cours d'eau et y déversant leurs eaux de ruissellement. Ces bassins sont séparés par des **lignes de partage des eaux**. Syn. bassin versant. V. aussi interfluve.

bassin versant – V. bassin hydrographique.

batée n. f. [de battre ; angl. *(wash) pan, washing dish*] – Sorte de grand plat métallique destiné à laver les sédiments pour en extraire les minéraux les plus lourds et notamment l'or.

batholite n. m. [E. Suess, 1892, du gr. *bathus*, profond, et *lithos*, pierre ; angl. *batholith*] – Massif de quelques km à plus de 100 km constitué de r. magm. plutoniques (ex. granite) montrant sur une carte une section circulaire à elliptique, tranchant en général les structures de l'encaissant et de ce fait nommé aussi **massif intrusif** ou **circonscrit**, ou encore massif « discordant ». Il est fréquemment bordé par une zone de métamorphisme de contact, donnant, en plan, une **auréole** de métamorphisme ; la largeur d'un batholite croît souvent avec la profondeur, mais dans certains cas on considère qu'il s'agit d'une masse globuleuse alimentée en magma par une « racine ». L'orthographe étymologiquement correcte (batholithe) ne semble pas utilisée. V. aussi laccolite, et lopolite. Adj. **batholitique**.

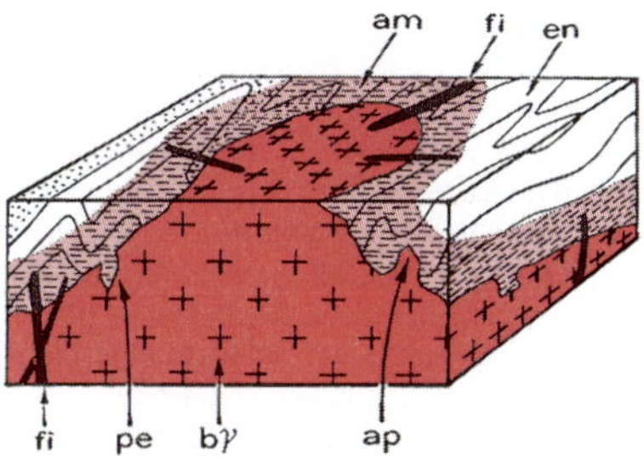

batholite

am : auréoles de métamorphisme de contact (cornéennes au contact du granite, schistes tachetés à la périphérie) – ap : apophyse – bg : batholite granitique – en : encaissant (ici couches plissées) – fi : filon (p. ex. aplite, microgranite) – pe : pendentif.

Bathonien n. m. [J.-P. d'Omalius d'Halloy, 1843, puis A. d'Orbigny, 1849, de Bath, Somerset, G.-B. ; angl. *Bathonian*] – Étage du Jurassique moyen (ère secondaire) – V. tabl. Annexe 2. Adj. **bathonien, nne.**

bathyal, e, aux adj. [E. Haug, 1907 ; du gr. *bathus*, profond ; angl. *bathyal*] – S'applique aux milieux marins* profonds de 200 à 3 000 m environ, c'est-à-dire notamment à une grande partie de la pente continentale. On distingue, en fonction de la profondeur, les zones épibathyale (200 à 400 m), mésobathyale 400 à 1 500 m), et bathyale inférieure (1 500 à 3 000 m). V. marin (milieu).

bathymétrie n. f. [du gr. *bathus*, profond, et *metron*, mesure ; angl. *bathymetry*] – 1. Opération consitant à mesurer la profondeur des fonds sous-marins. – 2. Résultat de cette mesure. Autrefois effectuée grâce à des sondes, elle l'est actuellement par **échosondage** :

on enregistre les réflexions sur le fond d'ondes acoustiques émises à partir d'un navire, le temps de l'aller-retour pour une onde donnée permettant de calculer la profondeur. On dresse ainsi des profils, puis des cartes **bathymétriques** [angl. *bathymetric charts*].

Batraciens n. m. pl. [du gr. *batrakhos*, grenouille ; angl. *Batracians*] – Syn. d'Amphibiens.

bauéritisation n. f. [du n. pr. Bauer] – Altération superficielle des micas noirs qui perdent Fe et Mg, et deviennent jaune mordoré puis grisâtres.

baume n. f. [mot occitan, du gaulois *balma*, grotte ; angl. *balm*] – Syn. d'abri-sous-roche.

baume n. m. **du Canada** [angl. *Canada balsam, – turpentine*] – Résine de conifère utilisée pour coller les lamelles des préparations microscopiques.

bauxite n. f. [du village des Baux-de-Provence, Fr. ; angl. *bauxite*] – R. sédim. ou résiduelle qui est un minerai d'aluminium (40 % au moins de Al_2O_3), car riche en hydrates d'alumine AlO (OH) : bœhmite ou diaspore ; $Al (OH)_3$: gibbsite). Il s'y ajoute des oxydes de fer, des minéraux argileux (p. ex. kaolinite), des minéraux titanés (rutile, anatase). La roche est assez tendre, blanchâtre (sans Fe), jaunâtre (à gœthite), rosée ou rouge (à hématite). La structure est variable, mais souvent pisolithique : p. ex. pisolithes à zones concentriques plus ou moins ferrugineuses et rouges, pris dans un ciment cryptocristallin (recristallisation d'un ancien gel colloïdal alumino-ferrique). Leur classification et leur genèse sont discutées. Schématiquement, on distingue : – 1. Les **bauxites autochtones** (dites aussi **primaires**) restées en place ou presque sur leur roche mère (syénite, basalte, r. métam., etc.) dont elles dérivent par altération pédologique, sous couvert végétal en pays tropical (évolution de type latéritique). Dans certains cas, elles dériveraient de terra rossa sur substratum calcaire. – 2. Les **bauxites allochtones** (dites aussi **secondaires**, ou **resédimentées**) en couches stratifiées liées à d'autres couches continentales (lacustres) ou marines, détritiques ou calcaires. Elles proviennent du lessivage de sols latéritiques dont les éléments ont été transportés (cours d'eau, et vent ?) et sédimentés dans des bassins lointains : dans divers cas, elles sont surmontées de couches charbonneuses (dépôts en bassin paralique, en liaison avec des phénomènes de biorhexistasie). Ces bauxites resédimentées sont en couches minces, souvent lenticulaires (liaison avec les irrégularités topographiques de la couche qui leur sert de mur). L'origine de leurs éléments peut être lointaine (p. ex. Massif central pour des bauxites de Provence) et l'évolution chimique commencée sur les roches mères (évolution latéritique) s'est poursuivie lors de la sédimentation (avec formation de pisolithes), puis de la diagenèse. Adj. **bauxitique** [angl. *bauxitic*].

Baveno (macle de –) [de Baveno, Ital. ; angl. *Baveno twin*] – V. feldspath.

Be – Symbole chim. du béryllium.

beach-rock [mot angl.] – Syn. de grès de plage.

bec n. m. **de l'étain (macle du –)** [angl. ≈ *cassiterite twin*] – Macle particulière de la cassitérite*.

bec de Nautile – Pièce maxillaire de Nautile (V. fig. à Nautiloïdés).

bédière n. f. [angl. *glacial rill*] – Torrent coulant sur un glacier* au fond d'un chenal qu'il y a creusé. Le terme est aussi souvent utilisé pour désigner le chenal lui-même.

Bédoulien n. m. [A. Toucas, 1888, de La Bédoule près Cassis, Bouches-du-Rhône. Fr. ; angl. *Bedoulian*] – Sous-étage de l'Aptien (Crétacé inf., ère secondaire). V. tabl. Annexe 2. Adj. **bédoulien, nne.**

bed(-)rock n. m. [mot angl.] – Substratum résistant de sédiments meubles ou peu consolidés. On parle de bedrock, p. ex., dans le cas du lit rocheux d'une rivière recouverte par des alluvions exploitées en placers. V. aussi mur, socle.

beef n. m. [mot angl., terme de carrier] – Mince lame (1 à 5 cm) au sein de r. sédim., constituée de cristaux allongés et à peu près perpendiculaires aux épontes. Parallèles ou non à la stratification, on les considère comme formées sous contraintes (*cf.* fente). Il s'agit le plus souvent de calcite au sein de formations marneuses, et parfois de gypse ou d'anhydrite, ou encore de quartz.

béforsite n. f. [de Bergeforsen, Suède ; angl. *beforsite*] – V. carbonatite.

Bégudien n. m [L. Villot, 1883, de La Bégude. Bouches-du-Rhône, Fr.] – Faciès lacustre du Crétacé sup. (ère secondaire) du Sud-Est de la France. V. tabl. Annexe 2. Adj. **bégudien, nne**.

beidellite n. f. [angl. *beidellite*] – Minéral argileux du groupe des smectites, plus riche en Si que les montmorillonites. V. argile.

Belemnitella [du gr. *belemnon*, flèche] – Bélemnite (V. fig. à ce mot) du Crétacé sup. dont le rostre montre, au bord de l'alvéole, une scissure ventrale et, à sa surface, de fines empreintes arborescentes interprétées comme les traces d'une vascularisation.

Bélemnites n. f. pl. [du gr. *belemnon*, flèche ; angl. *belemnites*] – Groupe de Céphalopodes marins (Dibranchiaux) uniquement fossiles, proches des seiches. Leur squelette était composé de trois parties, le

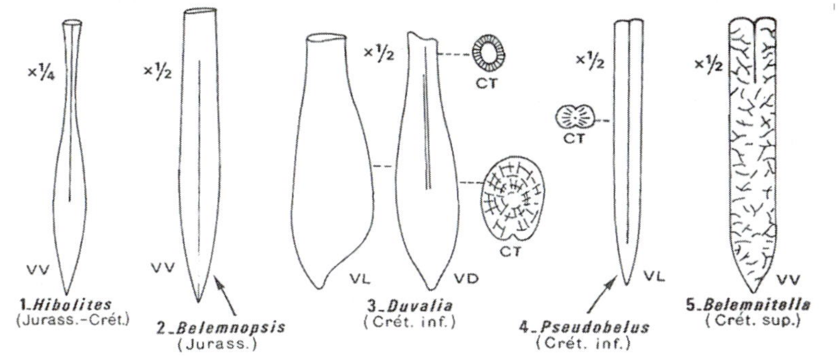

Bélemnites

Quelques exemples de rostres – CT : coupe transversale – VD, VL, VV : vues dorsale, latérale, ventrale.

rostre, en forme de balle de fusil, composé de calcite lamelleuse, et qui est généralement le seul conservé par la fossilisation ; le **phragmocône** segmenté et traversé par un siphon, qui est logé dans l'alvéole du rostre, et représente l'équivalent de la coquille des Nautiles ou des Ammonites ; le **proostracum**, fragile lame en partie cornée, et pratiquement jamais fossilisée. Les Bélemnites étaient probablement des formes nageuses vivant souvent en troupe. Leur taille variait en moyenne de quelques centimètres à quelques décimètres. Leur valeur stratigraphique est médiocre, en tout cas bien moindre que celle des Ammonites avec lesquelles on les retrouve souvent. Répart. stratigr. : Carbonifère – Crétacé, mais surtout abondantes dans les sédiments jurassiques et crétacés.

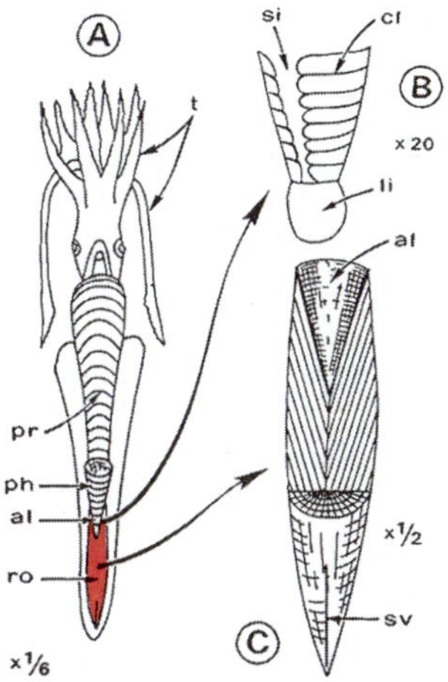

Bélemnites

A : reconstitution d'une bélemnite – al : alvéoles – ph : phragmocône – pr : proostracum – ro : rostre – t : tentacules
B : détail de la pointe du phragmocône (en section) – cl : cloison – li : loge initiale – si : siphon.
C : rostre coupé pour montrer sa structure lamellaire – al : alvéole – sv : sillon ventral.

bélemnites tronçonnées – V. boudinage.

Belemnopsis [du gr. *belemnon*, flèche, et *opsis*, aspect] – Bélemnite (V. fig. à ce mot) du Jurassique.

Bellerophon [du lat., *Bellerophon*, fils de Neptune] – Gastéropode (V. fig., à ce mot) marin primitif à coquille à symétrie bilatérale, enroulée en spirale plane et dont les stries d'accroissement dessinent une sinuosité correspondant à une échancrure au bord de l'ouverture. Répart. stratigr. : Silurien – Trias.

Belosepia [du gr. *belos*, flèche, et *sepia*, seiche] – Genre de Sépioïdés (V. fig. à ce mot).

Benioff (plan de –, zone de –) [angl. *Benioff plane, – zone*] – Zone peu épaisse, grossièrement assimilable à un plan, où sont localisés les foyers des séismes près des fosses océaniques. Partant d'une fosse, le plan de Benioff s'enfonce sous le continent, ou l'arc insulaire, voisin avec un plongement variant de 15 à 75° et jusqu'à 600-700 km. Cette répartition des foyers traduit l'enfoncement, ou **subduction**, d'une portion de lithosphère océanique sous une lithosphère continentale. La limite de 700 km serait due à la résorption de la lithosphère dans l'asthénosphère, compte tenu des propriétés physiques de cette dernière. Syn. plan de Wadati-Benioff. V. tectonique des plaques, et Terre.

Bennettitales n. f. pl. [dédié à Bennett ; angl. *Bennettitales*] – Plantes uniquement fossiles, du groupe des Gymnospermes, proches des actuels Cycas, dont les troncs pouvaient atteindre 3 ou 4 m de haut. Répart. stratigr. : Carbonifère – Crétacé.

benthique adj. [du gr. *benthos*, fond ; angl. *benthic*] – Qualifie un être vivant (fixé ou non) qui vit sur les fonds aquatiques. L'ensemble de ces êtres forme le **benthos**. Ant. pélagique. V. marin (milieu –).

benthos n. m. [angl. *benthos*] – V. benthique.

bentonite n. f. [de Fort Benton, Montana, U.S.A. ; angl. *bentonite*] – 1. Roche, composée d'argile et de silice colloïdale, provenant de l'altération de cendres volcaniques. – 2. Minéral argileux du groupe des smectites. V. argile.

Berriasella [de Berrias, Ardèche, Fr.] – Ammonite (V. fig. à ce mot) de la limite Jurassique-Crétacé (Tithonique sup. et Berriasien).

Berriasien n. m. [H. Coquand, 1875, de Berrias, Ardèche, Fr. ; angl. *Berriasian*] – Étage le plus ancien du Crétacé (ère secondaire). V. tabl. Annexe 2. Adj. **berriasien, nne**.

berthiérine n. f. [dédié à P. Berthier ; angl. *berthierine*] – Minéral argileux ferrifère, à feuillets de 0,7 nm, commun dans les gisements de fer sédimentaires. *Cf.* chamosite. V. argiles.

berthiérite n. f. [dédié à P. Berthier ; angl. *berthierite*] – Sulfure $Fe\ Sb_2\ S_4$, du syst. orthorhombique, parfois en cristaux aciculaires striés longitudinalement, communément en masses fibreuses ou lamellaires à patine bronzée. Associé à la stibine dans les filons, et pouvant être, comme celle-ci, un minerai d'antimoine.

béryl n. m. [du nom gr. *bêrullos* ; angl. *beryl*] – Cyclosilicate, $Be_3\ Al_2\ [Si_6\ O_{18}]$, du syst. hexagonal, en prismes allongés et cannelés ou arrondis, à cassure conchoïdale ou inégale, à polychroïsme parfois marqué. Colorations variées liées aux traces de Fe et Cr (bleu et vert), de Li (rose), d'U (jaune). Commun dans les pegmatites, présent dans certains micaschistes, et connu dans les calcaires bitumineux métamorphisés.
En cristaux parfois de grande taille, et pouvant donner des gemmes : l'**émeraude** (verte et limpide), l'**aigue-marine** (bleu-vert et transparente), la **morganite** ou **béryl rose**, l'**héliodore** (jaune).

béryllium n. m. [angl. *beryllium*] – Symbole chim. Be. N° et masse atom. 4 et 9,013 ; ion 2^+ de rayon 0,035 nm ; densité 1,85 ; clarke 6 g/t. Métal gris, entrant dans la composition de divers silicates : béryl, tourmaline, néphéline, pyroxènes et amphiboles sodiques, etc., en particulier dans des roches comme les pegmatites et les skarns. Syn. glucinium.

bétafite n. f. [de Betafo, Madagascar ; angl. *betafite*] – Minéral de composition complexe $(U, Ca)_2\ (Ti, Nb, Ta)_2\ O_6\ (O, OH, F)$, du système cubique, se présentant généralement en grands cristaux octaédriques ou dodécaédriques brun jaunâtre. Il se trouve surtout dans les pegmatites, associé au béryl et au zircon. Il est métamicte, c'est-à-dire que la régularité de son réseau cristallin a été plus ou moins altérée par la radioactivité de l'uranium qu'il contient.

Bi – Symbole chim. du bismuth.

bi- – Préfixe tiré du lat. et signifiant deux, ou double.

Biarritzien n. m. [L. Hottinger et H. Schaub, 1980, de Biarritz, Pyrénées-Atlantiques, Fr. ; angl. *Biarritzian*] – Division stratigraphique équivalant à une partie du Lutétien sup. (ère tertiaire). V. tabl. Annexe 2. Adj. **biarritzien, nne**.

biaxe adj. [angl. *biaxial*] – Se dit d'un cristal qui a deux axes optiques. V. réfraction.

Biber n. m. [Schaefer, 1956, du nom d'un affluent du Danube] – Glaciation* du Tertiaire (de ? 5 Ma à 2,1 Ma env.). V. tabl. préhistoire.

bief n. m. **à silex** [terme local] – Formation d'argiles* à silex, contenant en outre des galets et des grains de sable, connue p. ex. sur la craie en Normandie (Fr.).

BIF [sigle tiré de l'expression anglaise ***Banded Iron Formation***] – V. minerais de fer rubanés.

biface n. m. [angl. *hand axe*] – Outil de pierre (silex en général) taillé sur ses deux faces, en forme d'amande ou de triangle allongé. Il caractérise particulièrement les industries du Paléolithique inf. (V. Acheuléen, préhistoire.)

bilan n. m. **hydraulique** [angl. *hydraulic budget, water balance*] – Calcul des quantités d'eau reçues et débitées par une nappe d'eau souterraine pendant une certaine période.

Bilobites [mot lat. signif. bilobé] – Nom ancien de *Cruziana*. V. ichnofossile.

biloculaire adj. [du lat. *bi-*, deux, et *loculus*, petite loge ; angl. *bilocular*] – S'applique en particulier aux Foraminifères constitués de deux loges. N. m. pl. **Biloculaires** (V. Foraminifères).

binominale adj. **(nomenclature –)** [du lat. *bi-*, deux, et *nomen*, nom ; angl. *binomial nomenclature*] – V. nomenclature.

biocénose (ou biocœnose) n. f. [K. Mobius, 1877, du gr. *bios*, vie, et *koinos*, en commun ; angl. *biocoenosis*] – Ensemble des organismes vivant dans un même lieu appelé **biotope**. Par extension, ensemble des tests fossilisés dans leur biotope. On dit aussi dans ce cas paléobiocénose. V. thanatocénose, et symmigie.

bioclaste n. m. [de l'angl. *bioclast*, lui-même du gr. *bios*, vie, et *klastos*, brisé ; angl. *bioclast*] – Dans une roche, tout élément fossile, entier ou plus souvent en fragment, d'origine animale ou végétale, ayant été transporté ou non. Le terme s'applique essentiellement aux débris de fossiles à test carbonaté, et implique en général que les fossiles sont pénécontemporains du sédiment dans lequel ils se trouvent. N'en font pas partie les organismes dont les tests groupés en position de vie donnent des calcaires construits (ou calc. récifaux, ou biolithites). Adj. **bioclastique***.

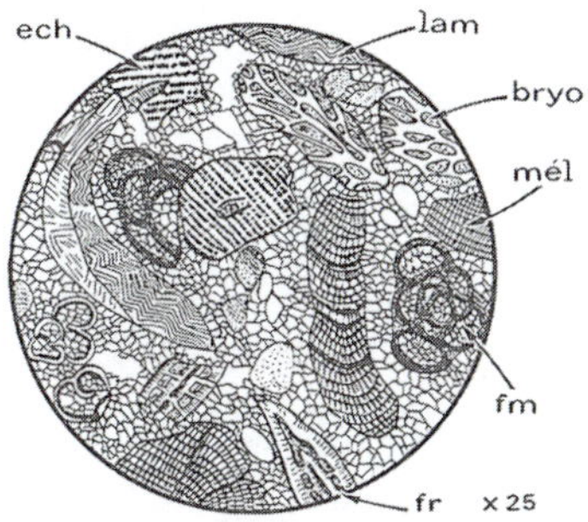

bioclaste

Calcaire finement spathique à bioclastes – bryo : bryozoaire – ech : échinoderme – fm : foraminifère (miliole) – fr : foraminifère (rotalidé) – lam : lamellibranche – mél : algue mélobésiée.

bioclastique adj. [angl. *bioclastic*] – S'applique aux r. sédim. formées pour une bonne part de débris d'organismes (bioclastes*). Syn. biodétritique. V. carbonatées (r. –)

biodétritique adj. – Syn. de bioclastique.

biogène adj. [du gr. *bios*, vie ; angl. *biogen(et)ic*] (on devrait dire biogénétique. V. -gène) – D'origine animale ou végétale. Ex. : la silice biogène. V. zoogène, phytogène.

bioglyphe n. m. [Vassoevitch, 1953, du gr. *bios*, vie, et *gluphein*, graver ; angl. *bioglyph*] – Trace de base de banc d'origine organique. Ant. abioglyphe, V. hiéroglyphe.

bioherme n. m. [du gr. *bios*, vie, et *hermas*, écueil, rocher ; angl. *bioherm*] – Masse de r. sédim. calcaire (calc. récifal ou biolithite) édifiée par des organismes constructeurs (en général des coraux) restés le plus souvent en position de vie. Elle a une forme en lentille épaisse, non litée et indépendante de la stratification des couches avoisinantes (V. aussi biostrome). Adj. **biohermal, e, aux** [angl. *biohermal*].

biolit(h)ite n. f. [du gr. *bios*, vie, et *lithos*, pierre ; angl. *biolithite*] – Calcaire essentiellement constitué par des constructions récifales, animales (Madréporaires, rudistes, etc.) ou végétales (algues). Syn. calcaire construit ou calcaire récifal. V. carbonatées (r. –).

biométrie n. f. [du gr. *bios*, vie, et *metron*, mesure ; angl. *biometry, biometrics*] – Ensemble des méthodes, appliquées aux êtres vivants, qui font appel aux mesures ou aux comptages et à leur traitement statistique, notamment pour l'étude des populations, des variétés, et des espèces. Adj. **biométrique**.

biomicrite n. f. [angl. *biomicrite*] – Calcaire formé de débris d'organismes liés par un ciment microcristallin. V. carbonatées (r. –)

biomicrudite n. f. [angl. *biomicrudite*] – Biomicrite où la taille des débris d'organismes est supérieure à 2 mm. V. carbonatées (r. –).

biopelmicrite n. f. [angl. *biopelmicrite*] – R. intermédiaire entre une biomicrite et une pelmicrite. V. carbonatées (r. –).

biopelsparite n. f. [angl. *biopelsparite*] – R. intermédiaire entre une biosparite et une pelsparite. V. carbonatées (r. –).

bio(-)rhexistasie n. f. [H. Erhart, 1955, du gr. *bios*, vie, *rhexis*, action de rompre, et *stasis*, stabilité ; angl. *biorhexistasy*] – Théorie explicative de certains processus sédimentaires, reposant sur les phénomènes de formation de sols (pédogenèse) et de leur destruction, en relation avec les variations du couvert végétal des continents. On y distingue deux types de périodes : – 1. **Période de biostasie**, caractérisée par une stabilité suffisamment longue pour qu'un couvert forestier se développe. La forêt joue un rôle de filtre contrôlant la formation du sol et séparant : a) une phase migratrice, emportée sous forme de solution, composée notamment de bicarbonates de Na, K, Ca, Mg et de silice hydratée ; b) une phase résiduelle composée d'hydroxydes de Fe, d'Al et d'argiles (kaolinite surtout). La sédimentation autour du continent a alors comme base la phase migratrice, et est donc chimique et biochimique, avec en particulier des calcaires, des dolomies, des silex, etc. – 2. **Période de rhexistasie**, avec destruction du couvert végétal pour une raison ou pour une autre (modification climatique, déformation tectonique, voire cause anthropique actuellement). L'érosion s'attaque alors au sol, et le déblaie, puis aux roches du sous-sol. La sédimentation correspondante est ainsi composée des éléments de la phase résiduelle remaniés donnant des argiles (pouvant être riches en kaolinite, en débris végétaux, et en matières organiques), puis par des dépôts plus grossièrement détritiques, sableux et/ou calcareux, avec des conglomérats si les reliefs sont importants. Ces périodes peuvent se succéder plus ou moins régulièrement, et donner ainsi des séquences ou des cycles sédimentaires. Adj. **bio(-)rhexistatique** (mieux que – stasique, orthographe de l'auteur du terme, *cf.* gr. *statikos*).

biosparite n. f. [angl. *biosparite*] – Calcaire formé de débris d'organismes liés par un ciment largement cristallin. V. carbonatées (r. –).

biosparrudite n. f. [angl. *biosparrudite*] – Biosparite où la taille des débris d'organismes est supérieure à 2 mm. V. carbonatées (r. –).

biostasie n. f. [angl. *biostasy*] – V. biorhexistasie. Adj. **biostatique**.

biostratigraphie n. f. [angl. *biostratigraphy*] – Stratigraphie* fondée sur le contenu en fossiles des couches.

biostrome n. m. [du gr. *bios*, vie, et *stroma*, matelas ; angl. *biostrome*] – Masse de r. sédim. construite par des organismes, restés le plus souvent en position de vie, d'épaisseur faible par rapport à son diamètre, et formant une couche interstratifiée dans les couches avoisinantes. V. aussi bioherme. Adj. **biostromal, e, aux** [angl. *biostromal*].

biotite n. f. [dédié à Biot ; angl. *biotite*] – Syn. de mica* noir.

bioturbation n. f. [du gr. *bios*, vie, et du lat. *turbatio*, trouble ; angl. *bioturbation*] – Ensemble des petits dérangements dans un sédiment dus à des déplacements d'organismes vivants : terriers, galeries, traces de fouissement ou de reptation (pistes), etc. Une bioturbation est un signe d'oxygénation du milieu de sédimentation, les milieux anoxiques étant peu propices au développement de la faune. Adj. **bioturbé, e** [angl. *bioturbate*].

biozone n. f. [angl. *biozone*] – Division de base de la biostratigraphie. V. stratigraphie. Les biozones sont surtout fondées sur les apparitions [angl. *first occurrence : FO*] ou les disparitions [angl. *last occurrence : LA*] d'espèces, parfois sur leur abondance particulière (V. acmé).

birdseye (ou bird's eye) n. m. [expr. angl. signif. œil d'oiseau] – Petite masse irrégulière de calcite spathique, de quelques millimètres, formant, avec d'autres, des ensembles plus ou moins alignés ou dispersés au sein de roches calcaires ou dolomitiques à grain fin. Les petites cavités dans lesquelles la calcite a cristallisé sont d'origine mal connue, et selon les cas, il peut s'agir des petits terriers, de pores créés par émiettement d'un sédiment légèrement induré, de bulles de gaz, de fissures de retrait par dessiccation temporaire. Dans quelques autres cas, il s'agirait de plages de recristallisation : *cf.* dismicrite, V. carbonatées (r. –). Ces structures s'observent généralement dans des dépôts intertidaux. Syn. fenestra.

biréfringence n. f. [angl. *birefringence*] – Propriété d'un corps réfractant un rayon vibratoire incident selon deux directions distinctes. V. réfraction. Adj. **biréfringent, e.**

biseau n. m. [angl. *pinch-out, bevel, wedge*] – Bord s'amincissant progressivement jusqu'à la disparition d'une formation géologique. Ce terme est descriptif, et pour préciser la genèse de cette structure, on distingue : – 1. Le biseau stratigraphique, résultant de la disparition d'une couche au sein d'une série, du seul fait des conditions de sédimentation et/ou d'érosion (en liaison avec des courants sous-marins, des transgressions, des régressions, des discordances). Les dépôts lenticulaires se terminent en biseau de toutes parts. V. aussi passage latéral. – 2. Le biseau tectonique, résultant de la disparition (ou biseautage) d'une couche par des efforts tectoniques, p. ex. par étirement et laminage* dans le flanc d'un pli ou dans une lèvre de faille. Dans les deux cas : Vb. **(se) biseauter** [angl. *to pinch out ; to thin out*] ; n. m. **biseautage** [angl. *bevel(l)ing*] ; adj. **biseauté ; e** [angl. *beveled*].

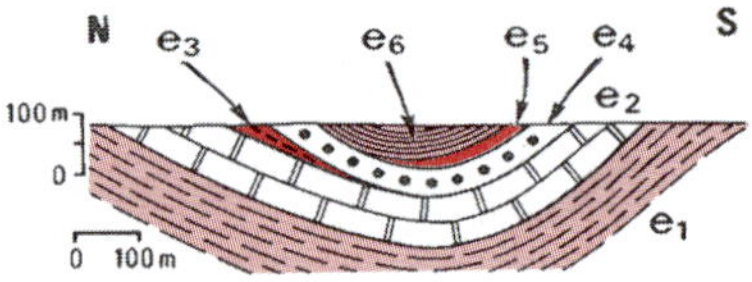

biseau

Coupe géologique montrant des biseaux stratigraphiques affectant les couches e3 et e5.

biseau d'aggradation [angl. *onlap*] – Terme de stratigraphie séquentielle (V. ce terme) désignant la base d'un corps sédimentaire où, en montant la pente bordant un bassin, les couches les plus récentes débordent les plus anciennes. Ce dispositif s'explique par une montée du niveau marin (V. transgression). Ce terme ne s'applique que pour des structures plurikilométriques mises en évidence généralement grâce à des profils sismiques sous-marins.

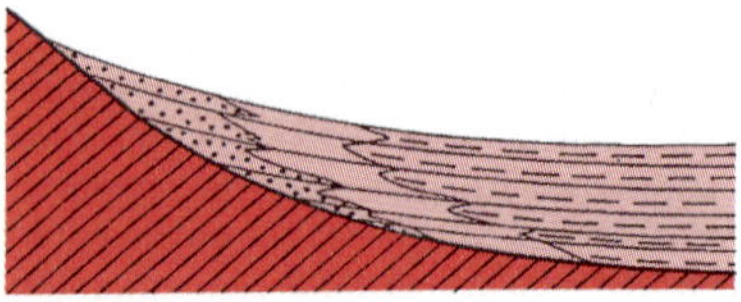

biseau d'aggradation

biseau de progradation [angl. *downlap*] – Terme de stratigraphie séquentielle (V. ce terme) désignant la base d'un corps sédimentaire où, en descendant la pente bordant un bassin, les couches les plus récentes débordent les plus anciennes. Il s'explique par une progradation* des sédiments pendant une période de stabilité du niveau marin. Ce terme ne s'applique que pour des structures plurikilométriques mises en évidence généralement grâce à des profils sismiques sous-marins. V. stratigraphie séquentielle.

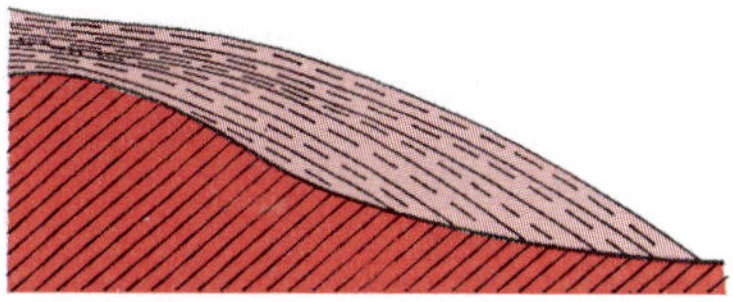

biseau de progradation

biseau sommital [angl. *toplap*] – Terme de stratigraphie séquentielle (V. ce terme) désignant le sommet d'un corps sédimentaire, où les dépôts les plus récents se font de plus en plus vers le large. Il s'explique par une période de grande stabilité du niveau marin, la sédimentation ne pouvant trouver de l'espace pour s'effectuer que dans des zones de plus en plus éloignées de la côte, les régions plus proches du rivage ayant été progressivement remblayées. Les biseaux que montrent les couches à leur sommet ne sont donc pas la conséquence d'une érosion. Ce terme ne s'applique que pour des structures plurikilométriques mises en évidence généralement grâce à des profils sismiques sous-marins. V. stratigraphie séquentielle.

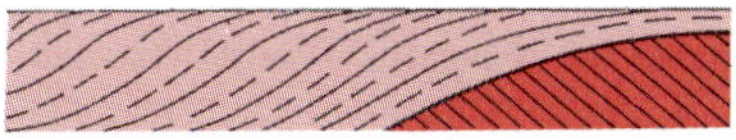

biseau sommital

bismuth n. m. [du mot allem. *Wismuth* ; angl. *bismuth*] – Symbole chim. Bi. N° et masse atom. 83 et 208,98 ; ion 3^+ de rayon 0,086 nm ; densité 9,8 ; clarke 0,2 g/t. Métal cassant, du syst. rhomboédrique, à clivages faciles. À l'état natif, il donne des masses de cristaux d'aspect barbelé, à cassure fraîche blanc rosé et à surface altérée, en bismuthite Bi (CO_3) O_2, brun terne. On le trouve dans des filons, liés à des r. magm. acides, où il accompagne d'autres métaux (étain, wolfram, etc.)

bitume n. m. [du mot lat. *bitumen* ; angl. *bitumen*] – 1. Syn. ancien de l'**asphalte** naturel. – 2. Pour les chimistes, terme regroupant les produits naturels (dérivant de la matière organique) hydrocarbonés où les distinctions sont basées sur les compositions chimiques, les solubilités dans tel ou tel solvant, les propriétés en fluorescence, etc. On distingue deux grands groupes : – a. Les **naphtabitumes**, mélanges d'hydrocarbures (corps gazeux, liquides ou solides à molécules comportant seulement C et H) et de corps voisins avec S, O, N ; ce sont en particulier les gaz naturels de pétrole, le pétrole (= huile brute), les asphaltes* naturels (v. pétrole). – b. Les **kérabitumes** avec C, H, O, et un peu de S et N, insolubles dans le chloroforme, comprenant la matière organique des vases, celle des roches mères de pétrole, celle disséminée dans des calcaires, des grès, des schistes (ex. ampélite). Ces r. bitumineuses (ou r. asphaltiques, en l'absence d'analyse chimique précise) sont noires, à toucher gras, d'odeur souvent fétide. Adj. **bitumeux, se ; bitumineux, se** [angl. *bituminous*].

bitumineux (schistes –) [angl. *bituminous shales*] – Terme général regroupant des roches, argileuses et litées, plus ou moins calcareuses, contenant des proportions importantes de kérabitumes et susceptibles d'être exploitées pour des huiles par pyrolyse (vers 500 °C) ; la limite actuelle d'exploitation est de 8-10 % de kérabitume, donnant par tonne de roche 40 à 45 l d'huile, dite **huile de schiste**.

Bivalves n. m. pl. [du lat. *bi*, deux, et *valva*, battant d'une porte ; angl. *Bivalvia, Pelecypods*] – Mollusques typiquement à symétrie bilatérale, protégés par une coquille calcaire formée de deux **valves** (droite et gauche) présentant du côté dorsal un angle ou une pointe recourbée appelée **crochet** (= **umbo**). Près de ce dernier, les valves sont maintenues par un **ligament** interne ou externe et généralement guidées dans leurs mouvements par des **dents** calcaires constituant la **charnière**. Les parties molles de l'organisme vivant sont principalement une masse viscérale, des branchies lamelleuses, un pied bien développé chez les espèces fouisseuses, l'ensemble étant entouré par le manteau, dont le bord laisse à l'intérieur de la coquille une **empreinte palléale**, parfois sinueuse (**sinus palléal**) lorsqu'existent des siphons rétractiles. La coquille est alors dite **sinupalliée** (ant. intégripalliée).
Un ou deux muscles puissants servent à fermer la coquille. Dans le premier cas, on parle de formes **monomyaires**, dans le second, de formes **dimyaires** (**isomyaires** si les muscles sont d'égale importance, **anisomyaires** s'ils ne le sont pas). Avec la disposition de la musculature et du ligament, la charnière est un élément important de classification. On en distingue différentes sortes et, parmi les principales :
– ch. **taxodonte** : série de petites dents régulières à peu près égales. C'est soit un caractère

archaïque (groupe des Paléotaxodontes, ex. *Nucula*, fig. 1) soit un caractère acquis tardivement (ex. *Arca*, fig. 3 ; *Glycymeris*, fig. 4).

– ch. **hétérodonte** : dents en petit nombre, bien différenciées (ex. *Venericardia*, fig. 12).

– ch. **schizodonte** : une ou deux dents plus ou moins crénelées (ex. *Myophoria*, fig. 14).

– ch. **pachyodonte** : très peu de dents de très grande taille (ex. *Diceras*, fig. 18 ; *Hippurites*, fig. 20)

– ch. **dysodonte** : dents régressées (ex. Huîtres).

Caractères d'orientation des valves. L'avant est le côté vers lequel est tournée la bouche de l'animal. Sur les parties dures, l'orientation (et du même coup la distinction des valves droite et gauche) est souvent possible principalement grâce : – au crochet (tourné vers l'avant sauf des exceptions comme *Nucula*) ; – au sinus palléal (situé à l'arrière) ; – aux empreintes musculaires (chez les anisomyaires l'empreinte antérieure est la plus petite).

Différences avec les Brachiopodes. Les Brachiopodes ont aussi une coquille bivalve et pourraient éventuellement être confondus avec les Bivalves. Voici les différences les plus marquantes :

– Bivalves :

1. généralement plan de symétrie passant entre les valves (droite et gauche) ;
2. pas de perforation correspondant au passage d'un pédoncule dans la région du crochet ;
3. présence d'une insertion ligamentaire.

– Brachiopodes :

1. plan de symétrie perpendiculaire au plan d'accolement des valves (dorsale et ventrale) ;
2. généralement perforation sous le crochet ou à son extrémité, correspondant au passage d'un pédoncule ;
3. pas de ligament.

Écologie : les Bivalves sont généralement marins, très rarement adaptés à la vie dans les eaux saumâtres ou douces. Ils peuvent être libres ou fixés. Dans ce dernier cas, les coquilles sont souvent très épaisses et déformées (Rudistes) et s'associent parfois pour former des récifs. Les Bivalves sont abondants dans les sédiments des mers peu profondes. Leur valeur stratigraphique, très variable suivant les groupes, est généralement faible. Répart. stratigr. : Cambrien – Actuel.

Syn. Lamellibranches, Pélécypodes, Acéphales (obs.).

Classification :

1 – Paléotaxodontes (Ordovicien – Actuel).
2 – Cryptodontes (Ordovicien – Actuel).
3 – Ptériomorphes (Cambrien – Actuel).
4 – Paléohétérodontes (Cambrien – Actuel).
5 – Hétérodontes (Ordovicien – Actuel).
6 – Anomalodesmates (Ordovicien – Actuel).

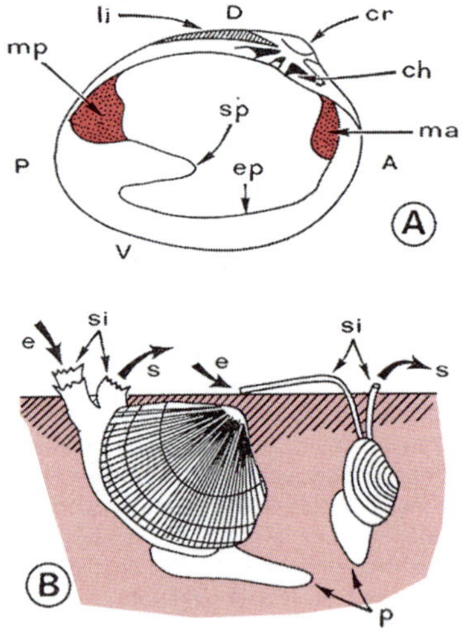

Bivalves

A : éléments et orientation d'une coquille de Bivalve. A : côté antérieur – D : côté dorsal – P : côté postérieur – V : côté ventral (c'est une valve gauche) – ch : charnière – cr : crochet – ep : empreinte palléale (attache du manteau) – li : insertion du ligament – ma : insertion du muscle antérieur – mp : insertion du muscle postérieur – sp : sinus palléal (sinuosité due au passage des siphons) (d'après L. Moret).

B : deux Bivalves fouisseurs en position de vie – p : pied – si : siphons, avec : e : entrée, et s : sortie de l'eau.

blague n. f. **à tabac (pli en –)** [angl. ≈ *fan fold*] – Pli* synclinal, symétrique autour d'une droite verticale, dont les flancs divergent vers le bas avant de se réunir.

blancs adj. **(minéraux –)** [angl. *felsic minerals*] – Terme sous lequel on regroupe parfois le quartz, les feldspaths et les feldspathoïdes.

blast(e) [du gr. *blastos*, bourgeon] – Préfixe ou suffixe utilisé dans des termes comme blastogenèse, porphyroblaste, etc., et s'appliquant à des structures ou à des minéraux des r. métam. formés pendant (syncinématiques) ou après (postcinématiques ou hystérogènes) une phase métamorphique donnée, et n'effaçant pas nécessairement les anciennes structures. N. m. **blaste** (cristal), n. f. **blastèse** [angl. *blastesis*] (création des blastes).

-blastique [du gr. *blastos*, bourgeon ; angl. *-blastic*] – Suffixe utilisé dans des termes comme granoblastique, lépidoblastique, nématoblastique, porphyroblastique et s'appliquant à des structures (ou textures) de r. métam. parfois de r. magm., caractérisées par les relations de croissance des minéraux constitutifs.

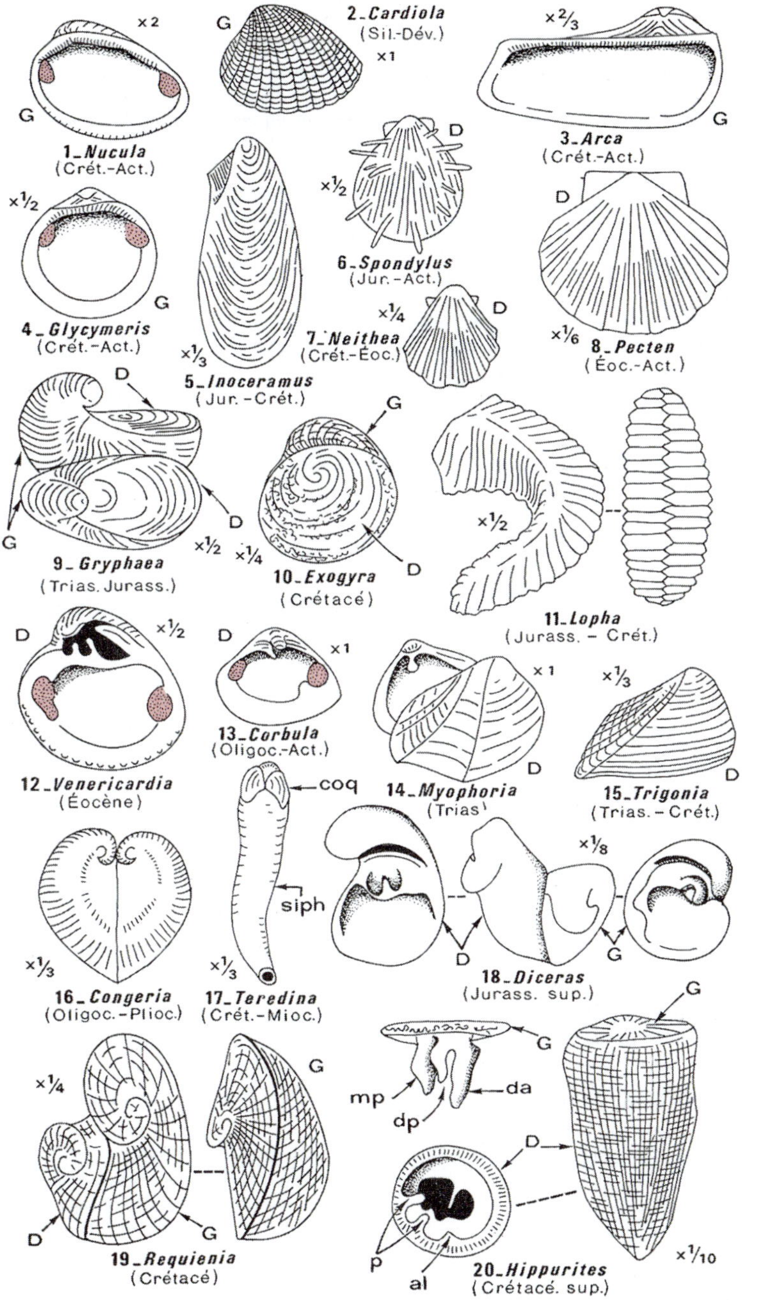

Bivalves

Paléotaxodontes (1) – Cryptodontes (2) – Ptériomorphes (3 à 11, avec : 7 et 8 : Pectinidés, 9 à 11 : Ostréidés – Paléohétérodontes (14 et 15) – Hétérodontes (12 et 13, 16 à 20, avec : 18 à 20 : Rudistes) – D : valve droite – G : valve gauche. *Sur la fig. 17 :* coq : coquille – siph : siphon calcifié. *Sur la fig. 20 :* al : arête ligamentaire – da : dent antérieure – dp : dent postérieure – mp : insertion du muscle postérieur – p : piliers. Tous ces Bivalves sont marins, excepté *Congeria* (16) et *Teredina* (17) cantonnés dans les eaux douces ou saumâtres.

Blastoïdes n. m. pl. [du gr. *blastos*, bourgeon, et *eidos*, forme ; angl. *Blastoidea*] – Groupe d'Échinodermes marins uniquement fossiles ayant un calice régulier à symétrie axiale d'ordre 5 d'où partent des bras et une tige permettant la fixation. Ils sont probablement issus des Cystidés. Répart. stratigr. : Ordovicien – Permien.

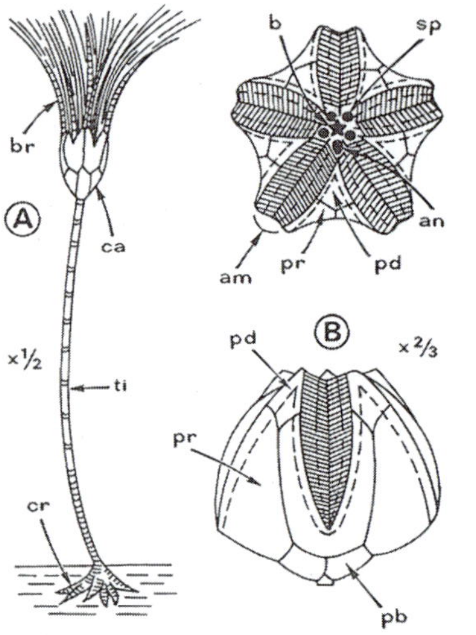

Blastoïdes

A : reconstitution d'un blastoïde – br : bras – ca : calice (ou thèque) – cr : crampons – ti : tige.
B : calice de *Pentremites* (Carbonifère inf.), vue orale (en haut) et vue latérale (en bas) – am : ambulacre – an : anus et spiracle – b : bouche – pb : plaque basale – pd : plaque deltoïde – pr : plaque radiale – sp : spiracle.

blastomylonite n. f. [du gr. *blastos*, bourgeon, et de mylonite* ; B. Sander, 1912 ; angl. *blastomylonite*] – R. métam. dérivant d'une r. magm. ou d'une r. métam. broyée (mylonitisée) à température plus ou moins élevée, et montrant des cristaux brisés (clastes et porphyroclastes) moulés par une matrice granoblastique de minéraux syn- ou postcinématiques (blastes). Un phénomène de ce type est, p. ex., parfois visible en bordure d'un massif granitique, et l'on considère que la fin de la cristallisation, représentée par les cristaux non déformés (biotite, feldspath), a eu lieu après les déformations et le broyage accompagnant la mise en place du granite.

blende n. f. [mot allem. ; angl. *sphalerite, blende*] – Sulfure ZnS (avec dans le réseau, du Fe, jusqu'à 25 %, du Mn jusqu'à 5 %, et des traces de Cd, Ga, etc.), du syst. cubique, en cristaux souvent maclés en minces lames, à clivages parfaits, à cassure lamelleuse ou conchoïdale ; à éclat résineux, souvent translucide avec reflets rouges : incolore, verte, rouge, plus souvent jaunâtre à brun-noir (trace brun clair sur porcelaine). Syn. sphalérite.
On la trouve associée à des pegmatites, mais surtout dans des filons hydrothermaux, ou encore en imprégnation de r. sédim. et en niveaux stratiformes au sein de celles-ci. Fréquemment associée à pyrite, galène et chalcopyrite (association B.P.G.C.), la blende est le principal minerai de zinc.

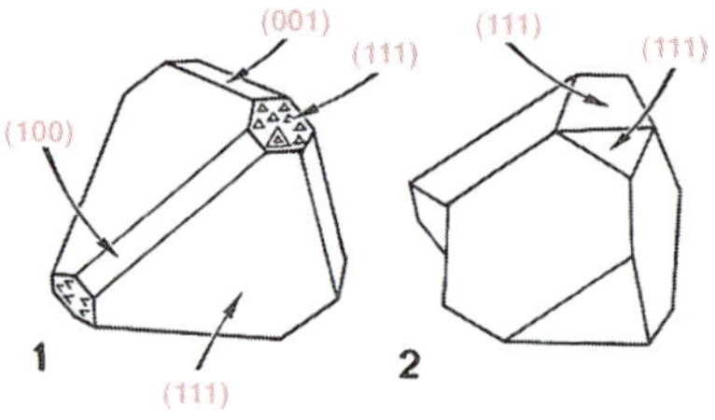

blende

1 : forme tétraédrique (d'après R. Brousse *in* J. Aubouin *et al.*) – 2 : macle (d'après A. de Lapparent).

bloc n. m. [angl. *block* (anguleux), *boulder* (non anguleux)] – Élément rocheux, d'origine quelconque dont la taille est de quelques cm à plusieurs m. Selon les classifications granulométriques retenues, un bloc aura un diamètre supérieur à 100, 200 ou 256 mm (fraction la plus grossière des rudites). V. granulométrie.

bloc erratique [angl. *erratic block, – boulder*] – Rocher isolé à la surface du sol dont la présence s'explique par un transport par des glaciers aujourd'hui disparus. Ces blocs faisaient partie de moraines dont les éléments plus petits ont été enlevés par l'érosion fluviale.

bœhmite n. f. [dédié à Bœhm ; angl. *boemite*] – Hydroxyde AlO (OH), du syst. orthorhombique, en cristallites formant des masses brunâtres, abondant dans les bauxites (minerai d'Al), présent dans les latérites et l'émeri. V. aussi diaspore.

boghead n. m. [du nom d'une localité d'Écosse, G.-B. ; angl. *boghead (coal)*] – Charbon bitumineux essentiellement constitué d'algues lacustres.

Bölling n. m. [du nom d'un lac danois ; angl. *Bölling, Bølling*] – Division stratigraphique du Quaternaire (V. tabl. à ce mot) européen basée sur l'analyse pollinique.

bolson n. m. [mot esp. ; angl. *bolson*] – Grande dépression topographique, typiquement endoréique, en pays désertique, au centre de laquelle peuvent se trouver une playa et une sebkra.

bombe n. f. **volcanique** [angl. *(volcanic) bomb*] – Bloc de lave arrondi, piriforme ou fusiforme, du dm^3 à plusieurs m^3, projeté au-dessus d'un cratère et arrivant au sol plus ou moins figé. Bombe en **fuseau** [angl. *fusiform bomb*] formée par une masse de lave fluide qui a tournoyé au cours de sa trajectoire ; bombe en **croûte de pain** [angl. *bread-crust bomb*], ellipsoïdale et à surface craquelée, formée par un fragment de lave visqueuse ; bombe en **bouse de vache** [angl. *cow-dung bomb*] formée par un fragment retombé à l'état plastique.

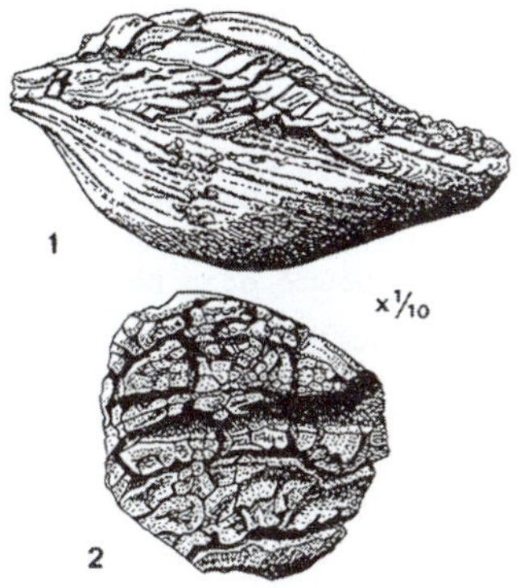

bombe volcanique

1. en fuseau – 2. en croûte de pain (d'après photographies *in* A. Rittmann).

bone bed [terme angl., *bone*, ossement, et *bed*, lit] – Mince couche de brèche biodétritique formée d'ossements de poissons et de débris de crustacés, qui, dans certains cas, ont été tués en masse par l'irruption de la mer dans des lagunes.

boninite n. f. [des îles Bonin, Petersen, 1891 ; angl. *boninite*] – Andésite à olivine et bronzite avec peu ou pas de feldspath. On considère que cette roche, très magnésienne, résulte de la fusion partielle du manteau superficiel dans un bassin d'arrière-arc.

boomer n. m. [mot angl.] – source séismique sous-marine consistant en deux plaques métalliques qui s'écartent brusquement sous l'effet d'une décharge électrique de haut voltage.

bordure n. f. **figée** [angl. *chill zone, chilled border, – margin*] – Bord d'un volume de r. magm. qui s'est refroidi plus rapidement que le reste de la masse et montre une structure différente à cristaux plus petits (ex. aplite ou microgranite bordant un granite à gros grain). Ce phénomène est observable, sur quelques mètres, en bordure de petits massifs plutoniques ou, sur quelques millimètres ou centimètres, aux limites des filons lorsqu'ils se mettent en place dans des roches nettement moins chaudes qu'eux. V. éponte.

bore n. m. [d'après *borax*, de l'arabe *bawraq* ; angl. *bore*] – Symbole chimique B. N° et masse atom. 5 et 10,811 ; ion 3^+ de rayon 0,023 nm ; densité 2,4 ; clarke 3 g/t. Métalloïde se combinant facilement avec S, C, Al et réduisant les oxydes métalliques. Il entre dans la composition de quelques silicates (tourmaline, axinite, etc.) des pegmatites, des filons acides, des dépôts fumerolliens (V. soffioni) ; on le trouve également sous forme de borates, p. ex. dans les séries évaporitiques. Adj. **boré, e.**

Boréal n. m. [angl. *Boreal*] – Division stratigraphique du Quaternaire (V. tabl. à ce mot) supérieur européen basée sur l'analyse pollinique.

bornite n. f. [angl. *bornite*] – Sulfure Cu_5FeS_4 se présentant en masses compactes brun violacé, prenant à l'air de vives nuances irisées (bleu, rouge, violet, d'où son ancien nom de cuivre panaché). Elle peut être un minerai de cuivre, dans des gîtes hydrothermaux. Syn. érubescite.

bort n. m. [mot angl.] – Variété de diamant* finement cristallin formant des agrégats à structure radiée, non utilisable en joaillerie. Plus généralement, toute variété de diamant à usage industriel. *Cf.* carbonado.

Bothriocidaridés – n. m. pl. [du gr. *bothrion*, trou, et de Cidaridés ; angl. *Bothriocidaroida*] – V. Échinides.

botryoïde ; botryoïdal, e, aux adj. [du gr. *botrus*, grappe, et *eidos*, aspect ; angl. *botryoidal*] – En forme de grappe de raisin ; s'applique, pour les roches, à certaines textures ou structures, en particulier à celles de concrétions.

bottomset n. m. [de l'angl. *bottomset* ou *bottomset bed*] – Couche horizontale formée par les sédiments d'un delta* déposés en avant de sa pente frontale.

bouclier n. m. [traduct. de l'allem. *Schild*, E. Suess, 1888 ; angl. *shield*] – Vaste portion stable de socle ancien constitué surtout de r. magm. (granite, charrnockite, etc.) et de r. métam. (gneiss, etc.) généralement d'âge précambrien, dépourvu de couverture sédimentaire plus récente (ex. : bouclier canadien, bouclier baltique). Lorsque ce bouclier est caché par une couverture restée horizontale, on parle de plate-forme (ex. : la plate-forme russe). V. aussi craton.

boudinage n. m. [M. Lohest, 1908 ; angl. *boudinage*] – Tronçonnage par étirement d'une couche rigide (compétente) entre deux couches plastiques (incompétentes), avec formation de boudins, prismes allongés selon la contrainte moyenne, légèrement convexes selon la contrainte maximale et concaves selon la contrainte minimale. Entre les prismes, il y a bourrage par les niveaux incompétents et/ou remplissage par des cristallisations (calcite, quartz). Un exemple particulier en est donné par les **bélemnites tronçonnées** connues dans des séries schisteuses (p. ex. nappes alpines). V. aussi meneau. Adj. **boudiné, e** ; n. m. **boudin** [angl. *boudin*].

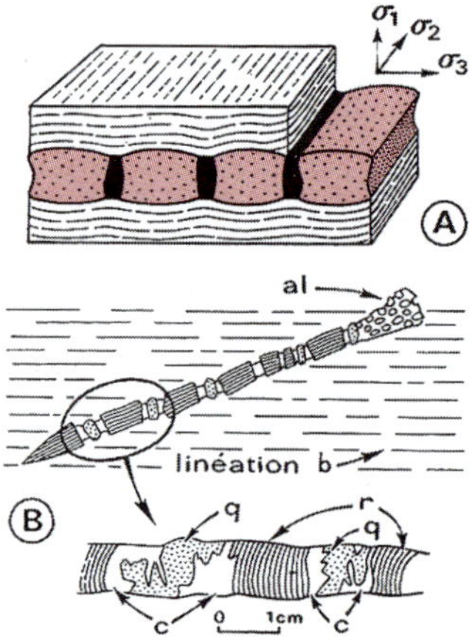

boudinage

A : banc de quartzite boudiné dans une série pélitique (schéma). *En noir :* remplissages de calcite. σ_1, σ_2 et σ_3 : axes principaux de l'ellipsoïde des contraintes correspondant à cette déformation.
B : bélemnite tronçonnée (d'après E. Badoux) – al : alvéole écrasé – c : calcite – q : quartz – r : tronçons de rostre.

boue n. f. [angl. *mud, ooze* (plastique ou semi-liquide), *slush* (liquide)] – Terme général désignant tout dépôt fin (grain ≈ 64 mm : classe des lutites), gorgé d'eau et pouvant facilement s'écouler. On désigne aussi sous ce terme, les dépôts des bassins océaniques [angl. *ooze*] en les distinguant selon leur nature (les argiles y sont souvent abondantes) : boues calcaires (à globigérines), boues siliceuses (à radiolaires, à diatomées) « boues rouges des grands fonds » (85 % d'argile, 0 à 5 % de calcaire, 2 à 3 % de silice, poussières volcaniques, granules métalliques à Fe, Mn, etc.) ; leur taux de sédimentation est en moyenne de l'ordre de 1 à 10 mm par 1 000 ans. Adj. **boueux, euse.**

Bouguer (prononc. -gué) **(anomalie de –, correction de –)** [angl. *Bouguer anomaly, – correction*] – V. géodésie.

Bouma (séquence de –) [du nom du sédimentologiste Arnold H. Bouma, qui l'a définie ; angl. *Bouma sequence, -cycle*]. – Séquence type d'une turbidite (V. fig. à ce mot), comprenant cinq « intervalles », de bas en haut : A (grossier et granoclassé), B (gréseux, fin et laminaire), C (fin, convoluté ou ondulé), D (silteux, fin et laminaire), E (argileux).

bounce cast [terme angl. signif. moulage de rebond] – Figure de base de banc correspondant à la trace du rebond sur le fond sous-marin d'un objet entraîné par un courant. V. hyporelief.

boundstone n. m. [mot angl., de *bound*, lié et *stone*, pierre] – Dans la classification de R.J. Dunham, r. carbonatée sédim. dont les éléments ont été liés ensemble durant le dépôt (p. ex. calcaires récifaux). V. carbonatées (r. –).

bourrage n. m. [angl. ≈ *tectonic thickening*] – Épaississement localisé des terrains sous l'influence de contraintes tectoniques. Ce phénomène affecte surtout des couches plastiques (incompétentes) qui peuvent fluer, en particulier dans les charnières des plis (avec étirement concomitant dans les flancs des plis). adj. **bourré, e** ; vb. **bourrer**.

bousin n. m. [de bouse] – Terme de mineur pour désigner la partie inférieure ou supérieure plus tendre des bancs durs exploités comme pierre de taille (partie plus marneuse de bancs calcaires).

bout-du-monde n. m. – Syn. de reculée*.

boutonnière n. f. [angl. *exhumed anticlinal inlier*] – Dispositif morphologique, avec inversion de relief, dans lequel l'érosion a mis à nu les couches profondes d'un anticlinal. Ex : boutonnière du Pays de Bray (Fr.).

B.P. – Abréviation de l'angl. « *before present* », c'est-à-dire avant le présent, l'année considérée comme le présent étant 1950 de notre calendrier, date antérieure aux essais nucléaires qui ont perturbé la répartition d'isotopes utilisés en radiochronologie.

B.P.G.C. – En métallogénie, initiales désignant l'association blende – pyrite – galène chalcopyrite (ZnS – FeS – PbS – $CuFeS_2$).

Br. – Symbole chim. du brome.

brachiale adj. **(valve –)** [du gr. *brakhiôn*, bras ; prononc. braki- ; angl. *brachial valve*] – Chez les Brachiopodes* syn. de valve dorsale.

brachidium n. m. [du gr. *brakhiôn*, bras ; prononc. braki- ; angl. *brachidium*] – Chez les Brachiopodes*, ensemble du lophophore et de son squelette porteur.

Brachiopodes n. m. pl. [du gr. *brakhiôn*, bras, et *pous, podos*, pied ; prononc. brakio- ; angl. *brachiopods, Brachiopoda*] – Groupe zoologique comprenant des individus enfermés dans une coquille bivalve à symétrie bilatérale (une valve dorsale ou valve

brachiale, une valve ventrale ou valve **pédonculaire**), généralement fixés par un pédoncule. Ce dernier sort soit directement entre les valves, soit par un orifice différencié (**foramen** ou **foramen pédonculaire**), reste de l'obturation partielle d'une encoche (**delthyrium**) de la valve ventrale par des plaques calcaires (**delthydium**, ou **deltidium**). À l'intérieur de la coquille, se trouvent une masse viscérale, des muscles et un organe cilié en forme de bandelette, le lophophore, parfois soutenu par des formations calcaires dont l'ensemble forme le **brachidium**. Ce dernier dessine généralement une boucle et présente, vers le crochet, deux apophyses (**crura**, au singulier **crus**) auxquelles il est parfois réduit. Le développement des Brachiopodes a été beaucoup plus grand par le passé qu'il ne l'est actuellement. Ils sont toujours marins et se rencontrent généralement dans les faciès peu profonds, voire littoraux. Ce sont des fossiles stratigraphiques de valeur moyenne.

Classification : (fondée sur l'absence ou la présence de dents autour desquelles s'articulent les valves) :

1 – Inarticulés (ex. *Lingula*, *Crania*). Répart. stratigr : Cambrien – Actuel.

2 – Articulés (ex. *Productus*, *Rhynchonella*, *Terebratula*). Cambrien – Actuel.

Différences avec les Bivalves : V. ce mot.

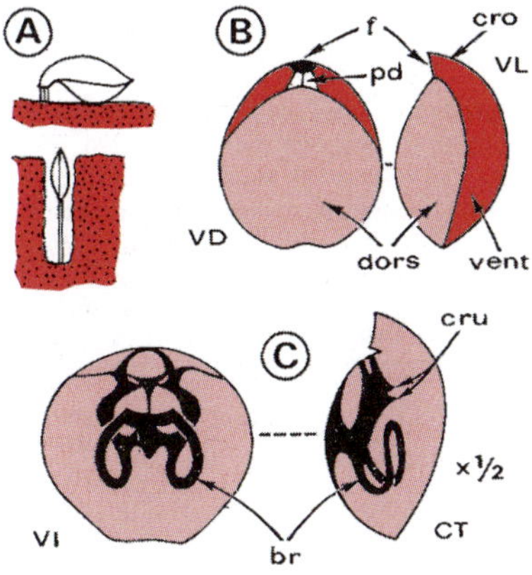

Brachiopodes

A : deux brachiopodes en position de vie, attachés au substratum par leur pédoncule. Térébratule, en haut. Lingule, en bas.

B : orientation et éléments d'une coquille : VD : vue dorsale – VL : vue latérale – cro : crochet – dors : valve dorsale – f : foramen – pd : plaques deltidiales – vent : valve ventrale.

C : squelette interne du genre actuel *Magellania*. – VI : vue interne de la valve dorsale (ou brachiale) – CT : coupe transversale – br : brachidium – cru : crura.

brachyanticlinal n. m. [du gr. *brakhus*, court, et anticlinal ; prononc. braki- ; angl. *brachyanticline*] – Anticlinal dont la section par un plan horizontal n'est guère plus longue que large (si elle est circulaire ou presque, on parle de dôme). Adj. **brachyanticlinal, e, aux**.

brachycéphale n. m. et adj. [du gr. *brakhus*, court, et *kêphalé*, tête ; prononc. braki- ; angl. *brachycephalic*] – Dont l'indice céphalique (V. ce terme) est supérieur à 80 (crâne court).

brachysynclinal n. m. et adj. [du gr. *brakhus*, court, et synclinal ; prononc. braki ; angl. *brachysyncline*] – Synclinal dont la section par un plan horizontal n'est guère plus longue que large (si elle est circulaire ou presque, on parle de cuvette). Adj. **brachysynclinal, e, aux**.

Bragg (loi de –) [du cristallographe William H. Bragg, angl. *Bragg's law*] – Relation indiquant que des réfractions en phase de rayons X dirigés selon l'angle d'incidence Θ sur des plans réticulaires distants de d ne peuvent s'effectuer que selon un multiple entier n de la longueur d'onde λ : $n\lambda = 2d \sin \Theta$. V. diffractométrie.

Branchiopodes n. m. pl. [du gr. *brankhia*, branchie, et *pous, podos*, pied ; prononc. brankio- ; angl. *branchiopods, Branchiopoda*] – Groupe de Crustacés*.

Branchiosaurus [du gr. *brankhia*, branchie, et *saura*, lézard ; prononc. brankio-] (ancien nom : *Protriton*) – Genre d'Amphibiens* Stégocéphales.

braunite n. f. [dédié à Braun ; angl. *braunite*] – Minéral manganésifère brun sombre $3\ Mn_2O_3, Mn\ Si\ O_3$

Bravais (réseaux de –) – [de Auguste Bravais, qui les a définis ; angl. *Bravais lattices*] – Types de réseaux, au nombre de 14, que les cristaux peuvent seuls présenter. V. cristal.

bray n. m. [du nom du pays de Bray, France] – Syn. de boutonnière.

brèche n. f. [de l'ital. *breccia*, pierre cassée ; *cf.* allem. *brechen*, briser ; angl. *breccia*] – 1. Géogr. : passage en gorge dans une arête rocheuse. – 2. Géol. : toute roche formée pour 50 % au moins d'éléments anguleux de roches de dimension > 2 mm (*cf.* rudite) pris dans un ciment (microbrèche pour des éléments de 1/16 mm à 2 mm). La brèche est monogénique si tous les éléments sont de même nature, polygénique dans le cas contraire. On connaît des brèches sédimentaires, tectoniques et volcaniques (V. *infra*). Vb. **(se) bréchifier** ; adj. **bréchifié*, e** ; **bréchique*** ; **bréchoïde*** ; n. f. **bréchification***.

brèche sédimentaire [angl. *sedimentary breccia*] – R. détritique du groupe des conglomérats (classe des rudites) formée par accumulation d'éléments ayant subi un transport faible et qui, de ce fait, sont restés anguleux (différence avec un poudingue) ; ces roches sont d'aspect varié selon la nature des éléments et du ciment, et sont en général mal stratifiées et en dépôts lenticulaires (V. conglomérat). On distingue essentiellement : – 1. Les **brèches de pente** : éboulis cimenté, en général non ou mal stratifié (V. aussi grèze) – 2. Les brèches **intraformationnelles** (ou fausses brèches, ou pseudo-brèches), sédimentaires, en général monogéniques, avec des éléments et un ciment ayant tous la même nature ou presque (le caractère bréchique étant souvent peu visible). Le plus souvent, ces brèches résultent de la fragmentation d'un banc superficiel déjà induré, avec déplacement faible des débris, rapidement cimentés par les boues dont la sédimentation se poursuit. La fragmentation a des causes variées : glissements (slumping), jeux de petites failles et de séismes, houles exceptionnelles, dessiccations successives de sédiments formés à fleur d'eau, etc. – 3. Les **brèches éluviales**, ou agrégats cimentés à l'air libre, et sur place, de fragments des roches sous-jacentes.

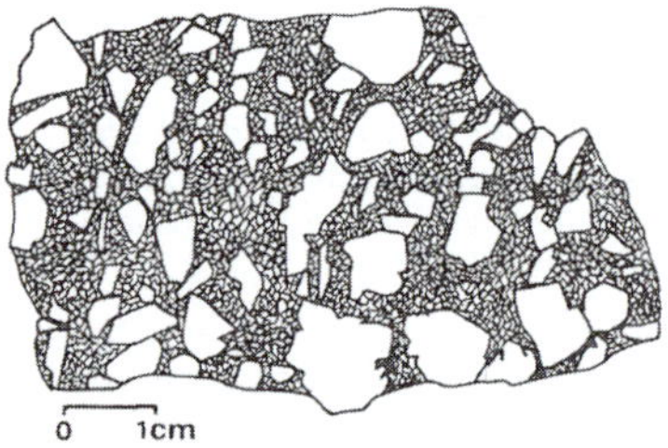

brèche sédimentaire monogénique.

brèche tectonique (ou brèche cataclastique) [angl. *tectonic breccia, cataclastic –*] Brèche, non sédimentaire, résultant de la fragmentation de roches dans un contact tectonique, les débris ayant été cimentés sur place (ciment, en général cristallin, de précipitation chimique à partir des eaux circulant facilement dans la zone broyée). V. mylonite.

brèche volcanique [angl. *volcanic breccia, igneous –*] – Brèche à ciment de cendres et lapillis, et à fragments de r. magm. volcaniques, avec parfois des débris des roches encaissantes. La fragmentation a des causes variées : explosions, remise en mouvement de lave à croûte déjà figée, écroulement superficiel, etc. V. aussi lahar.

bréchification n. f. [angl. *brecciation*] – Transformation d'une roche en brèche* (p. ex. par écrasement).

bréchifié, e adj. [angl. *brecciated*] – Réduit à l'état de brèche*.

bréchique adj. [angl. *brecciated*] – Ayant des caractères de brèche*.

bréchoïde adj. [angl. *breccioid*] – Ayant l'aspect d'une brèche*.

bretonne adj. **(phase –)** [H. Stille, 1920, de la Bretagne, Fr. ; angl. *Bretonian orogeny*] – Phase tectonique située à la limite du Dévonien et du Carbonifère. V. tabl. Annexe 2, et acadienne (phase –).

Briovérien n. m. [C. Barrois, 1899, de *Briovera*, ancien nom celte de Saint-Lô, Manche, Fr. ; angl. *Brioverian*] – Division du Précambrien. V. tabl. Annexe 2. Adj. **briovérien, nne**.

brome n. m. [du gr. *brômos*, puanteur ; angl. *bromine*] – Symbole chim. Br. N° et masse atom. 35 et 79,909 ; ion 1 – de rayon 0,195 nm ; densité 3 ; clarke 1,6 g/t. Ce corps est liquide à T ordinaire (cristallisation à – 7 °C). Il ne donne pas de minéraux, et on le trouve surtout sous forme de bromures (de Na, Ca, Mg) dans les sols et les sédiments, après concentration chimique ou biochimique (fixation par certaines algues, éponges, et dans des coquilles).

Brontosaurus [du gr. *brontê*, tonnerre, et *saura*, lézard] – Ancien nom d'*Apatosaurus*.

Brontotherium [du gr. *brontê*, tonnerre, et *thêrion*, bête sauvage] – Mammifère fossile du groupe des Artiodactyles, proche du rhinocéros auquel il ressemblait. Longueur : 4 m. Répart. stratigr. : Oligocène.

bronzite n. f. [dû à sa teinte bronzée ; angl. *bronzite*] – Var. de pyroxène* $(Mg, Fe)_2(SiO_3)_2$, à 10-30 % de Mg, proche de l'hypersthène, brunâtre ou verdâtre, à reflets bronzés.

brookite n. f. [dédié à Brook ; angl. *brookite*] – Oxyde TiO_2, du syst. orthorhombique, en cristaux aplatis brun jaunâtre, rouges, gris-noir. Accompagne l'anatase* (V. aussi rutile).

brucite n. f. [dédié à Bruce ; angl. *brucite*] – Hydroxyde $Mg(OH)_2$, du syst. hexagonal, en masses feuilletées ou fibreuses, blanc à verdâtre, dans des serpentines, des schistes chloriteux, et des marbres dolomitiques. Cet hydroxyde constitue en totalité ou en partie la couche octaédrique des feuillets des minéraux argileux. V. argile.

Bruhnes n. m. – Division géochronologique du Quaternaire (V. tabl. à ce mot) fondée sur le paléomagnétisme (de 0,78 Ma à la période actuelle).

bruit n. m. **(de fond)** [angl. *(background) noise*] – Dans l'étude d'un signal*, partie considérée comme non significative de la grandeur variable.

Bruxellien n. m. [A. Dumont, 1839, de Bruxelles, Belgique ; angl. *Bruxellian*] –

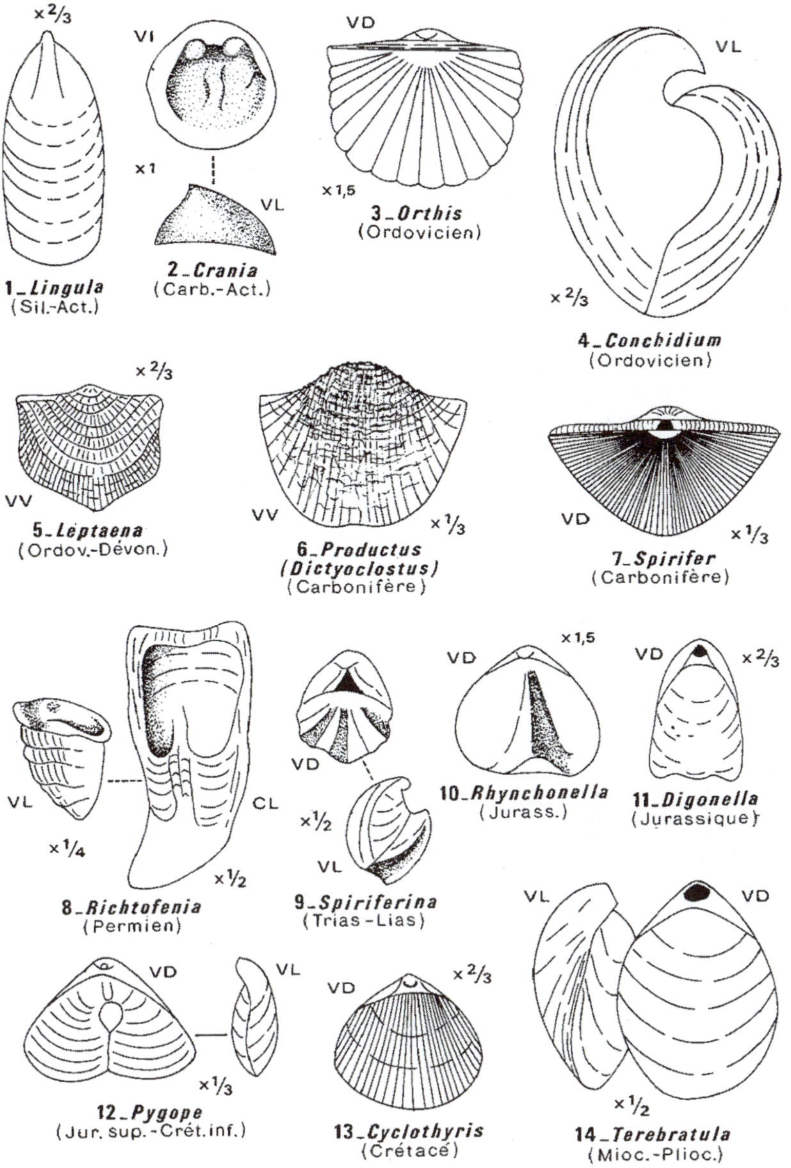

Brachiopodes

CL : coupe longitudinale – VD, VI, VL, VV : vues dorsale, interne, latérale, ventrale.

Division stratigraphique de l'ère tertiaire correspondant, en Belgique, au Lutétien inférieur. V. tabl. Annexe 2. Adj. **bruxellien, nne**.

Bryozoaires n. m. pl. [du gr. *bruon*, mousse, et *zôon*, animal ; angl. *bryozoans, Bryozoa*] – Groupe zoologique comprenant des organismes coloniaux et généralement constructeurs où l'on peut distinguer des individus (**zoécies**) non segmentés, présentant, autour de l'orifice buccal, une couronne de tentacules et de cils (**lophophore**), sécrétant une loge calcaire. La prolifération régulière des zoécies forme une colonie ou **zoarium**, de forme cylindrique, branchue, ou lamellaire. À côté des zoécies normales, on trouve parfois des zoécies différenciées (**hétérozoécies**) contenant des organes à rôle particulier (**vibraculaires, aviculaires**). Les Bryozoaires sont des animaux des mers chaudes et peu profondes où ils abondent parfois. On les trouve fréquemment fossilisés, notamment dans les sédiments calcaires. Leur intérêt stratigraphique est moyen. Répart. stratigr. : Cambrien – Actuel. Syn. Ectoproctes.

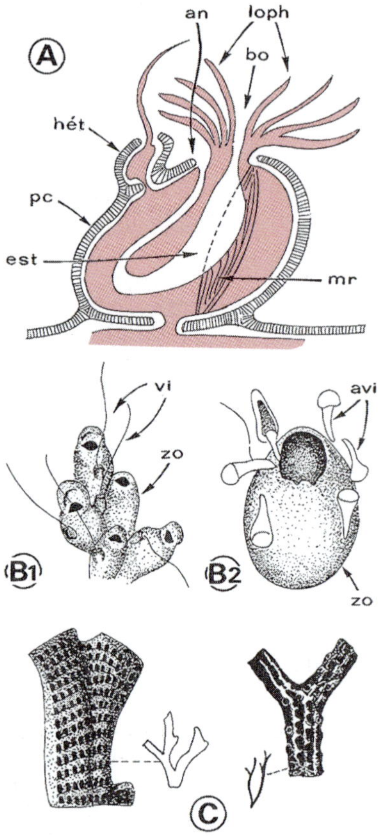

Bryozoaires

A : schéma d'un organisme vivant – an : anus – bo : bouche – est : estomac – hét : hétérozoécie (avec ici un vibraculaire) – loph : lophophore – mr : muscle rétracteur – pc : paroi calcaire
B1 : individus actuels avec vibraculaires (vi) – zo : zoécies normales
B2 : individu actuel avec aviculaires (avi) – zo : zoécie normale
C : deux exemples de colonies fossiles (grossies, et grandeur nature).

bulbe n. m. **de percussion** [angl. *bulb of percussion*] **–** Éminence arrondie visible sur les éclats de silex détachés d'un bloc par un choc, et située près du point de frappe. Syn. cône de percussion.

bulgunyak [mot russe ; angl. *boolgoonyakh*] – Syn. de pingo*.

Buliminidés n. m. pl. [du lat. *bulla*, bulle, et *minae*, saillies ; angl. *Buliminidea*] – Foraminifères à paroi calcaire perforée, en général trochospiralés. Répart. stratigr. : Trias sup. – Actuel.

bulleuse adj. [angl. *vesicular*] – S'applique à la texture des r. effusives montrant de nombreuses bulles (de un à quelques mm) produites par le dégazage de la lave. V. aussi vacuolaire.

Buntsandstein n. m. [F. von Alberti, 1835 ; forme condensée de l'allem. *bunter Sandstein* signif. grès multicolore ; angl. *Bunter Sandstone*] (Syn. Grès bariolé, ou bigarré) – Partie inférieure du Trias germanique (souvent composée de grès rouges) de l'ère secondaire. V. tabl. Annexe 2.

Burdigalien n. m. [C. Depéret, 1892, de *Burdigala*, nom lat. de Bordeaux, Gironde, Fr. ; angl. *Burdigalian*] – Étage de l'ère tertiaire. V. tabl. Annexe 2. Adj. **burdigalien, nne**.

Burgess (schistes de –) [de Burgess, Colombie britannique ; angl. *Burgess shale*] – Schistes du Cambrien moyen connus par leur contenu exceptioriche et bien conservé en *Archaeocyathus*, Oursins, Trilobites et autres arthropodes, etc.

butte n. f. **témoin** [angl. *butte témoin, witness butte,* ≈ *outlier* (peut aussi désigner une avant-butte*)] – Colline isolée par l'érosion formée de sédiments horizontaux protégés par une couche résistante. V. relief structural.

bysmalite n. m. [du gr. *busma*, bourse, et *lithos*, pierre ; angl. *bysmalith*] – Massif de r. magm. plutonique de type laccolite, dont une partie du toit est forcée vers le haut en déterminant un horst dans les roches encaissantes.

bytownite n. f. [de Bytown, ancien nom de la ville d'Ottawa, Canada ; angl. *bytownite*] – Feldspath* plagioclase comportant 70 à 90 % d'anorthite.

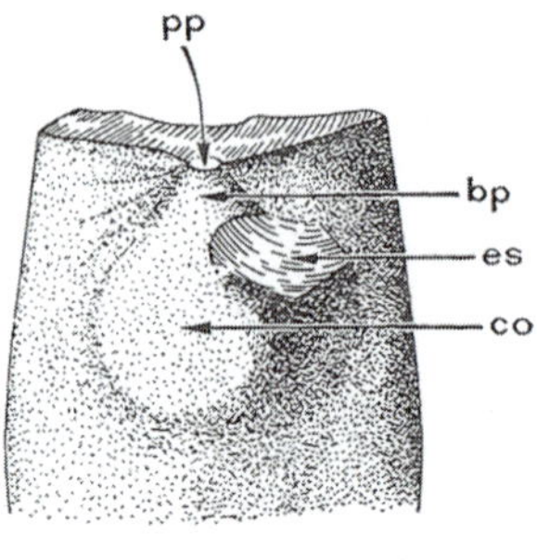

bulbe de percussion

bp : bulbe de percussion – co : conchoïde – es : esquille – pp : point de percussion (d'après F. Bordes).

C

C – Symbole chim. du carbone.

c (axe –) [angl. *c axis*] – V. axe tectonique.

Ca – Symbole chim. du calcium.

cacheter vb. [angl. *to seal over*] – Pour des terrains sédimentaires ou volcaniques, reposer sur un contact anormal sans être affectés par lui. Ces terrains sont donc postérieurs au jeu le plus récent de ce contact.

cacholong n. m. [de *Cach,* nom d'une rivière, et du mongol *cholon*, pierre ; angl. *cacholong*] – Pellicule d'altération blanc porcelané, épaisse de un à quelques millimètres, qui se forme à la surface de silex* (*cf.* cortex) ; n. m. **cacholonage** ; vb. **cacholonner** ; adj. **cacholonné, e**.

cadmium n. m. [angl. *cadmium*] – Symbole chim. Cd. N° et masse atomique 48 et 112,41 ; ion 2^+ de rayon 0,097 nm : densité 8,6 : clarke 0,15 g/t. Métal blanc, très brillant, qui est surtout associé à Zn (blende et autres minerais de Zn) et est extrait avec celui-ci.

cadomien adj. **(cycle –)** [de *Cadomus*, nom latin de Caen, Calvados, Fr. ; angl. *Cadomian orogeny*] – Cycle orogénique précambrien qui se termine par la **phase cadomienne (ou assyntique),** à la limite du Précambrien et du Cambrien, marquée par une discordance bien visible en Bretagne et en Normandie. V. tabl. Annexe 2.

cæsium n. m. – Syn. de césium.

caillou n. m. [du gaulois *caliavo*, d'un radical préindoeuropéen *cal*, pierre ; angl. *pebble*] – Terme général pour désigner un morceau de roche. V. aussi granulométrie.

cailloutis n. m. [angl. *rubble* (avec éléments anguleux), *gravel* (avec éléments arrondis)] – Formation meuble composée de cailloux.

caisse n. f. **filonienne** [angl. *lodestuff*] – Contenu d'un filon*. Ses limites correspondent aux épontes et ses matériaux peuvent être minéralisés ou non (caisse minéralisée ou caisse stérile).

Calabrien n. m. [M. Gignoux, 1913, de la Calabre, Ital. ; angl. *Calabrian*] – Division stratigraphique du Pléistocène inf. V. tabl. Quaternaire. Adj. **calabrien, nne**.

calamine n. f. [angl. *calamine*] – Syn. hémimorphite. V. zinc.

Calamites [du lat. *calamus*, roseau] – Arbre du groupe des Équisétales, commun dans les forêts houillères, au tronc costulé comme la tige des prêles actuelles qui sont les derniers représentants de ce groupe. Répart. stratigr. : Carbonifère – Permien. V. *Annularia*.

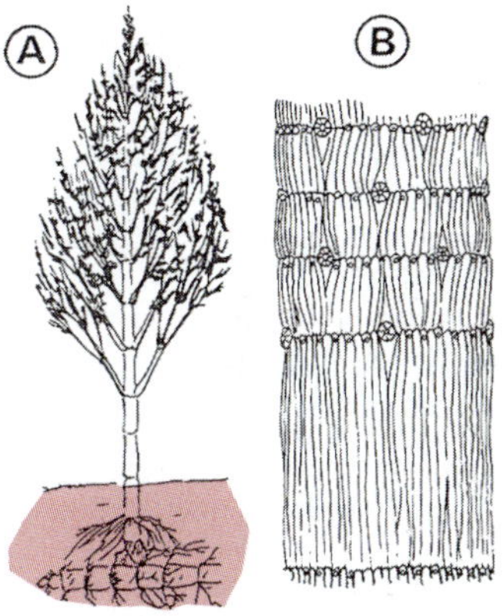

Calamites

A. reconstitution (hauteur 20 à 30 m, diamètre jusqu'à 1 m) – **B.** détail du moule interne (d'après L. Moret).

calcaire n. m. [du lat. *calcarius*, même signif., de *calx, calcis*, chaux ; angl. *limestone*] – R. sédim. carbonatée contenant au moins 50% de calcite $CaCO_3$, pouvant être accompagnée d'un peu de dolomite, d'aragonite, de sidérite. Les calcaires sont de faible dureté (rayés au couteau), et font effervescence (dégagement bouillonnant de CO_2) à froid sous l'action d'un acide dilué (p. ex. HCl à 10%), ce qui les distingue des dolomies, qui ne le font pas. Ils contiennent souvent des fossiles d'où leur importance en stratigraphie, et ont de nombreuses applications pratiques (pierres de construction, fabrication de chaux et de ciment, réservoir d'eau, d'hydrocarbures, de gaz). Dans la plupart des cas, ils tirent leur origine de l'accumulation de squelettes ou de coquilles calcaires soit visibles à l'œil nu (débris de Bivalves, Madréporaires, etc.), soit seulement au microscope optique (Foraminifères, etc.), ou au microscope à balayage (coccolithes). Une petite part résulte de précipitations chimiques ou biochimiques. Les calcaires sont très divers et se présentent en bancs d'épaisseur variable (calc. lités), alternant ou non avec des marnes ou des argiles, ou en masses peu ou pas stratifiées (calc. massifs).

Indépendamment des classifications basées surtout sur leur structure (V. carbonatées, roches –) qui n'est guère visible qu'avec de forts grossissements, on utilise généralement, pour désigner les divers calcaires, une nomenclature pratique fondée sur leurs caractères les plus marquants :
– Selon les proportions de calcite et de dolomite, on a :
• calc. pur : 100% à 95% de calcite, dolomite 5% maximum ;
• calc. magnésien avec 5 à 10% de dolomite ou avec 5 à 10% de Mg non exprimé sous forme de dolomite ;
• calc. dolomitique avec 10 à 50% de dolomite.
– Selon les proportions de calcaire et d'argile :
• calc. marneux : 5 à 35% d'argile ;
• marne* : 35 à 65% d'argile.
– Selon les milieux de dépôt, on distingue les calcaires marins (pélagiques à néritiques) et les calcaires continentaux : calc. lacustres, fluviatiles (V. travertin). croûtes calcaires de certains sols (V. calcrète, caliche).
– Selon le grain, on a des calcaires à grain fin ou très fin (micrite, calc. microcristallin à cristaux de 20 µm env., calc. lithographique ou sublithographique) ou à grain plus grossier (calc. cristallins, à cristaux ≥ 64 ou 100 µm, en général dus à des recristallisations : calc. microgrenus à cristaux de 100 à 250 µm ; calc. saccharoïdes, calc. grenus, etc. ; V. aussi marbre).
– Selon les structures et les textures, on distingue les calc. massifs ou lités, et toutes les variétés de calc. oolithique, pisolithique, graveleux, noduleux (V. griotte), et les calc. à nodules ou à accidents phosphatés, siliceux (calc. à silex), etc.
– En fonction de l'importance des fossiles, ou de leurs débris accumulés selon des modalités variées, on distingue : les calcaires construits ou calc. récifaux où les organismes sont en position de vie (V. bioherme, biostrome), les calc. lumachelliques et coquilliers, les calc. biodétritiques et bioclastiques [biosparite, biomicrite ; V. carbonatées (roches –)], les calc. à entroques, les calc. à ammonites, les calc. à calpionelles, etc.
– La présence de matériel terrigène conduit à distinguer des calc. sableux, silteux, argileux, avec passage progressif aux r. détritiques calcaires, en particulier aux calcirudites et calcarénites. V. aussi carbonatées (roches –), notamment pour les classifications. Adj. **calcaire** (composé entièrement ou en grande partie de calcaire) [angl. *calcareous*] ; **calcareux, se** ; **calcarifère***.

calcaire à minéraux [angl. *metalimestone*] – Calcaire cristallin contenant de nombreux minéraux particuliers de métamorphisme (grenat, pyroxène, périclase, wollastonite, etc.) ; le plus souvent il s'agit de métamorphisme de contact (V. cornéenne) donnnant des skarns*, des tactites, etc.

calcaire cristallin [angl. *crystalline limestone*] – Terme général désignant les roches calcaires à cristaux de calcite visibles à la loupe ou à l'œil (cristaux de plus de 0,1 mm env.), et ayant fréquemment une cassure translucide à grain saccharoïde. Ce sont souvent des calcaires métam. recristallisés (V. cipolin, marbre).

calcarénite n. f. [angl. *calcarenite*] – R. sédim. essentiellement calcaire, formée en majorité d'éléments de 1/16 mm (= 62,5 µm) à 2 µm (classe des arénites ; V. granulométrie). Les éléments calcaires peuvent être des microgalets, des intraclastes, des bioclastes, et le ciment calcaire peut être microcristallin ou spathique.

calcaréo-, calcaro- – Préfixes indiquant la présence de calcaire et utilisés dans : calcar(é)o-marneux, calcar(é)o-dolomitique, calcar(é)o-sableux, etc., expressions s'appliquant soit à des roches, soit plus souvent à des ensembles de plusieurs couches.

calcareux, se adj. [angl. *limy calcareous*] – Qui contient du calcaire.

calcarifère adj. [du lat. *calcarius*, et *ferre*, porter ; angl. *lime-bearing, calcariferous*] – Comprenant une faible proportion de calcaire.

calcédoine n. f. [du gr. *khalkêdôn*, ville d'Asie Mineure ; angl. *chalcedony, chalcedonite*] – Var. microcristalline de quartz. Ce mot désigne soit le minéral soit la roche qui en est formée ; certains recommandent **calcédonite** pour le minéral, et réservent calcédoine pour la roche. V. silice. Adj. **calcédonieux, se** [angl. *chalcedonic*].

calcédonite n. f. – V. calcédoine.

Calceola [du lat. *calceolus*, petit soulier] – Genre de Tétracoralliaires (V. fig. à ce mot) du Dévonien ayant la forme d'un cornet muni d'un opercule.

calcifère adj. [de calcite, et du lat. *ferre*, porter ; angl. *calciferous, calcitic*] – Qualifie les r. métam. (micaschiste* p. ex.) ou les r. magm., contenant un peu de calcite cristalline. Peu usité.

calcilutite n. f. [angl. *calcilutite*] – R. sédim. calcaire formée essentiellement d'éléments plus petits que 1/16 mm (= 62,5 µm) (classe des lutites, V. granulométrie). C'est un terme général regroupant les calcaires fins, microscristallins, lithographiques, les micrites et les microsparites. V. carbonatées (roches –).

calcimétrie n. f. – [du lat. *calx, calcis*, chaux et du gr. *metron*, mesure] – 1. [angl. *calcimetry*] Opération consistant à mesurer la proportion de carbonate de calcium composant une roche. – 2. [angl. *calcimetric titre*] Résultat de cette mesure. Elle est effectuée le plus souvent par l'attaque de la roche avec un acide qui peut dissocier d'autres carbonates (y compris la dolomite) et devrait alors s'appeler plus justement **carbonatométrie**. N. m. **calcimètre** [angl. *calcimeter*] ; adj. **calcimétrique**.

calcin n. m. [angl. *lime incrustation*] – Encroûtement calcaire d'origine physico-chimique lié à des périodes de gel, car la glace contient moins de sels dissous que l'eau, et pouvant cimenter p. ex. des graviers, ou des alluvions.

calcique adj. [angl. *calcic*] – Qui contient du calcium*.

calcirudite n. f. [angl. *calcirudite*] – R. sédim. essentiellement calcaire formée d'éléments (petits galets, intraclastes, bioclastes, etc.) en majorité plus grands que 2 mm (classe des rudites, V. granulométrie).

calcite n. f. [du lat. *calx, calcis*, chaux ; angl. *calcite*] – Carbonate de calcium ($CaCO_3$), constituant commun des roches, surtout sédimentaires, cristallisant dans le système rhomboédrique. V. carbonate.

calcium n. m. [du lat. *calx, calcis*, chaux ; angl. *calcium*] – Symbole chim. Ca. N° et masse atom. 20 et 40,08 ; ion 2^+ de rayon 0,099 nm ; densité 1,54 ; clarke 36300 à 41000 g/t, selon les auteurs (5e élément de l'écorce terrestre). Métal blanc et mou, très réducteur et se combinant avec de multiples éléments. Il n'existe pas à l'état libre, mais participe à la constitution de nombreux silicates (plagioclase, grenat, pyroxène, amphibole, épidote, etc.). L'altération de ces minéraux le fait passer en solution sous forme de bicarbonate $Ca(HCO_3)_2$, à partir duquel il précipite, surtout en aragonite, calcite et dolomite [V. carbonatées (roches –)] ou est fixé dans de multiples organismes qui se retrouveront dans les r. sédim. Ses utilisations sont très nombreuses : fabrication des chaux et ciments, métallurgie, agriculture, etc. Adj. **calcique** [angl. *calcic*].

calco-alcalin adj. [angl. *calc-alkaline, calc-akalic*] – S'applique à des r. magm. contenant des proportions voisines de (Na, K) et de Ca. Cela se traduit p. ex. par la présence simultanée de feldspaths potassiques (orthose, microcline) et de plagioclases sodi-calciques (oligoclase, andésine).

calco-sodique adj. [angl. *soda-lime*] – S'applique aux r. magm. ne contenant comme feldspath que des plagioclases de type oligoclase-andésine-labrador (de 10 à 70% An).

calcrète n. f. [G.W. Lamplugh, 1902, de calcite et concrétion ; angl. *calcrete*] – En pédologie, sorte de conglomérat cimenté par du calcaire sous l'influence des eaux d'infiltration et, plus généralement, croûte calcaire. V. caliche.

calcschiste n. m. [angl. *calc-schist*] – Schiste* du métamorphique général faible, riche en calcaire.

caldera (ou caldeira) n. f. [mot esp. (ou portugais) signif. chaudron ; angl. *caldera*] – Cratère géant de quelques km à quelques dizaines de km, à contour circulaire ou elliptique. Ces cratères sont produits par l'effondrement de la partie centrale des volcans, la chambre magmatique sous-jacente ayant été en partie vidée par des éruptions. Ce terme ne doit pas être utilisé pour désigner des cratères d'explosion. V. diatrème, maar.

calédonien adj. **(cycle –)** [de *Caledonia*, nom lat. de l'Écosse ; angl. *Caledonian orogeny]* – Cycle orogénique couvrant le Cambrien, l'Ordovicien et le Silurien, et responsable de l'édification des chaînes calédoniennes (Scandinavie, Écosse, Irlande, Appalaches *pro parte*). V. tabl. Annexe 2.

calédonienne adj. **(phase –)** – V. ardennaise (phase –).

caliche n. m. [mot esp. ; angl. *caliche*] – 1. Minerai du Chili et du Pérou, dont on extrait du nitrate de soude. – 2. Croûte calcaire ou dolomitique, avec parfois un peu de sel ou de gypse, d'origine chimique, et se formant en surface par évaporation dans les régions arides ou semi-arides. V. aussi sol à croûte, calcrète.

Callovien n. m. [A. d'Orbigny, 1849, de Kellaways, Wiltshire, G.-B. ; angl. *Callovian*] – Étage le plus élevé du Jurassique moyen (ère secondaire). V. tabl. Annexe 2. Adj. **callovien, nne**.

calotte n. f. **glaciaire** [angl. *ice cap*] – Glacier* revêtant entièrement un sommet montagneux. *Cf.* inlandsis.

Calpionella [du gr. *kalpion*, petit vase] – Genre de Calpionelles (fig.).

Calpionelles n. f. pl. [du gr. *kalpion*, petit vase ; angl. *Calpionellids*] – Protozoaires fossiles du groupe des Infusoires ciliés qu'on rapproche des actuels Tintinnoïdiens. Chaque individu fossile est représenté par une très petite loge en forme de bouteille à fine paroi calcaire. Ce sont des formes marines et pélagiques des régions téthysiennes. On ne les connaît que du Portlandien au Valanginien, si l'on excepte le genre *Colomiella* qui se trouve du Barrémien sup. à l'Albien. Ce sont d'excellents fossiles stratigraphiques, que l'on étudie au microscope, en lame mince, notamment dans les calcaires marneux, où ils abondent parfois.

Calpionellites – Genre de Calpionelles (fig.).

Calpionellopsis – Genre de Calpionelles (fig.).

Calymene [du gr. *kalos*, beau, et *humên*, membrane] – Genre de Trilobites (V. fig. à ce mot) du Silurien – Dévonien.

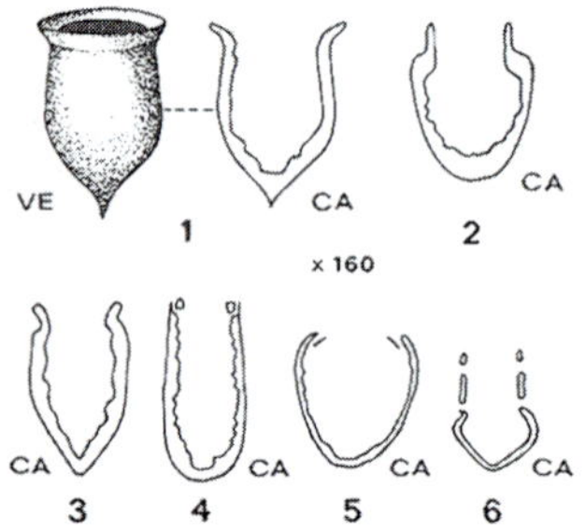

Calpionelles

VE : vue externe – CA : coupe axiale – 1 : *Tintinnopsella carpathica* (vue idéalisée et coupe, Portlandien sup. – Valanginien) – 2 : *Calpionella alpina* (Portlandien – Berriasien) – 3 : *Crassicollaria intermedia* (Portlandien sup.) – 4 : *Calpionellopsis oblonga* (Berriasien – Valanginien) – 5 : *Calpionellites darderi* (Berriasien sup. – Valanginien) – 6 : *Colomiella mexicana* (Aptien – Albien).

Camarodontes n. m. pl. [du gr. *kamara*, creux, et *odous, odontos*, dent] – Groupe d'Echinides* Réguliers.

Cambrien n. m. [A. Sedgwick, 1835, de *Cambria*, nom lat. du Pays de Galles, G.-B. ; angl. *Cambrian*] – Système le plus ancien de l'ère primaire. V. tabl. Annexe 2. Adj. **cambrien, nne**.

Campanien n. m. [H. Coquand, 1857, de la Champagne saintongeaise, Charentes, Fr. ; angl. *Campanian*] – Étage du Crétacé sup. (ère secondaire). V. tabl. Annexe 2. Adj. **campanien, nne**.

camptonite n. f. [de Campton, U.S.A. ; angl. *camptonite*] – Var. de lamprophyre.

canal n. m. **d'écoulement** [angl. *drainage channel*] – Lit d'un torrent* reliant le bassin de réception, en amont, au cône de déjection, en aval. Syn. chenal d'écoulement.

Cancellophycus [du lat *cancelli*, treillis, et du gr. *phucos*, plante] – Ancien nom pour Zoophycos*.

cancrinite n. f. [angl. *cancrinite*] – Minéral jaune vif, produit de l'altération de la néphéline. V. feldspathoïde (néphéline).

canevas n. m. **(de projection)** [angl. *(projection) net*] – Diagramme correspondant à une transformation géométrique déterminée, et servant de repère pour la représentation d'éléments géométriques. La plupart du temps, ces canevas sont utilisés en géologie structurale ou en cristallographie, pour effectuer des projections planes de structures à trois dimensions. Les plus employés sont : – 1. le canevas de **Wulff** qui est une projection stéréographique, où les angles sont conservés. – 2. le canevas de **Schmidt** qui est une projection équivalente, c'est-à-dire où les rapports des surfaces sont conservés, et qui permet de faire des représentations de densités de points. V. stéréographique (projection –).

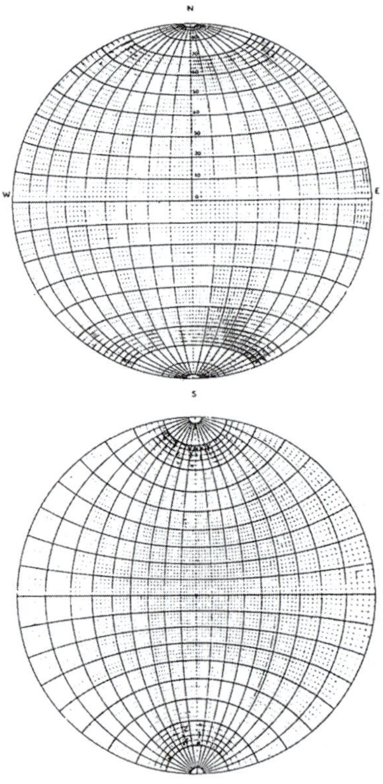

canevas

En haut : de Schmidt. – *En bas* : de Wulff.

cannel-coal n. m. [mot angl., *cannel*, chandelle, *coal*, charbon] – Charbon de spores, qui doit son nom à ce qu'il brûle avec une flamme éclairante.

cannelée adj. **(roche –)** [angl. *grooved rock*, *fluted –*] – V. modelé glaciaire.

cannelure n. f. **(glaciaire)** [angl. *(glacial) groove*] – Large sillon creusé par un glacier et par les roches qu'il entraîne, sur son substratum. V. modelé glaciaire. Adj. **cannelé, e**.

canon n. m. **à air** [angl. *air gun*] – Appareil permettant de produire un ébranlement sismique sous-aquatique par une brusque relaxation d'air comprimé dans l'eau.

canyon n. m. [de l'esp. *cañon ;* angl. *canyon*] – Vallée étroite, aux versants abrupts souvent accidentés de ressauts, généralement creusée dans un pays à structure tabulaire. C'est une forme fréquente du modelé* karstique.

canyon sous-marin [angl. *submarine canyon*] – Vallée entaillant une marge continentale et qui, bien souvent, prolonge un fleuve. Malgré leur nom, ces vallées sont beaucoup moins encaissées que les canyons aériens. Leur genèse n'est pas toujours claire : il s'agit sans doute en partie de vallées terrestres envahies par la mer (p. ex. par eustatisme, après la dernière glaciation) mais aussi d'un véritable modelé sous-marin dû à l'érosion par des courants* de turbidité qui y circulent, et qui, à leur débouché sur le glacis continental, donnent des deltas sous-marins.

caoudeyre n. f. [mot gascon signif. chaudière ; angl. *blow-out*] – Cuvette creusée par le vent au sommet de certaines dunes.

capillaire adj. **(frange –)** [du lat. *capillus*, cheveu] – V. frange capillaire.

Capitosaurus – Genre d'Amphibiens* Stégocéphales.

cap-rock n. m. [mot angl.] – Zone située au sommet d'un dôme* de sel et formée de résidus de dissolution (gypse, anhydrite, calcite, etc.).

Capsien n. m. [de *Capsa*, ancien nom de Gafsa, Tunisie] – Ensemble culturel préhistorique du Paléolithique supérieur et du Mésolithique d'Afrique du Nord, caractérisé notamment par de petits silex taillés (microlithes) qu'on retrouve dans des accumulations de débris où dominent les coquilles de gastéropodes (escargotières). Connu de 9000 à 4000 ans env. Adj. **capsien, nne**.

captive adj. **(nappe –)** [angl. *confined groundwater*] – Nappe* d'eau souterraine emprisonnée entre deux terrains imperméables.

capture n. f. **(d'un cours d'eau)** [angl. *(stream) capture, (–) piracy*] – Phénomène par lequel la partie amont d'un cours d'eau devient l'affluent d'un autre, le plus souvent par recul de la tête de ce dernier (érosion régressive), parfois par exhaussement du lit et déversement du premier dans le second. L'endroit où la capture s'est produite est généralement marqué par un brusque changement d'orientation du talweg (**coude* de capture**) et par un ressaut de celui-ci (**gradin de capture**). Ex. la capture de la Moselle.

Caradocien n. m. [R.I. Murchison, 1838, de Caradoc, roi des Silures, anciens habitants du Pays de Galles, G.-B. ; angl. *Caradocian*]

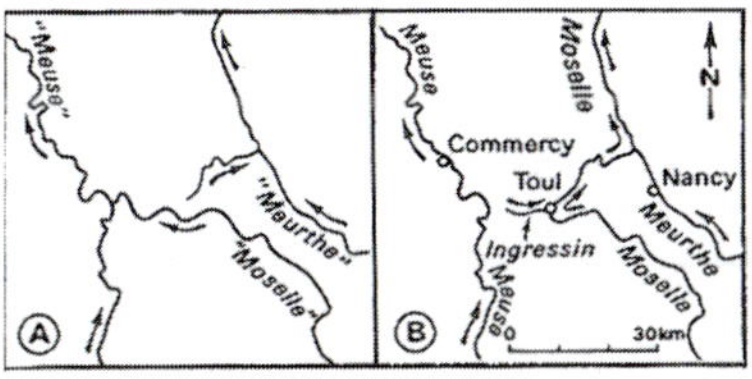

capture

Exemple de la capture de la Moselle par la Meurthe – **A** : situation avant la capture – **B** : situation actuelle. La capture s'est produite à Toul ; noter à cet endroit le coude de capture. Une partie du lit abandonné par la Moselle est drainée par l'Ingressin qui coule en sens inverse.

(anc. Caradoc) – Étage de l'Ordovicien (ère primaire). V. tabl. Annexe 2. Adj. **caradocien, nne**.

carat n. m. [du gr. *keration*, tiers de l'obole ; angl. *carat*] – 1 : unité de masse utilisée en joaillerie ; variable selon les époques et les lieux, elle est actuellement fixée à 0,2 g (carat métrique) – 2 : proportion d'or dans un alliage comptée en vingt-quatrièmes, un alliage avec une moitié d'or titre 12 carats : l'or pur titre 24 carats.

carbonado n. m. [mot esp. signif. charbonné ; angl. *carbonado*] – Var. de diamant* finement cristallin formant des aggrégats arrondis de couleur noire impropre à la joaillerie mais utilisé industriellement. *Cf.* bort.

carbonate n. m. [angl. *carbonate*] – Minéral caractérisé par l'ion $(CO_3)^{2-}$. Ces minéraux sont nombreux mais seuls trois d'entre eux sont abondants. La **calcite** $CaCO_3$ (dite magnésienne si 5 à 15% de Mg), du syst. rhomboédrique, en cristaux xénomorphes ou automorphes (rhomboèdre, scalénoèdre, etc.) à clivages parfaits faisant apparaître les faces brillantes, à macles simples ou polysynthétiques très fréquentes (structures parfois visibles à la loupe : bandes irisées, lignes très fines s'entrecroisant à 120°) ; elle fait effervescence (dégagement de CO_2) avec l'acide chlorhydrique dilué à froid ; incolore et transparente, lorsqu'elle est très pure (*cf.* spath d'Islande montrant à l'œil nu la double réfraction), elle est plus souvent blanche et à éclat vitreux, ou diversement colorée par des impuretés. Minéral ubiquiste caractérisant les calcaires et toutes les r. métam. en dérivant ; on le trouve aussi dans certaines r. magm. (ex. carbonatite), et dans les filons hydrothermaux.

L'**aragonite**, $CaCO_3$, du syst. orthorhombique, en petits prismes ou plus souvent en aiguilles et fibres, effervescente, métastable à température ordinaire et se transformant donc en général en calcite. Par contre, cette

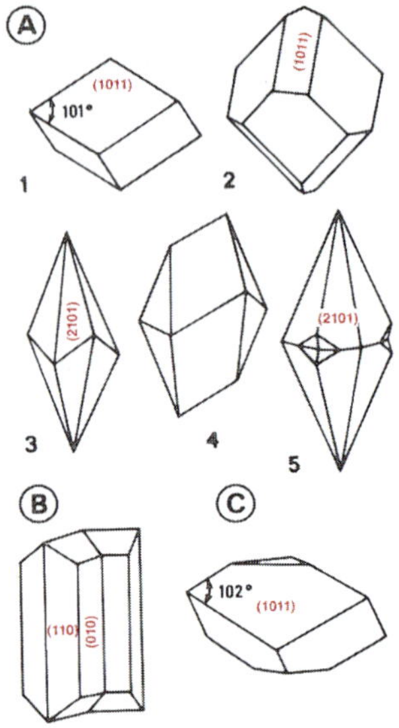

carbonates

A : calcite (170 formes simples sont connues) – 1 et 2 : rhomboèdres – 3 et 4 : scalénoèdres – 5 : macle sur (0001).
B : aragonite maclée.
C : dolomite (d'après A. de Lapparent).

forme est stable à HP dans des r. métam. (à jadéite et glaucophane p. ex.). Mêmes gisements que la calcite mais en cristaux isolés ou petits amas ; elle est présente dans de nombreuses coquilles d'Invertébrés (qui en général sont calcitisées lors de la diagenèse). La **dolomite** (Ca, Mg) $(CO_3)_2$, du syst. rhomboédrique, en prismes souvent nets, à clivages parfaits, à macles assez rares ; elle n'est pas effervescente (faible effervescence sur dolomite réduite en poudre). Elle montre un éclat vitreux, une couleur variable, souvent blanche ou jaunâtre à brunâtre (**ankérite** avec présence de Fe se substituant plus ou moins à Mg). Elle est fréquente dans diverses r. sédim. (dolomies, calcaires dolomitiques, évaporites, etc.), dans les r. métam. en dérivant, dans des filons hydrothermaux.

Autres carbonates : 1. du syst. rhomboédrique : **magnésite** ou **giobertite** $MgCO_3$, **sidérite** ou **sidérose** $FeCO_3$, **smithsonite** $ZnCO_3$, **rhodochrosite** ou **diallogite** $MnCO_3$; – 2. du syst. orthorhombique : **strontianite** $SrCO_3$, **cérusite** $PbCO_3$, **withérite** $BaCO_3$; – 3. du syst. monoclinique et hydroxylés : **malachite** verte $Cu_2(OH)_3CO_3$, et **azurite** bleue $Cu_3(OH)_2(CO_3)_2$ (V. ces mots).

carbonatées adj. **(roches –)** [angl. *carbonate rocks*] – R. sédim. formées pour 50% au moins de carbonates (calcite, dolomite, aragonite). Représentant 20% des r. sédim., elles couvrent de vastes surfaces sur les continents et ont une grande importance pratique. On y distingue deux groupes principaux, les calcaires* et les dolomies*, présentant des intermédiaires.

Classification des roches carbonatées : indépendamment des nomenclatures pratiques mentionnées à calcaire et à dolomie, on utilise des classifications fondées surtout sur la structure de ces roches, ce qui nécessite souvent l'emploi du microscope, ou au moins d'une forte loupe.

– L'une de ces classifications est due à **R.J. Dunham** (1962). Elle se présente sous forme dichotomique :

1 – Texture sédimentaire non reconnaissable : **calcaires cristallins**.

2 – Texture sédimentaire reconnaissable.

2.1 Composants organiques liés entre eux durant le dépôt : **boundstone** (ce sont les calcaires construits).

2.2 Composants organiques non liés entre eux durant le dépôt.

2.2.1 Absence de particules fines (boue) : **grainstone**.

2.2.2 Présence de particules fines.

2.2.2.1 Grains jointifs : **packstone**.

2.2.2.2 Grains non jointifs, avec moins de 10% de boue : **wackestone**, et avec plus de 10% de boue : **mudstone**.

– Une autre classification, plus complexe mais plus détaillée, est celle de **R. Folk** (1959) qui prend en compte la nature du ciment (orthochèmes) et celle des éléments figurés (allochèmes) de la roche.

– Les **orthochèmes** (= constituants orthochimiques) [de l'angl. *orthochem*, du gr. *ortho*, droit, et de l'angl. *chemical*, chimique] : ce sont les cristaux du ciment ayant précipité dans le bassin de sédimentation sous forme de : – 1. micrite (contraction de l'angl. *microcristalline calcite*), ou boue de calcite en particules de 1 à 4 μm, impliquant une formation en eau très calme ; – 2. sparite (contraction de l'angl. *spar calcite* – calcite spathique pouvant être francisé en spathite) en cristaux > 10 μm, le plus souvent de 20 à 100 mm, qui remplissent par précipitation directe les pores entre des éléments déjà accumulés, le milieu étant assez agité pour avoir empêché le dépôt de particules plus fines. La présence de cette sparite indique donc, en principe et sauf recristallisation, un milieu à haute énergie, peu profond. La microsparite, à cristaux de 5 à 10 μm, résulte en général d'une recristallisation de micrite.

– Les **allochèmes** (ou constituants allochimiques) [de l'angl. *allochem*, du gr. *allo*, autre, et de l'angl. *chemical*, chimique] : ce sont les éléments d'origine chimique ou biochimique, formés dans le bassin de sédimentation et ayant subi un certain transport sous forme de fragments distincts. On y distingue quatre types :

1 – Les **intraclastes** (ou intraclasts) : fragments anguleux ou peu arrondis, issus d'un sédiment voisin mal consolidé, et redéposés à faible distance en formant un nouveau sédiment presque contemporain (des fragments calcaires d'âge nettement plus ancien que le sédiment les contenant sont de vrais galets, et appartiennent aux débris terrigènes ; la distinction intraclaste-débris n'est pas toujours aisée ou possible).

ROCHES CARBONATÉES classification de R. FOLK (1959)	CALCAIRES, CALCAIRES PEU DOLOMITISÉS, DOLOMIES PRIMAIRES					DOLOMIES SECONDAIRES DE SUBSTITUTION	
	roches allochimiques allochèmes > 10 %		roches orthochimiques microcristallines allochèmes < 10 %		TYPE 4 roches de bioherme	TYPE 5	
	TYPE 1 r. allochimiques spathiques (ciment spath. > boue microcrist)	TYPE 2 r. allochimiques spathiques (ciment spath. > boue microcrist.)	TYPE 3 1 % < allochèmes < 10 %	TYPE 3 allochèmes < 1 %		avec fantômes d'allochèmes	sans fantômes d'allochèmes
composition volumétrique des allochèmes			selon allochèmes dominants	micrite (si homogène) dismicrite (si hétérogène) dolimicrite (si dolomie primaire)	biolite	selon les allochèmes dominants	dolomie cristalline (grenue à microcristalline)
intraclastes > 25 %	intrasparrudite intrasparite	intramicrudite intramicrite	micrite à intraclastes			dolomie intraclastique	
intraclastes < 25 % – oolithes > 25 % (et pisolithes)	oosparrudite oosparite	oomicrudite oomicrite	micrites à oolithes			dolomie oolitique	
intraclastes < 25 % – oolithes < 25 % – R = fossiles, bioclastes/pellets : R > 3	biosparrudite biosparite	biomicrudite biomicrite	micrite fossilière			dolomie biogénique	
intraclastes < 25 % – oolithes < 25 % – $\frac{1}{3} < 3$	biopelsparite	biopelmicrite	micrite à pellets			dolomie pelletoïdale	
intraclastes < 25 % – oolithes < 25 % – $R < \frac{1}{3}$	pelsparite	pelmicrite					

2 – Les **oolithes***, avec lesquelles on regroupe les pisolithes.
3 – Les fossiles, soit entiers soit en débris (**bioclastes**) à l'exclusion des organismes constructeurs (V. biolithite).
4 – Les **pellets** (ou boulettes, ou pelotes, ou granules) sont de petites masses ovoïdes de 40 à 80 µm en moyenne, formées de boue microcristalline souvent riche en matière organique, et considérées comme d'origine fécale. La distinction entre des pellets et des intraclastes de même aspect est basée sur la taille, avec la limite à 200 µm.
À chaque roche qu'on peut distinguer au moyen de ces deux caractères, on fait correspondre un nom construit fondamentalement en utilisant : – 1 : un préfixe précisant le constituant allochimique (respectivement : **intra-, oo-, bio-, pel-**), – 2 : un suffixe correspondant à l'orthochème (**-micrite, -sparite**), ex. une intrasparite (formée d'intraclastes réunis par un ciment cristallin). Si la taille des allochèmes est supérieure à 2 mm, on ajoute encore au nom de la roche le suffixe **-rudite**, ex. une intrasparrudite. Enfin, les préfixes peuvent se composer, ex. une biointrasparite. Cas particuliers : une **dismicrite** est une micrite à plages recristallisées sparitiques ; une **biolithite** est un calcaire construit par des organismes.
Si la roche contient 10 % ou plus de dolomite, on le signale. Les cas sont variés :
– intramicrite à dolomite primaire, micrite à dolomite primaire (**dolomicrite** si dolomite dominante) ;
– micrite dolomitique, si l'origine de la dolomite est incertaine (primaire et/ou secondaire ?) :
– micrite dolomitisée, si la dolomite est secondaire ;
– les roches entièrement, ou presque, dolomitisées forment un groupe à part.
Enfin, d'autres précisions sont données s'il y a plusieurs types d'allochèmes, ou du matériel terrigène (de 10 % à 50 %), p. ex. oosparite à intraclastes, intrasparite sableuse, micrite silteuse, etc.

carbonatite n. f. [angl. *carbonatite*] – R. magm. grenue à aspect de calcaire cristallin car constituée à 80 % de grands cristaux de carbonate, soit calcite (**sövite**), soit calcite et dolomite (**béforsite**), avec parfois ankérite ou sidérose. Les autres minéraux sont très variés : feldspath, feldspathoïde, biotite, pyroxène, péridot, grenat, apatite et minéraux spéciaux riches en Nb, Ta, Ti, Th, U, et terres rares (roches ayant donc souvent un intérêt minier). Exceptionnelles, elles se présentent en petits gisements intrusifs ou filoniens, à structures annulaires fréquentes, parfois en coulées, associées à des roches ultrabasiques (ex. péridotites, kimberlites), et à des roches sous-saturées (syénites néphéliniques, ijolites, laves à néphéline ou à mélilite). Elles se forment à partir de magma enrichi en CO_2 et Ca, selon des modalités mal connues : concentration locale de CO_2 et Ca donnant un magma spécial non miscible avec le magma environnant, ou dans certains cas assimilation possible de calcaires préexistants. En bordure de ces intrusions, on note un métamorphisme de contact particulier : formation de **fénites*** (ou fénitisation), roches acquérant une composition de syénite alcaline.

carbonatométrie n. f. – V. calcimétrie.

carbone n. m. [du lat. *carbo, -onis*, charbon ; angl. *carbon*] – Symbole chim. C. N° et masse atom. 6 et 12 ; ion 4^+ de rayon 0,016 nm ; densité 3,5 ; clarke 200 à 300 g/t, selon les auteurs. Métalloïde existant à l'état pur sous les formes **diamant** et **graphite**. Sous forme de gaz carbonique CO_2, il joue un rôle important dans la cristallisation de nombreuses r. magm., ainsi que dans celle des r. sédim. carbonatées. Le CO_2 représente 0,03% de l'atmosphère et il entre dans le cycle biologique. À partir de ce cycle, le carbone est concentré dans les roches particulières que sont les charbons et les pétroles. Son isotope radioactif ^{14}C, dont la période est de 5 730 ans, est utilisé en radiochronologie* pour les temps récents (jusqu'à 50 000 ans au plus). Adj. **carboné, e**.

Carbonifère n. m. [W.D. Conybeare, 1822, du lat. *carbo, -onis*, charbon, et *ferre*, porter, car les terrains correspondants sont fréquemment riches en houille ; V. Houiller ; angl. *Carboniferous*] – Période de l'ère primaire. V. tabl. Annexe 2. Adj. **carbonifère**.

carbonification n. f. [angl. *carbonization*] – Processus complexe par lequel des accumulations de végétaux se transforment en charbon*. Syn. carbonisation.

Carcharodon [du gr. *karkharias*, requin, et *odous, odontos*, dent ; prononc. karka-] – Genre de Requins (V. Poissons) dont, à l'état fossile, on trouve surtout les dents. Répart. stratigr. : Crétacé sup. – Actuel.

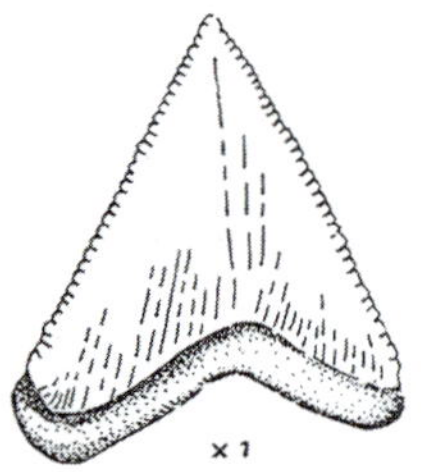

Carcharodon

Dent isolée.

Cardioceras [du gr. *kardia*, cœur, et *keras*, corne] – Genre d'Ammonites (V. fig. à ce mot) du Jurassique sup. (Oxfordien).

Cardiola [du gr. *kardia*, cœur] – Genre de Bivalves (V. fig. à ce mot) du Paléozoïque (Silurien – Dévonien).

carène n. f. [du lat. *carina*, demi-coquille de noix ; angl. *carina*, pl. *-ae ; keel*] – Nom donné à diverses parties anatomiques dures ayant une forme de crête allongée. Ex. carène ventrale de certaines ammonites, carène sagittale du crâne osseux de nombreux mammifères, etc. Adj. **caréné, e**.

cargneule n. f. [du mot suisse cornieule ou corgneule, parfois cargnieule ou carniole ; angl. *cargneule*] – R. sédim. carbonatée, d'aspect carié et vacuolaire, souvent bréchique, de teinte jaune, brune, rouille, formant des masses peu ou pas stratifiées donnant des reliefs ruiniformes. Les cargneules sont surtout calcaires (70% env.), un peu dolomitiques (20% env.), parfois légèrement gypseuses. Elles sont dues à la transformation (**cargneulisation**) de dolomies calcareuses, de calcaires dolomitiques, de brèches (sédimentaires ou tectoniques) calcaréo-dolomitiques, avec dissolution préférentielle de la dolomite par des eaux chargées en sulfates (gypse surtout), eaux qui par ailleurs permettent la transformation (dédolomitisation) de la dolomite en calcite. Ces roches sont fréquentes dans le Trias des Alpes, presque toujours à proximité de couches gypseuses. De plus, elles jalonnent fréquemment des surfaces de chevauchement : leur bréchification peut alors être considérée comme étant mylonitique. D'autres modes de gisement (niveaux bréchiques cargneulisés alternant avec des bancs calcaires non fracturés) peuvent conduire à envisager que la bréchification puisse être en certains cas de type « fracturation hydraulique » (agrandissement de fissures par injection de fluides sous pression, phénomène affectant surtout les dolomies, moins ductiles que les calcaires). On les a également nommées « dolomies caverneuses » car on pensait, autrefois, qu'elles résultaient de la décalcification de dolomies calcareuses. Vb. **cargneuliser** ; adj. **cargneulisé, e** ; n. f. **cargneulisation**.

Carixien n. m. [W.D. Lang. 1913, de *Carixia*, nom lat. de Charmouth, Dorset, G.-B.] – Sous-étage inférieur du Pliensbachien (Jurassique inf., ère secondaire). V. tabl. Annexe 2. Adj. **carixien, nne**.

Carlsbad (ou Karlsbad) **(macle de –)** [du nom d'une ville allem. ; angl. *Carlsbad twin*] – Macle* affectant très fréquemment les cristaux de feldspath (V. fig. à ce mot) orthose.

carnallite n. f. [dédié à M. von Karnall ; angl. *carnallite*] – Chlorure $KMgCl_3$, 6 H_2O, du syst. orthorhombique, en masses granulaires ou en sphéroïdes, blanc de lait à rouge pâle (inclusions d'hématite). On la trouve dans les séries évaporitiques, en général au sommet des séries salifères, où elle peut alors être exploitée ; c'est le constituant principal des minerais de potasse.

Carnien n. m. [E. von Mojsisovics, 1873, des Alpes carniques, Ital. ; angl. *Carnian*] – Étage du Trias (ère secondaire). V. tabl. Annexe 2. Adj. **carnien, nne**.

carottage n. m. [angl. *core drilling*] – Prélèvement de carottes* de terrains. Pour les roches et les sédiments indurés, on emploie un tube à couronne diamantée animé d'un mouvement de rotation. Pour les sédiments marins ou lacustres superficiels et meubles, on utilise un tube ou un prisme métallique

lourdement lesté [**carottier** [angl. *corer*]), que sa chute à la verticale fait pénétrer dans les sédiments. Le plus souvent, il s'agit d'un **carottier à piston** [angl. *piston corer*] où, pour éviter la déformation de la carotte, un disque mobile, situé dans le carottier à son extrémité inférieure au début du carottage, reste à la surface du sédiment alors que le tube s'y enfonce.
L'efficacité d'un carottage s'exprime par le **pourcentage de récupération** [angl. *core recovery*] : longueur totale de la carotte (ou des tronçons de carotte) remontée, par rapport à la longueur du carottier, multiplié par 100.
Le **carottage continu** est une méthode de forage consistant à ne progresser que par des prélèvements de carottes ; on a ainsi une parfaite connaissance des terrains traversés, mais le travail est très lent. Vb. **carotter** [angl. *to core*].

carottage électrique [angl. *electric(al) well logging*] – Syn. de diagraphie* électrique.

carotte n. f. [angl. *core*] – Échantillon de roches ou de sédiments se présentant généralement comme un cylindre de quelques centimètres de diamètre, et de longueur variable (parfois plusieurs mètres). V. carottage.

carottier – V. carottage.

carpelle n. m. ou f. [du gr *karpos*, fruit ; angl. *carpel*] – V. Angiospermes.

Carpoïdes n. m. pl. [du gr. *karpos*, fruit, et *eidos*, forme ; angl. *Carpoidea*] – Groupe d'Échinodermes* Pelmatozoaires (Cambrien – Ordovicien).

carrière n. f. [angl. *quarry, pit* (V. mine)] – Excavation artificielle, généralement à ciel ouvert, pratiquée pour l'extraction de matériaux de construction (calcaire, granite, gypse, gravier (gravière), sable (sablière), etc.

carte n. f. **géologique** [angl. *geologic map* (US), *geological map* (GB)] – Représentation sur un fond topographique des terrains qui affleurent à la surface du sol, ou qui ne sont cachés que par une faible épaisseur de formations superficielles récentes (sols, etc.) qui, en général, ne sont pas figurées. Les terrains sont généralement affectés de couleurs et désignés par des notations qui indiquent leur âge géologique quand on le connaît (cas général des terrains sédimentaires). Si on l'ignore, on différencie les formations grâce à leurs caractères pétrographiques (cas habituel des terrains éruptifs ou métamorphiques). D'autres renseignements y sont portés au moyen de signes conventionnels (pendages*, gisements de fossiles, minerais et exploitations minières, etc.). V. aussi coupe géologique.
Aux couleurs conventionnelles des couches sur la carte, on ajoute des **notations** précisant l'âge et/ou la nature de chaque couche. Ces notations, explicitées dans la légende, suivent en général les règles suivantes :
1 – Les formations superficielles quaternaires sont désignées par des majuscules. Ex. : F (alluvions fluviatiles), Gl (dépôt glaciaire), etc. ; cela est systématique sur les cartes à 1/50 000, mais non sur celles à 1/80 000 (a : alluvions).
2 – Les couches sédimentaires sont désignées par une lettre minuscule (rappelant le système ou l'époque : j : Jurassique ; c : Crétacé ; e : Éocène), affectée d'un indice ou d'un exposant, par exemple :
2.1. Pour les cartes à 1/80 000, la moitié inférieure (ancienne) de l'Éocène est subdivisée de haut en bas : $e_{\prime}$ (e prime), $e_{\prime\prime}$ (e seconde), $e_{\prime\prime\prime}$ (e tierce), etc. ($e_{\prime\prime\prime}$ est plus ancienne que $e_{\prime\prime}$) ; la moitié supérieure est subdivisée de bas en haut : e^1 (e un), e^2 (e deux), e^3 (e trois), etc. (e^3 est plus récente que e^2).
2.2 Pour les cartes à 1/50 000, l'Éocène est subdivisé de bas en haut e_1, e_2,..., -e_7.
2.3. D'autres subdivisions sont parfois introduites, p. ex. $e_{\prime\prime a}$ et $e_{\prime\prime b}$ (cette dernière plus ancienne), ou e_{1a} et e_{1b} (cette dernière plus récente).
2.4. Des couches peuvent être groupées : $e_{3\text{-}2}$ (= $e_3 + e_2$) ; ou $e_2 - c_6$ (ensemble des couches de e_2 à c_6 incluses).
3 – Au sein d'une même division chronologique, on distingue des faciès en ajoutant des majuscules, ex. : n_{4U}, Barrémien à faciès urgonien.
4 – Les r. magm et les r. métam. sont désignées par des lettres grecques (γ granite ; β basalte, etc.)
La **notice d'une carte géologique** est le commentaire accompagnant une carte géologique et donnant en général des précisions sur : – 1. les faciès et les épaisseurs des diverses couches géologiques visibles sur la carte ; – 2. la tectonique ; – 3. la géomorphologie ; – 4. l'hydrogéologie, et les substances utiles.

carte lithologique [angl. *lithologic map*] – Carte indiquant la nature pétrographique des terrains (à l'exclusion de leur âge, à la différence d'une carte géologique).

carte métallogénique [angl. *metallogenic map*] – Carte sur laquelle sont portés les différents indices, gisements et exploitations métallifères.

carte structurale [angl. *structural map, structure-contour map*] – Carte indiquant les dispositifs tectoniques affectant les terrains (plis, failles, chevauchements) et parfois l'allure de ces derniers en profondeur (p. ex. en figurant les isobathes de leur toit).

carte topographique [angl. *topographic map*] – Représentation plane d'une portion de la Terre (ou d'une planète, d'un satellite, etc.). Elle comprend principalement la **planimétrie** (représentation des points indépendamment de leur altitude) et l'**orographie**

(représentation du relief). La planimétrie exige une réduction définie par une échelle qui est le rapport d'une longueur mesurée sur la carte prise comme unité à la distance horizontale qui lui correspond sur le terrain, mesurée avec la même unité. Les échelles des cartes topographiques de la France sont actuellement les suivantes : 1/25 000, 1/50 000, 1/100 000, 1/250 000, 1/500 000, 1/1 000 000.

L'**orographie** est rendue soit par des points cotés, repères dont l'altitude est indiquée sur la carte, soit par les systèmes des courbes de niveau ou des hachures. Une **courbe de niveau** est le lieu des points d'une surface topographique ayant même altitude. Pratiquement, on les fait correspondre à des altitudes s'exprimant par des chiffres ronds, et dont la différence est constante, cette différence étant appelée **équidistance** des courbes (p. ex. tous les 10 m, ou tous les 20 m, etc.). Elles sont généralement dessinées en trait fin. Très souvent, pour la clarté du dessin, une courbe est dessinée en trait plus large un nombre de fois donné l'équidistance (p. ex. tous les 50 m, ou tous les 100 m, etc.) : c'est une **courbe maîtresse** dont l'altitude est fréquemment indiquée (le bas des chiffres étant vers le bas de la pente). Parfois, lorsque l'équidistance choisie pour une carte est trop grande pour représenter certains détails du terrain, on ajoute localement entre deux courbes normales des **courbes intercalaires**, généralement dessinées en tireté. Les courbes qui correspondent à des dépressions fermées (courbes de **cuvette**) sont souvent dessinées d'une manière spéciale (p. ex. en pointillé), et on y ajoute une flèche indiquant le centre de la dépression, pour attirer l'attention sur ces reliefs particuliers qui risqueraient d'être confondus avec des collines. Il est à noter que pour une même équidistance, plus une pente est forte, plus les courbes sont serrées, si bien qu'à la limite on doit les remplacer par un **figuré d'abrupt** évoquant des rochers. Les **hachures** étaient utilisées jadis, car elles permettent sur les cartes en une seule teinte une représentation plus claire du relief. Elles sont aujourd'hui abandonnées, car elles manquent de précision, mais les fonds topographiques de l'ancienne carte de France en hachures à 1/80 000, dite de l'État-Major, servent encore de base à la seule couverture complète de la France en cartes géologiques, tant que la nouvelle couverture à 1/50 000 n'est pas terminée. Elles sont dessinées en trois temps. – 1. On dresse une carte en courbes de niveau. – 2. On dessine entre les courbes, perpendiculairement à celles-ci, des hachures espacées en principe du quart de leur longueur (règle dite du quart). Elles sont d'autant plus épaisses qu'elles sont plus courtes, et alternent d'une rangée à l'autre. Ces hachures correspondent donc, à peu près, aux lignes de plus grande pente. – 3. On efface les courbes de niveau. Le résultat est que la carte est d'autant plus foncée que la pente topographique est plus forte.

Les cartes topographiques représentent aussi généralement l'**hydrographie** (lacs, rivières, etc.), la végétation, la **toponymie** (noms de lieux). Des signes conventionnels sont affectés à des éléments importants, mais que la réduction ne permettrait pas d'identifier facilement, et leur explication se trouve dans la légende au bas de la carte (V. aussi profil topographique).

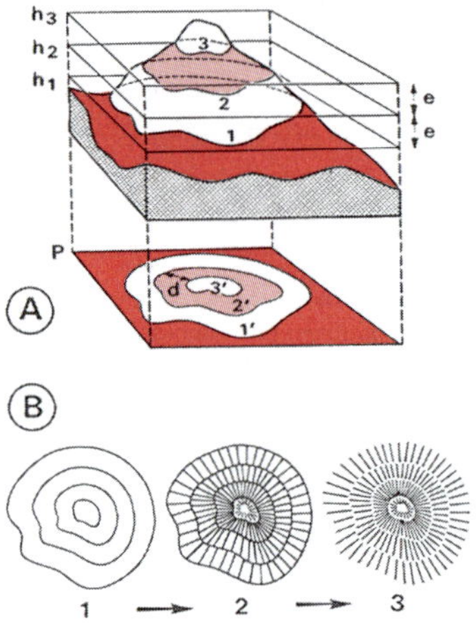

carte topographique

A : principe de l'établissement des courbes de niveau – h1, h2, h3 : plans horizontaux – e : équidistance des courbes (distance constante entre les plans h) – 1, 2, 3 : intersections de la surface topographique avec h1, h2, et h3 (courbes de niveau dans l'espace) – P : plan de la carte – 1', 2', 3' : projections de 1, 2, et 3 sur le plan de la carte (courbes de niveau sur la carte) – d : écartement (variable) des courbes de niveau.

B : principe de l'établissement des hachures.

cartographie n. f. [angl. *cartography*, *mapping*] – Ensemble des techniques et des arts graphiques conduisant à l'établissement des cartes et à leur impression. La réalisation des cartes topographiques, faite jadis par des topographes parcourant le terrain, est maintenant établie pour l'essentiel à partir des photographies aériennes (stéréophotogrammétrie). En géologie le relevé des affleurements et de leur principales caractéristiques (structurales, paléontologiques, minières, etc.) conduit à des documents originels (minutes), à partir desquels on bâtit ensuite la maquette de la carte aux fins d'impression. Les cartes d'une région étant réalisées, p. ex. à 1/50 000, on peut faire une généralisation, c'est-à-dire en tirer des cartes à plus petite échelle (à 1/100 000 par ex.). V. **cartographier** (néol. V. lever) [angl. *to map*] ; n. m. ou f. **cartographe** [angl. *cartographer, mapper*] ; adj. **cartographique** [angl. *cartographic*].

carton (schistes –) [angl. *paper shales*] – Sédiment surtout marno-calcaire, d'aspect feuilleté et de consistance cartonneuse, dont la couleur brune ou grise est due à des imprégnations bitumineuses. Non altérées (p. ex., en sondage), ces couches sont compactes.

case n. f. **lysimétrique** – V. lysimètre.

cassante adj. **(tectonique –)** – V. tectonique cassante.

casse n. f. [angl. *scree*] – Terme désignant, dans les Alpes, les grands éboulis vifs au pied des parois.

Cassiduloïdes n. m. pl. [du lat. *cassida*, casque, et *eidos*, forme ; angl. *Cassiduloidea*] – Groupe d'Échinides* Irréguliers.

cassitérite n. f. [du gr. *kassiteros*, étain ; angl. *cassiterite*] – Oxyde SnO_2, du syst. quadratique, en prismes souvent maclés (macle du bec de l'étain), à 2 clivages peu distincts, à éclat adamantin, brun clair à noir, un peu translucide et à réflexions rouges. C'est un minéral dur (dureté 6-7), de densité 7, inaltérable. On le trouve dans les r. magm. acides (granites, microgranites, greisens) et surtout dans les filons qui leur sont liés (associé au wolfram, au mispickel, à la molybdénite, etc.). C'est le seul minerai d'étain, qui peut être également exploité dans des gîtes alluvionnaires, où la cassitérite se présente alors souvent en grains, ou en masses fibroradiées (bois d'étain).

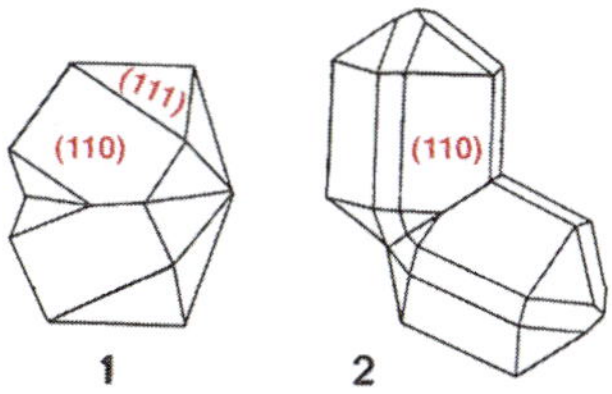

cassitérite

Macles du bec de l'étain : 1 : forme courante – 2 : autre forme, parfois nommée visière (d'après A. de Lapparent).

castel kopje n. m. [angl. *castel kopje, – koppie*] – Kopje* ruiniforme.

cataclase n. f. [du gr. *kataclasis*, action de briser ; angl. *cataclasis*] – Broyage d'une roche et de ses éléments qui sont réduits en petits débris anguleux, tordus et étirés ; réalisé avec une certaine ampleur, ce phénomène définit le métamorphisme cataclastique avec formation de mylonites. V. aussi granulation, métam. dynamique, polygonisation.

cataclastique adj. [angl. *cataclastic*] – S'applique à la structure des roches ayant subi une cataclase ; expression surtout utilisée pour les r. cristallines magm. et métam. prenant d'abord une granulation mécanique par désolidarisation des cristaux d'où une structure en mortier (grands cristaux ou îlots de roche à peu près intacts inclus dans une matrice de débris de cristaux), prenant ensuite un aspect de plus en plus finement grenu et schisteux, les cristaux ayant été tordus, brisés et émiettés (V. mylonite, phyllonite, pseudo-tachylite).

cataclinal, e, aux adj. [du gr. *kata*, vers le bas, et *klinein*, s'incliner ; angl. *cataclinal*] – Se dit d'une pente (talweg ou versant) inclinée dans le même sens que le pendage des couches. V. relief structural.

cataglaciaire adj. [du gr. *kata*, vers le bas, et glaciaire ; angl. *cataglacial*] – S'applique à la fin d'une période de glaciation, période pendant laquelle les glaciers décroissent. Ant. anaglaciaire.

Catarhiniens n. m. pl. [du gr. *kata*, vers le bas, et *rhis, rhinos*, nez ; angl. *catarhines, Catarhina*] – Groupe d'Anthropoïdes* comprenant les singes de l'Ancien Monde et l'Homme.

catastrophisme n. m. [du gr. *katastrophê*, bouleversement ; angl. *catastrophism*] – Théorie selon laquelle les temps géologiques auraient été marqués par des épisodes dramatiques sans commune mesure avec les phénomènes actuels. V. actualisme.

catazone n. f. [du gr. *kata*, vers le bas, et zone ; angl. *katazone, catazone*] – Zone du métamorphisme* général fort. Adj. **catazonal, e, aux**.

catena n. f. [mot lat. signif. chaîne ; angl. *catena, toposequence*] – Ensemble de sols qui se sont formés sur une même pente, à des niveaux différents, et dont les plus bas ont reçu des substances issues des plus hauts. Syn. chaîne de sols, toposéquence.

cathodoluminescence n. f. [de cathode, et luminescence ; angl. *cathodoluminescence*] – Luminescence que présentent certains minéraux bombardés par un faisceau d'électrons. Elle met en évidence, dans les roches sédimentaires, des structures de croissance et de cristallisation invisibles au microscope optique ordinaire qui permettent notamment d'en étudier l'évolution diagenétique. Adj. **cathodoluminescent, e**.

cation n. m. [de cathode et de ion ; angl. *cation*] – Ion ayant une charge électrique positive par défaut d'un ou plusieurs électrons. V. anion.

causes actuelles et des causes anciennes (principe des –) [angl. *principle of uniformitarism*] – V. actualisme.

caverne n. f. [du lat. *caverna*, de *cavus*, creux ; angl. *cave, cavern*] – Cavité naturelle, d'assez grande taille, dans le rocher. V. abri-sous-roche, grotte, modelé karstique, pariétal (art –).

caye n. m. [de l'esp. des Antilles *cayo*, même signif. ; angl. *cay, kay, (sand)key*] – Îlot corallien sableux. Syn. motu.

C.C.D. [angl. *CCD*] – Abréviation de l'expression anglosaxonne *carbonate compensation depth*, traduite par « niveau* (ou profondeur) de compensation des carbonates ».

Cd – Symbole chim. du cadmium.

Ce – Symbole chim. du cérium.

céladonite n. f. [angl. *celadonite*] – Minéral vert proche des micas et de la glauconite, habituellement trouvé dans les cavités des basaltes.

célestine n. f. (ou célestite) [de céleste, pour sa couleur bleue ; angl. *celestine, celestite*] – Sulfate $SrSO_4$, du syst. orthorhombique, en cristaux aplatis ou allongés, à bons clivages, à éclat vitreux ou nacré, de teinte blanche à bleuâtre ou rougeâtre, polychroïque. On la trouve en nodules, en cristaux aciculaires ou en masses fibreuses dans des r. sédim. à gypse, anhydrite, dolomite ; elle est plus rare dans les filons (filons hydrothermaux, ou filons de r. magm. basiques).

celsiane n. f. [dédié à Celsius ; angl. *celsian*] – Feldspath* lourd contenant du baryum.

celtium n. m. – Ancien nom du hafnium.

cémentation n. f. [du lat. *caementum*, moellon, pierre brute qui était mise dans le mortier ; angl. *cementation*] – Précipitation de substances dissoutes par les eaux souterraines dans les porosités des roches qu'elles parcourent. Ce phénomène se produit principalement à la limite supérieure d'une nappe phréatique (V. nappe d'eau souterraine) dans une **zone de cémentation** [angl. *zone of cementation*] située au sommet de la zone de saturation, là où la circulation de l'eau est importante, les éléments qui précipitent provenant de la zone plus superficielle d'aération. Ces processus ont un rôle important dans la lithification des roches et dans la concentration des substances métalliques. V. aussi cimentation.

cendres volcaniques [angl. *volcanic ash* (sing.)] – Fragments de roche effusive (éléments pyroclastiques) projetés par les volcans, de taille < 2 mm (cendres grossières de 2 à 0,6 mm, cendres fines < 0,6 mm). Ces fragments sont constitués de magma pulvérisé (cendres vitreuses) et/ou de roches broyées provenant en particulier des parois de la cheminée. Elles peuvent être dispersées sur de grandes étendues et leur dépôt donne des roches meubles ou consolidées (cinérite, tuf volcanique). Souvent blanchâtres à grises quand elles sont fraîches, elles brunissent rapidement par altération, et donnent des sols fertiles. V. aussi lapilli, tuf, tephra.

Cénomanien n. m. [A. d'Orbigny, 1847, de *Cenomanum*, nom lat. de Le Mans, Sarthe, Fr. ; angl. *Cenomanian*] – Étage le plus bas du Crétacé sup. (ère secondaire). V. tabl. Annexe 2. Adj. **cénomanien, nne**.

cenote n. m. [mot mexicain d'origine maya ; prononc. cénoté ; angl. *cenote*] – Caverne karstique au toit effondré au fond de laquelle affleure la nappe phréatique.

Cénozoïque n. m. (ou ère cénozoïque) [J. Phillips, ?1818, du gr. *kainos*, nouveau, et *zôon*, animal ; angl. *Cenozoic*] – Ère géologique comprenant le Tertiaire et le Quaternaire. V. tabl. Annexe 2. Adj. **cénozoïque**.

cénozone (ou cœnozone) n. f. [du gr. *koinos*, ensemble, et zone ; angl. *cenozone*] – Biozone caractérisée par la présence simultanée de plusieurs taxons. Syn. zone d'assemblage. V. stratigraphie.

Cephalaspis [du gr. *kephalê*, tête, et *aspis*, bouclier] – Genre d'Agnathes fossiles proche de *Aceraspis* (V. fig. à Agnathes), type du groupe des Céphalaspidomorphes. Répart. stratigr. : Silurien sup. – Dévonien inf.

céphalique adj. **(indice –)** – V. indice céphalique.

céphalon n. m. [du gr. *kephalê*, tête ; angl. *cephalon*] – Nom donné à la tête des Trilobites*.

Céphalopodes n. m. pl. [du gr. *kephalê*, tête, et *pous, podos*, pied ; angl. *cephalopods, Cephalopoda*] – Groupe de Mollusques marins sécrétant souvent une coquille cloisonnée unique (**phragmocône**), généralement enroulée en spirale plane. Leur tête est entourée d'une couronne de tentacules et un organe musculeux, l'entonnoir (**hyponome**), pompant l'eau et la rejetant en arrière sert à la locomotion. Le nombre de branchies (2 ou 4) sert de base à la classification zoologique, mais il est généralement inconnu chez les formes fossiles, et notamment chez les Ammonoïdés que l'on ne peut rattacher à l'un ou l'autre groupe.
Classification :

1 – Dibranchiaux :

1.1 Bélemnites (uniquement fossiles. Répart. stratigr. Carbonifère – Crétacé).

1.2 Sépioïdés (seiches, Jurassique sup. – Actuel).

1.3 Teuthoïdés (calmars, Jurassique – Actuel).

1.4 Octopodes (pieuvres, Crétacé – Actuel).

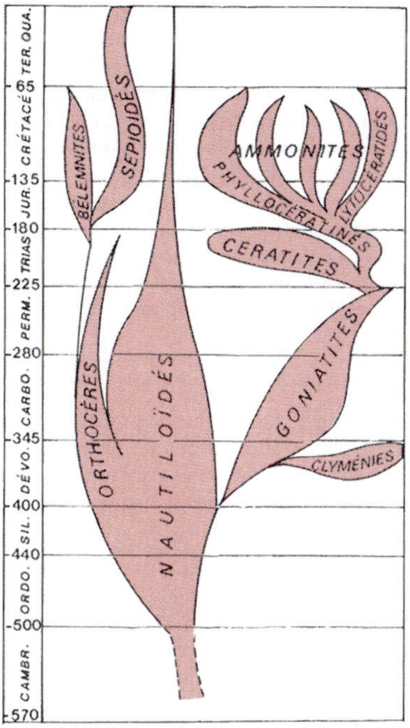

Céphalopodes

Grands traits de l'évolution des Céphalopodes.

2 – Tétrabranchiaux = **Nautiloïdés** (uniquement fossiles sauf les Nautiles, Ordovicien – Actuel).

3 – Ammonoïdés (uniquement fossiles, Dévonien – Crétacé).

Cératites n. f. pl. [du gr. *keras*, corrne ; angl. *Ceratites*] – Groupe de Céphalopodes* Ammonoïdés* à siphon ventral, et sutures cloisonnaires divisées en lobes (convexes vers l'arrière), eux-mêmes subdivisés en lobules, et en selles (convexes vers l'avant), généralement non divisées. La distinction d'avec les Goniatites n'est pas toujours tranchée. Suivant la façon dont cette coupure est faite, les Cératites existent déjà au Permien ou seulement au Trias, période à la fin de laquelle elles s'éteignent. Ce sont de bons fossiles stratigraphiques. V. aussi Ammonoïdés.

Cératites de la craie – Nom donné abusivement à des Ammonites du Crétacé supérieur, dont la suture cloisonnaire se rapproche de celles des vraies Cératites du Trias (p. ex. *Tissotia ;* V. fig. à Ammonites).

cercle n. m. **de Mohr** [angl. *Mohr circle*] – V. Mohr (diagramme de –).

Cercopithèques n. m. pl. [du grec *kerkos*, queue et *pithêkos*, singe ; angl. *Geunons*, *Cercopithecidae*] – Syn. de Cynomorphes. V. Anthropoïdes.

cérithe n. m. – Nom vulgaire du genre *Cerithium* et des formes voisines.

Cerithium [adapt. du gr. *kerukion*, buccin] – Genre de Gastéropodes (V. fig. à ce mot) très répandu au Tertiaire dans les milieux marins littoraux. Répart. stratigr. : Tertiaire – Actuel.

cérium n. m. [du nom de l'astéroïde Cérès ; angl. *cerium*] – Symbole chim. Ce. N° et masse atom. 58 et 140,12 ; ion 3^+ de rayon 0,107 nm ; densité 6,7 ; clarke 46 à 67 g/t

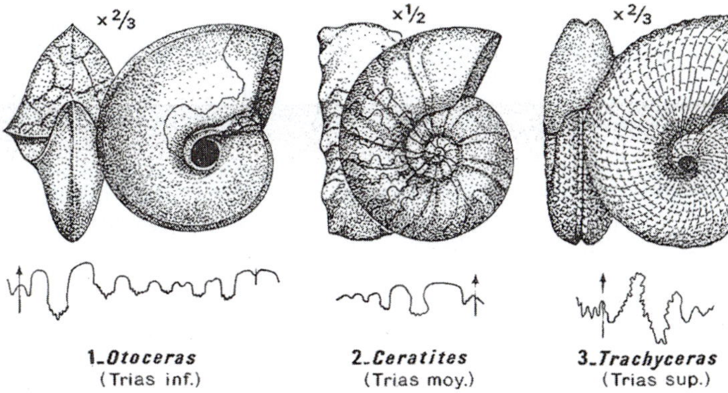

Cératites

Quelques exemples de Cératites avec leurs sutures cloisonnaires. Celles-ci (*en bas de l'image*) sont déroulées dans un plan. Les flèches, dirigées vers l'avant de l'animal, sont tracées sur le bord siphonal.

selon les auteurs. Métal le plus fréquent du groupe des lanthanides (terres rares).

céruse n. f. – V. cérusite.

cérusite n. f. [du lat. *cerussa*, même signif. ; angl. *cerussite*] – Carbonate $PbCO_3$, du syst. orthorhombique, en cristaux aplatis, à éclat résineux, blanc à jaune, présent dans des filons plombifères. Syn. céruse, plomb blanc.

césium (ou cæsium) n. m. [du lat. *caesius*, gris-vert ; angl. *cesium*] – Symbole chim. Cs. N° et masse atom. 55 et 132,905 ; ion 1^+ de rayon 0,167 nm ; densité 1,9 ; clarke 7 g/t. Métal voisin du potassium, mou, jaune pâle, se trouvant surtout en traces dans divers silicates (feldspath, leucite, mica noir, etc.) et dans un minéral rare, la **pollucite** $CsAl[Si_2O_6]$.

Cétacés n. m. pl. [du gr. *kêtos*, baleine ; angl. *Cetacea*] – Groupe de Mammifères marins connu depuis l'Éocène et comprenant les baleines, les dauphins, etc.

cf. – Abréviation du mot latin *confer*, comparé (impératif du vb. *conferre*, comparer). Utilisée pour inviter le lecteur à effectuer une comparaison. Ex. *Terebratula* sp. *cf. gibbosa*, désigne un individu du genre *Terebratula* qu'il y a lieu de comparer avec l'espèce *gibbosa*, mais qui ne peut lui être rapporté avec certitude du fait d'un mauvais état de conservation, de différences minimes, etc.

chaille n. m. ou f. [même étymologie que caillou ; angl. *chert*] – Accident siliceux dans des calcaires marins (p. ex. Jurassique sup. du Bassin parisien), en masses ovoïdes de 1 à 30 cm, de teinte brune, se différenciant des silex par leur cassure mate non translucide et l'absence de patine par manque de limite tranchée avec le calcaire. En général, les chailles (opale, calcédoine, quartz) contiennent des spicules d'éponges, des quartz détritiques, et des témoins résiduels du calcaire, surtout en leur cœur (aspect de silicification périphérique et centripète). Par décalcification, à l'air libre, elles prennent un aspect poreux ou caverneux. V. aussi chert, silex.

chaîne n. f. **(de montagnes)** [angl. *(mountain) chain*, *(mountain) range*] – Vaste ensemble de reliefs, long de quelques centaines ou de quelques milliers de kilomètres, et de largeur beaucoup plus faible. Leur genèse est liée à des déformations tectoniques, souvent très importantes, acquises dans des zones orogéniques [angl. *orogenic belts*] (ex., chaîne des Alpes). Le mot est aussi utilisé pour désigner une chaîne ancienne qui a donné des reliefs lors de sa formation, mais qui peut être maintenant arasée (ex., la chaîne calédonienne, la chaîne hercynienne) et, parfois pour des alignements de reliefs d'origines diverses (ex. chaîne volcanique des Puys, massif Central français).

Beaucoup de termes relatifs à la genèse des chaînes de montagnes ont été rendus obsolètes par l'introduction des idées sur la tectonique des plaques (ex. chaîne géosynclinale). Sont encore utilisés :
– selon les modalités des déformations tectoniques (parfois de distinction difficile) : **chaîne de couverture** et **chaîne de fond** (V. tectonique de couverture, – de fond) ;
– selon les zones affectées : **chaîne intracontinentale** (formée en domaine continental, et ayant souvent le style de chaîne de fond) ; **chaîne péricontinentale, chaîne liminaire*** (formées en bordure d'un continent).

chaîne de sols – Syn. de catena*.

chaînon n. m. [angl. *secondary range*] – Partie d'une chaîne, délimitée par des vallées et des cols, liés à des différences dans la nature des terrains et/ou à des structures tectoniques.

chalcocite n. f. (ou chalcosine) [du gr. *khalkos*, cuivre ; prononc. kal- ; angl. *chalcocite*, *chalcosine*] – Sulfure Cu_2S, du syst. orthorhombique (forme stable au-dessous de 103 °C) ou hexagonal (forme stable au-dessus de 103 °C), en cristaux aplatis à macles fréquentes, noir de fer à bleuâtre (irisations bleues et pourprées par altération facile en covellite). C'est un minéral tendre qui se coupe au couteau, et est présent surtout dans les gîtes filoniens de Cu.

chalcolite n. f. [du gr. *khalkos*, *cuivre et *lithos*, pierre ; prononc. kal- ; angl. *chalcolite, torbernite*] – Phosphate $Cu(UO_2)_2(PO_4)_2$, 12 H_2O, du syst. quadratique, en lamelles vertes à éclat nacré, ou en prismes vert émeraude. Minerai des gîtes d'uranium. Syn. torbernite.

chalcophile adj. [Goldschmidt, 1923 ; du gr. *khalkos*, cuivre, et *philos*, ami ; prononc. kal- ; angl. *chalcophile*] – S'applique aux éléments chimiques se combinant aisément au soufre, comme le cuivre, mais aussi Zn, Cd, Hg, etc.

chalcopyrite n. f. [du gr. *khalkos*, cuivre, et de pyrite ; prononc. kal- ; angl. *chalcopyrite*] – Sulfure $CuFeS_2$, du syst. quadratique, à macles fréquentes, à éclat métallique jaune de laiton à jaune d'or avec irisations rouges ou bleues (altération superficielle à l'air). Les faces sont souvent striées, et la cassure conchoïdale. C'est le principal minerai de cuivre, et les gisements de la chalcopyrite sont divers, dans les r. magm. basiques (gabbros surtout), dans des filons associés à des andésites et trachytes, dans certaines r. métam. (skarn p. ex.) ; elle y est souvent liée à la blende, pyrite et galène (association B.P.G.C.). On l'exploite aussi dans des gîtes sédimentaires (concentration par lessivage). Syn. cuivre pyriteux. Adj. **chalcopyriteux, euse**.

chalcosine n. f. – Syn. de chalcocite*.

chamo(i)site n. f. [de la vallée de Chamoison, Alpes du Valais ; angl. *chamosite*] Var. de chlorite. L'équivalence parfois faite avec la berthiérine* résulterait d'une erreur d'échantillonnage.

champ n. m. **de déformation, de contraintes** [angl. *strain field, stress –*] Espace à deux ou trois dimensions auquel on associe en tout point des vecteurs correspondant respectivement aux déformations ou aux contraintes.

champ (dipolaire, géomagnétique) [angl. *dipole field, geomagnetic –*] – V. magnétisme terrestre.

champignon (pli en –) [angl. *mushroom(-shaped) fold, fan fold*] – Pli* anticlinal, symétrique autour d'une droite verticale, dont les flancs divergent vers le haut avant de s'y réunir.

Chancelade (Homme de –) – Squelette humain trouvé près du village de Dordogne (Fr.) qui porte ce nom, et dont on avait fait le type d'une race de Néanthropiens (V. Hominidés). Il était enseveli avec une industrie magdalénienne et mesurait environ 1,65 m. On l'a rapproché jadis des Eskimos. Âge : 12 000 ans env.

chaos n. m. **(rocheux)** [prononc. kâ-o ; mot gr. signifiant confusion ; angl. *boulder field*] – Entassement sans ordonnance de rochers. Ex. chaos granitique formé par accumulation de grosses boules granitiques dégagées par l'érosion.

chapeau n. m. **de fer** [angl. *iron hat, gossan* (ou *gozzan*)] – Expression désignant la zone exposée en surface et oxydée d'un gisement métallifère ; elle présente un aspect plus ou moins alvéolaire et des teintes jaunâtres à brun rouge. Les oxydes formés peuvent être entraînés vers le bas, et précipiter dans la zone de cémentation*.

Chapelle-aux-Saints (Homme de la –) – Néandertalien (V. Hominidés) trouvé dans une sépulture, l'une des premières connues, d'une grotte de la localité de Corrèze (Fr.) qui porte ce nom, associé à une industrie moustérienne. Âge : 40 000 ans env.

Chara [nom que les Latins donnaient à cette plante ; prononc. ka-] – Genre typique du groupe des Charophytes (V. fig.).

Characées n. f. pl. [angl. *Characeae*] – Famille du groupe des Charophytes* dont le représentant typique est le genre *Chara*.

charbon n. m. [du lat. *carbo*, même sens ; angl. *coal*] – Terme général désignant, au sens large, une r. sédim. stratifiée, servant de combustible, noire le plus souvent, organogène et essentiellement formée de débris végétaux. Ceux-ci ont subi une évolution complexe (la **carbonification**, ou **carbonisation**) avec enrichissement en C, déshydratation et appauvrissement en matières volatiles (avec pertes en H et O), en fonction de l'augmentation de T et P, par enfouissement sous d'autres r. sédim., ou par métamorphisme. Les classifications variées des charbons sont basées sur la composition chimique, sur l'aspect et la nature des débris végétaux, sur leurs utilisations pratiques. Les principales catégories rangées dans l'ordre d'une évolution croissante, sont les suivantes :
– 1. La **tourbe** (55% de C), légère et brune, surtout formée de mousses, connue uniquement dans des dépôts actuels. C'est un combustible médiocre.
– 2. Le **lignite** (70-75% de C), brun-noir et terne, à débris ligneux bien reconnaissables, en gisements d'âge secondaire ou tertiaire. Le **jais** (ou jayet) en est une variété noire et brillante.
– 3. Le **charbon**, proprement dit, ou **houille s.l.** (85% de C), noir, mat ou brillant, tachant les doigts, avec, selon les proportions de matières volatiles (distillant à partir de 960 °C) :
– charbon flambant gras : plus de 33% de matières volatiles ;
– charbon gras : 20 à 33% ;
– charbon demi-gras : 12 à 20% ;
– charbon maigre : 8 à 12%.
La **houille s. str.** en contient 5% et on la nomme aussi, à tort, charbon bitumineux pour sa richesse en goudrons (qui ne sont pas des bitumes).
– 4. L'**anthracite** avec 92-95% de C et 0% à 8% de matières volatiles, noir et brillant, ne tachant pas les doigts.
– 5. Le **graphite**, formé de carbone pur, est le terme ultime de l'évolution et est dû au métamorphisme.
Un charbon est souvent formé de minces lits (< 1 cm) d'aspects divers dans lesquels on distingue en particulier les composants suivants : – 1. le **fusain**, noir, mais laissant une trace brune, à éclat soyeux, à débris de bois à structure cellulaire conservée – 2. le **durain**, noir et mat, où les débris ont perdu leur structure originelle, en partie par aplatissement – 3. le **clarain**, qui est le constituant le plus fréquent, noir en minces bandes brillantes ou mates, riche en spores, en débris de cuticules et de feuilles, dans un ciment amorphe (ou **vitrinite** : gel de matières organiques de teinte grise au microscope en lumière réfléchie) – 4. le **vitrain**, noir et brillant, tachant peu, à ciment abondant chargé en très fins débris.
Certains charbons contiennent peu ou pas de débris de bois et de feuilles, mais dérivent de l'accumulation et de la décomposition de spores végétales (**charbon de spores, cannel-coal**) ou d'algues vertes lacustres (**ch. d'algues, boghead**, brun-noir, brillant, à cassure conchoïdale).
La nomenclature pétrographique moderne, très complexe, est basée sur la nature des éléments microscopiques, nommés les **macéraux**, subdivisés en nombreux groupes selon

que l'on y reconnaît encore ou non les structures cellulaires végétales, et selon leur pouvoir réflecteur (teintes blanches, grises ou noires, en lumière réfléchie).
La plupart des charbons sont d'âge paléozoïque sup. et ont donné son nom au Carbonifère (ou Houiller) (l'Anthracolithique désignant le Permo-Carbonifère). Ils se sont formés, selon les cas, par accumulation sur place (charbons autochtones) des débris d'une forêt marécageuse, des racines (*Stigmaria*) étant retrouvées en place, et/ou par apport brutal et sédimentation (charbons allochtones) de débris végétaux de toute taille. Les bassins d'accumulation, qui ont donné les dépôts houillers, ont été soit lacustres (**bassins limniques**, p. ex. dans le Massif central) soit côtiers et lagunaires (**bassins paraliques**, p. ex. dans le Nord de la France). Ils montrent souvent des répétitions de séquences nommées **cyclothèmes** comportant un épisode transgressif puis un épisode régressif, dû au dépôt d'alluvions sur lesquelles la forêt se réinstalle. Cette rythmicité de la sédimentation est généralement interprétée comme résultant de l'enfoncement (subsidence) du substratum, par saccades de quelques mètres chacune. Adj. **charbonneux, euse**.

charge n. f. **(figure de –)** [angl. *load cast*] – Figure de base de banc produite par l'enfoncement par gravité de la couche supérieure dans la couche inférieure. V. hyporelief.

Charmouthien n. m. [A. de Lapparent, 1883, de Charmouth, Dorset, G.-B. ; angl. *Charmouthian*] – Ancien étage stratigraphique regroupant le Carixien et le Domérien (Jurassique inf., ère secondaire), actuellement remplacé par le Pliensbachien, (le nom de Carixien est tiré de la même localité). V. tabl. Annexe 2. Adj. **charmouthien, nne**.

charnière n. f. [du lat. *cardo*, gond ; angl. *hinge*] – 1. Lieu de courbure maximale d'un pli*. – 2. Région d'articulation des valves d'un Bivalve*.

charnockite n. f. [dédié à Charnock, fondateur de Calcutta, dont la pierre tombale fut taillée dans cette roche ; angl. *charnockite*] – R. magm. à faciès de granite ou de granite gneissique, blanchâtre à verdâtre (leuco- à mésocrate), à structure granoblastique, avec quartz, microcline ou orthose très finement perthitique, plagioclase (oligoclase), hypersthène, grenat riche en pyrope, et rutile fréquent ; en général, le feldspath alcalin est plus abondant que le plagioclase. L'origine des charnockites est discutée : pour certains, r. magm (= granite à hypersthène), pour d'autres r. métam. catazonale, avec la même paragenèse que les granulites dont elle se différencie par la structure (en particulier par l'absence de quartz en plaquettes). Ces roches sont connues dans des socles précambriens, souvent sous des granites.

charnockitique adj. **(complexe –)** [angl. *charnockite series*] – Ensemble comportant des charnockites et des granulites, et un volume important de gabbros et d'anorthosites, parfois accompagnés de péridotites ; il pourrait représenter une part importante de la base de la croûte continentale.

Charophytes n. f. pl. [de *Chara*, prononc. ka- ; angl. *Charophyta*] – Groupe de végétaux intermédiaires entre les Algues et les Mousses, vivant dans les eaux douces ou saumâtres, et composés d'un axe portant des rameaux à la naissance desquels fructifient des oogones. Ces derniers, le plus souvent isolés, sont connus à l'état fossile sous le nom de **gyrogonites**. Tous ces organes sont constitués par l'accolement de tubes creux imprégnés de calcite. Cette structure permet de les reconnaître aisément dans les lames minces de roches. Répart. stratigr. : Dévonien – Actuel.

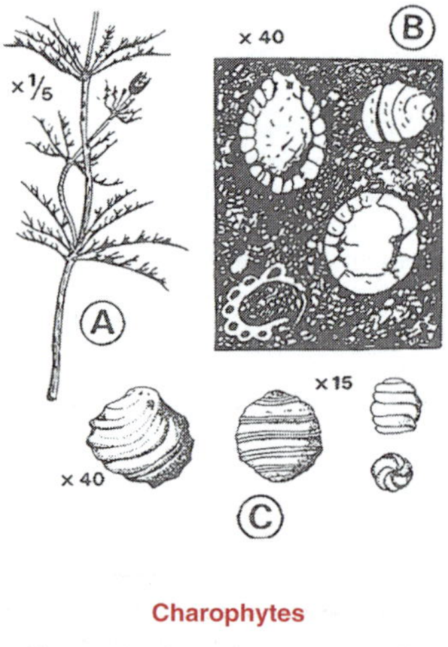

Charophytes

A : *Chara vulgaris*, espèce actuelle – **B :** vue d'une lame mince dans un calcaire à *Chara* du Portlandien (faciès purbeckien) – **C :** quelques exemples de gyrogonites (d'après L. Moret).

charriage n. m. [angl. *overthrust*] – Chevauchement de grande amplitude (de la dizaine à la centaine de kilomètres, et au-delà) ; on considère généralement qu'il y a charriage à partir du moment où les séries mises en contact par le chevauchement ont, à âge égal, des caractères très différents (V. hétéropique). *Cf.* écaille. V. nappe. Vb. **charrier** ; adj. **charrié, e**.

charriage (nappe de –) – V. nappe (de charriage) (fig.)

charriage (surface de –) – V. surface (de chevauchement).

charriage sur relief – « Charriage sur une surface pourvue de relief ou antérieurement sculptée par l'érosion » (Acad. des sciences). Syn. charriage épiglyptique*.

Chattien n. m. [T. Fuchs, 1894, du peuple des Chattes, de la région de Cassel, Allem. ; angl. *Chattian*] – Division stratigraphique située au sommet de l'Oligocène (ère tertiaire), à moins que dans ce dernier l'on ne comprenne aussi comme on le faisait naguère, l'Aquitanien, plus récent, et qui est, aujourd'hui, ordinairement rangé dans le Miocène. V. tabl. Annexe 2. Adj. **chattien, nne**.

chaux n. f. [du lat. *calx*, même signif. ; angl. *lime*] – Oxyde de calcium CaO obtenu par calcination à 600-800 °C de certains calcaires (dits **pierre à chaux**). Les calcaires purs, à 5% ou moins d'argile, donnent des chaux **grasses** [angl. *fat lime*] (augmentant de volume en s'hydratant) : ceux à 5-12% d'argile donnent des chaux **maigres** [angl. *poor lime*] (conservant leur volume en s'hydratant). Ceux à 12-20% d'argile donnent des chaux **hydrauliques** [angl. *hydraulic lime*] (faisant prise sous l'eau). Avec plus de 20% d'argile, les roches calcaires peuvent donner des ciments par calcination à plus de 1 000 °C.

cheire n. f. (ou cheyre) [mot gaulois ; prononc. chèr ; angl. *cheire, malpais*] – Ancienne coulée volcanique de type aa, typique dans le Massif central français.

Ch(e)iroptères n. m. pl. [du gr. *kheir, -os*, main, et *pteron*, aile ; prononc. kei- et ki- ; angl. *Chiroptera*] – Groupe de Mammifères volants connus depuis l'Éocène et comprenant notamment les chauves-souris.

Cheirotherium – V. *Chirotherium*.

Chélicérates n. m. pl. [du gr. *khêlê*, pince, et *keras*, corne ; prononc. ké- ; angl. *chelicerates, Chelicerata*] – Groupe d'Arthropodes* comprenant les Mérostomes et les Arachnides (Cambrien – Actuel).

Chelléen n. m. [de Chelles, près de Paris ; prononc. ch- ; angl. *Chellean*] – Ancien nom de l'Abbevillien. Adj. **chelléen, nne**.

chélogenèse n. f. [J. Sutton, 1963, du gr. *khelônê*, tortue, et genèse ; prononc. ké-] – Processus de formation des grands boucliers anciens.

Chéloniens n. m. pl. [du gr. *khelônê*, tortue ; prononc. ké- ; angl. *Chelonia*] – Groupe de Reptiles connu depuis le Permien, et comprenant notamment les tortues.

cheminée n. f. [angl. *chimney, vent*] – Conduit sensiblement tubulaire par lequel les produits volcaniques (laves, gaz) gagnent la surface. Elle se comble, à la fin de l'éruption du volcan, de lave ou de brèches à blocs soudés, formant un culot volcanique. V. volcan.

cheminée de fée [angl. *earth pillar, rock pedestal, demoiselle*] – Colonne de terrain tendre, typiquement surmontée d'un gros bloc de pierre qui en protège le sommet. Elle est généralement dégagée par le ruissellement dans des alluvions très hétérogènes (le plus souvent fluvio-glaciaires). Syn. demoiselle coiffée.

chenal n. m. [du lat. *canalis*, même signif.] – 1. [angl. *channel(way), fairway*] Dans des eaux peu profondes, passage plus profond propre à la navigation. – 2. [angl. *channel*] Sillon allongé creusé par un courant dans un dépôt en cours de sédimentation. Adj. **chenalisé, e** [angl. *channelized*] (se dit d'un sédiment où s'observe la trace de chenaux) : n. f. **chenalisation** [angl. *channelization*].

chenal d'écoulement – Pour un torrent*, syn. de canal* d'écoulement.

chenal d'étiage [angl. *low flow channel*] – Partie du lit* d'un cours d'eau emprunté par les plus basses eaux.

chênier n. m. [de chêne, arbre qui y croît en Louisiane ; angl. *chenier*] – Cordon sableux allongé parallèlement au rivage marin. V. restinga.

chernozem n. m. (ou tchernoziom) [mot russe signif. terre noire ; angl. *chernozem*] – Sol très noir et très fertile de régions continentales (Ukraine, Centre-Ouest des États-Unis), composé de haut en bas des horizons suivants : A_0 (quelques cm) : matière organique ; A_1 (60 cm) : humus calcique granuleux ; A_2 : brunâtre à jaunâtre, moins riche en humus, montrant des filonnets blanchâtres de calcite (**pseudomycélium**) et des concrétions calcaires ayant rempli des terriers de rongeurs (**crotovinas**).

chert n. m. [angl. *chert*] – 1. Mot utilisé à l'origine par les carriers anglais pour tous les nodules siliceux plus anciens que les silex de la craie. – 2. Au sens restreint (L. Cayeux, 1929) rognons et amas siliceux au sein de roches siliceuses riches en spicules d'éponges. – 3. Au sens anglo-saxon, r. sédim. siliceuse et accident siliceux formés surtout de calcédoine et/ou d'opale, d'origine chimique ou biochimique, le terme regroupant souvent, dans la pratique, les chailles, les silex, les jaspes, les silexites.

chevauchement n. m. [angl. *(over)thrust*] – 1. Mouvement tectonique conduisant un ensemble de terrains à en recouvrir un autre par l'intermédiaire d'un contact anormal peu incliné (surface de chevauchement) – 2. Recouvrement résultant de ce mouvement. Un chevauchement de grande amplitude devient un charriage (V. ce mot, et nappe). Vb. (**se**) **chevaucher** ; adj. **chevauchant, e** (pour l'ensemble situé au-dessus du contact) ; **chevauché, e** (pour celui situé en dessous).

cheveux n. m. pl. **de Pélé** [du nom d'une divinité polynésienne du feu et des volcans ;

angl. *Pele's hair*] – Filaments de lave très fluide, projetés par les volcans de type hawaiien, solidifiés en tombant, et donnant, par accumulation, une sorte d'étoupe.

chevron n. m. [angl. *flatiron*] – En morphologie, relief en forme de proue de bateau déterminé par des entailles de rivières dans une couche dure inclinée. (V. aussi V dans les vallées). Syn. fer à repasser.

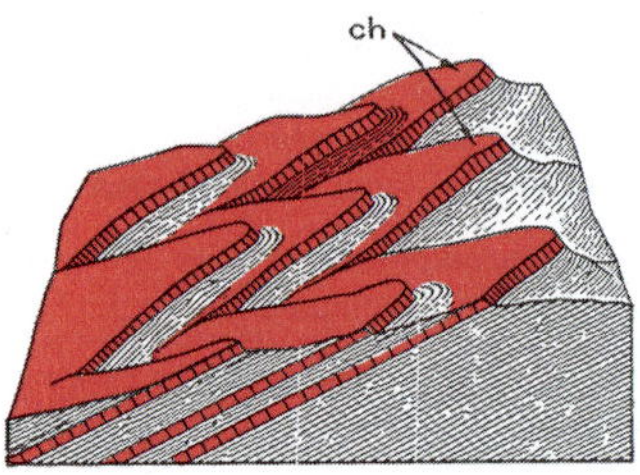

chevron

ch : chevrons donnés par des couches dures inclinées entre lesquelles sont intercalées des couches plus tendres.

chevron (pli en –) [angl. *chevron fold*] – Pli* à charnière anguleuse et à flancs plats.

cheyre n. f. – Syn. de cheire.

chiastolite n. f. [du gr. *khiastos*, croisé, et *lithos*, pierre ; prononc. kia- ; angl. *chiastolite*] (anc. macle*) – Var. d'andalousite (V. fig. à ce mot) où des inclusions carbonées dessinent, selon les sections, une croix ou un sablier.

Chiroptères n. m. pl. – Syn. de Cheiroptères.

Chirotherium (ou *Cheirotherium*) [du gr. *kheir, -os*, main, et *thérion*, bête sauvage ; prononc. ki-ou kei-] – Nom donné à certaines empreintes de pas, attribuées à des Reptiles (Dinosauriens), connues dans le Trias.

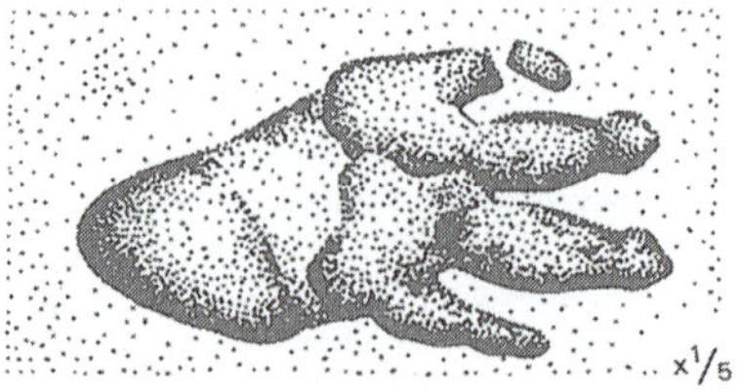

Chirotherium

in J.C. Fischer.

Chitinozoaires n. m. pl. [de chitine, du gr. *kheitôn*, tunique, et *zôon*, animal ; prononc. ki- ; angl. *chitinozoans*, *Chitinozoa*] – Organismes chitineux de classification incertaine (Protistes ou parties d'organes de Métazoaires ?). De taille variable (50 à 1 500 µm), ils ont une forme de bouteille ou de cylindre souvent fermé à une extrémité. Répart. stratigr. : Cambrien – Dévonien.

Chlamys [du gr. *khlamus*, sorte de manteau (chlamyde) ; prononc. kla-] – Genre de Lamellibranches proche de *Pecten*, mais avec deux valves convexes. Répart. stratigr. : Trias – Actuel.

chlore n. m. [du gr. *khlôros*, vert ; prononc. klo- ; angl. *chlorine*] – Symbole chim. Cl. N° et masse atom. 17 et 35,453 ; ion 1– de rayon 0,181 nm ; densité 2,5 ; clarke 130 à 314 g/t, selon les auteurs. Le chlore se trouve dans certaines apatites et dans divers silicates (sodalite, cancrinite, scapolite) ; libéré par l'altération de ces minéraux, il se retrouve sous forme de chlorures dans les eaux marines et lacustres, puis dans les sédiments, en particulier les évaporites.

chlorite n. f. [du gr. *khlôros*, vert ; prononc. klo- ; angl. *chlorite*] – Phyllosilicate à feuillets élémentaires épais de 1,4 nm hydraté et ferromagnésien $(Mg, Fe, Al)_3Mg_3 [(Si, Al)_4O_{10} (OH)_2] (OH)_6$, du syst. monoclinique pseudohexagonal. C'est une famille complexe de minéraux en cristaux aplatis, à clivage parfait, donnant des lamelles flexibles peu élastiques de teinte verte. Le **clinochlore** $(Mg, Al)_3 Mg_3 [Si_3AlO_{10} (OH)_2] (OH)_6$ et la **pennine**, moins riche en Al, sont des chlorites communes ; la **prochlorite** (ou **ripidolite**) est ferromagnésienne. Ce sont des minéraux communs dans les r. magm., résultant de l'altération de nombreux silicates ferromagnésiens (biotite en particulier), et fréquents aussi dans les roches faiblement métamorphiques (voir chloritoschiste, faciès des schistes verts) ; les chlorites font également partie du groupe des minéraux argileux (V. argiles). Familles minéralogiques voisines : prehnite, stilpnomélane. Adj. **chloriteux, euse** [angl. *chloritic*].

chloritisation n. f. [angl. *chloritization*] – Formation de chlorite selon divers processus, et à partir de divers minéraux ; ex. : par transformation de certaines argiles au cours de la diagenèse puis du métamorphisme épizonal, par altération météorique, ou par métamorphisme rétrograde de biotite, pyroxène, etc. Vb. **(se) chloritiser** ; adj. **chloritisé, e**.

chloritoïde n. m. [angl. *chloritoid*] – Nésosilicate $(Fe, Mg)_2 Al_4O_2 [SiO_4]_2 (OH)_4$, du syst. monoclinique pseudohexagonal ; considéré aussi comme un phyllosilicate, il est placé alors dans le groupe des « micas durs ». Il se présente en cristaux aciculaires, ou en lamelles à bons clivages assez cassantes, à macles polysynthétiques, parfois groupés en rosettes, verts à gris verdâtre foncé. On le trouve en particulier dans certains schistes métamorphiques (schistes verts) avec chlorite, épidote, grenats (souvent métamorphisme de HP-BT).

chloritoschiste n. m. [angl. *chlorite schist*] – Schiste* du métamorphisme général faible, verdâtre, riche en chlorite. Syn. schiste chloriteux.

Chlorophycées n. f. pl. [du gr. *khlôros*, vert-jaune, et *phukos*, algue ; prononc. klo- ; angl. *Chlorophyceae*, *Green Algae*] – Groupe d'Algues marines dont certains représentants ont une importance géologique, soit qu'ils s'incrustent de calcaire (Codiacées, Dasycladacées), soit que leur accumulation forme des charbons d'algues. Syn. Algues vertes.

chondre n. m. [G. Rose, 1864 ; du gr. *khondros*, grain ; prononc. kon- ; angl. *chondrule*] Granule composé surtout de pyroxène et d'olivine et qui se trouve dans certaines météorites* (les chondrites). Syn. chondrule.

Chondrichtyens n. m. pl. [du gr. *khondros*, cartilage, et *ikhthus*, poisson ; prononc. kon- et ikt- ; angl. *Chondrichtyes*] – Groupe de Poissons* comprenant notamment les requins et les raies (Dévonien – Actuel). Syn. Sélaciens s.l., Elasmobranches.

chondrite n. f. [de chondre ; angl. *chondrite*] – Météorite* principalement composée de chondres.

chonolit(h)e n. m. [du gr. *khônos*, cône et *lithos*, pierre : prononc. ko- ; angl. chonolith] – Masse de quelques centaines de mètres de diamètre de r. magm., à contours irréguliers, et se résolvant en filons abondants (*cf.* neck, qui pour sa part présente des contours réguliers).

chopper n. m., **chopping-tool** n. m. [H.L. Movius, 1948 ; mots angl. signif. respectivement couperet, et outil pour tailler] – Outils de pierre primitifs constitués par des galets rendus tranchants par l'enlèvement d'éclats respectivement sur une ou sur deux faces. V. pebble-culture.

chott n. m. [mot arabe ; angl. *chott*, *shott*] – En pays désertique ou subdésertique, terre salée ou parfois pâturage qui entoure une dépression fermée à lac temporaire (**sebkra**). V. aussi playa.

chrome n. m. [du gr. *khrôma*, couleur ; prononc. kro- ; angl. *chromium*] – Symbole chim. Cr. N° et masse atom. 24 et 51,996 ; ion 3^+ de rayon 0,063 nm ; densité 7,1 ; clarke 100 à 200 g/t, selon les auteurs. Métal blanc à légèrement bleuté, très dur et inoxydable à l'air. Cet élément est assez abondant dans certaines météorites, et dans des r. magm. ultrabasiques (concentration atteignant 1 600 g/t) sous forme de chromite et de picotite. On le trouve en traces dans divers silicates (muscovite, pyroxène, épidote, chlorite, grenat ouwarovite). Le seul minerai exploité est la chromite dans des dunites et serpentines.

chromite n. f. [de chrome ; angl. *chromite*] – Oxyde Fe^{2+} Cr_2O_3 du groupe des spinelles, pouvant contenir Mg (magnésio-chromite), du syst. cubique, le plus souvent en masses grenues, à éclat submétallique, noir de fer à brun. Elle est présente dans les serpentines et les péridotites (dunites surtout), où elle peut constituer de grosses masses (quelques centaines de tonnes). C'est l'unique minerai exploité pour le chrome.

chrone n. m. [du gr. *khronos*, temps ; prononc. kro- ; angl. *chron*] – Durée d'une chronozone. V. stratigraphie.

chronologie n. f. [du gr. *khronos*, temps, et *logos*, discours ; prononc. kro- ; angl. *chronology*] – V. géochronologie, stratigraphie.

chronostratigraphie n. f. [du gr. *khronos*, temps, et de stratigraphie ; prononc. kro- ; angl. *chronostratigraphy*] – 1. Etablissement d'échelles chronologiques relatives dont les divisions correspondent à des ensembles de couches. – 2. Ces échelles elles-mêmes. La division de base de la chronostratigraphie est l'étage. V. stratigraphie.

chronozone n. f. [du grec *khronos*, temps, et de zone ; prononc. kro- ; angl. *chronozone*] – En stratigraphie*, division plus petite que l'étage.

chrysoprase n. m. [du gr. *khrusos*, or, et *prason*, vert ; prononc. kri- ; angl. *chrysoprase*] – Variété de calcédoine vert clair. V. silice.

chrysotile n. m. [du gr. *khrusos*, or, et *tila*, plume ; angl. *chrysotile*] – Variété de serpentine* fibreuse.

cicatrice n. f. [angl. *root scar*] – Bande étroite située dans un orogène et montrant en contact direct ou presque deux zones primitivement éloignées de plusieurs dizaines ou centaines de kilomètres, et séparées par des domaines intermédiaires dont on n'observe plus que des restes sous forme de lambeaux et d'écailles fortement écrasés. Ces derniers peuvent correspondre à des racines de nappes de charriage. Adj. **cicatriciel, lle**.

Cidaroïdes n. m. pl. [du lat. *cidaris*, couronne, et du gr. *eidos*, forme ; angl. *Cidaroidea*] – Groupe d'Oursins réguliers dont le type est le genre *Cidaris*. V. Échinides.

ciment n. m. [du lat. *caementum*, moellon, par extension, mortier ; angl. *cement*] – 1. En construction, poudre qui, mélangée à de l'eau constitue une pâte qui fait prise en un temps variable (quelques minutes à quelques heures). Le ciment utilisé couramment (ciment artificiel) est fabriqué par cuisson à haute température d'un mélange de calcaire et d'argile. Il en résulte la formation de silicates et d'aluminates de Ca anhydres. C'est l'hydratation et la cristallisation de ces composés qui constituent la prise. – 2. En pétrographie, toute matière liant entre eux des éléments figurés et conduisant à des r. sédim. compactes. Remplissant les espaces intergranulaires, le ciment correspond en général à une précipitation chimique, finement à largement cristallisée, de calcite, de silice, d'oxyde de fer, de phosphate, etc. ; la matière le composant vient souvent en partie des débris eux-mêmes qui se dissolvent préférentiellement à leurs points de contact (V. diagenèse). Pour les r. magm. et métam. on utilisera plutôt les termes de pâte, et de mésostase. Vb. **cimenter** [angl. *to cement*] ; adj. **cimenté, e** ; n. f. **cimentation** [angl. *cementation*].

cimmériennes adj. **(phases –)** [H. Stille, 1910, des Cimmériens, peuple ayant vécu au bord de la mer Noire ; angl. *Cimmerian orogeny*] – Phases tectoniques de l'ère secondaire. On y distingue : – 1. la phase cimmérienne proprement dite (ou phase **éocimmérienne**, H. Stille, 1924) qui se manifeste vers la fin du Trias. – 2. La phase néocimmérienne (H. Stille, 1924) que l'on situe vers la limite du Jurassique et du Crétacé. V. tabl. Annexe 2.

cinabre n. m. [du lat. *cinnabaris*, même signif. ; angl. *cinnabar*] – Sulfure de mercure HgS, du syst. rhomboédrique à clivages assez bons, cassure inégale, éclat adamantin, rouge cochenille, écarlate, gris bleuâtre, et par altération jaune orangé à jaune, de forte densité (8,09) et faible dureté (2 à 2,5 ; entamé au couteau) ; par chauffage, on a formation de gouttelettes de Hg. C'est un minéral présent dans des filons hydrothermaux, souvent en imprégnation de grès, de quartzites, ou de calcaires et schistes riches en matières organiques. C'est le principal minerai de Hg.

cinématique [du gr. *kinéma*, mouvement] – 1. N. f. [angl. *kinematics*] Étude des déplacements des corps matériels en fonction du temps, indépendamment des forces qui les produisent (l'étude de ces dernières est la dynamique). En tectonique, la cinématique des plaques lithosphériques a pu être précisée grâce aux anomalies magnétiques océaniques (V. tectonique des plaques). L'édification des orogènes et des déformations corrélatives des roches ne peuvent que rarement donner lieu à des études cinématiques fines faute d'une chronologie suffisamment précise. – 2. Adj. [angl. *kinematic*] Qui se rapporte au mouvement. Des minéraux sont dits anté-, syn-, ou postcinématiques selon qu'ils ont cristallisé avant, pendant, ou après une déformation donnée.

cinérite n. f. [du lat. *cinis, cineris*, cendre ; angl. *cinerite*] – R. pyroclastique, à grain _ 2 mm, blanche, grise, brune ou noirâtre, souvent tendre et poreuse, formée par accumulation de cendres volcaniques en milieu marin, ou plus souvent continental (lacs) ; en niveaux souvent bien stratifiés, elles peuvent alterner avec des horizons pyroclastiques plus grossiers (tufs p. ex.) et/ou avec des couches sédimentaires. Adj. **cinéritique**.

cipolin n. m. [de l'ital. *cipollino*, de *cipolla*, oignon ; angl. *patterned (metamorphic) marble*] – Calcaire métam. à minces veines de serpentine favorisant un débit en fines pelures (d'où leur nom). Au sens large, r. métam. calcaire (calc. cristallin) formée de cristaux de calcite enchevêtrés, à cassure saccharoïde, donnant souvent de beaux marbres. En général de teinte claire (blanche, grise, rosée, bleutée), homogène ou à veines ondulées, parfois concentriques, issues du métamorphisme de minces lits plus argileux. Présence possible de micas, de serpentine, de minéraux métam. particuliers (dipyre, grenat).

C.I.P.W. [angl. *CIPW norm*] – V. norme.

circalittoral, e, aux adj. [du lat. *circa*, autour de, et de littoral] – Caractérise le milieu marin côtier et ses éléments situés entre – 50 et – 200 m de profondeur. V. littoral.

circonscrit, e adj. [du lat. *circumscriptus*, littéralement, entouré d'un trait ; angl. *intrusive*] – Se dit de certains massifs bien délimités de r. magm. plutoniques qui possèdent un contour généralement arrondi, et qui ont traversé comme à l'emporte-pièce les formations environnantes et leurs structures, qui leur sont donc antérieures. Ex. : granite circonscrit (ou granite intrusif, ou batholite* granitique).

cirque n. m. **glaciaire** [angl. *cirque, kar, corrie* (Ecosse)] – Amphithéâtre rocheux qui, en montagne, est, ou a été, occupé par un glacier. V. modelé glaciaire.

Cirripèdes n. m. pl. [du lat. *cirrus*, cheveux, et du gr. *pous, podos*, pied ; angl. *cirriped(e)s, Cirripedia*] – Groupe de Crustacés marins fixés soit directement (ex. *Balanus*), soit par un pied plus ou moins long (ex. *Anatifa*) sur des rochers ou des organismes, et protégés par des plaques calcaires. Ces dernières se retrouvent, le plus souvent disjointes, dans les sédiments. Répart. stratigr. : Crétacé – Actuel.

cis- – Préfixe tiré du lat. et signifiant en deçà ; ex. cisalpin : situé en deçà des Alpes par rapport à Rome. Ant. trans-. *Cf.* citra-.

cisaillement n. m. [angl. *shear*] – En physique : V. contrainte. En tectonique : plan de cassure, et déplacement suivant ce plan, dans une masse rocheuse. En général, on réserve ce mot à des cassures planes tranchant brutalement les couches (l'attitude du plan de contact anormal étant nettement différente de celles des couches). Vb. **cisailler** [angl. *to shear*] ; adj. **cisaillé, e** (pour les terrains), **cisaillant, e** (pour le contact).

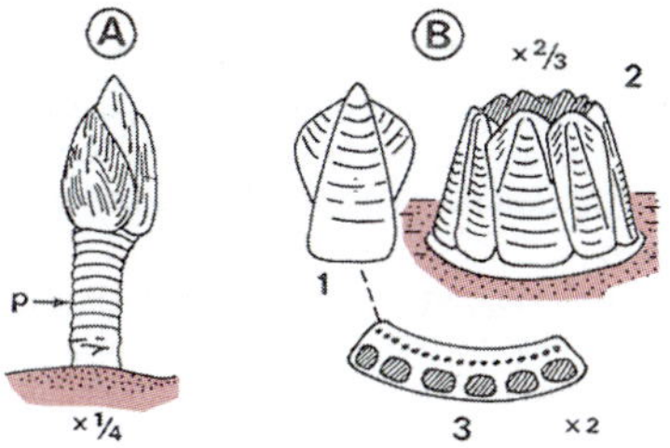

Cirripèdes

A : *Anatifa lepas* (ou bernacle, ou anatife). Cirripède actuel – p : pied.
B : *Balanus* (Éocène – Actuel) – 1 : plaque isolée – 2 : animal complet – 3 : coupe transversale d'une plaque.

cisaillement ductile [angl. *ductile shear*] – Déplacement relatif de deux blocs par déformation sans cassure V. cisaillement (bande de –).

cisaillement pur, – simple [angl. *pure shear, simple –*] – V. déformation.

cisaillement (bande de –, zone de –) [angl. *shear zone*] – Zone déformée séparant des blocs ayant subi un déplacement relatif ne se traduisant pas par une faille bien définie. Dans une roche, bande où les cristaux ont été fortement étirés et aplatis, ou même ont recristallisé, lors d'un mouvement cisaillant. Ces bandes parfois nombreuses donnent à la roche une foliation tectonique, et les cristaux disposés en rubans allongés dessinent une linéation minérale parallèle à la direction du cisaillement.

citra- – Préfixe tiré du lat., et signifiant en deçà, utilisé en tectonique pour désigner une nappe de charriage provenant d'une région située en deçà d'une autre prise comme référence (ex. les nappes citrabétiques). Ant. ultra-.

citrine n. f. [du lat. *citrus*, citron ; angl. *citrine*] – Quartz de teinte jaune. Syn. fausse topaze. V. silice.

Cl – Symbole chim. du chlore.

Clactonien n. m. [H. Breuil, 1930, de Clacton-on-Sea, G.-B. ; angl. *Clactonian*] – Ensemble culturel du Paléolithique inférieur, à peu près contemporain de l'Acheuléen mais caractérisé par des silex taillés en éclats (et non en bifaces) accompagnés de galets aménagés. Une variante plus récente en est constituée par le Tayacien. Connu de 400 000 à 200 000 ans env. Adj. **clactonien, nne**.

clade n. m. [du gr. *klados*, rameau ; angl. *clade*] – Taxon monophylétique, c'est-à-dire unité systématique comprenant exclusivement une espèce ancestrale prise comme référence et toutes les espèces qui en descendent.

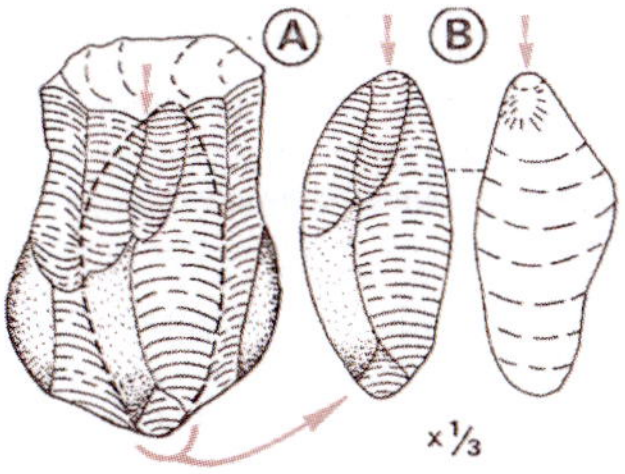

Clactonien

A : nucléus clactonien – **B :** éclat tiré de ce nucléus par percussion au point marqué d'une flèche (*à g.* : endroit, *à d.* : envers).

cladistique adj. [du gr. *klados*, rameau ; angl. *cladistic*] – Qui se rapporte au clades. **Analyse cladistique** : recherche des caractères des êtres vivants permettant de mettre en évidence leur appartenance à un clade. **Systématique cladistique** : classification des êtres vivants basée sur la filiation des espèces (plutôt que sur de simples ressemblances).

cladogenèse n. f. [du gr. *klados*, rameau, et de genèse ; angl. *cladogenesis*] – Apparition de lignées divergentes au cours de l'évolution à partir d'une même espèce ancestrale. Ant. anagenèse.

cladogramme n. m. [du gr. *klados*, rameau et *gramma*, écrit ; angl. *cladogram*] – Représentation graphique des relations de parenté entre taxons.

Cladoxylales n. f. pl. [du gr. *klados*, branche, et *xulon*, bois] – Groupe de Ptéridophytes*.

Clansayésien n. m. [M. Breistroffer, 1947, de Clansayes, Drôme, Fr.] – Sous-étage de l'Aptien (Crétacé inf., ère secondaire). V. tabl. Annexe 2. Adj. **clansayésien, nne**.

clapier (ou claps) n. m. [mot provençal ; même origine que caillou] – Terme désignant les accumulations chaotiques de gros blocs dues à des éboulements.

clarain n. m. (ou clarite) [angl. *clarain*] – Type lithologique de composants des charbons*.

clarke n. m. [Vernadsky, 1924, dédié à Clarke ; angl. *clarke*] – Teneur moyenne d'un élément chimique dans la croûte terrestre, exprimée en g/t, ou en p.p.m. (partie par million), ou en %. Les premières données concernaient la moyenne des roches sur 15 km d'épaisseur de croûte (r. magm. dominantes) et ont été précisées depuis, les valeurs variant selon les auteurs. Les principaux éléments sont dans l'ordre : O, Si, Al, Fe, Ca, Na, K, Mg, qui totalisent 98,5 %, tous les autres éléments ne représentant donc que 1,5% de la croûte. Le **clarke de concentration**, pour un élément donné dans un gîte, est le rapport teneur/clarke.

classe n. f. [angl. *class*] – 1. Catégorie des classifications des êtres vivants ou fossiles immédiatement subordonnée à l'embranchement. V. taxon. – 2. Groupement d'individus dont un caractère varie entre deux limites données. Notion utilisée en statistique, ex. : une classe granulométrique (ensemble des grains dont les dimensions sont comprises entre deux longueurs données). V. histogramme.

classement n. m. **(granulométrique)** [angl. *sorting*] – Façon dont les tailles des particules d'un sédiment détritique sont groupées (bon classement) ou dispersées (mauvais classement). V. granulométrie. Adj. **classé, e** [angl. *sorted*].

classification n. f. [du lat. *classis*, classe ; angl. *classification*] – Ensemble de catégories auxquelles peuvent être rapportés des individus de telle sorte qu'ils forment des groupes ayant des caractères voisins (V. aussi taxonomie). Ces catégories sont souvent hiérarchisées. Les classifications des animaux et des végétaux s'efforcent de traduire le phénomène de l'évolution. Elles comportent actuellement les grands groupes suivants, parmi ceux ayant laissé des fossiles :
Animaux
1 – **Protozoaires** (Foraminifères, Radiolaires, Calpionelles, etc.). Répart. stratigr. : Cambrien – Actuel.
2 – **Invertébrés** :
2.1 **Archéocyathidés** ; Cambrien inf. – moy.
2.2 **Spongiaires** ; Cambrien – Actuel.
2.3 **Cnidaires** (Hydrozoaires, Octocoralliaires, Hexacoralliaires, etc.) ; Cambrien – Actuel.
2.4 **Annélides** ; Cambrien – Actuel.
2.5 **Lophophoriens** (Bryozoaires, Brachiopodes) ; Cambrien – Actuel.
2.6 **Mollusques** (Bivalves, Gastropodes, Céphalopodes, etc.) ; Cambrien – Actuel.
2.7 **Arthropodes** (Trilobitomorphes, Mérostomes, Arachnides, Crustacés, Myriapodes, Insectes, etc.) ; Cambrien – Actuel.
2.8 **Échinodermes** (Crinoïdes, Astérides, Ophiurides, Échinides, etc.) ; Cambrien – Actuel.
2.9 **Stomochordés** (seul groupe ayant un intérêt géologique : les Graptolithes, Cambrien – Carbonifère).
3 – **Vertébrés** :
3.1 **Agnathes** ; Ordovicien – Actuel.
3.2 **Poissons** ; Silurien – Actuel.
3.3 **Amphibiens** ; Dévonien – Actuel.
3.4 **Reptiles** ; Carbonifère – Actuel.
3.5 **Oiseaux** ; Jurassique – Actuel.
3.6 **Mammifères** ; Trias sup. – Actuel
Végétaux
1 – **Thallophytes** (Bactéries, Phytoflagellés, Algues, Champignons, Lichens, Charophytes) ; Répart. stratigr. : Précambrien – Actuel.
2 – **Bryophytes** (= Mousses) ; Silurien (?) – Actuel.
3 – **Ptéridophytes** (= Cryptogames vasculaires : Psilophytales, Lycopodiales, Équisétales, Filicales ou Fougères, Cladoxylales) ; Silurien – Actuel.
4 – **Préphanérogames** (Ptéridospermales, Cordaïtales, Cycadales, Ginkgoales). Dévonien – Actuel.
5 – **Phanérogames** :
5.1 **Gymnospermes** (Conifères, Bennettitales) ; Carbonifère – Actuel.
5.2 **Angiospermes** (Monocotylédones, Dicotylédones). Trias – Actuel.
vb. **classifier** [angl. to *classify*] (établir une classification) ; **classer** [angl. *to class*] (répartir des individus dans une classification déjà existante) ; n. m. **classement** [angl. *classification*] (résultat de l'action de classer) ; n. m. **classificateur** (personne qui établit une classification).

claste n. m. [du gr. *klastos*, brisé ; angl. *clast*] – Fragment de cristal, de fossile, ou de roche inclus dans une roche. Il désigne en particulier les fragments de cristaux des r. métam. ayant subi un certain broyage et s'oppose alors à blaste*. Ce terme est souvent utilisé comme suffixe pour désigner une catégorie de clastes. Ex. : porphyroclaste (fragment de cristal dans une r. métam.) ; bioclaste (fragment de fossile dans une r. sédim.) ; lithoclaste (débris de roche remanié dans une r. sédim.). V. aussi carbonatées (roches-).

clastique adj. [A. Brongniart, 1813, du gr. *klastos*, brisé ; angl. *clastic*] – S'applique à une roche constituée surtout de fragments de roches, de minéraux, ou de fossiles. Le terme est souvent utilisé comme suffixe, p. ex. dans bioclastique, pyroclastique, etc. V. aussi détritique.

clastique (déformation –) [angl. *clastic deformation*] – V. discontinue (déformation).

clastique (filon –) – V. filon sédimentaire.

clathrate n. m. [angl. *clathrate*] – 1. Composé formé par des molécules d'eau arrangées en un réseau dont les cavités sont occupées par des molécules de gaz (H_2S, CO_2, CH_4, etc.). – 2. Texture pétrographique formée par un réseau de cristaux d'augite entourant des cristaux de leucite.

climatique adj. **(terrasse –)** [angl. *climatic terrace*] – V. terrasse.

climatologie n. f. [du gr. *klima*, inclinaison (du soleil), et *logos*, discours ; angl. *climatology*] – V. paléoclimatologie.

clinochlore n. m. [du gr. *klinein*, s'incliner, et *khlôros*, vert ; angl. *clinochlore*] – Var. de chlorite.

clinomètre n. m. [du gr. *klinein*, s'incliner, et *metron*, mesure ; angl. *clinometer*] – Appareil destiné à mesurer les inclinaisons. Le géologue l'utilise pour connaître l'inclinaison des couches et des linéations (pendages et plongements). C'est généralement un simple petit pendule utilisé comme fil à plomb et matérialisant la verticale, se déplaçant devant une graduation angulaire. V. attitude.

clinopyroxène n. m. [du gr. *klinein*, s'incliner, et de pyroxène ; angl. *clinopyroxene*] (abréviation courante cpx) – Pyroxène* monoclinique.

clinorhombique adj. **(système cristallin –)** [du gr. *klinein*, s'incliner, et *rhombos*, losange] – Syn. système cristallin monoclinique. V. cristal.

clinozoïsite (ou clinozoïzite) n. f. [du gr. *klinein*, s'incliner, et de zoïsite ; angl. *clinozoisite*] – Var. d'épidote.

clintonite n. f. [dédié à Clinton ; angl. *clintonite*] – Minéral du groupe des micas* durs.

clivage n. m. [du néerl. *klieven*, fendre ; angl. *cleavage*] – Aptitude pour un minéral ou pour une roche à se fendre facilement suivant une famille de plans parallèles bien définis. Ces plans de clivage traduisent des anisotropies mécaniques ; dans un cristal, ils sont liés à l'orientation des plans atomiques ; dans les r. sédim. ils dépendent de l'alternance de lits différents (p. ex. lits micacés dans une psammite) et le terme délitage est alors préférable ; dans les r. métam. ils sont d'origine tectonique (V. schistosité). V. aussi débit, diaclase, fil, longrain. Vb. **(se) cliver** [angl. *to cleave*] ; adj. **clivé, e ; clivable** [angl. *cleavable*].

cluse n. f. (ou clue, moins usité) [du lat. *clusa*, même signif., de *claudere*, fermer ; angl. *cluse*] – Partie d'une vallée, généralement rétrécie, traversant des couches dures perpendiculairement à leur direction. V. relief structural.

Clyménies n. f. pl. [du gr. *Klumenê*, fille de l'Océan et de Téthys ; angl. *clymenids*, *Clymeniida*] – Groupe de Céphalopodes* Ammonoïdés* caractérisé par un siphon dorsal, et connu uniquement dans le Dévonien sup., surtout en Europe et en Afrique du Nord.

Clypeaster [du lat. *clypeus*, bouclier, et du gr. *aster*, étoile] – Genre d'Oursins de l'Éocène sup. – Actuel (V. fig. à Échinides).

Clypeina [du lat. *clypeus*, bouclier] – Genre d'Algues Dasycladacées, dont l'espèce *C. jurassica* est abondante dans les faciès saumâtres du passage Jurassique – Crétacé. Répart. stratigr. : Permien – Tertiaire.

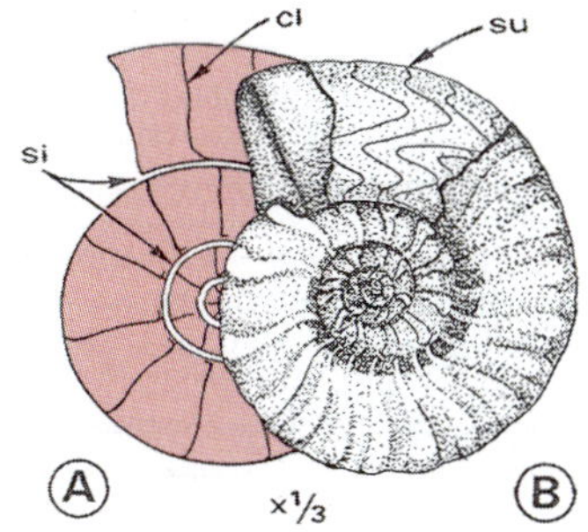

Clyménies

A : coupe équatoriale – cl : cloison – si : siphon. **B :** vue externe (en partie décortiquée) – su : sutures cloisonnaires avec selles et lobes non découpés.

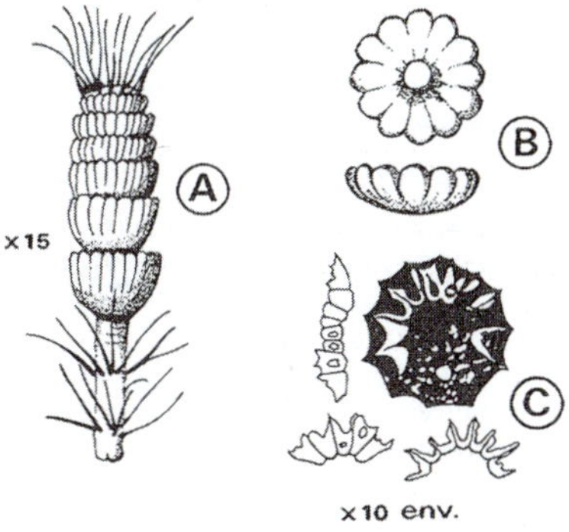

Clypeina

A : reconstitution d'une clypéine tertiaire – **B :** verticille isolé de clypéine, vu de dessus et de côté – **C :** aspect, en lame mince, de sections diversement orientées de *Clypeina jurassica* (Portlandien – Valanginien) (d'après L. Moret).

Clypeus [mot lat. signif. bouclier] – Genre d'Oursins du Jurassique (V. fig. à Échinides).

Cnidaires n. m. pl. [du gr. *knidê*, ortie ; angl. *cnidarians*, *Cnidaria*] – Embranchement zoologique formé d'individus à symétrie radiaire, composés d'une paroi à deux feuilles entourant une cavité gastrique s'ouvrant à l'extérieur par un orifice unique, entouré de tentacules. Certaines espèces ont une vie fixée. Leurs représentants (**polypes**) sécrètent souvent un squelette calcaire (**polypier**) et sont alors coloniaux et récifaux. D'autres ont une vie libre (méduses). D'autres enfin, comportent les deux formes

en alternance de génération. Les Cnidaires sont marins sauf exception (p. ex. les hydres d'eau douce). Seuls ont une importance géologique ceux dont le squelette est calcaire, et notamment les Madréporaires coloniaux qui forment des récifs à fleur d'eau dans les mers chaudes.
Classification :
1 – **Hydrozoaires** (dont les Hydrocoralliaires). Répart. stratigr. : Cambrien – Actuel.
2 – **Anthozoaires** (n'ont pas de stade méduse) :
2.1 Alcyonaires (= Octocoralliaires), rarement calcifiés (ex. corail). Répart. stratigr. : Paléozoïque ? Trias – Actuel.
2.2 Zoanthaires :
2.2.1 Hexacoralliaires, avec, entre autres, les **Scléractinies** à squelette calcaire, et les **Tétracoralliaires** uniquement fossiles (Ordovicien – Permien).
2.2.2 Tabulés, uniquement fossiles (Ordovicien – Permien).
On appelle **Madréporaires** les Zoanthaires à squelette calcaire (ce sont essentiellement les Scléractinies), et **Coraux** au sens large, l'ensemble des Cnidaires constructeurs. Les Cnidaires étaient autrefois réunis aux Cténaires pour former le groupe des **Cœlentérés**.

Co – Symbole chim. du cobalt.

coaxial, e, aux adj. [du lat. *co-* avec, et de axial ; angl. *coaxial*] – 1. Se dit d'une déformation progressive au cours de laquelle les directions des axes de l'ellipsoïde de déformation restent constantes (ex. de l'aplatissement pur ; V. déformation). – 2. Se dit aussi couramment de plis superposés dont les axes b respectifs sont parallèles entre eux.

cobalt n. m. [de l'allem. *kobold*, gnome habitant les mines ; angl. *cobalt*] – Symbole chim Co. N° et masse atom. 27 et 58,933 ; ion 3^+ de rayon 0,063 nm ; densité 8,8 ; clarke 23 à 25 g/t, selon les auteurs. Métal blanc assez malléable n'existant pas à l'état natif. Il entre dans la composition de divers silicates (olivine, biotite, horrnblende, augite) et se trouve surtout dans les r. magm. basiques et ultrabasiques (gabbros, péridotites). Son extraction se fait à partir de minerais de Cu et Ni, et il est utilisé pour des alliages.

Coblencien n. m. [A. Dumont, 1848, de Coblence, Allem. ; angl. *Coblenzian*] – Division stratigraphique du Dévonien (ère primaire) tombée en désuétude. V. tabl. Annexe 2. Adj. **coblencien, nne**.

coccolithe n. m. [du gr. *kokkos*, pépin, et *lithos*, pierre ; angl. *coccolith*] – Plaque calcaire de Coccolithophoridé.

Coccolithophoridés n. m. pl. [de coccolithe, et du gr. *phoros*, qui porte ; angl. *coccolithophores, coccolithophorids, Coccolithophoridae*] – Groupe d'Algues unicellulaires, marines, pélagiques, de petite taille (environ 0,01 mm) s'entourant d'une enveloppe sphérique (**coccosphère**) constituée par l'assemblage de plaques calcaires généralement discoïdes (**coccolithes**) ; ces dernières, souvent dissociées après la mort de l'individu, peuvent former par leur accumulation, des roches calcaires (ex. : craie du Bassin de Paris). Répart. stratigr. : Paléozoïque – Actuel.

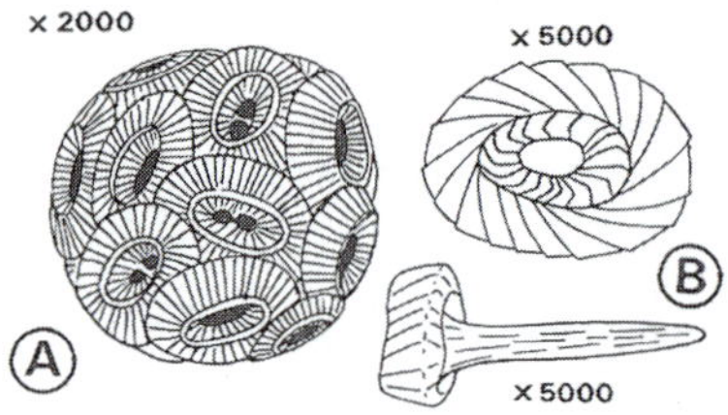

Coccolithophoridés

A : une coccosphère
B : deux types de coccolithes.

coccosphère n. f. [angl. *coccosphere*] – V. Coccolithophoridés.

Cochiti n. m. – Épisode paléomagnétique du Tertiaire. V. tabl. paléomagnétisme.

Codiacées n. f. pl. [du gr. *kôdia*, capsule du pavot ; angl. *Codiaceans*] – Groupe d'Algues vertes marines, actuellement abondantes dans les faciès récifaux et s'entourant d'un manchon calcaire. Répart. stratigr. : Silurien – Actuel.

Cœlacanthidés n. m. pl. [du gr. *koilos*, creux, et *akantha*, épine ; prononc. cé- ; angl. *Coelacanthidae*] – V. Crossoptérygiens.

Cœlentérés n. m. pl. [du gr. *koilos*, creux, et *enteron*, intestin ; prononc. cé- ; angl. *coelenterates, Coelenterata*] – Embranchement zoologique, dans lequel on réunissait les Cnidaires (Madréporaires, etc.) et les Cténaires, organismes marins actuellement représentés par quelques dizaines d'espèces, et non connus à l'état fossile. Cette réunion, artificielle, tend à être abandonnée.

cœnosteum n. m. [du gr. *koinos*, ensemble, et *osteum*, os : prononc. cé- ; angl. *coenosteum*] – Nom donné au squelette que possèdent certains Hydrozoaires*.

cœnozone (ou cénozone) n. f. [du gr. *koinos*, ensemble, et zone ; prononc. cé-] – V. cénozone.

coésite (ou coesite) n. f. [angl. *coesite*] – Forme de HP et HT de la silice*.

cœur n. m. **(d'un pli)** [angl. *core (of a fold)* (peu utilisé)] – Partie d'un pli* constituée par ses couches les plus internes. Ant. enveloppe.

coffré adj. **(pli –)** [angl. *box fold*] – Pli* dont les flancs sont verticaux et le fond (pour un synclinal), ou le sommet (pour un anticlinal), plat.

coin n. m. **de glace** (ou fente de glace) [angl. *ice wedge*] – Fissure le plus souvent verticale, progressivement agrandie par la glace qui s'y concentre et qui déforme les couches à son contact. Ces fentes sont profondes de 1 à 10 m, larges de quelques centimètres à 2 ou 3 m. Lors du dégel, elles sont progressivement remplies par des formations superficielles (sable, limon, etc.). V. aussi modelé périglaciaire.

collapse structure n. f. [J.V. Harrison et N.L. Falcon, 1934 ; expression angl. signifiant structure d'effondrement] – Structures plissées acquises par le glissement gravitationnel de certaines couches sur les flancs de plis attaqués par l'érosion. V. aussi décoiffement.

collision n. f. [du lat. *collisio*, choc ; angl. *collision*] – Affrontement de deux masses continentales résultant de la fermeture d'un domaine océanique intermédiaire, et s'accompagnant de déformations très importantes (orogenèse, chaîne de collision). V. tectonique des plaques.

colloïde n. m. [du gr. *kolla*, colle, et *eidos*, forme ; angl. *colloid*] – Particules très petites (quelques micromètres) de substances diverses restant suspendues dans l'eau en fonction de la tension superficielle de celle-ci, de sa viscosité et de la charge électrique des particules. Des modifications du pH, des teneurs en sels, etc., entraînent une **floculation** (agglomération lâche des particules) et une précipitation, adj. **colloïdal, e, aux**.

collophan(it)e n. f. [du gr. *kolla*, colle et *phanein*, briller ; angl. *collophan(it)e*] – Forme cryptocristalline de l'apatite* (phosphate de Ca) : *cf.* colophane.

colluvion n. f. [du lat. *co-*, avec, et de alluvion ; angl. *colluvium*] – Dépôt de bas de pente, relativement fin et dont les éléments ont subi un faible transport à la différence des alluvions. N. m. **colluvionnement** [angl. *colluviation*] ; adj. **colluvial, e, aux** [angl. *colluvial*].

Colomiella [dédié à G. Colom] – Genre de Calpionelles (V. fig. à ce mot).

colonnade n. f. [angl. *colonnade*] – Dans une grotte, ensemble de colonnes dont chacune est obtenue par la réunion d'une stalactite et d'une stalagmite. Pour des laves : V. prismation.

colonne stratigraphique [angl. *stratigraphic column, geologic –* (US), *stratigraphical column, geological –* (GB), *columnar section*] Dessin représentant une série stratigraphique comme une tranche verticale découpée dans ces terrains. Certains utilisent le terme anglais : log (stratigraphique), plutôt employé, cependant, pour les graphiques de sondage comme les diagraphies.

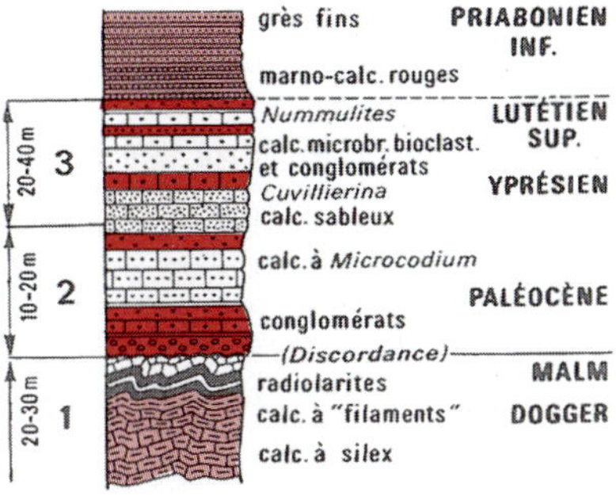

colonne stratigraphique

Le bord droit de la colonne évoque les résistances relatives des roches à l'érosion ; les figurés des couches correspondent à leurs faciès ; certains fossiles intéressants sont notés.

colophane n. f. [de Colophon, Asie Mineure] – Résine jaune, transparente, résultant de la distillation de la sève des pins ; *cf.* collophane.

coloration (indice de –) [angl. *color index* (US), *colour index* (GB)] – Pour une r. magm., pourcentage des minéraux non blancs (en général ferromagnésiens, tels les amphiboles, micas, olivines, et pyroxènes, dits minéraux noirs, les minéraux blancs étant le quartz, les feldspaths, et les feldspathoïdes). En désignant par Q, F et f ces trois derniers, on a : col. = 100 –% (Q + F) pour les roches saturées, et col. = 100 –% (F + f) pour les roches sous-saturées. En principe, la roche est d'autant plus sombre que la valeur de l'indice est plus grande, mais en réalité, la couleur dépend de bien d'autres facteurs, comme la taille des cristaux, leur répartition dans la roche, leurs particularités minéralogiques. Ainsi la laurvikite, formée en grande partie de feldspath malgachitique, a un indice de coloration faible, mais une couleur très sombre. Selon les valeurs de cet indice, on distingue habituellement :

r. hololeucocrate : 0 – 10 (ou 0 – 5)
r. leucocrate : 10 – 40 (ou 5 – 35)
r. mésocrate : 40 – 60 (ou 35 – 65)
r. mélanocrate : 60 – 90 (ou 65 – 95)
r. holomélanocrate : 90 – 100 (ou 95 – 100).

coloured melange [Gansser, 1965, expr. angl. signif. mélange coloré.] – Syn. de mélange ophiolitique*.

columbite n. f. [identifiée à Columbia, U.S.A. ; angl. *columbite*] – Syn. niobite. V. niobium.

columbium n. m. – [de la columbite, minéral qui contient cet élément] – Syn. de niobium*.

columbo-tantalite n. f. – V. niobium.

columelle n. f. [du lat, *columella*, petite colonne ; angl. *columella*, pl. *-ae*)] – Axe d'enroulement de la coquille de Gastéropodes*.

combe n. f. [mot gaulois ; angl. *combe*, *anticlinal valley*] – Dépression creusée par l'érosion au cœur d'une voûte anticlinale dont les couches dures superficielles ont été enlevées et montrent des couches tendres sous-jacentes. V. relief structural.

Comblanchien – Village situé entre Dijon et Beaune (Côte-d'Or, Fr.) et des environs duquel on extrait un marbre apprécié, d'âge Jurassique moyen (calcaire de Comblanchien, ou comblanchien). La terminaison en -ien du nom de cette commune fait parfois croire, par erreur, qu'il s'agit d'un étage stratigraphique.

combustible n. m. **fossile** [angl. *fossil fuel*] – Roche ou composant de roche, solide, liquide ou gazeux, susceptible de fournir de l'énergie par combustion. V. charbon, pétrole.

comendite n. f. [de Le Comende, île de San Pietro, Sardaigne ; angl. *comendite*] – Var. de rhyolite hyperalcaline.

comète n. f. **(queue de –)** – V. queue de comète.

commandement n. m. (d'un relief) – En géomorphologie : syn. de dénivellation, ou de hauteur d'un relief.

compactage n. m. [angl. *compaction*] – V. compaction.

compaction n. f. [angl. *compaction*] – 1. État compact. – 2. Création d'un état compact par l'action naturelle du tassement des roches au cours du temps. Le **compactage** est l'ensemble des autres actions mécaniques tendant à rendre (une roche) compact(e). (Termes dont l'emploi dans les textes officiels est recommandé, *J.O.* du 18.1.73.)

compartiment n. m. [angl. *(faulted) block*] – Chacun des blocs de part et d'autre d'une faille ou d'un décrochement. Lorsqu'il s'agit d'une faille, on distingue un **compartiment soulevé** [angl. *upthrown block*] et un **compartiment abaissé** [angl. *downthrown block*]. V. faille.

compensation n. f. **(niveau de –, profondeur de –)** – V. niveau de compensation.

compétence n. f. **(d'un cours d'eau)** [angl. *competence, carrying power*] – Aptitude plus ou moins grande d'un cours d'eau à transporter des matériaux. P. ext., s'emploie aussi pour le vent.

compétence (d'une roche) [angl. *rock competence*] – V. compétent.

compétent, e adj. [B. Willis, 1893, du lat. *competens*, qui s'accorde ; angl. *competent*] – 1. S'applique aux roches et couches les moins déformables, dans une série stratifiée tectonisée, et qui donnent des plis à plus grand rayon de courbure que les roches plus déformables, ce qui entraîne des disharmonies. – 2. S'applique aux roches et couches qui, dans des conditions données, sont plus aptes à se rompre qu'à se déformer.
Ce terme est critiqué, parce qu'il est employé dans une acception très différente de celle qu'il a habituellement en français, et parce que la notion qu'il recouvre est vague, regroupant notamment viscosité et plasticité, mais c'est justement cela qui en fait l'intérêt. Ant. incompétent. N. f. **compétence**.

compréhensive adj. **(série –)** [angl. *extended succession*] – Série stratigraphique souvent épaisse qui comprend, sous un faciès identique, des terrains dont le dépôt s'est étendu sur une longue durée, et qui ne peut guère être subdivisée que par la présence de fossiles à divers niveaux.

Conchidium [du gr. *konkhé*, coquille, et *eidos*, forme] – Genre de Brachiopodes (V. fig. à ce mot) articulés de l'Ordovicien.

concentrique adj. **(pli –)** [angl. *concentric fold, parallel –*] – Syn. de pli isopaque. V. pli.

conchoïdal, e, aux adj. [du gr. *konkhê*, coquille, et *eidos*, forme ; angl. *conchoidal*] – Qui a l'aspect d'une coquille. Une cassure conchoïdale est une cassure franche souvent brillante, à surface lisse et courbe, un peu onduleuse, les ondulations s'arrangeant concentriquement à partir du point du choc ayant produit la fracture : elles correspondent au déplacement de l'onde de choc dans le solide. C'est p. ex. la cassure habituelle des silex, et plus généralement celle des roches homogènes à grain très fin.

concordance n. f. [angl. *concordance*] – Fait, pour une formation sédimentaire, de reposer normalement sur des couches plus anciennes qui n'ont été ni plissées ni basculées antérieurement par des efforts tectoniques, même si une lacune existe entre les deux ensembles (on dit aussi concordance stratigraphique). Ce terme est aussi utilisé pour désigner le parallélisme qui peut exister entre des formations éruptives et des couches sédimentaires. Ex. les sills sont en concordance avec les strates qui les renferment. Ant. discordance. V. lacune. Adj. **concordant, e**.

concordia adj. et n. f. **(courbe –, diagramme –)** [G. Wetherill, 1956 ; angl. *concordia (curve), – diagram*] – Si l'on considère deux éléments radioactifs P1 et P2, et leurs éléments fils stables, F1 et F2, la courbe concordia est, dans un diagramme (F1/P1 ; F2/P2), le lieu des points dont les coordonnées correspondent aux différentes compositions de ces couples pour les mêmes durées de désintégration. Des points résultant de mesures réelles doivent donc se trouver sur cette courbe si le système est resté clos depuis l'origine de la réaction. Sinon, c'est qu'il a été perturbé par des phénomènes tels que métamorphisme, diffusion, altération, etc. La courbe concordia a été surtout utilisée pour le système ($^{207}Pb/^{235}U$; $^{206}Pb/^{238}U$), mais aussi pour celui ($^{207}Pb/^{235}U$; $^{208}Pb/^{232}Th$).

concrétion n. f. [du lat. *concretio*, même sens ; angl. *concretion*] – Épaississement par accumulation de matière autour d'un noyau (concrétion globuleuse) ou sur une surface, d'origine biochimique (ex. concrétion algaire) ou chimique (ex. concrétion ferrugineuse ; concrétion calcaire dans les sols, dans les grottes, etc.). Adj. **concrétionné, e** [angl. *concretionary*] ; n. m. **concrétionnement**.

condensée adj. **(série –)** [angl. *condensed succession*] – Série qui, sur une très faible épaisseur, comprend des dépôts dont la sédimentation s'est opérée pendant une longue durée : *cf.* ammonitico rosso.

cône n. m. **de déjection** [angl. *debris cone, alluvial cone, debris fan, alluvial fan, fan delta*] – Partie la plus basse d'un torrent*, où s'accumulent les débris arrachés en amont. Syn. cône torrentiel.

cône sous-marin (profond) [angl. *deep-sea fan*] – Accumulation sous-marine sur le glacis continental et jusque dans la plaine abyssale de sédiments terrigènes, transportés par des courants de turbidité descendus par des canyons sous-marins. Syn. cône abyssal, delta sous-marin p.p. (voir ce terme), éventail sous-marin.

cône volcanique [angl. *volcanic cone*] – Relief conique plus ou moins important se formant autour de la cheminée d'un volcan* par l'accumulation de projections et de coulées.

cone-in-cone [expr. angl.] – Structure concrétionnée se rencontrant dans des marrnes, des grès argileux, des minerais de fer, des charbons, etc. et se caractérisant par une succession de cônes imbriqués les uns dans les autres. Dans les marnes, p. ex., la calcite cone-in-cone se présente en cônes imbriqués par leurs sommets et dont les bases correspondent aux épontes d'une lame épaisse de un à quelques centimètres.

conforme adj. **(faille –)** [angl. *conformable fault*] – Faille* inclinée dans le même sens que les couches qu'elle affecte.

conforme (relief –) [angl. *uninverted relief*] – V. relief conforme.

Congeria [du lat. *congeries*, monceau] – Genre de Bivalves (V. fig. à ce mot) lacustres, répandu dans le Miocène et le Pliocène d'Europe centrale (ex. couches à congéries du Bassin de Vienne).

conglomérat n. m. [du lat. *conglomeratum* de *cum*, avec, et de *glomus*, pelote ; angl. *conglomerate*] – R. sédim. détritique* formée pour 50 % au moins de débris de roches de dimension supérieure à 2 mm (classe des rudites) liés par un ciment (avec des éléments dont la taille est comprise entre 62,5 µm et 2 mm, il s'agit de **microconglomérats**). Ce terme regroupe les **brèches** sédim. (à éléments en majorité anguleux), les **poudingues** (à éléments arrondis ou galets), et tous leurs intermédiaires. Ils peuvent être **monogéniques** (éléments de même nature) ou **polygéniques** (éléments de nature variée, ce qui est le plus fréquent). Les conglomérats sont le plus souvent dus à l'érosion de roches mises en relief par des déformations tectoniques et, à ce titre, sont un signe de phases orogéniques, qu'ils se déposent au cours de celles-ci (**congl. synorogéniques**), ou après (**congl. postorogéniques**). Leur étude régionale renseigne en particulier sur les zones soumises à l'érosion, sur l'importance de l'érosion, sur les directions et les modalités du transport. Adj. **conglomératique**.

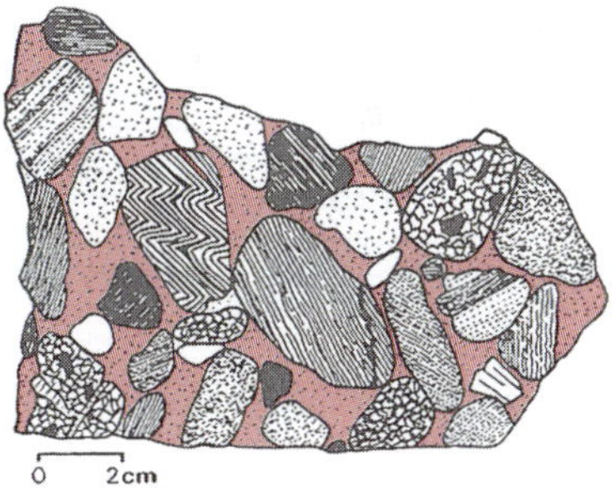

conglomérat

Exemple de conglomérat polygénique, à ciment sableux, et à galets assez bien roulés.

conglomérat intraformationnel [angl. *intraformational conglomerate*] – 1. Conglomérat monogénique dont le ciment et les éléments sont de même nature (dislocation sur place d'un sédiment peu induré et cimentation par la poursuite de la sédimentation : c'est un phénomène synsédimentaire). – 2. Désigne parfois un niveau conglomératique situé au sein d'une formation et non à sa base (il est alors préférable de dire **conglomérat interstratifié**).

congruent, e adj. [du lat. *congruens* qui s'accorde avec ; angl. *congruent*] – V. fusion. Ant. incongruent.

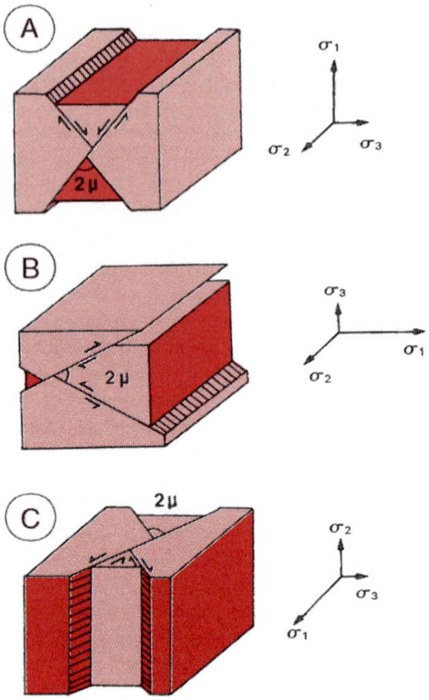

conjugué

A : failles* conjuguées normales (en extension). **B :** failles conjuguées inverses (en compression). **C :** décrochements conjugués.
Dans les trois cas la contrainte σ_2 est parallèle à l'intersection des plans conjugués, et σ_1 est bissectrice de l'angle aigu 2 μ (égal à 2ω-φ). V. Mohr (diagramme de –). (D'après P. Vialon *et al.*).

Coniacien n. m. [H. Coquand, 1857, du nom lat. de Cognac, Charente-Maritime, Fr. ; angl. *Coniacian*] – Étage du Crétacé sup. (ère secondaire). V. tabl. Annexe 2. Adj. **coniacien, nne**.

conique adj. [du gr. *kônos*, cône ; angl. *conical*] – Se dit d'une surface qui peut être engendrée par le mouvement d'une droite passant par un point fixe. Ex. : un pli* conique. N. f. **conique**.

conjugué, e adj. [angl. *conjugate*] – S'applique à des structures tectoniques (diaclases, failles*, kink band*, parfois plis mineurs ou microplis) qui ont été produites au même moment dans un même champ de contraintes, et qui font entre elles un angle donné dépendant de l'ellipsoïde des contraintes et de la nature des roches.

connée adj. **(eau –)** [du lat *connatus*, né avec ; angl. *connate water*] – Eau emprisonnée dans une roche sédimentaire depuis le dépôt de celle-ci. Syn. eau fossile.

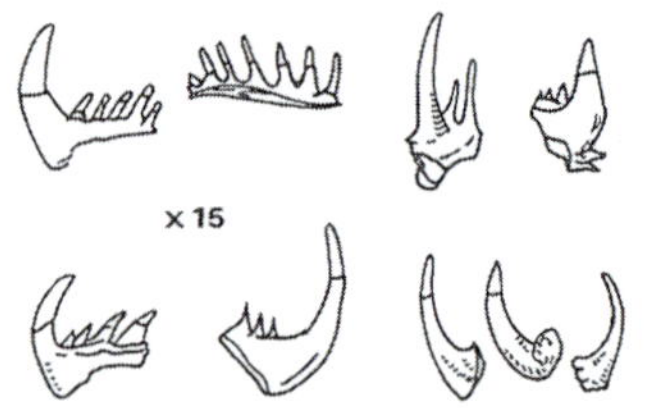

Conodontes

Exemples de Conodontes de l'Ordovicien (vues externes) (d'après Shrock et Twenhofel).

Conocoryphe [du gr. *kônos*, cône, et *koruphê*, tête] – Genre de Trilobites (V. fig. à ce mot) du Cambrien moyen.

Conodontes n. m. pl. [du gr. *kônos*, cône, et *odous, odontos*, dent ; angl. *conodonts, Conodontophorida*] – Corps denticulés de taille de l'ordre d'un millimètre, connus uniquement à l'état fossile, formés de phosphate de calcium, et de nature zoologique incertaine : organes de Poissons, d'Annélides, de Gastéropodes, ou pièces buccales de Céphalochordés (vertébrés primitifs proches des Agnathes) ou de Chétognathes (animaux vermiformes pélagiques). On en a décrit plus de 1 500 espèces qui se trouvent dans des sédiments marins. Ce sont d'excellents fossiles stratigraphiques. Répart. stratigr. : Cambrien – Trias.

Conrad (discontinuité de –) [angl. *Conrad discontinuity*] – V. Terre.

conséquent, e adj. [du lat. *consequens*, qui suit ; angl. *consequent*] – Se dit d'un cours d'eau qui coule parallèlement au pendage des couches. V. relief structural.

constante n. f. **solaire** [angl. *solar constant*] – Energie de radiation solaire reçue sur Terre par seconde sur une surface perpendiculaire à la direction des rayons lumineux située à l'extérieur de l'atmosphère. Sa valeur actuelle est de 1368 W/m^2.

construit adj. **(calcaire –)** [angl. *reef limestone*] – Calcaire formé par les squelettes calcaires d'organismes récifaux (Madréporaires, Bryozoaires, etc.) restés en place. Syn. biolithite ; V. carbonatées (roches). V. aussi bioherme, biostrome.

contact n. m. **(géologique)** [angl. *(geologic) contact* (US), *(geological) contact* (GB)] – 1. Fait pour deux terrains de se toucher. – 2. Surface qui sépare deux terrains.
– **contact anormal** (Syn. contact tectonique, contact mécanique, accident) : contact entre deux terrains ayant subi des déplacements l'un par rapport à l'autre (V. faille,

décrochement, chevauchement, charriage). Un contact anormal est nécessairement plus récent que le plus jeune des terrains qu'il affecte, et plus ancien que les terrains qui éventuellement le cachètent. Sur les cartes géologiques, on les représente classiquement avec des traits plus larges que ceux des contours géologiques ordinaires.
– **contact disharmonique** : contact anormal lié à une disharmonie entre couches compétentes et couches incompétentes. Sur les cartes géologiques, ces contacts sont figurés, selon les cas, soit comme des contacts anormaux soit comme des contacts normaux.
– **contact intrusif** : contact limitant une intrusion de r. magm. (V. batholite, dyke, filon, sill, etc.) et rangé dans la catégorie des contacts normaux, que l'intrusion recoupe ou non les structures de l'encaissant.
– **contact normal** : contact ne résultant pas de déplacements tectoniques. On range dans cette catégorie les contacts liés au magmatisme et au métamorphisme (contacts qui souvent ne peuvent être fixés avec précision du fait d'une évolution progressive des faciès), et surtout les contacts liés à la sédimentation. Toute couche qui se dépose sur des terrains préexistants, sédimentaires ou non, a une surface de base définissant un contact normal (ou contact stratigraphique, ou contact sédimentaire) qu'il y ait concordance ou discordance, lacune ou non. Sur les cartes géologiques, ces contacts sont figurés en traits noirs minces : ce sont les contours géologiques délimitant les divers affleurements.

contamination n. f. **(d'un magma)** [angl. *contamination*] – Modification du chimisme d'un magma par assimilation* de roches encaissantes. Syn. hybridation.

continent n. m. [du lat. *continens (terra)*, (terre) continue ; angl. *continent*] – En géologie et géophysique, ce terme désigne non seulement les grandes aires émergées de la surface terrestre, mais aussi leur bordure peu profonde (plateau continental), et d'une façon générale toutes les parties de l'écorce qui ont les caractères d'une croûte continentale. Les petites portions isolées de cette croûte, émergées ou formant des hauts-fonds sous-marins, sont appelées microcontinents. En ce sens, le mot continent est l'antonyme d'océan (pris au sens de surface du globe correspondant à une croûte océanique). V. dérive des continents, Terre. Adj. **continental, e, aux** [angl. *continental*].

continental, e, adj. **(glacis –, marge –, pente –, talus –)** [angl. *continental rise, – margin, – slope, – slope*] – V. marge continentale.

continentale (mobilité –) – V. mobilisme.

continentale (sédimentation –) – V. sédimentation.

continents (dérive des –) – V. dérive, et tectonique des plaques.

continue adj. **(déformation –)** [angl. *continuous deformation, – strain*] – Déformation* d'un corps s'effectuant sans cassure visible. Ant. déformation discontinue. Syn. déformation plastique.

continuité n. f. **(principe de –)** [angl. *law of original continuity*] – Postulat de la stratigraphie* selon lequel une couche a le même âge sur toute son étendue. Il n'est pas toujours vérifié.

contour n. m. **(géologique)** [angl. *(geologic) boundary* (US), *(geological)* – (GB)] – Sur une carte géologique, trait séparant deux terrains. V. carte, et contact (normal).

contour (courant de –) – V. courant de contour.

contourite n. f. [C.D. Hollister et B.C. Heezen, 1972 ; angl. *contourite*] – Sédiment détritique fin dont les éléments ont été transportés par des **courants* de contour**. Il diffère d'une turbidite, dont il remanie les plus petits éléments, par un meilleur classement, une stratification plus fine (couches généralement d'épaisseur inférieure à 5 cm), une lamination oblique plus fréquente, soulignée par des alignements de minéraux lourds, une absence presque totale de matrice fine (effet de vannage). V. tractionnite.

contrainte n. f. [angl. *stress*] – Ensemble des forces affectant un corps matériel et tendant à le déformer. En tout point de ce corps, on peut définir la contrainte $\vec{C}$ comme la limite du rapport $\Delta\vec{F}/\Delta s$ de la force s'exerçant sur un élément de surface Δs quand on fait tendre Δs vers zéro. C'est, en quelque sorte, une pression orientée. En notation différentielle, on peut écrire $C = \Delta\vec{F}/\Delta s$. Syn. tension.
Une contrainte a les propriétés d'un vecteur. Notamment, on peut la décomposer en une contrainte (σ) normale à la surface d'application, et une contrainte tangentielle, ou cisaillement (τ) dans le plan de cette surface. En général, pour un point donné de ce corps, la contrainte varie en grandeur et en direction selon l'orientation de la surface sur laquelle elle s'applique, et ne lui est pas, en général, perpendiculaire. On démontre qu'on peut calculer l'ensemble des contraintes en un point d'un corps, si l'on connaît celles qui s'appliquent en ce point sur 3 plans perpendiculaires entre eux. La notation matricielle des 9 composantes de ces 3 vecteurs sur le repère triaxial correspondant est le tenseur des contraintes dans lequel, si le corps est en équilibre, 6 valeurs sont égales 2 à 2 ce qui revient à dire qu'il est alors défini par 6 quantités. On démontre aussi que : – 1. Il existe trois directions orthogonales (**directions principales**) pour lesquelles la composante tangentielle de la contrainte est nulle, et donc pour lesquelles la contrainte est perpendiculaire à la surface sur laquelle elle s'applique.

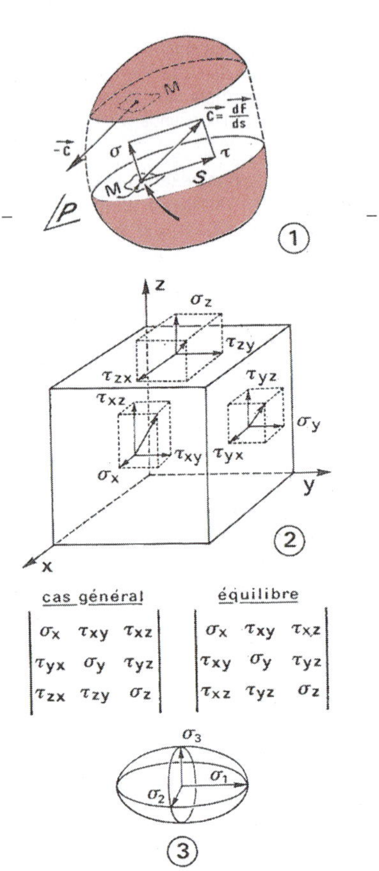

contrainte

1 : si on coupe un corps par un plan P qui y détermine une surface S, on met en évidence en tout point M une contrainte $\vec{C}$, à laquelle, par réaction s'opposait une contrainte - $\vec{C}$. – 2 : état de contrainte d'un parallélépipède élémentaire et le tenseur correspondant, à gauche dans le cas général, à droite, dans le cas où le corps est en équilibre. – 3 : ellipsoïde des contraintes.

Les trois contraintes correspondantes sont la contrainte maximale (σ_1), la contrainte intermédiaire (σ_2) et la contrainte minimale (σ_3). – 2. Si toutes les contraintes sont soit des compressions soit des extensions, le lieu géométrique des extrémités des vecteurs qui les représentent est un ellipsoïde (**ellipsoïde des contraintes**) dont les axes sont les directions principales. Si $\sigma_1 = \sigma_2 = \sigma_3$, cet ellipsoïde est une sphère et les contraintes se ramènent à une pression hydrostatique. – 3. L'orientation du plan d'application d'une contrainte est donnée par la construction du diagramme de Mohr (V. ce mot). – 4. On peut toujours considérer qu'une contrainte est la somme d'une contrainte plus faible où σ_1, σ_2, σ_3 sont respectivement égales à ($\sigma_1 - \sigma_3$), ($\sigma_2 - \sigma_3$) et (0) et d'une pression hydrostatique égale à s_3 appelée pression de confinement, ce dernier terme faisant allusion à la pression qu'on peut faire régner dans une enceinte destinée à des essais de résistance des matériaux. V. Mohr (diagramme de –).

contraire adj. **(faille –)** [angl. *unconformable fault*] – Faille* inclinée dans le sens inverse des couches qu'elle affecte.

Conulaires n. f. pl. [du lat. *conus*, cône, et *lar*, demeure ; angl. *conulariids*, *Conulariida*] – Animaux marins uniquement fossiles, en forme de pyramide renversée à section carrée, losangique ou triangulaire, d'appartenance zoologique incertaine (Mollusques, Cnidaires, groupe proche des Graptolithes ?). Ils pouvaient se fixer par une ventouse, et se libérer en se coupant le long d'une cloison. Ils sont parfois coloniaux. Répart. stratigr. : Cambrien – Trias.

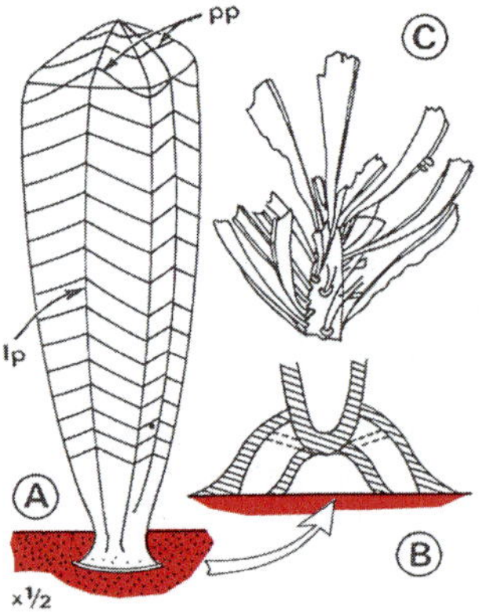

Conulaires

A : reconstitution d'une conulaire – lp : ligne pariétale – pp : pans péristomiens.
B : détail de l'appareil fixateur, en coupe.
C : colonie de conulaires fixées sur un autre individu (d'après H. et G. Termier, *in* Piveteau).

Conulus [du lat. *conus*, cône] – Oursin du Crétacé sup. (V. fig. à Échinides).

convection n. f. [du lat. *convehere*, transporter ; angl. *convection*] – 1. Mouvement vertical de l'air, ascendant ou descendant (cf. advection) – 2. Convection thermique : transfert de chaleur, d'une zone chaude vers une zone froide, accompagnant le déplacement de matériaux à viscosité suffisamment faible. Ce phénomène, créant des courants de convection thermique dans l'asthénosphère, est vraisemblablement le moteur du déplacement des plaques lithosphériques (V. tectonique des plaques). Adj. **convectif, ive**.

convergence n. f. [du lat. *con-*, avec, et *vergere*, être orienté vers ; angl. *convergence*] – En paléontologie, ressemblance entre deux taxons qui n'est pas explicable par une relation de parenté. Elle est généralement interprétée comme liée aux conditions de vie. Ex. : ressemblance entre le dauphin (mammifère), le requin (poisson) et l'ichtyosaure (*Eurypterygius*, reptile).

convergence (zone de –) [angl. *convergent plate boundary*] – V. tectonique des plaques.

convolution n. f. **(sédimentaire)** n. f. [du lat. *convolution*, enroulement ; angl. *convolute lamination, – bedding*] – Contournement interne d'un banc généralement microgréseux ou pélitique dû à son glissement, sur le fond, à l'état de sédiment meuble gorge d'eau. On y voit dans le détail des petits anticlinaux aigus séparés par des synclinaux arrondis parfois en éventail ou en blague à tabac, évoluant même en masses arrondies indépendantes dites **pseudonodules** (ou faux nodules). Ces structures, fréquentes dans les séries turbiditiques, permettent, si besoin est, de déterminer la polarité des couches qui les renferment. Adj. **convoluté, e**.

convolution

copeau n. m. **tectonique** [angl. *(thrust) slice*] – Portion de terrain arrachée et entraînée par le mouvement d'un ensemble de terrains le long d'un contact anormal. Dans le cas d'un chevauchement, les copeaux tectoniques entraînés sous la masse chevauchante sont également nommés lambeaux de poussée ; ils peuvent provenir de l'allochtone ou de l'autochtone, et, dans le cas des charriages de grande amplitude, témoigner de domaines qui séparaient à l'origine les terrains allochtones des terrains autochtones. V. cicatrice.

Copernicien n. m. [du cratère lunaire Copernic ; angl. *Copernican*] – Période lunaire postérieure à 1 100 Ma. V. tabl. Annexe 2.

coprolit(h)e n. m. [du gr. *kopros*, excrément, et *lithos*, pierre, angl. *coprolite*] – Excrément fossile. Certains calcaires sont riches en coprolites de crustacés, qui, en plaque mince, observés au microscope, apparaissent comme des éléments rectangulaires ou ovoïdes (0,5 à 1 mm env.), percés de petits trous plus ou moins nombreux et alignés.

coquillier, ière adj. [de coquille ; angl. *shelly*] – Qui contient d'abondantes coquilles. Ex. calcaire coquillier [angl. *coquina limestone*].

coquina n. f. [mot esp. ; angl. *coquina*] – Calcaire coquillier peu cimenté. *Cf.* falun.

corail n. m. [du lat. *corallium*, même sens ; angl. *coral*] – 1. Nom vulgaire des Cnidaires* Alcyonaires (V. fig. à spicule) comprenant, en particulier, le corail rouge. 2 Habituellement employé au pluriel (V. Coraux), désigne parfois des Cnidaires constructeurs. Ex. un récif de corail.

Coraux n. m. pl. [angl. *corals*] – Nom désignant l'ensemble des Cnidaires* constructeurs. Adj. **corallien, nne** [angl. *coralline*].

Corbula [mot lat. signif. corbeille] – Genre de Bivalves (V. fig. à ce mot) qui présente la particularité d'avoir, sous le crochet de la valve droite et en avant du ligament, une excroissance en forme de dent. Répart. stratigr. : Oligocène – Actuel.

Cordaïtales n. f. pl. [dédié à Corda ; *Cordaitales*] – Arbres fossiles pouvant atteindre 40 m de haut, du groupe des Préphanérogames, proches des Conifères actuels, aux feuilles allongées à nervures parallèles, fréquents dans les forêts houillères. Répart. stratigr. : Carbonifère – Crétacé. Genre principal : *Cordaites*.

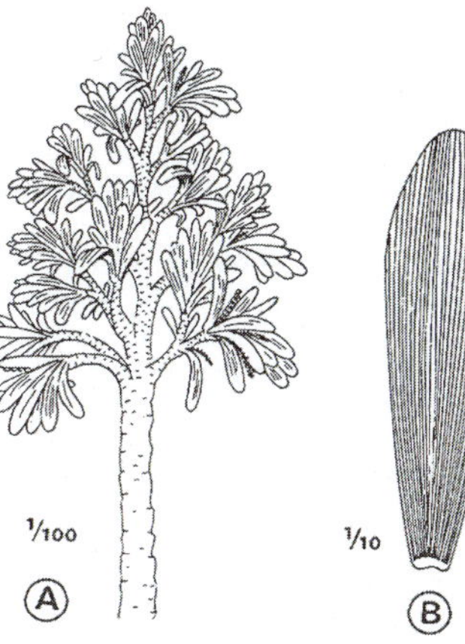

Cordaïtales

A : reconstitution – **B :** détails d'une feuille (d'après L. Moret).

cordé, e adj. [angl. *ropy*] – Qualifie certaines coulées de laves dont la surface a l'aspect de cordes.

cordiérite n. f. [dédié à Cordier ; angl. *cordierite*] – Cyclosilicate Al_3 (Mg, Fe^{2+})$_2$ [Si_5AlO_{18}], du syst. orthorhombique. Minéral en prismes trapus ou plus souvent en grains xénomorphes, de teinte brune (avec parfois polychroïsme du brun-jaune au bleuté : variété **dichroïte**), pouvant être bleu foncé ou violacé (variété **iolite**) ; l'éclat est cireux, et la teinte verdâtre par altération facile en fines aiguilles de micas blancs (variété **pinite**) et aussi en chlorite. Minéral commun, en général xénomorphe, dans les roches du métamorphisme de contact (schistes à cordiérite et andalousite) et du métamorphisme régional (micaschistes, gneiss, granulites) ; plus rare, et souvent automorphe, dans des granites à biotite et muscovite, parfois dans des pegmatites, ou encore dans des roches basiques (norite).

cordillère n. f. [de l'esp. *cordillera*, chaîne de montagnes, du lat. *chorda*, corde ; angl. *cordillera*] – Chaîne de montagnes longue et étroite : la cordillère des Andes. Dans les reconstitutions des géosynclinaux et de leur évolution, ce mot a eu un sens différent : V. tectonique embryonnaire.

cordon n. m. **littoral** [angl. *barrier*, *bar*] – Construction sableuse située sur le haut d'une plage* et allongée parallèlement au rivage.

corindon n. m. [mot hindou ; angl. *corundum*, *diamond spar*] – Oxyde Al_2O_3 du syst. rhomboédrique, en cristaux en fuseaux, en barillets ou en prismes aplatis, à faces souvent striées. Minéral incolore à diversement coloré, à éclat vitreux, nacré ou bronzé. Sa dureté (9) est juste inférieure à celle du diamant. On le trouve dans des roches alumineuses à déficit de SiO_2, formées à haute T (plagioclasites, syénites et leurs pegmatites), parfois en enclaves avec spinelles dans des granites ; il est aussi présent dans certaines r. métam. (calcaires, micaschistes et gneiss, bauxites métam.). Les variétés transparentes et de teintes homogènes de corindon constituent des gemmes : **rubis** (rouge, à traces de Cr), **saphir** (bleu, à Fe et Ti), **améthyste orientale** (violette), **topaze orientale** (jaune, à Fe^{3+}), **émeraude orientale** (verte, à Fe^{2+}). L'**émeri** est un mélange de corindon, grenu ou compact, et de magnétite, d'oligiste et d'hydroxydes d'Al, qui, réduit en poudre, sert d'abrasif.

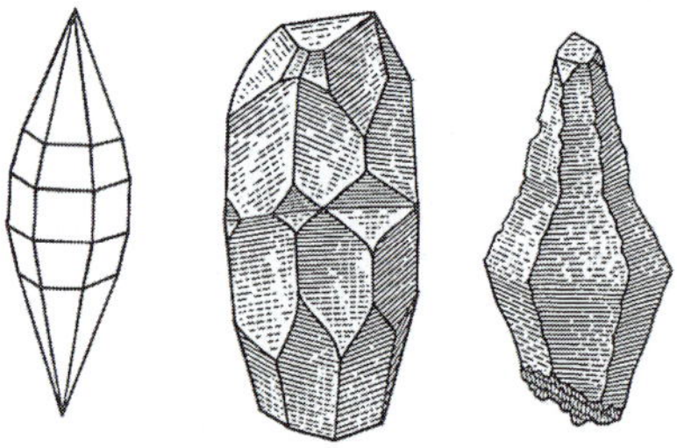

corindon

– 1 : forme en isocéloèdre aigu (d'après A. de Lapparent) – 2 et 3 : formes en barillet à faces finement striées (d'après R. Brousse *in* J. Aubouin *et al.*).

Coriolis (force de –) – V. force de Coriolis.

cornaline n. f. [du lat. *cornus*, corne ; angl. *carnelian*, *cornelian*] – Variété de calcédoine rouge. V. silice.

cornéenne n. f. [A. Brongniart, 1827, de corne, à cause de l'aspect ; angl. *hornfels*] – R. métam. du métamorphisme de contact des granitoïdes. Les cornéennes sont des roches très dures, non fissiles, à patine et à cassure d'aspect corné, à cristaux fortement engrenés et enchevêtrés (structure granoblastique à diablastique), avec parfois des porphyroblastes automorphes (p. ex. d'andalousite, de cordiérite, de grenat).
Selon les séquences des roches initiales, et selon le degré du métamorphisme, on obtient des corrnéennes variées :
1. Dans la séquence pélitique, les schistes noduleux à andalousite et cordiérite passent à des **cornéennes micacées**, de teinte sombre, à trame de cristaux d'andalousite, avec de nombreux petits cristaux de micas blanc et noir, de quartz, de cordiérite, souvent d'apatite et de tourmaline. A métamorphisme plus fort, on obtient des **cornéennes feldspathiques**, à andalousite et nombreux feldspaths (microcline).
2. Dans la séquence calcaréo-pélitique, les pélites calcareuses et les marno-calcaires sableux donnent des corrnéennes calciques, nommées **tactites**, très variées : vert vif avec épidote, vert sombre avec amphibole (hornblende), rose à rouge avec grenat (grossulaire, andradite), blanc verdâtre avec pyroxène (diopside). Les **barégiennes** sont des tactites rubanées, dérivant de r. sédim. à minces lits plus ou moins riches en carbonates, ou en quartz, ou en argiles ; elles montrent des lits souvent plissotés, diversement colorés (lits roses à grenat, verts à clinopyroxène, blancs à calcite et wollastonite, bruns à phlogopite), et elles contiennent souvent des minéraux particuliers : scapolite, axinite, périclase, brucite, forstérite. Ces tactites peuvent montrer localement des roches monominérales (épidotite, grenatite, pyroxénite).
3. Dans la séquence carbonatée, les calcaires et les dolomies donnent des corrnéennes qui sont des marbres et des skarrns (V. ces

mots), et au contact du granitoïde, par métasomatose de plus en plus marquée, elles s'enrichissent en SiO_2, Fe et Al, et autres éléments : Bo passant dans la tourmaline, F dans la fluorine, P dans l'apatite, W dans la scheelite.
4. Autres séquences : des roches déjà métamorphiques, p. ex. des micaschistes et des gneiss, se transforment en corrnéennes avec réarrangement des minéraux et disparition progressive de la foliation originelle ; des laves basiques donneront des corrnéennes à albite et épidote, puis à métamorphisme plus fort des cornéennes à plagioclase et hornblende, puis enfin à orthose et pyroxène (V. métamorphisme, faciès minéraux). V. aussi les roches voisines : adinole, sanidinite, skarrn.

coronitisation n. f. [du lat. *corona*, couronne ; angl. *coronitization*] – Réaction chimique à la périphérie d'un minéral donnant une couronne réactionnelle, lorsqu'elle se produit dans une r. magm. en cours de cristallisation ; ex. : cordiérite montrant une auréole jaunâtre, ou olivine à périphérie transformée en iddingsite. Ce terme est aussi appliqué aux couronnes réactionnelles produites dans des roches à l'état solide, et qui procèdent alors de phénomènes de métamorphisme ou d'altération (dans ce cas, syn. de kélyphitisation). Adj. **coronitisé, e**.

corps n. m. (d'une nappe) – V. nappe.

corrasion n. f. [du lat. *corradere*, enlever en raclant ; angl. *corrasion*] – Érosion due au choc des grains de sable transportés par le vent.

correction n. f. **(– à l'air libre, – de Bouguer, – gravimétrique, – isostatique)** [angl. *free-air correction, Bouguer –, gravimetric –, isostatic –*] – V. géodésie.

corrélation n. f. [angl. *correlation*] – 1. En stratigraphie, mise en équivalence de couches du fait de certaines de leurs caractéristiques (lithologie, contenu en fossiles, géochimie, etc.). Ce terme est plus particulièrement utilisé pour des équivalences d'âge. – 2. En statistique, intensité de la liaison entre deux ensembles de valeurs, généralement exprimée par un coefficient de corrélation.

corsite n. f. [de la Corse, Fr. ; angl. *corsite*] – Autre nom de la diorite orbiculaire. Syn. napoléonite.

cortège n. m. **sédimentaire** – V. stratigraphie séquentielle.

cortex n. m. [mot lat. signif. écorce ; angl. *rim, border*] – Bordure d'aspect particulier de certaines petites masses rocheuses globuleuses. Ex. : cortex variolitique de coussins* de lave, cortex ferrugineux de galets, cortex blanchâtre des silex de la craie (constitué d'opale et très finement poreux, d'où une diffraction de la lumière donnant la teinte blanche). Adj. **cortical, e, aux**.

cortlandite n. f. [de Cortland, U.S.A. ; angl. *cortlandite*] – R. magm. ultrabasique (V. péridotite) à olivine, horrnblende brune abondante, pyroxène, et biotite rare. Roche peu fréquente dans les complexes ultrabasiques.

Coscinocyathus [du gr. *koskinon*, crible, et *kuathos*, vase] – Genre d'Archéocyathidés (V. fig. à ce mot).

cosmique adj. **(poussière –)** [du gr. *kosmos*, ordre de l'univers ; angl. *cosmic dust*] – Très fines particules du cosmos pouvant avoir soit une origine primaire (résidus de la formation des astres) soit une origine secondaire (chocs entre météorites, etc.). On peut en retrouver à la surface du globe dans les sédiments et les glaces, une partie étant alors constituée de sphérules cosmiques. V. cryoconite.

cosmique adj. **(sphérule –)** [du gr. *kosmos*, ordre de l'univers ; angl. *cosmic spherule*] – Très fine particule sphérique ayant comme origine la fonte des parties superficielles de météorites traversant l'atmosphère. Certaines sont vitreuses, d'autres métalliques. V. cosmique (poussière –).

cosmochimie n. f. [du gr. *kosmos*, ordre de l'univers, et de chimie ; angl. *cosmochemistry*] – Etude de la répartition, de l'origine et de l'histoire des éléments dans l'univers.

cossyrite n. f. [angl. *cossyrite*] – Var. d'amphiboloïde. Syn. ænigmatite.

cote n. f. [du lat. *quotus*, combien] – 1. [angl. *height*] Indication de l'altitude* d'un point sur une carte topographique – 2. [angl. *height spot*] Ce point lui-même. On dira la cote 1 240 ou le point coté 1 240 (m). Adj. **coté, e**.

côte n. f. – 1. [angl. *coast, shore*] Bordure d'une terre en contact avec la mer. – 2. [angl. *cuesta*] Forme du relief, syn. de **cuesta** (V. relief structural) ; ex. : la côte de l'Île de France. Il est préférable de ne pas utiliser ce terme dans cette acception, du fait de son ambiguïté.

coticule n. m. ou n. f. [du lat. *coticula*, pierre de touche, diminutif de *cos*, pierre à aiguiser] [angl. *coticule*] – Schiste siliceux dur (quartzophyllade), et à grain très fin, parfois chargé en petits grenats, connu dans les séries paléozoïques métamorphisées de l'Ardenne (Fr. et Belgique). Utilisé comme pierre à aiguiser. Syn. novaculite.

cotidal, e adj. [angl. *cotidal*] – Où la marée se produit au même moment. V. tidal.

Cotylosauriens n. m. pl. [du gr. *kotulos*, trou, et *saura*, lézard ; angl. *Cotylosauria*] – Groupe de Reptiles* Anapsidés primitifs proches des Batraciens (Carbonifère sup. – Trias).

cotype n. m. [du lat. *co-*, avec, et type ; angl. *cotype*] – V. type.

couche n. f. **(géologique)** [angl. *bed, layer, stratum (pl. strata)*] – Ensemble sédimentaire compris entre deux surfaces approximativement parallèles qui correspondent à des discontinuités ou à de brusques variations pétrographiques permettant de délimiter nettement cet ensemble des terrains voisins. On dit parfois aussi un **banc**, surtout s'il s'agit d'une roche dure (ex. un banc calcaire). Un **lit** est une couche de faible épaisseur. On l'appelle aussi **niveau, assise** ou **horizon**, mais plus spécialement si on peut le caractériser sur une certaine distance par sa nature pétrographique ou son contenu paléontologique. Par extension, pour une carte* géologique, on appelle couche les ensembles sédimentaires groupés sous un même figuré, ou une même couleur, et désignés par une même notation. Syn. strate. V. aussi stratigraphie.

couche (érosion en –) – Syn. d'érosion en nappe.

couche(s) de passage [angl. *passage bed(s)*] – Couche(s) comprise(s) entre deux séries stratigraphiques à faciès bien différents, et dont certains caractères pétrographiques ou paléontologiques sont identiques à ceux des couches sous-jacentes, d'autres à ceux des couches sus-jacentes. P. ex. une série marrneuse qui est surmontée par une série calcaire par l'intermédiaire de couches de passage marno-calcaires.

couche-savon n. f. – Couche qui, dans certaines conditions, permet le décollement aisé des terrains sus-jacents, et leur chevauchement sur d'autres terrains. Ex. : couches argilo-gypsifères du Trias supérieur des Alpes qui jalonnent de nombreux contacts anormaux.

couches 1, 2, et **3** – Couches distinguées dans la croûte océanique. V. Terre.

couché adj. **(pli –)** [angl. *recumbent fold*] – V. pli.

coude n. m. **de capture (d'un cours d'eau)** [angl. *elbow of capture*] – Brusque changement de direction du lit d'un cours d'eau consécutif à une capture* (V. fig. à ce mot).

coulée n. f. – Ensemble de terrains se déplaçant sous forme liquide ou pâteuse. Il peut s'agir 1. [angl. *lava flow*] de laves à faible viscosité (surtout des laves basaltiques qui peuvent par exemple constituer des trapps. V. aussi aa, cheire, volcan) ; 2. [angl. *mud flow*] de roches argileuses ou de projections volcaniques (V. lahar) qui, gorgées d'eau peuvent se déplacer sur de grandes distances.

coulissage n. m. [angl. *strike slip*] – Composante horizontale du mouvement (= décrochement) des lèvres d'une faille* l'une par rapport à l'autre.

coulisse n. f. **(plis en –)** – Syn. de plis en échelons*.

coup-de-poing n. m. [angl. *hand axe*] – Terme parfois utilisé pour désigner les bifaces de l'industrie acheuléenne.

coupe n. f. **géologique** [angl. *geologic section* (US), *geological section* (GB), *cross section*] – Représentation de la section de terrains par un plan généralement vertical (on parle aussi parfois de profil géologique, mais à tort, le mot profil ne désignant que le contour extérieur de la coupe ou profil topographique). Une coupe géologique, peut se construire à partir de la carte géologique, complétée dans les cas favorables par d'autres renseignements sur le sous-sol (sondages, géophysique). Un travail préliminaire est l'exécution de la coupe topographique correspondante. Ensuite, c'est essentiellement à partir des différentes inclinaisons en surface des structures géologiques qu'on tente avec plus ou moins de difficulté de reconstituer leur allure en profondeur. Ces inclinaisons nous sont connues essentiellement par : – 1. les indications concernant le pendage des couches portées sur la carte. – 2. Le fait qu'il existe des rapports entre le pendage d'une couche, son épaisseur, la largeur de son affleurement, et la forme de la surface topographique où elle est visible. – 3. Des intersections favorables avec la topographie qui permettent de déduire le sens et la valeur du pendage. C'est notamment le cas lorsque des couches, ou des plans de contacts anormaux, traversent une vallée, car ils y dessinent une inflexion en forme de V dont la pointe est généralement tournée dans le sens du pendage. Dans ce même cas de figure, l'absence d'inflexion indique des pendages verticaux. Ces inclinaisons en surface étant précisées, on représente ensuite l'allure la plus vraisemblable des terrains en profondeur, telle qu'elle découle logiquement de données comme l'épaisseur des couches (que l'on postule constante sauf argument contraire), le style tectonique, etc. Plus ce dernier est compliqué, plus la part d'incertitude est grande dans la coupe ainsi établie. Une bonne représentation de structures plissées demande que la coupe soit perpendiculaire à ces structures (**coupe tectonique**). Une coupe géologique peut également être levée sur le terrain ; cela consiste à indiquer sous le trait du profil topographique les amorces des couches telles qu'on les voit, avec leurs pendages, à repérer les échantillons récoltés et à noter les diverses observations concernant ces terrains.

coupe (géologique) équilibrée [angl. *balanced cross section*] – Coupe géologique dans laquelle les surfaces occupées par les

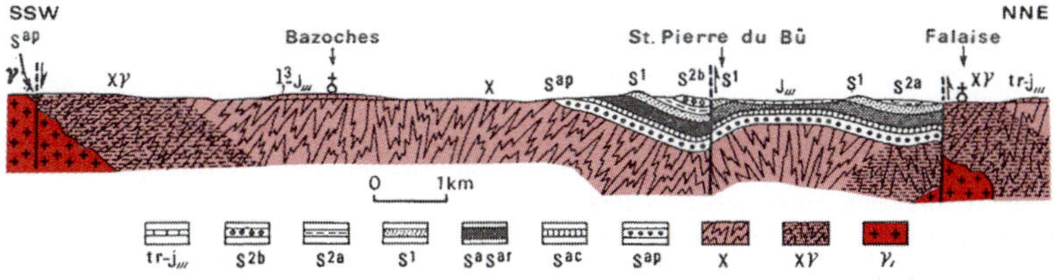

coupe géologique

Coupe faite à partir de la carte à 1/80 000 de Falaise (Normandie) – tr-j_{III} : argiles et calcaires du Trias au Jurassique moyen, discordants sur toutes les couches sous-jacentes – S^{2b} : schistes et grès de May de l'Ordovicien – S^{2a} : schistes à trilobites de l'Ordovicien inf. – S^1 : grès armoricains de l'Ordovicien basal – S^aS^{ar} : schistes et grès arkosiques du Cambrien – S^{ac} : schistes et calcaires du Cambrien inf. – S^{ap} : poudingues pourprés de la base du Cambrien, discordants sur le Précambrien (X et γ) – X : schistes et grauwackes du Briovérien – Xγ : cornéennes et schistes tachetés (métamorphisme de contact de X par γ) – γ : batholite granitique, intrusif dans X déjà tectonisé.

différentes couches plissées sur la coupe sont égales à celles qu'elles occuperaient sur une coupe avant le plissement..

coupe topographique – V. profil topographique.

coupholites n. f. pl. **(groupe des –)** [du gr. *kouphos*, léger, et *lithos*, pierre] – Ensemble des minéraux des r. magm. de densité < 2,77 ; ce sont en général des minéraux clairs : quartz, feldspaths, feldspathoïdes. Ant. barylites.

courant n. m. **(figure de –)** [angl. *current mark*] – V. hyporelief.

courant de contour [angl. *contour current*] – Courant marin profond longeant subhorizontalement un relief sous-marin (souvent une marge continentale). Sa vitesse est de l'ordre de quelques dm/s. Il reprend les éléments les plus fins du matériel turbiditique distribué par les canyons sous-marins et les dépose plus loin sous forme de **contourites***.

courbe n. f. **de niveau** [angl. *contour (line), topographic contour*] – 1. Lieu des points d'une surface ayant même altitude. – 2. Leur représentation sur une carte. V. carte topographique, isobathe, isohypse.

courbe (de cuvette, intercalaire, maîtresse) – V. carte topographique.

courbe intrinsèque – V. Mohr (diagramme de –).

courbure n. f. [angl. *curvature*] – La courbure moyenne d'une courbe est exprimée par le rapport g/arc MM' (e étant mesuré en radians) et le rayon de courbure moyen est l'inverse de ce rapport. La courbure et le rayon de courbure en un point sont les limites de ces rapports quand M tend vers M'. En particulier le rayon de courbure d'un cercle est égal à son rayon, et sa courbure en est l'inverse. Plus le rayon de courbure est petit et plus la courbure est prononcée.

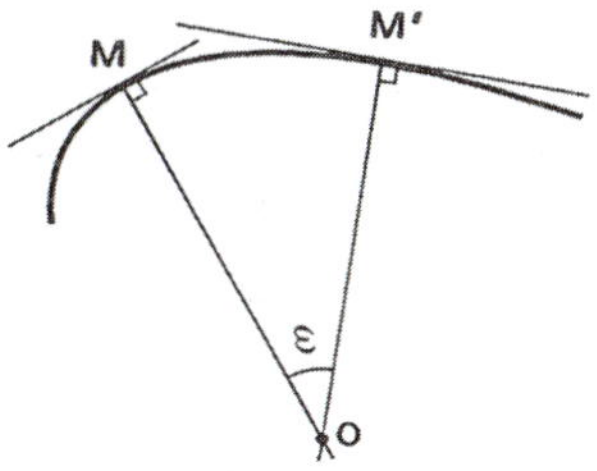

courbure

couronne n. f. **réactionnelle** [angl. *reaction rim*] – Zone entourant un minéral, composée d'autres minéraux issus de réactions entre ce minéral et son milieu. V. réactionnel et suite réactionnelle.

coussins n. m. pl. **(laves en –)** [angl. *pillow lavas*] – Laves, surtout basaltes et andésites, mises en place sous l'eau en formant des boules visqueuses (0,6 à 2 m sur 0,3 à 1 m, parfois plus) qui s'empilent et se moulent les unes sur les autres. Chaque boule (ou coussin, oreiller, pillow) montre une croûte à structure hyaline (refroidissement très rapide) se desquamant facilement, avec fréquemment de petites bulles blanchâtres (à quartz, albite, calcite, chlorite), croûte nommée alors **cortex variolitique**, et un cœur plus cristallin (microlithique) affecté de cassures souvent rayonnantes. Entre les coussins, les espaces

libres sont remplis de brèches fines vitreuses (hyaloclastites, débris pyroclastiques) et de sédiments souvent un peu cuits. L'identification de ces laves en coussins, empilées parfois sur de grandes épaisseurs, permet de conclure à une mise en place sous l'eau. On les connaît à la partie supérieure des complexes ophiolitiques (V. ophiolite) ; on a pu en filmer la formation sous quelques mètres d'eau, en bordure d'îles volcaniques basaltiques (Hawaï) : les plongées sous-marines ont permis de les observer dans la dorsale médio-atlantique où, à côté des coussins, on voit des brèches de coussins (accumulation de fragments anguleux de coussins éclatés), mais aussi des boudins et des tubes de lave, en partie anastomosés, larges de 0,5 à 1 m et longs de plusieurs m. Syn. laves en oreillers, pillow lavas.
Remarque : par altération superficielle, certaines laves prennent un débit en boules qu'il ne faut pas confondre avec une structure en coussins.

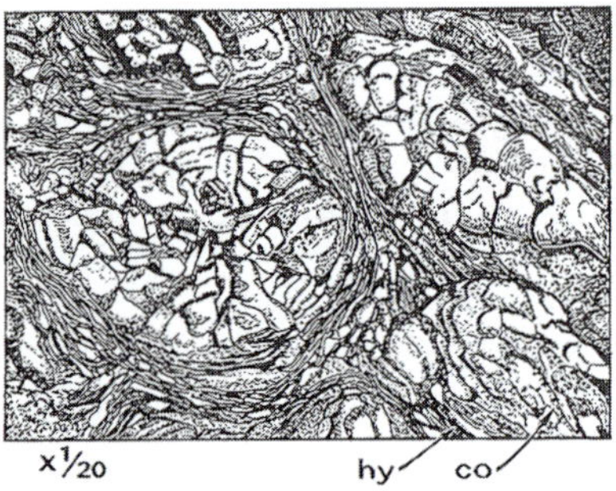

coussins (laves en –)

co : coussins, à bordure en écailles concentriques ; au centre, une section de coussin éclaté montrant des fissures radiales
hy : hyaloclastite (d'après photographie d'un affleurement *in* A. Rittmann).

couverture n. f. [angl. *cover*] – 1. Ensemble de terrains sédimentaires, ou parfois volcaniques, reposant en discordance sur un autre ensemble très plissé, souvent métamorphisé et granitisé, puis pénéplané avant leur dépôt, et appelé socle. – 2. En tectonique, tout ou partie de l'ensemble précédent qui s'est décollé de son substratum, en général à la faveur d'une couche plastique (couche-savon), la partie qui, éventuellement, est restée adhérente au socle est appelée **tégument**. V. tectonique de couverture.

Couvinien n. m. [J.-B. d'Omalius d'Halloy, 1862, de Couvin, Belgique ; angl. *Couvinian*] – Division stratigraphique du Dévonien (ère primaire). V. tabl. Annexe 2. Adj. **couvinien, nne**.

covellite n. f. (ou covelline) [dédié à Covelli ; angl. *covellite, covelline*] – Sulfure CuS, du syst. hexagonal, en lamelles bleu indigo. Accompagne la chalcocite.

Cpx ou **cpx** – Abréviation habituelle de clinopyroxène.

Cr – Symbole chim. du chrome.

craie n. f. [du lat. *creta*, craie, ou glaise ; angl. *chalk*] – R. sédim. marine, calcaire (90% ou plus de $CaCO_3$), à grain très fin, blanche, poreuse, tendre et friable, traçante. Elle est formée pour la plus grande part d'une accumulation de coccolithes (pièces calcaires de 2 à 10 µm de végétaux unicellulaires, les Coccolithophoridés) et contient souvent des foraminifères planctoniques (hedbergelles, *Globotruncana*, etc.). Le ciment de calcite microcristalline est peu abondant. Ces roches sont connues seulement dans les séries mésozoïques de bassins peu profonds (300 m env., ou moins) : ex. craies d'âge crétacé sup. du Bassin parisien. Les variétés sont dénommées d'après des organismes ou des minéraux particuliers : craie à inocérames, à oursins, à spongiaires, etc. ; craie dolomitisée, argileuse, phosphatée, glauconieuse (et alors verdâtre), à rognons de silex (alignés selon la stratification), sableuses et micacées (craie tuffeuse). Adj. **crayeux, euse** [angl. *chalky*].

craie de Briançon – Syn. de stéatite.

Crania [du gr. *kranion*, crâne] – Genre de Brachiopodes (V. fig. à ce mot) à coquille épaisse ornementée et canaliculée, vivant fixé par toute la valve ventrale. Répart. stratigr. : Carbonifère – Actuel.

craquage n. m. [angl. *cracking*] – «Procédé thermique ou catalytique visant à accroître la proportion relative des composants légers d'une huile par modification de la structure chimique de ses constituants », terme rendu obligatoire dans les documents officiels (*J.O.* du 18 janvier 1973).

Crassicollaria [du lat. *crassus*, épais, et *collum*, cou] – Genre de Calpionelles (V. fig. à ce mot).

cratère n. m. [du gr. *krater*, vase ; angl. *crater*] – Dépression circulaire ou elliptique limitée par un bord abrupt. Ex. : cratère volcanique (V. volcan), cratère d'impact de grosses météorites (syn. astroblème) ; *cf.* caldeira, maar. Adj. **cratérique**.

cratogène n. m. [L. Kober, 1921, du gr. *kratos*, empire] – Terme supplanté aujourd'hui par craton.

craton n. m. [H. Stille, 1933, du gr. *kratos*, empire ; angl. *craton*] – Vaste portion stable du domaine continental par opposition aux zones instables déformées (V. orogène). L'auteur de ce terme distinguait les aires stables océaniques (en allem. : *Tiefkraton*) des aires stables continentales (*Hochkraton*). Seul ce dernier sens est resté dans notre langue. V. aussi bouclier. N. f. **cratonisation** ; adj. **cratonique ; cratonisé, e**.

creep(ing) n. m. [mot angl.] – V. reptation.

crénulation n. f. [du lat. *crena*, entaille ; angl. *crenulation*] – Déformation d'une surface de stratification ou de schistosité* par des microplis rapprochés, parallèles entre eux, souvent aigus.

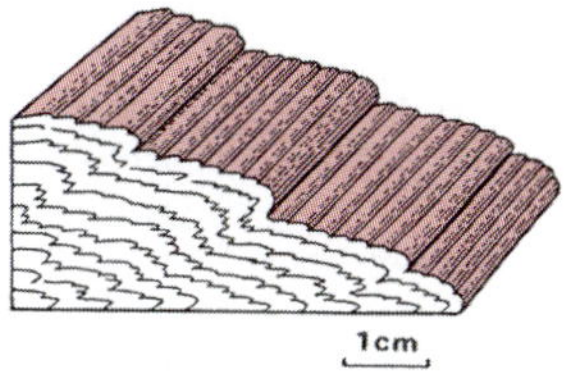

crénulation

Créodontes n. m. pl. [du gr. *kreos*, chair, et *odous, odontos*, dent ; angl. *Creodonta*] – Groupe de Mammifères carrnivores fossiles ancêtres des Fissipèdes (c'est-à-dire des chiens, des chats, etc.). Répart. stratigr. : Éocène – Oligocène.

crêt n. m. [du lat. *crista*, arête d'une montagne ; angl. *crêt, synclinal ridge*] – Corniche formée par le rebord d'une couche dure dominant une combe. V. relief structural.

Crétacé n. m. [J.B. d'Omalius d'Halloy, 1822, du lat. *creta*, craie, cette roche étant répandue dans les formations de cette période ; angl. ***Cretaceous***] – Dernière période de l'ère secondaire. On la divise généralement en Crétacé inf. et Crétacé sup., la limite étant située entre l'Albien et le Cénomanien. Une ancienne division en trois parties, où le Crétacé moyen comprenait l'Albien, le Cénomanien et le Turonien, est aujourd'hui généralement abandonnée. V. tabl. Annexe 2. Adj. **crétacé, e**.

crête (de plage) [angl. *beach ridge*] – Partie sommitale d'un cordon littoral. V. plage.

Crinoïdes n. m. pl. [du gr. *krinon*, lis, et *eidos*, forme ; angl. *crinoids, Crinoidea*] – Groupe d'Échinodermes composés typiquement d'un **calice** (ou **thèque**) régulier à symétrie axiale d'ordre 5, portant des bras, et d'une tige assurant la fixation de l'animal. Cette dernière peut manquer lorsque l'animal est fixé directement par son calice ou lorsqu'il mène une vie pélagique (p. ex. *Saccocoma*). On retrouve rarement les Crinoïdes entiers dans les sédiments, mais leurs débris, notamment les articles de tiges, ou **entroques**, y abondent, et sont aisément reconnaissables à leur symétrie pentaradiée, à leur canal central, et à leur cassure brillante qui correspond à un clivage des gros cristaux de calcite dont sont constitués leurs squelettes. Répart. stratigr. : Cambrien – Actuel. Adj. **crinoïdique** (composé de débris de crinoïdes).

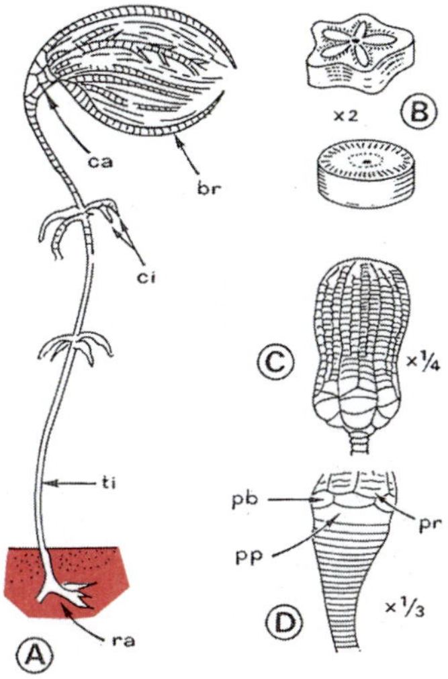

Crinoïdes

A : Crinoïde en position de vie – br : bras – ca : calice – ci : cirres – ra : racines – ti : tiges.
B : deux articles de tige (ou entroques) isolés.
C : calice et bras d'*Encrinus* (Trias moyen).
D : calice et portion de tige d'*Apiocrinus* (Jurassique sup. – pb, pr, pp : plaques basale, radiale, proximale.

Crioceratites (ancien nom : *Crioceras)* [du gr. *krios*, bélier, et *keras*, corne] – Genre d'Ammonites (V. fig. à ce mot) déroulées du Crétacé inf. (Hauterivien – Barrémien).

cristal n. m. [du gr. *krustallos*, glace, cristal ; angl. *crystal*] – Solide dont les divers atomes sont arrangés de manière régulière selon une disposition fondamentale (la maille élémentaire) dont la répétition dans l'espace dessine le réseau cristallin. Du fait de cet arrangement, les propriétés physiques d'un cristal varient selon les orientations. Cette caractéristique est l'**anisotropie**, qui est soit continue (p. ex. pour la conductibilité thermique, la résistivité électrique, la propagation de la lumière), soit discontinue (p. ex. pour le développement des faces, des arêtes, des troncatures, des clivages).

Lorsqu'un cristal peut se développer sans entraves, il prend naturellement une forme polyédrique limitée par des faces planes ; le cristal est dit **automorphe**, et dans le cas contraire il est dit xénomorphe (sa forme extérieure est alors quelconque, ce qui ne modifie en rien ses autres propriétés liées à l'état cristallin).

L'étude des cristaux montre qu'ils possèdent en nombre plus ou moins grand des plans, des axes, et des centres de symétrie ; on le voit en particulier par la symétrie d'orientation des faces (qui est le reflet d'une symétrie à l'échelle atomique). Ainsi, pour un cristal automorphe d'un minéral déterminé, les angles entre les faces sont constants (loi de la constance des angles), quels que soient la taille du cristal et le développement relatif des diverses faces.

L'étude de ces propriétés de symétrie a permis de définir 14 types de réseaux cristallins (les réseaux de Bravais) eux-mêmes liés à 7 types fondamentaux de symétrie d'orientation. Ce sont les **7 systèmes cristallins** (ou polyèdres fondamentaux). Chacun de ces systèmes peut être repéré par rapport à 3 axes, dont les angles a, b, g sont droits ou non, égaux entre eux ou non. La maille élémentaire est rapportée à ces axes et est caractérisée en outre par les valeurs a, b, c de ses arêtes. Les mailles empilées dessinent le réseau cristallin et leurs sommets en constituent les **nœuds**, chacun d'eux pouvant être repéré par ses coordonnées (les valeurs a, b, c étant prises comme unité sur chaque axe, ces derniers étant souvent désignés par les mêmes lettres).

Les 7 systèmes cristallins sont ainsi les suivants :

– 1. **syst. cubique** : cube ; $a = b = c$, $\alpha = \beta = \gamma = 90°$.

– 2. syst. **quadratique** : prisme droit à 4 faces latérales rectangulaires égales, et à 2 bases carrées ; $a = b \neq c$, $\alpha = \beta = \gamma = 90°$.

– 3. syst. **orthorhombique** : prisme droit à 4 faces latérales rectangulaires égales 2 à 2, et à 2 bases rectangulaires ; $a \neq b \neq c$, $\alpha = \beta = \gamma = 90°$.

– 4. syst. **monoclinique** (ou **clinorhombique**) : prisme oblique à 4 faces latérales parallélogrammatiques égales 2 à 2, et à 2 bases rectangulaires ; $a \neq b \neq c$, $\alpha = \gamma = 90°$, $\beta \neq 90°$.

– 5. syst. **triclinique** : prisme oblique à 4 faces latérales et à bases parallélogrammatiques égales 2 à 2 ; $a \neq b \neq c$, $\alpha \neq \beta \neq \gamma$, tous $\neq 90°$.

– 6. syst. **rhomboédrique** : 6 faces losangiques égales, $a = b = c$, $\alpha = \beta = \gamma \neq 90°$.

– 7. syst. **hexagonal** : prisme droit à 6 faces latérales rectangulaires égales, et à 2 bases hexagonales, $a = b \neq c$, $\alpha = \beta = 90°$, $\gamma = 120°$.

On utilise parfois le préfixe pseudo- pour indiquer qu'un cristal appartenant à un certain système possède des paramètres très proches de ceux d'un autre système : ex. un minéral quadratique pseudocubique.

Dans chaque système, les éléments géométriques des cristaux, et en particulier les **faces**, sont désignés par des **notations** : soit des lettres (notation de Haüy-Lévy), soit plus couramment aujourd'hui des chiffres, selon les principes utilisés pour les nœuds (**indices de Miller** [angl. *Miller indices*], avec 3 chiffres, ou 4 pour le syst. hexagonal, et parfois rhomboédrique, fig. B). Un minéral déterminé cristallisant dans un système donné peut présenter des aspects assez différents, du fait du développement variable des faces, et de la présence ou non de **troncatures**, c'est-à-dire de faces supplémentaires à l'emplacement d'un sommet ou d'une arête du polyèdre fondamental.

Un corps défini par sa composition chimique peut parfois cristalliser dans des systèmes divers, du fait d'arrangements variés des mêmes atomes constitutifs, selon les conditions de T et P lors de la cristallisation. P. ex. la silice SiO_2, avec P = 1 kbar, cristallise dans le syst. hexagonal (quartz) à $T < 1\ 050\ °C$ environ, dans le syst. orthorhombique (tridymite) pour $1\ 050° < T < 1\ 470°$, et dans le syst. quadratique (cristobalite) pour $1\ 470° < T < 1\ 713°$.

Des cristaux du même minéral peuvent s'associer entre eux selon des modalités bien précises, liées aux éléments de symétrie : ce sont des macles (V. ce mot).

Les cristaux naturels présentent souvent de nombreux défauts : absence de certains atomes, remplacement d'atomes par d'autres (de rayon ionique peu différent), présence d'inclusions fluides ou solides, etc., ces défauts ne modifiant d'ailleurs pas leur aspect macroscopique. Par contre, la présence d'inclusions radioactives entraîne des modifications plus sensibles, en particulier des changements de teinte et de transparence (V. métamicte). Ces phénomènes se produisent lors de la croissance des cristaux, et c'est également au cours de celle-ci que certains cristaux acquièrent un caractère zoné : V. zonation, et feldspath (fig.)

cristallin, e adj. [angl. *crystalline*] – 1. Qui se rapporte aux cristaux et à l'état solide les caractérisant ; Ant. amorphe. – 2. Se dit des roches formées de cristaux ; en pratique, on désigne comme **roche cristalline** une roche formée de cristaux visibles à l'œil (r. grenue), qui est le plus souvent une r. magm. plutonique (ex. granite), mais parfois une r. métam. (ex. calcaire cristallin). – 3. S'applique aux ensembles rocheux constitués de roches cristallines (**massif cristallin** de r. magm. plutoniques). V. aussi cristallophyllien. N. f. **cristallinité** [angl. *crystallinity*].

cristalline adj. **(optique –)** [angl. *crystal optics*] – Étude des propriétés des cristaux concernant la propagation de la lumière, et qui permettent en particulier de définir des critères de reconnaissance au microscope. V. microscope polarisant, polarisation, réfraction.

cristallisation n. f. [angl. *crystallization*] – Formation de cristaux selon des modalités

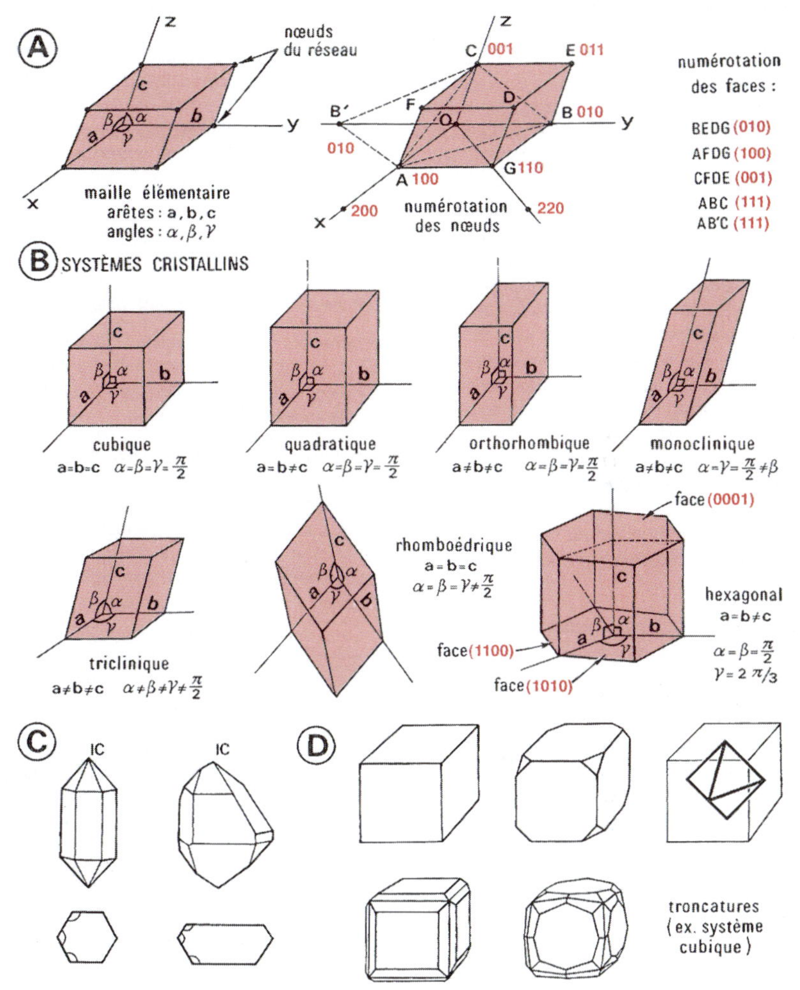

cristal

A : paramètres de la maille élémentaire, et notation des nœuds et des faces (ABC et AB'C correspondent à des troncatures) – **B :** les sept systèmes cristallins, avec pour le syst. hexagonal une numérotation à 4 chiffres (parfois utilisée aussi pour le syst. rhomboédrique) – **C :** constance des angles des faces pour des sections perpendiculaires à l'axe c de cristaux de quartz (syst. hexagonal) aux formes différentes. – **D :** variété des formes obtenues par le jeu des troncatures dans le syst. cubique.

variées : – 1. Par solidification lente d'un liquide ayant la composition chimique d'un ou de plusieurs minéraux (V. solidification). – 2. Par déplacement d'éléments (atomes, ions) au sein d'un solide (p. ex. au cours du métamorphisme). – 3. Par précipitation à partir des éléments contenus dans des fluides (p. ex. à partir des corps dissous dans des eaux). Le terme désigne aussi une masse constituée de cristaux, en particulier lorsqu'elle a une valeur décorative (p. ex. une belle cristallisation au cœur d'une géode). Vb. **cristalliser** [angl. *to crystallize*] ; adj. **cristallisé, e** [angl. *crystallized*].

cristallisation fractionnée [angl. *fractional crystallization*] – Cristallisation de minéraux différents à des moments successifs dans un magma qui se refroidit. Lorsque la température décroît, l'ordre de cristallisation est approximativement : – 1. Apatite, zircon, sphène, olivine, pyroxène. – 2. Amphiboles et plagioclases basiques. – 3. Micas et plagioclases alcalins. – 4. Quartz enfin (si le magma est à excès de SiO_2). Les premiers minéraux formés étant riches en Fe, Mg, Ca, le magma résiduel est appauvri en ces éléments, et corrélativement enrichi en Si, Al, K, Na. Par ailleurs, les premiers minéraux formés peuvent devenir instables dans le magma résiduel aux nouvelles conditions de T et P, et se transformer en d'autres minéraux stables dans les nouvelles conditions, ceux-ci pouvant à leur tour disparaître lors des stades ultérieurs de la cristallisation (V. suite réactionnelle). On a donc une succession de réactions chimiques complexes dépendant de nombreux paramètres : chimisme du magma originel, vitesse de variation de T et P, rôle des fluides (vapeur d'eau), accumulation des cristaux denses (*cf.* cumulat) qui ne réagiront plus avec le magma résiduel, émission de laves, assimilation de roches bordant la chambre magmatique. V. aussi différenciation magmatique, et solidification.

cristallite n. m. [angl. *crystallite*] – Très petit cristal (quelques µm).

cristalloblastique adj. **(ordre –)** [du gr. *krustallos*, cristal, et *blastos*, germe ; angl. *crystalloblastic order* ; ≈ – *series*] – Classement ancien des minéraux des r. métam. selon leur «force de cristallisation» c'est-à-dire leur aptitude à cristalliser sous une forme automorphe (cela étant lié à la cristallisation fractionnée) ; par «force» décroissante, on rangeait approximativement : – 1. rutile, sphène, magnétite, ilménite, hématite – 2. tourmaline, grenat, sillimanite, staurotide, disthène, andalousite – 3. épidote, forstérite – 4. pyroxène, amphibole, wollastonite – 5. calcite, dolomite, albite, cordiérite, mica, chlorite, talc – 6. quartz et feldspaths (ces derniers sont donc le plus souvent xénomorphes).

cristalloblastique (structure –) [angl. *crystalloblastic texture*] – Structure des r. métam. acquise par recristallisation ou par bourgeonnement des cristaux en milieu solide. Ce terme général regroupe les structures diablastique, granoblastique, lépidoblastique, nématoblastique, pœciloblastique (V. ces mots, et blaste).

cristallogenèse n. f. [angl. *crystallogeny*, *crystal growing*] – Formation d'un cristal, soit dans le milieu naturel, soit expérimentalement ou industriellement.

cristallographie n. f. [du gr. *krustallos*, cristal, et *graphein*, écrire ; angl. *crystallography*] – Étude des formes, des structures, et des propriétés des cristaux (V. cristal).

cristallophyllienne adj. **(roche –)** [du gr. *krustallos*, cristal, et *phullon*, feuille] – R. cristalline montrant des feuillets riches en phyllites (micas en particulier). Cette expression désigne en particulier les roches du métamorphisme général de la séquence pélitique, représentées par les schistes, micaschistes et gneiss (cet ensemble constituant les schistes cristallins ou ectinites), et par les migmatites.

cristobalite n. f. [angl. *cristobalite*] – Forme de H.T. de la silice*.

critère n. m. **de polarité** – V. polarité.

crochet n. m. [du scandinave *krökr*, croc] [angl. *umbo*, pl. *umbo(ne)s*] – Partie pointue ou recourbée des coquilles des Bivalves et des Brachiopodes. Syn. umbo.

crochon n. m. **(de faille)** [angl. *drag fold*] – Courbure brusque des couches au contact d'une faille, due au mouvement relatif des deux compartiments, et permettant de le déterminer : dans chaque compartiment, la torsion s'effectue en sens inverse du déplacement. V. aussi rebroussement.

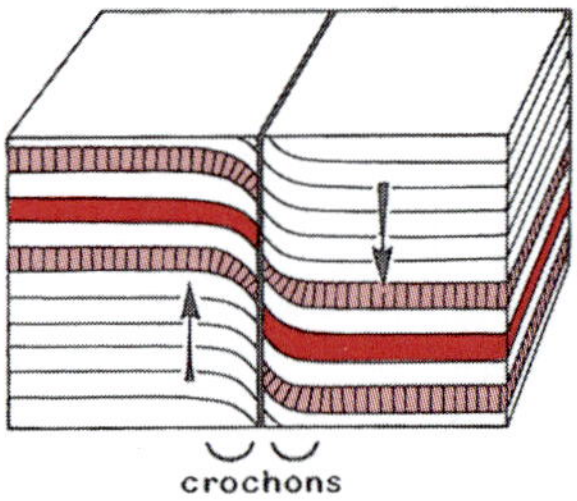

crochons (de faille)

Les flèches indiquent les mouvements relatifs des deux blocs.

croisette n. m. **(macle de la –)** [angl. *(cross-shaped) staurolite twin*] – Macle en croix de la staurotide (V. fig. à ce mot). Les cristaux ainsi maclés sont abondants dans le Massif armoricain où on les connaît sous le nom de croisette de Bretagne.

Cro-Magnon (Homme de –) – Race de Néanthropiens (V. Hominidés) caractérisée par des squelettes trouvés dans l'abri-sous-roche du village des Eyzies (Dordogne, Fr.) qui porte ce nom, avec un outillage magdalénien. Leur taille était élevée, et ils ne se différenciaient guère des Hommes actuels. Connus de 30 000 à 10 000 ans env. avant l'Actuel.

Cromérien n. m. [Leakey, 1934, de Cromer Forest, G.-B. ; angl. *Cromerian*] – Division stratigraphique du Quaternaire européen, basée sur l'analyse pollinique, correspondant à l'interglaciaire Günz-Mindel. V. tabl. à glaciation. Adj. : **cromérien, nne**.

crossite n. f. [dédiée à W. Cross ; angl. *crossite*] – Amphibole* bleue intermédiaire entre la riébeckite et la glaucophane.

Crossoptérygiens n. m. pl. [du gr. *krossos*, frange, et *pterugion*, nageoire ; angl. *Crossopterygii*] – Groupe de Poissons marins, proches des Amphibiens, connus par des fossiles du Dévonien au Crétacé. Considéré comme disparu ensuite, on en a retrouvé dans l'océan Indien, en 1939, une seule espèce de la famille des Cœlacanthidés : *Latimeria chalumnae* (= le Cœlacanthe).

crotovina (ou crotovine) n. f. [angl. *crotovina, krotovina*] – Concrétion calcaire des cherrnozems.

croûte n. f. [angl. *crust, hardpan*] – Horizon pédologique induré par cémentation. V. sol à croûte.

croûte (– continentale, – intermédiaire, – océanique) [angl. *continental crust –, intermediate –, oceanic –*] – V. Terre. Adj. **crustal, e, aux.**

crura n. m. pl. [mot lat. signif. jambes, sing. crus ; angl. *crura,* sing. *crus*] – Apophyses du brachidium des Brachiopodes*.

crus n. m. (pl. crura) [Mot lat. signifiant jambe] – V. crura.

Crustacés n. m. pl. [du lat. *crusta*, croûte ; angl. *crustaceans, Crustacea*] – Groupe d'Arthropodes connu du Cambrien à l'Actuel. Classification :
1 – **Branchiopodes** (répart. stratigr. : Dévonien – Actuel)
2 – **Ostracodes**, très utilisés comme fossiles stratigraphiques (Cambrien – Actuel).
3 – **Copépodes**, non connus à l'état fossile.
4 – **Cirripèdes** (ex. *Balanus, Anatifa* ; Crétacé – Actuel).
5 – **Malacostracés** (crabes, etc. ; Dévonien – Actuel).
Ces animaux sont dans l'ensemble marins mais peuvent s'accommoder de salinités très variées (surtout les deux premiers groupes).

crustal, e, aux adj. [angl. *crustal*] – Qui se rapporte à la croûte terrestre. V. Terre.

Cruziana [du lat. *crux, crucis*, croix] (nom ancien *Bilobites*) – Traces fossiles attribuées à la progression des Trilobites. V. ichnofossile.

cryoclastie n. f. [du gr. *kruos*, froid, et *klasis*, briser] – Syn. de gélifraction*.

cryoconite n. f. [angl. ***cryoconite***] – Poussière noire, en partie d'origine cosmique, qui se dépose sur les glaciers. En s'échauffant au soleil, elle fait fondre la glace et s'y enfonce en produisant des trous à cryoconite.

cryokarst n. m. [du gr. *kruos*, froid, et de karst [angl. *cryokarst*] – Modelé topographique caractérisé par des entonnoirs produits par la fonte de la glace en certains points d'un permafrost* sous-jacent. Syn. thermokarst.

cryolit(h)e n. f. [du gr. *kruos*, froid, et *lithos*, pierre ; angl. *cryolite*] – Fluorure Na_3AlF_6, du syst. monoclinique (pseudocubique), en cristaux maclés groupés en agrégats, blanc translucide. C'est un minéral rare des pegmatites. Un gisement du Groenland, maintenant épuisé, a été exploité comme minerai d'aluminium.

cryoplanation n. f. [du gr. *kruos*, froid, et du lat. *planus*, plat ; angl. *cryoplanation*] – Aplanissement des reliefs sous l'effet direct ou indirect du gel.

cryosol n. m. [du gr. *kruos*, froid, et de sol ; angl. *gelisol, frozen ground*] – Sol des régions froides comportant une partie profonde, constamment gelée, appelée permafrost (ou pergélisol ou permagel), et une partie superficielle qui dégèle pendant une certaine durée de l'année en donnant une boue plus ou moins fluide (mollisol). V. sol et modelé glaciaire. Syn. gélisol.

cryosphère n. f. [du gr. *kruos*, froid, et de sphère ; angl. *cryosphere*] – Partie de la surface terrestre gelée en permanence (glaces et permafrosts).

cryoturbation n. f. [du gr. *kruos*, froid, et du lat. *turbatio*, trouble ; angl. *cryoturbation*] – Mouvements de matière à l'intérieur des sols, dus aux gels et aux dégels successifs. V. modelé périglaciaire. Adj. **cryoturbé, e**.

cryptocristallin, e adj. [du gr. *kruptos*, caché, et de cristallin ; angl. *cryptocrystalline*] – S'applique aux roches, ou aux portions de roches, formées de cristaux très petits (quelques µm), difficilement visibles au microscope, du fait de la superposition de plusieurs cristaux dans l'épaisseur (0,02 à 0,03 mm) d'une plaque mince.

Cryptodontes n. m. pl. [du gr. *kruptos*, caché, et *odous, odontos*, dent ; angl. *cryptodonts, Cryptodonta*] – Groupe de Bivalves.

cryptoflysch n. m. [du gr. *kruptos*, caché, et de flysch] – V. flysch.

Cryptogames n. m. pl. [du gr. *kruptos*, caché, et *gamos*, mariage ; angl. *cryptogams*] – V. Ptéridophytes.

cryptomélane n. m. [du gr. *kruptos*, caché, et *melanos*, noir ; angl. *cryptomelane*] – Variété potassique de psilomélane*.

cryptoperthite n. f. [du gr. *kruptos*, caché, et de perthite ; angl. *cryptoperthite*] – V. feldspath (sodi-potassique).

Cs – Symbole chim. du césium.

Ct – Symbole chim. du celtium. V. hafnium.

CTB [sigle, de l'angl. *Continental Tholeiitic Basalts*] – V. basalte.

Cténaires n. m. pl. [du gr. *kteis, ktenos*, peigne ; angl. *Ctenidia*] – Groupe de Cœlentérés.

Cu – Symbole chim. du cuivre.

cubique adj. (système cristallin –) [angl. *cubic*] – V. cristal.

cuesta n. f. [mot esp. signif. pente ; angl. *cuesta*] – Relief dû à l'érosion d'une couche dure à pendage modéré présentant une pente forte du côté opposé au pendage, là où la couche a été tranchée par l'érosion (front), et une pente faible sur le dos de la couche, du côté du pendage (revers). On appelle **cuesta double**, une cuesta formée par deux couches dures encadrant une couche plus tendre qui donne, à l'endroit où elle affleure, une pente plus faible. V. relief structural. Syn. côte*, pour partie.

cuirasse n. f. [de cuir] (Syn. carapace) – 1. En pédologie, croûte superficielle épaisse (jusqu'à plusieurs mètres) fortement durcie par des précipitations d'hydroxydes de Fe et Al, se formant surtout en climat intertropical à saisons sèches bien marquées (V. aussi sol à croûte, sol ferralitique). – 2. En paléontologie, squelette externe protégeant une partie du corps de certains animaux (ex. : « Poissons* cuirassés »).

cuirassés adj. **(Poissons –)** – Syn. de Placodermes.

Cuisien n. m. [G. Dollfus, 1877, de Cuise-la-Motte, Oise, Fr. ; angl. *Cuisian*] – Partie sup. de l'Yprésien (ère tertiaire). V. tabl. Annexe 2. Adj. **cuisien, nne**.

cuivre n. m. [de l'expression lat. *aes cyprium*, bronze de Chypre ; angl. *copper*] – Symbole chim. Cu. N° et masse atom. 29 et 63,540 ; ion 1^+ de rayon 0,096 nm ; densité 8,9 ; clarke 55 à 70 g/t, selon les auteurs. Métal rouge orangé, malléable et ductile, s'altérant superficiellement à l'air (vert-de-gris avec malachite et azurite). Il existe à l'état natif, dans le syst. cubique, mais rarement bien cristallisé et se présentant en fils dendritiques, en feuilles, ou en imprégnations ; les gisements sont en général liés à un hydrothermalisme et à des r. magm. basiques. Son attirance chimique pour S fait qu'on le retrouve surtout dans des sulfures (covellite CuS, chalcocite CuS_2) où il accompagne souvent Fe (chalcopyrite $CuFeS_2$, cubanite $CuFe_2S_3$, bornite Cu_5FeS_4, etc.). Les cuivres gris correspondent aux sulfures où Cu accompagne As ou Sb. Il forme aussi divers oxydes, dont la cuprite Cu_2O, ou des carbonates tels que la malachite $Cu_2(CO_3)(OH)_2$ et l'azurite $Cu_3(CO_3)_2(OH)_2$. Selon les gisements, ces divers corps peuvent servir de minerais, le principal d'entre eux étant la chalcopyrite. Adj. **cuivreux, euse**, et, plus couramment, **cuprifère***.

Culm n. m. [nom gallois désignant un charbon, *cf.* angl. *coal*, charbon ; angl. *Culm*] – Faciès détritique (parfois flysch) du Carbonifère inf., s'opposant aux faciès calcaires. L'orthographe allemande Kulm est parfois employée en français. V. tabl. Annexe 2.

culmination n. f. [angl. *culmination*] – Point le plus haut d'une structure tectonique. Ex. : une culmination anticlinale est le point le plus haut de l'axe d'un anticlinal (en effet, celui-ci n'est pas, en général, cylindrique).

culot n. m. [angl. *plug*] – Extrusion magmatique de laves visqueuses, plus ou moins bréchifiées, obstruant le plus souvent une cheminée volcanique.

cummingtonite n. f. [de Cummington, U.S.A. ; angl. *cummingtonite*] – Var. d'amphibole* ferromagnésienne.

cumulat n. m. [angl. *cumulate*] – R. magm. grenue (ex. : péridotite, gabbro) formée, lors de la cristallisation* fractionnée, par accumulation sous l'action de la gravité au sein d'un magma de cristaux denses automorphes (cumulus) cimentés par d'autres minéraux interstitiels (**postcumulus** ou **intercumulus**). La roche est alors litée, avec parfois des figures sédimentaires (ex. stratifications obliques). Ces roches à cumulats sont en particulier connues dans la partie inférieure des complexes ophiolitiques (V. ophiolite).

cuprifère adj. [angl. *cupriferous, copper-bearing*] – Qui contient du cuivre*.

Curie (point de –, température de –) [angl. *Curie point, – temperature*] – Température au-dessus de laquelle les corps ferromagnétiques perdent cette propriété, c'est-à-dire perdent leur aimantation rémanente (580 °C pour la magnétite, 675 °C pour l'hématite, 775 °C pour le fer). V. paléomagnétisme.

cuvette n. f. – Dépression fermée.

cuvette (courbe de –) – V. carte topographique.

cuvette (pli en –) [angl. *dished fold, ≈ canoe fold*] – Pli* synclinal aussi large que long. (*Cf.* brachysynclinal.)

cyanite n. f. (ou kyanite) [du gr. *kuanos*, bleu ; angl. *kyanite, cyanite*] – Syn. de disthène*.

Cyanobactéries n. f. pl. [du gr. *kuanos*, bleu, et *phucos*, algue ; angl. *Cyanobacteria*] – Bactéries procaryotes, naguère considérées comme des algues primitives, le plus souvent filamenteuses, surtout d'eaux douces mais aussi marines, pouvant former des incrustations calcaires de formes diverses (stromatolithes, oncolithes). Répart. stratigr. : Antécambrien – Actuel. Syn.

Cyanophytes, Algues bleues. V. séquence ; rythmique.

cycle n. m. [du gr. *kuklos*, cercle ; angl. *cycle*] – Suite d'événements se concluant par une situation présentant les mêmes caractéristiques que celles de l'état initial. V. séquence ; rythmique. Adj. **cyclique** [angl. *cyclic*].

cycle d'érosion [angl. *cycle of erosion*] – Succession d'étapes qui, selon W.M. Davis (1899), amènerait la formation de reliefs à partir d'une surface originelle plane pour redonner en définitive une autre surface plane. Cette histoire, qui nécessite l'abaissement du niveau de base des rivières (p. ex. par eustatisme), qui se mettent à creuser leurs vallées par érosion régressive, comporte les stades suivants : – 1. **Initial** (surface topographique plane). – 2. De **jeunesse** (creusement actif des rivières, profil raide des versants). – 3. De **maturité** (creusement moins actif, versants mous). – 4. De **vieillesse** et de **sénilité** (le profil d'équilibre est atteint), et on aboutit à la formation d'une pénéplaine.
Un **modelé** engendré dans ces conditions est appelé modelé (ou relief) cyclique. Des cycles d'érosion successifs aboutissant à leur terme ultime ou non (**épicycles**), et agissant sur la même région donnent des modelés **polycycliques** (p. ex. glacis emboîtés).
Il est à noter que cette conception de l'évolution du relief, dite **morphologie davisienne** (ou morphologie **normale**), repose essentiellement sur les mouvements du niveau de base des fleuves, dans le cadre d'une érosion normale*. Ce mécanisme est sans aucun doute essentiel, mais ne doit pas faire oublier le rôle d'autres facteurs, notamment climatiques (V. biorhexistasie), ce qui a conduit à nuancer les idées de Davis.

cycle orogénique [angl. *orogenic cycle*] – Succession des événements qui voient se former puis se détruire une chaîne de montagne. Typiquement, un cycle orogénique comprend trois phases : – 1. sédimentation ; – 2. orogenèse ; – 3. pénéplanation. La base de chaque cycle est ainsi marquée par une discordance majeure sur le matériel affecté par le cycle précédent. Les cycles qui ont affecté les régions européennes sont successivement les cycles cadomien, calédonien, hercynien, alpin, chacun d'eux étant marqué par un certain nombre de phases tectoniques. Le rapport entre ces cycles tectoniques et la tectonique des plaques n'est pas encore clair, mais on peut penser qu'un cycle correspond à l'ouverture suivie de la fermeture d'un domaine océanique. V. au nom de chaque cycle, et tabl. Annexe 2. Syn. cycle tectonique.

cycle sédimentaire [angl. *sedimentary cycle, cycle of sedimentation*] – Période comprise entre une transgression et une régression. Un cycle sédimentaire n'indique pas obligatoirement l'existence de mouvements orogéniques, et, de ce fait, les couches de deux cycles sédimentaires successifs peuvent être concordantes. P. ex., en France, le Jurassique correspond à un grand cycle sédimentaire qui débute au Lias, et se termine au Portlandien (comme l'indiquent les faciès régressifs purbeckiens du Jura). V. séquence.

cyclique adj. [angl. *cyclic*] – Qui présente des cycles. En géomorphologie, qui se rapporte à la notion de cycle* d'érosion.

Cycloclypeus [du gr. *kuklos*, cercle, et du lat. *clypeus*, bouclier] – V. Nummulitidés.

cyclosilicate n. m. [du gr. *kuklos*, cercle, et de silicate ; angl. *ring-silicate, cyclosilicate*] – Silicate* formé de tétraèdres $[SiO_4]^{4-}$ disposés en anneau.

Cyclostoma [du gr. *kuklos*, cercle, et *stoma*, bouche] – Genre de Gastropode (V. fig. à ce mot) du Crétacé – Actuel.

Cyclostomes n. m. pl. [angl. *cyclostomes, Cyclostomata*] – Syn. d'Agnathes.

cyclostratigraphie n. f. [du gr. *kuklos*, cercle, et de stratigraphie ; angl. *cyclostratigraphy*] – Stratigraphie fondée sur l'étude des cycles de la sédimentation, notamment sur ceux qui sont contrôlés par l'orbite* terrestre. V. orbitostratigraphie.

cyclothème n. m. [J.-M. Weller, 1930 : du gr. *kuklos*, cercle, et *thema*, thème ; angl. *cyclothem*] – Séquence* sédimentaire correspondant à un petit cycle sédimentaire, et plus particulièrement dans un bassin houiller où l'on observe la succession suivante, répétée de nombreuses fois, de bas en haut : – 1. argiles lacustres ou marines ; – 2. grès ; – 3. conglomérats ; – 4. couche de houille (V. charbon).

Cyclothyris [du gr. *kuklos* cercle, et *thuris*, cellule] – Genre de Brachiopodes (V. fig. à ce mot) du Crétacé.

cylindrique adj. [du gr. *kulindros*, rouleau ; angl. *cylindrical*] – Se dit d'une surface qui peut être engendrée par le mouvement d'une droite gardant toujours la même orientation. Ex. : un pli* cylindrique [angl. *cylindrical fold*].

cylindrisme n. m. [du gr. *kulindros*, rouleau ; angl. *cylindricity*] – Type de raisonnement tectonique basé sur le principe que les structures évoluent peu lorsqu'on les suit parallèlement aux axes des plis. Dans un orogène, p. ex., il permet d'appliquer à une transversale ce qu'on a observé sur une autre. Utilisée avec discernement, cette méthode se révèle fructueuse ; sans contrôle, elle peut être au contraire à l'origine des plus graves erreurs.

Cynomorphes n. m. pl. [du gr. *kuôn, kunos*, chien, et *morphê*, forme ; angl. *Geunons, Cercopithecidae*] – Syn. de Cercopithèques. V. Anthropoïdes.

Cyrena [de Cyrène, colonie grecque d'Afrique du Nord] – Genre de Lamellibranches du groupe des Hétérodontes, vivant actuellement dans les eaux douces ou saumâtres.

Cyrtograptus [du gr. *kurtos*, courbé, et *graptos*, écrit] – Genre de Graptolithes (V. fig. à ce mot).

Cystidés n. m. pl. [du gr. *kustis*, vessie, et *eidos*, forme ; angl. *cyst(o)ids, Cystoidea*] – Groupe d'Échinodermes uniquement fossiles, composés d'un calice généralement subsphérique ou aplati, formé de plaques calcaires pentagonales arrangées plus ou moins irrégulièrement, percées de pores souvent groupés sur des zones losangiques appelées **pectinirhombes**, et habituellement pourvus d'une tige servant à la fixation temporaire ou définitive. Répart. stratigr : Ordovicien – Permien.

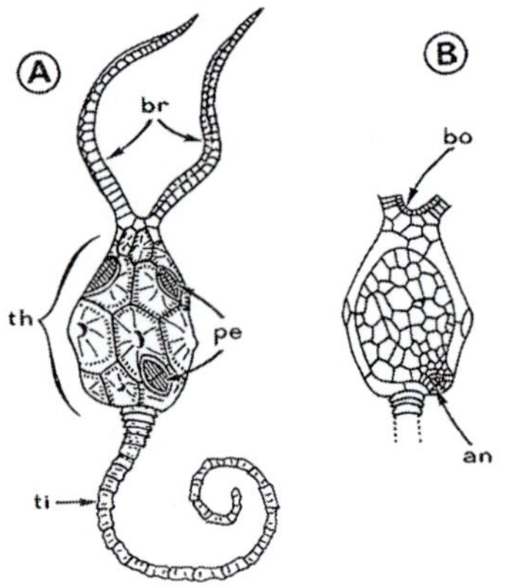

Cystidés

Un cystidé vu sur sa face anale **(B)** et sur sa face opposée **(A)** – an : anus – bo : bouche – br : brachioles – pe : pectinirhombe – th : thèque (ou calice) – ti : tige (d'après Billings, *in* J. Piveteau)

D

dacite n. f. [de la Dacie, ancien nom de la Transylvanie, Roumanie ; angl. *dacite*] – R. magm. effusive (V. tabl. magm. ; r. grenue équiv. : diorite quartzique), en général gris clair (leucocrate), microlithique avec verre abondant et phénocristaux de quartz automorphe, de plagioclase (andésine, parfois à liséré d'orthose) et de minéraux ferromagnésiens : biotite, horrnblende ou pyroxène type hypersthène (ex. de l'Aiguille de la montagne Pelée, volcan dont les nuées ardentes détruisirent Saint-Pierre de la Martinique en 1902). Les dacites sont des laves visqueuses donnant des aiguilles et des culots, et sont associées soit à des andésites, soit à des rhyolites (dans les ignimbrites p. ex.).

dacitoïde n. m. [de dacite, et du gr. *eidos*, forme ; angl. *dacitoid*] – Dacite sans cristaux de quartz, l'excès de SiO_2 étant resté dans la mésostase vitreuse (quartz virtuel).

dactylopore n. m. [du gr. *daktulos*, doigt, et de pore ; angl. *dactylopore*] – Cavité abritant un dactylozoïte chez les Hydrozoaires* qui en possèdent.

dactylozoïte n. m. [du gr. *daktulos*, doigt, et *zôon*, animal ; angl. *dactylozooid*] – Petit polype de certains Hydrozoaires*.

dallage n. m. [angl. *(stone) pavement*] – Ensemble de dalles, provenant de roches à débit en plaques, disposées à plat à la surface du sol, les matériaux fins ayant été enlevés (rôle du vent, du ruissellement, des lessivages). Dans les pays froids, les alternances de gel et de dégel et le poids de la neige en favorisent l'élaboration, et le pavage obtenu est nommé **dallage nival** [angl. *subnival boulder pavement*].

dalle n. f. [angl. *slab(stone), flag(stone)*] – Morceau de roche limité naturellement ou artificiellement par deux faces parallèles et bien moins épais (quelques cm à 1 ou 2 dm) que large. Ex. un calcaire en dalles.

damourite n. f. [dédié à Damour ; angl. *damourite*] – Variété de mica blanc, plus riche en H_2O que la muscovite ; en pratique, ce terme est utilisé pour les petites paillettes de mica blanc résultant de l'altération (**damouritisation**) de divers silicates en particulier de feldspaths. V. aussi, séricite et séricitisation.

Danien n. m. [E. Desor, 1846, de Danemark ; *Danian*] – Étage le plus bas de l'ère tertiaire (naguère rangé dans le Crétacé). V. tabl. Annexe 2. Adj. **danien, nne**.

darcy n. m. [de H. Darcy, hydrogéologue français ; angl. *darcy*] – Unité de perméabilité des terrains. Un terrain a une perméabilité de un darcy, lorsqu'un fluide de une centipoise de viscosité (celle de l'eau à 20°) s'y déplace sous l'influence d'un gradient de pression de une atmosphère par centimètre, à la vitesse de 1 cm/s.

Daslandien n. m. [angl. *Daslandian*] – Division du Cambrien scandinave. V. tabl. Annexe 2. Adj. **daslandien, nne**.

Dasycladacées n. f. pl. [du gr. *dasus*, touffu, et *klados*, branche ; angl. *dasycladaceans*, *Dasycladaceae*] – Algues vertes, unicellulaires, vivant actuellement dans les eaux marines ou saumâtres chaudes et peu profondes, composées d'un axe cylindrique entouré souvent d'un manchon calcaire et d'où partent des rameaux, en général verticillés (c'est-à-dire attachés régulièrement selon une même circonférence). Peu abondantes aujourd'hui, elles ont pullulé à certaines époques, et notamment au Secondaire sur les plates-formes marines peu profondes. Elles permettent d'établir une stratigraphie dans ces faciès. Répart. stratigr. : Ordovicien – Actuel. V. aussi *Clypeina* (fig.).

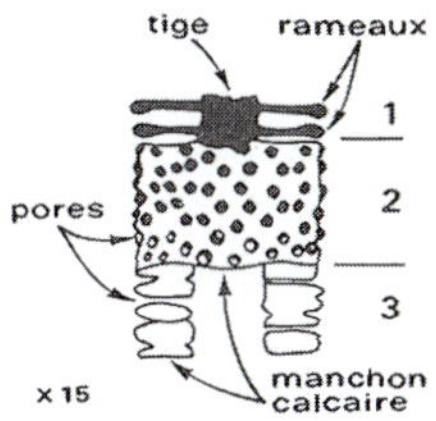

Dasycladacées

Représentation schématique – 1 : portion où le manchon calcaire est enlevé – 2 : manchon calcaire vu de l'extérieur – 3 : section du manchon calcaire seul (d'après L. Moret).

datation n. f. [angl. *dating*] – Action de déterminer l'âge d'une couche, d'un fossile, d'une structure, etc. ; ne pas confondre avec **datage** : action de porter une date sur un document. Pour dater les couches, on utilise les principes et les méthodes de la géochronologie (V. aussi stratigraphie). Pour les datations des structures, les cas de figures sont assez variés : p. ex., structures antérieures ou postérieures à d'autres structures. V. âge. Vb. **dater** [angl. *to date*].

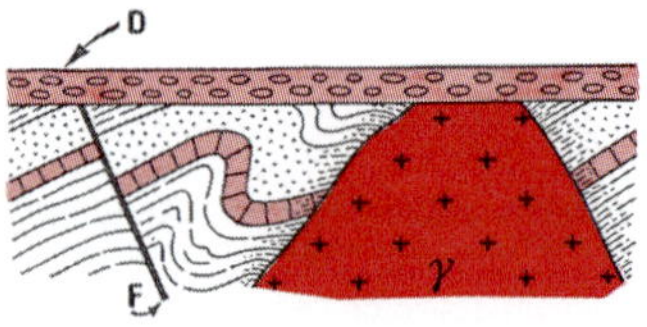

datation de structures

La couche discordante D est la plus récente : son dépôt est postérieur au plissement des couches sous-jacentes, à la faille F et à l'intrusion granitique γ. F et γ sont tous deux postérieurs aux plis, mais il n'est pas possible de déterminer leurs relations chronologiques réciproques. Noter que D s'est déposée sur une surface* d'érosion.

davisien, nne adj. [angl. *Davisian*] – Se dit des formes du relief qui s'inscrivent dans un cycle* d'érosion, notion due au géomorphologue W.M. Davis.

débit n. m. – 1. [angl. *splitting* (débit en dalles), *jointing* (débit selon des joints)] Pour une roche, manière dont elle se fragmente, p. ex. : débit massif, schisteux, en lauzes, en prismes, en boules (ce dernier cas étant fréquent pour les granites, les grès, etc.). Vb. **(se) débiter** [angl. *to split*]. – 2. [angl. *discharge*] Pour une rivière, une source, volume d'eau écoulé par unité de temps (exprimé ordinairement en m^3/s pour la première, en l/s pour la deuxième). Vb. **débiter** [angl. *to discharge*]. – 3. **débit solide** [angl. *sediment load, stream –*] : quantité de matière entraînée par un fleuve par unité de temps.

débitage n. m. **Levallois** – V. Levallois.

décalcification n. f. [angl. *decalcification*] – Disparition de la calcite par dissolution. Ex. décalcification d'un calcaire siliceux, ou dolomitique, transformé en roche poreuse et légère, seule la trame siliceuse, ou dolomitique, étant conservée. Vb. **(se) décalcifier** [angl. *to decalcify*] ; adj. **décalcifié, e** [angl. *decalcified*].

déclinaison n. f. **(magnétique)** [angl. *(magnetic) declination*] – Angle que font en un lieu, projetées sur un plan horizontal, la direction du Nord magnétique et celle du Nord géographique. V. magnétisme terrestre.

décoiffement n. m. [M. Lugeon, 1949] – Glissement par gravité d'un panneau de couches à peu près parallèles à un versant. V. aussi collapse-structure.

décollement n. m. [M. Lugeon, 1900 ; angl. *decollement, detachment (fault)*] – Désolidarisation de deux terrains à la faveur d'une discontinuité ou d'une variation rapide des propriétés mécaniques. Ex. décollement d'une couverture sur son socle. V. aussi disharmonie, Syn. détachement (anglicisme). Vb. **(se) décoller** ; adj. **décollé, e.**

décollement (niche de –) [angl. *landslide scar*] – Cavité sur un versant, limitée par un abrupt à l'amont, et correspondant au départ d'un glissement de terrain (loupe de glissement).

décrochement n. m. [A. Jaccard, 1869] – 1. [angl. *wrench fault, strike-slip fault*] Faille verticale, ou presque, séparant des compartiments qui se sont déplacés l'un par rapport à l'autre uniquement dans le sens horizontal et parallèlement à cette faille. Un décrochement peut être dextre* ou senestre*. Le déplacement relatif des compartiments est l'amplitude du décrochement. – 2. [angl. *strike slip*] Composante horizontale du rejet d'une faille* parallèlement au plan de celle-ci. V. aussi coulissage. Adj. **décroché, e** (qui a subi un décrochement) ; **décrochant, e** (qui a produit un décrochement).

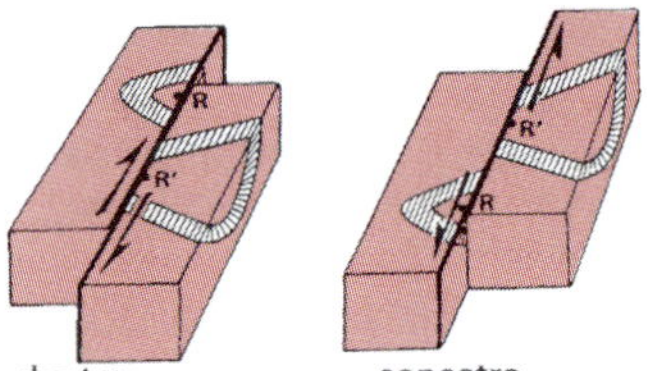

décrochement

dédolomitisation n. f. [angl. *dedolomitization*] – 1. Transformation d'une dolomie en calcaire dolomitique. Le remplacement de la dolomite par la calcite peut se faire en surface, par altération météorique, dans des dolomies contenant des sulfures (pyrite p. ex.) ou du gypse, ou à une certaine profondeur par circulation d'eau chargée en sulfates (proximité de gypse ou d'anhydrite). V. aussi cargneule. – 2. Transformation de la dolomite en calcite par métamorphisme, avec apparition de divers minéraux (p. ex. brucite, périclase). Vb. **(se) dédolomitiser** : adj. **dédolomitisé, e**.

dédoublement n. m. (d'une cuesta) [angl. *splitting (of a cuesta)*] – Fait, pour une cuesta*, de devenir double sur une partie de son parcours. V. relief structural.

déflation n. f. [du lat. *de-*, séparé de, et *flare*, souffler ; angl. *deflation*] – Entraînement par le vent de matériaux fins et secs. V. aussi vannage.

déformation n. f. [angl. *deformation, strain*] – Changement de forme d'un corps matériel. La déformation permanente observée

(**déformation finie**) acquise par une roche dépend de ses propriétés et des contraintes subies. La déformation est dite **discontinue** s'il y a eu création de plans de rupture et déplacement (glissement) suivant ceux-ci ; elle est **continue*** (ou **plastique***) dans le cas inverse. La déformation continue est **homogène** si des droites restent des droites et des parallèles restent des parallèles : un cube est transformé en parallélépipède et une sphère en ellipsoïde. Dans les autres cas la déformation est nonhomogène ou **inhomogène**.
Une déformation continue homogène peut être caractérisée par un ellipsoïde de déformation défini par son orientation et ses trois axes notés X, Y, Z (ou l_1, l_2, l_3) avec X : axe d'allongement maximal, Z : axe de raccourcissement maximal, Y : axe intermédiaire (d'allongement ou de raccourcissement) ; le plan XY est le plan d'aplatissement. La déformation est de révolution si deux axes sont égaux (X > Y = Z, forme en cigare ; X = Y > Z, forme en galette). En général, cet ellipsoïde de déformation n'a pas les mêmes directions principales que l'ellipsoïde des contraintes*. Si l'orientation des axes X, Y, Z varie lorsque la déformation augmente, celle-ci est dite **rotationnelle**.
On distingue les deux cas simples suivants (dont, en pratique, les effets se superposent le plus souvent) : – 1. l'aplatissement pur ou cisaillement pur [angl. *pure shear*] dans lequel un cube devient un parallélépipède rectangle – 2. le cisaillement simple [angl. *simple shear*] où un cube devient un parallélépipède quelconque. Dans ces deux cas, une sphère devient un ellipsoïde.
Pour l'analyse, on peut considérer la déformation finie comme la somme de déformations infinitésimales (incrémentales).
L'étude de la déformation des corps réels (rhéologie) montre qu'ils peuvent être considérés comme ayant, à des degrés divers, selon les conditions de pression et de température, les propriétés de trois solides idéaux : – 1. Solide de Hooke, parfaitement élastique que l'on peut représenter schématiquement par un ressort : sa déformation cesse lorsque disparaît la contrainte qui lui a donné naissance. – 2. Liquide de Newton, uniquement visqueux que l'on peut représenter par un amortisseur. Sa vitesse de déformation est proportionnelle à la force appliquée, et il reste déformé lorsque la contrainte disparaît. – 3. Corps de Saint-Venant ou plastique (ou encore rigide-plastique) qui peut être représenté par un patin frottant sur une surface : il ne peut se déformer que si la force appliquée dépasse un certain seuil, et il reste déformé lorsque la contrainte disparaît. Les propriétés rhéologiques d'une roche donnée sont intermédiaires (corps élastico-visco-plastiques). Soumise à une contrainte croissante orientée, la roche se comporte d'abord de manière élastique, puis, rapidement, de manière rigide-plastique (ductile) jusqu'à une valeur suffisante de la contrainte pour provoquer une rupture (cf. diagramme de Mohr). Les domaines d'élasticité, de ductilité, et les seuils de rupture varient selon la nature des roches (ex. un calcaire est plus ductile qu'une dolomie) ; ils dépendent aussi d'autres

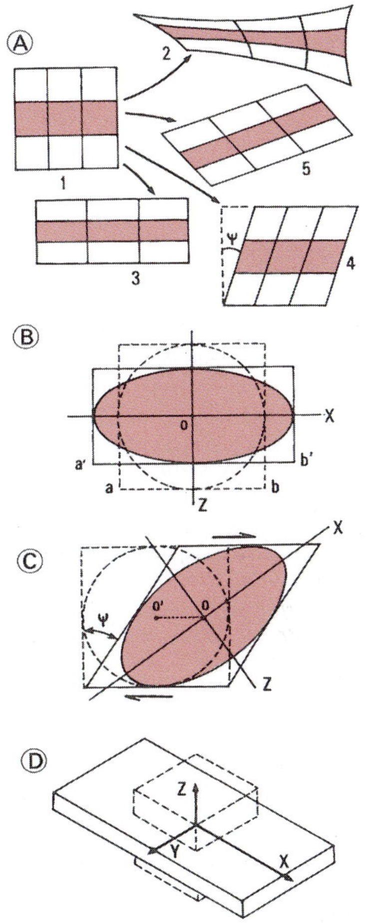

déformation

A : – 1 : état initial – 2 : déformation inhomogène – 3, 4, 5 : déformation homogène, sans rotation (3) ou avec (4, 5).
B : Déformation d'une surface par aplatissement pur (cisaillement pur). En tiretés : état initial ; en traits continus : état de la déformation finie – X : axe d'allongement – Z : axe de raccourcissement – L'extension linéaire ou allongement est donnée par e = (a'b'– ab)/ab.
C : Déformation par cisaillement simple. La distorsion est définie par $\gamma = \mathrm{tg}\Psi$. Lorsque la déformation croît, les axes X et Z subissent une rotation.
D : Déformation par cisaillement pur d'un cube en parallélépipède rectangle. L'ellipsoïde de déformation est caractérisé par ses 3 demi-axes X, Y, Z.

paramètres et essentiellement de la température et de la pression de confinement : plus celles-ci sont élevées et plus la ductilité augmente (cf. niveau structural). V. compétent, incompétent. Vb. **(se) déformer** [angl. *to deform*] ; adj. **déformé, e** [angl. *deformed*] ; **déformable**.

dégradation n. f. [angl. *degradation*] – Pour une argile*, processus consistant en une perte d'ions et une désorganisation des feuillets. Ant. *agradation*.

degré n. m. **géothermique** [angl. *geothermal gradient*] – Distance qu'il faut parcourir vers le bas dans la Terre pour constater une augmentation de 1 °C. Près de la surface (dans les premiers kilomètres) il est en moyenne de 33 m. V. gradient géothermique, flux thermique, métamorphisme.

déjectif adj. [H. Stille, 1917, du lat. *dejectio*, éviction] – S'applique au style de plis de couverture où alternent anticlinaux larges et synclinaux étroits (terme peu usité). Ant. éjectif.

déjection n. f. **(cône de –) –** V. cône de déjection.

déjeté adj. **(pli –)** [angl. – *asymmetric(al) fold*] – Pli* dont la surface axiale est inclinée et dont les flancs, dissymétriques, ont des pendages opposés.

déjettement n. m. – Pour un pli, fait d'être déjeté. Acquisition de cette structure. Mot peu usité. V. vergence, adj. **déjeté, e**.

délitage n. m. [angl. *(bedding-plane) parting*] – Fait pour une r. sédim. de se fendre selon ses plans de stratification (p. ex. délitage facile des psammites), ou pour un schiste selon ses plans de schistosité. Vb. **(se) déliter** ; n. m. **délit** (plan de délitage) ; adj. **délité, e**.

delta n. m. [de la majuscule grecque *delta* qui est en forme de triangle ; angl. *delta*, *delta fan*] – Embouchure d'un fleuve, dans la mer ou dans un lac, généralement divisée en plusieurs bras, où s'accumulent les sédiments (alluvions) dans une zone de forme grossièrement triangulaire. V. bottomset, foreset, topset.

delta (isotopique) – V. isotopique (delta –).

delta sous-marin – 1. [angl. *prodelta*] Partie d'un delta fluvial se prolongeant sur le plateau continental. Syn. prodelta. – 2. Syn. de cône* sous-marin (profond).

delthydium (ou deltidium) n. m. (pl. -iums) [de la majuscule gr. *delta* qui est en forme de triangle ; angl. *deltidium*] – Chez les Brachiopodes (V. fig. à ce mot), plaquettes calcaires qui réduisent l'ouverture du delthyrium.

delthyrium n. m. (pl. -iums) [de la majuscule gr. *delta* qui est en forme de triangle ; angl. *delthyrium*] – Chez les Brachiopodes (V. fig. à ce mot), encoche de la valve ventrale par où passe le pédoncule.

démaigrissement n. m. [terme de maçon ou de charpentier désignant l'enlèvement d'une faible épaisseur de matériau sur une pierre, une poutre, etc. ; angl. *downwasting, beach retreat*] – Enlèvement du sable d'une plage ou d'un cordon littoral par les courants marins.

demi-fenêtre n. f. [angl. *half(-)window*] – Dispositif voisin de la fenêtre* tectonique mais où, en plan, les terrains chevauchants n'entourent pas complètement les terrains chevauchés (V. fig. à nappe de charriage).

demi-graben n. m. [angl. *half(-)graben*] – Structure tectonique constituée par des failles normales parallèles ayant même regard. V. graben.

demi-onde (lame –) – V. lame auxiliaire.

demoiselle n. f. **coiffée** – Syn. de cheminée* de fée.

Démosponges n. f. pl. [du gr. *démos*, graisse, et du lat. *spongia*, éponge ; angl. *demosponges, Demospongea*] – Groupe d'éponges siliceuses. V. Spongiaires.

dendrite n. f. [du gr. *dendron*, arbre ; angl. *dendrite*] – Figure finement arborescente, constituée par des files ramifiées de petits cristaux indiscernables à l'œil. En particulier, les joints de certains calcaires lités montrent des dendrites brunes formées de cristaux d'oxydes de fer et de manganèse (V. pyrolusite, et aussi psilomélane), et qu'il ne faut pas prendre pour des empreintes végétales. Plus rarement, ces dendrites pénètrent la roche elle-même, p. ex. dans certaines agates. Adj. **dendritique** [angl. *dendritic*].

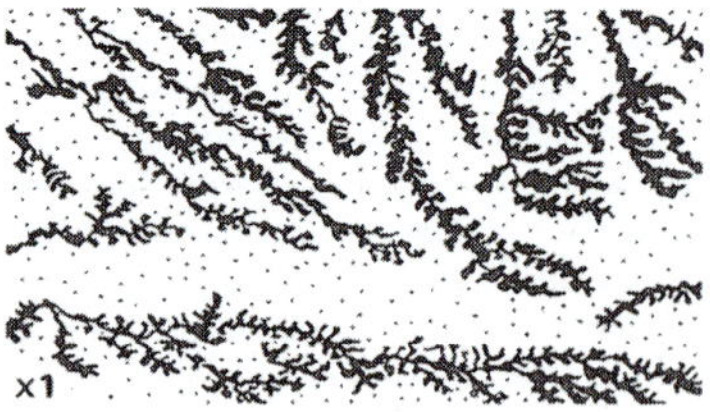

dendrites

dendrochronologie n. f. [du gr. *dendron*, arbre, et chronologie ; angl. *dendrochronology*, *tree-ring chronology*] – Étude des successions d'anneaux de croissance des arbres pour établir des chronologies et, en particulier, celles des variations climatiques. Adj. **dendrochronologique**.

dendroclimatologie n. f. [du gr. *dendron*, arbre, et climatologie ; angl. *dendroclimatology*] – Reconstitution de caractéristiques des climats passés par l'étude des anneaux de croissance du bois (largeur, densité, composition, etc.). Adj. **dendroclimatologique**.

Dendrograptus [du gr. *dendron*, arbre, et *graptos*, écrit] – Genre de Graptolithes (fig.).

densité n. f. [du lat. *densus*, serré ; angl. *density*] – Quotient de la masse d'un certain volume d'un corps par la masse du même volume d'un fluide de référence (eau ou air généralement). V. masse volumique.

Dentalium [du lat. *dens, dentis*, dent, et *talis*, semblable] – Mollusque Scaphopode* du Tertiaire – Actuel (des genres voisins sont connus dès le Dévonien).

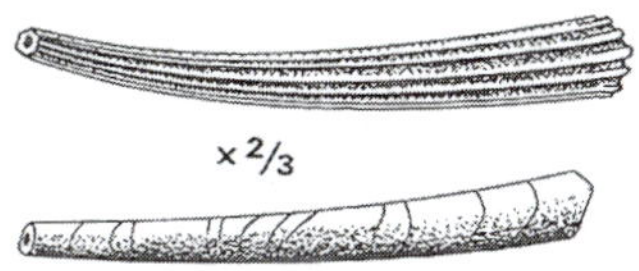

Dentalium

Deux espèces différentes de dentales.

départ n. m. **(zone de –)** [angl. *zone of depletion*] – Dans le profil d'un sol ferrallitique, roche mère en début d'altération (zone C_0). V. sol ferrallitique.

dépôt n. m. [du lat. *depositum*, dépôt] – 1. [angl. *deposition*] Phénomène consistant en l'accumulation de substances sur un substratum. V. sédimentation. – 2. [angl. *deposit*] Matière résultant de cette accumulation. V. sédiment. Adj. **déposé** [angl. *laid down, settled*] ; vb. **(se) déposer** [angl. *to settle, to deposit*].

dépôts superficiels [angl. *su(pe)rficial deposits, drift* (plus spécialement utilisé pour désigner les dépôts glaciaires et fluvioglaciaires)] – Terme général désignant communément les formations quaternaires continentales telles que les limons, les alluvions, les moraines, les éboulis, etc. Syn. formations superficielles.

dérive n. f. **des continents (théorie de la –)** [angl. *continental drift theory*] – Théorie selon laquelle les continents se seraient déplacés de façon considérable, les uns par rapport aux autres, au cours des temps géologiques. Bien que l'éventualité d'un tel déplacement ait été évoquée dès le XIXe siècle, c'est A. Wegener qui, à partir de 1912 a été le principal champion de cette thèse. Pour lui, les continents, formés de sial flottant sur du sima, auraient constitué, au début de l'ère secondaire, un bloc unique ou Pangée. Ce bloc se serait ensuite disloqué, l'écartement de l'Amérique et du bloc eurafricain ayant donné naissance à l'Atlantique. Cette théorie qui expliquait l'analogie des formes, des structures géologiques et des évolutions paléogéographiques de part et d'autre de l'Atlantique (*cf.* Gondwana) a été longtemps controversée. Entre 1960 et 1970, elle a reçu toute une série de confirmations et est aujourd'hui intégrée, avec des modifications et des précisions, dans la tectonique* des plaques. V. aussi mobilisme.

dérive littorale – V. littorale (dérive –).

dérivé adj. **(mont –)** – V. mont dérivé.

dérivé (relief –) [angl. *secondary landform*] – V. relief structural, relief volcanique.

Dermoptères n. m. pl. [du gr. *derma*, peau, et *pteron*, aile ; angl. *Dermoptera*] – Groupe de Mammifères comprenant notamment l'écureuil volant.

derrick n. m. [mot angl.] – Tour* de forage.

désagrégation n. f. [angl. *disaggregation*] – Séparation des grains d'une roche, p. ex. du fait de ruptures produites par des dilatations différentielles des grains soumis au gel et au dégel, ou encore, et plus souvent, par hydrolyse de certains minéraux qui se transforment en argiles, ce qui détruit la cohésion de la roche. Si les grains obtenus restent sur place, on obtient, p. ex., une arène ou un sable.

désertique adj. **(modelé –, morphologie –)** – V. pédiment.

désertique (patine –, vernis –) [angl. *desert polish, – varnish*] – V. vernis du désert.

Desmocératacés n. m. pl. [du gr. *desmos*, corde, et *keras*, corrne ; angl. *Desmocerataceа*] – Groupe d'Ammonites*.

desquamation n. f. [du lat. *desquamare*, de *de-*, séparé de, et *squama*, écaille ; angl. *exfoliation, spalling*] – Érosion des roches par enlèvement de minces écailles superficielles. Ce phénomène pouvant être lié à des différences brutales entre les températures diurnres et nocturnes sous les climats arides, affecte en particulier des r. magm. grenues (granite p. ex.). Il peut aussi être dû à l'hydrolyse de certains minéraux. V. aussi exfoliation. Vb. **(se) desquamer**.

dessiccation n. f. **(fente de –)** [du lat. *dessiccatio*, même signif. ; angl. *desiccation crack*] – V. fente de dessiccation.

détachement n. m. – V. décollement.

détermination n. f. [du lat. *determinatio*, de *terminus*, borne, limite ; angl. *determination*] – Fait de nommer un fossile, un minéral, une roche, par identification avec un type préalablement décrit et nommé. V. aussi diagnose.

détritique adj. [du lat. *detritus*, de *deterere*, user en frottant ; angl. *detrital*] (*cf.* clastique) – 1. Qui est formé, en totalité ou en partie, de débris (p. ex. sédimentation détritique,

r. sédim. détritique). – 2. Qui est un débris : ex. minéral détritique (ou hérité), par opposition à minéral authigène (ou néoformé) ayant cristallisé au sein de la r. sédim. (ne pas confondre avec terrigène).

détritiques (roches –) [angl. *detrital rocks*] – R. sédim. composée pour 50 % au moins de débris. Les plus importantes (80 % à 90 % des r. sédim.) sont les r. **détritiques terrigènes** (ou détritiques s.s.) formées de débris issus de l'érosion d'un continent ; d'autres, en général calcareuses, sont dites **biodétritiques** (ou bioclastiques, ou organodétritiques) car formées pour l'essentiel de débris issus de squelettes et de tests d'organismes vivants. Les r. détritiques sont divisées en trois classes granulométriques selon la taille de la majorité des débris : les **rudites** à débris > 2 mm, les **arénites**, à débris de 1/16 mm (62,5 µm) à 2 mm, les **lutites** à débris < 62,5 µm, ces limites, variant selon les auteurs (V. granulométrie). La nomenclature de ces roches est très variée et, outre la taille des grains, elle fait intervenir la nature des débris, la présence ou non d'un ciment et sa nature, ainsi que des critères génétiques (type d'altération, modalités du transport et du dépôt, etc.). V. sédimentaires (roches), et clastique.

deutérique adj. [du gr. *deuteros*, deuxième ; angl. *deuteric*] – S'applique aux modifications des r. magm., avec genèse de minéraux hydroxylés, sous l'action de fluides hydrothermaux (eaux deutériques) provenant du magma lui-même dans sa dernière phase d'évolution et de consolidation. V. aussi propylitisation, autométamorphisme.

déversé adj. **(pli –)** [angl. *overturned fold, overfold*] – Pli* dont la surface axiale et les flancs ont des pendages de même sens.

déversement n. m. [angl. *overturning*] – Pour un pli, fait d'être déversé ; acquisition de cette structure. Ce terme s'emploie parfois comme synonyme de vergence. Vb. **(se) déverser** ; adj. **déversé, e**.

déviation n. f. **de la verticale** [angl. *deviation of the vertical, deflection –*] – Angle que font en un lieu, la verticale et la perpendiculaire au géoïde. V. géodésie.

Devillien n. m. [A. Dumont, 1848 ?, de Deville, Ardennes, Fr. ; angl. *Devillian*] – Division stratigraphique du Cambrien des Ardennes (Fr. et Belg.). V. tabl. Annexe 2. Adj. **devillien, nne**.

dévitrification n. f. [angl. *devitrification*] – Remplacement partiel ou total du verre de certaines laves par des agrégats de très petits cristaux ; cette recristallisation peut être due à des phénomènes diagénétiques ou épimétamorphiques, les roches prenant des faciès dits **paléovolcaniques**. V. aussi sphérolite.

Dévonien n. m. [A. Sedgwick et R.I. Murchison, 1839, du Devonshire, G.-B. ; angl. *Devonian*] – Système de l'ère primaire. V. tabl. Annexe 2. Adj. **dévonien, nne**.

dextre adj. [du lat. *dexter*, situé à droite ; angl. *dextral*] (ne pas confondre avec dextrogyre) – 1. Se dit d'une coquille hélicoïdale pour laquelle, quand on la regarde du côté de la pointe, le sens de l'enroulement est celui des aiguilles d'une montre. Quand la pointe est en haut et que l'ouverture est tournée vers l'observateur, celle-ci est située du côté droit. Ce sens d'enroulement est le plus habituel.
– 2. Se dit d'un décrochement* dont les compartiments, vus du dessus, se sont déplacés vers la droite l'un par rapport à l'autre [angl. *dextral fault, right-lateral –, right-slip –*]. Ant. senestre (dans les deux cas).

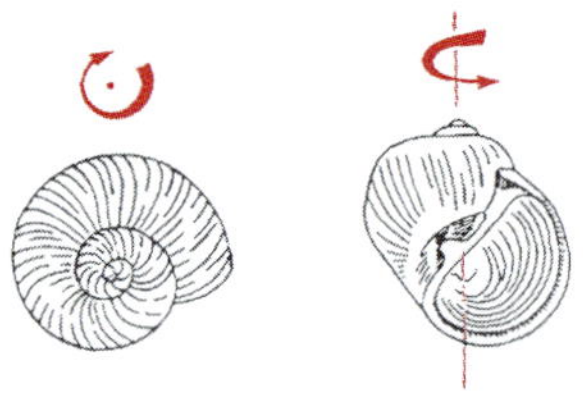

dextre

Gastéropode à enroulement dextre. Vu de dessus à gauche, du côté de l'ouverture à droite.

dextrogyre adj. [du lat. *dexter*, et du gr. *gûros*, cercle ; angl. *dextrorotatory*] – Qui fait tourner le plan de polarisation de la lumière dans le sens des aiguilles d'une montre (ne pas confondre avec dextre). Ant. lévogyre.

diabase n. f. [du gr. *diabasis*, action de traverser ; angl. *diabase* (US), *dolerite* (GB)] – 1. Syn. de dolérite* (en particulier dans la littérature anglo-saxonne) – 2. Terme désignant des dolérites altérées et de teinte verte.

diablastique adj. [du gr. *dia*, à travers, et *blastos*, germe ; angl. *diablastic*] – S'applique à la structure des r. métam. montrant des minéraux, le plus souvent allongés, qui s'enchevêtrent étroitement.

diachronisme n. m. [du gr. *dia*, à travers, et *khronos*, temps ; angl. *diachronism*] – Fait, pour une couche gardant un faciès constant, d'avoir des âges différents selon les lieux. Ce peut être, p. ex., le cas du conglomérat de base d'une série transgressive, conglomérat qui est de plus en plus jeune dans le sens de la transgression. Mettre en évidence le diachronisme d'un faciès déterminé permet de préciser l'évolution sédimentaire dans une région donnée. V. aussi hétérochrone, et obliquité des faciès, adj. **diachronique, diachrone** [angl. *diachronic, diachronous*].

diaclase n. f. [du gr. *dia*, à travers, et *klasis*, rupture ; angl. *joint*] – Cassure de roches ou de terrains sans déplacement relatif des parties séparées. S'emploie plus spécialement pour des cassures perpendiculaires aux couches sédimentaires. V. aussi faille, joint, lithoclase ; adj. : **diaclasé, e** [angl. *jointed*].

Diadématacés n. m. pl. [du lat. *diadematus*, orné d'un diadème ; angl. *Diadematacea*] – Groupe d'Oursins Réguliers. V. Échinides.

diagenèse n. f. [du gr. *dia*, à travers, et *genêsis*, formation ; angl. *diagenesis*] – Ensemble des processus qui affectent un dépôt sédimentaire et le transforment progressivement en roche sédim. solide (V. lithification). La diagenèse commence dès le dépôt du sédiment. Sa limite avec le métamorphisme est floue (anchimétamorphisme). Ses limites sont également floues avec les phénomènes épigénétiques (ou métasomatiques) affectant des r. sédim. déjà constituées. Dans des sédiments sous-aquatiques, marins surtout, les modalités sont variées car elles dépendent, entre autres, de la nature chimique du sédiment, de sa granulométrie, du taux de sédimentation contrôlant l'enfouissement. Les processus importants sont les suivants :
– Dans les premiers décimètres (ou mètres ?), il y a diagenèse biochimique due aux organismes vivants et surtout aux bactéries : enrichissement en CO_2, en produits sulfureux ou ammoniaqués, le milieu devenant plus acide et plus réducteur. On désigne aussi cette zone superficielle comme celle de la **syndiagenèse**.
– Au-delà, la diagenèse physico-chimique (parfois nommée **épidiagenèse**) augmentant avec le temps et la profondeur est marquée par : – 1. compaction du sédiment avec perte d'eau, augmentation de la densité, multiplication des points de contact entre les grains ; – 2. augmentation de T par enfouissement (degré géothermique) favorisant les réactions chimiques ; – 3. multiplication de réactions chimiques variées et complexes, avec p. ex. : agradation des argiles, transformation de certains minéraux en d'autres (aragonite – calcite ; opale – calcédoine, quartz), dissolution possible des grains à leurs points de contact, et cristallisation à partir des solutions ainsi obtenues dans les espaces intergranulaires, réaction entre les minéraux et les fluides interstitiels devenant plus acides et plus riches en CO_2 avec la profondeur. Adj. **diagénétique** [angl. *diagenetic*].

diagnose n. f. [du gr. *diagnôsis*, action de reconnaître ; angl. *diagnosis*] – Définition courte mais complète d'un groupe zoologique ou botanique (espèce, genre, famille, etc.), qui est souvent, mais non obligatoirement, accompagnée de la figuration de la forme prise comme type*. C'est par comparaison avec ces diagnoses, que l'on peut faire la détermination de tel ou tel spécimen. V. aussi nomenclature.

diagonale adj. **(faille –)** [angl. *diagonal fault, oblique –*] – Faille* oblique par rapport à la direction des couches qu'elle affecte.

diagramme n. m. **triangulaire** [angl. *triangular diagram, – plot*] – Triangle, en général équilatéral, sur lequel on peut figurer par un point toute combinaison de trois quantités, dont les valeurs sont habituellement exprimées en pourcentage par rapport à leur somme. Les trois axes de coordonnées sont les trois hauteurs du triangle, graduées de 0 % à leur pied, jusqu'à 100 % au sommet correspondant. Tous les points situés sur une même perpendiculaire à l'un de ces axes représentent la même valeur en % de la quantité correspondant à cet axe. Il en résulte que : – 1. un point situé sur un sommet représente 100 % d'une quantité – 2. un point situé sur un des côtés représente un mélange binaire – 3. un point situé à l'intérieur du triangle représente un mélange ternaire ; en particulier, le centre de gravité du triangle représente un mélange composé pour 1/3 de chaque quantité.
En pratique, et pour des raisons de clarté, ces axes ne sont généralement pas dessinés sur ces triangles, et les pourcentages sont repérés sur les côtés.
Pour les r. magm., les r. métam., et leurs minéraux, on utilise communément :
– le **diagramme A C F**, avec :
$A = (Al_2O_3 + Fe_2O_3) - (Na_2O + K_2O)$, ce pôle mettant en évidence la fraction alumineuse non liée aux alcalins ;
$C = CaO - 3{,}3\ P_2O_5$, pôle de la fraction calcique ;
$F = MgO + MnO + FeO$, pôle des ferromagnésiens.
– le **diagramme A'KF**, avec :
$A' = (Al_2O_3 + Fe_2O_2) - (Na_2O + K_2O + CaO')$, où CaO'représente le calcium lié aux silicates ;
$K = K_2O$
$F = MgO + MnO + FeO$
– le **diagramme A F M**, avec :
$A = K_2O + Na_2O$; $F = FeO$; $M = MnO$.
Sur ces diagrammes, on peut, moyennant divers calculs, représenter un minéral ou une roche par un point, ou bien leurs variations par une surface.

diagraphie n. f. [du gr. *dia*, à travers, et *graphein*, écrire ; angl. *(well) logging, (well) log*] – Enregistrement en continu dans un sondage de paramètres physiques. Ce sont principalement les suivants (avec les propriétés des sédiments qu'ils permettent de connaître) : résistivité électrique (présence et nature des liquides contenus, pendage des couches), polarisation spontanée c'est-à-dire différence de potentiel électrique entre la surface et une profondeur donnée (salinité et porosité), radioactivité naturelle (présence de cinérites, phosphates, sels potassiques, etc.),

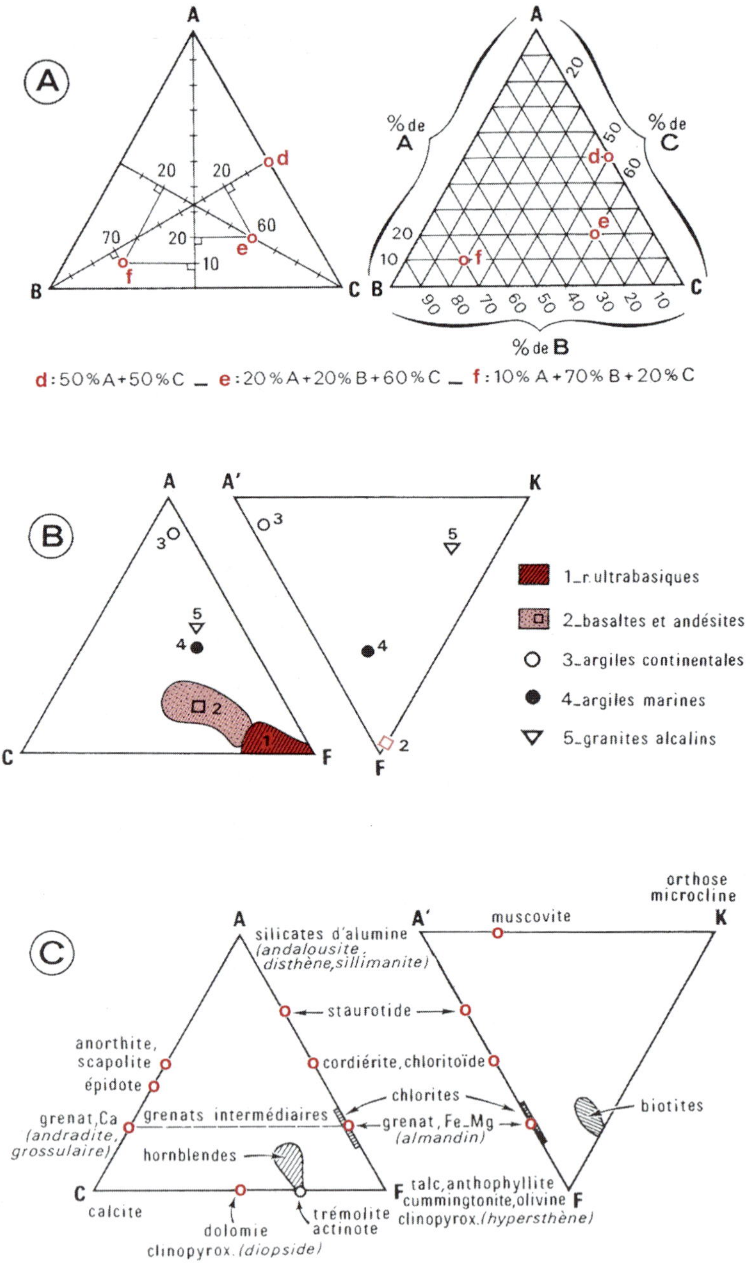

diagramme triangulaire

A : positions des points d, e, et f correspondant à trois combinaisons de quantités pour A, B, C.
B : diagrammes ACF et A'KF pour quelques roches courantes. Les surfaces en grisé correspondent à l'ensemble des roches connues du type désigné ; les points donnent des compositions moyennes.
C : diagrammes ACF et A'KF pour quelques minéraux des r. magm. et des r. métam.

radioactivité induite (porosité), rayonnement gamma absorbé (masse volumique), vitesse du son (compacité), température (fluides chauds, conductibilité thermique), diamètre du forage (variable selon la cohésion des roches). L'interprétation des diagraphies permet des hypothèses sur la nature et la structure des roches, et sur leur contenu (eau, hydrocarbures). Elle est un précieux instrument pour les corrélations entre sondages. Ex. une diagraphie électrique. (Syn. à éviter log, ex. : un log électrique). Adj. **diagraphique**.

diallage n. m. ou n. f. [du gr. *diallagê*, changement ; angl. *diallage*] – Var. de diopside (pyroxène*).

dial(l)ogite n. f. [du gr. *dialogê*, doute ; angl. *dial(l)ogite*] – Syn. de rhodocrosite.

diamant n. m. [du gr. *adamas, adamantis*, même signif. ; angl. *diamond*] – Carbone pur cristallisé dans le syst. cubique, en cristaux souvent maclés, parfois à faces courbes pouvant être finement striées, à clivage facile, à éclat spécial dit adamantin, incolore et limpide ou diversement coloré : jaune, vert, rouge et parfois noir. Son indice de réfraction très élevé (n = 2,217) explique son aptitude à disperser la lumière blanche en donnant des rayons colorés (feux). C'est le minéral le plus dur connu (indice 10 dans l'échelle des duretés), de densité 3,5. Élément natif en inclusions dans des cheminées volcaniques remplies de kimberlites* et de roches éclogitiques mises en place à HT et HP (Indes, Brésil, Afrique du Sud, Australie). Le diamant, proprement dit, incolore et limpide, est la plus précieuse des gemmes, et son poids s'exprime en carats (1 carat = 0,2 g ; le plus gros diamant trouvé dépassait de peu 3 000 carats). Variétés (à usages industriels) : le **bort** en boules à structure radiée, le **carbonado** de teinte noire, en boules pouvant atteindre la grosseur du poing. V. aussi graphite. Adj. **diamantifère** [angl. *diamantiferous, diamondiferous*] (qui contient du diamant) ; **adamantin*, e** [angl. *adamantine*].

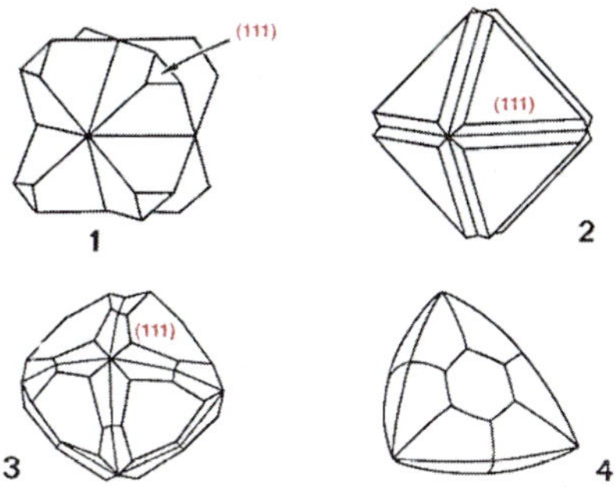

diamant

– 1 : macle de deux cristaux – 2 : même macle avec développement des troncatures (111) – 3 : même macle avec troncatures supplémentaires – 4 : forme courante, non maclée, à surfaces courbes (d'après A. de Lapparent).

diamictite n. f. [R.F. Flint *et al.*, 1960 ; angl. *diamictite*] – Roche terrigène dont les éléments, mal classés, ont des tailles très diverses (p. ex. tillite). Syn. mixtite.

diaphanothèque n. f. [du gr. *diaphanês*, transparent, et *thêkê* coffre ; angl. *diaphanotheca*] – Couche interne de la paroi des Fusulinidés.

diaphtorèse n. f. [angl. *diaphtoresis*] – Syn. de rétromorphose.

diapir n. m. (ou pli –) [L. Mrazec, 1915 ; du gr. *diapeirein*, percer ; angl. *diapir*] – Anticlinal dont les couches les plus internes ont percé l'enveloppe. Aujourd'hui, ce terme est généralement réservé aux plis à noyau salifère.

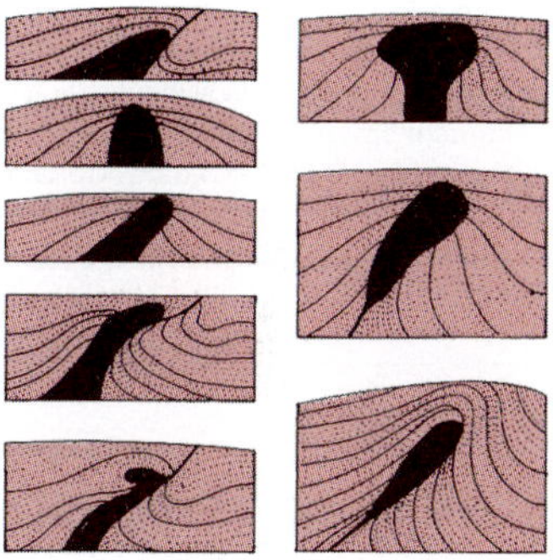

diapir

Quelques types de diapirs selon Mrazec.

V. aussi dôme de sel. Par extension, on parle aussi de diapir de granite (V. diapirisme, 2.). Syn. pli à noyau perçant [angl. *piercement dome, piercing fold*]. Adj. **diapir, e** ; **diapirique** [angl. *diapiric*] ; n. m. diapirisme*.

diapirisme n. m. [angl. *diapirism*] – 1. Mécanisme de la formation des diapirs et des dômes de sel, dans lequel interviennent la plasticité des masses de sel, et leur faible densité (V. aussi halocinèse) – 2. Par extension, mécanisme de l'ascension d'un magma par différence de densité (ex. le diapirisme des granites intrusifs).

Diapsidés n. m. pl. [du gr. *dia*, à travers, et *apsis*, liaison ; angl. *diapsids*] – Groupe de Reptiles* pourvus de deux fosses temporales, apparu au Permien et comprenant la plupart des espèces actuelles et fossiles.

diaspore n. m. [du gr. *diaspora*, dispersion ; angl. *diaspore*] – Hydroxyde AlO (OH), du syst. orthorhombique, en cristaux prismatiques et aplatis, blanchâtres à rosés, ou brunâtres à verdâtres, à polychroïsme net. Il accompagne la gibbsite et la bœhmite dans les bauxites et les latérites. On le trouve en cristaux macroscopiques dans des r. métam. : bauxites et latérites métamorphisées (où il peut alors accompagner du corindon dans des émeris), calcaires et dolomies recristallisées, certains schistes alumineux.

diastème n. m. [du gr. *diastêma*, intervalle ; angl. *diastem*] – 1. Intervalle entre les dents de divers animaux. – 2. Petite interruption de sédimentation marquée par une surface nette séparant deux couches (peu usité dans ce sens ; V. joint, lacune).

diastrophisme n. m. [du gr. *diastrophê*, distorsion ; angl. *diastrophism*] – Terme utilisé pour désigner tout phénomène de déformation de l'écorce terrestre, quelle que soit son échelle. Adj. **diastrophique** [angl. *diastrophic*].

Diatomées n. f. pl. [du gr. *dia*, à travers, et *tomos*, section ; angl. *diatoms*] – Groupe d'algues unicellulaires, marines ou lacustres, enfermées dans une coque siliceuse (le **frustule**) finement ornée, formée de deux parties emboîtées (taille : 0,02 à 0,3 mm). Certaines roches en sont entièrement formées (diatomites). Répart. stratigr. : Jurassique ? Crétacé – Actuel.

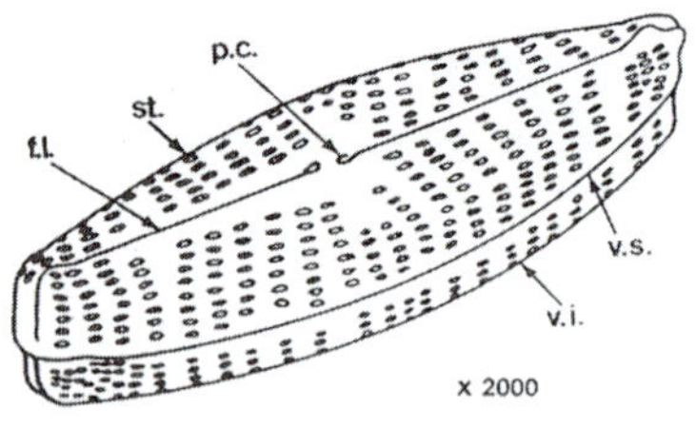

Diatomées

Un frustule vu en perspective. – f. l. : fissure longitudinale (raphé) – p. c. : pore central – st. : strie (pores alignés) – V. i. : valve inférieure – V. s. : valve supérieure.

diatomite n. f. [angl. *diatomite*] – Roche claire, légère et poreuse, meuble ou consolidée, formée entièrement ou presque de diatomées. Synonymes locaux : farine fossile, terre d'infusoires, tripoli, kieselguhr, randanite, etc. Utilisée comme abrasif ou comme absorbant, p. ex. dans la dynamite.

diatrème n. m. [du gr. *diatrêma*, perforation ; angl. *diatreme*] – Cheminée volcanique remplie de brèches volcaniques dues à des explosions, celles-ci pouvant, p. ex., être liées à la vaporisation brutale des eaux phréatiques au contact des laves ascendantes. Le débouché à la surface se fait, dans certains cas, par un cratère d'explosion de type **maar**. V. aussi pépérite.

Dibranchiaux n. m. pl. [du gr. *dis*, deux, et *brankhia*, branchie ; angl. *dibranchiates*, *Dibranchiata*] – Groupe de Mollusques Céphalopodes* pourvus de deux branchies qui comprend notamment les calmars et les seiches et auquel on rattache aussi les Bélemnites*.

Diceras [du gr. *dis*, deux, et *keras*, corne] – Genre de Bivalves (V. fig. à ce mot) du groupe des Rudistes. Comme tous les membres de ce dernier, il possède une coquille épaisse, caractère en relation avec une vie récifale dans des mers chaudes et peu profondes. Cette coquille est composée de deux valves de tailles inégales en forme de cornet enroulé : la valve fixée, qui est tantôt la droite, tantôt la gauche, est la plus développée. Répart. stratigr. : Jurassique sup.

dichroïsme n. m. [du gr. *dikhroos*, de deux couleurs ; angl. *dichroism*] – Fait, pour un cristal observé à l'œil nu, de montrer deux teintes assez tranchées selon l'angle d'observation. V. polychroïsme, et pléochroïsme. Adj. **dichroïque** [angl. *dichroic*].

dichroïte n. f. [du gr. *dikhroos*, de deux couleurs ; angl. *dichroite*] – Var. de cordiérite.

Dictyonema – [du gr. *diktuon*, filet, et *nêma*, fil] – Genre de Graptolithes (V. fig. à ce mot).

différenciation n. f. **magmatique** [angl. *magmatic differentiation*] – Processus par lequel un magma se scinde en portions chimiquement et minéralogiquement différentes, chacune d'entre elles pouvant évoluer indépendamment. Ces processus où interviennent la cristallisation fractionnée, l'assimilation*, et les déplacements de matière conduisent à des successions de r. magm. différentes les unes des autres tout en ayant certains traits communs, et constituant des **lignées magmatiques**.

diffluence n. f. [du lat. *diffluere*, couler en sens inverse ; angl. *diffluence*] – 1. Fait, pour un cours d'eau, ou pour un glacier, de se diviser en deux ou plusieurs bras qui ne se rejoignent pas vers l'aval ; on l'observe en particulier dans les deltas. – 2. Lieu où se produit ce phénomène. Adj. **diffluent, e** [angl. *diffluent*].

diffractométrie X n. f. [angl. *X-ray diffraction*] – Technique permettant de mesurer les distances entre les plans réticulaires des cristaux, et par là d'identifier leur nature. Elle est basée sur le fait que des réflexions en phase (réfractions) des rayons X de longueur d'onde λ, interviennent pour une certaine incidence, de valeur angulaire θ, de ces rayons sur des plans réticulaire espacés d'une distance d (la relation, ou **loi de Bragg**, s'exprime : $n\lambda = 2d \sin\theta$, où n est un nombre entier). N. m. **diffractomètre** [angl. *diffractometer*] ; **diffractogramme** [angl. *diffractogram*].

digitation n. f. [du lat. *digitus*, doigt ; angl. *digitation*] – Partie d'un ensemble charrié séparé de la masse de celui-ci par un contact anormal d'importance secondaire. Terme couramment utilisé, p. ex., dans les descriptions des nappes des Alpes et qui, selon les cas, pourrait être remplacé par écaille, diverticulation, ou duplicature.

Digonella [du gr. *dis*, deux, et *gonia*, angle] – Genre de Brachiopodes (V. fig. à ce mot) du Jurassique.

dike n. m. – V. dyke.

Diluvium n. m. [W. Buckland, 1822, nom lat. signif. déluge ; angl. *Diluvium*] – Terme utilisé autrefois pour désigner les terrains fluviatiles ou fluvio-glaciaires* du Quaternaire. Leur large extension avait été en effet considérée comme due à l'existence d'un déluge universel. Le terme fut conservé longtemps après que cette interprétation eut été abandonnée.

Dimetrodon [du gr. *dimetros*, de deux tailles, et *odous*, *odontos*, dent.] – Genre de Reptiles (V. fig. à ce mot) du Permien inf. américain, carnivore, caractérisé par de longues apophyses vertébrales formant une sorte de crête dorsale qui devait être recouverte par la peau.

dimorphisme n. m. [du gr. *dis*, deux, et *morphé*, forme ; angl. *dimorphism*] – Fait, pour une même espèce, d'avoir des représentants de deux formes bien différentes. Ces formes ont fréquemment été considérées comme deux espèces distinctes. Ce dimorphisme, souvent difficile à mettre en évidence chez les fossiles, peut avoir plusieurs explications : alternance de générations (Foraminifères, p. ex. chez les Nummulitidés*) ; différence entre mâle et femelle (dimorphisme sexuel, soupçonné, p. ex., chez les Ammonites), etc.

Dinantien n. m. [E. Munier-Chalmas et A. de Lapparent, 1893, de Dinant, Belg. ; angl. *Dinantian*] – Partie inférieure du Carbonifère (ère primaire). V. tabl. Annexe 2. Adj. **dinantien, nne**.

Dinoflagellés n. m. pl. [du gr. *deinos*, terrible, et du lat. *flagellum*, fouet ; angl. *dinoflagellates*, *Dinoflagellata*] – Groupe de Végétaux unicellulaires possédant deux flagelles, entourés d'une coque organique, marins planctoniques. Leurs formes de résistance (**dinokystes**) se retrouvent dans les sédiments et sont utilisées en micropaléontologie. (V. palynomorphes, Hystrichosphères). Répart. stratigr. : depuis le Paléozoïque, mais surtout depuis le Trias, à l'Actuel. Anc. syn. Péridiniens.

dinokyste n. m. [angl. *dinocyst*] – V. Dinoflagellés.

Dinosauriens n. m. pl. (ou dinosaures) [du gr. *deinos*, terrible, et *saura*, lézard ; angl. *dinosaurs*, *Dinosauria*] – Groupe de grands Reptiles (V. fig. à ce mot) ayant vécu durant l'ère secondaire.

Dinotherium [du gr. *deinos*, terrible, et *thêrion*, bête sauvage] – Genre de Mammifères fossiles du groupe des Proboscidiens, eurasiatique et africain, proche de l'éléphant actuel et de taille comparable mais ayant, à la différence de celui-ci, des défenses recourbées vers le bas et situées à la mâchoire inférieure (et non à la mâchoire supérieure). Répart. stratigr. : Quaternaire ancien.

diopside n. m. [du gr. *dis*, deux, et *opsis*, aspect ; angl. *diopside*] – Var. de pyroxène.

diorite n. f. [du gr. *diorizein*, distinguer ; angl. *diorite*] – R. magm. plutonique (V. tabl. magm.) grenue, à éléments blanchâtres et verdâtres ou noirâtres (leucocrate), essentiellement composée de plagioclases blanchâtres subautomorphes (An < 50 : oligoclase, et surtout andésine) et d'amphibole verte (hornblende en prismes ou en aiguilles), avec un peu de biotite. Le quartz est absent ou très rare, le pyroxène est rare ou absent, sauf exception (ex. opdalite). Les diorites constituent de petits massifs isolés, mais sont plus souvent en liaison avec certains granites ou avec certains gabbros (V. ophiolites). **Microdiorite** : à structure microgrenue, à plagioclase et hornblende finement enchevêtrés : en filons et en faciès de bordures des massifs dioritiques. La variété lamprophyrique est la **kersantite** (V. lamprophyre).

diorite orbiculaire [angl. *orbicular diorite*] – Roche très particulière de Corse, finement grenue, à orbicules (structures globulaires) centimétriques zonées (blanc et vert clair) et fibroradiées, formées de plagioclases (bytownite) et d'amphiboles (ouralite fibreuse) provenant de l'altération de pyroxènes ; cette roche était à l'origine un gabbro ou un microgabbro (parfois considérée alors comme une variété de dolérite). Syn. corsite ou napoléonite.

diorite quartzique [angl. *quartz(-bearing) diorite*] – R. magm. plutonique grenue (V. tabl. magm.) à quartz, plagioclase et hornblende. Le type en est la **tonalite**, leucocrate, à plagioclase subautomorphe zoné et à liséré de feldspath potassique, à hornblende et biotite, à quartz interstitiel abondant, à minéraux accessoires (sphène, zircon, apatite, magnétite). Une autre variété est la **trondhjémite**, hololeucocrate, à quartz, oligoclase et andésine. **Microdiorite quartzique** : roche microgrenue, en général à phénocristaux zonés d'andésine, et à aiguilles de hornblende ; ex. **esterellite** – ou porphyre bleu de l'Esterel – qui contient de petits quartz bipyramidés, et en outre des granules de pyroxène.

Diplodocus [du gr. *diploos*, double, et *dokos*, poutre] – Genre de grands Reptiles (V. fig. à ce mot) du groupe des Dinosauriens, du Jurassique sup. américain. Herbivore, il pouvait mesurer jusqu'à 25 m.

Diplograptus [du gr. *diploos*, double, et *graptos*, écrit] – Genre de Graptolithes (V. fig. à ce mot).

Dipneustes n. m. pl. [du gr. *dis*, deux, et *pneuma*, respiration ; angl. *lungfishes*, *Dipnoi*] – Groupe de Poissons* lacustres possédant à la fois des branchies et des poumons et pouvant vivre hors de l'eau (Dévonien – Actuel).

dipolaire adj. **(champ –)** [du gr. *dis*, deux, et de polaire ; angl. *dipole field*] – V. magnétisme terrestre.

dipôle n. m. **magnétique central** – V. magnétisme terrestre.

dipyre n. m. [du gr. *dis*, deux, et *pûr*, feu, la chaleur lui faisant subir un double effet : la fusion et la luminescence ; angl. *dipyre*] – Var. de scapolite.

directe adj. **(faille –) –** Syn. de faille* normale.

direction n. f. **(d'une couche)** [angl. *(line of) strike*] – Direction de l'intersection de cette couche avec un plan horizontal. La direction d'une couche est perpendiculaire au sens du pendage de cette couche. V. attitude et pendage.

direction (d'une droite) [angl. *direction, trend*] – En géologie structurale, orientation du plan vertical contenant cette droite (linéation, axe de pli, etc.) généralement caractérisée par son azimut. V. attitude.

direction axiale (ou – **d'un pli**) [angl. *axial trend*] – Direction de l'axe b d'un pli. V. pli.

direction principale (d'une contrainte) [angl. *principal axis (of trend)*] – V. contrainte.

directionnel, lle adj. – S'applique à une structure parallèle ou presque à la direction générale des couches. Terme utilisé en particulier pour les failles (**faille directionnelle** [angl. *strike fault*]) ou les filons.

Discocyclina [du lat. *discus*, disque, et du gr. *kuklos*, cercle] (ancien nom : *Orthophragmina*) – Genre de Foraminifères pluriloculaires, discoïdes, dont le diamètre va de quelques millimètres à plusieurs centimètres, comportant une couche de loges équatoriales, de forme rectangulaire en coupe équatoriale, entourée par une épaisseur plus ou moins grande de loges latérales. Cette structure se retrouve chez des genres voisins (*Orbitoides, Lepidocyclina, Miogypsina*), la forme des loges équatoriales observable au microscope, parfois même à la loupe, étant un critère de distinction. Ce sont des organismes marins, ayant vécu dans les eaux chaudes de la Téthys. Ce sont d'assez bons fossiles stratigraphiques. Répart. stratigr. : Éocène.

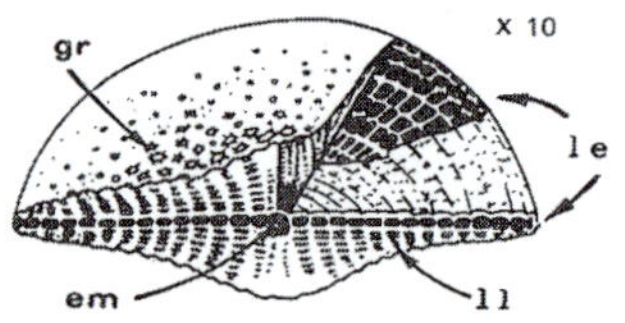

Discocyclina

Schéma d'une discocycline découpée pour en montrer la structure – em : loges embryonnaires (proloculum) – gr : granules – le : loges équatoriales rectangulaires – ll : logettes latérales (d'après L. Moret).

discontinue adj. (déformation –) [angl. *discontinuous deformation*] – Déformation d'un corps se traduisant par des cassures. Ant. déformation continue. Syn. déformation clastique.

discontinuité n. f. **(– de Conrad, – de Gutenberg, – de Mohorovicic)** [angl. *Conrad discontinuity, Gutenberg –, Mohorovicic –*] – V. Terre.

discordance n. f. **(stratigraphique** ou **– de stratification)** [du lat. *discordare*, être en désaccord ; angl. *angular unconformity, stratigraphic discordance*] – Repos stratigraphique d'une formation sédimentaire sur un substratum plissé ou basculé antérieurement par des efforts tectoniques, et en partie érodé. Il est important de préciser l'échelle de dimension à laquelle on s'adresse : une discordance peut s'observer très bien régionalement alors que localement, on est en présence de couches concordantes, c'est le cas par exemple pour des couches qui viennent reposer en discordance sur des plis droits au niveau du cœur de ceux-ci (V. accordance). Inversement, on peut observer localement sur quelques mètres des ravinements de couches qui ne correspondent pas à une discordance générale mais simplement à des érosions sous-marines ou à des phénomènes localisés de petits replis ou de slumping, etc. Il faut réserver le mot de discordance à des phénomènes stratigraphiques. Le vocabulaire tectonique possède des termes pour désigner des structures d'aspect comparable mais qui n'ont aucun rapport (V. troncature, cisaillement). Une discordance régionale typique exige une succession de phénomènes : – 1. période de sédimentation – 2. phase tectonique avec plissement qui peut être accompagné ou suivi de phénomènes éruptifs ou métamorphiques – 3. émersion et constitution d'une surface d'érosion – 4. période de sédimentation marine ou continentale ; la surface d'érosion élaborée en 3 est alors devenue une surface de discordance. Sur une carte géologique, une formation discordante peut être mise en évidence par le fait que : – 1. elle est en contact stratigraphique (= contact normal) avec diverses formations plus anciennes qu'elle cachète – 2. sa limite de base interrompt les contours de ces formations plus anciennes. Ant. concordance ; V. aussi accordance, lacune. Adj. **discordant*, e**.

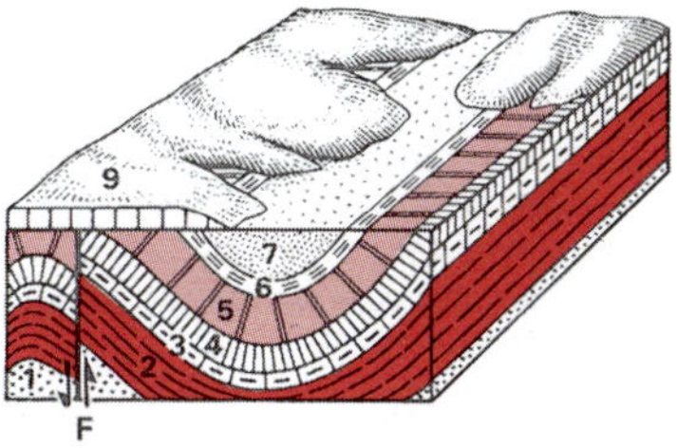

discordance

La couche 9 est stratigraphiquement discordante sur les couches 1 à 7, plissées et faillées ; il y a lacune de la couche 8.

discordance angulaire [angl. *angular discordance, – unconformity*] – Discordance entre deux séries sédimentaires dont les pendages au même point sont différents de part et d'autre de la surface de discordance.

discordance de ravinement [angl. *erosional unconformity, disconformity*] – Lacune marquée par un ravinement du substratum par les couches sus-jacentes. On déconseille généralement l'emploi de cette expression : des couches pourraient en effet être à la fois en concordance, et en discordance de ravinement.

discordance progressive – Changement progressif de pendage entre les dépôts successifs d'un bassin en cours de déformation, ce qui peut éventuellement se traduire par des discordances angulaires sur les bordures du bassin, mais généralement pas en son centre.

discordant, e adj. [angl. *unconformable*] – Qui repose en discordance sur son substratum (ex. : terrain discordant). Parfois employé pour qualifier des massifs éruptifs qui recoupent les limites des couches qu'ils traversent, ex. un granite discordant ; il est préférable de dire intrusif.

disharmonie n. f. **(de plissement)** [M. Lugeon, 1900, du lat. *dis*, préfixe marquant l'éloignement, et du gr. *harmonia*, accord ; ou dysharmonie, orthographe étymologiquement plus correcte, du gr. *dus*, préfixe signif. mauvais, mais non utilisée par l'auteur de ce terme ; angl. *disharmonic folding*] – Fait pour deux couches contiguës, de s'être plissées de façon différente au cours d'une même phase tectonique. Ce phénomène implique généralement l'existence de surfaces de décollement et s'accompagne souvent de bourrages et d'étirements. V. aussi compétent et incompétent. Adj. **disharmonique** (ou dysharmonique) [angl. *disharmonic*].

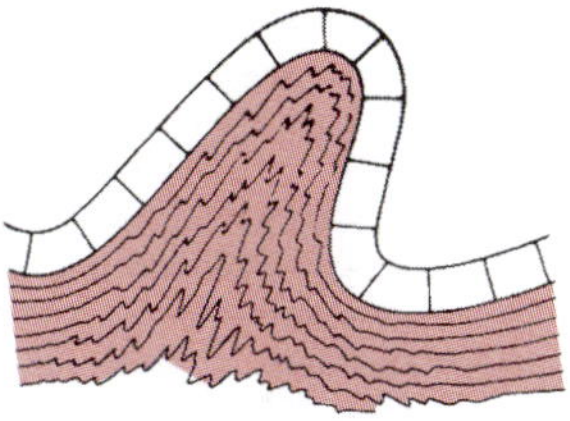

disharmonie

dismicrite n. f. [angl. *dismicrite*] – V. carbonatée (roche).

dissolution n. f. **sous pression** [angl. *pressure solution*] – Phénomène selon lequel, au sein d'une roche hétérogène, un grain soumis à des contraintes non hydrostatiques peut subir une dissolution sélective sur les points de sa surface soumis à la contrainte maximale (principe de Riecke). Les constituants du grain diffusent soit par migration sur la surface, soit par mise en solution dans un fluide intergranulaire, vers les points soumis à la contrainte minimale et peuvent y recristalliser. Ce phénomène est en particulier responsable des galets* impressionnés, des stylolithes* dans les calcaires argileux, de la structure planaire de certains quartzites, de la création de queues* de cristallisation (ombres de pression) dans divers schistes (V. aussi schistosité).

distal, e, aux adj. [du lat. *distans*, éloigné ; angl. *distal*] – Éloigné d'un lieu pris comme référence. Ex. flysch distal, turbidites distales : déposés loin des sources d'apports terrigènes. Ant. proximal.

distension n. f. **(faille de –)** [angl. *extension fault*] – Syn. de faille* normale.

disthène n. m. [R.J. Haüy, du gr. *dis*, deux et *sthenos*, force, cet auteur ayant noté que les cristaux s'électrisaient par frottement les uns positivement, les autres négativement ; angl. *disthene, cyanite, kyanite*] – Nésosilicate Al_2SiO_5, du syst. triclinique, appartenant au groupe des silicates d'alumine, avec l'andalousite et la sillimanite (V. ces mots, et métamorphisme). Le disthène se présente en baguettes aplaties, à clivages nets, bleutées et nacrées ; c'est un minéral présent surtout dans des r. métam. ayant subi de hautes pressions (micaschistes, gneiss, certaines éclogites). Sa dureté est égale à 4,5 dans le sens de l'allongement, et varie de 6 à 7 perpendiculairement à celui-ci. Syn. cyanite, ou kyanite.

ditroïte n. f. [de Ditro, Roumanie ; angl. *ditroite*] – Var. de syénite néphélinique.

diverticulation n. f. [M. Lugeon, 1943, du lat. *diverticulum*, chemin écarté ; angl. *diverticulation, branching*] – Phénomène par lequel un ensemble de couches sédimentaires se divise à peu près parallèlement à la stratification, en donnant deux ou plusieurs unités indépendantes qui, typiquement, viennent s'empiler de telle sorte qu'elles soient d'autant plus élevées qu'elles comportent des terrains plus anciens. Il y a inversion de l'ordre initial de superposition mais chaque unité est cependant en série normale. V. **(se) diverticuler** ; n. m. **diverticule** (unité tectonique résultant d'une diverticulation) ; adj. **diverticulé, e**.

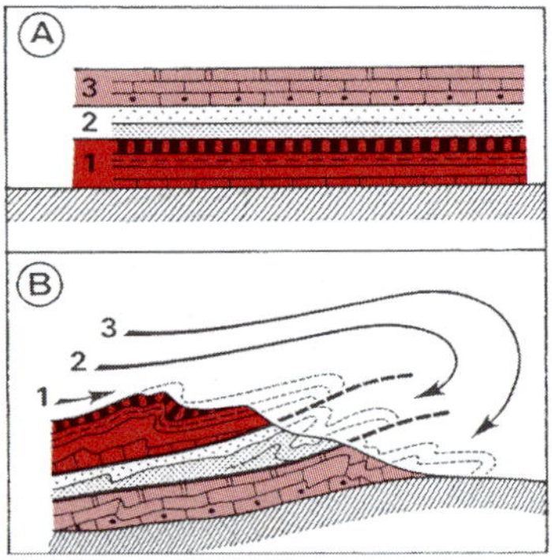

diverticulation

Coupes schématiques avec : **A :** série avant les chevauchements – **B :** après.

divisions n. f. pl. **stratigraphiques** [angl. *stratigraphic units*] – V. stratigraphie.

Docodontes n. m. pl. [du gr. *docos*, poutre, et *odous, odontos*, dent ; angl. *Docodonta*] – Groupe primitif de Mammifères*, encore proches des Reptiles. Répart. stratigr. : Trias sup. – Jurassique.

Dogger n. m. [C.F. Naumann, 1854, terme de carrier anglais, de *dog*, chien, désignant des concrétions gréseuses de couches du Yorkshire, G.-B. ; angl. *Dogger*] – Partie moyenne du Jurassique (ère secondaire). Selon les auteurs, elle comprend ou non l'Aalénien. Dans le second cas, c'est l'équivalent exact du Jurassique moyen au sens actuel. V. tabl. Annexe 2.

dolérite n. f. [du gr. *doleros*, trompeur ; angl. *dolerite*] – R. magm. intermédiaire entre les gabbros, grenus, et les basaltes, microlithiques, à grain visible à la loupe, avec des lattes subautomorphes de plagioclase moulées par du pyroxène interstitiel ; la roche est en général massive et compacte, grise à noire, plus souvent vert sombre. Comme pour les basaltes, on peut distinguer deux groupes : – 1 : dolérites à labrador, augite violette titanifère, olivine (peu abondante), magnétite, ilménite, apatite – 2 : dolérites sans olivine, à labrador, augite et pigeonite, parfois à hypersthène, et excès de SiO_2 (quartz souvent virtuel). Ces roches sont souvent altérées et verdies (ouralitisation des pyroxènes) (V. aussi diabase, ophite). Le terme dolérite est également utilisé, au sens large, pour désigner des microdiorites et microgabbros. Adj. **doléritique***.

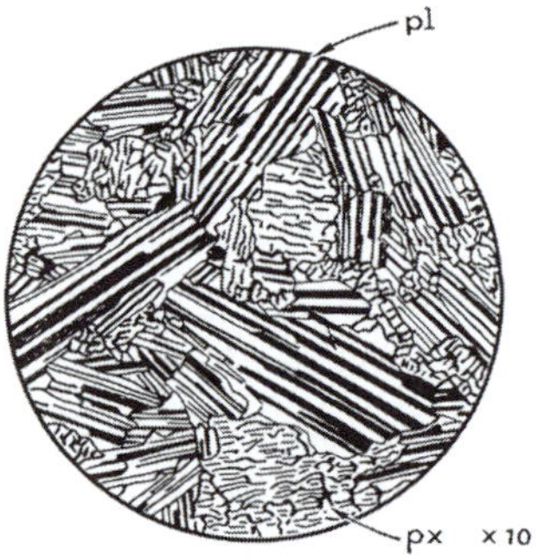

dolérite

Lame mince en lumière polarisée analysée – pl : plagioclase – px : pyroxène (d'après J. Jung).

doléritique adj. [angl. *doleritic*] – Qui a les caractères d'une dolérite. Structure doléritique : cristaux (plagioclases) en petites baguettes visibles ou discernables à l'œil, nombreuses et appuyées les unes sur les autres, noyées dans une pâte de cristaux plus petits, avec parfois un peu de verre.

dolichocéphale n. m. et adj. [du gr. *dolikhos*, allongé, et *kephalê*, tête ; angl. *dolichocephalic*] – V. indice céphalique.

Dolichosoma [du gr. *dolikhos*, allongé, et *soma*, corps] – Genre d'Amphibiens fossiles.

doline n. f. [mot slave ; angl. *doline, dolina, sink(-)hole*] – Dépression circulaire de modelé karstique (V. ce terme).

dolomicrite n. f. [angl. *dolomicrite*] – Dolomie micritique. V. carbonatées (roches).

dolomie n. f. [N.T. de Saussure, 1791, dédié à D. Dolomieu ; angl. *dolomite (rock), dolostone*] – R. sédim. carbonatée contenant 50 % ou plus, de carbonate, dont la moitié au moins sous forme de **dolomite** (Ca, Mg) $(CO_3)_2$. Le terme englobe en pratique les dolomies pures (90 à 100 % de dolomite) et les dolomies calcarifères ou calcareuses (50 à 90 % de dolomite). Tous les intermédiaires existent entre les dolomies et les calcaires d'une part, et les roches détritiques d'autre part. Les dolomies ne font pas effervescence à froid avec un acide dilué (HCl à 10 %) ce qui les différencie des calcaires. Litées ou massives, elles peuvent constituer des formations importantes, donnant des reliefs ruiniformes, en particulier dans le Trias des Alpes (d'où le nom de Dolomites d'un secteur du Nord de l'Italie). Les dolomies, souvent fissurées, associées à des argiles et à des évaporites, forment des réservoirs de gaz ou d'hydrocarbures, d'où de nombreuses études. Selon la genèse, on distingue :
– 1. Les **dolomies primaires** dues à la précipitation directe de dolomite, formées le plus souvent dans des lagunes côtières de pays chauds. Ces dolomies sont à grain fin (dolomicrite) et contiennent un peu de calcite et d'argile (donnant des teintes rougeâtres ou verdâtres) ; elles sont en bancs minces, alternant avec des niveaux gypseux ou argileux (à illite et montmorillonite) qui contiennent des rhomboèdres dispersés de dolomite. Elles sont souvent de couleur claire (blanchâtres, beige, etc.), et leur altération met parfois en évidence de nombreuses microdiaclases, qui leur confèrent un aspect caractéristique.
– 2. Les **dolomies secondaires**, plus abondantes, sont dues au remplacement total ou partiel de la calcite par de la dolomite (dolomitisation). On y observe des traces de la structure originelle (p. ex. fantômes d'oolithes, de fossiles, etc.). Elles ont généralement un grain grossier ce qui leur donne, à l'altération, un aspect rugueux qui pourrait les faire prendre pour un grès, si leur dureté, n'était bien moindre (elles ne rayent pas l'acier). Les grains se dissocient parfois pour donner un sable dolomitique. Le choc du marteau en fait jaillir une poussière (on dit qu'elles fument au marteau) et dans certains cas, elles exhalent une odeur de matière organique. Elles se bréchifient aisément. Vb. **(se) dolomitiser** ; adj. **dolomitique** [angl. *dolomitic*], **dolomitisé, e** ; n. f. **dolomitisation***. V. aussi carbonatées (roches –), notamment pour les classifications.

dolomite n. f. [angl. *dolomite, pearl spar*] – Carbonate* de calcium et de magnésium (Ca, Mg) $(CO_3)_2$.

dolomitisation n. f. [angl. *dolomi(ti)zation*] – Remplacement de la calcite par la dolomite avec obtention d'une roche calcaire dolomitisée, ou d'une dolomie secondaire.
– 1. La **dolomitisation précoce** a lieu lors de la diagenèse du sédiment (dolomie épigénique pénécontemporaine de la sédimentation). En général, elle est liée à la présence d'une eau de mer chaude (30-40°), à salinité élevée, riche en sels magnésiens (leur teneur augmente par précipitation d'aragonite ou de gypse, et par dissolution de la calcite magnésienne abondante dans certaines algues et coquilles de ces mers chaudes). Ces conditions sont en particulier réalisées dans des lagunes, sur le littoral des mers chaudes, et dans les zones récifales. Le dépôt des calcaires enrichit les eaux en magnésium, et celles-ci provoquent la dolomitisation en s'infiltrant dans les couches, p. ex. du haut vers le bas dans un récif, latéralement d'une lagune à la mer. Les calcaires partiellement microcristallins sont les plus sensibles à la dolomitisation, car ils contiennent quelques minéraux argileux qui servent de germe à la cristallisation des rhomboèdres de dolomite.
– 2. La **dolomitisation tardive** a lieu longtemps après la diagenèse et sans rapport avec elle ; elle est, le plus souvent, liée à la circulation d'eaux magnésiennes, plus ou moins chaudes, le long de fractures. Le front de la dolomitisation est alors souvent une limite nette, la forme de la masse dolomitisée étant très variable en fonction du réseau de cassures, et des possibilités d'infiltration entre les bancs.

domaine n. m. [du lat, *dominium*, propriété ; angl. *domain*] – 1. Région ayant un caractère géologique particulier (p. ex. domaine des Schistes lustrés dans les Alpes) – 2. Plus précisément, dans les reconstitutions paléogéographiques, vaste secteur caractérisé par une série stratigraphique particulière (correspondant à un certain paléoenvironnement) et/ou par une évolution tectonique spécifique. Les domaines distingués dans un orogène varient plus ou moins selon les critères choisis et les interprétations tectoniques. V. aussi zone.

dôme n. m. [du gr. *dôma*, toiture en coupole ; angl. *dome*] – 1. Relief ou masse rocheuse dont la forme générale est hémisphérique : dôme volcanique (V. volcan), dôme de sel, etc. – 2. En tectonique : antiforme à peu près symétrique par rapport à une droite verticale (un tel pli n'a, à proprement parler, ni axe, ni surface axiale). Ant. pli en cuvette (V. aussi brachyanticlinal). – 3. Utilisé également pour décrire certains phénomènes physiques : ex. dôme de chaleur, d'après la forme des surfaces isothermes.

dôme de sel [angl. *salt dome*] – Masse essentiellement composée de sel gemme, d'anhydrite, de gypse, formant une sorte de colonne, débouchant ou non à la surface du sol, et qui s'est formée par la montée par gravité de ces roches salines, plus légères que les couches qu'elles ont traversées. Les diamètres de ces appareils sont de plusieurs centaines de mètres, et même de plusieurs kilomètres. Au sommet de l'édifice on trouve des roches constituées essentiellement de résidus de dissolution des sels par les eaux d'infiltration : c'est le **cap-rock** V. aussi diapir, diapirisme.

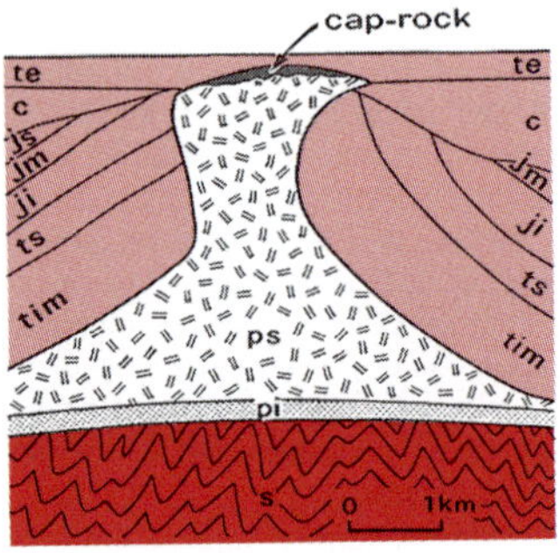

dôme de sel

Un dôme de sel en Allemagne du Nord (coupe schématique). Noter les discordances de couches près de la structure qui montrent qu'elle a joué au moins depuis le Crétacé – s : socle ancien – pi : Permien inf. – ps : Permien sup. (sel) – tim : Trias inf. moyen – ts : Trias sup. – ji, jm, js : Jurassique inf., moyen, sup. – c : Crétacé – te : Tertiaire.

dôme-coulée n. m. [angl. *(extrusive) flow-dome*] – Extrusion volcanique intermédiaire entre le dôme et la coulée. V. volcan.

Domérien n. m. [G. Bonarelli, 1894, du Monte Domaro, Ital. ; angl. *Domerian*] – Sous-étage supérieur du Pliensbachien (Jurassique inf., ère secondaire). V. tabl. Annexe 2. Adj. **domérien, nne**.

dômite (ou domite) n. f. [angl. *domite*] – Var. de trachyandésite* constituant notamment le Puy-de-Dôme dans le Massif central (Fr.)

Donau n. m. [Eberl, 1930, du nom allem. du Danube] – Glaciation* de la fin de l'ère tertiaire (de 2,1 à 1,8 Ma environ). V. tabl. Quaternaire.

doréite n. f. [angl. *doreite*] – Var. de trachyandésite* constituant une part notable du massif du Mont-Dore dans le Massif central (Fr.)

dorsale n. f. **asismique** [angl. *aseismic ridge*] – Relief ressemblant à une dorsale océanique mais non associée à des séismes. V. océan.

dorsale océanique (ou dorsale médio-océanique) [angl. *(mid-)oceanic ridge*] – Relief allongé du fond océanique au niveau duquel celui-ci se renouvelle. V. océan et tectonique des plaques.

double adj. **(cuesta –)** – V. cuesta.

double réfraction [angl. *double refraction, birefringence*] – Réfraction* d'un rayon lumineux selon deux directions. Syn. biréfringence.

downlap n. m. [mot angl.] – Syn. de biseau de progradation.

Downtonien n. m. [Symondes, 1872, de Downton, Pays de Galles, G.-B. ; angl. *Downtonian*] (anc. Downton). – Division stratigraphique située à la limite du Silurien et du Dévonien (ère primaire). V. tabl. Annexe 2. Adj. **downtonien, nne**.

drag cast – [mot angl. signif. moulage de traînage] – Figure de base de banc formée par le moulage de la trace, sur le fond sous-marin, d'un objet traîné par un courant. V. hyporelief.

dragée n. f. – Petit galet, le plus souvent de quartz, bien roulé, ayant l'aspect d'une dragée. Ex. grès à dragées.

draperie n. f. [angl. *drapery, curtain*] – Dans une grotte, dépôt calcitique formant un rideau tombant du plafond. V. modelé karstique.

dravite n. f. [de Drave, fleuve de l'ex-Yougoslavie ; angl. *dravite*] – Variété de tourmaline* magnésienne brunâtre ou verdâtre.

dreikanter n. m. (pl. -s, en allem. *-tern*) [mot allem. signif. pourvu de trois arêtes : prononc. draill- ; angl. *dreikanter*] – Caillou sur lequel les vents de sable ont taillé des facettes lui donnant une forme de pyramide à trois côtés. Plus largement : syn de ventifract* (en allem. *windkanter*). Le vocabulaire allemand distingue *einkanter, zweikanter, dreikanter*, suivant qu'il y a une, deux ou trois arêtes.

Dresbachien n. m. [angl. *Dresbachian*] – Étage du Cambrien sup. (ère primaire). V. tabl. Annexe 2. Adj. **dresbachien, nne**.

droit (pli –) [angl. *vertical fold, upright –*] – Pli* dont la surface axiale est verticale.

dromochronique n. f. [du gr. *dromos*, course et *khronos*, temps] – Syn. de hodochrone*.

drumlin n. m. [mot irlandais ; angl. *drum(lin)*] – Colline allongée constituée par les restes de la moraine de fond d'un ancien glacier. V. modelé glaciaire.

druse n. f. [de l'allem. *Drüse*, glande ; angl. *druse*] – Syn. de géode*.

Dryas n. m. [du nom d'une rosacée, *Dryas octopetala*, dont les restes sont abondants dans ces dépôts] – Divisons stratigraphiques du Quaternaire (V. tabl. à ce mot) européen basées sur l'analyse pollinique. On désigne sous ce nom deux ou trois épisodes selon les auteurs.

ductile adj. [du lat. *ductilis*, malléable ; angl. *ductile*] – Qui peut s'étirer sans se rompre. Ant. cassant. V. incompétent. N. f. **ductilité**.

ductile (cisaillement –) – V. cisaillement ductile.

dulçaquicole adj. [du lat. *dulcis*, doux, *aqua*, eau, et *colere*, habiter ; angl. *freshwater*] – Qui vit dans les eaux douces (lacs et cours d'eau).

dumortiérite n. f. [dédié à Dumortier ; angl. *dumortierite*] – Nésosilicate $(Al, Fe)_7O_3\ (BO)_3\ [SiO_4]_3$, du syst. orthorhombique, en cristaux allongés souvent fibreux, bleu cobalt à bleu vert ; c'est un minéral accessoire dans des pegmatites, des granulites et certains gneiss.

dune n. f. [du gaulois, *duno*, hauteur ; angl. *(sand) dune*] – Accumulation éolienne de sable (quartzeux le plus souvent), haute de quelques mètres à quelques dizaines de mètres. Les dunes sont souvent dissymétriques, la pente raide étant sous le vent, et présentent des stratifications obliques (modifications du sens du vent). Localisées aux régions désertiques ou littorales, elles sont fixes ou mobiles selon la topographie et peuvent être allongées parallèlement au vent (dunes longitudinales) ou perpendiculairement (dunes transversales). On en distingue de nombreux types, parmi lesquels : la **barkhane**, dune en croissant convexe du côté du vent ; la **dune parabolique**, également en croissant, mais du côté contraire ; l'**elb**, grande chaîne dunaire longitudinale ; le **ghourd**, dune pyramidale élevée ; la **lunette**, sorte de dune parabolique sous le vent d'une sebkra ; la **nebka**, dune longitudinale accrochée à une touffe de végétation ; le **sif**, dune transversale sinueuse et aiguë ; le **silk**, mince et long cordon longitudinal. Les dunes peuvent former des champs comme l'**erg**, groupement complexe de dunes longitudinales ou transversales, ou l'**aklé**, où les dunes, sinueuses, sont majoritairement transversales. V. aussi caoudeyre, éolianite, feidj, gassi. Adj. **dunaire**.

dune hydraulique [angl. *subaqueous (sand) dune*] – Accumulation en forme de dune, mais faite sous l'eau par des courants. Elle est en général constituée de sable quartzeux ou calcaire (et pouvant alors, p. ex., être riche en oolithes déplacées).

dune parabolique [angl. *parabolic dune*] – Dune* formant, en plan, un croissant dont les corrnes sont tournées vers le vent. *Cf.* barkhane.

dunite n. f. [de Dun Mountains, Nouvelle-Zélande ; angl. *dunite*] – Péridotite* à 90-100 % d'olivine.

duplex n. m. [adj. lat. signif. double ; angl. *duplex fold zone*] – Ensemble d'écailles tectoniques imbriquées, compris entre deux contacts anormaux majeurs de décollement. On peut dire qu'il s'agit de duplicatures intercutanées. V. aussi rampe. Adj. **duplex**.

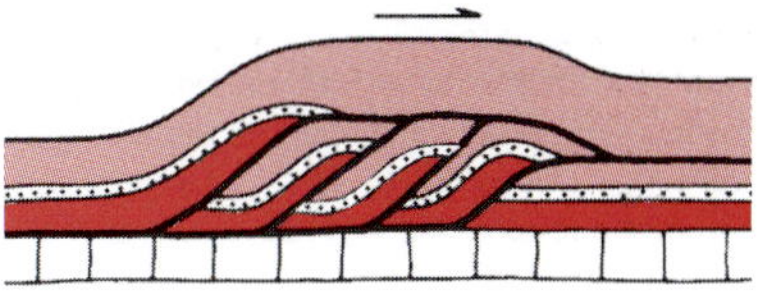

duplex

duplicature n. f. [du lat. *duplicare*, doubler ; angl. *hanging-wall slice*] – Écaille tectonique, située sous un ensemble chevauchant, et répétant tout ou partie de la suite des couches de ce dernier. V. duplex.

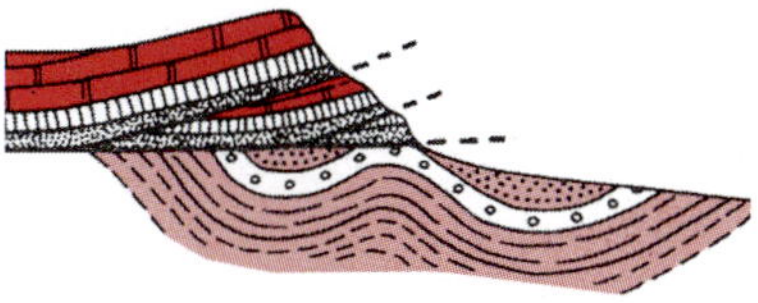

duplicature

Duplicidentés n. m. [du lat. *duplex, -icis*, double, et *dens*, *dentis*, dent] – Syn. de Lagomorphes.

durain n. m. (ou durite) [angl. *durain*, *durite*] – Type lithologique de composants des charbons*.

durbachite n. f. [de Durbach, Allem. ; angl. *durbachite*] – R. magm. grenue, variété de syénite riche en biotite et amphibole incolore, en bordure de massifs granitiques des Vosges.

dureté n. f. [angl. *hardness*] – Résistance d'un minéral à la destruction mécanique de sa structure ; en pratique, un minéral est dit plus dur qu'un autre, s'il raye ce dernier. Les duretés sont classées par rapport à celles de 10 minéraux tests (échelle de Mohs) :

10 : diamant	
9 : corindon	
8 : topaze	
7 : quartz	
6 : orthose	– verre
	– lame de couteau
5 : apatite	
4 : fluorine	
3 : calcite	
	– ongle
2 : gypse	
1 : talc	

Lorsqu'on effectue un essai de dureté, il faut essuyer soigneusement la trace obtenue, pour distinguer la rayure, que produit le minéral le plus dur sur le moins dur, d'une simple traînée pulvérulente due à l'écrasement d'un minéral sur l'autre.
Pour une roche, la dureté traduit la résistance à l'usure qui se fait surtout par arrachement des grains (un grès mal cimenté est une roche tendre, bien que formé de quartz, minéral dur).

Duvalia [dédié à Duval] – Genre de Bélemnites (V. fig. à ce mot) du Crétacé inf. des régions téthysiennes, caractérisé par un gros rostre aplati latéralement.

Dy – Symbole chim. du dysprosium.

dyke n. m. [mot angl. signif. digue ; angl. *dike* (US), *dyke* (GB)] – Lame épaisse de quelques dizaines ou centaines de mètres de roche magmatique recoupant les structures de l'encaissant. Du fait de l'érosion, elle peut donner un relief en forme de mur. V. filon, et relief volcanique.

dyke sédimentaire [angl. *sedimentary dike* (US), *–dyke* (GB)] – Syn. de filon sédimentaire.

dynamométamorphisme n. m. [du gr. *dunamis*, force, et de métamorphisme ; angl. *dynamometamorphism*] – Syn. de métamorphisme* dynamique.

dysharmonie n. f. – Syn. de disharmonie.

dysprosium n. m. [du gr. *dusprositos*, difficile à atteindre ; angl. *dysprosium*] – Symbole chim. Dy. N° et masse atom. 66 et 162,50 ; ion 3^+, densité 8,54. Métal du groupe des lanthanides* (terres rares).

E

eau n. f. **connée** – V. connée (eau -).

eau fossile [angl. *fossil water*] – Syn. de eau connée*.

eau minérale [angl. *mineral water*] – Eau propre à la consommation qui, au cours d'un trajet souterrain, a dissous des substances minérales en proportions notables.

eau souterraine [angl. *ground water, groundwater*] – V. nappe d'eau souterraine.

eaux (ligne de partage des –) [angl. *(watershed drainage) divide, (water) –*] – Limite entre deux bassins hydrographiques.

éboulis n. m. [angl. *scree* (GB), *talus* (US)] – Accumulation de fragments rocheux déplacés par gravité, et donnant des nappes ou des talus. Les éboulis actuels sont dits vifs (dans les Alpes, ce sont les casses ou clapiers) ; les éboulis anciens sont en général fixés et encroûtés. La neige et/ou le ruissellement peuvent introduire un classement des matériaux, d'où formation d'éboulis plus ou moins lités et cimentés (grèzes). V. modelé périglaciaire.

Éburonien n. m. – Division stratigraphique du Quaternaire européen, basée sur l'analyse pollinique, pouvant correspondre à une partie du Günz et du Donau-Günz. V. tabl. à glaciation.

écaille n. f. **(tectonique)** [du germanique *skalja*. tuile ; angl. *(thrust) slice*] – Ensemble chevauchant en forme de lame (épaisse de quelques dizaines ou centaines de mètres, longue et large de quelques hectomètres ou kilomètres) qui a été peu déplacé par rapport à un autre ensemble de référence, autochtone ou allochtone. Lorsqu'on a plusieurs écailles empilées, la faible amplitude de leurs déplacements relatifs est montrée par le fait que les caractères des terrains varient peu et progressivement d'une écaille à l'autre. V. aussi duplicature, duplex. Vb. **(s') écailler** ; n. m. **écaillage**, adj. **écaillé, e.**

échantillon n. m. [du lat. *scandere*, monter, ayant donné échelle de mesure, puis étalon ; angl. *sample*] – Portion de minéral, de roche, de fluide, etc., prélevée pour être étudiée. Vb. **échantillonner** [angl. *to sample*] ; adj. **échantillonné, e** ; n. m. échantillonnage*.

échantillonnage n. m. [angl. *sampling*] – Prélèvement d'un échantillon. Un échantillonnage est dit **aléatoire** [angl. *random sampling*] lorsqu'il n'obéit qu'aux lois du hasard, sans privilégier une portion particulière de l'ensemble étudié. Cette condition est nécessaire pour l'étude statistique de ce dernier ; il est pourtant rarement possible de la respecter en géologie, notamment du fait que les roches ne sont accessibles généralement qu'en affleurement, donc sur une petite partie de leur volume, et que la position de ces affleurements ne résulte pas du hasard.

échelle n. f. **(d'une représentation graphique** : carte, coupe, etc.**)** [du lat. *scala*, même signif. ; angl. *scale*] – 1. Rapport des dimensions de la représentation graphique d'un objet aux dimensions réelles de cet objet. Ex. : si 1 mm sur une carte représente 1 km (= 10^6 mm) sur le terrain, l'échelle est 1/1 000 000, et la carte est dite à 1/1 000 000 ou au millionième. On dit aussi, dans ce sens, **échelle numérique** – 2. Segment de droite dessiné en annexe de la représentation graphique d'un objet (carte, dessin, photographie, etc.) et gradué de manière à donner directement les vraies dimensions de l'objet. On parle aussi dans ce cas d'**échelle graphique**.

Une carte est à **petite échelle** lorsque le rapport qui l'exprime est petit (ex. : 1/1 000 000). Elle est à **grande échelle** lorsque le rapport est grand (ex. : 1/20 000). Pour une même longueur sur le terrain, le segment correspondant de l'échelle graphique d'une carte à petite échelle est plus petit que celui d'une carte à grande échelle.

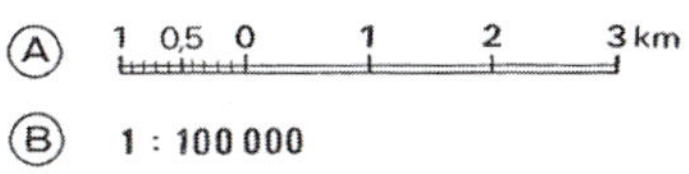

échelle

A : graphique – B : numérique.

échelle de Mercalli, M.S.K., de Richter [angl. *Mercalli scale, M.S.K. –, Richter –*] – V. séisme.

échelle de Mohs [angl. *Mohs scale*] – Échelle de dureté* relative des minéraux.

échelons n. m. pl. **(fentes en –)** [angl. *en échelon joints*] – Fentes* parallèles les unes aux autres mais décalées selon leur allongement, toujours dans le même sens.

échelons (plis en –) [angl. *en échelon folds*] – Plis* parallèles les uns aux autres mais décalés selon leur allongement, toujours dans le même sens. Syn. plis en coulisse.

Échinacés n. m. pl. [du gr. *ekhinos*, hérisson ; prononc. éki-] – Groupe d'Oursins réguliers (Jurassique - Actuel). V. Échinides.

Échinides n. m. pl. [du gr. *ekhinos*, hérisson : prononc. éki. ; angl. *Echinoids, Echinoidea*] (Syn. Oursins) – Groupe d'Échinodermes à corps subsphérique ou discoïde (thèque) composé de pièces calcaires arrangées régulièrement suivant une symétrie axiale d'ordre 5 (Oursins réguliers) à laquelle se superpose souvent une symétrie bilatérale (Oursins irréguliers). La bouche, située à la partie inférieure de l'animal est entourée par une zone membraneuse (**péristome**) et munie d'un système masticateur appelé **lanterne d'Aristote**. À la partie supérieure, se trouvent des plaques différenciées qui forment l'**appareil apical**, caractéristique des espèces. Chez les Oursins réguliers, l'anus, entouré par une zone membraneuse (**périprocte**) se situe entre elles. Chez les Oursins irréguliers, il s'en sépare et migre, au cours de l'évolution, le long de la thèque jusque dans la partie inférieure. Il existe des piquants (**radioles**) attachés à la thèque par des muscles et pouvant s'orienter en tournant sur un mamelon. À l'intérieur de l'oursin vivant existe un système aquifère composé de canaux communiquant avec l'extérieur par les pores de la plaque madréporique et qui irriguent de petits tubes ambulacraires qui traversent le test au niveau des pores ambulacraires percés par rangées dans les **zones ambulacraires**. Le rôle de ces tubes ambulacraires est locomoteur et respiratoire. La classification des Oursins est complexe ; un critère important est la position de l'anus par rapport à l'appareil apical. Il y a lieu de noter qu'il existe un groupe d'Oursins paléozoïques et un groupe postpaléozoïque, la liaison étant assurée par le groupe des Cidaroïdes.

Classification :

1 – Réguliers = Endocycles :

1.1 Bothriocidarides (Répart. stratigr. : Ordovicien).

1.2 Mélonéchinides = Paléchinides (Dévonien – Carbonifère).

1.3 Lépidocentroïdes = Échinocystoïdes (Ordovicien - Permien).

1.4 Cidaroïdes (Dévonien – Actuel).

1.5 Échinacés et **Diadématacés** (Jurassique – Actuel) : Aulodontes. Stirodontes et Camarodontes.

2 – Irréguliers = Exocycles :

2.1 Gnathostomes (Jurassique – Actuel) : Holectypoïdes et Clypéastéroïdes.

2.2 Atélostomes (Jurassique – Actuel) : Cassiduloïdes et Spatangoïdes.

Tous les groupes ayant des représentants au Paléozoïque (à savoir 1.1 à 1.4) sont rassemblés au sein des **Périschoéchinides**, les autres forment les **Euéchinides**.

Echinocorys [du gr. *ekhinos*, hérisson, et *koris*, millepertuis ; prononc. éki-] (ancien nom *Ananchytes*) – Oursin proche du genre *Toxaster* (V. fig. à Échinides) Répart. stratigr. : Crétacé sup. – Paléocène.

Échinocystoïdes n. m. pl. [du gr. *ekhinos*, hérisson, et *kustis*, vessie : prononc. éki-] – Groupe d'Oursins réguliers (Ordovicien – Permien). V. Échinides.

Échinodermes n. m. pl. [du gr. *ekhinos*, hérisson, et *derma*, peau ; prononc. éki- ; angl. *echinoderms, Echinodermata*] – Embranchement zoologique d'animaux marins ayant généralement une symétrie axiale d'ordre 5, et possédant souvent un squelette formé de plaques de calcite monocristalline.

Classification :

1 – Pelmatozoaires (fixés par un pédoncule) :

1.1 Cystidés (Ordovicien – Permien).

1.2 Blastoïdes (Ordovicien – Dévonien).

1.3 Carpoïdes (Cambrien – Ordovicien).

1.4 Crinoïdes (lys de mer : Cambrien – Actuel).

2 – Eleuthérozoaires (sans pédoncule) :

2.1 Holothurides (Ordovicien – Actuel).

2.2 Astérides (étoiles de mer ; Ordovicien – Actuel).

2.3 Ophiurides (Carbonifère–Actuel).

2.4 Échinides (oursins. Ordovicien – Actuel).

Seuls les Échinides et les Crinoïdes sont abondants dans les sédiments. Certains calcaires (calc. à entroques) sont formés entièrement de débris de Crinoïdes accumulés qui se reconnaissent à leur cassure brillante (spathique) le long des clivages des monocristaux de calcite que forment chacun de ces débris.

Echinolampas [du gr. *ekhinos*, hérisson, et *lampas*, lampe : prononc. éki-] – Genre d'Oursins de l'Éocène – Actuel (V. fig. à Échinides).

échosondage n. m. [angl. *echosounding*] – Mesure de la profondeur du fond sous-marin par la réflexion des ondes sonores sur celuici. V. bathymétrie. N. m. **échosondeur**.

éclat n. m. [angl. *luster* (US), *lustre* (GB)] – Façon dont un minéral renvoie la lumière qu'il reçoit. Pour le caractériser, on utilise des adjectifs qui font allusion à des corps dont l'éclat est communément connu : **éclat métallique** [angl. *metallic luster*] (ex. galène, pyrite, magnétite), **vitreux** [angl. *vitreous*] (ex. calcite, fluorine, olivine), **gras** [angl. *greasy*] (ex. quartz), **adamantin**, **nacré**, **soyeux**, **cireux**, [angl. *adamantine*, *nacreous* (ou *pearly*), *silky*, *waxy*], etc.

éclogite n. f. [du gr. *eklogê*, choix ; angl. *eclogite*] – Roche peu commune du métamorphisme général, massive et dure, à cristaux de grenat rose et de pyroxène vert bien visible à l'œil nu. Le grenat est une solution solide [almandin + pyrope + grossulaire], le clinopyroxène est l'omphacite, solution solide [jadéite + diopside + acmite (ægyrine)], les micas blancs (phengite, paragonite) sont

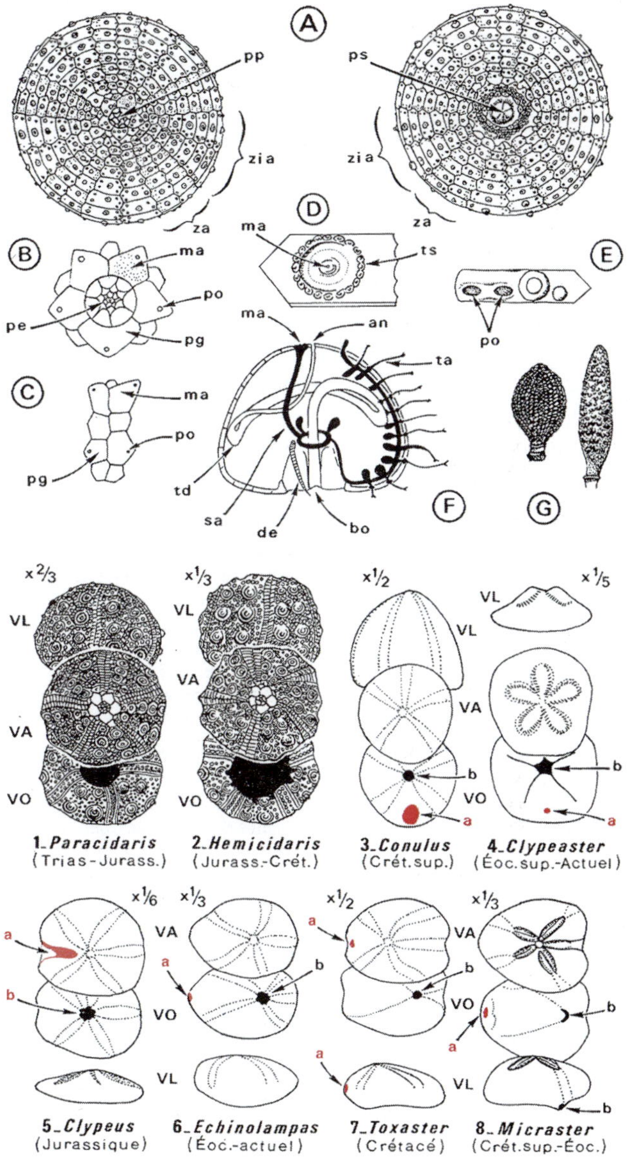

Échinides

A : type d'Oursin régulier : *Echinus* (Pliocène – Actuel) – pp : périprocte – ps : péristome (au milieu duquel on voit les dents) – za : zone ambulacraire – zia : zone interambulacraire.

B : détail de l'appareil apical d'*Echinus* – ma : madréporite – pe : périprocte – pg : plaque génitale – po : pore génital.

C : appareil apical d'un Oursin irrégulier (*Echinocorys*), même légende que B.

D : plaque interambulacraire d'un Cidaroïde – ma : mamelon sur lequel s'articule le piquant – ts : tubercule scrobiculaire.

E : plaque ambulacraire – po : pores.

F : section schématique d'un Oursin – an : anus – bo : bouche – de : dent – ma : madréporite – sa : système aquifère – ta : tentacule ambulacraire – td : tube digestif.

G : deux radioles (ou piquants) de Cidaroïdes.

1 à 8 : quelques exemples d'Échinides : Cidaroïdes (1 et 2) – Échinacés (3) – Clypéastéroïdes (4) – Cassiduloïdes (5 à 7) – Spatangoïdes (8) – VA, VL, VO : vues aborale, latérale, orale – a : anus – b : bouche.

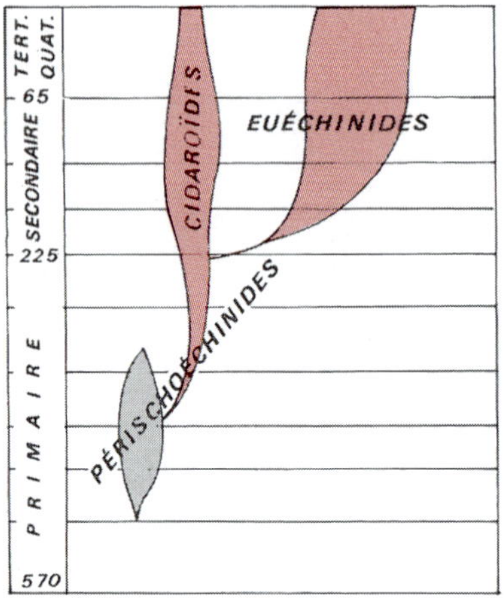

Échinides

Grands traits de l'évolution des Échinides.

assez fréquents ; les minéraux secondaires sont le rutile et le disthène, avec accessoirement ilménite, magnétite, épidote, amphibole (hornblende, glaucophane), olivine et quartz, diamant (p. ex. dans celles nommées les **griquaïtes**, en nodules dans des kimberlites). La composition chimique globale est celle d'un gabbro ou d'un basalte, souvent à déficit de SiO_2. Ces roches peu fréquentes se présentent en bandes ou en lentilles au sein d'autres r. métam., ou en enclaves remontées par des laves (basaltes, kimberlites). Ce sont des roches de métamorphisme élevé, formées dans un domaine assez vaste de T et P (V. métamorphisme, faciès minéraux), actuellement réparties en trois groupes : – 1 : groupe A : éclogites associées aux granulites ou à des roches ultrabasiques (ex. kimberlites) formées à P > 10 kbar et T > 700 ou 800 °C avec grenat à 70 % pyrope, et omphacite pauvre en jadéite. – 2 : groupe B : éclogites associées à des amphibolites, formées à P. 10 kbar et T. 650 °C avec grenat à 40-50 % pyrope, et omphacite avec 50 % jadéite. – 3 : groupe C : éclogites associées aux schistes à glaucophane formées à P = 5 à 10 kbar et T = 300 à 400 °C avec grenat à 10 % pyrope, et omphacite à 80 % jadéite. La formation et l'origine des éclogites sont discutées. Elles pourraient (celles du groupe A en particulier) se former à la base de la croûte ou dans le manteau supérieur, en partie par fusion partielle de péridotites adj. **éclogitique** [angl. *eclogitic*].

écoulement n. m. **(canal d'–, chenal d'–)** [angl. *drainage channel*] – Dans un torrent*, lit proprement dit qui relie le bassin de réception, en amont, au cône de déjection, en aval.

écoulement (– gravitationnel, – par gravité) [angl. *gravitational sliding*] – V. tectonique par gravité.

écoulement (plis d'–) [angl. *rheid folds, rheomorphic folds*] – Plis anisopaques qui se sont constitués dans une roche ayant une faible viscosité, parce que, dans la plupart des cas, elle a été soumise à des pressions et à des températures importantes. Ne pas confondre avec tectonique d'écoulement.

ectinite n. f. [du gr. *ektenes*, allongé ; angl. *ectinite*] – Syn. de schiste cristallin (terme ancien).

Ectoproctes n. m. pl. [du gr. *ectos*, hors, et *prôktos*, anus] – Syn. de Bryozoaires.

écume n. f. **de mer** [angl. *sea-foam*] – Autre nom de la sépiolite. V. magnésite.

édaphologie n. f. [du gr. *edaphos*, sol ; angl. *edaphology*] – Syn. rare de pédologie. Ce mot est plus particulièrement utilisé lorsque l'influence des sols sur la végétation est pris en compte. Adj. **édaphique** [angl. *edaphic*].

Édentés n. m. pl. [angl. *Edentata*] – Groupe de Mammifères américains, connus depuis l'Éocène, comprenant notamment le tatou. Ce groupe, dans lequel on rangeait anciennement deux sous-groupes, les **Nomarthres** et les **Xénarthres**, ne comprend plus actuellement que le second.

-èdre, -édrie, -édrique – Suffixes tirés du gr. *hedra*, siège, base, et utilisés pour former des mots composés s'appliquant aux faces planes des volumes. Dans ce sens, il ne prend jamais la lettre h en français, ex. : tétraèdre, holoédrie, rhomboédrique (à la différence de l'angl. : ex. *tetrahedron*).

Ediacara (faune d'–) [de Ediacara, Australie ; angl. *Ediacaran fauna*] – Faune très primitive du Précambrien (entre 600 et 700 Ma) connue par des empreintes d'organismes mous (méduses, vers, etc.).

Éemien n. m. [de la vallée de l'Eem, Hollande ; angl. *Eemian*] – Étage du Quaternaire correspondant à l'interglaciaire Riss-Würm. V. tabl. à glaciation et à Quaternaire. Adj. **éemien, nne**.

effet n. m. **de serre** [angl. *greenhouse effect*] – Phénomène conduisant à l'échauffement d'un corps par la lumière au delà de ce que l'on observerait s'il était dans le vide du fait de son confinement dans une enceinte transparente absorbant les rayonnements infrarouges. Dans le vide, la température du corps se fixerait à la valeur où le rayonnement reçu et le rayonnement réémis dans l'infrarouge (par échauffement) seraient égaux. L'enceinte lui renvoie une certaine partie de ce rayonnement infrarouge, ce qui entraîne l'augmentation de sa température jusqu'à un autre point d'équilibre. Pour une serre, l'enceinte transparente est le verre, pour la Terre, elle est constituée par les gaz à effets de serre présents en très faibles proportions dans l'atmosphère, notamment la vapeur d'eau, le gaz carbonique, le méthane, l'ozone.

effet de socle n. m. [M. Fonteilles et G. Guitard, 1964] – Contrôle de la position des isogrades du métamorphisme affectant une couverture par le socle sous-jacent. Il se traduit essentiellement par : – 1. un parallélisme au moins approximatif de ces isogrades et de la limite socle-couverture, ce qui cartographiquement entraîne le centrage de ces isogrades autour des affleurements du socle ; – 2. par un resserrement des isogrades dans la couverture à l'approche du socle.

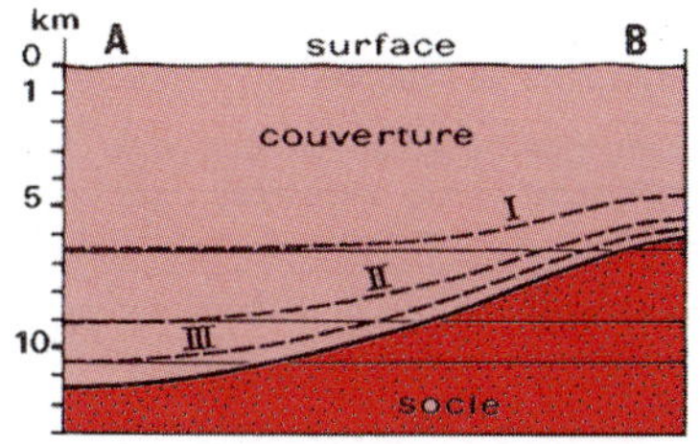

effet de socle

Vue en coupe de trois isogrades (p. ex. I : biotite – II : andalousite – III : staurotide) qui, au lieu de rester à profondeur constante, se moulent sur le dôme de socle. Le gradient métamorphique est faible à l'aplomb de A, et fort à l'aplomb de B.

L'interprétation donnée aux causes de ce phénomène est la suivante : le flux thermique profond n'est utilisé dans le socle que pour réchauffer celui-ci d'où un faible gradient thermique et des isogrades espacés. Dans la couverture par contre, il entraîne des transformations minérales importantes, qui demandent une plus grande dépense d'énergie, d'où un plus fort gradient thermique et un rapprochement des isogrades.

effondrement n. m. **(fossé d'–)** – V. fossé d'effondrement.

effusif, ive adj. [du lat. *effundere*, répandre ; [angl. *effusive, extrusive*] – Qui atteint la surface et se répand à l'état fondu : les roches effusives sont les laves.

égueulé adj. **(cratère –)** [angl. *breached crater, – cone*] – Se dit du cratère d'un volcan* en partie détruit par une explosion ou érodé par des coulées.

Eifélien n. m. [A. Dumont, 1848, de la région de l'Eifel, Allem. ; angl. *Eifelian*] – Étage du Dévonien (ère primaire). V. tabl. Annexe 2. Adj. **eifélien, nne**.

éjecta(s) n. m. pl. [mot du lat. ; angl. *ejecta*] – Matériaux solides éjectés par un volcan. V. téphra.

éjectif adj. **(style –)** [H. Stille, 1917, du lat. *ejectio*, action de lancer] – Style de plis de couverture où alternent synclinaux larges et anticlinaux étroits (terme peu usité). Ant. déjectif.

Élasmobranches n. m. pl. [du gr. *elasmos* feuille, et *brankhia*, branchie ; angl. *Elasmobranchii*] – Groupe de Poissons* comprenant notamment les requins et les raies (Dévonien-Actuel). Syn. Sélaciens s.l., Chondrichtyens.

élasticité n. f. [angl. *elasticity*] – Propriété d'un corps qui se déforme lorsque des forces lui sont appliquées, et qui reprend sa forme initiale lorsque ces contraintes disparaissent. V. plasticité, viscosité, déformation. Adj. **élastique** [angl. *elastic*].

élastique adj. **(rebond –)** – V. rebond élastique.

elbaïte n. f. [de l'île d'Elbe, Ital. ; angl. *elbaite*] – Variété de tourmaline bleu clair.

elb n. m. [mot saharien, pl. alab ; angl. *elb*] – Grande chaîne dunaire allongée presque parallèlement au vent.

electrum n. m. [du gr. *élektron*, ambre, et or argenté ; angl. *electrum*] – Or* argentifère naturel.

élément n. m. **(chimique)** [angl. *element*] – Constituant de la matière caractérisé par un atome ayant un nombre de protons déterminé (numéro atomique). Ils peuvent avoir des isotopes de masses atomiques diverses. V. au nom de chaque élément.

éléments en traces – V. traces (éléments en –).

éléolite n. f. [du gr. *elaion*, huile, et *lithos*, pierre ; angl. *el(a)eolite*] – Variété translucide brune et verte, à éclat gras, de néphéline. V. feldspathoïde.

Elephas (du nom gr. de l'éléphant) – Genre groupant les éléphants apparus au Pliocène.

Éleuthérozoaires n. m. pl. [du gr. *eleutheros*, libre, et *zôon*, animal ; angl. *eleutherozoans*] – Groupe constitué par les Échinodermes* non fixés par un pédoncule (Ordovicien – Actuel).

ellipse n. f. [du gr. *elleipsis*, manque, l'ellipse étant imparfaite par rapport au cercle ; angl. *ellipse*] – Figure géométrique plane, lieu géométrique des points dont la somme des distances à deux points, appelés foyers de l'ellipse, est constante. Le grand axe de l'ellipse passe par les foyers ; le petit axe lui est perpendiculaire. L'excentricité de l'ellipse est le rapport de la distance des foyers au grand axe. Adj. **elliptique** [angl. *elliptic (al)*].

ellipsoïde n. m. [de ellipse ; angl. *ellipsoid*] – Surface convexe fermée possédant 3 plans et 3 axes de symétrie, orthogonaux 2 à 2, se coupant en un même point qui est le centre. Un ellipsoïde est caractérisé par les valeurs Og. Om et Op, moitiés du grand axe, de l'axe moyen et du petit axe. Les sections par des plans passant par le centre sont des ellipses sauf pour 2 sections cycliques de rayon Om. Un **ellipsoïde de révolution** [angl. *– of revolution*] est la surface engendrée par la rotation d'une ellipse autour de son grand axe (ellipsoïde allongé) ou de son petit axe (ellipsoïde aplati). Adj. **ellipsoidal** [angl. *ellipsoidal*].

ellipsoïde de déformation [angl. *strain ellipsoid*] – Forme prise par une portion originellement sphérique d'un matériau ayant subi une déformation* continue homogène.

ellipsoïde des contraintes [angl. *stress ellipsoid*] – Lieu géométrique des extrémités des vecteurs représentant les contraintes* en un point.

ellipsoïde des indices [angl. *index ellipsoid, indicatrix*] – Lieu géométrique des vecteurs représentant les indices de réfraction* en un point.

ellipsoïde international – V. géodésie.

Elster n. m. [du nom d'une rivière d'Allemagne du Nord ; angl. *Elsterian*] – Glaciation du Quaternaire (V. tabl. à ce mot et à glaciation) équivalent, pour l'inlandsis scandinave, du Mindel alpin.

éluvial, e, aux adj. [du lat. *eluere*, laver ; angl. *eluvial*] – Se dit du niveau d'un sol qui a subi un lessivage*. Ant. illuvial.

éluviation n. f. [du lat. *eluere*, laver ; angl. *eluviation*] – En pédologie, syn. de lessivage.

éluvion n. f. [du lat. *eluere*, laver ; angl. *eluvium*] – Syn. de niveau éluvial.

embayment n. m. [mot angl.] – Élargissement dans une vallée creusant un inselberg à son débouché sur le pédiment*.

emboîtement n. m. (de relief) [angl. *nesting, imbrication*] – Creusement d'une nouvelle morphologie dans un relief correspondant à un cycle* d'érosion antérieur, avec ainsi constitution d'un modelé polycyclique*. Vb. **(s') emboîter** ; adj. **emboîté, e :** se dit de formes du relief affectant successivement le même matériel (ex. : cônes emboîtés [angl. *nested cones*], V. volcans ; terrasses* emboîtées [angl. *fill-in fill terraces*]).

Embolomères n. m. pl. [du gr. *embolê*, jointure, et *meros*, partie] – Amphibiens fossiles du groupe des Stégocéphales. Répart. stratigr. : Carbonifère – Permien.

embranchement n. m. [angl. *phylum*, pl. *phyla*] – Catégorie majeure des classifications des êtres vivants ou fossiles. V. taxon.

embréchite n. f. [du gr. *embrexo*, imbiber ; angl. *embrechite*] – Migmatite* où la structure de gneiss œillé est encore bien visible.

embryonnaire adj. **(tectonique –)** – V. tectonique embryonnaire.

embut n. m. [mot occitan, du lat. *imbutum*, entonnoir ; angl. *swallow hole*] – Puits absorbant dans un modelé karstique (V. ce terme).

émendation n. f. [du lat. *emendatio*, correction ; angl. *ammendment*] – Modification apportée par un auteur dans le nom ou la composition d'un groupe (famille, genre, espèce, etc.) zoologique ou botanique. Vb. **émender** ; adj. **émendé, e** (se dit d'un nom ainsi modifié).

émeraude n. f. [du gr. *smaragdos*, même signif. ; angl. *emerald*] – Var. verte et limpide de béryl.

émeraude orientale [angl. *oriental emerald*] – Var. verte de corindon.

émergence n. f. [du lat. *emergere*, sortir ; angl. *emergence*] – Toute sortie d'eau souterraine à la surface. V. aussi exsurgence, résurgence.

émeri n. m. [du gr. byzantin *smeri*, même signif. ; angl. *emery (rock)*] – Var. de corindon* à usage industriel.

émoussé, e adj. [angl. *rounded*] – Dont les angles vifs ont été usés. N. m. **émoussé** [angl. *roundness*].

émoussé (indice d'–) [angl. *roundness ratio, – grade*] – Indice permettant de caractériser l'usure d'un galet ou d'un grain.

émoussé luisant [angl. *blunt shining*] – V. morphoscopie.

Emschérien n. m. [E. Munier-Chalmas et A. de Lapparent, 1893, de l'Emsch, rivière d'Allem. ; angl. *Emscherian*] – Partie inférieure du Sénonien (Crétacé sup., ère secondaire). V. tabl. Annexe 2. Adj. **emschérien, nne**.

Emsien n. m. [L. de Dorlodot, 1900, de Ems, Allem. ; angl. *Emsian*] – Étage du Dévonien (ère primaire) V. tabl. Annexe 2. Adj. **emsien, nne**.

énallogène adj. **(enclave –)** [du gr. *enallos*, différent, et *gennan*, engendrer ; angl. *exogenous inclusion, exogenic –*] – Enclave* incluse dans des r. magm., et d'origine étrangère au magma.

encaissant n. m. [angl. *country rock, host –*] – Terme général désignant les terrains dans lesquels s'est mis en place un massif intrusif ou un filon (V. aussi éponte, gangue). Adj. **encaissant, e.**

encapuchonnement n. m. ; [angl. *involution*] – Dispositif structural selon lequel une masse de terrains charriés se trouve, à son front, enveloppée par une autre qui lui est cependant sous-jacente dans l'ensemble. Il est généralement dû à un pli en retour V. aussi rétrocharriage, antithétique. Vb. **(s')encapuchonner** ; adj. **encapuchonné, e**.

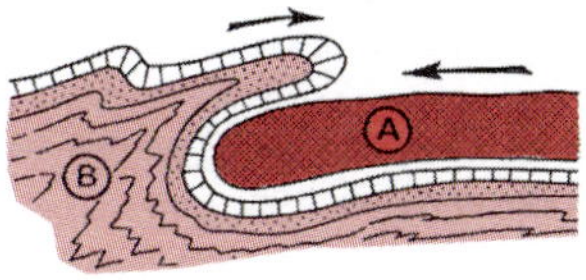

encapuchonnement

Coupe schématique avec encapuchonnement de l'unité A dans l'unité B.

enclave n. f. [du lat. *inclavare*, fermer à clé ; angl. *enclave*, *inclusion*, *enclosure*, *xenolith*] – Masse de roche qui a été mécaniquement arrachée et emballée dans une autre roche. Ce terme est surtout utilisé pour les r. magm. et est alors syn. de xénolithe ; ex. enclave enallogène (ou xénolithe) de roche encaissante (schiste, calcaire, etc.) dans un granite en bordure de massif intrusif ; enclave (ou xénolithe, ou nodule) de péridotite ou d'éclogite dans un basalte (interprété comme fragment de la croûte profonde ou du manteau, arraché et entraîné jusqu'à la surface par la montée de la lave). Vb. **enclaver** ; adj. **enclavé, e**.

encrines (calcaire à –) [du gr. *en*, dans, et *krinon*, lis ; angl. *encrinic limestone*] – Terme employé parfois comme synonyme de calcaire à entroques*.

Encrinus [du gr. *en*, dans, et *krinon*, lis] – Genre d'Échinodermes du groupe des Crinoïdes (V. fig. à ce mot).

enderbite n. f. [angl. *enderbite*] – R. magm. de type dioritique ou gabbroïque à plagioclase, pyroxène (dont hypersthène), biotite, grenat, etc. ; elle est présente, en particulier, dans des complexes charnockitiques*.

Endocycles n. m. pl. [du gr. *endon*, dans, et *kuklos*, cercle ; angl. *Endocyclica, Regularia*] – Pour les Oursins, syn. de Réguliers. V. Échinides.

endogène adj. [du gr. *endon*, dans, et *gennan*, engendrer ; angl. *endogen (et) ic, endogenous*] – S'applique aux roches formées, au moins en partie, à l'intérieur du globe (r. métam., r. magm.). Ant. exogène.

endolit(h)e n. m. [du gr. *endon*, dans, et *lithos*, pierre] – Organisme microscopique (champignon, procaryote, protiste) qui, capable de dissoudre le carbonate de calcium des coquilles, y pratique de minuscules cavités où il vit. Adj. **endolit(h)ique** [angl. *endolithic*].

endo(méta)morphisme n. m. [du gr. *endon*, dans, et *morphê*, forme ; angl. *endo(meta)morphism*] – Apparition localisée de faciès pétrographiques particuliers lors de la cristallisation d'un magma, du fait de réactions chimiques avec des enclaves ou avec les roches encaissantes (*cf.* assimilation).

endoréisme n. m. [du gr. *endon*, dans, et *rheîn*, couler ; angl. *endor(h)eism*] – Fait, pour une région, de ne pas avoir d'écoulement des eaux vers une mer ouverte. V. aussi aréisme. Ant. exoréisme. Adj. **endoréique** [angl. *endor(h)eic*].

enduit n. m. [angl. *coat*, *coating*] Dépôt se formant secondairement à la surface d'une roche dont il masque l'apparence. Ex. : enduit de calcite comblant des vides de distension entre deux portions de roches glissant l'une sur l'autre. V. tectoglyphe.

énergie n. f. **(niveau –)** [angl. *energy level*, *– index*] – Catégorie permettant de caractériser l'agitation d'un milieu de sédimentation. Un milieu marin de haute énergie [angl. *high-energy environment*] est situé dans la zone d'agitation de la houle, donc à très faible profondeur ; il lui correspond des dépôts où manquent les particules fines (les argiles en particulier) qui ne peuvent se déposer du fait de cette agitation, et où, par suite, la porosité est importante (p. ex. dépôts de type intrasparite). Les dépôts d'un milieu de basse énergie [angl. *low-energy environment*] sont, au contraire, habituellement riches en argiles et de porosité faible. V. carbonatées (roches –).

ennoyage n. m. [angl. *– pitching*] – Disparition de couches visibles à l'affleurement sous d'autres formations, du fait de leur pendage. Terme utilisé en particulier dans les terminaisons périclinales des plis. Vb. **(s')ennoyer** ; adj. **ennoyé, e**.

enracinement n. m. [angl. *rooting, seating*] – 1. Pour un pli couché, une écaille ou une nappe de charriage, fait de se raccorder à une racine (V. ce mot) – 2. p. ext. amortissement d'une structure chevauchante. Ex. : enracinement axial d'un pli-faille dans le prolongement de son axe (dans la région de cet enracinement il y a amortissement des déplacements horizontaux relatifs) ; **enracinement frontal**, v. amortissement frontal. Vb. **s'enraciner** ; adj. **enraciné, e**.

ensellement n. m. [angl. *saddle*] – Abaissement local d'allure souple, soit d'une crête topographique, soit de l'axe d'un anticlinal allongé.

enstatite n. f. [du gr. *enstatés*, qui résiste, à cause de son caractère réfractaire ; angl. *enstatite*] – V. pyroxène (orthopyr.).

entonnoir n. m. [angl. *hyponome*] – Organe de locomotion des Céphalopodes. Syn. hyponome*.

entonnoir de dissolution [angl. *sink hole*] – Dépression conique large de quelques mètres ou dizaines de mètres, due à la dissolution dans des masses de gypse et d'anhydrite.

entonnoir de réception – Pour un torrent, syn. de bassin* de réception.

entraînement n. m. **(plis d'–)** [angl. *drag folds*] – Plis mineurs pouvant se développer dans les niveaux incompétents intercalés entre des niveaux compétents en cours de plissement et animés de mouvements différentiels (cisaillement). Par rapport aux plis majeurs, ces plis d'entraînement sont : – 1. symétriques dans les charnières (formes dites en M ou en W) – 2. dissymétriques et déversés dans les flancs, avec une succession de flancs longs et courts (formes dites en Z ou en S, distinction dangereuse qui dépend de la position de l'observateur par rapport au pli). Les axes b des plis d'entraînement sont parallèles ou presque à ceux des plis majeurs et les vergences de toutes ses structures sont orientées dans le même sens. V. aussi pli, secondaires (plis –), disharmonie. Syn. plis parasites.

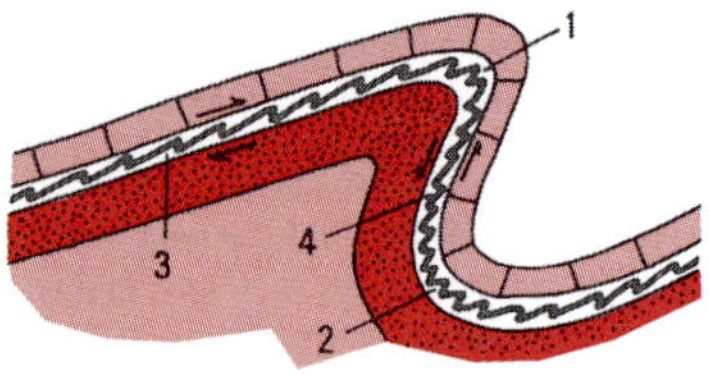

entraînement (plis d'–)

1 : plis en M – 2 : plis en W – 3 : plis en Z – 4 : plis en S. Ils affectent une couche ductile interstratifiée entre deux couches compétentes ; les flèches indiquent les mouvements relatifs de ces couches dans les flancs du pli majeur. Remarque : si l'observateur était de l'autre côté du pli, il verrait en 3 des plis en S et en 4 des plis en Z.

entrecroisée adj. **(stratification –)** – Syn. de stratification oblique. (V. ce terme).

entroque n. m. [du gr. *en*, dans, et *trokhos*, disque ; angl. *ossicle*] – Débris de tiges ou de bras de crinoïdes, reconnaissables à leur symétrie d'ordre 5, leur canal central, et leur cassure brillante correspondant à un clivage cristallin de calcite (V. fig. à Crinoïdes). Certaines roches en sont entièrement formées (calcaires à entroques).

enveloppe n. f. **(d'un pli)** [angl. *envelope (of a fold)*] – Partie d'un pli* constituée par ses couches les plus externes. Ant. coeur.

environnement n. m. [angl. *environment*] – Caractères d'un milieu considérés par rapport à un organisme ou un groupe d'organismes déterminés. Ex. l'environnement humain. Ce terme est souvent pris absolument dans le sens de milieu. Ex. l'environnement marin. Adj. **environnemental, e, aux** [angl. *environmental*].

éo- – Préfixe tiré du gr. *êôs*, aurore, et signifiant ancien, premier, primitif.

Éocambrien n. m. [W.C. Broegger, de éo-, et de Cambrien ; angl. *Eocambrian*] – Partie supérieure du Protérozoïque. V. tabl. Annexe 2, adj. **éocambrien, nne**.

Éocène n. m. [Ch. Lyell, 1833 ?, de éo-, et du gr. *kainos*, récent : période marquant l'aurore des temps actuels ; angl. *Eocene*] – Division stratigraphique de l'ère tertiaire. On la subdivise généralement aujourd'hui en Éocène inf. (Yprésien), moy. (Lutétien), et sup. (Bartonien et Priabonien), V. tabl. Annexe 2. Adj. **éocène**.

éocimmérienne adj. **(phase –)** – V. cimmériennes (phases –) et tabl. Annexe 2.

Eoharpes [du gr. *êôs*, aurore, et *harpê*, cimeterre] – Genre de Trilobites (V. fig. à ce mot) de l'Ordovicien.

Eohippus [du gr. *êôs*, aurore, et *hippos*, cheval] – Genre de Mammifères fossiles du groupe des Périssodactyles, de la taille d'un renard, considéré comme l'un des premiers ancêtres du cheval. Connu dans l'Éocène inf. américain.

éolianite n. f. [de Éole. Dieu des vents ; angl. *eolianite*] – R. sédim. calcaire formée par cimentation (du fait de précipitation de calcite) d'anciennes accumulations dunaires, constituées de fins débris de coquilles, de tests de foraminifères. (Milioles surtout), et d'oolithes calcaires.

éolien, nne adj. [de Éole, Dieu des vents ; angl. *(a)eolian*] – Se dit des processus où intervient le vent, et de ce qui en résulte : formes d'accumulation (ex. dunes), formes d'érosion (V. corrasion, et déflation). Vb. **éoliser** ; n. f. **éolisation** [angl. *(a) eoliation*] ; adj. **éolisé, e** [angl. *wind-worn*].

éolisé adj. **(caillou –)** [angl. *wind-worn stone* ; *ventifract*] – Caillou à surface usée par l'action du vent chargé de grains de sable, en général d'aspect satiné, et picoté. V. aussi dreikanter.

éolit(h)e n. m. [du gr. *êôs*, aurore, et *lithos*, pierre ; angl. *eolith*, *dawn stone*] – Silex présentant des cassures irrégulières, certains façonnés par l'homme, d'autres, trouvés dans des terrains relativement anciens, oligocènes ou miocènes, probablement par des actions naturelles (transport par des rivières, gélifraction) malgré l'opinion de leurs inventeurs qui en tiraient argument à l'appui de l'existence de l'Homme dès cette époque.

éon n. m. [du gr. *aiôn*, éternité ; angl. *(a)eon*] – Durée d'un éonothème. V. stratigraphie.

éonothème n. m. [du gr. *aiôn*, éternité ; angl. *eonothem*] – Division chronostratigraphique de rang le plus élevé, qui comprend plusieurs ères. V. stratigraphie.

Éosuchiens n. m. pl. [du gr. *êôs*, aurore, et *soukhos*, crocodile, prononc. -kien ; angl. *Eosuchia*] – Groupe de Reptiles Diapsidés primitifs (Permien – Jurassique).

épaisseur n. f. **(d'une couche)** [angl. *thickness*] – V. puissance.

épaisseur apparente [angl. *apparent thickness*] – Épaisseur que semble avoir une couche sur une coupe qui ne lui est pas perpendiculaire. V. pendage.

épandage n. m. – Étalement des alluvions par le vent (épandage éolien ; angl. *aerial spraying*) ou, plus souvent, par les cours d'eau (angl. *outwash deposition*) qui forment alors des plaines d'épandage.

épandage (glacis d'–) – Glacis* où la roche en place est recouverte par une faible épaisseur d'alluvions.

épaulement n. m. **(d'une vallée glaciaire)** [angl. *(glacial) shoulder, trimline*] – V. modelé glaciaire.

épeirogenèse n. f. – V. épirogenèse.

épi- – Préfixe tiré du gr. et indiquant soit une position supérieure, soit l'acquisition d'un nouvel état qui s'est surimposé à un état antérieur. Ex. : – 1. la couverture épipaléozoïque est la couverture reposant sur les terrains paléozoïques d'une région – 2. une épidiorite est une roche à caractères de diorite, acquis secondairement car la roche originelle était autre (un gabbro par ex.)

épibathyal, e, aux adj. [angl. *epibathyal, upper bathyal*] – Partie du milieu bathyal* située entre 200 m et 400 m de profondeur.

épibole n. f. [du gr. *épibolê*, invasion ; angl. *epibole*] – Ensemble des couches correspondant au développement maximal (= acmé) d'un taxon. La durée d'une épibole est appelée héméra. Syn. zone d'abondance, ou zone d'apogée.

épicentre n. m. [angl. *epicenter* (US), *epicentre* (GB), *epicentrum*] – Point de la surface terrestre située à la verticale du foyer* d'un séisme.

épicontinental, e, aux adj. [M. Gignoux, 1950 ; angl. *epicontinental*] – S'applique à la zone marine située en bordure d'un continent, au-dessus de la plate-forme continentale. V. aussi marin (milieu –).

épicycle n. m. [angl. *epicycle*] – Cycle* d'érosion dont les effets n'ont été marqués que localement, le plus souvent près des côtes.

épidiorite n. f. [angl. *epidiorite*] – R. grenue, en général de teinte verdâtre, provenant de l'altération complète, par saussuritisation ou ouralitisation, d'un gabbro.

épidote n. f. [du gr. *epidosis*, accroissement ; angl. *epidote*] – Sorosilicate qui pour l'épidote s. str. (**pistachite**, ou **pistacite**) du syst. monoclinique est de formule $Ca_2Fe^{3+}Al_2(SiO_4)(Si_2O_7)O(OH)$. Elle fait partie d'un groupe, les épidotes s.l., comprenant la **zoïsite** du syst. orthorhombique, où Fe est remplacé par Al, et les espèces monocliniques suivantes : la **clinozoïsite** $Fe^{3+}(Fe, Al)_2(SiO_4)(Si_2O_7)O(OH)$ la **piémontite** avec Mn remplaçant Fe, l'**allanite** (ou **orthite**) avec des terres rares (Ce, Th, Y, etc.). Les épidotes se présentent souvent en grains, parfois en fibres, ou encore en prismes allongés, striés en long et à clivage assez facile. Les teintes courantes sont vertes (vert bouteille, vert pistache, vert jaune moutarde) seule la piémontite étant rose. Les épidotes communes vertes sont présentes dans de nombreuses roches légèrement calciques, ayant subi un métamorphisme faible, soit de contact (cornéenne à albite et épidote), soit général (schistes, prasinites, etc., à épidote, chlorite, albite). Elles dérivent le plus souvent, par altération ou par rétromorphose, des plagioclases (saussuritisation) ou des hornblendes. La piémontite, rose ou rouge, est un minéral rare de certains schistes, ou encore de certaines andésites à faciès paléovolcaniques (porphyre rouge antique). L'allanite, en général en prismes brun noir à éclat résineux, est un minéral accessoire de certains granites et pegmatites.

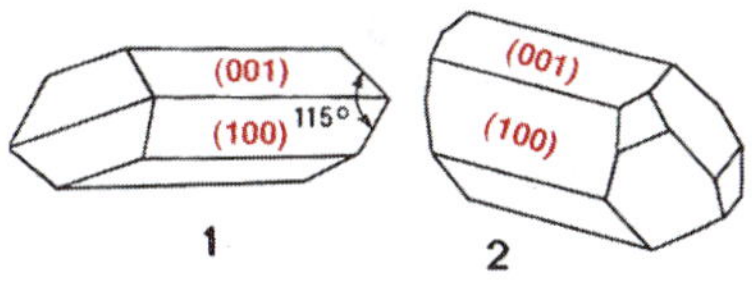

épidote

1 et 2 : formes habituelles (d'après A. de Lapparent)

épidotite n. f. [angl. *epidosite*] – R. métam. schisteuse ou finement grenue, formée essentiellement d'épidote, avec fréquemment un peu de quartz. Ces roches dérivent souvent de diorites ou de laves équivalentes, ou se trouvent aussi dans certaines cornéennes (V. ce mot, et skarn).

épigénie n. f. [du gr. *epi*, au-dessus, et *geneia*, naissance ; angl. *epigenesis*] – 1. En géomorphologie, phénomène par lequel un cours d'eau, qui coulait sur une surface plane, se trouve, du fait de l'érosion, à traverser des reliefs comportant des roches de diverses résistances, sans que leurs structures ne guident son trajet. Deux mécanismes peuvent l'expliquer : – a : la **surimposition**

qui est le cas où la rivière coulait sur une surface d'érosion plane installée sur les roches plissées, ou bien sur des terrains horizontaux discordants sur ces structures, et où elle s'est enfoncée lentement (p. ex. par abaissement du niveau de base) en gardant son orientation primitive. – b : l'**antécédence** où la structure tectonique s'est formée progressivement en déformant la surface plane où coulait le cours d'eau, qui s'est alors enfoncé petit à petit dans les terrains tectonisés, tout en gardant là aussi son orientation primitive. Il est parfois difficile de faire la part de ces deux mécanismes qui peuvent, d'ailleurs, jouer ensemble.

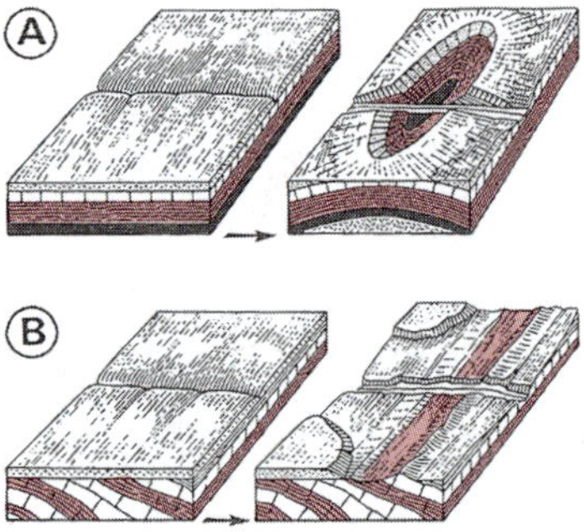

épigénie

A : antécédence, *à gauche,* avant le plissement, *à droite,* après – **B :** surimposition, *à gauche,* avant l'enfoncement, *à droite,* après.

– 2. En pétrographie, remplacement lent au sein d'une roche d'un minéral par un autre, molécule à molécule, ce phénomène étant lié à un apport de substance au point considéré, d'où le terme également employé de métasomatose. Il y a en général conservation très précise des formes de l'élément originel. Ex. ammonite pyriteuse, épigénisée en pyrite, oursin siliceux dans la craie (épigénie siliceuse), épigénies en cascade faisant passer de la calcite à la dolomite (dolomitisation), puis de celle-ci à la silice. La mise en évidence de ce phénomène n'est pas toujours aisée : ex. des minerais de fer oolithiques avec soit remplacement épigénique de la calcite des oolithes par des hydroxydes de fer, soit précipitation directe du fer, soit coexistence des deux phénomènes. V. aussi authigène, diagenèse. Vb. **épigéniser** ; adj. **épigénisé**, **e**, ou **épigén(ét)ique***.

épigénique (ou épigénétique) adj. [angl. *epigen(et)ic*] – Qui procède de l'épigénie ou qui s'y rapporte. **Couleur épigénique** : coloration apportée par des solutions dans des r. sédim. **Concrétion épigénique** (siliceuse, ferrugineuse, etc.) formée tardivement dans des r. sédim. par enrichissement secondaire autour d'un point. **Gisement métallifère épigénique** formé secondairement dans une roche, les apports étant liés, p. ex., à des solutions hydrothermales.

épiglyptique adj. **(chevauchement –)** [du gr. *épi*, au-dessus, et de *gluptikê*, art de graver ; angl. *erosion thrust*] – Chevauchement qui s'est effectué à l'air libre, sur une surface sculptée par l'érosion. On dit aussi **charriage* sur relief.** V. morphotectonique.

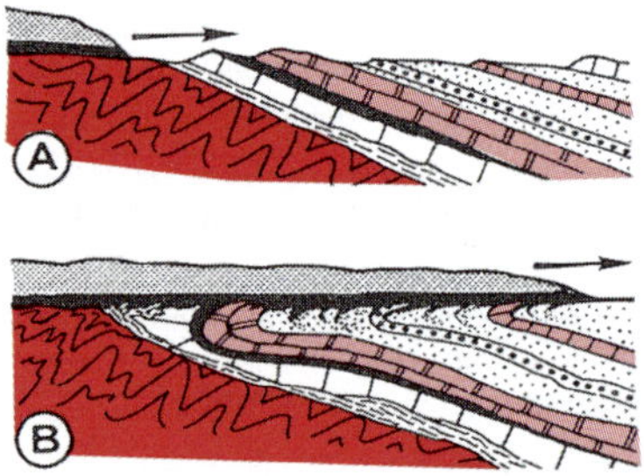

épiglyptique

A : situation avant un chevauchement épiglyptique.
B: situation après le chevauchement (coupes schématiques).

épirelief n. m. [angl. *epiglyph*] – Relief visible à la surface supérieure d'une strate. Ex. ripple marks. Ant. hyporelief.

épirogenèse (ou épeirogenèse) n. f. [G.K. Gilbert, 1886, par opposition à orogenèse ; du gr. *epeiros*, continent, et *genesis*, naissance : angl. *epeirogenesis*, *epeirogeny*] – Lents mouvements de montée ou de descente des domaines continentaux se traduisant par des régressions (quand le continent se soulève) ou par des transgressions (quand il s'enfonce). V. aussi eustatisme. Adj. **ép(e)irogénique** [angl. *epeirogen(et)ic*].

épisyénite n. f. – Roche à composition de syénite alcaline acquise secondairement, et dérivant de roches dioritiques ou gabbroïques dans lesquelles, p. ex., les plagioclases ont été albitisés et les pyroxènes ouralitisés.

épitaxie n. f. [du gr. *epi*, au-dessus, et *taxis*, arrangement ; angl. *epitaxy*] – Phénomène d'orientation cristallographique mutuelle de cristaux d'espèces différentes, qui n'est possible que si les réseaux cristallins présentent de nombreuses analogies dans leurs éléments, de symétrie (ex. rutile sur hématite, pyrite sur galène, etc.). Adj. **épitaxique** [angl. *epitactic*, *epitaxic*, *epitaxial*]

épizone n. f. [angl. *epizone*] – Zone du métamorphisme* général faible. Adj. **épizonal, e, aux**.

éponges n. f. pl. [du lat. *spongia*, même signif. ; angl. *Sponges*] – V. Spongiaires.

éponte n. f. [Jars. 1774 ; du lat. *sponda*, bord ; angl. *wall* (paroi d'une faille ou d'un filon), *selvage*, *selvedge* (altération ou modification autour d'une faille), *salband* (id. autour d'un filon)] – Chacune des surfaces limitant un filon (métallifère, ou de r. magm.), et bordure de la roche encaissante au contact. Celle-ci est souvent modifiée sur une faible épaisseur (métamorphisme de contact, minéralisation diffuse), et le contact est parfois souligné par une formation (argiles p. ex.) nommée la **salbande**. L'éponte sous le filon est le **mur***, celle sur le filon est le **toit***.

époque n. f. [angl. *epoch*] – 1. Division géochronologique utilisée en stratigraphie*. – 2. Laps de temps durant lequel la polarité du champ magnétique terrestre présente une certaine stabilité (V. paléomagnétisme).

équante adj. [du lat. *aequus*, égal ; angl. *equant*] – Se dit des structures et textures des roches grenues dont les cristaux ne présentent aucune orientation préférentielle ; on dit aussi structure ou texture isotrope.

équidistance n. f. **(des courbes de niveau)** [angl. *contour interval*] – V. carte topographique.

équilibrée adj. **(coupe géologique –)** – V. coupe (géologique) équilibrée.

équipotentielle adj. **(surface –)** – V. surface équipotentielle, et géodésie.

Équisétales n. f. pl. [du lat. *equisetum*, queue de cheval ; angl. *Equisetales, Horsetails*] – Végétaux du groupe des Ptéridophytes, poussant dans les terrains marécageux, connus depuis le Dévonien et représentés actuellement par les prêles. Ex. : genre *Calamites*, genre *Equisetum*.

équivalent n. m. **latéral** – V. passage latéral.

équivalve adj. [du lat. *aequus*, égal, et *valva*, battant d'une porte ; angl. *equivalve*] – Qualifie des Lamellibranches dont les valves sont symétriques par rapport à leur plan d'accolement. Ant. inéquivalve.

Er – Symbole chim. de l'erbium.

érathème n. m. [du lat. *aera*, durée ; angl. *erathem*] – Division stratigraphique dont la durée est l'ère*. V. stratigraphie.

Eratosthénien n. m. [du cratère lunaire Eratosthène ; angl. *Eratosthenian*] – Période lunaire allant de 2 100 Ma à 1 100 Ma. V. tabl. Annexe 2.

erbium n. m. [de *Ytterby*, ville de Suède ; angl. *erbium*] – Symbole chim. Er. Métal du groupe des lanthanides (terres rares).

ère n. f. [du lat. *aera*, durée ; angl. *era*] – Une des plus longues divisions géochronologiques. Venant après le Précambrien, on distingue dans l'ordre chronologique : l'ère paléozoïque, ou primaire (ou le Paléozoïque, le Primaire ; 570 à 230 Ma), l'ère mésozoïque, ou secondaire (ou le Mésozoïque, le Secondaire : 245 à 65 Ma). l'ère cénozoïque (ou le Cénozoïque), cette dernière étant subdivisée en Tertiaire (ou « ère » tertiaire ; 65 à 1,8 ou 1,64 Ma) et Quaternaire (ou « ère » quaternaire ; 1,8 ou 1,64 Ma à nos jours). Il est à noter que dans les pays anglo-saxons, les termes de Primaire et de Secondaire ne sont plus usités. V. tabl. Annexe 2.

erg n. m. – 1. [du grec *ergon*, travail ; angl. *erg*] Ancienne unité de travail valant 10^{-7} joules. – 2. [mot arabe ; angl. *erg (h)*] Espace désertique occupé par des dunes (ne pas confondre avec reg).

ergeron n. m. [angl. *ergeron*] – Partie inférieure, brun clair, des couches de lœss*, enrichie en calcaire (niveau illuvial à concrétions nommées poupées du lœss). V. aussi lehm.

érosion n. f. [du lat. *erodere*, ronger ; angl. *erosion*] – Ensemble des phénomènes externes qui, à la surface du sol ou à faible profondeur, enlèvent tout ou partie des terrains existants et modifient ainsi le relief. On distingue deux grands types de phénomènes dont, le plus souvent, les effets s'additionnent : – 1. les processus chimiques avec altération et dissolution par les eaux plus ou moins chargées de gaz carbonique. Ces phénomènes dominent, p. ex., dans la formation des modelés* karstiques. – 2. les processus physiques ou mécaniques avec désagrégation des roches et enlèvement des débris par un fluide, d'où les distinctions entre les érosions éolienne, fluviatile, glaciaire, marine. L'érosion chimique enlève de 6 à 7 mm/1 000 ans à la surface des continents, l'érosion mécanique dix fois plus. Cela en moyenne à l'échelle de la Terre, car les vitesses d'érosion sont très variables d'une zone à l'autre, selon les climats et les reliefs. Abusivement mais d'une façon assez courante, on comprend sous ce terme le jeu coordonné de l'érosion et de la sédimentation résultant d'une même action naturelle : p. ex. sous la rubrique de l'érosion éolienne. on parlera aussi de la formation des dunes, sous celle de l'érosion glaciaire des moraines, etc. V. aussi glyptogenèse. Vb. **éroder** [angl. *to erode*] ; adj. **érosif, ive** [angl. *erosive*] ; **érodé, e** [angl. *eroded*].

érosion (cycle d'–) – V. cycle (d'érosion).

érosion (surface d'–) – V. surface d'érosion.

érosion aréolaire [angl. *areal erosion*] – Érosion* qui s'exerce sur des surfaces, par opposition à érosion linéaire.

érosion de ravinement [angl. *gully erosion, channel –, gullying*] – Type d'érosion* caractérisé par l'action de ruisseaux creusant des ravines.

érosion en nappe [ou – en couches, – en planche ; angl. *sheet erosion*] – Type d'érosion* caractérisé par l'action d'un ruissellement diffus (mais pas nécessairement par un *sheet flood*).

érosion en rigoles [angl. *rill erosion*] – Type d'érosion* caractérisé par l'action de filets d'eau creusant des rigoles parallèles.

érosion linéaire [angl. *linear erosion*] – Erosion* qui, en plan, se fait surtout selon des lignes, par opposition à érosion aréolaire. Ex. : le creusement d'un cours d'eau.

érosion normale – V. normale (érosion –).

érosion régressive [angl. *headward erosion, retrogressive –*] – Mécanisme du creusement des cours d'eau, qui commence d'abord par la partie aval avant de remonter peu à peu vers l'amont, ce qui a pour effet d'en faire reculer progressivement la tête.

érosion tectonique profonde – Rabotage en profondeur d'une bordure continentale à l'endroit où une plaque lithosphérique océanique s'enfonce sous elle.

erratique adj. **(bloc –)** [du lat. *erraticos*, qui erre ; angl. *exotic bloc, – boulder, erratic bloc, – boulder*] – V. bloc erratique.

érubescite n. f. [du lat. *erubescere*, devenir rouge ; angl. erubescite] – Syn. de bornite.

éruptif, ive adj. [du lat. *erumpere*, sortir avec impétuosité ; angl. eruptive] – Terme parfois utilisé pour les roches comme syn. de magmatique. Il est déconseillé car s'il s'applique bien aux roches épanchées en surface (r. volcaniques), il est abusif pour celles qui se sont solidifiées en profondeur (r. plutoniques).

Eryops [du grec *eruein*, protéger, et *ops*, œil] – Genre d'Amphibiens* primitifs du Permien à allure de crocodiles massifs (longueur : environ 2 m).

Erzgebirge (phase de l'–) [F. Kossmat, 1927, du massif de ce nom, Allem., en fr. Monts Métalliques ; angl. *Erzgebirgian orogeny*] – Phase tectonique du Carbonifère (ère primaire), située à la limite du Namurien et du Westphalien. V. tabl. Annexe 2.

escargotière n. f. [angl. *snail-shell midden*] – Accumulations de coquilles d'escargots mélangées à des débris divers (os, silex taillés, cendres) laissées par les hommes du Paléolithique sup. et du Mésolithique de l'Est de l'Afrique du Nord (période capsienne, de 9 000 à 4 000 ans env. av. l'Actuel). V. préhistoire.

escarpement n. m. **de faille** [angl. *fault scarp, – escarpment*], **– de ligne de faille** [angl. *fault line scarp*] – V. faille.

esker n. m. [mot irlandais ; angl. *esker, eskar*] – Ride étroite et allongée, parfois de plusieurs dizaines de kilomètres, constituée de sables et de graviers stratifiés, que l'on observe dans des régions autrefois occupées par des inlandsis. Il s'agirait principalement du remplissage de tunnels sous-glaciaires. *Cf.* kame. Syn. âs.

espace n. m. **disponible** [angl. *accommodation (potential)*] – Expression utilisée en stratigraphie séquentielle (V. ce terme) désignant l'espace qui peut être occupé par des sédiments en fonction d'une part de la subsidence et de l'autre des variations eustatiques du niveau marin.

espèce n. f. [du lat. *species*, apparence ; angl. *species*, pl. *species*] – Groupement de base des classifications des êtres vivants. Pour des animaux actuels, l'espèce peut être définie comme l'ensemble des individus interféconds, c'est-à-dire capable, collectivement, de s'assurer une descendance. Cette notion est évidemment inapplicable en paléontologie où l'on ne peut que s'en rapprocher grâce à des ressemblances entre les individus. Ces ressemblances sont diversement interprétées par les chercheurs, ce qui explique l'instabilité de ces divisions dans cette science. Une espèce est désignée par un nom double : nom de genre d'abord, nom d'espèce ensuite. Ex. *Cardioceras cordatum*. V. nomenclature. Adj. **spécifique**.

esquiche n. f. [angl. *squeeze*] – Injection forcée de liquides ou de laitiers de ciment sous pression dans un sondage. Vb. **esquicher** [angl. *to squeeze*] ; n. m. **esquichage** [angl. *squeeze cementing*].

essentiel adj. **(minéral -)** [angl. *essential mineral*] – Minéral présent en pourcentage notable dans les roches et/ou intervenant dans leurs définitions. Un minéral peut être essentiel dans une roche et accessoire* dans une autre.

essexite n. f. [de Essex, Massachusetts, U.S.A. ; angl. *essexite*] – R. magm. (V. tabl. magm.), grenue, d'un gris plus ou moins sombre (leucocrate), avec plagioclase (andésine, labrador), orthose rare, feldspathoïde (néphéline surtout), augite violacée, amphibole brune (barkévicite), parfois biotite, sphène. Ce sont des roches peu abondantes, au sein d'ensembles complexes, avec gabbros ou théralites, carbonatites, et roches effusives correspondantes. **Microessexite** : roche microgrenue de bordure de massif ou de filon.

esterellite n. f. [angl. *esterellite*] – Microdiorite quartzique (V. diorite). Syn. porphyre bleu de l'Esterel.

estompage n. m. [du néerl. *stomp*, chicot, bout ; angl. *(hill) shading, relief –*] – Sur les cartes topographiques en courbes de niveau, grisé soulignant les grands traits du relief. Il correspond à l'ombre donnée par une source lumineuse placée arbitrairement (en général au nord-ouest, à 45° d'élévation).

estran n. m. [mot du dialecte normand ; *cf.* angl. *strand*, plage ; angl. *tidal flat*, *tide* –] – Zone d'une côté comprise entre les niveaux de haute et de basse mer. V. marin (milieu –), et tidal. Syn. zone intertidale.

et al. – Abréviation du latin *et alii*, et les autres. Elle est utilisée dans les citations bibliographiques, lorsque l'on juge que le nombre d'auteurs d'un article est trop grand (généralement plus de deux), et que l'on ne cite que le premier d'entre eux : Ex : Termier P. *et al.*, 1902.

étage n. m. [du lat. *stare*, être debout ; angl. *stage*] – Division de base de la stratigraphie*.

étage tectonique – V. niveau structural.

étagées adj. **(terrasses –)** [angl. *step (ped) terraces*] – V. terrasse.

étages (notations des –) – V. carte géologique (notations de la –).

étain n. m. – Symbole chim. Sn (du nom lat. *stagnum* ; angl. *tin*). N° et masse atom. 50 et 118,69 ; ion 4^+ de rayon 0,071 nm ; densité 7,2 ; clarke 2 à 3 g/t, selon les auteurs. Métal blanc vif, plus dur que le plomb mais moins dense, ne s'oxydant pratiquement pas à l'air. Il est exceptionnel à l'état natif, en cristaux du syst. quadratique. Son principal minerai est la cassitérite*, à laquelle s'ajoutent quelques sulfures. Adj. **stannifère**, qui contient de l'étain.

étiage n. m. [du lat. *aestas*, été ; angl. *low water level*] – Le plus faible débit d'un cours d'eau durant l'année.

étiage (chenal d'–) – Partie du lit* d'un cours d'eau où s'écoule celui-ci à l'étiage.

étinceleur n. m. (angl. *sparker*, de *spark*, étincelle) – Appareil permettant de produire un ébranlement sismique sous-aquatique par la décharge d'une batterie de condensateurs électriques entre deux électrodes immergées.

étirement n. m. [angl. *streching*] – Etirement accompagné d'amincissement ou de boudinage* de couches ou de lits sous l'influence de contraintes tectoniques. Il est fréquent, en particulier, que des étirements affectent les couches du flanc inverse d'un pli couché (V. aussi laminage). Vb. **(s')étirer** [angl. *to stretch*] ; adj. **étiré, e** [angl. *stretched*].

Eu – Symbole chim. de l'europium.

eu- – Préfixe tiré du gr., signifiant bien, bon, beau, véritable, vrai.

Euéchinides n. m. pl. [du gr. *eu*, vrai, et de échinide ; angl. *Euechinoidea*] – Groupe comprenant les Échinides* n'ayant pas de représentants au Paléozoïque.

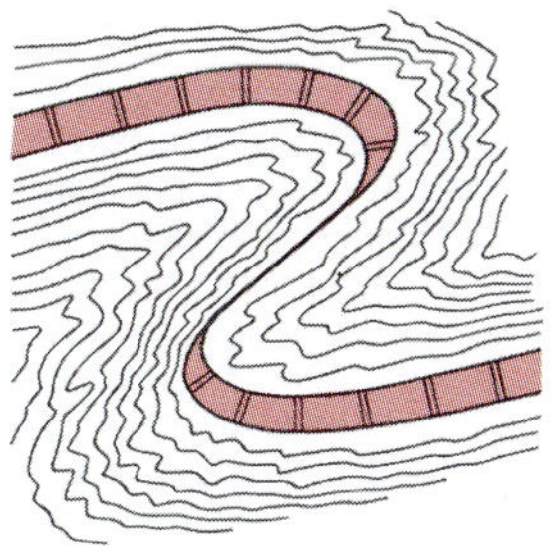

étirement

eugéosynclinal n. m. et adj. [du gr. *eu*. vrai, et de géosynclinal ; angl. *eugeosyncline*] – V. géosynclinal.

eulériens (pôles –) – V. pôles eulériens.

euphotide n. f. [du gr. *eu*, bien, et *phôtidzein*, éclairer ; angl. *euphotide*] – Var. de gabbro.

euphotique adj. [du gr. eu, bien, et phôtidzein, éclairer ; angl. *euphotic*] – Qualifie le milieu marin suffisamment éclairé pour que la vie végétale, conditionnée par la photosynthèse, puisse s'y développer. L'épaisseur de la couche euphotique, variable selon la limpidité des eaux, est de l'ordre de 50 m. Syn. photique, phytal. Ant. aphotique.

europium n. m. [de l'Europe ; angl. *europium*] – Symbole chim. Eu. Métal du groupe des lanthanides (= terres rares).

Euryapsidés n. m. pl. [du gr. *eurus*, long, et *apsis*, liaison ; angl. *Euryapsida*] – Groupe de Reptiles fossiles (Trias – Crétacé) comprenant notamment les Plésiosaures.

euryhalin, e adj. [du gr. *eurus*, long, et *hals, halos*, sel ; angl. *euryhaline*] – Qualifie un organisme aquatique qui peut vivre dans des milieux de salinités variées. Ant. sténohalin.

Eurypterus [du gr. *eurus*, long, et *pteron*, aile] – Genre d'Arthropodes* du groupe des Mérostomes.

Eurypterygius [du gr. *eurus*, long, et *pterugion*, nageoire] – Genre de Reptiles (V. fig. à ce mot) marins, à allure de dauphin, du Jurassique inf., anciennement appelé *Ichtyosaurus*. Des animaux voisins sont connus du Jurassique inf. jusqu'au Crétacé sup.

eurytherme adj. [du gr. *eurus*, long, *et thermo*, chaud ; angl. *eurythermal*] – Qualifie un organisme qui peut vivre dans des milieux de températures variées. Ant. sténotherme.

eustatique adj. **(terrasse –)** [du gr. *eu*, bien, et *statikos*, relatif à l'équilibre ; angl. *eustatic* *terrace*] – Terrasse* résultant d'un changement d'ensemble du niveau des mers.

eustatisme n. m. [E. Suess, 1888 ; du gr. *eu*, bien, et *stasis*, immobilité, équilibre ; angl. *eustatism, eustasy*] – Changement d'ensemble du niveau des mers. Cette notion a été introduite pour rendre compte de transgressions, ou de régressions, contemporaines sur tous les plateaux continentaux. Plusieurs causes peuvent expliquer ce phénomène : formation ou fusion des calottes glaciaires, ce qui modifie le volume des eaux océaniques (glacio-eustatisme), écrasement de fosses marines lors de la formation de chaînes de montagnes, ou changement des vitesses d'accrétion des fonds océaniques, ces phénomènes modifiant la forme et la capacité des bassins océaniques. Des échelles chronologiques de successions de mouvements eustatiques ont été proposées pour le Mésozoïque et le Cénozoïque sur la base de la stratigraphie* séquentielle. Elles sont parfois d'interprétation et d'utilisation difficiles dans la mesure où les déformations locales des plates-formes peuvent jouer un rôle dans les variations du niveau de la mer. V. aussi épirogenèse, isostasie, stratigraphie séquentielle. Adj. **eustatique** [angl. *eustatic*].

eutectique n. m. [du gr. *eutêktos*, qui fond facilement ; angl. *eutectic*] – Mélange de deux solides dont la fusion se fait à température constante. V. solidification. Adj. **eutectique**.

Euthériens n. m. [du gr. *eu*, vrai, et *thêrion*, bête sauvage ; angl. *Eutheria*] – Groupe comprenant tous les Mammifères* placentaires.

eutrophisation n. f. [du gr. *eu*, bien et *trophein*, nourrir ; angl. *eutrophication*] – Processus qui, par apport d'éléments nutritifs dans un milieu aquatique, amène la multiplication des êtres vivants qu'il renferme, son enrichissement en matière organique et, finalement une diminution de la quantité d'oxygène dissous conduisant à des conditions anoxiques. Adj. **eutrophique**.

euxinique adj. [de Pont-Euxin, ancien nom de la mer Noire ; angl. *euxinic*] – Se dit d'un milieu marin dans lequel l'absence de circulation verticale interdit le renouvellement des eaux profondes, et donc leur oxygénation, ce qui leur confère un caractère réducteur propice à la conservation de la matière organique qui s'accumule sur le fond.

évaporites n. f. pl. [angl. *evaporites*] – Terme général désignant des dépôts riches en chlorures et sulfates alcalins (avec les ions K^+, Na^+, Mg^{2+} Cl^- et SO_4^{2-}). La précipitation de ces sels succède à des concentrations par évaporation intense, généralement dans des lagunes peu ou pas reliées à la mer, ou encore dans des lacs salés. Par ordre de cristallisation, on a les principaux minéraux suivants : le gypse, l'anhydrite, le sel gemme (ou halite), la carnallite, la sylvine. Ils donnent soit des lits continus, soit des masses lenticulaires, soit des cristaux ou des amas isolés au sein d'argiles, de sables argileux, de dolomies. On a ainsi des formations complexes (séries évaporitiques) avec alternances de ces sels, d'argiles souvent bariolées et gypsifères, de dolomies et calcaires dolomitiques (qui pourront ensuite donner des cargneules) ; ces dépôts correspondent souvent à un épisode de régression, et s'intercalent alors entre des calcaires marins francs. Les évaporites jouent un rôle particulier dans la tectonique. V. couche-savon, diapir et dôme de sel, halocinèse. Leur rôle économique est important puisqu'elles fournissent le sel gemme, le plâtre et la potasse. Dans nos régions, elles sont communes dans le Trias supérieur de type germanique (Keuper), dans le Tertiaire du bassin de Paris (gypse ludien de Montmartre), dans l'Oligocène du Fossé rhénan (potasses d'Alsace), dans le Miocène (Messinien) de la Méditerranée et de son pourtour. Adj. **évaporitique**.

événement (ou évènement) n. m. **magnétique** [angl. *(geomagnetic) polarity event*] – Inversion du champ magnétique terrestre de courte durée, et qui peut être prise comme référence géochronologique. V. paléomagnétisme.

évent n. m. [du lat. *evenire*, sortir ; angl. *spout*] – Petite bouche de sortie d'où s'échappent des gaz volcaniques ou des eaux chaudes jaillissantes (geyser).

éventail n. m. **sous-marin** [angl. submarine fan] – Syn. de cône sous-marin.

éventail (plis en –) [angl. *fanning folds, fanning fold system*] – Groupement de plis (V. fig. à ce mot) dont les plans axiaux, verticaux près du centre de la structure, ont des plongements de moins en moins forts lorsque l'on s'en écarte.

évolute adj. [du lat. *evolutus*, déroulé, angl. *evolute*] – Qualifie une coquille (notamment d'Ammonoïdé) dont les tours jointifs ne se recouvrent pas ou très peu. V. Ammonites, fig. 3 (*Lytoceras*).

évolution n. f. **(théorie de l'–)** [angl. *Theory of Evolution*] – Théorie selon laquelle les animaux et les végétaux seraient issus d'un stock restreint d'êtres vivants primitifs à partir desquels ils se seraient diversifiés. Cette théorie, encore appelée transformisme, a eu pour principaux défenseurs : J.B. de Lamarck (1744-1829) et C. Darwin (1809-1882). Parmi ses adversaires, on comptait G. Cuvier (1769-1832) et A. d'Orbigny (1802-1857), partisans du fixisme, doctrine selon laquelle les espèces ne se modifient pas, mais sont éliminées par des bouleversements de la surface terrestre (catastrophisme), et, pour certains, remplacées par d'autres grâce à des « créations successives ». V. aussi actualisme.

évolution des reliefs – V. cycle d'érosion.

excentricité n. f. **(de l'orbite terrestre)** (angl. *eccentricity*) – V. orbite terrestre.

exfoliation n. f. [du lat. *ex*, hors de, et *folium*, feuille ; angl. *exfoliation*] – Phénomène par lequel des portions superficielles de massifs rocheux compacts se détachent en grandes écailles courbes de quelques décimètres d'épaisseur. On l'explique parfois par une décomposition de la roche, au voisinage de la surface topographique. Pour de minces écailles, on utilise plutôt le mot desquamation. Vb. **(s')exfolier** ; adj. **exfolié, e**.

exogène adj. [du gr. *exô*, en dehors, et *gennan*, engendrer ; angl. *exogen (et) ic, exogenous*] – S'applique aux roches formées à la surface du Globe (r. sédim., roches résiduelles). Ant. endogène.

Exogyra [du gr. *exô*, en dehors, et *guros*, courbé] – Genre de Bivalves (V. fig. à ce mot) du Crétacé, proche des huîtres actuelles.

exoréisme n. m. [du gr. *exô*, en dehors, et *rhein*, couler ; angl. *exorheism*] – Fait pour une région, d'avoir un écoulement des eaux vers une mer ouverte. Ant. endoréisme. V. aussi aréisme. Adj. **exoréique** [angl. *exorheic*].

exoscopie n. f. [L. Le Ribault. 1973, du gr. *exô*, en dehors, et *skopein* regarder] – Étude microscopique (généralement au microscope électronique à balayage) de la surface des grains détritiques, quartz surtout, pour en déterminer l'histoire sédimentaire (différents modes de transport, altérations, etc.). V. aussi morphoscopie.

exotique adj. [du gr. *exôtikos*, étranger ; angl. *exotic*] – Qui provient d'ailleurs : un bloc exotique. V. aussi erratique.

expansion n. f. **océanique** [angl. *sea-floor spreading, ocean-floor –*] – Augmentation de la surface du fond des océans par apport de matériaux profonds (r. magm.), au niveau des dorsales océaniques (V. accrétion). En toute rigueur, ce terme ne peut s'appliquer qu'aux zones océaniques bordées par des marges* continentales passives, où il n'y a pas résorption du même fond océanique par subduction (V. tectonique des plaques).

exsolution n. f. [angl. *exsolution*] – Passage d'un cristal homogène, correspondant à une solution solide, à un assemblage hétérogène polyminéral. Ex. des perthites (V. feldspath) : une solution solide à 60 % orthose + 40 % albite cristallise à haute température en donnant un cristal homogène, qui à basse température donnera un cristal hétérogène à matrice d'orthose contenant des veinules et des taches d'albite.

exsudation n. f. [du lat. *exsudare*, dégoutter ; angl. *exsudation*] – Concentration en petites veines ou lentilles d'un minéral issu des roches encaissantes, et déplacé par percolation d'eau. Ex. exsudation de sel ou de gypse à la surface de r. sédim. Il est à remarquer que ce que l'on nomme quartz d'exsudation dans des r. métam. résulte le plus souvent du plissement intense de minces filons quartzeux, et se présente généralement en petites lentilles sigmoïdes. Vb. **exsuder** ; n. m. **exsudat** ; adj. **exsudé, e**.

exsurgence n. f. [du lat. *exsurgere* s'élever ; angl. *exsurgence*] – Source, parfois à fort débit, correspondant à l'émergence d'une rivière souterraine dont l'origine n'est pas dans la perte d'une rivière aérienne. *Cf.* résurgence. V. modelé karstique.

externe adj. [du lat. *externus*, qui vient du dehors ; angl. *external*] – 1. En tectonique, se dit des zones d'une chaîne plissée qui étaient à l'origine les plus proches de l'avant-pays stable, vers lequel se sont faits les déplacements. – 2. En océanographie, qui correspond aux zones éloignées du rivage.

Noter les confusions pouvant se produire du fait que l'on admet généralement aujourd'hui que les zones externes des chaînes plissées sont nées dans des domaines océanographiques internes, et réciproquement. Ant. interne. V. externides, et marge continentale.

externides n. f. pl. [L. Kober, 1921 ; au sens actuel : H. Stille, 1940 ; angl. *externides*] – Parties les plus externes d'une chaîne géosynclinale formées dans le miogéosynclinal ; typiquement, elles ne contiennent pas d'ophiolites, et n'ont pas subi de métamorphisme. Obsolète. Ant. internides.

extraclaste n. m. [du gr. *extra*, hors de, et *klastos*, brisé ; angl. *extraclast*] – Fragment de roche carbonatée inclus dans un sédiment lui-même carbonaté, et issu d'un autre sédiment plus ancien, ou d'âge voisin mais alors situé à grande distance ; les extraclastes ont ainsi des faciès différents de celui du sédiment qui les contient. V. carbonatées (roches –), intraclaste, lithoclaste.

extrados n. m. [angl. *extrados*] – Pour un volume plissé, surface limitant ce volume située vers la convexité du pli. Ant. intrados.

extrusion n. f. [du lat. *extrudere*, chasser avec violence ; angl. *extrusion*] – 1. [A. Geikie, 1897] Massif de r. magm. mis en place à l'état pâteux, à l'air libre ou sous l'eau. C'est en général une aiguille ou un dôme (V. aussi intrusion, celle-ci n'atteignant pas la surface). – 2. [P. Viennot, 1927] Dispositif tectonique où l'on observe des couches sédimentaires rigides traversant des couches sus-jacentes plus souples. C'est une forme extrême de disharmonie. – 3. Établissement des structures précédentes. Adj. **extrusif, ive** [angl. *extrusive*] ; vb. **extruder**.

F

F – Symbole chim. du fluor.

fabrique n. f. [angl. *fabric*] – Syn. de pétrofabrique*.

faces n. f. pl. **cristallines (notation des –)** – V. cristal.

faciès n. m. [A. Gressly, 1838, mot lat. signif. aspect ; angl. *facies* (pl. *facies*)] – Catégorie dans laquelle on peut ranger une roche ou un terrain, et qui est déterminée par un ou plusieurs caractères lithologiques (**lithofaciès**) ou paléontologiques (**biofaciès**) : ex. faciès gréseux, faciès calcaire, faciès de marnes à ammonites. Ce terme est également employé pour désigner une catégorie correspondant à un milieu ou à un domaine de sédimentation : ex. faciès récifal (caractérisé par la présence de Madréporaires, etc.), faciès profond, faciès germanique du Trias (où l'on rencontre des évaporites dans le Keuper, etc.). Lorsqu'un faciès ne peut être déterminé qu'au microscope optique, on l'appelle **microfaciès**, et **nannofaciès** lorsque son étude nécessite l'emploi du microscope électronique. L'étude de la répartition des faciès permet d'établir des reconstitutions paléogéo-graphiques. Il ne faut cependant pas confondre les cartes de répartition des faciès, où les différentes zones isopiques (c'est-à-dire de mêmes faciès) sont figurées dans leurs positions actuelles sans hypothèse concernant le lieu et le milieu de sédimentation, avec les cartes paléogéographiques établies sur un fond palinspastique, et qui représentent la répartition ancienne des zones de faciès (ou des domaines de sédimentation). Adj. **faciologique**.

faciès (fossile de –) – V. fossile de faciès.

faciès (zone de –) – 1. Zone de sédimentation caractérisée en tous ses points par un certain nombre de faciès constants superposés selon le même ordre (V. hétéropique, isopique) – 2. Zone qui, dans des terrains ayant subi un métamorphisme, est caractérisée par un faciès métamorphique déterminé ; la reconnaissance, et la cartographie, de ces zones est la zonéographie.

faciès métamorphique (des schistes verts, des amphibolites, des granulites, etc.) [angl. *metamorphic facies*] – Catégorie de roches métamorphiques définie par un assemblage déterminé de minéraux. V. métamorphisme.

faciès pétrographique [angl. *petrographic facies, petrofacies*] – Faciès déterminé par les caractères minéralogiques et structuraux d'une roche, indépendamment de toute considération génétique. V. lithofaciès.

faille n. f. [de l'ancien français *faillir*, manquer, parce que, après une faille, le mineur ne retrouve plus le filon, ou la couche, qu'il exploitait ; angl. *fault*] – Cassure de terrain avec déplacement relatif des parties séparées. En pratique, ce terme désigne le plus souvent des accidents verticaux, ou à pendage fort et n'impliquant pas de recouvrement important (*cf.* chevauchement, charriage). La longueur des failles peut varier de quelques mètres à plusieurs dizaines ou centaines de kilomètres (famille de failles se relayant plus ou moins : *cf.* linéament, rhegmatisme). La valeur du déplacement (le rejet) est variable selon les points pour une même faille, et peut se situer entre le décimètre et plusieurs kilomètres verticalement, plusieurs dizaines ou centaines de kilomètres horizontalement. Les déplacements importants se sont effectués en plusieurs étapes liées à l'histoire tectonique de la zone considérée ; il est souvent difficile d'évaluer l'ampleur des mouvements, et plus encore d'en préciser les modalités et les étapes.

Nomenclature relative aux failles : les deux parties séparées par la faille sont appelées **compartiments**, les surfaces engendrées par les cassures sont les **lèvres** ; ces dernières sont parfois polies par le frottement et donnent, lorsque l'érosion les dégage, un **miroir* de faille** sur lequel on voit habituellement des stries qui matérialisent la direction du mouvement. L'ampleur du déplacement est le **rejet**. Il peut être considéré comme la somme vectorielle de trois composantes orthogonales : l'une horizontale et située dans le plan de la faille est le décrochement (rejet horizontal longitudinal) ; une autre horizontale et perpendiculaire à la précédente est le rejet horizontal transversal (suivant les cas, raccourcissement ou distension) ; la troisième, verticale, est le rejet vertical. Le **regard** de la faille est le côté vers lequel est tournée la lèvre du compartiment soulevé. Le sens du rejet des failles peut être connu :

– 1. Par la mise en évidence du décalage des compartiments si l'on a, dans ceux-ci, des repères suffisants (mais il peut s'agir de la somme de plusieurs déplacements successifs) ;

– 2. Par l'examen, sur la surface de faille, des tectoglyphes, p. ex., soit des :

2.1. stries provoquées par la trace d'un débris situé entre les lèvres, et qui s'interrompent brusquement, soit de petites écailles formant des gradins dans le sens du mouvement ;

2.2. enduits de calcite qui cristallisent dans des cavités formées par des irrégularités de la surface de faille dans le cas d'extension ;

2.3. stylolithes* qui se forment dans le cas d'une compression.

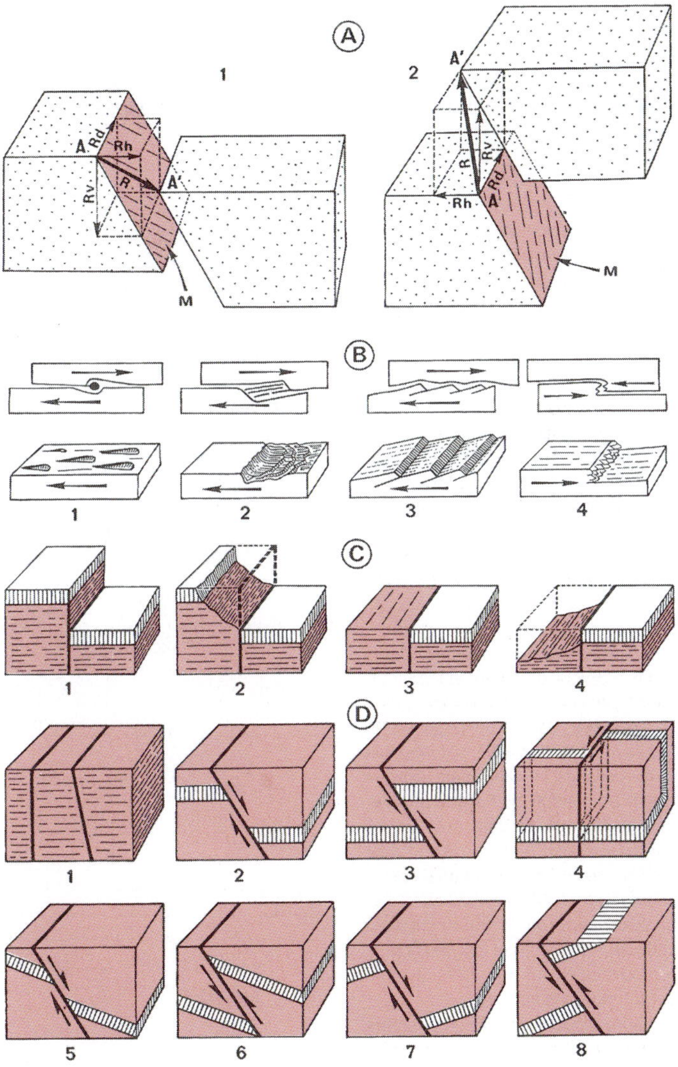

faille

A : nomenclature – M : miroir avec stries – R : rejet décomposé en : Rd (décrochement) ; Rh (rejet horizontal transversal) ; Rv (rejet vertical). Le regard de 1 (qui est une faille normale) est vers la droite, celui de 2 (qui est une faille inverse) est vers la gauche.
B : des détails du miroir de faille peuvent donner le sens du rejet : – 1 : stries – 2 : enduits de calcite – 3 : écailles – 4 : stylolithes.
C : rapports des failles et de la topographie – 1 : escarpement de faille – 2 : escarpement de ligne de faille – 3 : faille nivelée – 4 : escarpement de ligne de faille inversé.
D : quelques types de failles – 1 : failles verticale et oblique – 2 : faille normale – 3 : faille inverse – 4 : décrochement – 5 : faille conforme normale – 6 : faille conforme inverse – 7 : faille contraire normale – 8 : faille contraire inverse.

Stylolithes et enduits de calcite peuvent voisiner le long d'une même cassure, conformément au fait que la répartition des compressions et des distensions peut dépendre de la répartition des irrégularités de la surface de faille.
– 3. Par l'observation d'un rebroussement des couches près du plan de faille (crochon*

de faille) qui se fait dans le sens opposé du mouvement relatif du compartiment.

Dans la topographie, les failles sont souvent responsables de reliefs. Lorsque ce relief de faille est celui que donne naturellement le jeu de la faille, on parle d'un **escarpement de faille** qui sépare deux **gradins** de faille. Mais l'érosion peut atténuer ce relief, et l'on parle alors d'**escarpement de ligne de faille**. Elle peut aussi le niveler ou même, si les terrains du compartiment soulevé sont plus tendres que ceux du compartiment abaissé, l'inverser ; on a alors un **escarpement de ligne de faille inversé**.

Classification des failles :

– 1. Selon leur pendage : faille verticale ou oblique.

– 2. Selon leur rejet : **faille normale** (= faille directe = f. de distension = f. distensive), le rejet horizontal transversal correspond à une distension ; **faille inverse** (= f. de compression = f. compressive), où le rejet horizontal transversal correspond à un raccourcissement (il y a alors chevauchement du compartiment situé au-dessus du plan de faille sur l'autre compartiment) ; **décrochement**, à rejet uniquement horizontal et dans le plan de la faille, qui est généralement vertical ou presque.

– 3. Selon leurs rapports avec les couches : **f. conforme**, dont le pendage est dans le même sens que celui des couches qu'elle affecte ; **f. contraire**, dont le pendage est en sens contraire : **f. directionnelle**, parallèle à la direction des couches ; **f. diagonale**, oblique par rapport à cette direction ; **f. transversale**, perpendiculaire à cette direction.

– 4. Selon les rapports de leurs rejets, avec d'autres déplacements : **f. synthétique**, dont le rejet s'ajoute à un autre mouvement, p. ex. faille normale conforme ou f. inverse contraire ; **f. antithétique**, dont le rejet se soustrait à un autre mouvement, p. ex. faille inverse conforme ou f. normale contraire.

– 5. Selon leurs rapports génétiques : **failles conjuguées***, résultant de l'action d'une même contrainte et faisant entre elles un angle donné (V. diagramme de Mohr*).

– 6. Selon leur forme : faille plane ou gauche ; **faille listrique**, faille dans l'ensemble proche de l'horizontale ayant une forme de cuillère concave vers le haut ; **faille panaméenne**, faille normale dont le pendage d'abord très fort s'affaiblit vers le bas, limitant une partie effondrée d'un versant ; **faille plate**, faille subhorizontale.

Lorsque les lèvres d'une faille se déplacent l'une par rapport à l'autre, on dit qu'elle joue et ce mouvement est appelé le **jeu**. Elle peut ensuite rejouer (**rejeu**) dans le même sens ou dans un autre sens. Une faille qui joue actuellement est dite **vivante** (elle a notamment comme effet d'engendrer des séismes). Vb. **(se) failler** ; adj. **faillé, e**. V. décollement, synsédimentaire.

faille transformante [T. Wilson, 1965 ; ces structures permettant la transformation d'un mouvement en un autre, à l'extrémité d'un segment de rift océanique ou de zone de subduction ; angl. *transform fault*] – Frontière entre deux plaques lithosphériques, où il n'y a ni création ni destruction de croûte, mais coulissement.

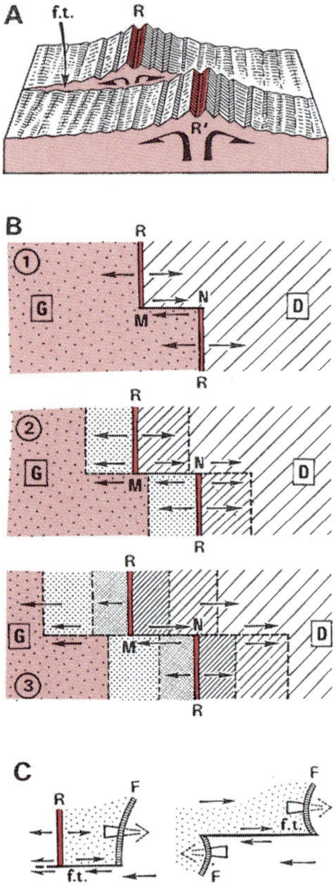

faille transformante

A : vue perspective schématique d'une faille transformante (ft). La partie sismiquement active est située entre les rifts R et R' à partir desquels se renouvelle le fond océanique.

B : fonctionnement d'une faille transformante du type de la fig. A, vue en plan. Les rifts sont supposés fixes, les flèches indiquent les mouvements des plaques par rapport à eux : – 1 : stade initial – 2 et 3 : stades d'accroissement successifs, les parties qui s'ajoutent sont indiquées en figurés plus foncés. On voit qu'il n'y a mouvement relatif des plaques G et D qu'entre les points M et N.

C : deux autres types de failles transformantes, *à gauche :* de rift (R) à fosse océanique (F), *à droite :* de fosse à fosse.

Une faille transformante relie soit deux portions de fosse océanique, soit une fosse et un rift, soit deux portions de rift. Dans ce dernier cas, on peut les interpréter de la manière suivante : la discontinuité et le rejet apparent de la dorsale au niveau de la faille transformante sont originels et datent du moment de l'ouverture océanique, du fait de zones de moindre résistance au sein de la masse continentale initiale. Ensuite, l'accrétion océanique de la dorsale produit un mouvement relatif de cisaillement entre les deux plaques, uniquement dans la zone de la faille transformante située entre les segments de rift. Il en résulte que seule cette zone de la faille est sismiquement active, et les mouvements au foyer des séismes correspondent aux déplacements dus à l'accrétion. Dans la morphologie, une faille transformante est marquée par une dénivelée causée par la différence de subsidence des deux zones en contact (elles sont d'âges différents, ce qui entraîne des différences de température et par suite de densité). Une des conséquences en est que, dans leur prolongement, des reliefs marquent la trace des situations antérieures. Du point de vue cinématique, les failles transformantes permettent de fixer les pôles de rotation des plaques (nommés les pôles* eulériens) : on peut en effet les considérer comme des arcs de cercle tracés à partir de ces pôles. V. aussi tectonique des plaques.

faille-pli n. f. [L. Glangeaud, 1944 ; angl. *folded fault*] – Faille subverticale qui a été déformée, près de la surface topographique, par une contrainte horizontale postérieure (ne pas confondre avec pli-faille* ; V. pli).

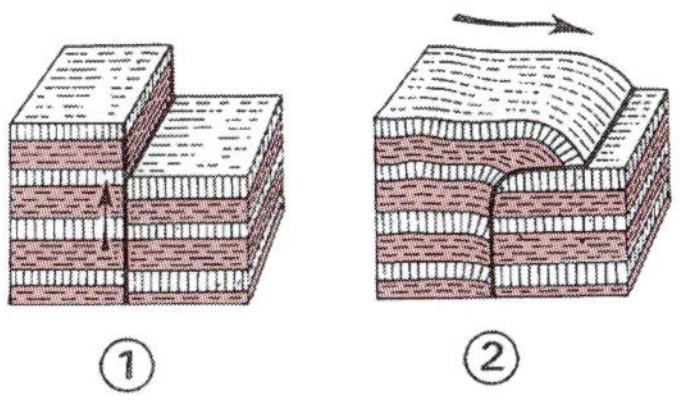

faille-pli

1, 2 : les deux temps successifs de la formation d'une faille-pli.

faisceau n. m. [du lat. *fascis*, fagot ; angl. (*fault*) *bundle*, (*fold*) *bundle*] – Zone étroite et allongée montrant des terrains fortement plissés, faillés et écaillés, et qui est située entre des domaines tabulaires. Terme utilisé dans le Jura, où il désigne des bandes longues environ de 100 km et larges de 10 km (ex. : faisceau salinois passant par Salins, faisceau bisontin passant par Besançon).

falaise n. f. [mot d'origine franque ; angl. *(sea)cliff*] – Abrupt littoral résultant de l'érosion marine, dont le pied, généralement creusé d'une encoche au niveau de la haute mer, domine une plate-forme d'abrasion plus ou moins étendue. P. ext., on utilise parfois ce terme pour désigner des reliefs analogues, mais situés dans les terres et sans rapport avec l'érosion marine, et pour lesquels on emploiera de préférence des mots tels qu'abrupt, cor niche, escarpement, paroi, etc. L'érosion, qui procède surtout par éboulement de pans, fait reculer la falaise, la vitesse de ce recul dépendant principalement de la résistance et de la cohérence des terrains. Une **falaise morte** est une falaise soustraite à l'action des vagues du fait de son éloignement ou de son soulèvement par rapport au littoral actuel.

falun n. m. [mot provençal ; angl. *falun*, ≈ ***shell marl***] – R. sédim. détritique non consolidée, de mer peu profonde, composée de très nombreux débris coquilliers (roche biodétritique à bryozoaires, lamellibranches, gastropodes, etc.) et d'une matrice sableuse ou argilo-sableuse. V. aussi coquina, lumachelle.

Famennien n. m. [A. Dumont, 1848, de la Famenne, région du massif ardennais, Belg. ; angl. *Famennian*] – Étage du Dévonien (ère primaire). V. tabl. Annexe 2. Adj. **famennien, nne**.

famille n. f. [angl. *family*] – Groupement au sein des classifications des êtres vivants ou fossiles. V. taxon.

fanglomérat n. m. [A. C. Lawson, 1913, de l'angl. *fan*, éventail, et conglomérat ; angl. *fanglomerate*] – Conglomérat constitué à partir des dépôts d'un delta alluvial.

farine n. f. **fossile** [angl. *fossil flour, diatomaceous earth*] – Nom parfois donné aux diatomites*.

farine glaciaire [angl. *glacial flour, rock* –] – Sable très fin ou silt résultant de l'écrasement de roches sous la pression d'un glacier.

faro n. m. [terme des îles Maldives ; angl. *faro*] – Sorte de petit atoll faisant partie de la couronne d'un grand atoll ou d'une barrière récifale.

fauchage n. m. [angl. *downbending of strata, cambering*] – Déformation superficielle, sous l'influence de la gravité, de la tranche des couches qui affleurent sur une pente, ce qui, pour l'observateur, entraîne une évaluation erronée de leur pendage en profondeur (qui est le pendage significatif lié aux structures).

faune n. f. [angl. *fauna*] – Ensemble des animaux, vivants ou fossiles, compris dans un espace ou dans une période déterminés. Adj. **faunique**.

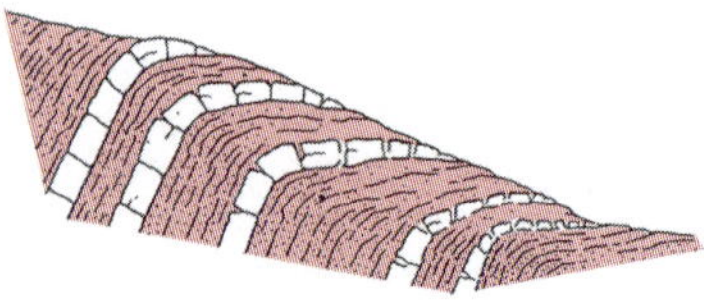

fauchage

Coupe schématique.

faux adj. **anticlinal** – V. anticlinal (faux –), et pli.

faux synclinal – V. synclinal (faux –), et pli.

Favosites [du lat. *favus*, gâteau de miel] – Genre de Madréporaires paléozoïques du groupe des Tabulés (V. fig. à ce mot).

fayalite n. f. [de Fayal, îles Açores, Port. ; angl. *fayalite*] – Var. de péridot* ferrique $Fe_2[SiO_4]$.

Fe – Symbole chim. du fer.

feidj n. m. [mot saharien ; angl. *feidj*] – Couloir à fond sableux creusé par le vent entre des dunes. *Cf.* gassi.

feldsparénite n. f. [de feldspath, et de arénite] – Syn. rare d'arkose*.

feldspath n. m. [A.G. Werner, vers 1790, de l'allem. *Feld*, champ, et *Spath* ; on les trouve couramment dans les champs d'Allemagne du Nord ; angl. *feldspar, felspar*] – Tectosilicate du syst. monoclinique ou triclinique qui est chimiquement un silico-aluminate potassique, sodique, ou calcique. Les feldspaths sont des minéraux essentiels de la plupart des r. magm. et de certaines r. métam., et ils interviennent dans leurs classifications (V. en particulier tabl. magm.). Ils se présentent en plaquettes ou en prismes, parfois de plusieurs centimètres, transparents ou blanchâtres (porcelanés, vitreux, laiteux), souvent grisâtres, parfois colorés en rose ou en vert (présence d'inclusions, défauts du réseau cristallin, etc.), ou en noir (faciès malgachitique). Ils montrent deux clivages faciles, et fréquemment des macles, soit simples (macle de Carlsbad, de Baveno, de Manebach) soit multiples (ou polysynthétiques : macles de l'albite, du péricline). Dans de nombreux cas, ils montrent aussi une zonation. Celle-ci et les macles peuvent fréquemment se voir à l'œil nu, ou à la loupe, du fait de différences de réflexion (bandes, ou zones, brillantes ou mates). Les classifications et les nomenclatures sont liées aux compositions chimiques et aux arrangements des réseaux cristallins.

1 – Les **feldspaths potassiques** (K, Na) $[Si_3AlO_8]$, avec faible proportion de Na, correspondant à la série microcline - orthose - sanidine, avec un arrangement de plus en plus désordonné des ions Si et Al dans le réseau.
1.1 Le **microcline**, du syst. triclinique, est à structure ordonnée, à macles répétées de l'albite et du péricline donnant un fin quadrillage, et se trouve dans de nombreuses r. magm. grenues (granites, pegmatites, etc) ou métam. (gneiss, etc) ; l'**amazonite** en est une variété dont la couleur vert émeraude est due à certains défauts du réseau, et peut-être au remplacement d'ions O par F.
1.2 L'**orthose**, du syst. monoclinique, est moins ordonné, l'orthose pur (orthoclase) étant de formule K $[Si_3AlO_8]$. Il est fréquemment maclé Carlsbad. C'est un minéral très commun des granites, des granodiorites, des pegmatites. Il se présente souvent en grands cristaux (plusieurs centimètres dans des granites, dits alors à « dents de cheval »). L'**adulaire** en est une variété, transparente et à éclat nacré (pierre de lune), d'aspect pseudorhomboédrique, cristallisant à BT dans des fentes au sein des socles des Alpes (adulaire des fentes alpines) ou dans certains filons hydrothermaux.
1.3 La **sanidine**, du syst. monoclinique, a la structure la plus désordonnée. Elle se présente en baguettes, limpides ou blanchâtres, à nombreuses fissures et craquelures d'origine thermique. Elle est fréquemment maclée Carlsbad, et on la trouve dans des r. magm. effusives et acides de HT (rhyolite p. ex.), et dans certaines r. métam. (sanidinites ; V. métamorphisme).
2 – Les **feldspaths sodi-potassiques** (Na, K) $[Si_3AlO_8]$, plus riches en Na que les précédents, sont intermédiaires entre l'orthose et l'albite. L'**anorthose** est en moyenne constitué de 60% d'orthose et de 40% d'albite (ce que l'on note Or_{60} - Ab_{40}). Il est souvent maclé albite plus péricline, et c'est un minéral de HT, fréquemment associé à la sanidine.
Les associations des précédents types 1 et 2 donnent les feldspaths à **perthites** : cristaux de feldspath potassique (Or_{80-90}) contenant des films, des lamelles, ou des fuseaux d'albite, cela étant dû à la syncristallisation des deux minéraux, ou à des phénomènes de recristallisation, ou encore d'exsolution. Selon la taille de ces structures, on parle de perthite (visible à l'œil ou à la loupe), de microperthite (visible au microscope), de cryptoperthite (visible au microscope électronique, ou mise en évidence par diffractométrie). À l'inverse, les **antiperthites** plus rares, correspondent à des cristaux de plagioclases contenant des lames et îlots de type orthose.
3 – Les **feldspaths sodi-calciques** ou **plagioclases**, du syst. triclinique, forment une série isomorphe continue de l'albite sodique à l'anorthite calcique (abréviations Ab et An) Na $[Si_3AlO_8]$
albite 0-10% An : An_{0-10}
oligoclase 10-30% An_{10-30}

andésine 30-50% An_{30-50}
labrador 50-70% An_{50-70}
bytownite 70-90% An_{70-90}
anorthite 90-100% An_{90-100}
Ca $[Si_2Al_2O_8]$
Les variations continues de certains caractères optiques permettent, si la section s'y prête, de déterminer au microscope le plagioclase observé, et de le nommer soit par l'un des termes ci-dessus, soit par sa composition : p ex. An_{45}, ce qui désigne une andésine précise.

Dans cette série, la proportion de SiO_2 varie et l'on distingue les **plagioclases acides** avec An < 30, et **basiques**, avec An > 30. Ces minéraux montrent le plus souvent la macle polysynthétique de l'albite, et dans certaines roches ils sont zonés, ce qui traduit soit des variations de la composition chimique au cours de la croissance du cristal, soit des phénomènes de recristallisation. Ce sont des minéraux essentiels de nombreuses r. magm. qu'ils contribuent à définir (monzonites, diorites, gabbros, etc. et les laves correspondantes), et des roches du métamorphisme général ou de contact. L'albite peut également se former dans des r. sédim., ou dans des filons hydrothermaux.
4 – Les **feldspaths lourds**, du syst. monoclinique, sont **représentés par le celsiane** Ba $[Si_2Al_2O_8]$ et les **hyalophanes** (celsiane + 60 à 90% d'orthose) ; ce sont des minéraux rares du métamorphisme de contact des calcaires et des dolomies.
Altération des feldspaths. La structure fine de ces minéraux est souvent très hétérogène (nombreuses inclusions fluides ou solides) ce qui les rend facilement altérables, en particulier sous l'action de fluides riches en F^-, OH^-, Cl^-, liés à la fin de la cristallisation des magmas ou à un hydrothermalisme. Ensuite, et placés dans les conditions de surface, ils s'altèrent alors facilement. Cela leur donne un aspect trouble, gris sale ou diversement coloré. On distingue plus ou moins bien : – 1. La **kaolinisation** avec formation de kaolinite (argile) à la suite d'une hydrolyse. – 2. La **séricitisation** (ou damouritisation) avec formation de petits cristaux de micas blancs, regroupés sous le nom de séricite (ou de damourite). – 3. La **saussuritisation** affectant les plagioclases basiques et donnant un mélange vert sombre contenant de l'épidote et parfois de la lawsonite. Adj. **feldspathique***.

feldspathique adj. [angl. *feldspathic*] – Qui se rapporte aux feldspaths. Qui montre une proportion notable de feldspaths (ex. grès feldspathique).

feldspathoïde n. m. [de feldspath, et du gr. *eidos*, aspect ; angl. *feldspathoid*] – Tectosilicate voisin d'un feldspath, mais moins riche en silice ; c'est un minéral sous-saturé qui réagit avec le quartz, et il ne peut donc, sauf exception, coexister avec ce dernier dans les

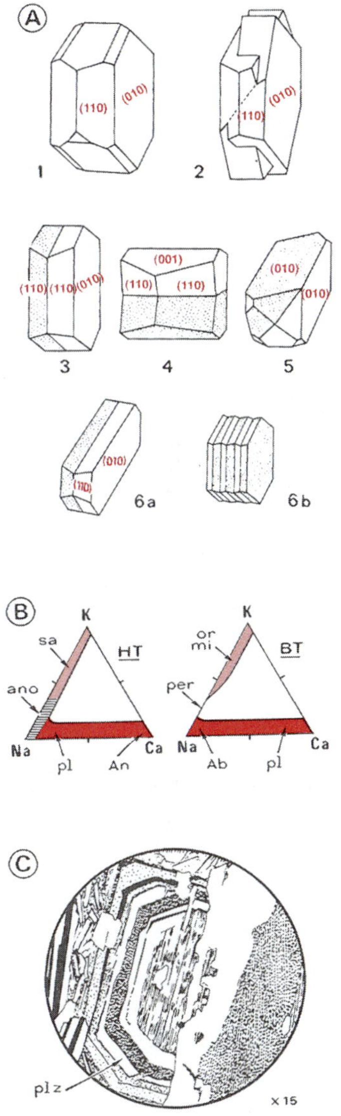

feldspath

A : – 1 : forme de l'orthose – 2 : orthose maclé Carlsbad avec accolement et interpénétration (d'après A. de Lapparent) – 3 : macle de Carlsbad par accolement simple – 4 : macle du péricline – 5 : macle de Baveno – 6 : macle de l'albite (a : simple, b : répétée ou polysynthétique) (d'après R. Brousse *in* J. Aubouin *et al.*).
B : position des feldspaths dans le diagramme sodium (Na), potassium (K), et calcium (Ca), à haute et à basse température (HT et BT) – Ab : albite – An : anorthite – ano : anorthose – mi : microline – or : orthose – per : perthites – pl : plagioclases – sa : sanidine.
C : vues en lame mince d'un plagioclase zoné (plz) (d'après photographie *in* M. Roubault).

roches (V. tabl. magmatiques [r. –]). Les feldspathoïdes forment une famille avec les principaux minéraux suivants (souvent difficiles à distinguer) :

1 – La **néphéline** $Na_3K\ [SiAlO_4]$, du syst. hexagonal, en prismes ou en grains, est incolore à grisâtre et se trouve dans les r. magm. déficitaires en silice, soit alcalines (syénite, phonolite), soit basiques (basanite, théralite, ijolite). L'**éléolite** en est une variété brune ou verte, translucide et d'aspect résineux, présente dans certaines syénites. La néphéline s'altère en produits micacés et/ou en **cancrinite**, jaune vif, de composition correspondant à [3 néphélines + $CaCO_3$] ; ce dernier minéral est parfois primaire dans des syénites néphéliniques.

2 – La **leucite** $K\ [Si_2AlO_6]$, du syst. quadratique pseudo-cubique, est souvent automorphe sous forme de trapézoèdre à 24 faces (leucitoèdre, à section polygonale presque circulaire) ; elle montre des macles polysynthétiques complexes, ce qui lui donne un aspect finement strié ; la cassure est conchoïdale, blanc grisâtre et à éclat vitreux. On la trouve seulement dans des laves riches en K (phonolite, téphrite). L'**analcime** $Na\ [Si_2AlO_6]$, H_2O se rapproche de la leucite, mais est communément rangée dans les zéolites.

3 – La **sodalite** $(Na_8Cl_2)\ [SiAlO_4]_6$, du syst. cubique, se présente en grains noirâtres ou gris, et est un minéral assez rare accompagnant la néphéline.

4 – La **noséane** $(Na_2SO_4)\ [SiAlO_4]_6$ du syst. cubique, forme des grains translucides gris bleuté à gris sombre, et est présente surtout dans des phonolites.

5 – La **haüyne** $(Na, Ca)_{4-8}\ (SO_4)_{1-2}\ [SiAlO_4]_6$, du syst. cubique, se présente en cristaux et grains bleu ciel à bleu foncé, translucides, contenant souvent de nombreuses et fines inclusions aciculaires (ilménite, oligiste) ; elle s'altère facilement en prenant des teintes brunes ou rouges ; on la trouve surtout dans des phonolites. Une variété en est la lazurite, contenant du S, bleu intense, en cristaux et surtout en grains dans des calcaires métamorphiques ; les masses microcristallines bleu clair à bleu outremer forment le **lapislazuli**. Adj. **feldspathoïdique**.

felsite n. f. [M. Gerhardt, 1815, de feldspath et de silicate ; angl. *felsite*] – Rhyolite* à fins cristaux d'orthose fibreuse et de quartz. Pris aussi comme syn. de granophyre*. Nom ancien : pétrosilex*. Adj. **felsitique** [angl. *felsitic*].

fémique adj. [de fer et de magnésium ; angl. *femic*] – S'applique aux minéraux riches en Fe et Mg (*cf.* mafique pour les r. magm.).

fendant n. m. – Syn. rare de fil* d'une roche.

Fenestella [mot lat. signifiant petite fenêtre] – Genre de Bryozoaires fossiles abondant dans le Dévonien. Répart. stratigr. : Silurien - Carbonifère.

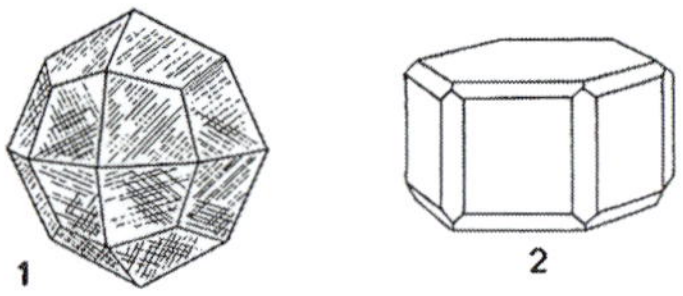

feldspathoïde

1 : forme habituelle (trapézoèdre) de la leucite, à faces striées (d'après A. de Lapparent) ; – 2 : cristal de néphéline (d'après P. Bariand *et al.*).

fenestra n. f. [mot. lat. signif. fenêtre, pl. -as ou -ae ; angl. *fenestra,* pl ***-ae***] – Syn. de birdseye.

fenêtre n. f. **(tectonique)** [du lat. *fenestra*, fenêtre ; angl. *window*] – Zone où affleure le substratum d'une unité allochtone, et qui, en plan, est complètement entourée par cette dernière (V. fig. à nappe de charriage). Si elle n'est pas complètement entourée, on parle de **demi-fenêtre**. C'est le plus souvent l'érosion qui est responsable de ces dispositifs, et, ainsi, bien des fenêtres se trouvent dans les vallées. Mais si des plis postérieurs à la nappe ont affecté des terrains charriés constitués de matériaux tendres reposant sur un autochtone composé de formations résistantes, on peut observer alors une disposition paradoxale : le substratum de la nappe, dégagé par l'érosion à l'endroit des anticlinaux de nappe affleure dans des fenêtres qui forment des reliefs plus élevés que ceux des terrains allochtones environnants.

fénite n. f. [de Fen, Norvège ; angl. *fenite*] – R. métam. du métamorphisme de contact produit par des intrusions comportant des carbonatites (V. ce mot) ; ce type de métamorphisme, la **fénitisation**, donne des roches à composition de syénite, avec orthose et anorthose, ægyrine et amphibole sodique, parfois à néphéline (en pseudomorphose de feldspath), ou autres feldspathoïdes (cancrinite, sodalite), phosphates, oxydes et minéraux riches en F, Cl, P, Ti (probablement apport métasomatique de ces éléments, et départ de SiO_2). N. f. **fénitisation** [angl. *fenitization*].

fente n. f. [angl. *open joint ; (joint) fissure*] – Fissure, longue de quelques centimètres à décimètres, et large de quelques millimètres à quelques centimètres, produites dans une roche par des contraintes. Les fentes peuvent rester béantes ou, plus souvent, être remplies par des cristallisations de calcite, quartz, zéolites, etc. Elles sont souvent groupées en familles dont les directions permettent de déterminer les contraintes. C'est le cas p. ex. des fentes **en échelons** [angl. *en echelon* *joints*] qui sont liées à des cisaillements, et qui, rectilignes à leur naissance, prennent ensuite une allure sigmoïde. V. Riedel (failles de –).

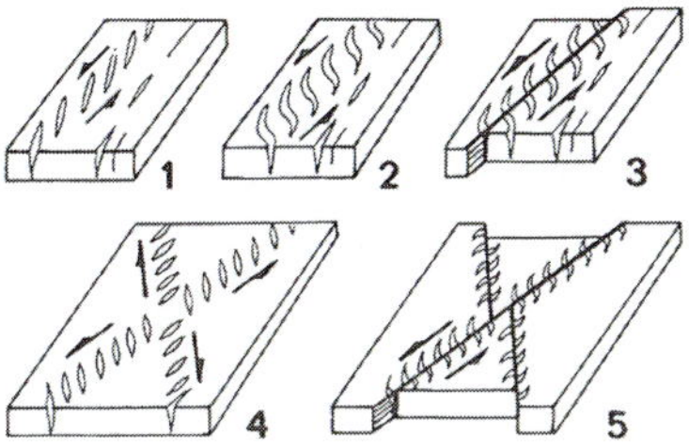

fentes en échelons

Divers aspects de fentes droites (1), tordues (2), faillées (3), et réseaux de fentes en échelons conjugués, droites (4), tordues et faillées (5) (d'après M. Mattauer).

fente de dessiccation [angl. *desiccation crack*] – Fissure s'ouvrant dans un sol argileux qui se dessèche. Ces fentes dessinent souvent un réseau grossièrement polygonal qui peut être moulé et fossilisé par le dépôt d'un nouveau sédiment. V. aussi mud-cracks, polarité (stratigr.).

fente en coin (ou fente de glace) – V. coin de glace.

fer n. m. [du lat. *ferrum*, même signif. ; angl. *iron*] – Symbole chim. Fe. N° et masse atom. 26 et 55,85 ; ion 2^+ (ferreux), 3^+ (ferrique) de rayons 0,074 nm et 0,064 nm ; densité 7,8 ; clarke 50 000 g/t, soit 5% (4e élément de l'écorce terrestre). Métal blanc gris, le plus dur des métaux usuels tout en étant malléable et ductile ; c'est le principal métal magnétique ; à l'air humide, il s'altère en rouille (oxydes hydratés, ou limonite). Il existe à l'état natif, en cristaux du syst. cubique, avec souvent un faible pourcentage de Ni, ce qui freine l'altération. Ses réactions sont faciles avec S et O, et il entre, en particulier, dans de nombreux silicates, en donnant des solutions solides avec Mn^{2+} ou Mg^{2+}, ou encore avec Al^{3+}. Soluble, surtout à l'état ferreux, il est transporté par les eaux sous forme de sulfates ou de bicarbonates à partir desquels des précipitations pourront conduire à des gîtes sédimentaires. Les minerais exploités sont les roches contenant plus de 25% de Fe. Les plus répandus sont les **minerais de fer rubanés** (voir ce terme) dépôts sédimentaires précambriens où alternent des couches de quelques centimètres d'épaisseur d'oxyde ou de carbonate de fer et de chert. Par ailleurs, il existe des gîtes à magnétite liés à des r. magm. ou métam. (skarn en particulier), ceux d'origine sédimentaire à hématite dominante (p. ex. minerais oolithiques de Normandie ou de Lorraine), et ceux d'origine pédologique à limonite dominante (p. ex. sidérolithique, et surtout croûte ferrallitique, ou latéritique). V. aussi météorite. Adj. **ferrifère ; ferrugineux, euse**.

fer à repasser [angl. *flatiron*] – Syn. de chevron.

fer de lance (**gypse en –**) [angl. *arrow-head twinned gypsum*] – Gypse* se présentant en grands cristaux maclés.

fer spathique [angl. *spathic iron*] – Syn. de sidérose.

ferrallite n. f. [de fer et d'alumine ; angl. *feral(l)ite*] – Sol ferrallitique formé sur une roche éruptive basique. V. sol ferrallitique. Adj. **ferrallitique** [angl. *feral(l)itic*].

ferrallitisation n. f. – Constitution d'un sol ferrallitique, en zone tropicale humide, par altération de tous les minéraux originels, sauf le quartz, et néoformation de kaolinite. V. sol ferrallitique.

ferrifère adj. [du lat. *ferrum*, fer, et *ferre*, porter ; angl. *ferriferous*] – Se dit d'une r. sédim. contenant du fer (sel ou oxyde).

ferromagnésien, nne adj. [de fer, et de magnésium ; angl. *ferromagnesian*] – S'applique aux minéraux ayant comme principaux cations Fe et Mg. Les minéraux ferromagnésiens, ou par simplification, **les ferromagnésiens** sont principalement les micas, les amphiboles, les pyroxènes, les péridots. On les désigne aussi sous le nom de minéraux noirs, et ils font partie du groupe des barylites.

ferromagnétique adj. [angl. *ferromagnetic*] – S'applique à un corps contenant du fer, du nickel, ou du cobalt, et qui est attiré par les aimants (p. ex. la magnétite $Fe^{2+} Fe^{3+}_2 O_4$). N. m. **ferromagnétisme** [angl. *ferromagnetism*].

ferrugineux, se adj. [angl. *ferruginous*] – Qui contient du fer ou l'un de ses composés ferreux (Fe^{2+}) ou ferriques (Fe^{3+}).

feuilletage n. m. – Débit d'une roche en feuillets épais de quelques millimètres à quelques centimètres. Ce terme général désigne tous les débits en plaquettes, qu'ils soient d'origine sédimentaire (minces lits alternés de nature différente), ou non (schistosité, foliation). Adj. **feuilleté, e**.

fibrolite n. f. [de fibre, et du gr. *lithos*, pierre ; angl. *fibrolite*] – Syn. de sillimanite.

fibroradié, e adj. – S'applique aux structures montrant des fibres rayonnantes à partir d'un centre, chaque fibre correspondant soit à un cristal allongé, soit à un empilement linéaire de petits cristaux ayant même orientation cristalline. Cette structure est présente dans les tests de certains foraminifères, dans des oolithes, dans des concrétions minérales (ex. marcasite), dans des r. magm. (ex. sphérolites* fibroradiés de laves dévitrifiées, diorite orbiculaire).

fide – Mot latin signifiant sur la foi de, d'après.

figure n. f. **de base de banc, de charge, de courant** – V. hyporelief.

figures de progradation (ou **unités de –**) [angl. *offlap*] – Dispositif sédimentaire de bordure de bassin où les couches les plus récentes enveloppent et débordent les plus anciennes dans leur partie située vers le large. Il s'explique par un déplacement progressif dans cette direction de la zone de maximum d'accumulation sédimentaire (V. progradation). Ce terme ne s'applique que pour des structures plurikilométriques mises en évidence généralement grâce à des profils sismiques sous-marins. V. stratigraphie séquentielle.

fil n. m. **(d'une roche)** [angl. *grain* (*of a rock*)] – Terme de carrier désignant la direction préférentielle selon laquelle peut se fendre une roche d'aspect massif (granite p. ex.), et correspondant soit à des fissures invisibles, soit à une certaine orientation des cristaux. V. aussi clivage, débit, délit, diaclase, longrain. Syn. fendant.

Filicales n. f. [du lat. *filix*, fougère ; angl. *Filicales*] – Syn. de Fougères.

filon n. m. [de l'ital. *filone*, augmentatif de *filo*, fil ; angl. *vein* (roche), *lode* (minéralisation)] – Lame de roche, épaisse de quelques centimètres à quelques mètres, recoupant les structures de l'encaissant (différence avec le sill ou filon-couche). Un filon correspond le plus souvent au remplissage d'une fracture (diaclase, faille) et est constitué soit de r. magm., soit de roche dont le matériel – souvent enrichi en substances utiles – provient de r. magm. ou de l'encaissant (p. ex. filon d'origine métamorphique), et a été déplacé par des fluides aqueux eux-mêmes d'origine magmatique ou métamorphique, voire superficielle, d'où une typologie complexe par combinaison de ces diverses modalités. V. aussi dyke, filon-couche (= sill), éponte, salbande, veine. Adj. **filonien, nne**.

filon annulaire [angl. *ring-dike* (US), *ring-dyke* (GB)] – V. annulaire (filon –).

filon clastique [angl. *clastic dike* (US), *– dyke* (GB)] – V. filon sédimentaire.

filon hydrothermal [angl. *hydrothermal vein*] – Filon dont le remplissage est dû à des circulations aqueuses chaudes liées à des intrusions de r. magm.

filon sédimentaire [angl. *sedimentary dike* (US), *– dyke* (GB)] – Dépôt sédimentaire en lame recoupant d'autres couches, dû en général au remplissage du haut vers le bas des fissures ouvertes. Lorsque les sédiments du filon sont marins, on parle aussi, parfois de filon **neptunien**. Un type particulier, de nature gréseuse, est le **filon clastique** [angl. *clastic dike*]. On considère qu'il correspond à l'injection de matériel sableux encore gorgé d'eau, à partir de couches interstratifiées dans des séries argilopélitiques, le long de fractures de distension ouvertes. Cette injection peut se faire vers le bas ou vers le haut, et serait due à un tassement plus important des sédiments argilopélitiques que des sédiments sableux.

filon-couche n. m. (angl. *sill*) – Lame de r. magm. intrusive parallèle aux structures de l'encaissant (lame «concordante»). L'épaisseur varie du mètre à quelques dizaines de mètres, et la longueur peut atteindre plusieurs kilomètres. Aux épontes, il peut y avoir métamorphisme de contact, et la r. magm. peut y présenter une structure plus finement grenue qu'au cœur.

fiord – Syn. de fjord.

fissile adj. [du lat. *fissilis*, qui peut se fendre ; angl. *fissile*] – S'applique aux roches qui se fendent facilement en feuillets minces, ce caractère pouvant être d'origine sédimentaire (cas des psammites), ou d'origine mécanique (cas de nombreux schistes). N. f. **fissilité** [angl. *fissility*].

fission n. f. **(traces de –)** – V. traces de fission.

Fissipèdes n. m. pl. [du lat. *fissus*, fendu, et *ped, pedis*, pied ; angl. *Fissipedia*] – Groupe de Mammifères, connu depuis l'Éocène, comprenant notamment le chien.

fixisme n. m. [du lat. *fixus*, de *figere*, attacher ; angl. *fixism*] – V. évolution.

fjeld (ou fjell) n. m. [mot scandinave ; angl. *fjeld, fjäll*] – Plateau glaciaire dénudé

fjord (ou fiord) n. m. [mot norvégien ; prononc. fiord' ; angl. *fjord, fiord*] – Golfe marin, étroit et allongé, aux parois abruptes, qui résulte de l'envahissement par la mer d'une vallée en auge creusée par un glacier. V. aussi ria.

Flagellés n. m. p. [du lat. *flagellum*, fouet ; angl. *flagellates*] – Groupe d'Unicellulaires appartenant les uns au règne végétal (Phytoflagellés, pourvus de chlorophylle), les autres au règne animal (Zooflagellés, sans chlorophylle).

flambement (ou flambage) n. m. [angl. *buckling*] – En mécanique des matériaux, changement brutal de forme dans une direction différente de celle des forces de sollicitation (ex. du cintrage d'une poutre sous l'action d'une force axiale). En géologie, ce phénomène s'applique, dans de nombreux cas, à la création de plis*. Les plis par flambement sont des plis parallèles (concentriques), donc isopaques.

flanc n. m. **(d'un pli)** [angl. *limb, flank*] – Partie d'un pli ne comprenant pas sa charnière. Dans la succession d'un anticlinal et d'un synclinal, il est souvent difficile de distinguer le flanc de l'un du flanc de l'autre ; lorsque le changement de courbure de l'une à l'autre structure s'effectue rapidement, on peut convenir que la limite de leurs flancs se trouve dans cette zone d'inflexion, mais si les flancs sont plats sur une grande surface, la distinction n'est guère possible et perd d'ailleurs son intérêt (V. aussi pli).

flanc de raccordement (d'une flexure) [angl. *monoclinal flexure*] – V. pli.

flanc inverse (d'un pli) [angl. *reversed limb, inverted –, overturned –*] – Dans un pli* déversé ou couché, flanc se trouvant sous la surface axiale pour un anticlinal, au-dessus de cette surface pour un synclinal.

flanc normal (d'un pli) [angl. *normal limb*] – Dans un pli* déversé ou couché, flanc se trouvant au-dessus de la surface axiale pour un anticlinal, sous cette surface pour un synclinal.

Flandrien n. m. [A. Rutot et Van de Broeck, 1885, des Flandres, Fr. et Belg. ; angl. *Flandrian*] – Étage marquant la fin du Quaternaire (V. tabl.). Il correspond à une transgression sur le Nord de l'Europe. Dans un sens proche, on utilise aujourd'hui, de préférence, l'étage Versilien*. Adj. **flandrien, nne**.

flaser (structure –) [angl. *flaser structure*] – 1. Structure de roches affectées par le dynamométamorphisme où des lentilles de cristaux intacts sont entourées par une matrice de cristaux écrasés. – 2. Sédimentation entrecroisée englobant des lentilles de boue.

flèche n. f. (d'un charriage, d'un chevauchement, d'un pli couché) [angl. *dip vector, tectonic transport*] – Amplitude, en un point donné, du déplacement d'un ensemble chevauchant par rapport à son substratum. Il est souvent impossible de connaître au juste la flèche d'un charriage, mais on peut, par contre, lui fixer une valeur minimale qui est la distance entre le front de la nappe et sa racine ou la fenêtre la plus éloignée en sens inverse du chevauchement. V. fig. à nappe.

flèche littorale [angl. *spit*] – V. plage.

flexure n. f. [du lat. *flexura*, courbure [angl. *(monoclinal) flexure, monoclinal fold, monocline*] – V. pli. Adj. **flexuré, e**.

flexure continentale [J. Bourcart, 1935 ; angl. *continental flexure*] – « Zone où l'enveloppe des continents et du fond des océans change de sens de courbure » (J. Bourcart). Pour l'auteur de ce terme, la flexure continentale aurait été mobile, et son déplacement aurait expliqué transgressions et régressions ainsi que la formation des canyons sous-marins, creusés à l'air libre par des cours d'eau avant d'avoir été immergés. Ces conceptions ne sont plus retenues.

floë n. m. [angl. *floe*] – Plaque de banquise. V. polynia.

Floridées n. f. pl. – Syn. de Rhodophycées*.

fluidal, e, aux adj. [du lat. *fluere*, couler, angl. *fluidal*] – S'applique à la structure présente dans certaines laves, et caractérisée par des dispositions de constituants considérées comme formées pendant l'écoulement (alignement de cristaux, de vacuoles, de petits fragments volcaniques, etc.) ; *cf.* trachytique.

fluor n. m. [du lat. *fluere*, couler ; angl. *fluorine*] – Symbole chim. F. N° et masse atom. 9 et 19 ; ion 1– de rayon 0,136 nm ; gaz de densité 1,3 ; clarke 300 à 625 g/t, selon les auteurs. On le trouve dans de nombreux minéraux, où il se susbtitue en partie à O ou OH, et sous forme de fluorures (en particulier fluorine CaF_2) dans des r. magm. (pegmatites surtout).

fluorescence n. f. [de fluor ; angl. *fluorescence*] – Propriété de certains corps qui, recevant une radiation électromagnétique, émettent instantanément ou presque (moins de 10^{-88} s) une autre radiation électromagnétique de longueur d'onde plus grande.

fluorescence X – V. spectrométrie de fluorescence X.

fluorine n. f. (ou fluorite) [du lat. *fluere*, couler ; angl. *fluorite, fluorspar, fluor* (G.-B.)] – Fluorure CaF_2, du syst. cubique ; elle se présente en cristaux en cubes simples ou maclés, constituant des masses clivables, certaines faces montrant des stries, figurant des pyramides quadrangulaires surbaissées ; l'éclat est vitreux un peu gras, et les colorations variées (jaune, vert, violet, bleu, noir) liées à des inclusions radioactives (U), ou de terres rares, ou de matières carbonées. Il y a souvent une double coloration, verte par réflexion et bleue par transparence. On la trouve également en masses concrétionnées formées de couches à contours dentelés, diversement colorées. Elle est présente dans des r. magm. alcalines (granites, syénites, syénites néphéliniques et pegmatites correspondantes), et dans des filons avec barytine, blende, galène, calcite, quartz. C'est le minerai du fluor. Syn. spath fluor.

flûte n. f. **(– marine)** [angl. *streamer*] – Terme rendu obligatoire dans les documents officiels (*J.O.* du 18 janvier 1973). V. sismique marine.

flute cast [terme angl. signif. moulage en flûte] – Figure de base de banc formée par le moulage du creux produit par l'action d'un courant autour d'un objet posé sur le fond sous-marin. – V. hyporelief.

fluvial, e, aux adj. ; **fluviatile** adj. [respectivement du lat. *fluvialis* et *fluviatilis*, de *fluvius*, cours d'eau ; angl. *fluvial, fluviatile*] – Relatif aux cours d'eau.

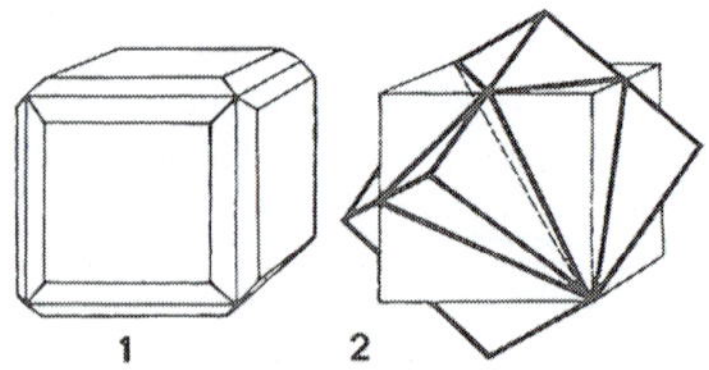

fluorine

– 1 : forme habituelle, cubique à arêtes tronquées ; – 2 : macle par interpénétration de deux cubes (d'après A. de Lapparent).

Le premier adjectif est plutôt utilisé dans le sens de propre à la nature même du cours d'eau, le second dans celui de qui en dépend indirectement ou occasionnellement. Ces nuances sont souvent imperceptibles. On dit habituellement une vallée fluviale, une érosion fluviale [angl. *stream erosion*], des dépôts fluviatiles, des actions fluviatiles.

fluvio-glaciaire adj. [angl. *fluvioglacial, glaciofluvial*] – Se dit de sédiments continentaux contenant des matériaux transportés par des glaciers (V. moraine, modelé glaciaire) puis repris par des cours d'eau. N. m. **fluvio-glaciaire** [angl. *(fluvioglacial drift)*].

fluvio-lacustre adj. [angl. *fluviolacustrine*] – Se dit de sédiments continentaux dont l'origine est mixte, alluviale (apports de sables et d'argiles p. ex.) et lacustres (dépôt de calcaire p. ex.). N. m. **fluvio-lacustre**.

flux n. m. [du lat. *fluxus*, écoulement ; angl. *flux, flow* (écoulement)] En physique, quantité (de matière, de rayonnement, etc.) traversant une surface en un temps donné. Un flux sédimentaire s'exprime souvent en grammes par centimètre carré par 1000 ans.

flux (schistosité de –) [angl. *flow cleavage*] – Schistosité* qui se marque par l'orientation de l'ensemble des minéraux.

flux (géo)thermique [angl. *geothermal flux, – heatflow*] – Quantité de chaleur provenant des profondeurs de la Terre et traversant une surface donnée en un temps donné. Au sol, il est en moyenne de 0,05 W/m^2. Ce flux présente une anomalie négative (c'est-à-dire une diminution) au-dessus des zones de subduction, et une anomalie positive au-dessus des arcs volcaniques ou des dorsales océaniques.

fluxoturbidite n. f. [Ph.H. Kuenen, 1958, du lat. *fluxus*, écoulement, et de turbidite ; angl. *fluxoturbidite*] – Turbidite caractérisée par un matériel détritique très grossier, peu granoclassé, pauvre en argiles. On l'interprète comme un dépôt proche des sources d'apport terrigène, et se formant, p. ex., au débouché des canyons sous-marins ou dans ceux-ci. V. flysch.

flysch n. m. [d'un nom suisse de ce type de terrain qui glisse facilement sur les versants ; *cf.* allem. *fliessen*, couler ; angl. *flysch*, pl. *-sches*] – Formation sédimentaire détritique terrigène, souvent épaisse, composée essentiellement d'un empilement de turbidites*, typiquement en concordance avec les couches sous-jacentes, et déposée dans une zone orogénique aujourd'hui tectonisée. Les flyschs sont souvent impliqués dans d'importantes nappes de charriage. Leur mode de sédimentation est à rapprocher de celui des actuels deltas sous-marins profonds. D'après la nature de leurs turbidites, on distingue souvent les **flyschs proximaux** (les plus grossiers, car les plus proches des zones d'apports détritiques) et les **flyschs distaux** (les plus fins car les plus éloignés). Le **wildflysch** est un flysch où l'on trouve des blocs de tailles très diverses enveloppés, d'une manière désordonnée, dans une matrice argileuse. Une couche présentant ces caractéristiques est une fluxoturbidite, faciès le plus proximal de ce type de sédimentation. N.B. Vassoevitch (1948) a proposé une classification où, à partir de ce dépôt et en s'éloignant de la zone d'apport, on trouverait successivement, le matériel devenant moins grossier, et les turbidites moins typiques : l'**hyperflysch**, l'**orthoflysch**, le **métaflysch**, l'**hémiflysch** et le **cryptoflysch** (ces deux derniers forment le **subflysch**). Adj. **flyschoïde** [angl. *flyschoid*] (ayant l'aspect d'un flysch). V. aussi molasse, contourite.

foïdique adj. [angl. *foid-bearing, feldspathoidal*] – Syn. de feldspathoïdique, dont il est une abréviation.

foliation n. f. [du lat. *folium*, feuille ; angl. *foliation, schistosity (pour les schistes métamorphiques)*] – Structure des roches dont les minéraux sont arrangés ou aplatis selon des plans parallèles. Ce terme est notamment employé pour des r. métam. où, à la schistosité*, s'ajoute une différenciation pétrographique entre des lits formant ainsi des feuillets, d'où en section un aspect rubané (p. ex. gneiss à lits quartzo-feldspathiques et à lits micacés). Le terme est également utilisé pour des r. métam. ne montrant pas cet aspect, mais dont cependant tous les éléments ont été réorientés par une schistosité de flux, ou ont cristallisé selon ce plan de schistosité, qui est alors le plan de foliation. Ce caractère ne s'acquiert en général que pour un métamorphisme assez fort. V. niveau structural. Adj. **folié, e** [angl. *foliate(d), schistose* (selon les cas)]

fond n. m. **(pli de –)** [E. Argand, 1924 ; angl. *basement fold, – uplift* (obsol.)] – Pli à grand rayon de courbure affectant un vieux socle et sa couverture : « dans le plissement de fond, c'est la masse continentale elle-même qui plie » (E. Argand). On en tire les expressions de « tectonique de fond, chaîne de fond, style de fond », qui s'opposent à tectonique, chaîne, et style de couverture, bien que sous l'effet d'un pli de fond, la couverture puisse (exceptionnellement et localement) se décoller de son socle et avoir un comportement tectonique indépendant. V. aussi tectonique de fond.

fond (moraine de –) [angl. *ground moraine*] – Moraine constituée par des blocs rocheux entraînées sous un glacier. V. glacier, modelé glaciaire.

fond durci – Syn. de hard-ground.

fondis n. m. – Ancienne graphie de fontis.

Fontéchevade (Homme de –) [du nom d'une localité de la Charente, Fr.]. – Homme fossile relativement ancien (200 000 à 100 000 ans) à rapporter au groupe des Anténéandertaliens (V. Hominidés).

fontis n. m. (anc. fondis) [angl. *cave-in*] – Effondrement au toit d'une cavité ou d'une galerie souterraine, naturelle ou non. **Fontis à jour** : même phénomène avec affaissement local du sol sus-jacent, de forme conique ou cylindrique.

forage n. m. [du lat. *forare*, percer ; angl. *borehole, drill (hole)*] – Puits de petit diamètre creusé mécaniquement et destiné à l'exploitation d'une nappe d'eau souterraine, d'un gisement de pétrole, etc. Lorsque le puits est destiné à la reconnaissance du sous-sol, p. ex. pour déterminer la constitution d'un gisement minier, on parle plutôt de sondage, bien que les deux mots soient souvent employés indistinctement. Vb. **forer** [angl. *to bore, to drill*] ; adj. **foré, e** [angl. *bored, drilled*].

foramen n. m. [mot lat. signifiant trou ; angl. *foramen*, pl. *-mina*] – Mot utilisé dans des descriptions anatomiques pour désigner un trou ou un orifice. V. p. ex. Brachiopodes.

Foraminifères n. m. pl. [du lat. *foramen*, trou, et *ferre*, porter ; angl. *foraminifers*, sing. *-fer ; Foraminifera*] – Protozoaires surtout marins du groupe des Rhizopodes. Leur grande importance géologique est liée au fait qu'ils s'entourent d'une coquille (**test**) chitinoïde (Foraminifères agglutinants ou arénacés) ou calcaire (Foraminifères perforés ou imperforés) facilement conservée dans les sédiments. Une de leurs particularités biologiques est de comporter des alternances d'une génération sexuée avec une ou plusieurs générations asexuées. La première loge dont s'entoure l'individu sexué (gamonte) est relativement grande (**mégasphère**) alors que celle de l'individu asexué (schizonte = agamonte) est petite (**microsphère**). On peut trouver ainsi dans une même espèce des individus différant nettement les uns des autres. Le nombre et la variété des espèces de Foraminifères sont très grands. Leur dimension va du millimètre, ou moins, jusqu'à quelques centimètres, ces dimensions maximales s'observant notamment chez les Nummulitidés. Les Foraminifères s'étudient soit au microscope dans les lames minces de roches, soit dégagés (par lavage et tamisage) à la loupe binoculaire, ou encore au microscope électronique à balayage. Il est à noter cependant qu'une bonne loupe (x 12) permet bien souvent de les voir dans des cassures fraîches de roches, surtout si celles-ci sont mouillées. Ce sont souvent de bons fossiles stratigraphiques qui ont l'avantage d'être très répandus.
On y distingue selon le nombre de loges, les :
– 1. **Uniloculaires** [du lat. *loculus*, petite loge].
– 2. **Biloculaires**.
– 3. **Pluriloculaires** : Lituolidés, Fusulinidés, Miliolidés, Lagénidés, Buliminidés, Rotalidés (dont les Nummulitidés).

force n. f. **de Coriolis** [du mathématicien G. G. Coriolis ; angl. *Coriolis force*] – Force qui s'exerce sur les corps en mouvement à la surface de la Terre et par rapport à elle du fait de la rotation du Globe autour de son axe. Cette force dévie les trajectoires vers la droite dans l'hémisphère Nord, vers la gauche dans l'hémisphère Sud. Elle joue un rôle considérable dans les déplacements de masses d'air et d'eau en leur donnant un mouvement tourbillonnaire (dans le sens des aiguilles d'une montre dans l'hémisphère Nord, et dans le sens opposé dans l'hémisphère Sud). Elle est maximale aux pôles, et nulle à l'équateur. Syn. force géostrophique*.

force géostrophique – V. force de Coriolis.

foreset n. m. [angl. *foreset (bed)*] – Couche inclinée formée par les sédiments d'un delta* déposés sur la pente frontale de celui-ci.

formation n. f. [du lat. *formatio*, qui est formé ; angl. *formation*] – 1. Terrains possédant des caractères communs, et constituant un ensemble que l'on juge utile de distinguer : une formation marno-calcaire, une formation gneissique. – 2. Ensemble de strates formant une unité lithologique à laquelle on associe généralement un nom de lieu. Ex. la formation de Morrisson (du Jurassique sup. continental des États-Unis). Ce sens est d'emploi bien plus répandu dans les pays anglo-saxons qu'en France. V. aussi stratigraphie.

formations superficielles – V. dépôts superficiels.

forstérite n. f. [dédié à Forster ; angl. *forsterite*] – Péridot* magnésien $Mg_2 [SiO_4]$.

fosse n. f. [du lat. *fossa*, de *fodere*, creuser ; angl. *trench*] – Dépression allongée, de grandes dimensions et de grande profondeur, à flancs plus ou moins inclinés. Ce terme s'applique surtout aujourd'hui aux grandes dépressions océaniques, longues de plusieurs milliers de kilomètres, profondes de 5 000 à

11 000 m, longeant des continents (ex côte ouest de l'Amérique du Sud) ou des archipels volcaniques (ex. des fosses allant de l'Est du Japon à l'Est de la Nouvelle-Zélande). V. aussi marge et tectonique des plaques.

fosse marginale [angl. *marginal trench*] – Fosse marine allongée bordant une marge active. V. marge continentale.

fosse molassique [angl. *molasse trough*] – Dépression qui s'individualise dans le stade final de l'orogenèse, vers l'extérieur d'une chaîne plissée, et se comble de sédiments en grande partie arrachés à des reliefs environnants (V. molasse).

fossé n. m. [du lat. *fossatum*, de *fodere*, creuser [angl. *trough* ; prononc. treuff] – Dépression allongée, à fond plat, et à flancs raides correspondant souvent à des zones faillées (V. graben), de dimension variable (p. ex. quelques kilomètres de largeur). Ce terme s'applique surtout à des dépressions installées sur un continent.

fossé (d'effondrement, tectonique) [angl. *fault trough, rift –, rift valley*] – Fossé engendré par le fonctionnement d'un graben.

fossile n. m. [du lat. *fossilis*, tiré de la terre, de *fodere*, creuser ; angl. *fossil*] – Reste, trace ou moulage naturel d'organisme conservé dans des sédiments. V. classification, macrofossile, microfossile, nannofossile. Vb. **(se) fossiliser** [angl. *to fossilize*] ; adj. **fossile*** ; **fossilisé, e** [angl. *fossilized*] ; **fossilifère** [angl. *fossiliferous*] ; n. f. **fossilisation***.

fossile adj. [angl. *fossil*] – Qualifie les objets ou les substances, en général liés au monde vivant, renfermés depuis longtemps dans les roches par un processus d'enfouissement ou d'infiltration : animaux fossiles, traces et pistes fossiles (V. ichnofossile), combustibles fossiles (V. ce terme), eaux fossiles, V. connée (eau –).

fossile de faciès [angl. *facies fossil*] – Fossile lié à un milieu de sédimentation particulier : les oursins, les madréporaires sont, p. ex., des fossiles de faciès.

fossile stratigraphique [angl. *index fossil, guide –*] – Espèce ayant une grande extension géographique et une existence courte à l'échelle géologique, ce qui permet de l'utiliser pour comparer l'âge de terrains situés dans des régions différentes : p. ex. les conodontes, les ammonites, etc.

fossile vivant [angl. *living fossil*] – Animal ou végétal qui est le seul ou l'un des seuls représentants actuels d'un groupe jadis florissant. Ex. le Cœlacanthe (V. Crossoptérygiens), les limules (V. Mérostomes).

fossilisation n. f. [angl. *fossilization*] – Ensemble des processus qui conduisent à la conservation des objets dans les sédiments. Ils sont divers et parfois difficiles à caractériser : – 1. Conservation des organes sans modification ou avec des modifications discrètes (recristallisation). C'est le cas habituel des parties dures (coquilles, ossements, dents, algues calcaires) et, exceptionnellement, des parties molles dans des conditions très particulières : p. ex. mammouths conservés dans des sols gelés en Sibérie, ou dans des hydrocarbures (ozocérite) au nord des Carpates, insectes inclus dans des résines fossiles (ambre de la Baltique). – 2. Conservation des organes après leur remplacement par une matière différente préservant leur structure avec plus ou moins de finesse (V. épigénie). Ex. silicification de troncs d'arbres, d'os de Vertébrés ; ammonites pyriteuses. – 3. Conservation d'un moulage de l'organisme, soit externe, soit interne. C'est souvent, p. ex., le cas des ammonites.

Fougères n. f. pl. [du lat. *filix*, *filicis*, même signif. ; angl. *ferns, Filicinaea*] – Végétaux terrestres se reproduisant par spores. Répart. stratigr. : Dévonien - Actuel. On doit en distinguer les Ptéridospermales, dont les feuilles sont très comparables, mais qui se reproduisent au moyen d'ovules rappelant des graines (« Fougères à graines »). Syn. Filicales.

Fougères à graines [angl. *seed ferns*] – Terme désignant parfois les Ptéridospermales.

fouissement n. m. [angl. *burrowing*] – V. bioturbation.

fourreau n. m. **(pli en –)** [angl. *sheath fold*] – Type de pli connu dans des séries finement litées ayant subi de fortes déformations tangentielles, et dont la forme qui lui a valu son nom, caractérisée par une charnière très courbe, a une origine encore controversée : – 1. Pli créé au cours d'une seule phase et dont l'allongement matérialiserait alors la direction de transport. – 2. Pli créé par superposition de plusieurs déformations diversement orientées.

foyaïte n. f. [de Foya, Portugal ; angl. *foyaite*] – Var. de syénite néphélinique (V. ce terme).

foyer n. m. [du lat. *focus*, feu ; angl. *(seismic) focus*] – Pour un séisme, lieu où se produit le premier ébranlement. Le **mouvement au foyer** [angl. *focal mechanism, fault-plane solution*] est le déplacement relatif des blocs qui a produit le séisme. Syn. hypocentre. V. séisme.

fracture n. f. [du lat. *frangere*, briser ; angl. *fracture*] – Terme général désignant toute cassure avec ou sans rejet, de terrains, de roches, voire de minéraux. V. aussi joint, lithoclase. Vb. (se) **fracturer** [angl. *to fracturate*] ; n. f. **fracturation** [angl. *fracturing*] ; adj. **fracturé, e** [angl. *fractured*].

fracture (schistosité de –) [angl. *fracture cleavage*] – Schistosité* qui se marque essentiellement par des plans de fracture distincts parallèles entre eux.

fragipan n. m. [angl. *fragipan*] – Couche de sol, peu perméable car composée de silt très compact, existant parfois dans les zones tempérées. Il semble témoigner de l'extension passée d'un permafrost.

framboïde n. m. [de framboise, et du gr. *eidos*, aspect ; angl. *framboid*] – Minuscule amas minéral en forme de framboise (il s'agit ordinairement de pyrite). Adj. **framboïdal, e, aux** [angl. *framboidal*].

Franconien n. m. [angl. *Franconian*] – Étage du Cambrien sup. (ère primaire). V. tabl. Annexe 2. Adj. **franconien, nne**.

frane n. f. [de l'ital. *frana*, même signif.] – Glissement* de terrain sur un versant.

frange n. f. **capillaire** [angl. *capillary fringe*] – V. nappe d'eau souterraine.

Frasnien n. m. [J.B. d'Omalius d'Halloy, 1862, de Frasnes, Belg. ; angl. *Frasnian*] – Étage du Dévonien (ère primaire). V. tabl. Annexe 2. Adj. **frasnien, nne**.

friction n. f. **(stries de –, surface de –, traces de –)** – V. miroir* de faille, tectoglyphe, faille.

front n. m. – 1. [angl. *thrust front*] En tectonique, partie la plus avancée d'une nappe ou d'un pli couché. Bien souvent le front originel d'une nappe ne nous est pas connu et l'on ne voit actuellement qu'un front d'érosion. – 2. [angl. *front slope, scarp –, inface*] En géomorphologie, partie la plus raide d'une cuesta, tournée du côté opposé au pendage des couches. V. relief structural.

front (– de la schistosité, – de la foliation, – de la migmatitisation) – V. niveau structural.

front de taille [angl. *breast, face, highwall*] – Partie d'une carrière ou d'une mine où se fait l'avancement de l'exploitation et qui forme le plus souvent une paroi verticale.

frontale adj. **(moraine –)** [angl. *terminal moraine*] – Moraine constituée par des blocs rocheux poussés à l'avant du glacier. V. glacier, modelé glaciaire, amphithéatre morainique.

frottement n. m. **interne (angle de –)** – V. Mohr (diagramme de –).

frustule n. m. [du lat. *frustulum*, petit morceau ; angl. *frustule*] – Coque siliceuse des Diatomées.

fucoïde n. m. [A. Brongniart, 1823, du lat. *fucus*, algue, et du gr. *eidos*, forme ; angl. *fucoid*] – Traces allongées et souvent entrecroisées qu'on observe dans des couches, le plus souvent calcaires ou marno-calcaires, parfois gréseuses. Ce sont des pistes fossiles d'animaux. V. aussi ichnofossiles. Adj. **fucoidal, e** [angl. *fucoidal*].

fulgurite n. f. [du lat. *fulgur*, foudre ; angl. *fulgurite*] – Petite tubulure irrégulière, parfois ramifiée, constituée de verre siliceux, et due à l'action de la foudre, qui dans certaines roches (sables, grès, schistes, gneiss, etc.), a provoqué une fusion localisée.

fumerolle n. f. [de l'ital. *fumaruolo*, même signif. ; angl. *fumarole*] – Émanation gazeuse, assez calme et régulière, issue de fissures ou de trous (évents) souvent groupés en champs, dans les zones volcaniques. Ces émissions de gaz sont produites avant le paroxysme éruptif, pendant celui-ci et longtemps après, représentant alors l'un des derniers signes d'activité volcanique. Leur nature est surtout fonction de la température qui décroît lorsqu'on s'éloigne du foyer éruptif ou de la phase paroxysmale.
Pour T = 500 à 1000 °C, on a des fumerolles sèches ou anhydres (H_2O < 10 %) riches en H_2, SO_2, F et composés (HF, SiF_4). Cl et composés (HCl, NaCl, $FeCl_2$ qui colore les gaz en orange).
Pour T = 300 à 500 °C, les fumerolles sont acides, plus riches en H_2O, avec H_2, SO_2, H_2S, CO_2, HCl.
Pour T = 100 à 300 °C, on a des fumerolles à 90 % de H_2O et composants très variés : acide borique H_2BO_3 parfois exploitable, CO_2, CH_4, gaz rares (He, A), composés d'ammonium $(NH_4)^+$ et fréquemment H_2S en quantité suffisante pour donner, par réaction avec l'oxygène de l'air, des dépôts de S jaune : ces fumerolles sont les **solfatares**, pouvant donner des gisements (**soufrières**).
Pour T < 100 °C, on a des fumerolles froides ou **mofettes**, souvent liées à des sources thermales, riches en H_2O et CO_2 et pouvant s'entourer de dépôts de travertins calcaires. Adj. **fumerollien, nne**.

fusain n. m. [du lat. *fusus*, fuseau (habituellement fabriqué en bois de fusain) ; angl. *fusain, fusite*] – En pétrologie, type de composants des charbons*. Syn. fusite.

fusion n. f. [du lat. *fundere*, couler ; angl. *melting, fusion*] – Passage d'un corps de la phase solide à la phase liquide ; la fusion d'un corps est dite **congruente** lorsque ce corps fond à température constante en donnant un liquide de même composition ; elle est dite **incongruente** dans les autres cas. Ant. solidification (V. ce mot).

fusite n. f. – Syn de fusain*.

Fusulinidés (ou Fusulines s. l.) n. m. pl. [du lat. *fusus*, fuseau ; angl. *fusulinids, fusulins, Fusulinidae*] – Groupe de Foraminifères pluriloculaires, fusiformes ou sphériques, de taille allant de 1 à 70 mm, composés d'une lame calcaire (**muraille** = **spirothèque**) enroulée en spirale, divisée en loges par des cloisons méridiennes, lesquelles sont parfois elles-mêmes recoupées en logettes par des cloisons transverses. La muraille comporte deux couches, parfois revêtues de

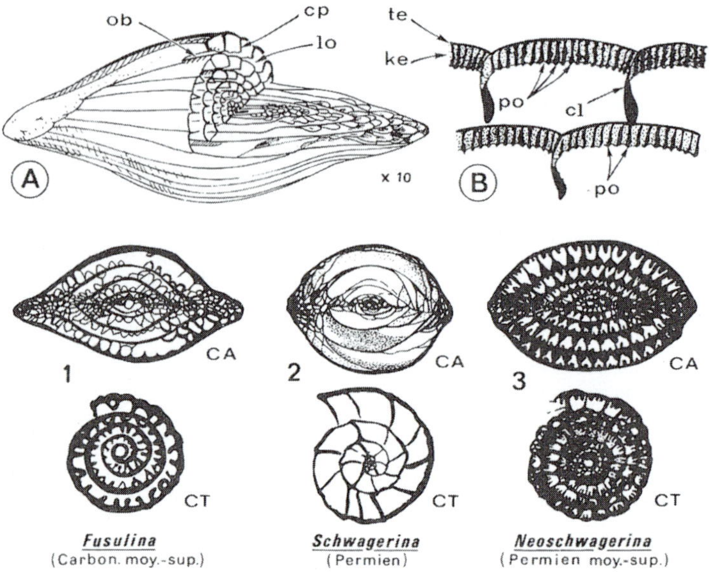

Fusulinidés

A : vue d'une fusuline découpée pour en montrer la structure – cp : cloison principale – lo : loge – ob : ouverture buccale.
B : coupe du test dans un plan perpendiculaire à l'axe d'enroulement (détail) – cl : cloison principale – ke : kériothèque – po : poutrelles – te : tectum.
– 1 à 3 : quelques exemples de Fusulinidés – CA, CT : coupes axiale, transversale (d'après L. Moret).

dépôts secondaires. La couche externe (**tectum**) est mince et sombre ; la couche interne est plus épaisse, parfois claire et perforée (**diaphanothèque**), parfois caractérisée par des poutrelles perpendiculaires à la surface du test (kériothèque). Cette structure en couches les différencie tout à fait des Alvéolinidés tertiaires, qui ont une forme extérieure un peu analogue. Ce sont des organismes marins de zones peu profondes et chaudes, et de bons fossiles stratigraphiques. Répart. stratigr. : Carbonifère - Permien.

Classification : 1 – Schwagérinidés ; 2 – Fusulinidés s.s. ; 3 – Verbeekinidés ; 4 – Néoschwagérinidés.

Fuvélien n. m. [G. Matheron, 1870, de Fuveau, Bouches-du-Rhône, Fr.] – Faciès lacustre et ligniteux du Crétacé sup. (ère secondaire) du Sud-Est de la France. V. tabl. Annexe 2. Adj. **fuvélien, nne**.

G

Ga – Symbole chim. du gallium.

gabbro n. m. [du nom d'un village de Toscane ; angl. *gabbro*] – R. magm. plutonique (V. tabl. magm. ; r. effusive équiv. : basalte) grenue, de teinte générale vert noirâtre, plus ou moins mouchetée de blanc (méso à mélanocrate), composée de plagioclase subautomorphe (An > 50 : labrador, bytownite, parfois anorthite) et de pyroxène interstitiel (clinopyr. : diospide et variété diallage, augite ; orthopyr. : hypersthène), secondairement de hornblende brune ; d'olivine, de biotite. Les gabbros sont facilement altérés avec saussuritisation des plagioclases (en épidote, albite, etc.), et ouralitisation des pyroxènes (en amphiboles vert pâle) avec formation de sphène. Les variétés sont nombreuses : – 1. l'**euphotide**, à grands cristaux de plagioclases verts saussuritisés, et à diallage à reflets bronzés ; – 2. l'**hypérite** avec autant de clinopyroxène que d'orthopyroxène, et olivine rare ; – 3. la **norite** avec hypersthène dominant (souvent à inclusions de diopside et/ou d'augite), parfois à cordiéritée à grenat pyrope, à spinelle ; – 4. la **troctolite** à pyroxène rare et olivine abondante, plus ou moins serpentinisée.

Les gisements sont massifs (laccolite ou lopolite), avec parfois une différenciation progressive du cœur, à troctolites, vers la périphérie, à norites (les plus externes pouvant contenir un peu de quartz) ; on les trouve aussi en relation avec des diorites, ou encore avec des péridotites ; cette dernière association se rencontre en particulier dans les ophiolites*, où les gabbros peuvent être à cumulats, et présenter alors un aspect général rubané ou stratifié. **Microgabbro** : à structure microgrenue intersertale, formant des filons, souvent ouralitisé et saussuritisé, et nommé alors **porphyrite**. Adj. **gabbroïque***.

gabbro quartzique [angl. *quartz gabbro*] – R. magm. plutonique (V. tabl. magm.), grenue, mésocrate, à quartz, andésine-labrador, hornblende et pyroxène (diopside, augite) ; c'est un simple faciès de variation des diorites quartziques ou des gabbros.

gabbroïque adj. [angl. *gabbroic*] – S'applique aux r. magm. basiques et mafiques, ayant les caractères minéralogiques ou chimiques des gabbros. Les ensembles gabbroïques comprennent ainsi les complexes ophiolitiques, les massifs avec des lherzolites ou des kimberlites, les complexes charnockitiques.

gadolinium n. m. [dédié à Gadolin ; angl. *gadolinium*] – Symbole chim. Gd. Métal du groupe des lanthanides (terres rares).

gaize n. f. [mot local des Ardennes ; angl. *gaize*] – R. sédim. siliceuse, en partie détritique et en partie d'origine chimique, en général grise à verdâtre, souvent poreuse et légère. C'est un grès fin, plus ou moins argileux et calcaire, riche en grains de glauconie, bioclastique (spicules d'éponges abondants, radiolaires et diatomées plus rares), et silicifié surtout par de l'opale qui tend à remplacer la calcite. Cette roche est connue par ex. dans le Jurassique sup. et le Crétacé du Bassin parisien.

galène n. f. [du gr. *galênê*, plomb ; angl. *galena*] – Sulfure de plomb PbS, contenant des traces d'Ag (jusqu'à 1 %), ou de Fe, Zn, etc., du syst. cubique, en cubes ou octaèdres, à faces parfois courbes et striées, à macles fréquentes, à clivages très faciles suivant les trois directions du cube et donnant des aspects en marches d'escalier. Elle présente un vif éclat métallique et une couleur gris de plomb. Sa densité est forte (7,5) et sa dureté faible (2,5). On la trouve en imprégnation dans des r. sédim., calcaires ou gréseuses, dans des r. volcano-sédim., et surtout dans des filons, avec quartz et carbonates, et d'autres minerais en particulier blende, pyrite, et chalcopyrite (cette association étant dite B.P.G.C.). C'est le plus important des minerais de plomb.

galet n. m. [diminutif du vieux français *gal*, même étymologie que caillou ; angl. *pebble*] – Caillou arrondi par usure mécanique (éolienne, fluviatile, marine) (V. aussi granulométrie). Les r. sédim. détritiques consolidées à nombreux galets sont des conglomérats* et en particulier des poudingues. Dans les roches meubles, leur étude porte sur leur degré d'arrondi, sur leur orientation statistique liée aux courants, sur l'aspect de leur surface (p. ex. poli éolien, ou poli et stries glaciaires), ces éléments caractérisant les types d'érosion et de transport.

galet impressionné [angl. *pitted pebble*] – Galet présentant à sa surface des creux arrondis correspondant aux empreintes de galets voisins. Cet aspect résulte d'une dissolution* sous pression et s'observe en particulier dans des conglomérats soumis à un certain aplatissement tectonique.

galets aménagés – Outils préhistoriques très frustes fabriqués à partir de galets rendus tranchants par enlèvement d'éclats sur une face (choppers) ou sur les deux (chopping-tools). V. pebble culture.

gallium n. m. [dédié à Lecoq de Boisbaudran, du lat. *gallus*, coq ; angl. *gallium*] – Symbole chim. Ga. N° et masse atom. 31 et 69,72 ; ion 3 ⁺ de rayon 0,062 nm ; densité 5,9 ; clarke 15 g/t. Métal blanc bleuâtre, fondant à 30 °C. N'existant pas à l'état natif, il se trouve dans des blendes ferrifères, ainsi que dans quelques minéraux pneumatolytiques (p. ex. muscovite). Lors de l'altération des silicates, il passe avec Al dans les latérites et les bauxites.

gamma n. m. (Abrév. γ) [angl. *gamma*] – Unité couramment utilisée pour mesurer la valeur du champ géomagnétique. La valeur de ce champ est de 45 000 γ environ dans le Bassin parisien ; elle varie de 66 000 γ dans les zones des pôles, à 26 000 γ environ dans les zones équatoriales.
$1\gamma = 1$ nanotesla $= 10^{-5}$ gauss.

gamonte n. m. [du gr. *gamos*, mariage, et *ôn, ontos*, être ; angl. *gamont*] – Chez les Foraminifères*, individu sexué.

Gangamopteris [du gr. *gaggamon*, filet, et *pteris*, fougère] – Genre de plantes fossiles du groupe des Ptéridospermales dont la feuille ressemble à celle de *Glossopteris*, mais sans nervure centrale, et appartenant également à la flore permienne du continent de Gondwana.

gangue n. f. [de l'allem. *Gang*, chemin, au sens figuré de filon ; angl. *gangue, (enclosing) matrix*] – Ensemble des roches ou des minéraux sans intérêt pratique entourant des minerais ou des gemmes dans leurs gisements. Adj. **gangué, e** (entouré d'une gangue).

gara [mot saharien, pl. gour ; angl. *gara*] – Relief en forme de champignon sculpté par l'érosion des vents de sable dans les régions désertiques.

Gargasien n. m. [W. Kilian, 1887, de Gargas, Vaucluse, Fr. ; angl. *Gargasian*] – Sous-étage de l'Aptien (Crétacé inf., ère secondaire). V. tabl. Annexe 2. Adj. **gargasien, nne**.

garniérite n. f. [dédié à Garnier ; angl. *garnierite*] – Var. de serpentine nickélifère $(Ni, Mg)_3 [Si_2 O_5] (OH)_4$.

Garumnien n. m. [A. Leymerie, 1862, de *Garumna*, nom lat. de la Garonne, fleuve de Fr.] – Faciès lacustre du Crétacé terminal (ère secondaire) et du Paléocène (ère tertiaire) du Sud-Ouest de la France. V. tabl. Annexe 2. Adj. **garumnien, nne.**

gassi n. m. [mot saharien] – Couloir à fond rocheux creusé par le vent entre des dunes. *Cf.* feidj.

Gastéropodes – V. Gastropodes.

gastrolit(h)e n. m. [du gr. *gaster, gastros*, ventre, et *lithos*, pierre ; angl. *gastrolith*] – Pierre arrondie et dépolie contenue dans l'estomac de certains animaux (Dinosauriens p. ex.).

Gastropodes n. m. pl. (ou Gastéropodes, vieilli) [du gr. *gastêr, gastros*, ventre, et *pous, podos*, pied ; angl. *gast(e) ropods, Gastropoda*] – Groupe zoologique composé d'individus possédant un pied servant à la reptation, et sécrétant, sauf exception, une coquille unique plus ou moins enroulée. La partie interne des tours forme généralement un axe calcaire appelé la **columelle**. Quand on regarde cette coquille par la pointe, son enroulement se fait généralement dans le sens des aiguilles d'une montre : on dit alors qu'il est dextre (Ant. senestre). Certains Gastropodes sont uniquement aquatiques, et respirent par des branchies situées soit en avant du cœur (**Prosobranches**) soit en arrière (**Opisthobranches**), ces derniers étant peu importants au point de vue géologique. D'autres sont adaptés à la vie terrestre, au moins temporaire, et respirent par un poumon (**Pulmonés**). La plupart des Gastropodes sont marins, surtout littoraux, mais parfois profonds. Certains s'adaptent bien à des milieux saumâtres. Dans l'eau douce ou sur terre, vivent les Pulmonés et quelques Prosobranches (V. planche).

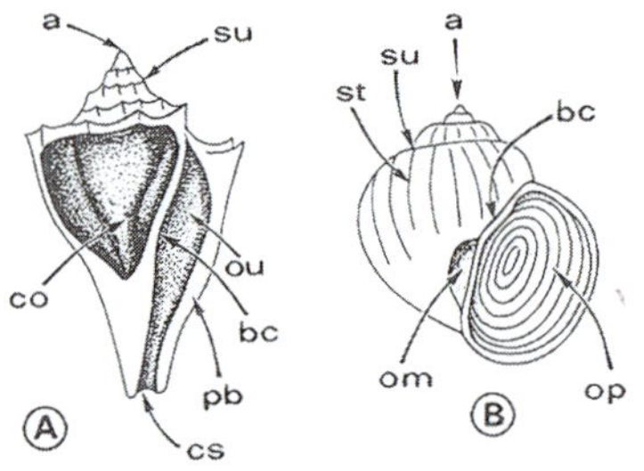

Gastropodes

Éléments des coquilles de Gastropodes.
A. *Athleta* (Prosobranche marin du Tertiaire) un peu découpé pour en montrer l'intérieur.
B. *Ampullaria* (Prosobranche d'eau douce, Actuel)
– a : apex – bc : bord columellaire – bp : bord pariétal
– co : columelle – cs : canal siphonal – om : ombilic
– op : opercule – ou : ouverture – st : stries d'accroissement – su : suture. L'enroulement est dextre dans ces deux exemples.

Classification :
1 – Prosobranches :
1.1 Archéogastropodes = **Aspidobranches** (Répart. stratigr. : Cambrien – Actuel).
1.2 Mésogastropodes = **Tænioglosses** (Ordovicien – Actuel).
1.3 Néogastropodes = **Sténoglosses** (Ordovicien – Actuel).

Gastropodes

Quelques exemples. Archéogastropodes (1 à 4) – Mésogastropodes (5 à 10) – Néogastropodes (11) – Pulmonés (12 à 15) – Genres marins : 1 à 6, 8 (parfois saumâtre), 10 et 11 – Genres d'eaux douces ou saumâtres : 7, 9, 12 à 14 – Genre terrestre : 15.

2 – Opisthobranches, dont les **Ptéropodes** pélagiques (Cambrien – Actuel).

3 – Pulmonés (Carbonifère ? – Actuel).

gastropore n. m. [du gr. *gastêr, gastros*, ventre, et de pore ; angl. *gastropore*] – Cavité abritant un gastrozoïte chez les Hydrozoaires* qui en possèdent.

gastrozoïte n. m. [du gr. *gastêr, gastros*, ventre, et de *zôon*, animal ; angl. *gastrozooid*] – Polype de certains Hydrozoaires*.

Gault n. m. [d'un nom local désignant dans la région de Cambridge, G.-B., une formation lithologique ; angl. *Gault*] – Nom utilisé autrefois comme synonyme d'Albien, et parfois encore employé pour désigner certaines formations de cet âge (p. ex. argiles du Gault ; dans le Bassin parisien, nappe d'eau souterraine dans les sables verts du Gault). V. tabl. Annexe 2.

Gauss (champ de –) [du physicien C. F. Gauss] – V. magnétisme terrestre.

Gauss (époque de –) – Division géochronologique du Pliocène (ère tertiaire) fondée sur le paléomagnétisme (V. tabl. à ce mot), de 3,58 à 2,60 Ma.

gaz de pétrole [angl. *natural gas*] – Terme regroupant les carbures d'hydrogène, de formule C_nH_{2n+2} avec n allant de 1 à 4 dans la série méthane, éthane, propane, butane. Dans les gisements, ils sont sous forme gazeuse (méthane, éthane) ou liquide (propane, butane), et soit existent seuls, soit accompagnent des pétroles (V. ce mot). Syn. gaz naturel.

Gd – Symbole chim. du gadolinium.

Ge – Symbole chim. du germanium.

géanticlinal n. m. [J.D. Dana, 1873, du gr. *gê*, terre, et de anticlinal ; angl. *geanticline*] – Vaste bombement allongé de l'écorce terrestre, et notamment ride dans un géosynclinal*. Compte tenu des idées actuelles sur la tectonique des plaques, ce terme est obsolète. Adj. **géanticlinal, e, aux.**

géants n. m. pl. **(marmite de –)** – V. marmite de géants.

Gédinnien n. m. [A. Dumont, 1848, de Gédinne, Belg. ; ***Gedinnian***] – Étage du Dévonien (ère primaire). V. tabl. Annexe 2. Adj. **gédinnien, nne.**

gédrite n. f. [de Gèdre, Hautes-Pyrénées, Fr. ; angl. *gedrite*] – Var. alumineuse d'amphibole* ferromagnésienne.

géhlénite n. f. [dédié à Gehlen ; angl. *gehlenite*] – Var. alumineuse de mélilite.

Gélasien n. m. [de *Gela*, ville de Calabre, Italie ; angl. *Gelasian*] – Etage le plus élevé du Pliocène. V. tabl. Annexe 2. Adj. **gélasien, nne**.

gélifraction n. f. [du lat. *gelu*, glace, et *frangere*, briser ; angl. *(con)gelifraction ; gelivation, frost breaking*] – Fragmentation d'une roche sous l'effet du gel, soit que des différences brutales entre les températures diurnes et nocturnes provoquent des fissurations par anisotropie de la dilatation, soit surtout que de l'eau gèle dans les fissures, où elle exerce alors une forte pression. Ce mécanisme joue un rôle important dans l'érosion mécanique (alimentation des éboulis, des cônes torrentiels, des moraines, etc.). Il est aussi à l'origine de la plupart des abris-sous-roche*, et des grèzes*. V. modelé périglaciaire. Syn. gélivation, cryoclastie. N. m. **gélifract** (fragment de roche issu d'une gélifraction). Adj. **gélifracté, e** [angl. *frost-fractured*].

gélisol n. m. [du lat. *gelu*, glace, et *solum*, sol] – Syn. de cryosol*.

géliturbation n. f. [du lat. *gelare*, geler, et *turbatio*, trouble ; angl. *(con) geliturbation*] – Syn. de cryoturbation*. Adj. **géliturbé, e.**

gélivation n. f. [du lat. *gelare*, geler] – Syn. de gélifraction.

gélive adj. [du lat. *gelare*, geler ; angl. *frost-riven, frost-cleft*] – Se dit d'une pierre poreuse absorbant facilement l'humidité atmosphérique (p. ex. craie, marne), et très sensible de ce fait à la gélifraction.

gemme n. f. [du lat. *gemma*, bourgeon, et au figuré même signification ; angl. *gem*] – 1. Syn. pierre précieuse : minéral, assemblage de minéraux, ou concrétion (ex. perle) dont la beauté (éclat, limpidité, dureté, couleurs, etc.), et la rareté, en font des objets de bijouterie. Les principales gemmes sont : l'améthyste (V. silice, corindon), le diamant, l'émeraude (V. béryl, corindon), le grenat, le rubis (V. corindon spinelle), le saphir (V. corindon), la topaze, la turquoise, et les perles. – 2. Résine naturelle des pins qui, par distillation, donne la collophanite (ou collophane). Adj. **gemmifère** (qui contient des gemmes, au sens 1 [angl. *gemmiferous*] ; qui produit de la gemme, au sens 2).

gemme (sel –) – V. sel.

gemmologie n. f. [de gemme, et du gr. *logos*, discours, parole ; angl. *gemmology*] – Étude des gemmes.

gen. – Abréviation du nom latin *genus*, genre (au sens de la classification).

génale adj. **(pointe –)** [du lat. *gena*, joue ; angl. *genal spine*] – Prolongement, tourné vers l'arrière, du céphalon de certains Trilobites (V. fig. à ce mot).

-gène, -génétique, -génique [d'après le gr. *gennan*, engendrer] – Suffixes utilisés le premier dans le sens de *qui engendre*, le second dans celui de *engendré par* (Académie des Sciences), le troisième de *relatif à la formation de* [du gr. *genikos*, qui concerne l'action d'engendrer] ; ce dernier contribue généralement à forger des adjectifs correspondant à des mots terminés par -genèse. Il est à noter que les sens des deux premiers de ces suffixes sont en désaccord avec l'étymologie, le suffixe grec *-genês* signifiant *qui est engendré* (d'après Littré), et le mot gr. *genetikos, capable d'engendrer*. V. aussi -genèse.

-genèse (ou -génèse) [du lat. *genesis*, génération, origine, du gr. *genesis*, même signif.] – Suffixe utilisé pour former des mots désignant l'origine d'un phénomène ou la formation d'une substance ou d'une structure. Ex. l'orogenèse, la palingenèse. Le suffixe -génie, qui a le même sens, est vieilli.

genou n. m. **(pli en –)** [angl. *knee fold*] – Pli* déjeté dont un flanc est subhorizontal.

genre n. m. [du lat. *genus, generis*, groupe d'individus, famille, race ; angl. *genus***,** pl. *genera*] – Groupement des classifications des êtres vivants ou fossiles comprenant une ou plusieurs espèces. V. nomenclature. Adj. **générique**.

géobaromètre n. m. [du gr. *gê*, terre, *baros*, pesanteur, et *metron*, mesure ; angl. *geobarometer*] – Minéral ou association de minéraux permettant de déterminer la pression ayant régné lors de leur formation. V. géothermomètre. N. f. **géobarométrie** [angl. *geobarometry*].

géochimie n. f. [du gr. *gê*, terre, et de chimie ; angl. *geochemistry*] – Étude de la répartition des éléments, et des lois de leur comportement chimique dans les constituants du système solaire, et en particulier dans ceux de la Terre. V. aussi géologie. Adj. **géochimique** [angl. *geochemical*].

géochronologie n. f. [du gr. *gê*, terre, et *khronos*, temps ; angl. *geochronology*] – Ensemble des méthodes permettant d'assigner un âge aux roches ou aux minéraux. On distingue : – 1. la géochronologie (ou datation) **absolue** (V. âge absolu) basée en particulier sur les méthodes et techniques radiométriques permettant de dater des minéraux de r. magm. ou de r. métam. (V. radiochronologie) – 2. la géochronologie (ou datation) **relative**, basée sur les principes de la stratigraphie et les répartitions des fossiles. Adj. **géochronologique** [angl. *geochronologic*] ; n. m. ou f. **géochronologiste**.

géocratique adj. [H. Stille, 1924 ; du gr. *gê*, terre, et *kratos*, empire ; angl. *geocratic, epeirocratic*] – S'applique à une période pendant laquelle, du fait d'une importante régression marine, les plateaux continentaux sont en grande partie émergés. Ant. thalassocratique.

géode n. f. [du gr. *geôdes lithos*, même signif., de *geôdês*, terreux ; angl. *geode*] – Masse creuse de quelques millimètres ou décimètres, à parois tapissées de cristaux dont les sommets automorphes sont dirigés vers le centre. Elles existent dans les r. magm. et dans les filons, où elles dérivent souvent de bulles de gaz, mais aussi dans les r. métam. et sédim., où elles se forment dans des fractures. Les cristaux (p. ex. quartz et ses variétés, en particulier améthyste) peuvent y être de grande taille et donner de belles aiguilles prismatiques, d'où leur intérêt pour les collectionneurs. Syn. druse.

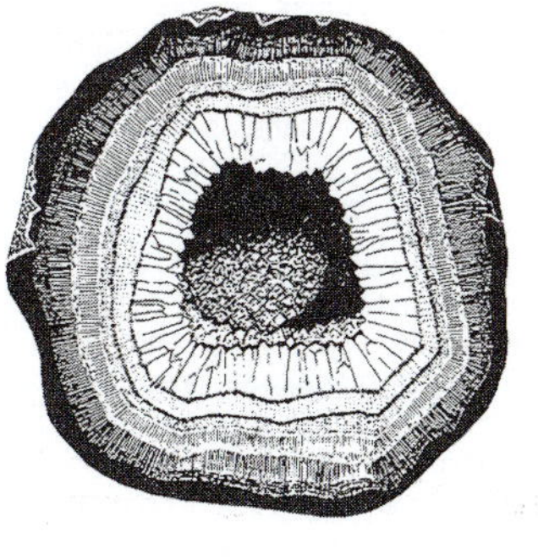

géode

Section polie avec enveloppes de calcédoine et de quartz, et cristaux automorphes de quartz autour de la cavité centrale.

géodépression n. f. [angl. *geodepression*] – V. « Oszillationstheorie ».

géodésie n. f. [du gr. *geôdaisia*, art de diviser les terres ; angl. *geodesy*] – Étude de la forme générale de la Terre, de son champ de pesanteur (gravimétrie) et des causes qui le déterminent.

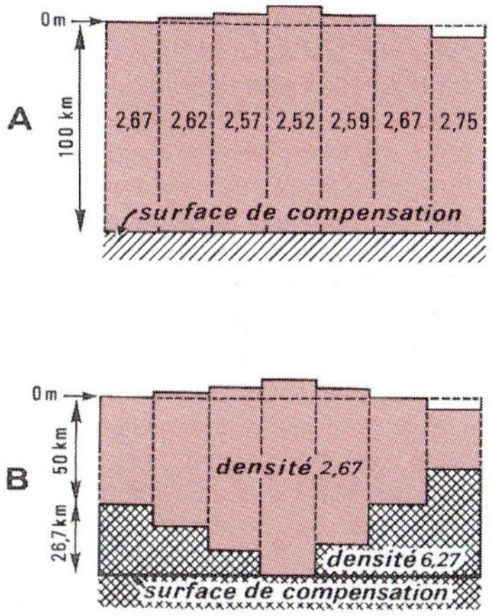

géodésie

Deux modèles de compensation isostatique – A : selon J. Pratt – B : selon G.B. Airy.

La **pesanteur** terrestre est la somme des effets sur les corps de l'attraction de la Terre (attraction newtonienne ou **gravité**) et de la force axifuge due à sa rotation. On peut définir des surfaces où la pesanteur est constante : ce sont des **surfaces équipotentielles**. Par définition, elles sont horizontales et perpendiculaires en tout point à la verticale. La surface équipotentielle qui passe par le niveau moyen des mers est appelée le géoïde : elle est située en général sous la surface du sol. Le géoïde est proche d'un ellipsoïde de révolution, mais il présente des irrégularités, surtout dues à l'hétérogénéité de l'écorce terrestre (répartition et densité variables des masses rocheuses). Il n'est pas susceptible d'une expression mathématique simple, et on le définit par la distance de ses différents points à un ellipsoïde de référence qui en est un modèle approché (**ellipsoïde international**). L'angle qui peut exister en un lieu entre les perpendiculaires à cet ellipsoïde d'une part et au géoïde de l'autre, est appelé **déviation de la verticale** en ce lieu. C'est par rapport à cet ellipsoïde qu'on met en évidence des **anomalies** de la pesanteur (ou anomalies gravimétriques) qui sont les différences entre les valeurs de la pesanteur calculées sur l'ellipsoïde, et les valeurs correspondantes réellement mesurées et auxquelles on a fait subir certaines corrections, pour les ramener au niveau de cet ellipsoïde. La **correction à l'air libre** est la plus simple. Elle consiste à donner à la pesanteur mesurée la valeur qu'elle aurait au niveau de l'ellipsoïde, si entre ce dernier et la station de mesure il n'y avait que de l'air. La différence entre cette valeur corrigée et la valeur calculée est appelée **anomalie à l'air libre**. La **correction de Bouguer** consiste à tenir compte, de plus, des masses rocheuses situées entre les deux points en les considérant, pour simplifier les calculs, comme constituant un relief en forme de calotte sphérique : la différence entre la valeur mesurée ayant subi les deux corrections et la valeur calculée est l'**anomalie de Bouguer**. On peut affiner cette valeur en tenant compte des formes réelles du relief par une correction topographique. On aurait tendance à penser que l'anomalie de Bouguer, issue d'une valeur mieux corrigée, serait, en valeur absolue, plus faible que l'anomalie à l'air libre, or c'est l'inverse que l'on constate : elle est assez grande, négative sur les continents, surtout sur les montagnes, positive sur les océans. Tout se passe comme si la masse supplémentaire (liée aux masses rocheuses), dont la correction de Bouguer tient compte, était compensée en profondeur par un déficit de masse (p. ex. par des roches peu denses). On peut imaginer divers modèles pour la répartition de ces masses profondes. Si l'on tient compte du fait que la forme ellipsoïdale de la Terre correspond à peu près à celle d'une masse fluide en équilibre hydrostatique, on est amené à définir une surface équipotentielle dite de **compensation** au-dessous de laquelle cet équilibre est établi (et donc où le milieu a un comportement de fluide) alors qu'au-dessus seulement peut exister une répartition hétérogène des masses : c'est la théorie de l'**isostasie** qui a eu notamment deux illustrations : – 1. Le **modèle de J. Pratt** (1871) qui considère les masses situées au-dessus de la surface de compensation comme des prismes de hauteurs et de densités variables, ceci pour satisfaire à la condition qu'ils doivent, à leur base, exercer des pressions identiques. – 2. Le modèle de G.B. Airy (1855) qui considère au contraire les masses superficielles comme ayant une densité constante, et qui alors conduit à les prolonger vers le bas d'autant plus que l'anomalie de Bouguer est plus négative, c'est-à-dire, dessiner des racines sous les montagnes. De ce modèle, beaucoup plus réaliste que celui de Pratt, on retire l'impression que les masses continentales (sial) flottent comme des icebergs, sous l'effet de la poussée d'Archimède, sur un milieu plus dense (sima : V. Terre). Cette image a été pour beaucoup dans le développement des idées sur la dérive des continents ; c'est pourtant une notion bien différente qui est utilisée aujourd'hui pour la tectonique* de plaques. Ces modèles étant définis, on peut faire intervenir une troisième correction dite **correction isostatique**, tenant compte de la répartition des masses en profondeur. Si les modèles sont exacts et si l'équilibre isostatique est réalisé, l'anomalie correspondante doit être nulle. Si elle ne l'est pas, les masses superficielles doivent avoir tendance à monter (si l'anomalie est négative) ou à descendre (si l'anomalie est positive). Cela a été contrôlé p. ex. dans les régions scandinaves, zone d'anomalies négatives et qui remonte lentement, déchargée aujourd'hui de la masse des glaciers quaternaires. Si les masses ne se déplacent pas, ou le font en sens contraire de celui que réclame l'isostasie, c'est qu'une force profonde les y contraint : c'est notamment le cas des fosses océaniques où l'on constate de fortes anomalies négatives et qui ont tendance à l'enfoncement. Adj. **géodésique** [angl. *geodetic*].

géodynamique n. f. [du gr. *gê*, terre, et *dunamis*, force ; angl. *geodynamics*] – V. géologie.

géographie n. f. **physique** [angl. *physical geography*] – Partie de la géographie qui étudie les milieux naturels et à laquelle on rattache généralement la géomorphologie, la climatologie, la pédologie, l'hydrologie, la biogéographie et certains aspects de l'océanographie*.

géoïde n. m. [du gr. *gê*, terre, et *eidos*, aspect ; angl. *geoid*] – Surface où la pesanteur est constante et qui passe par le niveau moyen des mers. V. géodésie.

géologie n. f. [du gr. *gê*, terre, et *logos*, discours, parole ; angl. *geology*] – Science comprenant l'étude des parties de la Terre directement accessibles à l'observation, et l'élaboration des hypothèses qui permettent de reconstituer leur histoire et d'expliquer leur agencement. On parle aussi de géologie d'une région pour désigner l'ensemble des caractéristiques géologiques de cette région. Ce terme peut éventuellement être étendu à des activités équivalentes s'exerçant sur d'autres planètes ou sur leurs satellites.

Les principales disciplines de la géologie sont :

La **pétrographie** (ou pétrologie) qui est l'étude des roches et qui s'appuie sur la **minéralogie** (étude des minéraux) et sur la **cristallographie** (étude des propriétés de l'état cristallin de la matière). Une branche spécialisée en est la **volcanologie** (ou vulcanologie : étude des volcans). Bien souvent, en fait, les pétrographes concentrent leurs efforts sur les roches éruptives et métamorphiques, les roches sédimentaires étant étudiées avec la discipline suivante.

La **sédimentologie**, en effet, étudie la façon dont se déposent les sédiments, et dont se sont constituées les roches sédimentaires.

La **géochimie** est l'étude du comportement chimique des éléments, en particulier dans les roches (magm., métam., sédim.), mais aussi dans les eaux (continentales et marines), et dans l'atmosphère.

La **stratigraphie** est l'étude de la succession des sédiments. Les conditions de leur dépôt étant précisées par l'analyse sédimentologique, elle permet une reconstitution des paysages du passé ou **paléogéographie**. Cette opération exige que soient remises en place les différentes régions dérangées par les mouvements de l'écorce terrestre, et doit donc tenir compte de la discipline suivante.

La **tectonique** est en effet l'étude des déformations de la partie superficielle de la Terre (tectonosphère). Elle peut être envisagée à différentes échelles : centimétrique (**microtectonique**), régionale (**géologie structurale**), mondiale (**tectonique globale**). La **tectonophysique** est la branche qui utilise plus spécialement des méthodes physiques.

La **paléontologie** étudie les êtres fossiles, soit animaux (paléozoologie) soit végétaux (paléobotanique). Lorsqu'elle concerne des organismes de très petite taille, on parle de micropaléontologie. Elle est très en rapport avec la stratigraphie, notamment lorsqu'elle se charge de dater les couches de terrain par l'examen de leur contenu en fossiles (paléontologie stratigraphique).

La **géomorphologie** étudie l'évolution des reliefs de la surface terrestre et les causes de celle-ci. Elle est à mi-chemin entre la géologie et la géographie.

La **géologie appliquée** n'est pas à proprement parler une discipline particulière, mais regroupe les applications pratiques de toutes les branches de la géologie (mines, pétroles, travaux publics, hydrogéologie, etc.). V. aussi métallogénie.

Enfin, différents noms ont été créés, plus pour souligner une manière d'envisager les problèmes, que pour désigner une section particulière de la science géologique. On peut citer la **géologie historique** (qui n'est souvent qu'un synonyme de stratigraphie), la **géologie dynamique** ou **géodynamique** (qui met l'accent sur les forces mises en jeu dans les phénomènes géologiques, lesquelles sont encore mal connues), la **géotectonique** (qui envisage les problèmes tectoniques dans de vastes contextes). N. m. ou f. **géologue** [angl. *geologist*] ; adj. **géologique** [angl. *geologic(al)*].

géologie de l'ingénieur [angl. *engineering geology*] – Applications de la géologie, notamment aux mines, au génie civil et à l'hydrogéologie.

géologie structurale [angl. *structural geology*] – Étude des déformations des roches et des ensembles régionaux. Pratiquement synonyme de tectonique, ce terme n'est cependant généralement pas utilisé pour des ensembles de très grandes dimensions. V. aussi géologie.

géologique adj. **(carte –)** [angl. *geologic map*] – V. carte géologique.

géomagnétique adj. **(champ –)** [angl. *geomagnetic field*] – V. magnétisme terrestre.

géomorphologie n. f. [du gr. *gê*, terre, *morphê*, forme, et *logos*, discours ; angl. *geomorphology*] – Étude descriptive et explicative des formes du relief. On dit aussi parfois, lorsque le contexte ne prête pas à confusion, morphologie. N. m. ou f. **géomorphologue** ; adj. **géomorphologique** [angl. *geomorphologic(al)*].

géopétale adj. [B. Sander, 1936, anglicisme pour géopète] – Syn. de géotrope.

géopète adj. [de l'angl. *geopetal*, B. Sander, 1936, du gr. *gê*, terre, et du lat. *petere*, se diriger vers] – Syn. de géotrope*.

géophone n. m. [du gr. *gê*, terre, et *phonê*, voix ; angl. *geophone*] – Appareil transformant les mouvements du sol en signaux électriques. V. sismographe.

géophysique n. f. [du gr. *gê*, terre, et de physique ; angl. *geophysics*] – Science appliquant les méthodes de la physique à l'étude de la Terre, de ses enveloppes liquide ou gazeuse, de son action à distance (champ magnétique, champ gravitationnel). On la divise souvent, un peu artificiellement, en : – 1. **géophysique interne** (ou **physique du Globe**) [angl. *solid-earth geophysics*] comprenant la géodésie, la sismologie, le magnétisme terrestre, la volcanologie, la tectonophysique – 2. la **géophysique externe** [angl. ≈ *physics of the atmosphere and hydrosphere*] comprenant la météorologie, l'océanographie physique, l'hydrologie. N. m. (ou f.) **géophysicien** (ou **-enne**) [angl. *geophysicist*] ; adj. **géophysique** [angl. *geophysic(al)*].

géophysique appliquée [angl. *applied geophysics*] – Utilisation de la géophysique pour la prospection*.

Géorgien n. m. [C.D. Walcott, 1891, de Georgia, ville du Vermont, U.S.A. ; angl. *Georgian*] – Division stratigraphique équivalant au Cambrien inférieur (obs.). V. tabl. Annexe 2. Adj. **géorgien, nne**.

géostrophique adj. [du gr. *gê*, terre, et *strophê*, mouvement tournant ; angl. *geostrophic*] – Qui se rapporte à la rotation de la Terre. Force géostrophique est syn. de force* de Coriolis. Il y a équilibre géostrophique en un point donné d'un fluide géophysique (océan, atmosphère) lorsque la force développée par le gradient horizontal de pression d'une part et la composante horizontale de la force de Coriolis d'autre part y sont égales et de sens contraires. Dans ce cas, le mouvement de ce fluide est parallèle aux isobares (on parle alors de vent ou de courant géostrophiques).

géosynclinal n. m. [J.D. Dana, 1873 ; du gr. *gê.* terre, et de synclinal ; angl. *geosyncline*] – Dispositif hypothétique constitué par une fosse sous-marine profonde (quelques kilomètres) étroite (une ou plusieurs centaines de kilomètres) et longue (un ou plusieurs milliers de kilomètres) divisée en sillons par des rides, et où se seraient accumulés des sédiments parfois épais (quelques kilomètres). Après une histoire sédimentaire et structurale complexe, le géosynclinal aurait donné finalement naissance, par resserrement de ses bordures, à une chaîne de montagnes (chaîne géosynclinale). p. ex. les Chaînes alpines, les Appalaches.

On y distinguait, de l'extérieur à l'intérieur de la chaîne, en partant d'un avant-pays constitué par une aire continentale :

– le **miogéosynclinal**, composé d'une ride et d'un sillon

– l'**eugéosynclinal**, comprenant également une ride et un sillon, caractérisé par la présence de flysch et de roches ophiolitiques, bordé, à l'intérieur, par une aire océanique.

La notion de géosynclinal n'est plus aujourd'hui utilisée car les phénomènes sédimentaires et structuraux dont elle rendait compte sont mieux expliqués par la tectonique des plaques, notamment l'évolution d'une marge continentale, le sillon miogéosynclinal correspondant au plateau continental, la ride miogéanticlinale à la pente continentale, le sillon eugéosynclinal aux régions situées plus au large, y compris à d'éventuels arcs insulaires ou au domaine océanique ; les complexes ophiolitiques, connus dans les nappes, sont considérés comme des portions charriées de croûte océanique. Notons que les domaines internes du géosynclinal, du fait de la nomenclature actuellement utilisée, correspondent aux domaines externes de la marge, et réciproquement.

V. aussi orthogéosynclinal, paragéosynclinal, géanticlinal. Adj. **géosynclinal, e, aux** [angl. *geosynclinal*].

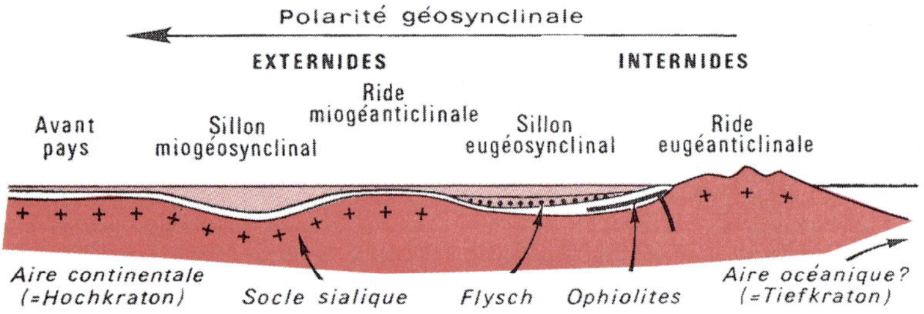

géosynclinal

Schéma résumant les caractéristiques principales d'un géosynclinal (d'après J. Aubouin)

géotechnique n. f. [angl. *geotechnics*] – Ensemble des applications des connaissances concernant les propriétés des sols, des roches, et des ensembles géologiques, notamment en vue de la construction d'ouvrages d'art (ponts, routes, immeubles, etc.). Adj. **géotechnique** [angl. *geotechnical*].

géotherme n. m. [du gr. *gê*, terre, et *thermo*, chaud ; angl. *geotherm*] – Coube représentant la température en fonction de la profondeur (ou en fonction de la pression qui correspond à cette dernière).

géothermie n. f. [du gr. *gê*, terre, et *thermo*, chaud] – 1. [angl. *geothermal energy*] Chaleur de la Terre et énergie thermique qu'elle procure. – 2. [angl. *geothermometry*] Étude des propriétés thermiques de la Terre. Adj. **géothermique** [angl. *geothermic*] (qui se rapporte à la géothermie), **géothermal, e, aux** [angl. *geothermal*] (dont la température est due à un séjour en profondeur).

géothermomètre n. m. [du gr. *gê*, terre, *thermo*, chaud, et *metron*, mesure ; angl. *geothermometer*] – Minéral ou association de minéraux permettant de déterminer la température ayant régné lors de leur formation. Par exemple, pour les r. magm. ou métam., le pourcentage d'un élément dans un minéral donné peut être fonction de la température de cristallisation de celui-ci. Pour deux minéraux ayant cristallisé en même temps, la répartition entre eux de certains éléments (Ca, Fe, Mg, Ni, etc.) est étroitement liée à la température ; l'analyse géochimique fine permet de déterminer les proportions de ces derniers (cœfficients de partage des éléments) et, par comparaison avec des résultats expérimentaux, d'estimer la température de cristallisation, ainsi que la pression (avec une précision souvent moins bonne). N. f. **géothermométrie** [angl. *geothermometry*].

géotrope adj. [du gr. *gê*, terre, et *trepein*, tourner] [angl. *geopetal*] – Se dit de toute structure sédimentaire qui permet de déterminer où étaient le haut et le bas au moment du dépôt correspondant (granoclassement, hyporelief, etc.). V. polarité (stratigr.). Syn. géopète.

géotumeur n. f. [angl. *geotumor*] – V. « Oszillationstheorie ».

germanique adj. **(Trias –)** – V. Trias.

germanium n. m. [du nom lat. *Germania* de l'Allemagne ; angl. *germanium*] – Symbole chim. Ge. N° et masse atom. 32 et 72,6 ; ion 4^+ de rayon 0,053 nm, densité 5,4 ; clarke 1,5 à 7 g/t, selon les auteurs. Métal gris, cassant, n'existant pas à l'état natif. On le trouve dans les silicates (topaze, spessartite), et dans des sulfures de Sn, de Zn, et surtout d'Ag ou de Cu dont on l'extrait. Il est parfois concentré dans certains charbons.

germanotype n. m. [H. Stille, 1920 ; angl. *Germanotype (tectonics)*] – Style tectonique caractérisé par de larges plis (plis de fond) et des failles, déterminant des horsts et des grabens, affectant un socle et sa couverture. Le style général est ainsi rigide et cassant à l'exemple des régions du Centre et du Nord de l'Allemagne (notamment en Saxe, d'où le nom de **style saxon** utilisé dans le même sens). Ant. alpinotype.

geyser n. m. [mot islandais signif. jaillisseur ; angl. *geyser*] – Source d'eau chaude jaillissant à intervalles plus ou moins réguliers lorsque, en profondeur, la pression de vapeur d'eau dépasse un certain seuil. En général, ces eaux sont chargées en SiO_2, carbonate de Na, chlorures et sulfates de K, Mg, Na avec un peu de CO_2 et H_2S.

geysérite n. f. [angl. *geyserite*] – Roche déposée autour de l'évent d'un geyser, souvent peu cohérente et stalactiforme, composée surtout de silice (opale), et d'un peu d'alumine.

ghourd n. m. [mot saharien ; angl. *oghurd*] – Grande dune pyramidale. Syn. oghroud.

gibbsite n. f. [dédié à Gibbs ; angl. *gibbsite*] – Hydroxyde $Al(OH)_3$ du syst. monoclinique, en fines paillettes blanchâtres ou en cristallites, abondant dans les latérites, présent dans les bauxites (minerai d'Al), et l'émeri. Elle forme en totalité ou en partie la couche octaédrique des feuillets des minéraux argileux (V. argile). Syn. hydrargil (l) ite.

Gigantopithecus [du gr. *gigas, -antos*, géant, et *pithêcos*, singe] – Grand singe fossile aux mandibules particulièrement puissantes. Il n'a été longtemps connu que par des dents vendues en Chine comme médicaments sous le nom de dents de dragon. De 10 à 2 Ma env.

Gigantostracés n. m. pl. [du gr. *gigas, - antos*, géant, et *ostrakon*, coquille ; angl. *Eurypterida*] (Syn. Euryptérides) – Arthropodes fossiles du groupe des Mérostomes*. Répart. stratigr. : Ordovicien – Permien.

Gilbert (époque de –) – Division géochronologique du Pliocène (ère tertiaire) fondée sur le paléomagnétisme (V. tabl. à ce mot), de 5,3 à 3,58 Ma.

gilgaï n. m. [angl. *gilgai*] – Petite butte qui s'édifie sur un sol argileux à la faveur de variations d'humidité.

Gilsa (épisode de –) – Événement paléomagnétique daté de 1,6 Ma.

Ginkgoales (ou Ginkyoales) n. f. pl. [du nom chinois de l'arbre ; l'orthographe Ginkgo est la plus ancienne, mais selon certains auteurs la transcription correcte du nom chinois serait Ginkyo] – Arbres presque tous fossiles, pouvant atteindre 40 m de haut, du groupe des Préphanérogames, représentés actuellement par une seule espèce : *Ginkgo (= Ginkyo) biloba*. Apparus au Permien.

giobertite n. f. [dédié à Gioberti ; angl. *giobertite*] – Carbonate de magnésium $MgCO_3$. V. magnésite.

gipfelflur n. f. [A. Penck, 1919. Mot allem. signif. plaine sommitale ; angl. *gipfelflur*] – Surface à peu près plane vers laquelle, selon l'auteur de ce terme, tendrait l'enveloppe des sommets du fait de l'érosion identique des cours d'eau. Cette surface ne serait donc pas une ancienne pénéplaine*. V. cycle d'érosion.

Girondien n. m. [M. Vigneaux, 1965, de la Gironde, partie inf. du fleuve Garonne, Fr. ; angl. *Girondian*] – Division stratigraphique du Tertiaire correspondant à l'Aquitanien et au Burdigalien. V. tabl. Annexe 2. Adj. **girondien, nne**.

Girvanelles n. f. pl. [dédié à Girvan] – Algues filamenteuses du groupe des Cyanophycées au thalle pelotonné et incrusté de calcaire. Répart. stratigr. : Cambrien – Actuel.

gisement n. m. [du vb. défectif *gésir*, du lat. *jacere*, être étendu] – 1. [angl. *deposit, pool, field*] Lieu où l'on rencontre une substance ou des objets déterminés, p. ex. gisement de pétrole [angl. *oil pool*], gisement minéral [angl. *mineral deposit, – occurence*], gisement de charbon [angl. *coalfield, – deposit*] gisement de fossiles [angl. *paleontological resource*]. – 2. [angl. *bearing*] Angle, compté dans le sens des aiguilles d'une montre, que fait une direction donnée avec une direction de référence, par exemple l'axe des ordonnées de la projection utilisée pour une carte, ou la route d'un navire (*cf.* azimut).

gîte n. m. [même étymologie que gisement ; angl. *deposit*] – Syn. de gisement (au sens 1), mais réservé le plus souvent à des masses minérales comportant un ou plusieurs métaux susceptibles d'une exploitation (gîte métallifère).

gîtologie n. f. [de gîte, et du gr. *logos*, discours] – Étude des gîtes, métallifères en particulier (V. aussi métallogénie).

Givétien n. m. [J.-B. d'Omalius d'Halloy, 1862, de Givet, Ardennes, Fr. ; angl. *Givetian*] – Étage du Dévonien (ère primaire). V. tabl. Annexe 2. Adj. **givétien, nne.**

glabelle n. f. [du lat. *glabella*, glabre ; angl. *glabella,* pl. *-ae*] – Partie médiane renflée de la tête des Trilobites (V. fig. à ce mot).

glaciaire adj. [du lat. *glacies*, glace ; angl. *glacial*] – En rapport avec les glaciers* ; V. aussi modelé glaciaire, terrasse, et vallée.

glaciation n. f. [du lat. *glacies*, glace ; angl. *glaciation*] – Période durant laquelle la quantité de glace stockée à la surface du globe est supérieure à la moyenne. On distingue dans une glaciation un stade **anaglaciaire**, marqué par l'expansion des glaciers, et un stade **cataglaciaire**, qui voit leur décroissance. On s'accorde généralement à penser que la période anaglaciaire correspond à une régression marine généralisée, et la période cataglaciaire à une transgression : l'eau immobilisée dans les glaciers étant en effet, en définitive, soustraite aux eaux marines. Les repères chronologiques glaciaires, basés sur les extensions maximales des glaciers (marquées par les moraines frontales) et les repères chronologiques marins, correspondant aux maximums des transgressions (connus par les terrasses marines. V. eustatisme) sont donc décalés dans le temps et difficiles à mettre en parallèle.

On connaît des glaciations au Précambrien, au début du Cambrien, au Carbonifère, à la fin du Tertiaire et au Quaternaire. En ce qui concerne ces deux dernières périodes, on distingue habituellement dans le domaine alpin, de la plus ancienne à la plus récente (noter leur ordre alphabétique), les glaciations de **Biber, Donau** (dans le Tertiaire), **Günz, Mindel, Riss, Würm** (dans le Quaternaire : V. ce tabl., ainsi que le tabl. Préhistoire). Pour les trois dernières, on donne comme équivalentes sur le bord sud de l'inlandsis scandinave les glaciations de **Elster, Saale** et **Weichsel** (ou **Vistule**) et, sur le bord sud de l'inlandsis américain, pour les quatre, les glaciations de **Nébraska**, **Kansas**, **Illinois**, **Wisconsin** (V. tabl.).

ÂGES EN ANNÉES	Glaciaire (G) Interglac. (IG)	GLACIERS ALPINS	INLANDSIS SCANDINAVE	INLANDSIS NORD-AMÉRICAIN
		Post-glaciaire		
10 300	G	Würm	Weichsel (= Vistule)	Wisconsin
80 000	IG	Riss-Würm	Éemien	Sangamon
120 000	G	Riss	Saale	Illinois
300 000	IG	Mindel-Riss	Holsteinien	Yarmouth
350 000	G	Mindel	Elster	Kansas
650 000	IG	Günz-Mindel	Cromérien	Afton
700 000	G	Günz	Ménapien Waalien	Nebraska
1 200 000	IG	Donau-Günz	Éburonien Tiglien	
1 810 000				

glaciation

Équivalences des divisions stratigraphiques fondées sur les glaciations du Quaternaire (âges approximatifs). La terminologie figurant dans la colonne inlandsis scandinave est généralement utilisée pour les stratigraphies établies sur la base d'analyses polliniques.

Ces distinctions ne reflètent que très partiellement les variations du volume des glaces pendant le Quaternaire qui ont été bien mises en évidence par l'étude des proportions des isotopes de l'oxygène dans les carbonates sédimentaires, et notamment dans les tests des foraminifères, où le $d^{18}O$ varie essentiellement en fonction de la quantité de glace d'eau douce stockée à la surface du globe. V. isotopique (stratigraphie –).

glaciel, lle adj. [du lat. *glacies*, glace] – S'applique aux formes littorales liées à l'action des glaces, dérivantes ou non.

glacier n. m. [du lat. *glacies*, glace ; angl. *glacier*] – Masse de glace formée par l'accumulation de la neige. On distingue essentiellement : – 1. les **inlandsis**, épaisses couches de glace couvrant des surfaces continentales importantes près des pôles. Ils peuvent donner des langues allant jusqu'à la mer et se fragmentant en **icebergs**. – 2. les **calottes glaciaires** qui revêtent entièrement les sommets montagneux. – 3. les **glaciers de cirque** occupant des dépressions perchées, en particulier en haute montagne. – 4. les **glaciers de vallée** où, à partir d'un cirque, se détache une langue de glace plus ou moins longue qui pousse devant elle des blocs de pierre formant une **moraine frontale**. Ils peuvent confluer et dessiner un réseau comparable aux réseaux hydrographiques. Des blocs tombés des parois forment des **moraines latérales**. Par confluence, deux moraines latérales de deux glaciers peuvent donner la **moraine médiane** du glacier résultant. Des blocs entraînés sous la glace forment la **moraine de fond**. Les eaux de fonte de la glace s'écoulent sous le glacier par un **torrent sous-glaciaire** qui creuse un chenal sous-glaciaire. En surface, elles peuvent former sur la glace un torrent, s'encaissant dans un chenal (**bédière**), et s'enfoncer parfois dans la masse du glacier par des puits nommés **moulins** glaciaires. La glace des glaciers s'écoule lentement et les tensions différentielles liées à ce mouvement y provoquent l'ouverture de crevasses qui peuvent séparer des lames aiguës de glace ou **séracs**. – 5. les **glaciers de piémont** qui, formés à partir de glaciers de vallée dont l'alimentation est suffisante, viennent s'étaler dans la plaine bordant les reliefs. Soulignons que la banquise est constituée par la surface de la mer gelée et n'a rien d'un glacier. V. aussi modelé glaciaire.

glacier rocheux [angl. *rock glacier*] – Éboulis en forme de langue dont les blocs sont, dans sa partie profonde, liés par de la glace.

glacio-eustatisme (ou glacioeustatisme) n. m. [angl. *glacio-eustasy, glacio-eustatism*] – Variation générale du niveau des mers due à la fonte ou à l'augmentation du volume des glaciers. V. eustatisme.

glaciologie n. f. [de glace, et du gr. *logos*, discours ; angl. *glaciology*] – Étude de la glace et des glaciers. N. m. ou f. **glaciologue**.

glaciotectonique n. f. [angl. *glaciotectonic, cryotectonic*] – Déformations tectoniques dues à la poussée des inlandsis ou des grands glaciers, et affectant surtout les dépôts superficiels.

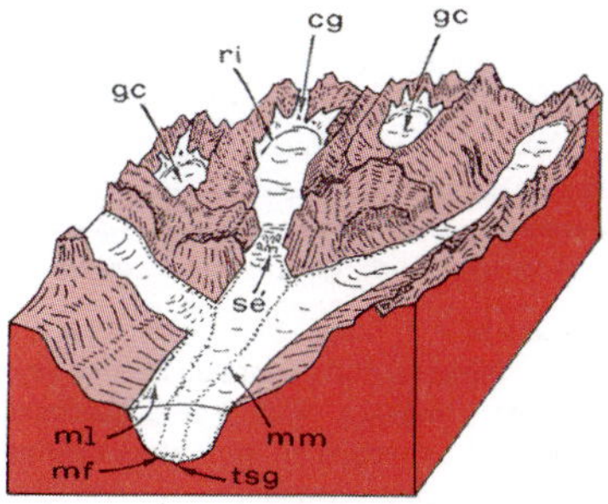

glacier

– cg : cirque glaciaire – gc : glacier de cirque – mf : moraine de fond – ml : moraine latérale – mm : moraine médiane – ri : rimaye – sé : séracs – tsg : torrent sous-glaciaire (*cf.* fig. à modelé glaciaire).

glacis n. m. [du lat. *glacies*, glace, dans le sens de : qui glisse ; angl. *glacis, slope, apron*] – Forme de relief non structurale consistant en une surface plane et peu inclinée (quelques degrés). Suivant son origine, on distingue principalement : – 1. le **glacis d'érosion** sur lequel la roche est à nu, ou semée de débris qui sont plus ou moins rapidement déblayés. Ce terme est habituellement utilisé pour les surfaces taillées dans les roches tendres, celles élaborées sur des roches dures étant appelées pédiments*. – 2. le **glacis alluvial**, où la roche en place est masquée par une épaisseur d'alluvions faible (glacis d'épandage*) ou forte (glacis d'accumulation*). Les glacis sont souvent creusés, selon leur pente, de rigoles peu profondes appelées **rills**. V. aussi bajada, playa, raña.

glacis continental [angl. *continental rise*] – Partie des fonds sous-marins à très faible pente qui relie la pente continentale à la plaine abyssale. V. marge continentale.

glaise n. f. [mot d'origine gauloise] – V. terre glaise.

glauconie n. f. [du gr. *glaukos*, vert bleuâtre ; angl. *glaucony green earth*] – Association de minéraux argileux à forte teneur en Fe^{3+}, appartenant à une série dont un pôle est de type smectite et l'autre de type mica glauconitique, du groupe de l'illite, également nommé glauconite (V. argile : minéraux argileux). La glauconie se forme en milieu marin, le plus souvent à des profondeurs de 50 à 500 m (peut-être jusqu'à 1 000 m), parfois en association avec des minéraux phosphatés. Elle se présente fréquemment sous forme de grains (0,1 à 3 mm env.) vert foncé à éclat gras, qui se développent dans des débris minéraux ou coquilliers, dans des pellets, en remplissage de loges de foraminifères, etc. Elle peut également se présenter sous forme plus diffuse en épigénisant diverses r. sédim., en particulier près de surfaces durcies (*cf.* hard ground). Par altération, surtout sous climat chaud, elle brunit en donnant des hydroxydes de fer (goethite) et de la silice. Adj. **glauconieux, euse**

glauconite n. f. [angl. *glauconite*] – Minéral argileux ferrifère, composant de la glauconie. V. argiles (minéraux des –). Adj. **glauconitique** [angl. *glauconitic*] ; n. f. **glauconitisation** [angl. *glauconitization*].

glaucophane n. f. (ou n. m.) [du gr. *glaukos*, vert bleuâtre, et *phanein*, briller ; angl. *glaucophane*] – Amphibole* sodique de couleur bleue.

gley n. m. [mot russe ; angl. *gley, glei*] – Horizon d'un sol lié à la présence d'une nappe d'eau stagnante et caractérisé par des teintes grisâtres, bleuâtres ou verdâtres dues à la présence de fer réduit.

glint n. m. [mot norvégien signif. frontière ; angl. *glint*] – Escarpement continu constitué par la limite d'érosion d'une couche dure horizontale (syn. escarpement aclinal). Ce terme est spécialement utilisé lorsque la couche dure est discordante sur un bouclier ancien. Le tracé de cet escarpement, en plan, est la ligne de glint.

glissement n. m. **(nappe de –)** – V. nappe.

glissement de terrain [angl. *landslide*] – Mouvement de masse rapide, vers le bas, d'une partie du matériel d'un versant. On peut en distinguer deux grandes catégories : – 1. celle où une partie d'un versant se détache en bloc, soit le long d'un plan de glissement déjà existant (diaclase, surface de stratification), soit avec formation d'une cassure souvent courbe (V. aussi arrachement, collapse structure, décoiffement, faille panaméenne). – 2. celle que l'on nomme **solifluxion** où le glissement, en général moins rapide, est dû au fait que les terrains sont gorgés d'eau, et s'écoulent comme une masse boueuse à partir d'une niche de décollement ou niche de solifluxion (coulées boueuses ou coulées de solifluxion). V. aussi modelé périglaciaire. Syn. frane.

globale adj. **(tectonique –)** [angl. *global tectonics*] – Étude de la tectonique à l'échelle du Globe. V. tectonique des plaques.

Globe n. m. **(structure du –)** – V. Terre.

Globigérinidés n. m. pl. [du lat. *globus*, boule, et *gerere*, porter sur soi ; angl. *globigerinids, Globigerinacea*] – Groupe de Foraminifères dont la taille est de l'ordre de 0,5 à 1 mm, pluriloculaires, composés de loges subsphériques à paroi fine et perforée. Ce sont des organismes marins, pélagiques, particulièrement abondants au voisinage de l'équateur. Ils peuvent former, par endroit, l'essentiel des sédiments calcaires (boues à globigérines actuelles). La stratigraphie du Tertiaire est en grande partie établie grâce à des successions de Globigérinidés. Répart. stratigr. : Crétacé terminal – Actuel. V. aussi *Globotruncana, Globorotalia*.

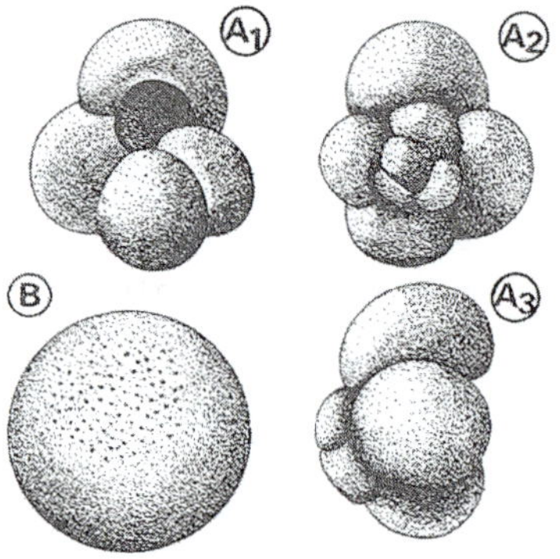

Globigérinidés

– A1, A2, A3 : *Globigerina* (Crétacé terminal – Actuel), vues orale, apicale, latérale – B : *Orbulina* (Miocène – Actuel). Grossies 50 fois.

Globorotalia [du lat. *globus*, boule, et *rota*, roue] – Foraminifère proche de *Globotruncana* possédant ou non une carène et dont l'ouverture, unique, est située en bordure de l'ombilic. Répart. stratigr. : Paléocène – Actuel.

Globotruncana [du lat. *globus*, boule, et *truncus*, tronqué] (anciennement : *Rosalina*) – Genre de Foraminifères pluriloculaires proche des Globigérinidés, dont les loges, enroulées en spirale, possèdent une ou deux carènes externes et dont l'ouverture unique est située dans l'ombilic et est en partie masquée par des lamelles calcaires. Ce sont des organismes marins pélagiques, largement répandus dans des faciès assez variés. Ils permettent de faire des divisions très fines dans la Crétacé sup. Répart. stratigr. : Cénomanien à Maastrichtien.

Glossopteris [du gr. *glossa*, langue, et *pteris*, fougère] – Genre de plantes fossiles du groupe des Ptéridospermales ayant des feuilles allongées avec une nervure médiane bien marquée et des nervures latérales en réseau. Répart. stratigr. : Carbonifère – Trias sup. (Rhétien). La **flore à *Glossopteris*** est une association végétale comprenant notamment ce genre et localisée, au Permien, sur le continent de Gondwana (réunissant alors : Amérique du Sud, Afrique, Madagascar,

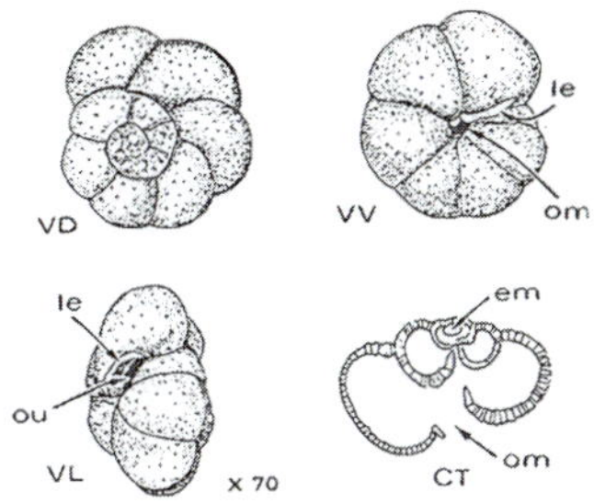

Globorotalia

VD, VL, VV : vues dorsale, latérale, ventrale – CT : coupe transversale – em : loges embryonnaires – le : lèvre – om : ombilic – ou : ouverture (*Globorotalia kugleri* du Miocène inf., d'après figuration de J.A. Postuma).

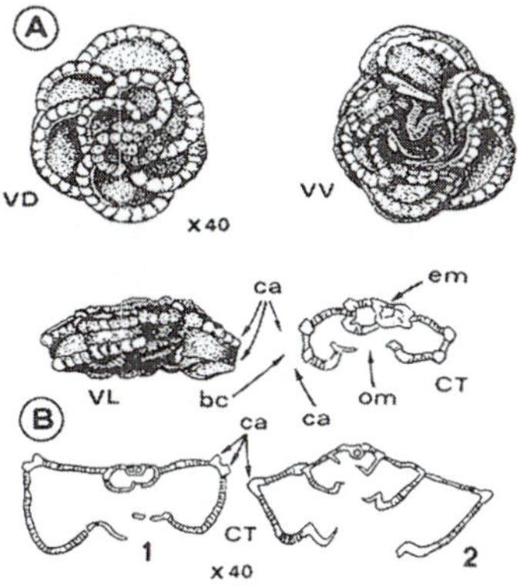

Globotruncana

A : forme bicarénée de *Globotruncana lapparenti tricarinata* (Turonien – Santonien) – VD, VL, VV : vues dorsale, latérale, ventrale (d'après M. Caron) – CT : coupe transversale – bc : bandeau carénal – ca : carène – em : loges embryonnaires – om : ombilic.
B : autres coupes transversales – 1. *Globotruncana concavata*, du Santonien avec deux carènes très proches – 2. *Globotruncana stuarti*, du Maastrichtien, monocarénée.

Inde, Antarctique, et Australie). V. aussi *Gangamopteris*.

Glycymeris (anciennement *Glycimeris* ou *Pectunculus*, noms caducs pour cette forme) – Genre de Bivalves (V. fig. à ce mot) du Crétacé sup. – Actuel.

glyphostome adj. [du gr. *gluphein*, graver, et *stoma*, bouche ; angl. *glyphostomatous*] –

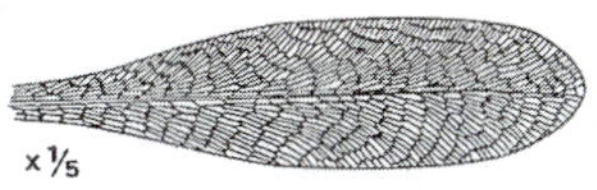

Glossopteris

S'applique au péristome (zone entourant la bouche) des Oursins, lorsqu'il est échancré, en dix endroits, pour le passage des branchies (ex. *Hemicidaris* : V. fig. à Échinides). Ant. holostome.

Glyptodontes n. m. pl. [du gr. *gluptos*, gravé, et *odous, odontos*, dent ; angl. *Glyptodonts*] – Mammifères fossiles du groupe des Édentés, recouverts par une carapace leur donnant une allure d'énorme tortue (jusqu'à 4 m de long). Répart. stratigr. : Éocène –Quaternaire inf. de l'Amérique du Sud.

glyptogenèse n. f. [du gr. *gluptos*, gravé, et *genesis*, formation ; angl. *glyptogenesis*] – Creusement de la surface de la Terre par l'érosion. V. aussi morphogenèse.

Gnathostomes n. m. pl. [du gr. *gnathos*, mâchoire, et *stoma*, bouche ; angl. *gnathostomes, Gnathostomata*] – 1. Sous-embranchement zoologique comprenant tous les Vertébrés sauf ceux n'ayant pas de mâchoires ; ces derniers sont les Agnathes, représentés par l'actuelle lamproie et les groupes fossiles apparentés. – 2. Groupe des Oursins irréguliers ayant un appareil masticateur.

gneiss n. m. [vieux terme des mineurs allemands ; angl. *gneiss*] – R. métam. du métamorphisme général, très commune, méso – à catazonale le plus souvent, à grain moyen ou grossier (du mm au cm), à foliation souvent nette caractérisée par des lits généralement de teinte sombre, riches en minéraux ferromagnésiens (micas, amphiboles, etc.) alternant avec des lits clairs (blancs, gris, rosés) de quartz et de feldspaths, ces derniers nombreux et visibles à l'œil nu (différence d'avec les micaschistes*). La structure est lépido- à nématoblastique pour les lits sombres, et granoblastique pour les lits clairs. Les minéraux autres que quartz, feldspath, et mica peuvent être très variés, et on les mentionne dans la dénomination des gneiss : gneiss à grenat, à sillimanite, à cordiérite, à jadéite, etc. Selon l'aspect, on distingue aussi des variétés : **gneiss granitoïde** à grain grossier et à foliation peu marquée ; **gneiss rubané** à lits sombres et clairs réguliers et bien tranchés ; **gneiss œillé** [angl. *augen gneiss*] à lentilles ovoïdes (1-5 cm) constituées par des porphyroblastes de feldspath ou des amas granoblastiques quartz-feldspath. Selon l'origine, on distingue : les **paragneiss** dérivant de r. sédim. : pélites, grès arkosiques, grauwackes, etc. (séquence pélitique) ; les **orthogneiss** dérivant de r. magm. : granitoïdes et rhyolites, mais aussi syénites (gneiss syénitiques à lits clairs de feldspath alcalin, et sans quartz), ou diorites (gneiss dioritiques à lits clairs de plagioclases, et sans quartz). V. aussi les roches voisines : leptynite, kinzigite, granulite. Adj. **gneissique** [angl. *gneissic*] ; **gneissifié, e**.

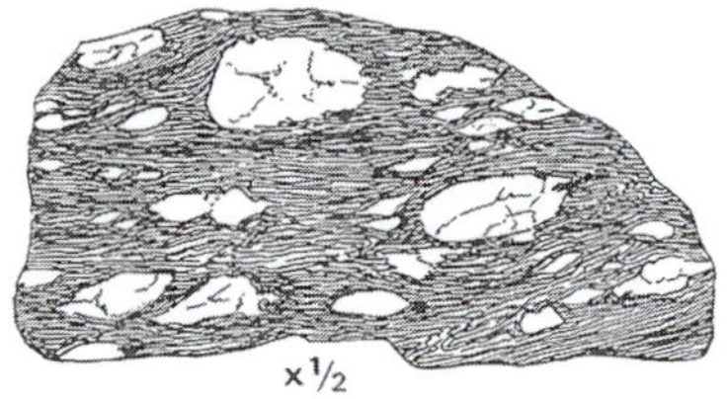

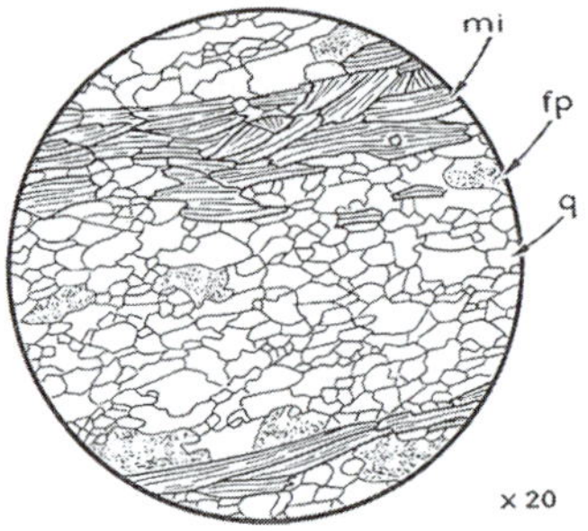

gneiss

Échantillon de gneiss œillé : foliation marquée par d'abondants micas noirs, et yeux blancs quartzo-feldspathiques. Au-dessous, vue en lame mince d'un gneiss fin – fp : feldspath potassique – mi : micas blancs et noirs – q : quartz granoblastique (d'après J. Jung).

gneiss inférieurs (zone des –) – Expression ancienne désignant la zone des gneiss à biotite et sillimanite, et définissant la catazone dans la séquence pélitique ; la muscovite a disparu selon la réaction : muscovite + quartz ⇔ orthose + sillimanite ; en général la staurotide et le disthène manquent, par contre les grenats sont abondants (V. métamorphisme).

gneiss granitisé – Syn. de migmatite*.

gneiss supérieurs (zones des –) – Expression ancienne désignant la zone des gneiss à deux micas (muscovite et biotite) servant à définir, dans la séquence pélitique, la moitié inférieure de la mésozone (V. métamorphisme).

gœthite n. f. [dédié au poète allemand Gœthe ; angl. *goethite*] – Hydroxyde FeO-OH, du syst. orthorhombique, en cristaux tabulaires (à clivages parfaits) ou en prismes courts, aiguilles, lamelles, et en masses concrétionnées ; elle est jaunâtre, rougeâtre, brun noir, et accompagne les autres oxydes de fer (ex. hématite). V. aussi limonite.

golfe n. m. **de corrosion** [angl. *embayment*] – Zone arrondie au bord d'un cristal et le pénétrant, qui est due à la destruction locale de ce cristal par réaction chimique avec le magma résiduel (V. fig. à rhyolite).

Gomphoceras [du gr. *gomphos*, gros clou, et *keras*, corne] – Genre de Nautiloïdés (fig.).

gompholite n. f. [du gr. *gomphos*, gros clou, et *lithos*, pierre ; angl. *gompholite*] – Nom d'un faciès conglomératique, grossier et calcaire, d'âge oligocène supérieur, de la molasse du Jura. Syn. nagelfluh.

Gondwana n. m. (ou continent de –) [du nom d'une région du Dekkan, Inde ; angl. *Gonwana (continent)*] – Masse continentale d'un seul tenant, du Carbonifère au Trias, et maintenant dissociée en plusieurs morceaux (Amérique du Sud, Afrique, Madagascar, Inde, Australie). Son unité a été, depuis longtemps, mise en évidence sur la base d'arguments surtout paléontologiques (p. ex. identité des faunes de Reptiles, et des flores dites à *Glossopteris*). Elle a été pour beaucoup dans le développement de la théorie de la dérive* des continents, et est maintenant intégrée dans celle de la tectonique* de plaques.

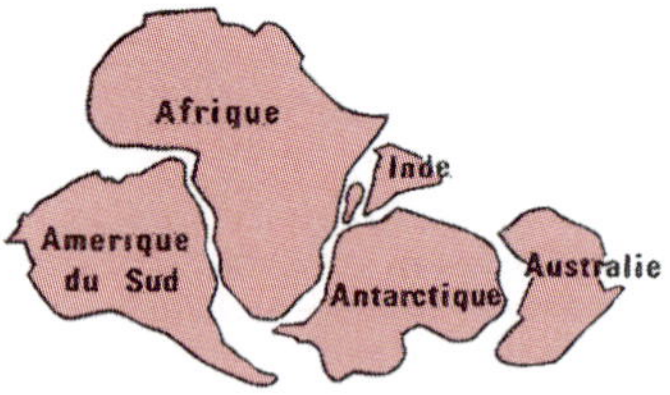

Gondwana

Goniatites n. m. pl. [du gr. *gônia*, angle ; angl. *goniatites, Goniatitida*] – Groupe de Céphalopodes* Ammonoïdés caractérisés par leur siphon ventral et leurs sutures cloisonnaires simples et anguleuses ; fossiles stratigraphiques connus du Dévonien au Permien.

gonothèque n. f. [du gr. *gonos*, semence, et *thêkê*, coffre ; angl. *gonotheca*] – Partie des colonies de Graptolithes* où se développent les jeunes individus.

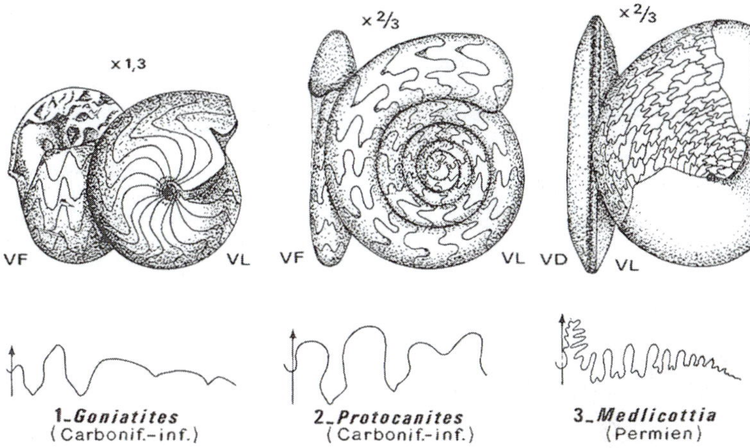

Goniatites

Quelques exemples de Goniatites avec leurs sutures cloisonnaires. Celles-ci (en bas de l'image) sont déroulées dans un plan, et les flèches, tournées vers l'avant de l'animal, en marquent le bord ventral. – VD, VF, VL : vues dorsale, frontale, latérale.

gore n. m. – Terme du centre de la France désignant les arènes résultant de l'altération superficielle des roches cristallines. **Gore blanc** : syn. de tonstein.

gorge n. f. **de raccordement** – Gorge creusée par un cours d'eau entre deux vallées glaciaires confluentes situées à des niveaux différents. V. modelé glaciaire.

Gorstien n. m. [angl. *Gorstian*] – Étage du Silurien (ère primaire). V. tabl. Annexe 2. Adj. **gorstien, nne**.

Gothien n. m. [angl. *Gothian*] – Division du Précambrien scandinave. V. tabl. Annexe 2. Adj. **gothien, nne**.

Gothlandien n. m. [R.I. Murchisson, 1845, de l'île de Gothland, Suède ; angl. *Got(h)landian*] – Ancien nom de l'actuel Silurien (ère primaire). V. tabl. Annexe 2. Adj. **gothlandien, nne**.

gouffre n. m. (angl. *pit* (trou naturel ou mine), *abyss* (trou très profond) ; *chasm* (trou, fissure profonde, gorge) – V. aven, modelé karstique.

graben n. m. [mot allem. signif. fossé ; prononc. -bèn'; angl. *graben*] – Structure tectonique constituée par des failles normales de même direction, et limitant des compartiments de plus en plus abaissés en allant vers le milieu de la structure. Elle peut se traduire dans la morphologie par un **fossé d'effondrement** (ou **fossé tectonique**). On connaît des grabens de toutes tailles : le fossé rhénan, les Limagnes, en constituent des exemples typiques. Il est à noter que la formation d'un graben exige une extension (ou distension) de la région concernée (d'où des émissions volcaniques fréquentes), ce qui explique leur présence aux premiers stades d'une ouverture océanique (ex. : mer Rouge). V. aussi rift. Une structure du même type mais composée uniquement de failles normales ayant même regard est un **demi-graben**. Ant. horst.

graded bedding [expr. angl. signif. litage classé] – Granoclassement* vertical dans un banc détritique.

gradient n. m. [du lat. *gradus*, marche d'escalier ; angl. *gradient*] – Rapport de la variation d'une grandeur entre deux points à la distance de ceux-ci. Ex. le gradient géothermique, près de la surface terrestre, est en moyenne de 0,03 °C/m.

gradin n. m. [de l'ital. *gradino*, du lat. *gradus*, marche d'escalier ; angl. *(rock) step*] – Forme de relief en marches d'escalier, des surfaces à peu près planes étant séparées les unes des autres par de brutales dénivellations.

gradin de capture [angl. *capture step*] – Ressaut d'un talweg causé par une capture*.

gradin de faille [angl. *fault step, – scarp*] – Gradin engendré par le mouvement des compartiments de part et d'autre d'une faille et dont la hauteur (escarpement de faille) est égale au rejet vertical de cette faille. Les

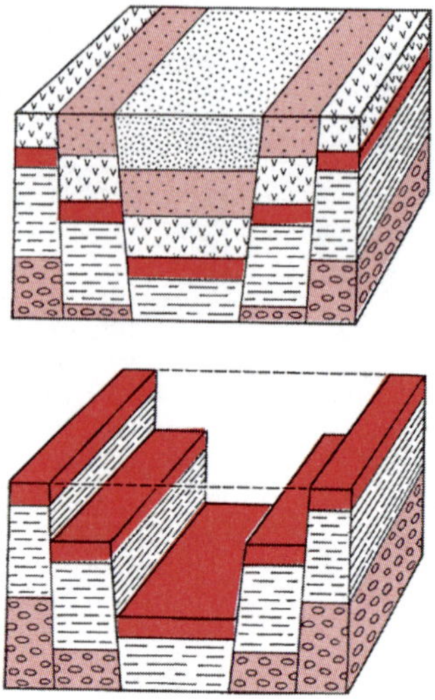

graben

Le graben du haut est nivelé par l'érosion, celui du bas est, morphologiquement, un fossé d'effondrement.

grabens et les horsts montrent habituellement de beaux exemples de gradins. L'expression gradin de faille doit être évitée si l'érosion a modifié considérablement l'égalité entre la hauteur du gradin et le rejet de la faille, et notamment si leurs valeurs sont aujourd'hui de sens contraire. V. inversion du relief, et faille.

grain n. m. [du lat. *granum*, même signif. ; angl. *grain*] – 1. Élément de petite taille, arrondi ou anguleux, faisant partie d'une roche meuble ou consolidée. – 2. Grain d'une roche : dimension moyenne de ses grains : ex. une roche à grain fin. V. granulométrie, grenu.

graine n. f. [du lat. *granum*, grain] – 1. [angl. *seed*] Organe de reproduction des végétaux supérieurs composé d'enveloppes, d'un embryon, issu de la fécondation d'un ovule (femelle) par le pollen (mâle), comportant des réserves, et capable de mener pendant un certain temps une vie ralentie. Cette dernière propriété n'existait pas chez ce qu'on a longtemps appelé graine chez les Ptéridospermales (ou « fougères à graine ») qui était en réalité un gros ovule fécondé ou non. – 2. [angl. *inner core*] Partie centrale de la Terre*.

grainstone n. m. [mot angl., de *grain*, grain, et *stone*, pierre] – Dans la classification de R.J. Dunham, r. carbonatée sédim. composée de grains jointifs, sans ciment finement cristallin (cas habituel des calcaires oolithiques). V. carbonatées (roches –).

granit n. m. [de l'ital. *granito*, grenu ; angl. *commercial granite*] – Roche dure et grenue de nature pétrographique quelconque, mais susceptible d'être polie et utilisée en décoration. Ce terme n'implique pas une composition minéralogique définie, à la différence de granite : p. ex., le « petit granit » des Ardennes est un calcaire crinoïdique. Adj. **granité, e**.

granite n. m. [de l'ital. *granito*, grenu ; angl. *granite*] – R. magm. plutonique très commune (V. tabl. magm. ; r. effusive équiv. : rhyolite), grenue, de teinte claire (blanche, grise, rosée, rouge, bleutée : hololeucocrate à leucocrate) avec les minéraux essentiels suivants, constituant 80 % de la roche : quartz xénomorphe interstitiel, feldspath alcalin (orthose, microline), et plagioclase (albite, oligoclase) subautomorphe. Les minéraux secondaires et accessoires sont très variés : mica, amphibole, pyroxène (rare), sphène, apatite, zircon, tourmaline, cordiérite parfois, etc. La composition chimique est en moyenne :

SiO_2 = 73-74 %, Al_2O_3 = 13-14 %, $Na_2O + K_2O$ = 8-9 %, oxydes Fe, Mn, Mg, Ca = 2-3 %.

Les granites, ou plus généralement les granitoïdes, forment la plus grande partie de l'écorce des continents et de nombreux types peuvent être distingués. La texture est généralement équante, parfois planaire (avec concentration de minéraux selon certains plans) d'où un débit en dalles, épaisses de un à plusieurs mètres. La structure est en général largement grenue (cristaux de 1 à 5 mm et plus), ou à grain régulier de 1-2 mm (**granite saccharoïde**) ; les faciès à grain fin (0,5 mm) sont les aplites (= granites aplitiques) ; la présence de grands cristaux isolés (souvent feldspaths automorphes de plusieurs centimètres, en « dents de cheval ») définit les **granites porphyroïdes** ; si tous les cristaux sont de grande taille, on a des **pegmatites**. Plus rarement, on a des structures sphérolitique, rapakivique, orbiculaire (V. ces mots). On distingue dans les granites quelques grands groupes, présentant de nombreuses variétés :

1. les **granites alcalins** : ils contiennent du quartz très abondant, de l'orthose perthitique et parfois de l'albite, et selon les cas d'autres minéraux sodiques (amphibole sodique de type riébeckite, constituant 50 % de la roche dans la variété **lindinosite** ; pyroxène sodique de type ægyrine, représentant 40 % de la roche dans la variété **rockallite**). Les minéraux accessoires sont en général l'apatite, le zircon, la tourmaline ; celle-ci est abondante, sous forme d'aiguilles groupées en sphérolites, dans la variété **luxulianite**.

2. les **granites calco-alcalins** : ce sont les granites communs d'aspect moucheté, grisâtres ou diversement colorés (rose, rouge, bleu, vert) selon les impuretés contenues dans les feldspaths. On les dénomme selon les minéraux ferromagnésiens, automorphes ou subautomorphes, qu'ils contiennent :

granite à biotite et amphibole (hornblende verte), granite à deux micas (biotite et muscovite), granite à pyroxène (diopside), ou à cordiérite, ou à grenat, ou à andalousite (granite dit alors hyperalumineux), ou plus rarement à minéraux spéciaux (tourmaline, topaze, béryl, molybdénite, etc.).
3. les **granites monzonitiques** (ou monzonites quartziques, ou monzogranites : V. tabl. magm.) : ils se caractérisent par un pourcentage d'orthose égal à celui des plagioclases (oliogoclase souvent) ; de teintes rosées ou bleutées, ils sont souvent assez riches en biotite. Chimiquement, ils sont plus riches en Ca, Fe et Mg que les granites au sens strict, et ils annoncent ainsi les granodiorites. Cette filiation conduit à regrouper toutes ces roches sous le terme de **granitoïdes**.
4. les **microgranites** : caractérisés par leur structure microgrenue, ils sont le plus souvent porphyriques avec de grands cristaux de feldspath ou de quartz ; la biotite est fréquente, ils forment des filons, ou apparaissent en bordure des massifs granitiques (V. aussi granophyre). Dans ces faciès et dans certains granites aplitiques, on peut avoir des quartz automorphes (bipyramidés et souvent à golfes de corrosion) : on parlait anciennement de granulite, de microgranulite et de quartz granulitique, mais le mot granulite ne doit maintenant s'utiliser que pour un type de r. métam.
Les **massifs granitiques** (*cf.* batholite) ont des tailles variant de quelques kilomètres à plusieurs centaines de kilomètres. Selon leurs relations, à l'affleurement, avec les roches avoisinantes, on distingue : – 1. les **granites circonscrits** ou **intrusifs** (parfois nommés aussi gr. discordants), à bords nets, et tranchant les formations encaissantes en les métamorphisant (auréole de métamorphisme de contact) ; – 2. les **granites d'anatexie***, à bords diffus, situés au sein ou à la base d'ensembles métamorphiques gneissiques, dont ils sont séparés par une zone de transition (les migmatites*) où sont associés des gneiss et des amas ou lames de granite ; – 3. les **granites mixtes** en massifs dont l'un des bords est net et l'autre diffus.
Les granites s'observent dans les parties profondes des zones tectonisées (orogènes) et n'affleurent que si l'érosion a été suffisante ; leur formation est liée à l'orogenèse et peut se faire au cours de celle-ci (gr. syntectonique) ou à la fin du cycle orogénique (gr. post-tectonique : cas de nombreux massifs circonscrits).
Les observations de terrain montrent parfois un passage continu argiles – schistes – mica – schistes – gneiss – migmatites – granites anatectiques, ces transformations métamorphiques étant liées à l'élévation de T et de P. Des expériences montrent par ailleurs que des argiles chauffées à une certaine T, variant selon la P totale (et aussi selon la P partielle de vapeur d'eau) fondent en partie pour donner un liquide de composition granitique. On a pu ainsi construire un diagramme P-T des conditions de fusion, donc de cristallisation du granite (V. à métamorphisme).
L'altération des granites dépend essentiellement de celle des feldspaths (kaolinisation p. ex.) ce qui permet une désagrégation de la roche, et conduit à la formation d'une **arène** granitique. L'altération débute le plus souvent dans les fissures et les diaclases, et isole de grosses boules de granite, pouvant subsister au sein d'une arène, ou, si celle-ci est déblayée, pouvant s'entasser pour constituer des **chaos** granitiques. V. aussi les r. magm. voisines : charnockite, greisen, granitoïde. Vb. **granitiser** ; n. f. **granitisation*** ; adj. **granitique*** ; **granitisé, ée** (angl. *granitized*.

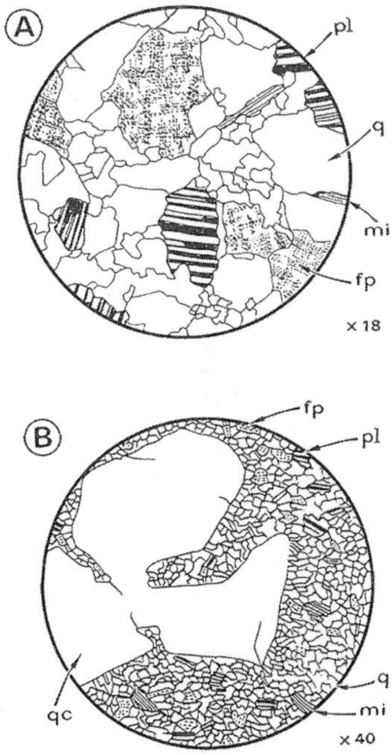

granite

A : granite commun vu en lame mince, en lumière polarisée analysée – fp : feldspath potassique – mi : mica – pl : plagioclase – q : quartz.
B : microgranite avec un grand quartz automorphe en partie corrodé (qc) – fp, mi, pl : comme ci-dessus (d'après J. Jung).

granitique adj. [angl. *granitic*] – S'applique aux roches et massifs ayant les caractères d'un granite, et au magma fondamental leur ayant donné naissance.

granitique (couche –) [angl. *granitic layer*] – Couche externe de l'écorce terrestre présente sous les continents, atteignant 20 à 40 km d'épaisseur, de densité moyenne 2,7 (importance du quartz d = 2,65, et des feldspaths d = 2,5 à 2,7 ; faibles quantités de minéraux ferromagnésiens), dont la composition moyenne est celle des granites, bien que les roches formant réellement les continents ne soient pas partout des granites s. str. ; V. aussi Terre.

granitisation n. f. [angl. *granitization*] – Ensemble des phénomènes conduisant à la formation d'un granitoïde.

granitoïde n. m. [angl. *granitoid*] – Terme désignant l'ensemble des granites, des granites monzonitiques, et des granodiorites. On y ajoute parfois les syénites, les monzonites et les tonalites, et le terme regroupe alors les r. magm. plutoniques saturées et à feldspaths alcalins.

granoblastique adj. [du lat. *granum*, grain, et du gr. *blastos*, bourgeon ; angl. *granoblastic*] – S'applique à la structure des r. métam. montrant des cristaux de tailles sensiblement égales en grains indentés et fortement engrenés, sans orientation préférentielle apparente (V. équante). Si une certaine orientation est visible, on parle de structure granoblastique orientée.

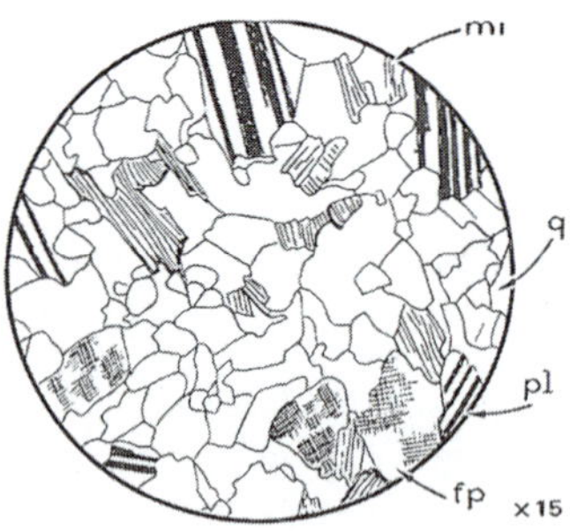

granoblastique

Structure granoblastique vue en lame mince, en lumière polarisée analysée – fp : feldspath potassique (microline) – mi : mica – pl : plagioclase – q : quartz (d'après J. Jung).

granoclassement n. m. (ou granuloclassement) [du lat. *granum*, grain, ou *granulum*, petit grain, et de classement ; angl. *sorting*] – Classement des grains par taille progressivement croissante ou décroissante dans des sédiments détritiques, généralement dû au dépôt plus rapide des grains les plus gros lorsque le courant de transport perd de son énergie. Granoclassement **latéral** : diminution progressive du grain d'une couche de l'amont vers l'aval du courant de transport. Granoclassement **vertical** [angl. *graded bedding*] : diminution progressive du grain de la base au sommet d'une couche, dite alors **granoclassée**, cela constituant un critère de polarité*. A ce granoclassement dit **normal**, le plus courant, s'oppose le granoclassement **inverse**, où la taille des grains croît vers le haut. V. aussi courant de turbidité, flysch, séquence.

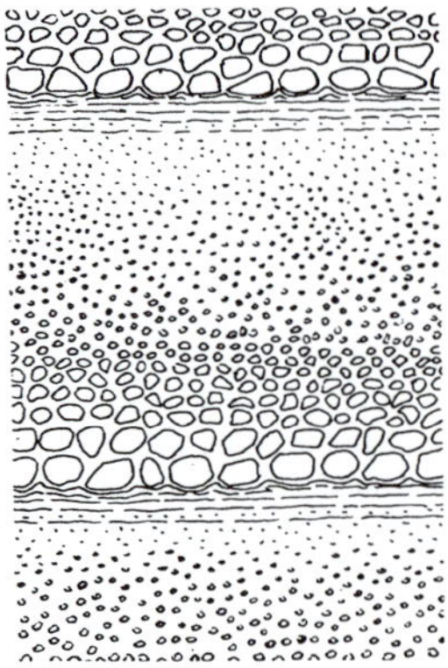

granoclassement

granodiorite n. f. [de granite et de diorite ; angl. *granodiorite*] – R. magm. plutonique (V. tabl. magm. ; r. effusive équiv. rhyodacite), grenue, voisine des granites, contenant du quartz (> 10%), des feldspaths avec moins d'orthose que de plagioclases, ceux-ci souvent zonés (cœur d'andésine, bordure d'oligoclase), des ferromagnésiens : biotite, amphibole (hornblende verte), parfois pyroxène (ex. diopside). Les minéraux noirs sont peu abondants dans les granodiorites associées aux granites ou aux monzonites, dont elles dérivent par augmentation de la quantité des plagioclases. Les minéraux noirs sont, par contre, assez abondants, jusqu'à 40 % de la roche, dans les granodiorites associées aux diorites ou gabbros, dont elles dérivent par augmentation de la quantité de quartz, adj. **granodioritique** [angl. *granodioritic*].

granophyre n. m. [du lat. *granum*, grain, et du porphyre ; angl. *granophyre*] – R. magm. de type microgranite aphanitique blanchâtre, surtout formée de micropegmatites, avec parfois des sphérolites (fines baguettes de quartz et de feldspath en masses rayonnantes). Ce type de roche est associé à certains massifs de granite, mais aussi à certains massifs de roches basiques (gabbros, dolérites), et il contient alors des amphiboles et des pyroxènes riches en fer, parfois de la fayalite. Ce terme a été aussi appliqué à des rhyolites dévitrifiées. Syn. felsite. Adj. **granophyrique** [angl. *granophyric*].

granophyrique adj. **(structure –)** [angl. *granophyric texture*] – Structure montrant des inclusions de quartz dans un feldspath alcalin (*cf.* micropegmatitique).

granulation n. f. [angl. *granulation*] – Pour une roche ou un minéral, division en petits éléments. Plus spécialement, morcellement mécanique d'un cristal en grains plus petits (sous-grains) restant d'abord jointifs en bordure du cristal initial, puis tendant à se disperser selon le plan de schistosité. Ce phénomène s'observe dans des r. métam. soumises à d'importantes déformations. *Cf.* cataclase, polygonisation. Adj. **granulaire** [angl. *granular*].

granule n. m. [du lat. *granulum*, petit grain ; angl. *granule*] – Dans les r. sédim. détritiques, élément de 2 mm à 4 ou 5 mm (classe des rudites, V. tabl. granulométrie).

granulite n. f. [du lat. *granulum*, petit grain, et du gr. *lithos*, pierre ; angl. *granulite*] – 1. Anciennement, et maintenant à abandonner dans ce sens : granite à muscovite et à quartz automorphe, ou encore syn. de granite à 2 micas. – 2. Au sens actuel : r. métam. catazonale de HP-HT, à grain fin, de teinte claire avec quartz et feldspath dominants (orthose, plagioclase), hypersthène et grenat (almandin-pyrope), accessoirement sillimanite, disthène, rutile, cordiérite, spinelle. La structure est finement granoblastique orientée, avec quartz en cristaux lenticulaires ou en tablettes parallèles donnant une foliation fine et fruste. Les granulites forment des affleurements importants dans les socles anciens (précambriens), avec des roches voisines souvent associées : leptynite, kinzigite, charnockite, adj. **granulitique** [angl. *granulitic*].

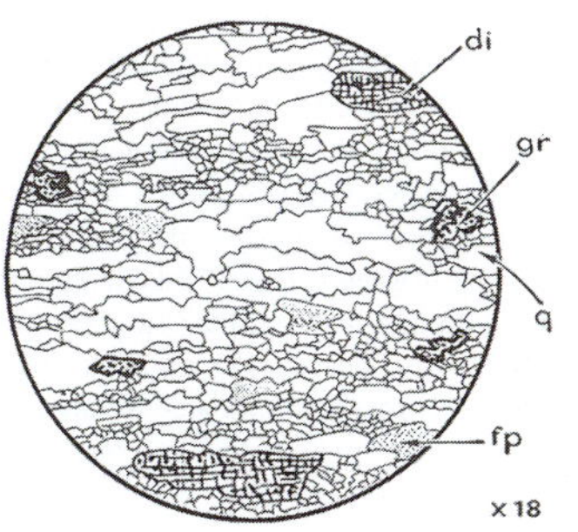

granulite

Vue en lame mince – di : disthène – fp : feldspath potassique – gr : grenat – q : quartz en plaquettes finement engrenées.

granulites (faciès des –) [angl. *granulite facies*] – Faciès de métamorphisme de HP avec orthopyroxène, plagioclase basique, grenat, disthène ou sillimanite. V. métamorphisme (avec faciès minéraux et diagrammes P-T).

granulométrie n. f. [du lat. *granulum*, petit grain, et du gr. *metron*, mesure] – 1. [angl. *granulometry*] Étude de la répartition des éléments d'une roche selon leur taille. – 2. [angl. *(grain-) size distribution, (particle-) size distribution*] Cette répartition elle-même.

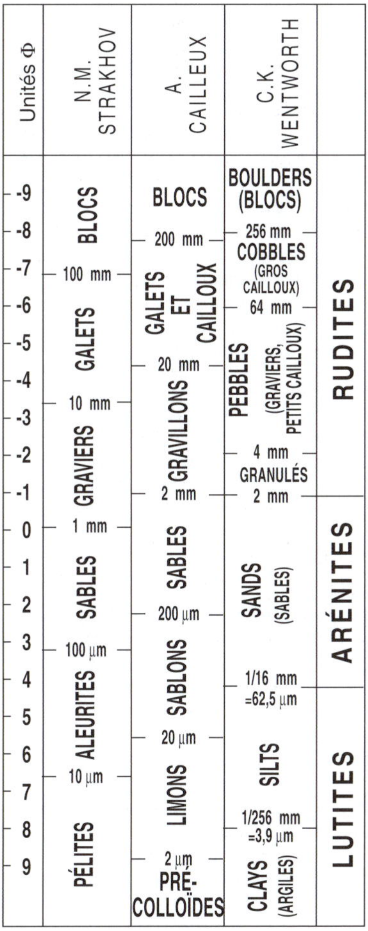

granulométrie

Des classes granulométriques étant définies par un diamètre minimal et un diamètre maximal, la granulométrie d'un échantillon de roche est connue lorsque l'on sait quel est le

nombre d'éléments correspondant à chacune de ces classes (ou plus communément le poids de ces éléments). On étudie généralement des roches meubles (ou des roches consolidées désagrégées, p. ex. sous l'action d'un acide). La plupart du temps, on les tamise à sec au moyen de tamis calibrés emboîtés les uns sur les autres en colonne, et l'on pèse les résidus de chaque tamis. Lorsque les grains sont très petits, on utilise des méthodes de décantation. Les résultats sont souvent présentés sous forme d'histogrammes ou de courbes cumulatives. Leur examen permetd'avoir une idée sur le mode de dépôt de ces sédiments.
Échelles et classifications granulométriques. Selon les dimensions de leurs composants, on classe les roches détritiques en différentes catégories dont les définitions et les noms varient considérablement selon les auteurs. On adopte assez généralement les divisions suivantes (notamment d'après C.K. Wentworth) du plus petit au plus grand :
– 1. **lutites** (grains plus petits que 1/16 mm (62,5 µm) (colloïdes, argiles, limons, silts). – 2. **arénites** : grains allant de 1/16 mm à 2 mm (sablons, sables). On y distingue parfois des grains très fins (de 0,062 mm à 0,125 mm), fins (de 0,125 mm à 0,25 mm), moyens (de 0,25 mm à 0,5 mm), grossiers (de 0,5 mm à 1 mm), très grossiers (de 1 mm à 2 mm). – 3. **rudites** : grains plus gros que 2 mm (granules, gravillons, cailloux, galets, blocs). Adj. **granulométrique**.

graphique adj. [du gr. *graphein*, écrire ; angl. *graphic*] – S'applique, en pétrographie, à la structure montrant dans les r. magm. des inclusions d'un minéral dans un autre, avec des formes et une orientation assez régulières, rappelant l'écriture cunéiforme. C'est un cas particulier de structure pœcilitique, concernant le plus souvent des associations quartz-feldspath (V. fig. à pegmatite graphique).

Graptolit(h)es n. m. pl. [du gr. *graptos*, écrit, et *lithos*, pierre ; angl. *graptolites*, *Graptolithina*] – Groupe zoologique composé d'animaux marins, surtout pélagiques, tous fossiles, dont les restes ressemblent à des traits de crayon plus ou moins dentelés dessinés à la surface des schistes, d'où leur nom. Un graptolithe est constitué (V. fig. 1) d'une tige allongée (**virgula**) sur laquelle sont attachées des logettes (**thèques**) qu'habitent les individus vivants. A l'extrémité opposée à celle vers laquelle sont ouvertes les thèques, se trouve un organe conique (**sicula**) dont la pointe (**néma**) prolonge la virgula. Tout cet ensemble constitue le **rhabdosome**. On trouve parfois des rhabdosomes groupés autour d'un flotteur à la base duquel se trouvent des **gonothèques** dans lesquelles se développaient de jeunes siculas, premier stade de croissance de l'individu (**prosicula**, d'abord, **métasicula**, ensuite). C'est à partir de celles-ci que se forment, par bourgeonnement, de nouveaux rhabdosomes. Les formes de graptolithes sont variées, mais se ramènent toujours à des lignes droites ou courbes, simples ou composées (anastomosées ou arborescentes). Ils apparaissent au Cambrien, et sont connus jusqu'au Carbonifère. Ce sont de très bons fossiles stratigraphiques en particulier pour l'Ordovicien et le Silurien, époque de leur plus grand développement et où sont cantonnées les formes simples. Ils ont des affinités zoologiques avec le groupe actuel des Ptérobranches, animaux marins coloniaux vivant dans des tubes chitineux.

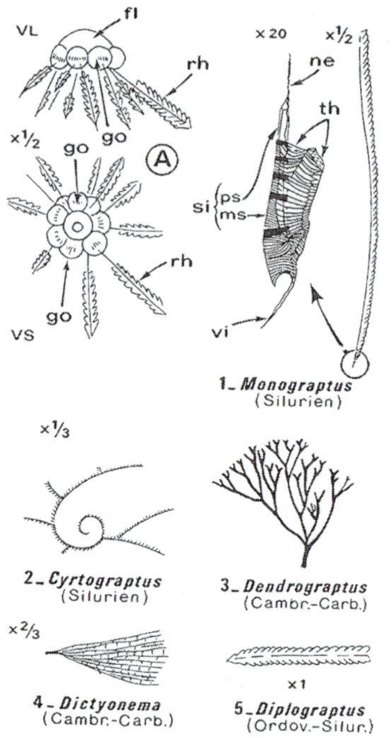

Graptolithes

A : reconstitution d'une colonie de Graptolithes – VL, VS : vues latérales supérieure – go : gonothèque contenant de jeunes siculas – rh : rhabdosome. L'existence de ces colonies est controversée.
– 1 : *Monograptus*, vue d'un rhabdosome avec détail de la région de la sicula – ms : métasicula – ne : néma – ps : prosicula – si : sicula – th : thèque – vi : virgula.
– 2 à 5 : quelques autres Graptolithes.

grauwacke n. f. [mot allem., vieux terme de mineur ; angl. *greywacke* (US), *graywacke* (GB)] – R. sédim. détritique (classe des arénites, à grain de 1/16 mm à 2 mm), en général de teinte sombre, à ciment assez abondant (20 % env.), riche en chlorite et minéraux argileux, contenant des grains de quartz et feldspath, quelques micas et des débris abondants (30 % ou plus) de roches à grain fin (r. magm. basiques, et schistes). Cette composition en fait une roche lithique. Par augmentation du pourcentage de quartz, on passe progressivement aux grès lithiques, puis aux grès. Ces roches sont en général bien stratifiées, en bancs minces alternant avec des argilites ; elles sont abondantes dans diverses séries paléozoïques. V. aussi graywacke, adj. **grauwackeux, euse**.

gravats n. m. pl. **(nappe de –)** [angl. *stone( )line*] – Niveau de cailloutis qui existe parfois dans les sols ferrallitiques, à peu près parallèlement à la surface topographique et à quelques mètres de celle-ci, et dont l'origine est controversée.

graveleux, euse adj. [angl. *gravelly*] – Qui contient des gravelles. Un calcaire est dit graveleux s'il contient 10 % au moins de gravelles (dans certaines classifications, la limite est à 25 %).

gravelle n. f. [du lat. *grava*, gravier] – Élément de la taille d'un grain de sable ou d'un gravier (classe des arénites ou des rudites). En pratique, on utilise ce terme pour les petits éléments calcaires arrondis ou émoussés, de 0,5 à 3 mm env., de même nature car provenant de la même source, et se distinguant du ciment. Un calcaire graveleux peut être une r. sédim. détritique calcaire, ou dans d'autres cas une intramicrite, intrasparite, etc. V. carbonatées (roches –). Adj. **graveleux*, euse**.

gravier n. m. [du lat. *grava*, même signif.] – 1. [angl. *gravel particle, gravel stone*] Dans les r. sédim. détritiques meubles, élément de quelques millimètres (classe des rudites). Selon les classifications, les limites vont de 1 ou 2 mm à 15 ou à 30 mm, parfois plus. V. tabl. granulométrie. – 2 [angl. *gravel*] Au sens collectif (« du gravier »), formation composée des éléments ci-dessus. N. f. **gravière** [angl. *gravel pit*] (carrière d'où l'on tire du gravier)

gravimètre n. m. [du lat. *gravis*, pesant, et du gr. *metron*, mesure ; angl. *gravimeter*] – Appareil servant à mesurer l'intensité de la pesanteur.

gravimétrie n. f. [angl. *gravimetry*] – Étude de la pesanteur terrestre. V. géodésie.

gravimétrique adj. **(anomalie –, correction –)** [angl. *gravity anomaly, – correction*] – V. géodésie.

gravitaire adj. [du lat. *gravis*, pesant ; angl. *gravitational*] – Qui a comme moteur la gravité. Ex. sédimentation, tectonique gravitaires.

gravitation n. f. [du lat. *gravis*, pesant ; angl. *gravitation*] – Phénomène consistant en l'attraction des corps entre eux proportionnellement au produit de leurs masses et à l'inverse du carré de leur distance.

gravité n. f. [du lat. *gravis*, pesant ; angl. *gravity*] – Attraction exercée par un corps du fait de sa masse, conformément à la loi de la gravitation. V. géodésie.

gravité (tectonique par –) – V. tectonique par gravité.

graywacke (ou greywacke) n. f. [mot anglais] – Selon les auteurs : – 1. syn. de grauwacke ; – 2. grès à ciment détritique (par opposition aux grès à ciment de précipitation chimique). Terme à éviter ou à préciser.

greisen n. m. [vieux terme de mineur allemand ; angl. *greisen*] – R. magm. plutonique, grenue, de teinte claire, formée essentiellement de quartz et de micas souvent verdâtres et enrichis en Li (muscovite, lépidolite). Ces derniers sont formés par destruction des feldspaths (phénomène pneumatolytique, apport de H^+ et Li^+, départ de Na^+) en bordure des massifs de granite, et dans les filons granitiques. Ces roches peuvent être chargées de cassitérite, de tourmaline, parfois de wolframite, et plus rarement de topaze.

grenat n. m. [de la couleur de la grenade, en lat. *malum granatum*, pomme à grains ; angl. *garnet*] – Nésosilicate de formule générale $Y_2^{3+} X_3^{2+} [SiO_4]_3$, du syst. cubique, en grains ou en cristaux automorpÒ≤hes à nombreuses troncatures, à cassure conchoïdale ou esquilleuse, le plus souvent de teinte brun rouge. La densité varie de 3,5 à 4,3, et la dureté de 6 à 7,5. Leur classification est basée sur leur chimisme, mais les différentes espèces minérales donnent des séries isomorphes co‹ntinues dans la série calcique et dans la série alumineuse.
– 1. Les **grenats alumineux** et non calciques, avec $Y = Al^{3+}$, nommés les **pyralspites**, comportent : l'**almandin** ($X = Fe^{2+}$) brun rouge, qui en pierre précieuse est l'**escarboucle** ; le **pyrope** ($X = Mg^{2+}$) rouge sang ; la **spessartine** ($X = Mn^{2+}$) jaunâtre à brun rouge clair.
En général, les grenats de cette série ont des formules du type x % almandin + y % pyrope + z % spessartine (avec x + y + z = 100), les valeurs x, y et z dépendant de la composition chimique des roches, et des conditions de P et T lors de la cristallisation (V. métamorphisme). Ils sont présents dans des r. métam. riches en SiO_2 (micaschistes, gneiss, éclogites, avec des grenats riches en almandin), dans des roches ultrabasiques (péridotites, kimberlites, avec des grenats riches en pyrope), dans des r. magm. saturées (granites, pegmatites, avec des grenats riches en spessartine).
– 2. Les **grenats calciques**, avec $X = Ca^{2+}$, nommés les **ougrandites** (ou ugrandites),

comportent : le **grossulaire** ($Y = Al^{3+}$), incolore, gris, rose, brun rouge, parfois noir (variété **pyrénéite**), à cassure conchoïdale plus ou moins translucide ; l'**andradite** ($Y = Fe^{3+}$), jaune, vert foncé, ou noir (variété **mélanite**, contenant 1 à 5 % de TiO_2) ; l'**ouvarovite** ($Y = Cr^{3+}$), vert émeraude.
Ces grenats, formant eux aussi des séries continues, sont présents dans des calcaires métamorphiques (grenats riches en grossulaire), dans des serpentines (grenats riches en ouvarovite), dans des r. magm. sous-saturées (syénites, ijolites, phonolites, néphélinites, avec des grenats riches en andradite).
Les altérations des grenats se font avec développement de serpentine, talc, chlorite et épidote ; elles débutent souvent à la périphérie et dans les craquelures des cristaux ; dans les r. métam., on observe fréquemment des réactions chimiques entre les grenats et les minéraux voisins (V. aussi coronitisation, et kélyphitisation), adj. grenatifère [angl. *garnetiferous*] (qui contient du grenat).

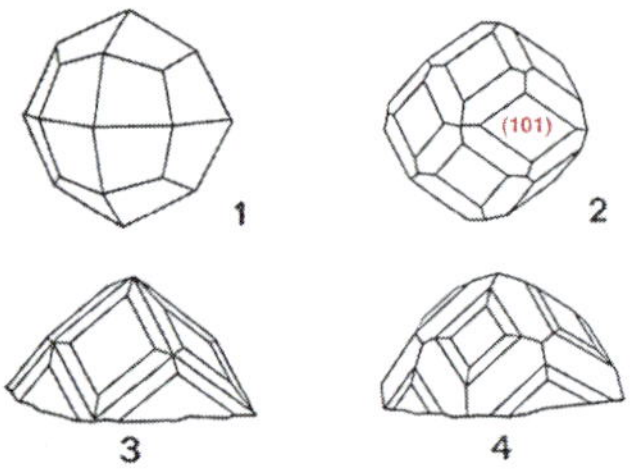

grenat

– 1 : forme courante trapézoïdale – 2, 3 et 4 : autres formes à nombreuses troncatures.

grenat hélicitique [angl. *garnet with helicitic inclusions*] – Grenat qui, dans une r. métam., s'est développé en subissant une rotation entre deux feuillets schisteux glissant l'un sur l'autre. Le fait se reconnaît en particulier à ce que de petites inclusions au sein du grenat sont disposées, en coupe, selon une spirale.

grenatite n. f. [angl. *garnetite*] – Roche grenue de teinte rouge, d'origine métamorphique le plus souvent, constituée presque exclusivement de grenat ; ce type de roche est exceptionnel, et est associé, p. ex., à des éclogites ou à des skarns.

grenu, e adj. [du lat. *granum*, grain ; angl. *granular*, *grained*] – S'applique à une structure, ou à une roche, montrant un assemblage de cristaux tous en grains visibles à l'œil nu. La structure grenue est, en particulier, caractéristique de nombreuses r. magm. plutoniques (à refroidissement lent), avec un grain fin ou saccharoïde (1 mm env.), un

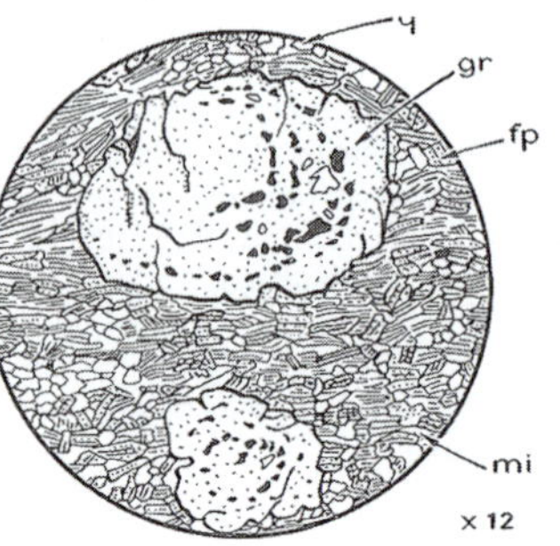

grenat hélicitique

Vue en lame mince d'un micaschiste avec : fp : feldspath potassique rare – gr : grenat hélicitique (inclusions en noir) – mi : mica – q : quartz (d'après J. Jung).

grain moyen (< 1 cm), un grain grossier (> 1 cm) (grain très fin : V. aplitique ; grain dépassant quelques cm : V. pegmatitique, et pegmatoïdique). Ce terme est utilisé aussi pour certaines r. métam. (ex. cornéennes, marbres).

grès n. m. [du francique *griot*, cf. l'allem. *Griess*, gravier ; angl. *sandstone*] – R. sédim. détritique terrigène composée à 85 % au moins de grains de quartz plus ou moins arrondis, de 1/16 mm (62,5 µm) à 2 mm (classe des arénites). Ce sont des roches communes, constituant l'essentiel de nombreuses séries sédimentaires, en bancs, réguliers ou non, ou encore en lentilles. Ces roches sont blanchâtres à gris clair, ou diversement colorées, selon la nature du ciment, en rouge (oxydes de fer), en vert (glauconie), etc. Les variétés sont distinguées d'après le grain, la nature du ciment, et/ou la présence d'éléments particuliers. – 1. Grès à ciment siliceux (roche avec 98 à 99 % de SiO_2), tendres si le ciment est peu abondant, plus durs dans le cas contraire, et passant aux grès quartzeux puis aux quartzites* à cassure de plus en plus lisse. – 2. Grès à ciment calcaire (ou grès calcaires, ou grès calcareux) à grains de quartz liés par de la calcite microcristalline ou cristalline, parfois pœcilitique (un grand cristal de calcite englobant plusieurs grains de quartz). – 3. Grès calcarifères dont le ciment n'est qu'en partie calcaire. On peut citer aussi les grès à ciment dolomitique, argileux, phosphaté, ferrugineux, gypseux, bitumineux. Selon les éléments autres que les quartz, on distingue les grès lithiques à débris de roches (*cf.* grauwacke), les grès micacés (V. aussi psammite), les grès feldspathiques ou arkosiques (*cf.* arkose), les grès titanifères à débris de rutile, les grès glauconieux, les grès à oolithes (ferrugineuses souvent), les grès coquilliers, adj. **gréseux, euse** [angl. *gritty*] ; n. f. **grésification** (transformation d'un sable en grès) ; vb. **grésifier** ; adj. **grésifié, e**.

Grès bariolé (ou Grès bigarré) [angl. *Bunter Sandstone*] – Autre nom de la formation du Buntsandstein.

grès de plage [angl. *beach( )rock*] – Grès friable à ciment calcaire qui se constitue sur certaines plages à sédimentation carbonatée. Par extension, on utilise cette expression même lorsque les éléments de la roche sont en grande partie, ou même uniquement, formés de débris calcaires.

grès-rouges (Nouveaux –, Vieux –) – Formations gréseuses rouges, continentales ou péricontinentales, respectivement permiennes et dévoniennes, déposées en bordure du bouclier baltique. V. Nouveaux-grès-rouges, et Vieux-grès-rouges.

grève n. f. [du lat. *grava*, gravier ; angl. *shingle beach*] – Plage de galets, ou de graviers.

greywacke n. f. – V. graywacke, et grauwacke.

grèze n. m. [mot des Charentes, Fr. ; angl. *stratified scree*] – Éboulis de pente consolidé, à éléments anguleux ordonnés en lits inclinés alternativement grossiers et fins, d'origine périglaciaire. V. modelé périglaciaire.

griffon n. m. [angl. *gushing spring, outlet, exsurgence*] – Orifice de sortie visible et localisé d'une source.

Grimaldi (Homme de –) [du nom d'une localité italienne proche de Menton] – Néanthropien de la race de Cro-Magnon. Sa taille (1,60 m), son crâne très dolichocéphale, son ouverture nasale large, et son prognathisme, l'avaient fait rapprocher des races noires actuelles (V. Hominidés).

griotte (calcaire –, marbre –) [de griotte, n. f., variété de cerise] – Calcaire d'aspect noduleux ou amygdaloïde, rougeâtre ou verdâtre, d'âge dévonien (connu en particulier dans le Dévonien des Pyrénées). Les nodules, qui correspondent parfois à des goniatites, sont plus clairs que le ciment, et ce dernier est parfois épimétamorphisé avec développement de chlorite. Ces couches sont souvent comparées aux « ammonitico rosso » du Mésozoïque alpin.

griquaïte n. f. [du Griqua-Land, Afrique du Sud ; angl. *griquaite*] – Éclogite* diamantifère en enclaves dans les kimberlites.

grisou n. m. [mot wallon ; angl. *firedamp*] – Mélange gazeux inflammable composé surtout de méthane, qui se dégage parfois dans les mines de charbon. A partir d'une concentration de 6 % dans l'air, des explosions peuvent se produire (coup de grisou). V. schistification. Adj. **grisouteux, euse.**

groove cast – [mot angl. signif. moulage de rainure] – Figure de base de banc formée par le moulage d'une rainure creusée sur le fond sous-marin par un objet traîné par un courant. V. hyporelief (fig.).

grossulaire n. m. (parfois n. f.) [du lat. *grossularia*, groseille ; angl. *grossular*] – Var. de grenat* calcique alumineux.

grotte n. f. [de l'ital. *grotta*, du lat. *crypta*, du gr. *kruptos*, caché ; angl. *cave*] – Cavité naturelle souterraine, plus ou moins profonde. V. abri-sous-roche, caverne, modelé karstique, pariétal (art –).

grouine n. f. – Nom donné en Lorraine (Fr.) aux coulées boueuses.

groupe n. m. [angl. *group*] – Division lithostratigraphique comprenant plusieurs formations. V. stratigraphie.

grumeau n. m. – V. pellet. Adj. **grumeleux, euse.**

grunérite n. f. [dédié à Gruner ; angl. *grunerite*] – Var. d'amphibole* ferromagnésienne riche en fer du système monoclinique.

Gryphaea [du lat. *gryphus*, crochu] – Genre d'huître, fixé par la valve gauche, comprenant de nombreuses espèces fossiles ou actuelles (p. ex. portugaise). V. Bivalves (fig.). Répart. stratigr. : Trias – Actuel.

Gs(h)elien ou n. m. – V. Gzhelien.

GSSP [sigle, de l'anglais *Global Standard Stratotype-section and Point*] – V. stratotype.

guirlande insulaire – V. arc insulaire, et tectonique des plaques.

gully erosion [terme angl.] – Syn. d'érosion de ravinement.

gummite n. f. [du lat. *gumma*, gomme ; angl. *gummite*] – Mélange minéral naturel de UO, UO_3, PbO, de couleur jaunâtre ou brunâtre, issu principalement de l'altération de l'uranite. V. uranium.

Günz n. m. [du nom d'un affluent du Danube ; angl. *Günz*] – Première glaciation* du Quaternaire (V. tabl. à ce mot) dans les régions alpines. De 1,2 Ma, à 700 000 ans env.

Gutenberg (discontinuité de –) [angl. *Gutenberg discontinuity*] – Discontinuité sismique située vers 2 900 m de profondeur, marquant la limite entre le noyau et le manteau. V. Terre.

guyot n. m. [H. Hess, 1946, du nom du géographe A. Guyot ; angl. *guyot*] – Relief sous-marin, volcanique, et tronconique, dont le sommet plat se trouve actuellement par 1 000 ou 2 000 m de fond, alors même qu'il peut porter des sédiments peu profonds. On considère que ces reliefs ont été érodés à l'air libre à leur sommet, puis se sont progressivement enfoncés en étant transportés par la croûte océanique subissant une subsidence lorsqu'elle s'éloigne de la dorsale. V. tectonique des plaques : *cf.* récif et atoll.

Gymnospermes n. f. pl. [du gr. *gumnos*, nu, et *sperma*, graine ; angl. *gymnosperms*] – Groupe comprenant les plantes ayant des fleurs et une graine non enfermée dans une enveloppe, à la différence des Angiospermes. On y distingue les Bennettitales et les Coniférales. Répart. stratigr. : Carbonifère –Actuel.

gypse n. m. [du gr. *gupsos*, même signif. ; angl. *gypsum*] – Sulfate hydraté $CaSO_4$, $2H_2O$, du syst. monoclinique, à clivages parfaits, à aspect vitreux translucide, nacré ou soyeux suivant les faces, en cristaux tabulaires ou lenticulaires (variétés à faces légèrement courbes, à impuretés de Na, Cl, etc.) ; il montre fréquemment des macles simples, en fer de lance, en queue d'hirondelle ou queue d'aronde, il est incolore, blanc, jaunâtre à miel, parfois rougeâtre. Sa dureté est faible (2 : rayable à l'ongle). A la flamme, il décrépite, blanchit et s'exfolie. Il est soluble dans l'eau (eaux séléniteuses impropres à la consommation). C'est un minéral fréquent dans les r. sédim. et c'est l'un des termes majeurs des évaporites*. Ses aspects sont variés : masses à grain plus ou moins grossier (**gypse saccharoïde**), masses à grain très fin (de teinte blanche et translucide, c'est la variété **albâtre**), masses compactes et faiblement calcareuses (pierre à plâtre en particulier), cristaux isolés ou groupés, parfois de grande taille (**sélénite**, ou gypse sélénite), souvent maclés (macle de petite taille en **pied d'alouette**, macle plus grande en **fer de lance**, p. ex.), en lames ou en filonnets d'aspect fibreux (fibres gypseuses perpendiculaires aux épontes), en masses isolées concrétionnées (p. ex. lentilles jaunâtres saccharoïdes, englobant des grains de quartz, entrecroisées, formant les **roses des sables**). Par chauffage entre 60 et 200 °C, il se déshydrate plus ou moins, et donne des formes métastables qui, réduites en poudre, constituent le plâtre (gâché avec de l'eau, celui-ci fait prise par formation d'un feutrage d'aiguilles de gypse). La déshydratation totale conduit à l'anhydrite CaSO4. Vb. **gypsifier** ; adj. **gypsifié, e ; gypseux, euse** [angl. *gypseous*] ; **gypsifère** [angl. *gypsiferous*].

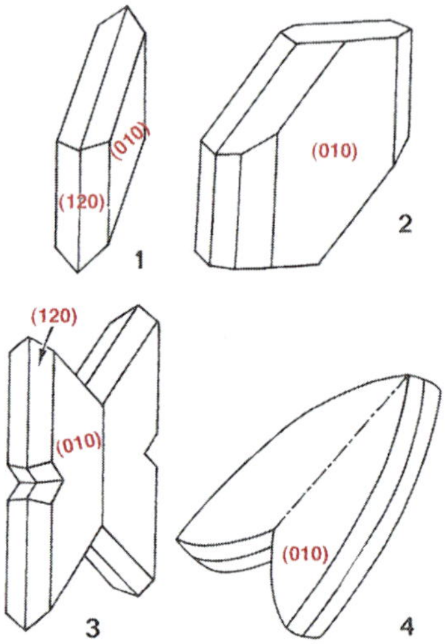

gypse

– 1 et 2 : formes simples – 3 et 4 : macles, dont celle en fer de lance (4) (d'après A. de Lapparent).

gypsification n. f. [angl. *gypsification*] – Transformation par hydratation de l'anhydrite en gypse, ce qui peut se réaliser à température ordinaire s'il y a contact prolongé avec de l'eau.

gyrogonite n. m. [d'après le nom latin de *Gyrogonytes*, donné à certains par Lamarck ; angl. *gyrogonite*] – Oogone fossile des Charophytes. (V. fig. à ce mot.)

Gz(h)elien (ou Gs(h)elien) n. m. [Nikitin, 1890, de Gzhel, Russie ; angl. *Gzhelian*] – Étage du Carbonifère (ère primaire) de Russie. V. tabl. Annexe 2. Adj. **gz(h)elien, nne.**

H

H – Symbole chim. de l'hydrogène.

habilis (Homo –) [du lat. *habilis*, adapté] – V. Hominidés

habitus n. m. [mot lat. signif. aspect ; angl. *habit*] – Forme prise par une substance, un corps, un objet, et notamment forme cristalline. P. ex., le quartz a comme habitus courant le prisme hexagonal bipyramidé, la calcite, le rhomboèdre.

hachure n. f. [de hache ; angl. *ha(t)chure, hatching*] – V. carte topographique.

hadal, e, aux adj. [du gr. *Hades*, Dieu de la mort ; angl. *hadal*] – Relatif aux milieux marins situés à plus de 7 000 m de profondeur (cas des fosses océaniques). V. marin (milieu –). Syn. ultra-abyssal.

Hadéen [P.E. Cloud, 1976 ; angl. *Hadean*] – Division la plus ancienne des temps géologiques, allant de la formation de la Terre (4 560 Ma) au début de l'Archéen (3 800 Ma), moment où l'on rencontre les premières roches sédimentaires.

hafnium n. m. [de la dernière partie de *Kjoebenhavn*, nom danois de Copenhague ; angl. *hafnium*] (= celtium, Ct) – Symbole chim. Hf. N° et masse atom. 72 et 178,6 ; ion 4^+ de rayon 0,078 nm ; clarke 3 à 4 g/t, selon les auteurs. Métal rare qui se substitue en partie au Zr dans les minéraux et minerais contenant ce dernier. Son seul minéral est le **hafnon** $HfSiO_4$ connu dans une pegmatite.

halite n. f. [du gr. *hals, halos*, sel ; angl. *halite*] – Chlorure NaCl, du syst. cubique, en cubes parfaits, montrant trois clivages parfaits orthogonaux, en trémies (par évaporation assez rapide), plus souvent en masses granulaires, blanc ou coloré par des impuretés (gris, rosé) ; gisements étendus dans des r. sédim. (V. évaporites). Exploitée pour le sel de cuisine, les usages agricoles ou industriels. Syn. sel gemme.

Halitherium [du grec *hals, halos*, sel, et *thêrion*, bête sauvage] – Genre de Mammifères marins fossiles du groupe des Siréniens, de l'Oligocène.

halloysite n. f. [dédié à d'Omalius d'Halloy ; angl. *halloysite*] – Minéral argileux voisin de la kaolinite (V. argile) mais hydraté, à feuillets épais de 1 nm.

halmyrolyse n. f. [du gr. *halmuros*, salé, et *lusis*, dissolution ; angl. *halmyrolysis*] – Altération chimique d'un sédiment marin au contact avec l'eau de mer. Adj. **halmyrolytique**.

halocinèse n. f. [F. Trusheim, 1957, de l'allem. *Halokinese*, du gr. *hals, halos*, sel, et *kinesis*, mouvement ; angl. *halokinesis, salt tectonics*] – Terme désignant les manifestations tectoniques particulières liées aux substances salines (évaporites), et les structures qui en sont issues. V. aussi diapir, dôme de sel. Syn. tectonique salifère, tectonique du sel.

haloclastie n. f. [du gr. *hals, halos*, sel, et *klastos*, brisé ; angl. *salt weathering*] – Fragmentation d'une roche sous l'effet de la pression de cristallisation de sels dans ses fissures ou ses cavités.

halogène n. m. [du gr. *hals, halos*, sel, et *gennan*, engendrer ; angl. *halogen*] – Élément chimique de la famille du chlore, comme le fluor, le brome, l'iode. Adj. ***halogène*** [angl. *halogenous*]

Halysites [du gr. *halus*, chaîne] – Genre de Tabulés (fig.).

ham(m)ada n. f. [mot arabe ; angl. *ham(m)ada*] – Plateau structural rocheux des régions désertiques.

hardground n. m. [expression angl. signif. fond dur] – Surface encroûtée d'oxydes de fer et de manganèse, parfois accompagnés de glauconie et/ou de phosphate, pouvant être taraudée par des animaux perforants ou porter des organismes encroûtants, et montrant souvent des traces de dissolution. On observe les hards grounds dans les sédiments marins, notamment au sommet de séries calcaires, et on pense qu'ils traduisent un arrêt de la sédimentation causé par l'activité de courants de fond. Syn. fond durci.

Harpes – Genre de Trilobites (V. fig. à ce mot) proche d'*Eoharpes*.

Harpoceras [du gr. *harpo*, faux du moissonneur, et *keras*, corne] – Genre d'Ammonites (V. fig. à ce mot) du Jurassique inf. (Toarcien).

harzburgite n. f. [de Harzburg, Allem. ; angl. *harzburgite*] – Var. de péridotite (à olivine et hypersthène).

hausmannite n. f. [dédié à Hausmann ; angl. *hausmannite*] – Oxyde de manganèse (Mn_3O_4).

haut de plage [angl. *beach ridge, upper foreshore*] – Syn. de cordon littoral. V. plage.

Hauterivien n. m. [E. Renevier, 1873, de Hauterive, près Neuchâtel, Suisse ; angl. *Hauterivian*] – Étage du Crétacé inf. (ère secondaire). V. tabl. Annexe 2. Adj. **hauterivien, nne**.

haüyne n. f. [dédié à R.J. Haüy ; angl. *hauyne*] – Minéral de couleur bleue du groupe des feldspathoïdes*.

hawaiien, nne adj. [de Hawaii, îles du Pacifique ; angl. *Hawaiian*] – Se dit d'un type de volcan* caractérisé par une lave basaltique très fluide. Plus généralement, qualifie le volcanisme correspondant.

He – Symbole chim. de l'hélium.

hédenbergite n. f. [dédié à Hedenberg ; angl. *hedenbergite*] – Var. de pyroxène* $CaFeSi_2O_6$ se trouvant dans les skarns*, r. du métamorphisme de contact des calcaires.

hélicitique adj. [du gr. *helix*, spirale ; angl. *helicitic*] – Qualifie la disposition spiralée d'inclusions dans un minéral ayant subi une rotation progressive lors de sa croissance dans une r. métam. V. grenat hélicitique (fig.).

héliodore n. m. [du gr. *hêlios*, soleil, et *dôrea*, don ; angl. *heliodor*] – Var. de béryl de couleur jaune.

héliotrope n. m. [du gr. *hêlios*, soleil, et *trepein*, tourner ; angl. *heliotrope*] – V. silice (calcédoine).

hélium n. m. [du gr. *hêlios*, soleil ; angl. *helium*] – Symbole chim. He. N° et masse atom. 2 et 4 ; densité 0,138 ; clarke 0,0003 g/t. Gaz rare, dénué d'activité chimique.

Helix [mot gr. signif. spirale] – Genre de Gastéropodes (V. fig. à ce mot) terrestres pulmonés (ex. escargot de Bourgogne). Répart. stratigr. : Éocène – Actuel.

Helminthoïde n. m. [du gr. *helmins, -inthos*, ver, et *eidos*, aspect ; angl. *Helminthoid, helminthite*] – V. ichnofossile.

Helvétien n. m. [C. Mayer-Eymar, 1875, de *Helvetia*, nom lat. de la Suisse ; angl. *Helvetian*] – Division stratigraphique de l'ère tertiaire. V. tabl. Annexe 2. Adj. **helvétien, nne**.

hématite n. f. [du gr. *haima*, *haimatos*, sang ; angl. *hematite*]) – Oxyde Fe_2O_3, du syst. rhomboédrique, de formes variées suivant la température de cristallisation, bipyramidée (HT) à lenticulaire ou tabulaire, et enfin à lamellaire (BT), à macles fréquentes, avec certaines faces finement striées. Elle est noire à gris acier (poussière rouge en rayant au couteau), avec des variétés écailleuses à reflets violacés, et d'autres compactes grises ou rouges. On la trouve en imprégnations, en massifs, et en filons dans des r. magm. alcalines (granites, rhyolites, trachytes, syénites) et dans des roches métamorphiques. C'est le principal minerai de fer (V. minerais de fer rubanés). Mélangée à des argiles, elle donne l'ocre rouge. Syn. oligiste. **Hématite brune** : syn. de limonite.

héméra n. f. [du gr. *hêmera*, jour ; angl. *hemera*] – Nom parfois utilisé pour désigner la période de temps correspondant à une biozone. V. stratigraphie.

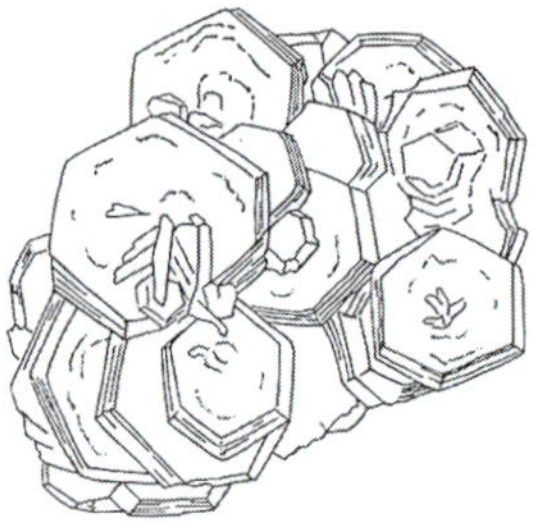

hématite

Cristaux lamellaires (formés à BT) disposés en rosette (d'après R. Brousse *in* J. Aubouin *et al.*).

Hemicidaris [du gr. *hêmi-*, à moitié, et du lat. *cidaris*, couronne] – Genre d'Oursins du Jurassique – Crétacé (V. fig. à Échinides).

hémiédrique adj. [du gr. *hêmi-*, à moitié, et *hedra*, base ; angl. *hemihedral*] – V. mériédrique. N. f. **hémiédrie** [angl. *hemihedrism*].

hémiflysch n. m. [du gr. *hêmi-*, à moitié, et de flysch] – V. flysch.

hémimorphite n. f.) [angl. *hemimorphite*] – Silicate de zinc*. Syn. calamine.

hémipélagique adj. [du gr. *hêmi-*, à moitié, et de pélagique ; angl. *hemipelagic*] – Se dit d'un dépôt sédimentaire marin formé par la lente accumulation sur le fond d'organismes pélagiques et de fines particules détritiques. Ce type de dépôt est souvent intercalé entre des turbidites, mais à leur différence, il ne comporte pas de faunes allochtones. N. f. **hémipélagite** [angl. *hemipelagite*] (M.L. Natland, 1967)

Hercoglossa – Genre de Nautiloïdés (fig.).

hercynien adj. **(cycle –)** [du lat. *Hercynia silva*, forêt hercynienne, qui s'étendait sur l'Allemagne centrale ; s'applique aujourd'hui plus spécialement au Harz, Allem. ; angl. *Hercynian orogeny*] – Cycle orogénique paléozoïque débutant au Dévonien et se terminant avec le Permien. Il est responsable de la formation de la chaîne hercynienne, dont les structures sont bien visibles en Europe et en Amérique du Nord (Appalaches *pro parte*). On y distingue de nombreuses phases tectoniques. V. tabl. Annexe 2. Syn. cycle varisque.

hercynite n. f. [angl. *hercynite*] – Var. de spinelle ferrifère $Fe^{2+}(Fe^{3+}, Al)_2O_4$.

hermatypique adj. [du gr. *hermas*, récif, et *tupos*, forme ; angl. *hermatypic*] – Se dit des

Madréporaires qui construisent des récifs. Ant. ahermatypique.

hétérochrone adj. [du gr. *heteros*, autre, et *khronos*, temps ; angl. *heterochronous*] – Se dit de deux formations de même faciès mais d'âges différents. V. diachronisme. N. m. **hétérochronisme** [angl. *heterochronism*].

Hétérodontes n. m. pl. [du gr. *heteros*, distinct, et *odous, odontos*, dent ; angl. *heterodonts, Heterodonta*] – Groupe de Bivalves (V. fig. à ce mot) possédant typiquement une charnière à dents peu nombreuses et différenciées.

hétérométrique adj. [du gr. *heteros*, autre, et *metron*, mesure ; angl. *heterogranular, heterometric*] – Se dit d'une roche détritique dont les éléments sont de tailles très variées. Ant. homométrique, isométrique. N. f. **héterométrie** [angl. *heterometry*].

hétéromorphe adj. [du gr. *heteros*, autre, et *morphê*, forme ; angl. *heteromorphic*] – Qui présente des formes différentes tout en appartenant à une même espèce ou à un même groupe. Ex. : granite et rhyolite sont hétéromorphes, car ce sont des r. magm. de même composition chimique mais ayant des expressions structurales (ou texturales) différentes, l'une étant grenue et l'autre riche en verre. S'utilise également pour qualifier les ammonites non enroulées en spirale. Ant. isomorphe. N. m. **hétéromorphisme** [angl. *heteromorphism*].

hétéropique adj. [du gr. *heteros*, autre, et *opsis*, aspect ; angl. *heteropic*] – Se dit d'ensembles sédimentaires contemporains, mais dont les faciès sont très différents les uns des autres. Ex. les nappes de charriage ont pour effet de mettre en contact des séries hétéropiques. Ant. isopique. N. f. **hétéropie** ; n. m. **hétéropisme**.

Heterostegina [du gr. *heteros*, distinct, et *stegê*, toit] – Grand foraminifère du groupe des Nummulitidés.

hétérotrophe adj. [du gr. *heteros*, autre, et *trophê*, nourriture ; angl. *heterotrophic*] – Se dit d'un organisme qui ne peut élaborer sa propre substance organique à partir de matières minérales et doit se nourrir d'autres substances organiques. Les animaux sont hétérotrophes. Ant. autotrophe. N. f. **hétérotrophie**.

Hettangien n. m. [E. Renevier, 1864, de Hettange, Moselle, Fr. ; angl. *Hettangian*] – Étage basal du Jurassique inf. (ère secondaire). V. tabl. Annexe 2. Adj. **hettangien, nne**.

heulandite n. f. [dédié à Heuland] – Var. de zéolite lamellaire.

Hexacoralliaires n. m. pl. [du gr. *hexa*, six, et de coralliaire ; angl. *hexacorals, Hexacorallia*] – Cnidaires* marins du groupe des Anthozoaires, dont les tentacules et les cloisons sont typiquement au nombre de six ou d'un multiple de six. Solitaires ou coloniaux, ils sécrètent souvent (particulièrement le groupe de Scléractinies) des squelettes calcaires nommés **polypiers** qui, dans des conditions favorables (mers limpides, chaudes, et peu profondes) peuvent se grouper en constructions récifales. On leur rattache aujourd'hui le groupe paléozoïque des Tétracoralliaires.

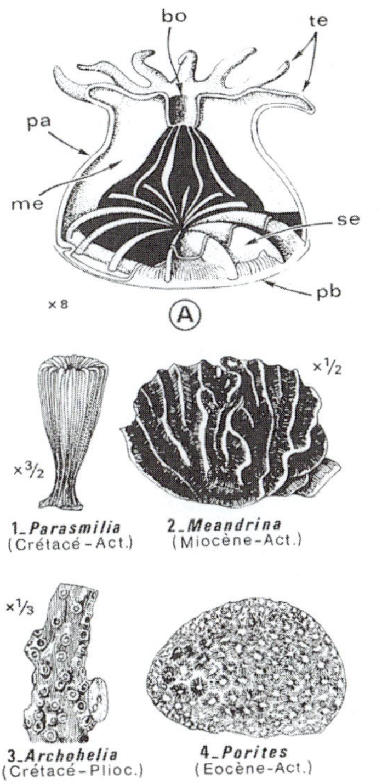

Hexacoralliaires

A : schéma d'un polype vivant, découpé pour en montrer la structure – bo : bouche – me : mésentère – pa : paroi – pb : plaque basale – se : septum (ou cloison) – te : tentacules (d'après Shrock et Twenhofel).
– 1 à 4 : quelques exemples de squelettes calcaires d'Hexacoralliaires montrant leur grande diversité (*in* R.C. Moore, 1 et 3, et J. Piveteau, 2 et 4).

Hexactinellides n. f. pl. [du gr. *hexa*, six, et de *aktis, -inos*, rayon ; angl. *hexactinellids*] – Groupe de Spongiaires siliceux.

hexagonal, e, aux adj. [du gr. *hexa*, six, et *gonia*, angle ; angl. *hexagonal*] – V. cristal (système cristallin).

Hf – Symbole chim. du hafnium.

Hg – Symbole chim. du mercure (de son nom ancien hydrargyre).

hiatus (sédimentaire) [du lat. *hiatus*, ouverture ; angl. *hiatus*] – Dans une série sédimentaire, surface correspondant à une interruption de la sédimentation. V. lacune.

Hibolites [du gr. *hubos*, courbe, et *lithos*, pierre] – Genre de Bélemnites (V. fig. à ce mot).

hiéroglyphe n. m. [? T. Fuchs, 1895, par comparaison avec les signes de l'écriture antique égyptienne, du gr. *hieros*, sacré, et *gluphein*, graver ; angl. *hieroglyph*] – Trace en relief (V. hyporelief) à la base des bancs, due ou non à l'activité biologique. V. abioglyphe, bioglyphe, ichnofossile.

Hildoceras – Genre d'Ammonites (V. fig. à ce mot) du Jurassique inf. (Toarcien).

Hipparion [mot gr. signifiant petit cheval] – Genre de Mammifères fossiles du groupe des Périssodactyles, proche du cheval. Répart. stratigr. : Miocène – Quaternaire inf.

Hippurites [du gr. *hippouros*, queue de cheval] – Genre de Bivalves (V. fig. à ce mot), du groupe des Rudistes, avec une grande valve droite conique, fixée, à test très épais présentant des replis internes (arête ligamentaire et piliers), et des cavités dans lesquelles s'engrènent les dents de la valve gauche réduite à un opercule. Il se rencontre dans les faciès récifaux du Crétacé supérieur.

histogramme n. m. [du gr. *histos*, baguette, et *gramma*, écriture ; angl. *histogram*] – Graphique où, les valeurs d'une variable étant divisées en intervalles appelés **classes**, on représente le nombre d'individus appartenant à chaque classe, par des rectangles ayant comme hauteur ce nombre, et comme base l'intervalle de la classe correspondante. On dessine aussi des histogrammes en coordonnées polaires (p. ex. pour les orientations des failles d'une région).

Ho – Symbole chim. de l'holmium.

hodochrone n. f. [du gr. *hodos*, chemin, et *khronos*, temps ; angl. *traveltime curve ; time-distance* (abrév. *T. D.*) *curve*] – Courbe représentant les temps de parcours d'une onde sismique en fonction des distances à sa source mesurées à la surface du sol. V. prospection géophysique. Syn. dromochronique.

Holcostephanus – V. *Olcostephanus*.

Holectypoïdes n. m. pl. [angl. *Holectypoida*] – Groupe d'Oursins Irréguliers Gnathostomes (Jurassique – Actuel). V. Échinides.

holmium n. m. [de la seconde partie de Stockholm, Suède ; angl. *holmium*] – Symbole chim. Ho. N° et masse atom. 67 et 164,94 ; ion 3^+ de rayon 0,091 nm ; clarke 1,2 à 1,5 g/t, selon les auteurs. Métal du groupe des lanthanides (terres rares).

Holocène n. m. [H. Gervais, 1867, du gr. *holos*, entier, et *kainos*, récent ; angl. *Holocene*] – Partie supérieure de l'ère quaternaire dont on fixe le début aux environs de 10 000 ans BP. V. tabl. Quaternaire. Adj. **holocène**.

holocristallin, e adj. [du gr. *holos*, entier, et de cristallin ; angl. *holocrystalline*] – S'applique surtout aux r. magm. entièrement formées de cristaux, pour les distinguer de celles contenant une part plus ou moins grande de verre.

holoédrique adj. [du gr. *holos*, entier, et *hedra*, base ; angl. *holohedral*] – Se dit d'un cristal dont la disposition des faces satisfait à tous les éléments de symétrie de son système cristallin. Ant. mériédrique. N. f. **holoédrie** [angl. *holohedrism*].

hololeucocrate adj. [du gr. *holos*, entier, et de leucocrate ; angl. *hololeucocratic*] – S'applique aux r. magm. très riches en minéraux blancs (quartz, feldspath, feldspathoïde). V. coloration (indice de –), et tabl. magm. (r. –).

holomélanocrate adj. [du gr. *holos*, entier, et de mélanocrate ; angl. *holomelanocratic*] – S'applique aux r. magm. très riches en minéraux noirs ferromagnésiens ; V. coloration (indice de –), et tabl. magm. (r. –).

holostome adj. [du gr. *holos*, entier, et *stoma*, bouche ; angl. *holostomatous*] – S'applique au péristome (zone entourant la bouche) des Oursins réguliers, lorsqu'il ne présente pas d'échancrure. Ex. : *Paracidaris* (V. fig. à Échinides). Ant. glyphostome. N. m. **holostome**.

Holothurides n. m. pl. [nom gr. de cet animal ; angl. *holothurids, Holothuroidea*] – Groupe d'Échinodermes appelés aussi concombres de mer.

holotype n. m. [du gr. *holos*, entier, et de type ; angl. *holotype*] – V. type.

Holsteinien n. m. [du Holstein, Allemagne ; angl. *Holsteinian*] – Division stratigraphique européenne, basée sur l'analyse pollinique, correspondant à l'interglaciaire Mindel-Riss. V. tabl. à glaciation.

Homalonotus [du gr. *homalos*, lisse, et *nôtos*, dos] – Genre de Trilobites du Silurien sup., proche de *Trimerus* (V. fig. à Trilobites).

homéomorphe adj. [du gr. *homoios*, semblable, et *morphê*, forme ; angl. *homeomorphous*] – Se dit de minéraux ayant des réseaux cristallins et des formes cristallines très semblables. *Cf.* isomorphe. N. f. **homéomorphie** [angl. *homeomorphism*].

Homerien n. m. [angl. *Homerian*] – Étage du Silurien (ère primaire). V. tabl. Annexe 2. Adj. **homerien, nne**.

Hominidés n. m. pl. [du lat. *homo*, homme ; angl. *Hominoids*] – Groupe comprenant les Hommes actuels et fossiles ainsi que les Australopithèques. Parmi les représentants disparus, on reconnaît généralement cinq ensembles, du plus archaïque au plus moderne : – 1. Les **Australopithèques**, aux caractères primitifs : faible capacité crânienne (450 à 600 cm^3 au lieu de 1 500 à 2 000 pour l'Homme actuel), menton fuyant, etc. ; ils avaient acquis la station debout et savaient fabriquer des outils frustes en os ou en pierre (« pebble culture ») constitués par des galets aménagés (« choppers » et « chopping tools ») ou par des éclats. Tous les restes d'Australopithèques ont été trouvés en Afrique (Afrique du Sud, Tanzanie, Kenya, Éthiopie). Les plus anciens datent de 4,5 Ma, les plus récents de 1 Ma On peut en distinguer deux formes ; l'une de petite taille (1 à 1,25 m, 20 à 30 kg, vol. crânien : 430 à 600 cm^3 : *Australopithecus africanus*) l'autre plus grande (1,5 m, 40 à 60 kg, vol. crânien : 500 à 550 cm^3, crête osseuse sur le sommet du crâne pour le mâle : *Australopithecus robustus*). – 2. ***Homo habilis*** : petite forme à capacité crânienne de 500 à 800 cm^3, connue vers 1,8-1,6 Ma en Afrique dans les mêmes gisements que les Australopithèques, et peut-être en Asie. Il est l'artisan d'une industrie de galets aménagés (Oldowayen). – 3. Les **Archanthropiens** (*Homo erectus*), déjà proches de l'Homme actuel (taille pouvant atteindre 1,70 m), mais à capacité crânienne assez réduite (de l'ordre de 750 à 1 250 cm^3), front fuyant, bourrelet sus-orbitaire marqué, mâchoire robuste. On y distingue deux ensembles séparés géographiquement : a) les **Pithécanthropiens**, afroasiatiques : Java (*Pithecanthropus erectus*, de 1,5 Ma à 100 000 ans), Chine (*Sinanthropus pekinensis* et *S. lantianensis*, de 600 000 à 100 000 ans), Afrique (de 1,5 Ma à 100 000 ans, Algérie, Maroc, Tanzanie, Éthiopie, Zambie). En Asie, il a fabriqué des outils se rapportant à la « pebble culture », en Afrique, à l'Acheuléen (bifaces, hachereaux) ; b) les **Anténéandertaliens**, européens, représentés par des restes peu nombreux (Mauer, Swanscombe, Steinheim, Tautavel, Fontéchevade, etc.), datant de 700 000 à 80 000 ans. – 4. Les **Néandertaliens** ou **Paléanthropiens** (*Homo sapiens neanderthalensis*), de taille moyenne (1,5 à 1,7 m), à capacité crânienne de 1 200 à 1 650 cm^3, à arcades sourcilières encore proéminentes. On les connaît de 80 000 à 35 000 ans environ en de nombreux gisements d'Europe : Allemagne (Néanderthal), France (La Chapelle-aux-Saints, Le Moustier, La Ferrassie), Italie (Mont-Circé, etc.), d'Afrique du Nord et d'Asie. Leur industrie lithique est essentiellement de type moustérien (surtout caractérisée par des éclats). Ils enterraient leurs morts. – 5. Les **Néanthropiens** (*Homo sapiens sapiens*), connus depuis quelque 35 000 ans, et correspondant au Paléolithique supérieur, sont les ancêtres de l'Homme actuel dont ils se différencient peu anatomiquement. On y distingue parfois des ensembles ou races (p. ex. Cro-Magnon). Leurs outils de pierre taillée sont raffinés ; ils sont les auteurs de sculptures, de gravures et de peintures rupestres (grottes d'Altamira en Espagne, de Lascaux, du Pont d'Arc, de Cassis en France, etc.). V. fig. ainsi que tabl. préhistoire. Syn. Hominiens, Anthropiens.

homométrique adj. [du gr. *homoios*, semblable, et *metron*, mesure ; angl. *homogranular, homometric*] – Dont les dimensions ne sont guère différentes. Ce terme est surtout utilisé pour qualifier des r. sédim. détritiques dont les éléments sont de tailles voisines (p. ex. un conglomérat homométrique). Syn. isométrique, isogranulaire (utilisés plutôt pour les r. magm. et les r. métam.). Ant. hétérométrique.

Hoplites [mot gr. signif. armé, et désignant aussi un soldat] – Genre d'Ammonites (V. fig. à ce mot) du Crétacé inf. (Albien).

horizon n. m. [du gr. *horizein*, borner ; angl. *horizon*] – Niveau mince que l'on peut distinguer au sein d'une série sédimentaire (ex. : un horizon siliceux), au sein d'un sol (horizon éluvial, horizon illuvial), etc. V. aussi couche.

horn n. m. [mot allem. signif. corne ; angl. *horn*] – Sommet en forme de pyramide bordé, à sa base, par des cirques glaciaires. Ex. le Matterhorn (ou Mont Cervin).

hornblende n. f. [J.D. Dana, 1880, de l'allem. *Horn*, corne, et *blenden*, éblouir, allusion à l'éclat de ce minéral ; angl. *horblende*] – Amphibole* calcique, brune ou verte, très commune, comportant de nombreuses variétés.

hornblendite n. f. [angl. *hornblendite*] – Roche holocristalline grenue formée essentiellement de hornblende. C'est un type exceptionnel d'amphibololite* (r. magm. ultrabasique) associée aux péridotites et gabbros, ou encore un cas particulier de r. métam. proche des amphibolites.

hornito n. m. [mot esp. signif. petit four ; angl. *hornito*] – Renflement localisé d'une coulée volcanique dû à l'expulsion de lave sous-jacente. V. tumulus.

horst n. m. [mot allem. signif. nid d'aigle ; angl. *horst*] – Structure tectonique constituée par des failles normales de même direction, limitant des compartiments de plus en plus abaissés en s'éloignant du milieu de la structure. Comme pour le graben*, la formation du horst exige une extension, d'où des émissions volcaniques fréquentes. Ant. graben.

hot spot [terme angl.] – Syn. de point chaud (V. ce terme).

houille n. f. [du francique *hukh*, tas, monceau] – V. charbon. Adj. **houiller, ère**.

Houiller n. m. [angl. *Coal Measures*] – Syn. de Silésien, sous-système correspondant au Carbonifère sup. V. tabl. Annexe 2. Adj. **houiller, ère**.

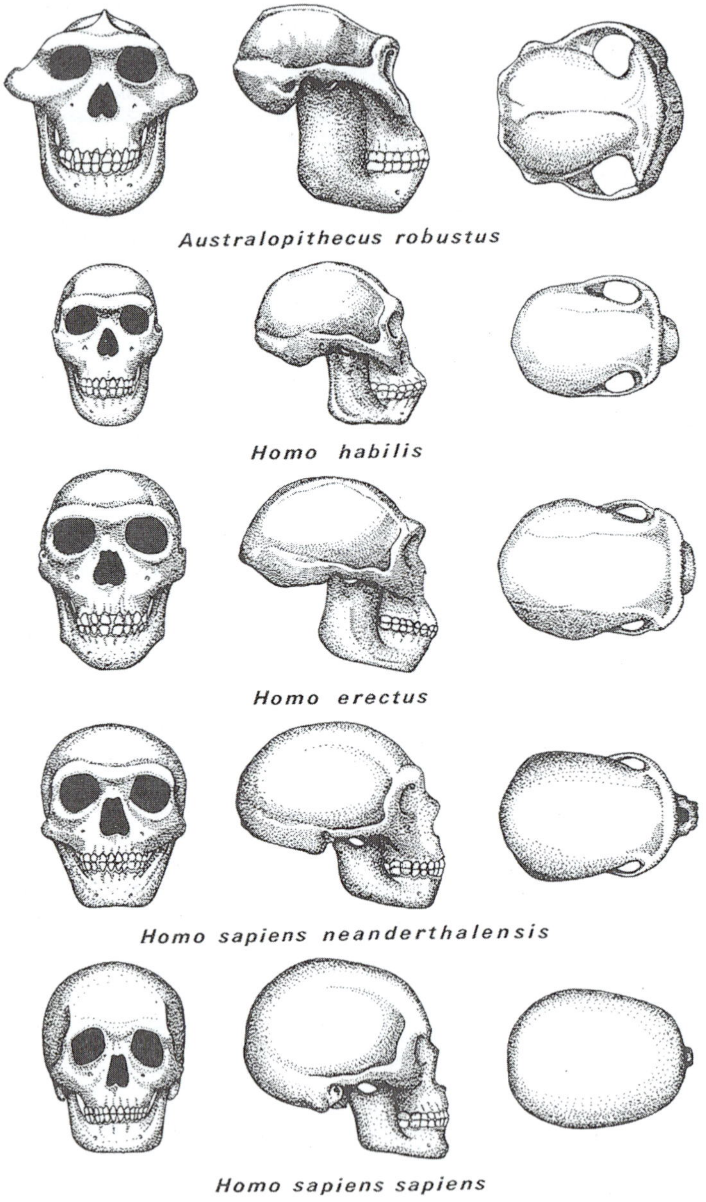

Hominidés

Quelques reconstitutions de crânes osseux typiques, en vues frontale, latérale et supérieure.

huile n. m. **de schiste** [angl. *shale oil*] – Huile pouvant être extraite des schistes bitumineux*.

hum n. m. [du nom d'une colline yougoslave ; angl. *hum*] – Butte calcaire résiduelle au fond d'un poljé. V. modelé karstique.

humaine adj. **(industrie –)** – V. préhistoire.

humaine (lignée –) – V. Hominidés.

humite n. f. [du lat. *humus*, sol, terre ; angl. *humite*] – Nésosilicate voisin des péridots*, du syst. orthorhombique ou monoclinique, série

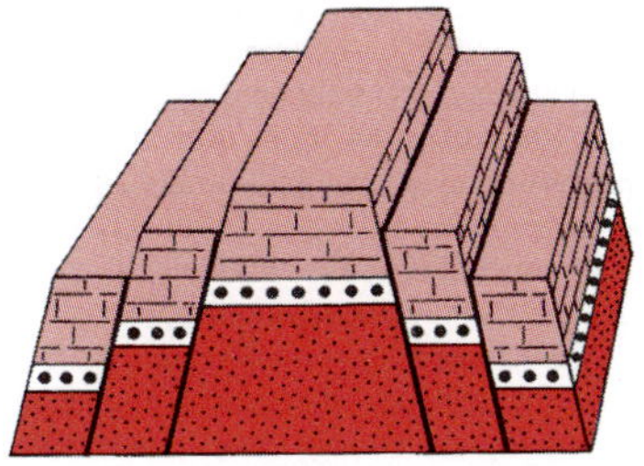

horst

de formule x ([SiO_4] Mg_2), y (Mg (F, OH) $_2$) avec l'**humite** s. str. x = 3, y = 1, souvent en grains jaune miel, orangés, brun-rouge. Ce sont des minéraux assez rares présents dans certains calcaires dolomitiques métamorphiques, parfois dans des bombes volcaniques.

hummock n. m. [angl. *hummock*] – Monticule de glace constitué par un amoncellement de blocs de banquise.

humus n. m. [mot lat. signif. sol, terre ; angl. *humus*] – Dans un sol*, matière organique essentiellement formée de débris végétaux plus ou moins transformés. Son évolution dépend beaucoup de l'oxygénation du milieu. Les principaux types sont les suivants : – 1. Milieu oxygéné : **mull**, grumeleux et brunâtre, formé en milieu biologiquement actif, à pH proche de la neutralité. Variétés : mull calcique sur substratum calcaire : mull forestier sur roches non calcaires et sous forêt feuillue : **mor**, ou humus brut, feuilleté ou fibreux, formé en milieu biologiquement peu actif, acide, sur roches siliceuses et sous végétation résineuse, connu p. ex. dans les podzols ; **moder**, intermédiaire entre les précédents. – 2. Milieu non oxygéné par suite d'un drainage insuffisant : humus hydromorphe, et notamment **tourbes** formées par accumulation de plantes herbacées (Cypéracées, mousses, roseaux). V. aussi gley. N. f. **humification** (formation de l'humus) ; adj. **humique**.

hyacinthe n. f. [du nom ancien de la jacinthe, du gr. *Huakinthos*, personnage mythologique changé en cette fleur ; angl. *hyacinth*] – Pierre précieuse jaune rougeâtre, qui est une variété de zircon*.

hyacinthe de Compostelle n. f. – Var. de quartz, colorée en rouge, se présentant en petits cristaux automorphes. V. silice.

hyalin, e adj. [du gr. *hualinos*, fait de verre ; angl. *hyaline*] – Qui a l'apparence du verre ; s'applique aux r. magm. volcaniques formées essentiellement de verre (r. volc. hyalines ou vitreuses) ; s'applique aussi aux tests de foraminifères d'aspect transparent et vitreux et qui, au microscope, montrent des cristaux limpides de calcite, soit sous forme de granules (5-10 mm), soit sous celle de fibres parallèles (test hyalin fibroradié).

hyalite n. f. [du gr. *hualos*, verre ; angl. *hyalite*] – Var. d'opale incolore et transparente. V. silice (opale).

hyaloclastite n. f. [du gr. *hualos*, verre, et *klastos*, brisé ; angl. *hyaloclastite*] – Brèche fine à éléments de verre volcanique, associée aux laves en coussins*. Adj. **hyaloclastique**.

hyalophane n. f. [du gr. *hualos*, verre et *phanein*, briller ; angl. *hyalophane*] – Var. de feldspath* monoclinique comportant du baryum. V. feldspath (lourd).

hybridation (d'un magma) [angl. *hybridization*] – Modification de la composition d'un magma par assimilation* des roches encaissantes. Syn. contamination.

hydatogenèse n. f. [du gr. *hudatos*, aqueux, et *gennan*, engendrer ; angl. *hydatogenesis*] – Dépôt par voie aqueuse d'un minéral ou d'une roche (ex. évaporites).

hydr-, hydro- – Préfixe tiré du gr. *hudôr*, eau.

hydrargil(l)ite n. f. [de hydr-, et argile ; angl. *hydrargillite*] – Syn. de gibbsite.

hydraulique adj. **(bilan –)** [de hydr-, et du gr. *aulos*, flûte] – V. bilan hydraulique.

hydraulique (dune –) – V. dune.

hydro- – V. hydr-.

hydrobie n. f. [de hydro-, et du gr. *bios*, vie ; angl. *hydrobia*] – Petit Gastéropode d'eau douce, abondant à l'Oligocène, p. ex. dans les dépôts des Limagnes où il a souvent été utilisé par les larves de Phryganes pour fabriquer leurs tubes (ou indusies).

hydrocarbure n. m. [de hydro-, et de carbure ; angl. *hydrocarbon*] – V. pétrole.

Hydrocoralliaires n. m. pl. [de hydro-, et de coralliaire ; angl. *Hydrocorallines*] – Groupe d'Hydrozoaires (fig.).

hydrogène n. m. [de hydro-, et du gr. *gennan*, engendrer ; angl. *hydrogen*] – Symbole chim. H. N° et masse atom. 1 et 1,008 ; ion 1^+ de rayon 0,037 nm ; densité 0,069 ; clarke 1 400 g/t. Gaz (le plus léger de tous les corps) présent en faibles quantités dans l'air (3/10 000 en volume), en quantités plus fortes dans les gaz volcaniques et dans les gisements de gaz. Présent à l'état combiné dans de très nombreux minéraux.

hydrogéologie n. f. [de hydro-, et de géologie ; angl. *hydrogeology*] – Partie de la géologie qui s'occupe de la circulation des eaux dans le sous-sol (recherche des nappes, évaluation des réservoirs, captages et débits possibles, etc.). V. aussi nappe d'eau souterraine. Adj. **hydrogéologique** [angl. *hydrogeologic(al)* ; n. m. et f., **hydrogéologue** [angl. *hydrogeologist*].

hydrographie n. f. [de hydro-, et du gr. *graphein*, écrire ; angl. *hydrography*] – V. carte topographique.

hydrographique adj. **(bassin –)** [angl. *hydrographic basin*] – V. bassin hydrographique.

hydrolaccolite n. m. [de hydro-, et de laccolite ; angl. *hydrolaccolith*] – Grosse lentille de glace formée en sous-sol dans les zones périglaciaires, et donnant une butte, puis une mare, généralement circulaire, s'il y a fusion. V. mardelle, pingo, palse, et modelé périglaciaire.

hydrolysat n. m. [de hydro-, et du gr. *lusis*, dissolution ; angl. *hydrolysate*] – Composé hydroxylé tel Fe $(OH)_3$, Al $(OH)_3$, Mn $(OH)_4$, Ti $(OH)_4$ qui résulte de l'hydrolyse de divers minéraux ; ces hydrolysats précipitent en général sur place, et peuvent donner des gîtes métallifères de concentration résiduelle (V. cémentation).

hydrolyse n. f. [de hydro-, et du gr. *lusis*, dissolution ; angl. *hydrolysis*] – Réaction chimique d'un corps qui fixe les éléments de H_2O, et donne de nouveaux composés ; c'est le phénomène principal dans l'altération des cristaux des r. magm. et métam. Vb. **hydrolyser** [angl. *to hydrolyse*] ; adj. **hydrolysé** [angl. *hydrolysed*] ; n. m. hydrolysat*.

hydromorphe adj. **(sol –)** – [de hydro- et du gr. *morphê*, forme ; angl. *hydromorphic* soil] – V. sol hydromorphe.

hydrophone n. m. [de hydro-, et du gr. *phonê*, voix ; angl. *hydrophone*] – Appareil captant les ondes acoustiques se propageant dans l'eau et les transformant en signaux électriques. V. sismique marine.

hydrosphère n. f. [de hydro-, et de sphère ; angl. *hydrosphere*] – Ensemble des eaux superficielles.

hydrothermal, e, aux adj. [de hydro-, et du gr. *thermos*, chaleur ; angl. *hydrothermal*] – Qui se rapporte aux circulations d'eaux chaudes liées à la fin d'une éruption volcanique, ou à celle de la cristallisation d'un magma, et aux sources qui peuvent éventuellement en résulter. Les solutions hydrothermales (= hydrothermalytes), à 100-400 °C et sous pression, contiennent divers corps avec Fe, Ti, Cu, Pb, Zn, Sn, Hg, U, etc. Ces corps issus du magma ou prélevés dans les r. encaissantes peuvent ensuite précipiter et se concentrer en filons. N. m. **hydrothermalisme**.

Hydrozoaires n. m. pl. [de hydro-, et du gr. *zôon*, animal ; angl. *hydrozoans, Hydrozoa*] – Cnidaires comportant divers groupes marins, dont certains ont un squelette calcaire (appelé **cœnosteum**) et se retrouvent à l'état fossile avec en particulier les **Hydrocoralliaires** qui possèdent deux sortes d'individus ; les uns (**gastrozoïtes**, logés dans des cavités appelées **gastropores**) sont pourvus d'une bouche. Les autres, plus petits (**dactylozoïtes**, logés dans des **dactylopores**) et qui s'arrangent en cercle autour des précédents n'ont pas de bouche, mais ont un rôle défensif et sont munis d'organes urticants. Cette disposition se traduit sur les masses calcaires mammelonnées ou branchues que fabriquent les colonies par de petites perforations arrangées en cercle autour de trous plus grands. Répart. stratigr. : Cambrien – Actuel. V. aussi Stromatopores.

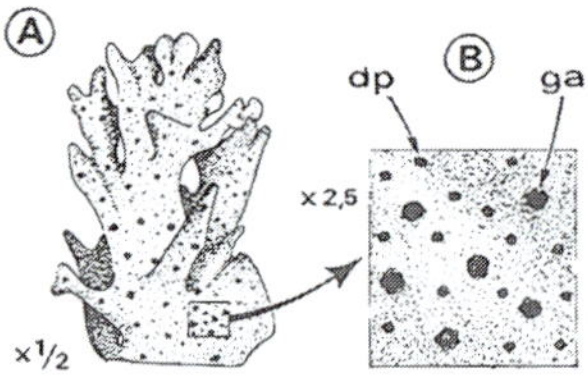

Hydrozoaires

Un hydrocoralliaire : *Millepora* (Crétacé sup. – Actuel)

A : une colonie complète.

B : détail de la surface de cette colonie – da : dactylopore – ga : gastropore (d'après Shrock et Twenhofel).

Hyolithes [du gr. *hus*, *huos*, fils, et *lithos*, pierre] – Organisme énigmatique du Paléozoïque, rapproché des Conulaires*, et qui se présente comme une coquille en forme de cornet à section triangulaire.

hyperflysch n. m. [du gr. *huper*, au-delà, et de flysch] – V. flysch.

hypérite n. f. [de hypersthène ; angl. *hyperite*] – Var. de gabbro* comprenant autant de clinopyroxène que d'orthopyroxène.

hypersthène n. m. [du gr. *huper*, au-delà, supérieur, et *sthenos*, force ; angl. *hypersthene*] – Var. d'orthopyroxène. V. pyroxène.

hypocentre n. m. [du gr. *hupo*, au-dessous, et de centre ; angl. *hypocenter* (US), *hypocentre* (GB), *focus*] – Pour un séisme*, syn. de foyer.

hyponome n. m. [du gr. *hyponomê*, conduit souterrain ; angl. *hyponome*] – Chez les Céphalopodes, organe musculeux, qui, en rejetant l'eau à l'extérieur, permet à l'animal de se déplacer par réaction. Syn. entonnoir.

hyporelief n. m. [du gr. *hupo*, au-dessous, et de relief ; angl. *hypoglyph*] – Figure en relief visible à la face inférieure d'un banc. On y distingue, d'une part les figures dues à l'activité animale (pistes, etc., V. **ichnofossile**), et

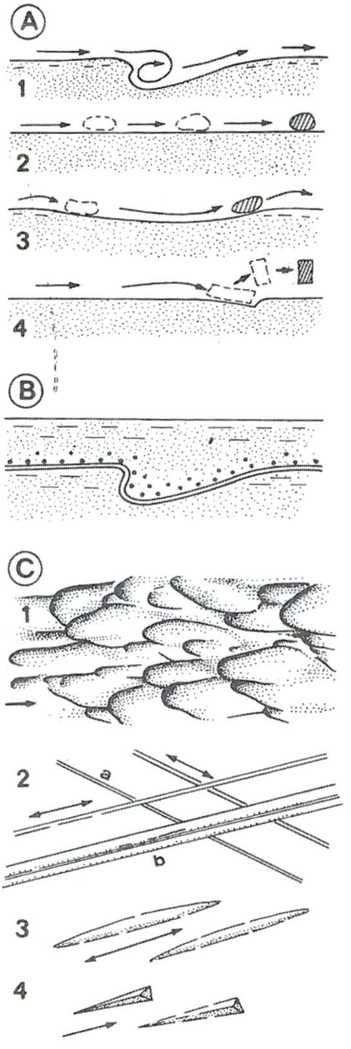

hyporelief

A : causes de production de différents types de creux (« marks ») sur le fond sous-marin – 1 : « flute mark » – 2 : « groove mark » – 3 : « bounce mark » – 4 : « prod mark ».
B : constitution d'un hyporelief (ici un « flute mark ») par moulage du creux.
C : exemples de figures de courant. Le sens (ou la direction non orientée) du courant est marqué par une flèche simple (ou double) – 1 : « flute cast » – 2 : « groove cast » (les reliefs *a* sont antérieurs aux reliefs *b*) – 3 : « bounce cast » – 4 : « prod cast ».

celles qui sont dues à des actions mécaniques, le plus souvent à la base d'un banc détritique, généralement de nature turbiditique. En ce qui concerne ces dernières, la terminologie correspondante est en majorité anglo-saxonne, et ne comporte guère d'équivalents français. On peut les répartir en deux groupes :
– 1 Les **figures de courant** : le relief (en angl. *cast*) que l'on observe est alors le moulage d'un creux (en angl. *mark*) du fond sous-marin, produit directement, ou indirectement, par l'action d'un courant. On distingue surtout :
1.1 Les « **scour casts** » (en français : moulages d'affouillement) dus à l'érosion par des courants chargés de sédiments en suspension, surtout représentés par les « **flute casts** » (moulages en flûte) produits par le creusement d'un courant autour d'un objet posé sur le fond, et qui se présentent comme des cônes allongés avec la pointe tournée du côté de l'arrivée du courant.
1.2 Les « **tool casts** » (moulages d'outil) produits par un objet en mouvement et représentés surtout par a) les « **drag casts** » (moulages de traînage), avec en particulier les « **groove casts** » (moulages de rainure), et b) les « **impact casts** » (moulages d'impact) dus à l'action d'un objet qui a été ensuite repris par le courant avec notamment des « **prod casts** » (moulages de choc), reliefs cunéiformes dus à un choc localisé ; c) des « **bounce casts** » (moulages de rebond), reliefs allongés dus au traînage de l'objet sur une certaine distance.
– 2 Les **figures d'interfaces**, s'exprimant souvent par des « **interfacial casts** » (moulages d'interfaces) dont les causes, diverses, sont liées aux différences de comportement mécanique entre le sédiment déjà déposé et celui qui vient reposer sur lui. C'est p. ex., le cas des **convolutions***, évoluant en pseudonodules et, d'une manière générale des **figures de charge**, où la couche supérieure s'enfonce en certains points dans la couche inférieure sous l'effet de la gravité (« **load cast** », ou moulages de charge).

hypovolcanique adj. [du gr. *hupo*, au-dessous, et de volcanique ; angl. *hypovolcanic*] – S'applique aux r. magm. qui montent à proximité (quelques dizaines ou centaines de mètres) de la surface mais ne l'atteignent pas ; ces roches, à structure microgrenue le plus souvent, sont aussi nommées roches de semi-profondeur.

hypsométrie n. f. [du gr. *hupsos*, hauteur, et *metron*, mesure ; angl. *hypsometry*] – Mesure des altitudes. Adj. **hypsométrique** [angl. *hypsometric*] (courbe hypsométrique : syn., partiel, de courbe de niveau). V. carte topographique ; *cf.* bathymétrie, isohypse.

Hyracoïdes n. m. pl. [du gr. *hurakos*, rat, et *eidos*, aspect angl. *Hyracoidea*] – Groupe de Mammifères africains, connu depuis l'Oligocène.

hystérogène adj. [du gr. *husteros*, qui est en retard, et *gennan*, engendrer ; angl. *hysterogenetic*] – Se dit d'un minéral ayant cristallisé après une phase métamorphique donnée. *Cf.* postcinématique. Ant. protérogène. V. aussi syngénétique.

Hystrichosphères n. f. pl. [du gr. *hustrix*, *-icos*, porc-épic ; angl. *hystrichospheres*] – Nom naguère utilisé pour désigner des micro-organismes qui sont pour une part des végétaux unicellulaires (Dinoflagellés), et pour une autre part des organismes énigmatiques (Acritarches).

I

I – Symbole chim. de l'iode.

Iapetus n. m. **(**ou **océan –)** [du gr. *Iapetos*, Japet, nom du Titan père du géant Atlas ; angl. *Iapetus ocean*]. – Océan existant au Carbonifère et au Permien entre l'Amérique du Nord, d'une part, et l'Eurafrique, de l'autre. Syn Proto-atlantique.

IAB [sigle, de l'angl. *Island Arc Basalts*] – V. basalte.

ibid. – Abréviation du mot lat. *ibidem*, au même endroit. S'emploie surtout dans les références bibliographiques pour indiquer qu'un passage se trouve au même endroit qu'un autre cité précédemment. Ex. P. Termier, *ibid.*, p. 20.

Icartien n. m. [Leutwein, 1973, de la baie d'Icart, à Guernesey, Île anglo-normande ; angl. *Icartian*] – Division du Précambrien français (limite Archéen – Protérozoïque). V. tabl. Annexe 2. Adj. **icartien, nne**.

ice foot (ou icefoot) [mot angl.] – Syn. de pied de glace.

iceberg n. m. [mot angl., du norvégien *ijsberg*, montagne de glace ; angl. *iceberg*] – Bloc de glace flottant sur la mer, détaché du front d'un glacier* (V. vêler). Les icebergs peuvent être épais de plusieurs centaines de mètres et longs de plusieurs dizaines, voire de centaines, de kilomètres. La partie émergée ne représente qu'environ le dixième de l'épaisseur totale.

ichnoc(o)énose n. f. [du gr. *ichnos*, trace, et *koinos*, en commun ; angl. *ichnocoenosis*] – Ensemble de traces fossiles contemporaines associées dans leur milieu de formation originel.

ichnofossile n. m. [du gr. *ikhnos*, trace, et de fossile ; angl. *ichnofossil*] – Trace fossile de la marche ou de la progression d'un animal (pistes), de son habitat (terriers), et plus généralement tout vestige de son activité (déjections, etc.).
– 1. Pistes : celles-ci sont très variées et peuvent correspondre à un simple déplacement, à une recherche de nourriture, à un fouissement. On peut citer les **Cruzianas** (= **Bilobites**), traces de Tribolites, les **Helminthoïdes**, empreintes serpentiformes connues en particulier dans des flyschs crétacés alpins, les ***Cheirotheriums**** (ou *Chirotheriums*), empreintes de pas de Dinosauriens. – 2. Habitats : terriers de vers en forme de U, perforations* dans des coquilles ou dans des roches. – 3. Excréments fossiles, ou coprolites. V. aussi hyporelief.

ichnologie n. f. [du gr. *ikhnos*, trace, et *logos*, discours ; angl. *ichnology*] – Étude des traces d'activité animale. Lorsqu'il s'agit de fossiles, on parle plus précisément de paléoichnologie. V. ichnofossile.

Ichtyosaurus [du gr. *ikhthus*, poisson, et *saura*, lézard] – Ancien nom d'*Eurypterygius* (V. fig. à Reptiles).

Ichtyostégaliens n. m. pl. [du gr. *ikhthus*, poisson, et *stegê*, toit ; angl. *Ichtyostegalia*] – Amphibiens fossiles du groupe des Stégocéphales, ayant pour type le genre *Ichtyostega*, trouvés dans le Dévonien du Groenland oriental. Leur crâne est encore très proche de celui des Poissons Crossoptérygiens dont ils descendent vraisemblablement. Ils menaient une vie lacustre.

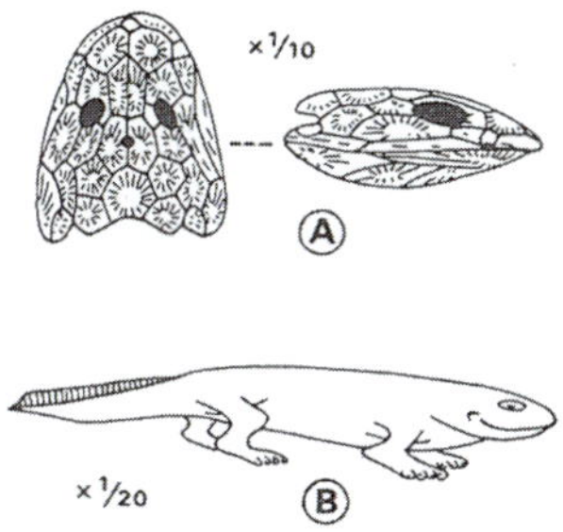

Ichtyostega

A : crâne osseux en vues dorsale et latérale.
B : reconstitution.

ICP-AES ; ICP-MS [sigles de l'anglais *Inductively Coupled Plasma-Atomic Emission Spectrophotometry* et *Inductively Coupled Plasma-Mass Spectrometry*] – V. spectrométrie d'émission atomique et spectrométrie de masse.

id. – Abréviation du mot lat. *idem*, le même.

iddingsite n. f. [angl. *iddingsite*] – Silicate ferromagnésien hydraté, minéral d'altération des olivines (V. péridot) dans les r. magm. éruptives basaltiques, se présentant sous forme d'agrégats cryptocristallins rougeâtres à la périphérie et dans les craquelures des cristaux d'olivine. Minéral parfois rattaché au groupe des serpentines, et considéré comme une antigorite riche en fer.

idiomorphe adj. [du gr. *idio*, particulier, et *morphê*, forme ; angl. *idiomorphic*] – Syn. d'automorphe.

idocrase n. f. [du gr. *eidos*, aspect, et *krasis*, mélange ; angl. *idocrase*] – Sorolicate Ca_{10} (Mg, Fe)$_2$ Al_{14} [$(SiO_4)_5$ $(Si_2O_7)_2$] (OH, F)$_4$, voisin du groupe des grenats, du syst. quadratique, en cristaux tabulaires ou prismatiques, striés longitudinalement, à éclat vitro-résineux, vert, jaune, brun-rouge, parfois bleu ciel (traces de Cu). Elle est présente dans des cornéennes calciques et skarns (avec grenat grossulaire), et dans certains marbres. On la trouve également, mais plus rarement, dans des r. métam. (micaschistes) ou dans des r. magm. basiques (gabbros, péridotites, serpentines) ayant subi un endométamorphisme au contact de r. sédim. carbonatées, ou enfin dans les filons de rodingite qui traversent ces r. magm. Syn. vésuvianite.

ignimbrite n. f. [du lat. *ignis*, feu, et *imber, imbris*, pluie ; angl. *ignimbrite*] – Roche formée par accumulation de débris de laves acides (rhyolites, dacites) soudés à chaud, à aspect de ponce ou de lave un peu fluidale (fragments vitreux, ou « flammes », aplatis et soudés) ; ces formations d'aspect massif, avec parfois des passées plus chaotiques à lapillis et blocs, proviennent d'éruptions explosives catastrophiques (nuées* ardentes), et peuvent couvrir très rapidement de grandes surfaces (20 000 km^2 ou plus).

Iguanodon [de iguane, et du gr. *odous, odontos*, dent] – Genre de Reptiles (V. fig. à ce mot) terrestres du Crétacé inf. européen.

ijolite n. f. [de Ijola, Finlande ; angl. *ijolite*] – R. magm. (V. tabl. magm.) grenue, claire (leucocrate) formée de 50 à 70 % de néphéline largement cristallisée, avec augite, ægyrine, apatite, sphène, grenat mélanite. Par augmentation du pourcentage des pyroxènes, on passe à une roche mésocrate (la **meltéigite**), puis mélanocrate (la **jacupirangite** brun-noir, riche en augite titanifère). Ces roches sont exceptionnelles et sont présentes le plus souvent dans les complexes à carbonatites.

Ilerdien n. m. [L. Hottinger et H. Schaub, 1960, de *Ilerda* nom lat. de Lérida, Esp. ; angl. *Ilerdian*] – Division stratigraphique correspondant à l'Yprésien inf. (ère tertiaire). V. tabl. Annexe 2. Adj. **ilerdien, nne**.

Illaenus [du gr. *illainô*, bigle] – Trilobite de l'Ordovicien, proche de *Scutellum**.

Illinois (ou Illinoien) n. m. [de l'Illinois, état du centre des États-Unis ; angl. *Illinoisian* (obs.)] – Troisième glaciation du Quaternaire* nord-américain, équivalent du Riss alpin. V. tabl. à glaciation.

illite n. f. [de l'Illinois, U.S.A. ; angl. *illite*] – Minéral argileux de structure proche du mica blanc dont il dérive souvent par altération. V. argile.

illuvial, e, aux adj. [du lat. *illuvies*, inondation ; angl. *illuvial*] – Se dit de l'horizon d'un sol qui a subi une accumulation*. Ant. éluvial. N. f. **illuviation** [angl. *illuviation*] ; n. m. **illuvion**.

ilménite n. f. [du lac Ilmen, Russie ; angl. *ilmenite*] – Oxyde $FeTiO_3$, du syst. hexagonal, en tablettes ou lamelles, à éclat submétallique, noir à brun ; fréquent dans les r. métam. et r. magm. ignées (ex. basalte). Il peut être exploité comme minerai de Ti en placer.

Imbrien n. m. [de *Mare imbrium*, mer des Pluies, Lune ; angl. *Imbrian*] – Période lunaire allant de 3 850 Ma à 3 200 Ma. V. tabl. Annexe 2.

impact cast [terme angl. signif. moulage d'impact] – Figure de base de banc formée par le moulage d'un creux produit par le choc sur le fond sous-marin d'un objet entraîné par un courant. V. hyporelief.

impactite n. f. [de impact ; angl. *impactite*] – Roche exceptionnelle due à l'impact d'une grosse météorite développant un métamorphisme de choc (P atteignant 10^5 kbar, et T 10^4 °C) avec fusion (formation de verre), et cristallisation de minéraux particuliers tels coésite et stishovite (V. silice), jadéite (V. pyroxène), spinelles. V. aussi tectite, astroblème, suévite.

Imparidigités n. m. pl. [du lat. *impar*, impair, et *digitus*, doigt] – Syn. de Périssodactyles.

In – Symbole chim. de l'indium.

in – Mot lat. signif. dans. Utilisé dans les références bibliographiques pour indiquer que l'article d'un auteur se trouve sous un autre nom, notamment dans le cas d'un travail collectif. Ex. P. Termier, *in* E. Haug.

Inarticulés n. m. pl. [du lat. *in-*, privé, et *articulus*, articulation ; angl. *inarticulates*] – Groupe de Brachiopodes.

incertae sedis – Expression latine signifiant « de position incertaine ». Se dit d'un fossile dont la place dans la classification est douteuse, ou dont on ignore même parfois s'il s'agit d'un reste d'être vivant. Abréviation : *inc. sed.*

inclinaison n. f. **(d'une couche)** – V. pendage

inclinaison (magnétique) [angl. *magnetic inclination, – dip*] – V. magnétisme terrestre.

inclusion n. f. [du lat. *includere*, enfermer ; angl. *inclusion*] – Tout corps englobé dans un cristal hôte. Ex. : – 1. Inclusion d'aiguilles de tourmaline dans un cristal de quartz. – 2. Inclusions liquides (eau, acide carbonique, solutions salées) ou inclusions gazeuses (CO_2)

sous forme de cavités variées et de bulles de quelques mm, fréquentes dans le quartz (leur étude peut, p. ex., préciser la température de cristallisation). – 3. Inclusions charbonneuses dues à la ségrégation de la matière organique (V. andalousite, et sa variété chiastolite) – 4. Inclusion sigmoïde ou hélicitique dessinant une spirale au sein d'un cristal (cas de grenats qui, au sein d'une r. métam., ont grandi en tournant sur eux-mêmes et en englobant progressivement de petits éléments de la roche ; V. fig. à grenat).

incompétent, e adj. [B. Willis, 1893 ; du lat. *incompetens*, qui ne s'accorde pas ; angl. *incompetent*] – 1. S'applique aux couches les plus plastiques dans une série stratifiée déformée, et qui donnent des plis de plus petit rayon de courbure que les couches moins plastiques, ce qui entraîne des disharmonies. – 2. S'applique aux roches qui, dans des conditions données, sont plus aptes à se déformer qu'à se rompre. Ant. compétent (V. remarques à ce mot). V. aussi ductile. N. f. **incompétence**.

inconformité n. f. [adaptation. de l'angl. *unconformity*] – Lacune accompagnée ou non de ravinement et/ou de discordance. Pour préciser cette notion, le vocabulaire anglo-saxon utilise couramment les termes suivants : *angular unconformity*, qui est l'équivalent de notre discordance angulaire ; *disconformity*, lacune accompagnée ou non de ravinement entre des couches concordantes ; *non-conformity*, discordance sur un ensemble non stratifié (en général un massif plutonique).

incongruente (fusion –) [du lat. *incongruens*, qui ne s'accorde pas avec ; angl. *incongruent melting*] – V. fusion. Ant. congruent.

incrémentale adj. **(déformation –)** [du lat. *incrementum*, croissance ; angl. *incremental strain*] – Chacune des petites augmentations de la déformation, dont la somme conduit à une déformation donnée (déformation finie). Syn. déformation infinitésimale, incrément de déformation).

indice n. m. [du lat. *indicium*, signe révélateur, de *index*, – *icis*, qui montre] – 1. [angl. *indicator*] Pour une substance donnée, traces observées en un point permettant d'envisager que cette substance existe non loin en plus grande abondance (ex. indice de pétrole, etc.). – 2. [angl. *index (of refraction)*] Pour un minéral, syn. de indice de réfraction (V. réfraction). – 3. V. aussi carte* géologique (notation).

indice céphalique [angl. *cephalic index*] – Pourcentage de la largeur du crâne par rapport à la longueur : (largeur/longueur) x 100. Cet indice permet de grouper les crânes selon leur allongement. Les plus allongés (dolichocéphales) ont un indice inférieur à 75, ceux qui sont moyennement allongés (mésocéphales) entre 75 et 80, les plus courts (brachycéphales) supérieur à 80.

indice de coloration – V. coloration (indice de –).

indice de saturation – V. saturation (indice de –).

indices (ellipsoïde des –) – V. ellipsoïde des indices.

indices de Miller – V. cristal.

indium n. m. [de indigo, à cause des raies violettes de son spectre ; angl. *indium*] – Symbole chim. In. N° et masse atom. 49 et 114,76 ; ion 2^+ ou 3^+ de rayon 0,081 nm ; densité 7,3 ; clarke 0,1 g/t. Métal blanc argenté, plus malléable que Pb. Il existe à l'état natif, mais se trouve surtout à l'état de traces dans des sulfures (blende, p. ex.)

induration n. f. [angl. *induration*] – Durcissement d'un matériau meuble (sédiment, sol, etc.). V. diagenèse. Vb. **indurer** ; adj. **induré, e.**

indusie n. f. [du lat. *indusium*, chemise ; angl. *indusium*] – Tube calcaire fabriqué à l'aide de débris divers, réunis au moyen de fils, par la larve aquatique d'un phrygane (insecte Trichoptère proche des papillons) et dont l'accumulation, très locale, dans certains dépôts lacustres forme des « calcaires à indusies », que l'on trouve, p. ex., dans l'Oligocène des Limagnes (Fr.).

industrie préhistorique n. f. (V. tabl. préhistoire) [angl. *prehistoric industry*] – Outils et instruments fabriqués par des groupes humains préhistoriques. Suivant les procédés de fabrication et les matériaux, on peut distinguer différents ensembles qui ont généralement reçu des noms formés d'un nom de lieu avec la terminaison -ien, comme ceux des étages géologiques, ce qui suggère, à tort, des successions chronologiques rigoureuses. Il s'agit en fait de types de production qui peuvent être l'œuvre de groupes divers vivant en des lieux et à des périodes variés. Dans l'ensemble, on note cependant une évolution dans le temps qui permet une classification en plusieurs grandes périodes.

inéquivalve adj. [du lat. *in-*, non, *aequus*, égal, et *valva*, battant d'une porte ; angl. *inequivalve*] – Qualifie un Bivalve dont les deux parties de la coquille ne sont pas symétriques par rapport à leur plan d'accolement. Ex. *Pecten* (coquille Saint-Jacques).

Infracambrien n. m. [N. Menchikoff, 1949, du lat. *infra*, au-dessous, et de Cambrien ; angl. *Infracambrian*] – Partie supérieure du Protérozoïque équivalent de l'Éocambrien. V. tabl. Annexe 2. Adj. **infracambrien, nne**.

Infralias n. m. [Sauvage et Buvignier, 1842, du lat. *infra*, au-dessous, et de Lias] – Ancienne division stratigraphique regroupant le Rhétien (aujourd'hui placé dans le Trias, mais autrefois dans le Jurassique) et l'Hettangien (ère secondaire). V. tabl. Annexe 2. Adj. **infraliasique**.

infralittoral, e, aux adj. [angl. *infralittoral, sublittoral, inner neritic*] – Caractérise le milieu côtier entre la basse mer et – 50 m environ. V. littoral.

infrarouge (spectrométrie –) – V. spectrométrie infrarouge.

infrastructure n. f. [du lat. *infra*, au-dessous, et de structure ; angl. *infrastructure*] – V. niveau structural.

infratidal, e, aux adj. [angl. *infratidal*] – Situé au-dessous du niveau de la basse mer. V. tidal.

ingression n. f. [du lat. *ingressio*, entrée dans ; angl. *ingression*] – Transgression marine localisée qui ne se traduit que par l'envahissement des vallées ou de certaines régions basses.

inlandsis n. m. [mot scandinave, prononc, inn- ; angl. *ice sheet*] – Glacier* recouvrant une surface continentale importante (quelques milliers de kilomètres carrés).

Inoceramus [du gr. *Inô*, déesse de la mer, et *keramos*, vase] – Genre de Bivalves (V. fig. à ce mot) marins dont la coquille est formée presque uniquement d'une couche de petits prismes de calcite qui peuvent se retrouver plus ou moins éparpillés dans les sédiments. Répart. stratigr. : Jurassique – Crétacé.

inosilicate n. m. [du gr. *is, inos*, fibre, et de silicate ; angl. *inosilicate*] – Silicate* à tétraèdres $[SiO_4]^{4-}$ disposés en chaînes droites, simples ou doubles.

Insectes n. m. pl. [du lat. *insectus*, coupé, à cause des étranglements du corps ; angl. *Insects*] – Classe d'Arthropodes dont le corps est divisé en tête, thorax et abdomen, la deuxième partie portant trois paires de pattes et, généralement, deux paires d'ailes. Les insectes ne sont pas des fossiles très fréquents mais se rencontrent, souvent bien conservés, dans des couches continentales depuis le Dévonien. De nombreux groupes d'insectes actuels sont déjà connus dans les sédiments des lacs et des lagunes du Carbonifère. Cependant, les Orthoptères (sauterelles), les Lépidoptères (papillons), et les Hyménoptères (guêpes) n'apparaissent qu'au Jurassique, les termites et les fourmis qu'au Tertiaire. Syn. Hexapodes.

Insectivores n. m. pl. [de insecte, et du lat. *vorare*, dévorer ; angl. *Insectivores*] – Groupe de Mammifères connu depuis l'Éocène, et comprenant notamment la taupe, le hérisson, etc.

inselberg n. m. [W. Bornhardt, 1898 ; mot allem. signif. montagne-île ; angl. *inselberg*] – Relief isolé, aux flancs abrupts, entouré d'un pédiment*, typique des morphologies désertiques. Syn. *montinsule*.

inselgebirge n. m. [mot allem. signif. chaîne de montagnes-îles] – Inselberg de forme complexe occupant une large surface.

inséquent adj. [angl. *insequent*] – Se dit d'un cours d'eau établi dans une région de couches horizontales qui n'orientent pas son cours. V. relief structural.

insulaire adj. **(arc –, guirlande –)** [du lat. *insula*, île] – V. arc insulaire, et tectonique des plaques.

intégripallié, e adj. [du lat. *integer*, intact, et *pallium*, manteau ; angl. *integripalliate*] – Qualifie une coquille de Bivalve dont l'empreinte palléale ne montre pas de sinuosité (V. Bivalves). Ant. sinupallié.

intercalation n. f. [angl. *intercalation*] – Au sein d'une série sédimentaire, passée peu épaisse de nature différente des couches qui l'entourent. V. interstratifié. Adj. **intercalé, e** [angl. *intercalated*].

intercotidal, e, aux adj. – Syn. d'intertidal.

intercumulus n. m. [du lat. *inter*, entre, et de cumulus ; angl. *intercumulus*] – V. cumulat.

intercutané, e adj. [P. Fallot et A. Faure-Muret, 1949, du lat. *inter*, entre, et *cutis*, peau ; angl. *intercutaneous*] – Qualifie des structures tectoniques tangentielles (plis couchés, écailles, etc.) se produisant au sein d'une couverture sédimentaire décollée de son substratum, sans que les termes supérieurs de la couverture soient affectés. Il s'agit là d'un cas particulier de phénomène de disharmonie. Ex. chevauchement intercutané [angl. *blind thrust*]. V. duplex.

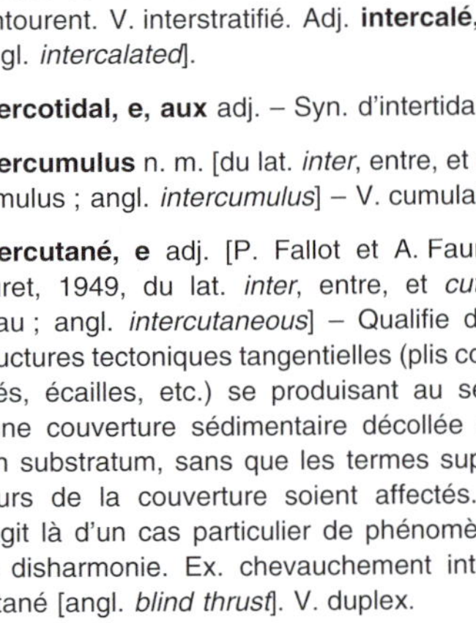

intercutané

Le sondage s rencontre en profondeur une répétition des calcaires c due à la présence d'une écaille intercutanée que ne laisse pas prévoir la structure horizontale des couches superficielles.

interface n. f. [angl. *interface*] – Surface séparant deux milieux de propriétés physiques différentes. P. ex. interface eau-sédiment.

interfacial cast [mot angl. signif. moulage d'interface] – V. hyporelief.

interfluve n. m. [du lat. *inter*, entre, et de *fluvius*, cours d'eau ; angl. *interfluve*] – Surface comprise entre deux talwegs voisins et comprenant donc deux versants appartenant à deux vallées différentes.

interglaciaire n. m. [du lat. *inter*, entre, et de glaciaire ; angl. *interglacial stage*] – Période comprise entre deux périodes glaciaires. P. ex. l'interglaciaire Riss-Würm. V. tabl. Quaternaire, et glaciations. Adj. **interglaciaire** [angl. *interglacial*]

intermédiaire adj. **(roche –)** [du lat. *inter*, entre, et de *medius*, milieu ; angl. *intermediate*] – Se dit des r. magm. contenant de 52 à 66 % en poids de SiO_2. V. aussi acide, basique, ultrabasique.

interne adj. [du lat. *internus*, à l'intérieur ; angl. *internal*] – 1. En tectonique, se dit des zones d'une chaîne plissée qui étaient à l'origine les plus éloignées de l'avant-pays stable (V. internides) – 2. En océanographie, se dit des zones proches du rivage. Ant. externe (V. remarques à ce mot).

internides n. f. pl. [L. Kober, 1921 ; au sens actuel : H. Stille, 1940 ; angl. *internides*] – Partie d'une chaîne géosynclinale formée dans les régions internes de celle-ci (l'eugéosynclinal) et caractérisée notamment par des charriages importants, la présence d'ophiolites et, souvent, par l'existence d'un métamorphisme. Obsolète. Ant. externides.

intersection n. f. **(avec la topographie)** – V. coupe géologique.

intersection (linéation d'–) [angl. *intersection lineation*] – V. linéation.

intersertal, e, aux adj. [du lat. *intersere*, entremêler ; angl. *intersertal*] – S'applique à la structure présente dans des r. magm. volcaniques, et caractérisée par des microlithes ménageant entre eux de petits espaces polygonaux occupés par une mésostase (pâte) vitreuse ou cryptocristalline V. aussi doléritique.

interstade n. m. [du lat. *inter*, entre, et de stade ; angl. *interstade*] – Laps de temps compris entre deux stades d'une glaciation.

interstratifié, e adj. [du lat. *inter*, entre, et de stratifié] – 1. [angl. *interstratified, interbedded*] Qui s'est déposé entre des couches sédimentaires. P. ex. un conglomérat interstratifié au sein d'une série marnocalcaire. N. f. **interstratification** [angl. *interbed*]. – 2. S'applique à certains minéraux argileux. V. argiles. N. m. **interstratifié** [angl. *mixed-layer mineral ; – clay*].

intertidal, e, aux adj. [angl. *intertidal*] – Situé entre la haute et la basse mer. V. tidal.

intraclaste n. m. [du gr. *intra*, à l'intérieur, et *klastos*, brisé ; angl. *intraclast*] – Fragment de sédiment carbonaté pénécontemporain du sédiment qui le contient et remanié sur place ou à faible distance. V. carbonatées (roches –), lithoclaste.

intrados n. m. [angl. *intrados*] – Pour un volume plissé, surface limitant ce volume située à la concavité du pli. Ant. extrados.

intrafolial, e, aux adj. [du lat. *intra*, au-dedans, et de *folium*, feuille ; angl. *intrafolial*] – Qui se situe à l'intérieur des feuillets des r. métam. cristallophylliennes. Ex. des plis intrafoliaux.

intraformationnel, lle adj. [du lat. *intra*, au-dedans, et de formation ; angl. *intraformational*] – Qui se produit pendant le dépôt d'une formation et aux dépens de celle-ci ; p. ex. des conglomérats, des plis, des glissements intraformationnels. V. aussi synsédimentaire.

intramicrite n. f. [angl. *intramicrite*] – Calcaire formé d'intraclastes liés par un ciment finement cristallin. V. carbonatées (roches –).

intramicrudite n. f. – Intramicrite où les intraclastes ont des dimensions supérieures à 2 mm. V. carbonatées (roches –).

intrasparite n. f. [angl. *intrasparite*] – Calcaire formé d'intraclastes liés par un ciment largement cristallin. V. carbonatées (roches –).

intrasparrudite n. f. [angl. *intrasparrudite*] – Intrasparite où les intraclastes ont des dimensions supérieures à 2 mm. V. carbonatées (roches –).

intrazonal, e, aux adj. [du lat. *intra*, au-dedans, et de zonal ; angl. *intrazonal*] – V. sol.

intrusif, ive adj. [du lat. *intrudere*, faire pénétrer de force ; angl. *intrusive*] – Qui a pénétré dans des formations déjà constituées. On l'applique aux r. magm. mises en place à l'état fluide sous la surface, et aux massifs qu'elles constituent (*cf.* granite, batholite), ainsi qu'aux diapirs de roches salines (gypse, sel). N. f. **intrusion** [angl. *intrusion*] ; vb. **intruder**.

inverse adj. [du lat. *invertere*, retourner ; angl. *inverted, reverse(d), overturned*] – En sens contraire du sens primitif, ou de celui qui semble être le plus naturel. Ex. : une **faille* inverse** [angl. *reverse(d) fault*], un **flanc inverse** (ou renversé : V. pli) [angl. *inverted limb, reversed –, overturned –*], une série* inverse (ou renversée), un **relief* inverse** (ou inversé) [angl. *inverted relief*]. Ant. normal. N. f. **inversion**.

inverse (faille –) [angl. *reverse(d) fault*] – Faille* dont le plongement est dans le sens du compartiment soulevé. Syn. faille de compression, – compressive. Ant. faille normale.

inversion n. f. **(du champ magnétique terrestre)** [angl. *geomagnetic (polarity) reversal*] – V. paléomagnétisme.

inversion (du relief) [angl. *inversion (of relief)*] – V. relief inverse.

Invertébrés n. m. pl. [du lat. *in-*, sans, et de vertèbre ; angl. *invertebrates, Invertebrata*] – V. classification.

involute adj. [du lat. *involutus*, enroulé ; angl. *involute*] – Qualifie les coquilles enroulées (notamment celles d'Ammonoïdés) dont le dernier tour recouvre entièrement ou presque les précédents. V. Ammonites, fig. 1 (*Phylloceras*). Ant. évolute.

iode n. m. [du gr. *iôdes*, violet ; angl. *iodine*] – Symbole chim. I. N° et masse atom. 53 et 126,91 ; ion 1 – de rayon 0,216 nm ; densité 4,9 ; clarke 0,3 à 0,5 g/t, selon les auteurs. Métalloïde gris noir cristallisant en paillettes orthorhombiques. Dans la nature, il se trouve dans des iodates (ex. Ca $(IO_3)_2$) présents p. ex. dans les évaporites ; on l'extrait surtout de dépôts de nitrates, d'eaux sursalées, ou de gaz liés à des gisements pétroliers. N. m. **iodure** [angl. *iodide*].

iolite n. f. [du gr. *ion*, violette ; angl. *iolite*] – Var. de cordiérite* bleu foncé ou violacée.

ion n. m. [participe présent gr. signif. allant ; angl. *ion*] – Atome ou groupe d'atomes ayant une charge électrique positive (cation) ou négative (anion).

Ir – Symbole chim. de l'iridium.

iridium n. m. [du lat. *iris*, arc-en-ciel ; angl. *iridium*] – Symbole chim. Ir. N° et masse atom. 77 et 193,1 ; ion 4^+ de rayon 0,068 nm ; densité 22,4 ; clarke 0,001 g/t. Métal blanc-gris, du syst. cubique, toujours allié à Au, Os, et surtout à Pt avec lequel on l'extrait.

Irréguliers n. m. pl. [angl. *irregulars, Irregularia*] – Groupe zoologique comprenant les Oursins dont l'anus n'est pas situé sur l'axe de symétrie de l'animal. (V. Échinides). Ant. Réguliers. Syn. Oursins irréguliers

islandite n. f. [de l'Islande ; angl. *icelandite*] – Var. d'andésite* à andésine et pyroxène, pauvre en Ca.

iso- – Préfixe tiré du gr. *isos*, égal, indiquant l'égalité ou l'identité.

isobare adj. [de iso-, et du gr. *baros*, poids ; angl. *isobaric*] – D'égale pression. Ex. une surface isobare. N. f. **isobare** [angl. *isobar*] (syn. courbe isobare) : courbe des points de même pression sur une surface donnée.

isobathe adj. [de iso-, et du gr. *bathus*, profond] – D'égale profondeur. Ex. : une surface isobathe. N. f. **isobathe** [angl. *isobath*] (syn. courbe isobathe) : courbe joignant les points d'une surface situés à une même profondeur sous la terre ou sous l'eau. Ex. : une carte d'isobathes du fond sous-marin ; les isobathes du toit de la craie du bassin de Paris (qui permettent d'en représenter la structure en profondeur). V. courbe de niveau ; *cf.* isohypse.

isochore n. f. [de iso- et du gr. ? *choreo*, contenir ; angl. *isochore*] – Ligne dessinant, en projection sur une carte, le lieu d'égale épaisseur apparente d'une formation géologique (celle qui est mesurée dans un sondage, sans correction du pendage). Cf. isopaque.

isochrone adj. [de iso-, et du gr. *khronos*, temps ; angl. *isochronous*] – D'égale durée. N. f. **isochrone** [angl. *isochron, isotime line*] (syn. courbe isochrone) : – 1. Courbe joignant, sur une carte, les points où les différences des temps d'arrivée de deux ondes sismiques issues du même point mais diversement réfléchies ou réfractées sont égales. – 2. En radiochronologie*, droite dont la pente permet de dater un événement isotopique. N. m. **isochronisme** [angl. *isochronism, isochroneity*] : caractère de ce qui est isochrone.

isoclinal, e, aux adj. [de iso-, et du gr. *klinein*, s'incliner ; angl. *isoclinal*] – S'applique à un pli dont les flancs sont parallèles entre eux (**pli isoclinal** [angl. *isocline*]). L'association de ces plis caractérise le style isoclinal. V. pli.

isoclin(iqu)e adj. [de iso-, et du gr. *klinein*, s'incliner ; angl. *isoclinic*] – D'égale inclinaison magnétique. N. f. **isocline** [angl. *isoclinic line*] (syn. courbe isocline) : courbe joignant, sur une carte, les points de même inclinaison magnétique. V. magnétisme terrestre.

isogamme adj. [de iso-, et de gamma, unité d'intensité magnétique] – D'égale intensité magnétique. N. f. **isogamme** [angl. *isogam*] (syn. courbe isogamme) : courbe joignant, sur une carte, les points de même intensité magnétique. V. magnétisme terrestre.

isogone adj. [de iso-, et du gr. *gônia*, angle ; angl. *isogonic*] – Dont les angles sont égaux. N. f. **isogone** [angl. *isogone, isogonic line*] (syn. courbe isogone) – 1. Courbe joignant sur une carte, les points de même déclinaison magnétique. V. magnétisme terrestre. – 2. Ligne joignant, sur un pli vu en coupe transversale, les points où le pendage est le même. Selon la forme des plis, les isogones sont divergentes, parallèles, ou convergentes (de l'intrados vers l'extrados).

isograde adj. [de iso-, et du lat. *gradus*, gradin ; angl. *isogradal*] – Affecté au même degré par un phénomène déterminé. N. f. **isograde** [angl. *isograd*] (syn. courbe isograde) : courbe joignant, sur une carte, des points isogrades. Ex. : des isogrades de métamorphisme*.

isogranulaire adj. [angl. *isogranular* (obs.)] – Syn. d'isométrique.

isohypse adj. [de iso-, et du gr. *hupsos*, hauteur] – D'égale altitude. N. f. **isohypse** [angl.

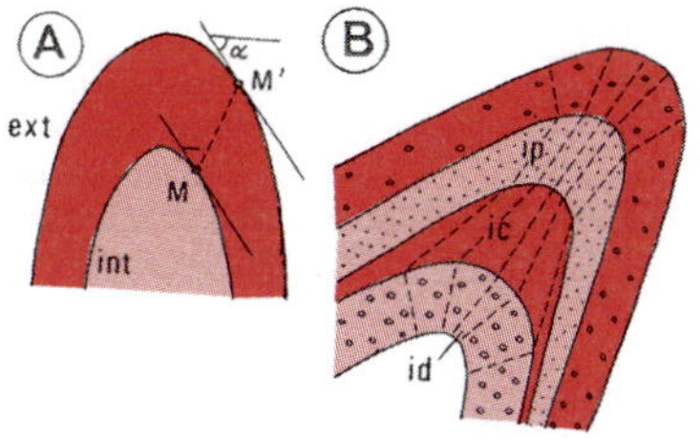

isogone

A : les pendages en M et M' étant égaux (a), MM' est une isogone. – ext : extrados – int : intrados.
B : pli où les charnières sont plus ou moins épaissies selon la nature des couches, d'où des isogones convergentes (ic), divergentes (id), ou

isohypse] (syn. courbe isohypse) : courbe joignant, sur une carte, les points d'une surface situés à une même altitude (au-dessus du niveau de la mer). V. courbe de niveau, carte topographique ; *cf.* isobathe.

isométamorphisme n. m. **(zones d'–)** – V. métamorphisme.

isométrique adj. [de iso-, et du gr. *metron*, mesure ; angl. *homogranular, homometric*] – S'applique à une roche dont les éléments sont sensiblement de même taille. Ant. anisométrique, hétérométrique. Syn. homométrique, isogranulaire. N. f. **isométrie**.

isomorphe adj. [de iso-, et du gr. *morphê*, forme ; angl. *isomorphous*] – Se dit de minéraux ayant la même structure cristalline (V. cristal), mais ayant des compositions chimiques différentes (voisines cependant) ; ex. les plagioclases (V. feldspath) forment une série de minéraux isomorphes, plus ou moins riches en Na, et tous du syst. triclinique. Ant. hétéromorphe. N. m. **isomorphisme** [angl. *isomorphism*].

isopaque (ou isopache) adj. [de iso-, et du gr. *pakhus*, épais ; prononc. -paque dans les deux cas ; angl. *isopachous*] – De même épaisseur. Ex. : un pli* isopaque. Ant. anisopaque. N. f. **isopaque** [angl. *isopach*] (syn. courbe isopaque) : courbe dessinant, en projection sur une carte, le lieu d'égale épaisseur réelle d'une formation géologique Cf. isochore. Ex. carte en isopaques [angl. *isopach map*].

isopièze adj. [de iso-, et du gr. *piezein*, presser ; angl. *isopiezometric*] – D'égale hauteur piézométrique. N. f. **isopièze** [angl. *pressure-surface contour*] (Syn. courbe isopièze) : courbe joignant, sur une carte, les points d'égale hauteur piézométrique d'une nappe d'eau souterraine donnée. V. niveau piézométrique.

isopique adj. [de iso-, et du gr. *opsis*, aspect ; angl. *isopic*] – Se dit d'ensembles sédimentaires contemporains dont les faciès sont identiques, ou très voisins. Ex. des zones isopiques, des séries isopiques. Ant. hétéropique. N. m. **isopisme**.

isoplèthe n. f. [de iso- et du gr. *plethos*, nombre, grandeur ; angl. *isopleth*] – Ligne dessinant, sur une carte, le lieu des valeurs égales d'une certaine quantité (concentration, paramètre physique, etc.).

isoséiste adj. (ou isosiste ; v. remarque à séisme) [de iso-, et de séisme ; angl. *isoseismal*] – De même intensité sismique. N. f. **isoséiste** [angl. *isoseismal line*] (syn. courbe isoséiste) : courbe joignant, sur une carte, les points où les effets d'un séisme donné sont identiques.

isostasie n. f. [E. Dutton, 1889 ; de iso-, et du gr. *stasis*, immobilité, équilibre ; angl. *isostasy*] – État d'équilibre hydrostatique qui serait réalisé à une certaine profondeur de la Terre, dite profondeur de compensation (V. géodésie). Adj. **isostatique** [angl. *isostatic*].

isostatique (anomalie –, correction –) [angl. *isostatic anomaly, – correction*] – V. géodésie.

isotherme adj. [de iso-, et du gr. *thermo*, chaleur ; angl. *isothermal*] – Dont la température est constante. Ex. : une enceinte isotherme. N. f. **isotherme** [angl. *isotherm*] (syn. courbe isotherme) : courbe joignant, sur une carte, les points d'une surface donnée qui, à un moment donné, ou en moyenne sur une certaine période, sont à une même température. Ces points peuvent être situés dans l'atmosphère, sur le sol ou dans le sous-sol (on dit alors aussi isogéotherme).

isotope n. m. [de iso-, et du gr. *topos*, lieu ; angl. *isotope*] – Éléments chimiques de même numéro atomique (et donc de même nom et de même position dans la classification de Mendeleiev), mais qui diffèrent par leur masse atomique. Adj. **isotope, isotopique** [angl. *isotopic*].

isotopique adj. **(delta –)** [angl. *delta value*] – Différence, pour un élément donné, entre le rapport isotopique d'un échantillon et celui d'un standard pris comme référence, exprimée en pour mille. Ex. : si Re est le rapport des masses $^{18}O/^{16}O$ de l'échantillon et Rs le même rapport pour le standard, on a $\delta^{18}O$ = (Re – Rs)/Rs) x 1000. La quantité $\delta^{18}O$ se lit : delta O 18.

isotopique (rapport –) [angl. *isotopic ratio*] – Quotient des masses des isotopes d'un même corps présents dans un échantillon, la masse de l'isotope le plus léger figurant au dénominateur.

isotopique (stade –) [angl. *isotope stage*] – Période définie à partir des variations isotopiques en fonction du temps mesurées

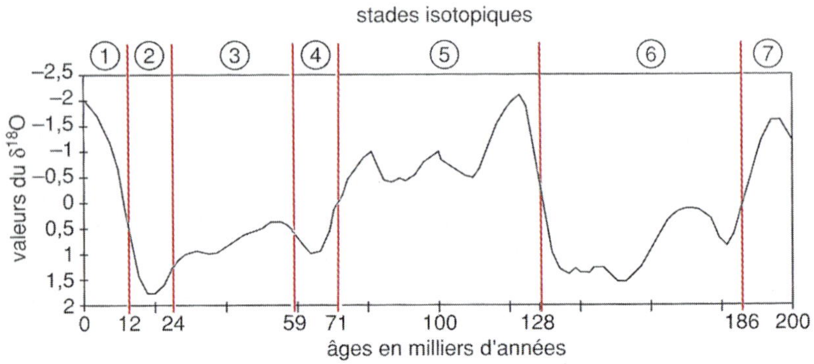

isotopique (stratigraphie)

Courbe de référence des variations du $\delta^{18}O$ océanique pour les 200 000 dernières années, corrigée d'après l'orbite terrestre (J. Imbrie *et al.*, 1984). Les stades isotopiques pairs correspondent à des glaciations (fortes valeurs du $\delta^{18}O$), les stades impairs à des interglaciaires (faibles valeurs du $\delta^{18}O$).

dans un sédiment. V. fig. isotopique (stratigraphie –).

isotopique (stratigraphie –) [angl. *isotope stratigraphy*] – Détermination de l'âge de sédiments par comparaison avec des courbes isotopiques d'âges connus. Cette méthode est particulièrement utilisée pour les sédiments marins du Quaternaire. Dans une carotte de sédiments, on mesure les proportions des isotopes de l'oxygène ^{18}O et ^{16}O de la coquille de Foraminifères, échantillonnés à des intervalles rapprochés, puis on compare la courbe obtenue à une courbe type (V. fig.) pour identifier certains points et leur assigner un âge. On notera que, pour les eaux océaniques du Quaternaire, ces variations isotopiques correspondent principalement à celles des quantités d'eau stockées dans les inlandsis. V. paléotempérature.

isotrope adj. [de iso-, et du gr. *trepein*, tourner ; angl. *isotropic*] – Se dit d'un milieu dont les propriétés ne dépendent pas de la direction suivant laquelle on les évalue ; les corps isotropes (gaz, liquide, verre) sont homogènes, sans forme définie, et non cristallisés (atomes constitutifs disposés en désordre). Un corps peut être isotrope pour une ou plusieurs propriétés tout en étant anisotrope pour d'autres. C'est le cas, p. ex. des cristaux du syst. cubique à anisotropie* discontinue pour le développement de leurs faces, mais isotropes quant à l'indice de réfraction*. Ant. anisotrope. N. f. **isotropie**.

itabirite n. f. [de Itabira, Brésil ; angl. *itabirite*] – Minerai de fer rubané. V. ce terme et fer.

itacolumite n. f. [de Itacolumi, Brésil ; angl. *itacolumite*] – Grès dont les grains de quartz sont engrenés d'une manière lâche et articulée, ce qui lui confère une certaine flexibilité. Roche exceptionnelle connue au Brésil et aux Indes.

amphibole), assez siliceuse et contenant parfois un peu de quartz. Souvent associé aux spilites. V. ce mot, et albitophyre.

kériothèque n. f. [du gr. *kêrion*, alvéole, et *thêkê*, coffre ; angl. *keritheca*] – V. Fusulinidés.

kérogène n. m. [angl. *kerogen*] – Constituant organique d'une roche sédimentaire qui, au contraire des hydrocarbures, est insoluble dans les solvants organiques usuels.

kersantite n. f. [A. Delesse, 1851, de Kersanton, Finistère, Fr. ; angl. *kersantite*] – Var. de lamprophyre.

kettle [mot angl. signif. bouilloire ; angl. *kettle (hole)*] – Dépression dans des dépôts morainiques, souvent occupée par un lac, résultant de la fonte d'un bloc d'inlandsis isolé par le retrait de celui-ci.

Keuper n. m. [F. von Alberti, 1834, d'un mot dialectal des carriers allemands pour les argiles bariolées ou irisées ; prononc. -pèr' ; angl. *Keuper*] – Partie relativement élevée du Trias germanique (ère secondaire), où l'on trouve généralement des argiles rouges et vertes à gypse (formation des argiles bariolées). V. tabl. Annexe 2.

kevir (ou kavir) [mot iranien ; angl. *kevir, kavi*] – Dépression fermée tapissée d'une croûte de sel. V. sebkra.

Kieselguhr [mot allem. ; angl. *kiselgu(h)r*] – Nom local pour diatomite.

kieserite n. f. [angl. *kieserite*] – Minéral blanc des roches salines $MgSO_4$, H_2O.

kilogramme n. m. [angl. *kilogram(me)*] – Symbole kg. Unité de masse du système international qui ne doit pas être utilisée pour mesurer des forces ou des poids (V. newton).

kimberlite n. f. [de la ville de Kimberley, Afrique du Sud ; angl. *kimberlite*] – R. magm. ultrabasique remplissant sous forme de brèche d'explosion des cheminées volcaniques verticales (pipes), larges de quelques centaines de mètres à 2 km au plus (diamètre tendant à diminuer avec la profondeur). Non altérée, la roche est compacte, bleu ou gris sombre, et contient de l'olivine, du mica phlogopite, de la serpentine abondante, et divers cristaux ou fragments rocheux (xénolites) arrachés aux parois de la cheminée ou issus de zones profondes. On y trouve parfois des diamants, certains à inclusions de coésite (V. silice) (tous les diamants recueillis sur la Terre se trouvent dans des kimberlites ou, remaniés, dans des r. sédim. détritiques en dérivant). On y trouve aussi quelques nodules d'éclogite et de péridotite largement grenue, à olivine (riche en forstérite ; V. péridot), à orthopyroxène (riche en enstatite), parfois à clinopyroxène (diopside riche en Cr) et grenat pyrope. Les diamants, la coésite, et les minéraux des nodules montrent que l'ensemble s'est formé à HT-HP à des profondeurs de 150 à 200 km, c'est-à-dire dans le manteau (V. Terre), et ce sont là les seuls témoins de ces niveaux très profonds qui nous sont connus. Les cheminées kimberlitiques sont présentes en Afrique du Sud, en Sibérie orientale, et en petit nombre dans le Nord de l'Amérique ; certaines sont très anciennes (1 500 Ma), les plus nombreuses étant du Crétacé (130 à 70 Ma). Adj. **kimberlitique**.

Kimméridgien n. m. (anc. Kiméridgien) [A. d'Orbigny, 1849, de Kimmeridge, Dorset, G.-B. ; angl. *Kim(m)eridgian*] – Étage du Jurassique sup. V. tabl. Annexe 2. Adj. **kimméridgien, nne**.

kink n. m. [angl. *kink fold*] – Sorte de pli* en chevron. V. kink band.

kink band [expr. angl.] – Bande étroite déterminée par la flexuration d'un cristal à clivages marqués, ou d'un ensemble lithologique finement lité. Adj. (néol.) **kinké, e**.

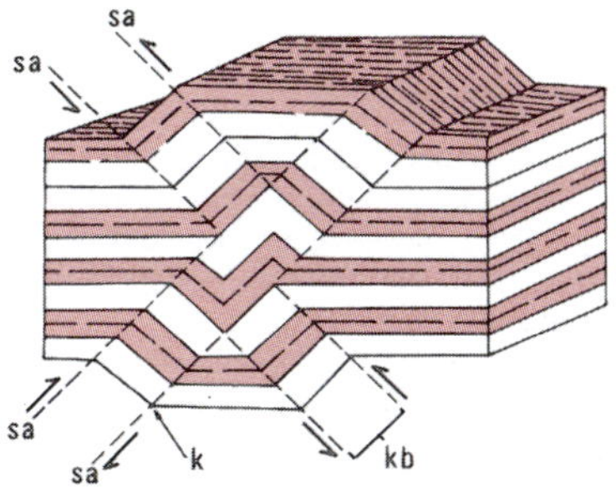

kink band

k : kink – kb : kink band (ou bande kinkée) – sa : surface axiale. Noter les plis en chevrons dans la zone d'intersection des deux kink band conjuguées.

kinzigite n. f. [de la rivière Kinzig, Forêt Noire, Allem. ; angl. *kinzigite*] – R. métam. de type gneiss, catazonale, caractérisée par la paragenèse suivante : quartz, orthose, sillimanite prismatique, grenat, cordiérite, biotite, et graphite. Cette roche représenterait des résidus d'anatexie, et elle est couramment associée à des gneiss, des leptynites, et/ou à des granulites.

kjökkenmödding n. m. (pl. -s) [d'un mot danois signifiant « débris de cuisine » ; dans cette langue, pl. -er ; angl. *kitchen midden*]. – Monticule constitué de déchets alimentaires (surtout coquilles et ossements) et de débris d'objets préhistoriques. Ils sont abondants sur les côtes danoises et datent de la fin du Mésolithique et surtout du début du Néolithique.

klippe n. f. [mot allem. sign. écueil ; angl. *klippe,* pl. *-en*] – Portion d'une unité tectonique allochtone (p. ex. nappe de charriage) isolée du corps principal de celle-ci. Cet isolement est généralement le fait de l'érosion. Syn. lambeau de charriage.

Ce terme a d'abord été utilisé dans les Carpathes, pour désigner des masses rocheuses calcaires formant relief au milieu de terrains tendres, et qui ne sont généralement pas des klippes au sens actuel du mot (ce sont des lentilles stratigraphiques ou des écailles tectoniques). On parle encore pour ces régions de « Zone des klippes » dans ce sens ancien. V. fig. à nappe de charriage.

klippe sédimentaire [P. Lamare, 1946 ; angl. *synsedimentary klippe, slip-sheet*] – Bloc, ou lame de terrains, qui, par suite de son glissement dans un bassin en cours de remplissage, se trouve inclus dans une série sédimentaire plus récente que lui. V. olistostrome.

klupfélienne adj. (ou klüpfelienne) **(séquence –)** [de W. Klüpfel.] – Succession de dépôts carbonatés correspondant à une profondeur de plus en plus faible pouvant aller jusqu'à l'émersion.

knick n. m. [mot allem. signif. pli, brisure] – 1. Sorte de pli* (Syn. kink) – 2. [angl. *knick(point), knickline*] En géomorphologie, rupture de pente entre un inselberg et un pédiment (V. ce mot).

komatiite n. f. [de la rivière Komati, Afrique du Sud ; M.J. et R.P. Viljoen, 1969 ; angl. *komatiite*] – R. volcanique ultramafique à olivine et pyroxène caractérisée par une grande richesse en magnésium (20 % à 30 % de MgO). P. ext., série de roches allant de la péridotite ou du gabbro au basalte ou à l'andésite.

kopje (ou koppie) n. m. [mot sud-africain signif. tête ; angl. *kopje, koppie*] – Sorte de petit inselberg du veld sud-africain. V. castel kopje.

Koungourien (ou Kungurien) n. m. [de Koungour, ville au Sud-Est de Perm, Russie ; ***Kungurian***] – Étage du Permien russe (ère primaire). V. tabl. Annexe 2. Adj. **koungourien, nne**.

Kr – Symbole chim. du krypton.

krypton n. m. [du gr. *kruptos*, caché ; angl. *krypton*] – Symbole chim. Kr. N° et masse atom. 36 et 83,8 ; clarke inférieur à 0,001 g/t. Gaz rare (1 cm^3 par m^3 d'air).

Kulm n. m. – V. Culm.

Kungurien n. m. – V. Koungourien.

Kupferschiefer n. m. [mot allem. signif. schistes à cuivre] – Nom d'une formation de schistes bitumineux cuprifères, à poissons fossiles, du Permien allemand (V. Zechstein).

kyanite (ou cyanite) n. f. [du gr. kuanos, bleu ; angl. *kyanite, cyanite*] – Syn. de disthène.

L

L (ondes –) [angl. *L waves*] – V. sismologie.

La – Symbole chim. du lanthane.

labrador n. m. [du Labrador, Canada ; angl. *labradorite, Labrador spar*] – Var. de feldspath* plagioclase.

labradorite n. f. [angl. *labradorite* (non recommandé), *light-colored labrador-rich basalt, leucocratic basalt*] – R. magm. effusive de type andésitique par son faible pourcentage en minéraux ferromagnésiens (leucocrate, de teinte gris foncé), et de type basaltique par son plagioclase de type labrador. Elle forme des coulées, à débit en grosses dalles, le plus souvent associées à des basaltes. V. andésite, et basalte. Syn. andésite à labrador, basalte leucocrate, leucobasalte

Labyrinthodontes n. m. pl. [du gr. *laburinthos*, labyrinthe, et *odous, odontos*, dent ; angl. *labyrinthodontes, Labyrinthodonta*] – Groupe d'Amphibiens*, tous fossiles (Carbonifère – Trias).

lac n. m. [du lat. *lacus*, même signif. ; angl. *lake*] – Vaste étendue d'eau douce entourée de terre. Les lacs sont d'origines très variées, p. ex. : tectonique (dans des grabens, et alors parfois à altitude inférieure à celle de la mer), volcanique (lac de cratère ; lac de barrage en amont d'une coulée barrant une vallée), karstique (V. doline, poljé), glaciaire (en amont d'une moraine frontale, ou d'un verrou glaciaire, après le recul du glacier). Dans les régions semi-arides et arides, ils sont souvent temporaires, et peuvent être salés (V. endoréisme, évaporite, sebkra). V. aussi lagunolacustre. Adj. **lacustre** [angl. *lacustrine*].

Lacazina – Genre de Foraminifère Miliolidé fusiforme d'assez grande taille (jusqu'à 1 cm) à structure complexe. Répart. stratigr. : Crétacé sup. – Éocène.

laccolit(h)e n. m. [G.K. Gilbert, 1877, du gr. *lakkos*, citerne, et *lithos*, pierre ; angl. *laccolith, laccolite*] – Massif de r. magm. plutonique en grosse lentille de plusieurs kilomètres, à surface inférieure plane et surface supérieure convexe vers le haut. L'ensemble est sensiblement parallèle aux structures de l'encaissant et, de ce fait, est parfois nommé massif « concordant ». V. aussi batholite, lopolite, filon-couche (sill).

lacune n. f. **(stratigraphique)** [du lat. *lacuna*, manque ; angl. *lacuna* (pl. *-a* ou *-ae*), *gap, unconformity* (lacune importante accompagnée ou non de ravinement* et/ou de discordance*, *disconformity* (lacune accompagnée d'érosion, sans discordance), *paraconformity* (lacune sans érosion ni discordance)] – Dans une série sédimentaire, absence des dépôts correspondant à un certain laps de temps. Ce phénomène peut s'expliquer par une interruption de la sédimentation sur le fond sous-marin (par ex. si les courants de fond empêchent les particules d'y demeurer), par une érosion de ce fond (par des courants assez puissants, ou par des glissements de matériel encore boueux), par une émersion des dépôts accompagnée ou non de plissement (dans ce dernier cas, on observera aussi une discordance*). V. hiatus. Adj. **lacunaire** ; **lacuneux, euse**.

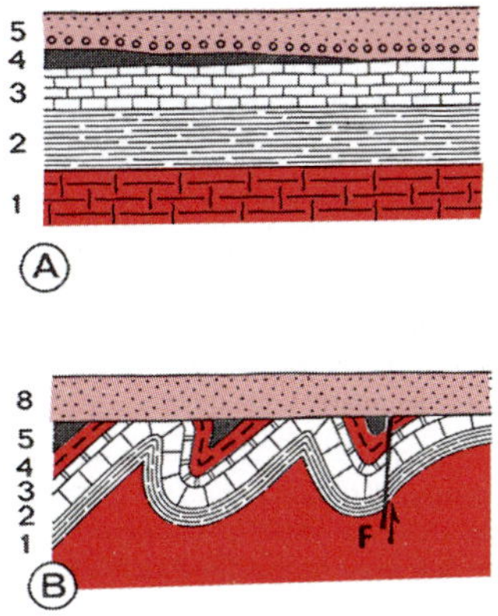

lacune

(coupes schématiques) – **A** : lacune qui peut résulter d'une régression suivie d'une transgression : la couche 4 manque à droite de la figure (elle peut ne pas s'être déposée ou avoir été érodée) – **B** : lacune liée à une discordance : sous la couche 8, qui est discordante, il manque les couches 6 et 7, et selon les points certaines des couches 2 à 5 qui ont été érodées avant le dépôt de 8.

lacustre adj. [angl. *lacustrine*] – V. lac ; *cf.* limnique.

Ladinien n. m. [A. Bittner, 1892, du pays Ladin, Suisse ; angl. *Ladinian*] – Étage du Trias (ère secondaire ; Trias alpin). V. tabl. Annexe 2. Adj. **ladinien, nne**.

Lagénidés n. m. pl. [du gr. *lagênos*, bouteille ; angl. *Lagenidae*] – Foraminifères enroulés ou non, généralement pluriloculaires, à test hyalin fibroradié. Répart. stratigr. : Carbonifère – Actuel.

Lagomorphes n. m. pl. [du gr. *lagôs*, lièvre, et *morphê*, forme angl. *Lagomorpha*, *Duplicidentata*] – Groupe de Mammifères connu depuis l'Oligocène, comprenant p. ex. le lièvre, le lapin, etc. Syn. Duplicidentés.

lagon n. m. [de l'esp. *laguna*, lagune ; angl. *coastal lagoon*] – Étendue d'eau marine au cœur d'un atoll, ou située entre la côte et un récif barrière. V. récif.

lagune n. f. [mot ital., du lat. *lacus*, lac ; angl. *coastal lagoon*] – Étendue d'eau plus ou moins salée séparée de la mer par un cordon littoral (V. plage). Adj. **lagunaire** ; préfixe **laguno**- (utilisé dans laguno-marin ou laguno-lacustre pour des séries sédimentaires dont l'origine est mixte).

lahar n. m. [mot originaire de Java ; angl. *lahar*] – Coulée boueuse à débris de roches volcaniques de toutes tailles, et qui affecte fréquemment les pentes raides et mal consolidées des volcans. Leurs effets destructeurs sont souvent supérieurs à ceux des éruptions elles-mêmes.

lambeau n. m. **de charriage** (ou lambeau de chevauchement) [angl. *klippe*, *thrust outlier*, *nappe outlier*] – Syn. de klippe*.

lambeau de poussée – Terrains arrachés par une unité chevauchante à son substratum, et entraînés par elle (V. aussi copeau tectonique, et nappe de charriage).

lame n. f. [du lat. *lamina*, même signif.] – 1. En tectonique, écaille peu épaisse. – 2. Pour des r. sédim. : V. lamination.

lame auxiliaire [angl. *auxiliary plate*]– Lame taillée dans un cristal et qui permet, placée entre une lame mince de roche et l'analyseur d'un microscope* polarisant de lever certaines indéterminations concernant les propriétés optiques d'un minéral et d'aider à son identification. Le principe en est d'introduire, grâce au phénomène de polarisation elliptique, un déphasage connu entre les deux composantes de la vibration lumineuse polarisée. On nomme ces lames, selon le déphasage qu'elles entraînent pour une longueur d'onde centrale du spectre (jaune de longueur d'onde 555 nm), lame quart **d'onde**, lame **demi-onde**, lame **onde** (ou lame **teinte sensible** car un faible déphasage en plus ou en moins est très sensible à l'œil, la couleur pourpre de polarisation tournant vers le bleu ou le rouge). On utilise également le **quartz compensateur**, lame taillée en coin aigu et introduisant un déphasage variable selon qu'on l'enfonce plus ou moins dans son logement.

lame mince n. f. (de roche) [angl. *thin section*] – Échantillon de roche aminci jusqu'à le rendre transparent afin d'en permettre l'observation en lumière transmise au microscope* optique (généralement au microscope polarisant). Une lame mince s'obtient généralement de la manière suivante : – 1. sciage (avec une scie diamantée) d'une lame de roche à faces parallèles de quelque 3 cm sur 4 cm, et d'une épaisseur de quelques millimètres ; – 2. polissage d'une des surfaces d'abord sur un tour constitué par un disque métallique horizontal tournant à faible vitesse avec des abrasifs (émeri) de grains décroissants humectés d'eau. La finition se fait à la main sur une épaisse plaque de verre avec un abrasif très fin. Il est nécessaire de bien laver le matériel après chaque changement d'abrasif pour éviter les rayures ; – 3. collage de cette surface sur une lame de verre (dimensions 30 mm sur 45, épaisseur 1,5 mm) avec du baume de Canada, ou une résine synthétique ; – 4. amincissement de l'esquille de roche grâce à une meule diamantée rectifieuse ; – 5. polissage du côté ainsi rectifié comme en 2, l'épaisseur de la lame mince doit être de 0,03 mm, le contrôle pouvant s'effectuer par l'observation des teintes de biréfringence du quartz (qui doit être au maximum blanc entre nicols croisés, et non jaune ce qui indique une épaisseur trop forte) ; – 6. collage sur ce côté, au baume ou à la résine, d'une lamelle de verre très mince (0,1 mm). Syn. plaque mince.

Il est possible de confectionner des lames minces artisanalement sans outillage spécial à partir d'éclats obtenus au marteau, ou par serrage dans un étau, et par amincissement et polissage à l'émeri sur une plaque de verre comme indiqué en 2.

lamellaire adj. [angl. *lamellar*, *lamellate*] – Formé de lames superposées. Le terme est surtout utilisé pour des tests de fossiles, lorsqu'ils sont constitués par superposition de couches de natures différentes (p. ex. cas des Fusulinidés, de divers Bivalves, etc.).

Lamellaptychus [du lat. *lamella*, lamelle, et d'aptychus] – V. aptychus (fig.).

Lamellibranches n. m. pl. [du lat. *lamella*, lamelle, et *brankhia*, branchie ; angl. *lamellibranchs*, *Pelecypoda*] – Syn. de Bivalves.

laminage n. m. [du lat. *lamina*, lame ; angl. *squeezing out*] – Amincissement important des couches par étirement tectonique, pouvant conduire à la disparition d'une ou de plusieurs couches (*cf.* pli-faille). Vb. **laminer** [angl. *to squeeze out*] ; adj. **laminé, e**.

lamination n. f. [du lat. *lamina*, lame ; angl. *lamination*] – Disposition des constituants d'un sédiment en fines lames (env. 1 mm). Chacune de ces lames s'appelle une **lamine** (ou **lamina**), et les couches qui en sont formées sont des **laminites**. Ces structures sont d'origines variées. Elles peuvent être dues à l'action des courants sur le fond sous-marin, et s'observent notamment dans les turbidites*, surtout distales (intervalles B, C et D de Bouma) et les contourites*. On y voit alors souvent des stratifications* obliques. Elles peuvent aussi être dues à des successions

rapides de conditions de milieu contrastées (p. ex. : alternance des saisons, V. varves) dont l'enregistrement dans la sédimentation n'a pas été effacé par la bioturbation (ce qui montre alors un milieu de dépôt anoxique). Adj. **laminaire** ; [angl. *laminar, laminate, laminated*].

lamine (ou lamina, pl. -as) n. f. [angl. *lamina*, pl. *-ae*] – V. lamination.

laminite n. f. [angl. *laminite*] – V. lamination.

Lamna [du gr. *lamna*, requin] – Genre de Requins dont on rencontre assez souvent des dents dans les sédiments. Répart. stratigr. : Crétacé – Actuel.

lamproïte n. f. [du gr. *lampros*, brillant ; angl. *lamproite*] – R. magm. effusive alcaline, particulièrement riche en K, avec sanidine et/ou leucite, et mica noir de type phlogopite. Le plus souvent, ces roches sont à rapporter dans la classification (V. tabl. magm.) à des trachytes ou à des phonolites, dits alors lamproïtiques.

lamprophyre n. m. [du gr. *lampros*, brillant, et de porphyre ; angl. *lamprophyre*] – R. magm. filonienne, microgrenue, caractérisée par l'abondance de mica noir et/ou d'amphibole brune (jusqu'à 25 % du volume) en grands et petits cristaux, accompagnés selon les cas d'olivine (presque toujours altérée en talc, chlorite, minéraux argileux), de feldspath, de clinopyroxène, parfois d'analcime. Ce sont des roches issues de magmas riches en H_2O, ayant rapidement cristallisé si bien que les équilibres chimiques sont souvent incomplets, d'où coexistence possible d'olivine et de quartz. Les compositions chimiques sont variées, allant de celles de granites à celles de basaltes, parfois à celles de roches ultrabasiques. Retenons parmi les nombreuses variétés : – 1. La **minette** (le type des lamprophyres) noire et brillante quand elle est fraîche, facilement altérée et devenant brune et pulvérulente (utilisée autrefois pour bourrer les trous de mines, d'où son nom), avec phénocristaux d'olivine altérée, de mica noir (phlogopite), et parfois de diopside dans une pâte à orthose, biotite, et quartz. – 2. La **vogésite** de même type, mais à mica noir remplacé par une amphibole brune. – 3. La **kersantite** à phénocristaux de biotite et d'olivine altérée, dans une pâte à plagioclase (andésine, labrador) et biotite. – 4. La **spessartite** voisine, mais à amphibole brune. – 5. La **camptonite** à grands cristaux de hornblende brune titanifère, dans une pâte à plagioclase basique, olivine altérée, clinopyroxène et parfois analcime. – 6. La **monchiquite** avec un peu de biotite et les mêmes minéraux à l'exclusion du feldspath. Ces roches n'existent qu'en filons allongés, épais de quelques centimètres à quelques mètres, à bordures figées, à cœur porphyrique contenant assez souvent des enclaves (fragments de l'encaissant, nodules péridotitiques). Ces filons sont associés à des granitoïdes (cas des minettes), ou, pour les lamprophyres à déficit de SiO_2, à des syénites, à des syénites néphéliniques, ou encore à des complexes basaltiques.

Landénien n. m. [A. Dumont, 1839, de Landen, Belg. ; angl. *Landenian*] – Étage de l'ère tertiaire, équivalent approximatif du Thanétien. V. tabl. Annexe 2. Adj. **landénien, nne**.

Langhien n. m. [M. F. Pareto, 1865, de Le Langhe, région d'Ital. ; angl. *Langhian*] – Étage du Miocène (ère tertiaire). V. tabl. Annexe 2. Adj. **langhien, nne.**

lanière n. f. [angl. *pinch*] – Bande de terrain très tectonisée, beaucoup plus longue que large, située entre deux zones peu déformées. V. aussi faisceau, pincée.

lanterne n. f. **d'Aristote** [angl. *Aristotle's lantern*] – Système masticateur des Échinides*.

lanthane n. m. [du gr. *lanthanein*, être caché ; angl. *lanthanum*] – Symbole chim. La. N° et masse atom. 57 et 138,92 ; ion 3^+ de rayon 0,114 nm ; densité 6,1 ; clarke 18 à 25 g/t, selon les auteurs. Métal du groupe des lanthanides ou terres rares.

lanthanides n. m. pl. [angl. *lanthanides*] – Groupe de 15 éléments métalliques, dont le type est le lanthane, de propriétés chimiques très voisines, assez répandus avec de faibles concentrations dans les r. magm. Par numéro atomique croissant, on y distingue trois groupes : – 1. Scandium (N° atom. 21), yttrium (39). – 2. Lanthane, cérium, praséodyme, néodyme, prométhéum, samarium (de 57 à 62). – 3. Europium, gadolinium, terbium, dysprosium, holmium, erbium, thulium, ytterbium, lutécium (de 63 à 71). L'étude géochimique de la distribution de ces éléments en traces permet de suivre les diverses phases de cristallisation des magmas, ainsi que de déterminer l'origine détritique ou néoformée de certains matériaux sédimentaires. Ils entrent dans la composition de nombreux minéraux (silicates, carbonates, phosphates, tungstates, etc. Principal minerai : V. monazite). Ils ont de nombreuses utilisations industrielles (verres, céramiques, éclairage, électronique, télévision, etc.). Syn. terres rares.

lapiaz n. m. – V. lapiez et modelé karstique.

lapidification n. f. [du lat. *lapis, -idis*, pierre ; angl. *lapidification* (obs.)] – V. lithification.

lapiez n. m. (ou lapié, lapiés, lapiès, lapiaz) [du lat. *lapis*, pierre ; prononc. lapié ou lapia ; angl. *lapiaz, lapiés*] – Surface de roche calcaire ou dolomitique creusée par dissolution de trous (kamenitsas), de cannelures, ou de rigoles (karrens). V. modelé karstique. Adj. **lapiazé, e**.

lapilli n. m. [mot ital., pl. de *lapillo*, du lat. *lapillus*, diminutif de *lapis*, pierre. En français, pl. lapillis ; angl. *lapillus*, pl. *lapilli*] – Fragment

de lave (élément pyroclastique) projeté par les volcans, à surface scoriacée ou non, et dont la taille est comprise entre 2 et 30 mm, ou entre 2 et 64 mm, selon la classification granulométrique retenue. L'accumulation de tels fragments, également nommée lapilli, ou pouzzolane, donne le plus souvent des couches meubles.

lapis-lazuli n. m. [du lat. *lapis*, pierre, et de l'arabe *lazawar* qui désignait cette pierre ; angl. *lapis (lazuli)*] – 1. Syn. de lazurite (V. feldspathoïde). – 2. Roche bleue riche en lazurite accompagnée de calcite, pyrite, diopside, en général sous forme de masse compacte dans des calcaires métamorphiques, soit au contact de granites, soit inclus dans des phyllades. Syn. outremer.

laramienne adj. **(phase –)** [J. D. Dana, 1896, des monts Laramides, Wyoming, U.S.A. ; angl. *Laramian orogeny, Laramide –*] – Épisode de déformation situé à la limite du Crétacé terminal (ère secondaire) et de l'Éocène (ère tertiaire). V. tabl. Annexe 2.

larvikite (ou laurvikite) n. f. [de Larvik, Norvège ; angl. *la(u)rvickite*] – Var. de syénite* à grands feldspaths gris-bleu à noir, à reflets chatoyants.

Lascaux (grotte de –) – Grotte découverte en Dordogne, Fr., en 1940 et décorée de gravures et surtout de peintures rupestres polychromes de la civilisation du Paléolithique supérieur vers le début du Magdalénien (15 000 ans env.).

latérale adj. **(moraine –)** [angl. *lateral moraine, side –*] – Moraine constituée par des blocs rocheux tombés sur le bord d'un glacier et entraînés par celui-ci dans son mouvement. V. glacier, modelé glaciaire.

latérite n. f. [H. Buchanan, 1807, du lat. *later*, brique ; angl. *laterite*] – Terme désignant divers types de sols tropicaux rouges ferrugineux et durcis (notamment des sols ferrallitiques). Vb. **latéritiser** ; adj. **latéritisé, e** et **latéritique** ; n. f. **latéritisation** [angl. *lateri(ti)zation*].

Latimeria – Genre de Poissons marins de la famille des Cœlacanthidés, seul représentant actuel du groupe primitif des **Crossoptérygiens***.

latite n. f. [du Latium, région de Rome, Ital. ; angl. *latite*] – Var. de trachyandésite.

Lattorfien n. m. [C. Mayer-Eymar, 1893, de Latdorf, Allem. ; angl. *Lattorfian*] – Division stratigraphique d'Europe septentrionale, équivalent approximatif de l'Éocène sup. (ère tertiaire). V. tabl. Annexe 2. Adj. **lattorfien, nne**.

laumon(t)ite n. f. [dédié à Laumont ; angl. *laumon(t)ite*] – Var. de zéolite.

Laurasie (ou Laurasia) n. f. [angl. *Laurasia*] – Continent issu de la partie nord de la Pangée*, après sa division en deux vers la fin du Paléozoïque, et s'étant lui-même ensuite divisé en Amérique du Nord et Eurasie.

laurdalite n. f. [de Laurdal, Norvège ; angl. *laurdalite*] – Var. de syénite néphélinique pauvre en néphéline et proche de la larvickite* (syénite*).

laurvikite – V. larvikite.

lauze (ou lause, parfois lose ; *cf.* esp. *losa*, dalle) n. f. [angl. *roofing slab*] – Dalle* naturelle de roche à surface plus ou moins régulière, utilisée en particulier pour les toitures, dans les Alpes ou le Massif central. Il peut s'agir de r. métam. schisteuses, de dalles calcaires, ou encore de roches volcaniques ; pour celles-ci, le débit en dalles est lié à une structure microlithique fluidale (fréquente dans les phonolites et trachytes, plus rare dans les andésites et basaltes).

lavage n. m. – 1. [angl. *washing*] Pour des sédiments meubles ou peu compactés (marnes en particulier), tamisage sous un écoulement d'eau afin d'en extraire des éléments de taille donnée. On utilise généralement une colonne de quelques tamis métalliques calibrés, emboîtés les uns sur les autres, celui ayant les mailles les plus fines étant en bas. L'eau ayant évacué les particules argileuses, les résidus de chacun des tamis sont recueillis, séchés à l'étuve puis examinés, généralement à la loupe binoculaire. C'est le moyen le plus habituel de dégagement des microfossiles. – 2. [angl. *panning*] Opérations de séparation, avec de l'eau, des parties terreuses et des parties métalliques, d'un matériau métallifère meuble (ex. lavage à la batée – récipient en forme de cuvette – d'alluvions aurifères).

lavaka n. m. [mot de Madagascar] – Ravin à flanc escarpé des pays tropicaux.

lave n. f. [de l'ital. *lava*, même signif. ; angl. *lava*] – Roche émise en fusion (T = 700 °C à 1 200 °C) à l'état liquide ou pâteux par les volcans*, et donnant en général des coulées d'extension très variable (surfaces couvertes de quelques centaines de m^2 à plusieurs milliers de km^2). Leur aspect dépend de nombreux facteurs : pente topographique, mise en place à l'air libre ou sous l'eau, vitesse de progression (quelques m/h à quelques km/h, exceptionnellement 50 à 70 km/h), viscosité (liée à la température d'émission, au chimisme, aux gaz), vitesse de refroidissement (la solidification se produisant entre 600 et 900 °C env. selon la composition chimique). Leur typologie est donc complexe, et de nombreux intermédiaires existent entre les types suivants (dont plusieurs peuvent être observés sur la même coulée, en des points différents) : – 1. **Laves lisses** (ou **pahoehoe** selon le mot hawaiien) à surface assez régulière, rugueuse et souvent striée – 2. **Laves cordées** à surface montrant des bourrelets cannelés superposés et entrecroisés (mince

croûte superficielle plastique déformée lentement par la progression de la lave fluide sous-jacente). – 3. **Laves prismées** (ou à colonnades ; V. prismation) où les prismes disposés verticalement peuvent être réguliers et largement développés en donnant des « orgues ». – 4. **Cheires*** (ou **aa** selon le mot hawaiien), laves en coulées à surface chaotique et scoriacée, hérissées d'aiguilles et de blocs basculés. – 5. **Laves en blocs**, surtout au front et sur les bords de coulées visqueuses. – 6. **Laves en coussins*** (ou pillow lavas) mises en place sous l'eau. – 7. laves de forte viscosité constituant des **dômes** ou des **aiguilles**, ou encore des accumulations de fragments projetés (blocs, lapillis, cendres, parfois nuées ardentes). V. aussi volcan. Syn. r. magm. effusive. Adj. **lavique** (qui se rapporte aux laves).

lave torrentielle [angl. *mud flow*] – Masse boueuse qui s'écoule dans le lit d'un torrent en crue brutale. Du fait de sa compétence, elle peut transporter de gros blocs, et édifier des levées sur les berges. Ce terme ambigu n'implique aucune relation avec le volcanisme (*cf.* lahar).

lawsonite n. f. [dédiée à Lawson ; angl. *lawsonite*] – Sorosilicate $CaAl_2$ $[Si_2O_7]$ $(OH)_2$, H_2O, du syst. orthorhombique, en prismes tabulaires ou allongés à section souvent losangique, avec un clivage net, à éclat vitreux ou gras, de teinte bleu pâle à gris-bleu, parfois incolore. Elle est présente dans des r. magm. basiques (ex. gabbros) où elle procède de l'altération des plagioclases basiques (V. saussuritisation). On la trouve aussi dans des schistes du métamorphisme général de BT-HP, où elle accompagne souvent la glaucophane (dans des roches du métamorphisme alpin). V. métamorphisme.

lazulite n. f. [angl. *lazulite*] – Minéral phosphaté (Mg, Fe) Al_2 $(PO_4)_2$ $(OH)_2$, du syst. monoclinique en cristaux pyramidaux octaédriques, de couleur bleu sombre à bleu clair. C'est un minéral rare présent dans des r. métam. (p. ex. quartzites), et accompagnant, selon les cas, du disthène, du rutile, de l'andalousite.

lazurite n. f. [de l'arabe *lazawar*, lapis-lazuli ; angl. *lazurite*] – Var. de feldspathoïde* de couleur bleu intense. V. lapis-lazuli.

lectotype n. m. [du gr. *lektos*, choisi, et de type ; angl. *lectotype*] – V. type.

Lédien n. m. [M. Mourlon, 1887, de Lede, Belg. ; angl. *Ledian*] – Division stratigraphique de l'ère tertiaire, correspondant en Belgique au Lutétien moyen. V. tabl. Annexe 2. Adj. **lédien, nne**.

lehm (ou loehm) n. m. [mot allem. ; angl. *lehm*] – Argile silteuse, jaune, grise ou rougeâtre, utilisée comme terre à briques, correspondant le plus souvent à la partie supérieure et décalcifiée (niveau éluvial) d'une couche de lœss (V. ce mot, et ergeron).

Lémuriens n. m. pl. [du lat. *lemures*, fantômes] – (Syn. Prosimiens) – Groupe de Primates.

Lénien n. m. [du fleuve Léna, Russie ; angl. *Lenian*] – Étage du Cambrien moy. (ère primaire). V. tabl. Annexe 2. Adj. **lénien, nne**.

lentille n. f. [du lat. *lens, lentis*, même signif. ; angl. *lens, lentil*] – Masse de terrain se terminant de toute part en biseau. Le dispositif peut avoir une origine tectonique (par laminages multiples) ou une origine sédimentaire. Dans ce dernier cas (couche sédimentaire lenticulaire), il y a généralement lacune de cette couche dans les zones séparant les lentilles. Pour les lentilles récifales, il y a en général passage latéral de tous les côtés des calcaires récifaux aux couches avoisinantes (marnes et calcarénites le plus souvent). Adj. **lenticulaire** [angl. *lenticular*].

lépidoblastique adj. [du gr. *lepis, -idos*, écaille, et *blastos*, bourgeon ; angl. *lepidoblastic*] – S'applique à la structure des r. métam. montrant des minéraux en lamelles (micas en particulier), empilés les uns sur les autres, formant des lits parallèles entre eux, et dont la direction générale est celle du plan de schistosité* ou celle de la foliation*.

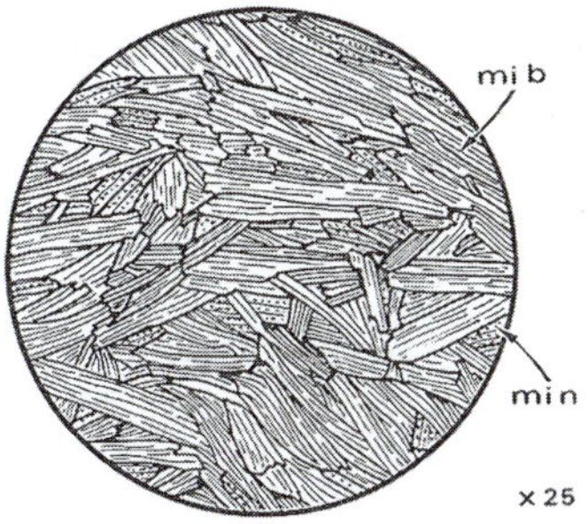

lépidoblastique

Structure lépidoblastique vue en lame mince – mib : mica blanc – min : mica noir (d'après J. Jung).

Lépidocentroïdes n. m. pl. [du gr. *lepis, -idos*, écaille] – Groupe d'Oursins Réguliers. V. Échinides.

Lepidocyclina [du gr. *lepis, -idos*, écaille, et *kuklos*, cercle] – Genre de Foraminifère pluriloculaire discoïde comportant une couche de loges équatoriales de forme hexagonale entourée par une épaisseur plus ou moins grande de loges latérales. Leur diamètre,

habituellement de l'ordre du centimètre, peut atteindre un décimètre. Ce sont des organismes des mers chaudes et peu profondes. Répart. stratigr. : Éocène sup. (en Amérique centrale) ou Oligocène sup. (dans l'Ancien Monde) à Miocène (V. aussi *Discocyclina*).

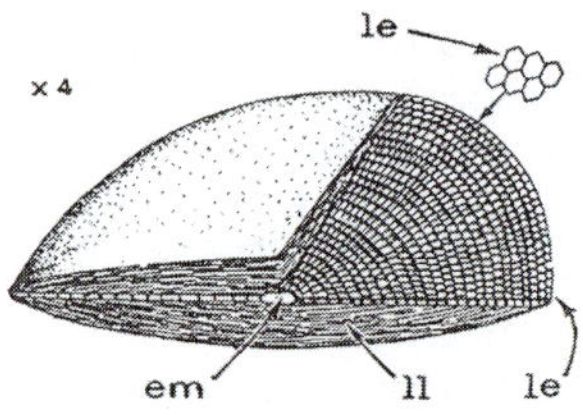

Lepidocyclina

Vue d'une lépidocycline découpée pour en montrer la structure – em : embryon (ou proloculus) – le : logettes équatoriales (avec un détail) – ll : logettes latérales.

Lepidodendron [du gr. *lepis, -idos*, écaille, et *dendron*, arbre] – Genre d'arbres fossiles pouvant atteindre 30 m de haut, du groupe des Lycopodiales (Ptéridophytes), caractérisé essentiellement par son écorce montrant des coussinets foliaires serrés et losangiques (différence avec *Sigillaria*). Ses racines sont connues, avec d'autres, sous le nom de *Stigmaria*. C'est un élément important de la flore des forêts houillères. Répart. stratigr. : Dévonien – Permien.

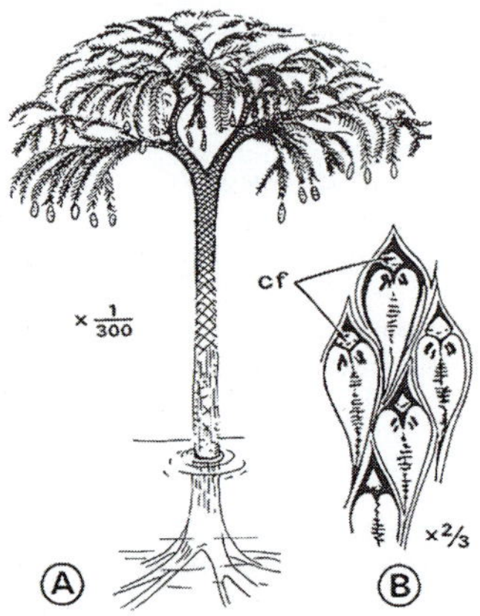

Lepidodendron

A : reconstitution – B : détail de l'écorce – cf : cicatrice foliaire (d'après L. Moret).

lépidolite n. m. [du gr. *lepis, -idos*, écaille, et *lithos*, pierre ; angl. *lepidolite, lithium mica*] – Var. de mica* lithinifère.

lépidomélane n. m. [du gr. *lepis, -idos*, écaille, et *melas, -anos*, noir ; angl. *lepidomelane*] – Var. de mica* noir.

Lépospondyles n. m. pl. [du gr. *lepos*, écorce, et *spondulos*, vertèbre] – Groupe d'Amphibiens fossiles proche des Salamandres. Répart. stratigr. : Carbonifère – Permien.

Leptaena [du gr. *leptos*, fin] – Genre de Brachiopodes (V. fig. à ce mot) articulés de l'Ordovicien et du Silurien.

leptynite n. f. [du gr. *leptunô*, amincir ; angl. *leptynite*] – R. métam. de type gneissique, de teinte claire, assez homogène et à grain fin, compacte, et à foliation peu marquée, fréquemment à débit en pavés, composée de quartz* et feldspath alcalin dominants, souvent riche en grenat, pauvre en mica et/ou amphibole. Elle dérive du métamorphisme de grès arkosiques (paraleptynite) ou de granites (ortholeptynite) ; en général, il s'agit de la catazone ; les leptynites à cordiérite et/ou grenat, et sans biotite, définissent parfois l'ultrazone (V. métamorphisme, isograde, et zone) ; roche voisine : granulite.

leptynolite n. f. [de leptynite ; angl. *leptynolite*] (Syn. cornéenne schisteuse micacée) – R. du métam. de contact des granites, dérivée de schistes, à aspect de micaschiste ou de gneiss fin, riche en micas (biotite en général) et en petits feldspaths. Ce type de roche se trouve au contact même du granite, et montre parfois une texture rubanée, parallèle au bord de celui-ci.

lessivage n. m. [angl. *leaching, eluviation*] – Entraînement vers le bas des substances solubles ou colloïdales d'un sol* par les eaux d'infiltration, et donnant un horizon éluvial (ou horizon de lessivage, ou horizon A). Ant. accumulation ou illuviation. Syn. éluviation.

Lettenkohle n. f. [mot allem. signif. charbon des argiles] – Division du Trias germanique (ère secondaire), incluse tantôt dans le Muschelkalk, tantôt dans le Keuper. V. tabl. Annexe 2.

leucite n. f. [A. G. Werner, 1791, du gr. *leukos*, blanc ; angl. *leucite*] – Var. de feldspathoïde*.

leucitite n. f. [angl. *leucitite*] – R. magm. effusive (V. tabl. magm.) formée de cristaux automorphes de leucite blanchâtre, pris dans une pâte noirâtre à augite, à mélilite fréquente, parfois à olivine. C'est une roche exceptionnelle associée aux téphrites et aux basanites à leucite.

leucitoèdre n. m. [de leucite, et du grec *hedra*, base ; angl. *leucitohedron*] – Trapézoèdre à 24 faces, habitus fréquent de la leucite. V. feldspathoïde.

leucitophyre n. m. [de leucite, et de porphyre ; angl. *leucitophyre*] – R. magm. effusive à leucite, soit de type phonolite, soit de type téphrite (leucotéphrite) ; V. tabl. magm.

leuco- [du gr. *leukos*, blanc] – Préfixe utilisé en particulier pour des noms de r. magm. leucocrates, p. ex. leucogranite.

leucocrate adj. [du gr. *leukos*, blanc, et *kratos*, force ; angl. *leucocratic*] – S'applique aux r. magm. riches en minéraux dits « blancs », c'est-à-dire en quartz et/ou feldspaths et/ou feldspathoïdes, mais qui ne sont d'ailleurs pas nécessairement blanches ou très claires. V. coloration (indice de –).

leucoxène n. m. [du gr. *leukos*, blanc, et *xenos*, étranger ; angl. *leucoxene*] – Agrégat cryptocristallin, blanchâtre, jaune ou brun, résultant de l'altération des minéraux titanières (ex. ilménite). C'est un mélange de sphène et de rutile, avec parfois brookite et hématite.

Levallois (débitage –) [d'une localité des Hauts-de-Seine, Fr. angl. *Levallois-type flaking*] – Technique consistant à préparer un rognon de silex par enlèvement d'éclats sur ses deux faces avant d'en détacher des pointes ou des lames dont les dimensions et les formes sont ainsi bien déterminées. Elle fut utilisée depuis l'Acheuléen jusqu'au Néolithique.

Levalloisien n. m. [angl. *Levalloisian*] – Faciès du Moustérien caractérisé par l'utilisation du débitage Levallois. Adj. **levalloisien, nne**.

lever vb. [angl. *to map* (carte) ; *to survey* (carte et description)] – Dresser une carte (géologique, géographique, etc.) sur le terrain. Le néologisme carter a été rejeté par l'Académie des sciences. N. m. **lever**, ou **levé** [angl. *mapping, survey*] (action de dresser une carte ; cette carte elle-même).

leverriérite n. f. [angl. *leverrierite*] – Association de kaolinite (V. argile) et de micas blancs ; V. tonstein.

lévogyre adj. [du lat. *laevus*, du côté gauche, et du gr. *gûros*, cercle ; angl. *levorotatory*] – Qui fait tourner le plan de polarisation de la lumière dans le sens inverse des aiguilles d'une montre (ne pas confondre avec senestre). Ant. dextrogyre.

lèvre n. f. **(d'une faille)** – V. faille.

lherzite n. f. [de l'étang de Lherz, actuellement Lers, Ariège, Fr. ; angl. *lherzite*] – R. magm. de type amphibololite, à hornblende alumineuse, constituant des filons dans des massifs ultrabasiques, ou parfois des filonnets dans des nodules de péridotite.

lherzolite n. f. [de l'étang de Lherz, actuellement Lers, Ariège, Fr. ; angl. *lherzolite*] – R. magm. grenue de type péridotite à olivine, hypersthène ou bronzite, diopside chromifère, spinelle (picotite). Constituant une part plus ou moins grande des massifs de péridotites, ces roches sont souvent associées à des pyroxénolites. Dans la localité type, la roche est brun rougeâtre sombre, en partie serpentinisée, et forme de petites écailles à proximité de grands accidents tectoniques.

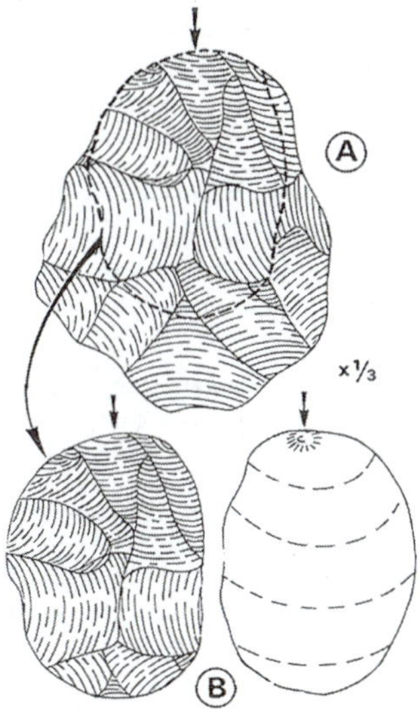

Levallois (débitage –)

A : nucléus préparé par enlèvement d'éclats (en pointillé, la localisation de B).
B : lame détachée de ce nucléus, par percussion au point marqué d'une flèche. *A gauche :* endroit, *à droite :* envers montrant le bulbe de percussion.

Li – Symbole chim. du lithium.

Lias n. m. [W. Smith, 1799, terme de carrier anglais, désignant une pierre plate ; *cf.* le mot angl. *layer*, lit ; angl. *Lias*] – Partie inférieure du Jurassique (ère secondaire). Selon les auteurs, elle comprend ou non, à sa partie supérieure, l'Aalénien ; dans le premier cas c'est l'équivalent exact du Jurassique inférieur au sens actuel. On divise souvent le Lias en Lias inf. (Hettangien et Sinémurien), Lias moy. (Carixien et Domérien), Lias sup. (Toarcien et éventuellement Aalénien). V. tabl. Annexe 2., et aussi infraliasique. Adj. **liasique**.

libre adj. **(nappe –)** [angl. *unconfined groundwater*] – Nappe d'eau souterraine (V. ce terme) qui n'est pas limitée vers le haut par des terrains imperméables.

Ligérien n. m. [H. Coquand, 1869, de *Liger*, nom latin de la Loire, fleuve de Fr.] – Partie inf. du Turonien (Crétacé sup., ère secondaire). V. tabl. Annexe 2. Adj. **ligérien, nne**.

ligne n. f. **andésitique** [angl. *andesite line*] – Ancienne désignation du front volcanique d'un arc insulaire (V. ce terme).

ligne de faille [angl. *fault line, – trace*] – Intersection d'une faille et de la surface topographique. V. escarpement de ligne de faille.

ligne de gravats – V. gravats (nappe de –).

ligne de partage des eaux [angl. *(water) divide, watershed* (GB)] – Limite entre deux bassins hydrographiques. V. ce terme et interfluve.

ligne de plus grande pente [angl. *slope line, line of dip*] – Ligne qui, à partir d'un point donné d'une surface inclinée, emprunte toujours la pente maximum (elle est donc constamment perpendiculaire aux courbes de niveau).

lignite n. m. [du lat. *lignum*, bois ; angl. *lignite*] – Var. peu évoluée de charbon*.

liman n. m. [mot russe ; angl. *liman*] – Estuaire vaseux barré par une flèche.

limburgite n. f. [de Limburg, Allem. ; angl. *limburgite*] – Var. de basanite.

liminaire adj. **(chaîne –)** [E. Argand, 1924, du lat. *limen, liminis*, seuil ; angl. *continental bordering range*] – Chaîne formée aux dépens d'une croûte continentale dans sa zone de contact avec une croûte océanique (ex. cordillère des Andes).

limivore adj. [du lat. *limus*, boue, et *vorare*, dévorer ; angl. *limivorous*] – Qui se nourrit de boue ; c'est le cas p. ex. de nombreux vers marins, dont l'activité produit des bioturbations.

Limnaea – V. *Lymnaea* (et fig. à Gastropodes).

limnée n. f. – [angl. *limnaeid*] Gastropode lacustre du genre *Lymnaea*, ou proche de celui-ci.

limnique adj. [du gr. *limnê*, marais, lac ; angl. *limnic*] – S'applique à des bassins continentaux, marécageux ou lacustres, à leurs sédiments, à leur faune, à leur flore, etc. Ex. les bassins houillers limniques (par opposition aux bassins côtiers paraliques ; V. charbon).

limnologie n. f [du gr. *limnê*, marais, et *logos*, discours ; angl. *limnology*] – Science qui a pour objet l'étude des lacs, étangs, marais.

limon n. m. [du lat. *limus*, boue ; angl. *loam*] – Dépôt détritique meuble, argileux et silteux, à grain très fin (classe des lutites, V. tabl. granulométrie), continental et d'origine fluviatile, lagunaire ou encore éolienne (limon des plateaux, lœss). V. aussi silt. Adj. **limoneux, euse**.

limonite n. f. [Morin, 1842, de limon ; angl. *limonite*] – Terme englobant un ensemble d'hydroxydes de fer (type FeO-OH, nH_2O ; *cf.* gœthite) ; Les masses de limonite peuvent être amorphes et colloïdales, ou cryptocristallines, et sont d'aspect compact, brun foncé. La limonite forme aussi des rognons concrétionnés à surface noire luisante, et des grains dans les minerais oolithiques de fer. Mélangée à des argiles, elle donne des ocres jaunes. Syn. hématite brune.

limule n. m. [du lat. *limus*, boue] – V. Mérostomes*.

lindinosite n. f. [de la rivière Lindinosa, Corse, Fr. ; angl. *lindinosite*] – Var. de granite alcalin.

linéaire adj. **(érosion –)** [du lat. *linearis*, en forme de ligne] – V. érosion linéaire.

linéament n. m. [W.H. Hobbs, 1904 ; du lat. *lineamentum*, ligne ; angl. *lineament*] – Alignement structural, long de plusieurs dizaines ou centaines de kilomètres correspondant à un accident de l'écorce terrestre dont l'influence se fait sentir pendant une très longue période de temps, au cours de phases tectoniques successives. V. aussi rhegmatisme. Adj. **linéamentaire**.

linéation n. f. [du lat. *linea*, ligne ; angl. *lineation*] – Terme général désignant, dans une roche, toute structure acquise tectoniquement, se traduisant par des lignes parallèles entre elles. On distingue : – 1. **Linéation d'intersection**, produite par le recoupement de deux familles de surfaces, en particulier par l'intersection d'une schistosité avec une surface de stratification, ou avec une schistosité ou une foliation antérieures. – 2. **Linéation d'étirement** matérialisée par l'allongement mécanique d'éléments figurés, p. ex. de galets dans un conglomérat. – 3. **Linéation minérale**, due à la recristallisation au cours du métamorphisme, de minéraux allongés, parallèles entre eux. V. nématoblastique (structure –), queue de cristallisation. – 4. **Linéation de crénulation** correspondant aux charnières de microplis serrés et réguliers.

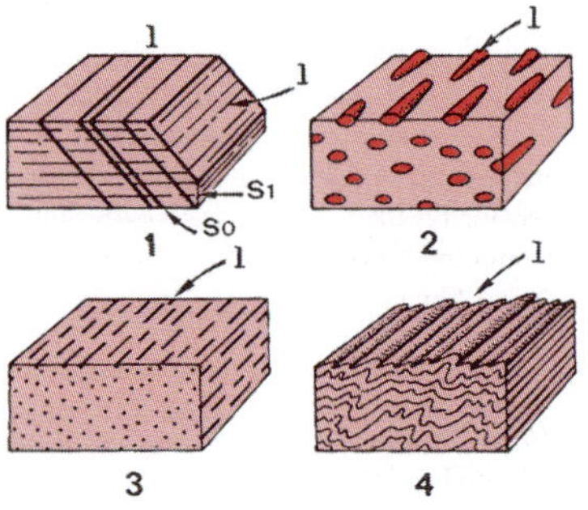

linéation

Linéation (l) – 1 : d'intersection entre une stratification So et une schistosité S1 – 2 : d'étirement de petits galets, ronds à l'origine – 3 : minérale – 4 : de crénulation.

Les linéations minérales et d'étirement peuvent avoir des orientations variées par rapport aux axes des plis. Le plus souvent, on considère qu'elles sont surtout significatives de la direction de translation du matériau dans les plans des discontinuités (schistosité p. ex.).

Lingula [mot lat. signif. spatule] – Brachiopode (V. fig. à ce mot) inarticulé, à coquille chitineuse, phosphatée et calcaire ; il vit actuellement dans des trous qu'il creuse dans le sable des plages. Répart. stratigr. : Ordovicien – Actuel.

linnéenne (nomenclature –) [de C. von Linné ; angl. *Linnean nomenclature*] – V. nomenclature.

liparite n. f. [des îles Lipari, Ital. ; angl. *liparite*] – Variété de rhyolite (V. tabl. magm.) pauvre en verre, à quartz, sanidine, oligoclase, biotite, et diopside.

liquidus n. m. [mot lat. signif. liquide ; angl. *liquidus*] – Dans un diagramme composition-température, lieu des points séparant le domaine où la phase liquide existe seule de celle où elle coexiste avec des cristaux. Dans un mélange binaire, c'est une ligne, dans un mélange ternaire, une surface, etc.). V. solidification.

listrique adj. **(faille –, surface –)** [E. Suess, 1909 ; du gr. *listron*, pelle ; angl. *listric fault, – surface*] – Faille* subhorizontale concave vers le haut.

lit n. m. (d'un cours d'eau) [angl. *(stream) bed, channel(way)* – Partie d'une vallée occupée d'une manière permanente ou temporaire par un cours d'eau. Le **lit majeur** est la zone où l'eau s'étale lors des inondations ; le **lit mineur** est celle qu'emprunte habituellement le cours d'eau ; il est souvent creusé par un **chenal d'étiage** qui suffit à l'écoulement lors des plus basses eaux.

lit n. m. (dans les roches) [angl. *bed, layer*] – Couche* ou niveau de faible épaisseur (quelques centimètres à quelques décimètres). Ce terme est surtout utilisé pour les r. sédim.

litage n. m. [angl. *bedding* (plutôt pour r. sédim.), *layering* (plutôt pour r. métam.)] – Fait, pour un terrain, de comporter des lits. On utilise ce terme essentiellement pour les formations sédimentaires. V. stratification, foliation. Adj. **lité, e**.

lith(o)-, -lit(h)e, [du gr. *lithos*, pierre] – Préfixe ou suffixe, signif. pierre, roche, minéral. Cette racine, lorsqu'elle est utilisée comme préfixe, est toujours écrite avec un h. En revanche, lorsqu'elle est utilisée comme suffixe, une grande confusion règne dans son orthographe, les formes -lithe et -lite étant utilisées en concurrence, la seconde prenant parfois largement le pas sur la première en dépit de l'étymologie. Il nous semblerait cependant logique de toujours respecter celle-ci, en dépit d'un très long usage contraire dans certains cas (batholite, laccolite, lopolite, ophiolite, etc.). On a ici signalé les deux formes lorsqu'elles étaient attestées.

lithification n. f. [de lith- ; angl. *lithification*] () – Transformation d'un sédiment meuble en r. sédim. consolidée par compaction et cimentation. V. diagenèse. Syn. lapidification. Vb. lithifier [angl. *to lithify*] ; adj. **lithifié, ée.**

lithique adj. [de lith- ; angl. *lithic*] – Qui contient des débris de roches (cristallines en général) reconnaissables en tant que telles. Ex. : un grès lithique est un grès à débris de roches (granite, micaschiste, etc.), par opposition à un grès *s. str.* ne contenant que des grains de quartz, et quelques autres minéraux à l'état de grain.

lithium n. m. [de lith- ; angl. *lithium*] – Symbole chim. Li. N° et masse atom. 3 et 6,94 ; ion 1^+ de rayon 0,068 nm ; densité 0,55 ; clarke 20 à 65 g/t, selon les auteurs. Métal blanc qui se trouve dans divers silicates, dits **lithinifères**, avec en particulier le lépidolite dont on l'extrait, et qui sont présents dans des r. magm. acides (greisen, pegmatite granitique ou syénitique).

lithoclase n. f. [M. A. Daubrée, 1880 ; de litho-, et du gr. *klasis*, rupture] – Toute cassure de roche, avec ou sans déplacement relatif des parties. Ce terme, commode, n'est cependant plus en usage. V. aussi diaclase, faille, joint.

lithoclaste n. m. [de litho-, et du gr. *klastos*, brisé ; angl. *lithoclast*] – Terme pouvant désigner n'importe quel fragment de roche, mais généralement réservé aux débris de r. sédim. carbonatée remaniés dans un sédiment lui-même carbonaté. On y distingue les extraclastes et les intraclastes selon que leurs aspects et leurs âges diffèrent ou non de ceux du sédiment qui les contient. V. carbonatées (roches –), et claste.

lithofaciès n. m. [de litho-, et de faciès ; angl. *lithofacies*] – Syn. de faciès pétrographique (V. ce terme). Ne s'utilise habituellement que pour des roches ou des formations sédimentaires.

lithographique adj. [de litho-, et du gr. *graphein*, écrire ; angl. *lithographic*] – S'applique à un calcaire à grain très fin et très homogène (ex. le calcaire de Solenhofen, du Jurassique sup. de Bavière). Au sens strict, on ne doit utiliser cet adj. que pour les roches susceptibles d'être employées en imprimerie (impression lithographique). Les autres calcaires à grain très fin, mais impropres à cet usage, étant dits **sublithographiques**.

lithologie n. f. [de litho-, et du gr. *logos*, discours ; angl. *lithology*] – 1. Nature des roches d'une formation géologique. – 2. Désuet dans le sens de science des roches (Syn. pétrographie, pétrologie).

lithologique adj. [angl. *lithologic(al)*] – Relatif à la nature des roches (indépendamment p. ex. de leur âge, de leurs fossiles, etc.). Ex. une carte lithologique (V. carte).

lithomarge n. f. [de litho-, et de marge ; angl. *lithomarge*] – Zone d'un sol ferrallitique (V. ce terme) situé juste au-dessus de la roche mère.

lithophage adj. [de litho-, et du gr. *phagein*, manger ; angl. *lithophagous*] – Qui creuse les roches dures, généralement pour s'y abriter. Ex. un mollusque lithophage. N. m. **lithophage**.

lithophile adj. [Goldschmidt, 1923 ; de litho-, et du gr. *philos*, ami ; angl. *lithophile*] – S'applique aux éléments chimiques ayant tendance à se lier préférentiellement à l'oxygène, tels Al, Si, etc.

lithosidérite n. f. [de litho-, et du lat. *sidus, -eris*, astre ; angl. *lithosiderite*] – Type de météorite* contenant autant de silicates que de métaux.

lithosol n. m. [de litho-, et de sol ; angl. *lithosol*] – Sol très peu évolué, souvent caillouteux, établi sur une roche mère dure.

lithosphère n. f. [de litho-, et de sphère ; angl. *lithosphere*] – Couche superficielle de la Terre*, épaisse d'une centaine de kilomètres, comprenant la croûte et une partie du manteau supérieur, limitée vers le bas par la discontinuité de Mohorovicic (= Moho). Elle est divisée en plaques mobiles sur leur substratum appelé asthénosphère (V. tectonique des plaques).

lithostratigraphie n. f. [de litho-, et de stratigraphie ; angl. *lithostratigraphy*] – Stratigraphie* basée uniquement sur les différences de nature entre les couches, indépendamment de leur contenu en fossiles.

Lithothamniées n. f. pl. [de litho-, et du gr. *thamnion*, herbe angl. *Lithothamniids*] – Famille d'Algues Mélobésiées, dont le genre type est *Lithothamnium*. Répart. stratigr. : Crétacé (Aptien) – Actuel. V. fig. à Mélobésiées.

littoral, e, aux adj. [du lat. *littoralis*, de *litus, -oris*, rivage ; angl. *littoral, – (a)longshore* (le long de la côte)] – 1. Relatif aux rivages marins. – 2. S'applique souvent à la partie côtière située dans la zone de battement des marées (entre la plus haute et la plus basse). Dans ce milieu côtier, on fait souvent les distinctions suivantes : – 1. La zone **supralittorale**, au-dessus du niveau de la haute mer mais soumise cependant à l'influence marine. – 2. La zone **médiolittorale**, de battement des marées, dite aussi zone littorale s. str. – 3. La zone **infralittorale**, entre la basse mer et la limite inférieure de la zone euphotique (en moyenne vers – 50 m) – 4. La zone **circalittorale**, de – 50 m environ à – 200 m (bord du talus continental). Au-delà vient la zone bathyale*. Chacune de ces zones présente des associations de faunes et de flores caractéristiques. V. aussi tidal, et marin (milieu).

littorale (dérive –) [angl. *littoral drift, longshore –*] – Transport des particules sédimentaires le long du littoral essentiellement sous l'action d'une houle arrivant obliquement sur le rivage. V. aussi plage, tombolo.

Littorines n. f. pl. [du lat. *littoralis, de litus, -oris*, rivage ; angl. *Littorinids*] – Groupe de Gastropodes marins connu du Jurassique à l'Actuel (on y rapporte les bigorneaux). Le nom de **mer à Littorines** a été utilisé (G. Lindström, 1852) pour désigner un état de la mer Baltique postérieurement à la dernière glaciation (vers 4 000 ans av. J.-C.).

Lituolidés n. m. pl. [du lat. *lituus*, bâton recourbé, trompette ; angl. *Lituolidea*] – Groupe de Foraminifères multiloculaires à stade initial enroulé en spirale dans un plan, le stade adulte pouvant être également enroulé ou non. La structure des loges est souvent complexe, le test généralement agglutinant. Ce sont des formes benthiques de milieux marins peu profonds. Beaucoup sont de bons fossiles stratigraphiques, notamment dans le Jurassique et le Crétacé. Répart. stratigr. : Carbonifère – Actuel.

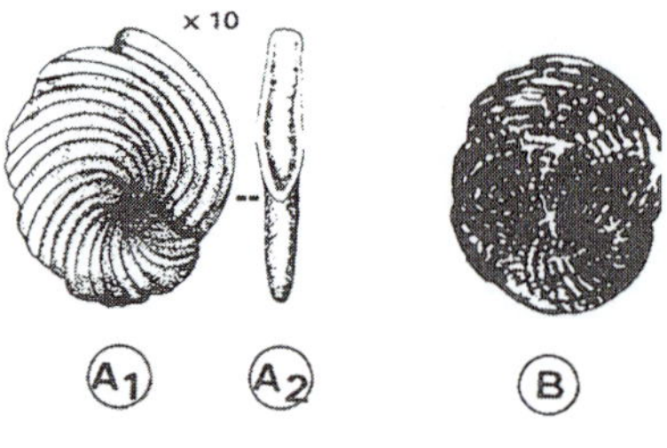

Lituolidés

Spirocylina (Sénonien inf.) – A_1 : vue latérale – A_2 : vue frontale – B : coupe équatoriale.

Llandeilien n. m. [R. I. Murchison, 1835, de Llandeilo, Pays de Galles, G.-B. ; angl. *Llandeilian*] (anc. Llandeilo) – Ancien étage de l'Ordovicien (ère primaire), aujourd'hui compris dans le Llanvirnien. V. tabl. Annexe 2. Adj. **llandeilien, nne**.

Llandovery (ou Llandovérien) n. m. [R.I. Murchison, 1859, de Llandovery, Pays de Galles, G.-B. ; angl. *Llandoverian*] – Division stratigraphique du Silurien (ère primaire). V. tabl. Annexe 2. Adj. **llandovérien, nne**.

Llanvirnien n. m. [Hicks, 1875, de Llanvirn, Pays de Galles, G.-B. ; angl. *Llanvirnian*] (anc. Llanvirn) – Étage de l'Ordovicien (ère primaire). V. tabl. Annexe 2. Adj. **llanvirnien, nne**.

load cast – [mot angl. signif. moulage de charge] – Figure de base de banc formée par l'enfoncement d'une couche dans le fond sous-marin. V. hyporelief.

lobe n. m. [angl. *lobe*] – V. Ammonites.

lobe tectonique [angl. *tectonic lobe*] – Affleurement d'une unité tectonique allochtone formant en plan une avancée arrondie.

Lochkovien n. m. [angl. *Lochkovian*] – Étage du Dévonien (ère primaire). V. tableau Annexe 2. Adj. **lochkovien, nne**.

lœhm n. m. – V. lehm.

lœss n. m. [prononc. leuss ; mot popul. allem. de *lose*, meuble, friable ; angl. *loess*] – Dépôt sédimentaire détritique meuble, non stratifié, argilo-calcaire et silteux, à grain inférieur à 62,5 µm (classe des lutites ; V. granulométrie), continental et d'origine éolienne. Ces dépôts, nommés aussi « limon des plateaux », sont de nature périglaciaire. Ils peuvent atteindre 10 m d'épaisseur et donnent de bonnes terres arables. L'évolution pédologique entraîne souvent une décalcification de la partie supérieure (V. **lehm**) et, au contraire, la formation de concrétions calcaires (**poupées du lœss**) dans la partie inférieure (V. **ergeron**). Adl. **lœssique** [angl. *loessal*].

loférite n. f. [de Lofer, Autriche ; A. G. Fischer, 1964 ; angl. *loferite*] – R. carbonatée présentant d'abondants birdseyes (fenestras).

log n. m. – Anglicisme utilisé pour désigner : – 1. une colonne* stratigraphique (tirée de l'étude d'une région, ou correspondant à un forage). – 2. Une diagraphie.

longrain n. m. – Terme de carrier désignant des plans de cassure préférentiels dans les ardoises, à peu près perpendiculaires aux plans de schistosité, et généralement déterminés par une linéation minérale (V. fil, quernage).

Lopha [du gr. *lophos*, crête] – Genre de Bivalves (V. fig. à ce mot) de la famille des Ostréidés, avec des valves engrenées suivant une ligne en dents de scie. Répart. stratigr. : Jurassique – Crétacé.

lophophore n. m. [du gr. *lophos*, crête, et *phorein*, porter ; angl. *lophophore*] – Appareil cilié existant chez les Brachiopodes et les Bryozoaires (V. ces mots).

Lophophoriens n. m. pl. [de lophophore angl. *Lophophorates*] – Embranchement d'Invertébrés possédant un lophophore, et groupant les Brachiopodes et les Bryozoaires. Répart. stratigr. : Cambrien – Actuel.

lopolite n. m. [F.F. Grout, 1918, du gr. *lopas*, sorte de plat creux, et *lithos*, pierre ; angl. *lopolith*] – Massif de r. magm. plutonique en grosse lentille plurikilométrique, en forme de cuvette plate. L'ensemble est sensiblement parallèle aux structures de l'encaissant et de ce fait parfois nommé massif « concordant ». V. aussi batholite, laccolite, filon-couche.

Lotharingien n. m. [E. Haug, 1910, de l'ancien nom de la Lorraine, Fr. ; angl. *Lotharingian*] – Partie élevée du Sinémurien au sens large (Jurassique inf., ère secondaire). V. tabl. Annexe 2. Adj. **lotharingien, nne**.

loupe n. f. **(– de glissement, – d'arrachement, – de solifluxion)** – Petite masse glissée de terrain formant grossièrement une demi-sphère convexe vers le bas et dégageant une niche d'arrachement.

Lu – Symbole chim. du lutécium.

Ludfordien n. m. – Étage du Silurien (ère primaire). V. tabl. Annexe 2. Adj. **ludfordien, nne**.

Ludien n. m. [E. Munier-Chalmas et A. de Lapparent, 1893, de Ludes près de Reims, Marne, Fr. ; angl. *Ludian*] – Partie supérieure de l'Éocène sup. (ère tertiaire) dans le bassin de Paris. V. tabl. Annexe 2. Adj. **ludien, nne**.

Ludlow(ien) n. m. [R. I. Murchison, 1854, de Ludlow, Pays de Galles, G.-B. ; angl. *Ludlovian*] – Division stratigraphique du Silurien (ère primaire). V. tabl. Annexe 2. Adj. **ludlowien, nne**.

lumachelle n. f. [de l'ital. *lumachella*, dimin. de *lumaca*, escargot ; angl. *coquina*] – R. sédim. calcaire, souvent peu cimentée, formée essentiellement de coquilles (Lamellibranches surtout) entières ou brisées, accumulées sur place. Adj. **lumachellique** ; un calcaire lumachellique contient un ciment plus abondant qu'une lumachelle, et est de ce fait plus compact. V. falun, coquina.

lumière n. f. [du lat. *lumen, luminis*, même signif. ; angl. *light*] – Ensemble des rayonnements visibles. Ce sont des ondes électromagnétiques (comme les ondes radio, les rayons X, etc.) dont les longueurs d'onde sont comprises entre 0,4 et 0,8 µm. Leur vitesse dans le vide est approximativement de 300 000 km/s ; elle est moindre dans les milieux matériels (V. réfraction). Les ondes électromagnétiques sont des vibrations transversales qui s'effectuent en général dans tous les plans contenant le rayon vibratoire ; si elles ne s'effectuent que dans un ou deux de ces plans, elles sont dites polarisées, et ces plans sont les plans de polarisation*.
La couleur de la lumière dépend de sa (ou de ses) longueur(s) d'onde. Lorsqu'elle n'a qu'une longueur d'onde bien déterminée, on dit qu'elle est monochromatique (0,410 µm : violet ; 0,440 : indigo ; 0,470 : bleu ; 0,515 : vert ; 0,560 : jaune ; 0,620 : orangé ; 0,700 :

rouge ; au-dessous de 0,400, on parle de rayonnement ultraviolet, au-dessus de 0,800 d'infrarouge). La lumière blanche (celle du Soleil p. ex.) est un mélange de lumières de diverses longueurs d'onde qui peuvent être mises en évidence en lui faisant traverser un prisme de verre. Des couleurs peuvent aussi apparaître par addition de lumières colorées, ou bien par soustraction à partir de lumière blanche, soit par absorption de certaines longueurs d'onde (filtres ou surfaces colorées), soit par des phénomènes d'interférence (filtres interférentiels, double réfraction d'un rayon). En général, les rayons émis par une source lumineuse ont une phase quelconque. Cependant, on sait aujourd'hui, grâce aux lasers, produire des faisceaux de lumière cohérente, c'est-à-dire de lumière dont tous les rayons vibrent en phase.

lumière naturelle, – polarisée [angl. *plane-polarized light, polarized* –] – V. microscope.

lunette n. f. [E.S. Hills, 1940, du nom d'une fortification en forme de croissant ; angl. *lunette*] – Dune en croissant formée sur la rive opposée au vent d'une sebkra*.

Lusitanien n. m. [P. Choffat, 1885, de Lusitania, nom lat. du Portugal ; angl. *Lusitanian*] – Division stratigraphique du Jurassique (ère secondaire) aujourd'hui abandonnée, et dans laquelle, au-dessus d'un Oxfordien s. str., on groupait l'Argovien, le Rauracien et le Séquanien, aujourd'hui considérés comme des faciès de l'Oxfordien au sens large, et du Kimméridgien inf. Ces termes sont encore utilisés, notamment dans le Jura, où ils correspondent à des formations facilement différenciables sur le terrain. V. tabl. Annexe 2. Adj. **lusitanien, nne**.

lutécium n. m. [de Lutèce, ancien nom de Paris ; angl. *lutetium*] – Symbole chim. Lu. N° et masse atom. 71 et 175 ; ion 3^+ de rayon 0,085 nm ; clarke 0,8 g/t. Métal du groupe des lanthanides (terres rares).

Lutétien n. m. [A. de Lapparent, 1883, de *Lutetia*, nom lat. de Paris, Fr. ; angl. *Lutetian*] – Étage de l'ère tertiaire équivalent de l'Éocène moyen. V. tabl. Annexe 2. Adj. **lutétien, nne**.

lutite n. f. [du lat. *lutum*, boue ; angl. *lutite*] – Ensemble des r. sédim. détritiques* dont les éléments sont de diamètre inférieur à 1/16 mm (= 62,5 µm) (V. granulométrie). Certains auteurs réservent ce terme aux roches meubles, les roches consolidées correspondantes étant nommées pélites.

luxul(l)ianite (ou luxulyanite) n. f. [de Luxulyan, Cornouailles, G.-B. ; angl. *luxul(l)ianite*] – Granite à quartz et sphérolites de tourmaline en aiguilles qui s'est développée aux dépens de micas ou de feldspaths (tourmalinisation).

Lycopodiales n. f. pl. [du gr. ; *lucas*, lobe, et *pous, podos*, pied ; angl. *lycopods, Lycopsida*] – Végétaux du groupe des Ptéridophytes, ne comportant plus actuellement que des formes herbacées mais ayant fourni dans le passé la plupart des arbres des forêts carbonifères (*Sigillaria, Lepidodendron, etc.*). Répart. stratigr. : Dévonien – Actuel.

lydienne n. f. [de la Lydie, région d'Asie Mineure ; angl. *lydite, Lydian stone*] – R. sédim. siliceuse (V. jaspe) à radiolaires et ciment calcédonieux, colorée en gris ou noir par des matières charbonneuses, et contenant souvent un peu de pyrite et des grains phosphatés. Ces roches sont surtout connues dans des séries carbonifères, où, en bancs réguliers de 5-20 cm, elles alternent avec des calcaires et des schistes, l'ensemble contenant souvent des nodules phosphatés.

Lymnaea [du gr. *limnê*, marais, lac ; l'orthographe Ly- étant celle du créateur de ce genre (Lamarck, 1801), on doit l'utiliser bien qu'elle ne corresponde pas à l'étymologie] – Genre de Gastéropodes (V. fig. à ce mot) lacustres, du Jurassique à l'Actuel.

lysimètre n. m. [du gr. *lusis*, séparation, et *metron*, mesure ; angl. *lysimeter*] – Appareil destiné à recueillir les eaux filtrant à travers le sol pour établir un bilan hydraulique. Syn. case lysimétrique.

lysocline n. f. [du gr. *lusis*, dissolution, et *klinein*, s'incliner ; angl. *lysocline*] – Profondeur où, dans les océans, la solubilité des carbonates augmente considérablement et par conséquent où leur taux de sédimentation est très diminué (V. aussi niveau de compensation).

Lytoceras [du gr. *lutos*, qu'on peut délier, et *keras*, corne] – Genre d'Ammonites (V. fig. à ce mot) du Jurassique et du Crétacé.

M

maar n. m. [terme local de l'Eifel, Allem. ; angl. *maar*] – Lac occupant un cratère en forme de cuvette large de quelques dizaines à quelques centaines de mètres, entouré d'un rempart mince et bas de débris volcaniques (tufs, ponces, cendres) ; il s'agit d'un cratère d'explosion couronnant souvent un diatrème*. V. caldeira.

Maastrichtien (anc. Maestrichtien) n. m. [A. Dumont, 1849, de Maastricht, Holl. ; angl. *Maastrichtian*] – Étage le plus élevé du Crétacé, et par lequel se termine donc l'ère secondaire. V. tabl. Annexe 2. Adj. **maastrichtien, nne**.

macéral n. m. (pl. **-aux)** [de macération et de minéral ; angl. *maceral*] – V. charbon.

Machairodus [du gr. *makhaira*, poignard, et *odous, odontos*, dent] – Genre de Mammifères fossiles du groupe des Fissipèdes, proche du lion actuel mais avec des canines beaucoup plus grandes. Il appartient à un groupe apparu au Miocène et éteint au Quaternaire inf.

macle n. f. [du lat. *macula*, tache, maille, ou du germanique *maskila*, maille] – 1. [angl. *twin*] Association de cristaux de même nature selon des lois géométriques précises, liées aux éléments de symétrie du système cristallin considéré. Une macle peut se réaliser par **accolement** selon une face définie, ou par **interpénétration** de cristaux. Elle peut être **simple** (deux cristaux associés) ou **multiple** (plus de deux cristaux) ; on la dit **polysynthétique** lorsqu'il y a association de cristaux nombreux mais minces. On distingue également les macles **primaires** qui se sont formées au moment même de la croissance des cristaux, et les macles **mécaniques** qui sont dues à des déformations secondaires (elles sont, p. ex., fréquentes dans les cristaux de calcite). Adj. **maclé, e**. – 2. [angl. *macle*] Ancien nom de la chiastolite (V. andalousite). Adj. **maclifère** : qui contient de la chiastolite (schiste maclifère).

macro- – Préfixe tiré du gr. et signif. grand.

Macrocephalites [de macro-, et du gr. *kephalê*, tête] – Genre d'Ammonites (V. fig. à ce mot) du Jurassique moyen (Callovien).

macrofaune n. f. [de macro-, et faune ; angl. *macrofauna*] – V. macrofossile.

macroflore n. f. [de macro-, et flore ; angl. *macroflora*] – V. macrofossile.

macrofossile n. m. [de macro-, et fossile ; angl. *macrofossil*] – Fossile de grande taille, dont on peut étudier les caractères les plus apparents à l'œil nu. Selon qu'il s'agit de

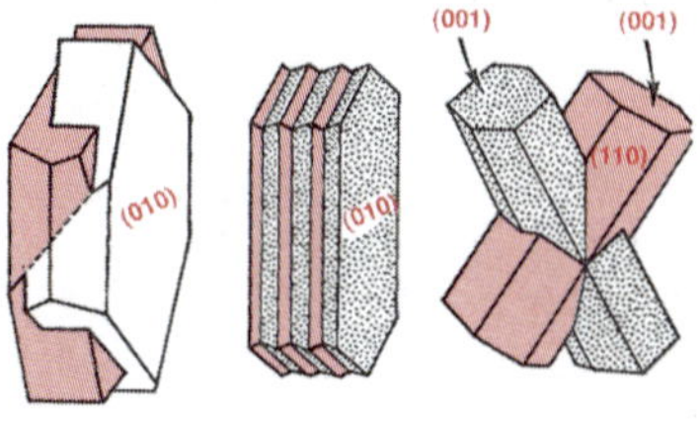

1 2 3

macle

1 : macle de Carlsbad de l'orthose, par accolement et interpénétration – 2 : macle répétée (ou polysynthétique) de l'albite – 3 : macle en croix de la staurotide.

macrofossiles végétaux ou animaux, on parle souvent de macroflore et de macrofaune fossiles. Ant. microfossile. (V. aussi nannofossile).

Macroscaphites [de macro-, et du gr. *skaphê*, barque] – Genre d'Ammonites (V. fig. à ce mot) du Crétacé inf. (Barrémien – Aptien) dont la dernière partie de la coquille est déroulée en forme de crosse.

Madrépor(air)es n. m. pl. [de l'ital. *madre*, mère, et *poro*, pore ; angl. *Madreporia, Madrepore corals*] – Organismes marins récifaux à squelette calcaire du groupe des Cnidaires*.

maërl (ou merl) n. m. [mot breton ; angl. *nullipore gravel*] – Sédiment meuble actuel biochimique, formé par accumulation de débris d'algues calcaires dont des Mélobésiées (V. rhodolite), et connu en contrebas de plages en Bretagne.

Maestrichtien n. m. – V. Maastrichtien.

mafique adj. [de magnésium et de fer ; angl. *mafic*] – S'applique aux r. magm. contenant des minéraux riches en Fe et Mg (minéraux fémiques).

mafitite n. f. [de mafique ; angl. *mafitite, augitite*] – R. magm. volcanique ultrabasique, formée essentiellement de pyroxène (augite) en phénocristaux et microlithes ; roche rare. Syn. augitite.

magasin (roche –) – V. réservoir (roches –).

Magdalénien n. m. [de la grotte de La Madeleine, Dordogne, Fr.] (V. tabl. préhistoire) – Ensemble culturel préhistorique du Paléolithique supérieur comportant des silex taillés (surtout burins, pointes, et microlithes), mais

aussi une proportion considérable d'outillage osseux (pointes, têtes de harpons barbelées, etc.). On lui rapporte de nombreux témoignages artistiques (sculptures, notamment animales, sur os ou en bas-relief, gravures, et peintures rupestres). De 17 000 à 11 000 ans env. av. l'Actuel. Adj. **magdalénien, nne**.

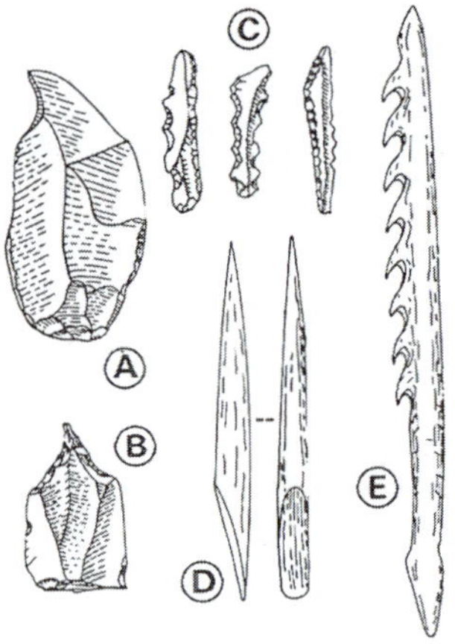

Magdalénien

– **A :** burin bec-de-perroquet – **B :** perçoir – **C :** lamelles – **D :** sagaie en os à biseau simple – **E :** harpon barbelé en os (d'après D. de Sonneville-Bordes).

magma n. m. [du gr. *magma*, résidu pâteux ; angl. *magma*] – Liquide à haute température (au moins 600 °C) qui donne des roches par solidification, soit à une certaine profondeur au cours d'un refroidissement lent (roches plutoniques), soit en surface par refroidissement rapide de laves (roches volcaniques). Un magma peut tirer son origine de niveaux plus ou moins profonds du manteau (magma primaire) ou de la fusion de roches préexistantes (magma d'anatexie ; V. aussi granite), ou encore parfois d'une combinaison de ces deux phénomènes. On peut distinguer, selon leur chimisme, deux types fondamentaux :

– 1. le **magma granitique**, acide ou saturé car riche en SiO_2, de composition chimique voisine de celle de la moyenne des granites, formé vers 20 à 30 km de profondeur sous les continents, de forte viscosité, et donnant surtout des massifs plutoniques de granitoïdes à quartz et feldspath abondants, à minéraux ferromagnésiens secondaires ;

– 2. le **magma basaltique**, basique et sous-saturé car pauvre en SiO_2, de composition chimique voisine de celle de la moyenne des basaltes, formé vers 40 km de profondeur ou plus sous les continents, mais vers 10 km sous les océans, de faible viscosité, et donnant surtout des roches effusives, à quartz rare ou absent, à feldspath et souvent à feldspathoïde, à minéraux ferromagnésiens abondants.

Une certaine masse de magma définit une **chambre magmatique**, siège de phénomènes complexes : déplacement de fluides, réactions chimiques avec les roches encaissantes (assimilation ou contamination), solidification qui peut se faire progressivement par cristallisation* fractionnée, entraînant la formation de certains minéraux qui se trouvent ainsi pris au sein d'un magma résiduel dont la composition chimique diffère alors de celle du magma originel (appauvrissement en Fe, Mg, Ca, et enrichissement en Si, Al, K, Na). Diverses fractions des magmas, résiduels ou non, peuvent migrer vers la surface, en subissant éventuellement des contaminations, et donner des r. magm. variées définissant, dans le secteur considéré, une série magmatique. N. m. **magmatisme*** ; n. f. magmatisation* ; adj. **magmatique** [angl. *magmatic*].

magmatiques adj. **(roches –)** (Syn. r. ignées, r. éruptives, ce dernier à éviter car ces roches ne sont pas toujours liées à des éruptions) [angl. *igneous rocks*] – Roche résultant de la cristallisation d'un magma. Formant l'essentiel des croûtes continentales et océaniques, les r. magm. sont endogènes et sont représentées fondamentalement par les granites d'une part, les basaltes de l'autre, auxquels s'ajoutent des roches très variées mais moins fréquentes. Les classifications s'appuient sur divers critères : mode de mise en place, cristaux représentés ou non, composition minéralogique et/ou chimique.

Leur mode de mise en place conditionne en grande partie leur structure. Si le refroidissement est rapide, les cristaux n'ont pas le temps de se former, et la roche est surtout vitreuse (roche hyaline) ; au contraire, si le refroidissement est suffisamment lent, la roche sera formée en totalité de cristaux (roche holocristalline). On distingue ainsi :

– 1. les r. magm. **extrusives** ou **effusives**, ou encore r. **volcaniques**, mises en place à l'état liquide ou pâteux (laves) en surface, à l'air libre ou sous l'eau, à refroidissement rapide, surtout riches en petits cristaux (microlithes) pris dans un verre plus ou moins abondant ;

– 2. les r. magm. en situation intermédiaire et nommées selon le contexte **r. de semi-profondeur, r. périplutoniques, r. hypovolcaniques**, à structure microgrenue, et constituant fréquemment des filons (leur vitesse de refroidissement dépend de la différence de T entre les roches encaissantes et le magma) ;

– 3. les r. magm. de profondeur ou **r. plutoniques**, à structure grenue du fait d'un refroidissement lent.

Pour une même composition chimique et des assemblages minéralogiques très proches,

on donne en général des noms différents à la r. plutonique grenue, à la r. microgrenue, et à la r. effusive (ex. : granite, microgranite, rhyolite).
En ce qui concerne la composition minéralogique, on distingue les grands groupes selon qu'il y a excès de SiO_2 (roches **saturées**, généralement avec quartz), ou déficit de SiO_2 (roches **sous-saturées**, caractérisées par la présence d'olivine et/ou de feldspathoïde) ; ces groupes sont divisés en familles selon la nature des feldspaths (alcalins ou basiques) et/ou des feldspathoïdes et, dans une mesure moindre, des minéraux ferromagnésiens (olivine présente ou non p. ex.). Cela conduit à des tableaux qui donnent les roches principales, mais d'où sont exclues des roches exceptionnelles constituées de minéraux habituellement accessoires, ou d'un seul minéral (le nom de la roche en dérive alors ; p. ex. pyroxénolite, amphibololite, biotitite). Ces tableaux sont commodes mais sont arbitraires, car les variations de composition chimique, ou minéralogique, sont progressives et continues, ce qu'indiquent d'ailleurs certains noms (granodiorite, trachyandésite, etc.). De plus, l'importance relative des diverses familles n'apparaît pas, alors que 95 % des roches plutoniques sont des granitoïdes (à 70-75 % env. en poids de SiO_2), et que 90 % des roches volcaniques sont des basaltes (à 50-55 % env. de SiO_2).

ROCHES MAGMATIQUES	roches saturées : avec quartz et feldspaths	roches saturées : avec feldspaths sans quartz, ni feldspathoïdes	roches sous-saturées : avec feldspaths et feldspathoïdes	roches sous-saturées : avec feldspathoïdes sans feldspaths
feldspaths alcalins seuls ou dominants (leucocrate)	**GRANITE** rhyolite	**SYÉNITE** trachyte	**SYÉNITE NÉPHÉLINIQUE** phonolite	**IJOLITE** *(avec néphéline)* néphélinite
feldspaths alcalins et plagioclases *(r. calco-alcalines)* (leucocrate)	**MONZOGRANITE** rhyolite latitique **GRANODIORITE** rhyodacite	**MONZONITE** trachyandésite	**ESSEXITE** téphrite *(sans olivine)*	
plagioclases seuls, An<50 (mésocrate)	**DIORITE QUARTZIQUE** dacite	**DIORITE** andésite	**THÉRALITE** basanite *(avec olivine)*	**MISSOURITE** *(avec leucite)* leucitite
plagioclases seuls, An>50 (mésocrate)	**GABBRO QUARTZIQUE** basalte tholéiitique	**GABBRO** basalte		
mélanocrate		**PÉRIDOTITE, AMPHIBOLOLITE, PYROXÉNOLITE** picrite		

Classification simplifiée des roches magmatiques

En majuscules, noms des roches grenues plutoniques (les roches microgrenues correspondantes sont désignées par le même nom précédé du préfixe micro- ; ex. microgranite). En minuscules, noms des roches microlithiques effusives. Les roches riches en verre, à minéraux peu ou pas exprimés, doivent souvent être analysées chimiquement pour être correctement classées.

En pratique, nommer une roche consiste à l'associer à une case du tableau, ce qui n'est pas toujours aisé et nécessite souvent l'usage du microscope, des analyses chimiques, etc. ; on ajoute souvent à ce nom diverses précisions, p. ex. granite rose à biotite, basalte à olivine, etc. D'autres appellations existent en grand nombre, mais bien souvent, elles ne désignent que des variétés d'intérêt local.

magmatisation n. f. [de magma ; angl. *magmation*, J. A. Dunn, 1942, angl. ≈ *palingenesis*] – Transformation en magma de roches préexistantes.

magmatisme n. m. [angl. *magmatism*] – Ensemble des phénomènes liés à la formation, à la cristallisation* et aux déplacements des magmas.

magmatite n. f. [angl. *magmatite*] – Syn. de roche magmatique.

magnésite n. f. [de Magnésie, ville d'Asie Mineure ; angl. *magnesite*] – 1. (Syn. giobertite) Carbonate MgCO3, du syst. rhomboédrique, à clivages parfaits, à éclat vitreux, incolore, jaune ou brun, non effervescent à froid avec HCl dilué. Minéral accessoire des serpentines ; minerai de Mg. – 2. (Syn. **sépiolite** ou écume de mer) Silicate hydraté Mg_4 $[Si_6O_{15}(OH)_2(H_2O)_3]$, $3H_2O$ de la famille du talc et de la serpentine, en masse compacte blanc terne, poreuse, à toucher doux, et présente dans les serpentines. Également considérée comme minéral argileux, la sépiolite se trouve en particulier dans les séries évaporitiques.

magnésium n. m. [de magnésie ; angl. *magnesium*] – Symbole chim. Mg. N° et masse atom. 12 et 24,32 ; ion $^{2+}$ de rayon 0,066 nm ; densité 1,7 ; clarke 20 900 à 23 000 g/t, selon les auteurs. Élément combiné à l'oxygène dans de nombreux silicates (à l'exclusion des tectosilicates), avec remplacement partiel fréquent par Fe^{2+} (ex. olivine, grenat, pyroxène, amphibole, etc.). On le trouve aussi dans le périclase, la brucite, les spinelles, la giobertite (ou magnésite) et la dolomite. Les sels de Mg étant très solubles se concentrent dans l'eau

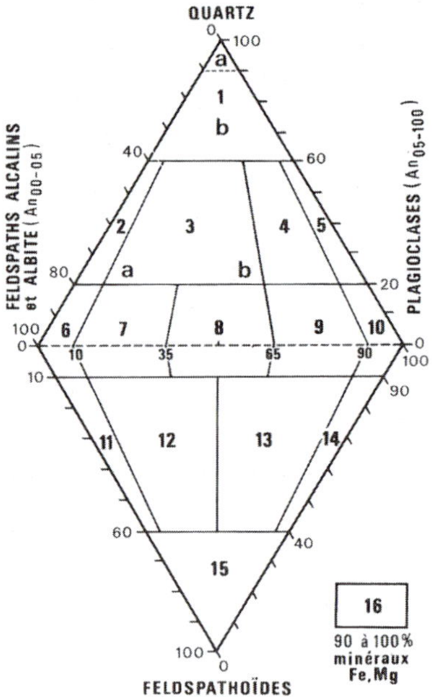

– 1 : roches hyperquartzeuses – 1a : quartzolite (ou silexite) – 1b : granitoïde hyperquartzeux.
– 2 : granite alcalin, *rhyolite alcaline*.
– 3 : granite (3a : syénogranite – 3b : monzogranite), rhyolite.
– 4 : granodiorite, *dacite*.
L'ensemble 2, 3 et 4 est appelé granitoïde.
– 5 : diorite quartzique, *andésite quartzique*, gabbro quartzique, basalte quartzique.
– 6 : syénite alcaline, trachyte alcalin.
– 7 : syénite, trachyte.
– 8 : monzonite, latite.
– 9 : monzodiorite (= syénodiorite), trachyandésite, monzogabbro (= syénogabbro), trachybasalte.
– 10 : diorite, andésite, gabbro, basalte ; anorthosite (= plagioclasite).
Pour ces groupes 6 à 10, les roches sont dites quartzifères lorsqu'elles contiennent un peu de quartz (5 à 10 % environ), et feldspathoïdifères (ou foïdifères), lorsqu'elles contiennent un peu de felspathoïde (10 % au plus).
– 11 : syénite feldspathoïdique (ou foïdique), phonolite feldspathoïdique.
– 12 : monzosyénite (= plagisyénite), phonolite.
– 13 : essexite (monzodiorite et monzogabbro feldspathoïdiques), téphrite.
– 14 : théralite (diorite et gabbro feldspathoïdiques), basanite.
– 15 : feldspathoïdolite (= foïdolite) : ijolite, néphélinite, missourite, leucitite.
– 16 : roche ultramafique (= ultramafitite) : amphibololite, pyroxénolite, péridotite, picrite.

Classification des roches magmatiques selon A. Streckeisen 1974

Cette classification est faite en fonction des proportions des minéraux essentiels représentés au moyen de deux diagrammes triangulaires, sauf pour 16. En minuscules ordinaires : roches grenues plutoniques. En italiques : roches effusives microlithiques.

de mer (où Mg représente 13 % du total des sels dissous) et peuvent se retrouver en abondance dans les évaporites (ex. de la carnallite). On l'extrait le plus souvent de l'eau de mer (malgré le faible clarke de concentration, inférieur à 1).

magnétique adj. **(déclinaison –, inclinaison –, intensité –)** [angl. *magnetic declination, – inclination, – field, – intensity*] – V. magnétisme terrestre.

magnétisme n. m. **terrestre** [angl. *terrestrial magnetism, geomagnetism*] – Ensemble des effets du champ magnétique lié à la Terre. En première approximation ce champ est le même que celui que développerait un barreau aimanté situé au centre du Globe terrestre (**dipôle** magnétique central) et que l'on appelle **champ dipolaire**, ou **champ de Gauss**, ou encore **champ géomagnétique**. En moyenne, sur une longue période de temps, on peut considérer que ce barreau est allongé comme l'axe de rotation de la Terre, bien qu'il s'en écarte parfois considérablement (jusqu'à 30° ; actuellement de 11,5°). Ce mouvement est appelé la **variation séculaire**. A une distance suffisante de la Terre, le champ de Gauss suffit à rendre compte du magnétisme terrestre (compte non tenu du vent solaire qui le perturbe), mais lorsqu'on s'en rapproche, le champ réel en diffère parfois considérablement : on le représente alors au mieux par des modèles mathématiques qui tiennent compte d'un champ profond non dipolaire également affecté par une variation séculaire. Par rapport à ces modèles, il existe encore, dans l'espace, des différences avec le champ mesuré : elles sont appelées **anomalies magnétiques** et sont d'un grand intérêt pour l'étude de la structure et de l'histoire de la croûte terrestre (V. paléomagnétisme). Le champ magnétique en un point peut être caractérisé par son **intensité**, son **inclinaison** (angle par rapport à l'horizontale), et sa **déclinaison** (azimut), ces deux dernières pouvant être matérialisées par l'orientation d'une aiguille aimantée suspendue par son centre de gravité. On peut représenter ces grandeurs cartographiquement par des courbes d'égale valeur que l'on nomme

respectivement **isogammes**, **isoclines**, et **isogones**.

magnétite n. f. [du gr. *magnês*, aimant ; angl. *magnetite*] – Oxyde $Fe^{2+} Fe^{3+}{}_2 O_4$ (avec 7 % ou moins de Ti, titanomagnétite), du syst. cubique, du groupe des spinelles*, en octaèdres ou en masses granulaires noir de fer ; c'est un minéral ferromagnétique agissant sur l'aiguille aimantée (propriété perdue par chauffage à 578 °C : point de Curie) ; elle est fréquente dans les r. magm. (basiques surtout) et métam., et est l'un des principaux minerais de fer.

magnétomètre n. m. [du gr. *magnês*, aimant, et *metron*, mesure ; angl. *magnetometer*] – Appareil servant à mesurer un champ magnétique.

magnétostratigraphie n. f. [du gr. *magnês*, aimant, et stratigraphie ; angl. *(paleo) magnetic stratigraphy*] – Utilisation du magnétisme rémanent des roches sédimentaires pour préciser leur position stratigraphique. V. paléomagnétisme.

magnitude n. f. **(d'un séisme)** [du lat. *magnus*, grand ; angl. *(earthquake) magnitude*] – Grandeur caractérisant l'intensité d'un séisme* à son foyer.

maigre adj. **(charbon –)** – V. charbon.

maille n. f. **(cristalline)** – V. cristal.

majeur adj. **(lit –)** [angl. – *flood plain*] – Lit* occupé par une rivière lors des inondations.

malachite n. f. [Wallerius, 1747, du gr. *malakhê*, mauve ; prononc. -kite ; angl. *malachite*] – Carbonate hydraté $Cu_2 (OH)_3 CO_3$, du syst. monoclinique, en général en masses fibroradiées à éclat soyeux, ou en masses mamelonnées vert émeraude à vert d'herbe ; elle fait effervescence avec HCl dilué, et est présente dans des gisements de chalcopyrite.

malacon n. m. [du gr. *malakos*, mou ; angl. *malacon*] – Var. de zircon.

Malacostracés n. m. pl. [du gr. *malakos*, mou, et *ostrakon*, coquille ; angl. *Malacostraca*] – Groupe de Crustacés* comprenant notamment les crabes.

malgachitique adj. [de malgache] – S'applique au faciès des feldspaths colorés en noir par des particules d'hydrate ferreux (devenant rouge par altération en hydrate ferrique), connu dans certains granites et certaines syénites (V. ce mot, et larvikite).

Malm n. m. [A. Oppel, 1856, du nom d'un calcaire tendre de la région d'Oxford, G.-B. ; angl. *Malm*] – Équivalent exact de Jurassique sup. (ère secondaire). V. tabl. Annexe 2.

Mammifères n. m. pl. [du lat. *mamma*, mamelle, et *ferre*, porter ; angl. *mammals, Mammalia*] – Classe de Vertébrés à sang chaud, ayant des poils, allaitant leurs petits, et dont la mâchoire inférieure est formée d'un seul os (au lieu de plusieurs chez les reptiles avec qui la parenté est très grande). Les premiers Mammifères connus sont de la fin du Trias (Rhétien). Durant l'ère secondaire, ils sont encore peu nombreux et appartiennent à des groupes généralement aujourd'hui disparus. Au Tertiaire, ils se répandent beaucoup plus largement, venant occuper les places abandonnées par les Dinosaures disparus à la fin de l'ère secondaire.

Classification :
1 – Eothériens (Docodontes), proches des Reptiles. Répart. stratigr. : Trias sup. (Rhétien) – Jurassique sup.
Le groupe des Triconodontes (Rhétien – Jurassique sup.), très primitif également, est de position incertaine.
2 – Protothériens (= **Monotrèmes**. Ornithorhynque, Échidné) : Pléistocène – Actuel.
3 – Allothériens (= **Multituberculés**) : Jurassique sup. – Éocène.
4 – Thériens.
4.1 Pantothériens.
– **Symmétrodontes** (Jurassique).
– **Pantothériens s.s.** (Jurassique moyen – sup.).
4.2 Métathériens (= **Marsupiaux**. Kangourou, sarigue, etc.) (Crétacé – Actuel).
4.3 Euthériens (= **Placentaires**), divisés en nombreux groupes apparus à l'Éocène et existant encore actuellement, sauf le premier qui s'éteint à l'Oligocène.
– **Créodontes.**
– **Fissipèdes** (chiens).
– **Pinnipèdes** (phoques).
– **Cétacés** (baleines).
– **Artiodactyles** (= **Paridigités**. Porc, hippopotames, cerfs, bœufs, chèvres, etc.).
– **Tubulidentés** (oryctérope).
– **Proboscidiens** (éléphants, Mastodonte, *Deinotherium*).
– **Hyracoïdes** (daman).
– **Siréniens** (lamantin).
– **Périssodactyles** (= **Imparidigités**. Cheval, rhinocéros).
– **Édentés** (tatou).
– **Pholidotes** (pangolin).
– **Lagomorphes** (= **Duplicidentés**. Lièvre, lapin).
– **Rongeurs** (= **Simplicidentés**. Écureuil, souris).
– **Insectivores** (taupe).
– **Dermoptères** (écureuil volant).
– **Cheiroptères** (ou **Chiroptères**. Chauve-souris).
– **Primates** (lémuriens, singes, hommes).

mammouth n. m. [mot russe ; angl. *mammoth*] – Éléphant fossile armé de deux longues défenses recourbées vers le haut. Une espèce très répandue au Würm, *Mammuthus primigenius*, recouverte d'une toison laineuse, a été contemporaine de l'Homme fossile qui l'a souvent représentée sur les parois des

grottes. On en connaît de nombreux squelettes et, de plus, quelques exemplaires momifiés encore pourvus de leur chair et de leur fourrure qui ont été trouvés en Sibérie dans des sols gelés.

Mammouth (épisode de –). – Épisode paléomagnétique du Tertiaire. V. tabl. paléomagnétisme.

mandelstein n. m. [mot allem. formé de *Mandel*, amande, et de *Stein*, pierre] – Variété de basalte à faciès paléovolcanique (*cf.* mélaphyre) à grosses vacuoles blanchâtres remplies de calcite et de zéolites. Par extension, le terme s'applique aussi à des roches volcaniques de même aspect, mais non basaltiques.

Mandibulates n. m. pl. [de mandibule] – Syn. d'Antennates. V. Arthropodes.

manganèse n. m. [altération de magnésie ; angl. *manganese*] – Symbole chim. Mn. N° et masse atom. 25 et 54,93 ; ion 2^+ de rayon 0,080 nm à 7^+ de rayon 0,046 nm ; densité 7,2 ; clarke 1 000 g/t (1 500 à 1 600 g/t dans les r. magm. basiques, 400 à 500 g/t dans les granitoïdes). Métal blanc-gris qui, dans les roches, se trouve soit dans de nombreux silicates (en substitution très fréquente avec Fe^{2+}), soit dans des oxydes. Passant facilement en solution, le manganèse précipite ensuite et peut se concentrer dans diverses r. sédim. (minerai oolithique à gangue calcaire, minerai à gangue dolomitique ou siliceuse, et nodules polymétalliques des fonds océaniques). Les minerais exploités sont en particulier la **pyrolusite** MnO_2 dans des gîtes sédimentaires, la **braunite** $Mn^{2+} Mn^{3+} 6 SiO_{12}$, la manganite MnO OH et la hausmannite $Mn^{2+} Mn^{3+} 2O_4$, ces deux derniers minéraux se trouvant dans des filons hydrothermaux ou dans des r. sédim. oolithiques. V. aussi psilomélane. Adj. **manganésifère**.

manganèse (dendrite de –) [angl. *manganese dendrite*] – V. dendrite.

manteau n. m. [du lat. *mantellum*, désignant le vêtement] – 1. (Syn. pallium [angl. *pallium*]) Enveloppe externe du corps de certains Invertébrés (Bivalves, Brachiopodes, etc.) qui sécrètent une coquille. L'adjectif correspondant est **palléal, e, aux** [angl. *pallial*] – 2. [angl. *mantle*] Enveloppe de la Terre située sous la croûte continentale ou océanique (V. Terre). Adj. **mantellique** [angl. *mantle(-derived)*].

marbre n. m. [du lat. *marmor*, même signif. ; angl. *marble*] – 1. Toute roche susceptible de prendre un beau poli, et d'être utilisée en décoration ; dans cette acception, le mot n'a pas de sens pétrographique précis (*cf.* granit), même s'il s'applique le plus souvent à des marbres calcaires. – 2. R. métam. dérivant de calcaires ou de dolomies, par métamorphisme général ou de contact. Un calcaire pur se transforme en marbre blanc à grands cristaux engrenés de calcite. Une dolomie pure recristallise en plus grands cristaux pour un faible degré de métamorphisme, puis à degré croissant subit une dédolomitisation avec apparition de calcite et d'autres minéraux (p. ex. périclase, brucite, etc.). Les calcaires et les dolomies impurs donnent des marbres variés et colorés (V. cipolin), souvent veinés (les veines correspondent à d'anciens horizons plus argileux ou plus riches en oxydes métalliques, et elles dessinent souvent des plis synmétamorphiques accusés). Par fort métamorphisme de contact avec métasomatose, ces roches s'enrichissent en minéraux (marbres à minéraux) et passent aux skarns (V. ce mot ; V. aussi cornéenne). Vb. **marmoriser** (transformer en marbre) ; adj. **marmorisé ; marmoréen, nne** (qui a l'aspect du marbre).

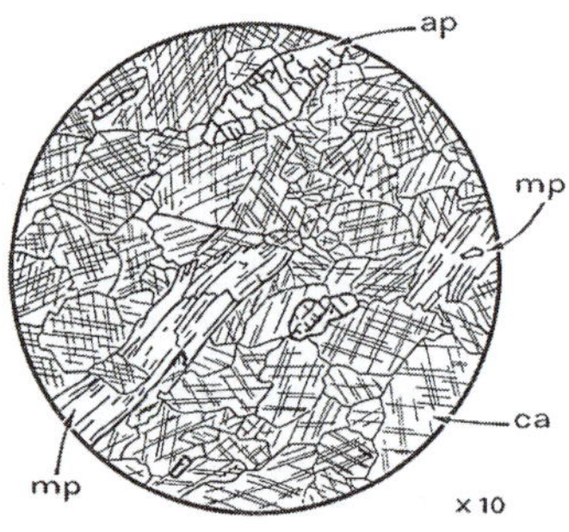

marbre

Vue en lame mince – ap : apatite – ca : calcite – mp : mica phlogopite (d'après J. Jung).

marcas(s)ite n. f. [mot arabe ; angl. *marcasite*] – Sulfure FeS_2, du syst. orthorhombique, en prismes allongés à macles répétées (cristaux d'aspect dentelé : pyrite crêtée ; cristaux groupés par 5), à cassure inégale, jaune avec tendance au gris ou au verdâtre. On la trouve dans des veines métallifères (souvent associée à la pyrite), ou dans des sédiments (ex. craie) et souvent en boules rayonnées à surface brune (limonite par altération). Syn. pyrite blanche.

mardelle n. f. – Petite dépression fermée des plateaux calcaires du Nord de la France ou de secteurs du Berry. Son origine est controversée : doline ?, ancien hydrolaccolite (pingo) ?

marée n. f. [du lat. *mare*, mer ; angl. *tide*] – Variations du niveau de la mer dues principalement aux attractions combinées de la Lune et du Soleil. V. tidal, tidalite. P. ext. : marée terrestre [angl. *Earth tide*], déformations du globe terrestre sous l'influence de ces mêmes causes.

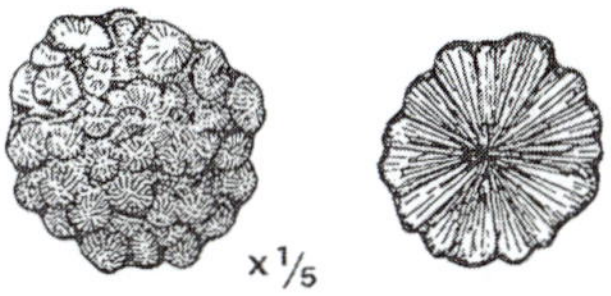

marcasite

Aspect d'une masse globuleuse, et de sa cassure montrant la structure fibreuse rayonnante (d'après R. Brousse).

margarite n. f. [du lat. *margarita*, perle ; angl. *margarite*] – Var. de mica dur.

marge n. f. [du lat. *margo, marginis*, rebord ; angl. *margin*] – Zone bordure d'une région ; elle est dite interne ou externe par rapport à la polarité générale de la région considérée. Adj. **marginal, e, aux** [angl. *marginal*].

marge continentale [du lat. *margo, marginis*, rebord ; angl. *continental margin*] – Région immergée de la bordure d'un continent faisant le raccord avec les fonds océaniques. On distingue aujourd'hui les marges continentales passives, où le passage de la croûte continentale à la croûte océanique se fait au sein de la même plaque lithosphérique, et les marges continentales actives, où la croûte océanique s'enfonce par subduction sous la croûte continentale.
Une **marge passive** (ou marge de type atlantique) comprend de l'intérieur à l'extérieur (c'est-à-dire en s'éloignant du rivage) :
– 1. le **plateau continental** (ou **plate-forme continentale**), zone plane, légèrement inclinée vers la mer, large en moyenne de 80 km, profonde de 200 m tout au plus ;
– 2. la **pente continentale** (ou **talus continental**), large de 45 km en moyenne et dont la profondeur va de 200 à 4 000 m (pente : 5°), entamée çà et là par des canyons sous-marins ;
– 3. le **glacis continental** à pente très faible (moins de 1°) qui va de 4 000 à 5 000 m et se raccorde aux bassins océaniques. Ce raccord n'est pas marqué par une activité sismique particulière et c'est ce qui amène à conclure que ce type de marge ne marque pas la frontière de deux plaques* différentes.
Dans une **marge active** (ou marge de type pacifique), le glacis continental est remplacé par une fosse marginale large de 80 à 100 km et dont la profondeur atteint 10-11 km (zones les plus profondes des océans). Ce type de marge est marqué par une activité sismique importante, les foyers des séismes se répartissant selon une zone à peu près plane inclinée de l'océan vers le continent et nommée **plan de Benioff*** ; on considère qu'elle correspond à l'enfoncement (**subduction**) d'une plaque à croûte océanique sous une plaque à croûte continentale. Un cas plus complexe de marge active est celui où, entre la pente continentale et la fosse marginale, existe un arc insulaire, de nature également continentale, qui ménage, entre lui et la côte un **bassin marginal** (= **mer marginale**). Adj. **marginal, e**.

marginale adj. **(mer –)** [angl. *marginal sea*] – Mer située entre le continent et un arc insulaire. V. marge continentale, et tectonique des plaques.

marialite n. f. [angl. *marialite*] – Var. de scapolite.

marin adj. **(milieu –)** [angl. *marine environment*] – Ensemble des mers et des domaines qu'elles occupent, au moins temporairement. On divise habituellement ce milieu en différentes zones :
En fonction de la profondeur :
– 1. zone **littorale*** (ou tidale*, ou encore intertidale) située entre les limites des marées ;
– 2. zone **néritique** jusqu'à 200 m ;
– 3. zone **bathyale*** de 200 à 3 000 m ;
– 4. zone **abyssale** de 3 000 à 7 000 m ;

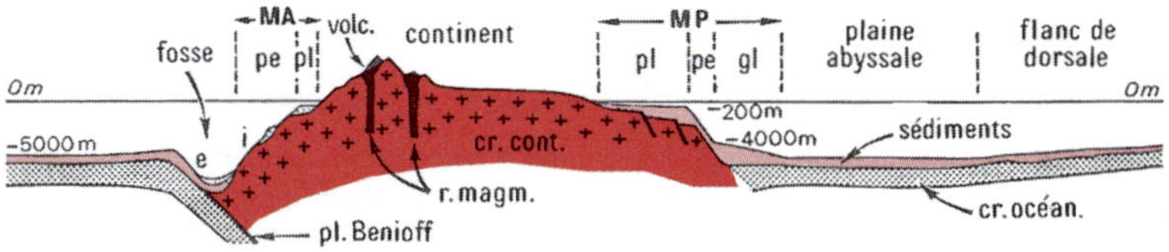

marge continentale

– MA : marge active avec fosse (e : bord externe, et i : bord interne de la fosse) – MP : marge passive – cr. cont. : croûte continentale – cr. océan. : croûte océanique – gl : glacis – pe : pente continentale (ou talus) – pl : plateau continental – volc. : volcanisme.
Sur cette coupe schématique, l'échelle des hauteurs est très exagérée.

– 5. zone **hadale** (ou ultra-abyssale) plus de 7 000 m.

En fonction de l'éclairement :

– 1. zone **euphotique** (ou photique, ou phytale), où la lumière parvient et où les plantes peuvent se développer ;

– 2. zone **aphotique** (ou aphytale) où la lumière ne parvient pas.

Dans chacune de ces zones, les êtres vivants peuvent vivre : – 1. soit sur le fond (fixés ou non) : ils sont alors dits **benthiques**, c'est le benthos ; – 2. soit au-dessus du fond : ils sont alors dits **pélagiques** et font partie du plancton (s'ils flottent), ou du necton (s'ils nagent).

marine adj. **(terrasse –)** [angl. *marine terrace*] – V. terrasse.

Marinésien n. m. [G. Dollfus, 1905, de Marines, Val-d'Oise, Fr.] – Partie moyenne de l'Éocène sup. (ère tertiaire) dans le bassin de Paris. V. tabl. Annexe 2. Adj. **marinésien, nne**.

mark – Mot angl. signif. marque. V. hyporelief.

marmite n. f. **de géants** [angl. *pothole*] – Cavité circulaire, pouvant atteindre quelques mètres, creusée dans le lit rocheux d'une rivière par le mouvement tourbillonnaire des galets.

marnage n. m. – 1. [angl. *marling*] Adjonction de marne à un sol pour l'amender. Vb. **marner**. – 2. [angl. *tidal range*] Amplitude d'une marée.

marne n. f. [mot d'origine gauloise, *cf.* maërl ; angl. *marl*] – R. sédim. constituée d'un mélange de calcaire et d'argile (pour 35 à 65 %), formant la transition entre les calcaires argileux (= calc. marneux, avec 5 à 35 % d'argile) et les argiles calcareuses (= marnes argileuses, avec 65 à 95 % d'argile). Les marnes sont moins compactes que les calcaires, et moins plastiques que les argiles. Elles sont à grain fin, happent à la langue, et font effervescence à l'acide dilué (HCl à 10 %) ; elles sont d'aspect terreux ou se débitent en boulettes, ou encore en plaquettes à bords arrondis ; la cassure, plus ou moins conchoïdale, est souvent sombre alors que la patine est claire (blanchâtre, grise, jaune, bleutée). Elles sont abondantes dans les formations d'âge secondaire à actuel, en association avec des calcaires, et présentent de nombreuses variétés (marnes sableuses, glauconieuses, dolomitiques, etc.). Ces roches sont exploitées dans des **marnières**, surtout pour les amendements des sols. Adj. **marneux, euse** [angl. *marly*].

marno-calcaire n. m. (utilisé en général au pl. : marno-calcaires) – Alternance régulière en bancs décimétriques de calcaires et de marnes. Le terme désigne donc une formation et non pas une roche, et il est déconseillé de l'employer pour désigner un calcaire argileux (= calc. marneux). Adj. **marno-calcaire** [angl. *marly calcareous*].

Marsupiaux n. m. pl. [du lat. *marsupium*, bourse ; angl. *Marsupiala*] – Groupe de Mammifères primitifs (kangourou, etc.) connus depuis le Crétacé.

masse n. f. **atomique** n. f. – V. atomique (masse –).

masse volumique n. f. – Quotient de la masse d'un corps par son volume. V. densité, unités.

Mastodon [du gr. *mastos*, mamelle, et *odous, odontos*, dent] – Mammifère fossile du groupe des Proboscidiens, proche de l'éléphant actuel et de taille comparable, mais possédant deux paires de défenses au lieu d'une. Répart. stratigr. : Miocène – Pliocène.

Mastodonsaurus [du gr. *mastos*, mamelle, *odous, odontos*, dent, et *saura*, lézard] – Genre d'Amphibiens Stégocéphales.

matrice n. f. [angl. *matrix, groundmass*] – Dans une roche présentant des éléments de grande taille, partie qui englobe ces derniers, et qui peut être composée d'éléments plus petits où d'une masse indifférenciée.

maturité n. f. **(période de –)** [angl. *maturity (stage)*] – V. cycle (d'érosion).

Matuyama (époque de –) n. m. – Division géochronologique du Pléistocène (ère quaternaire), fondée sur le paléomagnétisme (V. tabl. à ce mot), de 2,60 à 0,78 Ma.

Mauer (Homme de –) [du nom d'un village d'Allemagne] – Homme fossile représenté par une unique mandibule, et rapporté à *Homo erectus*, datant de 700 000 ans env.

Mayaien n. m. [angl. *Mayan*] – Étage du Cambrien moy. (ère primaire). V. tabl. Annexe 2. Adj. **mayaien, nne**.

méandre n. m. [du gr. *Maiandros*, fleuve sinueux d'Asie Mineure ; angl. *meander*] – Sinuosité arrondie et régulière décrite par un cours d'eau. La rive concave est sapée par le courant, et la berge y est abrupte ; la rive convexe est en pente douce et constituée d'alluvions. Les méandres forment généralement des séries ; ils peuvent migrer et se recouper ; ils peuvent aussi s'encaisser par épigénie. Adj. **méandrique**.

MEB [angl. *SEM*] – Abréviation pour microscope* électronique à balayage [angl. *scanning electron microscope*].

mécanisme n. m. **au foyer** – V. séisme.

médiane adj. **(moraine –)** [angl. *medial moraine, median –*] – Moraine formée par la cohalescence de deux moraines latérales de glaciers confluents. V. glacier, modelé glaciaire.

médiolittoral, e, aux adj. [angl. *strand intertidal*] – Caractérise le milieu marin côtier et

ses éléments situés dans la zone de battement des marées. *Cf.* intertidal. V. littoral.

Medlicottia – Genre de Goniatites (V. fig. à ce mot) du Permien.

mégaséquence (Syn. séquence du deuxième ordre) [angl. *megasequence*] – Séquence* qui correspond à un arrangement ordonné de séquences.

megashear n. m. [mot angl., du gr. *mega*, grand, et de l'angl. *shear*, cisaillement ; S.W. Carey, 1958] – Décrochement dont le déplacement horizontal est significativement plus grand que l'épaisseur de la croûte.

mégasphère n. f. [du gr. *megas*, grand, et de sphère] – Chez les Foraminifères, première loge dont s'entoure un individu sexué. Adj. **mégasphérique**.

Megatherium [du gr. *megas*, grand, et de *thêrion*, bête sauvage] – Genre de Mammifères fossiles du groupe des Édentés, herbivores et à allure d'ours. Répart. stratigr. : Quaternaire de l'Amérique du Sud.

megaundation n. f. [mot allem.] – V. Oszillationstheorie.

méionite n. f. [du gr. *meion*, moins ; angl. *meionite*] – Var. de scapolite.

mélange n. m. [Greenly, 1919 ; angl. *melange*] – Ensemble de terrains montrant, en grand désordre, des blocs de dimensions variées (du cm à plusieurs km) et de natures diverses. Ce terme, descriptif, peut s'appliquer à des mélanges d'origine tectonique ou sédimentaire (V. olistostrome).

mélange ophiolitique – V. ophiolitique (mélange –).

mélanite n. f. [du gr. *melas, -anos*, noir ; (angl. *melanite*)] – Var. de grenat calcique.

mélanocrate adj. [A. Johannsen, 1920, du gr. *melas, -anos*, noir, et *kratos*, force ; angl. *melanocratic*] – S'applique aux r. magm. riches en minéraux ferromagnésiens, noires le plus souvent. V. coloration (indice de –).

mélaphyre n. m. [du gr. *melas, -anos*, noir, et de porphyre ; angl. *melaphyre*] – R. magm. de type basalte à basanite à faciès paléovolcanique, avec ouralitisation des pyroxènes et serpentinisation de l'olivine.

mélilite n. f. [du gr. *meli*, miel ; angl. *melilite*] – Sorosilicate du syst. quadratique, formant dans les r. métam. une série allant de la **géhlénite** Ca_2Al [Si AlO_7] à l'**akermanite** Ca_2Mg [Si_2O_7], et dans les roches volcaniques sous-saturées une série de type akermanite avec remplacements partiels de Ca par Na, et/ou de Mg par Fe. Les cristaux se présentent en petits prismes gris-vert, jaunes ou bruns. On les trouve dans les r. métam., en particulier dans des calcaires dolomitiques, ou en association avec des feldspathoïdes (néphéline, leucite) dans des r. magm. effusives sous-saturées, telles des ankaratrites, des néphélinites, des leucitites.

mélilitite n. f. [angl. *melilitite*] – R. effusive de la famille des néphélinites mais où la mélilite est largement plus abondante que la néphéline, avec présence en général d'olivine.

Mélobésiées n. f. pl. [angl. *Melobesiae*] – Famille d'Algues rouges marines dont le thalle s'incruste de calcaire qui se dispose selon la structure cellulaire. Crétacé – Actuel. Principaux genres : *Archaeolithothamnium* (Crétacé – Actuel), *Lithothamnium* (Tertiaire – Actuel).

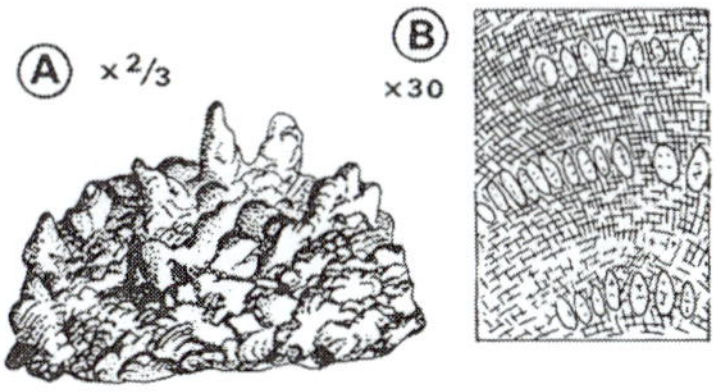

Mélobésiées

– **A :** *Lithothamnium* (vue externe) – **B :** *Archaeolithothamnium* (lame mince) (d'après L. Moret).

Mélonéchinides n. m. pl. [du gr. *mêlon*, pomme, et de Échinides ; angl. *Melonechinoida*] – Groupe d'Oursins Réguliers. V. Échinides.

meltéigite n. f. [de Melteig, Norvège ; angl. *melteigite*] – Var. d'ijolite mésocrate.

membre n. m. [angl. *member*] – V. stratigraphie.

Ménapien n. m. – Division stratigraphique du Quaternaire européen, basée sur l'analyse pollinique, correspondant approximativement à la phase glaciaire de Günz. V. tabl. à glaciation.

meneau n. m. [du lat. *medius*, médian ; angl. *mullion*] – Cordon de roche compétente, formé dans la charnière d'un pli et parallèle à l'axe b de celui-ci. Ces meneaux sont des microlithons épais et limités par des surfaces courbes, d'où des sections elliptiques à sigmoïdes. V. aussi boudinage.

ménilite adj. – V. silex ménilite.

Méotien n. m. [du marais Méotide, ancien nom pour la mer d'Azov ; angl. *Meotian*] – Étage du Miocène sup. de la Paratéthys*.

mer n. f. **marginale** – V. marginale (mer –).

Mercalli (échelle de –) [angl. *Mercalli scale*] – Échelle d'intensité d'un séisme* tel qu'il est ressenti en un lieu donné.

mercure n. m. [du nom du dieu messager de Jupiter, dont il a la mobilité ; nom ancien hydrargyre, du gr. *hudôr*, eau, et *arguros*, argent, d'où son symbole chim. ; angl. *mercury*] – Symbole chim. Hg. N° et masse atom. 80 et 200,61 ; ion 2^+ de rayon 0,11 nm ; densité 13,6 ; clarke 0,05 à 0,08 g/t, selon les auteurs. Métal blanc et très brillant, liquide à T ordinaire (solidification à – 39 °C). Le mercure peut apparaître à l'état natif dans certaines mines de cinabre, mais on le trouve surtout sous forme de sulfures, ou plus rarement d'oxydes ou de chlorures. Son principal minerai est le **cinabre** HgS.

mériédrique adj. [du gr. *meros*, partie et *hedra*, base ; angl. *merohedrism*] – Se dit d'un cristal qui ne posséde pas tous les éléments de symétrie de son système cristallin, ce qui se traduit par une absence de faces par rapport à une forme holoédrique. Il est **hémiédrique** s'il ne montre que la moitié de ces faces, **tétartoédrique** s'il n'en montre que le quart. N. m. **mériédrie** [angl. *merohedry, merohedrism*].

merl n. m. – V. maërl.

Mérostomes n. m. pl. [probabl. du gr. *meros*, portion, et *tomê*, coupure ; angl. *merostoms, Merostomata*] – Groupe d'Arthropodes primitifs dans lequel on distingue : – 1. les **Xiphosures** proches des Trilobites, apparus au Cambrien et presque tous fossiles, sauf quelques espèces actuelles (Limules) ; – 2. les **Euryptérides** ou **Gigantostracés** (Répart. stratigr. : Ordovicien – Permien). Les premiers sont surtout marins, les seconds surtout lacustres.

merzlota [mot russe ; angl. *merzlota*] – Syn. de permafrost.

mesa n. f. [mot esp. signif. table ; pron. méssa ; angl. *mesa*] – Relief tabulaire constitué par une coulée volcanique laissée en relief par l'érosion. V. relief volcanique.

méso- – Préfixe tiré du gr., et signif. au milieu de, moyen.

mésobathyal, e, aux adj. [angl. *mesobathyal, middle bathyal*] – Partie du milieu bathyal* situé entre – 400 et – 1 000 m de profondeur.

mésocrate adj. [de méso-, et du gr. *kratos*, force ; angl. *mesocratic*] – S'applique aux r. magm. contenant des pourcentages voisins de minéraux blancs (quartz, feldspaths) et noirs (minéraux ferromagnésiens). V. coloration (indice de –).

Mésogast(é)ropodes n. m. pl [de méso-, et Gastropodes] – Groupe de Gastropodes* Prosobranches.

Mésogée n. f. [du gr. *mesos*, milieu, et *gê*, terre : située au milieu des terres, sur le modèle de Méditerranée ; angl. *Mesogea*] – Syn. de Téthys*. Adj. **mésogéen, enne**.

Mésolithique n. m. [de méso-, et du gr. *lithos*, pierre ; angl. *Mesolithic*] (V. tabl. préhistoire, et Azilien). – Ensemble culturel préhistorique formant l'articulation entre le Paléolithique et le Néolithique, et caractérisé par un outillage de silex taillés en pointes ou en grattoirs de petite taille (microlithes). De 10 000 à 7 000 ans env. av. l'Actuel, adj. **mésolithique** [angl. *mesolithic*].

mésosphère n. f. [de méso-, et sphère ; angl. *mesosphere*] – Partie inférieure du manteau de la Terre*.

mésostase n. f. [de méso-, et du gr. *stasis*, base ; angl. *mesostase* ; *groundmasse*] – Matière interstitielle vitreuse ou très finement cristalline remplissant les espaces entre les cristaux (microlithes le plus souvent) dans les r. magm. volcaniques. Terme pouvant aussi désigner toute pâte aphanitique contenant de grands cristaux, qu'il s'agisse de r. magm. microgrenues, ou microlithiques, ou encore de certaines r. métam. porphyroblastiques ; *cf.* ciment, pâte.

Mésozoïque n. m. (ou ère mésozoïque) [J. Phillips, 1818, de méso-, et du gr. *zôon*, animal ; angl. *Mesozoic*] – Ère* géologique ayant duré de 245 à 65 Ma. Elle comprend le Trias, le Jurassique et le Crétacé. V. tabl. Annexe 2. Syn. Secondaire ou ère secondaire. Adj. **mésozoïque**.

mésozone n. f. [de méso-, et zone ; angl. *mesozone*] – Zone du métamorphisme* général de degré moyen. Adj. **mésozonal, e, aux**.

Messinien n. m. [C. Mayer-Eymar, 1867, de Messine, Ital. ; angl. *Messinian*] – Étage de l'ère tertiaire correspondant à la fin du Miocène. En Méditerranée, il est représenté par des formations le plus souvent salifères résultant de l'assèchement de cette mer temporairement isolée de l'Atlantique. V. tabl. Annexe 2. Adj. **messinien, nne**.

méta- – Préfixe tiré du gr., signifiant au-delà de, et indiquant aussi la succession et la transformation. Placé devant un nom de roche, il indique que celle-ci a été métamorphisée ; p. ex. métabasalte désigne toute roche métam. dérivant d'un basalte. Une telle dénomination implique l'identification de la roche originelle et donc, en général, un métamorphisme faible ou moyen.

métaflysch n. m. – V. flysch.

métallifère adj. [de métal, et du lat. *ferre*, porter ; angl. *metalliferous*] – Se dit de ce qui renferme un métal, ou plusieurs, en proportions supérieures à la normale.

métallogénie n. f. [de métal, et du gr. *gennan*, engendrer ; angl. *metallogeny*] – Science des gisements métallifères basée sur l'analyse des paragenèses minérales, sur leurs successions et leurs évolutions chronologiques, en liaison avec l'histoire géologique

des secteurs où sont situés ces gisements. Il s'y ajoute, pour le praticien, l'estimation de leur intérêt économique. N. m. **métallogéniste**, adj. **métallogénique** [angl. *metallogen(et)ic*].

métallographique adj. [de métal, et du gr. *graphein*, écrire ; angl. *metallographic*] – Qui se rapporte à l'étude des métaux. Microscope métallographique : microscope permettant d'observer des surfaces polies de métaux en lumière réfléchie. On l'utilise aussi en géologie pour observer des surfaces polies de roches, surtout lorsqu'elles contiennent des minerais qui, opaques, ne sont pas observables par transparence en lame mince. N. f. **métallographie**.

métallotecte n. m. [angl. *metallotect*] – Structure géologique ayant facilité une concentration de minerais métalliques.

métamicte adj. [de méta-, et du gr. *miktos*, mêlé ; angl. *metamict*] – S'applique à l'état de désordre causé dans un réseau cristallin sous l'influence de la radioactivité (p. ex. par désintégration d'uranium, ou de thorium, contenu dans une roche). Les cristaux subissent de ce fait des modifications de leur teinte (cas des quartz enfumés), et tendent progressivement vers un état amorphe. On peut parfois faire disparaître l'état métamicte par simple chauffage du cristal. V. bétafite.

métamorphisme n. m. [de méta-, et du gr. *morphê*, forme ; angl. *metamorphism*] – Transformation d'une roche à l'état solide du fait d'une élévation de température et/ou de pression, avec cristallisation de nouveaux minéraux, dits néoformés, et acquisition de textures et structures particulières, sous l'influence de conditions physiques et/ou chimiques différentes de celles ayant présidé à la formation de la roche originelle. Les phénomènes métamorphiques sont multiples et complexes, et les roches métam. très variées, d'où une typologie et une nomenclature complexes elles aussi.
On distingue fondamentalement deux grands types de métamorphisme :
– 1. Le **métamorphisme général** (ou régional) [angl. *regional metamorphism*] : il affecte l'ensemble des roches sur des épaisseurs et des surfaces importantes. Ainsi, dans les domaines non plissés, la base des séries sédimentaires épaisses de plusieurs kilomètres subit un métamorphisme dit **statique** ou **d'enfouissement** [angl. *static metamorphism*], peu marqué et sans déformations. Dans les grandes chaînes plissées, le métamorphisme est responsable de la formation des ensembles de schistes, de micaschistes et de gneiss (r. métam. cristallophylliennes) qui, le plus souvent, constituent le substratum. Ces roches ont subi des déformations tectoniques marquées, et on parle de métamorphisme général **dynamothermique** [angl. *dynamothermal metamorphism*].
– 2. Le **métamorphisme de contact** [angl. *contact metamorphism*] : il est localisé au contact des r. magm., et il affecte des enclaves et les terrains traversés. Surtout lié à l'élévation de T, et à la durée de cette augmentation, il est souvent nommé métamorphisme **thermique** ou **thermométamorphisme** [angl. *thermal metamorphism*]. Autour d'un massif intrusif, la zone métamorphisée est épaisse de quelques mètres à quelques centaines de mètres, et son affleurement dessine sur une carte une **auréole de métamorphisme de contact**, à limite externe imprécise, du fait de la décroissance progressive de la T, et donc du métamorphisme (V. schistes tachetés et cornéennes). Le métamorphisme thermique apparaît aussi aux épontes de certains filons ou à la base de certaines coulées, mais seulement sur des épaisseurs de quelques millimètres, centimètres ou décimètres.
Par ailleurs, on connaît aussi les trois types suivants, d'importance très secondaire :
– le **métamorphisme dynamique** (ou dynamométamorphisme) [angl. *dynamometamorphism*] : il est surtout lié aux contraintes qui se développent dans les grands accidents cassants où les roches acquièrent une schistosité et sont broyées plus ou moins fortement. Ce métamorphisme cataclastique conduit en particulier aux mylonites. Ces phénomènes sont très localisés ; s'il n'y a pas d'augmentation de température, il n'y a pas non plus de néoformations minérales significatives, et dans ce cas les mylonites obtenues ne sont pas véritablement des roches métamorphiques.
– le **métamorphisme hydrothermal** [angl. *hydrothermal metamorphism*] : il est lié à des circulations de fluides (eau surtout) à T élevée, en relation avec des volcans ou des massifs plutoniques, et qui, d'une part réchauffent les roches traversées, et d'autre part leur apportent des éléments chimiques particuliers (V. ci-dessous métam. métasomatique).
– le **métamorphisme d'impact** [angl. *impact metamorphism* ; *shock* –] : il est exceptionnel et dû à la chute de grosses météorites (V. impactites).
Les subdivisions précédentes montrent que les facteurs du métamorphisme sont :
– 1. la **température**, qui est le facteur principal, et qui augmente avec la profondeur (V. degré géothermique), et/ou avec la mise en place de roches magm. plutoniques ou volcaniques ;
– 2. la **pression** qui, elle aussi, augmente avec la profondeur (pression générale hydrostatique), mais qui en outre peut augmenter du fait des contraintes (pressions orientées). Cela permet, pour une T donnée, la cristallisation de certains minéraux, et très souvent leur orientation selon des plans définis, d'où l'aspect particulier feuilleté des r. métam. cristallophylliennes (V. schistosité et foliation). Les pressions partielles de certains fluides

(H_2O, CO_2) sont souvent déterminantes pour la cristallisation de tel ou tel minéral.
– 3. dans certains cas, des apports chimiques ; on dit alors que le métamorphisme est **allochimique**, la composition originelle des roches ayant été modifiée par des apports, et des départs d'éléments, tels Si, Al, Na, K, etc. Ce métamorphisme allochimique est d'extension limitée, et concerne surtout le métamorphisme de contact ou le métamorphisme hydrothermal.
Le plus souvent, et en particulier pour les roches du métamorphisme général, on a un métamorphisme **isochimique** (ou topochimique, ou normal), c'est-à-dire qu'à l'échelle de l'échantillon et de la formation, la composition originelle des roches n'a pas été modifiée, excepté pour les teneurs en H_2O et CO_2 qui diminuent lorsque le métamorphisme augmente.
Étant liées à ces divers facteurs, les limites du métamorphisme sont peu tranchées. La **limite inférieure**, correspondant au métamorphisme le plus faible, se situe vers T = 100 à 200 °C, et vers P = 1 kbar. Les transformations qui affectent les roches à T et P plus faibles correspondent alors soit à la diagenèse, soit à l'altération. La limite supérieure est atteinte, par définition, lorsque débute la fusion (V. anatexie) à T et P élevées variables selon les cas, avec en moyenne T ≥ 600 °C et P ≥ 3 ou 4 kbar.
La classification et la nomenclature des r. métam. sont complexes car interviennent les caractéristiques des roches originelles et celles du métamorphisme. Ce dernier présente différents **degrés**, définis par les conditions de T et P, et caractérisés par des **faciès minéraux**, avec apparition et disparition de certains minéraux (compte tenu de la composition chimique des roches considérées). Les principales distinctions ainsi faites sont les suivantes :
– 1. Selon **les faciès minéraux** : un faciès minéral est défini par l'association de certains minéraux (la **paragenèse**) caractérisant le chimisme d'une roche et le degré de métamorphisme qu'elle a subi. L'étude expérimentale a permis de délimiter plus ou moins bien les champs de T et P où un minéral est stable, et de déterminer, lorsque T et/ou P varient, les réactions chimiques, avec apparition de nouveaux minéraux. A la suite des travaux du finlandais P. Eskola, les principaux faciès minéraux, souvent divisés en sous-faciès, sur lesquels on s'accorde sont les suivants : – 1.1 **faciès à zéolites** : avec un sous-faciès à heulandite ou à analcime + quartz et un autre, de degré plus élevé, à laumontite + quartz. – 1.2 **faciès à prehnite et à pumpellyite** avec ces minéraux, du quartz et apparition possible de l'épidote. – 1.3 **faciès des schistes verts** à chlorite, muscovite, amphibole (trémolite, actinote), plagioclases acides (An < 20 : albite, oligoclase) et à la limite supérieure apparition de biotite. – 1.4 **faciès des schistes à glaucophane – lawsonite** (schistes bleus) avec des sous-faciès à pumpellyite vers la limite inférieure, à jadéite et quartz à P plus élevée. –1.5 **faciès des amphibolites** à hornblende verte, avec épidote et albite dans le sous-faciès inférieur, ou avec plagioclase plus basique (An > 20) dans le sous-faciès supérieur ; les micas sont stables et c'est la zone de P-T où se situe le point triple des silicates d'alumine (andalousite, sillimanite, disthène). – 1.6 **faciès des granulites** avec orthopyroxène, plagioclase basique et grenat (almandin – pyrope), et suivant les cas disthène ou sillimanite. – 1.7 **faciès des éclogites** avec omphacite et grenat (almandin – pyrope). – 1.8 **faciès des cornéennes** qui suivant la T contiennent albite et épidote, ou hornblende verte, ou pyroxène et grenat (grossulaire). – 1.9 **faciès des sanidinites** avec feldspaths sanidine et albite.
Noter que ces faciès minéraux ont été définis dans des séries métam. (séquences) de r. magm. basiques (basaltes, gabbros, etc.) mais s'appliquent aux roches d'autres séquences, les termes utilisés définissant alors seulement un champ de P et T : ainsi une roche appartiendra au « faciès des amphibolites » si ses minéraux indiquent les P et T de ce faciès, quand bien même, pour des raisons de chimisme, elle ne contiendrait pas d'amphibole.
– 2. Selon les **zones** et les **isogrades du métamorphisme** : en liaison avec les faciès minéraux précédents, une zone correspond à un volume de terrain présentant un certain degré de métamorphisme ; sur une carte, les limites de ces zones sont des **isogrades** (courbes de même degré) que l'on nomme, en général, d'après un minéral. P. ex. : l'isograde « chlorite- » correspond à la disparition de la chlorite au passage dans une zone de plus fort degré, l'isograde, « biotite + » correspond à l'apparition de la biotite. La reconnaissance et la représentation de ces zones est la **zonéographie**. Classiquement dans le métamorphisme général, et en se référant à la séquence pélitique, on distingue :
– 2.1 l'**anchizone**, formant transition entre la diagenèse et le métamorphisme net, pour T = 100° à 200 °C, et P = 1 kbar, difficile à déceler (études aux RX), et marquée par l'évolution des minéraux des argiles* : disparition de la kaolinite et des interstratifiés au profit de l'illite et/ou de la chlorite, puis recristallisation de l'illite qui passe à la muscovite ; la plupart des ardoises sont anchimétamorphiques ; pour les roches basiques, *cf.* faciès à zéolites. – 2.2 l'**épizone** (métamorphisme faible) avec des roches riches en minéraux hydroxylés (mica blanc, talc, chlorite, épidote, actinote) ; c'est la zone des schistes sériciteux et chloriteux (*cf.* faciès des schistes verts) ; limite supérieure vers T = 500 °C définie par l'isograde « biotite ». – 2.3 la **mésozone** (métamorphisme moyen) avec des roches à biotite et muscovite, épidote,

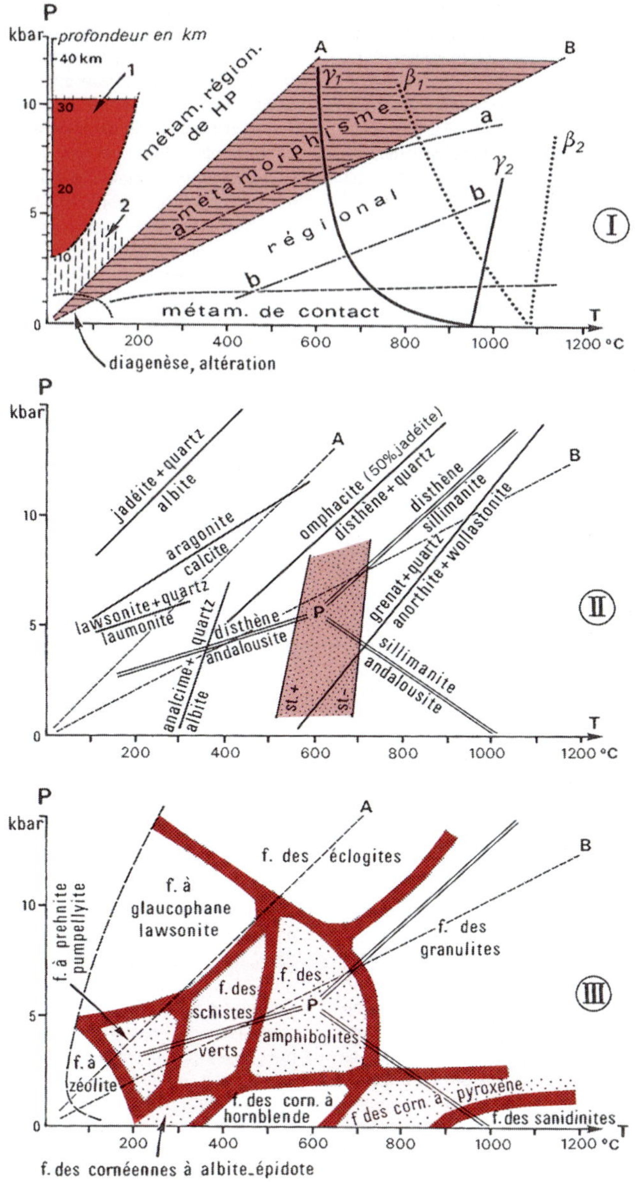

métamorphisme

Diagrammes représentant certaines caractéristiques du métamorphisme en fonction de la pression P et de la température T (mêmes échelles P et T sur I, II et III).

– **I.** Types de métamorphisme – 1 : conditions non réalisées dans la nature – 2 : métamorphisme dynamique – Dans le métamorphisme régional, la zone hachurée entre A et B correspond à un gradient géothermique normal ; les courbes aa et bb limitent approximativement de haut en bas les métamorphismes dits de haute pression (HP), de pression intermédiaire, de basse pression (BP). – $\gamma 1$: début de la fusion (solidus), en allant vers la droite du diagramme, du granite en présence de vapeur d'eau saturante – $\gamma 2$: début de la fusion du granite en l'absence de vapeur d'eau – $\beta 1$ et $\beta 2$: courbes équivalentes pour le basalte.

– **II.** Droites d'équilibre de réactions expérimentales entre quelques minéraux de métamorphisme. P. ex. : la transformation albite $\rightarrow$ jadéite + quartz se produit vers 200 °C lorsque P passe de 9 à 10 kbar – Le point P est le point triple, situé très approximativement, des silicates d'alumine (andalousite, disthène, sillimanite) – st : staurotide, avec son champ de stabilité (en pointillés) limité par les courbes d'apparition st + et de disparition st – lorsque T augmente.

– **III.** Champs des principaux faciès minéraux du métamorphisme.

amphibole, staurotide, certains grenats, disthène possible ; c'est la zone des micaschistes et des gneiss à deux micas (*cf.* faciès des amphibolites) ; limite supérieure vers 650 °C, définie par l'isograde « sillimanite + feldspath potassique ». – 2.4 la **catazone** (métamorphisme fort) avec des roches à feldspath potassique, plagioclase basique, sillimanite, pyroxène, grenat, biotite encore stable ; c'est la zone des gneiss à sillimanite et biotite (*cf.* faciès des granulites et des éclogites) ; limite supérieure au-delà de 700 °C avec le début de la fusion (anatexie). – 2.5 l'**ultrazone** (terme peu usité) avec leptynites à cordiérite et/ou grenat, la biotite ayant disparu.

Ces limites sont plus ou moins nettes, et les corrélations avec les faciès minéraux plus ou moins aisées, si bien que la zonéographie est complexe et que des flous importants subsistent.

– 3. Selon les **séquences métamorphiques** : une séquence est l'ensemble des roches métamorphiques, de degré variable, issu d'un même type de roche originelle caractérisé par une certaine composition chimique moyenne. Ex., dans le métamorphisme général : – 3.1 **séquence arénacée** : quartzites, gneiss et leptynites dérivant, à degré de métamorphisme croissant, de grès et d'arkoses. – 3.2 **séquence argileuse ou pélitique** : schistes, micaschistes, gneiss, leptynites dérivant d'argiles et de pélites (cf. ectinite). – 3.3 **séquence calcaropélitique** : micaschistes à minéraux, amphibolites, pyroxénites dérivant de marnes. – 3.4 **séquence carbonatée** : calcschistes, marbres, cipolins dérivant de calcaires et dolomies. – 3.5 **séquence granitique** : protogine, gneiss, leptynites dérivant de granitoïdes ou de laves équivalentes. – 3.6 **séquence basique** : schistes, prasinites, amphibolites, pyroxénites dérivant de diorites, gabbros, basaltes. Déterminer la séquence à laquelle appartient tel gneiss ou tel autre est souvent difficile, voire impossible, et ce mode de classement n'est guère utilisé. On ajoute les préfixes **para**- ou **ortho**- pour indiquer l'origine sédimentaire ou magmatique lorsqu'on peut la déterminer : p. ex. un paragneiss dérive d'argiles ou de pélites, un orthogneiss dérive d'un granitoïde.

– 4. Selon les séries métamorphiques, compte tenu des séquences et du degré géothermique. Par ex. : – 4.1 **série barrowienne** (ou de type Barrow), série commune du métamorphisme général dans laquelle les roches de la séquence pélitique passent du faciès des schistes verts à celui des amphibolites avec les apparitions successives des minéraux repères suivants : chlorite, biotite, grenat almandin, staurotide, disthène, et sillimanite. Cette série se développe si le degré géothermique est faible, et le faciès des amphibolites n'est ainsi réalisé qu'à grande profondeur donc à forte pression (d'où apparition de disthène puis de sillimanite, et absence systématique de l'andalousite). – 4.2 **série de type Abukuma** où les roches de la séquence pélitique passent du faciès des schistes verts à celui des amphibolites avec les apparitions successives des minéraux suivants : chlorite, biotite, andalousite, cordiérite, grenat almandin, sillimanite. Cette série se développe si le degré géothermique est fort.

Les séries intermédiaires existant, ces dénominations peu précises sont moins utilisées, et l'on préfère nommer les séries de r. métam. selon leurs faciès minéraux ou leurs paragenèses. Vb. **métamorphiser** ; adj. **métamorphisé, e ; métamorphique** [angl. *metamorphic*] ; n. f. **métamorphite** [angl. *metamorphite*] (Syn. de r. métam.).

métaquartzite n. m. [angl. *metaquartzite*] – Quartzite* d'origine métamorphique. Ant. orthoquartzite*.

métasicula n. f. [de méta-, et du gr. *sicula*, dague ; angl. *metasicula*] – Partie la plus récente de la sicula des Graptolithes (V. fig. à ce mot).

métasomatisme n. m. [de méta-, et du gr. *sôma*, corps [angl. *metasomatism*] – Métamorphisme*, dit allochimique ou métasomatique, qui s'accompagne d'une modification (**métasomatose**) de la composition chimique globale des roches originelles. V. aussi épigenèse (pour les r. sédim.).

métastable adj. [angl. *metastable*] – Se dit d'un système chimique (corps pur ou mélange) qui n'est pas stable dans les conditions où on l'observe, mais qui cependant paraît l'être car sa transformation s'opère à une vitesse très faible. Celle-ci peut augmenter brutalement sous l'action d'un catalyseur ou par un apport d'énergie. En particulier, cet état métastable est celui des assemblages minéraux des r. magm. et métam. affleurantes. Pour ces roches, le refroidissement postérieur à la cristallisation a été suffisamment rapide pour que les réactions chimiques entre les constituants des minéraux aient été bloquées. Actuellement, la mise en équilibre dans les conditions de la surface ne se réalise que très lentement par hydrolyse. N. f. **métastabilité**.

Métathériens n. m. pl. [de méta-, et du gr. *thêrion*, bête sauvage] – Groupe de Mammifères. Syn. Marsupiaux.

météore n. m. [du gr *meteoros*, élevé dans les airs ; angl. *meteor*] – 1. Au sens restreint, objet venu de l'espace traversant l'atmosphère en y produisant un phénomène lumineux. Ce phénomène lumineux lui-même. – 2. Au sens large, tout phénomène atmosphérique. On y distingue des hydrométéores (pluie, brouillard, etc.), des électrométéores (éclairs, aurores polaires, etc.), des photométéores (arc-en-ciels, halos, etc.), et des lithométéores (tempêtes de sable, fumées, etc.)

météorique adj. [du gr. *meteoros*, élevé dans les airs ; angl. *meteoric* (s. l.)] – Qualifie tous les phénomènes qui se produisent dans l'atmosphère (étoiles filantes, éclairs, neige, pluie, tonnerre, etc.)

météorisation n. f. [de météorique : angl. *weathering*] – Altération des terrains sous l'action des agents atmosphériques. Ce terme est peu utilisé ; on lui préfère souvent altération météoritique.

météorite n. f. ou n. m. [du gr. *meteoros*, élevé dans les airs ; angl. *meteorite*] – Fragment rocheux ou métallifère, venant de l'espace et atteignant laTerre. Les poids connus varient de moins de 1 g à 60 t, et les grosses météorites provoquent des cratères importants (astroblèmes). L'âge de leur formation avoisine 4 600 Ma., et il s'agit ainsi des matériaux les plus anciens du système solaire, d'où leur intérêt. On les subdivise en :
– 1. **pierres**, ou **météorites pierreuses**, en général recouvertes d'une pellicule noirâtre vitrifiée, et comportant : – 1.1 les **chondrites** constituées de grains métalliques et de chondres (ou chondrules), nom donné à des sphérules de quelques micromètres à quelques millimètres, comportant des pyroxènes (enstatite, bronzite, hypersthène), de l'olivine, des plagioclases (rares) et divers minéraux accessoires riches en Fe et Ni (les chondrites comportent 90 % de Si + Mg + Fe). – 1.2 les **achondrites**, moins fréquentes, pauvres en métaux, à structure grenue, parfois bréchifiées, et composées d'olivine et de divers pyroxènes (roches voisines des pyroxénites et des dunites) ;
– 2. **lithosidérites** qui contiennent autant de silicates (olivine, pyroxène, anorthite) que de métaux (Fe, Ni) ;
– 3. **fers** dans lesquels les métaux sont prédominants, avec surtout du Ni (jusqu'à 20 %). Syn. aérolithe Adj. **météoritique** [angl. *meteori(ti)c*]. V. aussi tectite.

meulière n. f. [de meule, d'abord adj. : pierre meulière ; angl. *millstone grit, bur(r)stone*] – Accidents siliceux dans des calcaires ou des marnes lacustres, en masses irrégulières, arrondies ou anguleuses, massives et homogènes (meulière compacte) ou d'aspect bréchique, parfois alvéolaire (meulière caverneuse). La roche est grise à gris jaune, rouille par altération, avec calcédoine et quartz, un peu d'opale ; elle englobe des témoins du calcaire d'origine (calcaire fin ou coquillier, ou à characées, parfois à diatomées) ; ces témoins sont en petites zones uniformément dispersées, ou en masses anguleuses prises dans la trame calcédonieuse : l'aspect est alors bréchique et c'est par dissolution du calcaire que se forment les meulières caverneuses. Ces roches sont abondantes dans le Bassin parisien (formations oligocènes de Beauce et de Brie) ; la silice proviendrait, en grande partie, de l'altération pédologique des niveaux argileux lors des périodes d'assèchement (silicification climatique). Actuellement matériaux de construction, on les utilisait autrefois pour faire des meules à grain, d'où leur nom. Adj. **meuliérisé, e** (transformé en meulière).

Mg – Symbole chimique du magnésium.

miarole n. f. [angl. *miarolitic cavity*] – V. miarolitique.

miarolitique adj. [de *miarolo*, nom local d'un granite, près de Baveno, Italie ; angl. *miarolitic*] – Se dit d'une roche magmatique plutonique, granitique en général, montrant de petites cavités, nommées les **miaroles**, remplies de minéraux pneumatolytiques ; cf. variolitique.

mica n. m. [du latin *mica*, parcelle, miette ; angl. *mica*] – Phyllosilicate composé de feuillets élémentaires, épais de 0,1 nm, comportant deux couches de tétraèdres $[SiO_4]^{4-}$, avec substitution partielle de Si par Al, encadrant une couche d'octaèdres ; les feuillets sont unis entre eux par des cations K, Na, Fe, Mg, etc. ; les micas sont du système monoclinique pseudohexagonal. Ils forment une famille de minéraux en prismes aplatis, à clivage (001) parfait, à débit en minces lamelles flexibles et élastiques.
– 1. **Micas noirs ferromagnésiens** : ils forment une série allant d'un pôle magnésien (**phlogopite**) à un pôle ferreux (**annite**), avec essentiellement la **biotite** $K(Mg, Fe)_3[Si_3AlO_{10}(OH, F)_2]$, le **lépidomélane** étant intermédiaire entre biotite et annite. La biotite en lamelles d'un noir brillant, parfois à reflets verdâtres, est très commune dans les roches magmatiques et métamorphiques ; elle s'altère facilement en chlorite. Au microscope, on peut distinguer la biotite verte (sans Ti dans le réseau, formée à BT, en particulier dans des roches métamorphiques) et la biotite s. str. brun rouge (formée à température plus haute, et contenant du Ti dans son réseau). La phlogopite, plus claire, jaunâtre à brun doré, se trouve surtout dans des calcaires métamorphiques, ou dans certaines laves (ex. trachyte).
– 2. **Micas blancs alumineux**, d'un blanc nacré, avec la **muscovite** $KAl_2[Si_3AlO_{10}(OH, F)_2]$, la **paragonite** (K remplacé par Na) et la **phengite** $K_2(Fe, Mg)Al_3[Si_7AlO_{20}(OH, F)_4]$. Les muscovites contiennent en général une faible proportion de paragonite et de phengite et sont difficilement altérables ; elles n'existent pas dans les laves, mais sont fréquentes dans les roches plutoniques acides (granites, pegmatites avec parfois lamelles de plusieurs cm). Elles sont communes dans les roches métamorphiques, en fines aiguilles flexueuses (séricite) dans les schistes, en paillettes dans les micaschistes et dans les gneiss à métamorphisme modéré. La phengite est surtout présente dans des schistes et des quartzites métamorphisés à HP-BT.

La paragonite, blanc jaunâtre à éclat soyeux, est un minéral plus rare de certains schistes.
– 3. **Micas lithinifères** [angl. *lithium micas*], blanc jaunâtre, rosés ou violacés, avec la **lépidolite** (Li, Al)$_3$ K [$Si_3AlO_{10}F_2$], et la **zinnwaldite** K Li Fe Al [Si_3AlO_{10} (OH, F)$_2$], minéraux rares sauf dans certaines pegmatites et filons hydrothermaux.
– 4. **Micas durs** [angl. *brittle micas*], calciques en lamelles cassantes blanc grisâtre, avec la **margarite** $CaAl_2$ [$Si_2Al_2O_{10}$ (OH_2)], la **clintonite** et la **xanthophyllite** (Al remplacé en partie par Mg), qui sont des minéraux rares de certaines roches métamorphiques.

Familles minéralogiques voisines : talc, chlorites, hydromicas (illite ; les micas font également partie du groupe des minéraux argileux. V. argiles) ; chloritoïde, parfois classé dans les micas durs.

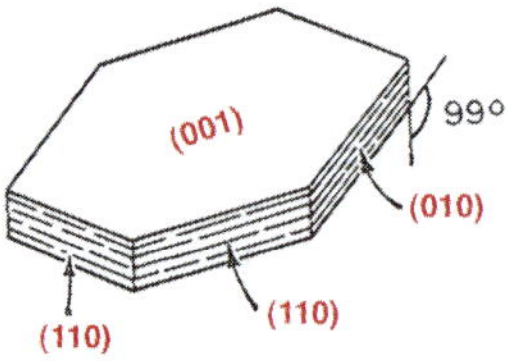

mica

Forme habituelle, avec clivages (001) faciles.

micacé, e adj. [angl. *micaceous*] – Qui contient des micas, détritiques (ex. grès micacé), ou non (ex. schiste micacé).

micaschiste n. m. [de mica, et schiste ; angl. *mica( )schist*] – Roche métamorphique commune, épi- à mésozonale, à grain généralement moyen, à schistosité et foliation marquées, riche en lamelles de mica visibles à l'œil nu, d'où une structure lépidoblastique et un débit facile en plaquettes (quelques mm ou cm) à surface brillante, claire ou sombre selon la couleur du mica. Les minéraux constitutifs sont les micas, très abondants (biotite et/ou muscovite), le quartz, en cristaux visibles à l'œil, dispersés ou groupés, en minces lits discontinus, les feldspaths peu nombreux (< 20%) et microscopiques (différence d'avec les gneiss) ; les autres minéraux possibles sont très variés (selon la richesse en Al_2O_3, Ca, etc.), et sont souvent sous forme de porphyroblastes (d'où le nom de micaschiste à minéraux) avec : silicates d'alumine, staurotide, cordiérite, grenat, humite, trémolite, etc. Les variétés sont désignées d'après les minéraux : micaschiste à andalousite, à grenat, etc. micaschiste calcifère si la calcite abonde (souvent alors sous forme de cristaux engrenés donnant de minces lits clairs).

Les micaschistes sont d'origine para, et dérivent d'argiles et de pélites (séquence pélitique) ou de pélites calcareuses, adj. **micaschisteux, euse**.

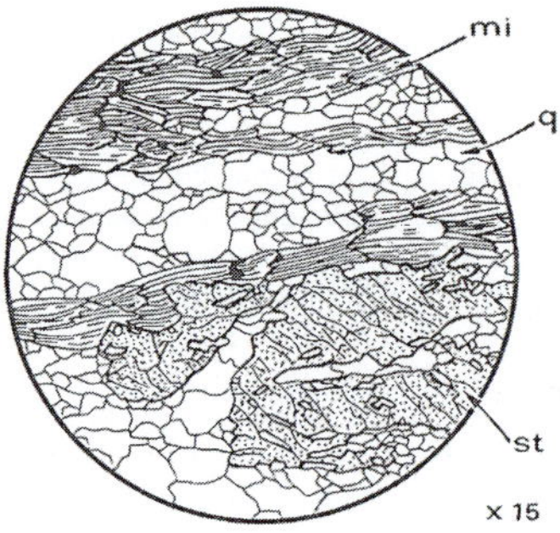

micaschiste

Vu en lame mince – mi : mica – q : quartz granoblastique – st : staurotide en porphyroblastes à inclusions de quartz (d'après J. Jung : V. aussi fig. à grenat hélicitique).

micaschistes inférieurs (zone des –) – Expression ancienne pour la zone des micaschistes à deux micas, servant à caractériser, dans la séquence pélitique, la partie supérieure de la mésozone (V. métamorphisme).

micaschistes supérieurs (zone des –) – Expression ancienne pour la zone des schistes séricteux et chloriteux, servant à caractériser, dans la séquence pélitique, l'épizone (V. métamorphisme).

miche n. f. [du latin *mica*, parcelle, miette] – Nodule ou masse noduleuse de grande taille (quelques décimètres).

Micoquien n. m. [de La Micoque, localité de Dordogne, Fr. ; angl. *Micoquian*] (V. tabl. préhistoire). – Ensemble culturel de l'Acheuléen terminal dont l'outil de silex taillé le plus caractéristique est le biface à pointe allongée. Vers 80 000 ans.

Micraster [du gr. *mikros*, petit, et *aster*, étoile] – Genre d'Oursins Irréguliers du Crétacé sup. – Éocène (V. fig. à Échinides).

micrite n. f. [du gr. *mikros*, petit ; angl. *micrite*] – Calcite finement cristalline constituant tout ou partie de certaines roches carbonatées. Ce terme est surtout utilisé comme suffixe : biomicrite, intramicrite, oomicrite, pelmicrite. V. carbonatées (roches –). Adj. **micritique** [angl. *micritic*].

micro- – Préfixe tiré du gr. *mikros*, et signifiant petit. Placé devant un nom de r. magm.,

il indique que la structure en est microgrenue (ex. microdiorite = diorite à structure microgrenue).

microbrèche, microconglomérat [angl. *microbreccia, microconglomerate*] – Brèche* ou conglomérat* dont les éléments sont de petite taille (moins de 2 mm).

microcline n. m. [de micro-, et du gr. *klinein*, s'incliner ; angl. *microcline*] – Var. de feldspath* potassique triclinique.

microcodium n. m. – Assemblage en épi de petits prismes calcaires, connu notamment dans des sédiments du Crétacé supérieur et de l'Éocène, et dont l'origine serait organique (calcification de filaments de champignons dans des paléosols).

microdiorite n. f. [angl. *microdiorite*] – Diorite* microgrenue.

microdiorite quartzique [angl. *quartz microdiorite*] – Diorite quartzique (V. ce terme) microgrenue.

microessexite n. f. [angl. *microessexite*] – Essexite* microgrenue.

microfaciès n. m. [de micro-, et faciès ; angl. *microfacies*] – Faciès* visible au microscope optique. – V. faciès.

microfaune n. f. [de micro-, et faune ; angl. *microfauna*] – V. microfossile.

microflore n. f. [de micro-, et flore ; angl. *microflora*] – V. microfossile.

microfossile n. m. [de micro-, et fossile ; angl. *microfossil*] – Fossile ne pouvant s'étudier qu'à la loupe ou au microscope. Selon qu'il s'agit de microfossiles animaux ou végétaux, on parle souvent de microfaune (Foraminifères, Ostracodes, etc.) ou de microflore (spores, etc.) fossiles. D'une manière générale, les microfossiles sont étudiés soit après avoir été dégagés d'un sédiment meuble par lavage*, soit dans des lames* minces de roches. Ant. macrofossile. V. aussi nannofossile.

microgabbro n. m. [angl. *microgabbro*] – Gabbro* microgrenu.

microgranite n. m. [angl. *microgranite*] – Granite* microgrenu.

microgrenu, e adj. [de micro-, et grenu ; angl. *microgranular*] – S'applique à la structure présente dans des roches magmatiques montrant un assemblage de cristaux tous en grains non visibles à l'œil nu, ou à peine discernables (*cf.* aphanitique) ; elle est caractéristique de roches magmatiques à refroidissement assez rapide (ex. filons, bordures de massifs plutoniques). V. fig. à granite.

microlit(h)e n. m. [de micro-, et du gr. *lithos*, pierre] – 1. [angl. *microlite*] Petit cristal, non visible à l'œil nu, en prisme allongé (baguette, latte) ; les microlithes (feldspaths le plus souvent) caractérisent de très nombreuses roches magmatiques volcaniques – 2. [angl. *microlith*] Petit outil (moins d'un centimètre) de silex taillé, le plus souvent de forme géométrique simple, particulièrement caractéristique du Paléolithique supérieur et du Mésolithique.

microlit(h)ique adj. [de micro-, et du gr. *lithos*, pierre ; angl. *microlitic*] – S'applique à la structure des roches magmatiques volcaniques, caractérisée par la présence de nombreux microlithes sans orientation privilégiée, ou avec (microlithique fluidale) ; *cf.* trachytique, intersertale.

microlithon n. m. [de micro-, et du gr. *lithos*, pierre ; angl. *microlithon*] – Portion de roche comprise entre deux plans de schistosité parallèles, et non affectée par cette schistosité*.

micropaléontologie n. f. [de micro-, et paléontologie ; angl. *micropaleontology*] – Étude des fossiles de petite taille (microfossiles et nannofossiles) pour laquelle on doit utiliser des instruments grossissants (loupe, microscope optique ou électronique). N. m. ou f. **micropaléontologue** (ou micropaléontologiste) [angl. *micropaleontologist*] ; adj. **micropaléontologique** [angl. *micropaleontologic(al)*].

micropegmatite n. f. [de micro-, et pegmatite ; angl. *micropegmatite*] – Assemblage d'un cristal de feldspath alcalin et d'un cristal de quartz, celui-ci se présentant en section sous forme de plages ayant même orientation optique ; l'aspect microscopique est souvent celui des pegmatites* graphiques, d'où ce terme micropegmatite. Elles se formeraient, en fin de cristallisation d'un magma, par la cristallisation synchrone du quartz et du feldspath dans les interstices séparant les autres minéraux. Elles constituent l'essentiel de la masse des granophyres (granophyre et structure granophyrique sont parfois pris comme équivalents de micropegmatite et structure micropegmatitique). Adj. micropegmatitique [angl. *micropegmatitic*].

microperthite n. f. [de micro-, et perthite ; angl. *microperthite*] – Perthite dont la structure n'est visible qu'au microscope. V. feldspath (sodi-potassique).

microplaque n. f. [de micro-, et plaque ; angl. *microplate*] – Petite plaque lithosphérique, dont les dimensions en plan sont de quelques centaines de kilomètres (V. tectonique des plaques).

micropli n. m. [de micro-, et pli ; angl. *microfold*] – Pli* de petites dimensions (du millimètre au centimètre). V. aussi crénulation, linéation.

microplissement n. m. [angl. *microfolding*] – Formation de microplis, ou ensemble de microplis, adj. **microplissé, e**.

microscope n. m. [de micro-, et du gr. *skopein*, regarder ; angl. *microscope*] – Appareil destiné à l'observation d'objets de très petites dimensions. Actuellement on utilise principalement :

– 1. Les **microscopes optiques** dont le principe est basé sur la transmission des rayons lumineux et leur déviation par des lentilles. En géologie, pour l'étude des plaques minces de roches, on utilise avec des grossissements dépassant rarement 500, des **microscopes polarisants** munis de quelques dispositifs particuliers.

– La platine portant la plaque mince est circulaire, graduée en degrés à son bord, et elle peut pivoter autour de l'axe optique du microscope (parallèle au trajet des rayons lumineux).

– Sous la platine, il y a un **polariseur** (sous forme actuellement de lame polaroïd) dont les propriétés optiques sont telles qu'il ne laisse passer les vibrations lumineuses que dans un plan déterminé, ce qui définit une lumière polarisée rectilignement.

– Au-dessus de la platine, entre l'objectif et l'oculaire, se trouve un autre polariseur (amovible à volonté) et que l'on appelle l'**analyseur** ; par construction, son plan de polarisation est perpendiculaire à celui du polariseur. Dans l'oculaire, on a un **réticule** de deux fils orthogonaux, le fil nord-sud correspondant, le plus souvent, au plan de polarisation du polariseur, et le fil est-ouest à celui de l'analyseur :

Parmi les nombreuses modalités d'observation possibles avec un tel microscope, on retiendra :

a) l'observation lorsque l'analyseur est enlevé, ou observation en **lumière polarisée non analysée** (dite couramment, mais abusivement, « **lumière naturelle** ») : de nombreux minéraux sont incolores, d'autres sont colorés et gardent la même teinte quelle que soit la position de la section étudiée (position que l'on fait varier en tournant la platine), d'autres enfin sont colorés et **pléochroïques**, c'est-à-dire que la teinte change pour une rotation de 90°, le phénomène se répétant quatre fois lors d'une rotation complète de 360°, car ils absorbent la lumière polarisée de manière différente selon leur orientation. **Ce pléochroïsme** est l'un des caractères permettant d'identifier certains minéraux (micas noirs, tourmaline, p. ex.)

b) l'observation lorsque l'analyseur est en place, ou observation en **lumière polarisée analysée** (dite couramment, mais abusivement, « **lumière polarisée** »). Dans ce cas, s'il n'y a pas de cristal anisotrope intercalé sur le trajet des rayons lumineux, la lumière est arrêtée. Si un cristal anisotrope est intercalé, il donne, à partir de la lumière polarisée issue du polariseur, et compte tenu des lois de la réfraction*, deux rayons polarisés selon les axes n'_g et n'_p de l'ellipse des indices de

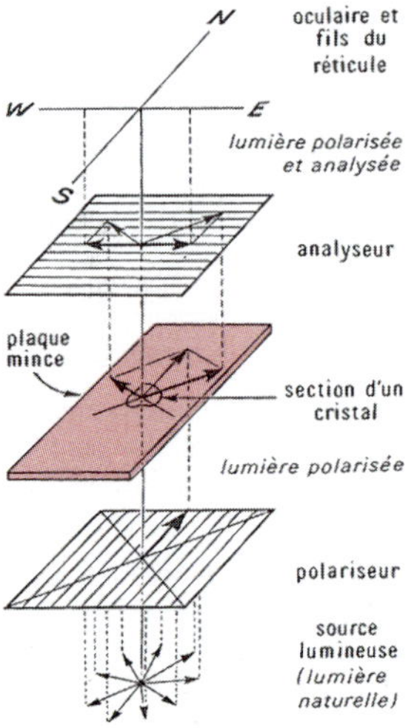

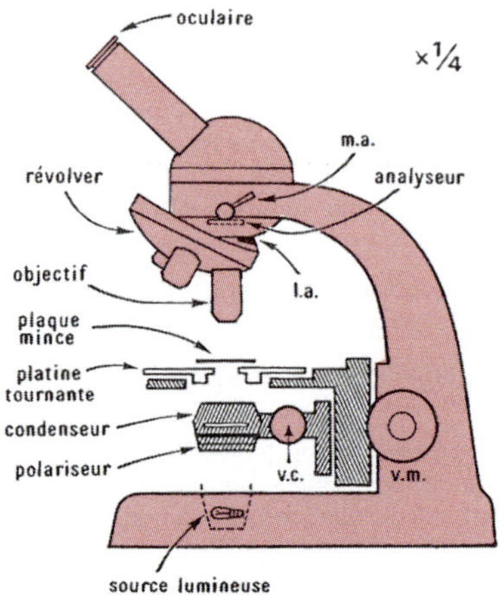

microscope (polarisant)

A gauche, trajet du rayon lumineux et modifications successives du plan de polarisation.
A droite, principaux éléments d'un microscope polarisant – m.a. : manette de commande de l'analyseur – l.a. : logement des lames auxiliaires – v.c. : vis de commande du bloc condenseur – v.m. : vis de mise au point, avec mouvement micrométrique.

K

K – Symbole chim. du potassium (de son nom ancien kalium).

Kaena n. m. – Épisode paléomagnétique du Tertiaire. V. tabl. paléomagnétisme.

kaïnite n. f. [du gr. *kainos*, récent ; angl. *kainite*] – Sel hydraté KMg Cl (SO_4), 3 H_2O, présent dans certains évaporites (V. ce mot).

kalout n. m. [mot iranien] – Large sillon creusé par l'eau et le vent dans des matériaux tendres.

kame n. m. [mot écossais ; angl. *kame*] – Colline, souvent à sommet plat, constituée de sables et de graviers stratifiés qui se seraient sédimentés à la marge ou dans des dépressions d'un ancien inlandsis. *Cf.* esker.

kamenitsa [angl. *kamenitza, solution pan*] – Creux de dissolution sur un lapiez.

Kansas n. m. [du Kansas, état du centre des États-Unis ; angl. *Kansan*] – Deuxième glaciation du Quaternaire* nord-américain, équivalent du Mindel alpin. V. tabl. à glaciation.

kaolin n. m. [du chinois *kao ling*, lieu où l'on extrayait cette argile, de *kao*, élevée, et *ling*, colline ; angl. *kaolin*] – Roche blanche et friable formée surtout de kaolinite. Elle résulte principalement de l'altération superficielle (sous climat chaud et humide) ou hydrothermale de r. magm. acides (type leucogranite), riches en feldspaths potassiques et pauvres en minéraux ferromagnésiens. C'est une roche réfractaire, qui entre dans la composition des porcelaines. Vb. **kaoliniser** ; n. f. **kaolinisation** [angl. *kaolinization*] ; adj. **kaolinisé, e** [angl. *kaolinized*] ; **kaolinique** [angl. *kaolinic*].

kaolinite n. f. [de kaolin ; angl. *kaolinite*] – Minéral argileux provenant principalement de l'altération des roches acides riches en feldspath (granites, etc.). V. argiles.

karélianite n. f. [angl. *karelianite*] – Oxyde de vanadium* V_2O_3.

Karlsbad (ou Carlsbad) **(macle de –)** [angl. *Karlsbad twin, Carlsbad –*] – V. macle et feldspath.

karren n. m. [mot allem. signif. charrette ; angl. *karren, solution groove*] – Cannelure de dissolution sur un lapiez*.

karst n. m. [de la région du Karst, Croatie ; angl. *karst, carst*] – Plateau calcaire affecté par le modelé* karstique. Vb. **karstifier** ; adj. **karstique** [angl. *karstic*] ; **karstifié, e** ; n. f. **karstification** [angl. *karstification*].

karsténite n. f. [dédié à Karsten ; angl. *karstenite*] – Syn. d'anhydrite, $CaSO_4$.

Kasimovien n. m. [Rotai, 1979 ; angl. *Kasimovian*] – Étage du Carbonifère (ère primaire) de Russie. V. tabl. Annexe 2. Adj. **kasimovien, nne**.

katmaïen, nne adj. [du Katmaï, Alaska ; angl. *Katmaian*] – Se dit d'un type volcanique donnant des nuées ardentes, avec ignimbrites ; pratiquement synonyme de type péléen (V. nuée ardente, volcan).

katophorite (ou katoforite) n. f. [angl. *kataphorite, cataphorite, catophorite*] – Amphibole* sodique monoclinique contenant du calcium.

kavir n. m. – Syn. de kevir.

Kazanien n. m. [de Kazan, ville russe à l'ouest de Perm ; angl. *Kazanian*] – Étage du Permien (ère primaire) russe. V. tabl. Annexe 2. Adj. **kazanien, nne**.

kélyphitique n. f. **(auréole –)** [du gr. *keluphos*, écorce ; angl. *keliphitic rim*] – Bordure de réaction autour d'un minéral composée d'un agrégat de petits cristaux pouvant le pénétrer par de fines fractures, et même l'envahir totalement (*cf.* pseudomorphose) ; cette transformation affecte des pyroxènes, amphiboles, spinelles, et surtout des grenats dont l'auréole kélyphitique peut comporter de petits grains et vermicules de pyroxène, amphibole, spinelle, plagioclase ou, dans d'autres cas, des chlorites vert vif mêlées à de l'épidote ; suivant les cas, ces phénomènes ressortissent au métamorphisme ou à l'altération. V. aussi coronitisation. N. f. **kéliphyte ; kélyphitisation**.

Kepler (lois de –) [angl. *Kepler's laws*] – Règles énoncées par Kepler pour rendre compte du mouvement des planètes autour du Soleil. Première loi : les planètes décrivent des orbites elliptiques dont le Soleil occupe un foyer. Deuxième loi : le rayon vecteur (segment reliant le centre du Soleil à celui de la planète) balaye des aires proportionnelles aux temps. Troisième loi : les carrés des temps des révolutions sont proportionnels aux cubes des grands axes des orbites.

kérabitume n. m. [du gr. *keras, keratos*, corne, et de bitume ; angl. *kerabitumen*] – Var. de bitume* insoluble dans le chloroforme.

kératophyre n. m. [du gr. *keras, keratos*, corne, et de porphyre ; angl. *keratophyre*] – R. magm. effusive à composition chimique de trachyte sodique (V. tabl. magm.) à albite (seul feldspath présent), calcite, assez rares ferromagnésiens hydratés (chlorite, épidote,

J

jacupirangite n. f. [du massif de Jacupiranga, au Brésil ; angl. *jacupirangite*] – Var. d'ijolite riche en pyroxène.

jade n. m. [de l'esp. *piedra de la ijada*, pierre du flanc, car jadis considérée comme pouvant guérir les coliques néphrétiques ; angl. *jade (stone)*] – R. métam. de couleur blanche à verte, constituée par un feutrage extrêmement compact et tenace de très fines aiguilles de trémolite (V. amphibole). C'est une roche exceptionnelle, présente dans certains schistes ou serpentines, et utilisée pour la fabrication d'objets d'art ou, au Néolithique, d'outils (haches). Certains auteurs groupent, sous le nom de jade, la néphrite et la jadéite. Syn. néphrite.

jadéite n. f. [de jade ; angl. *jadeite*] – Pyroxène* alcalin, constituant essentiel de roches métamorphiques de HP et BT. Tenace et inaltérable comme le jade (ou néphrite), dont il a les utilisations, il s'en distingue par une plus grande fusibilité. Certains auteurs groupent, sous le nom de jade, la jadéite et la néphrite.

jais n. m. [du gr. *gagatês*, de Gates en Lycie, Asie Mineure ; angl. *jet, black amber*] – Variété de lignite, noire et luisante. Syn. jayet.

Jaramillo (épisode de –) – Événement paléomagnétique daté d'environ 1 M. a. ; V. tabl. Quaternaire.

jaspe n. m. [du gr. *iaspis*, même signif. ; angl. *jasper*] – R. sédim. siliceuse microcristalline, surtout formée de calcédoine et de quartz avec parfois des argiles, et teintée par des oxydes de fer ou de la matière charbonneuse. Les jaspes ne contiennent pas de grains détritiques, et leur cassure est lisse ou esquilleuse, parfois conchoïdale, terne et opaque ; leurs teintes sont rouges ou violacées, grises ou noires, plus rarement vertes, jaunes ou brunes, parfois multicolores (jaspes rubanés, zonés, bigarrés). Des variétés importantes sont les **radiolarites**, les **lydiennes** ou les **phtanites** (V. ces mots) qui forment souvent d'épaisses formations litées (V. aussi minerai de fer rubanés). Des variétés de jaspe calcédonieuses à grain très fin et homogène, montrant de belles teintes, sont utilisées en décoration et en bijouterie : **chrysoprase** (vert), **cornaline** (rouge), **sardoine** (brune). V. chert. Adj. **jaspé, e** [angl. *jaspidean, jaspery* (ex. jaspery chert)].

jaspilite n. f. [de jaspe ; angl. *jaspilite*] – Minerai de fer rubané (V. ce terme).

jayet n. m. – Syn. de jais.

jeu n. m. [angl. *faulting, displacement*] – V. faille.

jeunesse n. f. **(stade de –)** [angl. *youth (stage)*] – V. cycle d'érosion.

joint n. m. [du lat. *jungere*, unir ; angl. *joint*] – Toute surface de discontinuité au sein d'une roche ou d'un terrain, qui n'est pas un contact anormal avec déplacement (faille, etc.). Un joint de stratification est une discontinuité séparant deux couches de même nature pétrographique. Un joint tectonique (ou joint de tension) est une cassure sans rejet (V. diaclase).

jouer v. – V. faille.

jurassien, nne adj. [angl. *Jurassian, Jura-style*] – Qui se rapporte au Jura : p. ex. morphologie jurassienne, style tectonique jurassien (ne pas confondre avec jurassique : qui se rapporte à la période jurassique).

jurassien (relief –) – V. relief jurassien.

Jurassique n. m. [A. Brongniart, 1830, du Jura, montagnes franco-suisses ; angl. *Jurassic*] – Seconde période de l'ère secondaire, divisée aujourd'hui en trois parties : Jurassique inf., moy. et sup., auxquelles on donne respectivement comme synonymes les termes de Lias, Dogger et Malm, à la situation de l'Aalénien près (V. ce nom). V. tabl. Annexe 2. Adj. **jurassique** (ne pas confondre avec jurassien).

juv. – Abréviation du lat. *juvenilis*, jeune. On l'utilise en paléontologie pour signaler que l'exemplaire auquel on se réfère n'est pas arrivé à la taille adulte.

juvénile adj. [angl. *juvenile*] – Se dit d'une eau qui a une origine profonde (volcanique ou magmatique), et qui ne provient pas des précipitations ou de la condensation.

la section étudiée ; ces deux rayons sont à leur tour repris par l'analyseur et le résultat se traduit par la disparition de certaines longueurs d'onde, si bien que l'on observe un éclairement coloré définissant la **teinte de polarisation** de la section observée. Au cours d'une rotation complète de la platine, on a quatre **maximums** d'intensité et quatre positions d'**extinction**. Ces dernières, placées à 45° des précédentes, s'obtiennent lorsque n'_g ou n'_p sont parallèles au plan de polarisation du polariseur ou à celui de l'analyseur. Les teintes de polarisation et les positions des extinctions par rapport aux fils du réticule sont des caractéristiques importantes des cristaux, qui en permettent l'identification au microscope.
– 2. Les **microscopes électroniques**, où les rayons lumineux sont remplacés par des pinceaux d'électrons, dont le pouvoir séparateur est beaucoup plus grand. Il y en a deux catégories : – 2.1 les microscopes électroniques à transmission où les électrons sont déviés par des lentilles électromagnétiques et traversent un objet qui doit être extrêmement mince (ou constitué par une réplique). – 2.2 les microscopes électroniques à balayage (en abrégé MEB) où le pinceau d'électrons balaye l'objet, un courant électrique résultant de ce balayage servant à faire apparaître l'image de l'objet sur un écran de télévision balayé en synchronisme. La préparation de l'objet est très simple (métallisation sous vide). Les images sont caractérisées par une grande profondeur de champ, les grossissements sont couramment de 10 000 ou plus (jusqu'à 50 000 environ). Adj. **microscopique** [angl. *microscopic(al)*] ; n. f. **microscopie** [angl. *microscopy*].

microsonde n. f. **électronique**. [angl. *electron microprobe*] – Dispositif d'analyse dans lequel la surface polie d'un échantillon, bombardée par un faisceau d'électrons, émet des rayons X dont l'intensité est mesurée grâce à un compteur, et la longueur d'onde connue par réfraction sur un cristal d'orientation variable conformément à la loi de Bragg. Cet appareil permet une analyse très fine (détails de un micromètre) et peut fournir, par balayage, une image de la répartition de chaque élément chimique analysé sur la surface. Syn sonde ou microsonde de Castaing.

microsonde ionique [angl. *ion microprobe*] – Dispositif d'analyse comparable à une microsonde électronique mais qui utilise un faisceau ionique pour volatiliser la matière qui est ensuite analysée dans un spectromètre de masse.

microsphère n. f. [de micro-, et sphère ; angl. *microsphere*] – Chez les Foraminifères*, première loge dont s'entoure un individu asexué. Adj. **microsphérique** [angl. *microspheric*].

microstructure n. f. [de micro-, et structure ; angl. *microstructure*] – Structure de petite dimension (quelques millimètres à quelques centimètres) d'une roche ou d'un terrain.

microsyénite n. f. [angl. *microsyenite*] – Syénite* microgrenue.

microsyénite néphélinique [angl. *nepheline microsyenite*] – Syénite néphélinique (V. ce terme) microgrenue.

microtectonique n. f. [A. Demay, 1931, de micro-, et tectonique ; angl. *microtectonics*] – Étude des déformations ayant affecté des roches ou des terrains à l'échelle du millimètre, du centimètre ou du décimètre. La microtectonique permet en particulier de préciser le mécanisme de la déformation des roches, la succession et la nature des phases de déformation. V. pétrologie structurale, pétrofabrique, axe tectonique, schistosité. Adj. **microtectonique**.

microthéralite n. f. [angl. *microtheralite*] – Théralite microgrenue.

migmatite n. f. [du gr. *migma*, mélange ; angl. *migmatite*] – Ensemble qui, à l'échelle de l'affleurement et non du petit échantillon isolé, est un mélange de roches de types granite et gneiss, celui-ci en général à grain grossier et à foliation souvent peu marquée ou confuse, avec quartz, microcline et oligoclase, myrmékites fréquentes, et selon les cas biotite, muscovite, andalousite, sillimanite, cordiérite, grenat. Ces roches sont à la limite des roches métamorphiques catazonales et des roches magmatiques, et leur genèse est liée à une anatexie* (fusion) partielle ; certaines parties de la roche fondent et constituent alors le **mobilisat** (magma à composition granitique), d'autres restent solides (le **restat** ou les **restites**). Le mobilisat peut migrer et former des filonnets ; ceux-ci peuvent se plisser (plis synmigmatitiques), parfois en plis serrés à charnières régulières bien arrondies (plis ptygmatiques). A l'affleurement, les migmatites peuvent être homogènes ou hétérogènes car recoupées en tous sens par des filons, souvent aplitiques. Au sein des migmatites on peut distinguer des variétés (aux limites imprécises) : les **embréchites**, qui sont encore clairement des gneiss œillés, à foliation nette, à lits granoblastiques de quartz et de feldspath, souvent épaissis ou œillés (porphyroblastes de microline) à zones granitiques en taches ou en réseau flou ; les **artérites** à structure planaire estompée, à micas en traînées discontinues, et les **nébulites** où les micas sont en amas flous tourbillonnaires ; les **agmatites** d'aspect hétérogène, à mobilisat granitique emballant des fragments arrondis ou anguleux, à bords francs ou diffus, des anciennes roches métamorphiques (restites de gneiss, de quartzites, etc.). Ces variétés peuvent être regroupées sous le nom d'**anatexites** terme dont l'usage se répand de plus en plus. Adj. **migmatitique** ; n. f. **migmatitisation** ; vb. **migmatitiser**.

migration n. f. **des pôles** [angl. *polar wandering*] – V. paléomagnétisme.

Milankovitch (théorie de –) [de M. Milankovitch, mathématicien yougoslave, 1879 – 1959 ; angl. *Milankovitch theory*] – Théorie, exposée en détail en 1920 par M. Milankovitch, selon laquelle les variations périodiques des climats (et notamment la succession des phases glaciaires quaternaires) s'expliqueraient par les irrégularités de l'orbite* terrestre qui contrôle la répartition de l'insolation à la surface du globe. Cette théorie à reçu de nombreuses confirmations. V. orbitostratigraphie.

Milazzien n. m. [C. Depéret, 1918, de Milazzo, Sicile, Ital. ; angl. *Milazzian*] – Division stratigraphique du Quaternaire méditerranéen que l'on intercalait naguère entre le Sicilien et le Tyrrhénien. V. tabl. Quaternaire. Adj. **milazzien, nne**.

milieu n. m. **marin** – V. marin (milieu –).

Milioles n. f. pl. [du latin *milium*, grain de mil ; angl. *miliolids*] – Foraminifères pluriloculaires dont les loges, au moins les dernières, s'arrangent typiquement suivant une symétrie axiale d'ordre 2 (ex. *Pyrgo*), 3 (ex. *Triloculina*) ou 5 (ex. *Quinqueloculina*). Ce sont des formes marines, surtout d'eaux peu profondes et chaudes, mais on les trouve également dans des eaux relativement froides ou profondes (leur test est alors presque uniquement siliceux). Elles s'accommodent aussi de milieux à faible salinité. Répart. stratigr. : Carbonifère – Actuel.

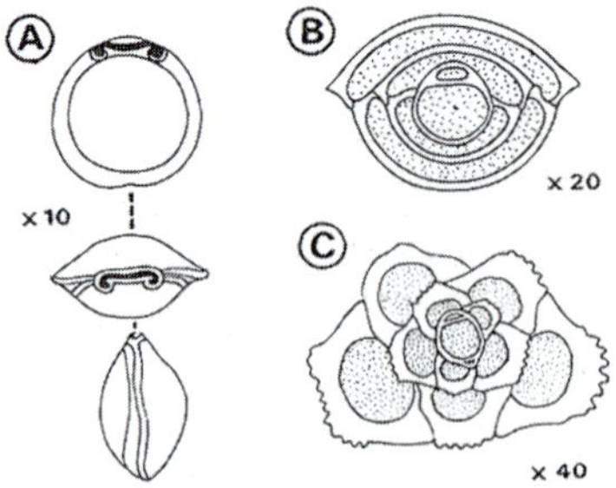

Milioles

Pyrgo (Crétacé – Actuel) – **A :** vues externes d'un individu dégagé – **B :** coupe transversale d'une forme mégasphérique – **C :** *Quinqueloculina* (Carbonifère – Actuel) coupe transversale d'une forme microsphérique (*in* J. Piveteau).

Miliolidés n. m. pl. [de Miliole ; angl. *Miliolidea*] – Groupe de Foraminifères pluriloculaires ayant un squelette calcaire et chitineux imperforé. On y trouve des formes petites et relativement simples (Milioles) et des formes grandes et complexes (*Orbitolites*, Alvéolines, etc.). A la cassure, observée à l'œil ou à la loupe, le test est blanc porcelané.

Miller (indices de –) – V. cristal.

millérite n. f. [dédié à Miller ; angl. *millerite*] – Sulfure de nickel NiS.

Mindel n. m. [A. Penck, 1905, du nom d'un affluent du Danube ; angl. *Mindel*] – Deuxième glaciation* du Quaternaire (V. tabl.) dans les régions alpines. De 650 000 à 350 000 ans env.

mine n. f. [mot d'origine celtique ; angl. *mine, pit* (V. carrière)] – Zone où l'on exploite des substances utiles (autres que des matériaux rocheux), soit à ciel ouvert, soit par puits et galeries Ex. mine de charbon [angl. *coal-mine, pit*]. Adj. **minier, ère**.

minerai n. m. [de mine ; angl. *ore*] – Ensemble rocheux contenant des substances utiles en pourcentage suffisant pour justifier une exploitation. En pratique, le terme désigne essentiellement les substances métalliques, et en sont exclus, en particulier, les matériaux de construction et les matériaux combustibles.

minerais de fer rubanés [angl. *Banded iron formation*, (abrév. *BIF*), *(jasper) bar*] – Formations sédimentaires où alternent des couches de quelques centimètres d'épaisseur d'oxyde de fer (hématite, magnétite), parfois de carbonate de fer (sidérite), et de chert. Elles sont connues au Précambrien (surtout entre 2 600 et 1 800 Ma) et sont interprétées comme témoignant d'une atmosphère encore dépourvue d'oxygène, le fer formant alors des composés ferreux solubles aisément transportés par les eaux à la surface des continents. Elles sont souvent plissées et métamorphiques. On les nomme aussi **jaspilites**, terme cependant ambigu, et, plus ou moins régionalement, **itabirites** (Brésil), **taconites** (bouclier Canadien). C'est un des plus importants minerais de fer*.

minéral n. m. [de mine ; angl. *mineral*] – Espèce chimique naturelle se présentant le plus souvent sous forme de solide cristallin. La classification des minéraux est basée sur leurs caractères chimiques et cristallographiques, et comporte les principales classes suivantes : éléments natifs, sulfures, oxydes et hydroxydes, halogénures (chlorures, fluorures, etc.), carbonates, phosphates, sulfates, silicates, ces derniers étant les plus nombreux. Dans une roche déterminée, les minéraux sont dits **essentiels**, **accessoires**, ou **accidentels**, selon qu'ils sont abondants, rares ou très rares. On distingue également en première approximation, et du fait des teintes les plus fréquentes, les minéraux **blancs** (quartz, feldspaths, feldspathoïdes), et les minéraux **noirs** (amphiboles, micas, péridots, pyroxènes ; V. aussi ferromagnésiens), leurs proportions dans une roche magmatique permettant de définir un indice de coloration*. Adj. **minéral*, e, aux**.

minéral, e, aux adj. [angl. *mineral*] – Qui se rapporte aux corps inorganiques.

minérale adj. **(eau –)** [angl. *mineral water*] – V. eau minérale.

minéralisateur, trice adj. – Se dit d'un agent volatil (H, F, Cl, H_2O, etc.) agissant dans les dernières phases de la cristallisation d'un magma, et ayant comme effet de concentrer certaines substances par ailleurs peu abondantes (minerais métalliques, fluorures, etc.). N. m. **minéralisateur** [angl. *mineralizer*].

minéralisation n. f. [angl. *mineralization*] – 1. Concentration locale de substances métalliques. – 2. Fait d'acquérir cette concentration. Vb. **minéraliser** [angl. *to mineralize*] (donner une minéralisation et, pour l'eau, la rendre minérale) ; adj. [angl. *mineralized*] **minéralisé, e**.

minéralogie n. f. [de minéral, et du gr. *logos*, discours ; angl. *mineralogy*] – Science des minéraux. N. m. ou f. **minéralogiste** [angl. *mineralogist*] ; adj. **minéralogique** [angl. *mineralogic(al)*].

minéralurgie n. f. [angl. *mineralurgy, mineral processing*] – Ensembles des techniques permettant, à partir de substances minérales brutes, d'obtenir des produits utilisables industriellement. N. m. ou f. **minéralurgiste** ; adj. **minéralurgique**.

minéraux n. m. pl. **lourds** [angl. *heavy minerals*] – Ensemble des minéraux de densité supérieure à 2,87. Expression utilisée en pétrographie sédimentaire pour désigner les minéraux qui coulent au fond dans un bain de bromoforme (d = 2,87), alors que les minéraux légers (ex. quartz, feldspaths) flottent (procédé de séparation par densité). Sphène, zircon, rutile, anatase, tourmaline, etc. sont des minéraux lourds fréquents dans les roches sédimentaires détritiques, et leur étude permet d'avoir une idée de l'origine des composants détritiques du sédiment auquel ils appartiennent ; *cf.* barylites.

minette n. f. [de mine] – 1. [angl. *minette*] V. lamprophyre. – 2. Minerai de fer (ex. la minette de Lorraine) représenté surtout par des couches à oolithes ferrugineuses.

mineur adj. **(lit –)** [angl. *main channel flow*] – Lit* habituellement occupé par un cours d'eau.

minute n. f. **(d'une carte) –** V. cartographie.

Miocène n. m. [C. Lyell, 1832, du gr. *meion*, moins, et *kainos*, récent, c'est-à-dire moins récent que le Pliocène] – Division stratigraphique de l'ère tertiaire, subdivisée généralement aujourd'hui en Miocène inf. (Aquitanien et Burdigalien), moyen (Langhien et Serravallien), et supérieur (Tortonien et Messinien). V. tabl. Annexe 2. Adj. **miocène**.

miogéanticlinal n. m. et adj. [du gr. *meion*, moins, et de géanticlinal ; angl. *miogeanticline*] – Ride de la partie externe d'un. géosynclinal*. Obsolète.

miogéosynclinal n. m. et adj. [du gr. *meion*, moins, et de géosynclinal ; angl. *miogeosyncline*] – Partie externe d'un. géosynclinal*. Obsolète.

Miogypsina [du gr. *meion*, moins, et de *Gypsina*] – Genre de Foraminifères pluriloculaires de forme ovale, ayant en moyenne un à deux millimètres, comportant des loges équatoriales ogivales groupées autour d'une loge embryonnaire excentrée, et un tissu plus ou moins épais de loges latérales. C'est un organisme de mer chaude et peu profonde, stratigraphiquement utile du fait de sa courte existence. Répart. stratigr. : Oligocène sup. – Miocène inf. (V. aussi *Discocyclina*).

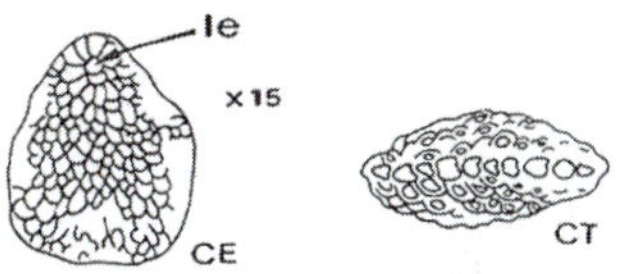

Miogypsina

– CE, CT : coupes équatoriale, transversale – le : loge embryonnaire.

mirabilite n. f. [du latin *mirabilis*, admirable ; angl. *mirabilite*] – Sulfate hydraté Na_2SO_4, $10H_2O$, du syst. monoclinique, présent dans les évaporites.

miroir n. m. **de faille** [angl. *slickenside*] – Surface de roches bordant une faille*, polie par le frottement et souvent marquée de stries [angl. *slickenlines*]. V. tectoglyphes.

mise n. f. **en place** [angl. *emplacement*] – Fait pour une masse de matière de s'immobiliser après un certain déplacement. Ex. La mise en place d'un batholite granitique, la mise en place de la nappe du Grand-St-Bernard. Cette expression ne s'utilise pas pour parler du dépôt d'un sédiment.

mispickel n. m. [mot allemand ; angl. *mispickel*] – Sulfure FeAsS, du syst. orthorhombique, en cristaux souvent maclés à faces striées, à éclat vif blanc d'argent ; il est disséminé dans les roches sédim., métam. et magm., et peut être concentré dans des filons et dans certaines auréoles de métamorphisme des granites, en étant souvent associé à Ag, Au, Sn. Syn. arsénopyrite.

Mississippien n. m. [du Mississippi, anc. Mississipi, fleuve des U.S.A. ; angl. *Mississippian*] – Partie inférieure du Carbonifère (ère primaire) d'Amérique du Nord, V. tabl. Annexe 2. Adj. **mississippien, nne**.

missourite n. f. [W.H. Weed et L.V. Pirson, 1896, du Missouri, rivière des U.S.A. ; angl. *missourite*] – R. magm. (V. tabl. magm.) grenue, à leucite automorphe dominante, avec augite, olivine et minéraux opaques. C'est une roche exceptionnelle, connue surtout en blocs remontés par des laves.

mixtite n. f. [L.J.G. Schermerhorn, 1966 ; angl. *mixtite*] – Syn. de diamictite.

Mn – Symbole chim. du manganèse.

Mo – Symbole chim. du molybdène.

mobilisat n. m. [angl. *mobilisate*] – Dans une migmatite*, partie de la roche ayant été soumise à une fusion.

mobilisme n. m. [angl. *displacement theory*] – Théorie selon laquelle les continents peuvent se déplacer les uns par rapport aux autres à la surface du Globe. Un certain mobilisme a toujours été envisagé par les tectoniciens qui admettaient l'existence de nappes de charriage (V. dérive des continents, tectonique des plaques). Syn. théorie de la mobilité continentale. N. m. **mobiliste** (partisan du mobilisme) ; adj. **mobiliste**.

mobilité n. f. **continentale** [angl. *continental displacement, – drift*] – V. mobilisme.

mode n. m. **(d'une roche)** [du lat. *modus*, mesure ; angl. *mode*] – Composition minéralogique effective d'une roche, exprimée en pourcentage volumétrique de ses différents minéraux. **Analyse modale** : détermination de cette composition ; *cf.* norme.

modèle n. m. [de l'ital. *modello*, du lat. *modulus*, mesure ; angl. *model*] – Représentation d'un phénomène, rendant compte au mieux de ses propriétés connues, et dont on espère qu'elle est aussi en accord avec des propriétés encore inconnues. Ce terme est à utiliser dans un sens restrictif pour des représentations qui peuvent se prêter au calcul ou à la mesure, sous peine d'y inclure n'importe quelle figuration comportant une part d'hypothèse (coupes géologiques, etc.). Ex. modèle mathématique (qui s'exprime par une ou des équations), modèle analogique, modèle numérique V. simulation. N. f. **modélisation** [angl. *modeling* (US), *modelling* (GB)] (élaboration d'un modèle).

modelé n. m. [de l'ital. *modello*, du lat. *modulus*, mesure ; angl. ≈ *landforms*] – Ensemble des formes de la surface topographique qui s'expliquent par l'action de l'érosion, indépendamment des structures des roches (Ex. modelé glaciaire, modelé polycyclique, etc.). Le modelé se distingue ainsi du relief structural.

modelé désertique [angl. *desert landforms*] – Formes du relief façonnées dans les déserts sous les actions conjuguées : – 1. des très fortes variations des températures diurnes et nocturnes provoquant une désagrégation des roches ; – 2. de l'action du vent (déflation) déblayant les particules fines, d'où formation de regs dans les zones d'érosion, et de dunes dans les zones d'accumulation ; – 3. de l'action des ruissellements en nappe, fortement érosifs du fait de l'absence de végétation, malgré la rareté des pluies. On aboutit à la formation de glacis d'érosion ou **pédiments***, localement dominés par des **inselbergs***.

modelé glaciaire (ou relief glaciaire, expression moins appropriée) [angl. *glacial landforms*] – Formes du relief façonnées par le creusement des glaciers*, ou édifiées par les dépôts qui leur sont liés.
– 1. **Formes de creusement** : la plus élémentaire est le cirque glaciaire, simple dépression ayant contenu un **glacier suspendu**. La plus typique est la vallée glaciaire à laquelle le creusement par la glace donne une forme en U caractéristique : on l'appelle **auge** glaciaire. Cette forme est accentuée par des **épaulements**, replats situés au niveau supérieur du glacier et auxquels se raccordent des **vallées suspendues**, correspondant à un réseau glaciaire ou hydrographique dont le niveau de base local était la surface du glacier. Après la fonte de ce dernier, on assiste à un surcreusement de ce réseau qui aboutit à de profondes **gorges de raccordement** débouchant au fond de l'auge glaciaire. Le profil en long de cette dernière est souvent marqué par des surélévations causées par la présence de roches plus résistantes : ce sont des **verrous** glaciaires. Après la fonte du glacier, elles barrent la vallée et retiennent souvent les eaux d'un lac qui, même comblé, laisse une trace sous forme de plaine d'alluvions. La marque du glacier est visible sur les roches de son substratum qui sont **moutonnées** (arrondies par le frottement), ou **cannelées**, ou encore **striées** par les cailloux entraînés par la glace.
– 2. **Les dépôts glaciaires** sont notamment constitués par les **moraines**, accumulations de blocs éboulés sur le glacier ou arrachés et transportés par lui. Après le retrait total ou partiel d'un glacier, les moraines latérales se retrouvent sur le bord de sa vallée, les moraines de fond peuvent donner des collines allongées suivant l'écoulement de la glace, ou **drumlins**, nombreuses dans les régions qui ont été recouvertes par les inlandsis. La moraine frontale forme une colline en croissant concave vers l'amont (**amphithéâtre**, ou **vallum**, morainique) qui marque la limite maximale d'un stade antérieur. La reprise par

les eaux donne des dépôts fluvio-glaciaires. C'est à cet ensemble qu'il faut rapporter les collines serpentiformes appelées **eskers*** (ou **ôs**), ou encore les nappes alluviales formées par les cônes de déjection sableux et caillouteux des émissaires des inlandsis que l'on nomme **sandur**. La caractéristique sédimentologique principale des dépôts morainiques, qui se retrouve en partie dans les formations fluvio-glaciaires, est le mauvais classement granulométrique de leurs composants et la présence d'une matrice argileuse abondante. Le mot anglais ***drift*** désigne sans distinction des dépôts glaciaires et fluvio-glaciaires (mais est aussi utilisé pour n'importe quel dépôt superficiel meuble). V. aussi tillite.

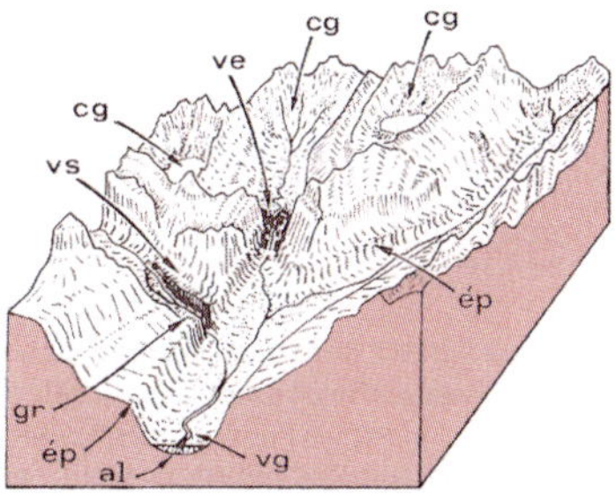

modelé glaciaire

al : alluvions actuelles – cg : cirque glaciaire (avec parfois lac glaciaire) – ép : épaulement – gr : gorge de raccordement – ve : verrou glaciaire – vg : vallée glaciaire en auge – vs : vallée suspendue (*cf.* fig. à glacier).

modelé karstique (du Karst, région de Croatie) [angl. *karst landforms, – features*] – Type de relief affectant les pays calcaires, et principalement dû à la dissolution de leurs roches par les eaux météoriques chargées de gaz carbonique. On peut y distinguer des formes de surface et des formes souterraines – 1. **Formes de surface** : le **lapiaz** (ou lapiés, lapiès, lapiez) est une surface creusée de trous (**kamenitsas**), de cannelures ou de rigoles (**karrens**), larges de 1 cm à 1 m, séparées par des lames tranchantes. Le **relief ruiniforme** est constitué de blocs bizarrement sculptés par la dissolution, séparés par des couloirs qui forment parfois d'inextricables labyrinthes. La **doline** est une dépression circulaire dont le fond plat est occupé par de la **terra rossa***, résidu argileux rouge de la dissolution des calcaires. La coalescence de plusieurs dolines donne un **ouvala**. Le **poljé** est une dépression de très grande taille à terra rossa et dont le fond plat est parfois accidenté par des reliefs résiduels ou **hums**. Les **vallées sèches** sont fréquentes et dues à l'enfoncement souterrain d'une grande partie du réseau hydrographique, les rivières aériennes ayant creusé de profonds **canyons**. Les **avens** sont des gouffres qui s'ouvrent sur les profondeurs. Les **embuts**, ou puits absorbants, sont de petits avens souvent situés dans des dolines et par où l'eau peut s'engouffrer ; on les appelle **ponors** dans les poljés – 2. **Formes souterraines** : les cavités sont dues principalement au travail des rivières souterraines selon les joints des terrains (stratification ou diaclases). Les eaux peuvent provenir de l'absorption d'une rivière aérienne par une **perte**, et ressortir sous forme d'une source à fort débit ou **résurgence**. Elles peuvent aussi avoir comme origine unique l'infiltration, et la source correspondante est alors nommée **exsurgence**. Ces rivières se raccordent à un cours d'eau aérien constituant, localement, leur niveau de base. Elles tendent ainsi à s'enfoncer avec lui de telle sorte qu'on a souvent un réseau de galeries souterraines étagées, les plus hautes qui sont en principe les plus anciennes, étant, la plupart du temps au moins, vides d'eau. La surface de ces rivières est souvent libre, mais il arrive que l'eau touche le sommet de la galerie : on a alors un **siphon** ou **voûte mouillante**. Les galeries s'élargissent parfois en salles, souvent dues à des éboulements de la voûte. De nombreuses concrétions de calcite (**stalagmites**, **stalactites**, **colonnades**, **draperies**) ornent plafonds et planchers.

modelé périglaciaire [angl. *periglacial landforms*] – Formes du relief qui se trouvent dans des régions soumises à de longues périodes de gel alternant avec des dégels, et qui sont donc souvent, mais non obligatoirement, à proximité de glaciers. Ces alternances produisent des mouvements dans les terrains, réunis sous le nom de **cryoturbation**. On peut distinguer les formes affectant les sols et celles affectant les versants.

– 1. **Modelé des sols**. Le plus caractéristique est constitué par le sol* polygonal ; un élément de relief important est le pingo ou hydrolaccolite* (V. aussi coin de glace, et pipkrake).

– 2. **Modelé des versants**. Il est commandé surtout par deux mécanismes : – 2.1 la **gélifraction** qui s'attaque aux roches microfissurées : la pression de la glace dans les fissures débite la roche en fragments anguleux (ou gélifracts) dont la taille varie selon l'intensité du gel et la densité des fractures. C'est ainsi que s'explique la formation : – de la plupart des **abris-sous-roche** (ou baumes) qui se forment notamment dans les parois calcaires par creusement des niveaux les plus gélifs – de nombreux éboulis, et notamment des **grèzes** formées de petits éléments anguleux disposés en couches inclinées alternant avec des lits plus argileux. L'homogénéité de la granulométrie dans chacune des couches et la faible pente de l'ensemble sont expliquées par la

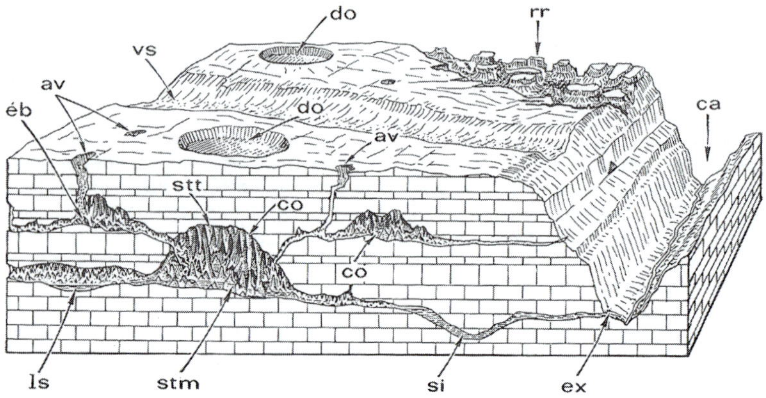

modelé karstique

av : aven – ca : canyon – co : colonne – do : doline – éb : éboulis – ex : exsurgence – ls : lac souterrain alimenté par une rivière souterraine – rr : relief ruiniforme – si : siphon – stm : stalagmite – stt : stalactite – vs : vallée sèche.

présence des argiles qui forment des boues au moment du dépôt. – 2.2. la **solifluxion** (V. glissement de terrain) qui n'est pas spécifique du modelé périglaciaire mais lui est habituelle, et donne des coulées boueuses, des pieds-de-vaches*, et des sols striés qui sont dus à la déformation sur les versants de sols* polygonaux. Le modelé périglaciaire a eu une extension importante en Europe au moment des glaciations quaternaires et se retrouve souvent aujourd'hui fossilisé.

modélisation n. f. – V. modèle.

moder n. m. [mot allem. signif. pourriture ; angl. *moder*] – Type d'humus*.

mofette n. f. [mot ital. ; angl. *mofette*] – Fumerolle* froide (T < 100 °C).

mogote n. m. [mot esp. signif. butte ; angl. *mogote*] – Syn. de hum. V. modelé karstique.

Moho n. m. [angl. *Moho*] – Abrév. de discontinuité de Mohorovicic*.

Mohorovicic (discontinuité de –) [angl. *Mohorovicic discontinuity*] – Limite séparant la croûte du manteau. V. Terre.

Mohr (diagramme de –) [angl. *Mohr diagram*] – Diagramme représentant dans un plan les contraintes* en un point d'un corps, dans un système de coordonnées rectangulaires où l'on porte en abscisse la composante tangentielle de la contrainte (cisaillement) et en ordonnée la composante normale (V. fig.). Si l'on prend comme plan du diagramme celui qui passe par deux des trois contraintes principales, on démontre que le lieu de l'extrémité du vecteur contrainte dont l'origine est l'origine des coordonnées et qui s'applique sur tous les plans perpendiculaires à ce diagramme (c'est-à-dire passant par la troisième composante principale) est un cercle (cercle de Mohr). On démontre également que l'angle au centre de l'extrémité de ce vecteur est le double de l'angle w entre sa surface d'application et la plus grande des contraintes du plan. Si, sur un même diagramme, on dessine les trois cercles correspondant aux contraintes situées respectivement dans les plans σ_1 σ_2, σ_2 σ_3 et σ_1 σ_3, on démontre que les représentations de toutes les autres contraintes sont situées dans l'aire comprise entre ces cercles (dont pour des raisons de symétrie, on ne dessine habituellement que la moitié). On notera que le cisaillement est maximal en valeur absolue lorsque $2\,\omega = 90°$, c'est-à-dire $\omega = 45°$. Cependant, la rupture d'un matériau sous contrainte se produit en fait pour un angle $2\,\omega$ qui diffère de 90° d'une valeur φ appelée angle de frottement interne. La courbe joignant les points où s'effectue la rupture dans un diagramme de Mohr s'appelle courbe intrinsèque du matériau.

Mohs (échelle de –) [angl. *Mohs scale*] – Échelle de dureté* des minéraux.

molasse n. f. [origine discutée : de meule, ou du lat. *mollis*, mou ; angl. *molasse*] (parfois orthographié mollasse) – Formation sédimentaire détritique, épaisse, composée pour parties de couches turbiditiques mais aussi de couches terrigènes non turbiditiques (grès, conglomérats), déposée dans une zone orogénique en fin de tectonisation, et typiquement en discordance avec les couches sous-jacentes. Les molasses sont le plus souvent tectoniquement autochtones. (V. aussi flysch,

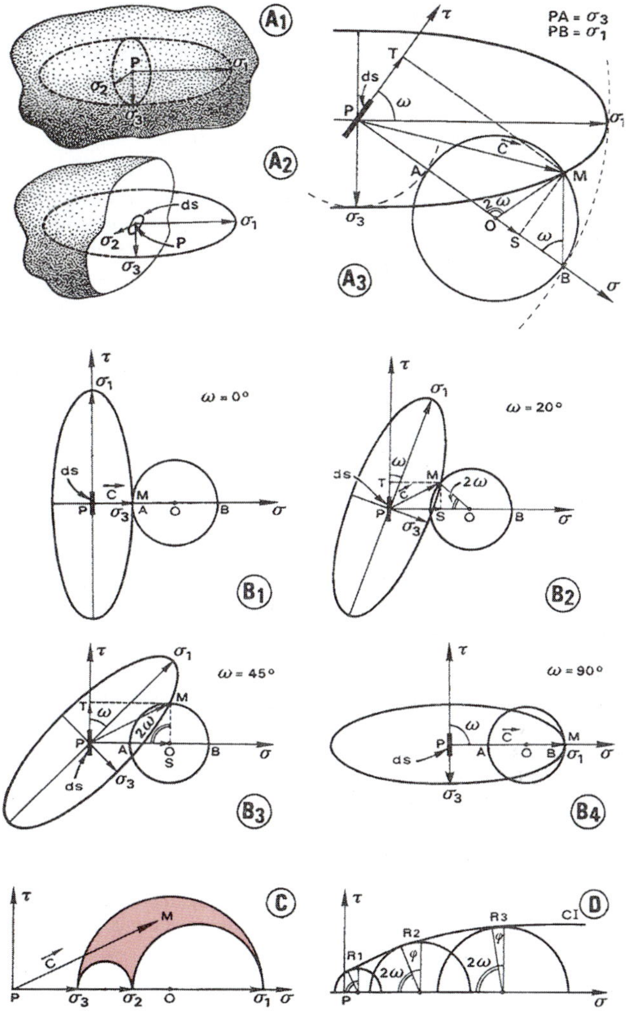

Mohr (diagramme de –)

– A1 : état de contrainte au point P situé à l'intérieur d'un corps matériel.

– A2 : corps coupé selon une surface passant par σ2 mettant en évidence une surface élémentaire ds sur laquelle s'applique une contrainte.

– A3 : construction de la contrainte $\vec{C} = \overrightarrow{PM}$ au point P s'appliquant sur la surface ds. Elle est donnée par l'intersection de l'ellipse d'axes (σ1, σ3) et du cercle de Mohr de centre O. Ce dernier est construit sur la normale à ds de telle sorte que PA = σ3 et PB = σ1. $\overrightarrow{PM}$ se décompose en $\overrightarrow{PT}$, sur l'axe τ (contrainte tangentielle ou cisaillement) et $\overrightarrow{PS}$ sur l'axe σ (contrainte normale). On remarquera que, si l'on appelle ω l'angle entre la surface ds et σ_1, l'angle au centre du cercle de Mohr AOM est égal à 2 ω.

– B1, B2, B3, B4 : construction de la contrainte pour diverses orientations ω de ds dans le repère (σ, τ). Noter que le cisaillement PT est maximal pour ω = 45° et qu'il s'annule pour ω = 0° ou 90° (mêmes lettres que A3).

– C : si on représente avec les mêmes axes (σ, τ) les cercles correspondant aux trois contraintes principales prises deux à deux, l'extrémité M de tous les vecteurs contrainte est située dans l'aire en grisé (limites comprises).

– D : R1, R2, R3 sont des points, qui pour trois états de tension différents d'un même matériau, correspondent à sa rupture. Le lieu de tous les points ayant cette caractéristique est la courbe intrinsèque (CI). La rupture se produit pour un angle 2 ω qui diffère de 90° d'un angle φ (angle de frottement interne).

avec lequel les distinctions sont parfois difficiles). Adj. **molassique**.

môle n. m. [de l'ital. *molo*, du lat. *moles*, masse] – Terme imagé désignant une région ayant un comportement relativement rigide par rapport à d'autres plus souples. Ex. sur le môle résistant du Massif central viennent se bloquer les déformations alpines. V. aussi avant-pays, craton, et microcraton.

mollisol n. m. [du lat. *mollis*, mou, et de sol ; angl. *mollisol*] – Partie supérieure, non gelée en permanence, d'un cryosol*.

Mollusques n. m. pl. [du lat. *mollusca nux*, noix à écale molle ; angl. *molluscs, mollusks, Mollusca*] – Embranchement d'invertébrés à corps non segmenté enveloppé par une membrane appelée manteau, sécrétant généralement une coquille calcaire. Ils sont le plus souvent marins, parfois d'eau douce ou terrestres. Quatre groupes ont un intérêt géologique : **Scaphopodes, Bivalves** (ou Lamellibranches), **Gastropodes, Céphalopodes** (V. ces mots).

molybdène n. m. [du gr. *molubdos*, plomb ; ***molybdenum***] – Symbole chim. Mo. N° et masse atom. 42 et 95,95 ; ion 2 – de rayon 0,070 nm ; densité 10,2 ; clarke 1,5 g/t. Métal blanc, dur, qui est chalcophile et se combine préférentiellement avec S pour donner la molybdénite dont on l'extrait. Il se retrouve en solution dans les eaux (dérivant de roches à molybdénite, ou apporté par des fumerolles volcaniques), et dans des milieux réducteurs (à H_2S) il peut précipiter sous forme colloïdale et se retrouver dans les sédiments.

molybdénite n. f. [de molybdène ; angl. *molybdenite*] – Sulfure MoS_2, du syst. hexagonal, en lamelles à clivage facile, à éclat métallique, gris de plomb bleuâtre, à toucher gras, et à très faible dureté (rayé à l'ongle). On la trouve en petites taches ou en veines (avec fluorine, topaze, scheelite), dans des granites, syénites, pegmatites, et dans leurs auréoles métamorphiques.

monadnock n. m. [du nom d'une montagne de New Hampshire, U.S.A. ; angl. *monadnock*]. – Colline résiduelle d'une pénéplaine. Syn relief résiduel.

Monastirien n. m. [C. Depéret, 1918, de Monastir, Tunisie ; angl. *Monastirian*] – Division stratigraphique du Quaternaire méditerranéen que l'on intercalait entre le Tyrrhénien et le Flandrien (équivalent approximatif du Versilien). V. tabl. Quaternaire. Adj. **monastirien, nne**.

monazite n. f. [du gr. *monozein*, être seul ; angl. *monazite*] – Phosphate Ce PO_4 ou (Ce, La, Th) PO_4, du syst. monoclinique, en cristaux souvent nets, bruns à brun violacé ou jaunâtres, de grande taille dans les pegmatites. C'est un minéral accessoire des granitoïdes à biotite, et de leurs pegmatites, qui peut être assez abondant (et riche en Th) dans les complexes charnockitiques. Résistant à l'altération, il peut être concentré dans des alluvions où on l'exploite. C'est le principal minerai des lanthanides (cérium, lanthane), et parfois une source de thorium.

monchiquite n. f. [de la Serra de Monchique, Algarve, Portugal ; angl. *monchiquite*] – Var. de lamprophyre.

mondmilch n. m. [mot suisse signif. lait de lune ; angl. *moonmilk, mondmilch*] – Substance calcaire, blanche et molle, se déposant parfois sur les parois des cavités karstiques.

monoclinal, e, aux adj. [du gr. *monos*, seul, et *klinein*, s'incliner ; angl. *monoclinal, homoclinal* (aussi utilisé pour des structures isoclinales)] – Qui se rapporte aux structures où les couches sont inclinées dans le même sens sur de vastes étendues et, bien entendu, ne sont pas affectées de plis couchés, ex. : un style monoclinal. C'est en particulier le cas en bordure des bassins sédimentaires (Bassin parisien, p. ex.). V. aussi isoclinal.

monoclinal n. m. [angl. *homocline*] – Ensemble de terrains à structure monoclinale.

monoclinal (pli –) [angl. *monocline*] – Syn. de flexure. V. pli.

monoclinal (relief –) – V. relief structural.

monoclinique adj. (système cristallin –) [du gr. *monos*, seul, et *klinein*, s'incliner ; angl. *monoclinic*] – Syn. clinorhombique. V. cristal.

monogénique adj. [du gr. *monos*, seul, et *gennan*, engendrer ; angl. *monogenetic*] – 1. Se dit de r. sédim. détritiques, en particulier de conglomérats, dont les éléments sont de même nature. Ant. polygénique – 2. S'applique à une forme de relief qui s'est réalisée dans des conditions constantes (sous le même climat en particulier). Ant. polycyclique, polygénique.

monophylie n. f. [du gr. *monos*, seul, et *phylon*, race, lignée ; angl. *monophyletism*] – Caractéristique d'un ensemble d'espèces composé exclusivement d'une espèce ancestrale, prise comme référence, et de toutes les espèces qui en descendent (V. clade). Lorsque l'on considère uniquement des espèces vivantes, ce terme est implicitement limité aux représentants actuels de l'ensemble. Ant. polyphylie. Adj. **monophylétique** [angl. *monophyletic*].

monoréfringent, e adj. – Propriété d'un corps réfractant un rayon vibratoire selon une seule direction. V. réfraction. N. f. **monoréfringence** [angl. *simple refraction*].

Monotrèmes n. m. pl. [du gr. *monos*, seul, et *trêma*, trou ; angl. *Monotremata*] – Groupe de Mammifères primitifs, ovipares, proches des Reptiles, représentés aujourd'hui en Australie et dans les îles voisines par l'Ornithorhynque (à bec de canard) et l'Échidné (à allure de hérisson). On n'en connaît de fossiles qu'à partir du Pléistocène. Syn. Protothériens.

mont n. m. [du lat. *mons*, montagne ; angl. – *anticlinal ridge*] – Dans un relief structural (V. ce terme), hauteur allongée résultant du dégagement par l'érosion d'une couche dure formant anticlinal.

mont dérivé [angl. *anticlinal inlier (hill)*]– Mont apparaissant au cœur d'un anticlinal crevé par l'érosion. V. relief structural.

monticellite n. f. [dédié à Monticelli ; angl. *monticellite*] – Nésosilicate du groupe des péridots, CaMg [SiO_4], du syst. orthorhombique ; c'est un minéral rare de calcaire dolomitique métamorphique, et de carbonatite (fréquent par contre dans certains ciments industriels).

Montien n. m. [G. Dewalque, 1868, de Mons, Belgique ; angl. *Montian*] – Étage du Paléocène (ère tertiaire) que l'on intercalait naguère entre le Danien et le Thanétien. V. tabl. Annexe 2. Adj. **montien, nne**.

montinsule n. f. (pour l'Académie des sciences), souvent n. m. [du lat. *mons, montis*, montagne, et *insula*, île] – V. inselberg (Syn. plus employé).

montmorillonite n. f. [de Montmorillon, Vienne, France ; angl. *montmorillonite*] – Minéral argileux du groupe des smectites. V. argiles (minéraux des –).

montroséite n. f. [angl. *montroseite*] – Minéral de formule VO (OH). V. vanadium.

monzonite n. f. [de Monzoni, Alpes d'Ital. ; angl. *monzonite*] – R. magm. (V. tabl. magm.), grenue, leucocrate, qui est une syénite calco-alcaline avec autant d'orthose que de plagioclase (oligoclase surtout, ou andésine), et hornblende verte, augite, biotite, sphène, apatite, zircon. La structure montre souvent de grands cristaux d'orthose perthitique moulant des plagioclases plus petits automorphes ou subautomorphes. Faisant la transition entre les syénites et les diorites, les monzonites sont présentes comme faciès de variation dans de grands massifs (granitoïde p. ex.). **Micromonzonite** : r. magm. microgrenue filonienne ; la kersantite en est la variété lamprophyrique (V. lamprophyre).

mor n. m. [mot danois, cf. l'allem. *Moor*, marais, tourbière ; angl. *mor*] – Type d'humus*.

moraine n. f. [mot d'origine savoyarde ; angl. *moraine* (désigne le relief) ; *till* (désigne le dépôt)] – Ensemble de pierres entraînées par un glacier. On distingue des moraines latérales*, médianes*, frontales*, de fond*. V. glacier et modelé glaciaire. Adj. **morainique**.

MORB [sigle, de l'angl. *Mid-Ocean Ridge Basalts*] – V. basalte.

morganite n. f. [angl. *morganite*] – Béryl* rose.

morion n. m. [angl. *morion*] – Variété de quartz enfumé très sombre.

morphogenèse n. f. [du gr. *morphê*, forme, et *gennan*, engendrer ; angl. *morphogenesis*] – Naissance et évolution des formes du relief, par le jeu conjugué des déformations de la croûte terrestre, du volcanisme, de l'érosion, et de la sédimentation. V. aussi glyptogenèse, orogenèse. Adj. **morphogénétique** [angl. *morphogenetic*].

morphologie n. f. [du gr. *morphê*, forme, et *logos*, discours ; angl. *(geo)morphology*] – Dans le vocabulaire des sciences de la terre, ce mot est souvent pris comme syn. de géomorphologie*. Ex. morphologie davisienne ou normale (V. cycle d'érosion). Adj. **morphologique**.

morphométrie n. f. [A. Cailleux, 1947 ; du gr. *morphê*, forme, et *metron*, mesure ; angl. *morphometry*] – Mesure des dimensions des grains de sable et des galets permettant de calculer divers indices (d'aplatissement, de dissymétrie, d'émoussé, etc.) dont la connaissance donne des informations sur leur milieu de formation. Adj. **morphométrique**.

morphoscopie n. f. [A. Cailleux, 1947 ; du gr. *morphê*, forme, et *skopein*, regarder ; angl. *morphoscopy*] – Examen de la forme des grains de sable, et notamment de celle des grains de quartz. Parmi ceux-ci, on distingue, notamment après A. Cailleux : les émoussés-luisants (abrév. E.L.) usés par l'eau à la suite d'un long frottement avec roulement ; les ronds-mats (abrév. R.M.) usés à la suite de chocs dans l'air sous l'effet du vent ; les non-usés (abrév. N.U.). V. aussi exoscopie. Adj. **morphoscopique**.

morphostructural, e, aux adj. [du gr. *morphê*, forme, et de structure] – Qui se rapporte aux formes du relief étroitement liées aux structures tectoniques. N. f. **morphostructure**.

morphotectonique n. f. [du gr. *morphê*, forme, et de tectonique ; angl. *morphotectonics*] – Conditionnement d'une partie de la genèse des structures tectoniques par les formes du relief contemporaines de la déformation. La morphotectonique intervient p. ex. dans la tectonique épiglyptique, dans les faille-plis, dans les décoiffements, etc. adj. **morphotectonique**.

mortier n. m. **(structure en –)** [angl. *mortar structure*] – Structure caractéristique des roches cataclastiques*.

Mortoniceras [dédié à Morton] – Genre d'Ammonites (V. fig. à ce mot) du Crétacé inf. (Albien).

morts-terrains n. m. pl. [angl. *dead ground, overburden*] – Terme de mineur désignant les terrains stériles qu'il faut traverser pour atteindre des roches exploitables.

Moscovien n. m. [S. Nikitin, 1890, de Moscou, Russie ; angl. *Moscovian*] – Division stratigraphique du Carbonifère sup. (ère primaire) de Russie. V. tabl. Annexe 2. Adj. **moscovien, nne**.

motu n. m. [mot tahitien ; angl. *motu*] – Syn. de caye.

mouille n. f. [angl. *pool*] – Partie plus profonde du lit d'un cours d'eau situé dans une courbure.

moulage n. m. [angl. *cast*] – V. hyporelief.

moulin n. m. **(glaciaire)** [angl. *moulin, glacier mill*] – Puits naturel à la surface d'un glacier* par où s'enfoncent les eaux.

Moustérien n. m. [de Le Moustier, Dordogne, Fr. ; angl. *Mousterian*] (V. tabl. préhistoire) – Ensemble culturel préhistorique du Paléolithique moyen, connu surtout par ses industries de silex taillés de formes très diverses (pointes, racloirs, couteaux), généralement obtenus à partir d'éclats souvent débités par la technique Levallois*. Ces industries ont pour principaux auteurs des Néandertaliens dont les ossements ont parfois été découverts avec elles au fond de sépultures. Le Moustérien de tradition acheuléenne comporte aussi des bifaces. Ces ensembles culturels se sont étendus sur la plus grande partie de l'Ancien Monde. De 100 000 à 35 000 ans env. Adj. **moustérien, nne**.

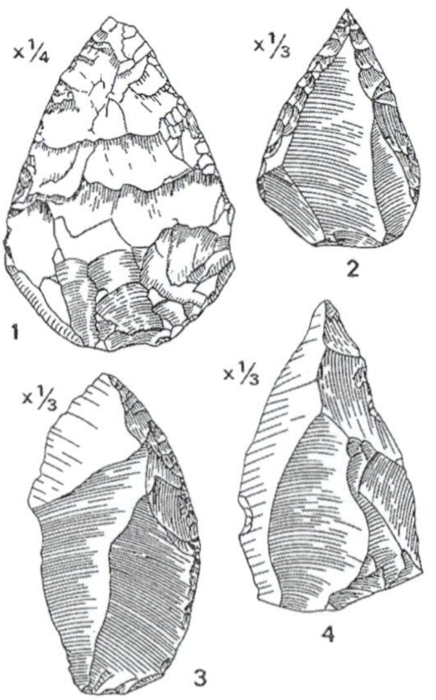

Moustérien

– 1 : biface du Moustérien de tradition acheuléenne – 2 : pointe moustérienne – 3 : racloir simple convexe – 4 : pointe Levallois (d'après F. Bordes).

moutonnée (roche –) [angl. *glaciated rock knoll, mounded rock, sheepback rock*] – Roche arrondie par le frottement d'un glacier. V. modelé glaciaire.

M.S.K. (échelle –) [des initiales de ses auteurs, Medvedev, Sponheuer et Karnik, 1964] – Échelle d'intensité d'un séisme* tel qu'il est ressenti en un lieu donné. V. séisme.

mud cracks n. m. pl. [expression angl. signif. fentes de boue] – Craquelures, dessinant grossièrement un réseau polygonal, visibles sur la couche superficielle d'un sédiment argileux qui s'est desséché. On retrouve parfois ces craquelures fossilisées dans des dépôts anciens, et c'est alors un argument pour dire que ceux-ci ont été, au moins temporairement, exposés à l'air libre.

mudstone n. m. [mot angl. ; prononc, mœud-] – Dans la classification de R.J. Dunham, r. carbonatée sédim. comportant plus de 10 % de ciment finement cristallin et une proportion variable d'éléments figurés non jointifs. V. carbonatées (roches –).

mugéarite n. f. [de Mugeary, Écosse ; angl. *mugearite*] – R. magm. effusive de type andésite* à oligoclase et pyroxène.

mull n. m. [de l'allem. *Müll*, ordures ; angl. *mull*] – Type d'humus*.

mullite n. f. [de l'île de Mull, Écosse ; angl. *mullite*] – Silicate d'alumine $Si_2Al_6O_{13}$, du syst. orthorhombique, voisin de la sillimanite, se formant à HT et BP dans certaines enclaves au sein des laves (*cf.* sanidinite) ; c'est un minéral rare dans la nature, mais fréquent dans certains produits artificiels tels les briques réfractaires.

Multituberculés n. m. pl. [du lat. *multus*, nombreux, et de tubercule ; angl. *multituberculates, Multituberculata*] – Groupe de Mammifères primitifs fossiles dont les molaires montrent de nombreux tubercules. Répart. stratigr. : Jurassique sup. – Éocène. Syn. Allothériens.

mur n. m. [angl. *footwall*] – Terme de mineur désignant la surface inférieure d'une formation, ou bien les terrains situés immédiatement sous elle. Ex. : le mur d'un filon, d'une couche de houille. On parle aussi du mur d'une faille. Ant. toit.

muraille n. f. [angl. *spirotheca*] – Chez les Fusulinidés (V. fig. à ce mot), lame calcaire enroulée en spirale constituant la plus grande partie du test. Syn. spirothèque.

Muschelkalk n. m. [F. von Alberti, 1834, mot allem. signif. calcaire coquillier ; angl. *Muschelkalk*] – Division du Trias germanique (ère secondaire) généralement représentée par des calcaires et des dolomies. V. tabl. Annexe 2.

muscovite n. f. [J.D. Dana, 1850, de verre de Muscovie ; angl. *muscovite*] – Var. la plus courante de mica* blanc.

musoir n. m. [angl. *spit*] – Construction sableuse située en bordure de baie ou d'estuaire, du côté opposé à la houle dominante. Cf. poulier.

mylonite n. f. [C. Lapworth, 1885, du gr. *mulôn*, moulin ; angl. *mylonite*] – Au s.l., toute roche broyée plus ou moins finement (Syn. brèche tectonique). Au s. str. des pétrographes, roche dynamométamorphique dérivant d'une r. magm. ou métam. broyée au point que les cristaux originels ne soient plus identifiables à l'œil nu, seul le microscope révélant la structure cataclastique (cristaux émiettés en débris tordus et étirés, englobés, p. ex., dans un ciment de quartz, séricite et chlorite). **Phyllonite** (contraction de phyllade et de mylonite) : type de mylonite de teinte sombre et d'aspect schisteux. **Pseudotachylite** : type de mylonite exceptionnelle à grain à peine visible au microscope, et à aspect de roche vitreuse noire (*cf.* tachylite : verre basaltique). (V. aussi blastomylonite). Adj. **mylonitique** ; **mylonitisé, e**.

Myophoria – Genre de Bivalves (V. fig. à ce mot) du Trias.

Myriapodes n. m. pl. [du gr. *murios*, innombrable, de *murioi*, dix mille, et de *pous, podos*, pied ; angl. *myriapods, Myriapoda*] – Groupe d'Arthropodes comprenant notamment les mille-pattes.

myrmékite n. f. [du gr. *murmêkitês*, qui porte des traces de fourmi ; angl. *myrmekite*] – Cristal de feldspath (plagioclase) contenant de fins vermicules de quartz à disposition buissonnante. Adj. **myrmékitique**.

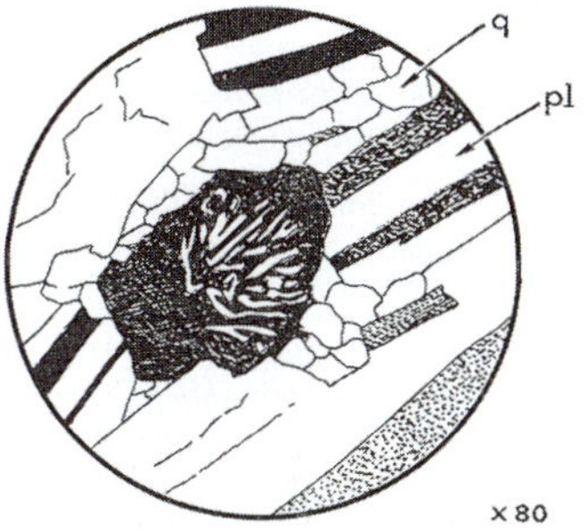

myrmékite

Vue en lame mince en lumière polarisée analysée. Au centre vermicules de quartz (clairs) dans un feldspath (en noir) – pl : plagioclase – q : quartz (d'après photographie *in* M. Roubault).

Mytiloïdés n. m. pl. [du gr. *mutilos*, moule ; angl. *mytilids, Mytilida*] – Groupe de Bivalves* dont le type est la moule. Répart. stratigr. : Dévonien – Actuel.

N

N – Symbole chim. de l'azote.

Na – Symbole chim. du sodium (de son nom ancien natrium).

NAA [sigle, de l'anglais *Neutron Activation Analysis*] – V. activation neutronique.

nagelfluh n. m. [mot suisse, de *Nagel*, clou et *Fluh*, sédiment ; angl. *nagelfluh*] – Syn. de gompholite.

Namurien n. m. [J.-C. Purves, 1883, de Namur, Belg. ; angl. *Namurian*] – Étage du Carbonifère (ère primaire) subdivisé lui-même en trois sous-étages : Namurien A, B, et C. V. tabl. Annexe 2. Adj. **namurien, nne**.

nanno-, nano- – Préfixes tirés du gr. *nannos* ou *nanos*, nain et signifiant très petit. Employés habituellement en géologie pour désigner des objets ou des structures dont la taille est de l'ordre de quelques micromètres, et que l'on ne peut guère étudier qu'au microscope électronique. L'Académie des sciences recommande d'utiliser l'orthographe nano- en physique, médecine et physiologie, et nanno- en micropaléontologie.

Nannoconus [de nanno-, et du gr. *kônos*, cône] – Genre regroupant de minuscules (quelques µm) fossiles calcaires, probablement des algues de position systématique incertaine, connu du Berriasien au Campanien. Il abonde dans les calcaires marneux pélagiques du Crétacé inf. mésogéen.

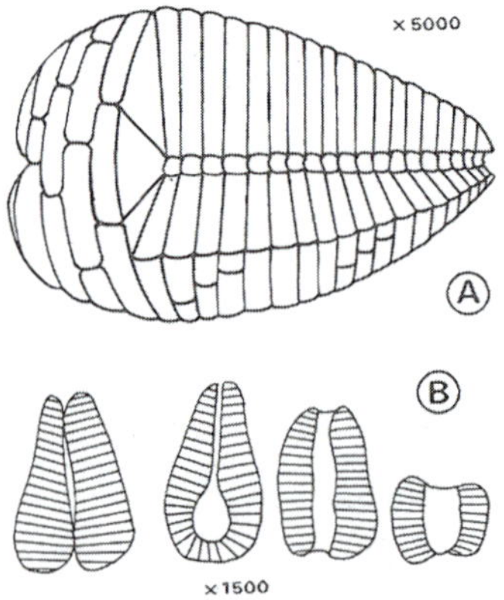

Nannoconus

A : schéma d'un *Nannoconus* coupé pour en montrer la structure – **B :** quelques exemples de *Nannoconus* vus en coupe.

nannofaciès n. m. [angl. *nannofacies*] – Faciès* visible au microscope électronique.

nannofaune n. f. [angl. *nannofauna*] – V. nannofossile.

nannoflore n. f. [angl. *nannoflora*] – V. nannofossile.

nannofossile n. m. [angl. *nannofossil*] – Fossile de très petite taille (quelques micromètres) qu'on ne peut étudier qu'à de très forts grossissements au microscope optique ou au microscope électronique. Il s'agit principalement d'espèces pélagiques (**nannoplancton**) qui se répartissent entre le règne animal (**nannofaune**) et le règne végétal (**nannoflore**). V. aussi microfossile, microscopie.

nannoplancton n. m. [angl. *nannoplankton*] – Plancton composé d'individus dont la taille est de l'ordre de quelques micromètres ou de quelques dizaines de micromètres (p. ex. coccolithes). Adj. **nannoplanctonique**.

naphtabitume n. m. [du gr. *naphta*, naphte, et de bitume ; angl. *naphtabitumen*] – V. bitume.

naphte n. m. [du gr. *naphta*, même signif. ; angl. *naphta*] – Mélange liquide de divers hydrocarbures. On réserve en général ce nom à des produits de densité 0,67 à 0,72 obtenus par distillation des pétroles ou d'autres corps riches en matières organiques (p. ex. naphte de charbon).

napoléonite n. f. [dédié à Napoléon 1er ; angl. *napoleonite*] – Autre nom de la diorite orbiculaire. Syn. corsite.

nappe n. f. **(de charriage)** [M. Lugeon, 1902 ou nappe de recouvrement, M. Bertrand, 1884 (obs.) ; angl. *(thrust) sheet, (–) nappe*] – Ensemble de terrains qui a été déplacé (**allochtone**) et est venu recouvrir un autre ensemble (**autochtone**) dont il était très éloigné à l'origine. Ce terme implique habituellement que les séries ainsi mises en contact ont, à âge égal, des caractères très différents (hétéropisme). Les parties les plus avancées forment le **front** de la nappe, le reste en constitue le **corps**. L'amplitude du recouvrement est la **flèche**. Une nappe peut présenter des **fenêtres** montrant l'autochtone complètement entouré par l'allochtone (s'il n'est pas complètement entouré, on parle de **demi-fenêtres**). Elle peut comporter des lambeaux isolés ou **klippes**. Lors de son avancée, elle arrache parfois à son substratum, et entraîne sous elle, des **lambeaux de poussée**. Postérieurement à la mise en place d'une nappe, des **plis postnappes** peuvent la déformer, et des **dépôts postnappes** la recouvrir ; lorsque ces derniers reposent sur le contact anormal de base de la nappe, ils permettent d'assigner à cette dernière un âge minimal. Dans les zones internes de certaines chaînes, on a souvent superposition de plusieurs nappes tectoniques plus récentes (phases tardives, ou phases postnappes) avec écaillage, encapuchonnement, failles, etc. Les édifices structuraux ainsi obtenus sont très complexes, et donnent lieu à des interprétations variées, et parfois opposées. Selon les modalités de formation et l'origine des nappes on distingue en particulier les types suivants :

– 1. **Nappe de couverture :** nappe affectant une couverture décollée de son socle (V. tectonique de couverture).

– 2. **Nappe de socle :** nappe de charriage dans laquelle est impliqué le socle ancien déjà déformé au cours d'une phase tectonique antérieure, accompagné ou non de sa couverture.

– 3. **Nappe pennique** (du nom des Alpes pennines) : nappe formée de grands plis couchés dans lesquels le socle et sa couverture ont le même comportement (ils sont en général affectés par un métamorphisme synschisteux de même degré). La présence de ces nappes définit le style pennique.

Les termes forgés par P. Terrmier (1904) de **nappe du premier genre** (nappe de charriage ayant la structure d'un pli couché ou en dérivant, c'est-à-dire possédant un flanc inverse et un flanc normal, ou au moins des portions de ceux-ci) et de **nappe du second genre** (nappe ne possédant pas de flanc inverse) ne sont plus usités.

Si la géométrie de nombreuses nappes de charriage est maintenant bien connue, il n'en va pas de même des causes et des mécanismes expliquant leur mise en place. Actuellement, on considère que les orogènes*, où se trouvent les nappes les mieux caractérisées, résultent de la collision de plaques lithosphériques portant des masses de croûte continentales (collision de deux continents, ou d'un continent et d'un arc insulaire). Leurs marges* sont écrasées et se débitent en nappes se superposant progressivement. Les ophiolites*, constituant tout ou partie de certaines nappes, correspondraient à des portions de croûte océanique prises dans la collision (obduction). Ces phénomènes se produisant à des températures et pressions plus ou moins hautes, en particulier du fait de la subduction, s'accompagnent d'un métamorphisme plus ou moins intense, et qui va en s'atténuant vers les zones externes. Les déplacements mêmes des nappes s'effectuent selon des modalités variées et souvent mal connues : cisaillements, plis couchés rompus, décollements à la faveur de certains niveaux, glissements superficiels gravitaires avec parfois, à leur front, formation d'olistostromes*. V. aussi polarité orogénique, sous-charriage, et tectonique des plaques.

nappe (d'eau souterraine) [angl. ≈ *(under)-ground water*] – Eaux souterraines remplissant entièrement les interstices d'un terrain poreux et perméable (**l'aquifère**) de telle sorte qu'il y ait toujours liaison par l'eau entre les pores. Une nappe se forme par accumulation des eaux d'infiltration au-dessus d'un terrain imperméable qui interdit leur progression vers le bas. L'eau remplit par gravité toutes les cavités accessibles du terrain jusqu'à un niveau dit **surface libre**, qui est la surface à laquelle l'eau se stabilise dans les puits atteignant cette nappe. Par un phénomène de capillarité, l'eau remplit encore un peu plus haut, les pores des roches jusqu'à un niveau appelé **surface de la nappe**. Cette tranche de terrain où toutes les cavités accessibles sont remplies d'eau est appelée **zone de saturation**. Au-dessus, vient une zone non saturée ou **zone d'aération**, où circulent des eaux **vadoses**, et vers le bas de laquelle l'eau monte par capillarité. La partie contenant de l'eau capillaire est la **frange capillaire**. Ce type de nappe est appelé **nappe libre*** par opposition aux **nappes captives***, ou nappes **artésiennes***, qui sont emprisonnées entre deux terrains imperméables et ne comprennent qu'une zone saturée (V. niveau piézométrique). Le syn. **nappe aquifère** est à éviter, le substantif désignant l'eau, l'adjectif se rapportant au terrain qui la contient. V. aussi modelé karstique.

nappe (érosion en –) – V. érosion en nappe.

nappe aquifère – V. nappe d'eau souterraine.

nappe artésienne [de l'Artois, province de Fr. ; angl. *artesian water*] – V. artésienne (nappe –).

nappe de gravats – V. gravats (nappe de –).

nappe phréatique [A. Daubrée, 1887 ; du gr. *phreas, phreatos*, puits ; angl. *phreatic (ground)water*, ≈ *unconfined groundwater*] – Nappe d'eau souterraine libre, peu profonde et accessible aux puits habituels. Le niveau phréatique est la surface libre de cette nappe, correspondant au niveau de l'eau dans les puits.

Nassellaires n. m. pl. (ou Nassellariés) [du lat. *nassa*, nasse, et *lar*, demeure ; angl. *nassellines, Nassellina*] – Groupe de Radiolaires.

Natica [du lat. *natis*, fesse] – Genre de Gastéropode (V. fig. à ce mot) du Crétacé – Actuel.

natif, ive adj. [du lat. *nativus*, naturel ; angl. *native*] – Se dit d'un élément chimique métallique qui se trouve dans la nature à l'état pur. C'est p. ex. le cas de l'or, de l'argent, parfois du cuivre, du fer, etc.

natrolite n. f. [de natron, et du gr. *lithos*, pierre : angl. *natrolite*] – Var de zéolite fibreuse.

natron n. m. [mot espagn., de l'arabe *natroun* ; angl. *natron*] – Carbonate hydraté Na_2CO_3, 10 (H_2O), du syst. monoclinique, à saveur piquante, faisant vivement effervescence

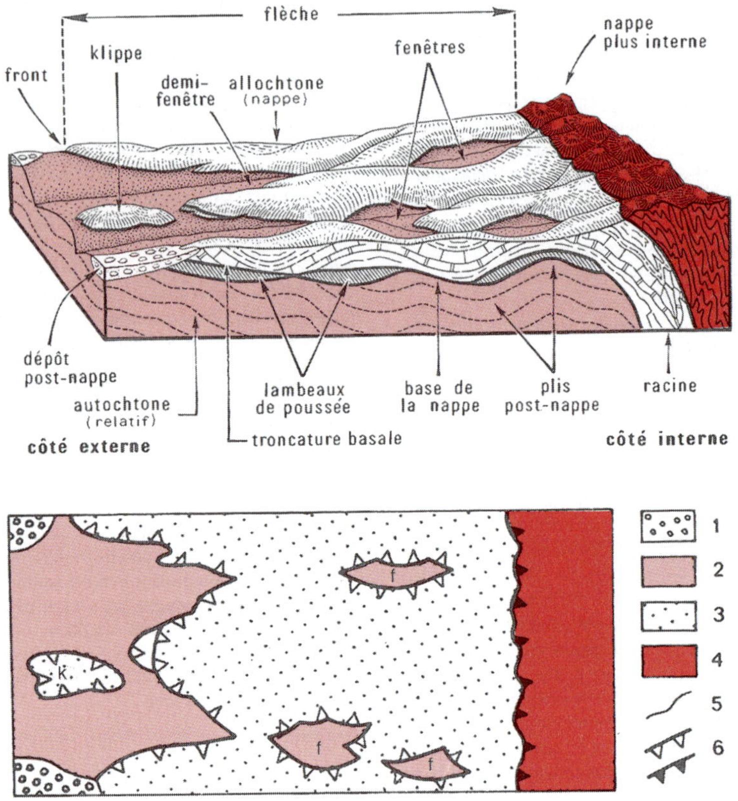

nappe de charriage

En haut, bloc diagramme. En bas, schéma structural correspondant. – 1 : dépôt postnappe – 2 : autochtone – 3 : nappe externe – 4 : nappe interne – 5 : contact normal – 6 : contacts anormaux de charriage [les triangles sont, par convention, tournés vers le compartiment chevauchant ; on différencie donc aisément les fenêtres (f) et les klippes (k)].

avec HCl dilué ; il est présent dans des évaporites, et dans des concrétions thermales.

naturelle adj. **(lumière –)** [angl. *plane-polarized light*] – V. microscope.

Nautiloïdés n. m. pl. [de Nautile, et du gr. *eidos*, aspect ; angl. *nautiloids, Nautiloidea*] – Groupe de Céphalopodes* marins à coquille droite, courbée ou enroulée en spirale plane, divisée par des **cloisons** dont les **sutures** avec les parois de la coquille forment une ligne simple (différence avec les Cératites et les Ammonites). Les parties molles de l'animal vivant se situent dans la dernière loge (ou **loge d'habitation**) et sont reliées à la première loge par un **siphon** qui passe par le centre des cloisons (différence avec les Ammonoïdés). Ils possèdent des mâchoires en partie calcifiées qu'on retrouve parfois dans les sédiments (**becs de Nautiles** ; V. aussi rhyncholites). Ils ne sont plus représentés actuellement que par le genre *Nautilus* (Nautile) qui vit dans l'océan Indien. Répart. stratigr. : Cambrien – Actuel. (V. fig.).

Nb – Symbole chim. du niobium.

Nd – Symbole chim. du néodyme.

Ne – Symbole chim. du néon.

Néandert(h)aliens n. m. pl. [de Néandertal, (ou Néanderthal), nom allem. d'une vallée près de Düsseldorf (lui-même dérivé du nom hellénisé de J. Neumann, poète allemand), où le premier représentant de ce groupe a été trouvé ; angl. *Neandertalers*]. – Syn. vieilli : Hommes de Néandertal. V. Hominidés.

Néanthropiens n. m. pl. [du gr. *neos*, nouveau, et *anthrôpos*, homme] – V. Hominidés.

nebka (ou nebkha) n. f. [mot arabe ; angl. *nebkha*] – Petite dune* allongée formée derrière une touffe de végétation.

Nebraska n. m. [du Nebraska, état du centre des États-Unis ; angl. *Nebraskan*] – Première glaciation du Quaternaire* nord-américain, équivalent du Günz alpin. V. tabl. à glaciation.

nébulite n. f. [du lat. *nebula*, brouillard ; angl. *nebulite*] – Var. de migmatite* où les micas forment des amas flous tourbillonnaires.

neck n. m. [mot angl. signif. cou] – Masse de r. magm., le plus souvent bréchique, de forme générale conique ou cylindrique (remplissage de cheminée volcanique), de diamètre de quelques dizaines ou centaines de mètres, recoupant les structures de l'encaissant, et souvent laissée en relief par l'érosion. V. aussi relief volcanique.

Nectarien n. m. [de *Mare nectaris*, mer du Nectar, Lune] – Période lunaire allant de 3 920 Ma à 3 850 Ma. V. tabl. Annexe 2.

necton n. m. (ou nekton ; prononc. -tonn'ou -ton) [angl. *nekton*] – Ensemble des êtres nectoniques*, animaux ou végétaux. V. marin (milieu –).

nectonique (ou nektonique) adj. [du gr. *nektos*, qui nage ; angl. *nektonic*] – Qualifie un être vivant aquatique qui nage pour se déplacer. L'ensemble de ces êtres constitue le necton (ou nekton). V. aussi planctonique, benthique.

Neithea [nom d'une déesse égyptienne, équivalente d'Athena] – Genre de Bivalves (V. fig. à ce mot) du Crétacé – Éocène.

néma n. f. [du gr. *nêma*, fil ; angl. *nema*] – Pointe de la sicula des Graptolithes*.

Nemakit-Daldynien n. m. [angl. *Nemakit-Daldynian*] – Étage du Cambrien inf. (ère primaire). V. tabl. Annexe 2. Adj. **nemakit-daldynien, nne**.

nématoblastique adj. [du gr. *nêma*, fil, et *blastos*, bourgeon ; angl. *nematoblastic*] – S'applique à la structure des r. métam. montrant des minéraux aciculaires (ex. amphiboles) sensiblement parallèles entre eux, et déterminant ainsi une linéation minérale.

néo- – Préfixe tiré du gr. *neos*, signif. nouveau.

néo-autochtone (ou néoautochtone) adj. [G. Rovereto, 1939 ; de néo-, et autochtone ; angl. *neoautochthon*] – 1. Se dit de sédiments qui se déposent, après une phase de charriage, tout à la fois sur l'autochtone et sur l'allochtone (ce dernier fournissant une bonne part du matériel remanié). Une formation néo-autchtone est donc une formation post-nappe cachetant le contact anormal de charriage. En général elle repose en continuité et en concordance sur l'autochtone, mais en discordance sur l'allochtone. Elle pourra à son tour être déformée avec l'ensemble du substratum s'il y a une nouvelle tectonique. – 2. Le terme a été aussi employé pour des formations auxquelles il vaut mieux réserver le nom d'olistostrome (V. ce mot). N. m. **néoautochtone** ; n. f. **néoautochtonie.**

néocimmérienne adj. **(phase –)** – V. cimmériennes (phases –), et tabl. Annexe 2.

Néocomien n. m. [J. Thurmann, 1835, de *Neocomium*, nom lat. de Neuchâtel, Suisse ; angl. *Neocomian*] – Division stratigraphique du Crétacé inf. (ère secondaire) ayant rassemblé différents étages selon les auteurs. Aujourd'hui, on y met généralement le Berriasien, le Valanginien et l'Hauterivien. V. tabl. Annexe 2. Adj. **néocomien, nne.**

néodyme n. m. [angl. *neodymium*] – Symbole chim. Nd. N° et masse atom. 60 et 144,27 ; ion 3^+ de rayon 0,104 nm densité 7 ; clarke 24 à 28 g/t, selon les auteurs. Métal blanc du groupe des lanthanides (terres rares).

néoformé, e adj. [angl. *neogenic*] – Se dit d'un minéral ayant pris naissance dans une roche déjà constituée ; *cf.* authigène, blaste (pour les r. métam.). N. f. **néoformation** [angl. *neoformation, neogenesis*] Syn. néogenèse.

Néogastropodes (ou Néogastéropodes, vieilli) n. m. pl. [angl. *Neogastropoda*] – Groupe de Gastropodes* Prosobranches.

Néogène n. m. [M. Hoernes, 1853, de néo –, et du gr. *gennan*, engendrer ; angl. *Neogene*] – Partie la plus récente de l'ère tertiaire regroupant le Miocène et le Pliocène. V. tabl. Annexe 2. Adj. **néogène.**

néogenèse n. f. [angl. *neogenesis, neoformation*] – Syn de néoformation. V. néoformé.

Néolithique n. m. [de néo-, et du gr. *lithos*, pierre ; angl. *Neolithic*] – Stade culturel préhistorique caractérisé par la fabrication d'outils en pierre polie (conjointement à la pierre taillée), l'utilisation de la poterie, et le développement de l'agriculture et de l'élevage. De 7 000 à 4 000 ans env. av. l'Actuel. Syn. âge de la pierre polie (obs.) ; V. tabl. préhistoire Adj. **néolithique** [angl. *neolithic*].

néon n. m. [du gr. *neos, neon*, nouveau ; angl. *neon*] – Symbole chim. Ne. N° et masse atom. 10 et 20,18. Gaz rare ($1{,}5.10^{-5}$ % de l'air).

Néoschwagérinidés n. m. pl. [de néo-, et Schwagérinidés] – Groupe de Fusulinidés.

néotectonique n. f. [de néo-, et tectonique ; angl. *neotectonics*] – Ensemble des déformations affectant un orogène déjà formé, et qui consistent essentiellement en cassures verticales. Les études néotectoniques portent principalement sur les failles et décrochements ayant joué au Pliocène et au Quaternaire, et parfois encore actifs. L'analyse des rejets et des miroirs striés, p. ex., permet de différencier

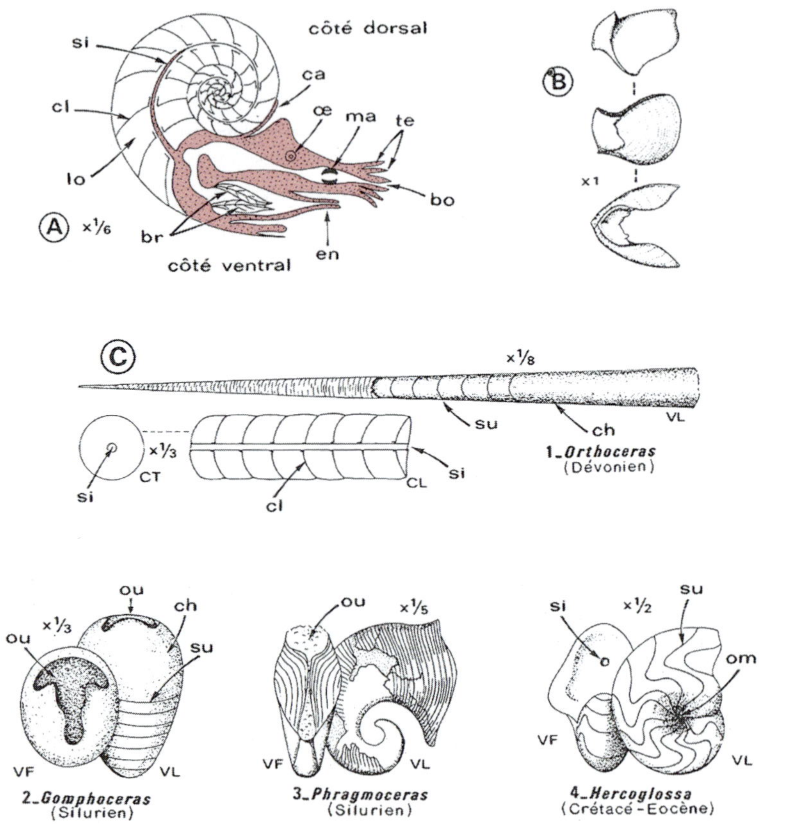

Nautiloïdés

A : organisation et éléments du genre actuel *Nautilus*. La coquille est tournée en position de nage ; il s'agit d'une coupe équatoriale – bo : bouche – br : branchies – ca : capuchon – cl : cloison – en : entonnoir – lo : loge (la loge d'habitation est la dernière construite, celle où se trouve la masse viscérale) – ma : mâchoires (voir fig. B) – œ : position de l'œil – si : siphon – te : tentacules.
B : mâchoires d'un *Nautilus* (« becs de Nautile »). *En haut :* mâchoire sup., vue latérale : *au milieu :* mâchoire inf., vue latérale ; *en bas :* la même vue de dessus.
C : 1 à 4 : quelques exemples de Nautiloïdés fossiles – CT, CL : coupes tranversale, longitudinale – VF, VL : vues frontale, latérale – ch : chambre d'habitation – cl : cloison – om : ombilic – ou : ouverture – si : siphon – su : suture.

les phénomènes de distension, de compression, de coulissement. Dans un secteur donné, ceux-ci peuvent superposer leurs effets au cours du temps, et ils conditionnent certains traits géomorphologiques. Adj. **néotectonique** [angl. *neotectonic*].

néotype n. m. [de néo-, et type ; angl. *neotype*] – V. type.

néphéline n. f. [R.J. Haüy, 1801, du gr. *nephelê*, nuage ; angl. *nepheline*] – Var. de feldspathoïde.

néphélinite n. f. [angl. *nephelinite*] – R. magm. effusive (V. tabl. magm.) leucocrate à mésocrate, composée surtout de néphéline automorphe et de petits grains d'augite, avec d'autres feldspathoïdes (leucite, sodalite, noséane, haüyne), de la mélilite, et parfois de l'olivine. C'est une roche exceptionnelle, présente dans des cheminées volcaniques, ou en blocs au sein d'autres laves.

néphrite n. f. [du gr. *nephros*, reins ; angl. *nephrite*] – Syn. de jade.

neptunien adj. **(filon –)** [angl. *sandstone dike* (US), *neptunian dyke* (GB)] – Filon sédimentaire (V. ce terme) marin.

Nerinea [du nom gr. d'une nymphe marine] – Genre de Gastéropodes (V. fig. à ce mot)

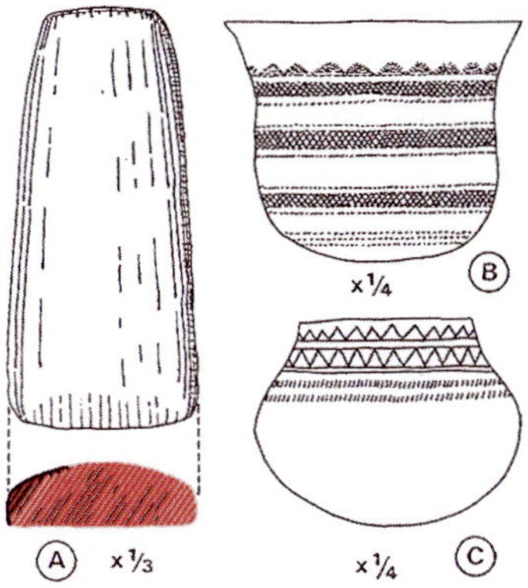

Néolithique

A : petite hache de pierre polie – **B** : gobelet campaniforme – **C :** bol hémisphérique rubané.

marins ayant vécu habituellement dans les milieux récifaux. Il est caractérisé par une coquille épaisse montrant, en section, de nombreux replis internes. Répart. stratigr. : Jurassique et Crétacé.

néritique adj. [E. Haug, 1907, du gr. *nêritês*, bivalve marin ; angl. *neritic*] – S'applique à la zone marine située entre la zone littorale et le rebord du plateau continental (vers 200 m de profondeur). Les sédiments néritiques sont ceux qui se déposent dans cette zone ; ils montrent des épaisseurs et des faciès très variés, avec prédominance de faciès détritiques et/ou riches en fossiles (algues, foraminifères, mollusques, etc.). Dans ces formations néritiques, les passages latéraux sont fréquents et rapides, et il y a souvent des lacunes. En pratique, on utilise surtout ce terme pour les r. sédim. calcaires riches en débris d'organismes benthiques. V. aussi épicontinental.

nésosilicate n. m. [du gr. *nêsos*, île, et de silicate ; angl. *nesosilicate*] – Silicate* formé de tétraèdres $[SiO_4]^{4-}$ isolés (c'est-à-dire non reliés par leurs atomes O).

Neuropteris [du gr. *neuron*, nerf, et *pteris*, fougère] – Genre de plantes du groupe des Ptéridospermales. Le même type de feuille se rencontre aussi chez des Fougères. Répart. stratigr. : Carbonifère – Permien.

neutre adj. [du lat. *neuter*, ni l'un ni l'autre ; angl. *mediosilicic*] – S'applique à un minéral dans lequel Si = 50 à 60 % des cations. V. aussi acide et basique.

neutronique adj. **(activation –)** – V. activation neutronique.

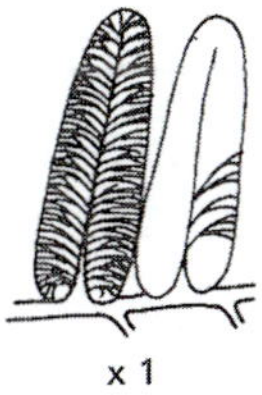

Neuropteris

névadienne adj. **(phase –)** [angl. *Nevadian orogeny*] – Phase tectonique du Jurassique supérieur d'Amérique du Nord visible dans la Sierra Nevada. Syn. phase andine.

névé n. m. [mot savoyard, du lat. *nix, nivis*, neige ; angl. *névé, firn (feld)*] – Zone d'accumulation de la neige qui, par tassement, donne de la glace et peut alimenter un glacier.

newton n. m. [angl. *newton*] – Unité de force du système international, dont le symbole est N. C'est la force qui communique à un corps ayant une masse de 1 kg une accélération de 1 m. s^{-1}. Une dyne vaut 10^{-5} N. Sur terre, une masse de 1 kg pèse environ 9,81 N.

Ni – Symbole chim. du nickel.

niche n. f. **de décollement** – V. décollement (niche de –)

nickel n. m. [mot allem. désignant une sorte de gnôme habitant les mines ; angl. *nickel*] – Symbole chim. Ni. N° et masse atom. 28 et 58,69 ; ion 2^+ de rayon 0,069 nm ; densité 8,8 ; clarke 75 à 80 g/t, selon les auteurs. Métal blanc brillant, ferromagnétique, du syst. cubique, qui n'est jamais pur à l'état naturel car associé à Fe (ferro-nickel). Il représente une part notable de certaines météorites, et, dans les roches terrestres, se substitue à Fe, ou Mg dans divers silicates, en particulier dans les péridots et les pyroxènes des r. magm. basiques et ultrabasiques (teneur 3 160 g/t dans les péridotites), et dans les variétés de serpentine (**garniérite** $(Ni, Mg)_3 [Si_2O_5] (OH)_4$ en particulier). Il existe également sous forme de sulfures (**millérite** NiS ; **pentlandite** $(Ni, Fe)_9 S_8$ souvent en inclusions dans des sulfures de fer comme la pyrrhotite), d'arséniures et d'arséniates (**nickélite** NiAs ; **annabergite** $Ni_3 (As O_4)_2$, $8H_2O$), de sulfates, de carbonates, etc. Ces minéraux, associés en général à d'autres métaux, se trouvent dans des gîtes liés à des massifs de r. magm., et dans des filons. Adj. **nickélifère** [angl. *nickeliferous*].

nicol n. m. [de W. Nicol, son inventeur ; angl. *nicol, Nicol prism*] – Dispositif permettant d'obtenir une lumière polarisée rectilignement, et consistant en un prisme de calcite

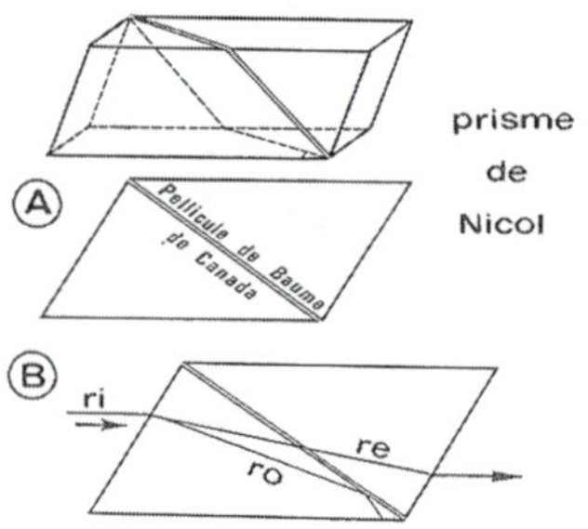

nicol

A : prisme scié et recollé – **B :** trajet des rayons lumineux – re : rayon extraordinaire – ri : rayon incident – ro : rayon ordinaire (d'après M. Roubault).

scié et recollé avec une pellicule de baume de Canada, de telle sorte qu'à sa sortie une des composantes (le rayon ordinaire) du rayon lumineux polarisé par ce cristal soit éliminée par réflexion totale (V. réfraction). On les utilisait autrefois dans les microscopes polarisants, et l'examen en lumière polarisée analysée était dit « examen entre nicols croisés » ; maintenant, on les a remplacés par des polaroïds (V. polarisation, et microscope).

nifé n. m. [E. Suess, 1909, acronyme de nickel et fer ; angl. *nife*] – Terme ancien pour le noyau de la Terre. Syn. barysphère. V. Terre.

niobium n. m. [de Niobé, fille de Tantale ; angl. *niobium*] – Symbole chim. Nb. N° et masse atom. 41 et 92,91 ; ion 5^+ de rayon 0,069 nm ; densité 12,7 ; clarke 20 à 24 g/t selon les auteurs. C'est un métal en général associé au tantale dans des oxydes, tels les **colombo-tantalites** (Fe, Mn) $(Nb, Ta)_2O_6$, et les **pyrochlores** (Na, Ca) $(Nb, Ta)_2O_6$ (F, OH), minéraux présents en particulier dans des pegmatites granitiques, où on les exploite. L'altération des pegmatites libère ces corps qui peuvent se concentrer dans des alluvions, des latérites, et des bauxites. Syn. colombium, Cb.

nitre n. m. – V. salpêtre.

nivation n. f. [du lat. *nivalis*, adj. de *nix, nivis*, neige ; angl. *nivation*] – Ensemble des effets de la neige sur le relief (formation de niches, de rainures, de croissants d'éboulis liés aux névés, etc.). Adj. **nival, e, aux** [angl. *nival*].

niveau n. m. – V. couche.

niveau (courbe de –) [angl. *topographic contour*] – Courbe dont tous les points sont à la même altitude. V. carte topographique, isobathe, isohypse.

niveau de base [angl. *base level (of erosion)*] – Niveau du point d'aboutissement d'un cours d'eau, au dessous duquel il ne peut pas creuser. Ce peut être le niveau de la mer s'il s'agit d'un fleuve, celui d'un confluent, d'un lac ou d'une dépression endoréique pour une rivière.

niveau de compensation des carbonates (ou profondeur de –) (angl. *carbonate compensation depth*, Abrév. : *CCD*) – Profondeur à partir de laquelle on ne trouve plus de carbonates dans les dépôts marins, ceux-ci étant dissous dans ces conditions de température et de pression. Elle est variable selon les conditions locales, le taux de sédimentation, la productivité en carbonates de la tranche d'eau sus-jacente, et est aujourd'hui de l'ordre de 4 500 à 5 000 m. Il semble qu'elle ait varié considérablement dans le passé. Au-dessous de cette profondeur, on ne trouve guère que des argiles des grands fonds sauf si, par exception, il y a apport de débris calcaires (V. allodapique) ou siliceux. On parle aussi parfois de niveaux de compensation pour l'aragonite et pour la silice. V. aussi sédimentation océanique.

niveau phréatique [angl. *water table, phreatic surface*] – Niveau d'équilibre de l'eau dans les puits. V. nappe phréatique.

niveau piézométrique [du gr. *piezein*, presser, et *metron*, mesure ; ***piezometric surface***, ***potentiometric –***] – Niveau auquel peut monter l'eau d'une nappe* souterraine dans un tube (piézomètre*) qui y est enfoncé. Pour une nappe libre, ce niveau se confond avec celui de la surface libre de la nappe : pour une nappe phréatique, c'est le niveau de l'eau dans les puits. Cette surface suit, avec une certaine atténuation, les irrégularités topographiques. Pour une nappe captive (parfois syn. de **nappe artésienne**), le niveau piézométrique est plus élevé que la surface de la nappe qui est limitée vers le haut par une formation imperméable ; l'eau est alors sous pression. Dans un forage, l'eau va monter dans ce dernier (puits artésien* au sens large) et va même jaillir à l'extérieur (puits artésien au sens strict) si le niveau piézométrique est plus élevé que la surface topographique. La surface piézométrique d'une nappe est définie en chaque point par l'altitude du niveau piézométrique (exprimée en mètres) de cette nappe. On peut la représenter par une carte en courbes de niveau piézométrique ou courbes **isopièzes**. Lorsque l'on prélève l'eau d'une nappe, p. ex. par pompage, le niveau piézométrique s'abaisse à cet endroit. Le phénomène est appelé le **rabattement** (un rabattement peut ainsi faire cesser le jaillissement d'un puits artésien).

niveau structural [angl. *structural level (in the crust)*] – Zone de l'écorce terrestre située entre deux profondeurs telles que les conditions de pression et de température déterminent des types de déformation différents de ceux des zones qui l'encadrent au-dessus et au-dessous, pendant un même épisode tectonique. Suivant les auteurs, les niveaux distingués sont variables. Pour E. Wegmann (1935), il y a lieu de distinguer deux « **étages tectoniques** » (en allem. *tektonisches Stockwerk*) : – 1. Un **étage tectonique superficiel à peu profond** où règnent des températures faibles et des pressions relativement basses. Les plis y sont de type concentrique, et le métamorphisme y est nul ou faible (épimétamorphisme). Les terrains des chaînes plissées qui y ont acquis leurs caractères pétrographiques et structuraux en constituent les **superstructures** (allem. *Oberbau*). – 2. Un **étage tectonique profond** où règnent de hautes pressions et de fortes températures, rendant les roches plastiques, et propres à donner des plis semblables, et qui est le domaine du métamorphisme méso- ou catazonal, et, dans sa partie inférieure, de la migmatitisation et de la granitisation. Les terrains des chaînes plissées correspondants en constituent les **infrastructures** (en allem. *Unterbau*). Ils ne sont visibles à l'affleurement qu'à la faveur d'une érosion importante, c'est-à-dire, de façon générale, dans les chaînes anciennes. Pour M. Mattauer (1973), on peut distinguer, lorsqu'augmentent pression et température (c'est-à-dire en s'enfonçant dans l'écorce) : 1. Un **niveau structural supérieur** qui est le domaine des failles. – 2. Un **niveau structural moyen**, domaine des plis isopaques. – 3. Un **domaine structural inférieur** limité vers le haut par le front supérieur de schistosité et où, de haut en bas, on observe une schistosité de fracture, une schistosité de flux, une foliation avant d'aboutir à des plis d'écoulement, et enfin, aux migmatites. Les niveaux situés sous la limite d'apparition de la foliation appartiennent à l'infrastructure définie plus haut, les autres à la superstructure. Les épaisseurs des niveaux structuraux sont variables et dépendent de la lithologie, du degré géothermique, et de l'ampleur des contraintes tectoniques.

nodule n. m. [du lat. *nodus*, nœud ; angl. *nodule, ball*] – Masse globuleuse, centimétrique à décimétrique, rarement métrique, se différenciant par sa composition et/ou sa structure du reste de la roche qui la contient. Dans les r. sédim., les nodules sont de nature très variée, à structure souvent concentrique, d'origine chimique ou biochimique (organismes encroûtants, souvent algaires, cristallisation particulière autour d'un test, etc.). Ex. nodules siliceux, nodules phosphatés, nodules polymétalliques (Fe, Mn, Mg, etc.) se formant à la surface des fonds marins. Le terme est utilisé aussi pour des r. magm. (ex. nodules de péridotite dans un basalte, nodule de cordiérite dans un granite). Adj. **noduleux, euse** [angl. *nodular*] (pour les r. sédim.).

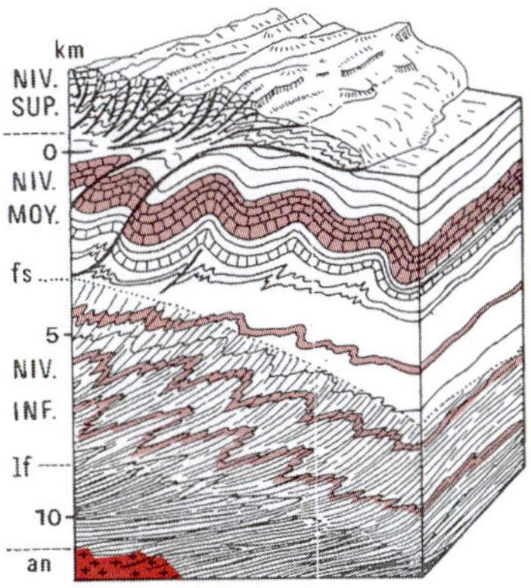

niveau structural

Distinction des trois niveaux supérieur, moyen, et inférieur – an : limite de l'anatexie – fs : front supérieur de schistosité – lf : limite de la foliation (d'après M. Mattauer).

nodule (faux –) [angl. *pseudonodule, convolution ball*] – V. convolution. Syn. pseudonodule.

noduleux adj. **(calcaire –)** [angl. *knobly limestone, ballstone*] – Calcaire formé de nodules plus ou moins alignés, correspondant souvent à des fragments, roulés et parfois encroûtés d'organismes pris dans un ciment peu abondant et plus argileux. V. griotte, ammonitico rosso.

noduleux (schistes –) [angl. *knotted schists, – slates*] – V. schistes tachetés.

nomen nudum [expr. lat. signif. nom nu] – Nom que l'on a donné à une espèce (ou à un genre) mais qui n'est pas valable au regard des règles internationales de nomenclature, et qui peut être réutilisé pour nommer une autre espèce (ou un autre genre). V. nomenclature.

nomenclature n. f. [du lat. *nomen*, nom ; angl. *nomenclature*] (zoologique, botanique, paléontologique) – Ensemble des règles qui permettent de donner des noms scientifiques aux êtres vivants ou fossiles et qui sont soumises à des accords internationaux. Si un auteur désire mettre un nom sur une espèce qu'il considère comme nouvelle, il faut notamment qu'il s'assure que ce nom n'a pas déjà été utilisé valablement, qu'il désigne un type* de l'espèce (l'holotype), qu'il en donne une figure s'il s'agit d'un fossile, et qu'il le fasse connaître dans une publication. Si ces règles ne sont pas observées, le nom n'est pas valide (*nomen nudum*). Une des conditions de validité est l'utilisation de la **nomenclature binominale** (syn. nomenclature linnéenne) introduite par C. von Linné (1707-1778), et aujourd'hui universellement adoptée, qui consiste à désigner les êtres vivants ou fossiles par un nom latin ou latinisé formé de deux mots : le premier désigne le genre, le second l'espèce. Un genre peut comprendre une ou plusieurs espèces. On écrit généralement ces noms en italique, l'initiale du nom de genre étant une majuscule, et on le fait suivre souvent, mais non obligatoirement, du nom de l'auteur qui a désigné l'espèce, en majuscules, souvent abrégé. Lorsque cet auteur avait classé l'espèce dans un autre genre, on met son nom entre parenthèses, ex. *Berriasella oppeli* (KILIAN) avait été décrite par W. Kilian sous le nom de *Perisphinctes oppeli*. Des besoins particuliers conduisent parfois à faire suivre le nom de genre d'un nom de sous-genre, alors indiqué entre parenthèses ; parfois aussi, on ajoute après l'espèce un nom de sous-espèce ou de variété. Il ne faut pas confondre la nomenclature avec la **taxinomie***, ou classification, qui consiste à répartir les êtres vivants ou fossiles dans des groupes en fonction de leurs affinités. V. synonymie. Adj. **nomenclatural, e, aux**.

nontronite n. f. [de Nontron, Dordogne, Fr. ; angl. *nontronite*] – Minéral argileux du groupe des smectites ; V. argile.

nordmarkite n. f. [de Nordmark, Norvège ; angl. *nordmarkite*] – Var. de syénite* rougeâtre comportant un peu de quartz.

Norien n. m. [E. von Mojsisovics, 1873, des Alpes noriques, Autriche ; angl. *Norian*] – Étage du Trias sup. alpin (ère secondaire). V. tabl. Annexe 2. Adj. **norien, nne**.

norite n. f. [J. Esmark, 1838, de Norique, prov. romaine située entre Danube et Alpes carniques ; angl. *norite*] – V. gabbro.

normal, e, aux adj. [du lat. *norma*, règle] – Qui a conservé sa disposition originelle ou qui présente celle qui est la plus naturelle. Ex : un contact* normal, une faille* normale, un flanc normal (de pli*), une série* normale, une morphologie normale (V. cycles d'érosion). Ant. anormal, inverse, renversé, selon les cas.

normale (érosion –) [angl. *normal erosion*] – Érosion qui s'exerce principalement par des rivières débouchant sur la mer qui forme leur niveau de base, typiquement dans des régions pourvues d'un sol continu couvert de végétation. Elle est habituellement considérée comme une condition du développement de cycles d'érosion (V. ce terme).

normale (faille –) [angl. *normal fault*] – Faille* dont le plongement est dans le sens du compartiment abaissé. Syn. faille directe, – de distension, – distensive. Ant. faille inverse.

normale (morphologie –) [angl. *normal morphology*] – Morphologie acquise par érosion normale au cours d'un cycle d'érosion (V. ce terme).

normatif, ive adj. [du lat. *norma*, règle ; angl. *normative*] – Qui se rapporte à la norme d'une r. magm. ; un minéral est dit normatif lorsque malgré son absence dans une r. magm., il apparaît dans le calcul de la norme de celle-ci.

norme n. f. [du lat., *norma*, règle ; angl. *norm*] – Composition minéralogique théorique d'une r. magm. si tous les équilibres chimiques avaient pu se réaliser au cours d'une cristallisation très lente. Elle est destinée à introduire des comparaisons objectives entre des faciès ayant des expressions minéralogiques différentes, ou comportant une phase vitreuse. Elle est calculée à partir des taux de SiO_2, Al_2O_3, FeO, MgO, Na_2O, K_2O, etc., donnés par l'analyse chimique, selon des règles strictes : soit celles de Cross, Iddings, Pirsson et Washington (norme CIPW), soit celles de Niggli (norme moléculaire de Niggli). *Cf.* mode. Adj. **normatif*, ve**.

noséane n. f. [dédié à Nose ; angl. *nosean*] – Feldspathoïde* de formule (Na_2 SO_4) $[SiAlO_4]_6$, du système cubique, fréquent en grains gris dans les phonolites.

notation n. f. **(des couches) –** V. carte géologique.

notation (des faces cristallines) [angl. *crystal indices*] – V. cristal.

notice n. f. – V. carte géologique.

Nouveaux-grès-rouges [trad. de l'angl. *New Red Sandstone*] – Ensemble des formations rouges, surtout gréseuses, du Permien et du Trias couvrant le Nord de l'Europe et une portion du bouclier canadien. Ils passent vers le Sud, pour partie, au Trias germanique (V. aussi Vieux-grès-rouges).

nov. – Abréviation de l'adj. latin *novus, a, um*, nouveau. Ex. *nov. sp. (nova species)* : espèce nouvelle ; *nov. gen. (novum genus)* : genre nouveau.

novaculite n. f. [du lat. *novacula*, couteau, car elle permet de les aiguiser ; angl. *novaculite*] – V. coticule.

Nowakia – Genre de Tentaculites (V. fig. à ce mot).

noyau n. m. [angl. *outer core*] – Enveloppe de la Terre* située entre le manteau et la graine.

noyau (d'un pli) [angl. *core*] – Terme désignant les couches du cœur d'un pli* lorsqu'elles ont des propriétés différentes de celles de son enveloppe.

Nubéculaires n. m. pl. – Groupe de Foraminifères proches des Milioles, dont certaines espèces construisent des récifs.

nucléus n. m. [du lat. *nucleus*, noyau] – 1. Petit fragment de test ou de roche autour duquel se déposent des couches concentriques carbonatées, phosphatées ou ferrugineuses pour former un oncoïde ou une oolithe. – 2. Bloc de roche (silex en général) d'où les hommes préhistoriques ont tiré des éclats destinés à la fabrication d'outils. V. p. ex. Levallois (débitage).

Nucula [mot lat. signif. petite noix] – Genre de Bivalves (V. fig. à ce mot) du Crétacé – Actuel. Chez ce genre et ses proches, le crochet de la coquille est tourné vers l'arrière, ce qui est inhabituel.

nuée n. f. **ardente** [angl. *nuée ardente, glowing cloud, ≈ ash flow*] – Grand volume de gaz brûlants à très forte pression transportant, à la suite d'une violente explosion, des masses considérables de débris de lave (des cendres aux blocs) et se déplaçant à grande vitesse (100 km/h et plus). Les r. magm. déposées sont des **ignimbrites** qui peuvent en quelques minutes ou quelques heures couvrir des surfaces de plusieurs dizaines ou centaines de km^2. Les nuées **descendantes** sont dues à une explosion au pied d'un dôme ou d'une aiguille de lave visqueuse obstruant la cheminée volcanique ; les nuées **retombantes** sont projetées par l'explosion à 2 000-3 000 m de hauteur, mais du fait de leur densité retombent aussitôt, et s'écoulent en avalanche sur les pentes ; les nuées **débordantes** franchissent le bord d'un cratère, ou s'échappent d'une fissure, sous forme de suspension bouillonnante. On connaît des exemples récents de ces phénomènes volcaniques dévastateurs : nuée descendante de la Montagne Pelée et destruction de Saint-Pierre de la Martinique en 1902, nuée débordante du Katmai (Alaska) en 1912 recouvrant 140 km^2 et donnant la « vallée des dix milles fumées », nuée descendante recouvrant 400 km^2 au Kamchatka en 1956.

numérique adj. [angl. *digital*] – Qui se rapporte aux nombres. Qui s'exprime par des nombres. Ant. analogique. Ex. Un modèle numérique représente un phénomène par le calcul.

numéro n. m. **atomique** – [angl. *atomic number*] V. atomique (numéro –).

nummulite n. f. [angl. *nummulite*] – Foraminifère du genre *Nummulites* – V. Nummulitidés.

Nummulitidés n. m. pl. [du lat. *nummulus*, petite monnaie ; angl. *nummulites, Nummulitidae*] – Groupe de Foraminifères pluriloculaires à test discoïdal enroulé en spirale et divisé par des cloisons. Les **Nummulites** (genre *Nummulites*), qui sont le type du groupe, ont une taille moyenne de 5 à 10 mm, mais peuvent atteindre 10 cm. Leur structure interne est facilement observable en les chauffant fortement puis en les jetant dans l'eau froide, car elles se fendent alors généralement selon leur plan équatorial. Elles forment parfois l'essentiel de certaines roches (ex. : pierre à liards du Bassin parisien). Chez une même espèce, on observe souvent deux formes qui diffèrent par les dimensions de leur coquille et celles de leur première loge. On distingue alors une forme **mégasphérique** ou forme *A* (grosse loge initiale, petite coquille) qui correspond à un individu sexué, et une forme **microsphérique** ou forme *B* (petite loge initiale, grande

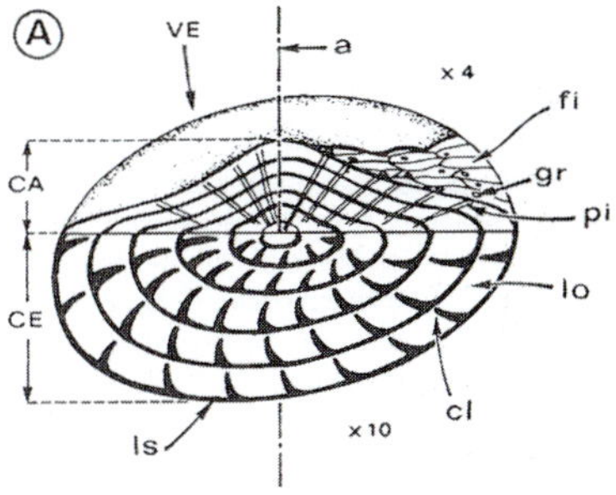

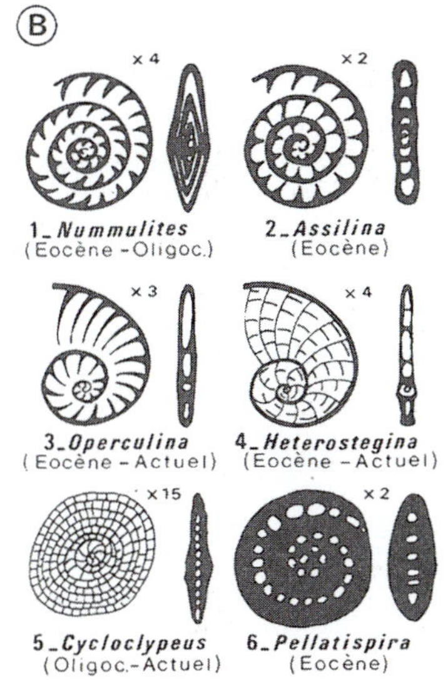

Nummulitidés

A : une nummulite découpée et en partie écorcée pour en montrer la structure – CA, CE : coupes axiale, équatoriale – VE : vue externe – a : axe d'enroulement – cl : cloison – fi : filets – lo : loge – ls : lame spirale – pi : piliers (auxquels correspondent des granules visibles [gr] quand la couche externe est enlevée)
B : vues externes, et détail grossi de la section équatoriale chez une même espèce de nummulite avec en haut forme mégasphérique, et en bas forme microsphérique.
– 1 à 6 : quelques exemples de Nummulitidés avec, pour chacun, une coupe équatoriale (*à gauche*), et une coupe axiale (*à droite*).

coquille) qui correspond à un individu asexué (V. Foraminifères). Ces deux formes ont souvent été rangées jadis dans des espèces différentes. Principaux genres du groupe des Nummulitidés :

1 – ***Nummulites*** *:* coquille involute divisée par des cloisons et renforcée par des piliers (Répart. stratigr. : Éocène-Oligocène) ; d'une façon générale, les grandes Nummulites (plus de 15 mm) sont caractéristiques du Lutétien.

2 – ***Assilina*** *:* comme *Nummulites*, mais avec une coquille évolute (Éocène).

3 – ***Operculina*** *:* comme *Nummulites* mais la coquille a un accroissement beaucoup plus rapide (Éocène – Actuel).

4 – ***Heterostegina*** *:* comme *Operculina*, mais avec des cloisons secondaires perpendiculaires aux cloisons primaires (Éocène – Actuel).

5 – ***Cycloclypeus*** *:* les premiers tours sont semblables à ceux de *Heterostegina*, mais les suivants sont presque circulaires (Oligocène – Actuel).

6 – ***Pellatispira*** *:* comme *Assilina* mais avec un test beaucoup plus épais (Éocène).

Tous ces organismes sont marins, benthiques, de mers chaudes et peu profondes. Ce sont d'assez bons fossiles stratigraphiques, notamment pour l'Éocène où ils abondent plus particulièrement.

Nummulitique n. m. [de nummulite, cette époque étant plus spécialement caractérisée par ce fossile ; « formation nummulitique » de A. d'Archiac, précisée par Renevier, 1896, puis E. Haug, 1907 ; angl. *Nummulitic*] – Actuellement pris comme synonyme de Paléogène, partie la plus ancienne de l'ère tertiaire. V. tabl. Annexe 2. Adj. **nummulitique**.

nunatak n. m. [mot esquimau ; angl. *nunatak*] – Pic rocheux s'élevant au milieu d'une région couverte de glaciers, trop escarpé pour que la neige s'y accumule.

Nunivak n. m. – Épisode paléomagnétique du Tertiaire. V. tabl. paléomagnétisme.

O

O – Symbole chim. de l'oxygène.

obduction n. f. [R.G. Coleman, 1971, du lat. *obductio*, action de recouvrir ; angl. *obduction*] – Chevauchement d'une vaste portion de croûte océanique (représentée par des complexes ophiolitiques) sur une zone de croûte continentale (marge continentale ou arc insulaire). C'est le phénomène inverse de la subduction. V. tectonique des plaques. Vb. **obduire** ou **obducter** ; adj. **obduit, e,** ou **obducté, e.**

oblique adj. **(stratification –)** – V. stratification oblique.

obliquité n. f. **(de l'axe de rotation terrestre)** [angl. *obliquity*] – V. orbite terrestre.

obliquité des faciès [angl. *diachronism of facies*] – Fait, pour un dépôt possédant une continuité latérale et revêtant un certain faciès, d'avoir des âges variables en différents points. Cela est courant p. ex. pour des formations transgressives, la transgression étant de plus en plus récente vers l'intérieur des terres. V. aussi diachronisme.

obséquent, e adj. [du lat. *ob,* à l'encontre, et *sequens*, qui suit ; angl. *obsequent*] – Se dit d'un cours d'eau coulant en sens contraire du pendage des couches. V. relief structural.

obsidienne n. f. [de Obsius, personnage qui, selon Pline, aurait découvert cette roche ; angl. *obsidian*] – R. magm. effusive entièrement vitreuse, noire, à cassure lisse, conchoïdale, brillante, à composition chimique de rhyolite, ou parfois de trachyte, anhydre ou presque (H_2O < 3 %) ; *cf.* pechstein, perlite.

océan n. m. [du gr. *okeanos*, même signif. ; angl. *ocean*] – Vaste étendue d'eau marine à la surface de la Terre. Le fond des océans est, en grande partie, constitué par une croûte océanique (V. Terre). C'est pourquoi géologues et géophysiciens parlent parfois d'océan pour tout domaine ayant une croûte de cette nature. Cet abus de langage entraîne quelques confusions, un océan n'ayant pas partout une croûte océanique (ex. sur les marges continentales), une croûte océanique ne correspondant pas partout à un océan (ex. mer Rouge, Islande, etc.). Le fond des océans a été activement exploré depuis 1950. On y distingue principalement :
– 1. Les **dorsales océaniques** (appelées aussi dorsales médio-océaniques bien que n'occupant pas toujours une situation médiane) qui sont des alignements de hauteurs, longs de quelques dizaines de milliers de km, larges de quelques centaines. La profondeur à leur sommet est de 2,5 à 3 km, c'est-à-dire qu'elles sont plus hautes de quelque 2 km que la moyenne des fonds océaniques. En leur milieu s'observe habituellement un fossé d'effondrement que l'on nomme **rift** (ou rift médio-océanique). Sa genèse s'explique par la distension due au fait qu'il est le lieu où s'écartent deux plaques lithosphériques, ce qui se traduit aussi par un volcanisme basaltique sous-marin et une sismicité importante (V. tectonique des plaques, et faille transformante).
– 2. Les **bassins océaniques** qui occupent l'espace situé entre les dorsales et les marges* continentales. Ils sont souvent accidentés de **collines abyssales**, petites élévations aux pentes faibles, hautes de quelques dizaines ou centaines de m et larges de quelques km. En s'approchant d'un continent, deux cas peuvent se présenter : a) celui-ci est bordé par une **fosse océanique**, sillon large de quelque 100 km et profond de 8 à 11 km (cas des **marges* continentales actives,** avec subduction). Cette fosse reçoit alors les apports terrigènes, qui s'y sédimentent et ne vont pas plus au large dans l'océan ; b) il n'est pas bordé par une fosse océanique (cas des **marges* continentales passives**, ou stables, ou inactives) et les apports terrigènes, qui transitent par les canyons sous-marins, s'étalent sur le glacis continental en deltas sous-marins, et s'avancent assez loin dans le bassin océanique en formant des surfaces d'une planéité quasi absolue dites **plaines abyssales.**
– 3. Il existe aussi des **seuils** (ou dorsales) **asismiques** qui se distinguent des dorsales à rift par l'absence de sismicité, et qui ne sont donc pas, au moins actuellement, des limites de plaques. Ils peuvent avoir différentes origines : dorsales médio-océaniques mortes, morceaux de continents (microcontinents) séparés d'un ensemble plus vaste, alignements de volcans sous-marins (V. points chauds) ; V. aussi tectonique des plaques. Adj. **océanique** [angl. *oceanic*] ; n. f. **océanisation** [angl. *oceanization*] (formation d'un océan à croûte océanique).

océanite n. f. [de océan ; angl. *oceanite*] – Var. de basalte* mélanocrate.

océanographie n. f. [du gr. *okeanos*, océan, et *graphein*, écrire ; angl. *oceanography*] – Science des océans que l'on divise en : – 1. océanographie **physique** que l'on considère comme une discipline de la géophysique, et qui étudie en particulier, les mouvements de l'eau. – 2. Océanographie **biologique** qui s'occupe de la vie dans les mers. N. m. ou f. **océanographe** [angl. *oceanographer*].

ocelle n. m. [du lat. *ocellus*, petit œil ; angl. *ocellus*, pl. *ocelli*] – Petite masse globuleuse d'un minéral inclus dans un autre ; par ex. ocelle d'albite au sein d'un phénocristal de microcline (V. feldspath). Adj. **ocellaire** (s'applique aussi à des r. magm. ou métam. à aspect tacheté).

Ochetoceras [du gr. *okhetos*, canal et *keras*, corne]. – Genre d'Ammonites (V. fig. à ce mot) du Jurassique sup. (Oxfordien).

ocre n. f. [du gr. *ôkhros*, jaune ; angl. *ocher* (US), *ochre* (GB)] – Terre argileuse colorée en rouge par l'hématite (Fe_2O_3) (ocre rouge ou sanguine), en jaune ou brun par la gœthite (FeO-OH) et/ou la limonite (FeO-OH, nH_2O) ; utilisée comme colorant. Adj. **ocreux, euse** [angl. *ochreous*] (qui contient de l'ocre) ; **ochracé, ée** (couleur de l'ocre) [angl. *ochraceous*].

Octocoralliaires n. m. pl. [du gr. *oktos*, huit, et de coralliaire ; angl. *octocorals, Octocorallia*] – Cnidaires* du groupe des Anthozoaires ayant typiquement 8 cloisons internes et 8 tentacules, solitaires ou coloniaux, dont le corail et les gorgones sont des représentants actuels. Leur squelette est essentiellement composé d'un assemblage de spicules que l'on retrouve, après leur mort, dispersés dans les sédiments. Certains auteurs leur rapportaient des empreintes spiralées, abondantes au Jurassique, et connues sous le nom de *Zoophycos** (ou *Cancellophycus*). V. fig. à spicules. Syn. Alcyonaires.

Octopodes n. m. pl. [du gr. *oktos*, huit, et *pous, podos,* pied ; angl. *Octopoda*] – Groupe de Céphalopodes* Dibranchiaux comprenant notamment les pieuvres.

œil-de-chat (ou – de tigre) n. m. [angl. *cat's-eye, tiger's-eye*] – Var. de quartz à reflets chatoyants. V. silice.

œillé, e adj. [de œil ; angl. *augen*] – Se dit de la structure, ou de la texture, des r. métam. montrant des masses amygdalaires de 1 à 5 cm env., tranchant par leur teinte généralement claire sur le fond de la roche, et correspondant soit à un porphyroblaste (p. ex. grand feldspath) soit à un agrégat de plusieurs cristaux (p. ex. quartz et feldspath). Ex. gneiss* œillé [angl. *augen gneiss*].

offlap n. m. [mot angl.] – Syn. de figures de progradation.

oghroud n. m. – Syn de ghourd.

OIB [sigle, de l'angl. *Ocean Island Basalts*] – V. basalte.

-oïde ; -oïdal, e, aux – Suffixes tirés du gr. *eidos*, aspect, et signif, ayant la forme, l'aspect de.

Oiseaux n. m. pl. [du lat. *avis*, même signif. ; angl. *birds*] – Classe de Vertébrés à deux pattes et deux ailes parfois modifiées, ayant des plumes, ovipares. On ne les trouve que rarement fossilisés, leur mode de vie ne le permettant guère. Ils ont des rapports paléontologiques très étroits avec les Reptiles, dont certains caractères (dents, longue queue osseuse prolongeant la colonne vertébrale, doigts griffus, etc.) sont encore présents chez les premiers oiseaux connus (*Archaeopterix** du Jurassique sup. européen).

Olcostephanus (et non *Holcostephanus*, orth. étymologiquement correcte mais qui n'est pas celle de l'auteur du genre) [du gr. *holkos*, sillon, et *stephanos*, couronne] – Genre d'Ammonites (V. fig. à ce mot) du Crétacé inf. (Valanginien - Hauterivien).

Olduvai (épisode d'–) (parfois orthographié Oldowaï ou Oldowai) [d'une localité de Tanzanie, Afrique] – Événement paléomagnétique daté d'environ 1,8 Ma. Il correspond approximativement à la limite aujourd'hui retenue entre le Tertiaire et le Quaternaire*. V. tableaux Quaternaire et paléomagnétisme.

Olenellus [du gr. *ôlenê*, main] – Genre de Trilobites (V. fig. à ce mot) du Cambrien inf.

oligiste n. f. [du gr. *oligistos*, très peu ; angl. *oligist(e) iron*] – Syn. d'hématite* Fe_2O_3.

Oligocène n. m. [E. Beyrich, 1854, du gr. *oligos*, peu, et *kainos*, récent ; angl. *Oligocene*] – Division stratigraphique de l'ère tertiaire. V. tabl. Annexe 2. Adj. **oligocène**.

oligoclase n. m. [du gr. *oligos*, peu, et *klasis*, rupture ; angl. *oligoclase*] – Var. de feldspath* plagioclase.

olistolit(h)e n. m. [angl. *olistolith*] – Bloc dans un olistostrome.

olistostrome n. m. [G. Flores, 1955, du gr. *olistos*, glissement, et *stroma*, matelas ; angl. *olistostrome*] – Accumulation chaotique de terrains empruntés au front d'une nappe de charriage, au cours de sa mise en place dans un bassin sédimentaire, par suite de leur glissement par gravité sur le fond de ce bassin. On nomme **olistolithes** les gros blocs appartenant à cette masse glissée, et qui sont emballés dans le sédiment en cours de dépôt. V. aussi klippe sédimentaire.

olivine n. f. [A.G. Werner, 1790, de la couleur de l'olive ; angl. *olivine*] – Var. de péridot* de formule $(Fe, Mg)_2 [SiO_4]$.

ombilic n. m. [du lat. *umbilicus*, nombril ; angl. *umbilicus*, pl. *umbilici*] – Dépression située au milieu de l'enroulement des coquilles des Gastéropodes, des Ammonoïdés, des Nautiloïdés, et de certains Foraminifères. Pour les coquilles enroulées dans un plan, cet ombilic est d'autant plus petit que la coquille est plus involute, d'autant plus grand qu'elle est plus évolute.

ombilic sédimentaire [angl. *depocenter* (US), *depocentre* (GB)] – Région d'un bassin sédimentaire où l'épaisseur des dépôts présente un maximum.

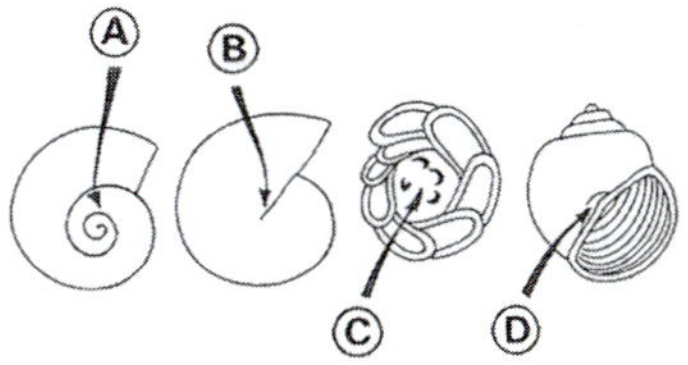

ombilic

A : chez une ammonite évolute – **B :** chez une ammonite involute – **C :** chez un foraminifère du genre *Globotruncana* – **D :** chez un gastropode.

ombres de pression [angl. *pressure shadow*] – V. queue de cristallisation.

omphazite (ou omphacite) n. f. [du gr. *omphax*, raisin vert ; angl. *omphacite*] – Var. de pyroxène.

oncoïde n. m. [A. Heim, 1916, du gr. *onkos*, tumeur, et *eidos*, aspect ; angl. *oncoid*] – Concrétion calcaire, sphérique ou ovoïde, formée de couches concentriques, de quelques millimètres à quelques centimètres de diamètre, d'origine organique (algues, foraminifères, etc.) ou non. Cette définition, prise dans un sens large, inclut pisolithes et pseudo-pisolithes. V. oncolithe.

oncolit(h)e n. m. [du gr. *onkos*, tumeur, et *lithos*, pierre ; angl. *oncolite*] – Oncoïde formé dans des eaux marines ou lacustres par encroûtement stromatolithique, autour d'un débris (nucléus), de couches concentriques algaires (algues bleues ou vertes). Ces couches algaires, épaisses de 10 à 500 mm, alternent plus ou moins avec des couches argilo-calcaires de 0,5 à 1 mm. Syn. pisolithe* algaire, pseudopisolithe *pro parte.*

onde n. f. **(lame –)** – V. lame auxiliaire.

onde sismique (– de volume, – de surface, - P, - S, etc.) [angl. *seismic wave (body –, surface –, P –, S –*] – V. sismologie.

onlap n. m. [mot angl.] – Syn. de biseau d'aggradation.

onyx n. m. [du gr. *onux*, ongle ; angl. *onyx*] – Var. de calcédoine montrant des bandes colorées régulièrement agencées. V. silice.

oolit(h)e n. f. ou m. [du gr. *ôon*, œuf, et *lithos*, pierre, par comparaison avec des œufs de poissons ; angl. *oolith, oolite*] – Petite sphère à diamètre de 0,5 à 2 mm en moyenne, dont le centre (**nucléus**) est un débris (p. ex. grain de quartz, fragment de test) et dont l'enveloppe (**cortex**) est formée de minces couches donnant une structure concentrique à laquelle peut se superposer une structure radiaire affectant toutes les enveloppes, ou quelques-unes seulement. Les oolithes sont le plus souvent calcaires, parfois ferrugineuses, rarement glauconieuses ou phosphatées. On distingue : – 1. Les **oolithes composées**, à cortex englobant deux ou trois petites oolithes. – 2. Les **oolithes déformées** (spastolites) lors de leur accumulation, ce qui montre qu'elles avaient une certaine plasticité avant les recristallisations diagénétiques. – 3. Les **oolithes superficielles** (proto-oolithes) à cortex mince à une seule couche. – 4. Les oolithes à structure radiaire seule (sphérulites).

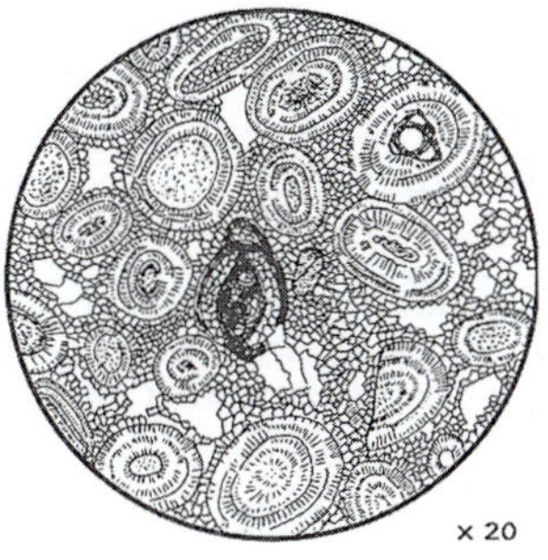

oolithe

Calcaire à ciment finement spathique, à débris de Miliolidé (au centre), et à nombreuses oolithes à nucléus variés (fragments de calcaire ou de tests).

Les oolithes calcaires actuelles se forment en milieu marin, parfois lagunaire ou même lacustre dans des eaux agitées (donc à profondeur faible, entre 0 et 12 m). La mise en suspension de grains et d'oolithes naissantes permet le dépôt de nouvelles enveloppes constituées d'aragonite fibreuse ou cryptocristalline. Au-delà d'un certain poids, l'oolithe se sédimente définitivement. Si le diamètre dépasse 2 mm, on parle de pisolithe. Il semble que les oolithes anciennes aient été uniquement formées de calcite.

Les oolithes ferrugineuses sont constituées d'hématite, de sidérose et de berthiérine (V. argiles ; « chlorite » ferrugineuse) ; elles sont prises dans un ciment de même nature avec souvent un peu de phosphate. Leur formation est complexe : le fer provient de l'altération continentale et sa concentration a lieu dès la genèse des oolithes, et/ou lors de la diagenèse. De telles couches constituent, p. ex., le minerai de fer de Lorraine d'âge aalénien (minette).

Le terme d'oolithe a jadis été parfois pris comme syn. de couche de calcaire oolithique, p. ex. « la Grande Oolithe », couche du Bajocien du Jura.

Adj. **oolit(h)ique** [angl. *oolitic*]. V. aussi pisolithe.

oolit(h)es cannabines [du lat. *cannabis*, chanvre ; angl. *reddish oolite*] – Oolithes dénommées ainsi à cause de leur couleur rousse, présentes en particulier dans un calcaire bioclastique du Dogger au nord de Dijon.

Oolithique n. m. [W. Smith, 1799] – Division stratigraphique aujourd'hui tombée en désuétude groupant le Jurassique moyen et le Jurassique sup. (ère secondaire). V. tabl. Annexe 2.

oomicrite n. f. [angl. *oomicrite*] – Calcaire formé d'oolithes liées par un ciment finement cristallin. V. carbonatées (roches –).

oomicrudite n. f. [angl. *oomicrudite*] – Oomicrite où les oolithes ont des dimensions supérieures à 2 mm. V. carbonatées (roches –).

oosparite n. f. [angl. *oosparite*] – Calcaire formé d'oolithes liées par un ciment largement cristallin. V. carbonatées (roches –).

oosparrudite n. f. [angl. *oosparrudite*] – Oosparite où les oolithes ont des dimensions supérieures à 2 mm. V. carbonatées (roches –).

op. cit. – Abréviation du latin *opere citato*, signif. dans l'ouvrage cité.

opale n. f. [du lat. *opalus*, même signif. ; angl. *opal*] – Var. de silice.

opalite n. f. [de opale ; angl. *opalite*] – Accident siliceux formé d'opale, et communément désigné comme silex (V. silex ménilite).

OPB [sigle, de l'angl. *Ocean Plate Basalts*] – V. basalte.

opdalite n. f. [de Opdal, Norvège ; angl. *opdalite*] – R. magm. grenue de type diorite, à pyroxène (hypersthène, augite) et mica noir.

Operculina [du lat. *operculum*, couvercle] – Genre de Nummulitidés*.

ophicalcite n. f. [de ophiolite, et calcite ; angl. *ophicalcite*] – Calcaire à grain fin ou marbre à nids, taches, et veinules de serpentine, avec souvent des proportions variées de dolomite et/ou magnésite, de teinte vert tacheté, veinée de blanc ou de vert pâle. On en trouve associé à des r. magm. ultrabasiques (serpentines et gabbros des complexes ophiolitiques). Au s. l., le terme est utilisé aussi pour toute roche contenant à la fois calcite et serpentine, et en particulier pour des brèches tectoniques ou sédimentaires à éléments serpentinisés pris dans un ciment calcaire.

ophiolites n. f. pl. [du gr. *ophis*, serpent, à cause de leur aspect qui rappelle la peau de ces reptiles ; angl. *ophiolites, ophiolitic suite*] – Le mot ophiolite fut à l'origine syn. de serpentine [Alex. Brongniart, 1813] puis de « roches vertes », c'est-à-dire de l'ensemble des r. magm. basiques et ultrabasiques plus ou moins serpentinisées et métamorphisées présentes dans les chaînes alpines. Actuellement, on désigne comme ophiolites ou complexe ophiolitique (pour souligner la diversité des matériaux) un ensemble comportant schématiquement de bas en haut : – 1. des péridotites foliées ayant subi des déformations tectoniques à l'état solide, à HT-HP ; – 2. des gabbros et des péridotites lités à structures de cumulats (cristallisation fractionnée et dépôts successifs, par densité, des cristaux dans une chambre magmatique) ; – 3. des basaltes en coussins ou pillow lavas (effusions sous-marines).
L'âge des laves est, en général, connu (intercalations sédimentaires) mais pas celui des niveaux à cumulats et des péridotites foliées, pour lesquels on doit bien distinguer l'âge des cristallisations magmatiques et celui des mises en place tectoniques. Les reconstitutions sont en partie hypothétiques car ces complexes ne sont connus que dans des zones très tectonisées, avec superposition de plusieurs phases de charriage, et en général développement d'un métamorphisme masquant en partie les relations géométriques primitives et la nature originelle des matériaux (altérés en outre, et serpentinisés).
Ces complexes ont été tenus naguère pour d'énormes épanchements volcaniques dans l'épaisseur desquels se seraient produites les différenciations magmatiques à l'abri d'une cuirasse de laves en coussins. On considère actuellement qu'ils représentent des portions de la croûte océanique et du manteau supérieur d'anciens océans, portions qui auraient été charriées sur de la croûte continentale lors de collisions entre deux continents ou entre un continent et un arc insulaire (obduction). Syn. complexe ophiolitique, cortège –. Adj. **ophiolitique** [angl. *ophiolitic*].

ophiolitique adj. **(mélange –)** [angl. *ophiolite melange*] – Formation comportant des ophiolites, des termes associés à celles-ci, et d'autres roches issues de séries variées ayant des origines paléogéographiques différentes, l'ensemble étant dans un état de désordre tectonique intense, et se trouvant à la base, ou au front, de grandes nappes à ophiolites. Syn. « colored melange » ou **mélange coloré**, qui évoque le mélange des teintes des diverses séries avec en général des dominantes vertes (roches serpentinisées) et rouges (radiolarites).

ophiolitique (suture –) [angl. *ophiolite suture*] – Zone où apparaissent des mélanges ophiolitiques, en général métamorphisés (formation de « schistes bleus » à glaucophane, de HP-BT), interprétée actuellement comme étant une cicatrice* tectonique fondamentale entre des chaînes appartenant à des continents (plaques) primitivement différents.

ophite n. f. [du gr. *ophis*, serpent, *cf.* ophiolites ; angl. *ophite*] – Dolérite à structure pœcilitique particulière (nommée structure ophitique) à grands cristaux de pyroxène (augite diallagique) englobant des petites lattes de plagioclase (andésine, labrador).

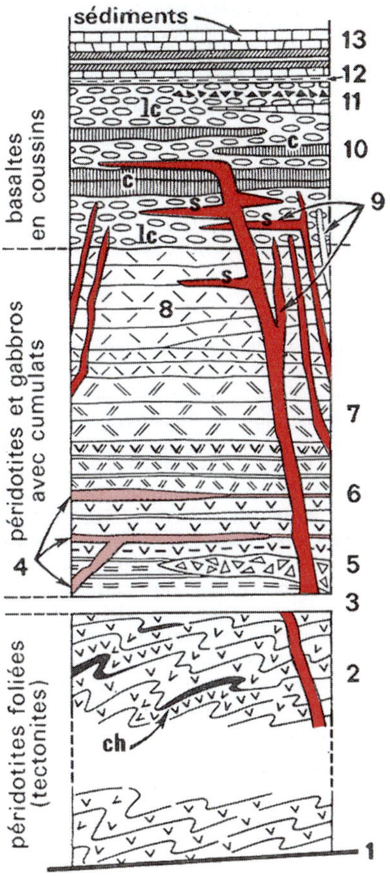

ophiolites

Colonne synthétique et théorique d'un complexe ophiolitique.
– 13 : sédiments avec, en général, nombreux niveaux siliceux (radiolarites, calc. à silex) surmontant les laves ou intriqués avec elles (complexe volcano-sédimentaire).
– 12 : « terre d'ombre » : mince niveau d'argilites particulièrement riches en Fe et Mn.
– 11 : coulées de basaltes soit massives et prismées, soit en coussins (lc, pillow) ; intercalations de brèches de coussins et de niveaux à hyaloclastites.
– 10 : basaltes spilitisés (albitophyres) en coulées compactes (c) ou en coussins ; parfois intercalations de picrites et/ou d'andésites. Les basaltes de 11 et 10 sont tholéiitiques et/ou alcalins. Superposition à 9 ou 8 rarement visible, le plus souvent contact tectonique à la base de 10.
– 9 : ensemble plus ou moins développé de dykes, filons, et sills (s) de dolérites, basaltes, lamprophyres.
– 8 : ensemble très variable avec dolérites massives, diorites, diorites quartziques, trondjhémites, granophyres (termes enrichis en SiO2 représentant la cristallisation du magma résiduel après formation des niveaux 7 à 5).
– 7 : gabbros non lités surmontant les gabbros lités à cumulats (norites en général).
– 6 : alternances de péridotites, avec ou sans plagioclase, de gabbros, et de pyroxénolites.
– 5 : péridotites litées (cumulats de dunite, lherzolite) ; localement, brèches magmatiques de cumulats péridotitiques dans un ciment gabbroïque.
– 4 : dykes, sills, et lits de pyroxénolites (webstérites) et de pegmatoïdes basiques gabbroïques.
– 3 : coupure tectonique ou zone confuse.
– 2 : ensemble basal des péridotites fortement tectonisées (tectonites ultrabasiques) avec foliation et déformation des minéraux (phases de HP-HT). En général harzburgites, avec intercalations de chromite (ch) liées à des dunites.
– 1 : contact anormal basal systématique, le complexe ophiolitique étant charrié sur des terrains variés, métamorphiques ou non.
Épaisseur totale : souvent 4 à 5 km, pouvant atteindre 10-15 km, se décomposant, p. ex., en : 11 et 10 = 0,5 à 1 km ; 8 = 0,5 km ; 7 et 6 = 0,5 km ; 5 = 0,2 km ; 2 = 2 à 3 km.

Ces roches sont souvent altérées et prennent une belle teinte verte (serpentine, ouralite, chlorite, épidote) ; elles sont fréquentes (en petits laccolites ?) dans le Trias supérieur des Pyrénées. Adj. **ophitique**.

Ophiurides n. m. pl. [du gr. *ophis*, serpent, et *eidos*, aspect ; angl. *ophiuroids, Ophiuroidea*] – Groupe d'Échinodermes.

Opisthobranches n. m. pl. [du gr. *opisthe*, en arrière, et *brankhia*, branchie ; *opisthobranchs, Opisthobranchia*] – Groupe de Gastéropodes.

opisthodète adj. [du gr. *opisthodetos*, attaché en arrière ; angl. *opisthodetic*] – Se dit du ligament d'un Bivalve qui est situé entièrement en arrière du crochet.

opisthoparié, ée adj. [du gr. *opisthe*, en arrière, et *pareia*, joue ; angl. *opisthoparian, opistoparious*] – Se dit des Trilobites dont les lignes de suture céphaliques aboutissent en arrière des pointes génales. V. proparié.

Oppelia [dédié à A. von Oppel] – Genre d'Ammonites (V. fig. à ce mot) du Jurassique moyen.

OPx ou **opx** – Abréviation habituelle de orthopyroxène. V. pyroxène.

or n. m. [angl. *gold*] – Symbole chim. Au [du lat. *aurum*]. N° et masse atom. 79 et 197,2 ; ion 1 $^{+}$ de rayon 0,137 nm ; densité 19,3 ; clarke 0,05 g/t. Métal précieux, du syst. cubique, de faible dureté (2,5 à 3), le plus malléable et le plus ductile des métaux, jaune-rouge quand il est très pur, en général jaune plus pâle du fait de la présence de Ag (or argentifère ou **électrum**). L'or se trouve surtout à l'état natif, très rarement en cubes ou octaèdres, normalement en imprégnation (poussière d'or), en paillettes, ou en masses informes prises dans une gangue de quartz et de sulfures métalliques. Ces masses (de quelques grammes à quelques décigrammes, mais exceptionnellement approchant les 100 kg) constituent les pépites qui se trouvent soit en place dans les filons, soit concentrées dans certaines zones d'alluvions (les placers) où l'exploitation se fait par lavage, soit dans les r. sédim. détritiques (ex. des conglomérats aurifères du Précambrien en Afrique du Sud). Les filons aurifères où l'or est accompagné de minéraux métalliques variés (pyrite, mispickel, blende, galène, etc.) sont en général à gangue quartzeuse et sont liés à des massifs de r. magm. plutoniques (granites, granodiorites, diorites). Adj. **aurifère*** [angl. *auriferous*].

oral adj. [du latin *ora*, bouche ; angl. *oral, adoral*] – Qualifie le côté d'un individu où est située la bouche. Ant. aboral.

orbicule n. m. [du lat. *orbiculus*, rondelle ; angl. *orbicule, orb*] – Boule sphérique ou ovoïde de un à quelques centimètres, dans des r. magm., ayant un noyau grenu entouré de couches concentriques alternativement composées de feldspaths en baguettes rayonnantes, et de lits de minéraux ferromagnésiens (ex. diorite orbiculaire, granite orbiculaire). V. sphérolite. Adj. **orbiculaire** [angl. *orbicular*].

orbite n. f. **terrestre** [angl. *Earth's orbit*] – Chemin elliptique parcouru par la Terre autour du Soleil. V. Képler (lois de —). Les trois principaux **paramètres orbitaux** sont l'excentricité de l'ellipse, l'obliquité de l'axe de rotation terrestre et la précession des équinoxes. Ces paramètres varient lentement, avec des périodicités qui dépendent des influences mutuelles des planètes, de la Lune et du Soleil. Leur connaissance permet de calculer la répartition de l'insolation à la surface du globe, cause majeure des variations climatiques cycliques. V. Milankovitch (théorie de –), cyclostratigraphie, orbitostratigraphie.

L'**excentricité** de l'orbite terrestre est le rapport de la distance de ses foyers sur la longueur de son grand axe. Si elle est nulle l'orbite est circulaire. Ses périodes principales sont 400 000 ans et 100 000 ans.

L'**obliquité** est l'angle que forment l'axe de rotation terrestre et la perpendiculaire au plan de son orbite (dit aussi plan de l'écliptique). Elle détermine les positions des tropiques et des cercles polaires. Sa période principale est de l'ordre de 41 000 ans.

La **précession des équinoxes** est, au sens strict, le mouvement conique effectué par l'axe de rotation terrestre par rapport aux étoiles, ce qui fait lentement rétrograder le point vernal (où se trouve la Terre à l'équinoxe de printemps) sur l'orbite. Cependant, pour le calcul de l'insolation, on utilise la **précession climatique**, angle du périhélie par rapport au point vernal, qui élimine l'effet du mouvement du plan de l'écliptique par rapport aux étoiles, sans effet sur l'insolation. Les principales périodes de la précession climatique sont d'environ 23 000 et 19 000 ans (moyenne 21 700 ans).

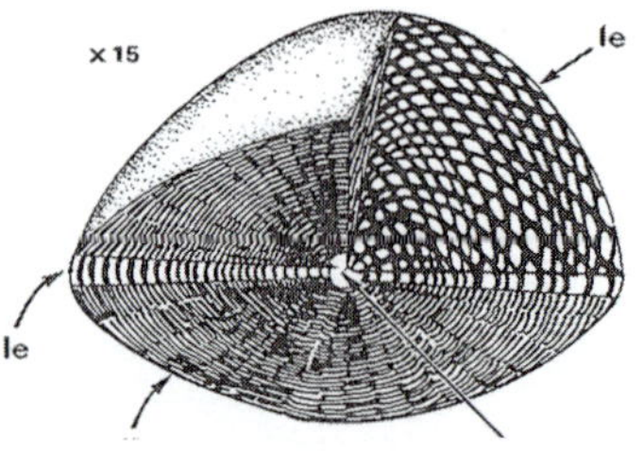

Orbitoïdes

Vue d'une orbitoïde découpée pour en montrer la structure – em : embryon (protoculus) – le : logettes équatoriales – ll : logettes latérales

orbitostratigraphie n. f. [A. Foucault, 1992, de orbite (terrestre), et de stratigraphie ; angl. *orbitostratigraphy*] – Stratigraphie fondée sur les variations de la sédimentation contrôlées, par l'intermédiaire des climats, par celles de l'orbite* terrestre. V. cyclostratigraphie, Milankovitch (théorie de –).

Orbitoides [du lat. *orbis*, cercle, et du gr. *eidos*, aspect] – Genre de Foraminifères discoïdes comportant une couche de loges équatoriales de forme arquée, entourée par une épaisseur plus ou moins grande de loges latérales. Ce sont des organismes benthiques des mers chaudes. Répart. stratigr. : Crétacé sup. V. aussi *Discocyclina*.

Orbitolina (en français : orbitoline, n. f.) [du lat. *orbis*, cercle] – Genre de Foraminifères, type de la famille des Orbitolinidés. Répart. stratigr. : Barrémien - Cénomanien.

Orbitolinidés n. m. pl. [du lat. *orbis*, cercle ; angl. *orbitolinids, Orbitolinidae*] – Groupe de Foraminifères pluriloculaires à stade de croissance initial spiralé, parfois discret, et à stade adulte conique souvent bien développé. Les loges forment alors des disques recoupés par des cloisons dont l'agencement

peut être extrêmement complexe. Ce sont des formes marines vivant à faible profondeur dans des eaux plutôt chaudes. Elles permettent d'établir une stratigraphie assez fine dans les sédiments de plate-forme et notamment au cours du Crétacé inf.
On peut les repérer assez aisément avec une forte loupe, soit dégagés, soit sur des cassures fraîches de calcaires. Répart. stratigr. : Jurassique - Éocène, avec un développement particulier du Barrémien au Cénomanien.

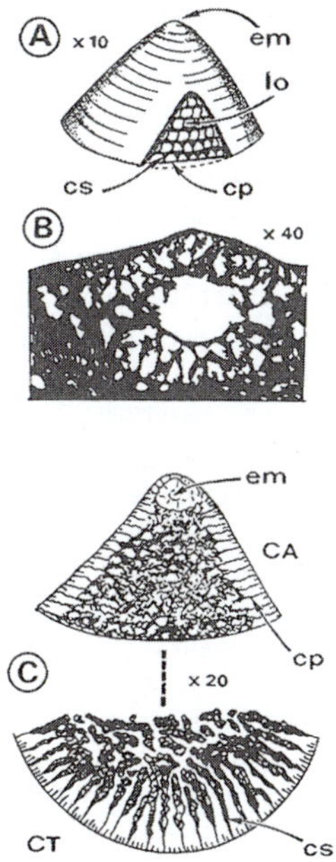

Orbitolinidés

A : vue externe d'une orbitoline un peu découpée pour en montrer la structure (d'après L. Moret) – cp, cs : cloisons primaire, secondaire – em : position de l'appareil embryonnaire – lo : loge.
B : vue, en lame mince, de l'appareil embryonnaire du genre *Mesorbitolina*.
C : vues, en lame mince, du genre *Orbitolina* (Barrémien - Cénomanien) – CA, CT : coupes axiale, transversale (portion). Même légende que A (d'après M. Moullade).

Orbulina – Genre de Globigérinidés. (V. fig. à ce mot).

ordanchite n. f. [de la Banne d'Ordanche, Puy-de-Dôme, Fr. ; angl. *ordanchite*] – V. téphrite à haüyne.

Ordovicien n. m. [Ch. Lapworth, 1879, des Ordovices, ancienne ethnie du Pays de Galles, G.-B. ; angl. *Ordovician*] – Période de l'ère primaire. V. tabl. Annexe 2. Adj. **ordovicien, nne**.

ordre n. m. [du lat. *ordo*, rang ; angl. *order*] – Groupement des classifications des êtres vivants ou fossiles. V. taxon.

ordre cristalloblastique – V. cristalloblastique (ordre –).

ordre de cristallisation [angl. *crystallisation order*] – V. cristallisation fractionnée.

oreillers n. m. pl. **(lave en –)** [angl. *pillow lava*] – V. coussins (lave en –).

Oreopithecus [du gr. *oreios*, qui vit dans les montagnes, et *pithêkos*, singe] – Singe fossile vieux de quelque 12 Ma trouvé pour la première fois en 1870 en Toscane, et considéré par certains comme un ancêtre possible de l'Homme.

organique adj. [du gr. *organon*, organe du corps ; angl. *organic*] – Qui se rapporte aux organismes vivants, aux débris, et aux matières qui en dérivent.

organoclastique adj. [de organique, et du gr. *klastos*, brisé ; angl. *bioclastic*] – S'applique aux dépôts sédimentaires détritiques riches en débris de test ou de squelette. Les syn. biodétritique ou bioclastique sont préférables car ils évitent les confusions avec la matière organique. Autre syn. : organodétritique.

organodétritique adj. – V. organoclastique.

orgues n. f. pl. – V. prismation.

Ornithischiens n. m. pl. [du gr. *ornis, ornithos*, oiseau, et *iskhion*, hanche ; prononc. -iskien ; angl. *Ornithischia*] – Reptiles* fossiles du groupe des Dinosauriens. Syn. Avipelviens.

Ornitholestes [du gr. *ornis*, *ornithos*, oiseau, et *lêstês*, brigand] – Genre de Reptiles (V. fig. à ce mot) du Jurassique sup. d'Amérique du Nord.

oro- – Préfixe tiré du gr. *oros*, montagne.

orocline n. m. [du gr. *oros*, montagne, et *klinein*, s'incliner ; S.W. Carey, 1955 ; angl. *orocline*] – Portion de chaîne plissée dessinant, en plan, une courbe interprétée comme la marque d'une torsion horizontale.

orogène n. m. [L. Kober, 1921 ; du gr. *oros*, montagne, et *gennan*, engendrer ; angl. *orogen, orogenic belt*] – Système montagneux édifié sur une portion instable de l'écorce terrestre, ayant subi un important resserrement et montrant des plis et des nappes de charriage : ex. l'orogène alpin. Ce terme ne s'applique pas à n'importe quel relief : les reliefs volcaniques, les chaînes intracratoniques ne sont pas des orogènes. Ant. craton.
Par exception, ce terme ne doit pas être pris dans le sens de « zone qui engendre une chaîne de montagnes » (Acad. des sciences, *cf.* -gène).

orogenèse n. f. (ou *orogénie*) [G.K. Gilbert, 1890 ; du gr. *oros*, montagne, et *gennan*, engendrer ; angl. *orogenesis, orogeny*] –

1. Tout processus conduisant à la formation de reliefs. – 2. Plus particulièrement, formation des orogènes (ex. : l'orogenèse hercynienne, l'orogenèse alpine). Adj. **orogénique**.

orogénie n. f. – V. orogenèse.

orogénique adj. **(cycle –)** [angl. *orogenic cycle*] – V. cycle.

orogénique (zone –) [angl. *orogenic belt*] – Zone où se forme une chaîne de montagne.

orographie n. f. [du gr. *oros*, montagne, et *graphein*, écrire ; angl. *orography*] – 1. Agencement des reliefs. – 2. Leur étude et leur représentation. V. carte topographique. Adj. **orographique** [angl. *orographic*].

oro-hydrographique adj. [angl. *orohydrographic*] – Qui est relatif aux reliefs et aux eaux. Se dit surtout d'une carte qui ne représente que ces deux ensembles. N. f. **orohydrographie** [angl. *orohydrography*].

orpiment n. m. [du lat. *aurum*, or, et *pigmentum*, couleur ; angl. *orpiment*] – Sulfure d'arsenic As_2S_3, du syst. monoclinique, en cristaux trapus, d'aspect strié, à deux clivages, jaune orangé, et translucide ou nacré. Il est présent, avec le réalgar, dans des filons riches en métaux, et est parfois exploité comme minerai de As.

Orthis [du gr. *orthios*, en ligne droite] – Genre de Brachiopodes (V. fig. à ce mot) articulés de l'Ordovicien.

orthite n. f. [du gr. *orthios*, en ligne droite ; angl. *orthite*] – Var. d'épidote. Syn. allanite.

ortho- – Préf. tiré du gr. *orthos* qui signifie rectiligne ou, dans le sens figuré, vrai. Dans la nomenclature des r. métam., il indique que la roche originelle était magmatique : un orthogneiss dérivera p. ex. d'un granite, une orthoamphibolite p. ex. d'un basalte. (V. métamorphisme ; *cf.* para-). Placé devant un nom de minéral, il indique que celui-ci cristallise dans le syst. orthorhombique (ex. : orthopyroxène).

Orthoceras [de ortho, et du gr. *keras*, corne] – Nautiloïdé (V. fig. à ce mot) du Dévonien (ère primaire).

orthochème n. m. [de l'angl. *orthochem*, de ortho-, et de l'angl. *chemical* ; angl. *orthochem*] – Dans la classification des r. carbonatées de R. Folk, ciment (micrite, sparite) ayant précipité dans le bassin de sédimentation. V. carbonatées (roches –). Adj. **orthochimique** [angl. *orthochemical*].

orthoclase n. m. [de ortho-, et du gr. *klasis*, fracture ; angl. *orthoclase*] – Orthose pur. V. feldspath.

orthoclinal, e, aux adj. [de ortho-, et du gr. *klinein*, s'incliner] – Se dit d'une pente (talweg ou versant) inclinée perpendiculairement au pendage des couches. V. relief structural.

orthoferrosilite n. f. [de ortho-, fer, et silicium ; angl. *orthoferrosilite*] – Var. de pyroxène.

orthoflysch n. m. [de ortho-, et flysch] – V. flysch.

orthogéosynclinal n. m. [H. Stille, 1935, de ortho-, et géosynclinal ; angl. *orthogeosyncline*] – Géosynclinal au sens strict, par opposition à d'autres sillons de sédimentation. Obsolète. Ant. parágéosynclinal.

orthogneiss n. m. [de *ortho-,* et gneiss ; angl. *orthogneiss*] – Gneiss formé à partir de roches magmatiques. Ant. paragneiss.

orthomagmatique adj. **(stade –)** [angl. *orthomagmatic stage*] – Stade de cristallisation d'un magma à température élevée (800 °C env.) au cours duquel se forment la majeure partie des r. magm. plutoniques (stades suivants : pegmatitique à 800-600 °C, puis pneumatolytique à 600-400 °C avec concentration en gaz).

Orthophragmina [de ortho-, et du gr. *phragmos*, haie] – Ancien nom de *Discocyclina*.

orthophyre n. m. [de ortho-, et porphyre ; angl. *orthophyre*] – Trachyte ou trachyandésite à faciès paléovolcanique ; mot ancien.

orthopyroxène n. m. (abréviation usuelle : opx) [angl. *orthopyroxene*] – Pyroxène* orthorhombique.

orthoquartzite n. m. [angl. *orthoquartzite*] – Grès quartzeux ou quartzite sédimentaire exclusivement silicieux (il faut éviter d'utiliser ce mot compte tenu du sens du préfixe ortho- en pétrographie).

orthorhombique adj. **(système cristallin –)** [de ortho-, et du gr. *rhombos*, losange ; angl. *orthorhombic*] – V. cristal.

orthose n. m. [de ortho- car clivages orthogonaux ; angl. *orthoclase*] – Feldspath* monoclinique K $[Si_3AlO_8]$ très courant dans les granites et les pegmatites.

Os – Symbole chim. de l'osmium.

ôs n. m. [transcription de *ås*, mot suédois ; angl. *os*, pl. *osar*] – Syn. d'esker.

osmium n. m. [du gr. *osmê*, odeur ; angl. *osmium*] – Symbole chim. Os. N° et masse atom. 76 et 190,2 ; ion 4^+ de rayon 0,069 nm ; densité très forte de 22,5 ; clarke 0,001 g/t. Métal bleu indigo, très dur, de la famille du platine avec lequel on l'extrait.

Ostéichtyens n. m. pl. [du gr. *osteon*, os, et *ikhthus*, poisson ; prononc. -iktien ; angl. *Osteichtyes*] – Groupe de Poissons.

ostéodontokératique adj. **(industrie –)** [du gr. *osteon*, os, *odous, odontos*, dent, et *keras, keratos*, corne] – Débris d'os, de dents, et de cornes qui pour certains auraient servi d'outils aux Australopithèques.

Ostracodermes n. m. pl. [du gr. *ostrakodermos*, animaux recouverts d'une carapace ;

angl. *Ostracodermi*] – Groupe constitué par les Agnathes* protégés par une carapace osseuse, les seuls conservés comme fossiles. Répart. stratigr. : Ordovicien - Carbonifère.

Ostracodes n. m. pl. [du gr. *ostrakon*, coquille ; angl. *ostracods, Ostracoda*] – Groupe d'Arthropodes Crustacés dont le corps, non segmenté, est pourvu d'antennes et de pattes, et est enfermé dans une coquille bivalve chitineuse et calcaire. On trouve des Ostracodes dans tous les milieux aquatiques ; ils peuvent résister à la dessiccation durant plusieurs mois. Leur taille varie de 1 à 10 mm. Ce sont de bons fossiles stratigraphiques qui fournissent aussi des renseignements sur leur milieu de vie. Les déterminations se font sur les individus dégagés d'après la structure de la charnière et l'ornementation des valves. Répart. stratigr. : Cambrien – Actuel.

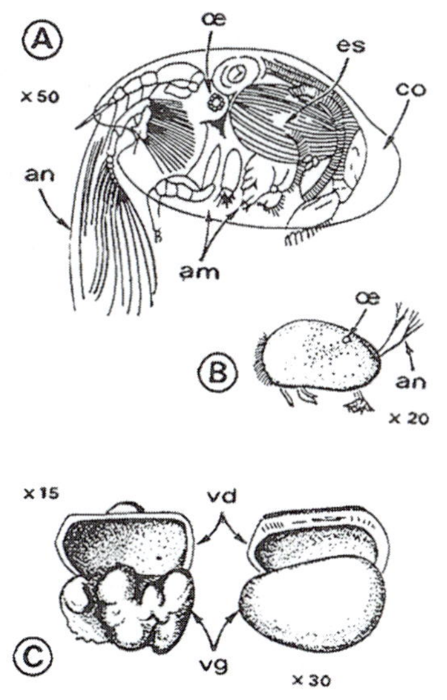

Ostracodes

A : vue d'un ostracode actuel, la valve gauche enlevée (l'avant est à gauche) – am : appareil mandibulaire – an : antennules – co : coquille – es : estomac – œ : œil.
B : le même vu de l'autre côté (l'avant est à droite). Même légende.
C : les deux valves séparées d'un ostracode orné du Dévonien (*à gauche*) et d'un ostracode lisse du Jurassique (*à droite*) – vg : valve gauche (face ext.) – vd : valve droite (face int.) (d'après Shrock et Twenhofel).

Ostréidés n. m. pl. [du lat. *ostrea*, huître ; angl. *ostreids, Ostreidae*] – Groupe formé par les huîtres et les Lamellibranches littoraux voisins, connu depuis le Trias. Il comprend de très nombreux genres dont *Ostrea*, qui en est le type, et *Gryphaea* (V. fig. à Bivalves).

Oszillationstheorie [mot. allem. ; E. Haarmann, 1916 ; angl. *Oscillation Theory*] – Théorie explicative de la genèse des structures des chaînes plissées, laquelle se déroulerait en deux phases : – 1. Une tectogenèse primaire consistant en un affaissement (géodépression) ou un bombement (géotumeur) de la croûte. – 2. Un glissement par gravité de la couverture sédimentaire sus-jacente. Cette notion a été reprise et amplifiée par R. V. Van Bemmelen qui a émis l'hypothèse que les bombements de très grande taille (« megaundation ») pourraient amener le glissement de continents entiers et expliquer p. ex. les chaînes bordières de l'Ouest américain. Sous de telles formes, ces théories ne semblent pas actuellement susceptibles d'expliquer les structures observées.

Otoceras [du gr. *ous, ôtos*, oreille, et *keras*, corne] – Genre de Cératites (V. fig. à ce mot), du Trias inf.

otolit(h)e n. m. [du gr. *ous, ôtos*, oreille, et *lithos*, pierre ; angl. *otolith*] – Concrétion minérale de l'oreille interne de certains Vertébrés. Les otolites de poissons, qu'on trouve dans les sédiments marins, ont parfois été utilisés comme fossiles stratigraphiques.

ottrélite n. f. [de Ottré, Ardennes, Belgique ; angl. *ottrelite*] – Variété de chloritoïde riche en Mn, en prismes tabulaires arrondis, gris noirâtre, verts par transparence.

oued n. m. (pl. oueds) [mot arabe ; dans cette langue, pl. ouadi ; angl. *oued*, pl. *oueds, ouadi*] – Cours d'eau souvent temporaire des régions arides.

ougrandite (ou ugrandite) n. f. [acronyme des noms ouvarovite, grossulaire, et andradite ; angl. *ugrandite*] – Terme désignant les grenats* calciques.

Ouralien n. m. [A. de Lapparent, 1900, de l'Oural, montagne de Russie ; angl. *Uralian*] – Division stratigraphique, aujourd'hui abandonnée, correspondant approximativement au Carbonifère sup. V. tabl. Annexe 2. Adj. **ouralien, nne**.

ouralite n. f. [de l'Oural, Russie ; angl. *uralite*] – Mélange d'amphiboles vert pâle (actinote et hornblende) formé par altération **(ouralitisation)** de certains pyroxènes. Adj. **ouralitisé, e.**

Oursins n. m. pl. [du lat. *ericius*, hérisson ; angl. *(sea-)urchins*] – Syn. d'Échinides.

outremer n. m. [angl. *ultramarine*] – Syn. de lapis-lazuli ou de lazurite.

ouvala n. m. [nom croate ; angl. *uvala*] – Dépression formée par la coalescence de plusieurs dolines. V. modelé karstique.

ouvarovite n. f. (parfois ouwarowite) [dédié à Ouvarov ; angl. *uvarovite*] – Var. de grenat calcique.

ovardite n. f. – Var. de prasinite.

Oxfordien n. m. [A. d'Orbigny, 1849, de Oxford, G.-B. ; angl. *Oxfordian*] – Étage du Jurassique sup. (ère secondaire) utilisé autrefois dans un sens plus restreint (V. Lusitanien). V. tabl. Annexe 2. Adj. **oxfordien, nne.**

oxygène n. m. [du gr. *oxus*, acide, et *gennan*, engendrer ; angl. *oxygen*] – Symbole chim. O. N° et masse atom. 8 et 16 ; ion 2^- de rayon 0,14 nm ; densité 1,105 ; clarke 466 000 g/t (c'est l'élément le plus abondant de la croûte terrestre). Gaz qui constitue 21 % en volume de l'air atmophérique, et dont les propriétés chimiques font qu'il s'unit à la plupart des corps ; outre l'eau et les corps organiques, les minéraux importants (silicates, carbonates, oxydes, etc.) en contiennent. Il a trois isotopes stables, ^{18}O, ^{17}O et ^{16}O, qui se trouvent dans l'écorce terrestre dans les proportions respectives de 99,76 %, 0,04 %, et 0,20 %. Les deux isotopes les plus abondants sont utilisés en géochimie pour préciser les conditions de formation des sédiments qui en contiennent (carbonates p. ex.). V. delta isotopique et glaciation.

oxyhornblende n. f. [du gr. *oxus*, aigu, acide ; angl. *oxyhornblende*] – Syn. de hornblende brune. V. amphibole.

Oxynoticeras [du gr. *oxunô*, aiguiser, et *keras*, corne] – Genre d'Ammonites (V. fig. à ce mot) du Jurassique inf. (Sinémurien).

ozocérite n. f. (ou ozokérite) [du gr. *ozein*, exhaler une odeur, et *keros*, cire ; angl. *ozocerite*] – Hydrocarbure naturel ayant l'aspect de la cire.

P

P – Symbole chim. du phosphore.

P (ondes –) [angl. *P waves*] – V. sismologie.

Pachyodontes n. m. pl. [du gr. *pakhus*, épais, et *odous, odontos*, dent ; angl. *pachyodonts, Pachyodonta*] – Groupe de Bivalves (V. fig. à ce mot) à la coquille très épaisse.

pacifique adj. **(marge de type –)** [angl. *Pacific-type margin*] – Marge continentale (V. ce terme) limitée par une zone de subduction. Syn. marge active

pack n. m. [angl. *pack(ice)*] – Banquise irrégulière ayant subi fragmentations et regels. V. floë, polynia, hummock.

packstone n. m. [mot angl., de *pack*, paquet, et *stone*, pierre] – Dans la classification de R.J. Dunham, r. carbonatée sédim. comportant des éléments figurés jointifs non liés entre eux avant leur dépôt et réunis par un ciment finement cristallin. V. carbonatées (roches –).

pahoehoe n. m. [angl. *pahoehoe*] – Mot hawaïen par lequel on désigne les coulées de lave* à surface lisse.

***palaeo-*, paléo-** – Préfixe tiré du gr. *palaios*, ancien. La première orthographe est utilisée dans les mots latins ou latinisés, la seconde, dans les mots français.

Palaeotherium – [de *palaeo-*, et du gr. *therion*, bête sauvage] – Mammifère fossile du groupe des Périssodactyles, proche du rhinocéro p. ex. la limite Eocène-Oligocène est aujourd'hus mais à allure de tapir. Il est célèbre depuis les études qu'en a faites Cuvier sur des restes fossiles trouvés dans les carrières de gypse de la région parisienne. Longueur : 2 m environ. Répart. stratigr. : Éocène – Oligocène.

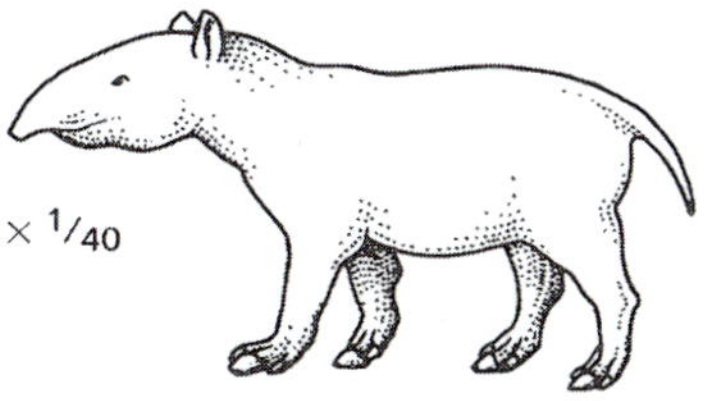

× 1/40

Palaeotherium

In L. Ginsburg.

palagonite n. f. [de Palagonia, Sicile, Italie ; angl. *palagonite*] – Verre basaltique jaunâtre hydraté.

palatine adj. **(phase –)** [H. Stille, 1924, du Palatinat, Allem. ; angl. *Palatinian orogeny*] – Phase tectonique qui termine le Permien et donc également l'ère primaire. V. tabl. Annexe 2.

Paléanthropiens n. m. pl. [de palé(o)-, et du gr. *anthrôpos*, homme : angl. *Palaeanthropians*] – Groupe d'Hominidés*. Syn. Néandertaliens.

Paléchinides n. m. pl. [de pal(éo)-, et échinides] – Groupe d'Échinides.

paléo- – V. *palaeo.*

paléobotanique n. f. [angl. *paleobotany*] – Branche de la paléontologie* traitant des végétaux.

Paléocène n. m. [W. Ph. Schimper, 1874, de pal(éo)-, et Éocène ; angl. *Paleocene*] – Division stratigraphique de l'ère tertiaire regroupant ses trois étages les plus anciens, le Danien, le Montien et le Thanétien. V. tabl. Annexe 2. Adj. **paléocène**.

paléoclimat n. m. [de paléo- et climat ; angl. *paleoclimate*] – Climat du passé. Les causes principales des variations climatiques à l'échelle géologique sont – 1. les déplacements des continents à la surface du globe (V. tectonique des plaques) ; – 2. les modifications du relief dues à la tectonique et à l'érosion ; – 3. les variations de la répartition de l'insolation du fait des irrégularités de l'orbite* terrestre, V. Milankovitch (théorie de –) ; – 4. l'émission de gaz (ou leur absorption) ou de poussières atmosphériques par les volcans ou les activités biologiques ou humaines. N. f. **paléoclimatologie*** [angl. *pal(a)eoclimatology*] ; adj. **paléoclimat(olog)ique** ; [angl. *paleoclimat(olog)ic*] ; N. m. ou f. **paléoclimatologue** [angl. *paleoclimatologist*].

paléoclimatologie n. f. [de paléo- et climatologie ; angl. *pal(a)eoclimatology*] – Science dont l'objet est de reconstituer les climats du passé et de comprendre les mécanismes de leurs changements. Pour ses reconstitutions, elle dispose principalement de trois groupes de méthodes : – 1. observation des dépôts et des modelés géomorphologiques ayant une signification climatique (anciennes moraines glaciaires, tillites, transgressions eustatiques qui correspondent à des périodes interglaciaires, évaporites qui se forment dans des régions arides, etc.). – 2. répartition de fossiles dont on connaît, ou dont on présume, le comportement écologique (dépôt récifaux, plantes tropicales, associations de microfaunes ou de microflores, etc.). – 3. méthodes géochimiques ou géophysiques permettant d'évaluer les températures du passé (ou paléotempératures*). V. paléoclimat.

paléoenvironnement n. m. [angl. *paleoenvironment*] – Ensemble des caractères physico-chimiques et biologiques des milieux du passé. Adj. **paléoenvironnemental** [angl. *paleoenvironmental*].

Paléogène n. m. [C. F. Naumann, 1866, de paléo-, et du gr. *gennan*, engendrer ; angl. *Paleogene*] – Partie la plus ancienne de l'ère tertiaire, regroupant le Paléocène (ne pas confondre), l'Éocène et l'Oligocène. V. tabl. Annexe 2. Syn. Nummulitique. Adj. **paléogène**.

paléogéographie n. f. [angl. *paleogeography*] – Reconstitution, en plan, des différents milieux des époques du passé. Une véritable paléogéographie ne peut se faire qu'en tenant compte des mouvements des plaques ainsi que des déformations tectoniques subies par les régions étudiées depuis l'époque considérée, afin de remettre les différents éléments géologiques à la place qu'ils occupaient à cette époque (ce qui revient à établir d'abord une carte palinspastique). La plupart des arguments permettant de reconstituer les milieux de sédimentation sont tirés de l'étude des faciès des terrains. Adj. **paléogéographique** [angl. *paleogeographic*].

Paléohétérodontes n. m. pl. Groupe de Bivalves.

paléokarst n. m. [angl. *paleokarst*] – Karst fossile, recouvert ou non par des sédiments.

Paléolithique n. m. [de paléo-, et du gr. *lithos*, pierre ; angl. *Paleolithic*] – Stade culturel préhistorique principalement caractérisé par l'usage pierre taillée, à l'exclusion de la pierre polie. V. tabl. préhistoire. Syn. âge de la pierre taillée (obs.). Adj. **paléolithique** [angl. *paleolithic*].

paléomagnétisme n. m. [angl. *paleomagnetism*] – Ensemble des effets du champ magnétique terrestre dans le passé. On en distingue parfois celui de la période historique sous le nom d'**archéomagnétisme**. Un certain nombre de considérations permettent de reconstituer ce champ : les corps ferromagnétiques (pour les roches, c'est essentiellement la magnétite), chauffés à une certaine température appelée **point de Curie** (environ 600 °C pour les roches) perdent leur aimantation. S'ils se refroidissent alors, ils s'aimantent de nouveau en fonction du champ magnétique dans lequel ils sont placés, et conservent ensuite cette orientation magnétique par un phénomène dit de **rémanence thermomagnétique** (ou **thermorémanence**). C'est ainsi que les roches volcaniques se solidifiant, les briques refroidissant dans le four d'un potier, fossilisent le champ magnétique terrestre de l'époque. Si l'on connaît l'âge de ces matériaux, on peut établir l'histoire des variations de ce champ. Un phénomène comparable se produit pour les roches sédimentaires dont les composants magnétiques s'orientent dans le champ terrestre soit au moment de leur dépôt (aimantation rémanente détritique) soit au moment de leur cristallisation (aimantation rémanente chimique). Les mesures basées sur ces principes ont montré que le champ magnétique terrestre avait subi dans le passé de fréquentes **inversions**, le Nord magnétique se trouvant alors du côté du Sud géographique, et réciproquement. On a ainsi prouvé qu'il existait de longues périodes (**époques**) où le champ était soit **normal** soit **inverse**, coupées d'**événements** consistant en un court changement de polarité. La succession de ces périodes a pu être parallélisée à celle des étages stratigraphiques jusqu'au Jurassique moyen

L'étude du paléomagnétisme a eu plusieurs conséquences : – 1. elle a permis de conforter l'hypothèse de l'expansion des fonds océaniques. Ces derniers sont en effet marqués par des anomalies magnétiques allongées à peu près parallèlement aux dorsales océaniques et symétriques par rapport à elles. Une anomalie positive correspond à une lave ayant refroidi dans un champ normal, et dont le paléomagnétisme est de même sens que le magnétisme actuel, auquel il s'ajoute : c'est le contraire pour une anomalie négative. Ainsi les anomalies magnétiques encadrant une dorsale sont interprétées comme dues aux aimantations rémanentes des laves sous-marines émises successivement au niveau de ces dorsales, et entraînées de part et d'autre vers l'extérieur par l'écartement des plaques : les anomalies correspondraient ainsi aux inversions successives du champ magnétique terrestre – 2. en corollaire, on peut reconstituer la situation des différentes plaques à des époques correspondant à des anomalies magnétiques bien repérées. P. ex. pour l'Atlantique, ayant identifié des anomalies magnétiques se correspondant de part et d'autre de la dorsale médio-atlantique, il suffit, par le calcul, de supprimer la partie du plancher océanique comprise entre ces deux anomalies (et qui n'existait pas à cette époque) et de rapprocher les parties restantes en faisant coïncider ces anomalies pour retrouver la position des plaques à ce moment – 3. sur un continent donné, on peut repérer la direction des pôles magnétiques à différentes époques. On constate alors en général que cette direction est très variable dans le temps. Ce phénomène que l'on a d'abord attribué à une **migration des pôles** (en angl. *polar wandering*) est aujourd'hui interprété comme dû aux mouvements relatifs des masses continentales. V. aussi tectonique des plaques. Adj. **paléomagnétique** [angl. *paleomagnetic*].

paléontologie n. f. [de palé(o)-, et du gr. *ôn, ontos*, être, et *logos*, discours ; angl. *paleontology*] – Science qui étudie les êtres

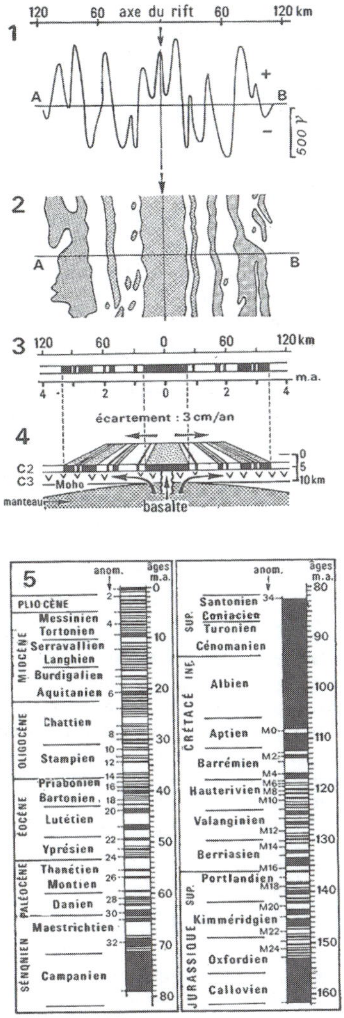

paléomagnétisme

1 à 3 : anomalies magnétiques et modèle explicatif d'après F. J. Vine et D. H. Matthews. – 1 : enregistrement des anomalies + et – selon une ligne AB (dorsale de Juan de Fuca : V. fig. tectonique des plaques). – 2 : carte des anomalies (en noir anomalie +) et position de la ligne AB. – 3 : situation des anomalies de part et d'autre du rift, et datation de celles-ci en Ma (*cf.* 5), la vitesse d'écartement à partir du rift est de 3 cm/an.
– 4 : représentation en perspective de l'accrétion océanique conformément aux données précédentes.
– 5 : échelle des inversions magnétiques (+ en noir, – en blanc) avec les principales anomalies reconnues dans les océans, numérotées de 1 à 34 et de M0 à M24 (d'après R. Schlich *et al.*). Les âges proposés pour ces anomalies et ceux attribués aux limites des étages peuvent être modifiés en fonction du progrès des connaissances, par ex. la limite Éocène-Oligocène est aujourd'hui fixée vers 34 Ma (*cf.* tableau Annexe 2 ; V. aussi tableau Quaternaire).

	Polarités normales (noir) inverses (blanc)	Âges des inversions ①	②	Épisodes	Époques
QUATERNAIRE				(voir détails à Quaternaire)	BRUNHES (normale)
		0,72	0,78		MATUYAMA (inverse)
		0,89 0,94	0,99 1,07	← Jaramillo	
TERTIAIRE		1,76 1,91	1,79 1,95	← Olduvai	
		2,07 2,07	2,14 2,15	← Réunion II	
		2,47	2,60		GAUSS (normale)
		2,91 3,00	3,04 3,11	← Kaena	
		3,07 3,17	3,22 3,33	← Mammouth	
		3,41	3,58		GILBERT (inverse)
		3,82 3,92	4,18 4,29	← Cochiti	
		4,07 4,25	4,48 4,62	← Nunivak	
		4,44 4,57	4,80 4,89	← Sidufjall	
		4,72 4,94	4,98 5,23	← Thvera	

paléomagnétisme

Échelle des inversions de polarité du champ magnétisme terrestre au cours des cinq derniers milliers d'années. Colonne marquée 1 : âges en Ma, déterminés par radiochronologie (I. McDougall et al., 1982) ; colonne marquée 2 : âges calibrés sur l'orbite terrestre (F.J. Hilgen, 1991). Âge actuellement retenu pour la base du Quaternaire : 1,81 Ma.

disparus, essentiellement connus par leurs restes fossiles ou les traces de leur activité. Elle se divise en paléontologie végétale (ou paléobotanique) et paléontogie animale (ou paléozoologie). V. aussi micropaléontologie. N. m. ou f. **paléontologue**, (ou paléontologiste) [angl. *paleontologist*] ; adj. **paléontologique** [*paleontologic(al)*].

paléorelief n. m. [angl. *paleotopography*] – Ancien relief aérien recouvert par des sédiments. Il s'agit souvent d'un ancien relief résiduel sur une pénéplaine (monadnock).

paléosol n. m. [angl. *paleosol, fossil soil*] – Sol qui s'est constitué anciennement dans des conditions différentes de celles de notre époque. Il peut avoir été recouvert par des sédiments, ou bien être encore visible en surface (et être lui-même une roche mère pour un sol en formation) comme c'est p. ex. le cas pour l'argile à silex, la terra rossa, la terra fusca.

Paléotaxodontes n. m. pl. – Groupe de Bivalves.

paléotectonique adj. [angl. *paleotectonic*] – Qualifie des déformations tectoniques précoces dans la formation d'un orogène.

paléotempérature n. f. [angl. *paleotemperature*] – Température du passé. On utilise actuellement pour l'évaluer une méthode basée sur la mesure, dans des coquilles calcaires, du rapport des isotopes ^{18}O et ^{16}O de l'oxygène. En effet, dans les carbonates précipités à partir de l'eau de mer, ce rapport n'est pas le même que dans cette eau, mais en diffère en fonction de la température. Donc si l'on connaît le rapport originel $^{18}O/^{16}O$ et si l'on mesure celui de coquilles d'âge connu, on peut dire quelle était la température de l'eau à cette époque. En ce qui concerne $^{18}O/^{16}O$ de l'eau de mer, on peut le calculer pour les périodes où la quantité de glace stockée dans les glaciers était nulle ou presque, ce qui était le cas pendant la plus grande partie du Secondaire et du Tertiaire et, pour cette période, on peut établir une courbe de paléotempérature. Mais, pendant une glaciation, la glace ayant un rapport $^{18}O/^{16}O$ plus faible que celui de l'eau de mer, ce dernier se trouve par là même augmenté. Il en résulte une imprécision dans le calcul des températures, mais la possibilité de mettre en évidence l'augmentation ou la diminution de la quantité de glace à la surface du globe, et donc la succession des stades glaciaires (on en a ainsi dénombré une vingtaine dans le Quaternaire).

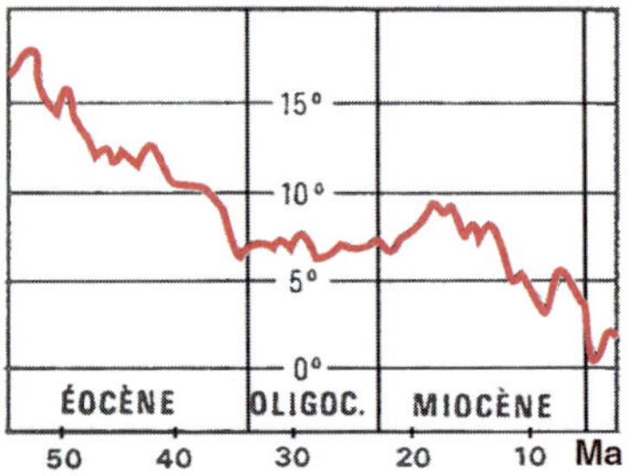

paléotempérature

Variation de la température des eaux marines de surface au cours du Tertiaire d'après des mesures du rapport $^{18}O/^{16}O$ dans les tests de foraminifères pélagiques.

paléovolcanique adj. [angl. *paleovolcanic*] – Qui se rapporte à un volcanisme ancien. Les laves à faciès paléovolcanique, souvent vert sombre ou rouges, sont des laves anciennes montrant une dévitrification partielle ou totale de leur mésostase vitreuse, et une altération des divers minéraux en hématite, chlorite, épidote. V. porphyre.

Paléozoïque n. m. (ou ère paléozoïque) [J. Phillips, ? 1818, de paléo- et du gr. *zôon*, animal ; angl. *Paleozoic*] – Ère* géologique ayant duré de 570 (ou 530) à 230 (ou 245) Ma. V. tabl. Annexe 2. Adj. paléozoïque. Syn. Primaire, ou ère primaire

paléozoologie n. f. [angl. *paleozoology*] – Branche de la paléontologie* qui traite des animaux.

palimpseste n. m. **(texture en –)** [J. J. Sederholm, 1891, par analogie avec le parchemin réutilisé après grattage, du gr. *palimpsestos*, de *palin*, de nouveau, et *psân*, gratter ; angl. *palimpsest*] – Texture d'une roche métamorphique laissant apparaître les restes d'une texture antérieure.

palingenèse n. f. [du gr. *palin*, de nouveau, et *genesis*, naissance ; angl. *palingenesis*] – Processus par lequel se forme un magma nouveau à partir d'anciennes roches cristallines ou cristallophylliennes. Terme ancien remplacé par anatexie. Adj. **palingénétique** [angl. *palingenetic*].

palinspastique adj. [M. Kay, 1937, selon lui du gr. *palinspastik*, étiré en arrière ; angl. *palinspastic*] – Se dit d'une carte, d'une coupe, etc., qui remet dans leurs positions originelles les éléments géologiques déplacés par des mouvements tectoniques. Ex. : une carte paléogéographique dessinée sur un fond palinspastique. Syn. rétrotectonique

palladium n. m. [de Pallas, géant de la mythologie gr. ; angl. *palladium*] – Symbole chim. Pd. N° et masse atom. 46 et 106,7 ; ion 2^{+} de rayon 0,080 nm ; densité 11,4 ; clarke 0,01 g/t. Métal blanc, malléable, du syst. cubique, appartenant au groupe du platine, et qui peut être recueilli dans des alluvions, ou extrait de minerais de Ni ou de Pt.

palléal, e, aux adj. [du lat. *pallium*, manteau ; angl. *pallial*] – Qui se rapporte au manteau que possèdent certains Invertébrés, notamment les Bivalves.

palse n. m. [du suédois *palsa*, pl. *palsen* ; angl. *pals(a)*, pl. *palsen*] – Butte engendrée par la formation d'un hydrolaccolite* par accrétion de glace sous une couche isolante de tourbe.

palustre adj. [du lat. *palus, palustris*, marais ; angl. *paludal*] – Qui se rapporte aux marais.

palygorskite n. f. (ou paligorskite) [angl. *palygorskite*] – Silicate hydraté fibreux, proche de la sépiolite, et rangé, avec elle, dans les minéraux argileux. V. argiles.

palynologie n. f. [du gr. *paluno*, je saupoudre, et *logos*, discours ; angl. *palynology*] – Science qui, fondamentalement, étudie les pollens*, actuels ou fossiles, mais dont l'objet s'étend aux organismes qui sont dégagés des roches en même temps qu'eux par les techniques utilisées et que l'on nomme **palynomorphes** (Acritarches, Chitinozoaires, Dinoflagellés, etc.). Adj. **palynologique** [angl. *palynologic*].

palynomorphe n. m. [angl. *palynomorph*] – V. palynologie.

panache n. m. [angl. *plume*] – V. point chaud.

panaméenne (ou panamienne) adj. **(faille –)** [du canal de Panama, ce type de faille, provoquant l'éboulement des versants, en ayant entravé le creusement ; angl. ≈ *listric slump fault*] – Sorte de faille au plan de glissement concave vers le haut. V. listrique ; faille.

pancake n. m. [mot anglais signif. crêpe] – Mince plaque de glace de mer à peu près circulaire, aux bords relevés, qui est souvent une étape dans la formation de la banquise. Syn. pancake ice.

panchronisme n. m. [du gr. *pan*, tout, et *khronos*, temps ; angl. ≈ *stasigenesis*] – Fait, pour une lignée d'organismes, de conserver des caractères constants pendant une longue durée géologique. Adj. **panchronique** [angl. ≈ *stasigenetic*].

Pangée n. f. [du gr. *pan*, tout, et *gê*, terre ; angl. *Pang(a)ea*] – Continent unique existant à la fin du Paléozoïque et qui s'est ensuite séparé en Laurasie, au N, et Gondwana, au S.

Pannonien n. m. [Roth, 1879, de *Pannonia*, nom lat. de la Hongrie ; angl. *Pannonian*] – Division du Tertiaire d'Europe centrale correspondant à une partie du Miocène sup. V. Paratéthys. Adj. **pannonien, nne**.

Pantothériens n. m. pl. [angl. *Pantotheria*] – Groupe de Mammifères.

para- – Préfixe grec signifiant le long de, voisin de, etc. Dans la nomenclature des r. métam., ce préfixe indique que la roche originelle était sédimentaire : un paragneiss dérivera p. ex. d'un grès arkosique, une para-amphibolite p. ex. de marnes détritiques (V. métamorphisme ; *cf.* ortho-).

para-autochtone n. m. – V. parautochtone.

parabolique adj. **(dune –)** – V. dune parabolique.

Paracidaris **–** Genre d'Oursins réguliers du Jurassique-Crétacé (V. fig. à Échinides).

Paradoxides [du gr. *paradoxon*, étonnant] – Genre de Trilobites (V. fig. à ce mot) du Cambrien moyen.

paragenèse n. f. [du gr. *paragenêsis*, arrivée, présence ; angl. *paragenesis*] – Association de minéraux dans une roche donnée, présentant une communauté d'origine, et résultant de processus géologiques et géochimiques donnés. Dans les r. métam. ce terme désigne les associations de minéraux qui sont ensemble stables dans certaines conditions de T et P, et caractérisent en outre le chimisme général des roches (V. faciès minéraux du métamorphisme*). Terme utilisé également pour des r. magm. et pour certains minerais métallifères (ex. : paragenèse à blende, pyrite, galène, ou B.P.G., que l'on nomme aussi paragenèse à Zn, Fe, Pb). Adj. **paragénétique** [angl. *paragenetic*].

paragéosynclinal n. m. [H. Stille, 1936 ; angl. *parageosyncline*] – Terme englobant les divers sillons ou fosses de sédimentation qui ne sont pas de vrais géosynclinaux*. Obsolète.

paragneiss n. m. [de *para-* et de gneiss ; angl. *paragneiss*] – Gneiss formé à partir de roches sédimentaires. Ant. orthogneiss.

paragonite n. f. [angl. *paragonite*] – Var. de mica blanc.

paralique adj. [C.F. Naumann, 1845, du gr. *paralios*, rivage, de *para*, le long de, et *als*, mer ; angl. *paralic*] – S'applique à des bassins, et à leurs sédiments, situés sur des rivages marins ; ce terme est utilisé en particulier pour des bassins houillers côtiers (par opposition aux bassins continentaux limniques ; V. charbon).

Paranthropus [de para-, et du gr. *anthrôpos*, homme] – Genre d'Australopithèques caractérisé notamment par une crête osseuse au sommet du crâne. V. Hominidés.

Parapsidés n. m. pl. [de para-, et du gr. *apsis*, liaison] – Groupe de Reptiles* fossiles comprenant les Ichtyosauriens (Trias – Crétacé).

parasites adj. **(plis –)** [angl. *parasitic folds*] – V. entraînement (plis d'–).

Paratéthys n. f. [de para-, et Téthys ; angl. *Paratethys*] – Mer qui au Miocène (ère tertiaire) baignait le Nord des Carpathes, de Vienne à la mer Noire, et qui était en quelque sorte un reste de la Téthys. Ses dépôts ont été divisés en un certain nombre d'étages à valeur locale. Les plus connus sont ceux du Miocène supérieur avec de bas en haut, le **Sarmatien**, le **Pannonien**, (dont le **Méotien** constitue la partie supérieure) et le **Pontien** au sens strict. Adj. **paratéthysien, nne**.

paratype n. m. – V. type.

para(-a)utochtone n. m. [pronon. autok- ; angl. *parautochthon*] – Unités tectoniques peu déplacées, par opposition à des unités charriées qui les surmontent. N. f. **parautochtonie** ; adj. **parautochtone** [angl. *parautochthonous*].

Paridigités n. m. pl. [du lat. *par*, pair, et *digitus*, doigt] – Syn. d'Artiodactyles.

pariétal (art –) [du lat. *paries*, paroi ; angl. *cave art*, *rupestral art*] – Ensemble des peintures et gravures des grottes préhistoriques. Cet art se développe au Paléolithique supérieur (p. ex. grottes d'Altamira, Esp., et de Lascaux, Fr.) et au Néolithique. Syn. art rupestre.

paroxysme n. m. [angl. *paroxysm*] – Période d'activité maximale d'un phénomène naturel : paroxysme orogénique (généralement caractérisé par un plissement des terrains suivi par une discordance) ; paroxysme éruptif (caractérisé par de violentes explosions pendant un stade éruptif), etc. Adj. : **paroxysmal, e, aux** [angl. *paroxysmal*] (ex. phase paroxysmale), **paroxysmique**.

partage des eaux (ligne de –) [angl. *(drainage) divide, (water) divide*] – V. bassin hydrographique.

pascal n. m. – Unité de contrainte ou de pression du système international (symbole Pa). C'est la contrainte (ou la pression) qui agissant sur une surface plane de 1 m^2 y exerce une force totale de 1 newton. Le bar vaut 10^5 Pa. La pression atmosphérique normale au niveau de la mer est de 101 325 Pa, soit 1 013 hPa.

passage n. m. **(couches de –)** – V. couches de passage.

passage latéral (de faciès) [angl. *lateral variation*] – Passage continu entre deux formations sédimentaires de même âge et de faciès différents, et qui correspondent ainsi à deux milieux de sédimentation distincts mais contemporains, situés dans le même bassin. Ex. le passage latéral du calcaire de Champigny au gypse, dans le Bartonien sup. de Chalifert (Seine-et-Marne, France). V. aussi récif.

passive (marge –) [angl. *passive margin*] – V. marge continentale.

pâte n. f. [angl. *groundmass*] – Partie d'une roche, homogène à l'œil, englobant des éléments ou des cristaux individualisés. V. aussi matrice, ciment (pour les r. sédim.), mésostase (en particulier pour les r. magm.). Syn. phase de liaison.

patine n. f. [angl. *patina*] – Altération superficielle des roches, dont la teinte est souvent très différente de celle de la cassure fraîche. Ex. calcaire noir à patine blanche (par réflexion de la lumière dans des pores très petits et très nombreux).

patine désertique – V. vernis du désert.

patrie n. f. [angl. *root zone*] – Région d'où est issue une nappe de charriage dans une reconstitution palinspastique. V. aussi cicatrice, racine.

patronite n. f. [dédié à A. R. Patron ; angl. *patronite*] – Sulfure de vanadium* VS_4.

Pb – Symbole chim. du plomb.

Pd – Symbole chim. du palladium.

PDB [abrév. de l'expression anglaise *Pedee belemnite*] – Standard de référence géochimique pour les isotopes de l'oxygène préparé à partir du carbonate de calcium de rostres de bélemnites extraits de la formation Peedee (Crétacé supérieur de Caroline du Sud, U.S.A.). V. SMOW.

pebble-culture n. f. [mot angl. signif. culture de galet] (V. tabl. préhistoire) – Premières industries connues et constituées essentiellement ou uniquement par des galets aménagés rendus tranchants par l'enlèvement de quelques éclats sur une face (choppers), ou sur deux faces (chopping tools). Elles sont l'œuvre des Australopithèques, de l'*Homo habilis*, et des Pithécanthropes asiatiques. De 2 Ma à 500 000 ans env. (V. fig.).

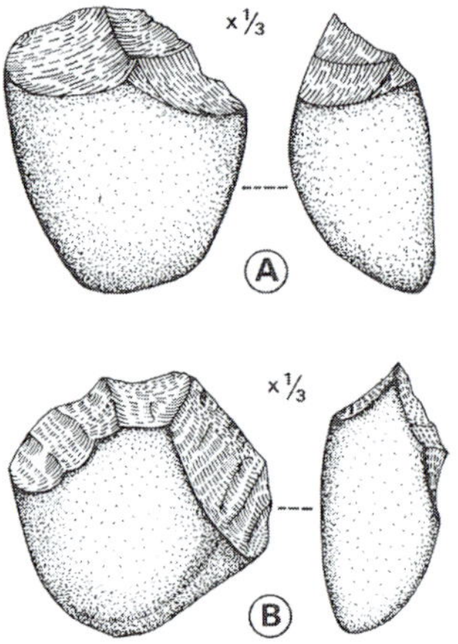

pebble-culture

– A : chopper ; – B : chopping-tool.

pechblende n. f. [de l'allem. *Pech*, poix, et de blende ; angl. *pitchblende*] – Principal minerai d'uranium et de radium, composé surtout d'uraninite UO_2 et d'autres oxydes (ex. UO_3), en masses compactes plus ou moins concrétionnées, à éclat de poix, noir velouté, de forte densité. On en trouve dans des pegmatites granitiques, et dans des filons hydrothermaux.

pechstein n. m. [de l'allem. *Pech*, poix, et *Stein*, pierre ; angl. *pitchstone*] – Rhyolite entièrement vitreuse, brunâtre, à aspect poisseux, hydratée (H_2O = 10 % env.) ; cf. obsidienne, perlite. Syn. rétinite.

Pecopteris [du gr. *pekos*, toison, et *pteris*, fougère] – Fougère aborescente abondante dans les forêts houillères. Le même type de feuille se rencontre aussi chez des Ptéridospermales. Répart. stratigr. : Carbonifère-Permien.

Pecten [mot lat. signif. peigne] – Genre de Bivalve (V. fig. à ce mot) auquel appartient l'actuelle coquille Saint-Jacques (*Pecten jacobæus*) ayant la valve droite concave, et la valve gauche plate. Répart. stratigr. : Éocène – Actuel.

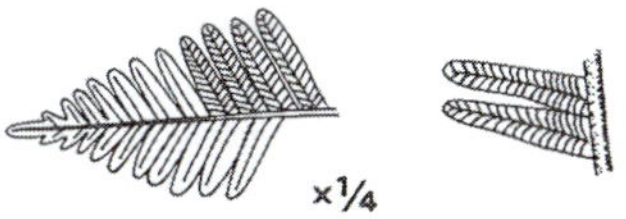

Pecopteris

pectinirhombe n. m. [du lat. *pecten, -inis*, peigne, et *rhombus*, losange ; angl. *pectinirhomb*] – V. Cystidés.

Pectunculus [diminutif de *Pecten*] – V. *Glycymeris*.

pédalfer n. m. [du gr. *pedon*, sol, de l'abréviation al, pour alumine, et de fer ; angl. *pedalfer*] – Sol* caractérisé par une migration de l'alumine et du fer, lessivés dans la zone d'illuvation, accumulés dans les horizons inférieurs. C'est un sol zonal des climats humides. Ex. : podzols, sols ferralitiques, terra rossa. *Cf.* pédocal.

pédiment n. m. [mot angl. signif. fronton ; angl. *pediment*] – Glacis* d'érosion qui s'est constitué sur des roches dures au pied d'un relief isolé aux parois raides appelé **inselberg** (ou **montinsule**), et qui est typique des morphologies désertiques. Le raccord entre le pédiment et les parois d'un inselberg se fait souvent par une rupture de pente appelée **knick**. V. embayment, pédiplaine, playa. N. f. **pédimentation** [angl. *pedimentation*].

pédiplaine n. f. [angl. *pediplain*] – Surface presque horizontale constituée par un ensemble de pédiments* se raccordant en continuité. N. f. **pédiplanation** [angl. *pediplanation*] ; adj. **pédiplané, e**.

pédocal n. m. [du gr. *pedon*, sol, et de l'abréviation cal pour calcaire ; angl. *pedocal*] – Sol* caractérisé par une accumulation des carbonates. C'est un sol zonal des climats arides ou semi-arides. Ex. : sols châtains, chernozems. *Cf.* pédalfer.

pédogenèse n. f. [du gr. *pedon*, sol et de genèse ; angl. *pedogenesis*] – Processus amenant à la formation des sols à partir d'une roche mère. Adj. **pédogénétique** [angl. *pedogenetic*].

pédologie n. f. [du gr. *pedon*, sol, et *logos*, discours ; angl. *pedology, soil science*] – Science qui étudie les sols* notamment du point de vue physico-chimique ; *cf.* édaphologie. Adj. **pédologique** ; n. m. ou f. **pédologue**.

pédon n. m. [du gr. *pedon*, sol ; *pedon*] – Volume d'un sol qui suffit à en montrer toutes les caractéristiques.

pédoturbation n. f. [du gr. *pedon*, sol, et du lat. *turbatio*, trouble ; angl. *pedoturbation*] – Mouvement des matériaux d'un sol sous l'action des animaux, des végétaux ou des processus physico-chimiques.

pegmatite n. f. [du gr. *pêgma*, qui est assemblé, coagulé ; angl. *pegmatite*] – R. magm. sillicatée dont les cristaux, fréquemment automorphes, sont de grande taille (un à plusieurs centimètres ou décimètres, parfois plus du mètre). Elle est liée le plus souvent à des granitoïdes ou à des migmatites, et ses minéraux essentiels sont alors ceux du granite : quartz, feldspath (microline perthitique fréquent), mica, (muscovite surtout). Par concentration d'éléments normalement rares (Li, No, Ta, Zi, U, Th, lanthanides, etc., qui peuvent donner lieu à exploitation) se forment des minéraux particuliers dits pneumatolytiques : lépidolite, phlogopite, topaze, béryl, tourmaline, etc. Situées au bord externe d'un massif granitique et à sa périphérie, les pegmatites se présentent en filons ou en masses ovoïdes dont la composition générale varie avec l'éloignement du granite, et qui en leur sein montrent souvent une structure zonée (p. ex. zones enrichies en tourmaline, ou en muscovite, ou en béryl). Moins fréquentes, des pegmatites sans quartz (V. pegmatitoïde) se forment aussi : –1. autour de massifs de syénite, néphélinique en général, et elles sont riches en ægyrine et minéraux rares à Zr, Th, Ti, Ce ; – 2. autour de massifs ultrabasiques (pyroxénolites, dunites) et elles sont riches en apatite, phlogopite, magnétite. Adj. **pegmatitique***.

pegmatite graphique [du gr. *graphein*, écrire, son aspect évoquant l'écriture cunéiforme ; angl. *graphic pegmatite*] – Pegmatite dans laquelle s'interpénètrent de grands cristaux de quartz et de feldspath, donnant en section des plages anguleuses cunéiformes. C'est pour ces « feldspaths avec quartz enclavés » du « granite graphique » que Haüy créa (1801) le mot pegmatite dont le sens est actuellement élargi.

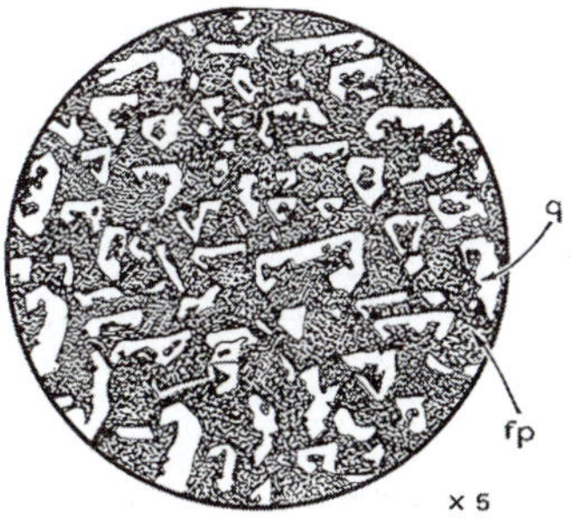

pegmatite graphique

Lame mince, en lumière polarisée analysée – q : quartz en plages cunéiformes appartenant à un même cristal – fp : cristal de feldspath (d'après photographie *in* M. Roubault).

pegmatitique adj. [angl. *pegmatitic*] – Qui se rapporte aux pegmatites. **Stade pegmatitique** : phase de cristallisation d'un magma à T = 600 à 800 °C env., où la roche prend naissance en présence de gaz (phase intermédiaire entre le stade orthomagmatique plus chaud, et le stade pneumatolytique moins chaud). **Structure pegmatitique** : celle des r. magm. à cristaux tous de grande taille (de l'ordre de 1 cm à beaucoup plus).

pegmatitoïde n. m. [angl. *pegmatoid*] – Pegmatite sans quartz, avec orthose et néphéline, liée en général aux massifs de syénite néphélinique.

pegmatoïde n. m. [angl. *pegmatoid*] – Terme proposé pour les pegmatites ne montrant pas de structure graphique ; peu usité.

pegmatoïdique adj. **(structure –) –** Elle est analogue à la structure pegmatitique, mais concerne les r. magm. basiques où les cristaux associés sont le plagioclase et le pyroxène (on devrait plutôt dire pegmatitoïdique).

pélagique adj. [C. Prévost, 1838, du gr. *pelagos*, haute mer ; angl. *pelagic*] – 1. Se dit d'un animal ou d'un végétal marin qui ne vit pas sur le fond, mais qui nage ou qui flotte (leur ensemble forme respectivement le necton, ou le plancton). Ant. benthique. V. marin (milieu –). – 2. Par extension, s'applique aussi à des r. sédim. qui ne contiennent que des fossiles (macro- et microfossiles) pélagiques, et dont les éléments sont soit d'origine chimique et/ou biochimique (silice, calcite), soit détritiques mais très fins (argiles) : par ex. : calcaires fins, radiolarites, argiles, etc. Les faciès pélagiques ne correspondent pas nécessairement à des sédiments profonds.

pélagite n. f. – Syn. de r. sédim. pélagique.

pélagosite n. f. [G. Tschermark, 1878, de l'île Pelagosa, Adriatique ; angl. *pelagosite*] – Croûte aragonitique lisse et brillante qui se forme sur les rochers et les blocs des plages des régions chaudes.

Pélé (cheveux de –) [du nom d'une divinité polynésienne du feu et des volcans ; angl. *Pele's hair*] – V. cheveux de Pélé.

Pélécypode n. m. pl. [du gr. *pelekus*, hache, et *pous, podos*, pied ; angl. *pelecypods, Pelecypoda*] – Syn. de Bivalves*.

peléen, nne (ou péléen) adj. [de la Montagne Pelée, Martinique ; angl. *Pelean*] – Se dit d'un volcan* dont la lave, très pâteuse, forme des aiguilles et qui peut émettre des nuées ardentes. Plus généralement, qualifie le volcanisme correspondant.

pélite n. f. [C. F. Naumann, 1873, du gr. *pêlos*, boue ; angl. *pelite*] – Au sens originel, roche finement détritique, argileuse et faisant pâte avec l'eau. Le terme, très utilisé, désigne maintenant toute r. sédim. détritique à grain très fin (V. granulométrie). Certains auteurs réservent le mot lutite pour les roches meubles, le mot pélite désignant alors les roches consolidées. En général, les pélites contiennent des minéraux argileux (30 à 75 % env.), du quartz, des feldspaths (rares), des micas assez nombreux, de fins débris de tests, et elles peuvent être calcareuses. Elles montrent souvent de fines stratifications (V. lamination) obliques ou non, et parfois de légers granoclassements. On les trouve en abondance dans les formations détritiques, où elles peuvent alterner avec les bancs plus grossiers (conglomérats, grès, calcaires sableux, etc.) V. aussi : aleurolite, argilite, silt. Adj. **pélitique** [angl. *pelitic*].

Pellatispira – Genre de Nummulitidés*.

pellet n. m. [mot angl. signif. boulette] – Boulette de diamètre inférieur à 0,2 mm (le plus souvent 0,04 à 0,1 mm), de calcaire cryptocristallin souvent riche en matières organiques, car en grande partie d'origine fécale *(fecal pellet)*, sans aucune structure interne visible, et pouvant constituer l'essentiel de certains calcaires (pelmicrite, pelsparite). Si le diamètre dépasse 2 mm, on passe dans le groupe des intraclastes. Mots français équivalents : pelote, boulette, grumeau, pelote fécale. V. aussi gravelle.

pel(l)oïde n. m. [angl. *pel(l)oid*] – Terme général pour désigner un allochème micritique (pellet ou intraclaste).

Pelmatozoaires n. m. pl. [du gr. *pelma*, doigt, et *zôon*, animal ; angl. *pelmatozoans*] – Groupe des Echinodermes* fixés par un pédoncule.

pelmicrite n. f. [angl. *pelmicrite*] – Calcaire formé de pellets liés par un ciment finement cristallin. V. carbonatées (roches –).

pelsparite n. f. [angl. *pelsparite*] – Calcaire formé de pellets liés par un ciment largement cristallin. V. carbonatées (roches –).

Peltoceras [du gr. *peltê*, écusson, et *keras*, corne] – Genre d'Ammonites. (V. fig. à ce mot) du Jurassique moyen (Callovien).

pendage n. m. [angl. *dip*] – Angle entre une surface (couche, plan de schistosité, contact anormal, etc.) et un plan horizontal ; sa mesure est celle du plongement de la ligne de plus grande pente de cette surface. Le **sens** (ou **direction**) du pendage est la direction de cette ligne de plus grande pente, orientée vers le bas. Elle est perpendiculaire à la direction de la surface (qui est l'intersection de celle-ci par un plan horizontal). V. aussi plongement, attitude.

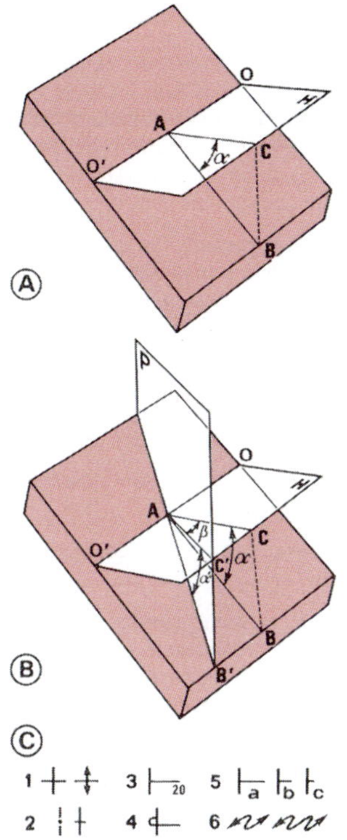

pendage

A : pendage réel – OO' : direction de la couche – H : plan horizontal – AC : sens du pendage (horizontale perpendiculaire à OO') – a : valeur du pendage.
B : pendage apparent dans le plan P non perpendiculaire à OO'. Le pendage réel se retrouve en a. – AC': sens du pendage apparent (horizontale contenue dans P) – a' : valeur du pendage apparent. On a a'< a, et tga'= tga. cos b.
C : signes de pendage utilisés sur les cartes géologiques – 1 : couches horizontales – 2 : couches verticales – 3 : pendage avec valeur (ici 20° vers la droite) – 4 : pendage de couches en série renversée – 5 : signes de pendage variables selon l'inclinaison de la couche (a : faible, b : moyenne, c : forte) – 6 : couches plissotées.

Sur le terrain, le pendage est mesuré à l'aide d'un clinomètre, son sens avec une boussole. Sur les cartes géologiques, le pendage des couches est indiqué généralement par une sorte de flèche en forme de T dont la pointe est dirigée dans le sens du pendage, la valeur du pendage en degrés étant le plus souvent indiquée par un chiffre, parfois par une longueur plus ou moins grande de la branche verticale du T (V. aussi coupe géologique). Lorsqu'une surface ayant un certain pendage est coupée par un plan vertical, le plongement de cette intersection n'est pas en général égal au pendage mais plus petit : on l'appelle **pendage apparent** : c'est celui que l'on voit dans les coupes géologiques, sur le front d'une carrière, etc. Il lui correspond, pour les couches, une épaisseur apparente plus grande que l'épaisseur réelle. Ces valeurs apparentes ne sont, en effet, égales aux valeurs réelles que lorsque les coupes verticales sont perpendiculaires à la direction des couches donc perpendiculaires à l'axe des plis. C'est pourquoi il est tout à fait souhaitable que, sauf besoin particulier, une coupe géologique soit orientée de cette façon.

pendentif n. m. [angl. *roof pendant*] – Portion de roches encaissantes formant un profond rentrant vers le bas dans un batholite (V. fig. à ce mot). V. aussi enclave, apophyse.

pénéplaine n. f. [du lat. *paene*, presque, et de plaine ; angl. *peneplain*] – Surface topographique de grande dimension, à peu près plane, parcourue par des cours d'eau à faible pente, qui résulte de l'action prolongée de l'érosion et en constitue le stade final en l'absence de rajeunissement du relief (V. cycle d'érosion). Quelques monticules peuvent subsister à titre de reliefs résiduels : on les nomme **monadnocks** (V. aussi pédiment). Vb. **pénéplaner** [angl. *to peneplane*] ; n. f. **pénéplanation** [angl. *peneplanation*] ; adj. **pénéplané, e.**

pénétratif, ive adj. [angl. *penetrative*] – Se dit d'une déformation qui intéresse la totalité d'une roche ou d'un ensemble de roches. Dans une schistosité* pénétrative (schistosité de flux) tous les minéraux ont été orientés parallèlement aux plans de schistosité. La notion de déformation pénétrative dépend de l'échelle envisagée : une déformation pénétrative à l'échelle d'un massif peut ne pas l'être à celle d'un échantillon.

pénitent n. m. – 1. (de glace) [angl. *penitent ice*] Lame verticale de neige ou de glace formant, avec d'autres, des groupes serrés sur des glaciers subtropicaux et dus à la fonte de la glace au soleil. – 2. (rocheux) [angl. *penitent rock*] Petit pic accidentant une arête rocheuse.

pennique adj. [des Alpes pennines ; angl. *Pennine*] – V. nappe pennique.

Pennsylvanien n. m. [de la Pennsylvanie, U.S.A. ; angl. *Pennsylvanian*] – Partie sup. du Carbonifère (ère primaire) d'Amérique du Nord. V. tabl. Annexe 2. Adj. **pennsylvanien, nne**.

pente (rupture de –) – V. rupture de pente.

pente (topographique) [angl. *gradient (of a slope), steepness (–)*] – Inclinaison de la surface topographique mesurée par l'angle dièdre entre celle-ci et un plan horizontal. On l'exprime aussi en % du rapport : différence d'altitude/distance horizontale entre deux points. Pour un angle de 45°, la pente vaut 100 % ; pour un angle de 90°, elle est infinie.

pente continentale – [angl. *continental slope*] – Partie des fonds sous-marins qui relie le plateau continental au glacis continental. V. marge continentale. Syn. talus continental

Pentévrien n. m. [J. Cogné, 1959, du pays de Penthièvre, baie de Saint-Brieuc, Côtes-du-Nord, Fr. ; angl. *Pentevrian*] – Division du Précambrien français. V. tabl. Annexe 2. Adj. **pentévrien, nne.**

pépérite n. f. [de l'ital., *peperino*, du lat. *piper*, poivre ; angl. *peperite*] – R. pyroclastique, à gangue calcaire ou marneuse contenant des granules brunâtres de verre basaltique à aspect de grains de poivre (d'où leur nom) de taille généralement inférieure à 1 cm, accompagnés de petits blocs de lave fraîche, et de quelques fragments de r. sédim. Les pépérites connues en Limagne, associées à des sédiments lacustres, sont massives et grossières, ou d'aspect stratifié, le nombre et la taille des granules variant d'un banc à l'autre. Leur genèse fut considérée comme due à l'arrivée de laves brûlantes dans des bancs calcaires sous-lacustres avec pulvérisation des laves et dégagement gazeux provoquant un brassage de l'ensemble. Actuellement, on l'explique ainsi : dans la partie superficielle d'une cheminée volcanique (*cf.* diatrème) des laves basaltiques mises au contact d'eaux souterraines subissent des explosions successives ; les laves sont émiettées et brassées avec des r. sédim. (calcaires, marnes, sables) arrachées aux parois ; le mélange obtenu se consolide dans la cheminée en donnant des pépérites massives et grossières, litées ou non ; il est aussi en partie projeté à l'extérieur en donnant des couches pépéritiques pouvant alterner avec des lits de cendres ou de lapillis. V. phréatomagmatisme. Adj. **pépéritique.**

perçant adj. **(pli à noyau –)** [angl. *piercing fold*] – V. pli.

perché adj. **(synclinal –)** – V. synclinal perché.

percuteur n. m. [angl. *striker*] – Outil préhistorique destiné à frapper les roches (notamment les silex) pour en tirer des éclats.

perforation n. f. [angl. *boring*] – Trous et tubulures dont sont responsables de nombreux organismes (animaux ou végétaux) et que l'on voit soit sur le substratum rocheux où ils vivaient, soit sur des coquilles. Sur celles-ci, on observe p. ex. souvent des galeries jalonnées de petits trous qui sont l'œuvre d'un spongiaire (*Cliona*), ou encore des trous en forme de 8 qui sont des galeries d'habitation d'un ver (*Polydora*).

pergélisol n. m. [angl. *pergelisol, permafrost*] – Syn. de permafrost et de permagel. L'emploi de ce mot est obligatoire en France dans la rédaction des documents officiels (*J.O.* du 18/1/73) à l'exclusion de ses syn. permafrost ou permagel. Le mot de permafrost reste cependant le plus usité.

périclase n. m. [du gr. *peri*, autour, et *klasis*, rupture ; angl. *periclase*] – Oxyde MgO, du syst. cubique, en cube incolore, facilement altéré en lamelles ou fibres de brucite Mg $(OH)_2$; c'est un minéral rare de certaines r. métam., surtout dolomitiques.

périclinal, e, aux adj. [du gr. *peri*, autour, et *klinein*, s'incliner ; angl. *periclinal*] – S'applique à des structures dont, à partir d'un point, les pendages divergent en éventail vers le bas (périanticlinal) ou vers le haut (périsynclinal). Utilisé surtout pour désigner les endroits où les charnières des plis* recoupent la surface topographique (terminaisons périclinales).

péricline n. m. **(macle du –)** [angl. *pericline twin*] – V. feldspath.

Péridiniens n. m. pl. – Ancien syn. de Dinoflagellés.

péridot n. m. [angl. *peridot*] – Nésosilicate, du syst. orthorhombique, représenté essentiellement par le groupe important des olivines s.l. comprenant une série continue allant de la **forstérite** Mg_2 $[SiO_4]$, incolore ou verdâtre, présente dans les dolomies métamorphiques de HP-HT, à la **fayalite** Fe_2 $[SiO_4]$, brune à noire, présente dans des r. éruptives (rhyolites, trachytes, phonolites, certains basaltes). Les intermédiaires correspondent à l'**olivine** $(Fe, Mg)_2$ $[SiO_4]$, en prismes trapus légèrement aplatis, ou en grains vert olive (jaunes si titanifères), à éclat vitreux, sans clivages mais souvent craquelés, à cassures conchoïdales. Elle se forme à HT, en l'absence d'eau, dans les roches sans quartz à déficit de SiO_2 : péridotites, gabbros, basaltes. Son altération est facile en serpentine* (fréquente dans les péridotites), chlorite, talc, calcite et quartz, et en iddingsite* rouge (fréquente dans les basaltes). Les autres péridots, plus ou moins riches en Ca et Mn sont des minéraux rares. Groupe voisin : humite*. Les belles variétés de péridot constituent des gemmes [angl. *gem olivine*]. Adj. **péridotique.**

péridotite n. f. [angl. *peridotite*] – R. magm. (V. tabl. magm.) grenue, jaune sombre huileux ou plus souvent vert noirâtre, holomélanocrate avec 90 à 100 % de minéraux ferromagnésiens (r. ultrabasique ou r. ultramafique) avec olivine dominante accompagnée de pyroxène et de spinelle (picotite, chromite), et parfois d'amphibole brune, de biotite, et de grenat. La **dunite** contient 90 % ou plus d'olivine. Les autres types avec 40 à 90 % d'olivine sont : – 1. la **werhlite** à clinopyroxène (diopside ou diallage). – 2. la **harzburgite** à orthopyroxène (hypersthène). – 3. la **lherzolite** à clino- et orthopyroxène. Roches voisines : la **cortlandite** à amphibole brune, la **kimberlite** à biotite. Les péridotites

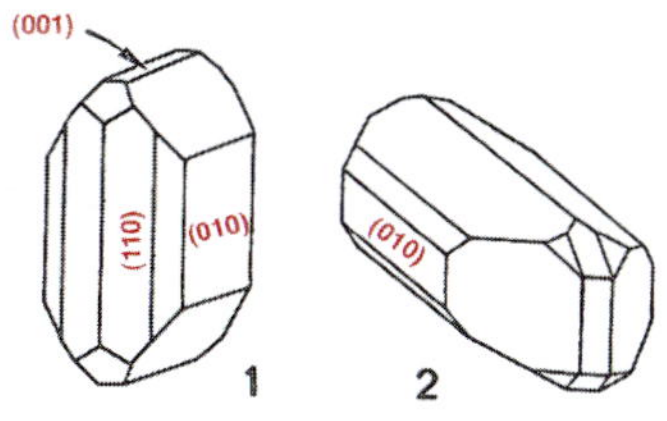

péridot

Formes habituelles de l'olivine (1 : d'après P. Bariand *et al.* – 2 : d'après A. de Lapparent).

sont fréquemment altérées par serpentinisation ; elles contiennent des minéralisations en Cr, Ni, Co, Pt, et parfois des diamants (*cf.* kimberlite). Leurs gisements sont variés : – 1. en petites enclaves à cumulats et en nodules de type lherzolite dans des basaltes. – 2. dans la base d'intrusions lenticulaires épaisses (lopolite et laccolite) sous forme de péridotites à cumulats, associées à des pyroxénolites et surmontées de gabbros, d'anorthosites et parfois de granitoïdes. – 3. à la base des complexes ophiolitiques (V. ophiolites) sous forme de péridotites foliées (car mécaniquement déformées) et sous forme de péridotites litées à cumulats (surtout dunites et harzburgites). – 4. en massifs tectonisés de lherzolite, à filons de pyroxénolites, ayant subi un métamorphisme à HP-HT, et associés à des r. métam. du faciès des granulites. On considère actuellement que le manteau supérieur, sous la croûte terrestre, est essentiellement constitué de péridotites ou de r. très voisine (« péridotite primaire » ou pyrolite) qui par fusion partielle, ségrégation et migration, donne les divers types de péridotites ainsi que les magmas basaltiques (V. basalte). Adj. **péridotitique**.

péridotites de type alpin [angl. *Alpine-type peridotites*] – Expression désignant les massifs péridotitiques fortement tectonisés au cours de l'orogenèse alpine d'âge secondaire et tertiaire. L'expression est ambiguë, et peut conduire à des confusions entre l'âge et le lieu de la cristallisation des péridotites et l'âge de la tectonique les ayant affectées.

périglaciaire adj. [du gr. *peri*, autour, et de glaciaire ; angl. *periglacial*] – V. modelé périglaciaire.

Périgordien n. m. [du Périgord, Fr. ; angl. *Perigordian*] (V. tabl. préhistoire) – Ensemble culturel du Paléolithique supérieur caractérisé par des silex taillés en pointes, burins et lames à dos abattu par des retouches abruptes. Il est contemporain de l'Aurignacien. De 35 000 à 22 000 ans env. av. l'actuel. Adj. **périgordien, nne**.

périhélie n. m. [du grec. *peri*, autour, et *hêlios*, soleil ; angl. *perihelion*] – Point de l'orbite* de la Terre où elle est le plus près du Soleil. Ant. aphélie.

période n. f. – 1. [angl. *period*] Division géochronologique utilisée en stratigraphie*. – 2. [angl. *period*] Pour un phénomène qui se répète régulièrement, temps qui s'écoule entre deux répétitions successives. Adj. (dans ce sens uniquement) **périodique** [angl. *periodic*]. – 3. [angl. *half-life*] Pour un élément radioactif, laps de temps au bout duquel il a perdu la moitié de sa masse.

périodite n. f. [G. Einsele, 1982, de période ; angl. *periodite*] – Séquence sédimentaire élémentaire caractérisée par une variation continue et cyclique des caractéristiques sédimentaires (proportion des composants, bioturbation, etc.) dont la répétition engendre des empilements plus ou moins réguliers de couches (par ex. successions de couches marneuses et de couches calcaires). *Cf.* tempestite, turbidite.

périprocte n. m. [du gr. *peri*, autour, et *proktos*, anus ; angl. *periproct*] – Chez les Échinides*, zone située autour de l'anus.

périrécifal, e, aux adj. [angl. *perireefal*] – Qui est situé autour des récifs coralliens.

Périschoéchinides n. m. pl. – Groupe d'Échinides*.

Perisphinctes [du gr. *peri*, autour, et *sphigktos*, serré] – Genre d'Ammonites (V. fig. à ce mot) du Jurassique sup. (Oxfordien).

Périssodactyles n. m. pl. [du gr. *perissos*, impair, et *dactulos*, doigt ; angl. *Perissodactya*] – Groupe de Mammifères, connu depuis l'Éocène, comprenant notamment le cheval et le rhinocéros. Syn. Imparidigités.

péristome n. m. [du gr. *peri*, autour, et *stoma*, bouche ; angl. *peristome*] – Chez les Échinides*, zone située autour de la bouche.

perle n. f. [du lat. *perna*, nom d'un bivalve ; angl. *pearl*] – Petite sphère formée de couches concentriques d'aragonite, et sécrétée par certains mollusques marins (huîtres) ou d'eau douce. Certaines sont des gemmes, irisées, blanc nacré à rosé, grises ou noires.

perle de caverne [angl. *cave pearl*] – Bille calcaire blanche, pouvant atteindre 5 cm de diamètre que l'on trouve dans les vasques des grottes où l'agitation fréquente de l'eau a permis le dépôt de couches concentriques autour d'un petit débris (V. oolithe, pisolithe).

perlite n. f. [de perle ; angl. *pe(a)rlite*] – Lave vitreuse, à composition de rhyolite riche en H_2O, se fragmentant en petites sphères ; *cf.* obsidienne, pechstein.

perlitique adj. [de perle ; angl. *perlitic*] – S'applique à la structure, ou à la texture, de r. volcaniques vitreuses montrant de petites boules ou perles vitreuses de quelques millimètres, isolées par des fissures courbes. Elle se formerait, au moins dans certains cas, par refroidissement brutal d'une lave mise en place sous l'eau à faible profondeur.

permafrost n. m. [mot angl.] – Partie d'un cryosol* constamment gelé et, dès lors, imperméable. (Syn. pergélisol*, permagel, merzlota)

permagel n. m. – Syn. de permafrost*.

perméabilité n. f. [du lat. *per*, à travers, et *meare*, passer ; angl. *permeability*] – Aptitude d'un milieu à se laisser traverser par un fluide (liquide ou gaz). En ce qui concerne les terrains, on distingue généralement : – 1. la perméabilité en petit qui est celle des terrains ne présentant, comme vides, que des pores de petite taille : c'est particulièrement le cas des sables et des grès ; – 2. la perméabilité en grand qui est celle des terrains fissurés ou diaclasés, ou même creusés de cavités (V. modelé karstique). Les hydrogéologues mesurent souvent la perméabilité en darcys*. Adj. **perméable** [angl. *permeable*].

Permien n. m. [R.I. Murchison, 1841, de Perm, Russie ; angl. *Permian*] – Dernière période de l'ère primaire. V. tabl. Annexe 2. Adj. **permien, nne**.

Permo-Trias n. m. [angl. *Permo-Triassic*] – Nom utilisé pour désigner des formations (généralement gréseuses et rouges) où l'on a trouvé des fossiles du Permien et du Trias, ou qui, au contraire, sont mal datées, et pour lesquelles on ne peut éliminer l'hypothèse qu'elles se soient déposées durant l'une et/ou l'autre de ces deux périodes. V. tabl. Annexe 2, et Verrucano. Adj. **permo-triasique** [angl. *Permo-Triassic*].

Permo-Carbonifère n. m. [angl. *Permo-Carboniferous*] – Terme informel désignant l'ensemble du Permien et du Carbonifère. Adj. **permo-carbonifère** : qui appartient au Permien et/ou au Carbonifère.

perte n. f. **(d'un cours d'eau)** [angl. *swallet, streamsink*] – 1. Endroit où l'eau d'une rivière disparaît, en totalité ou en partie, en profondeur pour, le plus souvent, donner une rivière souterraine qui réapparaît plus loin par une résurgence. – 2. Le phénomène correspondant. V. aussi modelé karstique.

perthite n. f. [de Perth, Canada ; angl. *perthite*] – Cristaux de plagioclase contenant de îlots d'albite. V. feldspath. Adj. **perthitic** [angl. *perthitic*].

pesanteur n. f. **(terrestre, anomalie de la –)** [angl. *Earth gravity, gravity anomaly*] – V. géodésie.

Petit âge glaciaire [angl. *Little Ice Age*] – Période froide ayant duré du XVIIe aux XIVe siècle, durant laquelle on a observé une avancée des glaciers.

pétrifiant, e adj. [du gr. *petra*, pierre] – S'applique aux sources et fontaines dont les eaux déposent une croûte calcaire sur tout objet qu'elles baignent, la précipitation des carbonates étant due généralement à une baisse notable de température entraînant un départ de CO_2.

pétrofabrique n. f. (ou fabrique) [B. Sander, 1911 sous le terme allem. de *Gefüge*, assemblage, structure ; angl. *(petro)fabric*, du gr. *petra*, pierre et du lat. *fabricare*, construire] – Structures de détail acquises par les roches et leurs minéraux sous l'effet de contraintes, notamment au cours d'un métamorphisme régional. Leur étude (pétrologie structurale, ou structurologie) permet de préciser le mécanisme de la déformation des roches, la succession et la nature des phases de déformation. La schistosité*, la linéation* peuvent être des éléments de la fabrique d'une roche. V. structure, texture. *Cf.* microtectonique.

pétrographie n. f. [du gr. *petra*, pierre, et *graphein*, écrire ; angl. *petrography*] – V. pétrologie. N. m. ou f. **pétrographe** [angl. *petrographer*] ; adj. **pétrographique** [angl. *petrographic*].

pétrole n. m. [du gr. *petrelaion*, huile de pierre ; angl. *petroleum*] – Ensemble d'hydrocarbures comportant : – 1. des carbures saturés dits, paraffiniques, de formule $C_n\ H_{2n+2}$, avec n variant de 5 à 15 (pour n < 5 : gaz, et pour n > 15 : bitumes pâteux), liquides à 20 °C, et d'autant plus sombres de teinte qu'ils sont plus lourds (densité = 0,83 à 0,96) ; – 2. des hydrocarbures cycliques, dits naphténiques de formule $C_n\ H_{2n-3}$. plus rarement, des hydrocarbures dit aromatiques, de formule $C_n\ H_{2n-6}$.
La genèse de ces corps nécessite une accumulation de matière organique, planctonique pour l'essentiel, et des conditions réductrices en empêchant la destruction par oxydation. Cela se produit dans des milieux euxiniques, dans des bassins où pourront ensuite se former des évaporites, mais aussi en mer ouverte si la sédimentation est argileuse. La transformation de cette matière organique, qui donne tout d'abord des boues sapropéliques, se fait dès le début de la diagenèse sous l'influence des bactéries, et elle se poursuit par de complexes réactions physico – chimiques lorsque T et P augmentent du fait de l'enfouissement. Les huiles formées peuvent rester dans la roche* mère, ou la quitter et migrer du fait de leur faible densité. Elles ne seront conservées que si elles sont piégées dans une roche réservoir (ou roche magasin) suffisamment poreuse (sable, calcaire et dolomie) et surmontée par un toit imperméable (argile, série évaporitique, p. ex.) dans des structures variées (pièges) : grande voûte anticlinale, biseau sous une discordance, certaines structures faillées ou diapiriques, dispositifs lenticulaires, etc. Syn.

pétrole brut, huile naturelle. Adj. **pétrolifère** [angl. *petroliferous*].

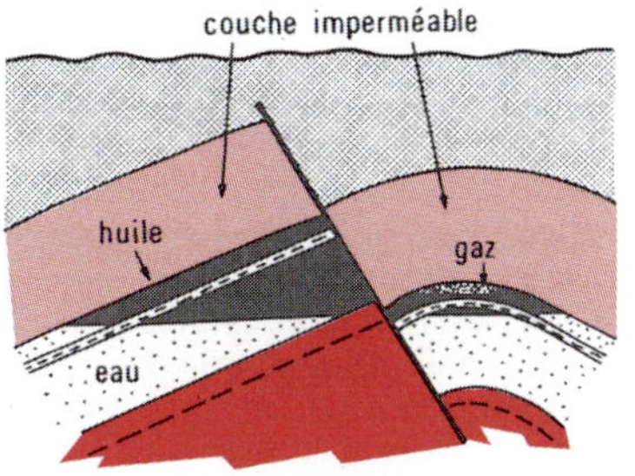

pétrole

Deux types de gisement, à gauche dans un compartiment faillé, à droite dans une voûte anticlinale (d'après A. Perrodon).

pétrologie n. f. [du gr. *petra*, pierre et *logos*, discours, parole ; angl. *petrology*] – Science des roches, comprenant leur description (pétrographie s. str.), leur classification et l'interprétation de leur genèse. V. aussi géologie. Syn. pétrographie (s. l.). N. m. ou f. **pétrologue** [angl. *petrologist*] ; adj. **pétrologique** [angl. *petrologic*].

pétrologie structurale [angl. *structural petrology, petrofabrics*] – Étude de la pétrofabrique*. Syn. structurologie. Cf. microtectonique.

pétrosilex n. m. [du gr. *petra*, pierre, et de silex ; angl. *petrosilex*] – Nom ancien désignant la masse cryptocristalline, et en partie microcristalline, surtout avec quartz et feldspath, des r. magm. porphyriques, microgranitiques ou rhyolitiques ; actuellement ces roches sont nommées felsites ou granophyres (V. ces mots).

Phacops [du gr. *phacos*, lentille, et *ôps*, œil] – Genre de Trilobites (V. fig. à ce mot) du Silurien – Dévonien.

phanéritique adj. [du gr. *phaneros*, visible ; angl. *phaneritic*] – S'applique aux roches, surtout aux. r. magm., dont le grain est visible ou perceptible à l'œil (roche grenue ou microgrenue). Ant. aphanitique.

Phanérogames n. f. pl. [du gr. *phaneros*, visible, et *gamos*, mariage ; angl. *phanerogams*] – Plantes à fleurs et à graines comportant les Gymnospermes et les Angiospermes. Répart. stratigr. : Dévonien – Actuel.

Phanérozoïque n. m. [du gr. *phaneros*, visible, et *zôon*, animal ; angl. *Phanerozoic*] – Division stratigraphique (éon) rassemblant l'ensemble des temps géologiques depuis le début de l'ère paléozoïque (ou primaire). V. tabl. Annexe 2. Adj. **phanérozoïque**.

Pharusien n. m. [angl. *Pharusian*] – Division du Précambrien africain. V. tabl. Annexe 2. Adj. **pharusien, nne**.

phase n. f. **(tectonique)** [angl. *orogeny*] – Ensemble de manifestations tectoniques d'une certaine importance affectant de vastes régions, au cours d'un bref laps de temps, et séparant deux longues périodes durant lesquelles, au contraire, les déformations structurales sont absentes ou peu marquées. Une phase tectonique se traduit par des plissements, voire des nappes de charriage, et peut être accompagnée d'une granitisation, et d'un métamorphisme. Elle est généralement caractérisée par une discordance importante des couches postérieures, qui viennent reposer sur les terrains affectés par les plissements. Son âge est donc compris entre celui de la plus récente couche plissée, et celui de la première couche discordante sur les structures dont la phase est responsable. Il peut être aussi connu par la détermination de l'âge radiométrique des roches métamorphiques ou des roches éruptives correspondantes. Plusieurs phases peuvent se succéder dans l'édification d'une même chaîne, p. ex. pour la chaîne hercynienne, on observe successivement les phases bretonne, sudète, asturienne et saalienne. On a l'habitude, notamment après H. Stille, de donner aux phases importantes des noms rappelant généralement un lieu où elles sont bien caractérisées (V. tabl. Annexe 2). Le caractère discontinu de ces phases s'oppose à celui, continu, du mouvement des plaques lithosphériques. Les rapports entre ces deux phénomènes, ne sont pas encore bien connus, les phases tectoniques correspondant peut-être, le plus souvent, à des phénomènes de collision.

phengite n. f. [angl. *phengite*] – Var. de mica* blanc.

phénoblaste n. m. [du gr. *phaineîn*, paraître, et *blastos*, bourgeon ; angl. *phenocryst*] – Cristal de grande taille dans les r. magm. ; *cf.* porphyroblaste. V. porphyrique, porphyroïde. Syn. phénocristal.

Phéophycées n. f. pl. [du gr. *phaios*, brun, et *phukos*, algue ; angl. *Phaeophyceae*] – Syn. d'Algues* brunes.

phi (unité –) [angl. *phi unit*] – Opposé du logarithme de base 2 du diamètre des particules exprimé en millimètres. Ex. pour une particule dont le diamètre est 32 mm (soit 2^5mm), le logarithme de base 2 est 5 et le diamètre exprimé en unités phi est $^-5$. Pour une particule de diamètre 1/1024 mm, soit 2^{-10}mm ($\approx$ 1 µm), il est de 10. Ces unités définissent une **échelle phi** [angl. *phi (grade) scale*].

phlogopite n. f. [du gr. *phlogôpos*, qui a l'aspect du feu ; angl. *phlogopite*] – Var. de mica* noir.

pholade n. f. [du gr. *pholas*, *-ados*, qui habite dans les trous ; angl. *pholad, piddock*] – Bivalve hétérodonte du genre *Pholas*, ou d'un genre voisin, ayant la particularité de creuser des trous dans les rochers, les bois flottés, les coquilles. Répart. stratigr. : Crétacé – Actuel.

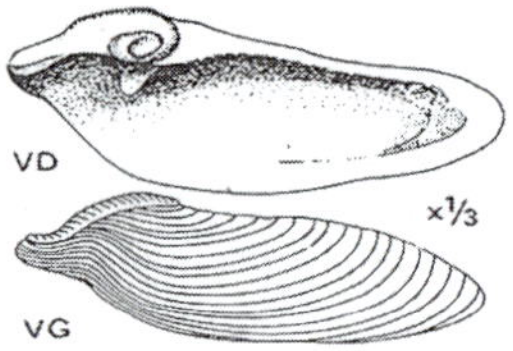

Pholade

– VD : valve droite (vue interne) – VG : valve gauche (vue externe), du genre *Pholas*.).

Pholadomya [du gr. *pholas*, *-ados*, qui habite dans les trous, et *muax*, coquillage] – Genre de Bivalves* vivant habituellement sur des fonds vaseux. Répart. stratigr. : Trias – Actuel.

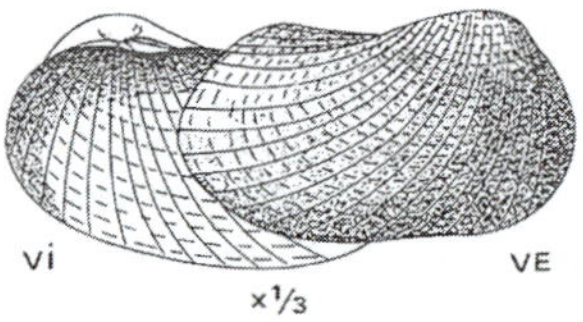

Pholadomya

Valve droite en vue interne (VI) et vue externe (VE).

Pholidotes n. m. pl. [du gr. *pholis, pholidos*, écaille] – Groupe de Mammifères anciennement rangés dans les Édentés, apparus à l'Éocène, et comprenant notamment le pangolin.

phonolite n. f. [du gr. *phônê*, voix, son et *lithos*, pierre, à cause des sons qu'on peut produire en frappant ses dalles ; angl. *phonolite*] – R. magm. effusive (V. tabl. magm. ; r. grenue équiv. : syénite néphélinique), grise à verdâtre (leucocrate), à structure microlithique fluidale, à verre peu abondant, à débit en dalles sonores, à patine blanchâtre et cassure à éclat gras, avec feldspath (sanidine, anorthose) et feldspathoïde : néphéline en petits cristaux seulement, parfois haüyne bleue, noséane jaunâtre ou leucite en phénocristaux ; les ferromagnésiens sont l'ægyrine ou l'augite ægyrinique, parfois des amphiboles (hornblende brune, katophorite rouge) ; sphène, apatite, et zircon sont fréquents. Les variétés sont nommées en fonction du (ou des) feldspathoïde(s) présent(s) : phonolite à néphéline, ph. à haüyne, etc. Le **leucitophyre** est un type à nombreux phénocristaux de leucite, noséane et augite verte, et à pâte microlithique de sanidine et d'augite ægyrinique. Les phonolites sont des laves visqueuses, donnant des coulées épaisses, parfois à débit prismatique plus ou moins grossier, des dômes, dykes et filons ; elles sont associées à des basaltes à olivine, labradorites et ordanchites. Adj. **phonolitique** [angl. *phonolitic*].

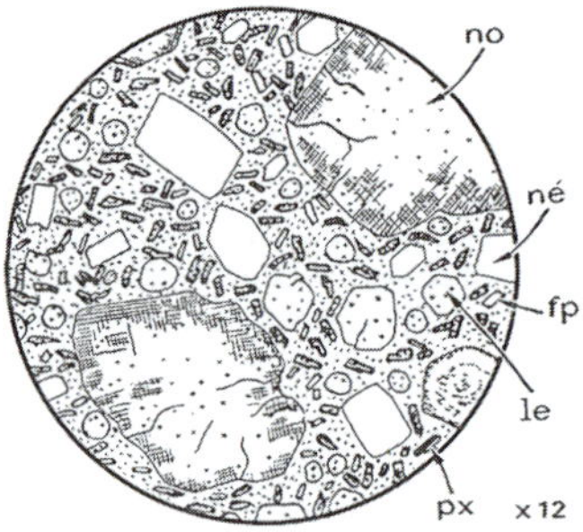

phonolite

Vue en lame mince – fp : feldspath potassique (sanidine) – le : leucite – né : néphéline – no : noséane – px : pyroxène (augite ægyrinique). Le fond est en partie vitreux (d'après J. Jung).

phosphate n. m. [de phosphore ; angl. *phosphate*] – 1. Minéral caractérisé par le radical $(PO_4)^{3-}$. Parmi les nombreuses espèces, notons l'apatite (à Ca et F), la turquoise bleue (Cu, Al), la vivianite bleue (Fe), la monazite (Ce, La, Th) et des produits d'altération des gîtes uranifères (autunite ou uranite ; chalcolite) : V. ces mots. – 2. R. sédim. marine (sauf la phosphorite) contenant des minéraux phosphatés sous forme amorphe ou cryptocristalline (collophanite), ou sous forme finement cristalline (variétés proches de l'apatite*), en quantité suffisante pour être exploitée (industrie des engrais p. ex.). Ces phosphates dérivent de l'apatite des r. magm., mise en solution dans la mer et fixée par des végétaux et des animaux (p. ex. os avec 60 % de phosphates, dents avec 90 %, excréments, etc.). A leur mort, de nouvelles solutions de phosphates sont formées, et elles peuvent soit précipiter directement, soit plus souvent épigéniser tout ou partie des sédiments. Les roches phosphatées se forment sur la plate-forme continentale, ou à son rebord (entre 50 et 200 m) ; elles contiennent souvent de la glauconie et des éléments détritiques (quartz p. ex.), ou encore des hydrocarbures. Les phosphates se trouvent également dans de nombreuses roches, p. ex. craie phosphatée (à grains de phosphates), minerai de fer oolithique à ciment phosphaté. Dans les roches phosphatées, les phosphates se présentent sous divers aspects : – 1. le plus souvent en grains de quelques millimètres, arrondis (pseudo-oolithes) ou non, de teinte brun clair à jaune (collophanite dominante) ; – 2. en débris épigénisés (os, écailles de poisson, coprolites, etc.) pris dans un ciment (ou gangue) souvent crayeux ou argilocalcaire, lui-même imprégné de phosphates ; – 3. en plages finement cristallines cimentant des éléments variés ; – 4. en nodules concrétionnés de 1 à 5 cm, jaunes ou parfois noirs (nodules chargés en matières organiques dans des terrains paléozoïques) souvent remaniés et correspondant alors à des galets regroupés dans certains horizons. Les phosphates exploités sont principalement ceux du Permien de l'Amérique du Nord, et ceux du Crétacé sup. – Éocène de l'Afrique du Nord. Adj. **phosphaté, e** [angl. *phosphatic*].

phosphore n. m. [du gr. *phôs*, lumière, et *phoros*, qui porte ; angl. *phosphorus*] – Symbole chim. P. N° et masse atom. 15 et 30,97 ; ion 5^+ de rayon 0,035 nm ; densité 1,85 ; clarke 1050 à 1180 g/t, selon les auteurs. Il est en général associé à l'oxygène pour former le radical des phosphates*.

phosphorite n. f. [de phosphore ; angl. *phosphorite*] – R. sédim. des cavités karstiques, correspondant à un encroûtement compact, blanc à jaune, riche en phosphates (dans le ciment, en débris osseux épigénisés, parfois en pisolithes), et contenant en outre des argiles résiduelles (provenant de la dissolution des calcaires), et parfois des concrétions ferrugineuses et manganésifères. Les phosphates proviennent du lessivage de cadavres et d'excréments (de chauve-souris en particulier). En France, on connaît les phosphorites des Causses, où elles sont de l'Éocène sup. – Oligocène, et associées à des dépôts sidérolithiques.

photique adj. [du gr. *phôs, phôtos*, lumière ; angl. *photic*] – Syn. d'euphotique.

photogéologie n. f. [de photographie et géologie ; angl. *photogeology*] – Ensemble des méthodes qui, à partir de photographies aériennes, permettent d'obtenir des renseignements sur la géologie d'une région. Ces photographies sont généralement observées au stéréoscope par couples, chaque image montrant, sur une partie de sa surface, la même région vue de deux points différents, qui sont deux emplacements successifs de l'avion opérant les prises de vue. On a ainsi une vision en relief binoculaire de la zone étudiée, et on peut en tirer des hypothèses sur sa géologie grâce à des arguments morphologiques, à la répartition de la végétation, etc. Ces hypothèses devront de toute façon être contrôlées sur le terrain. D'autre part, les photographies aériennes peuvent être utilisées pour le lever de la carte géologique, comme fond topographique, dans les régions où ce dernier est de qualité insuffisante. V. aussi télédétection. Adj. **photogéologique**.

photogrammétrie n. f. [du gr. *phôs*, *phôtos*, lumière, *gramma*, dessin, et *metron*, mesure ; angl. *photogrammetry*] – Technique permettant de représenter les volumes et plus particulièrement le relief (notamment à l'aide de courbes de niveau) à partir d'un couple stéréoscopique de photographies. Elle permet l'établissement des cartes topographiques modernes en prenant comme base des photographies aériennes. Adj. **photogrammétrique**.

photographies aériennes – V. photogéologie.

Phragmoceras [du gr. *phragmos*, haie, et *keras*, corne] – Genre de Nautiloïdés (V. fig. à ce mot).

phragmocône n. m. [du gr. *phragmos*, haie, et de cône ; angl. *phragmocone*] – Partie segmentée de la coquille des Céphalopodes : Nautiles, Ammonites, Bélemnites (V. fig. à ces mots).

phréatique adj. [du gr. *phreas*, *phreatos*, puits ; angl. *phreatic*] – Qui est en rapport avec les eaux souterraines libres.

phréatique (éruption –) [angl. *phreatic explosion*] – V. phréatomagmatisme.

phréatique (nappe –, niveau –) [angl. *phreatic water, – surface*] – V. nappe phréatique.

phréatomagmatisme n. m. [du gr. *phreas*, *phreatos*, puits, et de magmatisme] – Ensemble des phénomènes engendrés par le contact des eaux souterraines superficielles et d'un magma, dont le plus spectaculaire consiste en éruptions volcaniques explosives. V. diatrème, pépérite. Syn. volcanisme phréatique. Adj. **phréatomagmatisme** [angl. *phreatomagmatic*].

phrygane n. f. [du gr. *phruganon*, fagot ; angl. *caddisfly*] – Insecte dont la larve, aquatique, s'entoure d'un manchon calcaire, nommé indusie*.

phtanite n. m. [du gr. *phtanô*, je devance, car leur faciès annonce le passage à des schistes ; angl. *phtanite*] – R. sédim. siliceuse (V. jaspe) et argileuse, montrant parfois quelques radiolaires, à cassure finement esquilleuse, opaque, grise à noire (matière graphiteuse et charbonneuse), essentiellement formée de quartz en très petits cristaux (env. 20 μm) moulés les uns sur les autres (structure microquartzitique), avec quelques zones d'opale. Surtout connues dans des séries antécambriennes et paléozoïques, ces roches sont stratifiées régulièrement, en bancs centimétriques à décimétriques, alternant avec des schistes (souvent ampéliteux). Ces r. sédim. sont généralement considérées comme marines, mais il en est qui, pour certains auteurs, sont d'eau douce.

phyllade n. m. (souvent n. f.) [du gr. *phullas*, *-ados*, lit de feuilles ; – Au sens strict : ardoise gréseuse, grossière, se débitant en plaques épaisses. Au sens large (utilisé au pluriel) [angl. *phyllite*] : formation comprenant des schistes ardoisiers et des schistes sériciteux et chloriteux.

phyllite n. f. [du gr. *phullon*, feuille ; angl. *phyllosilicate*] – Espèce minérale appartenant au groupe des phyllosilicates (micas, chlorites, minéraux argileux, etc. ; V. argiles). Dans le vocabulaire anglo-saxon, *phyllite* désigne des schistes sériciteux. Adj. **phylliteux, euse.**

Phylloceras [du gr. *phullon*, feuille, et *keras*, corne, à cause de la forme de sa ligne de suture] – Genre d'Ammonites (V. fig. à ce mot) du Trias – Crétacé inf.

phyllonite n. f. [du gr. *phullon*, feuille ; angl. *phyllonite*] – Mylonite* d'aspect schisteux.

phyllosilicate n. m. [du gr. *phullon*, feuille ; angl. *phyllosilicate*] – Silicate* dont les tétraèdres $[SiO_4]^{4-}$ sont disposés en feuillets.

Phyllospondyles n. m. pl. [du gr. *phullon*, feuilles, et *spondulos*, vertèbre] – Amphibiens fossiles du groupe des Stégocéphales. Répart. stratigr. : Carbonifère – Permien.

phylum n. m. [du gr. *phulon*, race, lignée ; angl. *phylum*, pl. *phyla*] – Groupement des classifications des êtres vivants ou fossiles. V. taxon. Adj. **phylétique** [angl. *phyletic*].

Physa [mot gr. signif. vessie] – Genre de Gastéropodes (V. fig. à ce mot) d'eau douce, à enroulement senestre (à l'inverse de la plupart des autres Gastéropodes).

physique n. f. **du globe** – Syn. de géophysique interne.

phytal, e, aux adj. [du gr. *phuton*, plante] – Syn. d'euphotique*.

Phytoflagellés n. m. pl. [du gr. *phuton*, plante, et du lat. *flagellum*, fouet ; angl. *Phytoflagellates*] – Flagellés* pourvus de chlorophylle et appartenant au règne végétal.

phytogène adj. [du gr. *phuton*, plante ; angl. *phytogenic, phytogenous*] – D'origine végétale. V. biogène, zoogène.

phytolit(h)e n. m. [du gr. *phuton*, plante, et *lithos*, pierre ; angl. *phytolith*] – Structure minérale, calcaire ou siliceuse, sécrétée par les plantes.

phytoplancton n. m. [du gr. *phuton*, plante et de plancton ; angl. *phytoplankton*] – Plancton* végétal. Adj. **phytoplanctonique** [angl. *phytoplanktonic*].

picotite n. f. [dédié à Picot de Lapeyrouse ; angl. *picotite*] – Spinelle* chromifère (Mg, Fe) (Al, Cr) $_2O_4$ des serpentines et péridotites.

picrite n. f. [du gr. *picros*, amer ; angl. *picrite*] – R. volcanique ultrabasique (V. tabl. magm.) noire (mélanocrate), à structure doléritique ou microlithique, très riche en minéraux ferromagnésiens avec olivine dominante, augite, et accessoirement amphibole brune (barkévicite), biotite, et plagioclase (labrador). On désigne en général comme picrite les dolérites, les basaltes et les théralites à analcime (teschénites) très riches en olivine et autres ferromagnésiens. Ces roches sont présentes dans les complexes ultrabasiques (ophiolites), ou en filons et sills associés à d'autres r. magm. basiques.

pied n. m. **de glace** [angl. *ice foot*] – Frange de glace restant au pied d'une falaise rocheuse après que la glace de mer ait disparu.

pied-d'alouette n. m. [angl. *larkspur gypsum*] – Gypse* maclé en petits cristaux.

pieds-de-vaches n. m. pl. [angl. *cat step, terracettes*] – Sortes de petits replats, plus ou moins continus et suivant les courbes de niveau sur les versants herbus. Pour les uns, ils seraient dus au passage des troupeaux, pour les autres, à la solifluxion affectant le versant.

piège n. m. [angl. *trap*] – En géologie pétrolière, disposition des formations géologiques, structurale ou sédimentaire, susceptible de retenir des gaz naturels ou des huiles minérales. V. pétrole.

piémont n. m. [de l'ital. *piemonte* ; angl. *piedmont*] – Zone à pente générale douce formant un glacis au pied d'une chaîne montagneuse ou d'un massif. Elle est constituée pour l'essentiel par des accumulations détritiques (fluvio-glaciaire, alluvions, etc.) dues à l'érosion des reliefs avoisinants.

piémont (glacier de –) – V. glacier.

piémontite n. f. [du Piémont, Ital. ; angl. *piemontite*] – Var. d'épidote* rose ou rouge.

pierre n. f. [du gr. *petra*, même signif. ; angl. *stone*] – Terme usuel désignant tout fragment rocheux de quelques millimètres ou centimètres. Pierre de taille, pierre à bâtir : tous matériaux rocheux pouvant être facilement taillés et utilisés pour la construction de bâtiments, murs, chaussées, trottoirs, etc. ; V. aussi roche, granulométrie.

pierre à chaux [angl. *lime()stone*] – Calcaire propre à fournir, par calcination, de la chaux*.

pierre à liards [angl. *nummulitic limestone*] – Calcaire légèrement sableux à très nombreuses Nummulites (*Nummulites lævigatus*) de 1 cm de diamètre environ, du Lutétien inférieur du Bassin parisien (Soissonnais et Laonnais).

pierre à plâtre [angl. *plaster stone*] – Gypse plus ou moins calcareux.

pierre de lune [angl. *moon stone*] – Nom donné à de gros cristaux transparents et nacrés d'adulaire (forme particulière d'orthose ; V. feldspath).

pierre ponce – V. ponce.

pierre précieuse – V. gemme.

pierrier n. m. [angl. *block slope, – field*] – Éboulis non cimenté au pied d'un versant. V. casse, grèze.

piézomètre n. m. [du gr. *piezein*, presser, et *metron*, mesure ; angl. *piezometer*] – Dispositif consistant en un tube enfoncé verticalement dans le sol par sondage et servant à mesurer la pression de l'eau, avec laquelle il est en relation à son extrémité inférieure. V. niveau piézométrique. Adj. **piézométrique**.

pigeonite n. f. [de la localité Pigeon Point, U.S.A. ; angl. *pigeonite*] – Var. de pyroxène*.

pillow lava [terme angl. signif. lave en oreiller] – Syn. de lave en coussins*.

pincée n. f. [L. Glangeaud, 1943 ; angl. *pinch*] – Coin de terrains sédimentaires effondrés et très plissés, formant en plan un affleurement long et étroit, encadré par des couches subhorizontales. Les pincées sont interprétées comme résultant d'une extension, responsable de l'effondrement, à laquelle succède une compression, en partie liée à un décrochement, et responsable du plissement.

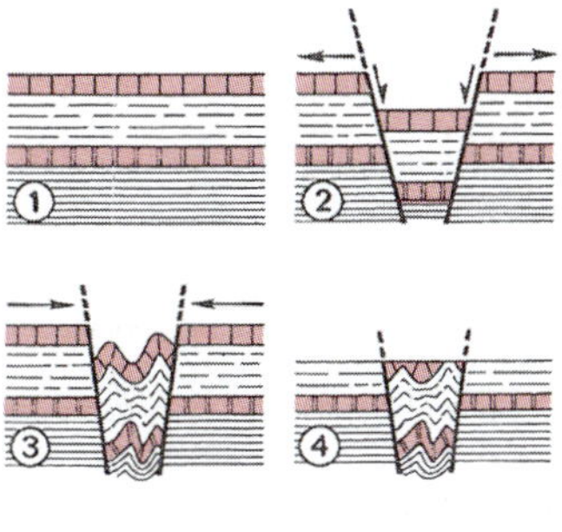

pincée

Étapes de la formation d'une pincée – 1 : état initial – 2 : extension provoquant l'effondrement d'un coin de terrains – 3 : compression tectonisant ce coin – 4 : état après nivellement par l'érosion.

pingo n. m. [mot des Esquimaux du Canada ; angl. *pingo*] – Butte engendrée par la formation d'un hydrolaccolite* nourri par injection d'eau au-dessus d'un permafrost.

pinite n. f. [du lat. *pinus*, pin ; angl. *pinite*] – Var. de cordiérite*.

Pinnipèdes n. m. pl. [du lat. *pinna*, nageoire, et *pes*, *pedis*, pied ; angl. *Pinnipedia*] – Groupe de Mammifères marins, connu depuis le Miocène, comprenant notamment le phoque.

pipe n. f. (parfois n. m.) [de l'angl. *pipe*, tuyau ; angl. *pipe*] – Cheminée cylindrique verticale remplie de r. magm. effusive. V. relief volcanique.

pipkrake n. m. [mot suédois ; angl. *pipkrake*] – Petite colonne de glace fibreuse se formant sous un caillou qu'elle soulève : au dégel, il y a chute du caillou qui peut ainsi se déplacer petit à petit sur des pentes très faibles. V. modelé périglaciaire.

pisolit(h)e n. m. [du lat. *pisum*, pois, et du gr. *lithos*, pierre ; angl. *pisolith, pisolite*] – Concrétion calcaire subsphérique, de diamètre supérieur à 2 mm, à structure concentrique, et correspondant à une grosse oolithe*. V. aussi oncoïde, oncolite. Adj. **pisolit(h)ique**.

pisolit(h)e vadose [angl. *vadose pisolith*] – Concrétion pisolithique se formant dans un sol à partir des solutions transportées par les eaux qui y circulent ; si elles sont nombreuses et serrées, leurs sections peuvent être polygonales.

pistac(h)ite n. f. [de la couleur de la pistache ; angl. *pistacite*] – Epidote* au sens strict.

piste n. f. [angl. *track, footprint, trail* (piste continue)] – V. ichnofossile.

pitch n. m. [mot angl.] – Angle orienté vers le bas entre la direction d'un plan (de stratification, de schistosité, ou de fracture, etc.) et une droite (linéation) située dans ce plan. Cette

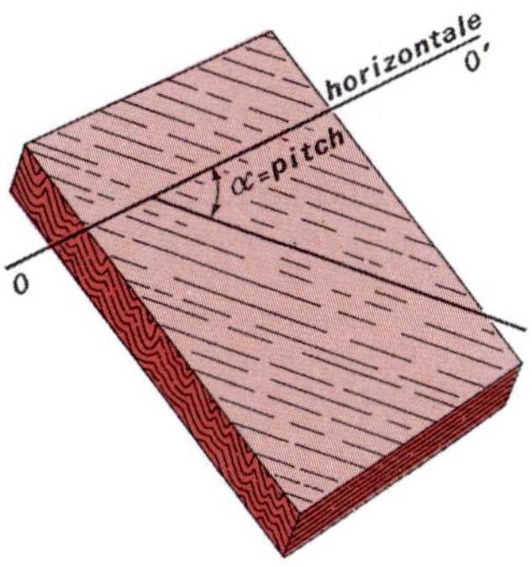

pitch

mesure est souvent plus facile et plus précise que la mesure directe du plongement d'une ligne (ce dernier est ensuite déterminé trigonométriquement ou à l'aide d'un canevas).

Pithécanthropiens n. m. pl. (ou Pithécanthropes) [du gr. *pithêkos*, singe, et *anthrôpos*, homme ; angl. *Pithecantropines*] – Groupe d'Hommes fossiles dont le type était le genre *Pithecanthropus* (aujourd'hui classé dans l'espèce *Homo erectus*). V. Hominidés.

placer n. m. [mot espagn. de même signif., de *plaza*, place, par le catalan *placel* ; prononc. placèr'; angl. *placer*] – Zone d'alluvions où se sont accumulés des minéraux exploitables (pépites d'or, pierres précieuses, etc.)

Placodermes n. m. pl. [du gr. *plaks, plakos*, plaque, et *derma*, peau ; angl. *Placodermi*] – Groupe de poissons* uniquement fossiles, dont la partie antérieure du corps était protégée par une cuirasse formée de plaques osseuses. Cette particularité fait qu'on les appelle parfois « Poissons cuirassés », dénomination sous laquelle on comprenait aussi jadis les Ostracodermes qui possèdent comme eux une carapace osseuse mais sont des Agnathes (Vertébrés sans mâchoire inférieure). Ils mesuraient jusqu'à 6 m de long. Répart. stratigr. : Silurien sup. – Carbonifère inf.

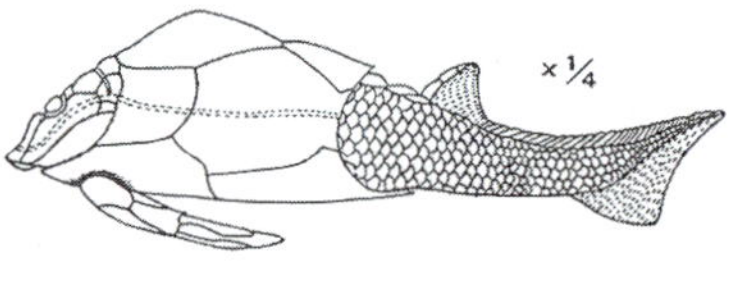

Placodermes

Reconstitution du genre *Pterichthyodes* (Dévonien). L'avant de l'animal est recouvert par une cuirasse osseuse.

plage n. f. [du gr. *plagios*, oblique ; angl. *beach, shore* (rivage)] – Zone d'une côte comprise entre les niveaux de la haute et de la basse mer (estran, zone intertidale) et formée de sable ou de galets (grève) mais non de vase. On y distingue diverses parties : – 1. du côté de la mer, la partie la plus basse se nomme le **bas de plage** qui se prolonge en mer par **l'avant-plage**, constamment immergée. Elle est accidentée par des crêtes et des sillons prélittoraux parallèles, ou presque, au rivage. – 2. du côté de la terre, le **haut de la plage** ou **cordon littoral**, construction sableuse allongée parallèlement au rivage et culminant à la crête de plage. Il peut être décollé de la côte et donner une **flèche** littorale qui, si elle se développe jusqu'à barrer complètement une baie, isole une lagune*. V. aussi chênier, restinga.

plage soulevée [angl. *raised beach*] – V. terrasse.

plagioclase n. m. [du gr. *plagios*, oblique, et *klasis*, fracture ; angl. *plagioclase*] – Var. de feldspath* sodicalcique.

plagioclasite n. f. (parfois plagioclasolite) [angl. *plagioclasite*] – R. magm. grenue contenant 80 à 90 % de plagioclases basiques. Syn. anorthosite.

plaines n. f. pl. **abyssales** – V. abyssales (plaines –).

Plaisancien n. m. [C. Mayer-Eymar, 1857, de Plaisance, Ital ; angl. *Piacenzian, Plaisancian*] – Étage correspondant au Pliocène moyen. (Cénozoïque). Il comprenait naguère l'actuel Gélasien. V. tabl. Annexe 2 et Astien. Adj. **plaisancien, nne**.

plan n. m. **axial** [angl. *axial plane*] – V. axiale (surface –).

plan axial (schistosité de –) [angl. *axial-plane cleavage*] – V. schistosité.

plan de Benioff – V. Benioff, et tectonique des plaques.

planches n. f. pl. **(érosion en –)** – Syn. d'érosion en nappe.

plancton n. m. (ou plankton ; prononc. -tonn', ou -ton) [angl. *plankton*] – Ensemble des êtres planctoniques*, animaux (zooplancton) ou végétaux (phytoplancton). V. marin (milieu –).

planctonique adj. (ou planktonique) [du gr. *plagktos*, errant ; angl. *plankt(on)ic*] – Qualifie un être vivant aquatique qui flotte dans l'eau sans nager. L'ensemble de ces êtres constitue le plancton (ou plankton). V. aussi nectonique, benthique.

planétoïde n.m. [angl. *planetoid*] – Syn. d'astéroïde.

planèze n. f. [mot auvergnat ; angl. *planèze, planeze*] – Relief constitué par une coulée volcanique peu inclinée, disséquée par des ravins. V. relief volcanique.

planimétrie n. f. [du lat. *planus*, plat, et du gr. *metron*, mesure ; angl. *planimetry*] – Sur une carte topographique (V. ce terme), représentation des éléments de la surface terrestre compte non tenu de leurs altitudes. Adj. **planimétrique** [angl. *planimetric*] ; ex. carte planimétrique [angl. *planimetric map, line* –].

planispiral, e, aux ; planispiralé, e adj. [angl. *planispiral*] – S'applique aux coquilles (de Foraminifères, de Céphalopodes, etc.) dont l'enroulement est en spirale plane.

Planorbis [du lat. *planus*, plat, et *orbis*, cercle] – Genre de Gastéropodes d'eau douce dont la coquille, spiralée, est enroulée dans un plan ou presque. Cette forme pourrait le faire confondre avec une ammonite, mais il ne montre pas les sutures cloisonnaires caractérisant ce dernier groupe. Répart. stratigr. : Oligocène – Actuel.

Plantes n. f. pl. [angl. *plants*] – V. classification.

plaque n. f. **(lithosphérique)** [angl. *(lithospheric) plate*] – Partie rigide superficielle de la Terre, épaisse d'une centaine de kilomètres, qui, avec d'autres, constitue la lithosphère. Ces plaques peuvent se déplacer horizontalement sur leur substratum visqueux appelé asthénosphère. Les limites entre les plaques (frontières de plaques) sont de trois types : rift océanique, zone de subduction, faille* transformante. V. Terre. et tectonique des plaques.

plaque mince – V. lame mince.

plaques (érosion en –) – Syn. d'érosion en nappe.

plasticité n. f. [du gr. *plastikê*, art du modelage ; angl. *plasticity*] – Propriété d'un corps qui peut se déformer lorsque des forces lui sont appliquées, et qui conserve cette déformation lorsque ces forces disparaissent. Ant. élasticité. En physique, on restreint parfois le sens de ce terme aux déformations qui ne se produisent que lorsque les forces appliquées dépassent un certain seuil ; *cf.* viscosité. V. aussi déformation. Adj. **plastique.**

plastique adj. **(déformation –)** – [angl. *plastic deformation, – strain*] – V. déformation. Syn. déformation continue.

plateau n. m. [de plat, du gr. *platus*, plat, étendu ; angl. *plateau, tableland*] – Surface de terrain à peu près plane, entaillée ou délimitée par des vallées assez encaissées (cela impliquant une certaine altitude générale).

plateau continental [angl. *continental shelf, – platform*] – Zone de la marge continentale (V. ce terme) à très faible pente, située entre le continent et le glacis continental et dont la profondeur n'excède généralement pas 200 m. Syn. plate-forme continentale

plateaux (basaltes des –) – V. relief volcanique.

plate-forme n. f. (pl. plates-formes) [E. Suess, 1888 ; angl. *platform*] – V. bouclier.

plate-forme continentale – Syn. de plateau continental.

platier n. m. [de plat] – 1. [angl. *flat, shoal*] Haut-fond sous- marin à surface plane. – 2. [angl. *(abrasion) platform*] Sur le rivage, estran rocheux.

platine n. m. [de l'esp. *platina*, petit argent ; angl. *platinium*] – Symbole chim. Pt. N° et masse atom. 78 et 195,23 ; ion 4^+ de rayon 0,065 nm ; densité 21,4 ; clarke 0,005 g/t. Métal blanc gris et malléable, du syst. cubique qui est en général allié à d'autres métaux (Ir, Pd, Au, Fe, Cu, Ni). Il existe à l'état natif dans des r. magm. ultrabasiques (dunite), et étant inaltérable peut ensuite être concentré dans des alluvions d'où on l'extrait par lavage.

plâtre n. m. [de emplâtre, du gr. *emplattein*, enduire ; angl. *plaster (of Paris)*] – Matériau de construction ou de moulage obtenu par calcination du gypse*.

Platyrhiniens n. m. pl. [du gr. *platus*, plat, étendu, et *rhis, rhinos*, nez ; angl. *Platyrhines*] – Groupe zoologique comprenant les signes du Nouveau Monde.

plauénite n. f. [de Plauen, Allem. ; *plauenite*] – V. syénite.

playa n. f. [mot esp. signif. plage ; angl. *playa*] – Zone d'épandage d'alluvions à surface plane, située à l'aval d'un glacis ou d'un pédiment avec lequel elle se raccorde. Lorsqu'elle tapisse une dépression endoréique, son centre est souvent occupé par une **sebkra**, lac temporaire où se déposent des évaporites (et où l'on trouve en particulier des roses des sables), et qui est entourée par un **chott***.

Pléistocène n. m. [Ch. Lyell, 1839, du gr. *pleistos*, le plus, et *kainos*, récent ; *Pleistocene*] – Partie inf. de l'ère quaternaire, V. tabl. Quaternaire. Adj. **pléistocène**.

pléochroïsme n. m. [du gr. *pleon*, davantage, et *khroa*, couleur ; angl. *pleochroism*] – Variations de couleur de certains minéraux, dits pléochroïques, qui apparaissent au microscope, en lumière polarisée non analysée (dite « lumière naturelle »). N. m. **pléochroïque** [angl. *pleochroic*].

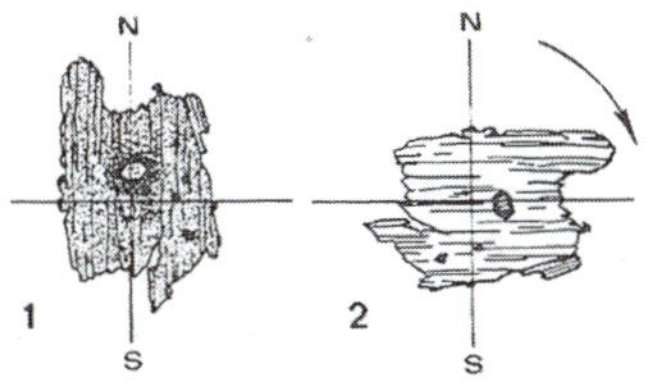

pléochroïsme

Ex. de la biotite – 1 : brun rouge sombre lorsque le clivage (001) est parallèle au plan de polarisation du polariseur (V. fig. microscope) – 2 : passant à jaune clair après une rotation de 90°. Une inclusion de zircon radioactif a modifié localement le réseau cristallin et le pléochroïsme de la biotite (V. métamicte).

pléonaste n. m. [du gr. *pleonastikos*, surabondant, car les cristaux sont surchargés de facettes ; angl. *pleonaste*] – Var. de spinelle*.

Plesiosaurus [de *plesios*, voisin, et *saura*, lézard] – Genre de Reptiles (V. fig. à ce mot) marins du Jurassique inf. d'Europe et d'Amérique.

Pleurodictyum – Genre de Madréporaires Tabulés* (V. fig. à ce mot).

Pleurotomaria [du gr. *pleura*, côté, et *tôme*, section] – Genre de Gastropodes (V. fig. à ce mot) du Jurassique – Crétacé inf.

plèvre n. f. [du gr. *pleura*, côté ; angl. *pleura*, pl. *-ae*] – Partie latérale des segments du thorax des Trilobites*.

pli n. m. [du lat. *plicare*, plier ; angl. *fold*] – Déformation résultant de la flexion ou de la torsion de roches. Un pli ne peut être mis en évidence que s'il existe dans le matériel qu'il affecte un repère dont la forme antérieure à la déformation est connue (stratification, schistosité, joint, etc.). En toute rigueur, un pli doit correspondre à un épisode unique de déformation et il faut, dans toute la mesure du possible, séparer les plis successifs affectant le même matériel (plis replissés, plis superposés).

Nomenclature relative aux plis. Un pli dessinant une courbe convexe vers le haut est une **antiforme** ; si cette courbure est concave vers le haut, c'est une **synforme**. Ces deux termes sont uniquement descriptifs, et n'impliquent rien quant à la manière dont ces structures ont été acquises, ou quant à l'âge relatif des terrains. Cette distinction est commode, notamment dans le cas des formations métamorphiques où la polarité des couches est souvent inconnue. Mais si l'on sait quels étaient, avant le pli, les éléments les plus bas, on distingue alors l'**anticlinal** où les éléments situés à l'intérieur de la courbure étaient, à l'origine, les plus bas, le **synclinal** où c'est l'inverse. Dans le cas où le pli a affecté une série de couches qui se trouvaient dans l'ordre stratigraphique normal, l'intérieur de ce pli est donc occupé par les couches les plus anciennes dans l'anticlinal, par les plus récentes dans le synclinal.

Un pli possède généralement une **charnière** qui est sa région de courbure maximale, et des **flancs** qui sont les parties situées entre les charnières. Lorsque les flancs sont assez plats, on peut définir leur angle dièdre que l'on nomme **angle d'ouverture** du pli. L'**axe** du pli (ou axe b, V. axe tectonique) est la ligne passant par le milieu de sa charnière, mais parfois, ce terme est employé aussi pour désigner l'intersection de la surface topographique et de la **surface axiale**. Celle-ci relie tous les axes d'un pli et, dans le cas le plus simple, est plane (plan axial). Il arrive que les deux flancs d'un pli soient inclinés dans le même sens. On appelle alors **flanc normal** celui qui, pour un anticlinal ou une antiforme, est situé au-dessus de la surface axiale, et au-dessous de cette surface pour un synclinal ou une synforme. On appelle **flanc inverse** l'autre flanc. Il est à noter qu'un flanc inverse peut montrer une série stratigraphique normale si le pli a affecté des couches déjà renversées, et réciproquement.

La **direction** (ou direction axiale) d'un pli est celle de l'axe du pli. Le **cœur** d'un pli est constitué par ses couches les plus internes, par opposition aux couches plus externes qui en forment l'**enveloppe** ; lorsque les couches du cœur ont des propriétés mécaniques différentes de celles de l'enveloppe, on les désigne parfois par le nom de **noyau**. L'**arête** d'un pli en relie les points les plus hauts, ou les plus bas. Les **terminaisons périclinales** sont les intersections des charnières avec la surface topographique (terminaison **périanticlinale** pour les anticlinaux, **périsynclinale** pour les synclinaux).

Différentes sortes de plis.

– 1. Selon l'inclinaison des flancs et de la surface axiale. **Pli droit** : surface axiale verticale. **Pli déjeté** : surface axiale inclinée, et pendages des flancs en sens opposés. **Pli en genou**, généralement pris dans le sens de pli déjeté dont un flanc est subhorizontal. **Pli déversé** : surface axiale inclinée et pendage des flancs, tous trois dans le même sens. **Pli couché** : surface axiale horizontale ou presque. **Pli renversé** (ou **retourné**) : pli dont la charnière est fermée vers le bas pour un anticlinal, vers le haut pour un synclinal, de telle sorte que le premier dessine une synforme, et le second une antiforme, et l'on parle parfois pour le premier de **faux synclinal** et pour le second de **faux anticlinal** ; la surface axiale est inclinée vers les couches qui étaient à l'origine les plus hautes.

– 2. Selon leur forme. **Flexure** (ou pli monoclinal) : structure qui décale des couches comme le ferait une faille normale, mais sans les briser, de telle sorte qu'elles restent parallèles à elles-mêmes et sont reliées par un **flanc de raccordement** dont le pendage est orienté vers la partie abaissée. Une faille s'amortit souvent au sein d'une flexure. **Pli coffré** : pli présentant des flancs verticaux ou presque, et où le sommet des anticlinaux, ou bien le fond des synclinaux, est horizontal (un tel pli est un peu particulier : on peut y définir deux charnières et deux surfaces axiales, ou bien encore le considérer comme un association de plis en genou). **Pli en éventail** : dont les flancs, après s'être écartés de la charnière, se resserrent avant de s'écarter de nouveau. Un pli en éventail symétrique par rapport à un axe vertical est suivant les cas un synclinal en blague à tabac ou un anticlinal en champignon (ces dernières structures sont rares et souvent invoquées à tort). **Brachyanticlinal ou brachysynclinal** : pli dont la section par la surface topographique n'est guère plus longue que large. **Dôme** : simple bombement des couches, symétrique par rapport à un axe vertical. **Pli en cuvette** : l'homologue du dôme, mais en creux. **Pli cylindrique** : dont la surface peut être engendrée par une droite qui reste parallèle à une direction donnée. **Pli conique** : dont la

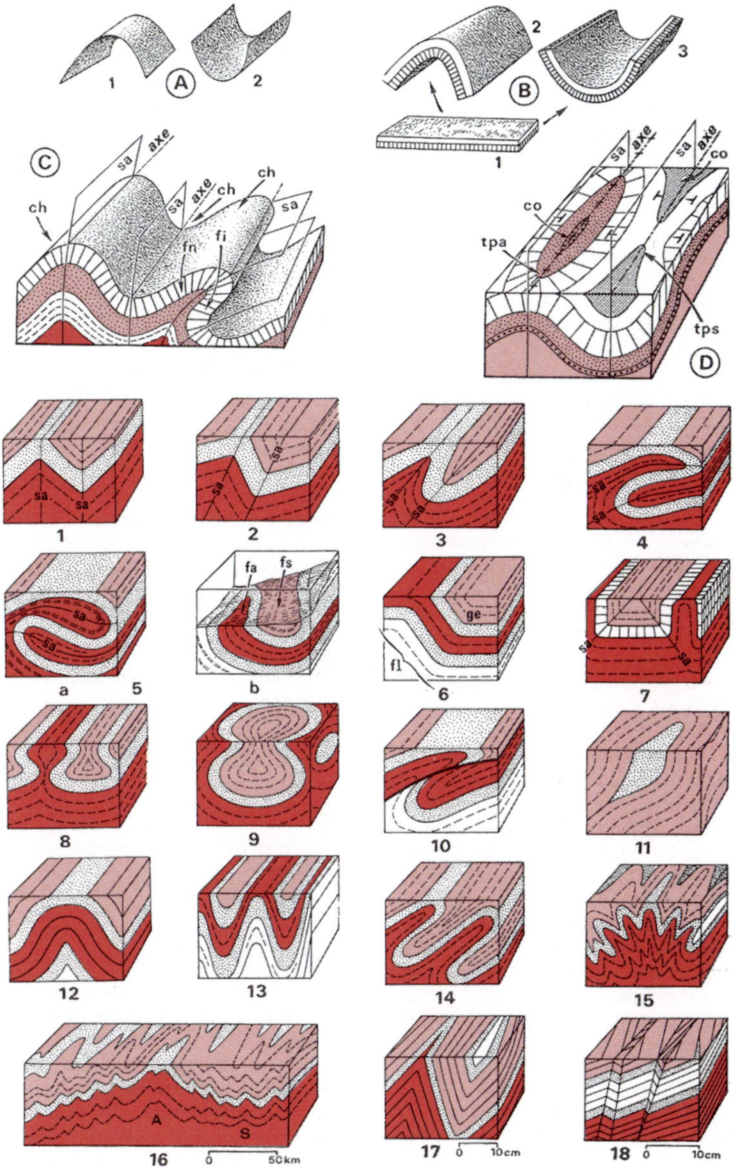

pli

A : 1 : antiforme – 2 : synforme.

B : couches non plissées (1) donnant un anticlinal (2), ou un synclinal (3).

C : plis affectant une série de couches, avec – ch : charnière – fn : flanc normal – fi : flanc inverse – sa : surface axiale passant par les axes des plis, qui définissent la direction de ceux-ci.

D : bloc diagramme montrant des plis érodés dont les axes, dans cette acception, correspondent à l'intersection de la surface axiale (sa) et de la surface topographique – co : cœur des plis – tpa : terminaison périanticlinale – tps : terminaison périsynclinale.

– 1 à 18 : différents types de plis (sa : surface axiale) – 1 : plis droits – 2 : plis déjetés – 3 : plis déversés – 4 : plis couchés – 5 : plis renversés, a : avant érosion, b : après ; on y observe un faux anticlinal (fa) et un faux synclinal (fs) – 6 : pli en genou (ge) et flexure (fl) – 7 : plis coffrés – 8 : plis en éventail – 9 : pli en blague à tabac – 10 : pli-faille – 11 : pli à noyau perçant – 12 : plis isopaques – 13 : plis semblables (anisopaques) – 14 : plis isoclinaux – 15 : plis en éventail – 16 : anticlinorium (A) et synclinorium (S) – 17 : plis en chevrons – 18 : kink-band.

surface peut être engendrée par une droite passant par un point donné. **Pli-faille** : pli déversé ou couché dont le flanc inverse a été laminé (ne pas confondre avec faille-pli). **Plis en chevrons** : plis à charnière anguleuse et à flancs plats (les kinks* sont des plis en chevrons). **Pli en fourreau** : V. fourreau (pli en –). **Pli à noyau perçant** : pli dont les couches situées au cœur ont traversé les couches plus externes (V. aussi diapir).
– 3. Selon le type de déformation. **Pli isopaque** (ou isopache) (= pli concentrique, pli parallèle) : pli où l'épaisseur des couches reste constante dans tout le pli dont la forme varie alors du cœur à l'enveloppe. **Pli anisopaque** (ou anisopache) : pli où l'épaisseur des couches varie. **Plis semblables** : plis anisopaques qui se déduisent les uns des autres par une translation.
À ces notions géométriques s'ajoutent celles liées au type et à l'intensité de la déformation*. Les plis peuvent résulter d'un flambement* ou d'une flexion et sont d'abord isopaques, la déformation prédominant selon les cas dans les charnières ou dans les flancs. Passé une certaine valeur de raccourcissement, la déformation par aplatissement se généralise et conduit à des plis semblables. Au-delà d'un certain seuil d'aplatissement, la schistosité* apparaît, et l'accentuation du plissement peut se faire par glissement sur les plans de schistosité (plis dits « passifs »). V. niveau structural.
– 4. Selon leur genèse. **Pli d'entraînement*** : pli déversé ou couché s'expliquant par le mouvement différentiel des terrains situés au mur et au toit. **Pli de fond** : V. fond. **Pli de couverture** : V. tectonique de couverture. **Pli de revêtement** : V. tectonique de revêtement. **Pli synsédimentaire** : V. « slumping », et synsédimentaire.
– 5. Selon leurs associations. **Plis isoclinaux** : pli déversés ou couchés dont tous les flancs ont même pendage. **Anticlinorium** ou **synclinorium** : vaste pli anticlinal ou synclinal affecté de plis parallèles à plus faible rayon de courbure (ne s'emploie que pour des structures ayant des dimensions de l'ordre de la dizaine ou de la centaine de kilomètres). **Plis en échelons** ou en **coulisse** : plis parallèles les uns aux autres mais décalés selon leur allongement toujours dans le même sens. **Plis en éventail** : groupement de plis qui se déversent de plus en plus vers l'extérieur du dispositif lorsqu'on s'éloigne de son milieu. **Pli en retour** : pli déversé en sens contraire d'un pli plus important affectant le même matériel (V. aussi antithétique). **Kink-band** : association de plis en chevrons (kinks) affectant un volume de terrains compris entre deux plans parallèles distants de quelques millimètres à quelques décimètres ou formant une lentille très allongée.
Vb. **plisser** [angl. *to fold*] ; n. m. **plissement** [angl. *folding*] ; adj. **plissé, e** [angl. *folded*] (affecté de plis) ; **plicatif, ive** (qui se rapporte aux plis, qui est marqué par des plis : ex. une phase plicative).

Pliensbachien n. m. [A. Oppel, 1858, de Pliensbach, Wurtemberg, Allem. ; angl. *Pliensbachian*] – Étage stratigraphique regroupant aujourd'hui le Carixien et le Domérien (Jurassique inf., ère secondaire) (autrefois souvent pris comme syn. de l'actuel Carixien). V. tabl. Annexe 2. Adj. **pliensbachien, nne**.

pli-faille n. m. [angl. *fold thrust, fault fold*] – V. pli, faille-pli.

plinien, nne adj. [angl. *Plinian*] – Se dit d'un phénomène volcanique explosif comme celui qui, en 79, coûta la vie à Pline l'Ancien et fut relatée par son neveu Pline le Jeune.

Pliocène n. m. [Ch. Lyell, 1832, du gr. *pleon*, davantage, et *kainos*, récent, c'est-à-dire plus récent que le Miocène ; angl. *Pliocene*] – Division stratigraphique de la fin de l'ère tertiaire. Il comprend trois étages, de bas en haut Zancléen (Pliocène inférieur), Plaisancien (Pliocène moyen), Gélasien (Pliocène supérieur). V. tabl. Annexe 2. Adj. **pliocène**.

Plio-Quaternaire n. m. [angl. ≈ *Plio-Pleistocene*] – Expression désignant l'ensemble du Pliocène et du Quaternaire. Adj. **plio-quaternaire**.

plissement n. m. – 1. [angl. *fold*] Syn. de pli. – 2. [angl. *orogeny*] Phase de déformation se traduisant notamment par des plis. Ex. : le plissement alpin.

plissement (relief de –) – V. relief structural.

plissotement n. m. [angl. *crumpling, plication*] – Ensemble de petits plis s'individualisant localement. Vb. **(se) plissoter** ; adj. **plissoté, e** [angl. *crumpled, plicated*].

plomb n. m. [du lat. *plumbum*, même signif. ; angl. *lead*] – Symbole chim. Pb. N° et masse atom. 82 et 207,21 ; ion 4^+ de rayon 0,084 nm ; densité 11,3 ; clarke 16 g/t. Métal gris bleuâtre, terni par altération, malléable et mou (rayable à l'ongle). Dans les roches, il est exceptionnellement natif (du syst. cubique), mais il se trouve dans des silicates (associé à Ca, Fe, Mn), dans des sulfures, et de nombreux sulfates, phosphates, carbonates. Son principal minerai est la galène PbS. Adj. **plombifère**.

plongement n. m. [angl. *plunge*] – Angle d'une droite (p. ex. une linéation, un axe de pli) orientée vers le bas, avec l'horizontale. V. aussi attitude, pendage.

plongement axial [angl. *plunge of axis*] – Plongement de l'axe d'un pli.

plume [mot angl. signif. panache] – V. point chaud.

pluton n. m. [de Pluton, dieu des enfers ; angl. *pluton*] – Massif formé de r. magm. plutoniques, constituant une grosse masse ovoïde (V. batholite) ou une grande lentille (V. laccolite, et lopolite). Adj. **plutonique***.

plutonique adj. [angl. *plutonic*] – Qui se rapporte aux plutons et aux r. magm. les constituant. Les roches plutoniques sont formées par cristallisation lente d'un magma à une certaine profondeur (r. endogènes), et sont en général grenues, à texture équante, et homogènes dans de grands volumes. Au s. l., on y ajoute les roches, souvent filoniennes, formées en bordure des plutons et nommées également roches périplutoniques (anciennement roches de semi-profondeur) n. m. **plutonisme** [angl. *plutonism*].

pluvial, e, aux adj. [angl. *pluvial*] – Relatif à la pluie. Érosion pluviale : érosion dont l'agent principal est la pluie. Période pluviale : période du Quaternaire caractérisée par des pluies abondantes. Ces périodes correspondraient aux interglaciaires.

Pm – Symbole chim. du prométhéum.

pneumatolyse n. f. [du gr. *pneuma, -atos*, souffle, et *lusis*, dissolution ; angl. *pneumatolysis*] – Déplacement en profondeur de vapeurs enrichies en particulier en B, F, Cl et métaux, ces vapeurs (gaz) étant nommées pneumatolytes. Adj. **pneumatolytique***.

pneumatolytique adj. [angl. *pneumatolitic*] – Qui se rapporte à la pneumatolyse. Un gîte métallifère est dit pneumatolytique, lorsqu'on admet que le transport dans des fractures s'est produit à l'état de vapeur. Le stade pneumatolytique correspond à la fin de la cristallisation d'un magma, à T = 400° à 600 °C env., avec concentration des gaz (H_2O, HCl, CO_2, H_2S, etc.) conduisant à la formation de minéraux particuliers (ex. tourmaline, béryl, topaze, etc.), dits minéraux pneumatolytiques (ou pneumatogènes) enrichis en éléments chimiques rares (B, Cl, F, Li, lanthanides, etc.). Au cours de ce stade se forment des roches particulières, telles les pegmatites. N. m. **pneumatolyse***.

Po – Symbole chim. du polonium.

podzol n. m. [mot russe ; angl. *podzol* ; *podsol*] – Sol* des régions tempérées plutôt froides (Canada, Russie, Scandinavie, etc.) montrant typiquement, de haut en bas, les horizons suivants : A_0 (10 à 20 cm) humus incomplètement décomposé ; A_1 (2 à 5 cm) horizon noir riche en humus à structure granuleuse ; A_2 (épais) blanchâtre et cendreux riche en silice ; B_1 (10 à 20 cm) noir, à humus colloïdal ; B_2 (5 à 15 cm) de couleur rouille (oxyde ferrique), avec tendance au concrétionnement (alios*) ; C : roche mère gréseuse ou sableuse. Ce type de sol se trouve p. ex. en France dans les Landes, sous les forêts de conifères. On connaît de nombreuses variations autour de ce type (sols **podzoliques**).

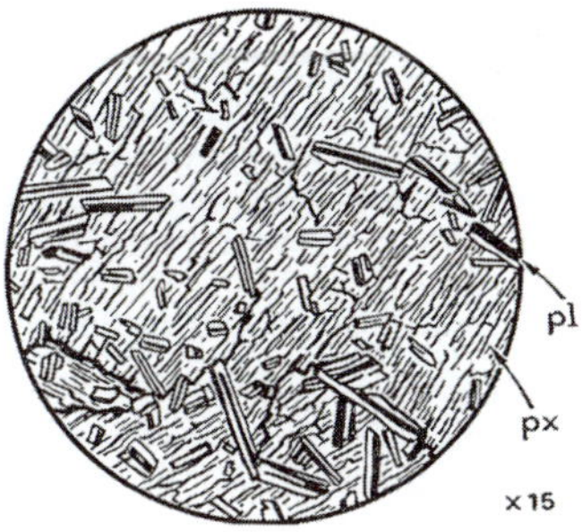

pœcilitique

Structure pœcilitique dans une dolérite, vue en lame mince en lumière polarisée analysée – pl : plagioclase – px : pyroxène (augite) (d'après J. Jung).

pœcilitique adj. [du gr. *poikilos*, varié ; prononc. pé- ; angl. *poecilitic* (obs.), *poikilitic*] – Se dit d'un grand cristal d'un minéral contenant de nombreux petits cristaux d'un autre minéral. Le terme est utilisé pour des cristaux contenus dans des r. magm., et parfois dans des r. sédim. (p. ex. calcite pœcilitique à grains de quartz).

pœciloblastique adj. [du gr. *poikilos*, varié, et *blastos*, bourgeon ; prononc. pé- ; angl. *poikiloblastic*] – Se dit, pour des r. métam., de grands cristaux d'un minéral contenant en inclusions d'autres minéraux, automorphes ou xénomorphes.

poinçonnement n. m. [de poinçon, du lat. *puncta*, pointe ; angl. *indentation*] – Phénomène physique par lequel un corps en pénètre un autre en le déformant. Il a été pris comme modèle pour expliquer les déformations de plaques lithosphériques entrant en collision. Pour deux plaques comportant des continents aux marges non parallèles, l'affrontement des continents se fera d'abord selon des zones localisées et un promontoire de l'un d'eux pourra affecter l'autre comme un poinçon. Les structures tectoniques obtenues montreront des charriages mais également de grands décrochements, divergeant plus ou moins à partir du secteur poinçonné (ex. Himalaya). N. m. **poinçon** [angl. *die*].

point n. m. **chaud** [angl. *hot spot*] – Zone hypothétique de formation de magma située au sein du manteau, à partir de laquelle la matière s'élève selon une colonne ascendante, nommée **panache** [angl. *plume*], se traduisant à la surface de la lithosphère par des manifestations volcaniques. Ces points chauds auraient une durée très longue, d'au moins quelques dizaines de millions d'années, et seraient à peu près immobiles par rapport au repère que forme le globe terrestre : ils permettraient ainsi de mettre en évidence le mouvement absolu des plaques lithosphériques par la considération du déplacement, sur elles, des centres éruptifs liés à ces points chauds. On connaît en effet quelques dizaines d'alignements volcaniques dont l'âge varie continuement d'un bout à l'autre, et qui appuient cette hypothèse (volcans d'Hawaï ; points éruptifs alignés entre l'Eifel et la Silésie et dont les âges s'étalent sur 40 Ma).

point coté [angl. *spot height*] – Sur une carte, point dont l'altitude (la cote) est notée. V. carte topographique.

point de Curie [angl. *Curie point*] – Température au-dessus de laquelle les corps ferromagnétiques perdent leur aimantation. V. paléomagnétisme.

Poissons n. m. pl. [du lat. *piscis*, même signif. ; angl. *fishes*] – Classe de Vertébrés aquatiques ayant une mâchoire inférieure (différence avec les Agnathes qui leur ressemblent par ailleurs), des nageoires, et une peau au moins en partie revêtue d'écailles. On y distingue quatre groupes dont deux uniquement fossiles :

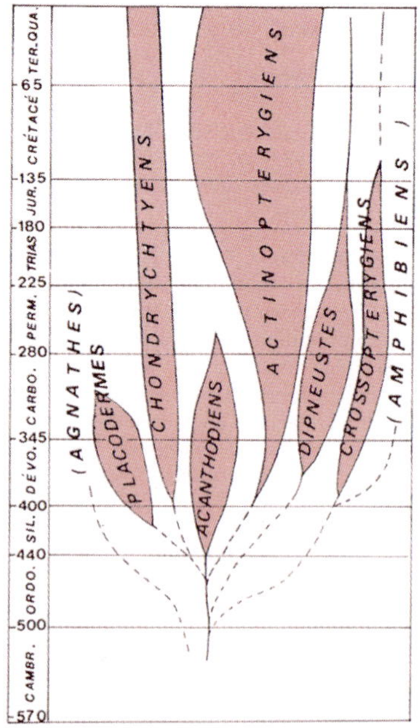

Poissons

Grands stades de l'évolution.

1 – **Acanthodiens** (Répart. stratigr. : Silurien sup. – Permien inf.). Poissons primitifs lacustres ou marins dont les nageoires paires étaient remplacées par des épines.

2 – **Placodermes** (Silurien sup. – Carbonifère inf.). Lacustres, leur partie antérieure était enveloppée d'une cuirasse formée de plaques osseuses. On les appelle aussi « Poissons cuirassés », terme sous lequel on comprenait également jadis les Ostracodermes, qui sont des Agnathes.

3 – **Chondrichtyens** (ou Sélaciens s. l., ou Élasmobranches ; Dévonien – Actuel) A peu près uniquement marins, au squelette cartilagineux, ils comprennent les requins (ou squales) et les raies ; on en rencontre assez souvent des dents fossiles.

4 – **Ostéichtyens**. Groupe comprenant la plupart des Poissons actuels ; divisé en :

4.1. Actinoptérygiens (Dévonien – Actuel). Vivant dans les eaux douces ou marines, les os de leurs nageoires sont rayonnants. Ils sont les plus nombreux. Parmi eux, le groupe des Ganoïdes, couverts d'écailles épaisses, a eu un développement important au Primaire ;

4.2. Crossoptérygiens (Dévonien – Actuel). Surtout marins, mais aussi lacustres, les os des nageoires partent d'un axe central. Ils n'ont plus qu'un représentant actuel : le Cœlacanthidé *Latimeria chalumnae* ;

4.3. Dipneustes (Dévonien – Actuel). Ils possèdent à la fois des branchies et des poumons, sont lacustres, mais peuvent vivre hors de l'eau.

polarisation n. f. [de pôle ; angl. *polarization*] – Pour une onde électromagnétique, et particulièrement pour la lumière, (son vecteur champ électrique étant pris ordinairement comme référence) fait de vibrer soit dans une seule direction dans un plan perpendiculaire au déplacement de cette onde (**polarisation rectiligne**), soit dans ce plan selon deux composantes perpendiculaires ayant une différence de phase constante (**polarisation elliptique**, car l'extrémité du vecteur champ électrique décrit alors, en un point donné, une ellipse). Les sources lumineuses fournissent habituellement des rayons non polarisés. Leur polarisation peut être obtenue principalement soit par réflexion sur une surface limitant deux milieux transparents (lame de verre p. ex.), soit par réfraction dans un cristal optiquement anisotrope (V. nicol) qui donne, à partir d'un rayon non polarisé, un rayon polarisé elliptiquement. Certains cristaux, comme la tourmaline, ont la propriété d'absorber plus fortement une des deux composantes de ce dernier. Des suspensions de microcristaux de ce type, orientés parallèlement les uns aux autres dans une substance transparente permettent d'obtenir des filtres, polarisant rectilignement la lumière **(polaroïds)**, qui sont utilisés couramment aujourd'hui dans les microscopes* polarisants. Une lumière polarisée rectilignement selon une certaine direction par un premier polariseur est arrêtée par un second dont le plan de polarisation est perpendiculaire. Si, entre ces deux polariseurs, on introduit une lame mince taillée dans un cristal, la lumière est

en général rétablie et montre une certaine teinte dite de polarisation. En effet, les deux composantes de la lumière polarisée elliptiquement à la traversée du cristal se déplacent avec des vitesses différentes, inversement proportionnelles aux indices de réfraction relatifs à chacune d'elles. Il en résulte qu'à la sortie du cristal, l'une est en retard par rapport à l'autre, ce qui introduit entre elles un déphasage mis en évidence par le second polariseur (appelé aussi analyseur). Dans son plan de polarisation, il se produit en effet des interférences, entre les ondes déphasées, qui annulent certaines longueurs d'onde ce qui, par soustraction à partir de la lumière blanche originelle, donne une lumière colorée (V. aussi microscope polarisant).
La **polarisation rotatoire**, est un phénomène par lequel le plan de polarisation d'un rayon lumineux subit une rotation à la traversée de certains milieux transparents. Elle peut s'effectuer soit dans le sens des aiguilles d'une montre (substances dextrogyres), soit en sens inverse (substances lévogyres) ; sa valeur angulaire dépend de la substance et est proportionnelle à la longueur du trajet. Dans les préparations microscopiques, qui sont très minces, ce phénomène est négligeable. Vb. **polariser** [angl. *to polarize*] ; adj. **polarisé, e** [angl. *polarized*] ; **polarisant, e** [angl. *polarizing*] ; n. m. **polariseur***.

polariseur n. m. [angl. *polarizer*] – Dispositif polarisant la lumière qui le traverse. V. microscope.

polarité n. f. **(magnétique)** [angl. *magnetic polarity*] – Sens d'un champ magnétique. Le champ magnétique terrestre ayant présenté des inversions au cours des temps géologiques, on distingue des périodes où il était normal (c'est-à-dire dans le même sens que le champ actuel) et des périodes où il était inverse (dans le sens opposé au champ actuel). V. paléomagnétisme.

polarité (orogénique) [angl. *orogenic migration*] – Migration des phénomènes tectoniques majeurs (charriage, métamorphisme) des zones internes vers les zones externes d'un orogène. Ainsi des formations postorogéniques (molasses) pourront se déposer en discordance sur les zones internes tectonisées, métamorphisées, et érodées, alors qu'au même moment les charriages majeurs affecteront les zones externes. V. aussi prisme d'accrétion.

polarité (stratigraphique) [de pôle ; angl. *stratigraphic younging*] – Orientation originelle d'une couche géologique par rapport à la gravité. Elle peut être reconnue par différents caractères de ces couches que l'on groupe sous le nom de critères de polarité (ou figures géotropes), avec principalement :
– 1. datation des couches d'une même série stratigraphique. C'est le moyen classique d'orientation de ces séries, les fossiles les plus anciens indiquant le bas et inversement. Il faut cependant veiller à ce que l'ordre des couches ne soit pas modifié par des accidents tectoniques (failles, plis, etc.), et qu'il n'y ait pas de remaniement de fossiles.
– 2. organismes fixés restés en position de vie (comme les polypiers, les rudistes, les végétaux, etc.).
– 3. traces d'organismes (ichnofossiles) ; empreintes de pas ou de reptation, le plus souvent conservées sous forme de moulages en relief à la base des bancs ;
– 4. figures sédimentaires, très nombreuses : 4.1 au sommet des bancs, on peut observer des figures de dessiccation (« mud cracks »), ou des rides construites par les mouvements de l'eau (« ripple marks ») ; 4.2 à la base des bancs, on observe souvent dans les formations détritiques, surtout les turbidites*, des marques en relief (hyporeliefs*) qui sont soit les moulages de creux du fond sous-marin, produits par des courants ou par des objets traînés sur le fond (figures de courant), soit des protubérances dues à l'enfoncement du sédiment dans le fond sous-marin encore meuble (figures de charge) : 4.3 à l'intérieur des bancs, on observe parfois des structures orientées par rapport à la gravité (granoclassement, stratifications obliques, convolutions, etc. V. ces mots).

pôle n. m. **eulérien** [angl. – *spreading pole*] – Point d'intersection du globe terrestre et de l'axe (axe eulérien) passant par son centre, et autour duquel se font les mouvements relatifs de deux plaques lithosphériques en contact. Celles-ci se déplaçant sur la Terre subissent des rotations (et non pas des translations), et les failles* transformantes qui leur sont liées correspondent à des arcs de cercle permettant de déterminer l'axe et les pôles eulériens, avec une précision variable (souvent à 1 000 km près). V. aussi tectonique des plaques.

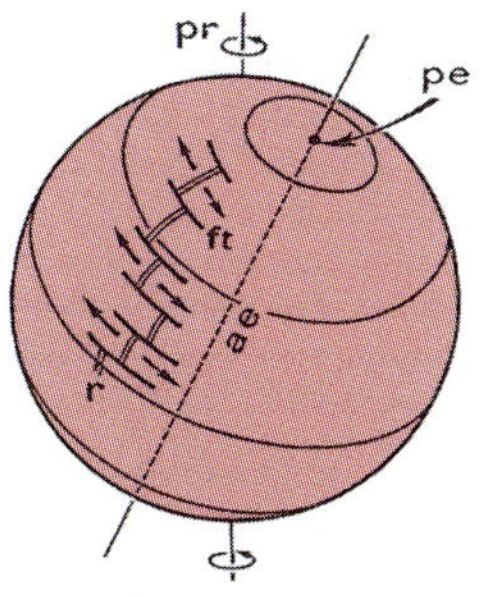

pôles eulériens

– ae : axe eulérien – ft : faille transformante – pe : pôle eulérien – pr : pôle de rotation terrestre – r : rift.

polianite n. f. [angl. *polianite*] – Oxyde MnO_2, du syst. quadratique, en cristaux noirâtres, présent dans des r. sédim., et dans des zones d'oxydation des filons hydothermaux. V. aussi pyrolusite.

polie adj. **(âge de la pierre –)** [angl. *New Stone Age*] – Syn. vieilli de Néolithique. V. ce mot, et tabl. préhistoire.

poljé n. m. [prononc. polié ; mot serbo-croate signif. plaine ; angl. *polje, polya*] – Dépression fermée d'origine karstique, à fond plat ou presque, de quelques kilomètres à dizaines de kilomètres. Elle correspond le plus souvent à une zone synclinale ou effondrée par failles, et ayant subi une morphogenèse karstique (V. modelé karstique).

pollen n. m. [du lat. *pollen*, farine, poussière ; angl. *pollen*] – Poudre composée par des grains produits par les anthères des Phanérogames. V. palynologie.

pollucite n. f. [angl. *pollucite*] – Tectosilicate de césium Cs $(AlSi_2O_6)$ H_2O, du syst. cubique, incolore. Minéral rare de certaines pegmatites. Syn. obs. : pollux, n. m.

polonium n. m. [de Pologne ; angl. *polonium*] – Symbole chim. Po. N° et masse atom. 84 et 210 ; ion 6^+ de rayon 0,067 nm. Métal rare, radioactif, chimiquement proche du bismuth.

poly- – Préfixe tiré du gr. *polus*, et signif. nombreux.

polychroïsme n. m. [de poly-, et du gr. *khroa*, couleur ; angl. *polychroism*] – Phénomène de variation de la couleur d'un cristal observé par transparence selon diverses directions, et lié à l'anisotropie de celui-ci ; on parle de dichroïsme lorsque deux couleurs sont dominantes. Soulignons que ce phénomène s'observe avec une lumière incidente blanche non polarisée, et ne doit pas être confondu avec le pléochroïsme qui s'observe avec une lumière incidente polarisée (V. polarisation, et microscope). Adj. **polychroïque**.

polycyclique adj. [de poly-, et du gr. *kuklos*, cercle ; angl. *polycyclic*] – Qui est le résultat de plusieurs actions cycliques successives. Ex. odelé polycyclique, qui est le produit de cycles* d'érosion successifs ; sol polycyclique, élaboré à partir d'un sol ancien (paléosol) correspondant à un environnement différent de celui qui est actuellement le sien.

polyèdre n. m. **fondamental** [de poly-, et du gr. *hedra*, face] – V. cristal.

polygénique adj. [de poly-, et du gr. *gennan*, engendrer ; angl. *polygen(et)ic*] – 1. Se dit de r. sédim. détritiques, en particulier de conglomérats, dont les éléments sont de natures différentes (Ex. poudingue à galets de granites, de schistes, et de calcaires) – 2. S'applique à des surfaces d'érosion composites dont les parties, d'âges variés, ont été réalisées dans des conditions différentes (*cf.* polycyclique). Ant. (dans les deux cas) monogénique.

polygonal adj. **(sol –)** [de poly-, et du gr. *gônia*, angle] – V. sol polygonal.

polygonisation n. f. [de poly-, et du gr. *gônia*, angle ; angl. *polygonization*] – Dans les r. métam., formation d'assemblages de petits cristaux (sous-grains) à contours polygonaux à partir de la fragmentation de cristaux initiaux plus grands ; *cf.* cataclase, granulation. Adj. **polygonisé, e**.

polymétamorphisme n. m. [angl. *polymetamorphism*] – Superposition, au cours des temps géologiques, de plusieurs phases métamorphiques de degrés variés, donnant des roches polymétamorphiques complexes qui montrent des schistosités ou des foliations superposées et des paragenèses diverses se remplaçant en partie, chacune d'elle caractérisant l'une des phases métamorphiques. V. aussi polyphasé, et rétromorphose. Adj. **polymétamorphique**.

polymorphe adj. [de poly-, et du gr. *morphê*, forme ; angl. *polymorph*] – S'applique à des minéraux de même composition chimique mais cristallisant dans des systèmes différents (V. cristal) ; ex. la calcite ($CaCO_3$ du syst. rhomboédrique) et l'aragonite ($CaCO_3$ du syst. orthorhombique) sont polymorphes. V. isomorphe. N. m. **polymorphisme** [angl. *polymorphism*].

polynia [angl. *polynya*] – Chenal séparant deux plaques de banquise. V. floë.

polyphasé, e adj. [angl. *polyphase*] – Qui s'applique à la succession de phénomènes de même nature dont les effets se superposent. Tectonique polyphasée : superposition de déformations tectoniques différant par leurs âges et souvent par leurs styles. Métamorphisme polyphasé : succession au cours d'un même épisode métamorphique de phases distinctes par leur degré de métamorphisme (métam. prograde* ou rétrograde*) ; ce phénomène diffère du polymétamorphisme* mais, dans la pratique, les distinctions ne sont pas toujours aisées.

polyphylétique adj. [de poly- et du gr. *phulon*, race, lignée ; angl. *polyphyletic*] – Se dit d'un ensemble d'espèces qui comporte des éléments ne descendant pas d'une même espèce ancestrale prise comme référence. Ant. monophylétique. N. f. **polyphylie**.

polypier n. m. [de poly- et, du gr. *pous, podos*, pied ; angl. *polyp, polyparium*] – Squelette calcaire sécrété par certains polypes (individus fixés) de Cnidaires*.

ponce n. f. (ou pierre ponce) [du lat. *pumex*, même signif. ; angl. *pumice (stone)*] – R. magm. volcanique vitreuse, très poreuse, d'où une faible densité (elle peut flotter sur l'eau). Elle se forme à partir de fragments de magma visqueux (rhyolitique, dacitique, ou andésitique) qui, projetés en l'air par un volcan, subissent une brutale chute de pression, ce qui produit un dégazage et la formation de bulles séparées par de minces parois de verre volcanique. Ces roches, de teinte claire, sont friables et les fragments (de 1 à 15 cm env.) d'abord anguleux s'émoussent rapidement. **Ponce fibreuse** : aspect particulier dû à des bulles très petites disposées en files. Adj. **ponceux, euse** [angl. *pumiceous*].

ponor n. m. [mot serbo-croate ; angl. *ponor*] – Puits situé dans un poljé (V. modelé karstique), vers l'aval, par lequel les eaux se perdent ; *cf.* embut.

Pontien n. m. [Bardot de Marny, 1869, du Pont- Euxin, ancien nom de la mer Noire ; angl. *Pontian*] – Division stratigraphique diversement interprétée selon les auteurs, et se situant vers la limite Miocène – Pliocène (ère tertiaire). V. tabl. Annexe 2, et aussi Paratéthys. Adj. **pontien, nne**.

porcelané, e adj. [angl. *porcel (l) aneous*] – S'applique aux tests de foraminifères qui apparaissent blancs et brillants en lumière réfléchie.

porcelanique adj. [angl. *porcel (l) aneous*] – S'applique à la patine de certaines roches ayant l'aspect de la porcelaine. V. cacholong, cortex.

porosité n. f. [de pore, du lat. *porus*, passage, conduit ; angl. *porosity*] – Ensemble des volumes de petite taille pouvant être occupés par des fluides (gaz, eau, pétrole) à l'intérieur d'une roche. La porosité peut être primaire (p. ex. celle liée aux espaces intergranulaires dans une r. sédim. détritique incomplètement cimentée), ou secondaire (liée, p. ex. à une dissolution succédant à une fracturation). Les roches poreuses peuvent être des roches réservoir. Adj. **poreux, se** [angl. *porous*].

porphyre n. m. [du gr. *porphura*, pourpre ; angl. *porphyry*] – Toute r. magm. montrant de grands cristaux de feldspath dispersés dans une pâte aphanitique ; **porphyre rouge antique** : andésite à faciès paléovolcanique dont les feldspaths et la pâte sont colorés par de l'épidote rose (piémontite) ; **porphyre vert antique** : andésite à faciès paléovolcanique à pâte vert foncé et à nombreux grands cristaux de labrador pseudomorphosés par de l'épidote vert pistache.

porphyre rhombique n. m. [angl. *rhomb-porphyry*] – Var. de microsyénite. V. syénite. Syn. rhombenporphyr

porphyrique adj. [angl. *porphyritic*] – S'applique aux r. magm. dont la structure présente des cristaux de grande taille dispersés au sein d'une pâte aphanitique (c'est-à-dire sans cristaux visibles) ; *cf.* porphyroïde (ces deux termes étant souvent utilisés l'un pour l'autre), porphyroblastique.

porphyrite n. f. [angl. *porphyrite,* (obsol.), *porphyritic microdiorite*] – Andésite à faciès paléovolcanique uniformément verte (développement d'épidote et de chlorite). Ce mot désigne aussi certains microgabbros altérés (saussuritisés et ouralitisés).

porphyroblaste n. m. [de porphyre, et du gr. *blastos*, bourgeon ; angl. *porphyroblast, metacryst (al)*] – Cristal de grande taille (plusieurs centimètres parfois) ayant cristallisé dans une r. métam. ; ces cristaux peuvent être intacts au sein de roches schisteuses ou foliées et sont alors tardifs, c'est-à-dire postérieurs aux déformations ; dans le cas contraire, ils sont étirés, tordus ou brisés ; *cf.* phénoblaste (ou phénocristal) dans les r. magm. Adj. **porphyroblastique***.

porphyroblastique adj. [angl. *porphyroblastic*] – S'applique aux r. métam. dont la structure présente des porphyroblastes* dans une matrice de cristaux plus fins.

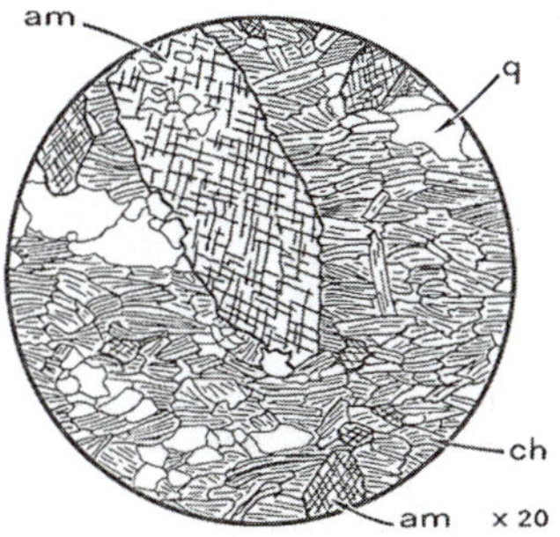

porphyroblastique

Structure porphyroblastique dans un chloritoschiste, vue en lame mince – am : porphyroblaste d'amphibole (actinote) – ch : chlorite donnant un feutrage lépidoblastique – q : quartz (d'après J. Jung).

porphyroclaste n. m. [de porphyre, et du gr. *klastos*, brisé ; angl. *porphyroclast*] – Grand fragment d'un cristal (ancien porphyroblaste ou phénoblaste) dans une roche mécaniquement déformée. Adj. **porphyroclastique** [angl. *porphyroclastic*].

porphyroïde adj. [de porphyre, et du gr. *eidos*, aspect ; angl. *porphyraceous*] – S'applique aux r. magm. dont la structure présente des cristaux de grande taille dispersés au sein d'autres plus petits ; *cf.* porphyrique, porphyroblastique.

porphyroïde n. m. [angl. *porphyroid*] – R. métam. montrant des amygdales quartzo-feldspathiques, plus ou moins cataclastiques, prises dans une matrice schisteuse. Ces roches proviendraient de r. magm. acides (granite ou microgranite porphyriques) ayant subi un épimétamorphisme.

Portlandien n. m. [A. d'Orbigny, 1849, de la presqu'île de Portland, Dorset, G.-B. ; angl. *Portlandian*] – Étage le plus élevé du Jurassique. V. tabl. Annexe 2, ainsi que Purbeckien et Tithonique. Adj. **portlandien, nne**.

postcumulus n. m. [du lat. *post*, après, et de cumulus] – V. cumulat.

postnappe adj. [angl. *post-thrusting, post-nappe (emplacement)*] – Qui est postérieur à la mise en place d'une ou de plusieurs nappes de charriage. Ex. Un métamorphisme postnappe, des plis postnappes. On met en général en évidence le caractère postnappe de formations sédimentaires par l'observation de leur repos en discordance sur l'autochtone, sur la nappe, et sur le contact anormal qui les sépare. V. aussi néo-autochtone. N. m. **postnappe** : terrains ayant cette nature.
Remarque : une certaine confusion règne dans l'utilisation de ces mots. Ils sont parfois écrits avec un trait d'union (post-nappe). Du fait qu'il n'existe pas d'adjectif correspondant à nappe, le nom est parfois pris adjectivement, et peut rester alors invariable (des dépôts postnappe ou post-nappe).

Potamides [du gr. *potamos*, fleuve] – Genre de Gastéropodes (V. fig. à ce mot) d'eau douce ou saumâtre, connu du Tertiaire à l'Actuel.

potassium n. m. [de potasse ; angl. *potassium*] – Symbole chim. K (de son ancien nom *kalium*, conservé en allem.). N° et masse atom. 19 et 39,1 ; ion 1^+ de rayon 0,133 nm ; densité 0,86 ; clarke 21 000 à 25 000 g/t, selon les auteurs (7e élément de l'écorce). Très oxydable, il s'unit à la plupart des métalloïdes, et on le trouve essentiellement sous forme de chlorure dans les évaporites avec la **sylvite** KCl, et la **carnallite** $KMgCl_3, 6H_2O$. Son isotope radioactif ^{40}K se transforme en argon et la méthode K/Ar est couramment utilisée en radiochronologie.

Potsdamien n. m. [C.D. Walcott, 1891, de Potsdam, ville de l'état de New York, U.S.A. ; angl. *Potsdamian*] – Division stratigraphique équivalant au Cambrien inf. (obs.). V. tabl. Annexe 2. Adj. **potsdamien, nne**.

poudingue n. m. [de l'angl. *pudding*, gâteau traditionnel ; angl. *puddingstone, pudding stone*] – R. sédim, détritique formée pour 50 % au moins d'éléments arrondis (galets) de diamètre supérieur à 2 mm (classe des rudites), liés par un ciment. L'arrondi des galets est dû à une usure mécanique (transport fluviatile assez long, agitation dans les vagues, etc.). V. conglomérat.

poulier n. m. [mot de Picardie, Fr.] – Flèche* littorale en bordure de baie ou d'estuaire située du côté de la houle dominante. *Cf.* musoir.

poupée n. f. **du lœss** [angl. *loess doll*] – Concrétion calcaire dans le lœss*.

poussée n. f. **(lambeau de –)** – V. lambeau.

pouzzolane n. f. [de Pouzzoles, ville d'Italie, près du Vésuve ; angl. *pozzolan (a), puzzolan*] – Nom italien de cinérites trachytiques peu consolidées, de couleur claire, qui, dans la région de Naples, servent à la fabrication de mortier et de ciment.

ppb, ppm – Abréviations des expressions anglo-saxonnes *parts per billion* (parties par milliard) et *parts per million* (parties par million), utilisées pour exprimer des concentrations et correspondant respectivement à des milliardièmes et à des millionièmes. Ex. : 2 ppm = 0,000 2 % = 0,000 002. 1 % correspond à 10 000 ppm. Si ces proportions correspondent à des volumes, on les fait suivre de la lettre v. Ex. : 10 ppmv.

Pr – Symbole chim. du praséodyme.

pradolina [mot polonais ; angl. *pradolina*, pl. *pradoliny*] – Syn. de urstromtal.

Praguien n. m. [angl. *Praguian*] – Étage du Dévonien (ère primaire). V. tableau Annexe 2. Adj. **praguien, nne**.

praséodyme n. m. [du gr. *prasinos*, vert, et de *didumos*, jumeau ; angl. *prasaeodymium*] – Symbole chim. Pr. N° et masse atom. 59 et 140,92 ; ion 5^+ de rayon 0,106 nm ; clarke 6,5 g/t. Métal du groupe des lanthanides (terres rares).

prasinite n. f. [du gr. *prasinos*, vert ; angl. *prasinite*] – R. du métam. général faible (épizonal, faciès des schistes verts), à schistosité nette, à structure némato- à diablastique, vert foncé, avec feldspath (albite), épidote, chlorite, amphibole, parfois un peu de calcite. Les prasinites, s.l., dérivent de pélites calcareuses ou de roches volcanosédimentaires (paraprasinites), ou de basaltes, spilites, gabbros (orthoprasinites, où les plagioclases basiques ont disparu au profit de l'albite). Pétrographiquement, on distingue : – 1. les **prasinites** s. str. : albite porphyroblastique dominante et proportions égales d'épidote, chlorite, amphibole (hornblende, actinote ; glaucophane dans certains cas) ; – 2. les **ovardites** : albite porphyroblastique, chlorite abondante, accessoirement épidote, sphène et calcite, pas d'amphibole (r. moins riche en Ca, et pauvre en K). La structure est souvent porphyroblastique ocellaire, à cristaux arrondis d'albite superposés à la trame schisteuse dont ils peuvent conserver la trace sous forme d'inclusions. Si le métamorphisme croît, les prasinites se transforment en amphibolites.

Pratt (modèle de –, hypothèse de –) [angl. *Pratt hypothesis*] – V. géodésie.

Préboréal n. m. [angl. *Preboreal*] – Division stratigraphique du Quaternaire (V. tabl. à ce mot) supérieur européen basée sur l'analyse pollinique.

Précambrien n. m. [du lat. *prae*, avant, et de Cambrien ; angl. *Precambrian*] – Période précédant le Cambrien. V. tabl. Annexe 2. Adj. **précambrien, nne**.

précession n. f. **des équinoxes** [du lat *praecessio*, action de précéder, allusion au mouvement du point vernal sur l'écliptique, angl. *precession of the equinoxes*] – V. orbite terrestre.

précontinent n. m. (Syn. de plateau continental) – V. marge continentale.

préhistoire n. f. [angl. *prehistory*] – Histoire de l'Homme avant les témoignages écrits. Elle se déduit des restes d'activité (industries, art, habitat, sépultures), qui permettent d'établir des échelles chronologiques valables pour une région donnée (ailleurs les successions peuvent être différentes ou décalées dans le temps). En Europe de l'Ouest, on distingue principalement, du plus ancien au plus récent (âges donnés avant notre ère) :

1 – Paléolithique inférieur :

1.1 industries pré-abbevilliennes avec galets taillés du type « pebble culture » (depuis 1,8 Ma).

1.2 Abbevillien (anciennement Chelléen) avec des bifaces très irréguliers (de 1 Ma à 600 000 ans).

1.3 Acheuléen (et à sa suite le Micoquien) aux silex taillés en bifaces plus réguliers (de 600 000 ans à 80 000 ans).

1.4 Clactonien, contemporain de l'Acheuléen ancien, mais où les bifaces sont remplacés par de grands éclats.

2 – Paléolithique moyen (de 120 000 à 35 000 ans) avec principalement le **Moustérien**, aux racloirs à bords retouchés.

3 – Paléolithique supérieur :

3.1 Aurignacien et Périgordien (de 35 000 à 20 000 ans) avec des lames, burins, pointes aux tranchants finement retouchés.

3.2 Solutréen (de 20 000 à 15 000 ans) : grandes pointes plates très régulières (feuilles de laurier, etc.).

3.3 Magdalénien (15 000 à 8 000 ans) : la pierre régresse devant l'os ; grand développement des gravures et peintures rupestres (Lascaux, Fr. ; Altamira, Esp.).

4 – Mésolithique (de 8 000 à 5 000 ans) : petites pointes de silex (microlithes) et galets peints de signes géométriques.

5 – Néolithique (de 5 000 à 2 000 ans) : apparition de la céramique et du polissage de la pierre. Se termine par la période mégalithique (dolmens, menhirs).

6 – Âges des métaux, dont la limite avec le Néolithique est floue (Chalcolithique, 2 200-2 000 ans env.) : âge du bronze (de 1 600 à 900 ans), puis du fer.

Adj. **préhistorique** [angl. *prehistoric*].

prehnite n. f. (ou préhnite) [dédié à Von Prehn ; angl. *prehnite*] – Nésosilicate $Ca_2Al_2[Si_3O_{10}](OH_2)$, du syt. orthorhombique, en cristaux aplatis, en rosettes donnant de petits agrégats crêtés ou radiés, verdâtres, à éclat vitreux. Ce minéral, voisin des zéolites, caractérise des roches basiques ou assez calciques ayant subi un métamorphisme faible (V. faciès zéolitique, dans métamorphisme).

Prénectarien n. m. [de *Mare nectaris*, mer du Nectar, Lune ; angl. *Pre-Nectarian*] – Période lunaire allant de 4 560 Ma (formation de la Lune) à 3 920 Ma. V. tabl. Annexe 2.

Préphanérogames n. f. pl. [du lat. *prae-*, avant, et Phanérogames ; angl. *pre-phanerogams*] – Plantes surtout fossiles, intermédiaires entre les Ptéridophytes et les Phanérogames. Elles possèdent un ovule de grande taille (parfois plusieurs centimètres) proche d'une graine. On y groupe notamment les **Ptéridospermales** (anciennement appelées « Fougères à graines »), les **Cordaïtales**, les **Cycadales**, et les **Ginkgoales**.

pré n. m. **salé** [angl. *salt meadow*] – Partie la plus haute d'un schorre*.

pression n. f. **de confinement, – hydrostatique** [angl. *confining pressure, hydrostatic –*] – V. contrainte.

Présvécocarélien n. m. [angl. *pre-Svecokarelian*] – Division du Précambrien scandinave. V. tabl. Annexe 2. Adj. **présvécocarélien, nne**.

Priabonien n. m. [E. Munier-Chalmas et A. de Lapparent, 1893, de Priabona, Ital. ; angl. *Priabonian*] – Étage de l'ère tertiaire, équivalent de l'Éocène sup. V. tabl. Annexe 2. Adj. **priabonien, nne**.

Pridoli (ou Pridolien) n. m. [angl. *Pridoli*] – Division stratigraphique ou étage du Silurien (ère primaire). V. tabl. Annexe 2. Adj. **pridolien, nne**.

Primaire n. m. (ou ère primaire) [G. Arduino, 1759 ? ; angl. *Paleozoic*] – Ère* géologique ayant duré de 570 à 245 Ma. Ce terme n'est plus usité dans les pays anglo-saxons. V. tabl. Annexe 2. Adj. **primaire**. Syn. Paléozoïque, ou ère paléozoïque.

primaires adj. **(ondes –)** [angl. *primary waves, P waves*] – V. sismologie.

Primates n. m. pl. [du lat. *primus, -atis*, du premier rang ; angl. *primates*] – Groupe de Mammifères caractérisés par un développement important du cerveau, et dont les doigts, au nombre de cinq à chaque membre, sont pourvus d'ongles et non de griffes. Ils ont des affinités avec les Insectivores.

Classification :

1 – Lémuriens (Syn. **Prosimiens**), arboricoles, dont la cavité orbitaire n'est pas fermée vers l'arrière (Répart. stratigr. : Éocène – Actuel).

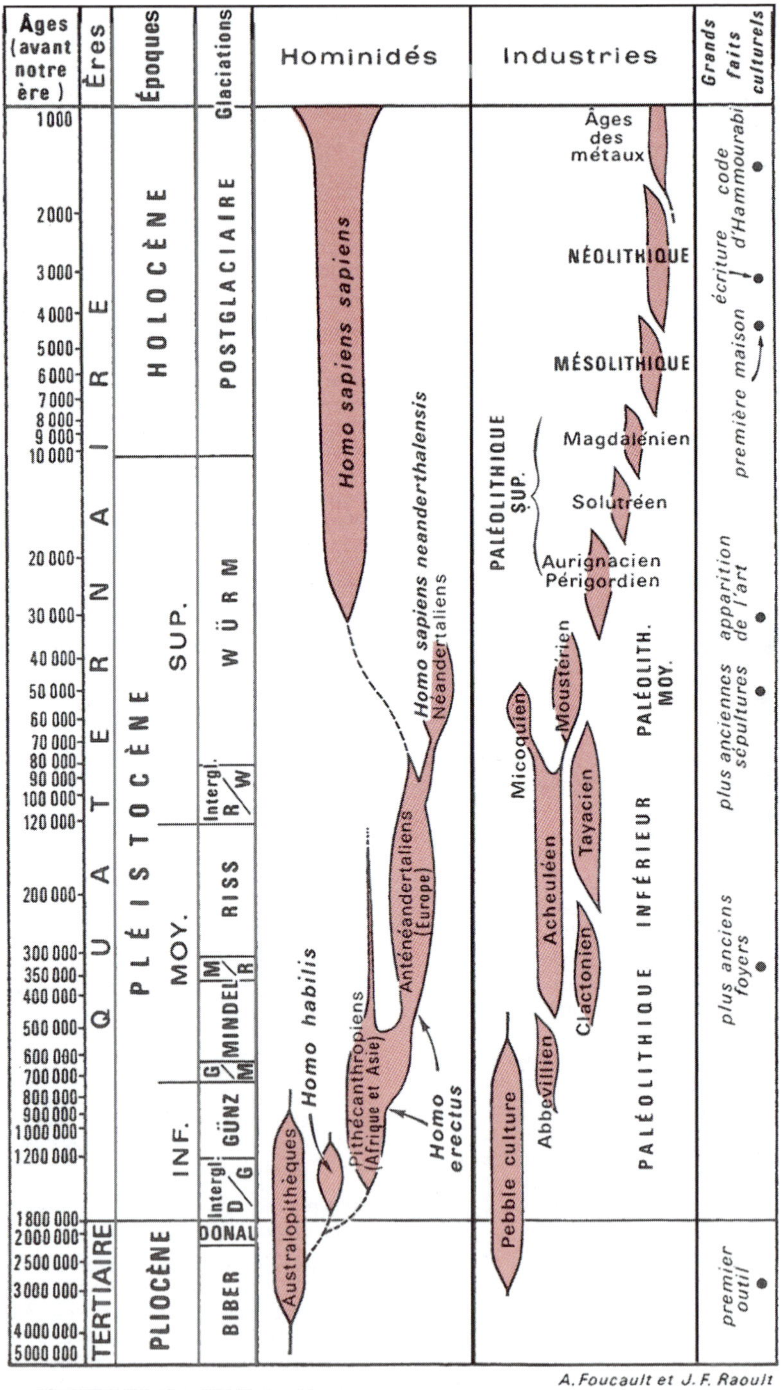

A. Foucault et J. F. Raoult

préhistoire

Intergl. : interglaciaire, dont le nom est composé de ceux des glaciations encadrantes (ex. l'interglaciaire Riss-Würm).

2 – **Anthropoïdes**, à cavité orbitaire entièrement fermée vers l'arrière, comprenant les Singes et les Hominidés (Oligocène – Actuel).

primitif adj. **(relief –)** – V. relief primitif.

principe n. m. **des causes actuelles et des causes anciennes** [angl. *principle of uniformity, uniformitarianism*] –V. actualisme.

principes de la stratigraphie – V. continuité (principe de –), superposition (principe de –), et stratigraphie.

prismation n. f. [angl. *prismatic jointing, columnar –*] – Débit en prismes caractérisant certaines laves, en particulier les basaltes, et considéré comme dû à des fissures de retrait lors du refroidissement. Si les prismes sont de grande taille on parle d'orgues ou de colonnades, souvent divisées en articles par des cassures transversales. Ces prismes sont en général perpendiculaires à la surface de la coulée (ou aux épontes des sills), parfois en gerbes radiales au niveau des ruptures de pente, des bouches d'émission, dans certaines extrusions, et dans des lacs de lave (V. fig.).

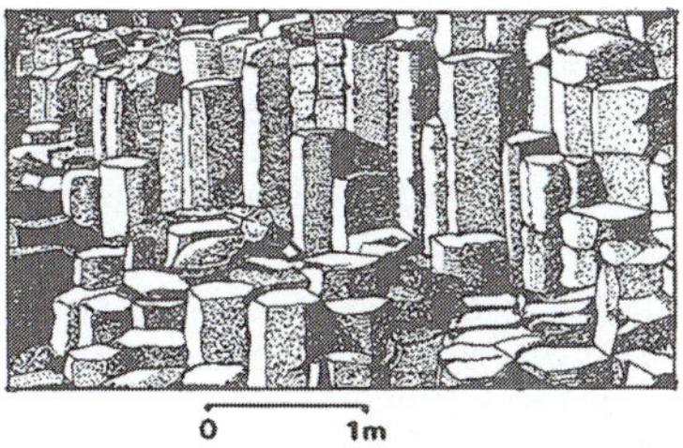

prismation

En haut, prismes de basalte (Chaussée des géants, Irlande, d'après photographie *in* L. Bertin). En bas, aspect général d'une coulée basaltique avec, dans la partie haute, une prismation grossière et irrégulière (fausse colonnade) et, dans la partie basse, une prismation régulière (vraie colonnade). L'épaisseur de la coulée est d'environ 30 m (d'après J. Jung).

prisme n. m. **d'accrétion (tectonique)** [angl. *(tectonic) accretionary wedge, – prism*] – Superposition d'écailles tectoniques au front d'une plaque au-dessus de certaines zones de subduction. Les écailles les plus basses sont les dernières formées et affectent des sédiments plus récents que ceux des écailles supérieures plus internes (cf. polarité orogénique).

Proboscidiens n. m. pl. [du gr. *proboskis*, trompe ; angl. *Proboscidea*] – Groupe de Mammifères, connu depuis l'Éocène, comprenant notamment les éléphants.

prochlorite n. f. [angl. *prochlorite*] – V. chlorite. Syn. ripidolite.

prod cast [terme angl. signif. moulage de choc] – Figure de base de banc correspondant au moulage de la trace du choc d'un objet, entraîné par un courant, sur le fond sous-marin. – V. hyporelief.

prodelta n. m. [du lat. *pro*, en avant, et de delta ; angl. *prodelta*] – Partie d'un delta alluvial située sous le niveau de la mer, sur le plateau continental. Adj. prodeltaïque.

prodissoconque n. f. [du gr. *pro*, en avant, *dissos*, double, et *konkhê*, coquille ; angl. *prodissoconch*] – Première coquille que fabrique un jeune bivalve. Sur l'individu adulte, on la distingue parfois à la pointe du crochet.

Productus – Genre de Brachiopodes (V. fig. à ce mot) Articulés du Carbonifère, à la coquille pourvue d'épines plus ou moins longues. Il fait partie d'un groupe comportant de nombreux genres et espèces voisins.

profil n. m. **(d'un cours d'eau)** [angl. *longitudinal profile (of a stream)*] – Courbe caractérisant une vallée, et le cours d'eau qui s'y trouve, transversalement ou longitudinalement. Le **profil transversal** en un lieu est le profil topographique établi perpendiculairement au talweg (il montre, p. ex. le lit mineur et le lit majeur). Le **profil longitudinal** du cours d'eau est construit en portant en abscisse les longueurs en aval d'un point donné (la source souvent), et en ordonnée les altitudes en chaque point (il montre les variations de pente, les ressauts, etc.) ; le **profil d'équilibre** est le profil d'un cours d'eau qui, en moyenne, ne creuse ni n'alluvionne sensiblement son lit. Ce profil, qui n'est vraiment réalisé que dans les pays tempérés, est néanmoins provisoire, car le cours d'eau continue de transporter des matériaux arrachés à son bassin d'alimentation jusqu'à ce qu'il atteigne un profil limite, en partie théorique, qui correspond à l'établissement d'une pénéplaine*.

profil d'un sol [angl. *soil profile*] – V. sol.

profil tectonique [angl. *(tectonic) profile*] – Coupe* géologique perpendiculaire aux structures plissées. Syn. préférable : coupe tectonique.

profil topographique [angl. *profile (section)*] – Représentation de la coupe d'une surface topographique par un plan vertical : c'est un graphique qui s'exécute généralement à partir d'une carte topographique. L'échelle de la coupe peut être ou non celle de la carte utilisée pour la construire. Il n'est pas obligatoire d'adopter la même échelle pour les distances horizontales et pour les altitudes : une échelle des hauteurs plus grande que celle des longueurs permet souvent d'avoir une vision plus nette des détails du relief, mais a l'inconvénient de modifier les pentes. Cependant, si le profil topographique est destiné à établir ensuite une coupe* géologique détaillée, cette opération est à proscrire car elle ne permet pas une représentation convenable des structures. Les pendages des structures sont en effet modifiés, leur tangente trigonométrique étant multipliée par le même coefficient que l'échelle des hauteurs. Syn. coupe topographique.

profondeur n. f. **de compensation des carbonates** – V. niveau de –.

proglaciaire adj. [du lat. *pro*, en avant, et de glaciaire ; angl. *proglacial*] – Se dit des cours d'eau longeant le front des inlandsis. V. urstromtal.

prognathe adj. [du gr. *pro*, en avant, et *gnathos*, mâchoire] – Se dit d'une face de Primate où les dents sont inclinées vers l'avant et le menton fuyant, n. m. **prognathisme**.

progradation n. f. [du lat. pro, en avant, et *gradus*, marche d'escalier ; angl. *progradation*] – Avancée progressive vers le large des dépôts d'une bordure de bassin. Adj. **progradant, e** [angl. *prograding*] ; vb. **prograder**.

progradation (biseau de –) – V. biseau de progradation.

progradation (figures de –, unités de –) – V. figures de progradation.

prograde adj. [du lat. *pro*, en avant, et *gradus*, marche d'escalier ; angl. *prograde*] – S'applique au métamorphisme lorsque la transformation métamorphique correspond à une augmentation des conditions de T et de P pour lesquelles la r. métam. initiale s'était équilibrée (ex. : passage d'un schiste vert à une amphibolite). Ce terme est en général réservé aux transformations subies au cours d'un même épisode métamorphique, et ne s'applique pas alors aux transformations de degré croissant subies au cours de phases métamorphiques distinctes dans le temps (V. polymétamorphisme). Ant. rétrograde. Syn. progressif

projection n. f. **stéréographique** – V. stéréographique (projection –).

projections volcaniques [angl. *ejecta(menta)*] – Ensemble des fragments solides de r. magm. (fragments pyroclastiques) produits par l'activité explosive des cratères volcaniques : cendres, lapillis, scories, blocs. Pour les gaz et les laves, on utilise le mot émission. V. aussi téphra.

proloculus n. m. (plus correct que proloculum) [du lat. *pro*, en avant, et *loculus*, petite boîte ; angl. *proloculus*]. – Première loge, parfois complexe, micro- ou mégasphérique, du test des Foraminifères, et qui diffère généralement par sa forme des loges suivantes. On lui donne parfois à tort le nom d'embryon, ce nom ne pouvant convenir que lorsqu'elle contient le protoplasme vivant. Syn. loge embryonnaire

prométhéum n. m. [de Prométhée, héros de la mythologie gr. ; angl. *promethium*] – Symbole chim. Pm. N° et masse atom. 61 et 145 ; ion 3^+ de rayon 0,106 nm. Métal du groupe des lanthanides (terres rares), radioactif et instable.

proostracum n. m. [du gr. *pro*, en avant, et *ostrakos*, coquille ; angl. *proostracum*, pl. *-traca*] – Partie du squelette des Bélemnites (V. fig. à ce mot).

proparié, ée adj. [du gr. *pro*, en avant, et *pareia*, joue ; angl. *proparous*] – Se dit des Trilobites dont les lignes de suture céphaliques aboutissent en avant des pointes génales. V. opisthoparié.

propylite n. f. [du gr. *propulon*, portique ; angl. *propylite*] – R. volcanique altérée, de type andésitique ou dacitique. N. f. **proylitisation***.

propylitisation n. f. [de propylite ; angl. *propylitization*] – Type d'altération hydrothermale (*cf.* deutérique) affectant surtout des r. magm. volcaniques (andésite, dacite, latite) qui deviennent vertes et friables, avec développement de séricite, chlorite, calcite, sulfure, épidote souvent, et avec, dans certains cas, des minéralisations en Au, Ag, Pb, Zn, Cu. N. f. **propylite***

prosicula n. f. [du lat. *pro*, en avant, et *sicula*, dague ; angl. *prosicula*] – Partie la plus ancienne de la sicula des Graptolithes (V. fig. à ce mot).

Prosimiens n. m. pl. [du lat. *pro*, en avant, et *simius*, singe ; angl. *Prosimii*] – Groupe de Primates*. Syn. Lémuriens

Prosobranches n. m. pl. [du gr. *prosô*, en avant, et *brankhia*, branchie ; angl. *prosobranchs, Prosobranchia*] – Groupe de Gastropodes*.

prospection n. f. **géophysique** [angl. *geophysical exploration, – prospecting*] – Recherche par des méthodes géophysiques (géophysique appliquée) de substances ou de structures du sous- sol utilisables par

l'homme. Ces méthodes sont essentiellement les suivantes : gravimétrie, magnétisme, propagation des courants électriques (résistivité), sismique, radioactivité. Les mesures peuvent être faites en surface ou dans des sondages (diagraphies*).
La prospection sismique (ou la sismique) utilise les ondes issues d'explosions soit réfractées (sismique réfraction), soit réfléchies (sismique réflexion) dans le sous-sol. Le graphique que l'on obtient en portant en abscisse les distances en surface au point d'explosion et en ordonnée les temps de parcours correspondants est appelé **hodochrone** ou **dromochronique** (V. aussi sismique marine).

prospection sismique [angl. *seismic exploration*] – V. prospection géophysique.

protérogène adj. [du gr. *proteros*, le premier, et *gennan*, engendrer ; angl. *proterogenic*] – Se dit d'un minéral antérieur à une phase métamorphique donnée (*cf.* antécinématique). Ant. hystérogène. V. aussi syngénétique.

Protérozoïque n. m. [J.D. Dana, 1872, du gr. *proteros*, premier, et *zoôn*, animal ; angl. *Proterozoic*] – Portion la plus récente des temps précambriens (2 500 à 570 Ma). V. tabl. Annexe 2. Adj. **protérozoïque**.

Proto-Atlantique n. m. [angl. *Proto-Atlantic Ocean*] – Syn. de Iapetus.

Protoceratops [du gr. *prôtos*, premier, *keras*, corne, et *ops*, œil] – Genre de Reptiles (V. fig. à ce mot) du Crétacé sup. de Mongolie.

protoconque n. f. [du gr. *prôtos*, premier, et *konkhê*, coquille ; angl. *protoconch*] – Première coquille que fabrique le jeune individu chez certains Mollusques (Céphalopodes, Gastéropodes, etc.) ; *cf.* la prodissoconque des Bivalves.

protogine n. f. [du gr. *protogenês*, engendré le premier ; angl. *protogine*] – Granite largement grenu et porphyroïde, à texture grossièrement schisteuse, de teinte verdâtre avec feldspath séricitisé et biotite transformée en chlorite. La protogine constitue en particulier une part importante du massif du Mont-Blanc, où elle contient des lentilles de cornéennes sombres, au contact desquelles les r. magm. granitiques sont devenues dioritiques ou syénitiques.

proto-oolit(h)e n. f. ou m. – Oolithe* à cortex mince.

Protothériens n. m. pl. [du gr. *prôtos*, premier, et *therion*, bête sauvage] – Syn. de Monotrèmes.

Protozoaires n. m. pl. [du gr. *prôtos*, premier, et *zôon*, animal ; angl. *protozoans, Protozoa*] – Embranchement zoologique comprenant tous les animaux unicellulaires. Ils forment un ensemble extrêmement vaste et varié, biologiquement et zoologiquement. Certains d'entre eux (Foraminifères, Radiolaires, Calpionelles) ont une importance géologique notable, soit comme composants de sédiments, soit comme fossiles stratigraphiques.

Protriton – Ancien nom de Branchiosaurus, genre d'Amphibiens* Stégocéphales.

proximal, e, aux adj. [du lat. *proximus*, très près ; angl. *proximal*] – Proche d'un lieu pris comme référence. P. ex. flysch proximal, turbidite proximale, car déposés près des sources d'apports terrigènes. Ant. distal.

psammite n. f. (parfois n. m.) [du gr. *psammos*, sable ; angl. *psammite*] – Grès à ciment fréquemment argileux, riche en micas détritiques (micas blancs surtout) groupés en minces lits, d'où un délitage facile en plaquettes ou en dalles. Ce mot désigne pour les Anglo-Saxons, les r. sédim. détritiques à éléments de la taille d'un sable (dans ce sens, syn. d'arénite). Adj. **psammitique** [angl. *psammitic*].

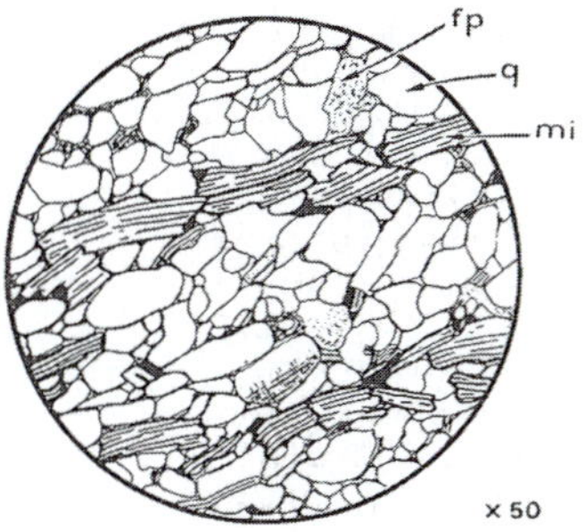

psammite

Vue en lame mince, avec lits de grains de quartz (q) et de rares feldspaths (fp), et lits de micas (mi) (d'après J. Jung).

pséphite n. f. [du gr. *psêphos*, petit caillou ; angl. *psephite*] – Terme parfois utilisé pour désigner les roches détritiques à grain grossier (supérieur à 2 mm). Adj. **pséphitique**. Syn. rudite.

pseudo- [du gr. *pseudês*, menteur] – Préfixe signifiant prétendu, soi-disant, à première vue, par erreur.

Pseudobelus [de pseudo-, et du gr. *belos*, flèche] – Genre de Bélemnites (V. fig. à ce mot) du Crétacé inf., ayant des sillons latéraux très marqués.

pseudochlorite n. f. [angl. *pseudochlorite*] – Syn. de chlorite gonflante. V. argiles.

pseudomorphose n. f. [de pseudo- et, du gr. *morphê*, forme ; angl. *pseudomorphism*] – Phénomène de métamophisme ou d'altération par lequel un minéral originel, identifiable à sa forme, est remplacé par un minéral nouveau ou par un agrégat de minéraux nouveaux. Ex : pseudomorphose d'olivine en serpentine, de grenat en chlorite ; pyroxène pseudomorphosé par une amphibole.

pseudomycélium n. m. – Filonnets blanchâtres de calcite des chernozems*.

pseudonodule n. m. [angl. *pseudonodule, convolution ball*] – V. convolution. Syn. pseudonodule.

pseudo-oolit(h)e n. f. ou m., **pseudo-pisolit(h)e** n. m. [angl. *pseudo (-o) olith*] – Petite masse ou concrétion calcaire à allure oolithique ou pisolithique, mais n'en possédant pas la structure, et dont les enveloppes éventuelles ont été formées essentiellement par une action biologique : algues filamentaires (V. oncolithes), bryozoaires, foraminifères.

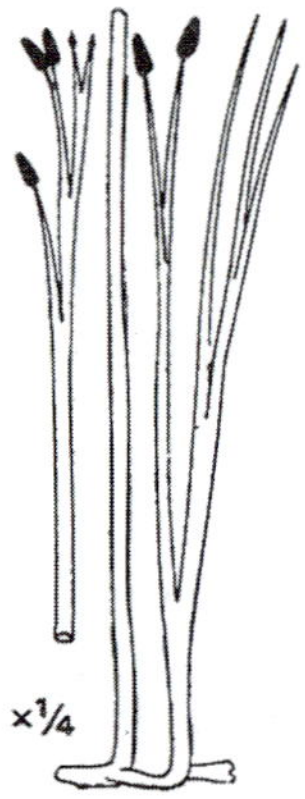

Psilophytales

Rhynia major du Dévonien d'Écosse (d'après L. Moret).

pseudotachylite n. f. [S. J. Shand, 1916, sous l'orth. pseudotachylyte ; angl. *pseudotachylyte*] – Mylonite* d'aspect vitreux.

Psiloceras [du gr. *psilos*, grêle, et *keras*, corne] – Genre d'Ammonites (V. fig. à ce mot) du Jurassique inf. (Hettangien).

psilomélane n. m. [du gr. *psilos*, grêle, et *melanos*, noir ; angl. *psilomelane*] – Oxyde hydraté de Mn et Ba, en masses concrétionnées noires à gris acier bleuâtre, dont la cassure présente souvent un aspect en empreintes de fougères (V. cryptomélane, dendrite).

Psilophytales, n. f. pl. [du gr. *psilos*, grêle, et *phuton*, plante ; angl. *psilophytes ; Psilophytales*] – Premiers représentants connus des végétaux terrestres possédant une tige. On les classe dans le groupe des Ptéridophytes. Répart. stratigr. : Dévonien.

Pt – Symbole chim. du platine.

Pteranodon [du gr. *pteron*, aile, et *odous, odontos*, dent] – Reptile (V. fig. à ce mot) volant du Crétacé sup. d'Amérique du Nord et de Russie.

Ptéraspidomorphes n. m. pl. [de *Pteraspis*, et de *morphê*, forme] – Groupe d'Agnathes*.

Pteraspis [du gr. *pteron*, aile, et *aspis*, bouclier] – Genre d'Agnathes. (V. fig. à ce mot).

Ptéridophytes n. f. pl. [du gr. *pteris, -idos*, fougère, et *phuton*, plante ; angl. *pteridophites, Pteridophyta*] – Plantes composées de racines, tiges et feuilles, mais sans fleurs ni graines, la reproduction se faisant au moyen de spores. On y distingue principalement les **Psilophytales, Lycopodiales, Equisétales, Filicales** (ou Fougères), **Cladoxylales**. Syn. Cryptogames vasculaires.

Ptéridospermales n. f. pl. [du gr. *pteris, -idos*, fougère, et *sperma*, graine ; angl. *pteridosperms, Pteridospermae*] – Plantes uniquement fossiles proches des Fougères, mais possédant de gros ovules ressemblant à des graines. Répart. stratigr. : Dévonien - Crétacé. Syn. Ptéridospermées, ou « Fougères à graines ».

Ptérioïdes, Ptériomorphes n. m. pl. – Groupes de Bivalves*.

Ptérocérien n. m. [de *Pteroceras*, genre de Bivalve ; angl. *Pterocerian*] – Étage, maintenant abandonné, du Jurassique sup. (ère secondaire). V. tabl. Annexe 2. Adj. **ptérocérien, nne**.

Pterodactylus [du gr. *pteron*, aile, et *dactulos*, doigt] – Reptiles (V. fig. à ce mot) volants du Jurassique sup. européen.

Ptéropodes n. m. pl. [du gr. *pteron*, aile, et *pous, podos*, pied ; angl. *pteropods, Pteropoda*] – Groupe de Gastéropodes marins pélagiques ayant parfois une fine coquille calcaire conique. Répart. stratigr. : Tertiaire - Actuel. On leur a comparé les Tentaculites qui ont une coquille comparable, et sont comme eux pélagiques, mais qui ne se trouvent que de l'Ordovicien au Dévonien.

Ptérosauriens, n. m. pl. [du gr. *pteron*, aile, et *saura*, lézard ; angl. *pterosaurs, Pterosauria*] – Groupe de Reptiles* volants de l'ère secondaire.

ptygmatique adj. **(pli –)** [du gr. *ptugma, -atos*, pli ; angl. *ptygmatic fold*] – Pli serré à charnière régulière et bien arrondie, qui affecte des filon quartzo-feldspathiques dans certaines r. métam., surtout migmatitiques.

pugilaire adj. [du lat. *pugillaris*, gros comme le poing ; angl. *fist-sized*] – De la taille du poing. Ex. conglomérat à éléments pugilaires.

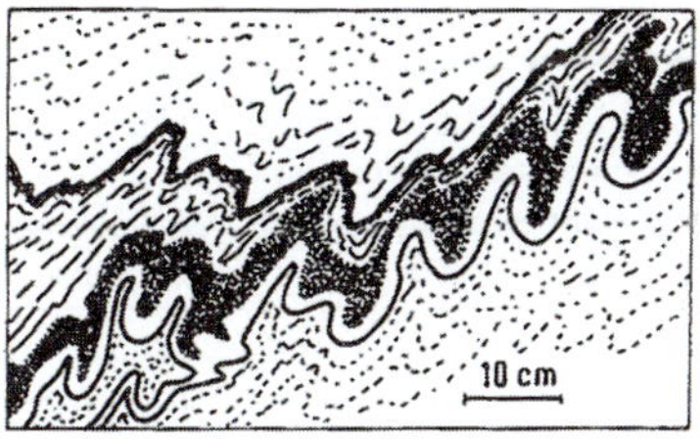

ptygmatique

Plis ptygmatiques affectant un mince filon de pegmatite (en clair) traversant des schistes (d'après photographie *in* J.G. Ramsay).

puissance n. f. (d'une couche ou d'une série) [angl. *thickness*] – Épaisseur d'une couche ou d'une série de couches mesurée perpendiculairement à la stratification. C'est donc l'épaisseur réelle par opposition à l'épaisseur apparente qui peut être relevée p. ex. dans un sondage oblique à la stratification.

puits n. m. [du lat. *puteus*, même signif.] – 1. [angl. *well*] Excavation généralement cylindrique, creusée manuellement, et souvent en partie maçonnée, destinée à atteindre et à exploiter la première nappe d'eau souterraine libre (nappe des puits ou nappe phréatique). – 2. N'importe quelle cavité s'enfonçant profondément, naturelle (p. ex. puits karstique [angl. *pot(hole), vertical cave*]) ou artificielle (p. ex. puits de mine [angl. *mine shaft*]), même résultant d'un forage (puits de pétrole [angl. *(oil) well*]).

puits absorbant [angl. *swallow hole*] – Syn. d'embut.

puits artésien – V. artésien (puits –).

pulaskite n. f. [de Pulaski, Arkansas, U.S.A. ; angl. *pulaskite*] – Var. de syénite néphélinique.

pull-apart (bassin de –) [D. A. Rodgers, 1980 ; terme angl., de *pull*, tirer, et *apart*, à part ; angl. *pull-apart basin*] – Bassin de sédimentation allongé qui s'est constitué sur une zone de décrochement du fait du mouvement de celle-ci. *Cf.* rhombochasme. Pourrait se traduire par bassin de décrochement.

Pulmonés n. m. pl. [du lat. *pulmo*, poumon ; angl. *pulmonates, Pulmonata*] – Groupe de Gastéropodes*.

pumpellyite n. f. [angl. *pumpellyite*] – Sorosilicate (Al, Fe^{3+},Ti)$_5$$Ca_4$ (Mg, Fe^{2+}), $[(SiO_4)_2 (Si_2O_7)_2]$ O $(OH)_3$, $2H_2O$ (groupe de l'idocrase), du syst. monoclinique, en prismes allongés ou en fibres, vert bleuté (facilement confondu avec les épidotes) ; on la trouve dans des schistes verts et des schistes à glaucophane (V. métamorphisme) ; elle est présente aussi dans certains basaltes et spilites.

Purbeckien n. m. [A. Brongniart, 1829, de la presqu'île de Purbeck, Dorset, G.-B. ; angl. *Purbeckian*] – Faciès laguno-lacustre des couches de passage du Jurassique au Crétacé (ère secondaire), où l'on rencontre souvent des calcaires bréchiques et des argiles à Charophytes. Ces caractères l'opposent au Tithonique, faciès en partie contemporain, constamment pélagique. On le connaît p. ex. dans le Jura. V. tabl. Annexe 2. Adj. **purbeckien, nne**.

Puzosia [dédié à Puzos] – Genre d'Ammonites (V. fig. à ce mot) du Crétacé (Albien - Turonien).

pycnocline [du gr. *puknos*, dense, et *klinein*, s'incliner ; angl. *pycnocline*.] – Niveau de l'océan où l'eau présente, vers le bas, une brusque augmentation de densité.

pygidium n. m. [du gr. *pugê*, arrière-train ; angl. *pygidium*] – Partie postérieure des Trilobites*.

Pygope [du gr. *pugê*, arrière-train] – Genre de Brachiopodes (V. fig. à ce mot) du Jurassique sup. - Crétacé inf., caractérisé par une coquille en apparence percée d'un trou, ce qui est dû, en réalité, au fait que les deux côtés de la coquille, qui s'accroissent plus vite que le centre, finissent par se rejoindre en laissant, entre eux, un vide.

pyralspite n. f. [acronyme des noms pyrope, almandin, et spessartite ; angl. *pyralspite*] – Terme regroupant les grenats* alumineux non calciques.

pyrénéenne adj. **(phase –)** [H. Stille, 1924, des Pyrénées, Fr. ; angl. *Pyrenean orogeny*] – Phase tectonique de l'ère tertiaire, située vers la limite de l'Eocène moyen et de l'Eocène sup. Cette phase étant également bien marquée en Provence, on dit parfois phase pyrénéo-provençale. V. tabl. Annexe 2.

pyrénéite n. f. [des Pyrénées, Fr. ; angl. *pyreneite*] – Var. de grenat*.

Pyrgo – Genre de Milioles (V. fig. à ce mot).

pyrite n. f. [du gr. *puros*, feu ; angl. *pyrite*] – Sulfure FeS_2 (traces Ni, Co, Cu, Ag, Au), du syst. cubique, en cubes parfois à faces striées (pyrite triglyphe), en dodécaèdres pentagonaux (ou pyritoèdres), à macles fréquentes (macle de la Croix de fer) ; éclat métallique, jaune vif, brun par altération (gœthite). Elle est largement répandue en masses, veines, imprégnations et cristaux isolés dans des filons hydrothermaux, et diverses r. magm., métam., et sédim. (riches en matière organique pour ces dernières). Elle est souvent associée à la blende, à la galène, et à la chalcopyrite dans des gisements dits B.P.G.C. Adj. **pyriteux, se** [angl.

pyritic, pyritaceous] ; **pyritisé, e** ; n. m. **pyritisation** [angl. *pyritization*].

pyrite blanche – Syn. de marcasite.

pyrite magnétique – Syn. de pyrrhotite.

pyriteuse adj. **(ammonite –)** [angl. *pyritized ammonite*] **–** Ammonite épigénisée en pyrite, souvent elle-même transformée en oxydes de fer. V. épigénie.

pyrochlore n. m. [angl. *pyrochlore*] – V. niobium.

pyroclastique adj. [du gr. *puros*, feu, et *klastos*, brisé ; angl. *pyroclastic*] – S'applique aux débris de r. magm. éjectés par les volcans, et dont l'accumulation donne les r. pyroclastiques (ou pyroclastites [angl. *pyroclastics*]) : cendres, ejecta, ignimbrites, lapillis, tufs. N. m. **pyroclaste** (élément des pyroclastites) [angl. *pyroclast*].

pyrolite n. f. [du gr. *puros*, feu, et *lithos*, pierre ; angl. *pyrolite*] – Roche théorique naguère considérée comme ayant la composition du manteau et qui aurait été à l'origine des diverses variétés de magmas basaltiques. On pense aujourd'hui, grâce à l'étude géochimique des isotopes radiogéniques des basaltes (Sr, Nd, Pb), qu'ils dérivent de sources diverses.

pyrolusite n. f. [du gr. *puros* feu, et *lusis*, dissolution ; angl. *pyrolusite*] – Oxyde MnO_2, variété de polianite, sous forme de fines fibres noirâtres dessinant des figures ressemblant à des frondes de fougère : ce sont les dendrites* de manganèse présents dans des joints de r. sédim., et pouvant contenir du psilomélane.

pyroméride n. f. [du gr. *puros*, feu, et *meros*, partie ; angl. *pyromeride, spherulitic rhyolite*] – Verre rhyolitique rosé à grands sphérolites (1 cm, parfois 10 cm).

pyrope n. m. [du gr. *puros*, feu, et *ôps*, œil ; angl. *pyrope*] – Var. de grenat*.

pyrophyllite n. f. [du gr. *puros*, feu, et de phyllite ; angl. *pyrophyllite*] – Phyllosilicate Al_2 [Si_4O_{10} $(OH)_2$], du groupe du talc, voisin des micas, du syst. monoclinique pseudohexagonal, en petits cristaux ; c'est un minéral peu fréquent de certains schistes faiblement métamorphiques.

pyrosphère n. f. [du gr. *puros*, feu, et de sphère ; angl. *pyrosphere*] – Syn. de sima. V. Terre.

pyroxène n. m. [du gr. *puros*, feu, et *xenos*, étranger ; angl. *pyroxene*] – Inosilicate en chaîne simple, ferromagnésien avec, en proportions variables, Ca et Na, du syst. orthorhombique (orthopyroxène) ou monoclinique (clinopyroxène). C'est une famille complexe de minéraux, en prismes plus ou moins allongés, à sections rectangulaires à angles tronqués montrant en général deux clivages presque orthogonaux, rarement fibreux, à couleur noire à éclat métallique, parfois verte, violacée, grise ; ils peuvent être maclés et zonés. La classification, complexe, est liée aux systèmes cristallins, et aux variations progressives des compositions chimiques.

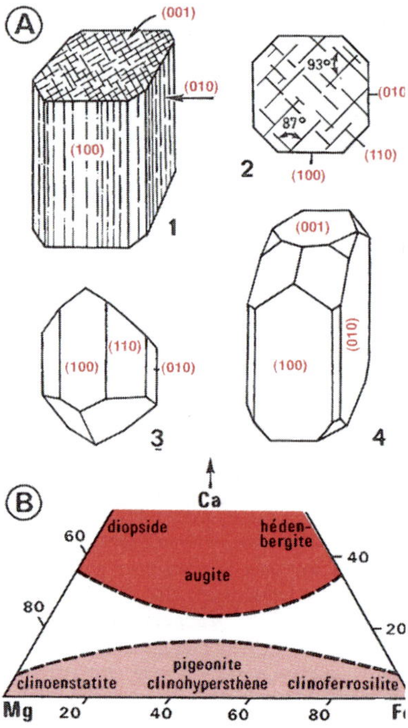

pyroxène

A : 1 : forme générale avec les clivages – 2 : section (001) avec les clivages suborthogonaux – 3 : forme de l'augite – 4 : forme du diopside (3 et 4 d'après A. de Lapparent).
B : position des clinopyroxènes calciques et ferromagnésiens dans un diagramme triangulaire Ca-Fe- Mg (d'après Hess *in* M. Roubault).

– **1. Orthopyroxènes** : série isomorphe allant d'un pôle magnésien **(enstatite)** à un pôle ferreux (**orthoferrosilite**, instable et non représentée dans la nature) avec comme minéral fréquent l'**hypersthène** $(Mg, Fe)_2$ $(SiO_3)_2$ à 30-50 % Mg ; la **bronzite** en est une variété (10-30 % Mg) à reflets bronzés, à clivage supplémentaire fin (010).
– **2. Clinopyroxènes ferromagnésiens et calciques** classés en fonction des pourcentages de Ca, Mg, Fe. Le **diopside**, verdâtre et translucide, peut montrer des reflets métalliques [var. **diallage** à clivage supplémentaire fin (100)]. La **pigeonite** est moins

calcique. **L'augite**, en cristaux noir ébène, souvent maclés et zonés, peut contenir en outre Al et Ti (titanoaugite à 3-5 % de TiO_2). L'**hédenbergite** est dépourvue de Mg.
– **3. Clinopyroxènes alcalins** avec le **spodumène** (ou triphane) Al Li (SiO_3), la **jadéite** AlNa $(SiO_3)_2$, et **l'ægyrine** Fe^{3+} Na $(SiO_3)_2$ en prismes verts, ou en fibres (var. acmite). Les intermédiaires entre l'augite et l'ægyrine constituent les **augites ægyriniques**, ceux entre diopside ou augite et jadéite, les **omphazites**, souvent chromifères.
Les pyroxènes sont des minéraux essentiels des r. magm. et métam. ; les orthopyroxènes se trouvent surtout dans les gabbros et les r. ultrabasiques ; le diopside est commun dans les r. métam. (cornéennes, micaschistes, etc.) ; la pigeonite (surtout en microlithes) et l'augite sont fréquentes dans les andésites, basaltes, gabbros, et r. ultrabasiques ; l'ægyrine se trouve dans les granites alcalins, syénites, trachytes, et phonolites ; la jadéite caractérise certaines r. métam. de haute pression (V. métamorphisme).
Les pyroxènes peuvent s'altérer en serpentine, chlorite, calcite, et souvent subissent une **ouralitisation** (formation de hornblende vert pâle, et d'actinote). Adj. **pyroxénique**.

pyroxénite n. f. [angl. *pyroxenite*] – R. métam. rare, essentiellement composée de pyroxènes. V. skarn.

pyroxénoïde n. m. [de pyroxène, et du gr. *eidos*, aspect ; angl. *pyroxenoid*] – Inosilicate du syst. triclinique, constituant une famille dont les principaux minéraux sont : – 1. la **wollastonite** Ca_3 $(SiO_3)_3$, souvent fibreuse, ou en cristaux vitreux incolores à gris, présente dans les r. métam. calcaires ; – 2. la **rhodonite** Mn_5 $(SiO_3)_5$, translucide, rose ou rouge, minéral accessoire des gîtes de manganèse, et de certaines r. métam.

pyroxénolite n. f. [angl. *pyroxenolite*] – R. magm. ultrabasique (V. tab. magm.) grenue, noire (holomélanocrate), composée essentiellement de pyroxène. Les variétés sont nommées d'après le pyroxène dominant (**bronzitite, diallagite, etc.**). La **webstérite** est à clino- et orthopyroxène, avec, comme minéraux accessoires, olivine, grenat, spinelle, hornblende (*cf.* ariégite). Ce sont des roches peu abondantes associées aux péridotites, ou à certains gabbros (V. ophiolites). Remarque : pyroxénite est souvent utilisé pour pyroxénolite, mais la distinction doit être conservée, même si elle est parfois malaisée dans la pratique.

pyrrhotite n. f. [du gr. *purros*, rouge ; angl. *pyrrhotite*] – Sulfure $Fe_{1-x}S$ (avec x compris entre 0 et 0,2) ou, plus exactement, Fe_{1-x}^{2+}, $Fe_{2x/3}^{3+}$ S (déficience en atomes de Fe, 2x/3 s'oxydant en Fe^{3+} pour réaliser l'équilibre électrostatique avec formation de x/3 sites octaédriques vacants), du syst. hexagonal, en masses grenues compactes plus ou moins écailleuses, à éclat faiblement métallique, jaune de bronze mélangé de rougeâtre, faiblement magnétique. Elle correspond à la transformation de la pyrite à HT. Elle est présente dans des cornéennes, des filons, et certaines météorites. Ancien nom : pyrrhotine.

Q

quadratique adj. (système cristallin –) [du lat. *quadratus*, carré ; angl. *quadratic*] – V. cristal.

quart n. m. **d'onde (lame –)** [angl. *quarter-wave plate*] **–** V. lame auxiliaire.

quartz n. m. [ancien terme de mineur allemand ; angl. *quartz*] – Forme cristalline très commune de la silice* ($Si\ O_2$).

quartz compensateur [angl. *quartz wedge, – plate*] – V. lame auxiliaire.

quartzeux, se adj. [angl. *quartzose, quartz-rich*] – S'applique aux r. sédim. détritiques riches en grains de quartz, cimentées, au cours de la diagenèse, par de petits cristaux de quartz néoformés. Un grès quartzeux est ainsi compact et cohérent mais les plans de cassure contournent les grains, et sont donc d'aspect rugueux (différence avec un quartzite).

quartzifère adj. [angl. *quartz-bearing, quartziferous*] – se dit d'une r. magm.* qui contient un peu de quartz.

quartzique adj. [angl. *quartzic*] – Qualifie certaines r. magm.* qui comportent une proportion notable de quartz (ex. diorite quartzique).

quartzite n. m. [angl. *quartzite*] – R. siliceuse, compacte, à cassure conchoïdale lisse ou finement esquilleuse, en général claire et d'aspect gras. Un quartzite est constitué de cristaux de quartz intimement soudés, souvent dentelés et engrenés ; le plan de cassure de la roche traverse les cristaux, et ne contourne pas les grains (*cf.* quartzeux). Le microscope permet, dans certains cas, de voir les traces (fantômes) d'anciens grains détritiques de quartz englobés dans des plages de quartz néoformé, chaque plage ayant la même orientation cristalline que le grain englobé. Un quartzite sédimentaire (V. « orthoquartzite ») provient de la cimentation par diagenèse d'un grès. Un quartzite métamorphique (métaquartzite) provient de la recristallisation d'un grès, parfois d'une radiolarite, ou encore d'un filon de quartz ; on en trouve intercalés dans des schistes, des micaschistes, et des gneiss, leur aspect restant pratiquement constant malgré l'augmentation du degré de métamorphisme. La distinction entre quartzite sédimentaire et métaquartzite est parfois impossible au seul vu d'un échantillon isolé.

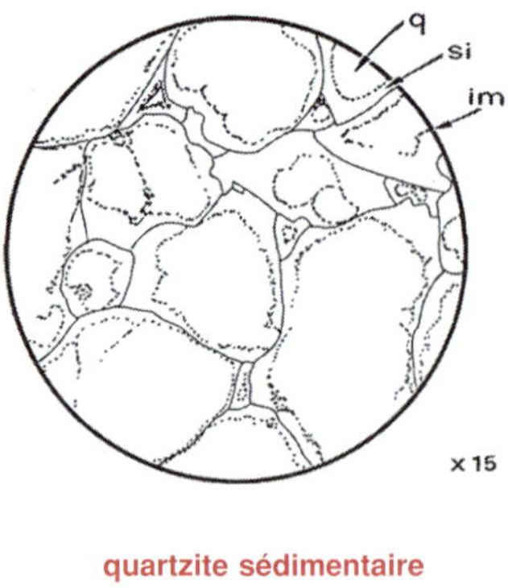

quartzite sédimentaire

Vue en lame mince – im : ligne d'impuretés soulignant la limite entre les grains détritiques de quartz (q) et la silice secondaire (si) qui les cimente.

quartzitique adj. [angl. *quartzitic*] – Qui a les caractères d'un quartzite. Grès quartzitique : intermédiaire entre grès quartzeux et quartzite, mais bien souvent syn. de quartzite par absence de limites nettes. Lits quartzitiques : lits uniquement formés de quartz, à structure granoblastique, dans les schistes et micaschistes, où ils alternent avec des lits micacés.

quartzolite n. f. – 1. (ou quartzolithe) (L. Cayeux, 1929) Accident siliceux dans des formations lagunaires, formé de quartz secondaire en grains moulés les uns sur les autres, et ayant la structure des quartzites. – 2. [angl. *quartzolite*] (Streckeisen, 1966 ; V. tabl. magm.) Syn. de silexite*, lorsque ce mot désigne une r. magm. hypersiliceuse.

quartzophyllade n. m. [de quartz, et de phyllade ; angl. *quartz schist*] – R. métam. formée de feuillets quartzitiques d'épaisseur centimétrique, alternant avec des feuillets de schiste ou de phyllade*.

Quaternaire n. m. (ou ère quaternaire) [J. Desnoyers, 1829 ; angl. *Quaternary*] – Dernière période de l'histoire du globe, juste postérieure au Tertiaire avec lequel elle forme le Cénozoïque (V. tabl. Annexe 2).
Sa définition a beaucoup varié. On a longtemps tenté de lui faire correspondre l'apparition de l'homme et le début des grandes glaciations récentes. Le progrès des connaissances ayant reculé ces événements, on tend aujourd'hui à considérer sa limite inférieure comme arbitraire et à la définir par rapport à un événement susceptible d'être bien visible dans les enregistrements sédimentaires. Une proposition largement retenue est de lui faire correspondre le haut d'une couche sombre à matière organique (sapropèle) de la série marneuse marine de Vrica (Calabre, Italie) qui correspondrait à très peu près au sommet de l'événement paléomagnétique d'Olduvai (âge : 1,81 Ma), ainsi qu'à la base de l'étage Calabrien. Mais d'autres propositions ont été émises faisant débuter le Quaternaire un ou même deux millions d'années plus tôt. V. ère, et tableaux glaciation, Quaternaire et préhistoire. Adj. quaternaire.

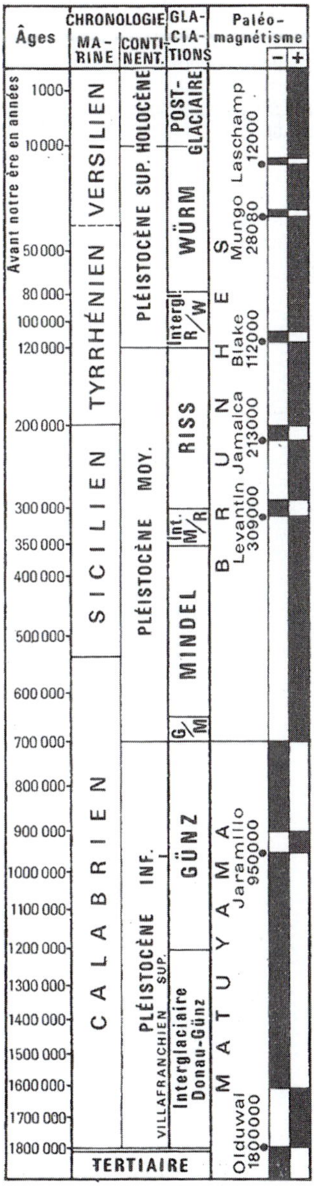

Quaternaire

	Âges en années (B.P.)	Divisions stratigraphiques
HOLOCÈNE	2700	Subatlantique
	4700	Subboréal
	8000	Atlantique
	9000	Boréal
	10300	Préboréal
PLÉISTOCÈNE	10700	Dryas III (= Dryas récent)
	11700	Alleröd
	12200	Dryas II
	13200	Bölling
	15000	Dryas I (= Dryas ancien)

Quaternaire récent

Divisions stratigraphiques de la fin du Quaternaire ouest-européen (Tardiglaciaire, 15 000 à 10 300 ans B.P. et Holocène) basées sur les associations polliniques.

quernage n. m. [angl. *slate splitting*] –Terme de carrier désignant le fait de débiter des schistes ardoisiers selon des plans de cassure préférentiels (plans de quernage) différents des plans de schistosité. V. fil, longrain. Vb. **querner**.

queue n. f. **de comète** [angl. *tail, trailing spit*] – Flèche littorale édifiée derrière une île, du côté opposé à la houle dominante.

queue de cristallisation [angl. *pressure shadow, strain –*] – Zone fusiforme située à

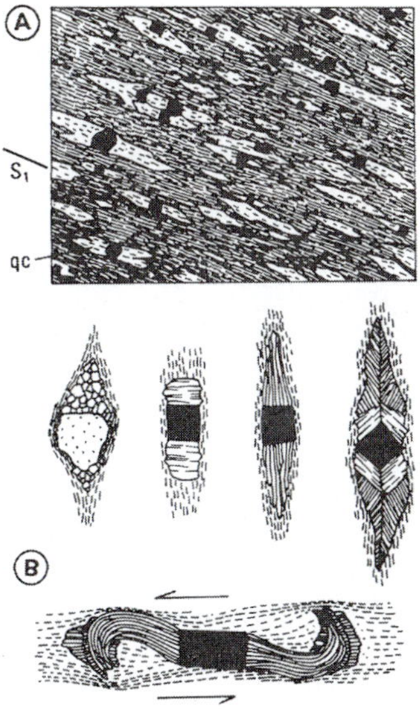

queue de cristallisation

A : surface polie de schiste montrant les queues de cristallisation (qc) claires, aux extrémités de cristaux noirs d'oxyde de fer, allongées et matérialisant une linéation dans le plan de schistosité S1 – B : en haut, types divers avec cristallisation de fibres de quartz et phyllites, vus au microscope ; – en bas, cristallisations successives en plusieurs étapes avec mouvement cisaillant et rotation (*in* J.P. Bard, d'après P. Choukroune).

l'extrémité d'un petit galet ou d'un cristal plus dur que la matrice et où ont cristallisé de nouveaux minéraux. On en observe dans diverses roches métamorphiques, tels les schistes, où elles sont constituées alors de quartz, de phyllites (mica blanc, chlorite), et/ou de calcite (schistes calcareux). Ces queues de cristallisation sont dues au phénomène de dissolution* sous pression et, parallèles au plan de schistosité, elles sont allongées selon l'axe d'allongement maximal (axe X de l'ellipsoïde de déformation). Si leur croissance est synchrone de mouvements de cisaillement, elles peuvent se tordre et acquérir une allure sigmoïde. V. aussi boudinage. Syn. ombre de pression.

R

Ra – Symbole chim. du radium.

rabattement n. m. **(d'une nappe d'eau souterraine)** [angl. *drawdown*] – Abaissement du niveau piézométrique (V. ce terme) d'une nappe d'eau souterraine causé par le pompage de l'eau.

rabotage n. m. **basal** [P. Fallot, 1944] – Usure de la base d'une unité charriée par frottement sur son substratum, se traduisant notamment par le repos en oblique de ses couches sur la surface de chevauchement. Il faut noter que si tous les observateurs admettent l'existence de cette disposition structurale, l'explication de sa genèse est souvent controversée. Ainsi utilise-t-on parfois pour décrire ce phénomène, les termes d'ablation **basale** ou de **troncature basale**, qui ne font pas appel à un mécanisme déterminé, le second n'impliquant même pas un enlèvement de matière.

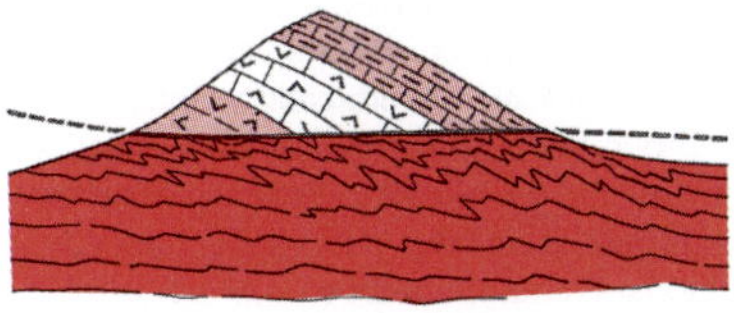

rabotage basal

raccordement n. m. **(gorge de –)** – V. modelé glaciaire.

raccourcissement n. m. [angl. *shortening*] – Diminution de la longueur ou de la largeur d'un ensemble géologique par plissement ou charriage.

Rachitomes n. m. pl. [du gr. *rakhi*, colonne vertébrale, et *tomê*, section ; prononc. raki-] – Amphibiens fossiles du groupe des Stégocéphales. Répart. stratigr. : Permien.

racine n. f. (souvent utilisé au pluriel) [du lat. *radix, radicis*, même signif. ; angl. *root*] – 1. (d'une unité tectonique) Partie la plus en arrière d'un ensemble charrié, limitée d'une part par le contact anormal de base de cette unité, et de l'autre par un autre ensemble structural. Elle représente donc, aux resserrements près, la zone d'où est issu l'ensemble charrié (nappe, pli couché, écaille). Il arrive que les racines aient été complètement ou presque complètement écrasées ou expulsées entre les zones qui les encadrent. On parle alors de **zone radicale** [angl. *root zone*] ou de **cicatrice** [angl. *root scar*]. V. enracinement, nappe de charriage (fig.), patrie. – 2. (sous les montagnes). Épaississement de la croûte continentale à l'aplomb des chaînes de montagnes, le Moho pouvant descendre jusqu'à 70-80 km de profondeur. V. géodésie (modèle de G.B. Airy). Adj. **radical, e, aux.**

radial, e, aux adj. [du lat. *radius*, rayon ; angl. *radial*] – Se dit d'une déformation tectonique qui se développe principalement dans un plan vertical (c'est-à-dire radialement par rapport au globe terrestre). Ex : des failles verticales sont des accidents radiaux. Ant. tangentiel.

radicale adj. **(zone –)** – V. racine.

radiocarbone n. m. [de radioactif et de carbone ; angl. *radiocarbon*] – Tout isotope radioactif du carbone* et, plus particulièrement, le carbone 14.

radiochronologie n. f. [de radioactif, et du gr. *khronos*, temps, et *logos*, discours ; angl. *radiometric dating*] – Ensemble des méthodes de datation des minéraux ou des roches fondées sur l'étude de leurs éléments radioactifs et de leurs produits de désintégration. Les mesures peuvent être effectuées soit sur les roches totales, soit sur leurs minéraux séparément. Les âges obtenus sont appelés **âges radiométriques** (on a longtemps utilisé comme synonyme âge absolu ; cette expression trop catégorique est aujourd'hui évitée dans ce sens). Le principe général utilisé en radiochronologie repose sur les caractéristiques de la désintégration d'un élément radioactif père en un élément radiogénique fils. La masse d'un élément radioactif décroît de façon exponentielle en fonction du temps, conformément à la relation fondamentale

$$P = P_0 e^{-\lambda t}$$

où P_0 est la quantité d'élément père présente au début de la réaction, P celle restant au moment de la mesure, t le temps écoulé, et l un coefficient de proportionnalité, appelé constante radioactive, qui dépend de l'élément considéré.

Cette relation est utilisée par exemple pour les datations au carbone 14 (^{14}C), élément radioactif se transformant spontanément en ^{14}N et pour lequel on sait que le rapport $^{14}C/^{12}C$ dans l'atmosphère et dans les eaux est resté sensiblement constant (au moins avant les premières explosions atomiques). Le carbone utilisé par les êtres vivants a la même composition isotopique que celle de l'atmosphère ou de l'eau pendant toute leur existence. Mais au jour de leur mort, les échanges avec le milieu cessent et les proportions isotopiques évoluent en fonction du temps conformément à la loi de la désintégration. Si l'on veut par exemple mesurer l'âge d'un morceau de bois ancien, il suffit donc de déterminer la valeur actuelle de $^{14}C/^{12}C$ dans l'échantillon, celle au départ étant connue. Le dosage de ^{14}C, très peu abondant, est fait en pratique par la mesure de sa radioactivité (soulignons la difficulté de cette mesure, la proportion actuelle $^{14}C/^{12}C$ étant inférieure à 10^{-10}, le nombre de désintégrations par minute et par gramme de carbone total est d'environ 16) ou, avec plus de précision, grâce au spectromètre de masse. Ces techniques permettent des datations jusque vers environ 50 000 ans. Des corrections doivent être faites parce que la teneur en ^{14}C de l'atmosphère varie en fait un peu au cours du temps.

Si on ne connaît pas la composition isotopique de l'élément au départ, ce qui est le cas habituel pour des éléments autres que le carbone, on utilise alors la relation dite équation de base de la radiochronologie, déduite de la précédente :

$F = P\,(e^{\lambda t} - 1) + F_0$

où F est la quantité d'élément radiogénique fils dans l'échantillon étudié et F_0 la quantité de cet élément présent à l'origine. Cette dernière est inconnue, mais on tourne la difficulté en dosant un autre isotope stable F_r de F et en le prenant comme référence. On peut en effet écrire :

$F/F_r = P/F_r\,(e^{\lambda t} - 1) + F_0/F_r$

Si l'on prend alors non pas un seul échantillon mais plusieurs, extraits d'un même ensemble magmatique ayant subi une homogénéisation chimique avant sa consolidation (p. ex. un massif granitique), on peut penser que le rapport F_0/F_r est le même pour tous les échantillons, ces deux isotopes stables de même comportement chimique ayant été inclus en proportions identiques dans tous les minéraux, quelle que soit leur abondance. Il en résulte que les points correspondant aux mesures vont, dans un diagramme P/F_r, F/F_r, s'aligner sur une droite de pente $e^{\lambda t} - 1$ et d'ordonnée à l'origine F_0/F_r. Cette droite est appelée **isochrone** du système.

Ce raisonnement s'applique pour les couples K-Ar (pour des âges allant de 1 à 100 millions d'années), Rb-Sr, U-Pb, et Th-Pb (jusqu'à quelques milliards d'années) avec, le cas échéant, des modalités parfois complexes, notamment en ce qui concerne le couple U-Pb. Ces méthodes ont permis de préciser considérablement l'histoire de la Terre, en particulier pour les périodes anciennes, et du système solaire. Elles doivent cependant être utilisées avec précaution car d'une part de nombreuses erreurs peuvent fausser les mesures, et d'autre part il est parfois difficile d'interpréter les résultats obtenus, certaines roches ayant une histoire très complexe.

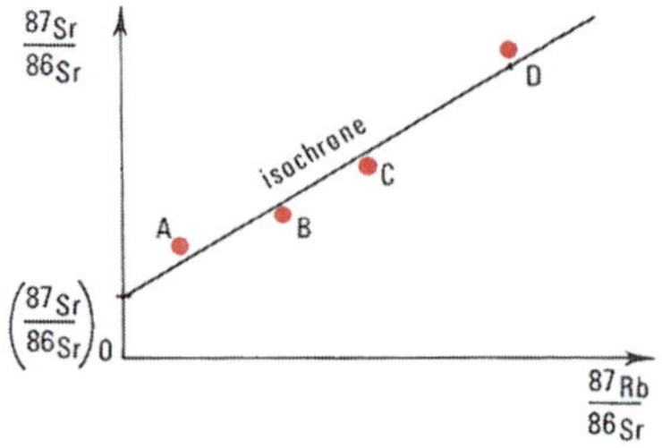

radiochronologie

Construction d'une isochrone pour le couple Rb-Sr. A, B, C et D, sont des points expérimentaux correspondant à des mesures faites sur des minéraux d'un ensemble ayant subi une homogénéisation isotopique avant la fermeture du système (p. ex. massif granitique). Aux erreurs près, ils sont alignés sur une droite (isochrone) de pente $e^{\lambda t} - 1$ et d'ordonnée à l'origine $(^{87}Sr/^{86}Sr)_0$.

Radiolaires n. m. pl. [du lat. *radius*, rayon ; angl. *radiolarians*, *Radiolaria*] – Protozoaires marins et pélagiques du groupe des Actinopodes possédant un squelette siliceux réticulé souvent délicat, à symétrie axiale (**Nassellaires**) ou sphérique (**Spumellaires**). Ils sont moins sensibles à la dissolution dans l'eau de mer que les organismes calcaires, et persistent là où ceux-ci ont disparu, notamment dans les sédiments de grande profondeur. Répart. stratigr. : Cambrien - Actuel.

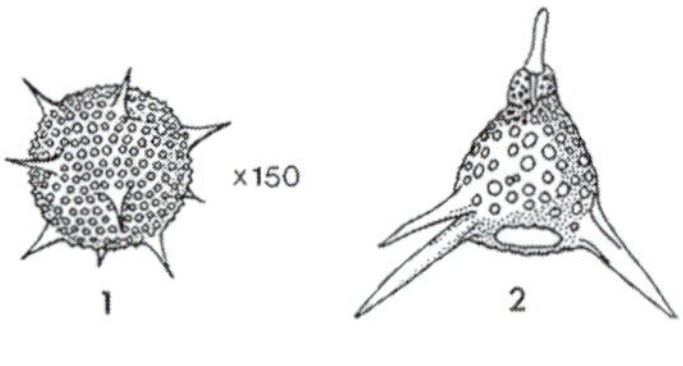

Radiolaires

1 : Spumellaire – 2 : Nassellaire (*in* J. Piveteau).

radiolarite n. f. [angl. *radiolarite*] – R. sédim. siliceuse (V. jaspe) colorée en général en rouge ou rouge violacé par des oxydes de fer, se présentant en bancs réguliers de 5-15 cm, à interlits argileux rouges, l'ensemble pouvant atteindre plusieurs dizaines ou centaines de mètres d'épaisseur. Les radiolaires, qui sont selon toute vraisemblance à l'origine de cette roche, y sont parfois très bien conservés mais parfois invisibles au sein d'une pâte homogène, peut-être du fait de la diagenèse. Dans les chaînes alpines, ces roches sont connues en particulier dans le Jurassique sup., et elles constituent fréquemment la couverture sédimentaire des ophiolites. Ce terme ne s'applique pas aux roches dans lesquelles les radiolaires ont été calcitisés. Syn. jaspe à radiolaires.

radiole n. m. [du lat. *radius*, rayon ; angl. *radiole*] – Piquant d'oursin. V. Échinides.

radiométrique adj. **(datation –, âge –)** [de radioactif, et du gr. *metron*, mesure ; angl. *radiometric age, – dating*] – V. âge radiométrique et radiochronologie.

radium n. m. [du lat. *radius*, rayon ; angl. *radium*] – Symbole chim. Ra. N° et masse atom. 88 et 226,05 ; ion 2^+ de rayon 0,143 nm. Métal très rare, radioactif et se désintégrant avec une période de 1 620 ans ; il ne se trouve donc que dans des roches où il a été formé très récemment, en particulier dans certaines pechblendes.

radon n. m. [de radium ; angl. *radon*] – Symbole chim. Rn. N° et masse atom. 86 et 222. Gaz provenant de la désintégration du radium, et lui-même radioactif (période 3,8 jours). Il en existe deux autres isotopes, de masses atom. 220 et 213, issus aussi du radium, également radioactifs et de périodes très courtes (respectivement 56 s et 25 ms).

rajeunissement n. m. **(du relief)** [angl. *rejuvenation*] – Reprise de l'érosion, sur un relief pénéplané ou aplani, par abaissement du niveau de base des cours d'eau : c'est le début d'un nouveau cycle d'érosion. Syn. recreusement.

Ramapithecus [de Rama, divinité hindoue, et du gr. *pithêkos*, singe] – Singe fossile, connu de 20 Ma à 7 Ma, par quelques restes de crânes et par des mâchoires, ancêtre possible de l'Homme et dont on pense qu'il utilisait peut-être déjà des outils (Asie, Afrique, Europe).

rampe n. f. [angl. *ramp, riser*] – En tectonique, faille* inverse qui affecte une ou plusieurs couches et assure la continuité entre un contact anormal de décollement situé à la base de la série faillée du côté du regard de la faille, et un autre décollement situé au sommet de celle-ci du côté opposé.

raña n. f. [mot esp. ; angl. *raña*] – Cailloutis formant des glacis* dans les régions méditerranéennes.

randannite n. f. [de Randanne, commune de Ceyssat, Puy-de-Dôme, Fr. ; angl. *randannite*] – Variété de diatomite* lacustre.

Randien n. m. [angl. *Randian*] – Division du Précambrien africain. V. tabl. Annexe 2. Adj. **randien, nne**.

ranker n. m. [mot allem.] – Sol de montagne souvent rajeuni, développé sur un substratum siliceux (granite, gneiss, grès) avec de haut en

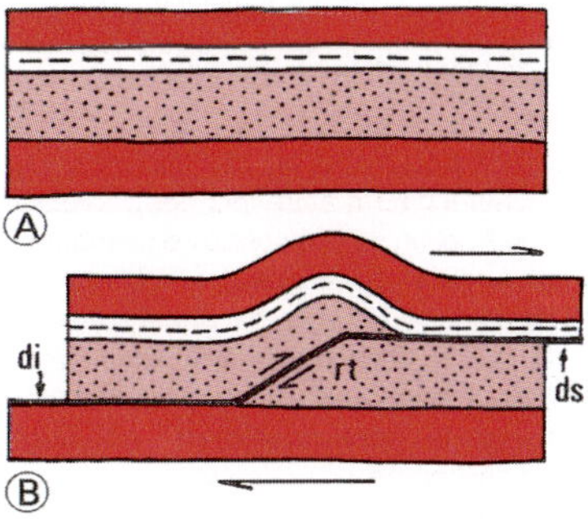

rampe

A : état initial – **B :** état après mouvement – di : décollement inférieur – ds : décollement supérieur – rt : rampe tectonique. V. aussi duplex.

bas les horizons suivants : $\mathbf{A_0}$: matière organique non décomposée ; $\mathbf{A_1}$: matière organique avec un peu d'argile et des débris rocheux ; **C** : roche mère en voie de désagrégation. Les horizons A peuvent être très réduits.

rapakivi adj. (ou rapakiwi, rapakivique) [du finlandais *rapakivi*, signif. roche pourrie, du fait de l'arénisation importante de ce type de granite ; angl. *rapakivi*] – Se dit de la structure de certains granites caractérisés par de grands cristaux ovales à cœur rosé d'orthose et à couronne blanchâtre d'oligoclase. Ex. structure rapakivi [angl. *rapakivi texture*] ; granite rapakivi [angl. *rapakivi*].

rapport n. m. **isotopique** – V. isotopique (rapport –).

rasa n. f. [mot esp.] – Plate-forme d'érosion littorale soulevée par rapport au niveau de la mer.

Rauracien n. m. [Greppin, 1867, des Rauraces, ancien peuple du Jura, Fr. ; angl. *Rauracian*] – Ancien étage du Jurassique sup. (ère secondaire). V. Lusitanien, et tabl. Annexe 2. Adj. **rauracien, nne**.

ravinement n. m. [de ravine, du lat. *rapina*, de *rapere*, saisir ; angl. *ravinment, gullying*] – Creusement irrégulier de la surface topographique, typiquement par de nombreux petits talwegs à flancs raides (ravines), entaillant des matériaux meubles. V. aussi bad-lands, barranco, lavaka, lacune. Adj. **raviné, ée** [angl. *ravined*] ; vb. **raviner** [angl. *to ravine, to gully*].

ravinement (discordance de –) – V. discordance de ravinement.

ravinement (érosion de –) – V. érosion de ravinement.

rayon n. m. **de courbure** – V. courbure.

Rb – Symbole chim. du rubidium.

Re – Symbole chim. du rhénium.

réactionnel, lle adj. – S'applique au remplacement total ou partiel, par réaction chimique, d'un minéral par un autre lors des variations de T, de P, et/ou de composition d'un magma. Ex. : couronne réactionnelle [angl. *reaction rim*] de cristaux de pyroxène autour d'un cristal de quartz dans un basalte sous-saturé (cette couronne constitue alors un blindage sans lequel le quartz aurait disparu). V. aussi suite réactionnelle.

réalgar n. m. [de l'esp. *rejalgar*, de l'arabe *rahdjalgar*, poudre de caverne ; angl. *realgar*] – Sulfure d'arsenic AsS, du syst. monoclinique, en prismes courts ou en aiguilles, rouge orangé, présent, avec l'orpiment, dans certains filons riches en métaux (avec stibine, cinabre, pyrite, etc.).

rebond n. m. (ou rebondissement) **élastique** [angl. *elastic rebound*] – Phénomène qui serait à l'origine des séismes* et qui consisterait en la relaxation brutale des déformations élastiques progressivement accumulées par les roches de part et d'autre d'une faille vivante.

rebroussement n. m. – Torsion localisée des couches, due aux frottements le long d'un contact anormal et montrant le sens du mouvement. V. aussi crochon.

réception n. f. **(bassin de –, entonnoir de –)** – V. bassin de réception.

récif n. m. [de l'esp. *arrecife*, de l'arabe *arrasif*, chaussée, digue ; angl. *reef*] – 1. Groupe de rochers à fleur d'eau. – 2. Masse construite par des coraux dans les eaux chaudes et claires ; ce sont les récifs coralliens situés soit en bord de côte (**récif frangeant** [angl. *fringing reef*]), soit plus au large (**récif barrière** [angl. *barrier reef*]), et pouvant encercler une île dont la lente submersion peut conduire à la formation d'un **atoll** (anneau récifal entourant un lagon). – 3. Au sens large, dans les séries sédimentaires, toute masse de calcaires construits à algues, polypiers, rudistes, etc. Ces masses récifales représentent des formations lenticulaires, qui passent latéralement à des séries **para-récifales** mieux litées (marnes, calcarénites, calcaires fins, etc.). V. aussi bioherme, biostrome. Adj. **récifal, e, aux** [angl. *reefal*].

recouvrement n. m. **(tectonique)** [angl. *covering, overlap*] – Superposition tectonique d'une unité sur une autre. V. chevauchement.

recreusement n. m. [angl. *renewed downcutting*] – V. rajeunissement du relief.

reculée n. f. [angl. *blind valley, closed –, steephead (of a pocket valley)*] – Amphithéâtre rocheux fermant, vers l'amont, une vallée creusée dans des couches tabulaires. V. relief structural. Syn. bout-du-monde.

récurrence n. f. **(stratigraphique)** [du lat. *recurrere*, courir en arrière ; angl. *recurrence*] – Dans une série stratigraphique, couche rappelant épisodiquement un faciès bien développé dans les formations sous-jacentes (qui sont plus anciennes). Ex. une récurrence continentale dans des séries marines transgressives.

redoublement n. m. [angl. *repetition*] – Répétition tectonique d'une série de couches (par pli couché ou chevauchement). V. aussi duplicature. Adj. **redoublé, e.**

refoulement n. m. [B. Gèze, 1962] – V. amortissement frontal.

réfractaire adj. [du lat. *refringere*, briser ; angl. *refractory*] – S'applique aux matériaux, utilisés dans l'industrie, qui ne fondent qu'à HT ; p. ex. matériaux riches en silice, ou en argiles silico-alumineuses avec Al_2O_3 < 40 % (argile réfractaire [angl. *refractory clay, fireclay*]), ou en mélanges à base de bauxite ou de magnésie.

réfraction n. f. [du lat. *refringere*, briser ; angl. *refraction*] – Changement de vitesse et généralement de direction d'un rayon vibratoire. Ce phénomène peut se produire brusquement au contact de deux corps différents, ou progressivement lorsque les propriétés d'un corps varient continûment dans l'espace. En ce qui concerne les rayons lumineux, la réfraction est régie par les lois de Descartes : entre le vide et un milieu matériel on a : $\sin i = n \sin r$ (i étant l'angle d'incidence dans le vide et r l'angle de réfraction dans le milieu) où n définit l'indice de réfraction du milieu. On montre que $n = c/v$ (c étant la vitesse de la lumière dans le vide, et v dans le milieu). Entre deux milieux d'indices différents n_1 et n_2, on a la relation : $n_1 \sin i = n_2 \sin r$. Lorsque le rayon incident est perpendiculaire au plan de séparation des deux milieux on a $i = 0$, ce qui entraîne $r = 0$: le rayon n'est pas dévié, mais sa vitesse est modifiée. Il est à noter que lorsque $n_1 > n_2$, il existe une limite pour i puisque $\sin r < 1$. Cette limite est donnée par l'égalité $\sin i = n_2/n_1$. A partir de cet angle d'incidence (angle limite), tous les rayons incidents sont réfléchis (réflexion totale).

Les gaz et les liquides homogènes, ainsi que les cristaux du système cubique sont isotropes pour les rayons lumineux : quelle que soit la direction de propagation de ceux-ci, l'indice de réfraction est constant. D'autre part, un rayon incident donne un seul rayon réfracté, et on dit que ces milieux sont **monoréfringents**.

En revanche, les cristaux des autres systèmes sont anisotropes car l'indice varie selon la direction envisagée, et **biréfringents**, car un rayon incident donne deux rayons réfractés (phénomène de la double réfraction) qui se propagent à des vitesses différentes, et

qui sont en outre polarisés dans des plans de polarisation orthogonaux, l'un dans le plan d'incidence (rayon extraordinaire), l'autre perpendiculairement (rayon ordinaire).
Pour un cristal donné, l'ensemble des valeurs des indices définit un **ellipsoïde des indices** caractérisé par trois axes orthogonaux correspondant à trois **indices principaux** : indice maximum n_g, minimum n_p, et moyen n_m (qui n'est pas la moyenne arithmétique des deux autres). A une section quelconque d'un cristal (cas d'une section dans une plaque mince observée au microscope) correspond une section de l'ellipsoïde qui, dans le cas général, est une ellipse définie par deux indices n'_g et n'_p, avec $n_m < n'_g < n_g$, et $n_p < n'_p < n_m$. La valeur $n'_g - n'_p$ définit la biréfringence de la section étudiée. Pour certaines sections dites **sections cycliques**, on a $n'_g = n'_p$ la perpendiculaire à une telle section est un **axe optique**, direction selon laquelle le cristal est alors isotrope. Les positions de l'ellipsoïde dans les cristaux sont liées à leurs éléments de symétrie. Si l'ellipsoïde est de révolution, on dit que le cristal est **uniaxe** (cas des syst. quadratique, hexagonal, et rhomboédrique) ; l'axe de révolution est l'axe optique du cristal et correspond soit à n_g (uniaxe positif), soit à n_p (uniaxe négatif). Lorsque l'ellipsoïde n'est pas de révolution, le cristal est dit **biaxe** (cas des syst. orthorhombique, monoclinique, et triclinique) car il y a deux axes optiques perpendiculaires aux deux sections cycliques ; La bissectrice de ces deux axes est soit n_g (biaxe positif) soit n_p (biaxe négatif). Ce sont les observations faites au microscope* polarisant sur les valeurs de ces indices, sur la biréfringence des sections étudiées compte tenu des teintes de polarisation, sur le caractère uniaxe ou biaxe, qui permettent de déterminer les cristaux en lame mince, en tenant compte par ailleurs d'autres critères (formes, couleurs, clivages macles, relief, etc.). Vb. **réfracter** [angl. *to refract*] ; adj. **réfracté, e** [angl. *refracted*].

réfraction de la schistosité [angl. *cleavage refraction*] – Changement brutal du pendage des plans de schistosité* au contact de deux roches de propriétés mécaniques différentes.

réfringence n. f. [angl. *refractivity, refringence*] – Propriété de réfracter un rayon vibratoire. V. réfraction.

reg n. m. [mot arabe ; angl. *reg*] – Sol des régions désertiques où les éléments les plus fins d'un manteau de débris hétérométrique (p. ex. régolite) ont été emportés par le vent (phénomène de déflation). Ne pas confondre avec erg.

regard n. m. – 1. (d'une falaise, d'un escarpement) [angl. *front*] Sens vers lequel est tourné son abrupt. – 2. (d'une faille) [angl. *heaved side*] Sens vers lequel est tourné la lèvre du compartiment soulevé. – 3. (d'un pli déversé

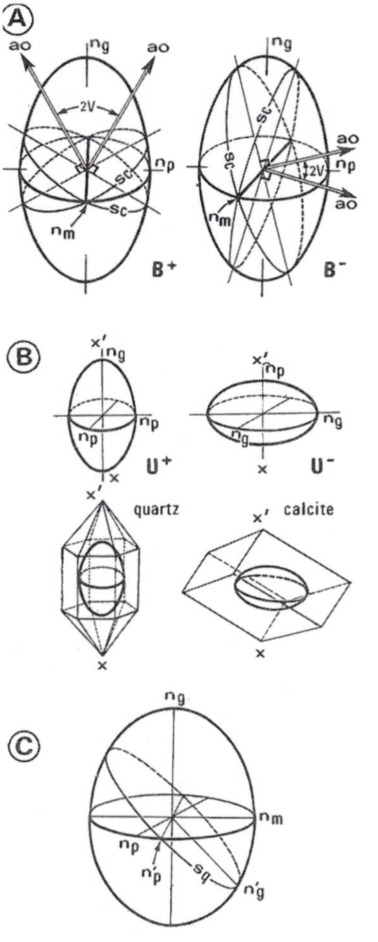

réfraction

A : ellipsoïdes des indices pour des cristaux biaxe positif (B +) et biaxe négatif (B –) – ao : axes optiques, orthogonaux aux sections cycliques (sc), faisant entre eux un angle 2V – n_g, n_m, n_p : indices principaux.
B : ellipsoïdes des indices pour des cristaux uniaxe positif (U +) et uniaxe négatif (U –), et exemple de leur position dans un cristal de quartz (syst. hexagonal), et de calcite (syst. rhomboédrique).
C : section quelconque (sq) caractérisée par ses indices n'_g et n'_p.

ou couché, et en général d'un accident tectonique) [angl. *facing direction*] Sens vers lequel il est déversé, couché ou chevauchant (Syn. vergence). – 4. (dans un pli couché) [angl. *inlier*] Zone où affleure son flanc inverse, complètement entouré en plan, par les terrains du flanc normal (V. fenêtre, boutonnière).

régolit(h)e n. m. [du gr. *rêgos*, couverture, et *lithos*, pierre ; angl. *regolith*] – Au sens strict :

formation superficielle résultant de la fragmentation des roches sans que les fragments aient été transportés (sinon, on a un éboulis). Au sens large : syn. de dépôt superficiel non consolidé. Ce terme est également employé pour désigner les couvertures de débris de la lune.

régosol n. m. [du gr. *rêgos*, couverture, et de sol ; angl. *regosol*] – Sol très peu évolué établi sur une roche mère meuble.

régression n. f. [du lat. *regressio*, marche arrière ; angl. *regression*] – Retrait de la mer en deçà de ses limites antérieures avec émersion de zones plus ou moins vastes, dû soit à une baisse du niveau de la mer (*cf.* eustatisme), soit à un soulèvement général du continent (*cf.* épirogenèse), soit à un apport important de sédiments, ces trois phénomènes pouvant se combiner. Dans les successions des couches sédimentaires, une régression pourra être mise en évidence, par exemple, par des dépôts continentaux surmontant des couches marines, ou par l'existence d'une surface d'érosion aérienne. D'autre part, on admet souvent que le recul du rivage modifie le profil d'équilibre des fleuves, d'où une reprise de l'érosion et dépôt en mer de sédiments plus terrigènes. Dans certaines zones, une régression peut aussi correspondre à l'avancée progressive d'une plaine deltaïque aux dépens de la mer. V. stratigraphie séquentielle. Ant. transgression. Vb. **régresser** (se dit pour la mer, mais non pour les couches qui se déposent) ; adj. **régressif, ive** [angl. *regressive*] (pour les r. sédim., et pour la mer).

régressive adj. **(érosion –)** – V. érosion régressive.

régressive (séquence –) – V. séquence.

Réguliers n. m. pl. (ou Oursins réguliers) [angl. *regulars*, *Regularia*] – Groupe zoologique comprenant les Oursins dont l'anus est situé dans l'axe de symétrie du test, du côté opposé à la bouche, et au milieu des plaques apicales (V. Échinides). Ant. Irréguliers.

rejet n. m. (d'une faille ou d'un décrochement) [angl. – *displacement*, *separation* (décalage d'un couche, d'un filon, etc.)] – Amplitude du déplacement causé par une faille*. Le rejet d'une faille peut être considéré comme la somme de trois composantes perpendiculaires : le rejet vertical [angl. *throw*], le rejet horizontal transversal (perpendiculaire à la direction de la faille) [angl. *heave*], le rejet horizontal longitudinal, ou décrochement [angl. *strike slip*].

rejeu n. m. [angl. *reactivation*] – Nouveau déplacement des compartiments d'une faille*. Vb. **rejouer**.

relèvement n. m. **axial** (ou – d'axe) [*updipping (of the axis of a fold)*] – Torsion vers le haut de l'axe d'un pli*. Ant. abaissement axial.

relief n. m. [de relever] – 1. [angl. *landform*] Ensemble en saillie sur une surface. P. ex. une colline est un relief. – 2. [angl. *topography*, *relief*, *landforms*] P. ext., inégalités d'une surface topographique, comprenant aussi bien des creux que des saillies. Ex. le relief terrestre. Ces deux acceptions rendent souvent l'emploi de ce terme délicat : beaucoup de reliefs topographiques ont en effet pour origine le creusement lié à l'érosion, si bien qu'on parle parfois de « **relief en creux** », p. ex. pour un paysage élaboré à partir d'un plateau disséqué par des rivières. C'est pourquoi on emploie plutôt le terme de modelé*, pour les reliefs qui s'expliquent essentiellement par l'action de l'érosion, et celui de **relief* structural** lorsque l'arrangement des roches du sous-sol joue un rôle important dans les formes de la topographie.

relief (d'un minéral) [angl. *(optical) relief*] – Constraste optique existant à la surface d'un minéral observé en lame mince au microscope, du fait d'une différence d'indice de réfraction avec le baume de Canada (ou la résine) avec lequel sont collées lame et lamelle. Les irrégularités de la surface sont d'autant plus apparentes (le relief est d'autant plus fort) que la différence des indices est plus grande. On dit que le relief est positif lorsque l'indice du minéral est plus grand que celui du baume, négatif dans le cas contraire.

relief (évolution du –) – V. relief structural.

relief appalachien [des monts Appalaches, U.S.A. et Canada ; angl. *Appalachian relief*] – Relief résultant du rajeunissement d'une pénéplaine établie sur des couches plissées dont les plus dures forment alors des hauteurs allongées (appelées barres appalachiennes) et les plus tendres, des dépressions (sillons appalachiens). V. relief structural.

relief conforme [angl. *conformable relief*] – Morphologie où les zones topographiquement les plus hautes correspondent aux structures tectoniquement surélevées, et *vice versa*, p. ex. lorsque les sommets correspondent aux voûtes anticlinales et les vallées aux synclinaux. Le relief jurassien (V. relief structural) est un relief de plissement conforme. V. aussi faille, relief volcanique. Ant. relief inverse.

relief de faille – V. faille.

relief de plissement – V. relief structural.

relief dérivé – V. relief structural, relief volcanique.

relief désertique – V. modelé désertique.

relief glaciaire – V. modelé glaciaire.

relief inverse (ou – inversé, – d'inversion) [angl. *inverted relief*] – Morphologie où les zones topographiquement les plus hautes correspondent aux structures tectoniquement les plus basses, et *vice versa* : p. ex.

un synclinal perché dominant des vallées installées sur des axes anticlinaux (V. relief structural, et ex. du relief subalpin). V. aussi faille (escarpement de ligne de faille inversé). Ant. relief conforme. L'expression **inversion du relief** s'applique à ce type de phénomène, mais elle n'implique pas que le relief originel était conforme.

relief jurassien [angl. *Jurassian relief*] – Relief structural (V. ce terme) de plissement où les hauteurs correspondent à des anticlinaux, et les creux à des synclinaux.

relief karstique – V. modelé karstique.

relief monoclinal – Relief structural (V. ce terme) résultant de l'érosion de couches sédimentaires régulièrement inclinées.

relief périglaciaire – V. modelé périglaciaire.

relief primitif [angl. *primary structural forms*] – Relief correspondant à des formations géologiques non encore sensiblement attaquées par l'érosion. V. relief structural, relief volcanique.

relief résiduel – V. résiduel.

relief structural [angl. *structural landforms*] – Formes de la surface topographique contrôlées par la structure des terrains, soit directement par édification active de reliefs (**reliefs primitifs**) soit indirectement, par le jeu de l'érosion, sur des roches de duretés diverses (**reliefs dérivés**). Ce dernier cas est spécialement caractérisé lorsqu'il s'agit de séries sédimentaires où alternent des couches dures et des couches tendres relativement épaisses. Selon la structure qui affecte les terrains, on distingue :

– 1. Le **relief tabulaire** (ou **aclinal**) édifié sur des couches horizontales et montrant des plateaux étagés limités par des escarpements. Les cours d'eau, non guidés par la pente des couches, sont dits inséquents. Ils peuvent creuser, à leur tête, des amphithéâtres rocheux appelés **reculées**, ou bouts-du-monde.

– 2. Le **relief monoclinal**. Les couches y sont régulièrement inclinées avec des pendages modérés. Les plus dures, en saillie, forment des **cuestas** (ou **côtes**) dont le côté le plus raide, tourné en sens inverse du pendage s'appelle le front, et le côté le moins raide, le **revers**. Lorsqu'au sein de la couche dure s'interstratifie un horizon plus tendre, elle peut donner une cuesta double (on dit alors qu'il y a dédoublement de cette cuesta). L'érosion, en s'attaquant aux couches dures, fait reculer les cuestas dont l'extension passée est marquée par les lambeaux isolés de leurs terrains, formant des collines appelées **buttes témoins**. Ces dernières sont constituées par un reste de la couche dure protégeant généralement des formations tendres moins attaquées par l'érosion qu'alentour. Si le reste de couche dure est enlevé, il persiste généralement un relief appelé **avant-butte** qui, à son tour, est la proie de l'érosion.

Dans ce type de relief, on a l'habitude de caractériser les pentes topographiques par rapport au pendage des couches. C'est ainsi qu'on parlera de versant **cataclinal** (incliné dans le même sens que les couches), de versant **anaclinal** (en sens contraire) et de dépression **orthoclinale** (perpendiculaire au pendage). Ces termes sont également utilisés pour caractériser les cours d'eau ayant des pentes correspondantes ; à leur sujet, on emploie aussi respectivement les adjectifs **conséquent**, **obséquent** et **subséquent** mais leur sens génétique les fait souvent éviter (V. cycle d'érosion). L'allure d'une cuesta peut varier notablement en fonction de l'épaisseur de la couche dure, du pendage des couches, de la dureté relative des roches, du climat, du degré d'évolution du relief.

– 3. Le **relief de plissement**. Il s'observe dans les régions affectées de plis réguliers à flancs peu inclinés. Une érosion modérée donne un **relief conforme** pour lequel, dans l'ensemble, les régions en saillie correspondent aux anticlinaux, et les dépressions aux synclinaux (on dit parfois relief **jurassien**). Si le travail de l'érosion a été plus important, on passe à un **relief inverse** où les hauteurs sont des structures synclinales (que l'on nomme synclinaux perchés), et inversement (on dit parfois relief **subalpin**).

La terminologie relative à ces formes est très abondante : un relief formé par le dos d'une couche dure plissée anticlinalement est un **mont**. Il peut avoir été creusé par l'érosion et montrer les couches plus tendres de son cœur dans une dépression appelée **combe** (ou combe anticlinale). Ce creusement peut mettre à jour une couche dure plus basse encore qui formera un **mont dérivé** au milieu d'une combe double (ou combe annulaire). Le rebord des couches dures forme des corniches appelées **crêts** (et crêt périclinal s'il est en arc de cercle). Une dépression qui correspond au fond d'un synclinal est un **val**. L'entaille que fait une rivière dans les couches d'un anticlinal est un **ruz**. Si cette entaille s'allonge jusqu'à recouper les couches dures, et notamment jusqu'à traverser un anticlinal, ou un synclinal, perpendiculairement à leur axe, il s'agit d'une **cluse** (ou clue). Il arrive qu'une fois complètement aplanie, une structure plissée soit rajeunie et reprise par l'érosion : on a alors un **relief appalachien**. La terminologie précédente ne peut guère s'y appliquer tant que la surface d'érosion initiale reste encore bien visible : on a simplement une succession de creux et de collines allongées que l'on nomme respectivement sillons et barres appalachiens. V. aussi surface structurale, relief volcanique, et faille.

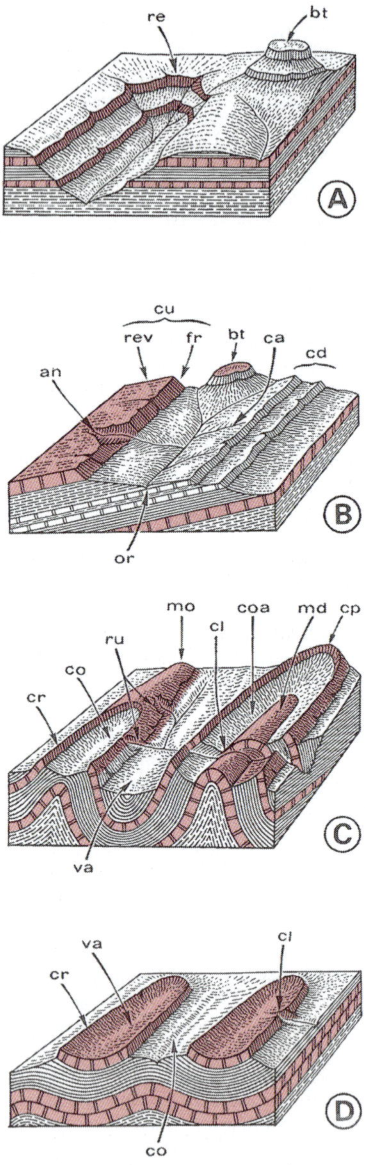

relief structural

A : relief tabulaire (ou aclinal) – **B :** relief monoclinal – **C** : relief conforme – **D :** relief inverse.
– an : rivière anaclinale (ou obséquente) – bt : butte témoin – ca : rivière cataclinale (ou conséquente) – cd : cuesta double – cl : cluse – co : combe – coa : combe annulaire (ou combe double) – cp : crêt périclinal – cr : crêt – cu : cuesta – fr : front (de cuesta) – md : mont dérivé – mo : mont – or : rivière orthoclinale (ou subséquente) – re : reculée – rev : revers (de cuesta) – ru : ruz – va : val.

relief subalpin – Relief inverse de plissement où les hauteurs correspondent à des synclinaux, et les creux à des anticlinaux (V. relief structural).

relief tabulaire [angl. *table land*] – Relief structural (V. ce terme) résultant de l'érosion de couches horizontales.

relief volcanique – Type de relief structural lié à l'activité des volcans. On peut y distinguer des reliefs primitifs, résultant directement de cette activité, et des reliefs dérivés, où l'érosion a eu un rôle important.
– 1. **Reliefs primitifs**. Le plus typique est le **volcan***, généralement en relief car constitué par l'accumulation de laves et de produits d'éjection divers, mais parfois aussi en creux (V. caldeira). Dans les formes de détail des coulées, on distingue souvent : le **pahoehoe** à surface lisse, ou à peine ridée, montrant souvent des allures cordées ; l'**aa** à surface rugueuse et scoriacée semée de blocs, que l'on nomme **cheire** (ou cheyre) en Auvergne. Les coulées, surtout basaltiques, acquièrent parfois en se solidifiant un débit en prismes verticaux que l'on appelle **orgues** ou **colonnades** (V. fig. à prismation). Les formes générales des coulées, et leurs extensions, dépendent de la nature et de la quantité des laves mais aussi du relief sur lequel elles s'épanchent ; très allongées et filiformes lorsqu'elles empruntent des vallées, elles peuvent recouvrir de grandes étendues sur un relief plat.
– 2. **Reliefs dérivés**. Lorsque l'érosion s'attaque à un cône volcanique, elle peut laisser en relief le contenu de la cheminée qui forme une colline cylindrique ou conique que l'on appelle **pipe**, s'il s'agit d'un culot de lave, ou **neck** s'il s'agit d'une formation bréchique. Lorsque c'est le remplissage de lave d'une fissure qui a été mis en relief, on parle de **dyke**. Les régions recouvertes par des coulées donnent souvent des reliefs d'inversion : autour des volcans, les coulées peu inclinées et disséquées par les ravins (barranco) ou les vallées, donnent des **planèzes** ; une coulée ayant recouvert une surface plane peut, par reprise de l'érosion, se retrouver perchée et constituer une **mésa**. On peut ainsi établir une chronologie relative du creusement du relief et de l'histoire du volcanisme ; p. ex. dans le Sud-Est du Massif central français, il existe des mésas constituées par des **basaltes des plateaux** épanchés avant le creusement des vallées qui sont souvent jalonnées par des coulées de **basaltes des vallées**, plus récentes. V. aussi **trapp**.
Les **lacs volcaniques** sont fréquents et peuvent s'expliquer soit par le remplissage par l'eau d'un cratère ou d'une caldeira, soit par le barrage d'une vallée par une coulée ou par un cône volcanique. V. aussi volcan.

rémanence n. f. [du lat. *remanere*, rester ; angl. *remanence*] – Persistance d'un effet après que la cause ait cessé. Ex. la rémanence magnétique : persistance de l'aimantation acquise dans un champ magnétique par un corps ferromagnétique. V. paléomagnétisme.

remaniement n. m. [angl. *reworking, redeposition*] – Fait pour des éléments d'une roche d'en être extraits pour participer à la constitution d'un sédiment (nécessairement plus récent). Lorsque ce phénomène affecte des fossiles, il peut provoquer des erreurs de datation stratigraphique, l'âge attribué aux couches étant trop ancien. Les remaniements sont parfois difficiles à mettre en évidence, mais ils sont certains lorsqu'une formation renferme des fossiles d'âges variés. Adj. **remanié, e** [angl. *reworked*] ; vb. **remanier** (ex. un conglomérat remaniant des granites).

rendzine n. f. [mot russe ; angl. *rendzina*] – Sol formé sur une roche mère calcaire et comprenant un horizon A de couleur sombre, caillouteux et grumeleux, avec humus abondant (mull calcique), reposant sur la roche en place plus ou moins altérée (horizon C).

renouvellement n. m. **des fonds océaniques** [en angl. *sea floor spreading*] – Hypothèse due à H. Hess (1960) selon laquelle le fond des océans se renouvelle à partir des rifts médians des dorsales océaniques, alors qu'une surface équivalente de ce même fond disparaît par plongement au niveau des fosses océaniques. Elle a, depuis, reçu de nombreuses confirmations, notamment la présence d'anomalies magnétiques linéaires à peu près parallèles aux dorsales. V. paléomagnétisme, et tectonique des plaques.

renversement n. m. [angl. *overturning*] – Fait, pour un ensemble de terrains, d'être mis à l'envers par des causes tectoniques, le haut de cet ensemble devenant le bas et réciproquement ; p. ex. le renversement d'une série stratigraphique (dont les couches les plus anciennes deviennent alors les plus hautes) ; le renversement du flanc d'un anticlinal (V. pli). Vb. **renverser** ; adj. : **renversé, e** [angl. *overturned, inverted*].

reptation n. f. **(des sols)** [angl. *creep(ing)*] – Glissement lent, vers le bas, des sols ou des formations superficielles sur un versant.

Reptiles n. m. pl. [du lat. *reptare*, ramper ; angl. *reptils, Reptilia*] – Classe de Vertébrés, à sang froid, à peau sèche, et dont le développement peut se faire hors de l'eau (à la différence des Amphibiens). Les Reptiles actuels ne constituent plus que les restes d'un ensemble qui a eu une importance extrêmement grande dans les temps géologiques, avant l'avènement des Mammifères : la plupart des grands Reptiles ne dépassent pas l'ère secondaire. Ils montrent des adaptations à la vie dans tous les milieux (marin, lacustre, terrestre, aérien). Leur classification est basée sur le nombre et la position des trous (fosses temporales) qui existent des deux côtés du crâne osseux, en arrière des orbites. Cependant, ce caractère anatomique ne reflète pas les tendances évolutives qui se font dans deux directions : l'une proprement reptilienne, correspondant à la lignée des Sauropsidés comprenant les Reptiles actuels, la plupart des Reptiles fossiles et les Oiseaux, l'autre mammalienne (lignée des Théropsidés), comprenant les Reptiles Pélycosauriens et Thérapsidés, et les Mammifères.
Classification :
1 – Anapsidés :
1.1 Cotylosauriens (Répart. stratigr. : Carbonifère sup. - Trias). Ce sont les Reptiles les plus primitifs, très proches des Batraciens Seymouriamorphes :
1.2 Chéloniens (tortues ; Permien – Actuel).
2 – Synapsidés :
2.1 Pélycosauriens du Permien ;
2.2 Thérapsidés (Permien - Trias), ayant peut-être constitué la souche des Mammifères (Anomodontes, Thériodontes, Ictidosauriens, Titanosuchiens, Gorgonopsiens, Cynodontes).
3 – Parapsidés (Trias - Crétacé), ne comprenant que les Ichtyosauriens, reptiles marins à allure de poisson.
4 – Euryapsidés (Trias - Crétacé) :
4.1 Protosauriens (Permien - Jurassique) ;
4.2 Sauroptérygiens (Trias – Crétacé), groupe comprenant notamment les Plésiosaures, marins.
5 – Diapsidés (comprenant la plupart des Reptiles) :
5.1 Éosuchiens (Permien - Jurassique), les plus primitifs.
5.2 Rhynchocéphales, surtout du Trias – Jurassique avec un seul représentant actuel : l'Hattéria (*Sphenodon punctatus*).
5.3 Thécodontes (Trias).
5.4 Dinosauriens (Trias – Crétacé) comprenant deux groupes :
5.4.1 Saurischiens (ou Sauripelviens), divisés en Sauropodes et Théropodes.
5.4.2 Ornithischiens (ou Avipelviens, à bassin proche de celui des Oiseaux), divisés en Ornithopodes, Stégosauridés et Cératopsidés. Les Dinosauriens forment l'essentiel des grands Reptiles de l'ère secondaire.
5.5 Ptérosauriens (Jurassique – Crétacé, adaptés au vol).
5.6 Crocodiliens (Trias – Actuel).
5.7 Squamates (Trias – Actuel) : lézards et serpents.
Les empreintes de pas de reptiles peuvent être fréquentes dans des sédiments continentaux : c'est notamment le cas, au Secondaire, de celles de Dinosauriens (ex. *Chirotherium*, V. fig.).

Requienia [dédié à E. Requien] – Genre de Bivalves (V. fig. à ce mot) du groupe des Rudistes, représenté, comme tous les membres de ce groupe, par des espèces fixées et coloniales ayant vécu dans les mers chaudes.

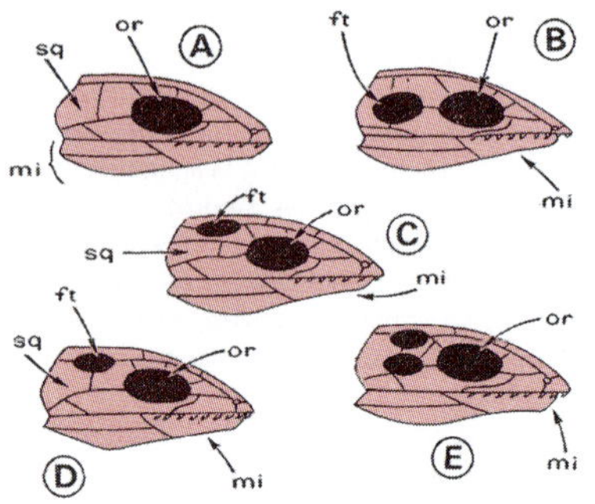

Reptiles

Les grands groupes de Reptiles d'après le nombre et la position des fosses temporales. **A :** Anapsidés – **B :** Synapsidés – **C :** Parapsidés – **D :** Euryapsidés – **E :** Diapsidés.
Sur ces schémas du crâne osseux : – ft : fosse temporale – mi : mâchoire inf. – or : orbite – sq : os squamosal. V. autre fig.

Chez ce genre, la valve gauche, fixée, est beaucoup plus grande que la valve droite réduite à un opercule. Il est fréquent dans les faciès récifaux du Crétacé inf. téthysien (Urgonien). Répart. stratigr. : Crétacé (Valanginien – Sénonien).

réseau n. m. **cristallin** [angl. *crystal lattice*] – V. cristal.

resédimentation n. f. [angl. *resedimentation*] – Formation d'un sédiment avec des éléments tous issus d'un même sédiment plus ancien. Ex. resédimentation d'un grès (le grès resédimenté étant alors peu différent du grès originel). V. aussi remaniement. Vb. **resédimenter** ; adj. **resédimenté, e** [angl. *resedimented*].

réservoir n. m. **(roche –)** [angl. *reservoir rock*] – Roche suffisamment poreuse et perméable pour pouvoir contenir des fluides (eau, pétrole, gaz, etc.). Ces roches (calcaires, dolomies, grès) ont un intérêt économique, si leurs volumes sont suffisants, et si elles sont recouvertes par des couches imperméables interdisant aux fluides de s'en échapper. Syn. roche magasin.

résiduel, lle adj. [du lat. *residuus*, résidu] – 1. Se dit d'un relief (**relief résiduel** [angl. *residual hill, (erosion) remnant*]) qui est le témoin d'une ancienne morphologie en grande partie détruite par une érosion ultérieure ; c'est le cas p. ex. des buttes témoins, ou de certains inselbergs (montinsules). – 2. [angl. *residual*] S'applique à des roches, ou à des formations, dont les matériaux restés sur place procèdent de l'altération de roches préexistantes, qui ont perdu par dissolution une part importante de leurs constituants : p. ex. argiles résiduelles résultant de la décalcification de craies ou de calcaires ; bauxite, sidérolitique, terra rossa, et paléosols en général (V. sol).

restinga [mot portugais] – Cordon sableux presque continu parallèle au rivage marin. V. chênier, plage.

résurgence n. f. [du lat. *resurgere*, se relever ; angl. *resurgence*] – Source, parfois à fort débit, correspondant à la réapparition d'une rivière aérienne ayant effectué un parcours souterrain. *Cf.* exsurgence. V. modelé karstique.

rétinite n. f. [du gr. *rêtinê*, résine ; angl. *retinite*] – Rhyolite vitreuse. Syn. de pechstein.

retourné adj. **(pli –)** – V. pli.

rétro- – Préfixe tiré du lat. *retro*, en arrière.

rétrocharriage n. m. [angl. *backthrust (ing)*], **rétrochevauchement** n. m., **rétroécaillage** n. m., **rétroécoulement** n. m. – Charriage, chevauchement, écaillage ou écoulement dirigé en sens inverse d'un mouvement tectonique antérieur affectant la même unité et pris comme référence. Dans le cas d'une tectonique souple, on parle également de pli en retour. V. aussi antithétique. Mêmes termes dérivés que les termes charriage, chevauchement, etc.

rétrograde adj. [de retro-, et du lat. *gradus*, marche d'escalier ; angl. *retrograde*] – S'applique au métamorphisme lorsque la transformation métamorphique correspond à une diminution des conditions de T et P pour lesquelles la r. métam. initiale s'était équilibrée. Ce terme est en général réservé aux transformations subies au cours d'un même épisode métamorphique, et ne s'applique pas alors aux transformations de degré plus faible subies au cours de phases métamorphiques distinctes* dans le temps (V. polymétamorphisme, rétromorphose). Pris dans ce sens, le métamorphisme rétrograde apparaît localement le long de fractures ou de limites lithologiques où circulent des fluides (H_2O, CO_2) déstabilisant les minéraux déjà formés. Syn. régressif. Ant. prograde.

rétrométamorphisme n. m. – Syn. de rétromorphose.

rétromorphose n. f. [de rétro-, et du gr. *morphê*, forme] [angl. *retrograde metamorphisme, diaphtoresis*] – Transformation par métamorphisme d'une r. métam. en une autre r. métam. de faciès minéral de degré plus faible que le faciès initial. Ex. : une amphibolite formée lors d'une première phase métamorphique sera rétromorphosée en schiste vert au cours d'une seconde phase d'intensité plus faible. Syn. rétrométamorphisme, métamorphisme rétrograde, diaphtorèse.

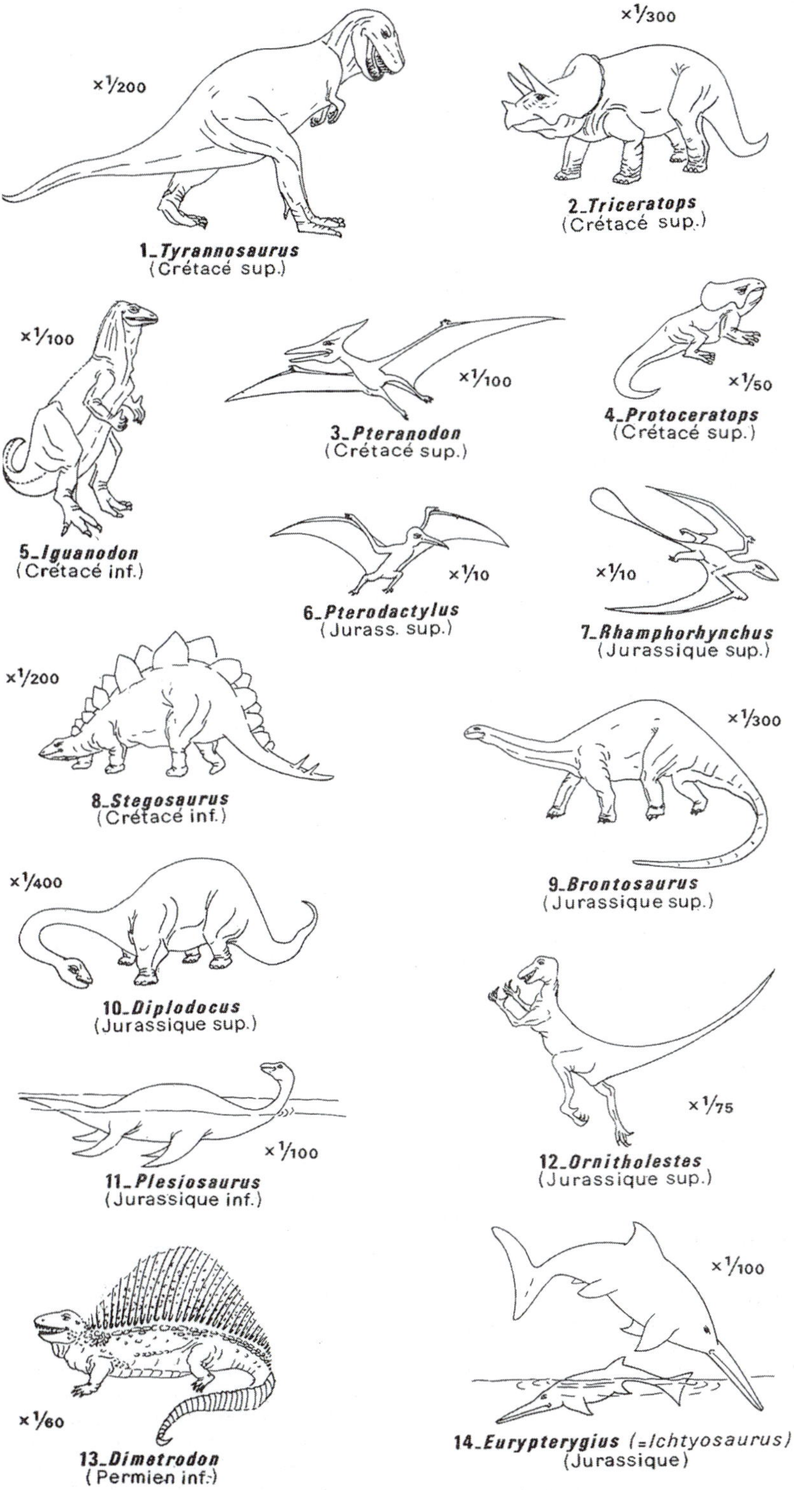

Reptiles

Quelques grands Reptiles de la fin de l'ère primaire, et de l'ère secondaire.

rétrotectonique adj. – Syn. de palinspastique*.

Réunion n. m. – Épisode paléomagnétique du Tertiaire. On en distingue parfois deux, nommés alors Réunion I et Réunion II. V tabl. paléomagnétisme.

revers n. m. **(d'une cuesta)** [angl. *dip slope, back* –] – Partie la moins raide d'une cuesta*, tournée du côté du pendage des couches. V. relief structural.

revêtement n. m. **(pli de –)** – V. tectonique de revêtement.

Revinien n. m. [A. Dumont, 1848, de Revin, Ardennes, Fr. ; angl. *Revinian*] – Division stratigraphique du Cambrien sup. des Ardennes (Fr. et Belg.). V. tabl. Annexe 2. Adj. **revinien, nne**.

rhabdosome n. m. [du gr. *rhabdos*, bâton et *sôma*, corps ; angl. *rhabdosome*] – Chez les Graptolithes (V. fig. à ce mot), ensemble composé d'une tige (virgula) et des logettes (thèques), arrangées en une ou deux séries, qui y sont rattachées.

Rhamphorhynchus [du gr. *rhamphos*, bec, et *runkhos*, museau] – Genre de Reptiles (V. fig. à ce mot) volants du Jurassique sup.

rhegmatisme n. m. [A. V. Pieve, 1960, du gr. *rhegma*, fracture ; angl. *r(h)egmatism*] – Ensemble des phénomènes tectoniques ou morphologiques liés à la présence de fractures majeures de l'écorce terrestre (ou **rhegmes**). V. aussi linéament. Adj. **rhegmatique** [angl. *r(h)egmatic*].

rhénium n. m. [du Rhin, fleuve d'Europe ; angl. *rhenium*] – Symbole chim. Re. N° et masse atom. 75 et 186,31 ; ion 4^+ de rayon 0,072 nm ; densité 21 ; clarke de 0,001 à 0,05 g/t selon les auteurs. Métal très rare, associé au platine, ou présent dans certaines molybdénites dont on l'extrait.

rhéologie n. f. [du gr. *rheîn*, couler ; angl. *rheology*] – Étude de la déformation* des corps réels. Adj. **rhéologique** [angl. *rheologic*].

Rhétien n. m. [Moore, 1861, des Alpes rhétiques, Suisse ; prononc. -cien ; angl. *Rhaetien, Rhaetic*] – Étage le plus récent du Trias (ère secondaire), autrefois compris dans le Jurassique et définissant, avec l'Hettangien, l'Infralias. V. tabl. Annexe 2. Adj. **rhétien, nne**.

rhexistasie n. f. [angl. *rhexistasy*] – V. biorhexistasie. Adj. **rhexistatique**.

rhodanienne adj. **(phase –)** [H. Stille, 1924, du Rhône, fleuve de Suisse et de Fr.] [angl. *Rhodanian orogeny*] – Phase tectonique de l'ère tertiaire située au milieu du Pliocène (base du Plaisancien). V. tabl. Annexe 2.

rhodochrosite n. f. [du gr. *rhodochroos*, couleur de rose] [angl. *rhodonite*] – Carbonate $MnCO_3$, du syst. rhomboédrique, en petits cristaux à faces lisses et courbes, à clivage parfait, à éclat vitreux ou nacré, rose pâle à rouge clair, brunissant par altération à l'air, montrant une légère effervescence avec HCl dilué. Elle est présente dans des filons, et dans certaines r. métam. ou sédim. ; c'est un minerai accessoire de manganèse. Syn. dialogite.

rhodolite n. m. [angl. *rhodolith*] – Petite masse globuleuse, à structure interne botryoïde (en grappe) ou branchue formée par un débris, roulé et encroûté, d'Algue rouge (Rhodophycée), se formant en eau peu profonde et agitée. On en trouve en particulier dans le maërl.

rhodonite n. f. [du gr. *rhodon*, rose ; angl. *rhodonite*] – Var. de pyroxénoïde*.

Rhodophycées n. f. pl. [du gr. *rhodon*, rose, et *phucos*, algue ; angl. *Rhodophyceae Red Algae*] (Syn. Floridées, Algues rouges) – Groupe d'Algues généralement marines, souvent incrustées de calcaire, ce qui permet leur fossilisation (ex. Mélobésiées). Elles peuvent former des récifs. Répart. stratigr. : Cambrien -Actuel.

rhombenporphyr n. m. [mot allem., du gr. *rhombos*, losange ; angl. *rhomb porphyry*] – Var. de microsyénite. V. syénite. Syn. porphyre rhombique.

rhombochasme n. m. [S. W. Carey, 1955, du gr. *rhombos*, losange, et *khasmê*, ouverture ; prononc. - kasme ; angl. *rhombochasm*] – Zone en forme de losange où apparaît un « fond simique », due à l'écartement de deux « blocs sialiques » séparés par une cassure qui relie obliquement deux segments d'un même grand décrochement. Comme celui-ci, un rhombochasme peut être dextre ou senestre. V. aussi pull-apart et sphénochasme.

rhomboédrique adj. (syst. cristallin –) [du gr. *rhombos*, losange, et *hedra*, base ; angl. *rhombohedral*] – V. cristal.

Rhuddanien n. m. [angl. *Rhuddanian*] – Étage du Silurien (ère primaire). V. tabl. Annexe 2. Adj. **rhuddanien, nne**.

Rhynchocéphales n. m. pl. [du gr. *rhunkhos*, bec, et *kephalê*, tête ; prononc. rhynko] – Groupe de Reptiles*.

rhyncholit(h)e n. m. [du gr. *rhunkhos*, bec, et *lithos*, pierre ; prononc. rhynko- ; angl. *rhyncholite*] – Petit fossile calcaire en forme de fer de lance que l'on interprète comme un reste de mâchoire de Céphalopodes. Certains peuvent être rapportés à des Nautiloïdés* (*cf.* becs de Nautiles) ou à des Sépioïdés. Dans la plupart des cas, on n'a pas identifié avec certitude l'organisme dont ils proviennent.

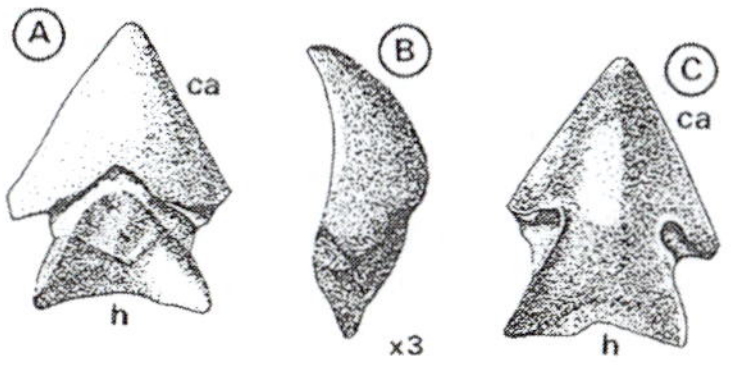

rhyncholithe

Un rhyncholithe du Crétacé inf. – **A :** face sup. – **B :** profil – **C :** face inf. – ca : capuchon – h : hampe (d'après J. Sigal).

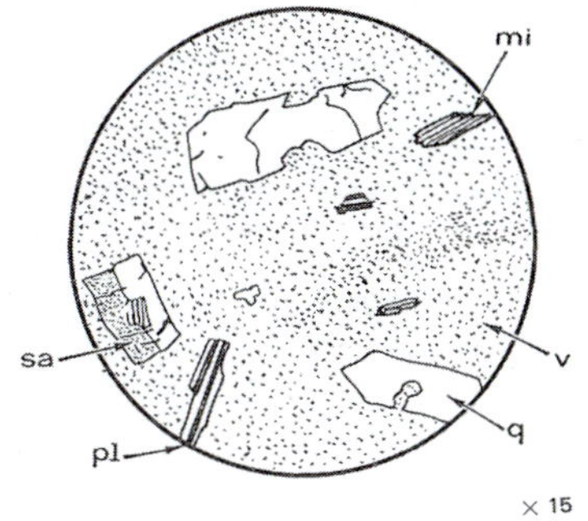

rhyolite

Lame mince en lumière polarisée analysée – mi : mica – pl : plagioclase – q : quartz automorphe avec des golfes de corrosion – sa : sanidine – v : verre pouvant montrer, par place, une structure fluidale.

rhynchonelle n. f. [du gr. *rhunkhos*, bec, à cause de la forme du crochet de la valve pédonculaire ; prononc. rhynko ; angl. *rhynchonellia*] – Brachiopode du genre *Rhynchonella* ou d'un genre voisin (V. Brachiopodes et fig. à ce mot). L'ancien genre *Rhynchonella*, très vaste, a été démembré en de nombreux genres qui diffèrent les uns des autres par des détails d'ornementation. Abondants dans les faciès néritiques du Jurassique à l'Actuel.

Rhynia [de Rhynie, en Écosse] – Genre de Psilophytales*.

rhyodacite n. f. [de rhyolite, et dacite ; angl. *rhyodacite*] – R. magm. effusive (V. tabl. magm. ; r. grenue équiv. granodiorite), intermédiaire entre une rhyolite et une dacite, avec quartz, orthose rare, et plagioclase (oligoclase, andésine) plus abondant, souvent assez riche en mica noir. Mêmes gisements que les rhyolites et les dacites.

rhyolite n. f. [du gr. *rheîn*, couler, et *lithos*, pierre ; angl. *rhyolite*] – R. magm. effusive (V. tabl. magm. ; r. grenue équiv. : granite), riche en verre, de teinte claire (leucocrate), à microlithes et phénocristaux rares : quartz souvent bipyramidé et corrodé (quartz rhyolitique), feldspath (ex. sanidine), amphibole, et biotite. La structure est fluidale, plus ou moins sphérolitique par dévitrification ; les teintes sont grises à rosées, ou rouges (rubéfaction avec formation d'hématite) dans les faciès paléovolcaniques (porphyre amarante). Variétés entièrement vitreuses : V. obsidienne, pechstein, perlite, pyroméride. Les rhyolites des zones continentales sont en dômes, en coulées courtes et épaisses (laves visqueuses), ou en blocs dans les ignimbrites. Dans les marges actives et les arcs insulaires, elles sont en masses parfois puissantes associées aux andésites, trachytes, et rhyodacites. Leur genèse est liée soit à un magma granitique (avec T > 950 °C), soit à une différenciation à partir d'un magma basaltique (tholéiitique surtout).

rhyolite latitique n. f. [angl. *quartz latite, quartz-rich rhyodacite*] – Rhyolite calco-alcaline avec autant de plagioclase (oligoclase surtout) que de feldspath alcalin (orthose). (V. tabl. magm.). Par diminution du pourcentage de quartz, on passe à une latite quartzifère.

rhyolitoïde n. m. – Rhyolite sans cristaux de quartz, la silice se trouvant en totalité dans le verre (le quartz est dit virtuel).

ria n. f. [mot esp. ; angl. *ria*] – Golfe marin étroit, allongé, et relativement profond, qui résulte de l'envahissement de la partie basse d'une vallée fluviale par la mer. V. fjord. Syn. aber.

Richter (échelle de –) [angl. *Richter scale*] – Échelle caractérisant l'intensité d'un séisme* à son foyer.

Richtofenia [dédié à Von Richtofen] – Genre de Brachiopodes (V. fig. à ce mot) du Permien, à la coquille rendue épaisse et conique par une adaptation à la vie récifale. Répart. stratigr. : Permien.

ride n. f. **asismique** [angl. *aseismic ridge*] – Syn. de dorsale asismique.

ride (médio-) océanique [angl. *(mid-) oceanic ridge*] – Syn. de dorsale océanique.

riébeckite n. f. [dédié à A. Riebeck ; angl. *riebeckite*] – Var. d'amphibole* sodique.

Riecke (principe de –) [angl. *Riecke's principle*] – V. dissolutions sous pression.

Riedel (failles de –, fractures de –) [de W. Riedel ; angl. *Riedel shear*] – Réseau de fractures conjuguées en échelons se développant dans une zone affectée d'un mouvement décrochant ductile (non exprimé par un contact anormal séparant nettement deux compartiments). On note R les fractures synthétiques du décrochement (mouvement de même sens) : elles font avec lui un angle de 15° environ. On note R'les fractures antithétiques du décrochement (mouvement de sens inverse) : elles font avec lui un angle de 75° environ. Dans un tel système, l'axe Z de l'ellipsoïde de déformation* est horizontal et bissecteur du dièdre aigu R-R', l'axe X étant horizontal, et Y vertical. Dans les cas simples, la reconnaissance sur le terrain des fractures R et R', et éventuellement de fentes de tension, permet de reconnaître ce type de mouvement décrochant et d'en préciser le jeu. V. aussi conjugué, fente, Mohr (diagramme de –).

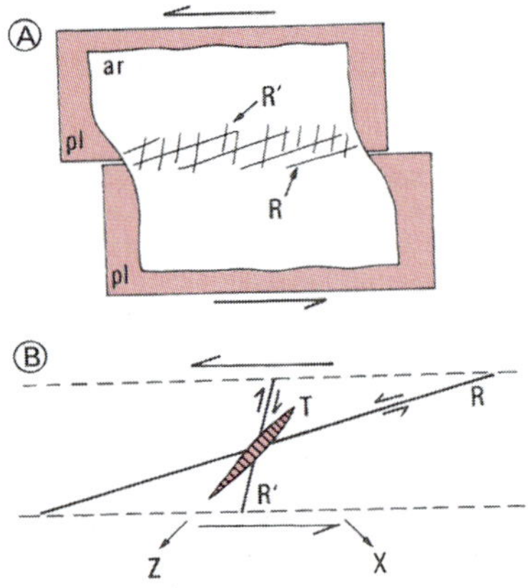

Riedel

A : déformation expérimentale d'une plaque d'argile (ar) avec des plateaux (pl) subissant un mouvement en décrochement (senestre ici)
B : R et R' : fracture de Riedel – T : fente de tension pouvant s'ouvrir à 45° environ de la direction du décrochement – X et Z : direction des axes de l'ellipsoïde de déformation (Y est vertical).

rift n. m. [mot angl. signif. fissure, faille] – 1. Rift continental, ou fossé d'effondrement (graben) limité par des bords surélevés, avec une activité volcanique plus ou moins forte (ex. fossé rhénan entre Vosges et Forêt Noire ; « Rift valleys », grabens où se trouvent les grands lacs africains). – 2. Rift océanique : fossé d'effondrement au milieu des dorsales océaniques. V. océans, et tectonique des plaques.

rifting n. m. [mot angl., de *rift*] – Formation de rifts dans le stade précoce d'une ouverture océanique. V. tectonique des plaques.

rigoles n. f. pl. **(érosion en –)** – V. érosion en rigoles.

rill n. m. [mot angl.] – Rigoles peu profondes creusées par les eaux, notamment dans un glacis*.

rill erosion [terme angl.] – Syn. d'érosion en rigoles.

rimaye n. f. [prononc. -maille ou -mai ; angl. *bergschrund*] – Dans la partie supérieure d'un glacier de montagne, espace séparant la glace de la paroi rocheuse.

ring dyke (ou ring dike) [mots angl. : *ring*, anneau, et *dike* (US) ou *dyke* (GB)] – Syn. de filon annulaire.

Riphéen n. m. [Schatsky, 1944, de Ripheus, ancien nom de l'Oural ; angl. *Riphean*] – Division du Précambrien de l'Oural. V. tabl. Annexe 2. Adj. **riphéen, nne**.

ripidolite n. f. [du gr. *ripis, – idos*, éventail ; angl. *ripidolite*] – Var. de chlorite*. Syn. prochlorite.

ripple mark n. f. [expr. angl. sign. marque en ride] – Ride allongée formant un relief, haut de 1 à 5 cm env., à la surface supérieure d'une couche finement détritique, associée à d'autres qui lui sont approximativement parallèles. Elle peut avoir comme cause l'agitation de la houle sur les plages, ou l'action de courants marins sur le fond. La présence de ripple marks dans des sédiments anciens n'est donc pas un argument décisif en faveur d'une faible profondeur de dépôt.

Riss n. m. [A. Penck, 1905, du nom d'un affluent du Danube ; angl. *Riss*] – Troisième épisode de glaciation* du Quaternaire (V. tabl. à ce mot) dans les régions alpines ; de 300 000 à 120 000 ans env. Adj. **rissien, nne**.

rivière n. f. **souterraine** [angl. *underground stream*] – V. modelé karstique.

Rn – Symbole chim. du radon.

Roc Tourné (macle du –) [angl. *Roc-Tourné twin, albite-Carlsbad twin*] – Macle particulière de cristaux automorphes d'albite (feldspath plagioclase) dans les dolomies triasiques du Roc Tourné (vallée de l'Arc, en amont de Modane, Savoie, Fr.).

roche n. f. [du lat. popul. *rocca* ; angl. *rock*] – Matériau constitutif de l'écorce terrestre, formé en général d'un assemblage de minéraux et présentant une certaine homogénéité statistique ; le plus souvent dur et cohérent (pierre, caillou), parfois plastique (ex. argile), ou meuble (ex. sable), à la limite liquide (ex. huile) ou gazeux. La classification est complexe, car basée sur un grand nombre de critères ; les principaux groupes, aux frontières souvent floues, sont :

1 – r. exogènes, formées à la surface de l'écorce terrestre :

1.1 r. sédimentaires, résultant de l'accumulation d'éléments (fragments minéraux, débris coquilliers, etc.) et/ou de précipitations à partir de solutions ; les principales

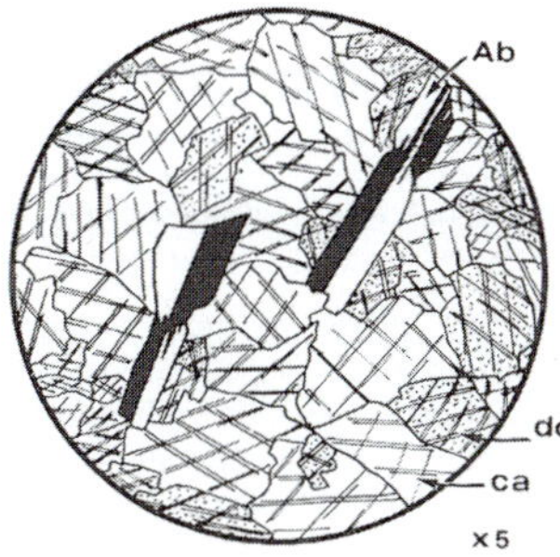

Roc Tourné

Macle du Roc Tourné de l'albite (Ab) vue en lame mince, en lumière polarisée analysée, dans un calcaire métamorphique – ca : calcite – do : dolomite.

catégories sont les r. détritiques, et les r. biogènes et physico-chimiques.

1.2 r. résiduelles, formées à partir de r. préexistantes auxquelles les eaux ont enlevé des éléments en solution (ex. argiles résiduelles, bauxites, paléosols, etc.).

2 – r. endogènes, formées au moins en partie à l'intérieur du globe, à des températures et à des pressions supérieures à celles régnant à la surface :

2.1 r. magmatiques, résultant de la solidification de magmas (r. fondues, au moins en partie), avec :

2.1.1 r. plutoniques, ayant cristallisé au sein de la lithosphère.

2.1.2 r. volcaniques (laves, etc.), s'étant solidifiées, au moins en partie, à la surface de la lithosphère.

2.1.3 r. hydrothermales, constituant une catégorie un peu particulière de roches formées à partir de gaz ou de solutions à haute température, ayant des relations variées avec les magmas.

2.2 r. métamorphiques, formées sans fusion à partir de r. préexistantes, et cela essentiellement par des recristallisations dues à des élévations de la température et de la pression. V. sédimentaires (r. –), magmatiques (r. –), et métamorphiques (r. –). Adj. **rocheux, euse** [angl. *rocky*].

roche mère – 1. [angl. *mother rock, parent –, source –*] Roche qui, par érosion mécanique, a fourni les éléments détritiques d'un sédiment (ex. la roche mère d'un grès arkosique peut être un granite). – 2. [angl. *parent rock*] Roche qui, par altération physico-chimique, a fourni les éléments d'un sol, qui la surmonte ou non. Dans un profil pédologique, on désigne par C la roche mère désagrégée et fragmentée, et par R la roche mère indemne. – 3. [angl. *source rock*] Roche dans laquelle se sont formés des hydrocarbures (ceux-ci pouvant migrer ultérieurement dans une autre roche, dite alors roche réservoir ou roche magasin).

roche moutonnée – V. moutonnée (roche –).

roches vertes [angl. *greenstone*] – Expression désignant d'une manière générale l'ensemble des r. magm. plutoniques et effusives, basiques et ultrabasiques, dont la teinte verte est due au développement de chlorite, épidote, amphibole, et serpentine, du fait de l'altération et, plus souvent, du métamorphisme (*cf.* prasinite, amphibolite, serpentine). Dans une acception plus restreinte, ce terme est syn. d'ophiolites métamorphisées.

rocheux adj. **(glacier –)** – V. glacier rocheux.

rockallite n. f. [de l'île de Rockall ; *rockallite*] – Variété de granite* alcalin riche en pyroxène sodique (ægyrine).

rod n. m. [mot angl. ; angl. *rod (ding structure)*] – Agrégat de cristaux de quartz et, dans une moindre mesure, de feldspath, formant un bâtonnet soulignant la linéation dans une roche métamorphique.

rodingite n. f. [de Roding River, Nouvelle-Zélande ; angl. *rodingite*] – R. magm. de type gabbro, transformée par métamorphisme métasomatique, avec une paragenèse à grenat grossulaire, pyroxène (diallage), prehnite et serpentine. A partir de ce type, le terme est étendu aux gabbros et aux diabases métamorphisés avec enrichissement en CaO, et contenant alors grenat, prehnite, vésuvianite, épidote (zoïsite), wollastonite, chlorite, serpentine. Ces roches forment en général des dykes et des filons, et se trouvent surtout dans les complexes ophiolitiques métamorphisés.

Rognacien n. m. [L. Villot, 1883, de Rognac, Bouches-du-Rhône, Fr. ; angl. *Rognacian*] – Faciès lacustre du Crétacé sup. (ère secondaire) du Sud-Est de la France, surtout caractérisé par des calcaires blancs. V. tabl. Annexe 2. Adj. **rognacien, nne**.

Rongeurs n. m. pl. [angl. *Rodent*] – Groupe de Mammifères connu depuis l'Éocène comprenant l'écureuil, la souris, etc. Leurs dents, parfois abondantes dans les sédiments, surtout continentaux, sont une aide précieuse en stratigraphie. Syn. Simplicidentés.

Rosalines n. f. pl. [du lat. *rosa*, la rose] – Nom donné parfois aux Foraminifères du genre *Globotruncana* (anciennement *Rosalina*), et aux formes voisines (ex. *Rotalipora*).

rose n. f. **des sables** (Syn. rose des déserts) [angl. *desert rose*] – Concrétion de gypse, avec souvent un peu de sable, en lames saccharoïdes entrecroisées, se formant dans certaines zones arides, en particulier dans les sebkras.

rosso ammonitico – V. ammonitico rosso.

rostre n. m. [du lat. *rostrum*, éperon de navire ; angl. *guard, rostrum* (pl. *rostra*)] – Chez les Bélemnites (V. fig. à ce mot), partie de la coquille la plus résistante, en forme de balle de fusil, généralement la seule conservée.

Rotalidés n. m. pl. [du lat. *rota*, roue ; angl. *rotaliids, Rotalidae*] – Groupe de Foraminifères*, à test calcaire fibroradié ou microgranuleux, épais et parcouru par un système de canaux, de forme lenticulaire ou conique à enroulement typiquement trochospiralé. Répart. stratigr. : Crétacé - Actuel.

Rotalipora [du lat. *rota*, roue, et *pora*, pore] – Genre de Foraminifères proche du genre *Globotruncana*, possédant une seule carène, et dont les ouvertures, multiples, sont situées dans l'ombilic et dans les sutures ventrales entre les loges. Répart. stratigr. : Crétacé (Albien - Cénomanien).

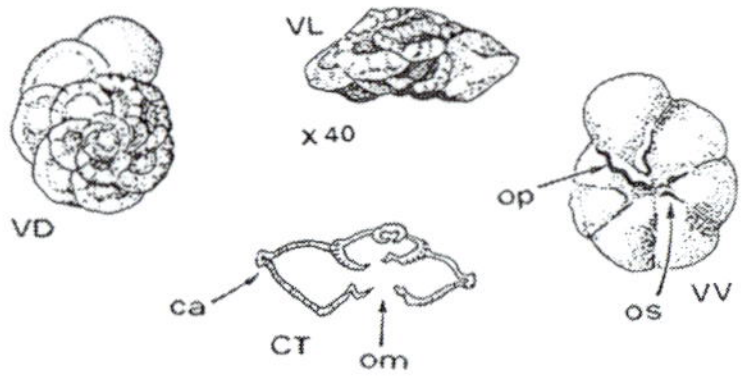

Rotalipora

R. appenninica (Albien sup. - Cénomanien moyen) – VD, VL, VV : vues dorsale, latérale et ventrale (d'après M. Caron) – CT : coupe transversale – ca : carène – om : ombilic – op : ouverture principale – os : ouverture supplémentaire.

Rotliegende n. m. [ancien terme de mineur allem. signif. susbtratum rouge (des Kupferschiefer) ; angl. *Rotliegende*] – Division inférieure du Permien (ère primaire) allemand, représentée par des grès rouges. Nom pris comme équivalent de Permien inf. V. tabl. Annexe 2.

roulé, e adj. [angl. *water-rolled*] – S'applique aux éléments des r. sédim. détritiques qui, transportés par l'eau, ont pris des formes arrondies par usure mécanique.

Ru – Symbole chim. du ruthénium.

rubanement n. m. [angl. *banding*] – Aspect de la tranche d'une roche composée d'alternances de lits de couleurs différentes. Adj. **rubané, e** [angl. *banded*].

rubéfaction n. f. [du lat. *rubefacere*, rendre rouge ; angl. *rubefaction, reddening*] – Coloration en rouge des sols, ou de la surface de certaines roches, due à la cristallisation d'oxydes de fer (hématite surtout) libérés par l'altération. V. sol, latérite, bauxite. Vb. **rubéfier** ; adj. **rubéfié, e**.

rubellite n. f. [du lat. *rubellus*, rosé ; angl. *rubellite*] – Var. de tourmaline* rosée, à Li.

rubicelle n. f. [angl. *rubicelle*] – Var. de spinelle* jaune.

rubidium n. m. [du lat. *rubidus*, rouge brun, allusion aux raies rouges de son spectre ; angl. *rubidium*] – Symbole chim. Rb. N° et masse atom. 37 et 85,48 ; ion 1^+ de rayon 0,149 nm ; densité 1,52 ; clarke 90 à 300 g/t, selon les auteurs. Solide blanc, très réducteur, qui se trouve surtout dans les feldspaths et les micas (lépidolite, zinnwaldite) des pegmatites. Son isotope 87, radioactif, donne du strontium avec une période de 5.10^{10} ans, et l'évaluation des rapports Rb/Sr est l'une des méthodes courantes de radiochronologie*.

rubis n. m. [du lat. *ruber*, rouge ; angl. *ruby*] – Var. rouge de corindon* Al_2O_3. Ce mot désigne aussi certaines var. de spinelles*.

Rudistes n. m. pl. [du lat. *rudis*, rude ; angl. *rudists*] – Groupe de Bivalves (V. fig. à ce mot) fixés et récifaux, à coquille épaisse, vivant dans les mers chaudes du Jurassique et du Crétacé.

rudite n. f. [du lat. *rudus*, gravats ; angl. *rudite*] – Classe des r. sédim. détritiques* dont les éléments sont en majorité de diamètre supérieur à 2 mm (V. aussi granulométrie). Ce mot est aussi utilisé comme suffixe dans la classification de r. carbonatées. V. carbonatées (roches –).

Rugosa n. m. pl. [du lat. *rugosus*, ridé] – Syn. de Tétracoralliaires*.

ruiniforme adj. [angl. *tower-like*] – S'applique à des reliefs évoquant des ruines (morphologie assez fréquente des pays karstiques). V. modelé karstique.

Rupélien n. m. [A. Dumont, 1849, du Rupel, rivière affluente de l'Escaut, Belg. ; angl. *Rupelian*] – Division stratigraphique de la partie inférieure de l'Oligocène. Le nom de Stampien est parfois utilisé dans un sens équivalent. V. tabl. Annexe 2. Adj. **rupélien, nne**.

rupestre adj. **(art –)** [du lat. *rupes, -estris*, rocher] – V. pariétal (art –).

rupture n. f. **de pente** [angl. *break of slope*] – Changement brusque du profil d'un versant. Les causes peuvent en être très variables : changement de dureté des roches, type d'érosion particulier (ex. knick, du modelé désertique), emboîtement* de reliefs, etc.

Ruscinien n. m. [de *Ruscino*, nom lat. du fleuve la Têt, Pyrénées-Orientales, Fr. ; angl. *Ruscinian*] – Étage du Pliocène, défini dans des dépôts continentaux, équivalent approximatif du Tabianien. V. tabl. Annexe 2.

ruthénium n. m. [de la Ruthénie, Ukraine ; angl. *ruthenium*] – Symbole chim. Ru. N° et masse atom. 44 et 101 ; ion 4^+ de rayon 0,067 nm ; densité 12,3 ; clarke inférieur à 1 mg/t. Métal très rare associé au platine et à l'iridium.

rutile n. m. [du lat. *rutilus*, rouge vif ; angl. *rutile*] – Oxyde TiO_2, du syst. quadratique, stable à HT-HP (V. anatase et brookite, de même formule TiO_2, mais stables à BT), à éclat adamantin plus ou moins métallique, brun-rouge, rouge, jaune-noir. Il montre une macle dite en genou, et se présente en cristaux aciculaires dans les biotites (variété sagénite dessinant un réseau triangulaire), dans les feldspaths, dans les quartz (filonnets blond doré : cheveux de Vénus), et en plus grands cristaux dans les roches fortement métamorphiques (granulites, éclogites).

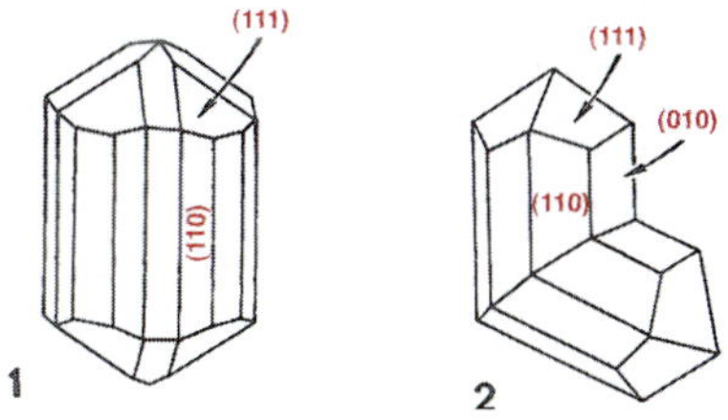

rutile

1 Forme prismatique, et (**2**) macle en genou (d'après A. de Lapparent).

rythmique adj. [du gr. *rhuthmos*, cadence ; angl. *rhythmic(al)*] – Se dit en particulier de la sédimentation montrant des séquences* répétées. V. aussi cyclostratigraphie, cyclothème, périodite, turbidite. N. f. **rythmicité** [angl. *rhythmicity*] ; n. m. **rythme** [angl. *rhythm*] ; n. f. **rythmite*** [angl. *rhythmite*].

rythmite [M. N. Bramlette, 1946 ; angl. *rhythmite*] – Séquence élémentaire d'une série à sédimentation cyclique répétitive. V. cyclostratigraphie, cyclothème.

S

S – Symbole chim. du soufre.

S (ondes –) [angl. *S waves*] – V. sismologie.

Saale n. m. [du nom d'une rivière d'Allem. du Nord ; angl. *Saale*] – Glaciation du Quaternaire (V. tabl. à ce mot et à glaciation), équivalent, pour l'inlandsis scandinave, du Riss et, pour l'inlandsis américain, de l'Illinois.

saalienne adj. **(phase –)** [H. Stille, 1920, de la Saale, rivière d'Allem. du Nord. ; angl. *Saalic orogeny*] – Phase tectonique du Permien inf. (ère primaire), située à la limite de l'Autunien et du Saxonien. V. tabl. Annexe 2.

sable n. m. [du lat. *sablum*, même signif. ; angl. *sand*] – Au sens courant, matériau meuble formé de grains de quartz (grains de sable) tel celui des plages ou des dunes. Plus précisément, sédiment détritique meuble dont les grains sont en majorité compris entre 1/16 mm (62,5 µm) et 2 mm (classe des arénites, V. granulométrie). La nomenclature fait intervenir le grain, et la nature des éléments dominants (sables quartzeux ou sables, au sens courant ; sables calcaires) ou d'éléments particuliers : sables feldspathiques, micacés, aurifères, diamantifères, etc. Les études granulométriques et morphoscopiques précisent les modalités de sédimentation ; p. ex. les sables fluviatiles sont souvent à grains subanguleux, peu luisants et mal classés, les sables marins à grains subanguleux à arrondis, luisants et assez bien classés, les sables éoliens montrent des grains dominants de 0,5 mm, ronds et mats, car dépolis par suite des chocs entre les grains. V. aussi morphoscopie, exoscopie. Adj. **sableux, euse** [angl. *sandy*].

sables mouvants [angl. *quick sand*, *running –*] – V. tangue, et thixotropie.

sablon n. m. [angl. *very fine sand*] – Sable très fin. V. tabl. granulométrie.

saccharoïde adj. [du gr. *sakkharon*, sucre, et *eidos*, aspect ; angl. *saccharoidal*] – S'applique aux roches ayant un grain analogue à celui du sucre cristallisé. Ex. granite saccharoïde à grain de 1 à 2 mm, marbre saccharoïde.

Saccocomidés n. m. pl. [du lat. *saccus*, sac, et *coma*, chevelure ; angl. *saccocomids*] – Crinoïdes pélagiques dépourvus de tige, possédant dix bras grêles, eux-mêmes subdivisés, et dont les articles très caractéristiques, sont parfois abondants dans les sédiments calcaires du Jurassique sup. et du Crétacé inf.

sagénite n. f. [du lat. *sagena*, filet ; angl. *sagenite*] – V. rutile.

sakalavite n. f. [des Sakalaves, peuple de Madagascar] – V. basalte quartzique.

Sakmarien n. m. [de Sakmara, affluent de l'Oural, Russie ; angl. *Sakmarian*] – Étage du Permien (ère primaire) russe. V. tabl. Annexe 2. Adj. **sakmarien, nne.**

sal n. m. – Ancienne orthographe pour sial*.

salbande n. f. [de l'allem. *Salband*, lisière, terme de mineur ; angl. *salband*] – V. éponte (d'un filon).

salifère adj. [angl. *saliferous*] – Qui contient du sel.

salifère (tectonique –) [angl. *salt tectonics*] – V. halocinèse.

salpêtre n. m. [du lat. *sal*, sel, et *petra*, pierre ; angl. *saltpeter*, *niter* (US), *salpetre*, *nitre* (GB)] – Nom donné à plusieurs nitrates : le nitre ou salpêtre s. str., K (NO_3), que l'on trouve en efflorescences sur les murs en contact avec des produits organiques ammoniaqués, et qui a été longtemps utilisé pour fabriquer la poudre ; la nitrocalcite, Ca $(NO_3)_2$, nH_2O, qui a les mêmes gisements ; la nitratine ou natronitre, Na (NO_3), qui forme l'essentiel des nitrates du Chili, exploités comme engrais. V. aussi caliche.

samarium n. m. [dédié à Samarski ; angl. *samarium*] – Symbole chim. Sm. N° et masse atom. 62 et 150,43 ; ion 3^+ de rayon 0,1 nm ; densité 8 ; clarke 7,3 g/t. Métal du groupe des lanthanides (terres rares).

sancyite n. f. [du Puy de Sancy, Puy-de-Dôme, Fr. ; angl. *sancyite*] – Var. de trachyandésite*.

sandur n. m. [mot islandais ; angl. *sandur* (pl. *sandar*)] – Nappe alluviale formée par des sables et des graviers étalés en avant d'un inlandsis. V. modelé glaciaire.

Sangamon(ien) n. m. [du comté de Sangamon, Illinois, États-Unis ; angl. *Sangamon(ian)*] – Période interglaciaire du Quaternaire* nord-américain, équivalent du Riss-Würm alpin. V. tabl. à glaciation.

sanguine n. f. [de sang ; *angl. reddle*] – Variété terreuse de l'hématite (ou oligiste) d'un rouge plus ou moins vif.

sanidine n. f. [du gr. *sanis*, *-idos*, planche ; angl. *sanidine*] – Var. de feldspath* potassique.

sanidinite n. f. [angl. *sanidinite*] – R. métam. du métamorphisme de contact, du groupe des cornéennes, se formant à HT et BP, à cristaux en général assez petits, avec sanidine (pouvant être porphyroblastique) ou anorthose, silice sous sa forme tridymite, et divers minéraux particuliers : corindon, périclase, monticellite, mullite, akermanite. C'est une roche rare, en enclave au sein de laves, ou parfois au contact d'instrusions basiques superficielles. Faciès des sanidinites : V. métamorphisme (faciès minéraux).

Sannoisien n. m. [E. Munier-Chalmas et A. de Lapparent, 1893, de Sannois, Val-d'Oise, Fr. ; angl. *Sannoisian*] – Division naguère utilisée pour désigner la partie inférieure de l'actuel Stampien (Oligocène, ère tertiaire). V. tabl. Annexe 2. Adj. **sannoisien, nne.**

Santonien n. m. [H. Coquand, 1857, du nom lat. de la Saintonge, Fr. ; angl. *Santonian*] – Étage du Crétacé sup. (Sénonien, ère secondaire). V. tabl. Annexe 2. Adj. **santonien, nne.**

saphir n. m. [de l'hébreu *sappir*, la chose la plus belle ; angl. *sapphire*] – Var. bleue de corindon* Al_2O_3.

saprist n. m. [du gr. *sapros*, pourri ; angl. *saprist*] – Humus provenant de la décomposition de la tourbe.

sapropèle n. m. [du gr. *sapros*, pourri, et *pêlos*, boue ; angl. *sapropel*] – Vase ou boue comportant une grande proportion de matière organique. Adj. **sapropélique** [angl. *sapropelic*] ; n. f. **sapropélite** [angl. *sapropelite*] (sapropèle consolidé).

sarde adj. **(phase –)** [H. Stille, 1924, de la Sardaigne, Ital. ; angl. *Sardic orogeny*] – Phase tectonique du cycle calédonien, située à la limite du Cambrien et de l'Ordovicien. V. tabl. Annexe 2.

sardoine n. f. [de la Sardaigne, Ital. ; angl. *sardonyx*] – Var. brune de calcédoine. V. silice.

Sarmatien n. m. [E. Suess, 1866, du pays des Sarmates, au nord de la mer Noire ; angl. *Sarmatian*] – Division du Tertiaire d'Europe centrale correspondant à une partie du Miocène moyen et sup. V. Paratéthys. Adj. **sarmatien, nne**.

satellite adj. (faille, accident, pli, etc.) [angl. *secondary, auxiliary*] – Qui a les mêmes caractères, mais est de moindre importance. Ant. principal, majeur.

saturation n. f. **(indice de –)** [angl. *saturation index*] – Utilisé pour la classification des r. magm. (V. tabl. magm.) :
SAT. = quartz/(quartz + feldspaths) x 100, pour les roches **saturées** (valeurs positives)
SAT. = – feldspathoïdes/(feldspathoïdes + feldspaths) x 100, pour les roches **sous-saturées** (valeurs négatives).
SAT. = 0 pour les r. magm. ne contenant ni quartz, ni feldspathoïdes.

saturation (zone de –) [angl. *zone of saturation, saturation zone, saturated –*] – Zone d'une nappe d'eau souterraine (V. ce terme) où tous les pores ou cavités des roches sont remplis d'eau.

saturé, e adj. [du lat. *saturare*, rassasier ; angl. *saturated*] – S'applique aux r. magm. ne contenant pas de feldspathoïde. Si le quartz y est abondant, on les dit parfois sursaturées. V. tabl. magm.

Sauripelviens n. m. pl. [du gr. *saura*, lézard, et du lat. *pelvis*, bassin] – Reptiles* fossiles du groupe des Dinosauriens. Syn. Saurischiens.

Saurischiens n. m. pl. [du gr. *saura*, lézard, et *iskhion*, hanche ; prononc. -iskien ; angl. *Saurischia*] – Syn. de Sauripelviens.

Sauropodes n. m. pl. [du gr. *saura* lézard, et *pous, podos*, pied ; angl. *Sauropods*] – Reptiles* fossiles du groupe des Dinosauriens.

Sauropsidés n. m. pl. [du gr. *saura*, lézard, et *apsis*, liaison] – Lignée dans laquelle on range, à cause de leur parenté paléontologique, les Reptiles actuels, la plupart des Reptiles fossiles, et les Oiseaux ; *cf.* Théropsidés.

Sauroptérygiens n. m. pl. [du gr. *saura*, lézard, et *pterugion*, nageoire ; angl. *Sauropterygia*] – Groupe de Reptiles (V. fig. à ce mot) fossiles marins comprenant notamment les Plésiosaures.

saussurite n. f. [dédié à H. B. de Saussure ; angl. *saussurite*] – Mélange d'épidote et parfois de lawsonite, qui se forme par transformation hydrothermale ou altération, aux dépens des plagioclases basiques (V. feldspath et épidote). N. f. **saussuritisation** [angl. *saussuritization*] ; adj. **saussuritisé, e.**

save adj. **(phase –)** [H. Stille, 1924, de la Save, rivière de Haute-Garonne, Fr. ; angl. *Savic orogeny*] – Phase tectonique de l'ère tertiaire, située à la limite de l'Oligocène et du Miocène. V. tabl. Annexe 2.

saxon adj. **(style –) –** V. germanotype.

Saxonien n. m. [A. de Lapparent et E. Munier-Chalmas, 1892, de la Saxe, Allem. ; angl. *Saxonian*] – Étage médian du Permien (ère primaire). V. tabl. Annexe 2. Adj. **saxonien, nne.**

Sb – Symbole chim. de l'antimoine (de son nom lat. *stibium*).

Sc – Symbole chim. du scandium.

scandium n. m. [angl. *scandium*] – Symbole chim. Sc. N° et masse atom. 21 et 44,96 ; ion 3^+ de rayon 0,081 nm ; clarke 5 à 22 g/t, selon les auteurs. Métal voisin du groupe des lanthanides (terres rares) qui accompagne souvent l'yttrium dans les r. magm., et peut se concentrer dans certaines r. sédim. (minerai de fer, bauxite).

Scaphites [du gr. *skaphê*, barque] – Ammonite (V. fig. à ce mot) du Crétacé sup.

Scaphopodes n. m. pl. [du gr. *skaphos*, objet creux, et *pous, podos*, pied ; angl. *scaphopods, Scaphopoda*] – Groupe de Mollusques s'entourant d'une coquille calcaire en forme de cône allongé (Ex. : genre *Dentalium*, V. fig. à ce mot). Répart. stratigr. : Ordovicien – Actuel.

scapolite n. f. [du lat. *scapus*, tige, et du gr. *lithos*, pierre ; angl. *scapolite*] – Tectosilicate du syst. quadratique, en baguettes prismatiques bipyramidées, formant une série isomorphe de la **marialite** $(Cl_2, SO_4, CO_3) Na_8 [Si_3AlO_8]_6$ à la **méionite** $(Cl_2, SO_4, CO_3)_2 Ca_8 [Si_2Al_2O_8]_6$ (cristaux incolores, vitreux, souvent à inclusions de biotite ou hornblende), le terme moyen de la série étant le **dipyre**, en baguettes allongées à clivages assez faciles, limpide ou plus souvent blanchâtre par altération. Ce sont des minéraux des r. métam. calciques, surtout du métamorphisme de contact avec des granitoïdes ; ils sont rares dans des gneiss, des amphibolites, et dans certaines projections volcaniques. Syn. wernérite.

scheelite n. f. [dédié à Scheele ; angl. *scheelite*] – Tungstate $CaWO_4$, du syst. quadratique, en prismes à éclat vitreux, blancs et jaunâtres. On la trouve dans des filons traversant des granites, et dans leurs auréoles de r. métam. (avec skarn* en particulier), accompagnant des minerais de Sn et de Cu ; elle est fluorescente à l'ultraviolet (prospection de nuit avec lampe Wood) ; c'est l'un des principaux minerais de tungstène (W) avec la wolframite.

schéma n. m. **structural** [angl. *structural sketch-map*] – Carte simplifiée représentant les principaux ensembles géologiques qui se distinguent par leur style tectonique, et/ou leur série stratigraphique, ainsi que les principaux plis et accidents géologiques indiqués avec des signes conventionnels. V. fig. à nappe de charriage.

schiste n. m. [du gr. *skhistos*, qu'on peut fendre ; prononc. ch-] – 1. Au sens large (qu'il vaut mieux éviter), toute roche susceptible de se débiter en feuillets. Ce terme peut donc ainsi désigner aussi bien un schiste métamorphique [angl. *schist*] qu'une roche montrant un clivage ardoisier [angl. *slate*] ou bien une pélite (ou argile) feuilletée [angl. *shale*]. Ex. : les schistes houillers, qui sont souvent des pélites psammitiques ; les **schistes carburés** ou schistes bitumineux, noirs, à toucher gras, riches en matières organiques sapropéliques ; les **schistes ampélitiques** (Syn. ampélite) contenant des matières organiques et riches en pyrite. – 2. Roche ayant acquis une schistosité* sous l'influence de contraintes tectoniques. Ces schistes sont caractérisés par un débit plus ou moins facile en feuillets, dû soit à une fracturation (schistosité de fracture), soit à une orientation des cristaux de la roche parallèlement à ces plans de clivage (schistosité de flux), et ce

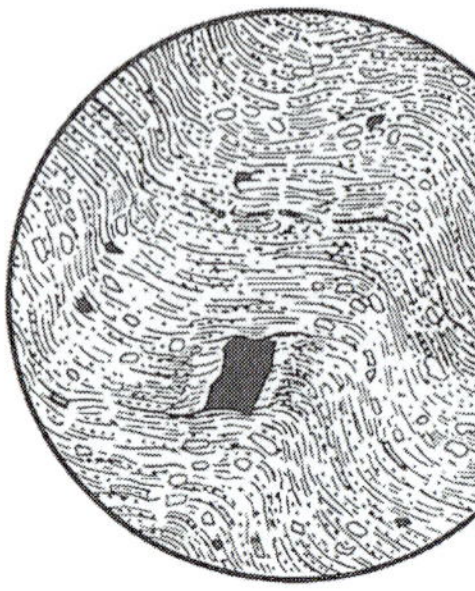

×100

schiste

Vue en lame mince, montrant des lits très minces à séricite et chlorite et petits grains détritiques ; la schistosité, marquée par l'orientation des minéraux micacés, est légèrement replissée. Autour d'un cristal cubique de pyrite (en noir) les zones d'étirement ont été comblées par de la chlorite et du quartz (d'après J. Jung).

sont alors des r. métam. On distingue généralement à métamorphisme croissant :

– Les schistes du métamorphisme général très faible (anchizonal) : à la limite du domaine du métamorphisme, ils sont souvent considérés encore comme des r. sédim. Ex. : **schistes ardoisiers**, à grain fin et homogène, à surfaces parfois légèrement satinées, noirs, gris, violacés ; les variétés à débit régulier sont exploitées pour les ardoises.

– Les schistes du métamorphisme général faible (épizonal) : ils montrent des recristallisations minérales plus nettes, et des cristaux à la limite du visible à l'œil ou à la loupe. Ex. : **schistes sériciteux** (ou séricitoschistes) de teinte générale grise, à surfaces blanchâtres nacrées ou satinées (feutrage de petits micas blancs plus ou moins aciculaires, désignés comme séricite) ; **talcschistes**, chargés en talc, blanchâtres et à toucher savonneux, dérivant de pélites carbonatées riches en Mg ; **schistes chloriteux** (ou chloritoschistes), verdâtres, riches en fines aiguilles et lamelles de chlorite avec fréquemment des amphiboles vert pâle (trémolite, actinote ; cf. amphiboloschiste) et des granules microscopiques d'épidote ; **calcschistes** dérivant de marnes ou de pélites calcareuses, et donnant en général des plaquettes de calcaire microcristallin à surfaces satinées (séricite, avec parfois ilménite et aiguilles de rutile).

Toutes ces roches anchi- ou épizonales forment de vastes ensembles dans les chaînes de montagnes, et une grande partie des séries antécambriennes et paléozoïques se présente actuellement sous forme de schistes. Les roches soumises à un métamorphisme plus fort ne sont plus à proprement parler des schistes ; ce sont des micaschistes ou des gneiss (V. ces mots, et métamorphisme). Adj.

schisteux, euse [angl. *schistose* (ou *schistic*), *slaty*, *shal(e)y*, selon les cas]

schistes bleux (faciès des –) [angl. *blueschist facies*] V. métamorphisme (faciès minéraux du –).

schistes carton [angl. *paper shale*] – V. carton (schistes –).

schistes cristallins [angl. *schists*] – Expression ancienne désignant l'ensemble des roches du métamorphisme général de la séquence pélitique, regroupant les schistes séricíteux ou chloriteux, les micaschistes et les gneiss. Syn. ectinites.

schistes lustrés [angl. *lustrous schists*] – Ensembles métamorphiques composés principalement de calcschistes du faciès des schistes verts et/ou des schistes bleus constituant, dans les Alpes, de grandes nappes issues du domaine interne piémontais. On y observe fréquemment des ophiolites métamorphiques (« roches vertes »), pour lesquelles on présume un âge jurassique supérieur. Le dépôt de ces séries semble s'être effectué du Trias au Crétacé.

schistes noduleux – V. schistes tachetés.

schistes séricíteux et chloriteux (zone des –) (ou zone des « micaschistes supérieurs ») – Expression ancienne qui caractérisait l'épizone dans la séquence pélitique (V. métamorphisme).

schistes tachetés – Schistes dans lesquels le métamorphisme de contact a développé des minéraux de néoformation. La schistosité est en général acquise antérieurement à l'intrusion des r. magm., mais elle peut aussi être liée à la mise en place de l'intrusion. Ces roches sont en général des schistes gris à noirs à petites taches de 0,5 à 3 mm (**schistes tachetés s.s.** [angl. *spotted slates*, *– schists*]) ou à petites boules en saillie (**schistes noduleux** [angl. *knotted slates*, *– schists*]) noirâtres, constituées d'andalousite et/ou de cordiérite, en cristaux subautomorphes ou xénomorphes, souvent altérés en séricite, colorés en noir par des matières charbonneuses. Dans les schistes **maclifères**, l'andalousite*, sous sa forme chiastolite, est en porphyroblastes automorphes, de plusieurs centimètres parfois, dispersés dans le schiste sans orientation préférentielle. Ces schistes apparaissent surtout dans la zone externe des auréoles de métamorphisme des granites ; en se rapprochant du granite (augmentation du métam. thermique) les taches deviennent plus nombreuses, les minéraux plus grands et plus souvent automorphes ; l'apparition de recristallisations de micas (biotite), de feldspaths puis de pyroxènes assure le passage aux cornéennes (V. métamorphisme).

schistes verts (faciès des –) [angl. *greenschist facies*] – V. métamorphisme (faciès minéraux du –).

schistification n. f. [angl. *rock dusting*] – Épandage dans les galeries de mine de débris et poussières de schistes pour éviter certaines explosions et leur propagation (coups de poussière).

schistosité n. f. [angl. *cleavage*, *schistosity* (foliation des schistes métamorphiques)] – Feuilletage plus ou moins serré présenté par certaines roches, acquis sous l'influence de contraintes tectoniques, distinct de la stratification, et selon lequel elles peuvent se débiter en lames plus ou moins épaisses et régulières. La schistosité se développe d'autant mieux que le grain de la roche est plus fin ; elle peut s'accompagner de phénomènes de dissolution d'où concentration des particules insolubles le long des plans de schistosité (plans de clivage). La schistosité se développe lorsque la déformation a dépassé un certain seuil, et les plans de schistosité sont alors parallèles ou presque au plan d'aplatissement XY de l'ellipsoïde de déformation*. Une schistosité naissante et fruste peut se développer localement, p. ex. dans des charnières de plis. Lorsqu'elle affecte de vastes ensembles rocheux, il a fallu que les roches aient été maintenues à une pression suffisante, c'est-à-dire, pratiquement, qu'elles aient été enfouies et tectonisées à une certaine profondeur (cela explique l'existence d'un front supérieur de schistosité ; V. niveau structural). Ce phénomène correspond à un métamorphisme* régional plus ou moins marqué.

Types de schistosité. – On en distingue plusieurs qui passent progressivement des uns aux autres. La **schistosité de fracture** [angl. *fracture cleavage*] est marquée par l'existence de plans de clivage limitant des volumes indemnes de schistosité, nommés microlithons. La **schistosité de crénulation** [angl. *strain slip cleavage*] est caractérisée par le développement de microplis ou de microflexures entre des plans de schistosité distincts. La **schistosité de flux** [angl. *flow cleavage*] (schistosité pénétrative) est aussi nommée schistosité ardoisière car fréquente dans de nombreux types d'ardoises ; elle est marquée par l'orientation préférentielle, parallèlement aux plans de schistosité et en tous les points de la roche, des minéraux et principalement des phylites (argiles, micas, chlorites). S'il y a différenciation pétrographique selon les feuillets schisteux, la roche acquiert une foliation métamorphique. Dans ces deux cas, la stratification originelle devient de plus en plus difficile à identifier (il faut retrouver des lits différant par leurs natures pétrographiques originelles).

Rapports entre la schistosité et le plissement des couches. – D'une manière générale, on constate que la schistosité se développe dans des séries fortement plissées. Elle est alors parallèle aux plans axiaux des plis, ou en éventail légèrement divergent

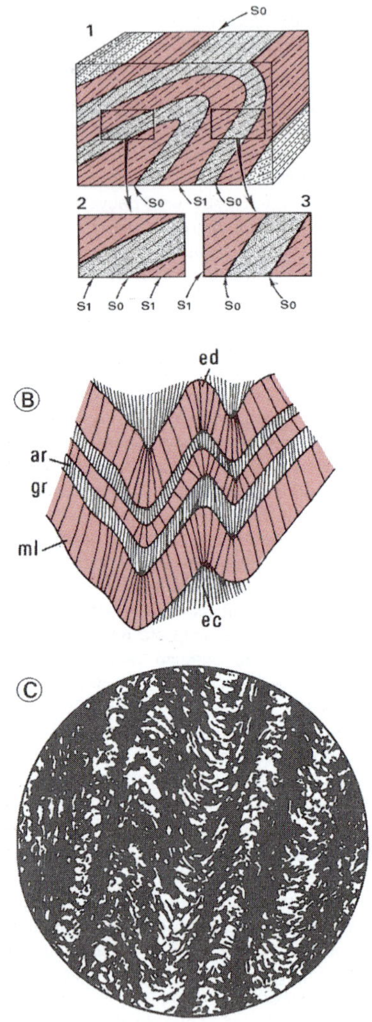

schistosité

A : bloc diagramme schématique – So : stratification – S1 : schistosité – 1 : schistosité de plan axial dans un pli déversé. La schistosité a un pendage plus fort que la stratification dans le flanc normal, et c'est le contraire dans le flanc inverse. Cela permet de les reconnaître sur de petits affleurements (2 et 3).
B : éventails de schistosité et plis, vue en coupe – ar : couche argileuse – ec : éventail convergent – ed : éventail divergent – gr : couche gréseuse – ml : microlithon.
C : schistosité de crénulation vue au microscope.

vers l'extérieur de la courbure, rarement en éventail convergent (charnière très épaissie). On parle alors de **schistosité de plan axial**, et le pli est dit **synschisteux**. Dans des cas simples, cela permet de savoir, sur un petit affleurement, si l'on se trouve dans le flanc normal ou dans le flanc inverse d'un pli : dans le premier, la schistosité a un pendage plus fort que la stratification, et dans le second, c'est le contraire.

Lorsque la schistosité passe d'une couche incompétente à une couche plus compétente, on note souvent qu'elle change d'orientation : c'est la **réfraction** de la schistosité. On voit ainsi que la schistosité est indépendante de la stratification des couches, même si elle peut lui être parallèle (notamment sur les flancs des plis). V. aussi foliation, linéation, niveau structural. Vb. **schistoser** ; adj. **schisteux, euse ; schistosé, e** ; n. f. **schistogenèse**.

schizonte n. m. [du gr. *skhizeîn*, fendre, et *ôn, ontos*, être ; pronoc. ski-] – Syn. d'agamonte.

Schmidt (canevas de –) [angl. *Schmidt net*] – V. canevas.

schorl n. m., **schorlite** n. f. [angl. *schorl(ite)*] – Var. de tourmaline*.

schorre n. m. [mot flamand ; angl. *schorre*] – Partie haute d'un marais littoral, relativement sèche, formée de vase consolidée, recouverte d'herbe et submergée uniquement aux grandes marées. La partie la plus interne, pratiquement jamais atteinte par la mer constitue un pré salé. V. aussi slikke.

Schwagérinidés n. m. pl. [dédié à Schwager ; angl. *schwagerinids, Schwagerininae*] – Groupe de Fusulinidés*.

Scléractinies n. f. pl. [du gr. *skleros*, dur, et *aktis, aktinos*, rayon ; angl. *scleractinians, Scleractinia*] – Groupe de Cnidaires* constituant l'essentiel des Madréporaires.

sclérochronologie n. f. [du gr. *skleros*, dur, et de chronologie ; angl. *sclerochronology*] – Chronologie établie par comptage des stries d'accroissement sur des parties dures d'organismes (coquilles, coraux, etc.).

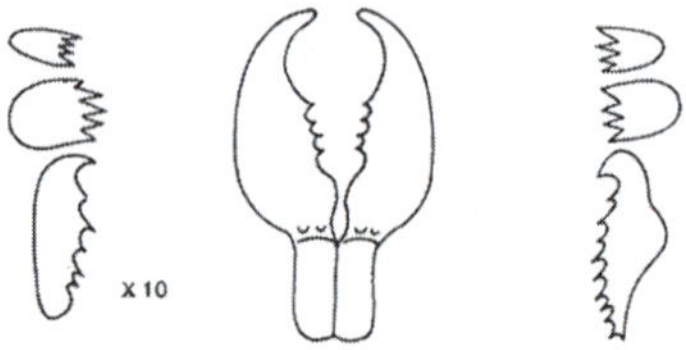

scolécodontes

scolécodonte n. m. [du gr. *skôlêx, -êkos*, ver, et *odous, odontos*, dent ; angl. *scolecodont*] – Pièce maxillaire d'Annélide*.

scolithe n. m. [angl. *scolite*, *scolithus*] – Trace fossile tubiforme ou vermiforme connue du Précambrien à l'Ordovicien.

scorie n. f. [du gr. *skôria*, écume du fer ; angl. *scoria*] – Fragment de lave vacuolaire et, par suite, de faible densité, à surface irrégulièrement poreuse, hérissée d'arêtes et de pointes, apparaissant dans les projections volcaniques ou sur des coulées dont la surface est craquelée. Adj. **scoriacé, e** [angl. *scori(ace)ous*].

scour cast [terme angl. signif. moulage d'affouillement] – Figure de base de banc formée par le moulage d'un creux produit sur le fond sous-marin par des courants. V. hyporelief.

Scutella [mot lat. signif. petit bouclier] – Genre d'Oursins proche du genre *Clypeaster* (V. fig. à Échinides) mais plus plat. Répart. stratigr. : Éocène - Miocène.

Scutellum [mot lat. signif. petit bouclier] – Genre de Trilobites (V. fig. à ce mot) du Silurien -Dévonien.

Scythien n. m. [E. von Mojsisovics, Diener et Waagen, 1895, du pays des Scythes au nord de la Crimée, Ukraine ; angl. *Scythian*] – Étage du Trias inf. (ère secondaire) ayant comme équivalent le Werfénien. V. tabl. Annexe 2. Adj. **scythien, nne**.

Se – Symbole chim. du sélénium.

sebkra (ou sebkha) n. f. [mot arabe ; angl. *sebkha*, *sabkha*] – En pays désertique ou presque, dépression temporairement occupée par un lac, en général salé, et où se déposent des évaporites. Les eaux proviennent du ruissellement, mais aussi des nappes souterraines. V. aussi chott, kevir, playa.

Secondaire n. m. (ou ère secondaire) – Ère géologique ayant duré de 245 à 65 Ma et groupant le Trias, le Jurassique et le Crétacé. Ce terme n'est plus usité dans les pays anglo-saxons. V. tabl. Annexe 2. Adj. **secondaire**. Syn. Mésozoïque ou ère mésozoïque.

secondaires adj. **(ondes –)** [angl. *secondary waves*] – V. sismologie.

secondaires (plis –) [angl. *subsidiary folds*] – Plis de second ordre affectant toutes les couches des flancs d'un pli de premier ordre. Cela se réalise surtout dans des structures déversées ou couchées, et la figure obtenue est dite en feuille de chêne.

sédiment n. m. [du lat. *sedimentum*, dépôt, de *sedere*, être assis, séjourner ; angl. *sediment*] – Ensemble constitué par la réunion de particules plus ou moins grosses ou de matières précipitées ayant, séparément, subi un certain transport. Les matériaux des sédiments peuvent, p. ex., provenir de l'érosion de roches antérieures, ou résulter d'une activité organique (accumulation de coquilles, etc.). Après un dépôt, un sédiment subit une diagenèse*, et devient une roche sédimentaire. On parle en général de sédiment lorsque le dépôt est récent, surtout s'il se trouve encore dans son milieu de formation, et s'il est encore gorgé d'eau. On parle de r. sédim. lorsqu'il a été induré, avec compaction et perte de son eau d'imbibition originelle. Cependant, le mot de sédiment est employé dans tous les cas où l'on veut faire allusion à son mode de formation. V. sédimentaire (roche –).

sédimentaire adj. **(bassin –)** – V. bassin sédimentaire.

sédimentaire (cycle –) – V. cycle sédimentaire.

sédimentaires (roches –) [de sédiment ; angl. *sedimentary rocks*] – Roches exogènes, c'est-à-dire formées à la surface de la Terre, et qui représentent 5 % en volume de la croûte terrestre (continentale et océanique) et en couvrent 75 % de la surface. Elles sont très variées car leur genèse dépend de nombreux facteurs : nature initiale des matériaux désagrégés et altérés, types d'altération, mode de transport, zone de dépôt, modalités de la diagenèse. Elles constituent le plus souvent des dépôts stratifiés en lits superposés (strates). On y distingue essentiellement : – 1. Les r. sédim. détritiques, les plus abondantes, correspondant à des assemblages de débris variés issus de roches préexistantes (magm., métam., sédim.), en général unis entre eux par un ciment d'origine chimique ou biochimique. – 2. Les r. sédim. physico-chimiques ou biogènes (siliceuses, calcareuses, etc.), témoignant d'équilibres chimiques réalisés dans les conditions de T et P externes (de la surface des continents au fond des océans) ; les évaporites en sont un cas particulier, ainsi que les r. sédim. organiques (pétrole, charbon, etc.), qui sont des roches rares.

Les principales catégories de r. sédim. sont les suivantes :

1 – roches détritiques (ou r. clastiques, ou r. deutogènes de E. Haug), formées à partir de r. préexistantes.

1.1 r. terrigènes, résultant de l'accumulation de débris de roches arrachés à des terres émergées, suivie d'une cimentation plus ou moins forte :

1.1.1 *classe des rudites* (grain > 2 mm)

– r. meubles : agglomérats, cailloutis.

– r. consolidées : conglomérats (poudingues, brèches p.p.).

1.1.2. *classe des arénites* (grain de 1/16 mm à 2 mm)

– r. meubles : sables (quartzeux, micacés, etc.).

– r. consolidées : microconglomérats, arkoses, grauwackes, grès, grès quartzeux, quartzites p.p.

1.1.3. *classe des lutites* (grain < 1/16 mm).

– r. meubles : sablons, vases, limons, lœss.

– r. consolidées : argiles, argilites, pélites, ardoises et schistes ardoisiers p.p.
1.2 r. pyroclastiques, résultant de l'accumulation de débris projetés par les volcans, puis plus ou moins remaniés par les eaux courantes : cendres, cinérites, lapillis, tufs.
2 – r. biogènes et/ou physico-chimiques (ou r. protogènes de E. Haug), non formées à partir de r. préexistantes.
2.1. r. carbonatées, formées pour l'essentiel de calcite, d'aragonite, ou de dolomite, d'origine non terrigène.
2.1.1 r. carbonatées bioclastiques, résultant de l'accumulation de squelettes et de fragments d'organismes animaux ou végétaux.
2.1.1.1 *classe des rudites (calcirudites)* : brèches récifales, fausses brèches p.p., calcaires construits et récifaux (biolithites), calcaires pisolithiques et oncolitiques, calcaires à entroques, lumachelles, travertins p.p.
2.1.1.2 *classe des arénites (calcarénites)* :
– r. meubles : sables coquilliers, sables oolithiques.
– r. consolidées : calcaires bioclastiques, oolithiques, graveleux.
2.1.1.3 *classe des lutites (calcilutites)* : craie, marnes, et p.p. calcaires lithographiques et sublithographiques (V. aussi 2.1.2). Remarque : toutes ces roches peuvent être plus ou moins dolomitisées (dolomies secondaires).
2.1.2 r. carbonatées physico-chimiques, résultant de la précipitation directe des carbonates : dolomies primaires, calcaires stalagmitiques et stalactitiques, perles des cavernes, et p.p. calcaires lithographiques et sublithographiques (V. aussi 2.1.1.3), travertins.
2.2 r. siliceuses (à l'exclusion des débris terrigènes) : diatomites, gaizes, jaspes, lydiennes, phtanites, radiolarites, spongolites, chailles, cherts, silex, silexites, meulières.
2.3 r. carbonées (essentiellement constituées de composés du carbone organique) : charbons (houilles, lignites, tourbes), huiles minérales (asphaltes, bitumes, pétroles).
2.4 r. salines (qui sont, la plupart du temps, des évaporites) : halite (sel gemme), gypse, albâtre, anhydrite, sylvinite, carnallite, barytine.
2.5 r. phosphatées : phosphates, phosphorites.
2.6 r. ferrugineuses, glauconieuses, alumineuses : minerais sédimentaires de fer (minette, etc.), glauconitite, bauxite p.p.
V. aussi : carbonatées (roches –), détritiques (roches –). Adj. **sédimentaire** [angl. *sedimentary*] : qui se rapporte aux sédiments, aux phénomènes concernant leur genèse (V. diagenèse), aux zones où ils se forment (V. bassin).

sédimentation n. f. [de sédiment ; angl. *sedimentation*] – Ensemble des processus conduisant à la formation de sédiments. On distingue la sédimentation marine (littorale ou côtière, ou océanique et bathyale ou abyssale, etc.), la sédimentation lagunaire (dans des zones séparées de la mer par un cordon littoral), la sédimentation continentale (éolienne, fluviatile, deltaïque, lacustre, glaciaire, etc.). Une surface assez grande où la sédimentation dure un temps assez long définit un bassin de sédimentation (ou bassin sédimentaire, généralement marin, parfois lacustre), dans lequel le taux de sédimentation s'exprime en épaisseur de sédiments formés par unité de temps (p. ex. en millimètres ou en centimètres, pour un millénaire ou pour un million d'années).

sédimentation océanique – Sédimentation se produisant dans les océans et contrôlée essentiellement par trois variables : les apports terrigènes, la productivité biologique, la profondeur de sédimentation.
– 1. Les **apports terrigènes** s'amenuisent en moyenne avec l'éloignement du rivage. Les débris grossiers seraient pratiquement cantonnés au plateau continental, si les courants de turbidité ne les entraînaient pas sur le glacis continental, les fractions les plus fines allant remblayer les plaines abyssales. En dehors de ces deux cas, les seuls éléments terrigènes contribuant à la sédimentation océanique sont des argiles.
– 2. La **productivité biologique** est étroitement liée aux remontées d'eaux océaniques profondes (upwellings) chargées d'éléments nutritifs. C'est notamment le cas au droit des zones équatoriales.
– 3. La **profondeur de sédimentation** intervient sur le sort que subissent les coquilles ou les tests de foraminifères tombant au fond. Si la profondeur n'est pas trop grande, ils s'y accumulent, et le taux de sédimentation est proportionnel à la productivité biologique de la tranche d'eau susjacente. Si la profondeur est plus grande, les phénomènes de dissolution des carbonates sont importants et réduisent ce taux de sédimentation. Notamment, au-dessous de la profondeur de compensation des carbonates (en angl. CCD), tout le calcaire est dissous, et il ne reste plus que des dépôts argileux ou siliceux (argiles rouges des grands fonds). Les courants de fond, qui peuvent transporter ou éroder des sédiments, sont aussi à prendre en considération.
Il est important de noter qu'un même point du fond sous-marin change de position et de profondeur du fait de l'accroissement océanique, et de la subsidence qu'il subit. C'est ainsi qu'une zone se formant d'abord à l'aplomb d'une dorsale océanique (vers 2 000 m de profondeur) reçoit souvent une sédimentation pélagique calcaire. Plus tard, elle s'éloigne de cette dorsale, et s'enfonce avec son substratum de croûte océanique qui se refroidit, elle peut traverser alors la CCD, et, dans ce cas, la sédimentation deviendra argileuse.

sédimentologie n. f. [H. Wadell, 1932, de sédiment ; angl. *sedimentology*] – Étude des phénomènes sédimentaires et des r. sédim. N. m. (ou f.) **sédimentologue**, **sédimentologiste**.

séism- – Préfixe. V. remarque à séisme.

séisme n. m. [du gr. *seismos*, même signif. ; angl. *seism*, *earthquake*] (Remarque : l'Académie des sciences recommande d'orthographier sur la racine sis- tous les dérivés de séisme comme sismologie, etc.) – Secousse ou série de secousses plus ou moins violentes du sol. Leur origine se trouve en profondeur à l'**hypocentre** ou **foyer**. L'**épicentre** est le point de la surface situé à la verticale du foyer. Selon la profondeur de ce dernier, on distingue les séismes superficiels à moins de 100 km, intermédiaires de 100 à 300 km, profonds de 300 à 700 km (il n'y en a plus au-delà). La cause généralement invoquée est la relaxation de contraintes profondes (rebond élastique) se manifestant par un glissement de deux blocs le long d'un plan de faille : ce jeu s'appelle **mécanisme au foyer**. L'intensité d'un séisme en un lieu est caractérisée par l'échelle **M.S.K.** (précisant l'ancienne échelle de **Mercalli**), qui compte 12 degrés : le degré 1 correspond à une secousse seulement détectée par les instruments, les dégâts matériels ne sont importants qu'à partir de 8, et 12 caractérise une catastrophe. On peut ainsi à partir de ces degrés dessiner une carte **isoséiste**, où les isoséistes (ou courbes isoséistes) limitent les zones ayant subi la même intensité sismique. Plus ces courbes sont serrées, et plus le foyer du séisme est superficiel. Cette intensité, variable selon les points, ne doit pas être confondue avec la **magnitude** du séisme qui caractérise celui-ci, et est défini par le logarithme de l'amplitude A, en µm, de l'inscription sur un sismographe étalonné, compte tenu de sa distance D à l'épicentre. Si A = 1 mm et si D = 100 km, par définition M. = 1. La plus forte magnitude connue dans cette échelle, dite de **Richter**, est de 8,6. Syn. tremblement de terre. Adj. **sismique** (ou **séismique**) [angl. *seismic*] ; n. f. **sismicité** (ou **séismicité**) [angl. *seismicity*].

séismicité, séismique, séismogramme, etc. – V. les mots correspondants débutant par le préfixe **sism-**.

sel, ou **sel gemme** n. m. [du lat. *sal*, même signif. ; angl. *salt*, *rock salt*] – Syn. de halite NaCl.

sel (tectonique du –) – V. halocinèse.

Sélaciens n. m. pl. [du gr. *selakhos*, poisson cartilagineux ; angl. *Selachii*] – Groupe de Poissons* comportant notamment les requins et les raies.

sélénite n. f. [du gr. *selênê*, lune ; angl. *selenite*] – Var. de gypse* en grands cristaux.

sélénium n. m. [du gr. *selênê*, lune, car voisin du tellure ; angl. *selenium*] – Symbole chim. Se. N° et masse atom. 34 et 78,96 ; ion 4⁺ de rayon 0,198 nm ; densité 4,8 ; clarke 0,1 g/t. Métalloïde natif, du syst. hexagonal, en aiguilles gris noir, le plus souvent associé au soufre auquel il peut se substituer en partie dans des sulfures (pyrite en particulier), ou en totalité pour donner des produits séléniés avec Pb, Fe, Cu, Zn, etc. On l'extrait essentiellement à partir des boues produites lors du raffinage du cuivre.

selle n. f. [angl. *saddle*] – Chez les Ammonites*, convexité des sutures cloisonnaires tournée vers l'avant.

semblable adj. **(pli -)** [angl. *similar fold*] – V. pli.

semelle n. f. [angl. *(thrust) sole*] – Terrains plastiques situés à la base d'une unité chevauchante et facilitant sa progression. Ex. : les nappes alpines ont souvent une semelle de Trias gypsifère. V. aussi couche-savon.

senestre adj. [du lat. *sinister*, situé à gauche ; angl. *sinistral*] (ne pas confondre avec lévogyre) – 1. Se dit d'une coquille hélicoïdale pour laquelle, quand on la regarde du côté de la pointe, l'enroulement se fait dans le sens inverse des aiguilles d'une montre. Quand la pointe est en haut et que l'ouverture est tournée vers l'observateur, celle-ci est située du côté gauche. Ce sens d'enroulement est rare. – 2. Se dit d'un décrochement* dont les compartiments, vus de dessus, se déplacent vers la gauche l'un par rapport à l'autre [angl. *sinistral fault*, *left-lateral –*, *left-slip –*]. Ant. dextre (dans les deux cas).

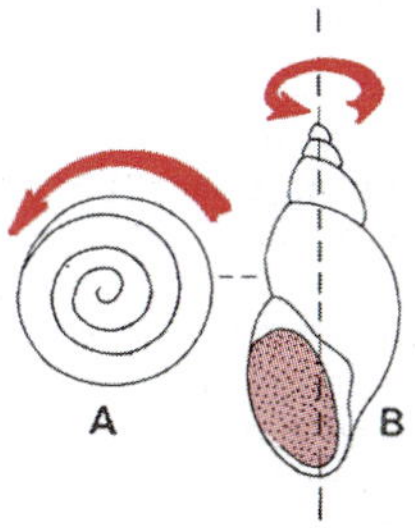

senestre

Gastéropode à enroulement senestre – **A :** vue du côté de la pointe – **B :** vue du côté de l'ouverture.

sénilité n. f. **(stade de –)** [angl. *senility age*] – Stade terminal d'un cycle d'érosion (V. ce terme). Adj. **sénile**.

Sénonien n. m. [A. d'Orbigny, 1842, du peuple des Sénones, qui a habité la région de Sens, Yonne, Fr. ; angl. *Senonian*] – Division stratigraphique du Crétacé sup. (ère secondaire), dont l'emploi n'est plus recommandé, regroupant les quatre étages suivants, de bas en haut : Coniacien, Santonien, Campanien, Maastrichtien. Les deux premiers (Sénonien inf.) étaient parfois réunis dans l'Emschérien, les deux derniers (Sénonien sup.) dans l'Aturien. V. tabl. Annexe 2. Adj. **sénonien, nne**.

Sépioïdés n. m. pl. [du lat. *sepia*, seiche, et du gr. *eidos*, aspect] – Groupe de Céphalopodes dibranchiaux comprenant la seiche actuelle (*Sepia*), et quelques genres fossiles (*Belosepia, Spirulirostra*).

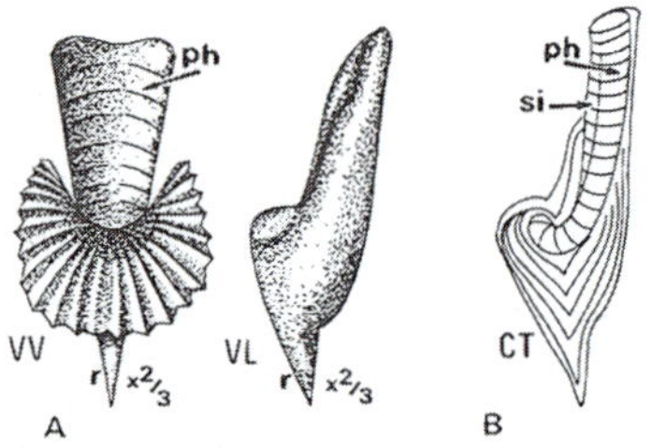

Sépioïdés

A : *Belosepia* de l'Éocène – **B :** *Spirulirostra* du Tertiaire – VV, VL : vues ventrale, latérale – CT : coupe transversale – ph : phragmocône – r : rostre – s : siphon.

sépiolite n. f. [du lat. *sepia*, seiche ; angl. *sepiolite*] – Silicate naturel de la famille du talc, également considéré comme minéral argileux. V. magnésite et argiles. Syn. écume de mer.

septaria n. f. [du lat. *septarius, a, um*, cloisonné, de *septum*, cloison, barrière ; angl. *septarium* (pl. *septaria*), *septarian nodule*] – Nodule ou miche, le plus souvent calcaire, situé dans des couches argileuses, montrant, en son sein, des fentes de retrait qui ont été comblées de cristaux de calcite (parfois de quartz ou de gypse). Ces fentes sont surtout développées au cœur de la septaria, mais elles peuvent atteindre la surface, et y dessiner un réseau grossièrement polygonal.

septum n. m. (pl. septums, ou septa) [du lat. *septum*, cloison, barrière ; angl. *septum* (pl. *septa*)] – Nom scientifique pour désigner une cloison dans un organisme.

Séquanien n. m. [J. Marcou, 1848, du lat. *Sequani*, du peuple des Séquanes, qui a habité la Bourgogne et la Franche-Comté, Fr. ; angl. *Sequanian*] – Ancien étage du Jurassique sup. (ère secondaire). V. Lusitanien, et tabl. Annexe 2. Adj. **séquanien, nne.**

séquence n. f. [du lat. *sequens*, qui suit ; angl. *cycle, (depositional) sequence,*] – Ensemble de niveaux sédimentaires de natures différentes se succédant dans un ordre déterminé, habituellement limité au mur et au toit par des discontinuités stratigraphiques. Son ordonnance peut traduire soit un mécanisme de sédimentation particulier (ex. des séquences sédimentaires de flyschs), soit une histoire sédimentaire caractéristique (ex. séquence transgressive, dans laquelle des dépôts littoraux passent vers le haut à des dépôts plus profonds). V. cycle, cyclothème. Des séquences peuvent elles-mêmes présenter des arrangements ordonnés ; on parle alors de séquences de deuxième ordre, ou de **mégaséquences**.
On distingue plusieurs types de séquences :
– **Séquence virtuelle** (ou séquence type) : succession la plus complète possible théoriquement de niveaux qui s'arrangent habituellement en séquences : ex. séquence type de Bouma (V. turbidite). Certains auteurs (après A. Lombard, 1953) définissent ces séquences types pour des séries correspondant à une transgression marine et qui commencent généralement par des sédiments gréseux et se terminent par des couches calcaires, ou tout au moins pour des séries où la granulométrie décroît de bas en haut.
– **Séquence positive** : – 1. Séquence où l'on trouve l'ordre d'une séquence virtuelle (A. Lombard, 1972). – 2. [angl. *fining and thinning upward cycle*] Succession de turbidites qui deviennent moins épaisses et moins grossières vers le haut : il s'agit en fait d'une mégaséquence.
– **Séquence négative** : – 1. Séquence où l'on retrouve l'ordre inverse d'une séquence virtuelle (A. Lombard, 1972). – 2. [angl. *coarsening and thickening upward cycle*] Succession de turbidites qui deviennent plus épaisses et plus grossières vers le haut : il s'agit en fait d'une mégaséquence. Adj. **séquentiel, elle**.

séquence de Bouma, séquence turbiditique [angl. *Bouma sequence, – cycle*] – V. turbidite.

séquence de dépôt – V. stratigraphie séquentielle.

séquence métamorphique [angl. angl. *metamorphic facies series*] – V. métamorphisme.

séquentielle adj. **(analyse –) –** Étude destinée à mettre en évidence les séquences des dépôts sédimentaires, et à en comprendre les causes.

séquentielle (stratigraphie –) – V. stratigraphie séquentielle.

sérac n. m. [nom d'un fromage des Alpes, du lat. *serum*, petit lait ; angl. *serac*] – Dans un glacier*, lame de glace isolée par des crevasses.

séricite n. f. [du lat. *sericum*, soie ; angl. *sericite*] – Terme désignant les très petits cristaux de mica blanc, en paillettes ou en aiguilles flexueuses, pouvant avoir diverses compositions chimiques (muscovite, paragonite, phengite, pyrophyllite, etc.). Il s'agit soit de minéraux d'altération, soit de minéraux de recristallisation dans les r. métam. (séricitoschiste) ; *cf.* damourite. Vb. **(se) séricitiser** ; n. f. **séricitisation** [angl. *sericitization*] ; adj. **séricitisé, e ; sériciteux, euse**.

séricitoschiste n. m. [angl. *sericite schist*] – Schiste* du métamorphisme général faible, caractérisé par l'abondance de séricite donnant des surfaces à aspect soyeux. Syn. schiste séririteux.

série n. f. **(stratigraphique)** [angl. *stratigraphical sequence*] – Ensemble de couches sédimentaires, considérées dans leur succession chronologique. V. stratigraphie.

série inverse – Succession de couches stratigraphiques qui a été renversée tectoniquement, les terrains les plus récents étant sous les plus anciens, et *vice versa*. Ant. série normale.

série normale – Succession de couches stratigraphiques qui montre les terrains dans l'ordre de superposition correspondant à celui de leur dépôt, les plus anciens sous les plus récents. Ant. série inverse.

serpentine n. f. [de serpent, *cf.* ophiolites ; angl. *serpentine*] – 1. Phyllosilicate en feuillets à 2 couches, épais de 0,7 nm, Mg_6 $[Si_4O_{10}(OH)_2]$ $(OH)_6$, du syst. monoclinique ou orthorhombique, en lamelles (l'**antigorite**) ou en fibres (la **chrysotile**), souvent associées dans des roches (appelées serpentinites, ou aussi serpentines) montrant des masses vert pétrole à vert noirâtre (antigorite) traversées de filonnets de fibres soyeuses vert-jaune (chrysotile), orthogonales aux épontes (V. aussi amiante). Ces minéraux proviennent de l'altération et/ou du métamorphisme de l'olivine (V. péridot), et de certains pyroxènes des r. magm. basiques et ultrabasiques (V. ophiolites). – 2. Syn. de serpentinite. Vb. **serpentiniser** ; n. f. **serpentinisation*** ; adj. **serpentinisé, e ; serpentineux, euse**.

serpentinisation n. f. [angl. *serpentinization*] – Transformation en serpentine de minéraux ferromagnésiens, en particulier de l'olivine, dans les r. magm. basiques ou ultrabasiques ; les péridotites, certaines pyroxénites, sont ainsi transformées en serpentinite. La réaction type est : olivine + eau Æ serpentine + brucite. Cette hydratation, accompagnée d'une augmentation de volume, n'est pas considérée comme une altération banale, mais est interprétée comme un phénomène d'autohydratation se produisant dans les dernières phases de cristallisation du magma basique ou ultrabasique, lorsque la phase résiduelle du magma est enrichie en eau (eau d'origine discutée : venant du magma lui-même, et/ou des r. encaissantes). La serpentinisation est ainsi considérée, dans ce cas, comme un phénomène d'autométamorphisme (ou « altération » deutérique). Dans d'autres cas, la serpentinisation correspond à un métamorphisme de faible degré des péridotites.

serpentinite n. f. [angl. *serpentinite*] – Roche dérivant, par altération et/ou métamorphisme, de r. magm. basiques ou ultrabasiques, et composée en totalité, ou presque, de chrysotile et/ou d'antigorite, ces deux minéraux étant regroupés sous le nom de serpentine, accompagnés d'oxydes de fer, et parfois de résidus des minéraux originels. La roche est compacte, assez tendre, verte avec des tons variés, sombres et clairs en plages irrégulières rappelant une peau de serpent, d'où son nom. Elle est parfois porphyrique, lorsque les traces des anciens phénocristaux d'olivine ou de pyroxène sont conservées (*cf.* pseudomorphose). Dans la pratique, le mot serpentine désigne le plus souvent la roche elle-même, et le mot serpentinite est encore peu usité, bien qu'il ait le mérite d'éviter toute confusion entre la roche et les minéraux qui la composent (cf. grenatite et grenat, épidotite et épidote, etc.). V. aussi ophiolites.

Serpukhovien n. m. – Étage du Carbonifère (ère primaire) de Russie. V. tabl. Annexe 2. Adj. **serpukhovien, nne**.

Serpula [du lat. *serpula*, serpent] – Genre d'Annélides marines construisant un petit tube calcaire dans lequel elles s'abritent. Répart. stratigr. : Paléozoïque - Actuel.

Serravallien n. m. [M.F. Pareto, 1865, de Serravalle, Ital. ; angl. *Serravallian*] – Étage du Miocène (ère tertiaire). V. tabl. Annexe 2. Adj. **serravallien, nne**.

Seymouriamorphes n. m. pl. [dédié à Seymour] – Groupe d'Amphibiens fossiles du Carbonifère - Permien.

shale n. m. – Mot anglais désignant toute r. sédim. litée à grain très fin, en général argileuse ou marneuse, et qui s'applique aussi à des schistes argileux ou à des argiles schisteuses. V. argilite. Son remplacement selon les cas par les termes de schiste argileux, de schiste, ou d'argile litée, est recommandé dans la rédaction des documents officiels (J.O. du 18.1.1973).

sheet erosion – Syn. d'érosion en nappe.

sheet flood n. m. [terme angl. signif. inondation en nappe] – Ruissellement en nappe sur les versants, lors des précipitations, abondantes mais rares, des régions subarides. Son pouvoir érosif est important du fait de la rareté de la végétation.

shelf n. m. [mot angl.] – Vaste plateau de glace flottant sur l'océan et constituant le prolongement d'un inlandsis. Son épaisseur peut atteindre plusieurs centaines de mètres et sa surface plusieurs milliers de kilomètres carrés. Syn. ice shelf.

Sheinwoodien n. m. [angl. *Sheinwoodian*] – Étage du Silurien (ère primaire). V. tabl. Annexe 2. Adj. **sheinwoodien, nne**.

shoshonite n. f. [de la rivière Shoshone, Wyoming ; U.S.A. ; Iddings, 1895 ; angl. *shoshonite*] – Var. de trachyandésite montrant des phénocristaux d'augite et d'olivine dans une pâte labradoritique. Adj. **shoshonitique**.

Si – Symbole chim. du silicium.

sial n. m. [E. Suess, 1909, sous l'orthogr. *sal*, acronyme de silice et alumine ; angl. *sial*] – Terme ancien désignant l'enveloppe externe de la Terre considérée alors comme formée de trois couches concentriques (sial, sima, nifé), puis ayant été restreint à la croûte continentale. Adj. **sialique** [angl. *sialic*] (utilisé pour les roches, dites légères, de la croûte continentale, ou croûte sialique).

Sicilien n. m. [P. Döderlein, 1872, de la Sicile, Ital. ; angl. *Sicilian*] – Division stratigraphique du Quaternaire (V. tabl. à ce mot). Adj. **sicilien, nne**.

sicula n. f. [mot lat. signif. dague ; angl. *sicula*] – Partie conique du squelette des Graptolithes (V. fig. à ce mot).

sidérite n. f. – Syn. de sidérose.

sidérolit(h)ique n. m. [du gr. *sidêros*, fer, et *lithos*, pierre] – Formation d'argiles rouges à concrétions ferrugineuses, surtout développée sur la bordure ouest et sud-ouest du Massif central français. Ces formations dérivent de paléosols ferralitiques d'âge éocène, et apparaissent maintenant en lentilles plus ou moins développées. Elles ont parfois été exploitées pour le fer.

sidérophile adj. [Goldschmidt, 1923, du gr. *sidêros*, fer, et *philos*, ami ; angl. *siderophile*] – S'applique aux éléments chimiques tendant à s'associer préférentiellement au fer, tels Au, Pt, Pd, Ni, etc.

sidérose n. f. [du gr. *sidêros*, fer ; angl. *siderite*] – Carbonate $FeCO_3$, du syst. rhomboédrique, en prismes à clivages parfaits, à éclat vitreux, blond à brun clair, fonçant ou rougissant par altération à l'air, faiblement effervescent à HCl dilué ; on le trouve en cristaux isolés ou en masses spathiques blanchâtres (« fer spathique ») dans les filons métallifères. Syn. sidérite.

Sidufjall n. m. – Épisode paléomagnétique du Tertiaire. V. tabl. paléomagnétisme.

Siegénien n. m. [L. de Dorlodot, 1900, de Siegen, Allem. ; angl. *Siegenian*] – Étage du Dévonien (ère primaire). V. tabl. Annexe 2. Adj. **siegénien, nne**.

sif n. m. [mot saharien, pl. siouf ; angl. *seif* (pl. *seifs, seif dunes*)] – Dune sinueuse à la crête aiguë (terme parfois utilisé dans le sens de silk).

Sigillaria [du lat. *sigillum*, sceau] – Genre d'arbres fossiles pouvant atteindre 20 m de haut, du groupe des Lycopodiales (Ptéridophytes), et caractérisé par son écorce montrant des cicatrices foliaires hexagonales (différence avec *Lepidodendron*), souvent disposées en files verticales. Ses racines sont connues, avec d'autres, sous le nom de *Stigmaria*. C'est un élément important de la flore des forêts houillères. Répart. stratigr. : Dévonien - Permien.

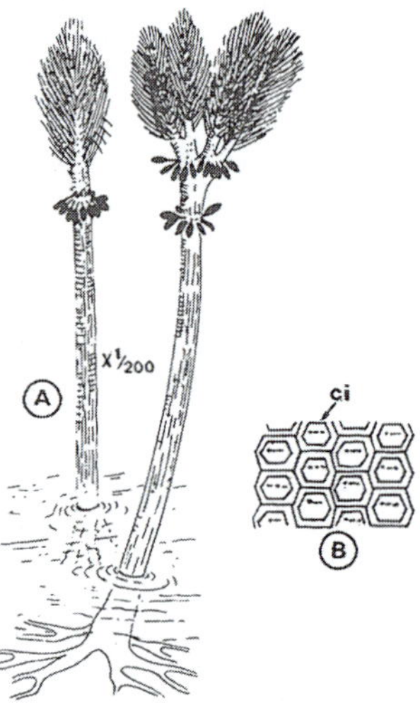

Sigillaria

A : reconstitution – **B :** détail du tronc – ci : cicatrice foliaire (d'après L. Moret).

signal n. m. [du lat. *signum*, signe ; angl. *signal*] – Partie d'une grandeur variable donnant des informations sur le phénomène que l'on étudie. La partie qui n'en donne pas, et qui est donc en quelque sorte parasite, est le bruit, ou **bruit de fond** (par analogie avec des ondes sonores). La qualité d'une information est liée au rapport signal/bruit. Des méthodes statistiques permettent de l'améliorer.

silcrète n. f. [G.W. Lamplugh, 1902, de silice et concrétion ; angl. *silcrete*] – En pédologie, sorte de conglomérat cimenté par de la silice et, plus généralement, croûte siliceuse.

Silésien n. m. [de la Silésie, Pologne ; angl. *Silesian*]) – Partie supérieure du Carbonifère (ère paléozoïque), regroupant le Namurien, le Westphalien, et le Stéphanien. V. tabl. Annexe 2. Syn. Houiller. Adj. **silésien, nne**.

silex n. m. [mot lat. de signif. analogue ; angl. *flint(stone)*] – Roche siliceuse constituant des accidents dans des couches calcaires, formée de silice (calcédoine, quartz, un peu d'opale) d'origine biochimique, précipitant dès le début de la diagenèse dans le sédiment encore meuble. Les silex sont parfois en lits continus, mais plus souvent en rognons disséminés ou groupés en niveaux parallèles à la stratification (p. ex. dans la craie). Le silex est une roche dure, à grain très fin (calcédoine et quartz cryptocristallins, sans grains détritiques), jaune clair, brune à noire, à cassure lisse et conchoïdale, à éclat luisant ; les éclats de silex sont à bords aigus et translucides. La limite avec le calcaire (ou la craie) est bien tranchée, et les rognons s'en séparent souvent aisément ; ils peuvent avoir une patine blanchâtre (diffusion de la lumière dans le cortex microporeux de calcédoine). Au microscope, on peut observer des restes de spicules siliceux d'éponges. Dans quelques cas, les silex sont zonés (enveloppes concentriques claires et sombres, ces dernières contenant plus d'opale) ; dans d'autres, ils conservent en leur cœur un témoin du calcaire (ou de la craie). V. aussi chaille, chert.

silex ménilite [de Ménilmontant, Fr. ; angl. *menilite*] – Rognon d'opale (opalite) dans des marnes à gypse de l'Éocène sup. de Paris.

silex nectique [du gr. *nêktikos*, qui nage] – Variété de silex, en rognons de 1 à 10 cm, présent dans des calcaires et des marnes à gypse de l'Éocène de Paris. La dissolution des très nombreux cristaux de gypse inclus dans ces silex a rendu la roche finement poreuse d'où sa faible densité lui permettant de flotter.

silex taillés [angl. *flint artefacts*] – V. préhistoire.

silexite n. f. – 1. [Miller, 1919 ; angl. *silexite, quartzolite*] Masse de silice pure ou presque, d'origine ignée ou hydrothermale, apparaissant en masses isolées, ou sous forme d'inclusions, dans les dykes. – 2. [L. Cayeux, 1929 ; angl. ≈ *chert*] Accident siliceux, défini dans des calcaires néritiques carbonifères du Nord de la France, en nodules aplatis et en nombreux lits irréguliers épais de quelques centimètres ; elle se différencie du silex car elle est le plus souvent de teinte sombre, opaque, à éclat mat, à cassure irrégulière, à limites imprécises avec le calcaire encaissant dont elle se sépare difficilement ; la silice (quartz, calcédoine, opale plus rare) qui épigénise le calcaire est essentiellement d'origine biochimique (spicules d'éponges). – 3. R. sédim. siliceuse à grain très fin, massive ou litée, à silice d'origine chimique, biochimique ou volcanique (pyroclastique).
Remarque : les trois sens de ce terme en rendent l'usage périlleux. Le sens 1 est peu usité ; Streckeisen (1966) a proposé, comme syn., quartzolite (V. tabl. magm.) pour éviter la confusion avec la silexite sédimentaire, mais le mot quartzolithe* [L. Cayeux, 1929] désignait déjà un type d'accident siliceux. Le sens 2 est, dans la pratique, englobé dans celui de chert. Le sens 3 est actuellement préconisé par certains géologues, pour distinguer ces roches, lorsqu'elles se présentent en minces bancs réguliers, des accidents siliceux.

silexoïde n. m. – Terme général, peu usité, regroupant les r. sédim. siliceuses à grain fin de type lydienne, jaspe et radiolarite, phtanite, et autres roches silicifiées. V. ces mots, silexite, et chert.

silicate n. m. [de silice ; angl. *silicate, silicate mineral*] – Minéral caractérisé par le motif élémentaire tétraédrique $[SiO_4]^{4-}$ comportant un atome Si au centre, et des atomes O aux 4 sommets. Ces tétraèdres sont reliés entre eux soit par des cations, soit, en partie, par un ou plusieurs atomes O, communs de ce fait à 2 tétraèdres ; plus ce nombre d'atomes O communs est grand, plus la température de cristallisation du silicate correspondant est faible : p. ex. moins de 1 300 °C pour un tectosilicate de type plagioclase, plus de 1 800 °C pour un nésosilicate de type péridot.

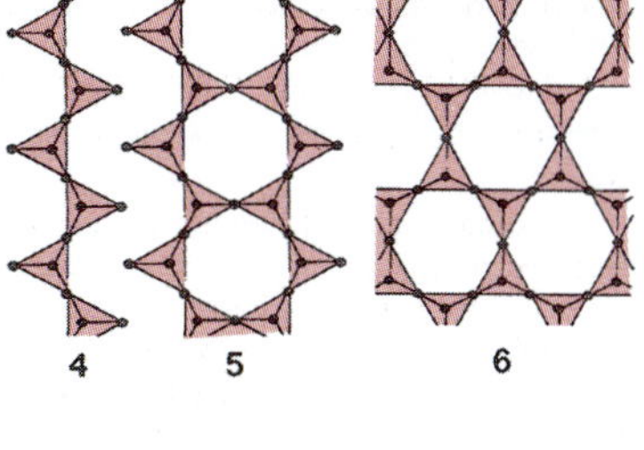

silicate

Schémas du réseau cristallin : 1 : nésosilicate – 2 : sorosilicate – 3 : cyclosilicate – 4 : inosilicate en chaîne simple – 5 : inosilicate en chaîne double – 6 : phyllosilicate (V. aussi fig. à argiles).

La classification structurale des silicates comporte les principales familles suivantes : – 1. **Nésosilicate** à tétraèdres isolés, c'est-à-dire sans O commun, et reliés par des cations, ex. péridot, silicate d'alumine, grenat. – 2. **Sorosilicate** à tétraèdres unis par deux avec un O commun, ex. épidote. – 3. **Cyclosilicate** à tétraèdres disposés en anneau, ex. béryl, tourmaline, cordiérite. – 4. **Inosilicate** à tétraèdres disposés en chaîne droite simple (ex. pyroxène), ou double (ex. amphibole). – 5. **Phyllosilicate** à tétraèdres disposés en feuillets, ex. argiles, micas. – 6. **Tectosilicate** à tétraèdres liés par leurs quatre sommets, tous les atomes O étant alors communs, ex. quartz, feldspaths.

Le groupe des silicates est fondamental, car il comporte un très grand nombre de minéraux et en particulier presque tous ceux qui constituent les roches magmatiques ou métamorphiques.

silicate d'alumine [angl. *aluminosilicate*] – Silicate dans lequel les tétraèdres $[SiO_4]^{4-}$ sont unis entre eux par des atomes d'aluminium. C'est une famille comportant essentiellement l'**andalousite**, le **disthène**, et la **sillimanite**, tous trois de même composition chimique Al_2SiO_5 (ou SiO_2, Al_2O_3, exprimée en oxydes), mais de caractères cristallographiques différents (minéraux polymorphes) du fait des arrangements variés des atomes et des octaèdres correspondant au groupement (AlO_6). On range aussi dans cette famille la **mullite** $Al_6Si_2O_{13}$ (ou $2SiO_2$, $3Al_2O_3$), et on en rapproche la staurotide et la topaze. V. ces mots, et métamorphisme.

silicates de métamorphisme – Ensemble de minéraux de compositions chimiques identiques ou voisines, ne prenant naissance, sauf exception, que dans des roches métamorphiques. Ils sont subdivisés en deux groupes : silicates d'alumine anhydres (andalousite, disthène, sillimanite), silicates alumineux et ferromagnésiens (cordiérite, staurotide). V. métamorphisme.

silice n. f. [du lat. *silex, silicis* ; angl. *silica*] – Tectosilicate SiO_2 se présentant sous diverses variétés polymorphes : quartz, tridymite, cristobalite, coésite, stishovite, calcédoine, opale.

– 1. Le **quartz** du syst. hexagonal, se présente en cristaux xénomorphes limpides ou troublés par des inclusions, à cassure conchoïdale un peu grasse (aspect de gros sel), ou en cristaux automorphes, prismatiques et souvent bipyramidés, à éclat vitreux, sans clivage visible mais à faces parfois finement striées transversalement. C'est un minéral très fréquent des r. magm. plutoniques et volcaniques, et des r. métam., saturées en silice. Pour que le quartz puisse apparaître dans une r. magm., il faut que le poids de SiO_2 atteigne 55 à 60 % de celui de la roche ; si $SiO_2 > 70$ %, le quartz pourra former 30 % en volume de la roche (V. tabl. magm.). Sa dureté (il raie l'acier et le verre) et son insolubilité en font un élément résistant, très fréquent dans les r. sédim. détritiques (sables, grès, etc.). Variétés diverses : cristal de roche ou quartz hyalin, incolore et translucide, dans les filons ou géodes ; améthyste violette à traces de Mn, $Fe3^+$; aventurine à inclusions brillantes et colorées de mica ; œil-de-chat (ou de tigre) à reflets chatoyants (inclusions de fibres de type amiante) ; quartz bleu à inclusions d'aiguilles de rutile ; **quartz rose**, ou rouge, à traces de Mn, B, Li, hématite (hyacinthe de Compostelle) ; **quartz citrine** à traces d'hydroxydes ferriques ; **quartz enfumé** à éléments radioactifs (V. métamicte).

– 2. La **tridymite**, du syst. orthorhombique pseudohexagonal et la **cristobalite**, du syst. quadratique pseudocubique, sont des variétés de plus haute T, en petits cristaux dans certaines laves.

– 3. La **coésite**, du syst. monoclinique pseudohexagonal, est une forme de HT et très haute P. La **stishovite**, du syst. quadratique, se forme à très haute P. Ces variétés se rencontrent surtout dans les impactites.

– 4. La **calcédoine**, en sphérolites, nodules ou concrétions, est formée de fibres (par empilement hélicoïdal de cristallites de quartz). Elle est de coloration rouge (**cornaline**), brune (**sardoine**), vert clair (**chrysoprase**), verte à taches rouges (**héliotrope**). Diversement colorée en zones, elle prend le nom d'**agate**, les belles variétés à zones bien régulières et bien nuancées formant l'onyx.

– 5. L'**opale**, en nodules et concrétions, d'aspect amorphe, est formée de très petits cristaux disposés sans ordre, et contient de 6 à 10 % d'eau ; elle est translucide et à éclat gras résineux, ou incolore et transparente (**hyalite**), ou translucide et irisée (**opale noble**), ou rouge sang (**opale de feu**).

Adj. siliceux, euse [angl. *siliceous*].

siliceuses adj. **(r. sédim. –)** [angl. *siliceous sedimentary rocks*] – R. sédim. riches en silice (> 50%) d'origine chimique, biologique ou biochimique (à distinguer des r. sédim. détritiques siliceuses, p. ex. grès, dont la silice est sous forme de grains de quartz terrigènes). Le plus souvent, la silice provient de la dissolution d'organismes siliceux en certains points du sédiment, et de sa précipitation en d'autres points, dans le même sédiment ou dans des sédiments voisins. La silice peut provenir, par dissolution, de roches diverses et, en particulier, être liée à des émissions volcaniques ; l'enrichissement en silice de l'eau de mer favorise le pullulement d'organismes à test siliceux, tels les radiolaires, qui participent ensuite à la formation des sédiments. Principales roches de ce type : diatomite (et tripoli), gaize, jaspe, lydienne, meulière, phtanite, radiolarite, silexite (pour partie), spongolite. V. aussi chert.

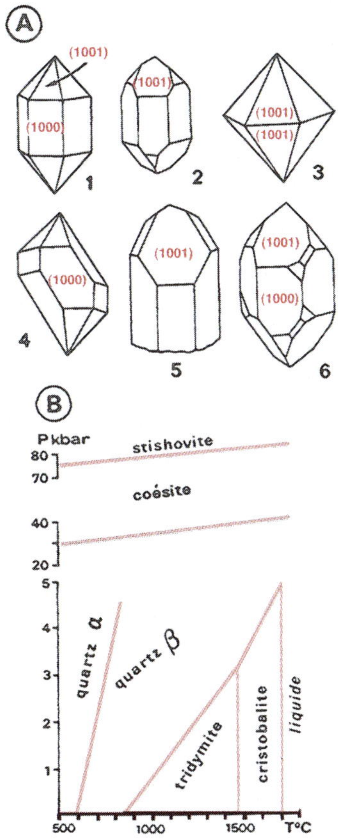

silice

A : cristaux automorphes de quartz : 1 : bipyramidé – 2 à 6 : autres formes (d'après A. de Lapparent).
B : champs de stabilité des diverses formes de la silice en fonction de la température et de la pression ; quartz α et β : formes de basse et de haute températures.

siliceux (accidents –) [angl. *siliceous concentrations*] – Ensemble des ségrégations siliceuses d'origine chimique ou biochimique, en concrétions, en rognons, ou en lits, apparaissant au sein de r. sédim. (le plus souvent calcaires, marines ou lacustres). V. chaille, chert, silex.

silicification n. f. [angl. *silicification*] – Imprégnation ou épigénie par la silice (quartz, calcédoine, opale) d'une roche préexistante, et pouvant être liée à des phénomènes magmatiques et hydrothermaux (V. métasomatose), à des migrations de la silice dans certaines r. métam., à des précipitations de silice dans des r. sédim. (V. siliceux). Adj. **silicifié, e** (qui a subi une silicification). Adj. silicifié, e [angl. *silicified*] ; vb. **silicifier**.

silicium n. m. [angl. *silicon*] – Symbole chim. Si. N° et masse atom. 14 et 28,09 ; ion 4^+ de rayon 0,042 nm ; densité 2,5 ; fondant vers 2 000 °C ; clarke 280 000 g/t (soit 28 %, 2e élément de l'écorce). Avec l'oxygène (1er élément de l'écorce), il participe à la constitution des minéraux fondamentaux que sont les silicates.

Silicoflagellés n. m. pl. [angl. *silicoflagellates, Silicoflagellidae*] – Protozoaire à squelette siliceux composé d'arcs et d'épines, utilisé en micropaléontologie. Répart. stratigr. : Crétacé-Actuel.

silk n. m. [mot saharien, pl. slouk] – Mince cordon dunaire presque parallèle au vent, pouvant mesurer plusieurs dizaines de kilomètres.

sill n. m. [mot angl.] – Syn. de filon-couche.

sillimanite n. f. [dédié à Silliman ; angl. *sillimanite*] – Nésosilicate d'alumine Al_2SiO_5, du syst. orthorhombique, en prismes fins et allongés, souvent cannelés, blanc porcelané, ou en bouquets de fibres ; elle est présente dans les r. métam. de type micaschiste et gneiss ; *cf.* andalousite et disthène (groupe des silicates d'alumine). V. aussi métamorphisme. Syn. fibrolite.

sillon n. m. [angl. *trough* (prononc. *treuff*)] – Dépression étroite et allongée. S'emploie notamment pour désigner des fosses sédimentaires marines, longues de plusieurs centaines ou milliers de kilomètres. Ce terme s'opposait à celui de ride dans la terminologie des géosynclinaux*.

sillon appalachien [angl. *Appalachian valley*] – Dans un relief appalachien (V. ce terme), dépression allongée correspondant à un synclinal.

sillon prélittoral [angl. *offshore beach*] – Dépression parallèle au rivage accidentant l'avant-plage. V. plage.

silt n. m. – Mot anglais désignant les sédiments détritiques meubles dont le grain est compris entre 1/256 mm (3,9 µm) et 1/16 mm (62,5 µm) (classe des lutites, V. tabl. granulométrie) ; il désigne aussi fréquemment les r. sédim. plus ou moins consolidées qui en dérivent (V. siltite). Un terme presque équivalent mais peu usité est aleurite. Adj. **silteux, euse** [angl. *silty*] : qui se rapporte à un silt (ex. particule silteuse), ou qui en contient (ex. calcaire silteux). V. aussi pélite.

siltite n. f. [angl. *siltstone, siltite*] – Roche sédim. consolidée dérivant d'un silt. Un terme presque équivalent, mais peu usité, est aleurolite. Le mot pélite est aussi souvent employé dans ce même sens (V. tabl. granulométrie). Syn. siltstone.

siltstone [mot angl.] – Syn. de siltite.

Silurien n. m. [R.I. Murchison, 1835, des Silures, ancienne peuplade du Pays de Galles, G.-B. angl. *Silurian*] – Période de l'ère primaire ; dans cette division (Silurien s.l.) a jadis été inclus l'Ordovicien. V. tabl. Annexe 2. Adj. **silurien, nne**.

sima n. m. [E. Suess, 1909, acronyme de silice et magnésium ; angl. *sima*] – Terme ancien ayant d'abord désigné l'enveloppe moyenne de la Terre considérée alors comme formée de trois couches (sial, sima, nifé), puis ayant été étendu à la croûte océanique. Adj. **simique** (utilisé pour les roches dites lourdes, de la croûte océanique et du manteau supérieur).

Simplicidentés n. m. pl. [du lat. *simplex, -icis*, simple, et *dens, dentis*, dent] – Syn. de Rongeurs.

simulation n. f. [angl. *simulation*] – Mise en œuvre d'un modèle en lui appliquant diverses conditions, afin de prévoir les observations qui pourraient être faites sur le phénomène réel. P. ex., pour un modèle mathématique, choix de valeurs à donner aux variables (par tirage au sort, etc.) Vb. **simuler** [angl. *to simulate*] ; adj. **simulé, e** [angl. *simulated*].

Sinanthropus [du lat. *Sina*, Chine, et du gr. *anthrôpos*, homme] – Homme fossile découvert en Chine et aujourd'hui classé dans l'espèce *Homo erectus* (V. Hominidés, Pithécanthropiens).

Sinémurien n. m. [A. d'Orbigny, 1849, de *Sinemurium*, nom lat. de Semur, Côte-d'Or, Fr. ; angl. *Sinemurian*] – Étage du Jurassique inf. (ère secondaire). Parfois utilisé en un sens restreint à sa seule partie inférieure, la partie supérieure étant appelée Lotharingien. V. tabl. Annexe 2. Adj. **sinémurien, nne**.

singes n. m. pl. [du lat. *simius*, même signif. ; angl. *apes*] – V. Anthropoïdes.

sinupallié, e adj. [du lat. *sinus*, sinuosité, et *pallium*, manteau ; angl. *sinupalliate*] – Se dit d'une coquille de Bivalve dont l'empreinte palléale montre une sinuosité marquée à l'endroit du passage des siphons (V. fig. à Bivalves).

siouf – Pl. de sif.

siphon n. m. [mot gr. désignant un tube pour transvaser les liquides ; angl. *siphon*] – 1. Chez les Bivalves*, organe tubulaire, parfois calcifié, assurant une circulation d'eau dans la coquille. – 2. Chez les Céphalopodes pourvus d'une coquille (Ammonites, Nautiloïdés), canal qui relie l'animal à la première loge. – 3. Dans le vocabulaire de la géomorphologie, partie d'une rivière souterraine où la voûte plonge dans l'eau. *Cf.* voûte mouillante. V. modelé karstique. Adj. **siphonal, e, aux**.

Siréniens n. m. pl. [des sirènes, êtres marins fabuleux] – Groupe de Mammifères marins connus depuis l'Éocène, et comprenant notamment le lamantin.

sism- (préfixe se rapportant aux tremblements de terre.) – V. remarque à séisme.

sismicité n. f. (ou séismicité) [angl. *seismicity*] – Nombre et intensité des séismes ayant lieu dans une région.

sismique adj. (ou séismique) [angl. *seismic*] – Qui se rapporte aux séismes ; qui est souvent ébranlé par des séismes.

sismique n. f. (ou prospection sismique) [angl. *seismic exploration*] – V. prospection géophysique.

sismique marine – Étude de la structure des fonds sous-marins par l'enregistrement des ondes réfractées et/ou réfléchies, produites par des explosions artificielles (charges de dynamite, étincelles électriques, canon à air comprimé, etc.). L'enregistrement est fait par l'intermédiaire d'une série d'hydrophones, régulièrement disposés dans un tube plastique pouvant dépasser 1 km de long, l'ensemble étant nommé la **flûte**. En général, les enregistrements se font en continu, le même bateau traînant la flute et la source des explosions, qui sont produites à intervalles réguliers (p. ex. 1 à 2 par minute avec des cartouches de dynamite, 1 à 2 par seconde avec des étincelles électriques). Les enregistrements se présentent sous forme de coupes auxquelles il faut apporter de nombreuses corrections pour en faire des documents comparables à des coupes géologiques normales.

sismique réflexion, réfraction [angl. *reflection shooting, refraction* –] V. prospection géophysique.

sismographe n. m. (ou séismographe) [angl. *seismograph*] – Appareil servant à enregistrer les tremblements de terre et utilisant généralement l'inertie d'une masse pesante qui a tendance à rester sur place lorsque le sol, auquel le bâti de l'appareil est fixé, se déplace. Pour des ondes à très longue période, on utilise des dispositifs mesurant l'inclinaison du sol. Pour des ondes à très courte période, on utilise des **géophones** (sur terre), ou des **hydrophones** (en mer), qui détectent des variations de pression. N. m. **sismogramme** [angl. *seismogram*].

sismologie (ou séismologie) n. f. [angl. *seismology*] – Étude des tremblements de terre (ou séismes) naturels ou artificiels, et d'une manière générale de la propagation des ébranlements matériels dans la Terre. Ces ébranlements, qui se déplacent sous forme d'ondes, traversent le Globe et donnent des indications irremplaçables sur sa constitution. Comme tout milieu élastique, la Terre transmet :

1 – Des **ondes de volume** qui la traversent et que l'on divise en :
1.1 ondes P (ou ondes primaires appelées aussi de compression, de distension, de dilatation, longitudinales).
1.2 ondes S (ou ondes secondaires appelées aussi de cisaillement, de distorsion, de rotation, transversales).
Les ondes P sont plus rapides que les ondes S, et sont donc enregistrées avant elles par les sismographes, et souvent plus nettement. Le rapport des vitesses des deux ondes, variables selon les corps est, pour la Terre, de l'ordre de 1,73. On voit que la différence des temps d'arrivée de ces ondes suffit, connaissant leur vitesse, à donner une indication sur la distance du séisme. A noter que les ondes S ne se propagent pas dans les liquides.
2 – Des **ondes de surface** qui se propagent à la surface d'un milieu élastique comme des ronds dans l'eau, et où l'on distingue les ondes de Rayleigh, et les ondes de Love (V. aussi Terre). N. m. ou f. **sismologue** (ou séismologue) [angl. *seismologist*].

sismostratigraphie n. f. – V. stratigraphie sismique.

skarn n. f. (souvent n. m.) [mot norvégien ; angl. *skarn*] – Roche du métam. de contact des granites, caractérisée par une texture largement grenue avec souvent de grands cristaux de 1 à 20 cm (cornéenne pegmatitique), issue de calcaires magnésiens et de dolomies qui, au contact du granite, ont subi une métasomatose (enrichissement en Si, Al, Fe, etc.) et l'influence de fluides pneumatolytiques (enrichissement en Cl, F, Bo, etc.). Les minéraux y sont très variés : grenat rose (grossulaire, andradite), pyroxène (diopside), phlogopite, forstérite, humite, périclase, spinelle, scapolite, idocrase, wollastonite, et concentrations souvent exploitables de magnétite, molybdénite, scheelite, etc. Dans les masses de skarn, épaisses de quelques mètres à quelques dizaines de mètres, on note souvent des niveaux ne comportant que deux ou trois minéraux ou même un seul (concentrations monominérales : grenatite, diopsidite), ou encore une zonalité avec des lits diversement enrichis, p. ex. en grenat, en pyroxène, en calcite et wollastonite en agrégats blancs fibroradiés. Ces phénomènes complexes de recristallisation (la **skarnification**) peuvent aussi affecter le granite lui-même par endométamorphisme donnant l'**endoskarn** (ou granite skarnifié), le terme d'**exoskarn** désignant alors le skarn dérivant des calcaires et dolomies. Vb. **skarnifier** ; n. f. **skarnification** ; adj. **skarnifié, e**.

Skiddavien n. m. [de Skiddaw, G.-B. ; angl. *Skiddavian*] (anc. Skiddaw) – Étage de l'Ordovicien inf., équivalent approximatif de l'Arénigien (ère primaire). V. tabl. Annexe 2. Adj. **skiddavien, nne**.

slikke n. f. [mot flamand ; angl. *slikke, mud flat*] – Partie basse d'un marais littoral, vaseuse, non colonisée par la végétation, inondée à chaque marée (zone intertidale). V. aussi schorre.

slouk – Pl. de silk.

slumping n. m. [mot angl. signif. affaissement, écroulement] – Phénomène sous-aquatique de glissement en masse de sédiments encore gorgés d'eau (glissement synsédimentaire), qui donne naissance à des plis ou à des brèches intraformationnels. Son déterminisme est encore mal connu ; on a parfois constaté sa liaison avec des tremblements de terre. Il ne semble pas qu'il exige pour se produire des pentes très importantes (quelques degrés). V. aussi convolution. N. m. **slump** (formation sédimentaire qui a été reprise par un slumping).

slush n. m. [mot angl. ; angl. *slush, sludge*] – Bouillie de petits cristaux de glace mélangés à l'eau de mer par quoi débute généralement la formation de la banquise.

Sm – Symbole chim. du samarium.

smectite n. f. [du gr. *smêktikos*, qui nettoie ; angl. *smectite*] (ou argile smectique) – Minéral argileux. V. argile.

smithsonite n. f. [dédié à Smithson ; angl. *smithsonite*] – Carbonate $ZnCO_3$, du syst. rhomboédrique, incolore à jaune ou gris, en petits cristaux, connu dans des géodes, ou en enduits stalagmitiques.

SMOW [abrév. de l'expression anglaise *Standard Mean Ocean Water*] – Référence utilisée pour les mesures isotopiques de l'oxygène et correspondant à la composition moyenne des océans actuels. V. PDB.

Sn – Symbole chim. de l'étain (de son nom lat. *stagnum*).

socle n. m. [de l'ital. *zoccolo*, sabot ; angl. *basement*] – 1. Vaste ensemble de terrains, très plissés, en général métamorphisés et souvent largement granitisés, qui a été pénéplané, et sur lequel reposent en discordance des terrains sédimentaires (et/ou volcaniques) formant la couverture. – 2. En tectonique, substratum de terrains sédimentaires qui, au cours d'une phase tectonique, s'est peu déformé (plis de fond*, failles, etc.) alors que les terrains sédimentaires s'en sont désolidarisés en donnant, par décollement, des plis de couverture*, ou des nappes. – 3. Substratum d'une formation géologique, que l'on ne peut pas étudier directement mais dont les limites sont fixées par des méthodes géophysiques (sismique, gravimétrie, etc.). Ex. : socle acoustique, ensemble réfléchissant en totalité les ondes acoustiques émises à partir de la surface de la mer ou du sol. *Cf.* substratum.

socle (tectonique de –) – V. tectonique de socle.

sodalite n. f. [*cf.* sodium ; angl. *sodalite*] – Var. de feldspathoïde*.

sodium n. m. [de soude, de l'arabe *suwwad*, plante dont on tirait de la soude en la brûlant ; angl. *sodium*] – Symbole chim. Na (de son ancien nom *natrium*, *cf.* natron). N° et masse atom. 11 et 22,997 ; ion 1 $^+$ de rayon 0,097 nm ; densité 0,97 ; clarke de 24 000 à 28 000 g/t selon les auteurs (6e élément de l'écorce). Il est présent dans les structures de divers minéraux des r. magm., en particulier dans ceux se formant en fin de cristallisation, et sera ensuite facilement entraîné en solution dans les eaux lacustres et marines (l'eau de mer en contient 1,06 %). Il pourra se déposer ultérieurement dans les séries évaporitiques pour donner la halite NaCl, et d'autres minéraux tels le natron et la mirabilite. Adj. **sodique**.

soffioni n. m. [mot italien, pl. de *soffione*. En français, pl. soffionis ; angl. *soffione*] – Émissions de jets de vapeur d'eau à forte P, et à haute T (de 120 à 230 °C), avec dépôt de borates, connues en Toscane (Italie), exploitées pour l'acide borique, l'ammoniac et des gaz rares (A, He), et comme source de vapeur alimentant, à partir de forages, des stations électriques. Ces sources sont considérées comme liées à un batholite granitique, et non à une zone volcanique.

sol n. m. [du lat. *solum*, même signif. ; angl. *soil*] – Formation superficielle résultant de l'altération sur place des roches par l'eau, l'air et les êtres vivants, et de leur mélange à une proportion variable de matière organique (*cf.* altérite, régolite). On caractérise un sol par ses différents niveaux que l'on nomme **horizons**, avec de haut en bas tout ou partie des horizons suivants : – 1. **A** (ou éluvial, ou de lessivage), contenant de la matière organique et dont les substances solubles ont été, au moins en partie, lessivées. Il est parfois subdivisé en $\mathbf{A}_0$, $\mathbf{A}_1$, $\mathbf{A}_2$, etc. – 2. **B** (ou illuvial ou d'accumulation), dans lequel s'accumulent les substances dissoutes dans l'horizon A. Il est parfois subdivisé en $\mathbf{B}_1$, $\mathbf{B}_2$, etc. – 3. **C** correspondant à la roche mère fragmentée et peu transformée. – 4. **R**. (roche mère indemne). L'ensemble des horizons constitue le profil du sol (**profil pédologique**).

Sous l'influence des altérations physico-chimiques et biologiques, la roche mère donne d'abord un sol jeune, puis un sol évolué, selon des processus complexes, d'où une quantité de sols différents. Les principaux facteurs à prendre en considération sont le climat et la roche mère. Les sols contrôlés surtout par les zones climatiques sont appelés **sols zonaux**. Ceux qui dépendent surtout de la roche mère sont des sols **intrazonaux**, et des sols **azonaux**.

– 1. Sols zonaux. Les principales variables climatiques qui influencent la formation des sols étant la pluviosité et la température, on distingue :

1.1 Une zonation hydrique ou zonation péridésertique, car elle forme des auréoles autour des déserts. Elle joue essentiellement sur la migration du Ca (**pédocals**). Selon les précipitations annuelles (en mm), on trouve :

• sols désertiques (moins de 200 mm, avec de longues périodes sèches) : sols à peine évolués (vernis du désert) avec rôle important de l'oxydation ;

• sols subdésertiques : **sols à croûtes** (de 200 à 400 mm) ;

• sols de steppes : **sols bruns steppiques** et **sols châtains** (moins de 500 mm), **chernozems*** (environ 500 mm).

1.2. Une zonation thermique ou zonation péripolaire centrée sur les pôles, surtout caractérisée par la migration de Al et Fe (**pédalfers**) :

• zones froides où l'on trouve en profondeur un sol gelé en permanence (**permafrost**) surmonté sur quelques décimètres par un sol qui dégèle l'été (**mollisol**). V. modelé périglaciaire ;

• zone tempérée froide : **podzols** ;

• zone tempérée moyenne : **sols bruns** ;

• zone tempérée chaude : **sols rouges** ;

• zone chaude : **sols ferrallitiques*** (V. ce terme), latérites.

– 2. Sols intrazonaux avec principalement : sur roche calcaire, la rendzine*, et sur roche siliceuse, le ranker*.

– 3. Sols azonaux : sols peu évolués, constamment remaniés, et où la roche mère n'est que peu modifiée.

Dans le détail, les classifications des sols sont complexes et non unifiées.

sol à croûte [angl. *crust soil*] – Sol où l'horizon d'accumulation (hor. B) est constitué par une croûte calcaire, saline ou ferrugineuse. Celle-ci peut se trouver à l'intérieur du sol, ou bien former une carapace à sa surface. Elle est due à des précipitations soit à partir des eaux courantes, soit à partir des eaux remontant par capillarité. Des sols à croûtes calcaires sont très développés autour de la Méditerranée ; la plupart sont fossiles, et témoignent de conditions climatiques différentes de celles d'aujourd'hui. V. calcrète, silcrète.

sol à gley [angl. *gley soil* (obs.)] – V. gley.

sol brun [angl. *brown soil*] – Sol à horizons peu différenciés, développé sous forêts de feuillus (sol bruns tempérés dont l'humus est un mull forestier), ou dans des régions de steppe (sols bruns steppiques dont l'humus est un mull calcique).

sol châtain [angl. *chestnut(-brown) soil*] – Sol analogue au sol brun steppique, mais présentant un horizon superficiel décarbonaté.

sol ferral(l)itique [de fer et d'alumine ; angl. *ferral(l)itic soil*] – Sol rouge des régions tropicales humides sous couvert forestier, pauvre en Si et riche en hydroxydes de Fe et Al (V. alitisation). Sur des granites ou des gneiss, il comporte de haut en bas les horizons suivants : A_1 (10 à 20 cm), mull forestier, A_2 : horizon lessivé, beige, à gravillons ferrugineux, B : horizon épais, rouge à kaolinite abondante et à concrétions, suivi par une zone tachetée à kaolinite (ou **lithomarge**), C_0 : zone de départ constituée par la roche mère en début d'altération.

Ce sol peut se durcir et évoluer vers une carapace ferrallitique (ou carapace latéritique). Vb. **ferrallitiser** ; n. f. **ferrallitisation** ; adj. **ferrallitisé, e ; ferrallitique**.

sol hydromorphe [angl. *hydromorphic soil*] – Sol qui s'est formé dans une zone saturée d'eau de façon permanente ou périodique.

sol podzolique [angl. *podzolic soil*] – V. podzol.

sol polygonal [angl. *polygonal ground, – soil*] – Sol typique des actions périglaciaires et qui présente en plan des polygones, de quelques centimètres à quelques décimètres. Ils sont généralement constitués par des accumulations de pierres dessinant les côtés, alors que le centre est terreux ; parfois, les côtés sont marqués par de simples craquelures. Leur genèse n'est pas encore bien éclaircie : systèmes de cellules de convection affectant le sol, ou plutôt système de fentes de dessiccation, agrandies en coins de glace, vers lesquelles, par suite du gonflement du centre du dispositif sous l'effet du gel, se déplacent les cailloux grâce à des pipkrakes (V. modelé glaciaire).

sol rouge [angl. *red soil*] – Ce terme s'applique spécialement aux sols rouges méditerranéens et désigne alors un sol sans horizons nettement différenciés, coloré par des oxydes ferriques. Il est parfois étendu à la terra rossa et aux sols ferrallitiques (latérites).

solfatare n. f. [de l'italien *solfatara* ; angl. *solfatare*] – Lieu où l'on observe des émissions de vapeur d'eau chaude (100 à 300 °C), contenant de l'hydrogène sulfuré, qui par réaction avec l'oxygène de l'air donne des dépôts de soufre. V. fumerolle.

solide n. m. **primitif** – V. cristal.

solidification n. f. [du lat. *solidus*, solide, massif ; angl. *solidification*] – Passage d'un corps de l'état liquide à l'état solide. Le refroidissement lent d'un magma (roches fondues) conduit à des roches entièrement formées de cristaux : la solidification est une cristallisation avec obtention d'un solide vrai, car cristallin. Un refroidissement rapide donne une roche vitreuse (ou hyaline) : la solidification conduit à un « faux solide », non cristallin et se distinguant d'un liquide par sa très forte viscosité. Les modalités de la solidification dépendent surtout de la nature chimique du liquide et, selon les cas, on a cristallisation

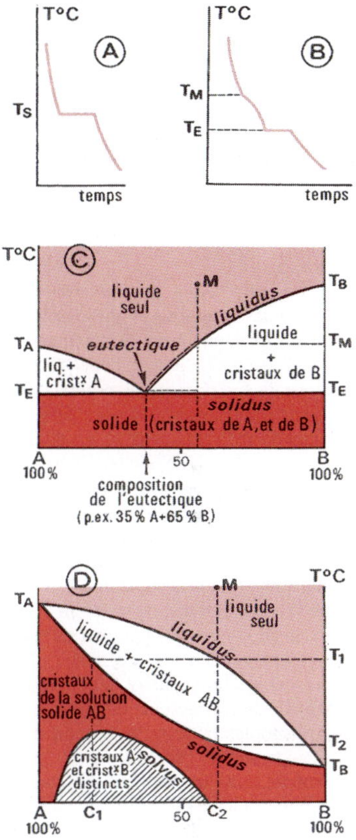

solidification

A : courbe de refroidissement, en fonction du temps, pour un minéral donné : la température reste constante (T_s) pendant le changement de phase.

B : courbe de refroidissement pour un liquide correspondant à deux minéraux immiscibles – T_M : température de début de cristallisation – T_E : température de l'eutectique.

C : diagramme de la cristallisation d'un liquide composé de deux minéraux immiscibles. M. est le point représentant ce mélange (p. ex. ici 55 % B + 45 % A) ; lorsque T diminue, les premiers cristaux de B apparaissent à T_M, le point M. suit la courbe liquidus, et seuls des cristaux de B se forment jusqu'à T_E ; la température reste alors constante jusqu'à la fin de la cristallisation avec formation des cristaux de A, le solide obtenu contenant la même proportion qu'à l'origine de cristaux de A et de B. T_A et Ts sont les températures de solidification respectivement du minéral A et du minéral B.

D : diagramme de la cristallisation, d'un liquide correspondant à deux minéraux miscibles formant une série isomorphe, le liquide M. (composition C_2 environ 60 % B + 40 % A) voit à T_1 apparaître les premiers cristaux AB ayant la composition C_1 ; la fin de la cristallisation a lieu à T_2, après une série d'équilibres chimiques entre les cristaux déjà formés et le liquide restant, si bien que les cristaux AB finalement obtenus ont la composition initiale C_2.

d'un seul minéral, ou d'une série de minéraux isomorphes, ou enfin de plusieurs minéraux apparaissant selon un ordre déterminé (cf. suite réactionnelle).
– 1. Un liquide ayant la composition d'un minéral A se solidifie à une température déterminée T_A : c'est la température de solidification (ou de fusion si partant du solide on le chauffe jusqu'à obtention de l'état liquide) ; à T_A il y a coexistence d'une phase liquide et d'une phase solide représentée par les cristaux formés.
– 2. Un liquide ayant la composition du mélange de deux minéraux A et B distincts et immiscibles (mélange binaire) commence à se solidifier à une température dépendant des proportions de A et de B, celles-ci déterminant également la nature des premiers cristaux qui se forment (p. ex. cristaux de A). La fin de la cristallisation se produit à une température T_E plus basse, nommée la température **eutectique**, qui reste constante pendant le temps nécessaire à la cristallisation totale du liquide restant, avec formation des cristaux du second minéral (p. ex. cristaux de B). Un diagramme [T – composition du mélange (x % A + y % B, avec x + y = 100)] permet de représenter ces phénomènes et de définir : 1) le **liquidus**, ou courbe séparant le domaine où la phase liquide existe seule de celui où elle coexiste avec des cristaux, 2) le **solidus**, ou courbe séparant le domaine où la phase solide existe seule de celui où elle coexiste avec une phase liquide.
– 3. Un liquide ayant la composition du mélange de deux minéraux A et B, miscibles et formant une série isomorphe, commence puis finit de se solidifier à deux températures distinctes dépendant des proportions initiales des deux corps. Si le refroidissement est suffisamment lent, les cristaux obtenus sont tous de même nature, et constituent une solution solide ayant la composition chimique du liquide initial. Si les minéraux A et B ne sont miscibles qu'à température élevée, ils peuvent se séparer au sein du solide lorsque la température a suffisamment diminué (les cristaux de la solution AB donnant un assemblage de cristaux A et de cristaux B). On appelle **solvus** la courbe qui sépare en phase solide le domaine où les minéraux forment une solution solide de celui où ils sont distincts.
– 4. Des liquides ayant la composition du mélange de deux minéraux pouvant donner une espèce minérale intermédiaire, ou celui de plusieurs minéraux, se solidifient selon des modalités de plus en plus complexes, nécessitant souvent d'autres modes de représentation.
C'est l'étude expérimentale de ces phénomènes qui permet de comprendre l'ordre d'apparition des cristaux dans les magmas (*cf.* suite réactionnelle) compte tenu de leurs compositions chimiques originelles, et par suite d'expliquer la genèse des diverses roches magmatiques.

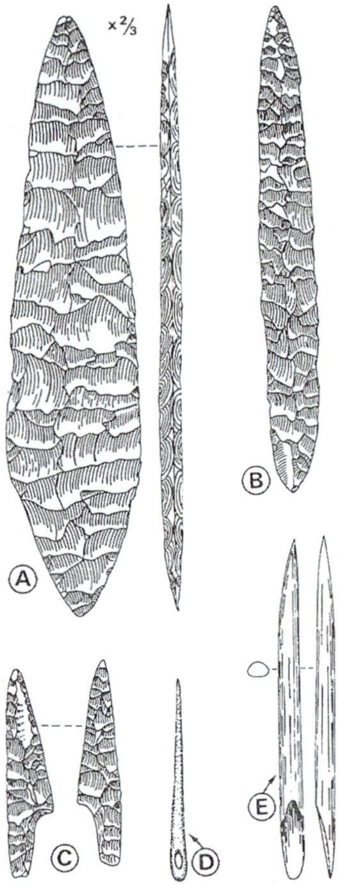

Solutréen

A : feuille de laurier – **B :** feuille de saule – **C :** pointe à cran – **D :** aiguille à chas en os – **E :** sagaie en os (tous x 2/3) (d'après D. de Sonneville-Bordes).

solidus n. m. [mot lat. signif. solide, massif ; angl. *solidus*] – Dans un diagramme composition-température, lieu des points séparant le domaine où la phase solide existe seule de celui où elle coexiste avec une phase liquide. V. solidification.

solifluxion n. f. [du lat. *solum*, sol, et *fluxis*, écoulement ; angl. *solifluction*, *solifluxion*] – V. glissement de terrain.

solum n. m. [du lat. *solum*, sol ; angl. *solum* (pl. *sola*)] – Partie supérieure d'un sol comprenant les horizons A et B.

solution n. f. **solide** [angl. *solid solution*] – Cristal homogène de composition et de propriétés intermédiaires entre plusieurs constituants purs. Ex. : entre l'albite sodique Na [Si_3AlO_8] et l'anorthite calcique Ca [$Si_2Al_2O_8$] existent toutes les solutions solides intermédiaires définissant la série isomorphe* des plagioclases (V. feldspath) ; les grenats* sont des solutions solides comportant souvent trois minéraux, p. ex. un grenat = x % almandin + y % grossulaire + z % pyrope (avec x + y + z = 100).

Solutréen n. m. [de Solutré, localité de la Saône-et-Loire, Fr. ; angl. *Solutrean*] (V. tabl. préhistoire). – Ensemble culturel préhistorique du Paléolithique caractérisé par de grands silex taillés de façon très régulière et élégante, grâce à des retouches presque parallèles aux faces (« feuilles de laurier », « feuilles de saule », pointes à cran), des aiguilles à chas en os, des sculptures et des peintures rupestres. De 22 000 à 17 000 ans env. av. l'Actuel. Adj. **solutréen, nne**.

solvus n. m. [du lat. *solvere*, dissoudre ; angl. *solvus*] – Dans un diagramme composition-température du mélange de deux minéraux, courbe qui, en phase solide, sépare le domaine où ces minéraux forment une solution solide de celui où ils sont distincts. V. solidification.

sondage n. m. [du vocabul. marit. nordique] – 1. [angl. *sounding*] Mesure de la profondeur d'un fond sous-marin. V. bathymétrie. – 2. [angl. *(exploration) drill hole, borehole*] Forage* généralement destiné à la reconnaissance.

sondage électrique [angl. *electric(al) well logging*] – Syn. de diagraphie* électrique.

sonde n. f. **électronique** – V. microsonde électronique.

sorosilicate n. m. [du gr. *sôros*, tas ; angl. *sorosilicate*] – Silicate* avec les tétraèdres $[SiO_4]^{4-}$ unis deux par deux.

sotch n. m. – Terme employé localement sur les Grands Causses (Fr.) comme syn. de doline.

soufre n. m. [du lat. *sulfur*, même signif. ; angl. *sulphur*] – Symbole chim. S. N° et masse atom. 16 et 32,07 ; ion 2 – de rayon 0,184 nm ; densité 2 ; clarke 260 à 520 g/t, selon les auteurs. Le soufre natif est jaune citron, du syst. orthorhombique, et est présent dans des dépôts soit fumerolliens, soit liés à des sources thermales, mais aussi dans les r. sédim. où les lits de soufre sont dus à l'action de bactéries (p. ex. par réduction du gypse) et alternent avec des niveaux calcaires ou marneux. On l'extrait de tels gisements, p. ex. en Sicile, mais actuellement, c'est surtout la désulfurisation des pétroles et des gaz naturels qui en fournit l'essentiel. Dans les roches et dans les filons, le soufre donne de nombreux sulfures : pyrite, marcasite, pyrrhotite, et il participe également à la constitution de nombreux sulfates métalliques ou non (V. gypse, anhydrite, etc.).

soulevée adj. **(plage –)** [angl. *raised beach*] – V. terrasse.

source n. f. [angl. *spring*] – Sortie naturelle localisée d'eaux souterraines à la surface du sol. On la nomme source submergée, si elle se produit au fond d'un cours d'eau, d'un lac, ou de la mer. Lorsque le phénomène se produit au contact de deux formations, on a fréquemment une ligne de sources. Les sources thermales sont liées au volcanisme, et sont souvent minéralisées et à température élevée. Les sources jaillissantes sont soit de type artésien, soit liées à la pression de gaz (V. geyser). V. aussi artésien, griffon, nappe d'eau.

source vauclusienne [de la Fontaine de Vaucluse, Fr. ; angl. *vauclusian spring*] – Source située à la sortie d'un siphon karstique.

sous-charriage n. m. [angl. *underthrusting*] – Mécanisme produisant un chevauchement, non par avancée de terrains allochtones sur un substratum, mais par enfoncement de ce dernier sous ceux-là. Géométriquement, la différence entre charriage et sous-charriage n'existe qu'en fonction des points considérés *a priori* comme fixes, mais d'une part, certaines structures sont plus faciles à décrire, dans leur ensemble, en termes de sous-charriage (V. succion), et d'autre part cette terminologie semble plus adéquate lorsque les mouvements ont un moteur profond (p. ex. courants de convection dans le manteau). Le terme de **subduction** qui était synonyme de sous-charriage est aujourd'hui plus spécialement appliqué à l'enfoncement d'une croûte océanique sous une croûte continentale (V. tectonique des plaques).

sous-grain n. m. – V. granulation.

sous-saturé, e adj. [angl. *undersaturated*] – S'applique : – 1. A tout minéral dans lequel le silicium représente moins de 50 % des cations, et qui en présence de quartz réagirait avec lui (ex. feldspathoïde, olivine) – 2. A toute r. magm. déficitaire en SiO_2, et contenant donc, si elle est cristallisée, des minéraux sous-saturés. V. aussi acide, neutre, indice de saturation, et tabl. à magmatiques (roches –).

souterraine adj. **(rivière –, cavité –)** [angl. *undergroud stream*, *cave*] – V. modelé karstique.

sövite n. f. [de Söve, Norvège] [angl. *sövite*] – Var de carbonatite* à calcite.

Sowerbyceras [dédié à Sowerby] – Ammonite (V. fig. à ce mot) du Jurassique sup.

sp. – Abréviation du mot latin *species*, espèce. S'utilise après un nom de genre pour désigner n'importe quelle espèce qui s'y rapporte. Ex. : *Terebratula* sp., une espèce du genre *Terebratula*.

spallation n. f. [mot angl., de *spall*, esquille, éclat] – Arrachement de particules nucléaires au noyau d'un atome par bombardement par des particules à haute énergie (rayons cosmiques, etc). Il y a ainsi transformation de l'atome en un nouvel élément.

sparite n. f. [mot angl., de spath] [angl. *sparite*] – Calcite spathique à cristaux de taille supérieure à 10 µm, constituant tout ou partie de certaines roches carbonatées. Ce terme est surtout utilisé comme suffixe : biosparite, intrasparite, oosparite, pelsparite. V. carbonatées (roches –). Adj. **sparitique** (Syn. spathique).

sparker [mot angl.] – V. étinceleur.

Sparnacien n. m. [G. Dollfus, 1877, de *Sparnacum*, nom lat. d'Epernay, Marne, Fr. ; angl. *Sparnacian*] – Partie inférieure de l'Yprésien, équivalent de l'Ilerdien (Éocène, ère tertiaire). V. tabl. Annexe 2. Adj. **sparnacien, nne**.

spastolit(h)e n. f. [angl. *spastolith*] – Oolithe* déformée.

Spatangoïdes n. m. pl. [du gr. *spatangês*, oursin, et *eidos*, aspect] – Groupe d'Oursins irréguliers ayant comme type le genre *Spatangus* (autre genre, *Micraster*). V. Échinides (fig.).

spath n. m. [mot d'origine germanique ; angl. *spath* (obs.), *spar*] – Nom général donné à divers minéraux présentant des faces cristallines nettes, et particulièrement au **spath d'Islande**, variété de calcite (V. carbonate), ou au **spath fluor** (V. fluorine). V. aussi feldspath.

spathique adj. [angl. *sparry* ; ≈ *spathic* ou *spathose* (ayant un clivage spathique)] – Qui a l'aspect de spath. S'applique notamment aux carbonates lorsqu'ils sont bien cristallisés : calcite spathique calcaire spathique (à cassure spathique, c'est-à-dire d'aspect saccharoïde et chatoyant par réflexion sur les surfaces de clivage des cristaux de calcite, comme p. ex. un calcaire à entroques), fer spathique (ou sidérose).

spectrométrie n. f. **d'absorption atomique** (ou spectrophotométrie d'–) [angl. *atomic absorption spectrometry : AAS*] – Méthode d'analyse chimique, utilisée pour les éléments en traces (concentration < 1 %), fondée sur le fait que le spectre d'absorption lumineux d'un élément est le même que son spectre d'émission. L'échantillon à analyser, ordinairement mis en solution, étant vaporisé sur une flamme ou dans un four, on mesure l'absorption sélective, par les atomes dissociés dans la vapeur, de rayonnements lumineux émis par des lampes à cathode creuse contenant chacune un des éléments à analyser. La quantité de chacun de ces éléments présents dans l'échantillon est alors à peu près proportionnelle à l'absorption.

spectrométrie d'émission atomique (ou spectrophotométrie –) [angl. *Atomic emission spectrophotometry* : AES] – Méthode d'analyse chimique comparable à la spectrométrie d'absorption atomique mais qui, à l'inverse, repose sur l'émission de rayonnements lumineux par les atomes retombant d'un état excité à l'état fondamental. L'excitation peut être réalisée dans un plasma (*Inductively coupled plasma-Atomic emission spectrophotometry : ICP-AES*), ce qui augmente les performances de l'analyse.

spectrométrie de fluorescence X [angl. *X-ray fluorescence spectrometry : XRF*] – Méthode d'analyse basée sur la mesure des rayons X de fluorescence* émis par un échantillon soumis à un autre rayonnement X de plus courte longueur d'onde. La mesure de l'intensité du rayonnement émis par l'échantillon est faite au moyen d'un compteur, après que le rayon ait été diffracté par un cristal sous une incidence variable afin d'en séparer les longueurs d'ondes conformément à la loi de Bragg (V. diffractométrie).

spectrométrie de masse [angl. *mass spectrometry*] – Méthode d'analyse isotopique qui utilise le principe de la déviation différentielle par un champ magnétique d'un jet d'atomes ionisés. La déviation étant d'autant plus grande que la masse atomique est plus faible, il est possible de déterminer les quantités relatives des différents isotopes de l'échantillon qui a fourni le jet d'atomes. Une amélioration des limites de détection de cet appareil peut être obtenue par accélération des ions (*Accelerator mass spectrometry : AMS*), ou par couplage avec une ionisation dans un plasma (*Inductively coupled plasma-Mass spectrometry : ICP-MS*).V. isotopique (delta –).

spectrométrie infrarouge (ou spectrophotométrie –) [angl. *infrared absorption spectrometry*] – Méthode d'analyse basée sur l'absorption, la réflexion ou l'émission par un échantillon des rayonnements infrarouges. Ces phénomènes, étant en relation avec les vibrations interatomiques dans les molécules ou les cristaux, donnent des renseignements sur les structures qui s'y rapportent.

spéléologie n. f. [du gr. *spelaion*, caverne, et *logos*, discours, parole ; angl. *speleology*] – Etude des cavités souterraines naturelles. V. modelé karstique. Adj. **spéléologique** [angl. *speleological*] ; n. m. ou f. **spéléologue** [angl. *speleologist*].

spéléothème n. m. [du gr. *spelaion*, caverne, et *thema*, dépôt ; angl. *speleothem*] – Concrétion karstique (stalagmite, stalactite, etc.).

spessartine n. f. (ou spessartite) [de Spessart, Allem. ; angl. *spessartine*, *spessartite*] – Var. de grenat*.

spessartite n. f. – 1. Syn. de spessartine. – 2. Variété de lamprophyre.

sphalérite n. f. [du gr. *sphaleros*, trompeur] – Syn. de blende*.

sphène n. m. [du gr. *sphên*, coin]) [angl. *sphene*] – Nésosilicate CaTi [SiO_4] (O, OH, F) (avec traces de Na, Fe, et terres rares) du syst. monoclinique, en cristaux souvent automorphes à bords tranchants (forme en « toit de maison »), à macles fréquentes, à éclat adamantin, jaune de miel, brun, rougeâtre, polychroïque. C'est un minéral accessoire répandu dans de nombreuses r. magm. (granites, diorites, syénites, et les laves correspondantes), et r. métam. (le plus souvent à amphiboles) ; son altération est facile en leucoxène. Syn. titanite.

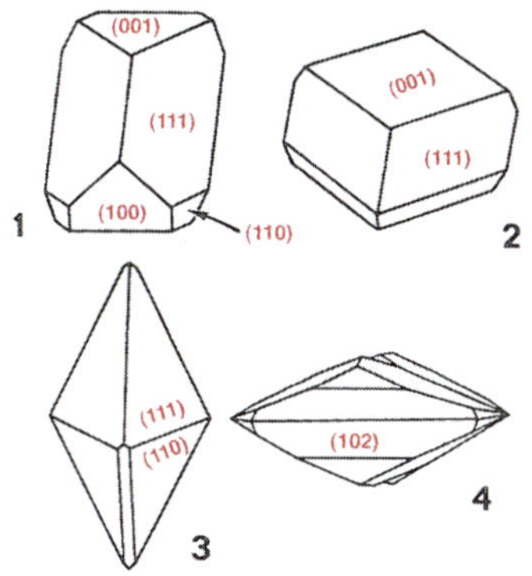

sphène

1 : forme en toit de maison – 2 : autre forme habituelle – 3 et 4 : deux types de macle (d'après P. Bariand *et al.*).

sphénochasme n. m. [S. W. Carey, 1955, du gr. *sphên*, coin, et *khasmê*, ouverture ; prononc. -kasme ; angl. *sphenochasm*] – Zone en forme de triangle où apparaît un « fond simique » due à l'écartement de deux « blocs sialiques » par rotation autour d'un point commun. V. aussi rhombochasme, aulacogène.

sphérolite n. m. [angl. *spherulite*] – Petite masse sphérique de quelques millimètres au plus, à structure fibro-radiée (cristaux allongés rayonnant depuis le centre), avec parfois superposition d'une structure concentrique. On en trouve dans les r. magm. (ex. sphérolite de quartz et feldspath dans un granite), mais aussi dans les r. sédim. (ex. sphérolite de calcédoine). V. orbicule, oolithe. Adj. **sphérolitique**.

sphérulite n. f. [angl. *spherulite*] – Oolithe* à structure radiaire seule.

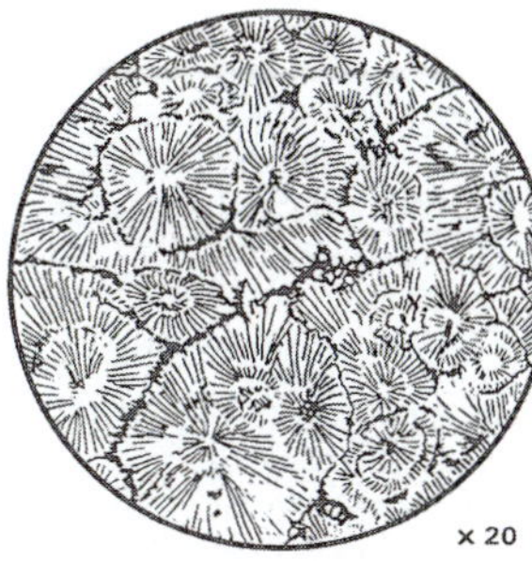

sphérolite

Lame mince dans un verre volcanique dévitrifié montrant des sphérolites jointifs, composés de fibres de quartz et de feldspath (d'après J. Jung)

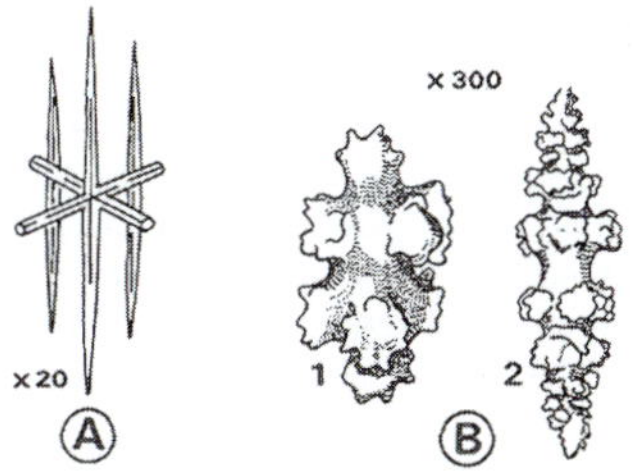

spicule

A : spicules siliceux de Spongiaires – **B :** spicules d'Alcyonaires – 1 : gorgone – 2 : corail.

spicule n. m. (parfois n. f.) [du lat. *spiculum*, dard ; angl. *spicule*] – Bâtonnets siliceux ou calcaires dont l'assemblage constitue tout ou partie du squelette de certains Invertébrés (Spongiaires, Échinodermes, Cnidaires, etc.).

spilite n. f. [du gr. *spilos*, tache ; angl. *spilite*] – R. magm. vert-bleu à vert sombre (mésocrate), à structure analogue à celle des basaltes, souvent à varioles claires, avec amygdales et filonnets blanchâtres de calcite. C'est une roche basique (*cf.* basalte) mais où cependant le feldspath est de l'albite (V. albitophyre), en phénocristaux ou, plus souvent, en microlithes minces, à macles rares, à extrémités fourchues, et groupés en rosettes ou en touffes. L'albite est accompagnée de chlorite, sphène, oxydes de fer, calcite et, dans certains cas, d'épidote (spilite vert-jaune), de clinopyroxène (augite), rarement de pseudomorphoses d'olivine. Les spilites se trouvent dans les zones orogéniques, en liaison avec des kératophyres et/ou des basaltes, et constituent de petits massifs, des filons et filons-couches, et surtout des coulées massives ou en coussins à cortex variolitique (p. ex.

dans les ophiolites). Leur genèse est discutée : – 1. spilites primaires ayant acquis leur composition avant la fin de la cristallisation du magma ; – 2. spilites secondaires dérivant de roches basaltiques déjà cristallisées qui, en présence de vapeur d'eau, ont subi des phénomènes de transformation deutérique (autométamorphisme) avec enrichissement en Na_2O, H_2O, CO_2, et appauvrissement en Al_2O_3, K_2O. Adj. **spilitique**.

spilitisation n. f. [angl. *spilitization*] – Transformation d'une roche basique (basalte le plus souvent) en spilite, les plagioclases donnant de l'albite, et les pyroxènes des minéraux ferromagnésiens hydratés (chlorite surtout) ; ces réactions libèrent du Ca qui se retrouve sous forme de calcite. Vb. **spilitiser** ; adj. **spilitisé, e**.

spinelle n. m. [du lat. *spinella*, petite épine ; angl. *spinel*] – Oxyde $MgAl_2O_4$, (spinelle s. str.) du syst. cubique, en cristaux octaédriques souvent maclés, à éclat vitreux, de teinte rose pâle (**rubis balais**), rouge (**rubis spinelle**), jaune (**rubicelle**), verte, bleue, brune. En outre, on distingue essentiellement : – 1. Le **pléonaste** (Mg, Fe) Al_2O_4 en cristaux à très nombreuses facettes, vert foncé à noir (pôle ferreux Fe^{2+} $(Fe^{3+}, Al)_2O_4$ définissant l'**hercynite**). – 2. La **picotite** (spinelle chromifère (Mg, Fe) $(Al, Cr)_2O_4$, brun foncé à noir. Ce sont des minéraux instables en présence de quartz, et ne se trouvant que dans les r. magm. basiques ou ultrabasiques (gabbro, basalte, péridotite, pyroxénolite), et dans des r. métam. sans quartz (calcaire métam., talcschiste) ; cependant, l'hercynite, très riche en fer, peut s'observer dans des granulites. Le groupe des spinelles comporte, outre les spinelles proprement dits, des oxydes du système cubique comme la magnétite $Fe^{2+} Fe_2^{3+} O_4$, et la chromite $Fe^{2+} Cr_2O_4$.

spinifex adj. **(structure –)** [du nom d'une herbe australienne du g. *Triodia* ; angl. *spinifex texture*] – Structure particulière aux komatiites caractérisée par des cristaux d'olivine allongés et entrelacés.

Spirifer [du lat. *spira*, spire, et *ferre*, porter] – Genre de Brachiopodes (V. fig. à ce mot) du Carbonifère.

Spiriferina [diminutif de *Spirifer*] – Genre de Brachiopodes (V. fig. à ce mot) du Trias et du Jurassique inf.

spirothèque n. f. [du gr. *speîra*, spire, et *thêquê*, boîte ; angl. *spirotheca*] – V. muraille.

Spirulirostra [du lat. *spira*, spire, et *rostrum*, éperon de bateau] – Sorte de seiche du Tertiaire (V. fig. à Sépioïdés).

spodumène n. m. [du gr. *spodoumenos*, réduit en cendres] [angl. *spodumene*] – Var. de pyroxène*. Syn. triphane.

Spondylus [du gr. *spondulos*, vertèbre] – Bivalve (V. fig. à ce mot) proche de *Pecten*, fixé par la valve droite au moyen d'épines plus ou moins longues, vivant souvent dans des milieux récifaux. Répart. stratigr. : Jurassique – Actuel.

Spongiaires n. m. pl. [du lat. *spongia*, éponge] [angl. *sponges*, *Porifera*] – Groupe zoologique formé d'individus sans organes différenciés, composés d'une paroi poreuse entourant une cavité gastrique. Ils possèdent un squelette formé de spicules calcaires (éponges calcaires) ou siliceux (éponges siliceuses : Démosponges et Hexactinellides). Les éponges vivent dans les mers à des profondeurs très variables. Ce sont surtout des spicules siliceux que l'on trouve dans les sédiments, et leur accumulation peut former certaines roches (spongolithes). Leur intérêt stratigraphique est faible. Répart. stratigr. : Cambrien - Actuel. Syn. Éponges

spongolit(h)e n. f. [du lat. *spongia*, éponge, et du gr. *lithos*, pierre ; angl. *spongolith*, *spongolite*] – R. sédim. siliceuse essentiellement formée de spicules d'éponges (souvent en opale), cimentés par de l'opale et de la calcédoine, avec traces de calcaire et d'argile. C'est une roche grise, brune ou noire, à cassure souvent lisse et luisante, très rarement lacustre (p. ex. dans des séries houillères), généralement marine, étant alors fréquemment associée à des gaizes*, avec tous les intermédiaires entre les deux faciès.

spore n. f. [du gr. *spora*, semence ; angl. *spore*] – Cellule s'isolant d'un végétal et capable d'en assurer la dissémination.

Spumellaires (ou Spumellariés) n. m. pl. [du lat. *spuma*, écume ; angl. *spumellarians*, *Spumellina*] – Groupe de Radiolaires*.

Squamates n. m. pl. [du lat. *squama*, écaille ; angl. *Squamata*] – Groupe de Reptiles* connus depuis le Trias, comprenant notamment les lézards et les serpents.

Sr – Symbole chim. du strontium.

stade n. m. [angl. *stage*] – État d'avancement d'un phénomène. Le mot s'emploie couramment pour les glaciations : un **stade glaciaire** [angl. *glacial stage*], un **stade interglaciaire** [angl. *interglacial stage*].

stalactite n. f. [du gr. *stalaktos*, qui coule goutte à goutte ; angl. *stalactite*] – Concrétion calcaire en pendentif au plafond des grottes : les eaux gouttant par les fissures des roches subissent une chute de température, une perte en CO_2, et une évaporation, d'où précipitation de calcite. Une stalactite est souvent formée de lamelles de calcaire rayonnantes autour d'un canal conduisant l'écoulement de l'eau. Les formes courbes ou en lames sont liées à la forme des fissures, ou à l'influence de courants d'air. V. modelé karstique.

stalagmite n. f. [du gr. *stalagmos*, écoulement ; angl. *stalagmite*] – Concrétion calcaire en pilier sur le plancher des grottes, résultant de la précipitation de calcite à partir des gouttes tombant du plafond. Les stalagmites sont souvent moins développées que les stalactites, car l'eau qui tombe a déjà perdu une partie de ses carbonates, et la teneur en CO_2 est un peu plus forte au sol. Une stalactite et une stalagmite qui se rejoignent forment une colonne. V. modelé karstique.

Stampien n. m. [A. d'Orbigny, 1852, de *Stampae*, nom lat. d'Étampes, Essonne, Fr. ; angl. *Stampian*] – Étage de l'ère tertiaire, correspondant à l'Oligocène inf. Il était naguère compris dans un sens plus restreint, son actuelle partie inférieure formant le Sannoisien. Parfois aussi pris dans le sens de Rupélien. V. tabl. Annexe 2. Adj. **stampien, nne**.

stannifère adj. [du lat. *stagnum* ; angl. *stanniferous, tin-bearing*] – Qui contient de l'étain*.

staurotide (ou staurolite) n. f. [du gr. *stauros*, croix ; angl. *staurotide, staurolite*] – Nésosilicate $Fe_2^{2+} Al_9O_6 [SiO_4]_4 (O, OH)_2$, du syst. orthorhombique. C'est un minéral en prismes trapus, brunâtre, à éclat résineux, souvent maclé en croix, à 90° ou 60° (Pierre de croix, ou croisette de Bretagne ; macle de Saint-André) ; il est commun dans certains micaschistes et gneiss. V. métamorphisme, et silicate d'alumine.

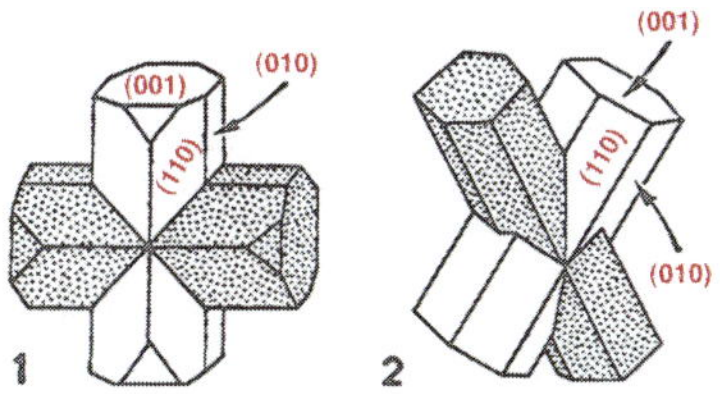

staurotide

Macle orthogonale dite de la croisette, et macle oblique dite de Saint-André (d'après R. Brousse, *in* J. Aubouin *et al.*).

stéatite n. f. [du gr. *stear, steatos*, graisse ; angl. *steatite*] – Talc compact ou granulaire. Syn. « craie de Briançon ».

Stégocéphales n. m. pl. [du gr. *stegê*, toit, et *kephalê*, tête ; angl. Stegocephalia] – Groupe d'Amphibiens fossiles primitifs à voûte crânienne formée d'os épais et généralement fortement ornementés. Tous les Amphibiens paléozoïques, excepté les Lépospondyles, en font partie. Répart. stratigr. : Dévonien - Trias.

Stegosaurus [du gr. *stegê*, toit, et *saura*, lézard] – Genre de grands Reptiles (V. fig. à ce mot) du Crétacé inf.

Sténoglosses n. m. pl. [du gr. *stenos*, étroit, et *glôssa*, langue] – Groupe de Gastropodes*.

sténohalin, e adj. [du gr. *stenos*, étroit, et *hals, halos*, sel ; angl. *stenohaline*] – Qualifie un organisme aquatique qui ne peut vivre que dans des limites de salinité très étroites. Ant. euryhalin.

sténotherme adj. [du gr. *stenos*, étroit, et *thermo*, chaud ; angl. *stenothermal*] – Qualifie un organisme qui ne peut vivre que dans des conditions de température bien déterminées. Ant. eurytherme.

Stéphanien n. m. [C. Mayer-Eymar, 1878, du nom lat. de Saint-Étienne, Loire, Fr. ; angl. *Stephanian*] – Étage le plus récent du Carbonifère (ère primaire), lui-même subdivisé en trois sous-étages : Stéphanien A, B, et C. V. tabl. Annexe 2. Adj. **stéphanien, nne**.

Stephanoceras [du gr. *stephanos*, couronne, et *keras*, corne] – Genre d'Ammonites (V. fig. à ce mot) du Jurassique moyen (Bajocien).

stéréographique adj. **(projection –)** [angl. *stereographic projection*] – Projection polaire d'une sphère sur un plan équatorial, utilisée en cristallographie (projection des plans de clivage ou de macle, des axes des cristaux, etc.) et en tectonique (projection des plans de stratification ou de schistosité, des axes des plis, des linéations, des stries, etc.). Il est possible en effet, dans ce type de projection, de représenter droites et plans à un parallélisme près. Soit une demi-sphère de centre O, de plan équatorial horizontal dont le pôle supérieur est P (V. fig.). La projection stéréographique d'une droite D passant par O et coupant la demi-sphère en H'est l'intersection H de PH'et du plan équatorial. La projection d'un plan passant par O est formée des projections de toutes les droites de ce plan passant par O : c'est un arc de cercle dont la corde, direction du plan projeté, est un diamètre du cercle équatorial. La flèche de cet arc de cercle est fonction du pendage du plan, et est d'autant plus petite que le pendage est plus fort. Un plan peut également être représenté par la projection stéréographique de la droite qui lui est orthogonale en O, et le point obtenu est nommé **pôle du plan**.
Ces projections, réalisées en pratique à l'aide de canevas*, permettent de représenter sur une même figure (**stéréogramme**) les traces de nombreux plans et droites, repérés par rapport aux points cardinaux (V. attitude) ; on peut ainsi en étudier les rapports d'orientation.

stéréophotogrammétrie n. f. [du gr. *stereos*, solide, et de photogrammétrie ; angl. *stereophotogrammetry*] – Ensemble de méthodes qui permettent de mesurer le relief d'un objet

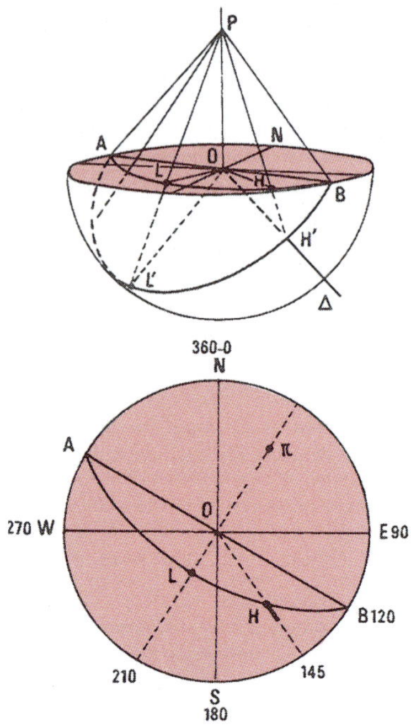

stéréographique (projection –)

En haut, principe de la projection stéréographique. Le point H est la projection de la droite D, d'azimut donné par NOH (N : Nord), et de plongement donné par HOH'. L'arc ALHB est la projection du plan AL'H'B, de direction AB (azimut NOB) et de ligne de plus grande pente OL' – En bas, stéréogramme correspondant. Les azimuts, repérés par rapport aux points cardinaux, sont exprimés en degrés de 0 à 360°. Les segments OH et OL sont fonction des pendages (respectivement 35° et 50° environ) ; p est le pôle du plan.

à partir d'un couple de ses photographies prises de deux points de vue différents. Elles sont notamment utilisées pour dessiner des cartes topographiques en courbes de niveau, à partir de photographies aériennes.

stéréoscope n. m. [du gr. *stereos*, solide, et *skopein*, regarder ; angl. *stereoscope*] – Appareil qui permet de voir le relief d'un objet en examinant un couple de ses représentations photographiques prises sous deux angles différents. On l'utilise en particulier pour l'examen des photographies aériennes. N. f. **stéréoscopie** [angl. *stereoscopy*] ; adj. **stéréoscopique** [angl. *stereoscopic*].

Stéréospondyles n. m. pl. [du gr. *stereos*, solide, et *spondulos*, vertèbre] – Amphibiens fossiles du Trias, du groupe des Stégocéphales, massifs et de grande taille (jusqu'à 3 m).

stériles n. m. pl. – Roches très peu ou non minéralisées qui sont extraites lors de l'exploitation d'un gisement, et dont on doit se débarrasser. V. morts-terrains.

stibine n. f. [du lat. *stibium*, antimoine ; angl. *stibnite*] – Sulfure Sb_2S_3, du syst. orthorhombique, en prismes allongés et aiguilles à pointe pyramidale, à clivages faciles, à faces striées, à éclat métallique, gris acier à gris de plomb bleuâtre. Ce minéral a une faible dureté, et sa fusion est facile (il fond à la bougie avec une flamme bleu verdâtre). C'est le principal minerai d'antimoine ; il constitue surtout des filons, liés à des r. magm. acides, à gangue quartzeuse, et est associé à d'autres minerais (blende, mispickel, cinabre).

Stigmaria [du gr. *stigma*, marque] – Genre groupant artificiellement les racines de divers végétaux fossiles des forêts houillères du groupe des Lycopodiales (*Lepidodendron, Sigillaria*, etc.).

stilpnomélane n. m. [du gr. *stilpnos*, brillant, et *melas, melanos*, noir ; angl. *stilpnomelane*] – Phyllosilicate à feuillets élémentaires épais de 1,2 nm, de composition chimique proche de celles des chlorites mais riche en Fe, du syst. monoclinique pseudohexagonal ; il constitue des cristaux aplatis brun-vert foncé, dans certains schistes métamorphiques ; il est commun dans certains minerais de fer métamorphisés.

Stirodontes n. m. pl. [du gr. *steira*, carène, et *odous, odontos*, dent] – Groupe d'Oursins Réguliers. V. Échinides.

stishovite n. f. [angl. *stishovite*] – Var. de silice* de très HP.

stockwerk n. m. [mot allem. ; angl. *stockwork*] – Minéralisation composée d'un réseau très dense de petits filons.

stoneline [mot angl. signif. ligne de pierre] – V. gravats (nappe de –).

strain-slip n. m. [mot angl. signif. glissement de tension ; angl. *strain-slip cleavage*] – V. schistosité.

strate n. f. [du lat. *stratum*, couverture] – Syn. de couche*.

stratification n. f. [angl. *stratification, bedding*] – Fait d'être composé de strates. Une stratification est d'autant mieux visible que les contrastes lithologiques entre les couches sont plus importants. Il ne faut pas la confondre avec la schistosité. V. aussi lamination, lit. Adj. **stratifié, e** [angl. *stratified, bedded*].

stratification oblique (ou entrecroisée, ce dernier qualificatif étant impropre) [angl. *cross(-)bedding*] – Fait pour une couche, ou pour une formation sédimentaire détritique, d'être composée de lits élémentaires disposés obliquement par rapport aux limites de la couche ou de la formation. Très souvent, cette obliquité est minimale ou même nulle à la base de la couche et augmente en s'élevant dans celle-ci, jusqu'à atteindre parfois une trentaine de degrés. La surface supérieure de la couche tranche ces structures sur lesquelles vient habituellement reposer une couche plus récente. Les causes de ses dispositions toujours liées à l'agitation du milieu de sédimentation sont, dans le détail, très variées (courants fluviatiles ou marins, houle, vent, etc.).

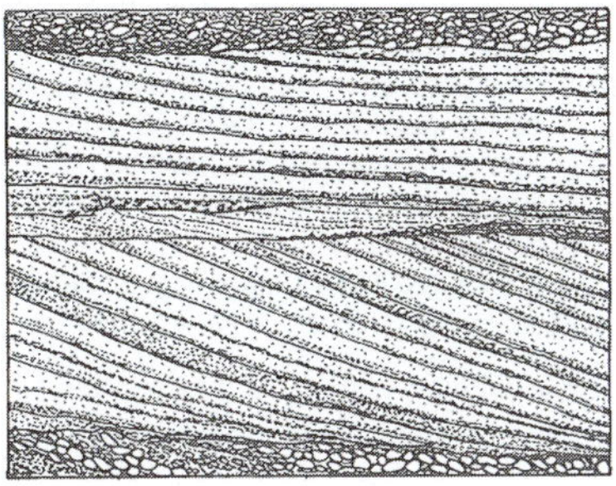

stratification oblique

Vue en coupe (1 m env. de haut) dans des bancs gréseux et conglomératiques (d'après photographie *in* C. Pomerol, 1975).

stratiforme adj. [angl. *stratiform*, *strata(-) bound*] – S'applique à des structures visibles dans des roches non sédimentaires et qui ressemblent à une stratification. P. ex. caractère stratiforme des gabbros à cumulats, ou des alternances de niveaux de gabbros et de péridotites dans les ophiolites. Se dit aussi de gisements métallifères formant des lentilles allongées. V. aussi stratoïde. N. m. **stratiforme**.

stratigraphie n. f. [du lat. *stratum*, couverture, et du gr. *graphein*, écrire ; angl. *stratigraphy*] – Science qui étudie la succession des dépôts sédimentaires, généralement arrangés en couches (ou strates). Elle permet d'établir une chronologie stratigraphique relative, notamment par l'utilisation raisonnée de deux principes (dits principes de la stratigraphie) auxquels il ne faut pas donner une valeur d'axiome :

– 1. Le **principe de continuité** selon lequel une même couche a le même âge sur toute son étendue (mais cela n'est pas toujours vrai, en particulier lorsqu'il y a obliquité* des faciès).

– 2. Le **principe de superposition**, selon lequel, de deux couches superposées, non renversées par la tectonique, la plus basse est la plus ancienne (mais cela n'est pas vrai dans le cas des filons sédimentaires, p. ex.).

De plus, le contenu en fossiles des couches permet d'effectuer des corrélations stratigraphiques à distance : c'est ici le rôle dévolu à la paléontologie stratigraphique.

On aboutit ainsi à des divisions que l'on peut différencier selon la nature des arguments qui servent à les définir. On distingue habituellement :

a) Les **divisions lithostratigraphiques** fondées sur la nature des terrains, indépendamment de leur contenu en fossiles. La plus petite division est la couche, plusieurs couches constituant un **membre**, plusieurs membres une **formation**, plusieurs formations un **groupe**.

b) Les **divisions biostratigraphiques** fondées sur le contenu en fossiles. La division de base est la biozone, diversement définie selon les possibilités (**cénozone**, ou zone d'assemblage, définie par un certain assemblage de fossiles ; **acmé**, définie par l'abondance particulière d'une espèce, etc.).

c) Les **divisions chronostratigraphiques** caractérisées par des ensembles de couches auxquelles on fait correspondre des intervalles de temps (qui sont des divisions **géochronologiques**). La division de base est l'**étage** défini par rapport à un affleurement type, qui sert en quelque sorte d'étalon, et que l'on nomme **stratotype**. Le nom de l'étage est le plus souvent dérivé de celui d'un lieu géographique (actuel ou antique) auquel on ajoute le suffixe -ien (ex. le Lutétien, l'Aquitanien). Ce lieu est généralement, mais pas obligatoirement, celui où se trouve le stratotype. L'équivalent géochronologique de l'étage est l'âge dont la durée, en moyenne, est de 5 ou 6 millions d'années. Plusieurs étages forment une **série** (équivalent géochronologique : **époque**), plusieurs séries un **système** (équivalent : **période**), plusieurs systèmes, un **érathème** (équivalent : **ère**), plusieurs erathèmes, un **éonothème** (équivalent : **éon**). Des divisions plus petites que l'étage peuvent être utilisées : ce sont des **chronozones** (équivalent : **chrone**). Le terme de zone en est parfois employé comme synonyme, mais désigne aussi une biozone.

Tous les noms correspondant à ces divisions doivent commencer par une majuscule (ex. le Lutétien, la Zone à *Globorotalia kugleri*), sauf lorsqu'ils sont utilisés comme adjectifs (ex. un calcaire lutétien, des marnes aquitaniennes). V. tableau à la fin du volume.

Adj. **stratigraphique** [angl. *stratigraphic*] ; n. m. ou f. **stratigraphe** [angl. *stratigrapher*]

stratigraphie isotopique – V. isotopique (stratigraphie –).

stratigraphie séquentielle [angl. *sequence stratigraphy*] – Stratigraphie basée sur l'interprétation de **séquences de dépôt** [angl. *depositional sequences*], successions ordonnées, contrôlées par les variations du niveau marin, de **cortèges sédimentaires** [angl. *system tracts*], ensembles de sédiments contemporains de bordure de bassin. En partant d'un **cortège de haut niveau** [angl. *highstand system tract*] (1, fig.), un abaissement rapide de la mer entraîne une émersion accompagnée d'une érosion puis, fréquemment, le dépôt au pied de la pente de cônes sous-marins (2), enfin celui d'un **cortège de bas niveau** [angl. *lowstand system tract*] (3). A la remontée de la mer correspond le dépôt d'un **cortège transgressif** [angl. *transgressive system tract*] (4) montrant un **biseau d'aggradation** [angl. *onlap*], puis, de nouveau, celui d'un cortège de haut niveau (5) avec des **figures de progradation** [angl. *offlap*], une **progradation des couches vers le bas de la pente** [angl. *downlap*], et l'établissement d'un **biseau sommital** [angl. *toplap*]. La séquence de dépôt comprend donc les termes 2 à 5. Ces raisonnements, appliqués essentiellement aux profils sismiques relevés sur les marges continentales, ont permis de proposer des chronologies des mouvements eustatiques pour l'ensemble des temps mésozoïques et cénozoïques. V. eustatisme.

stratigraphie sismique [angl. *seismic stratigraphy*] – Détermination de la structure des couches du sous-sol (ou du fond des océans) par les méthodes de la prospection sismique. V. aussi sismique marine.

stratigraphique (contact –) – V. contact.

stratigraphique (fossile –) – V. fossile stratigraphique.

stratoïde adj. [du lat. *stratum*, couverture, et du gr. *eidos*, aspect] – Qui présente l'allure d'une couche. Ex. : un granite stratoïde. cf. stratiforme.

stratotype n. m. [angl. *stratotype*, *type section*] – Affleurement désigné comme type d'un étage géologique. On considère actuellement que les stratotypes doivent être choisis dans des séries continues et que seule la base de l'étage doit être définie, le sommet de l'étage correspondant à la base de l'étage sus-jacent. A cette conception est associée l'expression *Global standard stratotype-section and point (GSSP)* (coupe et point stratotypes standard globaux). V. stratigraphie.

strato(-)volcan n. m. [angl. *stratovolcano*] – Volcan dont le cône est édifié par l'alternance plus ou moins régulière de coulées de lave et de couches pyroclastiques (c'est-à-dire formées de projections, tels cendres, lapillis, etc.). V. volcan.

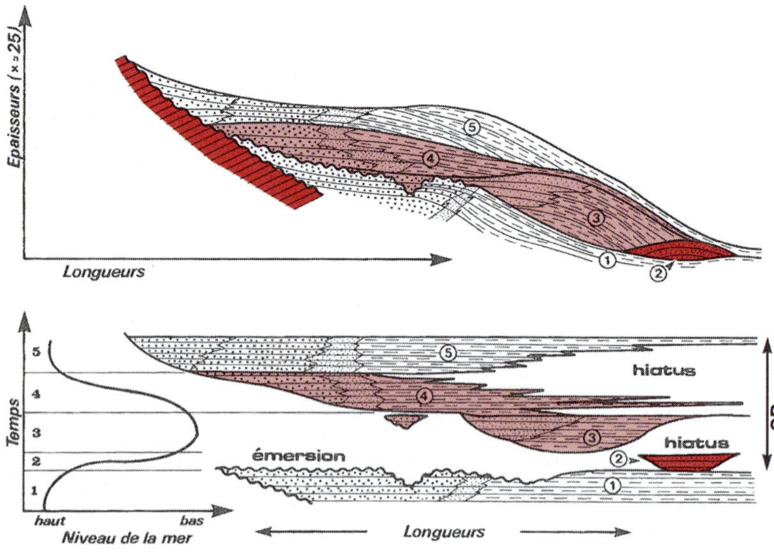

stratigraphie séquentielle

En haut : coupe schématique d'une succession de cortèges sédimentaires sur la bordure d'un bassin marin. Échelle des hauteurs très exagérée. Longueur totale : quelques km.
En bas : même succession de cortèges représentée dans une échelle des temps. La courbe à gauche montre les variations correspondantes du niveau de la mer. Les différents figurés représentent les faciès deltaïques ou littoraux (gros points), sableux (petits points), argilo-silteux (traits discontinus). Les numéros correspondent au texte. SD : séquence de dépôt.

stress n. m. [mot angl.] – V. contrainte.

strie n. f. [angl. *stria* (pl. *striae*), *striation*] – Fin sillon rectiligne creusé à la surface d'une roche. Les stries peuvent avoir diverses origines mais les plus habituelles sont l'érosion glaciaire (V. modelé glaciaire) et les frottements tectoniques (V. miroir de faille, tectoglyphe). Adj. **strié, e** [angl. *striate (d)*].

strié (sol –) [angl. *striated ground, striped –, stone stripes* – V. modelé périglaciaire.

striée (roche –) – V. modelé glaciaire.

stromatactis n. m. [angl. *stromatactis*] – Masse de calcite cristalline, de taille décimétrique, plate dans sa partie inférieure, irrégulière dans sa partie supérieure, que l'on trouve dans les roches sédimentaires, généralement dans des faciès récifaux, et dont l'origine, pas toujours claire, peut être diverse (remplissages de terriers, colonies de Bryozoaires recristallisées, etc.).

stromatolit(h)e n. m. [du gr. *strôma*, tapis, et *lithos*, pierre ; angl. *stromatolite, stromatolith*] – Construction discoïde ou mamelonnée due à des Cyanophycées (Algues bleues). Répart. stratigr. : Précambrien -Actuel.

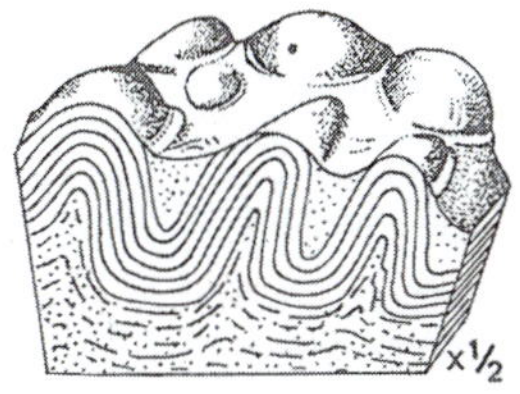

stromatolithe

Vue externe et section.

Stromatopores (ou Stromatoporoïdés) n. m. pl. [du gr. *strôma*, tapis, et *poros*, pore ; angl. *stromatoporoids*] – Organismes encroûtants uniquement fossiles, formés de couches calcaires parallèles réunies par des piliers perpendiculaires. Leur surface montre des perforations rondes et d'autres étoilées (**astrorhizes**). On les groupait, il y a peu, dans les Hydrozaires, (Cnidaires). On pense aujourd'hui qu'ils sont proches des Spongiaires. Répart. stratigr. : Cambrien - Tertiaire.

strombolien, nne adj. [du Stromboli, volcan d'Ital. ; angl. *Strombolian(-type)*] – Se dit d'un volcan* dont le cône est composé d'une alternance de coulées et de projections.

strontianite n. f. [de strontium ; angl. *strontianite*] – Carbonate $SrCO_3$, du syst. orthorhombique, en petits cristaux aciculaires groupés en masses bacillaires, à éclat

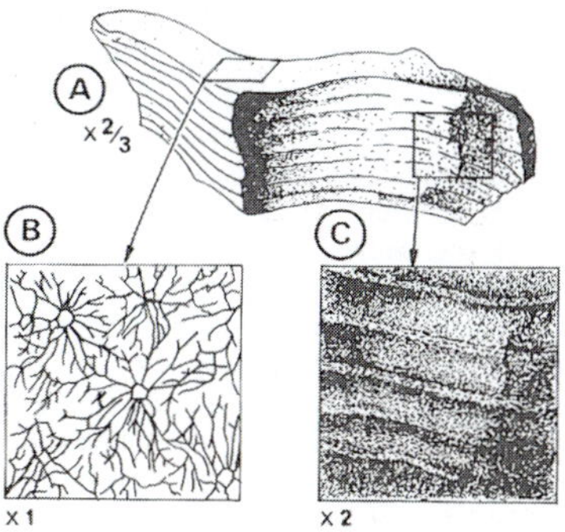

Stromatopores

A : vue d'un morceau de colonie de Stromatopores. – **B :** aspect de la surface de la colonie montrant les astrorhizes. – **C :** section perpendiculaire aux couches montrant la structure (*in* R. C. Moore).

vitreux, incolores, blanches, rosées, verdâtres, connues dans des filons hydrothermaux.

strontium n. m. [de la mine de Strontian, en Écosse, G.-B. ; angl. *strontium*] – Symbole chim. Sr. N° et masse atom. 38 et 87,63 ; ion 2^+ de rayon 0,112 nm ; densité 2,5 ; clarke 300 à 375 g/t, selon les auteurs. Métal qui se trouve dans divers minéraux (carbonates, sulfates, phosphates, et rares silicates), et en particulier dans la strontianite $SrCO_3$, et la célestite $SrSO_4$, présentes dans des filons hydrothermaux. V. aussi rubidium.

structural adj. **(axe –)** – V. axe tectonique.

structural (niveau –) – V. niveau structural.

structural (relief –) – V. relief structural.

structurale (analyse –) – V. analyse structurale.

structure n. f. [du lat. *structura*, arrangement ; angl. *structure* (à échelle macroscopique) ; *texture* (à échelle microscopique)] – Tout arrangement relatif de composants. Cette notion s'applique à n'importe quelle échelle, et dans un espace à n'importe quel nombre de dimensions (de 1 à 3 pour les corps réels, davantage en mathématiques). En géologie, on distingue généralement, selon les composants dont on considère les relations :

– 1. la **structure cristalline** (réseaux, systèmes cristallins) : les composants sont des atomes ;

– 2. la **structure minérale** (macles, zonation cristalline, structures graphique, rapakivique, hélicitique, etc.) : les composants sont des individus cristallins plus ou moins différenciés ;

– 3. la **structure des roches** (ou structure pétrographique, texture, fabrique, pétrofabrique) : les éléments sont des minéraux (ex. structure grenue, microgrenue, foliée, etc.) ;
– 4. la **structure tectonique** : les éléments sont des ensembles de roches (couches, massifs éruptifs, etc.) ;
– 5. la **structure du Globe** : les éléments sont des ensembles distingués notamment par leurs propriétés élastiques, déduites en particulier de la propagation des ondes sismiques (croûte, manteau, etc.).

En pétrographie, l'utilisation en concurrence des termes structure et **texture** entraîne des ambiguïtés : texture désigne en effet ; en français, les relations spatiales entre les minéraux des roches (V. – 3 ci-dessus), mais il est aussi utilisé dans le sens qu'il a dans les pays anglo-saxons où il désigne la structure minérale (V. – 2). Il est donc souvent préférable de parler de fabrique ou de pétrofabrique dans le premier cas. D'autre part, il est vraisemblable que, le sens étymologique de texture (*cf.* tissu) étant encore perçu en français, ce mot évoque plus spécialement le grain d'une étoffe, c'est-à-dire ce que l'on voit à l'œil nu sur une surface à deux dimensions. C'est ainsi qu'on admet aisément des expressions comme texture rubanée, ou texture granuleuse (correspondant en volume à des structures respectivement foliée ou grenue).

D'une façon générale, il est toujours souhaitable, lorsqu'on parle de structure, de préciser à quelle échelle on se réfère et quels sont les composants intéressés. Adj. **structural, e, aux**.

structurologie n. f. – Syn. de pétrologie* structurale. Adj. **structurologique**.

structurologique adj. **(axe –)** – V. axe tectonique.

Strunien n. m. [C. Barrois, 1913, de Etrœungt, Nord, Fr. ; angl. *Strunian*] – Division stratigraphique correspondant à des couches de passage entre le Dévonien et le Carbonifère (ère primaire). V. tabl. Annexe 2. Adj. **strunien, nne**.

style n. m. **(de couverture, de fond, de revêtement**, etc.) – V. tectonique de couverture, etc.

style jurassien [angl. *Jura-style*] – Style tectonique, illustré par la structure du Jura interne, dans lequel une série sédimentaire est affectée de plis réguliers allongés avec, en alternance, de larges anticlinaux à voûte relativement plate et à flancs raides, et des synclinaux étroits (plis coffrés ; V. plis).

style tectonique [angl. *tectonic style*] – Ensemble des caractères géométriques d'une structure, et, par extension, d'une région. Ex : style en plis étroits et serrés, style en écailles, style cassant (avec nombreuses failles), etc.

stylolit(h)e n. m. [du gr. *stulos*, colonne, et *lithos*, pierre ; angl. *stylolite*] – Structures en forme de colonnettes s'interpénétrant au sein de roches calcaires ou marno-calcaires en dessinant des joints irréguliers, généralement soulignés par une surface noirâtre ou brunâtre (produits charbonneux ou argileux). Ces figures, que l'érosion peut mettre en relief, correspondent à des surfaces de dissolution sous pression, et permettent notamment de déterminer la direction de la compression qui leur a donné naissance et qui est parallèle à l'allongement des colonnettes. V. aussi faille. Adj. **stylolit(h)ique** [angl. *stylolitic*].

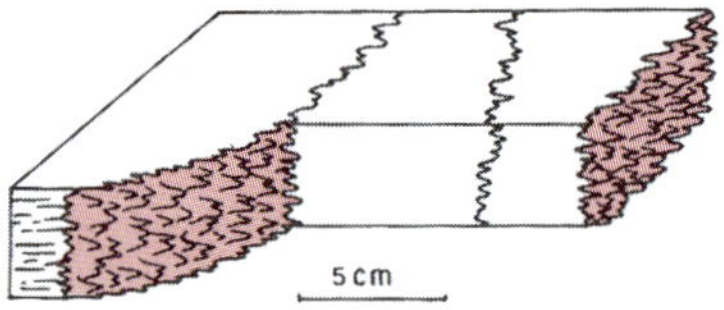

stylolithes

Aspect des stylolithes sur des surfaces dégagées et en section.

styrienne adj. **(phase –)** [H. Stille, 1924, de la Styrie (ou Steiermark), Autriche ; angl. *Styrian orogeny*] – Phase tectonique de l'ère tertiaire située dans le Miocène. V. tabl. Annexe 2.

sub- – Préfixe tiré du lat. *sub*, sous, et signif. au-dessous de, presque.

subalpin adj. **(relief –)** – V. relief subalpin.

Subatlantique n. m. [angl. *Subatlantic*] – Division stratigraphique finale du Quaternaire (V. tabl. à ce mot) supérieur européen basée sur l'analyse pollinique.

subautochtone n. m. [angl. *subautochton*] – Terrains écaillés sous la poussée des nappes, mais situés dans l'autochtone de l'avant-pays, et n'ayant subi qu'un déplacement limité par rapport à ce dernier. adj. **subautochtone** [angl. *subautochtonous*].

Subautomorphe adj. [angl. *subeuhedral*] – Qualifie un minéral qui, bien que gêné par ses voisins lors de sa croissance, a pris des formes proches de celles d'un cristal parfait. V. automorphe, xénomorphe.

Subboréal n. m. [angl. *Subboreal*] – Division stratigraphique du Quaternaire (V. tabl. à ce mot) supérieur européen basée sur l'analyse pollinique.

subduction n. f. [A. Amstutz, 1951 de sub-, et du lat. *ducere*, tirer ; angl. *subduction*] – Enfoncement de grande ampleur d'une portion de lithosphère sous une autre. La notion fut proposée pour des structures alpines (zone du Grand-Saint-Bernard) où des unités orientales en plongeant sous d'autres plus occidentales ont déterminé un vaste rétrocharriage*. Le terme désigne maintenant le fait, pour la lithosphère océanique de s'enfoncer sous une autre lithosphère, continentale le plus souvent, avec formation d'une zone (ou plan) de Benioff*, d'une fosse océanique et d'un volcanisme actif (riche en andésites). Le **taux de subduction** est la vitesse, pouvant atteindre 10 cm/an, à laquelle la lithosphère s'enfonce et disparaît. V. tectonique des plaques ainsi que sous-charriage. Vb. **subduire** ou **subducter** ; adj. **subduit, e** ou **subducté, e**.

subflysch n. m. – V. flysch.

subséquent, e adj. [du lat. *subsequens*, qui suit ; angl. *subsequent*] – Se dit d'un cours d'eau coulant perpendiculairement au pendage des couches. V. relief structural.

subsidence n. f. [du lat. *subsidere*, s'enfoncer ; angl. *subsidence*] – Enfoncement progressif, régulier ou saccadé, pendant une assez longue période, du fond d'un bassin sédimentaire, marin ou non. C'est ce phénomène qui permet en particulier l'accumulation sur de fortes épaisseurs de sédiments qui se sont cependant formés sous une faible profondeur d'eau (calcaires néritiques p. ex.). Une subsidence saccadée est p. ex. responsable de la sédimentation cyclique des séries houillères (V. charbon, et cyclothème).
Le terme s'applique également à l'augmentation de profondeur que subit la croûte océanique lorsqu'elle s'éloigne de la dorsale où elle s'est formée et ce phénomène commande aussi l'évolution de la sédimentation sur les fonds océaniques et sur les marges continentales (V. marge, sédimentation océanique, et tectonique des plaques). V. aussi aulacogène, synéclise. Adj. **subsident, e** ; vb. **subsider**.

substitution n. f. **de couverture** – Remplacement de la couverture sédimentaire d'un socle dénudé tectoniquement par un autre matériel charrié qui, par son âge et sa nature, pourrait passer pour l'authentique couverture de ce socle.

substratum n. m. [mot lat. signif. étendu sous ; angl. *substratum* ; *bedrock* (substratum résistant sous des formations moins consolidées ou de nature différente) ; *basement* (socle)] – Terme très général désignant ce sur quoi repose une formation géologique prise comme référence (V. aussi socle).

suc n. m. – Terme local des Cévennes et du Massif central désignant des sommets d'origine volcanique : dômes, pitons coniques (V. neck), parfois coulées. Un suquet est un petit suc.

succin n. m. [du lat. *succinum*, même signif.] – Syn. d'ambre.

succion n. f. [trad. du mot all. *Verschlukung*] – Mécanisme jadis parfois invoqué pour expliquer la formation de chaînes plissées (Alpes, chaînes d'Afrique du Nord, etc.) qui consiste à admettre que les zones les plus internes de ces édifices sont restées pratiquement sur place alors que les zones plus externes, situées de part et d'autre, ont été englouties tout en se rapprochant, avec leur avant-pays, du centre du dispositif, par un mécanisme de sous-charriage.

sudète adj. **(phase –)** [H. Stille, 1920, des Sudètes, montagnes d'Europe centrale ; angl. *Sudetic orogeny*] – Phase tectonique du cycle hercynien, située dans le Carbonifère (ère primaire), à la limite du Viséen et du Namurien. V. tabl. Annexe 2.

Suessonien n. m. [A. d'Orbigny, 1852, de *Suessonum*, nom lat. de Soissons, Aisne, Fr. ; angl. *Suessonian*] – Ancienne division stratigraphique qui regroupait les étages Thanétien, Sparnacien et Cuisien (ère tertiaire). V. tabl. Annexe 2. Adj. **suessonien, nne**.

suévite n. f. [des Suèves, peuplade germanique ; angl. *suevite*] – Brèche résultant de l'impact d'une météorite. V. impactite.

suffosion n. f. [angl. *suffosion*] – Expulsion de boue ou de sable gorgé d'eau à la surface par fusion de glace sous-jacente ou par le fait d'infiltrations.

Suggarien n. m.[angl. *Suggarian*] – Division du Précambrien africain. V. tabl. Annexe 2. Adj. **suggarien, nne.**

suite n. f. **réactionnelle** [angl. *reaction series*] – Succession de réactions chimiques pouvant se produire lors de la cristallisation* fractionnée d'un magma, les minéraux déjà formés se trouvant en déséquilibre avec le magma résiduel et réagissant avec lui pour donner d'autres minéraux ; le terme « suite » indique le caractère transitoire des minéraux. Les études expérimentales ont permis de dégager les suites réactionnelles ci-dessous, pouvant se dérouler conjointement, en totalité si le chimisme du magma le permet (excès de SiO_2 en particulier), partiellement dans le cas contraire : – A : suite des minéraux ferromagnésiens, dite discontinue car les cristaux ont des syst. cristallins différents. – B : suite des plagioclases (feldspaths sodi-calciques) dite continue car les cristaux forment une série isomorphe (syst. triclinique). – C : suite des feldspaths potassiques. Dans les roches, les associations minérales effectivement réalisées dépendront du chimisme du magma originel, et de l'évolution des conditions physiques de T et P (p. ex. certaines réactions ne peuvent avoir lieu, ou ne sont que partielles, si le refroidissement est trop rapide).

sulfate n. m. [du lat. *sulfur*, soufre ; angl. *sulfate* (US), *sulphate* (GB)] – Minéral caractérisé par le radical $(SO_4)^{2-}$, coordonné à Ca, Ba, Na, Mg, Sr. Les principaux minéraux anhydres sont la barytine* $BaSO_4$, la célestine*

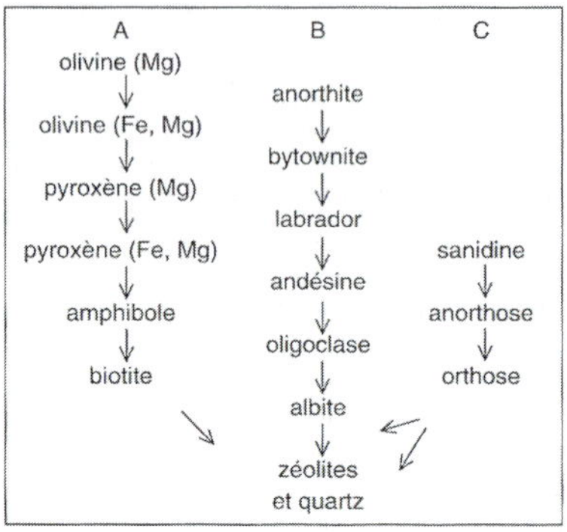

suites réactionnelles

des HT (en haut) aux BT (en bas).

$SrSO_4$, l'anhydrite* $CaSO_4$; la forme hydratée importante est le gypse* $CaSO_4$, 2 H_2O ; anhydrite et gypse sont des termes majeurs des évaporites. Adj. **sulfaté, e.**

sulvanite n. f. [angl. *sulvanite*] – Sulfure de cuivre et de vanadium* Cu_3 VS_4.

superficiel adj. **(dépôt –)** – V. dépôt superficiel.

superposition n. f. **(principe de –)** [angl. *law of superposition*] – Postulat de la stratigraphie* selon lequel l'ordre de superposition des couches est, sauf bouleversement tectonique, le même que celui de leur dépôt. Il n'est pas toujours vérifié.

superstructure n. f. [angl. *superstructure*] – Niveau structural (V. ce terme) où le métamorphisme est faible ou nul.

supralittoral, e, aux adj. [angl. *supralittoral*] – Caractérise le milieu marin côtier et ses éléments situés au-dessus du niveau de la haute mer. V. littoral.

supratidal, e, aux adj. [angl. *supratidal*] – Situé au-dessus du niveau de la haute mer. V. tidal.

suquet n. m. – Diminutif de suc*.

surface n. f. **axiale** [angl. *axial surface*] – Surface reliant les charnières d'un pli*.

surface d'accumulation [angl. *aggradation surface*] – Surface plane résultant de la sédimentation d'un matériel fluviatile ou lacustre. V. playa, et terrasse.

surface d'aplanissement – V. surface d'érosion.

surface de chevauchement, – de charriage [angl. *(over)thrust surface, – plane*] – Surface de contact anormal séparant un ensemble chevauchant ou charrié, d'un ensemble chevauché. V. nappe.

surface d'érosion [angl. *erosion surface*] – Terme très général désignant une surface relativement plane, assez étendue, résultant de l'arasement des reliefs par l'érosion, et pouvant prendre en biseau les structures des roches sous-jacentes, quelles que soient leurs duretés relatives (*cf.* surface structurale). Il est possible de dater les surfaces d'érosion soit par la considération de l'âge des dépôts qui leur sont éventuellement superposés, soit en établissant la succession des différentes surfaces grâce à leurs recoupements (surface polycyclique ; V. cycle d'érosion). Syn. surface d'aplanissement [angl. *planation surface*].

surface équipotentielle [angl. *equipotential surface*] – Surface selon laquelle un corps peut se déplacer sans dépenser ni fournir d'énergie. Elle est en tout point perpendiculaire à la force appliquée au corps. Pour la pesanteur, une surface équipotentielle est, par définition, horizontale. V. géodésie.

surface libre (d'une nappe d'eau souterraine) [angl. *(ground)water table*] – V. nappe d'eau souterraine.

surface piézométrique [angl. *piezometric surface*] – V. niveau piézométrique.

surface structurale [angl. *structural surface*] – Surface topographique correspondant au toit d'une couche dure dégagée par l'érosion. Elle s'oppose à la surface d'érosion qui, à l'inverse, tranche les couches sous-jacentes.

surimposition n. f. [angl. *superimposition*] – Phénomène ayant conduit un réseau hydrographique qui coulait sur des couches horizontales à s'enfoncer dans celles-ci puis dans un substratum structuré sous-jacent. V. épigénie. Adj. **surimposé, e** [angl. *superimposed*].

surrection n. f. [du lat. *surgere*, se lever ; angl. *uplift*] – Soulèvement progressif, pendant une assez longue période, des terrains d'une certaine zone. Si la vitesse de soulèvement est supérieure à la vitesse de l'érosion, il y a création de reliefs (p. ex. le relief du massif du Mont-Blanc, débarrassé de sa couverture par l'érosion, est lié à une surrection). Sinon, on a simplement apparition à l'affleurement de terrains de plus en plus profonds. Ant. subsidence.

sursaturé, e adj. [angl. *oversatured*] – V. saturé.

suspendue adj. **(vallée –)** – V. vallée suspendue, et modelé glaciaire.

suture n. f. [du lat. *sutura*, couture ; angl. *suture*] – 1. Chez les Vertébrés, jonction rigide de deux pièces du squelette. – 2. Chez les Invertébrés, jonction de deux loges (suture cloisonnaire). Chez les Ammonoïdés*, p. ex., le dessin de la ligne de suture constitue souvent un critère de détermination des groupes.

– 3. En tectonique, syn. de cicatrice*, mais plutôt employé lorsque le domaine disparu est considéré comme de nature océanique (ex. une suture ophiolitique).

Svécocarélien n. m. [angl. *Svecokarelian*] – Division du Précambrien scandinave. V. tabl. Annexe 2. Adj. **svécocarélien, nne.**

Swazien n. m. – Division du Précambrien africain. V. tabl. Annexe 2. Adj. **swazien, nne.**

Sycum [du gr. *sukon*, figue] – Genre de Gastropodes (V. fig. à ce mot) connu du Tertiaire à l'Actuel.

syénite n. f. [de Syène, actuellement Assouan, Égypte ; angl. *syenite*] – R. magm. (V. tabl. magm. ; r. effusive équiv. : trachyte) grenue, blanchâtre, plus souvent rosée à rouge (hololeucocrate à leucocrate), avec comme minéral essentiel (_ 60%) du feldspath alcalin (orthose, anorthose, microline en général perthitique) qu'accompagnent un peu de biotite (type lépidomélane souvent) et de hornblende. Les variétés très alcalines sont à amphibole et pyroxène sodiques (barkévicite, ægyrine) ; les variétés très alumineuses à corindon, les variétés calco-alcalines (type **plauénite**) (*cf.* monzonite) avec un peu de plagioclase (oligoclase) et davantage d'amphibole. On garde parfois le nom de syénite même si ces roches contiennent un peu de néphéline (syénite feldspathoïdifère ou **pulaskite**, roche gris-bleu à 4 % de néphéline et 1 % de sodalite) ou un peu de quartz (syénite quartzifère ou **nordmarkite**, roche rougeâtre à 5 % de quartz, et 5 % de minéraux noirs). La roche de Syène, qui a donné le nom syénite, est en réalité un granite à structure rapakivique. La **larvikite**, gris perle à sombre, variété très utilisée en marbrerie, montre de grands feldspaths gris-bleu à noirs à reflets chatoyants (faciès malgachitique d'une antiperthite d'oligoclase et de microcline) avec augite sodique verte, augite titanifère noire ou violacée, barkévicite, lépidomélane, néphéline rare. Les syénites sont des roches assez rares, en petits massifs ou plus souvent en faciès de variation au sein de grands massifs (granite p. ex.). **Microsyénite** : roche microgrenue en filons ou en faciès de bordure, pouvant être porphyrique ; ex. le **porphyre rhombique** (rhombenporphyr) à phénocristaux clairs d'oligoclase antiperthitique à section losangique, et à pâte brunâtre (roche considérée parfois comme un trachyte). La **minette** en est la variété lamprophyrique (V. lamprophyre).

syénite néphélinique n. f. [angl. *nepheline syenite*] – R. magm. (V. tabl. magm. ; r. effusive équiv. : phonolite), grenue, blanchâtre, grise, rosée (hololeucrocrate à leucrocate), avec des feldspaths alcalins (souvent microcline perthitique) et des feldspathoïdes, néphéline le plus souvent (automorphe si abondante, xénomorphe et interstitielle si rare, et difficile alors à identifier), parfois sodalite, analcime, haüyne. Les ferromagnésiens sont variés : biotite (lépidomélane), ægyrine, riébeckite. Apatite, sphène, zircon sont souvent abondants, ainsi parfois que la calcite. Ces roches montrent fréquemment des minéraux particuliers : silicates de terres rares, grenat mélanite, fluorine, vuillaumite, qui se trouvent surtout dans les faciès pegmatitiques avec de grands cristaux de néphéline (Var. éléolite : V. feldspathoïde), d'ægyrine en aiguilles, de tourmaline noire. Il y a de nombreuses variétés : la **foyaïte**, alcaline, riche en néphéline globuleuse et en ægyrine ; la **ditroïte** riche en sodalite, cancrinite, analcime, parfois à haüyne ; la **laurdalite** pauvre en néphéline et à reflets chatoyants (*cf.* larvikite ; V. syénite) ; la **pulaskite** à orthose, biotite assez abondante, ægyrine et diopside. Les variétés calco-alcalines (monzo- ou plagisyénite feldspathoïdique) contiennent en outre du plagioclase (oligoclase, andésine) et du pyroxène (diopside), parfois un peu d'olivine. Les syénites néphéliniques forment en général des massifs intrusifs, souvent peu étendus, et sont associées, parfois en structure plus ou moins annulaires, avec des syénites quartzifères, des ijolites, ou encore des carbonatites, ou des péridotites. Syn. syénite feldspathoïdique, ou foïdique.

Microsyénite néphélinique : roche microgrenue de bordure de massif ou de filon, dont le type est la **tinguaïte**, leucocrate, à phénocristaux de feldspath dans une pâte aplitique de feldspath alcalin et d'ægyrine.

sylvinite n. f. [angl. *sylvinite*] – Roche correspondant à un mélange intime de halite NaCl et de sylvite KCl.

sylvite (ou sylvine) n. f. [dédié à J. Dubois, latinisé en *Sylvius* ; angl. *sylvine*, *sylvite*] – Chlorure KCl, du syst. cubique, en cubes ou masses granulaires montrant trois clivages orthogonaux, incolore, jaunâtre à rougeâtre, minéral peu abondant associé à la halite dans les évaporites ; il constitue le principal minerai de potasse.

symmigie n. f. [C. Babin, 1971, du gr. *summigês*, mêlés ensemble] – Ensemble d'organismes fossiles groupés au sein d'une r. sédim. et provenant de biotopes divers. V. aussi biocénose, thanatocénose.

sympatrie n.f. [de syn- et du latin *patria*, pays du père ; angl. *sympatry*] – Fait, pour des êtres vivants, de vivre dans la même région géographique. Ant. allopatrie. Adj. **sympatrique** [angl. *sympatric*].

syn- – Préfixe tiré du gr. *sun-*, et signif. ensemble.

Synapsidés n. m. pl. [de syn-, et du gr. *apsis*, liaison ; angl. *Synapsida*] – Groupe de Reptiles*.

synclinal n. m. [W. D. Conybeare et W. Buckland, 1894, de syn- et du gr. *klinein*, s'incliner ; angl. *syncline* ; *synclinal* (obs.)] – Pli* où les éléments situés à l'intérieur de la courbure étaient avant la déformation, les plus hauts. V. aussi synforme, et remarques à anticlinal. Ant. anticlinal. Adj. **synclinal, e, aux** [angl. *syncline*].

synclinal (faux –) [angl. *pseudo-syncline*, *synformal anticline*] – Synforme affectant une série inverse. Les couches situées au cœur de la structure sont ainsi les plus anciennes, à l'inverse de ce qui est habituel pour un synclinal. Ant. faux anticlinal* (V. la remarque à cet article).

synclinal couché, déjeté, déversé, droit, renversé [angl. *recumbent syncline, asymmetrical –, overtuned –, symmetrical –, reversed –*] – V. pli.

synclinal de nappe(s) [angl. *synformal stack*] – Synclinal affectant une ou plusieurs nappes de charriage postérieurement à leur mise en place. V. nappe de charriage, et postnappe.

synclinal perché [angl. *perched syncline*, *synclinal mountain*] – Relief constitué par une couche dure plissée en synclinal dégagée par l'érosion. V. relief structural.

synclinorium n. m. [J.D. Dana, 1873, de synclinal ; angl. *synclinorium* (pl. *synclinoria*)] – V. pli. Ant. anticlinorium. Adj. **synclinorial, e, aux.**

synéclise n. f. [A.P. Pavlov, 1903 ; même étym. que synclinal ; angl. *syneclise*] – Vaste portion de plate-forme de quelques centaines ou milliers de kilomètres carrés, dont le socle, affaissé à grande profondeur, est recouvert par des sédiments épais (quelques kilomètres) et continus alors que, alentour, il se relève et est surmonté corrélativement par une couverture moins épaisse (quelques hectomètres) et moins complète stratigraphiquement. C'est un type de structure commun de la plate-forme russe. Ant. antéclise. V. aussi subsidence, et aulacogène.

synforme n. f. [E.B. Bailey, et W. J. McCallien, 1937, d'après synclinal ; angl. *synform*] – Terme utilisé pour désigner un pli* concave vers le haut, indépendamment de ses conditions de genèse. Ant. antiforme.

synonyme n. m. [de syn-, et du gr. *onoma*, nom ; angl. *synonym*] – En taxinomie, l'un des deux, ou plusieurs, noms donnés à un même rgroupe zoologique ou botanique. V. synonymie.

synonymie n. f. [de syn-, et du gr. *onoma*, nom ; angl. *synonymy*] – 1. Fait pour deux ou plusieurs noms zoologiques ou botaniques de désigner un même groupe (une espèce, un genre, etc.). En principe, seul le plus ancien de ces noms est valide (règle de priorité), du moins s'il n'est pas antérieur pour les animaux à l'ouvrage de C. Linné *Systema naturæ* (10e édit., 1758) considéré comme le point de départ de la nomenclature zoologique, et pour la plupart des végétaux actuels au *Systema plantarum* du même auteur (1re édit., 1753), et enfin pour les végétaux fossiles à l'ouvrage de Sterberg *Flora der Vorwelt* (1820). On dit des noms postérieurs qu'ils tombent en synonymie. Il faut remarquer qu'il y a deux sortes de synonymies : a) la **synonymie objective** qui est celle due au fait que deux auteurs ont, tour à tour, appelé de noms différents le même objet (p. ex. en donnant des noms différents à une espèce pour laquelle ils ont désigné un même type) ; b) la **synonymie subjective** due au fait qu'un auteur juge qu'un groupe antérieurement défini doit être inclus dans un autre groupe. Bien entendu, seule la synonymie objective possède un caractère définitif vis-à-vis des règles de la nomenclature (V. ce mot). La synonymie subjective peut varier au gré des opinions successives. – 2. Liste des différents noms donnés à un même groupe de la classification.

synsédimentaire adj. [angl. *synsedimentary*, ≈ *contemporaneous*] – Se dit d'un phénomène qui se produit pendant la sédimentation ou au sein d'un dépôt tout juste formé, encore meuble ou peu compacté. Une **faille synsédimentaire** [angl. *synsedimentary fault*, *growth –*] montre un rejet d'autant plus grand que les terrains qu'elle affecte sont plus anciens. La. dislocation d'un sédiment en cours de dépôt peut donner des conglomérats* intraformationnels, des glissement par gravité et des **plis synsédimentaires** [angl. *synsedimentary folds*] (V. slumping). Une **déformation synsédimentaire** [angl. *contemporaneous deformation*] est souvent d'aspect désordonné, avec étirements et bourrages, mais pratiquement sans cassures.

synthétique adj. [H. Cloos, 1928, de synthèse, du gr. *sunthesis*, action de mettre ensemble] – Se dit d'un mouvement tectonique qui se produit dans le même sens qu'un autre, plus important, pris comme référence. Une **faille synthétique** [angl. *synthetic fault*] est une faille dont le jeu s'ajoute à un mouvement de soulèvement ou d'abaissement général. Ant. antithétique.

syntype n. m. [angl. *syntype*] – V. type.

systématique n. f. [du gr. *sustêma*, assemblage ; angl. *systematics*] – V. taxinomie.

système n. m. [angl. *system*] – V. stratigraphie.

système cristallin [angl. *crystal system*] – V. cristal.

T

Ta – Symbole chim. du tantale.

Tabianien n. m. [C. Mayer-Eymar, 1867, de Tabiano, Italie ; angl. *Tabianian*] – Étage de l'ère tertiaire, équivalent du Zancléen (partie inf. du Pliocène). V. tabl. Annexe 2. Adj. **tabianien, nne**.

tabulaire adj. [du lat. *tabula*, table ; angl. *tabular*] – S'applique à un type de structure tectonique où les couches sont horizontales ou presque.

tabulaire (relief –) – V. relief tabulaire.

Tabulés n. m. pl. [du lat. *tabula*, table] [angl. *tabulates*, *Tabulata*] – Groupe des Madréporaires coloniaux uniquement fossiles dont la caractéristique est d'avoir des cloisons horizontales (*tabulae*) Répart. stratigr. : Ordovicien – Permien. V. Cnidaires.

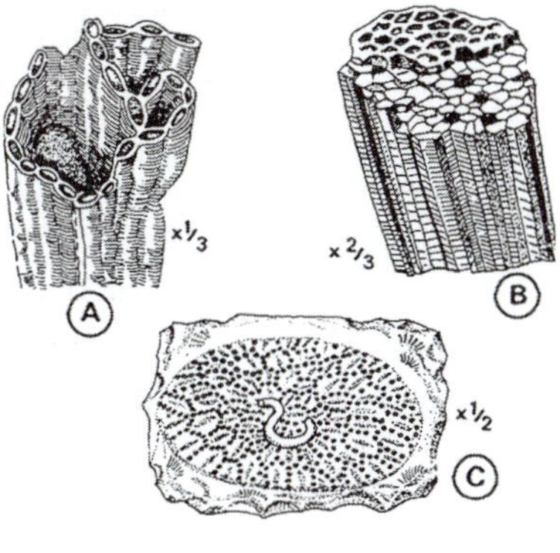

Tabulés

Vues externes de : – **A :** *Halysites* (Ordovicien - Silurien) – **B :** *Favosites* (Silurien-Dévonien inf.) – **C :** *Pleurodictyum* (Dévonien inf.).

tachetée adj. **(zone –)** – V. sol ferrallitique.

tachetés (schistes –) – V. schistes tachetés.

tachylite n. f. [du gr. *takhus*, rapide, et *lithos*, pierre ; prononc. taki- ; angl. *tachylyte* (sic)] – Variété de verre basaltique* noir.

taconique adj. **(phase –)** [E. Blackwelder, 1912, des Monts taconiques, U.S.A. ; angl. *Taconic orogeny*] – Phase tectonique du cycle calédonien située à la limite de l'Ordovicien et du Silurien (ère primaire). V. tabl. Annexe 2.

taconite n. f. [angl. *taconite*] – Minerai de fer* rubané du bouclier Canadien.

tactite n. f. [du lat. *tactus*, toucher ; angl. *tactite*] – Var. de cornéenne*.

Tænioglosses n. m. pl. [du gr. *tainia*, ruban et *glôssa*, langue] – Groupe de Gastropodes*.

taf(f)oni n. m. [mot corse, pl. de *tafone* ; en français pl. taffonis ; angl. *tafone* (pl. *tafoni*)] – Cavité arrondie, du décimètre jusqu'à plusieurs mètres de diamètre et de profondeur, due à l'érosion en climat sec ou sur certains littoraux. Ce type d'érosion par désagrégation des roches affecte surtout les r. magm. largement grenues, et les r. sédim. gréseuses. Les cavités de même origine mais de petite taille sont appelées alvéoles.

taillée adj. **(âge de la pierre –)** – Syn. vieilli de Paléolithique.

talc n. m. [mot arabe ; angl. *talc*] – Phyllosilicate voisin de la pyrophyllite et des micas, du syst. monoclinique pseudohexagonal, $Mg_3 [Si_4O_{10} (OH)_2]$, en fines paillettes nacrées (bleues, vertes, grisâtres), onctueuses et rayées à l'ongle ; il est présent dans des r. métam. (schistes, calcaires et dolomies). Adj. **talcaire** (qui a rapport au talc) ; **talcique** (composé de talc) ; **talqueux, euse** [angl. *talcose*] (qui comporte du talc : ex. schistes talqueux). V. aussi stéatite.

talcschiste n. m. [angl. *talc schist*] – Schiste riche en talc. V. métamorphisme.

talqueux, euse adj. – V. talc.

talus n. m. **(continental)** [angl. *continental slope*] – Syn. de pente continentale.

talweg n. m. [anciennement thalweg, mot allem. signif. chemin de la vallée ; angl. *thalweg*, *valley line*] – Ligne du fond d'une vallée, suivie par le cours d'eau quand il en existe un. De façon plus abstraite : lieu géométrique du point le plus bas de chaque section transversale d'une vallée.

tamisage n. m. [angl. *sieving*] – Opération qui, par passage d'une roche meuble au travers d'un tamis, permet de séparer deux fractions dont les éléments sont soit plus gros, soit plus petits, que l'écartement des fils du tamis (maille). Elle est utilisée soit pour extraire des fossiles (microfossiles ; V. lavage), soit pour étudier la répartition granulométrique des grains d'un sable. On utilise alors des colonnes de tamis calibrés, de maille décroissant vers le bas, et dont on pèse ensuite les résidus respectifs. V. granulométrie. N. m. **tamis** [angl. *sieve*] ; vb. **tamiser** [angl. *to sieve*, *to sift*] ; adj. **tamisé, e** [angl. *sieved*].

tangel n. m. – Mor calcique. V. humus.

tangentiel, lle adj. [du lat. *tangere*, toucher ; angl. *tangential*] – Se dit d'une déformation tectonique qui se développe principalement dans un plan horizontal (c'est-à-dire parallèlement à un plan tangent à la surface du globe). Ex. : un chevauchement est un accident tangentiel, les plis couchés sont la manifestation d'une tectonique tangentielle. Ant. radial.

tangue n. f. [angl. ≈ *sandy shelly mud*] – Sédiment littoral des côtes de la Manche, formé de limons, de sablons et de très fins débris calcaires (40 à 50 %) ; la tangue est de teinte grise, perméable et litée, épaisse de plusieurs mètres, et souvent thixotrope (« sables mouvants » du Mont-Saint-Michel, Fr.).

tantale n. m. [de Tantale, roi de Lydie ; angl. *tantalum*] – Symbole chim. Ta. N° et masse atom. 73 et 180,88 ; ion 5^+ de rayon 0,068 nm ; densité 16,6 ; clarke 2 g/t. Métal voisin du niobium (ou colombium) auquel il est généralement associé comme, p. ex., dans les colombotantalites et en particulier la **tantalite** (Fe, Mn) $(Ta, Nb)_2O_6$, minéral lourd surtout exploité dans des alluvions. V. aussi niobium.

tantalite n. f. [angl. *tantalite*] – V. tantale.

taphocénose (ou taphocœnose) n. f. [du gr. *taphos*, tombeau, et *koinos*, ensemble ; angl. *taphocoenose*, *taphocoenosis*] – Ensemble d'organismes fossilisés avec leurs traces et leurs produits d'activité. V. thanatocénose.

taphonomie n. f. [du gr. *taphos*, tombeau, et *nomos*, loi ; angl. *taphonomy*] – Partie de la paléontologie qui étudie ce que deviennent les organismes après leur mort (transport, enfouissement, fossilisation, etc.). V. taphocénose, thanatocénose. Adj. **taphonomique**.

taphrogenèse n. f. [E. Krenkel, 1956 ; du gr. *taphros*, fossé, et *genêsis*, formation ; angl. *taphrogeny*, *taphrogenesis*] – Tectonique consistant en failles normales et produisant des grabens et des horsts.

taphrogéosynclinal n. m. [du gr. *taphros*, fossé et géosynclinal ; angl. *taphrogeosyncline*] – Long fossé tectonique rempli de sédiments. Obsolète.

Tarannonien n. m. [Wood, 1906, de Tarannon, Pays de Galles, G.-B.] (anciennement Tarannon) – Division stratigraphique du Silurien (ère primaire). Terme désuet. V. tabl. Annexe 2. Adj. **tarannonien, nne**.

Tardiglaciaire n. m. [angl. *Late(-)glacial (period)*] – Période correspondant à la fin du Würm (environ 15 000 à 10 300 ans B.P.). Adj. **tardiglaciaire** [angl. *late(-)glacial*]

tardi-orogénique adj. [du lat. *tardus*, en retard, et orogénique ; angl. *late tectonic*] – Qui se produit au cours de la dernière période d'une phase orogénique. On utilise aussi l'adj. **tarditectonique**.

tarditectonique adj. – V. tardi-orogénique.

Tatarien n. m. [angl. *Tatarian*] – Étage du Permien sup. (ère primaire) russe. V. tabl. Annexe 2. Adj. **tatarien, nne**.

taux n. m. **de sédimentation** [angl. *sedimentation rate, rate of sedimentation*] – Quotient d'une épaisseur de sédiment par le temps de sédimentation correspondant.

taxinomie (ou taxonomie) n. f. [du gr. *taxis*, arrangement, et *nomos*, loi ; angl. *taxonomy*] – Science de la classification, notamment des êtres vivants ou fossiles. Dans ce sens restreint, le mot de systématique en est un synonyme, mais s'applique toutefois, et plus spécialement, à l'utilisation de la classification. V. aussi cladistique. N. m. ou f. **taxinomiste** (ou taxo-) ; adj. **taxinomique** (ou taxo-).

taxodonte adj. [du gr. *taxis*, arrangement, et *odous, odontos*, dent ; angl. *taxodont*] – Se dit d'une charnière de Bivalve (V. fig. à ce mot) possédant de nombreuses petites dents toutes semblables.

taxon n. m., pl. taxons (ou taxum, pl. taxums. La première graphie est celle du Code international de nomenclature zoologique, la seconde est recommandée par l'Académie des sciences) [du gr. *taxis*, arrangement ; angl. *taxon* (pl. *taxa* ou *taxons*)] – Groupement hiérarchisé de la classification zoologique ou botanique. Du plus petit au plus grand ensemble, on distingue généralement : variété, sous-espèce, espèce, sous-genre, genre, tribu, sous-famille, famille, superfamille, sous-ordre, ordre, sous-classe, classe, sous-embranchement, embranchement (ou phylum). V. clade.

taxonomie n. f. – V. taxinomie.

taxum n. m. (pl. taxums) – V. taxon.

Tayacien n. m. [de Tayac, Dordogne, Fr. ; angl. *Tayacian*] (V. tabl. préhistoire) – Ensemble culturel préhistorique du Paléolithique inférieur considéré comme une variante plus récente du Clactonien. De 200 000 à 70 000 ans env. V. tabl. préhistoire. Adj. **tayacien, nne**.

Tb – Symbole chim. du terbium.

tchernoziom – V. chernozem.

Te – Symbole chim. du tellure.

tectite n. f. [du gr ; *têktos*, fondu ; angl. *tektite, tectite*] – R. siliceuse, noire et vitreuse (aspect d'obsidienne) en forme de gouttes, larmes, plaquettes et boutons, en général de quelques grammes avec SiO_2 (65 à 80 %), FeO, MgO, CaO. Anciennement classées dans les météorites, les tectites sont en fait des débris de roches terrestres fondues par l'impact de grosses météorites, et dispersées sur plusieurs milliers de km^2 ; *cf.* impactite. V. aussi astroblème.

tectogenèse n. f. [de tectonique, et du gr. *genêsis*, formation ; angl. *tectogenesis*] – Formation de structures tectoniques. Ex. : la tectogenèse alpine. V. aussi orogenèse. Adj. **tectogénétique**.

tectoglyphe n. m. [de tectonique, et du gr. *gluphein*, graver] – Marques diverses (arrachements, écailles, enduits de calcite, stries*), visibles sur un plan de glissement et dues aux frottements. Les miroirs* de faille en donnent souvent de beaux exemples qui permettent de préciser le sens du rejet de la faille (V. ce mot) ; des tectoglyphes entrecroisés indiquent que la faille a eu divers jeux de sens variés.

tectonique n. f. [du gr. *tektonikos*, relatif à la charpente ; angl. *tectonics*] – 1. Ensemble des déformations ayant affecté des terrains géologiques postérieurement à leur formation (cassures, plis, schistosité, etc.). On en exclut les déformations mineures des sédiments qui se font pendant leur dépôt (déformations synsédimentaires). V. aussi tectonosédimentaire. – 2. Mécanisme de l'acquisition de ces déformations. Ex. : la tectonique par gravité. – 3. Leur étude : Ex. : Traité de tectonique. Vb. **tectoniser** ; adj. **tectonisé, e ; tectonique** [angl. *tectonic*] ; n. f. **tectonisation** [angl. *tectonization*] **; tectonite***.

tectonique cassante [angl. *brittle tectonics*] – Tectonique comportant essentiellement des failles et des décrochements.

tectonique de couverture [E. Argand, 1924 ; angl. *sedimentary-cover structures*] – Ensemble de déformations acquises par une couverture sédimentaire qui s'est désolidarisée de son substratum. Celui-ci est un socle au sens tectonique qui peut comporter un socle (au sens stratigraphique) surmonté ou non d'un tégument*. Le décollement de ces couches se fait généralement à la faveur de niveaux plastiques (parfois nommés couche-savon) : dans les Alpes, ce sont bien souvent les couches gypsifères du Trias. Pour les ensembles ressortissant à ce style tectonique, on parlera de chaînes, nappes, plis ou plissements de couverture [angl. *epidermic folds*]. Ant. tectonique de fond, tectonique de revêtement.

tectonique de fond [E. Argand, 1924 ; angl. *deep-seated tectonics*] – Tectonique affectant des terrains anciens recouverts ou non d'une couverture sédimentaire discordante, et se traduisant surtout par des failles et des ondulations à grand rayon de courbure. V. aussi fond (pli de –).

tectonique des plaques (ou tectonique globale) [angl. *plate tectonics*, *global –*] – Hypothèse, solidement étayée aujourd'hui, selon laquelle la partie superficielle de la Terre (lithosphère) est formée de **plaques** rigides d'une centaine de kilomètres d'épaisseur, flottant sur l'asthénosphère déformable. Ces plaques sont constituées d'une partie du manteau supérieur surmontée, suivant les cas, de croûte continentale ou océanique (V. Terre). Dans ce dernier cas, elles peuvent disparaître par plongement (subduction) au niveau des fosses océaniques, et se renouveler (accrétion) par apports volcaniques au droit des dorsales océaniques. La différence essentielle entre la dérive des continents de A. Wegener et la tectonique des plaques est que, pour la première, les continents sialiques étaient supposés se déplacer sur leur substratum simique (comme des bateaux sur l'eau), alors que dans la seconde, les continents se déplacent de concert avec les fonds océaniques (comme des morceaux de bois pris dans une banquise) l'ensemble flottant sur l'asthénosphère. On distingue trois sortes de limites entre les plaques :

– 1. Les **zones d'accrétion** (ou d'expansion*) océanique, qui se situent au niveau des dorsales océaniques. Elles sont marquées par une importante anomalie thermique positive, corrélative d'une remontée de l'asthénosphère à leur aplomb. On considère ces zones comme des régions de production de croûte océanique ce qui se manifeste au fond de l'océan, dans le rift, par un volcanisme basaltique avec épanchement de laves en coussins (pillow lavas) : ce phénomène s'appelle l'accrétion océanique. Les nouvelles laves s'écartent progressivement de part et d'autre du milieu du rift, immédiatement remplacées par d'autres laves plus jeunes, de telle sorte que le fond océanique évoque un double tapis roulant à mouvement centrifuge. Au moment de leur refroidissement, les laves fossilisent le champ magnétique par thermorémanence : le fond sous-marin montrera ainsi des anomalies magnétiques allongées parallèlement à chaque dorsale, et correspondant aux différentes périodes où il s'est créé. Cela permet de reconstituer la position des plaques à l'époque (V. paléomagnétisme). Au cours de son écartement de la dorsale, la plaque océanique nouvellement créée, se refroidit, s'épaissit, devient plus dense, et par conséquent déprime l'asthénosphère : il se produit ainsi une subsidence du fond océanique. D'autre part, elle se recouvre de sédiments qui, bien entendu, ne peuvent être plus anciens que la croûte océanique elle-même (son âge étant défini par le moment où elle s'est formée au niveau de la dorsale), ce qui est confirmé par les sondages.

– 2. Les **zones de subduction***. Il arrive un moment où, probablement par suite de son alourdissement, la plaque à croûte océanique se met à plonger dans l'asthénosphère : c'est la subduction qui se produit généralement, mais non obligatoirement, à la limite d'une croûte continentale qui, plus légère, reste en surface. À cette subduction, sont liés un certain nombre de phénomènes : a) le creusement, le long de la zone de subduction d'une dépression allongée, correspondant à une **fosse océanique**, marquée

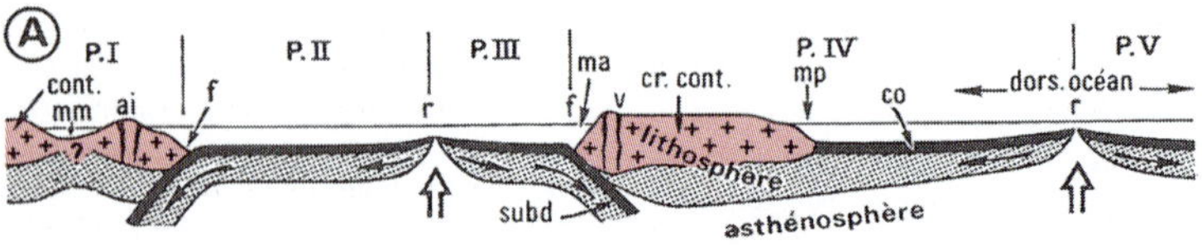

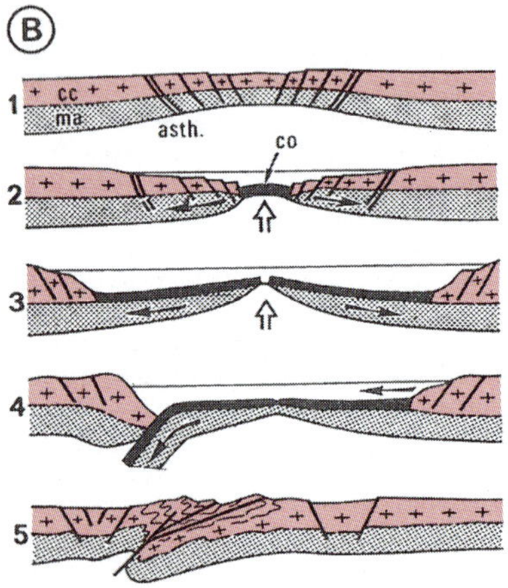

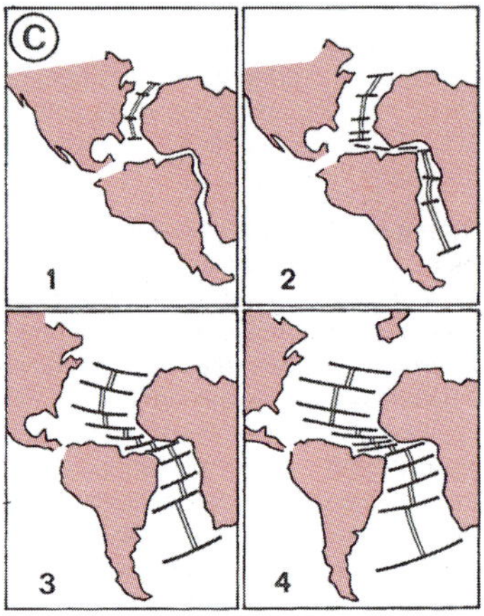

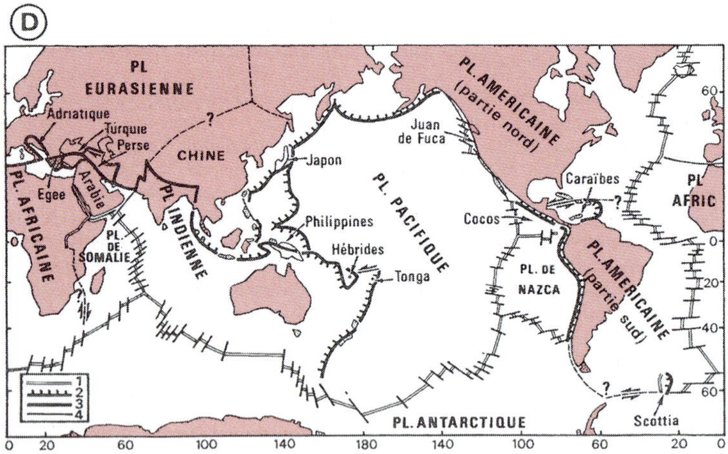

tectonique des plaques

A : coupe montrant diverses plaques (P. I à P. V) comportant de la croûte continentale (cr. cont.) et/ou océanique (co), limitées par des rifts (r) ou des fosses (f) avec subduction (subd) – ai : arc insulaire, avec volcans – ma : marge active – mm : mer marginale – mp : marge passive.

B : coupes montrant les étapes successives théoriques de l'évolution d'un océan – 1 : stade de distension avec création d'un fossé (« rifting ») – 2 : stade océan étroit (co : croûte océanique) – 3 : stade océan large – 4 : stade avec subduction – 5 : stade de collision.

C : cartes très schématiques illustrant l'ouverture de l'Atlantique du Trias (1) au Crétacé sup. (4).

D : planisphère montrant les six grandes plaques, africaine, américaine, antarctique, eurasienne, indienne et pacifique, et quelques plaques plus petites – 1 : rift – 2 : fosse avec subduction (barbelures du côté chevauchant) – 3 : limite avec collision et/ou décrochement – 4 : faille transformante. L'essentiel de l'activité sismique et volcanique se situe sur les fosses (ex. de la ceinture de feu du Pacifique) et sur les rifts (d'après X. le Pichon, J. Francheteau, et J. Bonnin).

par une anomalie isostatique négative importante ;
b) la production de séismes par frottements ou relaxations le long du plan de subduction. La surface où se situent ces foyers sismiques est appelée plan (ou zone) de **Benioff**. La profondeur de ces foyers a une limite de l'ordre de 700 km, que l'on estime correspondre à celle où la plaque lithosphérique se résorbe au sein de l'asthénosphère ;
c) la formation possible d'un **prisme d'accrétion** constitué d'un empilement d'écailles tectoniques formées de sédiments et de roches volcaniques, et plongeant sous le continent ;
d) un **volcanisme** andésitique situé à la verticale de la plaque plongeante.
e) la possibilité de **collisions** intercontinentales produisant des édifices orogéniques.
– 3. Les **failles* transformantes.** Ce sont des limites entre plaques où il n'y a ni apport ni absorption de matière : il en résulte qu'elles sont parallèles au mouvement des plaques (lequel n'est pas forcément perpendiculaire aux dorsales), qu'elles guident en quelque sorte, ce qui nous le fait connaître sans ambiguïté. Elles peuvent relier, deux à deux, dorsales et zones de subduction.
La tectonique des plaques permet donc une synthèse de bien des mesures géophysiques. Elle offre aussi un modèle en grande partie quantitatif pour le mouvement des masses continentales, l'évolution de la sédimentation océanique, l'édification des orogènes. Le mouvement des plaques a en effet pour conséquence l'ouverture et la fermeture de domaines océaniques, cette dernière s'accompagnant d'une collision de blocs continentaux avec formation des chaînes de montagnes. La séquence théorique complète des événements est la suivante :
1) **Stade de distension** avec création de fossés (en angl. *rifting*). Ce stade est aujourd'hui observable p. ex. en Alsace, en Limagne, et dans la région des grands lacs africains. Ces fossés, qui sont au centre d'un vaste bombement topographique présentent un flux géothermique supérieur à la moyenne, un volcanisme basaltique, une sismicité élevée, une sédimentation épaisse et souvent évaporitique.
2) **Stade océan étroit** : il y a eu création d'un fond océanique, mais la faible largeur de l'océan interdit le renouvellement de l'eau profonde par les courants, ce qui entraîne leur stagnation (stratification des eaux), empêche leur oxygénation, et engendre un milieu réducteur (euxinique) où la matière organique se conserve (boues noires et boues sapropéliques). Ce stade est aujourd'hui en partie illustré par la mer Rouge.
3) **Stade océan large** : c'est celui auquel est parvenu l'Atlantique actuel ; la circulation des eaux entraînées par les courants y est aisée et, sur les fonds, l'oxygène se renouvelle : la matière organique s'y oxyde et disparaît. La répartition de la sédimentation est alors essentiellement gouvernée par trois paramètres : la quantité des apports détritiques, la productivité biologique du milieu océanique, l'éloignement de la dorsale, qui conditionne l'âge du fond océanique et donc sa profondeur (V. sédimentation océanique).
4) **Stade de subduction** : dans les stades antérieurs, le contact océan-continent, se faisait au sein d'une même plaque au niveau d'une marge* continentale passive (ou de type atlantique), mais il peut se produire alors un découplage entre la partie continentale et la partie océanique, cette dernière s'enfonçant sous la première : on a ainsi séparation en deux plaques, et création d'une marge continentale active (ou de type pacifique) bordée par une fosse océanique. De la marge continentale, se détachent parfois des arcs (ou guirlandes) insulaires par création entre eux et le continent, de mers marginales à fond océanique, ou peu différent.
5) **Stade de collision** : le découplage au niveau des marges actives rend possible la fermeture de l'océan, par resserrement des marges continentales, en liaison avec l'expansion d'autres fonds océaniques. Le terme ultime de ce resserrement est la rencontre de deux continents ou collision : c'est à elle que l'on doit attribuer la création des orogènes, comme l'orogène alpin (des Alpes à l'Himalaya), la chaîne hercynienne, etc.
Ce rapide aperçu n'épuise pas tous les aspects de la tectonique des plaques, dont le moteur est, selon toute vraisemblance, la convection thermique des parties visqueuses du manteau.

tectonique de revêtement [M. Casteras, 1933 ; angl. ≈ *draping tectonics*] – Structures [angl. ≈ *drape folds*] affectant une couverture sédimentaire qui s'adapte souplement aux déformations du socle sous-jacent, plissé et fracturé, en ne s'en désolidarisant pas. Elle s'oppose en cela à la tectonique* de couverture.

tectonique de socle [angl. *basement tectonics*] – Terme généralement employé comme synonyme de tectonique de fond. Il prête cependant à confusion, un socle pouvant être affecté d'une tectonique tangentielle, et donner lieu à d'importants chevauchements (nappe de socle, nappe pennique).

tectonique embryonnaire [E. Argand, 1916] – Tectonique compressive tangentielle qui se serait produite dans des stades anciens de l'évolution géosynclinale, et au cours de laquelle des hauts fonds (géanticlinaux) se seraient transformés en cordillères dissymétriques, alimentant des formations bréchiques, et embryons de futures grandes nappes de charriage : « le géanticlinal briançonnais est l'embryon de la nappe du Grand-Saint-Bernard » (E. Argand). Cette conception est abandonnée aujourd'hui. Adj. **embryotectonique**.

tectonique par gravité (ou tectonique par écoulement) [angl. *gravity tectonics*] – Acquisition de structures par glissement sous l'action de la gravité (glissement gravitationnel). Ex. : « collapse structure », décoiffement, formation de klippe sédimentaire (V. aussi olistostrome), diverticulation.
Lors de l'avancée des nappes de charriage, la tectonique par gravité intervient dans des proportions difficiles à définir. Pour certains auteurs, elle a une importance capitale (les nappes viendraient alors de zones en surrection rapide dont la couverture se décollerait et glisserait au loin).

tectonique salifère – V. halocinèse.

tectonique adj. **(analyse –)** – V. analyse structurale.

tectonique (axe –) – V. axe tectonique.

tectonique (étage –) – V. niveau structural.

tectonique (terrasse –) – V. terrasse.

tectonite n. f. [B. Sander, 1912 ; angl. *tectonite*] – Terme général désignant toute roche ayant acquis une structure particulière nettement distincte de la structure originelle, sous l'effet de contraintes tectoniques. Ex : les roches du métamorphisme général sont des tectonites.

tectonophysique n. f. [angl. *tectonophysics*] – Ensemble des études tectoniques utilisant des méthodes physiques.

tectonosédimentaire adj. [angl. *tectonosedimentary*] – Qui participe à la fois de la tectonique et de la sédimentation. Ex. : on considère les olistostromes comme étant des phénomènes tectonosédimentaires, ainsi que la désorganisation (plis anarchiques, bréchification partielle) de sédiments encore meubles sous l'action de mouvements du substratum (jeux de failles, p. ex.). V. slumping.

tectonosphère (ou tectosphère) n. f. [R. Schwinner, 1919 ; angl. *tecto(no)sphere*] – Zone de la Terre affectée par des mouvements tectoniques. Suivant les auteurs, cette notion recouvre uniquement la lithosphère, ou comprend une partie plus importante du manteau supérieur. V. Terre.

tectosilicate n. m. [angl. *tectosilicate*] – Silicate* dont les tétraèdres $[SiO_4]^{4-}$ sont liés entre eux par leurs sommets.

tectosphère n. f. Syn. de tectonosphère*.

tectum n. m. [mot lat. signif. toit ; angl. *tectum* (pl. *tecta*)] – Couche externe du test des Fusulinidés (V. fig. à ce mot).

tégument n. m. [du lat. *tegumentum*, couverture ; angl. *integument, detachment sole*] – En tectonique, partie inférieure d'une couverture sédimentaire reposant sur un socle et qui, lors de mouvements tectoniques, continue à y adhérer, alors que la partie supérieure de cette même couverture se décolle. Ex : le Permien et le Trias inférieur provençaux restent collés au socle des Maures, et constituent un tégument par rapport à la couverture sus-jacente qui s'est décollée à la faveur d'un niveau plastique argilo-gypsifère. V. tectonique de couverture.

teinte n. f. **sensible (lame –)** [angl. *gypsum plate*] – V. lame auxiliaire.

télédétection n. f. [angl. *remote sensing*] – Ensemble des méthodes qui permettent de connaître à distance les propriétés d'un objet ou d'un terrain. D'une manière plus particulière, ce mot désigne actuellement les méthodes qui utilisent des capteurs embarqués à bord de satellites artificiels, ceux-ci donnant des images ressemblant à des photographies. V. aussi photogéologie.

tellure n. m. [du lat. *tellus, -uris*, Terre ; angl. *tellurium*] – Symbole chim. Te. N° et masse atom. 52 et 127,61 ; ion 2 – de rayon 0,221 nm ; densité 6,2 ; clarke 0,002 g/t. Métalloïde rare qui existe à l'état natif, en cristaux blanc vif, du syst. hexagonal, mais est surtout associé à des éléments chalcophiles dont des métaux (Au, Ag, Hg, Fe) avec lesquels il forme des tellurures et des tellurites (p. ex. $Fe_2 (TeO_3), 2H_2O$).

telluriques adj. **(courants –)** [angl. *telluric currents*] – Courants électriques se propageant à la surface de la Terre ou à faible profondeur, sous l'influence de champs électriques d'origine externe (p. ex. ionisation due au rayonnement solaire).

Telychien n. m. [angl. *Telychian*] – Étage du Silurien (ère primaire). V. tabl. Annexe 2. Adj. **telychien, nne**.

Temnospondyles n. m. pl. [du gr. *temnô*, couper, et de *spondulos*, vertèbre ; angl. *Temnospondyli*] – Amphibiens fossiles du groupe des Stégocéphales. Répart. stratigr. : Dévonien – Trias.

température n. f. [angl. *temperature*] – L'unité légale de mesure du système international est le degré Kelvin (°K). Un degré Kelvin est égal à un degré centigrade (°C), mais le zéro de l'échelle correspondante vaut – 273,15 °C. V. aussi paléotempérature.

tempestite n. f. [D. V. Ager, 1974 ; angl. *tempestite*] – Lit sableux déposé par une tempête.

tenseur n. m. **des contraintes** [angl. *stress tensor*] – V. contrainte.

tension n. f. – V. contrainte.

tension (joint de –) [angl. *tension joint*] – V. joint.

Tentaculites n. m. pl. [du lat. *tentaculum*, tentacule ; angl. *tentaculitids*] – Groupe d'organismes marins uniquement fossiles, de bonne valeur stratigraphique, connus par leurs coquilles souvent très petites (quelques millimètres) et en forme de cône aigu orné de côtes longitudinales ou transversales. Répart. stratigr. : Ordovicien – Dévonien. On ignore la position systématique exacte de ces fossiles qui semblent avoir des affinités avec les Mollusques et les Annélides. On les a comparés aux Ptéropodes actuels, qui sont des Gastéropodes ayant une forme analogue, et un mode de vie pélagique du même type.

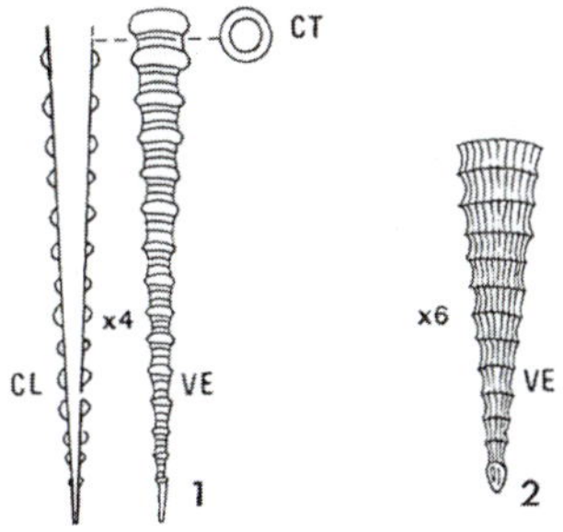

Tentaculites

1 : *Tentaculites* (Silurien - Dévonien) – 2 : *Nowakia* (Dévonien) – CL, CT : coupes longitudinale, transversale – VE : vue externe.

téphra (ou tephra) n. m. [Thorarinsson, 1954, mot gr. signif. cendre ; angl. *tephra*] – Ensemble de matières solides (éjecta) et liquides (laves), provenant du magma et des roches de la cheminée volcanique, entraînées par les gaz et éjectées avec eux lors des éruptions volcaniques. S'emploie aussi dans le même sens au pluriel : des téphras. V. aussi pyroclastique, cendre, lapilli, tuf.

téphrite n. f. [du gr. *tephra*, cendre ; angl. *tephrite*] – R. magm. effusive (r. magm. grenue équiv. essexite, V. tabl. magm.), gris plus ou moins sombre (leucocrate), microlithique souvent porphyrique, avec plagioclase (andésine, labrador), sanidine rare, feldspathoïde, augite violacée (souvent à frange d'augite verte), hornblende brune (pas d'olivine à la différence d'une basanite). Variétés distinguées d'après les feldspathoïdes : téphrite à néphéline (interstitielle, et automorphe si abondante), à analcime, à leucite automorphe (ex. la **vésuvite** des coulées actuelles du Vésuve), à haüyne (ex. l'**ordanchite** de la Banne d'Ordanche, Mt-Dore, Fr., à cristaux bleu ciel de 1 à 2 mm de haüyne, dans une pâte grise à andésine, augite, hornblende brune). Ces roches donnent des laves en coulées et sont associées aux basaltes, labradorites et phonolites. Faciès paléovolcanique : **mélaphyre** à pyroxènes ouralitisés.

téphrochronologie n. f. [du gr. *tephra*, cendre, et de chronologie ; angl. *tephrochronology*] – Datation basée sur des corrélations stratigraphiques faites au moyen de niveaux de cendres volcaniques qui ont été projetées puis réparties, par les vents, sur de vastes surfaces.

terbium n. m. [du nom latinisé d'Ytterby, localité de Suède ; angl. *terbium*] – Symbole chim. Tb. N° et masse atom. 65 et 159,2 ; ion 3^+ de rayon ; 0,193 nm clarke 1g/t. Métal du groupe des lanthanides (terres rares).

térébratule n. f. [du lat. *terebratus*, percé ; angl. *terebratul(o)id*] – Brachiopode (V. fig. à ce mot) du genre *Terebratula* ou proche de celui-ci. L'ancien genre de ce nom, très vaste, a été démembré en de nombreux genres, différant entre eux par des détails morphologiques (*cf.* rhynchonelle). Les térébratules sont connues du Trias à l'Actuel.

Teredina [du lat. *teredo*, vrillette (insecte dont la larve creuse dans le bois des trous ronds)] – Genre de Bivalves (V. fig. à ce mot) lacustres, forant les troncs de végétaux, et sécrétant autour de son siphon un tube calcaire beaucoup plus long que sa coquille. Répart. stratigr. : Crétacé – Éocène.

terminaison n. f. **périclinale, périanticlinale, périsynclinale** – V. périclinal, et pli.

terra fusca [mots lat. signif. terre sombre ; angl. *terra fusca*] – Argile limoneuse ocre recouvrant des plateaux calcaires en zone tempérée. La terra fusca est essentiellement un produit de décalcification ayant subi une pédogenèse complexe sous climat chaud puis périglaciaire.

terra rossa [mots ital. signif. terre rouge ; angl. *terra rossa, red earth*] – Argile rouge, résidu de la dissolution des calcaires, avec appauvrissement en SiO_2 et enrichissement en Fe_2O_3, qui se concentre dans les cavités en morphologie karstique. Fréquente sous les climats méditerranéens, la terra rossa y est souvent l'objet d'une pédogenèse active, et évolue vers des sols différents en fonction du climat actuel : c'est donc en réalité un sol fossile (ou paléosol).

terrain n. m. [de terre ; angl. *terrane (US), terrain* (GB), *formation, tract*] – 1. Ensemble de roches que l'on groupe pour des raisons stratigraphiques ou tectoniques. – 2. [angl. *field*] Ensemble d'affleurements qui sont l'objet d'études géologiques. Ex. géologie de terrain, par opposition à géologie de laboratoire.

terrasse n. f. **(fluviatile)** [du lat. *terra*, terre ; angl. *stream terrace, alluvial*] – Replat situé sur un versant de vallée, ou sur les deux, à une altitude supérieure à celle du cours d'eau, et qui représente le reste d'un lit ancien dans lequel ce cours d'eau s'est enfoncé. Une terrasse peut être aussi bien

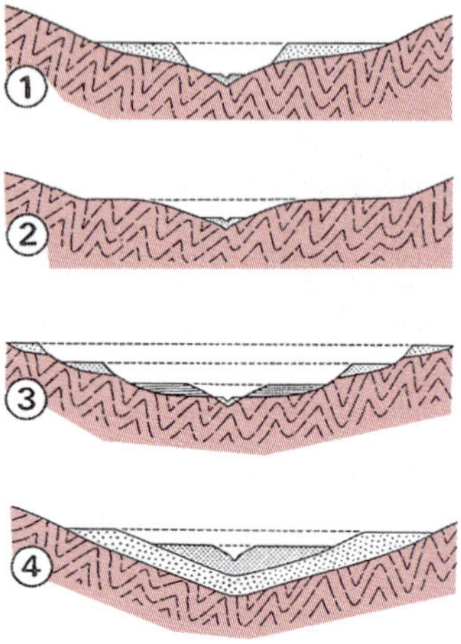

terrasse

1 : t. alluviale – 2 : t. rocheuse – 3 : t. étagées – 4 : t. emboîtées.

construite par des alluvions (**terrasse alluviale**) que façonnée par l'érosion, soit du lit rocheux (**terrasse rocheuse**). soit d'une terrasse antérieure (et l'on observe des terrasses **emboîtées**). Des terrasses situées à différentes altitudes, marquant chacune un niveau du cours d'eau, et qui ne sont pas emboîtées sont des terrasses **étagées** (séparées par des affleurements du substratum). Au sens strict, le terme de terrasse s'applique à la surface supérieure du replat, qu'on caractérise parfois par son altitude relative par rapport au lit actuel (ex. la terrasse de 35 m). C'est par extension qu'on emploie ce terme pour désigner, le cas échéant, les alluvions qui la constituent. Les explications sur la genèse des terrasses sont diverses, et c'est ainsi que l'on parle de : – 1. **terrasses eustatiques** (qui trouvent leur origine dans un abaissement du niveau de la mer), parmi lesquelles on range les terrasses glaciaires ; – 2. de **terrasses tectoniques**, liées aux mouvements du sous-sol ; – 3. de **terrasses climatiques**, en liaison avec la biorhexistasie.

À l'embouchure des fleuves, les terrasses (fluviatiles) peuvent se raccorder naturellement à des plages soulevées (ou **terrasses marines**), qui sont les témoins correspondants du niveau des mers de la même époque.

Il est à noter que des tentatives de corrélation chronologique entre les terrasses eustatiques quaternaires situées dans différentes régions, et basées sur leurs côtes par rapport aux talwegs correspondants ont échoué. Elles se sont en effet heurtées à plusieurs difficultés, la principale étant les déformations différentielles des continents durant cette époque, qui font que les rivières se sont enfoncées plus ou moins dans leurs terrasses selon les surélévations locales plus ou moins grandes de leur substratum. V. aussi glaciation.

terrasse marine [angl. *marine terrace, sea –, shore –*] – V. terrasse (fluviatile).

Terre n. f. [angl. *Earth*] – La Terre est une planète du système solaire. Elle a, à très peu près, la forme d'un ellipsoïde de révolution un peu aplati aux pôles, dont les dimensions sont : maximum 12 756 km, minimum 12 714 km. C'est donc pratiquement une sphère de quelque 6 370 km de rayon. Sa masse est de 5,977 x 10^{24} kg, et sa densité moyenne de 5,517. Cette dernière valeur comparée à la densité moyenne de 2,65 des roches superficielles montre que notre globe n'est pas homogène. Sa symétrie physique étant quasi sphérique, cette hétérogénéité se manifeste par une zonation concentrique, mise en évidence en particulier par la sismologie*. Il existe en effet des couches séparées par des discontinuités marquées par de brusques variations des vitesses de propagation des ondes sismiques. À ces considérations, viennent s'ajouter des arguments gravimétriques, thermodynamiques et géologiques. Les grands traits de la structure à laquelle on s'arrête actuellement sont les suivants, de l'extérieur à l'intérieur (Vp est la vitesse des ondes P en km/s, d la densité).

1 – La **croûte** est la partie la plus superficielle, et est de nature différente selon qu'il s'agit d'un océan ou d'un continent.

a) **croûte océanique** dans laquelle on distingue, de haut en bas, sous une tranche d'eau de 4,5 km en moyenne :

– **couche 1**, composée de sédiments, épaisse de 0 m (notamment près des dorsales) à quelques kilomètres (près des continents), en moyenne, 300 m. Vp = 2 ; d = 1,93 à 2,3.

– **couche 2**, appelée parfois socle (angl. *basement*) composée surtout de basaltes (couche basaltique). Épaisseur : 1,7 ± 0,8 km ; Vp = 4 à 6 ; d = 2,55.

– **couche 3** (ou couche océanique) que l'on estime être composée de serpentines engendrées par hydratation du sommet du manteau. Épaisseur : 4,8 ± 1,4 km ; Vp = 6,7 ; d = 2,95.

b) **croûte continentale**, à structure plus complexe et moins bien précisée, avec :

– sédiments. Épaisseur : quelques kilomètres ; Vp = 3,5 ; d = 2 à 2,5.

– couche complexe, formée en grande partie de roches acides, avec probablement divers niveaux. Épaisseur : 20 à 70 km, Vp variable, en moyenne 6,2. On y a distingué parfois une **couche granitique** (supérieure) avec Vp = 5,6 et d = 2,7, séparée par la **discontinuité de Conrad** d'une **couche basaltique** (inférieure) avec Vp = 6,5, mais cette distinction paraît aujourd'hui artificielle.

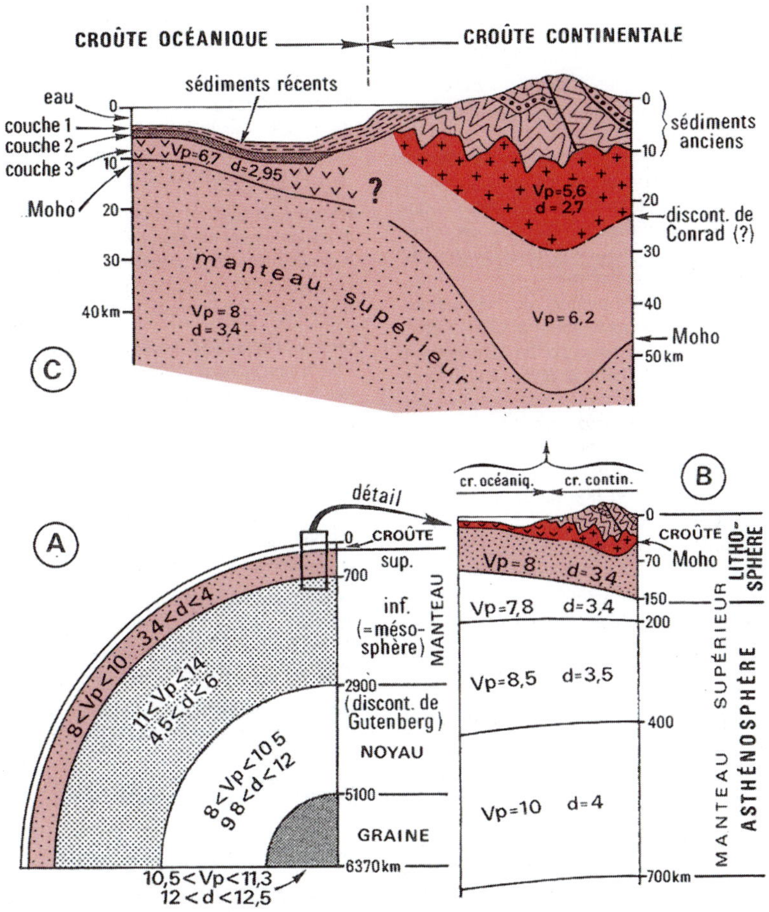

terre

A : coupe des enveloppes de la Terre – **B :** détail de la lithosphère et de l'asthénosphère – **C.** détail des croûtes océanique et continentale reliées par une marge passive – d : densité moyenne des roches – Vp : vitesse de propagation des ondes sismiques P, en km/s.

La **discontinuité de Mohorovicic**, ou **Moho**, limite vers le bas avec netteté ces croûtes. Sa profondeur est de 7 à 12 km sous les océans, et de 30 à 40 km en moyenne sous les continents (jusqu'à 70 km sous les montagnes).

2 – Le **manteau** a comme limite supérieure le Moho, et sa limite inférieure est à 2 900 km. On a des raisons de penser qu'il est de nature péridotitique, ce que semblent confirmer les ophiolites* trouvées dans les chaînes plissées, et les cheminées de kimberlites* qui y trouveraient leur origine. On y distingue de bas en haut :

2.1 le **manteau supérieur**, jusqu'à 700 km, avec :

2.1.1 une couche rigide (épaisse de 60 à 100 km), base de la lithosphère (V. plus bas). Vp = 8,0 ; d = 3,4.

2.1.2 une couche à moindre vitesse, plastique, sommet de l'asthénosphère, jusqu'à 200 km ; Vp = 7,8 ; d = 3,4.

2.1.3 une couche à Vp = 8,5, et d = 3,5 de 200 à 400 km.

2.1.4 une couche à Vp = 10, et d = 4,0 de 400 à 700 km.

2.2 Le **manteau inférieur** ou **mésosphère** de 700 à 2 900 km, avec Vp = 11 à 14, et d = 4,5 à 6.

3 – Le **noyau**, surtout composé de fer, de 2 900 à 5 100 km de profondeur, avec Vp = 8 à 10,5 et d = 9,8 à 12. Il est séparé du manteau par la discontinuité de Gutenberg.

4 – La **graine**, formée également de fer mais aussi de nickel, de 5 100 km au centre de la Terre (6 370 km) avec Vp = 10,5 à 11,3, et d = 12 à 12,5.

Il est à noter que les ondes S ne traversent pas le noyau qui, pour elles, réagit comme un liquide.

La description qui précède tient surtout compte des discontinuités sismiques de la Terre. Du point de vue de la tectonique* de plaques, une distinction fondamentale est celle de lithosphère et d'asthénosphère, caractérisées par leurs propriétés mécaniques :

La **lithosphère** forme une couche **épaisse**, de 70 km (sous les océans) à 150 km environ (sous les continents). On la considère dans l'ensemble comme rigide, capable de résister sans déformation appréciable à des pressions de l'ordre de 10^7 pascals (100 bar). Elle est découpée en plaques mobiles. Elle comprend la croûte (océanique ou continentale) et une partie du manteau supérieur.

L'asthénosphère au contraire n'est pas rigide mais capable de fluer sous de faibles contraintes, ce qui permet ainsi le déplacement de la lithosphère qui flotte sur elle. Ses propriétés mécaniques font qu'elle ne peut se briser en produisant des séismes : les séismes profonds ne peuvent être dus qu'à des plongées de lithosphère par subduction. L'asthénosphère comprend ainsi le manteau supérieur moins la partie qui ressortit à la lithosphère.

La différence fondamentale entre lithosphère et asthénosphère n'est pas dans leur composition chimique, mais dans le fait qu'à leur limite on se trouve à la température de fusion des roches qui composent le manteau, si bien qu'on assiste en descendant à leur liquéfaction partielle (1 ou 2 %), suffisante pour abaisser brusquement leur viscosité. Ce phénomène est bien marqué dans la couche à faible vitesse, mais va en s'estompant vers le bas du manteau supérieur qui se rigidifie de nouveau.

La répartition des terres (28 %) et des mers (72 %) est en majeure partie conditionnée par l'opposition entre la croûte continentale et la croûte océanique. La première, plus légère, est plus haute, la seconde, plus lourde, se trouvant très généralement à une altitude inférieure.

Il y a quelque décennies, on considérait la Terre comme formée essentiellement des trois couches concentriques suivantes :

1 – Le **sial** (ou **lithosphère**, au sens ancien), surtout formé de roches riches en SiO_2 et Al_2O_3 (granite en particulier), et dont l'épaisseur pouvait atteindre 100 km.

2 – Le **sima** (ou **pyrosphère**) avec des roches riches en SiO_2 et magnésium, profond de 100 à 1 400 km.

3 – Le **nifé** (ou **barysphère**) avec des matériaux riches en nickel et fer (pour partie noyau et graine).

Puis, les sens de sial et de sima ont évolué, le premier ne désignant plus que la croûte continentale, le second s'étendant à la croûte océanique. Pour A. Wegener et ses émules, les continents formés de sial flottaient et se déplaçaient sur le sima visqueux (V. tectonique des plaques). Adj. **terrestre** [angl. *terrestrial*] ; **tellurique** [angl. *telluric*].

terre n. f. [angl. *earth*] – Terme désignant sans précision un sol ou, plus généralement, toute formation meuble à granulométrie fine, généralement argileuse (autre qu'une boue marine ou lacustre). Adj. **terreux** [angl. *earthy*].

terre à brique [angl. *brick( )earth, brick( )clay*] – Sédiment argileux et sableux pouvant donner des briques à la cuisson.

terre à foulon [angl. *fuller's earth*] – Terre argileuse absorbante utilisée comme dégraissant. V. argile.

terre d'infusoires [angl. *infusorial earth* (obs.)] – Nom jadis parfois donné, improprement, à la diatomite*.

terre d'ombre [angl. *umber*]– Argilites brun sombre, riches en Fe et Mn, formant dans certains cas un niveau mince au sommet des laves en coussins liées à des ophiolites*.

terre glaise (ou glaise, n. f.) [angl. *clay loam*] – Terre riche en argiles, imperméable et grasse.

terres rares. [angl. *rare earths* (Abrév. *REE*)] – Syn. de lanthanides*.

terrier n. m. [angl. *burrow*] – V. ichnofossile.

terrigène adj. [du lat. *terra*, terre, et du gr. *gennan*, engendrer. ; angl. *terrigenous*] – Se dit de tout élément figuré (fragment de roche, minéral, etc.) qui a été arraché à une terre émergée par l'érosion, ainsi qu'aux sédiments qui en sont constitués (ex. les r. sédim. détritiques* terrigènes).

terril n. m. [de terre ; angl. *(spoil) heap*] – Colline artificielle constituée par les déblais extraits d'une mine.

Tertiaire n. m. (ou ère tertiaire) [A. Brongniart, 1807 ; angl. *Tertiary*] – Ère* géologique ayant duré de 65 Ma à 1,8 Ma. Elle est le plus souvent rangée avec le Quaternaire dans le Cénozoïque (notamment dans les pays anglo-saxons), mais parfois prise comme équivalent de cette dernière division. V. tabl. Annexe 2. Adj. **tertiaire**.

teschénite n. f. [de Teschen, Bohème, Tchécoslovaquie ; angl. *teschenite*] – Var. de théralite*.

test n. m. [du lat. *testum*, pot de terre, prononc. test ; angl. *test*] – Enveloppe rigide, généralement formée de carbonate de calcium, de certains Invertébrés (Échinodermes, Foraminifères, etc.).

tétartoédrique adj. [du gr. *tetartê*, le quart, et *hedra*, base ; angl. *tetartohedral*] – V. mériédrique. N. m. **tétartoédrie** [angl. *tetartohedry, tetartohedrism*].

tête n. f. **de chat** [angl. ≈ *calcareous/dolomitic concretion*] – Nom donné, à cause de leur forme et de leur taille, à des nodules de type gaize* formant un horizon particulier dans le Turonien de Belgique. Ce terme désigne aussi des nodules calcaréo-dolomitiques très durs se trouvant dans des sables dolomitiques ou dans des calcaires dolomitiques du Lutétien inf. du Nord-Est du Bassin parisien.

tête de pli [angl. *head of a fold*] – Charnière d'un pli couché ou renversé.

tête plongeante [angl. *dipping fold*] – Charnière d'un pli anticlinal renversé. Elle dessine une synforme et constitue généralement un faux synclinal.

Téthys n. f. [du gr. *Têthus*, déesse de la mer ; angl. *Tethys*] – Mer située, durant les ères secondaire et tertiaire entre l'Eurasie et l'Afrique, en partie à l'emplacement approximatif de l'actuelle Méditerranée. C'est dans la Téthys que se sont, en particulier, déposées les formations qui constituent actuellement une large part des chaînes alpines bordant la Méditerranée dont les grandes lignes de la configuration orographique actuelle datent du Pliocène. Adj. **téthysien, nne** [angl. *Tethysian*]. V. aussi Mésogée, Paratéthys.

Tétrabranchiaux n. m. pl. [du gr. *tetra*, quatre, et *brankhia*, branchie ; angl. *Tetrabranchiata*] – Syn. de Nautiloïdés.

Tétracoralliaires n. m. pl. [du gr. *tetra*, quatre, et de Coralliaire ; angl. *tetracorals, Tetracorallia*] – Cnidaires marins à squelette calcaire, coloniaux ou solitaires, du groupe des Anthozoaires, tous fossiles, possédant 4 cloisons radiaires principales. On a montré qu'il existait, dans les stades jeunes, une disposition à 6 cloisons radiaires, ce qui les fait actuellement ranger dans les Hexacoralliaires. Répart. stratigr. : Ordovicien – Permien. Syn. Rugosa.

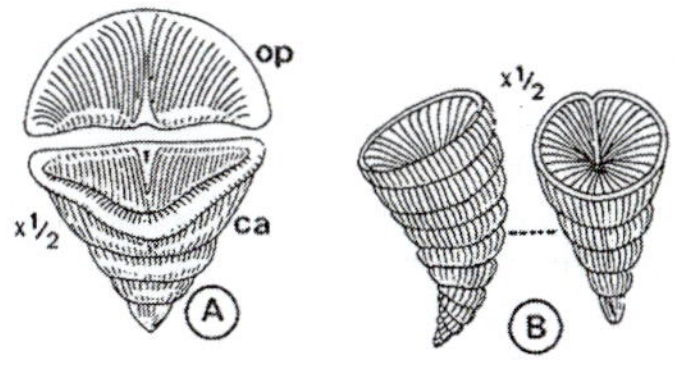

Tétracoralliaires

A : *Calceola* (Dévonien), forme qui présente la particularité d'avoir un opercule (op) – ca : vue externe du calice.
B : *Zaphrentis* (Dévonien), vues externes.

Teuthoïdés n. m. pl. [du gr. *teuthis*, calmar, et *eidos*, forme] – Groupe de Céphalopodes* comprenant notamment les calmars.

texture n. f. [du lat. *textura*, de *texere*, tisser, tresser ; angl. *texture*] – V. structure. Adj. **textural, e, aux**.

Th – Symbole chim. du thorium.

thalassocratique adj. [du gr. *thalassa*, mer, et *kratos*, empire ; angl. *thalassocratic*] – S'applique à une période pendant laquelle, du fait d'une importante transgression marine, la plus grande partie des plateaux continentaux est immergée. Ant. géocratique.

thalle n. m. [du gr. *thallos*, rameau, pousse ; angl. *thallus*] – Appareil végétatif d'une plante, lorsque celle-ci n'est pas différenciée en feuilles, tiges, et racines.

thallium n. m. [du gr. *thallos*, rameau, pousse, à cause de la raie verte de son spectre ; angl. *thallium*] – Symbole chim. Tl. N° et masse atom. 81 et 204,39 ; ion 1^+, et 3^+ de rayon 0,095 nm ; densité 11,8 ; clarke 0,45 à 0,6 g/t, selon les auteurs. Métal fréquemment associé à S dans des sulfures, et pouvant également être présent, avec Rb, dans les silicates (plagioclases, micas, etc.) de certaines pegmatites. On l'extrait surtout de minerais de zinc.

Thallophytes n. f. pl. [du gr. *thallos*, rameau, et *phuton*, plante ; angl. *thallophytes, Thallophyta*] – Végétaux les plus simples, formés d'une seule cellule ou d'un assemblage de cellules appelé thalle. On y distingue : Bactéries, Phytoflagellés, Algues, Champignons, Lichens, Charophytes. Répart. stratigr. : Précambrien – Actuel.

thalweg – V. talweg.

thanatocénose (ou thanatocœnose) n. f. [E. Wasmund, 1927 ; du gr. *thanatos*, mort, et *koinos*, ensemble ; angl. *thanatoc(o)enosis*] – Ensemble d'organismes morts, ayant ou non vécu dans un même biotope. V. aussi biocénose, symmigie, taphocérose.

Thanétien n. m. [E. Renevier, 1867, de la presqu'île de Thanet, G.-B. ; angl. *Thanetian*] – Étage de l'ère tertiaire. V. tabl. Annexe 2. Adj. **thanétien, nne**.

Thécodontes n. m. pl. [du gr. *thêkê*, boîte, et *odous, odontos*, dent ; angl. *thecodonts, Thecodontia*] – Groupe de Reptiles*.

Thélodontes n. m. pl. [du gr. *thêlê*, mamelon, et *odous, odontos*, dent] – Groupe d'Agnathes*.

thèque n. f. [du gr. *thêkê*, boîte, coffre ; angl. *theca* (pl. *thecae*)] – Enveloppe calcaire en forme de boîte de certains Invertébrés (Graptolithes, Échinides, Crinoïdes, etc.).

théralite n. f. [de *Thêra*, nom gr. de l'archipel de Santorin dans les Cyclades, Grèce ; angl. theralite] – R. magm. (V. tabl. magm. ; r. effusive équiv. : basanite), grenue, de teinte sombre (mésocrate en général), avec plagioclase (andésine, labrador), feldspathoïde (néphéline, analcime, et leucite rare), augite, amphibole brune (barkévicite), biotite, souvent olivine. Les variétés sont distinguées d'après les feldspathoïdes : ex. la **teschénite**, à structure doléritique, avec analcime, labrador, augite, barkévicite, olivine parfois, en filons et sills différenciés (et souvent spilitisés) avec picrite, syénite à analcime et pegmatoïde à amphibole ; par enrichissement en olivine et pyroxène, on passe à une picrite* mélanocrate. Les théralites sont des roches peu abondantes au sein d'ensembles complexes, avec gabbro ou avec essexite, carbonatite, et r. magm. effusives correspondantes. **Microthéralite** : roche microgrenue de filons, souvent à faciès lamprophyrique (**camptonite** et **monchiquite** : V. lamprophyre).

Thérapsidés n. m. pl. [du gr. *therion*, bête sauvage, et *apsis*, liaison ; angl. *therapsids, Therapsida*] – Groupe de Reptiles* ; *cf.* Théropsidés.

Thériodontes n. m. pl. [du *therion*, bête sauvage, et *odous, odontos*, dent ; angl. *theriodonts, Theriodonta*] – Reptiles* fossiles du groupe des Thérapsidés, présentant des analogies avec les Mammifères.

thermokarst n. m. [du gr. *thermo*, chaud, et de karst ; angl. *thermokarst*] – Syn. (étymologiquement contradictoire) de cryokarst.

thermoluminescence n. f. [du gr. *thermo*, chaud, et de luminescence ; angl. *thermoluminescence*] – Phénomène consistant en une émission lumineuse produite par certains minéraux (fluorine, calcite, quartz, etc.) lorsqu'on les chauffe. Il est dû à la présence de défauts et d'impuretés dans le cristal et à ce qu'il a reçu une certaine dose de rayonnement soit du fait de la radioactivité des roches (**thermoluminescence naturelle**), soit du fait de l'expérimentation (rayons X, rayons g : **thermoluminescence artificielle**). On en tire des applications géochronologiques (datation par thermolumionescence [angl. *thermoluminescent dating*]), tectoniques, sédimentologiques. Adj. **thermoluminescent, e** [angl. *thermoluminescent*].

thermomètre n. m. **géologique** – Syn. de géothermomètre.

thermorémanence n. f. [du gr. *thermo*, chaud, et de rémanence ; angl. *thermoremanence*] – Persistance du magnétisme acquis par les roches volcaniques lors de leur solidification dans le champ magnétique terrestre. V. paléomagnétisme.

Théropodes n. m. pl. [du gr. *therion*, bête sauvage, et *pous, podos*, pied ; angl. *theropods, Theropoda*] – Reptiles* fossiles du groupe des Dinosauriens.

Théropsidés n. m. pl. [du gr. *therion*, bête sauvage, et *opsis*, aspect ; angl. *theropsids, Theropsida*] – Lignée dans laquelle on range, à cause de leur parenté, quelques Reptiles fossiles (Pélycosauriens, Thérapsidés) et les Mammifères.

thixotropie n. f. [du gr. *thixis*, action de toucher, et *trepein*, tourner ; angl. *thixotropy*] – Propriété pour un sédiment cohérent mais gorgé d'eau (sable, sablon, tangue, vase) de devenir brusquement liquide sous l'effet d'un ébranlement mécanique. C'est le phénomène responsable de l'enlisement dans les sables mouvants. Adj. **thixotrope** [angl. *thixotropic*].

tholéiite n. f. (ou tholeyite, parfois tholéite) [de Tholey, Allem. ; angl. *tholeiite*] – Var. de basalte* riche en silice. Adj. **tholéiitique** [angl. *tholeiitic*].

thorium n. m. [de Thor, dieu scandinave du tonnerre ; angl. *thorium*] – Symbole chim. Th. N° et masse atom. 90 et 232,12 ; ion 4^+ de rayon 0,102 nm ; densité 12,1 ; clarke 9,6 à 12 g/t, selon les auteurs. Il est présent dans la thorianite Th_2O et la thorite $ThSiO_4$, connues dans les syénites et leurs pegmatites, mais le principal minerai est la monazite*. Il existe une série d'isotopes radioactifs de l'uranium, du thorium, et du plomb, sur laquelle est basée la méthode Ur-Th-Pb utilisée en radiochronologie.

thulium n. m. [de Thulé, nom légendaire d'une île nordique, probablement l'Islande ; angl. *thulium*] – Symbole chim. Tm. N° et masse atom. 69 et 169,4 ; ion 3^+ de rayon 0,087 nm ; clarke 0,25 g/t. Métal du groupe des lanthanides (terres rares).

Thuringien n. m. [E. Renevier, 1874, de la Thuringe, Allem. ; angl. *Thuringian*] – Étage supérieur du Permien (ère primaire). V. tabl. Annexe 2. Adj. **thuringien, nne**.

Thvera n. m. – Épisode paléomagnétique du Tertiaire. V. tabl. paléomagnétisme.

Ti – Symbole chim. du titane.

tidal, e, aux adj. – Mot anglais signifiant relatif à la marée, parfois utilisé en français dans le même sens. L'emploi de ce terme est rare, mais celui des dérivés suivants (également anglais) est courant :
– 1. **cotidal** adj. [du lat. *co-*, avec] : où la marée parvient au même moment ; p. ex. une ligne cotidale.
– 2. **infratidal** adj. [du lat. *infra-*, au-dessous] : situé au-dessous du niveau de la basse mer.
– 3. **intertidal** ou **intercotidal** adj. [du lat. *inter-*, entre] : se dit de la région située entre

la basse et la pleine mer (on dit aussi : zone de battement des marées, ou estran). V. marnage.
– 4. **supratidal** adj. [du lat. *supra-*, au-dessus] : situé au-dessus du niveau de la pleine mer.

tidalite n. f. [mot anglais] – Sédiment déposé dans la zone de battement des marées.

Tiglien n. m. [angl. *Tiglian*] – Division stratigraphique du Quaternaire européen, basée sur l'analyse pollinique, correspondant approximativement à l'interglaciaire Donau-Günz. V. tabl. à glaciation.

till n. m. – Mot anglais désignant un dépôt morainique non consolidé.

tillite n. f. [A. Penck, 1906 ; angl. *tillite*] – Conglomérat résultant de la compaction d'un dépôt morainique ou fluvio-glaciaire ancien : on y voit des éléments, souvent striés, de tailles variées (du gravier au bloc), mal classés, emballés dans une matrice argilo-sableuse, parfois bariolée. On connaît des tillites, au Précambrien et au Paléozoïque, et elles traduisent d'anciennes glaciations. V. aussi argile à blocaux.

tinguaïte n. f. [de la *Serra do Tingua*, Brésil ; angl. *tinguaite*] – Var. de microsyénite. V. syénite.

Tintinnoïdiens n. m. pl. [du lat. *tintinnum*, petite cloche ; angl. *tintinnids*, *Tintinnidae*] – Groupe de Protozoaires marins planctoniques actuels auquel on rattache parfois le groupe fossile des Calpionelles.

Tintinnopsella [du lat. *tintinnum*, petite cloche] – Genre de Calpionelles (V. fig. à ce mot).

Tissotia [dédié à Tissot] – Ammonite (V. fig. à ce mot) du Sénonien appartenant à un groupe de formes appelées abusivement « Cératites de la craie », à cause de leur suture cloisonnaire qui rappelle celle des vraies Cératites du Trias.

titane n. m. [du gr. *titanos*, plâtre ; angl. *titanium*] – Symbole chim. Ti. N° et masse atom. 22 et 47,9 ; ion 4^+ de rayon 0,068 nm ; densité 4,5 ; clarke 4 500 et 5 700 g/t, selon les auteurs. Métal blanc très dur qui dans les r. magm. constitue surtout des oxydes (rutile, ilménite, titanomagnétite), et entre aussi dans la composition de certains silicates, avec Ca, Na, Fe, lanthanides, en particulier dans les minéraux des syénites. Dans les r. sédim., les solutions peuvent précipiter surtout dans les bauxites et les latérites. Le titane est principalement extrait des minerais de fer à ilménite. Adj. **titanifère**.

titanite n. f. [de titane ; angl. *titanite*] – Syn. de sphène.

titano-augite n. f. [angl. *titanaugite*] – Var. d'augite*.

Tithonien n. m. [de Tithonique ; angl. *Tithonian*] – Étage le plus élevé du Jurassique, équivalent de Portlandien*. V. tabl. Annexe 2.

Tithonique n. m. [A. Oppel, 1865, de Tithon, époux d'Eos, l'Aurore dans la mythologie grecque, parce que ces couches annoncent le Crétacé] – Faciès du Portlandien (Jurassique sup., ère secondaire) représenté par des calcaires fins pélagiques, à calpionelles et à ammonites, et qui passe vers le haut au Crétacé inf. également marin et pélagique. V. aussi Purbeckien. Adj. **tithonique**.

Tl – Symbole chim. du thallium.

Tm – Symbole chim. du thulium.

Toarcien n. m. [A. d'Orbigny, 1849, de *Toarcium*, nom lat. de Thouars, Deux-Sèvres, Fr. ; angl. *Toarcian*] – Étage du Jurassique inf. (ère secondaire). V. tabl. Annexe 2. Adj. **toarcien, nne**.

tobermorite n. f. [de Tobermory, Écosse, G.-B. ; angl. *tobermorite*] – Silicate de calcium hydraté $(CaO)_3$ (Si_2O_4), $3H_2O$, rare à l'état naturel mais constituant important (en grains de 10 mm) du béton.

toit n. m. [angl. *hangingwall*] – Terme de mineur désignant la surface supérieure d'une formation, ou bien les terrains la surmontant immédiatement. Ex. : le toit d'un filon, d'une couche de houille. On parle aussi du toit d'une faille. Ant. mur.

tombolo n. m. [mot ital. ; angl. *tombolo*] – Cordon sableux construit par la mer entre une île et la côte.

Tommotien n. m. [angl. *Tommotian*] – Étage du Cambrien inf. (ère primaire). V. tabl. Annexe 2. Adj. **tommotien, nne**.

tonalite n. f. [de Tonale, Tyrol, Ital. ; angl. *tonalite*] – Var. de diorite quartzique (V. ce terme).

Tongrien n. m. [A. Dumont, 1839, de Tongres, Belgique ; angl. *Tongrian*] – Division stratigraphique du Tertiaire, équivalent approximatif du Ludien. V. tabl. Annexe 2. Adj. **tongrien, nne**.

tonnage n. m. [E. Argand, 1924 ; angl. ≈ *burden*] – Quantité de matière impliquée dans une déformation tectonique. « Le tonnage des plis de fond est un multiple élevé de celui des chaînes géosynclinales » (E. Argand). Peu usité.

tonstein n. m. [mot allem., de *Ton*, argile, et *Stein*, pierre ; angl. *tonstein*] – R. sédim. argileuse, peu plastique, blanc grisâtre, beige ou brun clair, à cassure conchoïdale, à kaolin et leverriérite, provenant de l'altération de cendres volcaniques ou du lessivage d'arènes. Ces roches, déposées en milieu lacustre, forment en particulier des niveaux épais de quelques centimètres à 1 m dans des séries houillères, et leur continuité en fait, pour les mineurs, des niveaux repères. Syn. gore blanc.

tool cast [mot angl. signif. moulage d'outil] – Figure de base de banc formée par le moulage d'un creux produit sur le fond sous-marin par le mouvement d'un objet déplacé par un courant. V. hyporelief.

top n. m. – Anglicisme pour sommet (d'une série stratigraphique, d'une structure, etc.).

topaze n. f. [du gr. *topazos*, même signif. ; angl. *topaz*] – Nésosilicate Al_2 [SiO_4] (F, OH)$_2$ du syst. orthorhombique, en prismes assez trapus, à faces finement cannelées, jaune ou incolore, bleuâtre, verdâtre. Elle est assez fréquente dans les granites et les pegmatites acides, et dans des filons hydrothermaux. Les belles variétés sont utilisées comme pierre précieuse.

topaze orientale [angl. *oriental topaz*] – Var. jaune de corindon*.

toplap n. m. [mot angl.] – Syn. de biseau* sommital. V. séquentielle (stratigraphie –).

topochimique adj. **(métamorphisme –)** [du gr. *topos*, lieu, et de chimique ; angl. *isochemical metamorphism*] – Métamorphisme* général dans lequel la composition chimique globale des roches originelles n'a pas été modifiée (aux teneurs en CO_2 et H_2O près). Syn. métamorphisme isochimique, ou normal. Ant. métamorphisme allochimique.

topographie n. f. [du gr. *topos*, lieu, et *graphein*, écrire ; angl. *topography*] – Figuration des formes du terrain sur une carte. V. carte topographique. Adj. **topographique** [angl. *topographical*] ; n. m. ou f. **topographe** [angl. *topographer*].

toponymie n. f. [du gr. *topos*, lieu, et *onoma*, nom ; angl. *toponymy*] – 1. Science qui étudie les noms de lieux. – 2. Ensemble des noms de lieux portés sur une carte* topographique.

toposéquence n. f. [du gr. *topos*, lieu, et de séquence ; angl. *toposequence*] – Syn. de catena.

topotype n. m. [du gr. *topos*, lieu, et de type ; angl. *topotype*] – V. type.

topset n. m. [mot angl. : *topset* ou *topset bed*] – Couche horizontale formée par les sédiments d'un delta* déposés en arrière de la pente frontale de celui-ci.

tor n. m. [angl. *tor*] – Relief ruiniforme résultant de l'altération météoritique de roches cristallines préférentiellement selon leurs diaclases.

torbernite n. f. [angl. *torbernite*] – Syn. de chalcocite.

torrent n. m. [du lat. *torrens*, dévorant ; angl. *torrent*] – Cours d'eau de montagne, à pente forte et débit irrégulier en fonction des précipitations ou des fontes de neige. On distingue souvent dans le cours d'un torrent trois parties : – 1. le bassin (ou entonnoir) de réception, région où les eaux sont recueillies et se concentrent. – 2. le canal (ou chenal) d'écoulement qui est le lit, encombré de blocs, du cours d'eau, ou torrent proprement dit. – 3. le cône de déjection situé au débouché du torrent dans une vallée principale ; c'est une accumulation, en éventail élargi vers le bas, des matériaux transportés par le torrent, là où il perd sa vitesse et où sa compétence diminue. Adj. **torrentiel, lle** [angl. *torrential*].

torrent sous-glaciaire [angl. *sub-glacial stream*] – Rivière coulant sous un glacier* et dont elle rassemble une partie des eaux de fonte.

Tortonien n. m. [C. Mayer-Eymar, 1857, de Tortona, Italie ; angl. *Tortonian*] – Étage du Miocène sup. (ère tertiaire). V. tabl. Annexe 2. Adj. **tortonien, nne**.

touches n. m. pl. **de piano (structure en –)** [angl. *piano-key fault* (*block*) *pattern*] – Structure où des failles parallèles séparent des compartiments irrégulièrement abaissés ou soulevés. V. aussi graben, et horst.

tour n. f. **de forage –** Charpente que l'on dresse à l'endroit d'un forage pour l'exécution des manœuvres de levage et de descente des outils. Terme rendu obligatoire dans les textes officiels, dans lesquels on doit proscrire le mot anglais correspondant **derrick** (*J.O.* du 18 janv. 1973).

tourbe n. f. [du francique *turba* ; angl. *peat*] – Roche combustible légère, brunâtre, surtout formée de l'accumulation de mousses. V. charbon et humus, adj. **tourbeux, euse** [angl. *peaty*] ; n. f. **tourbière** [angl. *peat bog*, *– moor*] (lieu où se forme la tourbe et où on l'exploite).

tourmaline n. f. [de *Turmali*, Ceylan en cingalais ; angl. *tourmaline*] – Cyclosilicate Al_6Y_3Na [(Si_6O_{18}) (BO_3)$_3$ (OH, F)] avec Y = Mg, ou (Fe, Mn), ou (Li, Al), du syst. rhomboédrique, en prismes allongés, baguettes ou aiguilles, striés ou cannelés, à section trian-

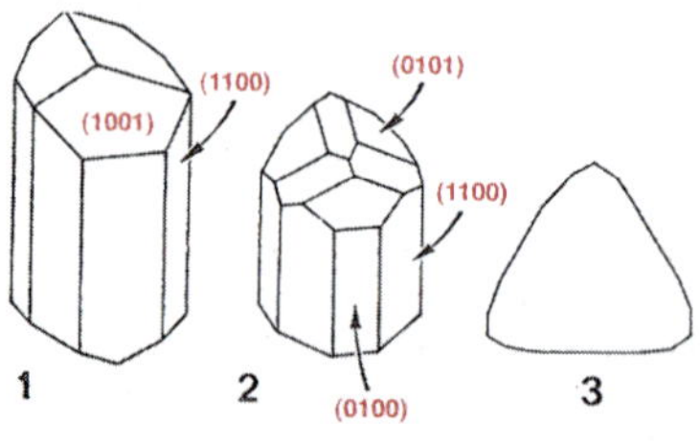

tourmaline

1 et 2 : formes habituelles – 3 : coupe perpendiculaire à l'axe *c*, à aspect de triangle curviligne (d'après A. de Lapparent).

gulaire à faces courbes, sans clivage, à cassure conchoïdale ou inégale, à éclat vitreux. Les couleurs sont variées, le plus souvent noire (**schorl** ou **schorlite**, Y = (Fe, Mn) avec Fe > Mn), brune à verte (**dravite**, Y = Mg), bleu clair (**elbaïte**) à rose (**rubellite**, Y = (Li, Al)); un cristal peut montrer une partie rosée et une autre verdâtre. C'est un minéral accessoire commun dans les r. magm. et métam., en cristaux isolés, en masses bacillaires ou rayonnées. On trouve la schorlite dans des granites, pegmatites, filons de quartz, micaschistes et gneiss, la dravite dans des calcaires, dolomies et schistes métamorphiques, l'elbaïte dans des pegmatites.

tourmalinite n. f. [angl. *tourmalinite*] – Roche essentiellement composée de tourmaline, accompagnée de quartz. C'est une roche rare qui se trouve en petites lentilles ou en minces filons en bordure de granite, parfois dans des r. métam. (gneiss).

Tournaisien n. m. [A. Dumont, 1832, de Tournai, Belg. ; angl. *Tournaisian*] – Premier étage du Carbonifère (ère primaire). V. tabl. Annexe 2. Adj. **tournaisien, nne**.

tourtia n. m. [terme de mineur] – Poudingue glauconieux situé à la base de la craie cénomanienne et reposant en discordance sur les couches plissées du bassin houiller franco-belge : il forme ainsi le niveau inférieur des morts-terrains de ces exploitations.

Toxaster [du gr. *toxon*, arc, et *astêr*, étoile] – Genre d'Oursins du Crétacé (V. fig. à Échinides).

traces n. f. pl. **(éléments en –)** [angl. *trace elements*] – Éléments présents en très petites quantités (de l'ordre de 100 ppm, soit 0,01 %) dans un minéral ou une roche et dont le dosage (par spectrométrie d'absorption, activation neutronique, etc.) peut fournir des renseignements sur les conditions de formation du minéral ou de la roche.

traces de fission [angl. *fission track*] – Vermiculations visibles à très fort grossissement dans certains minéraux, et qui sont interprétées comme des perturbations du réseau cristallin dues à l'activité des éléments radioactifs qui y sont emprisonnés. La densité de ces traces, qui croît avec le temps, donne un moyen de dater ces minéraux [angl. *fission track dating*].

trachy(-)andésite n. f. [de trachyte, et de andésite ; angl. *trachyandesite*] – R. magm. effusive (r. grenue équiv. : monzonite ; V. tabl. magm.), gris clair à gris foncé (leucocrate), microlithique fluidale et peu ou pas porphyrique, à plagioclase (oligoclase, andésine) et feldspath alcalin (sanidine, orthose), avec suivant les cas : biotite ou hypersthène, amphibole ou augite, quartz ou olivine. Les classifications variées sont basées sur la nature et les proportions des feldspaths et des minéraux ferromagnésiens : **latite** avec autant de sanidine que de plagioclase, **trachyandésite** avec plagioclase (andésine surtout) dominant, mais pour certains auteurs ces deux termes sont pris comme synonymes. V. aussi trachybasalte.

Ce sont des laves formant des pitons et des coulées épaisses, à débit en grosses dalles, et donnant des bombes volcaniques en croûte de pain, ou certains tufs et pouzzolanes. Variétés : la **dômite** (du Puy-de-Dôme), blanchâtre à aspect crayeux, à phénocristaux rares, à sanidine, biotite brun clair, parfois amphibole, avec SiO_2 en excès sous forme de cristobalite et tridymite, et que l'on range aussi dans les trachytes ; la **sancyite** (Puy-de-Sancy, Mont-Dore), gris clair à gris bleu, à toucher rugueux, à phénocristaux (0,5-2 cm) de sanidine limpide et craquelée, à microlithes de sanidine, andésine, biotite, augite et parfois hornblende, cristobalite et tridymite, formant des intrusions et des coulées épaisses, de teinte plus sombre quand la mésostase vitreuse est plus abondante ; la **doréite** (du Mont-Dore) gris foncé, peu ou pas porphyrique, avec andésine abondante, augite, olivine et hornblende rares, formant de grandes coulées et des filons.

trachy(-)basalte n. m. [de trachyte, et de basalte ; angl. *trachybasalte*] – R. effusive mésocrate proche d'une trachyandésite avec moins de sanidine (ou d'orthose) que de plagioclase (souvent labrador, en phénocristaux et microlithes à mince liséré de sanidine), avec minéraux ferromagnésiens (plus de 40 %) : augite titanifère violacée et fréquemment olivine. Ce sont des laves en coulées, au sein des cortèges trachytiques ou basaltiques.

Trachyceras [du gr. *trakhus*, rugueux, et *keras*, corne] – Genre de Cératites (V. fig. à ce mot) du Trias.

trachyte n. m. [du gr. *trakhus*, rugueux ; angl. *trachyte*] – R. magm. effusive (r. magm.

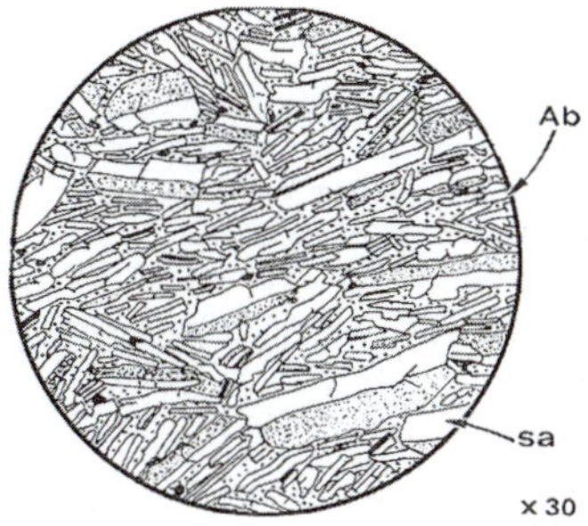

trachyte

Lame mince en lumière polarisée analysée – Ab : albite – sa : sanidine (d'après J. Jung).

grenue équiv. : syénite ; V. tabl. magm.), blanchâtre, grise, gris verdâtre (leucocrate), microlithique et fluidale (structure trachytique), peu ou pas porphyrique, souvent un peu poreuse et donc légère, constituée de sanidine (en microlithes ou en phénocristaux limpides et craquelés) d'anorthose, d'albite, avec biotite et amphibole plus rares, à mésostase vitreuse ou cryptocristalline peu abondante. On en a des variétés très sodiques à pyroxène (ægyrine), parfois à amphibole rougeâtre (katophorite), ou très potassiques (trachyte **lamproïtique**) à sanidine très abondante et phlogopite ; par apparition de plagioclase (oligoclase), on passe à un trachyte calco-alcalin (V. trachyandésite). Ce sont des laves assez visqueuses formant surtout des pitons et des sucs. R. magm. voisine : V. kératophyre. On nomme parfois **orthophyres** des faciès paléovolcaniques vert sombre.

trachytique adj. [angl. *trachytic*] – Se dit de la structure présente dans les r. magm. volcaniques caractérisée par des microlithes orientés suivant la direction d'écoulement. Syn. structure microlithique fluidale.

tractionnite n. f. [M.L. Natland, 1976 ; angl. *tractionite*] – Dépôt détritique composé de particules sableuses ou plus grossières qui ont été entraînées par des courants sur le fond sous-marin, classées, et débarrassées par vannage de leurs éléments les plus fins. V. contourite.

traînage n. m. **(figure de –)** [angl. *drag cast*] – V. hyporelief.

transfluence n. f. [du lat. *trans*, à travers, et *fluere*, couler ; angl. *transfluence*] – Division d'un glacier des deux côtés d'une crête, au niveau de son cirque glaciaire.

transformante adj. **(faille –)** – V. faille transformante.

transformisme n. m. [angl. *transformism*] – V. évolution.

transgression n. f. [du lat. *transgressio*, franchissement ; angl. *transgression*] – Avancée de la mer au-delà de ses limites antérieures avec submersion de zones plus ou moins vastes des parties basses des continents. Elle est due soit à une montée du niveau de la mer (*cf.* eustatisme), soit à un enfoncement d'ensemble du continent (*cf.* épirogenèse), ces deux phénomènes pouvant se combiner. Le déplacement des rivages modifie les profondeurs auxquelles se font les dépôts successifs et par suite leurs faciès. Dans une succession de couches, une transgression pourra être mise en évidence, par exemple, par le repos de couches marines sur des formations continentales ou sur une surface d'érosion (il peut y avoir de plus, mais pas obligatoirement, une discordance), ou encore par le diachronisme* des dépôts littoraux. V. aussi ingression. Ant. régression. Vb. **transgresser** (se dit pour la mer, mais non pour les couches qui se déposent) ; adj. **transgressif, ive** [angl. *transgressive*] (pour les r. sédim., et pour la mer).

transgressive adj. **(séquence –)** – V. séquence.

transition n. f. **(couche de –)** – V. couche de passage.

transsynclinal n. m. [du lat. *trans*, à travers, et de synclinal ; angl. *transverse syncline*] – Synclinal oblique à des structures antérieures. Adj. **transsynclinal, e, aux**.

transversale adj. **(faille –)** [angl. *transverse fault*] – Faille* perpendiculaire à la direction des couches qu'elle affecte.

trapézoèdre n. m. [angl. *trapezohedron*] – Volume dont les faces sont des trapèzes. V. leucitoèdre.

trapp n. m. (terme en général utilisé au pluriel : trapps) [du suédois *trappar*, escalier ; angl. *trap(p)*] – Empilement de coulées de lave régulières et horizontales (coulées stratoïdes), épaisses de 5 à 15 m (parfois de 100 m), sur des surfaces atteignant plusieurs milliers de km^2, avec une épaisseur totale de 2 000 à 3 000 m. Les flancs des vallées montrent ces empilements sous forme d'escalier, d'où leur nom. Il s'agit pour l'essentiel de basaltes tholéiitiques issus d'un volcanisme fissural engendré par des points chauds. V. aussi relief volcanique.

travertin n. m. [de l'ital. *travertino*, de *tivertino*, pierre de Tivoli ; angl. *travertin(e)*] – R. sédim. calcaire continentale, à aspect concrétionné, plus ou moins vacuolaire, grise à jaunâtre, grossièrement litée. Les travertins se déposent aux émergences de certaines sources, et dans des cours d'eau peu profonds à petites cascades (précipitation des carbonates activée par les turbulences, et la perte en CO_2). Les travertins actuels sont riches en aragonite, mais ce minéral recristallise ensuite en calcite. L'aspect caverneux est dû en partie à la disparition, par fermentation, de débris végétaux encroûtés de carbonates d'origine biochimique (activité d'algues bleues). Certains travertins montrent encore de très belles empreintes de plantes (feuilles surtout), p. ex. le travertin de Sézanne (Marne, Fr.) d'âge thanétien. D'autres variétés, à vacuoles souvent remplies de calcite spathique, sont utilisés comme pierre ornementale. Le terme de **tuf calcaire** [angl. *tuffa*] désigne des travertins peu indurés. Adj. **travertineux, euse**.

Trémadocien n. m. [A. Sedgwick, 1846, de Tremadoc, Pays de Galles, G.B. ; angl. *Tremadocian*] (anct Trémadoc) – Premier étage de l'Ordovicien (ère primaire). V. tabl. Annexe 2. Adj. **trémadocien, nne**.

Trématosauriens n. m. pl. [du gr. *trêma, -atos*, trou, et *saura*, lézard] – Groupe d'Amphibiens* Labyrinthodontes.

tremblement de terre – Syn. de séisme*.

trémolite n. f. [de Trémola, Piémont, Ital. ; angl. *tremolite*] – Var. d'amphibole* calcique.

Trempéaléauien n. m. [angl. *Trempealeauan*] – Étage du Cambrien sup. (ère primaire). V. tabl. Annexe 2. Adj. **trempéaléauien, nne**.

Trias n. m. [F. von Alberti, 1834, ce nom faisant allusion aux trois divisions que comprenait le Trias germanique avant que l'on y ajoute le Rhétien ; angl. *Trias(sic)*] – Période la plus ancienne de l'ère secondaire. En Europe, on oppose souvent un faciès alpin du Trias, représenté surtout par des calcaires et des dolomies marines, à un faciès germanique constitué de dépôts détritiques surtout continentaux coupés par une passée marine épicontinentale au Muschelkalk. La nomenclature des étages est ainsi différente selon que l'on s'adresse au Trias germanique ou au Trias alpin. V. tabl. Annexe 2. Adj. **triasique**.

tribu n. f. – Groupement des classifications des êtres vivants ou fossiles. V. taxon.

Triceratops [du gr. *tri*, trois, *keras*, corne, et *opsis*, aspect] – Genre de grands Reptiles (V. fig. à ce mot) du Crétacé sup., à allure de rhinocéros.

triclinique adj. (système cristallin –) [du gr. *tri*, trois, et *klinein*, incliner ; angl. *triclinic*] – V. cristal.

tridymite n. f. [du gr. *tridumos*, trois jumeaux ; angl. *tridymite*] – Var. de silice* de HT.

Trigonia [du gr. *trigonos*, triangulaire] – Genre de Bivalves (V. fig. à ce mot) du Trias-Crétacé.

Trilobites n. m. pl. [du lat. *tri*, trois, et *lobus*, lobe ; angl. *trilobites*, *Trilobita*] – Groupe d'Arthropodes fossiles dont le corps, protégé par une carapace (chitineuse ?), est divisé longitudinalement en trois lobes, d'où leur nom, un lobe médian (**rachis**) et deux lobes latéraux (**lobes pleuraux**). D'avant en arrière, on y distingue trois parties : – 1. La tête (**céphalon**), montrant généralement deux yeux composés, situés de part et d'autre d'un renflement axial (**glabelle**) et présentant parfois sur les côtés des prolongements dirigés vers l'arrière (**pointes génales**). On y note la présence de lignes suivant lesquelles la carapace se fend lors des mues (**sutures faciales**, ou céphaliques) – 2. Le thorax composé de segments articulés (2 à 44) comportant chacun un anneau axial et une

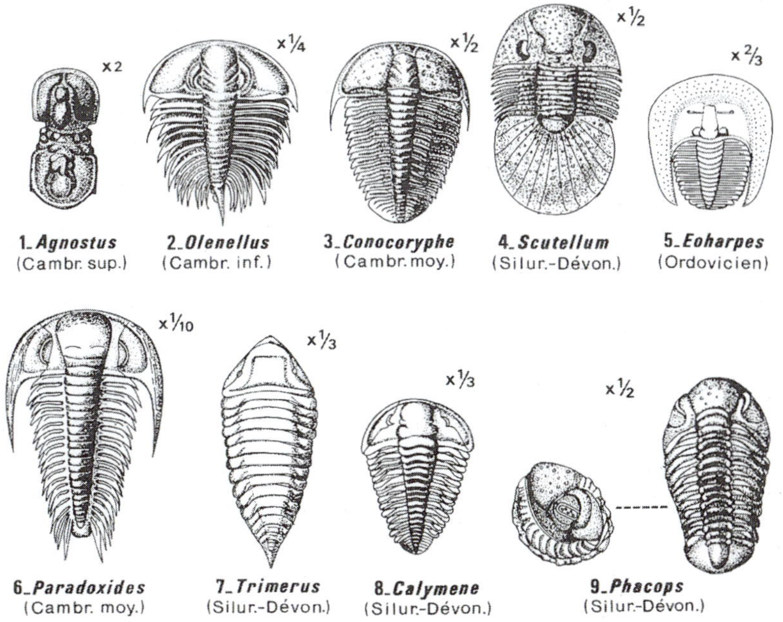

Trilobites

Quelques exemples de Trilobites : – Agnostidés (1) – Olénellidés (2) – Opistopariés (3 à 7) – Propariés (8 et 9). Pour 9, à gauche individu enroulé sur lui-même, à droite déroulé.

paire de prolongations latérales (**plèvres**) – 3. Le **pygidium**, composé de segments soudés ensemble.
Dans des cas exceptionnels de bonne conservation, la face inférieure de l'animal montre, vers l'avant, une paire d'appendices à rôle locomoteur (marche et nage) et, peut-être, respiratoire, mais pas d'appareil masticateur. On trouve parfois des Trilobites enroulés sur eux-mêmes.

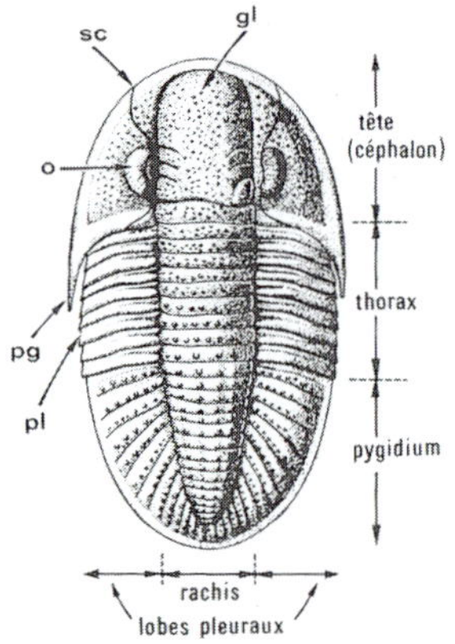

Trilobite

Principaux éléments – gl : glabelle – o : œil – pg : pointe génale – pl : plèvres – sc : suture céphalique.

Ce sont des fossiles uniquement marins, les uns nageurs, les autres rampant sur le fond. Ils ont eu une vaste répartition géographique, permettant, par leurs localisations, de définir des provinces. On en a décrit plusieurs milliers d'espèces. Ce sont de bons fossiles stratigraphiques, qui se trouvent du Cambrien au Permien, avec un maximum du Cambrien au Silurien.

Trilobitomorphes n. m. pl. [de Trilobite, et du gr. *morphê*, forme] – Groupe d'Arthropodes primitifs comprenant les Trilobites et des genres voisins. Répart. stratigr. : Cambrien - Permien.

Triloculina [du lat. *tri*, trois, et *loculus*, loge] – Genre de Milioles*.

Trimerus [du gr. *tri*, trois, et *meros*, partie] – Genre de Trilobites (V. fig. à ce mot) du Silurien -Dévonien.

triphane n. m. [du gr. *tri*, trois, et *phanein*, briller ; angl. *triphane*] – V. pyroxène (clinopyr. alcalin). Syn. *spodumène*.

tripoli n. m. [de Tripoli, Liban ; *tripoli, siliceous earth*] – Syn. de diatomite.

Trocholina [du gr. *trokhos*, roue] – Genre de Foraminifères enroulés en spirale conique, abondant dans des faciès calcaires de plateforme. Répart. stratigr. : fin du Trias - Crétacé sup., mais surtout abondant du Jurassique moyen au Crétacé inf.

Trochus [du gr. *trokhos*, roue] – Genre de Gastéropodes (V. fig. à ce mot) du Miocène – Actuel.

troctolite n. f. [du gr. *troktês*, truite, et *lithos*, pierre ; angl. *troctolite*] – Var. de gabbro*.

troncature n. f. [du lat. *truncare*, amputer ; angl. *truncation*] – Face d'un cristal qui n'est pas l'une de celles du solide primitif de son système cristallin. Elle peut ainsi tronquer une arête ou un sommet de ce solide primitif.

troncature basale [F. Ellenberger, 1963] – V. rabotage basal.

tronçonnées adj. **(bélemnites –)** – V. boudinage.

trondhjémite n. f. [de Trondhjeim, ou Trondheim, Norvège ; angl. *trondhjemite*] – Var. de diorite quartzique.

tsunami n. m. [mot japonais ; angl. *tsunami*] – Onde affectant la surface de la mer, provoquée par un séisme et causant à son arrivée sur les côtes, des raz-de-marée destructeurs.

Tubulidentés n. m. pl. [du lat. *tubulus*, petit tube, et *dens, dentis*, dent ; angl. *Tubulidentates*] – Groupe de Mammifères connus depuis l'Éocène et comprenant notamment l'oryctérope.

tuf n. m. [du gr. *tophos*, sorte de pierre friable] – Terme utilisé dans deux sens différents – 1. **tuf calcaire** [angl. *tufa*] : travertin* peu induré. – 2. **tuf volcanique** [angl. *tuff*] : roche formée par accumulation de projections volcaniques en fragments de quelques millimètres (r. pyroclastique à lapillis dominants), pouvant contenir des blocs ou des cendres, et consolidée sous l'action de l'eau. Les tufs, en niveaux souvent bien stratifiés, peuvent montrer un granoclassement vertical et horizontal : base des bancs plus grossière que le sommet (celui-ci étant plus riche en cendres), tufs devenant de plus en plus fins lorsqu'on s'éloigne du cratère. Ils alternent avec des niveaux à blocs et des lits de cendres et, selon les lieux de dépôt, avec des horizons pédologiques ou des couches sédimentaires marines ou lacustres. Tuf soudé : accumulation de débris de lave encore incandescents et plastiques (V. ignimbrite). V. aussi tephra. Adj. **tufacé, e** [angl. sens 1 : *tufaceous* ; sens 2 : *tuffaceous*] (qui a l'aspect d'un tuf) ; **tufeux, euse** [angl. *tufaceous*] (qui se rapporte aux tufs calcaires et aux eaux les produisant).

tuffeau (ou tufeau) n. m. [du gr. *tophos* sorte de pierre friable ; angl. *tuffeau, sandy chalk freestone*] – Variété de calcaire crayeux, connue p. ex. dans le Crétacé sup. ; le tuffeau de Touraine est blanchâtre et détritique, avec de nombreux micas et grains de quartz ; le tuffeau de Maastricht (Hollande), jaunâtre, tendre et poreux, est riche en débris coquilliers (Bryozoaires, Mollusques). Adj. **tufier, ère** (où l'on trouve du tuffeau).

tuffite n. f. [de tuf ; angl. *tuffite*] – Roche volcano-sédimentaire marine, contenant 50 % au moins de débris pyroclastiques fins (lapillis, cendres), pris dans un ciment argileux ou calcaire, et se présentant en général en couches interstratifiées dans la sédimentation normale. Adj. **tuffitique**.

tumulus n. m. (pl. tumulus ou tumuli) [mot lat. signif. tertre] – 1. [angl. *tumulus*] Butte artificielle, spécialement recouvrant une tombe préhistorique. – 2. [angl. *blister*] Sur une coulée volcanique, renflement localisé produit par une bulle de gaz. V. hornito.

tungstène n. m. [du suédois *tungsten*, pierre lourde ; angl. *tungsten*] – Symbole chim. W. N° et masse atom. 74 et 183,92 ; ion 4^+ de rayon 0,07 nm ; densité forte de 19,2 ; clarke 1,5 g/t. Métal qui apparaît dans les roches essentiellement sous forme d'oxydes avec surtout la **wolframite** (Fe, Mn) (WO_4) liée à des r. magm. acides (granitoïdes). Sa dureté le fait utiliser dans des carbures et des alliages spéciaux très résistants. Syn. wolfram.

turbidite n. f. [du lat. *turbidus*, trouble ; angl. *turbidite*] – Couche de sédiments détritiques déposée en une fois par un courant de turbidité. Son épaisseur est de l'ordre de quelques décimètres, parfois d'un ou deux mètres, rarement plus. Sous sa forme la plus complète, une turbidite peut être décrite par la **séquence type** de **A. Bouma** qui comprend cinq **intervalles**, de bas en haut : **A** : grossier et granoclassé ; **B** ; gréseux, fin et laminaire ; **C** : fin, convoluté ou ondulé ; **D** : silteux, fin et laminaire ; **E** : argileux. Cette séquence type est souvent incomplète, et l'examen des séries qui en sont formées (**analyse séquentielle**) donne des indications sur les conditions de la sédimentation : près de la source des apports, l'intervalle A est spécialement développé (turbidites proximales), loin de celle-ci (turbidites distales) il est absent. Le matériel dont sont formées les turbidites est le plus souvent quartzeux, mais parfois calcaire (calcaires allodapiques). On en connaît aussi bien en milieu marin que lacustre. Elles constituent à peu près l'intégralité des formations de type flysch, une partie de celles de type molasse. V. aussi courants de turbidité, fluxoturbidite, flysch. Hyporelief, séquence, unifite. Adj. **turbiditique**.

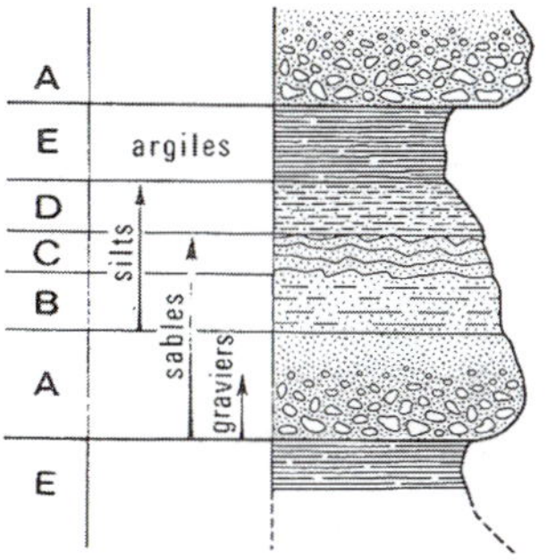

turbidite

Séquence type de A. Bouma.

Turolien n. m. [Crusafont, 1965, du nom lat. de Téruel, Espagne ; angl. *Turolian*] – Étage du Pliocène, défini dans des dépôts continentaux, équivalent approximatif du Messinien. V. tabl. Annexe 2.

Turonien n. m. [A. d'Orbigny, 1843, de *Turonia*, nom lat. de la Touraine, Fr. ; angl. *Turonian*] – Étage du Crétacé sup. (ère secondaire). V. tabl. Annexe 2. Adj. **turonien, nne**.

turquoise n. f. [en vieux français, adj. signif. turque ; angl. *turquois(e)*] – Phosphate $CuAl_6(PO_4)_4(OH)_8, 2H_2O$, du syst. triclinique, bleu pâle, bleu vert, vert clair, le plus souvent en globules radiés, ou en masses compactes et rognons dans certaines r. sédim. Les belles variétés sont des pierres précieuses.

turriculé, e adj. [du lat. *turricula*, petit tour ; angl. *turriculate*] – Se dit d'une coquille enroulée en une hélice conique et allongée (en forme de vis). Ex. : *Turrilites* (V. fig. à Ammonites), *Cerithium* (V. fig. à Gastéropodes).

Turrilites [du lat. *turris*, tour – Genre d'Ammonites (V. fig. à ce mot) du Crétacé (Cénomanien).

Turritella [du lat. *turris*, tour, et *tellus*, terre] – Genre de Gastropodes (V. fig. à ce mot) du Crétacé – Actuel.

type n. m. [du lat. *typus*, modèle, symbole ; du gr. *typos*, empreinte, marque ; angl. *type*] – Individu ou partie d'individu vivant ou fossile, ou même trace d'activité biologique, pris comme étalon de référence pour la définition d'un groupe zoologique ou botanique (particulièrement d'une espèce). Suivant les modalités de désignation, importantes compte tenu des règles de nomenclature*, on en distingue plusieurs catégories. Si l'individu a été figuré et désigné de façon non ambiguë dans la première publication de l'espèce, il s'agit de l'**holotype**, les autres exemplaires figurés en même temps étant des **paratypes**. Si la première publication n'a pas désigné explicitement d'holotype, tous les spécimens alors figurés ou désignés sont des **syntypes** (syntypes et paratypes sont des **cotypes**), et on peut ultérieurement choisir parmi eux un spécimen étalon qui est nommé **lectotype**. S'il y a eu perte ou destruction de tous les types énumérés ci-dessus, on peut alors désigner un autre individu de référence qui est un **néotype**. D'autre part, on parle parfois de **topotypes** pour des individus rapportés à la même espèce que le type et provenant du même lieu. Actuellement, la désignation d'un type unique de l'espèce est rendue obligatoire par les règles internationales.

Tyrannosaurus [du gr. *turannos*, maître, et *saura*, lézard] – Genre de grands Reptiles (V. fig. à ce mot) du Crétacé sup. d'Amérique du Nord.

Tyrrhénien n. m. [A. Issel, 1914, de la mer Tyrrhénienne ; angl. *Tyrrhenian*] – Division stratigraphique du Quaternaire (V. tabl. à ce mot). Adj. **tyrrhénien, nne**.

U

U – Symbole chim. de l'uranium.

U (vallée en –) [angl. *U-shaped valley*] – V. vallée, et modelé glaciaire.

Ufien n. m. – V. Ufimien.

Ufimien ou **Ufien** [de Ufa, Russie ; angl. *Ufimian*] – Étage du Permien (ère primaire) russe. V. tabl. Annexe 2. Adj. **ufimien, nne** (ou **ufien, nne**).

ultra- [du lat. *ultra*, au-delà] – 1. Préfixe indiquant généralement le plus fort degré d'un caractère (ex. ultra-abyssal, ultrabasique). – 2. En tectonique, s'emploie pour désigner une nappe de charriage provenant d'une région située au-delà d'une autre prise comme référence. Ex : les nappes ultrahelvétiques. Terme employé aussi adjectivement : les nappes ultras. Ant. citra-. – 3. Utilisé dans les reconstitutions palinspastiques pour désigner les unités issues de la partie la plus interne d'un domaine déterminé. Ex : la zone ultradauphinoise située au bord oriental, interne, de la zone dauphinoise. Ant. sub-.

ultra-abyssal, e, aux adj. – V. hadal.

ultrabasique adj. (Syn. ultramafique) [angl. *ultrabasic*, *ultramafic*] – S'applique aux r. magm. contenant moins de 45 % en poids de SiO_2 – d'où absence de cristaux de quartz – et très riches en Mg, Fe et Ca (40 % et plus). V. aussi acide, intermédiaire, basique. Les roches ultrabasiques (également nommées : les ultrabasites, ou ultramafitites) sont proches des gabbros ou des basaltes, mais sont holomélanocrates avec 90 %, ou plus, de ferromagnésiens, surtout olivine, pyroxène, amphibole. Roches grenues : **péridotite** (40 % ou plus d'olivine), **pyroxénolite** et **amphibololite** (hornblendite) (60 % ou plus de pyroxène ou d'amphibole) – Roches microgrenues ou effusives sensiblement correspondantes : **picrite** (olivine dominante), **mafitite** (augite dominante), **mélilitite** (mélilite dominante) ; V. aussi ces divers mots.

ultramylonite n. f. [angl. *ultramylonite*] – Mylonite à grain très fin, et correspondant à un broyage très poussé.

ultrazone n. f. [angl. – *zone of anatexy*] – Zone du métamorphisme* général très fort ; adj. **ultrazonal, e, aux.**

umbo n. m. [mot lat. désignant une partie saillante ; angl. *umbo(ne)*] – Pour les Bivalves, syn. de crochet*.

uniaxe adj. [angl. *uniaxial*] – Se dit d'un cristal qui n'a qu'un axe optique. V. réfraction.

unifite n. f. [D.J. Stanley, 1980, de uniforme ; angl. *unifite*] – Couche, généralement épaisse de quelques décimètres, composée de silt argileux ou d'argile silteuse, d'apparence uniforme mais présentant en réalité des structures laminaires et un classement vertical discrets, et qui a été déposée par un courant de turbidité. V. turbidite.

uniformitarisme n. m. [angl. *uniformitarianism*] – V. actualisme.

Unio [mot lat. signif. perle] – Genre de Bivalves paléo-hétérodontes, types d'un groupe dont les représentants sont tous lacustres. Répart. stratigr. : Trias – Actuel.

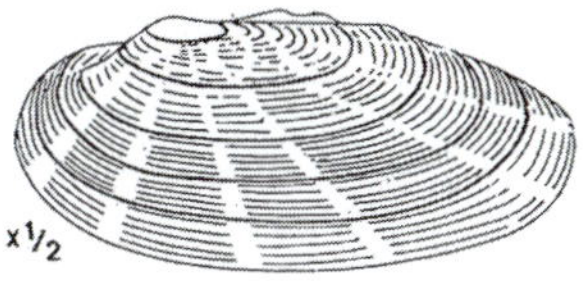

Unio

Vue externe.

unité n. f. [angl. *unit*] – Terme désignant tout ensemble de terrains* que l'on peut individualiser pour des raisons tectoniques et/ou stratigraphiques. Dans le premier cas (unités tectoniques), il s'agit surtout de terrains encadrés par des contacts anormaux tangentiels (nappes, écailles). Dans le second cas, on parle plutôt de formations.

unités de mesure – Voir tableau Annexe 1, en fin d'ouvrage.

upwelling n. m. [mot angl. signif. remontée d'eau] – Courant d'eau océanique profonde remontant en surface. Il compense le mouvement (appelé transport d'Ekman) d'eaux superficielles entraînées par le vent et déviées par la force de Coriolis. Il se situe soit le long des côtes (généralement en bordure ouest des continents), soit dans les régions où les vents divergent et notamment à l'équateur (divergence équatoriale). Ces remontées apportent, dans la zone où pénètre la lumière, les éléments nutritifs dissous qui s'étaient concentrés en profondeur, ce qui entraîne en surface la prolifération du phytoplancton et, par suite, de la vie animale qui en est tributaire. Ce phénomène, qui a une grande influence sur la productivité biologique océanique, conditionne, par là même, la sédimentation qui est liée à cette dernière.

uraninite n. f. [angl. *uraninite*] – Oxyde d'uranium U_3 O_8.

uranite n. f. [de uranium ; angl. *uranite*] – Syn. d'autunite.

uranium n. m. [de la planète Uranus] – Symbole chim. U. N° et masse atom. 92 et 238,07 ; ion 4^+ de rayon 0,097 nm ; densité 18,7 ; clarke 2,7 g/t. Les trois isotopes naturels ^{238}U, ^{235}U et ^{234}U existent dans les proportions respectives de 99,27 %, 0,72 % et 0,05 %. Très souvent associé au thorium, l'uranium se trouve surtout dans des minéraux accessoires (zircon, monazite, apatite, etc.) de syénites, et plus encore de granites (taux atteignant 15 à 25 g/t). Sous forme d'oxyde U_3O_8, on le trouve dans l'**uraninite**, noirâtre et cristallisée, et dans la **pechblende**, en masses concrétionnées noir velouté, qui peuvent contenir du thorium et des lanthanides, et sont connues dans des granites, des pegmatites, et des filons liés à ces roches (et fréquemment à des accidents tectoniques importants) dans lesquels sont souvent présents divers métaux (Ni, Co, Bi, Ag, Au, etc.). L'altération de l'uraninite, dans les filons hydrothermaux en particulier, donne les « produits jaunes » ou **gummite** (mélange de UO, UO_3, PbO, et H_2O). Adj. **uranifère**.

Urgonien n. m. [A. d'Orbigny, 1847, du nom lat. d'Orgon, Bouches-du-Rhône, Fr. ; angl. *Urgonian*] – Faciès du Crétacé inf. constitué par d'épaisses masses de calcaires blancs à Rudistes et Orbitolinidés. Il s'oppose, dans les régions méditerranéennes, aux faciès marno-calcaires (à ammonites) contemporains vocontiens*. Son âge peut aller du Barrémien à l'Aptien. V. tabl. Annexe 2. Adj. **urgonien, nne**.

Urodèles n. m. pl. [du gr. *oura*, queue, et *dêlos*, visible ; angl. *Urodela*] – Groupe d'Amphibiens connu depuis le Crétacé, et représenté actuellement par les salamandres et les tritons.

urstromtal n. m. [mot allem. signif. vieille vallée fluviale ; pl. -täler ; angl. *urstromtal*] – Large vallée, typique en Europe du Nord, creusée à l'origine par des rivières proglaciaires (ayant longé le front des inlandsis). Syn. *pradolina*.

V

V – Symbole chim. du vanadium.

V (dans les vallées) – Expression utilisée pour désigner l'inflexion que font les contours géologiques correspondant à des contacts non verticaux au niveau des talwegs. Dans la plupart des cas, la pointe du V est dirigée dans le sens du pendage, sauf lorsque ce pendage est plus faible que la pente du talweg, ce qui est rare (la pointe du V est alors tournée en sens inverse du pendage). Les contours correspondant à des contacts verticaux ne montrent pas d'inflexion au passage des talwegs. V. aussi chevron.

V (vallée en –) [angl. *V-shaped valley*] – V. vallée.

vacuolaire adj. [de vacuole ; angl. *vesicular*] – Se dit de la structure des roches montrant de petites cavités (vacuoles), dues à la présence de bulles de gaz durant leur solidification (cas des r. volcaniques), ou à la dissolution de certains de leurs éléments.

vacuole n. f. [du lat. *vacuus*, vide ; angl. *vesicle*] – Cavité d'ordre millimétrique ou centimétrique dans une roche, vide ou remplie de minéraux différents de ceux de la roche elle-même.

vadose adj. [Posepny, 1894 ; du lat. *vadosus*, guéable ; angl. *vadose*] – Se dit de l'eau [angl. *vadose water*] qui percole dans le sous-sol, sans faire partie d'une nappe d'eau souterraine.

val n. m. [du lat. *vallis*, vallée ; angl. *narrow valley*)] – V. relief structural.

valaque (ou valache) adj. **(phase –)** [de la Valachie, région de Roumanie ; angl. *Walachian orogeny*] – Phase tectonique située vers la limite des ères tertiaire et quaternaire. V. tabl. Annexe 2.

Valanginien n. m. [E. Desor, 1853, de Valangin, Suisse ; angl. *Valanginian*] – Étage du Crétacé inf. (ère secondaire). Il comprenait naguère aussi l'actuel Berriasien. V. tabl. Annexe 2. Adj. **valanginien, nne**.

Valdonnien n. m. [P. Matheron, 1878, de Valdonne, Bouches-du-Rhône, Fr. ; angl. *Valdonnian*] – Faciès saumâtre du Crétacé sup. (ère secondaire) du Sud-Est de la France. V. tabl. Annexe 2. Adj. **valdonnien, nne**.

vallée n. f. [du lat. *vallis*, même signif. ; angl. *valley*] – Dépression allongée drainée et façonnée par un cours d'eau (vallée fluviale), ou par un glacier (vallée glaciaire). Une vallée fluviale peut avoir une forme en V, en berceau ou être à fond plat du fait de l'alluvionnement **(vallée alluviale)** (V. aussi profil, talweg). Une **vallée glaciaire** a généralement une forme en U (V. modelé glaciaire).

vallée en U [angl. *U-shaped valley, U-valley, trough valley*] – V. vallée.

vallée en V [angl. *V-shaped valley, V-valley*] – V. vallée.

vallée sèche [angl. *dry valley*] – Vallée qui a été occupée et modelée par un cours d'eau, mais qui ne l'est plus aujourd'hui. Ce cas est fréquent dans les régions calcaires, où le réseau hydrographique a pu devenir souterrain. V. modelé* karstique.

vallée suspendue [angl. *hanging valley*] – Vallée débouchant sur un abrupt ou une pente forte qui ne correspond en rien à son profil d'équilibre. V. modelé glaciaire, modelé karstique, valleuse.

vallées (basaltes des –) – V. relief volcanique.

Vallésien n. m. [M. Crusafont Pairo, 1951, de Valles Penedes, Catalogne, Espagne ; angl. *Vallesian*] – Division stratigraphique dans le Miocène sup. (ère tertiaire) définie dans des dépôts continentaux. V. tabl. stratigraphique. Adj. **vallésien, nne**.

valleuse n. f. [angl. (*coastal*) *hanging valley*] – Vallée suspendue débouchant sur une côte rocheuse. Ex. les valleuses de la côte crayeuse normande (Fr.).

vallum n. m. **(morainique)** [du lat. *vallum*, rempart ; angl. *horseshoe moraine*] – Syn. d'amphithéâtre morainique V. modelé glaciaire.

valve n. f. [du lat. *valva*, battant d'une porte ; angl. *valve*] – Chacune des deux parties des coquilles formant une boîte pouvant s'ouvrir et se fermer (ex. Bivalves, Brachiopodes, Ostracodes, etc.). Suivant la façon dont l'animal sécrète sa coquille, on peut avoir des valves droite et gauche (Lamellibranches, Ostracodes), ou des valves dorsale et ventrale (Brachiopodes).

vanadium n. m. [de Vanadis, divinité scandinave ; angl. *vanadium*] – Symbole chim. V. N° et masse atom. 23 et 50,95 ; ion 5^+ de rayon 0,059 mm densité 5,7 ; clarke 135 à 150 g/t, selon les auteurs. Il constitue des sulfures (**patronite** VS_4 ; **sulvanite** Cu_3VS_4) et des oxydes (**karélianite** V_2O_2 ; **nolanite** $Fe_3V_7O_{16}$, **montroséite** VO (OH) qui sont présents dans des filons métalliques ou, après concentration, dans des r. sédim. riches en matières organiques, et dans des hydrocarbures. Adj. **vanadifère**.

vannage n. m. [angl. *winnowing*] – Entraînement des éléments les plus fins d'un sédiment meuble par le courant d'un fluide (eau ou vent). V. aussi déflation. Vb. **vanner** [angl. *to winnow*] ; adj. **vanné, e** [angl. *winnowed*].

var. – Abréviation du lat. *varietas*, variété, utilisée dans la nomenclature* zoologique et botanique, pour désigner une variété.

Varégien n. m. – Division du Précambrien scandinave. V. tabl. Annexe 2. Adj. **varégien, nne**.

variété n. f. [du lat. *varietas*, variété ; angl. *variety*] – Groupement des classifications des êtres vivants ou fossiles subordonné à l'espèce. V. taxon.

variolite n. f. [du lat. *variola*, variole ; angl. *variolite*] – Variété, connue dans les Alpes, de lave spilitique en coussins, vert clair, à texture fine et compacte, le cortex de chaque coussin montrant des varioles albitiques, formant de petits boutons blanchâtres en relief (d'où le nom de la roche).

variolitique adj. [du lat. *variola*, variole ; angl. *variolitic*] – Se dit de la structure des laves basaltiques ou spilitiques (souvent en coussins), parfois de filons de diabase, montrant des varioles, c'est-à-dire de petites boules (0,5-2 mm), blanchâtres, grises ou violacées, à structure fibroradiée, constituées de lattes de plagioclase prises dans du verre, et parfois accompagnées de petits minéraux ferromagnésiens (olivine et augite, ou leurs produits d'altération).

varisque adj. **(cycle –)** [E. Suess, 1888, du nom lat. des habitants de *Curia Variscorum*, actuellement Hof, dans le Fichtelgebirge, Bavière, Allem. ; angl. *Variscian orogeny*] – V. hercynien (cycle –).

varve n. f. [mot suédois ; angl. *varve*] – Feuillet sédimentaire qui s'associe à d'autres pour constituer un dépôt lacustre finement lité, où alternent matériaux argileux et sableux, sombres ou clairs. Leur origine s'explique par un contrôle saisonnier du débit des cours d'eau lié à la fonte des glaciers, et surtout à celle des inlandsis. On a utilisé cette périodicité comme moyen de datation. Ce terme s'emploie surtout au pluriel : des varves. Par extension, on nomme souvent varves, tout dépôt feuilleté dont la sédimentation est commandée par le rythme des saisons. Adj. **varvé, e** [angl. *varved*] (qui présente l'aspect de varves).

vase n. f. [du hollandais *wase* ; angl., *slime, mud*] – Sédiment meuble, gorgé d'eau, à éléments détritiques très fins (sablons, limons, argiles), à colloïdes en grande partie d'origine biologique (bactéries, diatomées, pollens, humus, etc.) à hydroxydes et sulfures de fer ; les vases sont souvent sableuses, mais généralement pauvres en calcaire. Les couleurs varient selon la richesse en matières organiques (vase noire), en oxyde de fer (vase rouge), en limons (vase jaune), en glauconie parfois (vase verte) ; elles sont fréquemment thixotropes. Elles sont lacustres et, plus souvent, marines, et sont en particulier abondantes dans les estuaires. V. boue. N. f. **vasière** ; adj. **vaseux, euse** [angl. *muddy*].

vauclusienne adj. **(source –)** – V. source vauclusienne.

vaugnérite n. f. [de Vaugneray, près de Lyon, Fr. ; angl. *vaugnerite*] – Variété de syénite (quartz très rare) à microcline et plagioclase (oligoclase, andésine), avec biotite abondante (faciès lamprophyrique), et hornblende verte. Faciès de bordure de massif granitique.

Végétaux n. m. pl. [angl. *Plants*] – V. classification.

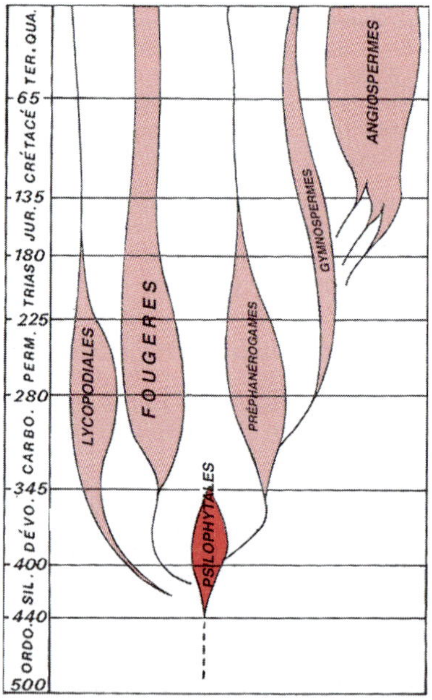

Végétaux

Relations évolutives entre les grands groupes de végétaux supérieurs.

veine n. f. [du lat. *veina*, vaisseau sanguin ; angl. *vein*] – 1. Mince lame de substance utile : veine de charbon, veine ardoisière, veine (ou filon) minéralisée. – 2. Zones étroites et colorées se détachant sur le fond d'une roche (marbre blanc à veines rosées). Adj. **veiné, e** (sens 2) [angl. *veined*].

vêlage n. m. [angl. *calving*] – Détachement d'icebergs à partir d'un glacier. Vb. **vêler** [angl. *to calve*].

Velates [du lat. *velatus*, voilé] – Genre de Gastéropodes (V. fig. à ce mot) de l'Éocène.

Vendien n. m. [Sokolov, 1951, de la tribu slave des Vends, ou Vénèdes ; angl. *Vendian*] – Division du Précambrien de l'Oural. V. tabl. Annexe 2. Adj. **vendien, nne**.

Venericardia [du lat. *Venus, Veneris*, déesse de la beauté, et du gr. *kardia*, cœur] – Genre de Bivalves (V. fig. à ce mot) de l'Éocène.

ventifract n. m. (Evans, 1911 ; angl. *ventifract*) – Caillou poli ou façonné par le vent. V. dreikanter.

Verbeekinidés n. m. pl. – Groupe de Fusulinidés*.

verdine n. f. – Minéral argileux proche de la glauconie qui se forme en milieu marin tropical à une profondeur de moins de 40m.

vergence n. f. [de l'allem. *Vergenz* (H. Stille, 1930), du lat. *vergere*, être orienté vers ; angl. *vergence* ; *facing direction*] – Sens de déversement ou de déjettement d'un pli, et qui est donc à l'opposé du sens du pendage du plan axial de ce pli. Par extension, on utilise aussi ce mot pour désigner le sens vers lequel se font des chevauchements (pli couché, faille inverse, écaille, nappe).

vérins n. m. pl. **(banc à –)** (ou banc à verrains) – Couche calcaire du Lutétien du bassin de Paris renfermant de grands cérithes fossiles (*Campanile giganteum*) dont il ne reste souvent que le moulage interne.

vermiculite n. f. [du lat. *vermiculus*, ver misseau ; angl. *vermiculite*] – Minéral argileux utilisé comme isolant thermique ou acoustique. V. argiles (minéraux).

vernaculaire adj. [du lat. *vernaculus*, indigène, domestique ; angl. *vernacular*] – Propre au pays, local. On appelle nom vernaculaire [angl. *vernacular name*] un nom vulgaire d'animal ou de végétal, par opposition aux noms qui suivent les règles de la nomenclature scientifique. Ex. : le lion (nom vernaculaire), *Felis leo* (nom zoologique).

vernis du désert [angl. *desert varnish*] – Enduit à aspect vitrifié et brillant, parfois coloré en brun ou noir par des sels de fer et de manganèse, qui revêt les rochers dans les régions désertiques. Il est dû à la migration des substances minérales de la roche vers sa surface sous l'effet de l'évaporation. Syn. vernis désertique, patine désertique.

verrains (banc à –) – V. vérins (banc à –).

verre n. m. [du lat. *vitrum*, verre ; angl. *glass*] – Magma ayant refroidi très rapidement sans cristalliser, donnant des laves (r. volcaniques hyalines ou vitreuses) qui ont en général un éclat gras, une teinte souvent foncée, et une cassure conchoïdale (ex. obsidienne). Dans de nombreuses r. magm. effusives, le verre existe en proportion variable comme matrice englobant les cristaux (microlithes et phénoblastes). Adj. **vitreux*, euse ; vitrifié, e ;** n. f. **vitrification***.

verrou n. m. **glaciaire** [angl. *verrou, riegel, rock bar*] – V. modelé glaciaire.

Verrucano n. m. [du Monte della Verruca, Ital.] – Faciès de grès et de conglomérats à galets de quartz, rhyolite et ophiolite, surtout rouges et violacés, du Permo-Trias italien. V. tabl. Annexe 2.

versant n. m. [angl. *(hill)slope*] – Surface topographique comprise entre le faîte d'un relief et le talweg voisin ; au sens large, une des pentes générales d'une chaîne (ex. le versant nord des Pyrénées). Les formes des versants sont variées : planes, concaves vers le haut, convexes, accidentées ou non de ruptures de pente, combinant selon les points plusieurs des caractéristiques précédentes. Ces formes et leur évolution dépendent de divers facteurs, principalement du climat, de la nature et de la structure des terrains (voir les divers modelés, et relief structural). V. aussi interfluve.

versant (bassin –) [angl. *drainage basin, catchment, watershed*] – V. bassin hydrographique.

Verschluckung [mot allem. désignant le fait d'avaler] – V. succion.

Versilien n. m. [A. Blanc, 1936, de *Versilia*, Ital. ; angl. *Versilian*] – Étage marquant la fin du Quaternaire (V. tabl.). Il correspond à une transgression sur les bords de la Méditerranée. On le préfère aujourd'hui à l'étage Flandrien, à peu près équivalent, mais défini dans le Nord de l'Europe, contrairement aux autres étages marins du Quaternaire. Adj. **versilien, nne.**

Vertébrés n. m. pl. [angl. *vertebrates, Vertebrata*] – V. classification.

verticale n. f. **(déviation de la –)** [angl. *deviation of the vertical, deflection of the –*] – Angle que font, en un lieu, la verticale et la perpendiculaire au géoïde. V. géodésie.

vertisol n. m. [angl. *vertisol*] – Sol* des climats chauds à saison sèche, généralement fertile, où la smectite est habituellement abondante.

vésuvianite n. f. [de Vésuve, volcan d'Ital. ; angl. *vesuvianite*] – Syn. d'idocrase.

vésuvien, nne adj. [de Vésuve, volcan d'Ital. ; angl. *Vesuvian(-type)*] – V. volcan (différents types de –).

vésuvite n. f. [de Vésuve, volcan d'Ital. ; angl. *vesuvite*] – Var. de téphrite*.

vibraculaire n. m. [du lat. *vibrare*, vibrer ; angl. *vibraculum* (pl. *vibracula*)] – V. Bryozoaires.

vicariance n. f. [du lat. *vicarius*, remplaçant ; angl. *vicariousness*] – Formation de deux espèces distinctes à partir d'une espèce souche du fait de l'apparition d'une barrière, géographique ou écologique, divisant l'aire de répartition de celle-ci. V. cladogenèse. Adj. **vicariant**.

Vieux-grès-rouges [trad. de l'angl. *Old Red Sandstone*] – Ensemble de conglomérats, d'arkoses et de grès, à teinte dominante rouge, continentaux et lagunaires, à faunes lacustres (Gigantostracés, Placodermes) déposés au cours du Dévonien sur un continent du Nord de l'Atlantique (continent des Vieux-grès-rouges) réunissant le bouclier canadien, l'Irlande et l'Angleterre (au Nord de Londres) et le bouclier baltique. Ce domaine s'opposait à un autre, plus méridional, où le Dévonien était représenté par des faciès marins riches en calcaires. (V. aussi Nouveaux-grès-rouges).

Villafranchien n. m. [Pareto, 1865, de Villafranca d'Asti, Italie ; angl. *Villafranchian*] – Division stratigraphique à cheval sur la limite des ères tertiaire et quaternaire, et ayant été définie sur des dépôts continentaux. V. tabl. Annexe 2 et Quaternaire. Adj. **villafranchien, nne**.

villiaumite n. f. [Dédié à Villiaume ; angl. *villiaumite*] – Fluorure NaF, du syst. cubique, rouge rubis ; c'est un minéral accidentel des syénites néphéliniques.

Vindobonien n. m. [C. Depéret, 1895, de *Vindobona*, nom lat. de Vienne, Autriche ; angl. *Vindobonian*] – Division stratigraphique de l'ère tertiaire dans laquelle on regroupe l'Helvétien et le Tortonien (Miocène moy. et sup. p. p.). V. tabl. Annexe 2. Adj. **vindobonien, nne.**

virgation n. f. [E. Suess, 1892, du lat. *virga*, faisceau ; angl. *virgation*] – Ensemble de plis formant, en plan, un arc. On distingue classiquement, après E. Suess et E. Argand (1924), les virgations **libres** (ou du 1er genre) et les virgations **forcées** (ou du 2e genre), selon que des obstacles n'expliquent pas ou expliquent la courbure de leurs extrémités. Suivant leur symétrie, elles peuvent êtres simples ou doubles. On réserve ce nom à des structures affectant des ensembles de grande taille (plusieurs dizaines ou centaines de km). V. poinçonnement.

Virglorien n. m. [Bornemann, 1889, du Col de Virgloria, Autriche ; angl. *Virglorian*] – Étage du Trias inf. (ère secondaire). V. tabl. Annexe 2. Syn. Anisien, plus usité. Adj. **virglorien, nne**.

virgula n. f. [mot lat. signif. petite baguette ; angl. *virgula*] – Tige allongée sur laquelle sont attachées les logettes (thèques) des Graptolithes (V. fig. à ce mot).

Virgulien n. m. [J. Thurmann, 1952, de *Exogyra virgula*, espèce de Bivalve] – Étage maintenant abandonné du Jurassique sup.

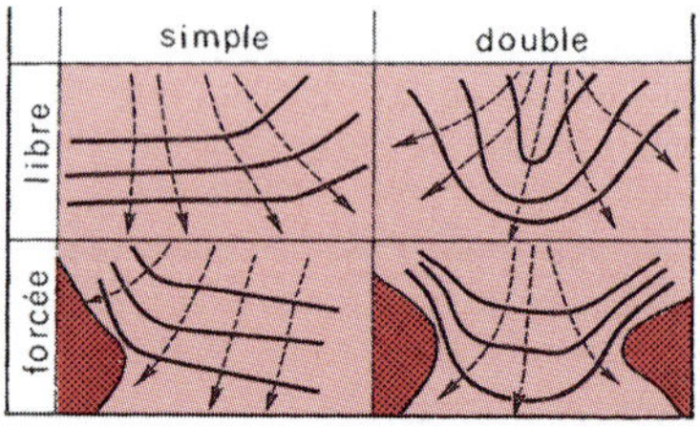

virgation

Différents types de virgations selon E. Argand. Les traits continus indiquent des axes de plis, les flèches, le sens des mouvements, les surfaces hachurées, des obstacles rigides.

(ère secondaire). V. tabl. Annexe 2. Adj. **virgulien, nne.**

viridine n. f. [du lat. *viridis*, vert ; angl. *viridine*] – Var. manganésifère d'andalousite*.

virtuel, lle adj. [du lat. *virtus*, qualité] – Se dit d'un minéral qui n'est pas présent, sous forme de cristaux, dans une roche alors que la composition chimique de celle-ci en aurait permis la formation dans d'autres conditions de cristallisation. Ex. dans un verre volcanique sans cristaux mais contenant 55 %, ou plus, de SiO_2, on dira que le quartz est virtuel. V. norme.

viscosité n. f. [du lat. *viscum*, gui, glu ; angl. *viscosity*] – Résistance qu'un corps déformable d'une façon permanente oppose aux forces qui lui sont appliquées. V. aussi déformation, plasticité, élasticité. Adj. **visqueux, euse** [angl. *viscous*].

Viséen n. m. [A. Dumont, 1832, de Visé, Belg. ; angl. Visean] – Étage du Carbonifère inf. (ère primaire). V. tabl. Annexe 2. Adj. **viséen, nne**.

visor n. m. [mot angl. signif. visière ; angl. *visor*] – Encorbellement laissé en relief au-dessus de l'encoche creusée par la mer au pied d'une falaise calcaire, spécialement développé dans les régions tropicales.

Vistule n. m. [du nom d'un fleuve de Pologne] – V. Weichsel.

vitrain n. m. [du lat. *vitrum*, verre ; angl. *vitrain*] – Syn. de vitrinite.

vitreux, euse adj. [du lat. *vitrum*, verre ; *glassy*, *vitreous*] – Qui se rapporte à un verre*, qui en a les propriétés. Une roche vitreuse (Syn. r. hyaline) est entièrement, ou en grande partie, constituée de verre.

vitrification n. f. [du lat. *vitrum*, verre ; angl. *vitri(fi)cation*] – Transformation en verre, avec fusion de la roche originelle et refroidissement rapide. C'est le cas, p. ex., des impactites et des tectites, ou du cortex de certaines météorites. Adj. **vitrifié, e** [angl. *vitrified*].

vitrinite n. f. [angl. *vitrinite*] – Type lithologique de composant des charbons*. Syn. vitrain.

Vitrollien n. m. [P. Matheron, 1878, de Vitrolles, Bouches-du-Rhône, Fr.] – Faciès lacustre, rouge et argileux du Paléocène (ère tertiaire) du Sud-Est de la France. V. tabl. Annexe 2. Adj. **vitrollien, nne**.

vitrophyre n. m. [du lat. *vitrum*, verre, et de porphyre ; angl. *vitrophyre*] – R. magm. effusive à cristaux assez grands (porphyroblastes) pris dans une pâte vitreuse.

vivante adj. **(faille –)** [angl. *active fault*] – Faille* dont les compartiments se déplacent encore actuellement.

vivianite n. f. [dédié à Vivian ; angl. *vivianite*] – Phosphate Fe_3 $(PO_4)_2$, $8H_2O$, du syst. monoclinique, en cristaux prismatiques allongés à clivage parfait, bleu transparent. Il est présent dans certaines r. sédim. riches en matière organique (ex. diatomite), et peut constituer une pellicule (irisations « queue de paon ») sur les quartz de filons métallifères.

vocontien, nne adj. [des Voconces, peuplade ancienne du Sud-Est de la France ; *Vocontian*] – Relatif, pendant le Crétacé inf., à la région du Sud-Est de la France (de la Drôme aux Alpes de Haute-Provence) où se déposaient à cette époque, des couches marno-calcaires à ammonites. Ces sédiments relativement profonds (« fosse » vocontienne, ou plutôt bassin vocontien) s'opposent aux calcaires néritiques urgoniens* qui se déposaient, à faible profondeur, plus au Nord et plus au Sud.

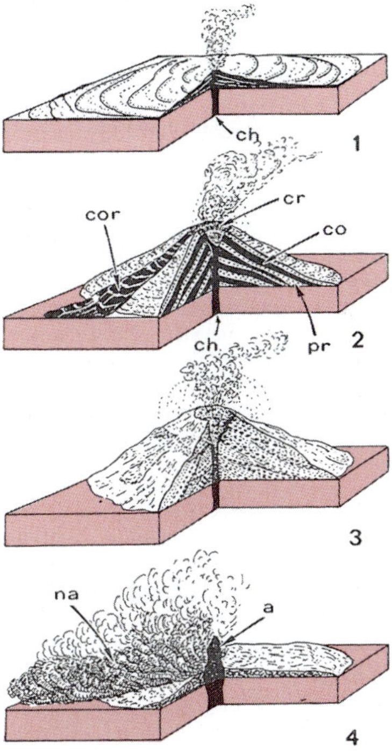

volcans

Différents types – 1 : hawaïen – 2 : strombolien – 3 : vulcanien – 4 : péléen.
– a : aiguille de lave – ch : cheminée – co : coulée ancienne – cor : coulée récente – cr : cratère – na : nuée ardente – pr : projections.

volcan n. m. [du lat. *Vulcanus*, Vulcain, Dieu du feu ; angl. *volcano* (pl. *volcanoes*)] – Relief, généralement de forme conique, pouvant atteindre plusieurs km de haut, constitué par l'empilement de projections (ejecta) et/ou des laves (magma en fusion) ayant atteint la surface de l'écorce terrestre (ou celle de la Lune, ou des planètes), soit à l'air libre, soit sous l'eau. Par refroidissement, ces laves donnent des roches volcaniques (ou r. effusives).

Un volcan comporte en général un **cône** volcanique (accumulation de laves et/ou de blocs, scories et cendres) entourant le **cratère**, point de sortie des roches volcaniques montées par la **cheminée**. Les volcans **monogéniques** sont formés au cours d'une seule phase continue d'éruption ; les volcans **polygéniques** résultent d'éruptions successives séparées par des périodes de repos. Les volcans **centraux** sont ceux qu'alimentent toujours les mêmes cheminées ; les volcans **linéaires** ou **fissuraux** résultent d'éruptions alignées sur une cassure en extension. **Les cônes emboîtés** se sont édifiés successivement autour du même cratère. Les **cônes adventifs** apparaissent sur les flancs d'un cône plus grand, et sont alimentés par la même cheminée. Un cône **égueulé** a été en partie détruit par la poussée des laves ou par une explosion. Dans d'autres cas, le caractère égueulé du cône est original : une coulée régulière de lave évacue sur son trajet tous les éléments pyroclastiques, et le cône volcanique s'édifie alors en fer à cheval autour du lieu de la sortie de la coulée.

Certaines laves visqueuses donnent des extrusions et constituent des **aiguilles** ou des **dômes**, sans cratère, qui peuvent s'étaler plus ou moins **(dôme-coulée).**

Selon la viscosité des laves et l'importance des phénomènes explosifs, on a distingué également différents types, avec principalement : – 1. le type **hawaïen** (des îles Hawaï) donnant des **volcans-boucliers** : accumulation de laves basaltiques très fluides édifiant des cônes à faibles pentes (4 à 6°), mais de diamètre atteignant plusieurs dizaines de kilomètres, à cratère parfois occupé par un lac de lave ; les explosions et les projections sont minimes (V. aussi trapps : coulées stratoïdes) ; – 2. le type **strombolien** (du Stromboli, Italie) est caractérisé par un **stratovolcan** à cône régulier, où alternent des coulées de lave et des couches pyroclastiques (projection de blocs, lapillis et cendres) ; – 3. le type **vulcanien** (du Vulcano, îles Lipari, Italie) montre des laves visqueuses constamment fragmentées par des explosions, et le cône est presque uniquement formé de projections ; – 4 : le type **péléen** (de la Montagne Pelée, Martinique) ou encore **katmaien** (du Katmai, Alaska), montre des laves très visqueuses formant des aiguilles d'extrusion, et pouvant s'accompagner d'explosions donnant des nuées* ardentes. Ces quatre types ne peuvent rendre compte de la variété des phénomènes volcaniques, et un même volcan peut être d'un type ou d'un autre selon les phases d'activité : c'est p. ex. le cas du type **vésuvien** (du Vésuve, Italie) à éruptions tantôt stromboliennes, tantôt vulcaniennes. Ces types ne sont plus guère utilisés, d'autant plus qu'ils laissaient de côté le volcanisme sous-marin, très important, caractérisé par les coulées de laves en coussins, ou pillow lavas (V. rift, tectonique des plaques). V. aussi point chaud.

volcan de boue [angl. *mud volcano*] – Accumulation boueuse de forme conique, aérienne ou sous-marine, d'un diamètre pouvant atteindre plusieurs kilomètres, engendrée par l'éruption de gaz d'origine volcanique ou pétrolière.

volcanique adj. [angl. *volcanic*] – Qui se rapporte aux volcans, aux phénomènes liés à leur genèse, aux r. magm. qui en proviennent. Qui comporte des volcans : région volcanique, arc volcanique. V. aussi relief volcanique.

volcanisme n. m. [angl. *volcanism*] – Ensemble des manifestations volcaniques et des phénomènes qui s'y rapportent. Les r. magm. volcaniques (ou r. magm. effusives) occupent des surfaces très importantes sur les continents, et plus encore dans les fonds sous-marins (V. croûte océanique, dorsale), et leur étude englobe l'analyse précise minéralogique et chimique des r. magm. volcaniques et hypovolcaniques (filons, sills, etc.), l'analyse chimique des gaz, la genèse et l'évolution des magmas les produisant, la dynamique (en liaison avec la tectonique) de leurs déplacements jusqu'à la surface ou presque, et leur répartition générale sur la Terre.

volcanologie n. f. (ou vulcanologie) [angl. *volcanology*] – Étude des volcans. (L'orthographe volcano- est recommandée par l'Académie des Sciences dans ce mot et ses dérivés). N. m. ou f. **volcanologue** [angl. *volcanologist*] ; adj. **volcanologique.**

volcano-sédimentaire adj. [angl. *vulcano-sedimentary*] – Se dit de dépôts composés pour partie de matériel volcanique et pour partie de sédiments lacustres ou marins.

Volgien n. m. [S. Nikitin, 1881, de la Volga, fleuve de Russie ; angl. *Volgian*] – Faciès boréal du Portlandien (Jurassique sup., ère secondaire). V. tabl. Annexe 2. Adj. **volgien, nne**.

voûte n. f. **mouillante** [angl. *wetted roof*] – Voûte d'une cavité karstique plongeant dans une rivière souterraine. *Cf.* siphon. V. modelé karstique.

Vraconien n. m. (jadis orthographié Vraconnien) [E. Renevier, 1867, de La Vraconnaz, Suisse ; angl. *Vraconian*] – Partie supérieure de l'Albien (Crétacé inf., ère secondaire). Parfois considéré comme l'extrême base du Cénomanien. V. tabl. Annexe 2. Adj. **vraconien, nne.**

vulcanien, nne adj. [du lat. *Vulcanus*, Vulcain, dieu des volcans ; angl. *Vulcanian (-type)*] – Se dit d'un volcan* dont le cône est presque uniquement formé de projections.

vulcanite n. f. [angl. *volcanite*] – Syn. de r. magm. volcanique (ou r. effusive). Anciennement, syn. de ébonite (caoutchouc vulcanisé).

vulcano- – Préfixe ; V. remarque à volcanologie.

W

W – Symbole chim. du tungstène (de son syn. wolfram).

Waalien n. m. [angl. *Waalian*] – Division stratigraphique du Quaternaire européen basée sur l'analyse pollinique pouvant correspondre à une partie du Günz et du Donau-Günz. V. tabl. à glaciation.

wackestone n. m. [mot angl.] – Dans la classification de R. J. Dunham, r. carbonatée sédim. comportant des éléments figurés non jointifs et moins de 10 % de ciment finement cristallin. V. carbonatées (roches).

wad n. m. [mot angl.] – Terme désignant les minerais, souvent tendres et terreux, contenant divers oxydes hydratés de Mn, et un peu d'oxydes de Ba.

Wadati-Benioff (plan de –) – Syn. de plan de Benioff*.

Waulsortien n. m. [de Waulsort, près de Dinant ; *Waulsortian*] – Ancien étage du Carbonifère inférieur aujourd'hui considéré comme un faciès récifal du Tournaisien. Adj. **waulsortien, nne**.

Wealdien n. m. [du Weald, région du Sud de la G.-B. ; angl. *Wealdian*] – Faciès continental ou côtier du Crétacé inf. (ère secondaire), surtout caractérisé par des conglomérats, des grès, et des argiles de teintes rouges et vertes ; il est présent dans le sud de l'Angleterre, le nord de la France et de l'Allemagne, l'Espagne, etc. V. tabl. Annexe 2. Adj. **wealdien, nne** [angl. *Wealden*].

weathering n. m. [mot angl. signif. météorisation] – V. météorisation.

webstérite n. f. [de Webster, U.S.A. ; angl. *websterite*] – Var. de pyroxénolite*.

Weichsel n. m. [du nom allem. d'un fleuve de Pologne, en français la Vistule ; angl. *Weichsel*] – Glaciation du Quaternaire (V. tabl. à ce mot et à glaciation), équivalent, pour l'inlandsis scandinave, du Würm et, pour l'inlandsis américain, du Wisconsin.

Wenlock(ien) n. m. [R.I. Murchison, 1834, de Wenlock, Pays de Galles, G.-B. ; angl. *Wenlockian*] – Division stratigraphique du Silurien (ère primaire), V. tabl. Annexe 2. Adj. **wenlockien, nne**.

Werfénien n. m. [F. von Alberti, 1834, de Werfen, Autriche ; angl. *Werfenian*] – Étage inférieur du Trias (ère secondaire) équivalent du Scythien (Trias alpin). V. tabl. Annexe 2. Adj. **werfénien, nne**.

werhlite n. f. – Var. de péridotite*.

wernérite n. f. [dédié à Werner ; angl. *wernerite*] – Syn. de scapolite.

Westphalien n. m. [A. de Lapparent et E. Munier-Chalmas, 1892, de la Westphalie, région d'Allem. ; angl. *Westphalian*] – Étage du Carbonifère sup. (ère primaire) subdivisé lui-même en quatre sous-étages : Westphalien A, B, C, et D, du plus ancien au plus récent. V. tabl. Annexe 2. Adj. **westphalien, nne.**

wildflysch n. m. (Kaufmannn, 1871 ; de l'allem. *wild*, sauvage, et de flysch ; angl. *wildflysch*] – Type de dépôt défini dans le Crétacé supérieur-Tertiaire des Alpes suisses montrant, dans une matrice de schistes argileux très plissée, des blocs anguleux ou arrondis de natures diverses (granite, gneiss, calcaires, etc.). V. flysch.

willemite n. f. [dédié à Guillaume, roi des Pays-Bas ; angl. willemite] – Silicate de zinc* Zn_2SiO_4.

Wisconsin(ien) n. m. [du Wisconsin, état du centre des États-Unis ; angl. *Wisconsin, Wisconsin(i)an*] – Quatrième et dernière glaciation du Quaternaire* nord-américain, équivalent du Würm alpin. V. tabl. à glaciation.

withérite n. f. [dédié à W. Withering ; angl. *witherite*] – Carbonate $BaCO_3$, du syst. orthorhombique, en cristaux pyramidaux, à éclat vitreux, blancs à jaunâtres, présent dans certains filons de barytine.

wolfram n. m. [mot allem. ; angl. *wolfram*] – 1. Syn. de tungstène. – 2. Syn. de wolframite.

wolfram(ite) n. f. [mot allem. ; angl. *wolfram(ite)*] – Tungstate (Fe, Mn) WO_4, du syst. monoclinique, en prismes aplatis, souvent maclés, avec un clivage parfait. La wolframite se présente souvent en masses lamelleuses, à éclat un peu métallique, noirâtre (Fe > Mn) à brune (Fe < Mn). On la trouve dans des filons, au sein de granites et de leurs auréoles métam., avec les minerais de Sn (cassitérite) ; c'est l'un des principaux minerais de tungstène avec la scheelite.

wollastonite n. f. [dédié à W. H. Wollaston ; angl. *wollastonite*] – Var. de pyroxénoïde*.

Wulff (canevas de –) [angl. *Wulff net*] – V. canevas.

Würm n. m. [du nom d'un sous-affluent du Danube ; angl. *Würm*] – Quatrième et dernière glaciation du Quaternaire (V. tabl. à ce mot), dans les régions alpines. De 80 000 à 10 000 ans environ av. l'Actuel. Adj. **würmien, nne**.

X

xanthophyllite n. f. [du gr. *xanthos*, jaune, et *phullon*, feuille ; angl. *xanthophyllite*] – Var. de mica* dur.

Xe – Symbole chim. du xénon.

Xénarthres n. m. pl. [du gr. *xenos*, étranger, et *arthron*, articulation] – V. Édentés.

xénolit(h)e n. m. [du gr. *xenos*, étranger, et *lithos*, pierre ; angl. *xenolith*] – Enclave dans une r. magm.

xénomorphe adj. [du gr. *xenos*, étranger, et *morphê*, forme ; angl. *xenomorphic*] – S'applique à un minéral qui, bien que cristallisé, présente une forme quelconque, les faces caractéristiques du système cristallin n'ayant pu se développer. Cela est dû généralement au fait que les cristaux voisins, ou les éléments figurés voisins, déjà formés ont empêché ce développement. Ant. automorphe. Syn. allotriomorphe

xénon n. m. [du gr. *xenos*, étranger ; angl. *xenon*] – Symbole chim. Xe. N° et masse atom. 54 et 131,3. Gaz rare.

Xiphosures n. m. pl. [du gr. *xiphos*, épée, et *oura*, queue ; angl. *Xiphosura*] – Arthropodes du groupe des Mérostomes*.

XRF [sigle, de l'anglais *X-Ray fluorescence*] – V. spectrométrie de fluorescence X.

Y

Y – Symbole chim. de l'yttrium.

yardang n. m. [mot du Turkestan ; angl. *yardang*] – Crêtes sculptées par le vent, par corrasion, dans des sédiments tendres.

Yarmouth(ien) n. m. [de Yarmouth, ville de l'Iowa, États-Unis ; angl. *Yarmouth(ian)*] – Période interglaciaire du Quaternaire* nord-américain, équivalent du Mindel-Riss alpin. V. tabl. à glaciation.

Yb – Symbole chim. de l'ytterbium.

Yoldia – Genre de Bivalves du groupe des Cryptodontes, surtout connu pour avoir peuplé une mer quaternaire ayant précédé l'actuelle mer Baltique (mer à *Yoldia*). Répart. stratigr. : Crétacé - Actuel.

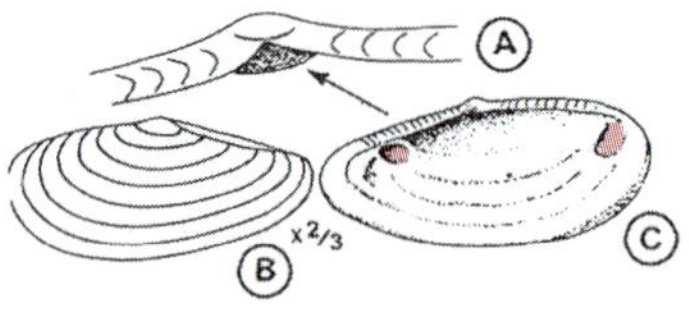

Yoldia

A : détail de la charnière – B : vue externe – C : vue interne.

Yprésien n. m. [A. Dumont, 1839, de Ypres, Belg. ; angl. *Ypresian*] – Étage de l'ère tertiaire. V. tabl. Annexe 2. Adj. **yprésien, nne.**

ytterbium n. m. [d'Ytterby, en Suède ; angl. *ytterbium*] – Symbole chim. Yb. N° et masse atom. 70 et 173,04 ; ion 3 + de rayon 0,086 nm ; clarke 3 g/t. Métal du groupe des lanthanides (terres rares).

yttrium n. m. [d'Ytterby, en Suède ; angl. *yttrium*] – Symbole chim. Y. N° et masse atom. 39 et 88,92 ; ion 3 + de rayon 0,092 nm ; clarke 33 g/t. Métal du groupe des lanthanides (terres rares).

Z

Zancléen n. m. [G. Seguenza, 1868, de *Zanclé*, ancien nom de Messine, Italie ; angl. *Zanclean*] – Étage correspondant au Pliocène inférieur. (Cénozoïque). V. tabl. Annexe 2. Adj. **zancléen, nne.**

Zaphrentis [du gr. *zaphros*, corne, et *anthos*, fleur] – Genre de Tétracoralliaires*.

Zechstein n. m. [ancien terme de mineur allem. signif. pierre dure ; angl. *Zechstein*] – Division supérieure du Permien allemand (ère primaire), représentée, de bas en haut, par des schistes cuprifères (Kupferschiefer), des calcaires dolomitiques, puis des formations salifères. Nom pris comme équivalent de Permien sup. V. tabl. Annexe 2.

Zeilleria [dédié à Zeiller] – Genre de Brachiopodes* proche des térébratules.

zéolite n. f. [du gr. *zein*, bouillir, et *lithos*, pierre, car bouillonnant quand on les chauffe ; angl. *zeolite*] – Famille de minéraux (tectosilicates) alumino-silicatés, calciques ou alcalins dont la trame contient des molécules d'eau sortant (à T > 200 °C) ou entrant facilement dans le réseau cristallin sans l'affecter, et pouvant être remplacées par des ions S, Cl, Hg, etc. Beaucoup d'entre elles tapissent des cavités, d'autres sont vraiment incluses dans des roches soit magmatiques, soit faiblement métamorphiques, soit plus rarement sédimentaires. Les variétés sont très nombreuses avec : – 1. zéolites fibreuses, type **natrolite** Na_2 $[Si_3AlO_{10}]$, $2H_2O$, et formes voisines avec Ca, Al, Ba ; – 2. zéolites lamellaires type **heulandite** $(Ca, Na_2)_2$ $[Si_7, Al_2O_{18}]$, $6H_2O$, et formes voisines avec Ca, Ba, Sr ; – 3. zéolites orthorhombiques type **laumontite** Ca $[Si_4Al_2O_{12}]$, $4H_2O$, et formes voisines monocliniques ou rhomboédriques avec K, Ba ; – 4. zéolites cubiques type **analcime** Na $[Si_2AlO_6]$, H_2O (V. ce mot), et formes voisines avec Ca.

zinc n. m. [de l'allem. *Zink* ; angl. *zinc*] – Symbole chim. Zn. N° et masse atom. 30 et 65,38 ; ion 2^+ de rayon 0,074 nm ; densité 7,1 ; clarke 70 à 132 g/t, selon les auteurs. Il n'existe pas à l'état natif, mais forme de nombreux minéraux qui sont des sulfures (**blende** ZnS), des oxydes (**zincite** ZnO), des carbonates (**smithsonite** $ZnCO_3$, et autres contenant en outre Ce, As, Fe), et quelques rares silicates (**hémimorphite** ou **calamine** Zn_4 $[Si_2O_7]$ $(OH)_2$, H_2O ; **willemite** Zn_2SiO_4). le principal minerai est la blende (V. ce mot). Adj. **zincifère**.

zinnwaldite n. f. [de Zinnwald, localité tchèque ; angl. *zinnwaldite*] – Var. de mica* lithinifère.

zircon n. m. [de l'arabe *zarcoun* ; angl. *zircon*] – Nésosilicate Zr [SiO4] avec souvent traces de Th et U radioactifs, du syst quadratique, en petits prismes allongés ou en grains arrondis, à clivage imparfait et à cassure conchoïdale ou inégale, à éclat vitreux ou adamatin, et à teintes variées : incolore, brun, jaune, rouge, verte, grise. Pratiquement inaltérable, il est cependant parfois modifié par la radioactivité de certaines inclusions (V. métamicte) et donne le **malacon**, variété hydratée d'aspect amorphe. C'est un minéral rare dans les laves et tufs (basalte, trachyte), parfois en gemme (**hyacinthe** jaune rougeâtre). Par contre, c'est un minéral accessoire commun des gneiss, des granites et des pegmatites, où il cristallise assez tôt, et est souvent en inclusion au sein de biotite, tourmaline, cordiérite (sa radioactivité altérant le minéral hôte, le cristal de zircon est entouré d'une auréole noirâtre). Il cristallise tardivement dans les syénites et syénites à néphéline (var. éléolite), et peut y être très abondant (syénite zirconienne). Dans les r. magm. et les anatexites, en particulier, les cristaux ont des formes très variées liées aux conditions de genèse : l'étude des populations de zircons permet de préciser la température et le chimisme du milieu de cristallisation. Le zircon peut constituer des gemmes utilisées en joaillerie, et certaines variétés peuvent contrefaire le diamant.

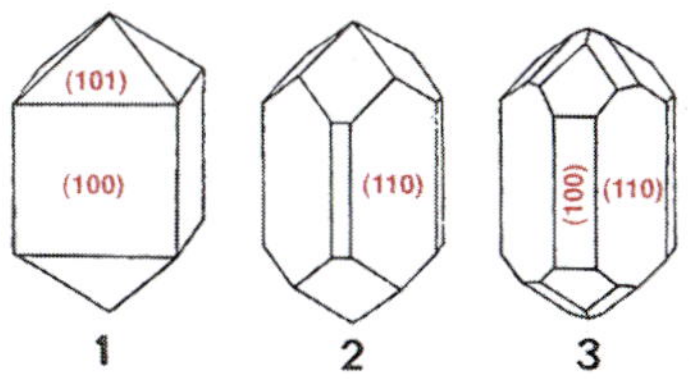

zircon

Formes habituelles (d'après P. Bariand *et al.*)

zirconium n. m. [de zircon ; angl. *zirconium*] – Symbole chim. Zr. N° et masse atom. 40 et 91,22 ; ion 4^+ de rayon 0,079 nm ; densité 6,5 ; clarke 165 à 720 g/t, selon les auteurs. On le trouve principalement sous forme de zircon, dans les granitoïdes et dans les syénites.

Zn – Symbole chim. du zinc.

Zoanthaires n. m. pl. [du gr. *zôon*, animal, et *anthos*, fleur ; angl. *zoantharians*, *Zoantharia*]

– Groupe de Cnidaires* comprenant notamment les Madréporaires.

zoécie n. f. [du gr. *zôon*, animal, et *oixia*, maison ; angl. *zo(o)ecium* (pl. *zo(o)ecia*)] – Individu composant les colonies de Bryozoaires*.

zoïsite (ou zoïzite) n. f. [dédié à Von Zoïs ; angl. *zoisite*] – Var. d'épidote*.

zonal adj. **(sol –)** [angl. *zonal soil*] – Sol* dont la répartition est commandée par celle des zones climatiques.

zonation n. f. **(des cristaux)** [angl. *crystal zoning*] – V. cristal.

zonation (des sols) – Façon dont se répartissent les sols* zonaux*.

zone n. f. [du lat. *zona*, du gr. *zônê*, ceinture ; angl. *zone*] – Plus petite des divisions stratigraphiques. Elle peut être définie par différents moyens (lithologie, paléomagnétisme, etc.), mais, le plus souvent, par l'emploi de fossiles. V. biozone et stratigraphie.

zone d'aération – V. aération (zone d'–).

zone de cémentation – V. cémentation.

zone de départ – V. départ (zone de –).

zone de saturation – V. saturation (zone de –).

zone isopique – V. isopique.

zone tachetée – V. sol ferrallitique.

zonéographie n. f. [du gr. *zônê*, ceinture, et *graphein*, écrire ; angl. *zoning*, *zonation*] – V. métamorphisme.

Zooflagellés n. m. pl. [du gr. *zôon*, animal, et de flagellé] – Flagellés* dépourvus de chlorophylle et appartenant au règne animal.

zoogène adj. [du gr. *zôon*, animal ; angl. *zoogenic*] – Se dit de r. sédim. édifiées par des animaux (ex. calcaires construits) ou formées des débris de leurs tests (V. aussi bioclastique, biodétritique, bioherme, biostrome, « boundstone »).

Zoophycos [du gr. *zôon*, animal, et *phucos*, plante] – Traces rayonnantes et arquées, visibles dans les couches sédimentaires, généralement les calcaires marneux. Longtemps attribuées soit à des traces du balayage des fonds sous-marins par des Octocoralliaires oscillant au gré de la houle, soit à des phénomènes mécaniques à l'intérieur des sédiments eux-mêmes, on les interprète aujourd'hui comme des pistes résultant de l'exploitation des vases sous-marines par des organismes limivores. Syn. caduc : *Cancellophycus*.

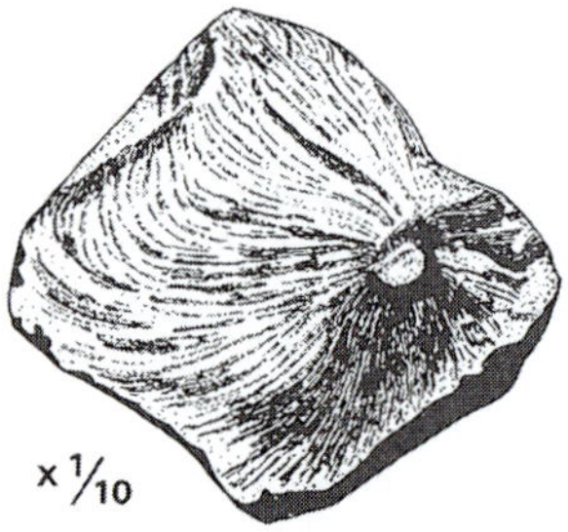

Zoophycos

Empreinte sur une dalle de calcaire mameux.

zooplancton n. m. [du g. *zôon*, animal, et de plancton ; angl. *zooplankton*] – Plancton* animal. Adj. **zooplanctonique** [angl. *zooplanktonic*].

Zr – Symbole chim. du zirconium.

zwischengebirge [mot allem., E. Suess, 1909, formé de *zwischen*, entre, et de *Gebirge*, chaîne de montagnes ; angl. *zwischengebirge*] – Massif rigide situé au milieu d'une chaîne géosynclinale à double déversement. Obsolète.

Annexe 1 : Unités de mesure

Le système d'unités de mesure légal en France (décret du 3 mai 1961) est le système international (SI), dérivé du système métrique. Il est donné ci-dessous, ainsi que quelques unités métriques n'appartenant pas au SI, donc non légales, et quelques unités en vigueur dans les pays anglo-saxons. Il a été défini 7 unités de base et 2 unités supplémentaires. Des noms spéciaux ont été donnés à certains multiples usuels de ces unités ainsi qu'à des unités dérivées. Les principales unités du SI portent un nom auquel correspond une abréviation. Ce nom peut être précédé d'un préfixe, ou pour l'abréviation d'un symbole, permettant d'affecter à l'unité un facteur multiplicatif. Ex. un picomètre (pm). 1 pm = 10^{-12} m.

Unités de base du système international (SI)	**Unités supplémentaires**
longueur : mètre (m) masse : kilogramme (kg) temps : seconde (s) intensité de courant électrique : ampère (A) température : kelvin (K) quantité de matière : mode (mol) intensité lumineuse : candela (cd)	angle : radian (rad) angle solide : stéradian (sr)

Préfixes multiplicateurs du système international (SI)

facteur multiplicatf	*préfixe*	*symbole*	*facteur multiplicatif*	*préfixe*	*symbole*
10^{-24}	yocto	y	10^{1}	déca	da
10^{-21}	zepto	z	10^{2}	hecto	h
10^{-18}	atto	a	10^{3}	kilo	k
10^{-15}	femto	f	10^{6}	méga	M
10^{-12}	pico	p	10^{9}	giga	G
10^{-9}	nano	n	10^{12}	téra	T
10^{-6}	micro	m	10^{15}	péta	P
10^{-3}	milli	m	10^{18}	exa	E
10^{-2}	centi	c	10^{21}	zetta	Z
10^{-1}	déci	d	10^{24}	yotta	Y

Unités dérivées ayant reçu un nom spécial

grandeur	*unité*	*symbole*	*dimension*
activité radioactive	becquerel	Bq	s^{-1}
capacité électrique	farad	F	$m^{-2}.kg^{-1}.s^{4}.A^{2}$
champ magnétique	tesla	T	$kg.\ s^{-2}.A^{-1}$
charge électrique	coulomb	C	s. A
conductance	siemens	S	$m^{-2}.kg^{-1}.s^{3}.A^{2}$
dose absorbée	gray	Gy	$m^{2}.s^{-2}$
éclairement lumineux	lux	lx	m^{-2}.cd. sr
énergie	joule	J	$m^{2}.kg.\ s^{-2}$
flux lumineux	lumen	Im	cd. sr
flux magnétique	weber	Wb	$m^{2}.kg.\ s^{2}A^{-1}$
force	newton	N	$m.\ kg.\ s^{-2}$
fréquence	hertz	Hz	s^{-1}
inductance	henry	H	$m^{2}.kg.\ s^{-2}.A^{-2}$
luminance	nit	nt	m^{-2}.cd. sr
pression	pascal	Pa	$m^{-1}.kg.\ s^{-2}$
puissance	watt	W	$m^{2}.kg.\ s^{-3}$
résistance électrique	ohm	W	$m^{2}.kg.\ s^{-3}.A^{-2}$
tension électrique	volt	V	$m^{2}.kg.\ s^{-3}.A^{-1}$
vergence optique	dioptrie	d	m^{-1}

Multiple SI ayant reçu un nom spécial

grandeur	*unité*	*symbole*	*valeur*
volume	litre	l ou L	10^{-3} m3
aire	are	a	10^{2} m2
masse	tonne	t	10^{3} kg
masse linéique	tex	tex	10^{-6} kg. m^{-1}
pression	bar	bar	10^{5} Pa
temps	minute	min	60 s
temps	heure	h	3 600 s
temps	jour	d	86 400 s
angle	tour	tr	2π rad
angle	grade (ou gon)	gr (ou gon)	$\pi/200$ rad
angle	degré	°	$\pi/180$ rad
angle	minute d'angle	'	1/60°
angle	seconde d'angle	"	1/60'

Quelques unités métriques n'appartenant pas au SI (et donc non légales en France)

longueur :
- mille marin : 1 852 m
- micron (µ). 1µ = 1 µm = 10^{-6} m
- angström (Å). 1 Å = 0,1 nm = 10^{-10} m

masse :
- carat métrique : 0,2 g
- température :
- degré Celsius (°C)
- Soit t°C une température exprimée en degrés Celsius, et TK la même température exprimée en Kelvin. On a la relation TK = t°C – 273,15

énergie :
- thermie (th). 1 th = 10^{6} cal = $4{,}185.10^{6}$ J
- kilogrammètre (kgm). 1 kgm = 9,81 J
- calorie (cal.). 1 cal = 4,185 J
- erg. 1 erg = 10^{-7} J
- électronvolt (eV). 1 eV = $1{,}6.10^{-19}$ J
- tonne équivalent pétrole (tep). Énergie correspondant à l'utilisation d'une tonne de pétrole brut. Pouvoir calorifique équivalent : 11,6 Mwh (mais pour produire cette quantité d'électricité, il faut utiliser 2,6 t de pétrole).

vitesse :
- nœud (un mille marin par heure)

accélération :
- gal. 1 gal = 1 cm. s^{-2}

force :
- sthène (sn). 1 sn = 10^{3} N
- dyne (dyn). 1 dyn = 10^{-5} N

pression :
- atmosphère :
  101 325 Pa = 1 013,25 mbar = 760 torr
- torr : 133,32 Pa (pression équilibrée par une colonne de 1 mm de mercure à 0 °C)
- pièze (pz). 1 pz = 103 Pa = 1 sn. m^{-2}
- barye : 10^{-5} Pa = 1 dyn. m^{-2}

puissance :
- cheval vapeur (ch). 1 ch = 735,5 W

viscosité cinématique :
- stokes (St). 1 St = 10^{-4} $m^{2}.s^{-1}$

viscosité dynamique :
- poise (P). 1 P = 10^{-1} Pa. s^{-1}

conductance :
- mho. 1 mho = 1 S = $10^{-1}\Omega$

flux magnétique :
- maxwell (Mx). 1 Mx = 10^{-8} Wr

champ magnétique :
- gauss (G). 1 G = 10^{-4} T
- gamma (γ). 1 γ = 1 nT

excitation magnétique :
- oersted (Oe). 1 Oe = $(10^{3}/4\pi)$ A. m^{-1} (dans le vide, correspond à un champ magnétique de 1 G).

intensité lumineuse :
- bougie. 1 bougie = 1,018 cd

activité radioactive :
- curie (Ci). 1 Ci = $3{,}7.10^{10}$ Bq

dose absorbée :
- rad (rd). 1 rd = 10^{-2} Gy

Unités en vigueur dans les pays anglo-saxons

Longueurs :

inch (in ou ″), pouce. 1 in = 25,4 mm
foot (ft ou ′), pied. 1 ft = 12 in = 30,48 cm
yard (yd), yard. 1 yd = 3 ft = 0,914 4 m
fathom (fm), brasse. 1 fm = 2 yd = 1,828 8 m statute mile, mille terrestre = 1 609,344 m nautical mile (m ou mile), mille marin britannique = 1 852 m. Anciennes valeurs : 1853,18 m (U.K.) ; 1853,24 m (U.S.A.) US nautical mile, mille marin américain = 1,853 24 km

Masses :

grain (gr), grain. 1 gr = 0,064 8 g
dram (dr), drachme. 1 dr = 1,771 8 g
ounce (oz), once. 1 oz = 16 dr = 28,349 5 g
pound (lb), livre. 1 lb = 16 oz = 0,453 6 kg

Capacité :

US gallon (US gal), gallon américain = 3,785 41 L
US barrel (US bbl), baril américain = 42 US gal = 158,987 L
Imperial gallon (Imp. gal), gallon britannique = 4,546 09 L
Imperial barrel (Imp. bbl), baril britannique = 36 Imp. gal = 163,66 L

Températures :

degree Farenheit (°F), degré Farenheit. Soit t °F une température exprimée en degrés Farenheit, et t °C la même température en degrés Celsius, on a les relations de conversion : t °C = 5/9 (t °F 32) et t °F = 9/5 t °C + 32

Quantité de chaleur :

British Thermal Unit (BTU) = 1 055,06 joules

Ma	Ère	Syst. Per.	Sous-sys. Époque		Étages	Sous-étages et autres dénominations		cycles	phases orogén.
1,8	QUATERNAIRE (voir tableau)								
	CÉNOZOÏQUE = TERTIAIRE	NÉOGÈNE	PLIOCÈNE	S.	Gélasien	Astien – Villafranchien inf.		cycle alpin	valaque, rhodanienne
3,4				M.	Plaisancien	Astien			
5,3				I.	Zancléen	Tabianien			attique
6,5			MIOCÈNE	SUP.	Messinien	Pontien			
11					Tortonien	Tortonien	Vindobonien		
14,5				MOY.	Serravallien	Vallésien, Helvétien	Vindobonien		styrienne
16					Langhien	Helvétien	Vindobonien		
20				INF.	Burdigalien				
23,5					Aquitanien				save
28		PALÉOGÈNE (NUMMULITIQUE)	OLIGOCÈNE		Chattien				
34					Rupélien	Stampien s.str., Sannoisien	Stampien s. l.		
37			ÉOCÈNE	S.	Priabonien	Ludien	Lattorfien		
40				MOY.	Bartonien (s.str.)	Marinésien, Auversien	Biarritzien		pyrénéenne
46					Lutétien				
53				I.	Yprésien	Cuisien, Sparnacien – Ilerdien			
59			PALÉOCÈNE		Thanétien	Vitrollien	Landénien, Garumnien		
65					Danien	Montien, Vitrollien	Garumnien		laramienne
72	SECONDAIRE = MÉSOZOÏQUE	CRÉTACÉ	SUP.		Maastrichtien	Sénonien: Rognacien, Bégudien	Aturien		
83					Campanien	Sénonien: Fuvélien, Valdonnien	Aturien		
87					Santonien	Sénonien: Emschérien			
88					Coniacien	Sénonien: Emschérien			
91					Turonien	Angoumien, Ligérien			
96					Cénomanien				autrichienne
108			INF.		Albien	Vraconien	Gault		
114					Aptien	Clansayésien, Gargasien, Bédoulien	Urgonien		
116					Barrémien	Néocomien	Urgonien		
122					Hauterivien	Néocomien	Urgonien		
130					Valanginien	Néocomien	Wealdien		
135					Berriasien	Néocomien	Wealdien, Purbeckien		néo-cimmérienne
141		JURASSIQUE	SUP.	MALM	Portlandien = Tithonien	Tithonique / Volgien, Virgulien, Ptérocérien	Purbeckien		
146					Kimméridgien	Séquanien	Lusitanien		
154					Oxfordien	Séquanien, Rauracien, Argovien, Oxfordien s. str.	Lusitanien		
160			MOY.	DOGGER	Callovien				
167					Bathonien				
176					Bajocien				
180					Aalénien				
187			INF.	LIAS	Toarcien				
194					Pliensbachien	Domérien, Carixien			
201					Sinémurien	Lotharingien, Sinémurien			
205					Hettangien		Infralias		
		TRIAS	SUP.	Trias alpin	Rhétien	Trias germanique: Rhétien	Infralias		éocimmérienne
220					Norien	Keuper			
230					Carnien	Keuper			
235			MOY.		Ladinien	Lettenkohle, Muschelkalk			
240					Anisien = Virglorien	Lettenkohle, Muschelkalk			
245			INF.		Scythien = Werfénien	Buntsandstein	Spathien, Nammalien, Griesbachien		
						Permo-Trias			

A. Foucault et J.F. Raoult, 2000

Divisions stratigraphiques des temps géologiques. En fonction du progrès des connaissances, elles peuvent, ainsi que les chronologies qui leur correspondent, être l'objet de remaniements. Âges d'après S. G. Odin (1994), sauf pour le Quaternaire et l'Archéen.

Ma	ÈRE	SYSTÈMES PÉRIODES	SOUS-SYST. ÉPOQUE	Étages	Sous-étages et autres dénominations	cycles • phases orogén.
245	PRIMAIRE = PALÉOZOÏQUE	PERMIEN	SUP. Zechstein	Tatarien	Europe de l'Ouest : Thuringien	cycle hercynien (ou varisque) ↑ • palatine
250				Kazanien		
				Ufimien		
258			INF. Rotliegende	Kungurien	Saxonien	
265				Artinskien	Autunien	• saalienne
275				Sakmarien		
285				Asselien		
295		CARBONIFERE	Pennsylvanien	Gzhelien	Europe de l'Ouest : SILESIEN (Houiller) : Stéphanien C B A — Carbonif. russe SUP.	
				Kasimovien		
305				Moscovien	Westphalien D C B A — Carbonif. russe MOY.	• asturienne
315				Bashkirien		• erzgebirge
325			Mississippien	Serpukhovien	Namurien C B A	• sudète
				Viséen	DINANTIEN : Viséen — Carbonif. russe INF. — Culm	
350				Tournaisien	Tournaisien, Strunien	
360		DÉVONIEN	SUP.	Famennien		• bretonne
365				Frasnien		
375			MOY.	Givétien		
380				Eifélien	Couvinien	↓
385			INF.	Emsien		
390				Praguien	Siegénien	
				Lochkovien	Gedinnien	cycle calédonien ↑
410		SILURIEN s.str.	SUP. Ludlow	Pridoli(en)	Downtonien — GOTHLANDIEN — SILURIEN s.l.	• ardennaise
415				Ludfordien		
				Gorstien		
425			INF. Wenlock	Homerien		
				Sheinwoodien		
430			Llandovery	Telychien	Tarannonien	
				Aeronien		
				Rhuddanien		
435		ORDOVICIEN	SUP.	Ashgillien		• taconique
445				Caradocien		
455			INF.	Llandeilien		
				Llanvirnien		
470				Arénigien	Skiddavien	
485				Trémadocien		
500		CAMBRIEN	SUP.	Trempéaléauien	Postdamien — ? Revinien	• sarde
				Franconien		
				Dresbachien		
			MOY.	Mayaien	Acadien — ? Devillien	
				Amgaien		
				Lénien		
			INF.	Atdabanien	Géorgien	
				Tommotien		
530				Nemakit-Daldynien		↓
540						• cadomienne (assyntique)

Ma	ÈRE	SYSTÈMES	Ensemble	Afrique	France	Scandinavie	Oural	Lune	phases orogén.
540	PRÉCAMBRIEN	PROTÉROZOÏQUE ALGONKIEN	Néoprotérozoïque	Pharusien	Briovérien	Varégien (Éocambrien)	Vendien	↑ Copernicien	(nombreuses phases orogéniques)
650						Daslandien	Riphéen		
1000			Méso-protéroz.	Suggarien	Pentévrien	Gothien		Eratosthénien	
1600			Paléo-protéroz.			Svéco-carélien			
2500		ARCHÉEN	SUP.	Randien	Icartien	Présvéco-carélien			
2900			MOY.	Swazien				Imbrien	
3500			INF.					Nectarien	
3800	HADÉEN							Prénectarien	
4560									

A. Foucault et J.F. Raoult, 2000

La précision de ces âges est de l'ordre de ± 1 à 3 Ma de l'Oligocène au Jurassique, de ± 4 à 5 Ma au Trias, de ± 5 à 10 Ma, voire moins, au Paléozoïque. Les ensembles du Précambrien, qui correspondent à de très longues périodes, ont des équivalences approximatives.

045836 - (II) - (5,5) - CSB 90° - NOC - MER

Achevé d'imprimer sur les presses de la
SNEL S.A.
rue Saint-Vincent 12 - B-4020 Liège
tél. 32(0)4 344 65 60 - fax 32(0)4 343 77 50
février 2003 - 27627

Dépôt légal : février 2003